Die Grun[illegible]
mathematischen [illegible]

in Einzeldarstellungen
mit besonderer Berücksichtigung
der Anwendungsgebiete

Band 188

D. Hilbert und P. Bernays

Grundlagen der Mathematik II

Zweite Auflage

Springer-Verlag Berlin Heidelberg New York 1970

Prof. Dr. Paul Bernays
CH-8002 Zürich, Bodmerstr. 11

Geschäftsführende Herausgeber:

Prof. Dr. B. Eckmann
Eidgenössische Technische Hochschule Zürich

Prof. Dr. B. L. van der Waerden
Mathematisches Institut der Universität Zürich

ISBN 978-3-642-86897-9 ISBN 978-3-642-86896-2 (eBook)
DOI 10.1007/978-3-642-86896-2

Softcover reprint of the hardcover 2nd edition 1970

Library of Congress Catalog Card Number 68-55369

Titel-Nr. 5033

Vorwort

Der vorliegende Band schließt die Darstellung der Beweistheorie ab, die ich vor einigen Jahren zusammen mit P. Bernays begann. Auf meinen Wunsch hat P. Bernays wieder die Abfassung des Textes übernommen. Ich danke ihm für die Sorgfalt und Treue, mit der er meine Gedanken wiedergegeben hat, an deren Entwicklung er in jahrelanger Zusammenarbeit aufs stärkste beteiligt war. Ohne seine Mithilfe wäre die Vollendung dieses Buches unmöglich gewesen.

Den Herren W. Ackermann, G. Gentzen, A. Schmidt, H. Scholz danke ich für ihre freundliche Mitwirkung bei den Korrekturen.

Göttingen, im März 1939

Hilbert

Zur Einführung

Das vorliegende Buch soll einer eingehenden Orientierung über den gegenwärtigen Stoff der HILBERTschen Beweistheorie dienen. Wenngleich das bisher hier Erreichte gemessen an den Zielen der Theorie sehr bescheiden ist, so liegt doch ein reichlicher Stoff an prägnanten Ergebnissen, an Gesichtspunkten und Beweisgedanken vor, die zur Kenntnis zu bringen als lohnend erscheint.

Für die inhaltliche Gestaltung dieses zweiten Bandes waren durch den Zweck des Buches zwei Hauptthemata vorgezeichnet. — Es handelte sich einmal darum, die hauptsächlichen, an das ε-Symbol sich knüpfenden beweistheoretischen Ansätze HILBERTs und ihre Durchführung zur eingehenden Darstellung zu bringen.

Die hier vorliegenden Untersuchungen haben zum erheblichen Teil bisher überhaupt noch keine über bloße Andeutungen hinausgehende Publikation gefunden, und es besteht daher abgesehen von dem gegenständlichen Interesse auch eine wissenschaftliche Verpflichtung von seiten der HILBERTschen Schule, die verschiedenen erfolgten Ankündigungen über das Vorhandensein von Beweisen durch das wirkliche Vorführen dieser Beweise zu rechtfertigen — ein Erfordernis, welches in diesem Fall um so dringlicher ist, als man sich anfangs (noch bis zum Jahre 1930) über die Tragweite der Beweise ACKERMANNs und v. NEUMANNs, die aus dem einen der genannten HILBERTschen Ansätze hervorgingen, getäuscht hat.

In den §§ 1 und 2 werden nun jene bisher unpublizierten Beweise ausführlich dargelegt, wobei insbesondere auch die Einschränkung, welche hier noch für den Nachweis der Widerspruchsfreiheit des zahlentheoretischen Formalismus besteht, deutlich ersichtlich gemacht wird.

Mit Hilfe der einen von den hier dargelegten Methoden ergibt sich zugleich auch ein einfacher Zugang zu einer Reihe von Theoremen, durch welche die beweistheoretische Untersuchung des Prädikatenkalkuls eine befriedigende Abrundung erhält, und die auch bemerkenswerte Anwendungen auf die Axiomatik gestatten. Im Mittelpunkt dieser Betrachtungen steht ein von J. HERBRAND zuerst ausgesprochener und bewiesener Satz der theoretischen Logik, für den wir auf dem genannten Wege einen natürlichen und einfachen Beweis erhalten.

Die Erörterung der Anwendungen dieses Satzes gibt zugleich Gelegenheit zu einigen Ausführungen über das Entscheidungsproblem, und anknüpfend hieran wird im § 4 eine (bereits im Band I angekündigte) beweistheoretische Verschärfung des GÖDELschen Vollständigkeitssatzes bewiesen.

Das zweite Hauptthema bildet die Auseinandersetzung des Sachverhalts, auf Grund dessen sich die Notwendigkeit ergeben hat, den Rahmen der für die Beweistheorie zugelassenen inhaltlichen Schlußweisen gegenüber der vorherigen Abgrenzung des „finiten Standpunktes" zu erweitern. Bei diesen Betrachtungen steht die GÖDELsche Entdeckung der deduktiven Unabgeschlossenheit eines jeden scharf abgegrenzten und hinlänglich ausdruckfähigen Formalismus im Mittelpunkt. Die beiden GÖDELschen Theoreme, in denen sich dieser Tatbestand ausspricht, werden eingehend erörtert, sowohl was ihre Beziehung zu den semantischen Paradoxien sowie was die Bedingungen ihrer Gültigkeit und die Durchführung des Nachweises — der für das zweite dieser Theoreme bei GÖDEL nur angedeutet ist — und auch was ihre Anwendbarkeit auf den vollen zahlentheoretischen Formalismus betrifft.

Die Diskussion der Erweiterung des finiten Standpunktes mündet in die Betrachtung des neueren GENTZENschen Widerspruchsfreiheitsbeweises für den zahlentheoretischen Formalismus. Von diesem Beweis ist hier freilich nur das methodisch Neuartige, nämlich die Anwendung einer speziellen Art der CANTORschen „transfiniten Induktion", zur genaueren Darstellung und Erörterung gebracht.

Daß nicht der ganze Beweis zur Darstellung gelangte, hatte vor allem den äußeren Grund, daß die neuere, erst wirklich durchsichtige Fassung des GENTZENschen Beweises zu Beginn der Drucklegung dieses Bandes noch nicht erschienen war. Der GENTZENsche Beweis bezieht sich übrigens nicht unmittelbar auf die in dem Buche behandelte Form des zahlentheoretischen Formalismus. Kürzlich ist es L. KALMÁR gelungen, diesen Beweis so zu modifizieren, daß er direkt auf den in unserem Buch (im § 8 des ersten Bandes) entwickelten zahlentheoretischen Formalismus anwendbar ist, wobei sich auch noch gewisse Vereinfachungen ergeben.

Gegenwärtig ist W. ACKERMANN dabei, seinen früheren (im § 2 des vorliegenden Bandes dargestellten) Widerspruchsfreiheitsbeweis durch Anwendung einer transfiniten Induktion in der Art, wie sie von GENTZEN benutzt wird, so auszugestalten, daß er für den vollen zahlentheoretischen Formalismus Gültigkeit erhält.

Wenn dieses gelingt — wofür alle Aussicht besteht —, so wird damit jener ursprüngliche HILBERTsche Ansatz hinsichtlich seiner Wirksamkeit rehabilitiert sein. Jedenfalls kann schon auf Grund des GENTZENschen Beweises die Auffassung vertreten werden, daß das zeitweilige Fiasko der Beweistheorie lediglich durch eine „Überspannung der methodischen Anforderung" verschuldet war, die man an die Theorie gestellt hat. Freilich die ausschlaggebende Entscheidung über das Schicksal der

Beweistheorie wird erst an Hand der Aufgabe des Nachweises der Widerspruchsfreiheit für die Analysis erfolgen.

Zu dem in den §§ 1—5 des vorliegenden Bandes entwickelten Gedankengang sind noch einige abgesonderte Betrachtungen als „Supplemente" beigefügt. Zwei von diesen bilden Ergänzungen zu den Ausführungen des § 5: das Supplement II, welches von der Präzisierung des Begriffs der berechenbaren Funktion handelt (die in neuerer Zeit nach verschiedenen Methoden erfolgreich ausgeführt worden ist) und diejenigen Tatsachen aus diesem Fragenkreis vorführt, die sich leicht im Anschluß an die übrigen Ausführungen des Buches entwickeln lassen, wobei als Anwendung auch der Satz von A. Church über die Unmöglichkeit einer allgemeinen Lösung des Entscheidungsproblems für den Prädikatenkalkul gebracht wird; ferner das Supplement III, in welchem einige Fragen der deduktiven Aussagenlogik behandelt werden und das insbesondere auch Ergänzungen zu den im § 3 des ersten Bandes sich findenden Ausführungen über die „positive Logik" enthält.

Im Supplement IV werden verschiedene deduktive Formalismen für die Analysis aufgestellt und es wird gezeigt, wie man aus diesen die Theorie der reellen Zahlen und auch die der Zahlen der zweiten Zahlenklasse gewinnt.

Das Supplement I enthält einen Überblick über die Regeln des Prädikatenkalkuls und seiner Anwendung auf formalisierte Axiomensysteme, sowie Bemerkungen über mögliche Modifikationen des Prädikatenkalkuls, ferner auch eine Zusammenstellung verschiedener Begriffsbildungen und Ergebnisse aus dem ersten Band.

In Anbetracht des schon sehr stark angeschwollenen Stoffes sind verschiedene beweistheoretische Themata leider nicht mehr in dem Buch zur Sprache gekommen, so insbesondere das zuerst von Herbrand in seiner These und neuerdings eingehender von Arnold Schmidt (in den Math. Ann. Bd. 115) behandelte Thema des mehrsortigen Prädikatenkalkuls.

Auch gewisse von den Betrachtungen, die in den Hilbertschen Vorlesungen und den Besprechungen mit Hilbert vorkamen, die jedoch teils vereinzelte Bemerkungen geblieben sind, teils noch keine hinlängliche Abklärung erfahren haben, sind nicht zur Darstellung gelangt, so insbesondere die Ansätze betreffend die Definitionen von Zahlen der zweiten Zahlenklasse durch gewöhnliche (d.h. nicht transfinite) Rekursionen, sowie diejenigen betreffend die Verwendung von Gattungssymbolen, insbesondere auch von solchen, die durch explizite oder rekursive Definitionen eingeführt werden.

Der vorliegende Band ist in engem Anschluß an den ersten Band abgefaßt worden; auch ist der Zusammenhang mit diesem durch häufige verweisende Seitenangaben verstärkt. Andererseits soll die im Supplement I gegebene Zusammenstellung von Termini und Sätzen aus dem ersten Band sowie die Rekapitulation im Teil b) aus § 4, Abschnitt 1 dazu dienen, die Lektüre des zweiten Bandes weitgehend von der des ersten Bandes unabhängig zu machen. Ein Leser, der schon etwas mit logischer Formalisierung und mit der Problemstellung der Beweistheorie vertraut ist, wird jedenfalls die Ausführungen des zweiten Bandes auch ohne Kenntnis des ersten verfolgen können.

Jedenfalls sei dem Leser des vorliegenden Bandes empfohlen, daß er vor dem § 1 zuerst das Supplement I ansehe. Ferner möge er von den Seitenverweisungen stets nur dann Gebrauch machen, wenn es ihm in dem betreffenden Zusammenhang ein Bedürfnis ist.

Zu dem im § 2 gegebenen Hinweis auf eine mögliche Auslassung bei der Lektüre sei hier noch der weitere hinzugefügt, daß der ziemlich mühsame Abschnitt 2 des § 4 überschlagen werden kann.

Was die Paragraphenangaben betrifft, so beziehen sich die Paragraphennummern 1 bis 5, wenn nichts Besonderes angegeben ist, auf den vorliegenden zweiten Band, während die Paragraphennummern 6 bis 8 nur beim ersten Band vorkommen.

Zürich, im Februar 1939

PAUL BERNAYS

Vorwort zur zweiten Auflage

In Ergänzung zu der vorstehenden Einführung sei hier noch Folgendes hinzugefügt.

Angesichts der seitherigen ergiebigen Entwicklung der Beweistheorie kann freilich das vorliegende Buch nicht mehr beanspruchen, eine umfassende Orientierung über den gegenwärtigen Stoff der Theorie zu liefern. Hierüber ist ja das Einschlägige im Vorwort zur zweiten Auflage des *ersten* Bandes gesagt.

Es bleibt jetzt nur noch kurz anzugeben, worin sich die zweite Auflage des *zweiten* Bandes von der ersten unterscheidet. Die hauptsächliche Hinzufügung ist diejenige des Supplementes V, in welchem die in der vorstehenden Einführung erwähnten Widerspruchsfreiheitsbeweise von KALMÁR und von ACKERMANN vorgeführt werden. Diese beiden Beweise verwenden als ein nicht-finites Hilfsmittel nur eine gewisse verallgemeinerte Induktion, welche sich auf einen finit beschriebenen Teilbereich (Anfangsstück) der CANTORschen zweiten Zahlenklasse, den der „0-ω-Figuren" bezieht. Der Nachweis der Gültigkeit dieses verallgemeinerten Induktionsprinzips ist anhand einer zahlentheoretischen Übersetzung, im § 5, Abschnitt 3c ausgeführt. Für die meisten Anwendungen, insbesondere für die beiden erwähnten Widerspruchsfreiheitsbeweise, kann das verallgemeinerte Induktionsprinzip ersetzt werden durch den (im Rahmen der CANTORschen Mengenlehre ihm äquivalenten) Satz, daß eine absteigende Folge von 0-ω-Figuren nach endlich vielen Schritten zum Abschluß kommt. Für diesen Satz wird noch im Supplement V ein direkter, verhältnismäßig einfacher Beweis angegeben.

An Einschaltungen und Modifikationen sind insbesondere die folgenden zu erwähnen: 1. Im § 3, Abschnitt 3 wird neben den Beweis des HERBRANDschen Satzes mittels des erweiterten ersten ε-Theorems noch eine andere Beweisüberlegung gestellt, welche anstatt jenes Theorems nur das „Theorem der elementaren Ableitung" benutzt, in dessen Aussage keine Bezugnahme auf die ε-Symbole auftritt. Auf diese heuristisch einprägsamere Überlegung wurde ich zuerst durch ERIK STENIUS hingewiesen.

2. Bei der Besprechung der Konsequenzen des HERBRANDschen Satzes wird diejenige, welche sich auf die Ersetzbarkeit des geläufigen Prädikatenkalkuls durch einen aufbauenden Kalkul bezieht, eingehender

behandelt. Auch wird eine in der ersten Auflage noch nicht erwähnte Verallgemeinerung des Satzes besprochen.

3. Beim Beweise des GÖDELschen Vollständigkeitssatzes wird an einer Stelle auf ein „Kriterium der Unwiderlegbarkeit" Bezug genommen, das im vorherigen Abschnitt durch eine längere Betrachtung gewonnen wurde. Nun wird in einer Einschaltung gezeigt, wie diese Bezugnahme durch eine direktere Überlegung ersetzt werden kann.

4. Bei der im § 5, Abschnitt 1a) an das RICHARDsche Paradoxon geknüpften Betrachtung wird eine Beweisführung vereinfacht.

5. In den Erörterungen zu dem zweiten GÖDELschen Unableitbarkeitstheorem wird eine Überlegung von G. KREISEL betreffend die Notwendigkeit der Ableitbarkeitsforderungen für die Gültigkeit des Theorems hinzugefügt.

6. Im Abschnitt 3b) des § 5, wo ein das aussagenlogische *tertium non datur* nicht enthaltender zahlentheoretischer Formalismus aufgestellt wird, hatte die Art der Einführung der Ungleichheit — wie einer Kritik durch P. LORENZEN zu entnehmen ist — den Eindruck erweckt, als ob hier etwas erschlichen werden sollte, obwohl ausdrücklich gesagt war, daß es sich um die Formalisierung einer speziellen Voraussetzung handle. Diese Einführung der Ungleichheit ist jetzt so modifiziert, daß jenes Mißverständnis wohl nicht mehr zu befürchten ist.

7. Im Supplement IV, Abschnitt G, wo die Prädikatenlogik der zweiten Stufe, und zwar mit Verwendung gebundener Formelvariabler behandelt ist, wird zunächst eine Herleitung durch eine einfachere ersetzt. Ferner wird die Zurückführung der rekursiven Definition auf eine explizite Definition, welche in der ersten Auflage im Sinne der Methode von DEDEKIND erfolgte, gemäß einem von P. LORENZEN angegebenen Verfahren modifiziert. Es zeigt sich dabei auffälligerweise, daß es hierfür in der formalisierten Darstellung nur einer geringen Änderung bedarf, was damit zusammenhängt, daß in dem betrachteten formalen System alle Aussagen über Funktionen in solche über Prädikate übersetzt werden müssen.

Den Herren GERT MÜLLER und DIRK SIEFKES möchte ich wiederum von Herzen danken für ihre starke Beteiligung bei den Korrekturen und bei der Ergänzung des Sachverzeichnisses, desgleichen Herrn DIETER RÖDDING für die Anlage des Namenverzeichnisses.

Herrn L. KALMÁR bin ich herzlich dafür dankbar, daß er mir seinen schönen Widerspruchsfreiheitsbeweis schon vor vielen Jahren zur Darstellung überlassen hat. Herrn G. KREISEL danke ich herzlich für seinen Beitrag zur Diskussion des zweiten GÖDELschen Unableitbarkeitstheorems.

Zürich, im März 1970 **PAUL BERNAYS**

Inhaltsverzeichnis

Hinweise zu den Verweisen im Bd. I

1. S. 431 ff.
2. S. 163, Fußnote 1.
3. S. 80 f.
4. S. 187—189.
5. S. 417.

§ 1. Die Methode der Elimination der gebundenen Variablen mittels des Hilbertschen ε-Symbols.

1. Der Prozeß der symbolischen Auflösung von Existenzialformeln.

Die Untersuchung des logisch-mathematischen Formalismus, soweit sie im Bd. I geführt ist, bewegt sich im Rahmen der „Logik der ersten Stufe“, d. h. derjenigen Schlußweisen, zu deren Formalisierung man mit einer einzigen Art von gebundenen Variablen, nämlich den gebundenen Individuenvariablen, auskommt[1].

Als logischer Kalkul für diesen Bereich des Schließens wurde dort — in Anlehnung an FREGE und RUSSELL — der „Prädikatenkalkul“ entwickelt, zu dem als Ergänzung noch die Gleichheitsaxiome als Formalisierung des Identitätsbegriffs sowie die „ι-Regel“[2] als Formalisierung des Begriffs „derjenige welcher“ hinzutreten[3].

Diesen Kalkul und seine Anwendung zur deduktiven Behandlung axiomatischer Theorien haben wir des genaueren betrachtet. Einige grundsätzliche Fragen blieben dabei noch unerledigt. So haben wir insbesondere noch nicht den Nachweis der Widerspruchsfreiheit für den Formalismus des Axiomensystems „(Z)“[4] erbracht, durch welchen die Zahlentheorie, mit Einschluß des „tertium non datur“ für ganze Zahlen, im Rahmen des Prädikatenkalkuls formalisiert wird. Und ferner steht die Frage noch aus, wie es sich allgemein mit der Möglichkeit verhält, Existenzaxiome durch die Einführung von Funktionszeichen und von Individuensymbolen entbehrlich zu machen. Wir wollen diese Frage zuerst in Erörterung ziehen, da ihre Behandlung uns zugleich zu den Methoden hinführt, mit denen HILBERT die Aufgabe des Nachweises für die Widerspruchsfreiheit des zahlentheoretischen Formalismus in Angriff genommen hat.

---

[1] In bezug auf Axiomensysteme empfiehlt es sich, von „erster Stufe“ in einem engeren Sinne zu sprechen, nämlich — wie wir es im § 4 getan haben (vgl. Bd. I, S. 154) — als ein Axiomensystem erster Stufe ein solches zu erklären, dessen Axiome sich durch Formeln ohne Formelvariablen darstellen, also „eigentliche Axiome“ sind (vgl. Bd. I, § 8, S. 432).

[2] Vgl. Bd. I, S. 393 und Suppl. I, S. 394.

[3] Eine Zusammenstellung der Symbolik und der Regeln dieses Formalismus wird im Suppl. I (s. S. 388 u. f.) gegeben.

[4] Vgl. Bd. I, S. 380.

Um uns die Problemstellung klar zu machen, betrachten wir zunächst einen Spezialfall, für welchen unsere Frage bereits durch die bisherigen Ergebnisse entschieden ist.

In einem Axiomensystem $\mathfrak{S}$, von dem wir voraussetzen, daß es die Gleichheitsaxiome enthält, sei ein Existenzaxiom

$$(E x)\, \mathfrak{A}(a, \ldots, k, x)$$

vorhanden, worin außer $a, \ldots, k$ keine freien Variablen auftreten mögen; zugleich sei die Formel

$$(x)\,(y)\,\big(\mathfrak{A}(a, \ldots, k, x)\ \&\ \mathfrak{A}(a, \ldots, k, y) \rightarrow x = y\big)$$

aus den Axiomen von $\mathfrak{S}$ ableitbar. (Eventuell kann sie selbst eines der Axiome sein.)

Wir können dann gemäß der ι-Regel den Term

$$\iota_x\, \mathfrak{A}(a, \ldots, k, x)$$

einführen und die Formel

$$\mathfrak{A}\big(a, \ldots, k, \iota_x\, \mathfrak{A}(a, \ldots, k, x)\big)$$

als Ausgangsformel benutzen. Führen wir sodann ein Funktionszeichen $\mathfrak{f}(a, \ldots, k)$ durch die explizite Definition

$$\mathfrak{f}(a, \ldots, k) = \iota_x\, \mathfrak{A}(a, \ldots, k, x)$$

ein, so erhalten wir die Formel

$$\mathfrak{A}\big(a, \ldots, k, \mathfrak{f}(a, \ldots, k)\big).$$

Diese Formel kann nun das Axiom

$$(E x)\, \mathfrak{A}(a, \ldots, k, x)$$

ersetzen. Denn aus $\mathfrak{A}\big(a, \ldots, k, \mathfrak{f}(a, \ldots, k)\big)$ ergibt sich ja sofort $(E x)\, \mathfrak{A}(a, \ldots, k, x)$ mittels der Grundformel (b) des Prädikatenkalkuls.

Wir gelangen also zu einem Axiomensystem $\mathfrak{S}'$, welches sich von $\mathfrak{S}$ dadurch unterscheidet, daß das Funktionszeichen $\mathfrak{f}(a, \ldots, k)$ hinzukommt und an Stelle von $(E x)\, \mathfrak{A}(a, \ldots, k, x)$ die Formel

$$\mathfrak{A}\big(a, \ldots, k, \mathfrak{f}(a, \ldots, k)\big)$$

als Axiom genommen wird.

Da der Übergang von dem System $\mathfrak{S}$ zu $\mathfrak{S}'$ sich durch Vermittlung der ι-Regel vollziehen läßt, so können wir umgekehrt auch durch die allgemeine Methode der Elimination der ι-Symbole[1] von $\mathfrak{S}'$ zu $\mathfrak{S}$ zurückgelangen, und es ergibt sich so die Gleichwertigkeit der beiden Systeme $\mathfrak{S}$, $\mathfrak{S}'$ im folgenden Sinn:

Jede im Formalismus des Systems $\mathfrak{S}'$ gebildete Formel ist mittels der Axiome von $\mathfrak{S}'$ überführbar in eine von dem Funktionszeichen $\mathfrak{f}$ freie, also dem Formalismus von $\mathfrak{S}$ angehörige Formel; und eine jede

[1] Vgl. Bd. I, § 8, S. 431–451. — Es schadet nichts, wenn dem Leser der hier angeführte Beweis nicht im einzelnen gegenwärtig ist, da die vorliegende Betrachtung nur überleitenden Charakter hat.

von dem Funktionszeichen $\mathfrak{f}$ freie Formel, welche durch das System $\mathfrak{S}'$ ableitbar ist, ist auch durch das System $\mathfrak{S}$ ableitbar.

Wir können hiernach von einer *Vertretbarkeit* des Existenzaxioms

$$(E x)\, \mathfrak{A}(a, \ldots, k, x)$$

durch das Axiom

$$\mathfrak{A}\big(a, \ldots, k, \mathfrak{f}(a, \ldots, k)\big)$$

sprechen; mit anderen Worten: Das Existenzaxiom wird mittels der Einführung des Funktionszeichens $\mathfrak{f}(a, \ldots, k)$ entbehrlich gemacht.

Die Methode, durch die wir dieses Ergebnis unmittelbar gewonnen haben, ist an die besondere Bedingung des betrachteten Falles geknüpft. Denn die Anwendbarkeit der ι-Regel beruht ja auf der Voraussetzung, daß wir in dem betrachteten Formalismus die Formel

$$(x)\,(y)\,\big(\mathfrak{A}(a, \ldots, k, x)\;\&\;\mathfrak{A}(a, \ldots, k, y) \rightarrow x = y\big)$$

als Axiom oder als ableitbare Formel zur Verfügung haben.

Es liegt nun die Frage nahe, ob wir nicht auch ohne die Benutzung dieser Voraussetzung zu einem analogen Ergebnis gelangen können.

Für den Fall einer Existenzaussage ohne Parameter, welcher eine Formel

$$(E\,\mathfrak{x})\, \mathfrak{A}(\mathfrak{x})$$

ohne freie Variablen entspricht, haben wir diese Frage bereits an früherer Stelle im bejahenden Sinne entschieden, durch eine Überlegung, die wir im § 4 als Anwendung des Deduktionstheorems anstellten[1]. Wir betrachteten dort die Schlußweise, welche darin besteht, daß man, anschließend an einen bewiesenen Existenzsatz: „Es gibt ein Ding x, für welches $\mathfrak{A}(x)$ zutrifft", ein Individuensymbol $\mathfrak{s}$ einführt und nun fortfährt: „Sei nun $\mathfrak{s}$ ein Ding von der Eigenschaft $\mathfrak{A}, \ldots$", was formal darauf hinauskommt, daß die Formel $\mathfrak{A}(\mathfrak{s})$ als Ausgangsformel hinzugenommen wird.

Diese Schlußweise liefert, wie wir mittels des Deduktionstheorems erkannten, im Bereich der von dem Symbol $\mathfrak{s}$ freien Formeln keine neuen Beweismöglichkeiten: Eine jede von dem Symbol $\mathfrak{s}$ freie Formel, welche mit Anwendung dieses Symbols und der Formel $\mathfrak{A}(\mathfrak{s})$ ableitbar ist, ist auch ohne Anwendung dieses Symbols ableitbar. Ferner ist für jede Formel $\mathfrak{B}(\mathfrak{s})$, die mit Hilfe der Formel $\mathfrak{A}(\mathfrak{s})$ ableitbar ist, die Formel

$$\mathfrak{A}(\mathfrak{c}) \rightarrow \mathfrak{B}(\mathfrak{c})$$

mit einer freien, nicht in $\mathfrak{B}(\mathfrak{s})$ vorkommenden Variablen $\mathfrak{c}$ ohne Benutzung des Symbols $\mathfrak{s}$ ableitbar. Und zwar ergibt sich die Ableitung aus derjenigen von $\mathfrak{B}(\mathfrak{s})$, indem man allenthalben das Symbol $\mathfrak{s}$ durch $\mathfrak{c}$ ersetzt, in jeder Formel das Implikationsvorderglied $\mathfrak{A}(\mathfrak{c})$ hinzufügt und schließlich noch gewisse kleine Beweisstücke zur Aufrechterhaltung des Beweiszusammenhanges einschaltet, in der Weise, wie das beim Nachweis für das Deduktionstheorem gezeigt wurde[2].

[1] Bd. I, § 4, S. 156–157. — [2] Vgl. Bd. I, § 4, S. 150–152.

Es besteht somit auf Grund der Ableitbarkeit der Formel $(E\mathfrak{x})\mathfrak{A}(\mathfrak{x})$ ein voller Parallelismus zwischen den mit Hilfe der Formel $\mathfrak{A}(\mathfrak{s})$ erfolgenden Ableitungen und gewissen ihnen zugeordneten Ableitungen, die das Symbol $\mathfrak{s}$ nicht benutzen; dabei ist jedem Ableitungsergebnis $\mathfrak{B}(\mathfrak{s})$ die (bis auf die Wahl einer in $\mathfrak{B}(\mathfrak{s})$ nicht auftretenden freien Variablen $\mathfrak{c}$ eindeutig bestimmten) Formel

$$\mathfrak{A}(\mathfrak{c}) \to \mathfrak{B}(\mathfrak{c})$$

und jedem von dem Symbol $\mathfrak{s}$ freien Ableitungsergebnis $\mathfrak{B}$ die Formel $\mathfrak{B}$ selbst zugeordnet.

Die Formel $\mathfrak{A}(\mathfrak{c}) \to \mathfrak{B}(\mathfrak{c})$ ist zwar der Formel $\mathfrak{B}(\mathfrak{s})$, auch bei Anwendung der Formel $\mathfrak{A}(\mathfrak{s})$, im allgemeinen nicht deduktionsgleich, wohl aber erhalten wir aus ihr und $\mathfrak{A}(\mathfrak{s})$ sofort $\mathfrak{B}(\mathfrak{s})$ durch Einsetzung und Schlußschema.

Dieses Ergebnis läßt sich auch ohne weiteres auf den Fall einer Formel mit mehreren voranstehenden Seinszeichen

$$(E\mathfrak{x}_1)\ldots(E\mathfrak{x}_r)\,\mathfrak{A}(\mathfrak{x}_1,\ldots,\mathfrak{x}_r)$$

ausdehnen, welche keine freie Variable enthält (jedoch eventuell noch andere gebundene Variablen als $\mathfrak{x}_1,\ldots,\mathfrak{x}_r$ enthalten kann).

Haben wir eine solche Formel als Ausgangsformel oder als abgeleitete Formel, und führen wir dann neue Individuensymbole $\mathfrak{s}_1,\ldots,\mathfrak{s}_r$ nebst der Formel

$$\mathfrak{A}(\mathfrak{s}_1,\ldots,\mathfrak{s}_r)$$

ein, so bedeutet das keine wesentliche Erweiterung des Formalismus. Nämlich jeder mit Hilfe der Formel $\mathfrak{A}(\mathfrak{s}_1,\ldots,\mathfrak{s}_r)$ ableitbaren Formel

$$\mathfrak{B}(\mathfrak{s}_{\mathfrak{n}_1},\ldots,\mathfrak{s}_{\mathfrak{n}_\mathfrak{p}})$$

(worin $\mathfrak{s}_{\mathfrak{n}_1},\ldots,\mathfrak{s}_{\mathfrak{n}_\mathfrak{p}}$ gewisse der Symbole $\mathfrak{s}_1,\ldots,\mathfrak{s}_r$ seien) entspricht die ohne Benutzung der Symbole $\mathfrak{s}_1,\ldots,\mathfrak{s}_r$ ableitbare Formel

$$\mathfrak{A}(\mathfrak{c}_1,\ldots,\mathfrak{c}_r) \to \mathfrak{B}(\mathfrak{c}_{\mathfrak{n}_1},\ldots,\mathfrak{c}_{\mathfrak{n}_\mathfrak{p}}),$$

worin $\mathfrak{c}_1,\ldots,\mathfrak{c}_r$ gewisse in $\mathfrak{B}(\mathfrak{s}_{\mathfrak{n}_1},\ldots,\mathfrak{s}_{\mathfrak{n}_\mathfrak{p}})$ nicht vorkommende freie Variablen sind; und die Ableitung dieser Formel verläuft ganz parallel zu derjenigen der Formel $\mathfrak{B}(\mathfrak{s}_{\mathfrak{n}_1},\ldots,\mathfrak{s}_{\mathfrak{n}_\mathfrak{p}})$. Wenn ferner eine Formel $\mathfrak{B}$, die keines der Symbole $\mathfrak{s}_1,\ldots,\mathfrak{s}_r$ enthält, mittels der Formel $\mathfrak{A}(\mathfrak{s}_1,\ldots,\mathfrak{s}_r)$ ableitbar ist, so ist sie auch ohne deren Anwendung (also ohne Benutzung der Symbole $\mathfrak{s}_1,\ldots,\mathfrak{s}_r$) ableitbar.

Von dieser Betrachtung können wir nun Anwendung machen auf den Fall eines Axiomensystems, unter dessen Formeln eine solche von der Gestalt $(E\mathfrak{x})\mathfrak{A}(\mathfrak{x})$ oder allgemeiner $(E\mathfrak{x}_1)\ldots(E\mathfrak{x}_r)\,\mathfrak{A}(\mathfrak{x}_1,\ldots,\mathfrak{x}_r)$ auftritt, die keine freien Variablen enthält.

Unser Ergebnis besagt, daß es keine wesentliche Verstärkung des Axiomensystems bedeutet, wenn wir unter Einführung eines Individuensymbols $\mathfrak{s}$ die Formel $(E\mathfrak{x})\mathfrak{A}(\mathfrak{x})$ durch $\mathfrak{A}(\mathfrak{s})$, bzw. unter Einführung der

Individuensymbole $\mathfrak{s}_1, \ldots, \mathfrak{s}_r$ die Formel $(E\mathfrak{x}_1)\ldots(E\mathfrak{x}_r)\mathfrak{A}(\mathfrak{x}_1, \ldots, \mathfrak{x}_r)$ durch $\mathfrak{A}(\mathfrak{s}_1, \ldots, \mathfrak{s}_r)$ ersetzen.

Insbesondere ist der Bereich derjenigen ableitbaren Formeln, welche keines der eingeführten Individuensymbole enthalten, für das ursprüngliche und das modifizierte Axiomensystem der gleiche. Und hieraus folgt auch, daß beide Systeme sich jedenfalls *hinsichtlich der Widerspruchsfreiheit gleich verhalten.*

Um das Verfahren einer solchen Modifikation eines Axiomensystems an einem einfachen Beispiel zu erläutern, nehmen wir das System der drei Axiome

$$\overline{a < a}$$
$$a < b \;\&\; b < c \rightarrow a < c$$
$$(E x)\,(E y)\,(x < y)\,.$$

Führen wir hier die Individuensymbole α, β ein, und ersetzen das Axiom $(E x)(E y)(x < y)$ durch $\alpha < \beta$, so erhalten wir ein Axiomensystem, in dessen Axiomen keine gebundene Variable auftritt:

$$\overline{a < a}$$
$$a < b \;\&\; b < c \rightarrow a < c$$
$$\alpha < \beta\,.$$

Aus diesem gewinnen wir einerseits das anfängliche unmittelbar, durch Anwendung der Formel (b)[1], zurück; andererseits ist dieses neue Axiomensystem auch nicht wesentlich stärker als das alte. Nämlich jeder durch dieses ableitbaren Formel $\mathfrak{F}(\alpha, \beta)$ entspricht die durch das alte System ableitbare Formel

$$\mathfrak{a} < \mathfrak{b} \rightarrow \mathfrak{F}(\mathfrak{a}, \mathfrak{b})\,,$$

worin $\mathfrak{a}, \mathfrak{b}$ freie Variablen sind, die nicht in $\mathfrak{F}(\alpha, \beta)$ auftreten. Zum Beispiel entspricht der durch das modifizierte System ableitbaren Formel

$$a < \alpha \rightarrow \overline{\beta < a}$$

die durch das ursprüngliche System ableitbare Formel

$$b < c \rightarrow (a < b \rightarrow \overline{c < a})\,.$$

Dieses Verfahren der Ausschaltung von Existenzaxiomen ist nun noch dadurch beschränkt, daß es sich nur auf solche Axiome erstreckt, in denen keine freien Variablen auftreten. Um uns von dieser Beschränkung zu befreien, müssen wir unsere Überlegung betreffend die Formeln $(E\mathfrak{x})\mathfrak{A}(\mathfrak{x})$, welche keine freien Variablen enthalten, auf Formeln von der Gestalt

$$(E\mathfrak{x})\,\mathfrak{A}(\mathfrak{a}, \ldots, \mathfrak{k}, \mathfrak{x})$$

ausdehnen, worin $\mathfrak{a}, \ldots, \mathfrak{k}$ freie Variablen sind (außer welchen keine weiteren in der Formel auftreten). An Stelle eines Individuensymbols $\mathfrak{s}$ hat man hier ein Funktionszeichen $\mathfrak{f}(a, \ldots, k)$ einzuführen, und entsprechend

[1] Vgl. Suppl. I, S. 391.

der Formel $\mathfrak{A}(\mathfrak{s})$ in dem vorigen Falle hat man jetzt die Formel

$$\mathfrak{A}\big(\mathfrak{a}, \ldots, \mathfrak{k}, \mathfrak{f}(\mathfrak{a}, \ldots, \mathfrak{k})\big)$$

als Ausgangsformel zu nehmen.

Die Schlußweise, die hiermit formalisiert wird, besteht darin, daß man anknüpfend an den Existenzsatz: „Zu jedem Wertsystem $\mathfrak{a}, \ldots, \mathfrak{k}$ gibt es ein $\mathfrak{l}$ von der Eigenschaft, daß $\mathfrak{A}(\mathfrak{a}, \ldots, \mathfrak{k}, \mathfrak{l})$", fortfährt: „Sei nun $\mathfrak{f}(a, \ldots, k)$ eine Funktion, die jedem Wertsystem $\mathfrak{a}, \ldots, \mathfrak{k}$ einen Funktionswert $\mathfrak{l}$ zuordnet, für den $\mathfrak{A}(\mathfrak{a}, \ldots, \mathfrak{k}, \mathfrak{l})$ besteht".

An dieser Schlußweise ist bemerkenswert, daß in ihr eine Anwendung des *Auswahlprinzips* vorliegt; man setzt ja voraus, daß, wenn es zu jedem Wertsystem $\mathfrak{a}, \ldots, \mathfrak{k}$ einen Wert $\mathfrak{l}$ von einer bestimmten Eigenschaft gibt, dann auch stets eine Funktion $\mathfrak{f}$ existiert, welche für jedes Wertsystem $\mathfrak{a}, \ldots, \mathfrak{k}$ je einen unter den Werten $\mathfrak{l}$ von jener Eigenschaft als Funktionswert $\mathfrak{f}(\mathfrak{a}, \ldots, \mathfrak{k})$ sozusagen auswählt[1].

Wir wollen den Prozeß des Übergangs von einer Formel

$$(E\mathfrak{x})\,\mathfrak{A}(\mathfrak{a}, \ldots, \mathfrak{k}, \mathfrak{x})$$

zu der Formel

$$\mathfrak{A}\big(\mathfrak{a}, \ldots, \mathfrak{k}, \mathfrak{f}(\mathfrak{a}, \ldots, \mathfrak{k})\big)$$

mit einem neuen Funktionszeichen $\mathfrak{f}$, sowie auch desjenigen von einer Formel $(E\mathfrak{x})\,\mathfrak{A}(\mathfrak{x})$ ohne freie Variablen zu der Formel $\mathfrak{A}(\mathfrak{s})$, mit einem neuen Individuensymbol $\mathfrak{s}$, gemeinsam als „symbolische Auflösung" jener Existenzialformel bezeichnen.

Dieser Prozeß, in Verbindung mit demjenigen des Austausches von gebundenen Variablen gegen freie[2], ergibt ein Verfahren, um von einer beliebigen pränexen Formel[3] $\mathfrak{F}$, welche keine Formelvariable enthält, zu einer Formel ohne gebundene Variablen überzugehen, aus welcher wir die Formel $\mathfrak{F}$ mittels des Prädikatenkalkuls zurückgewinnen können. Nämlich eine solche Formel $\mathfrak{F}$ ist ja von einer der beiden Formen

$$(\mathfrak{x})\,\mathfrak{F}_1(\mathfrak{x}), \qquad (E\mathfrak{x})\,\mathfrak{F}_1(\mathfrak{x}).$$

Aus $(\mathfrak{x})\,\mathfrak{F}_1(\mathfrak{x})$ erhalten wir durch Austausch der gebundenen Variablen $\mathfrak{x}$ gegen eine freie Variable $\mathfrak{a}$ die Formel $\mathfrak{F}_1(\mathfrak{a})$, welche der Formel $(\mathfrak{x})\,\mathfrak{F}_1(\mathfrak{x})$ deduktionsgleich ist.

Aus $(E\mathfrak{x})\,\mathfrak{F}_1(\mathfrak{x})$ erhalten wir durch symbolische Auflösung eine Formel $\mathfrak{F}_1(\mathfrak{t})$, worin der Term $\mathfrak{t}$ im Falle, daß $\mathfrak{F}_1(\mathfrak{x})$ keine freie Variable enthält, ein neu eingeführtes Individuensymbol ist und andernfalls aus einem neu eingeführten Funktionszeichen mit den in $\mathfrak{F}_1(\mathfrak{x})$ auftretenden freien Variablen als Argumenten besteht. Jedenfalls können wir von der Formel $\mathfrak{F}_1(\mathfrak{t})$ durch Anwendung der Grundformel (b) zu $(E\mathfrak{x})\,\mathfrak{F}_1(\mathfrak{x})$ zurückgehen.

[1] Vgl. die allgemeine Formalisierung des Auswahlprinzips im Bd. I, § 2, S. 41. Bei dem vorliegenden Fall hat man für $\mathfrak{G}_1$ die Gattung der Wertsysteme $\mathfrak{a}, \ldots, \mathfrak{k}$ und für $\mathfrak{G}_2$ die Gattung der Werte $\mathfrak{l}$ zu nehmen.

[2] Siehe Supplement I, S. 401.

[3] Zum Begriff einer pränexen Formel vgl. Bd. I, § 4, S. 139f.

Nun ist entweder $\mathfrak{F}_1(\mathfrak{a})$ bzw. $\mathfrak{F}_1(\mathfrak{t})$ eine Formel ohne gebundene Variablen, dann sind wir bereits am Ziel; oder die betreffende Formel ist eine pränexe Formel, und wir können auf diese das gleiche Verfahren anwenden wie vorher auf $\mathfrak{F}$. Indem wir in dieser Weise fortfahren, kommen wir nach soviel Schritten, wie die Anzahl der in $\mathfrak{F}$ voranstehenden Quantoren beträgt, zu einer Formel ohne gebundene Variablen, von der wir rückwärts wieder zu $\mathfrak{F}$ mittels des Prädikatenkalkuls gelangen können. Diese Formel ohne gebundene Variablen unterscheidet sich von der Formel $\mathfrak{F}$ in folgendem: Die Quantoren fallen weg; an Stelle einer jeden in $\mathfrak{F}$ durch ein Allzeichen gebundenen Variablen tritt eine vorher nicht vorhandene freie Variable; an Stelle einer in $\mathfrak{F}$ durch ein Seinszeichen $(E\,\mathfrak{x})$ gebundenen Variablen tritt, sofern $\mathfrak{F}$ keine freie Variable enthält und vor $(E\,\mathfrak{x})$ kein Allzeichen in der Formel $\mathfrak{F}$ steht, ein jeweils neues Individuensymbol und in allen anderen Fällen ein jeweils neues Funktionszeichen mit denjenigen freien Variablen als Argumenten, welche entweder schon in $\mathfrak{F}$ vorkommen oder an Stelle einer Variablen treten, die in $\mathfrak{F}$ durch ein vor $(E\,\mathfrak{x})$ stehendes Allzeichen gebunden ist.

Wir können demnach das Ergebnis des betrachteten Verfahrens für eine gegebene pränexe Formel ohne weiteres hinschreiben, und dieses Ergebnis ist bis auf die Wahl der freien Variablen und der einzuführenden Symbole eindeutig festgelegt.

Hat z. B. $\mathfrak{F}$ die Gestalt

$$(E\,x)\,(y)\,(E\,z)\ \mathfrak{A}(x, y, z)$$

und sind darin x, y, z die einzigen vorkommenden Variablen, so erhalten wir aus ihr, durch symbolische Auflösungen und Austausch einer gebundenen Variablen gegen eine freie, eine Formel

$$\mathfrak{A}(\mathfrak{s}, a, \mathfrak{f}(a)),$$

worin $\mathfrak{s}$ ein vorher nicht vorkommendes Individuensymbol und $\mathfrak{f}$ ein vorher nicht auftretendes Funktionszeichen mit einem Argument ist; in entsprechender Weise erhalten wir aus einer Formel

$$(x)\ (E\,y)\ (E\,z)\ (u)\ (E\,v)\ \mathfrak{A}(x, y, z, u, v, a, b),$$

in welcher außer den angegebenen Variablen keine weiteren vorkommen, eine Formel $\mathfrak{A}(c, \mathfrak{f}(a, b, c),\ \mathfrak{g}(a, b, c), d,\ \mathfrak{h}(a, b, c, d), a, b)$,
worin $\mathfrak{f}$, $\mathfrak{g}$, $\mathfrak{h}$ drei verschiedene vorher nicht vorkommende Funktionszeichen sind, $\mathfrak{f}$ und $\mathfrak{g}$ mit je drei Argumenten, $\mathfrak{h}$ mit vier Argumenten.

Diese Art des Überganges von pränexen Formeln zu solchen ohne gebundene Variablen können wir insbesondere auf die Formeln eines formalisierten Axiomensystems anwenden, sofern diese eigentliche Axiome[1] sind. Eine jede der Formeln läßt sich ja, wenn sie gebundene Variablen enthält und nicht schon selbst eine pränexe Formel ist, in eine pränexe Formel überführen[2]; und auf diese können wir dann die

[1] Vgl. Suppl. I, S. 394.
[2] Vgl. Bd. I, S. 140f.

Prozesse des Austauschs von gebundenen Variablen gegen freie und der symbolischen Auflösung ausüben.

Durch dieses Verfahren erhalten wir z. B. an Stelle der im Bd. I, § 1 aufgeführten geometrischen Axiome der Verknüpfung und der Anordnung[1], und zwar, abgesehen von der Wahl der freien Variablen, der Individuensymbole und der Funktionszeichen, in eindeutiger Weise die folgenden Axiome:

I. 1. $Gr(a, a, b)$

2. $Gr(a, b, c) \rightarrow Gr(b, a, c) \,\&\, Gr(a, c, b)$

3. $Gr(a, b, c) \,\&\, Gr(a, b, d) \,\&\, a \neq b \rightarrow Gr(a, c, d)$

4. $\overline{Gr(\alpha, \beta, \gamma)}$

II. 1. $Zw(a, b, c) \rightarrow Gr(a, b, c)$

2. $\overline{Zw(a, b, b)}$

3. $Zw(a, b, c) \rightarrow Zw(a, c, b) \,\&\, \overline{Zw(b, a, c)}$

4. $a \neq b \rightarrow Zw(a, b, \varphi(a, b))$

5. $$\overline{Gr(a, b, c)} \,\&\, Zw(p, a, b) \,\&\, \overline{Gr(q, a, b)} \,\&\, \overline{Gr(c, p, q)} \rightarrow Gr(p, q, \psi(a, b, c, p, q)) \,\&\, \big(Zw(\psi(a, b, c, p, q), a, c) \vee Zw(\psi(a, b, c, p, q), b, c)\big).$$

Ein solches System von eigentlichen Axiomen, in welchem alle Seinszeichen mittels symbolischer Auflösung eliminiert und alle vorkommenden Variablen freie Individuenvariablen sind, wollen wir ein Axiomensystem „in aufgelöster Form" nennen.

Zu einem jeden System von eigentlichen Axiomen (S), in dem gebundene Variablen auftreten, erhalten wir mittels der Prozesse der symbolischen Auflösung und des Austauschs gebundener Variablen gegen freie ein entsprechendes Axiomensystem (S') in aufgelöster Form. Über das deduktive Verhältnis zwischen den beiden Systeme (S), (S') wissen wir zunächst, daß die Formeln von (S) aus denen von (S') mittels des Prädikatenkalkuls ableitbar sind. Hieraus folgt insbesondere, daß *mit einem Nachweis der Widerspruchsfreiheit von* (S') *a fortiori die Widerspruchsfreiheit von* (S) *erwiesen* ist. Für den Fall, daß die beim Übergang von (S) zu (S') eingeführten Symbole ausschließlich Individuensymbole sind, haben wir überdies erkannt, daß die beiden Systeme (S), (S') gleichwertig sind, in einem genauer präzisierten Sinn, wonach jede dem Formalismus des Systems (S) angehörige Formel, die durch das System (S') ableitbar ist, auch durch (S) ableitbar ist, und somit insbesondere die Widerspruchsfreiheit von (S) mit derjenigen von (S') zusammenfällt.

Es kommt nun darauf an, ein entsprechendes Ergebnis auch für den allgemeinen Fall zu gewinnen, wo zum Übergang von (S) zu (S') auch neue Funktionszeichen eingeführt sein können.

[1] Vgl. Bd. I, S. 5—6.

Neben dieser Fragestellung wird aber auch eine andere Frage durch unsere Betrachtung angeregt: nämlich ob es nicht möglich ist, die Ausschaltung der gebundenen Variablen, die beim Übergang von einem Axiomensystem mit gebundenen Variablen zu einem solchen in aufgelöster Form vollzogen wird, auch auf die Ableitungen auszudehnen, insoweit es sich um die Ableitung von Formeln ohne gebundene Variablen handelt.

Diese Frage ist für die Untersuchung der Widerspruchsfreiheit von Bedeutung. Denn, wie wir wissen, genügt es ja zur Feststellung der Widerspruchsfreiheit eines Formalismus, welcher den gewöhnlichen Aussagenkalkul enthält, von einer einzigen Formel die Unableitbarkeit nachzuweisen. Auf Grund dieses Umstandes konnten wir ja für die Formalismen, welche das Symbol 0 und das erste Gleichheitsaxiom enthalten, die Widerspruchsfreiheit durch die Unableitbarkeit der Formel $0 \neq 0$ charakterisieren. An Stelle der Formel $0 \neq 0$ können wir für einen beliebigen Formalismus irgendeine Formel der Gestalt $\mathfrak{A} \,\&\, \overline{\mathfrak{A}}$ nehmen, und wir können darin $\mathfrak{A}$ als eine Formel ohne gebundene Variable wählen. Somit kommt die Untersuchung der Widerspruchsfreiheit eines Formalismus auf eine Frage betreffend die Ableitbarkeit einer gewissen Formel ohne gebundene Variable hinaus.

Angenommen nun, es lasse sich zeigen, daß die Ableitung einer Formel ohne gebundene Variablen aus einem Axiomensystem in aufgelöster Form, sofern sie überhaupt möglich ist, sich stets auch ohne Benutzung gebundener Variablen vollziehen läßt, so wird damit die Untersuchung der Widerspruchsfreiheit eines solchen Axiomensystems erheblich vereinfacht; denn an Stelle des Formalismus bestehend aus dem Axiomensystem in Verbindung mit dem Prädikatenkalkul tritt dann der viel engere Formalismus, welcher aus der Verbindung jenes Axiomensystems mit dem elementaren Kalkul mit freien Variablen[1] besteht.

Für die Behandlung der beiden Fragen erweist sich als geeignetes Hilfsmittel das Hilbertsche ε-Symbol, zu dessen Einführung wir jetzt übergehen wollen.

2. Das Hilbertsche ε-Symbol und die ε-Formel.

Auf das Hilbertsche ε-Symbol und die dieses charakterisierende Formel werden wir von der Betrachtung des Prozesses der symbolischen Auflösung auf folgendem Wege hingeführt.

Die Einführung eines Funktionszeichens $\mathfrak{f}(a, \ldots, k)$ durch den Prozeß der symbolischen Auflösung einer Existenzialformel

$$(E x)\, \mathfrak{A}(a, \ldots, k, x)$$

unterscheidet sich von der Einführung eines solchen Funktionszeichens, wie sie vermittels der ι-Regel erfolgt, nur darin, daß die Bedingung der

[1] Vgl. Suppl. I, S. 393.

Ableitbarkeit der Formel

$$(x)\,(y)\,\big(\mathfrak{A}(a,\ldots,k,x)\ \&\ \mathfrak{A}(a,\ldots,k,y)\to x=y\big)$$

wegfällt.

Hiernach ist es naheliegend, die symbolische Auflösung in allgemeiner Form durch diejenige Modifikation der ι-Regel auszuführen, die wir erhalten, indem wir die zweite Unitätsformel (als Prämisse) weglassen. Die modifizierte ι-Regel spricht sich — wenn wir an Stelle des Buchstabens ι zur Unterscheidung den Buchstaben η nehmen — folgendermaßen aus: Wenn eine Formel $(E\mathfrak{v})\,\mathfrak{A}(\mathfrak{v})$ abgeleitet oder ein Axiom ist, so kann $\eta_{\mathfrak{v}}\mathfrak{A}(\mathfrak{v})$ als Term eingeführt und die Formel

$$\mathfrak{A}\big(\eta_{\mathfrak{v}}\mathfrak{A}(\mathfrak{v})\big)$$

als Ausgangsformel genommen werden.

Dabei ist die Angabe „$\mathfrak{A}(\eta_{\mathfrak{v}}\mathfrak{A}(\mathfrak{v}))$" — entsprechend wie früher die Angabe der Endformel des Schemas für das ι-Symbol — so zu verstehen, daß eventuell in dem inneren Ausdruck $\mathfrak{A}(\mathfrak{v})$ zur Vermeidung von „Kollisionen zwischen gebundenen Variablen" eine oder mehrere gebundene Variablen umbenannt sein können[1].

Bemerkung. Diese „η-Regel" enthält gegenüber dem vorher betrachteten Verfahren der symbolischen Auflösung zwei zusätzliche Momente: Erstens erstreckt sich die Regel auf den Fall, daß in der Formel $(E\mathfrak{v})\,\mathfrak{A}(\mathfrak{v})$ Formelvariablen auftreten. Zweitens wird durch die Schreibweise $\eta_{\mathfrak{v}}\mathfrak{A}(\mathfrak{v})$ die Zuordnung des einzuführenden Symbols zu der Formel $\mathfrak{A}(\cdot)$ explizit gemacht, was insbesondere zur Folge hat, daß sich Übereinstimmungen ergeben können zwischen Funktionen, die aus getrennt eingeführten η-Symbolen durch Einsetzungen hervorgehen.

Sei z. B. $\mathfrak{A}(a, b, c)$ eine Formel, für welche sich zwar nicht

$$(Ex)\,\mathfrak{A}(a, b, x),$$

wohl aber

$$(Ex)\,\mathfrak{A}(0, b, x) \quad \text{sowie auch} \quad (Ex)\,\mathfrak{A}(a, 1, x)$$

ableiten läßt. Wir können dann mittels der η-Regel die Symbole

$$\eta_x\mathfrak{A}(0, b, x) \quad \text{und} \quad \eta_x\mathfrak{A}(a, 1, x)$$

einführen; setzen wir in dem ersten 1 für b, in dem zweiten 0 für a ein, so entsteht beidemal

$$\eta_x\mathfrak{A}(0, 1, x).$$

Wird dagegen anstatt $\eta_x\mathfrak{A}(0, b, x)$ ein Funktionszeichen $\mathfrak{f}(b)$ nebst der Formel $\mathfrak{A}\big(0, b, \mathfrak{f}(b)\big)$ und anstatt $\eta_x\mathfrak{A}(a, 1, x)$ ein Funktionszeichen $\mathfrak{g}(a)$ nebst der Formel $\mathfrak{A}\big(a, 1, \mathfrak{g}(a)\big)$ eingeführt, so erhalten wir anstatt des einen Ausdrucks $\eta_x\mathfrak{A}(0, 1, x)$ die beiden verschiedenen Ausdrücke $\mathfrak{f}(1)$

---

[1] Vgl. die diesbezüglichen Bemerkungen zur ι-Regel, Bd. I, S. 394—395, sowie auch die Fassung der Regel im Supplement I, S. 394. — Es lohnt sich hier nicht, den Formalismus des η-Symbols näher zu betrachten, da das η-Symbol uns nur zur Überleitung auf das ε-Symbol dient.

und $\mathfrak{g}(0)$. Und es besteht eventuell auch nicht die Möglichkeit, die Gleichung

$$\mathfrak{f}(1) = \mathfrak{g}(0)$$

abzuleiten; denn wir haben zwar die Formeln

$$\mathfrak{A}\big(0, 1, \mathfrak{f}(1)\big), \quad \mathfrak{A}\big(0, 1, \mathfrak{g}(0)\big)$$

zur Verfügung, aber es braucht ja nicht die Formel

$$(x)(y)\big(\mathfrak{A}(0, 1, x) \,\&\, \mathfrak{A}(0, 1, y) \to x = y\big)$$

ableitbar zu sein.

Gemäß der formulierten η-Regel ist die Bildung von $\eta_{\mathfrak{v}} \mathfrak{A}(\mathfrak{v})$, entsprechend wie diejenige von $\iota_{\mathfrak{v}} \mathfrak{A}(\mathfrak{v})$, noch an eine Bedingung geknüpft, welche die Ableitbarkeit einer Formel, nämlich der Formel $(E\mathfrak{v})\, \mathfrak{A}(\mathfrak{v})$ betrifft. Von dieser Beschränkung können wir uns nun auf folgendem Wege befreien.

Wir gehen aus von der ableitbaren Formel

$$\overline{(E y)}\, A(y) \vee (E x)\, A(x),$$

aus der wir durch Umformungen des Prädikatenkalkuls die Formel

$$(E x\big((E y A(y) \to A(x)\big)$$

erhalten. Auf Grund der Ableitbarkeit dieser Formel können wir gemäß der η-Regel den Term

$$\eta_x\big((E y)\, A(y) \to A(x)\big)$$

einführen und die Formel

$$(E y)\, A(y) \to A\big(\eta_x((E y)\, A(y) \to A(x))\big)$$

als Ausgangsformel nehmen.

Definieren wir nun das Symbol $\varepsilon_x A(x)$ explizite mittels der Gleichung

$$\varepsilon_x A(x) = \eta_x\big((E y)\, A(y) \to A(x)\big),$$

so geht aus der vorigen Formel — wenn noch die im Vorderglied stehende Variable y in x umbenannt wird — die Formel

$$(E x)\, A(x) \to A\big(\varepsilon_x A(x)\big)$$

hervor. Durch diese Formel, in welcher wir die gebundene Variable im Vorderglied sowie im Hinterglied in eine beliebige andere umbenennen können, wird jede weitere Anwendung des η-Symbols entbehrlich; denn wir erhalten aus ihr, wenn eine Formel

$$(E\,\mathfrak{v})\, \mathfrak{A}(\mathfrak{v})$$

abgeleitet ist, mittels einer Einsetzung[1] und des Schlußschemas sogleich

$$\mathfrak{A}\big(\varepsilon_{\mathfrak{v}}\, \mathfrak{A}(\mathfrak{v})\big).$$

[1] Auf die hierbei betreffs der gebundenen Variablen zu beachtenden genaueren Festsetzungen werden wir gleich näher zu sprechen kommen.

Hiernach liegt es nahe, die η-Regel gänzlich auszuschalten und dafür das Symbol $\varepsilon_{\mathfrak{v}} A(\mathfrak{v})$ als Grundzeichen in Verbindung mit der Formel

$$(\varepsilon_0) \qquad (Ex)\, A(x) \to A(\varepsilon_x A(x))$$

in den Formalismus einzuführen.

An dieser Formel fällt auf, daß sie mit der Formel (μ_1) für das Symbol $\mu_x A(x)$ — abgesehen von der Benennung des Symbols — vollkommen übereinstimmt[1]. Diese Formel (μ_1) hatten wir abgeleitet auf Grund einer expliziten Definition von $\mu_x A(x)$ durch einen ι-Term. Wir ersehen hieraus, daß für den Formalismus der Zahlentheorie die durch das ε-Symbol und die Formel (ε_0) formalisierte Schlußweise nichts Neues liefert, vielmehr auf die Anwendung der ι-Regel zurückführbar ist.

Dieser Sachverhalt findet auch vom inhaltlichen Standpunkt leicht seine Erklärung: Die Formel (ε_0) ist gleichwertig der η-Regel; diese aber geht über die ι-Regel nur insofern hinaus, als sie, wegen der Auslassung der zweiten Unitätsformel, eine Anwendung des Auswahlprinzips in sich schließt. In der Zahlentheorie bedarf es aber nicht des Auswahlprinzips, da ja, auf Grund der Gültigkeit des Prinzips der kleinsten Zahl, in jeder Zahlengesamtheit ohnehin eine Zahl als die kleinste ausgezeichnet ist. Diesem Zusammenhang entspricht es auch, daß zur Einführung des ι-Terms, durch welchen $\mu_x A(x)$ definiert wird, wesentlich die Formel für das Prinzip der kleinsten Zahl benutzt wird.

Das ε-Symbol bildet somit eine Art der Verallgemeinerung des μ-Symbols für einen beliebigen Individuenbereich. Der Form nach stellt es eine Funktion eines variablen Prädikates dar, welches außer demjenigen Argument, auf welches sich die zu dem ε-Symbol gehörige gebundene Variable bezieht, noch freie Variable als Argumente („Parameter") enthalten kann. Der Wert dieser Funktion für ein bestimmtes Prädikat $\mathfrak{A}$ (bei Festlegung der Parameter) ist ein Ding des Individuenbereichs, und zwar ist dieses Ding gemäß der inhaltlichen Übersetzung der Formel (ε_0) *ein solches, auf das jenes Prädikat $\mathfrak{A}$ zutrifft, vorausgesetzt, daß es überhaupt auf ein Ding des Individuenbereichs zutrifft.*

Der Ansatz einer solchen universellen Zuordnung von Dingen zu Prädikaten erscheint als eine sehr starke Annahme. Jedoch ist zu bedenken, daß in dem Formalismus der ersten Stufe, wo ja keine gebundenen Formelvariablen vorkommen, die Auswirkung dieser Zuordnung nur eine sehr begrenzte ist, da die Variable A des Symbols $\varepsilon_x A(x)$ nicht anders als durch eine Einsetzung eliminiert werden kann.

Mit dieser Erwägung ist freilich noch nicht der Eindruck des Anstößigen behoben, den die Einführung des ε-Symbols nebst der zugehörigen Formel vom Standpunkt der logischen Systematik erweckt: Es erscheint als unsachgemäß, in den logischen Formalismus ein Symbol von der

[1] Vgl. Bd. I, § 8, S. 405 bzw. Supplement I, S. 399.

Form einer universellen Prädikatenfunktion einzuführen, während andererseits keine logische Bestimmung einer solchen Funktion vorliegt.

Diesem Einwand können wir jedoch leicht begegnen: Es besteht ja keineswegs die Notwendigkeit, das ε-Symbol in den endgültigen deduktiven Aufbau des logisch-mathematischen Formalismus einzubeziehen. Vielmehr kann das Operieren mit dem ε-Symbol als ein bloßer Hilfskalkul angesehen werden, der für viele metamathematischen Überlegungen von erheblichem Vorteil ist.

Unter diesem Gesichtspunkt der metamathematischen Anwendung erweist es sich als zweckmäßig, an der Art der Einführung des ε-Symbols noch eine kleine Modifikation anzubringen, welche darin besteht, daß wir anstatt der Formel (ε_0)

$$(E\,x)\,A\,(x) \rightarrow A\left(\varepsilon_x A\,(x)\right)$$

die ihr deduktionsgleiche, von dem Seinszeichen freie Formel

$$A\,(a) \rightarrow A\left(\varepsilon_x A\,(x)\right)$$

als Axiom für das ε-Symbol nehmen. Diese werde kurz als die „*ε-Formel*" bezeichnet.

Mit der Einführung der ε-Formel als Ausgangsformel verbinden sich folgende Festsetzungen:

1. Wenn $\mathfrak{A}(a)$ eine Formel ist, welche die gebundene Variable $\mathfrak{x}$ nicht enthält, so ist $\varepsilon_{\mathfrak{x}}\,\mathfrak{A}(\mathfrak{x})$ ein Term. Wir nennen einen Term dieser Gestalt einen „ε-Term".

2. Für die zu einem ε-Symbol gehörige gebundene Variable gilt die Regel der Umbenennung. Diese unterliegt jedoch der einschränkenden Bedingung, daß „Kollisionen zwischen gebundenen Variablen" vermieden werden müssen. Diese Bedingung ist jetzt ganz entsprechend zu fassen, wie wir sie früher für die ι-Symbole formuliert haben[1]: Es muß vermieden werden, daß im Bereich eines Quantors $(\mathfrak{x})$, $(E\,\mathfrak{x})$ oder eines ε-Symbols $\varepsilon_{\mathfrak{x}}$ eines dieser Symbole mit der gleichen gebundenen Variablen $\mathfrak{x}$ auftritt.

3. Auch die Einsetzungen für die freien Individuen- und Formelvariablen sind durch die Bedingung der Vermeidung von Kollisionen beschränkt. Damit jedoch hierdurch keine zu weit gehende Behinderung verursacht wird, lassen wir zu, daß zusammen mit einer Einsetzung eine Umbenennung von einer oder mehreren gebundenen Variablen in einem Schritt vorgenommen wird.

In der Tat würden wir durch die Forderung der Vermeidung von Kollisionen daran gehindert sein, in die ε-Formel für die Nennform $A\,(c)$ der Formelvariablen eine Formel $\mathfrak{A}(c)$ einzusetzen, bei welcher die Variable c im Bereich eines Quantors oder eines ε-Symbols steht. Diese Schwierigkeit wird behoben, indem wir zulassen, daß mit der Einsetzung unmittelbar eine Umbenennung verbunden wird, so daß

[1] Vgl. Bd. I, § 8, S. 394—395 bzw. Supplement I, S. 394.

wir in dem betrachteten Fall eine Formel der Gestalt

$$\mathfrak{A}(a) \rightarrow \mathfrak{A}\left(\varepsilon_x \mathfrak{A}^*(x)\right)$$

erhalten, worin $\mathfrak{A}^*(x)$ sich von $\mathfrak{A}(x)$ durch die Benennung einer oder mehrerer gebundener Variablen unterscheidet[1].

Sei z. B. $\mathfrak{A}(c)$ die Formel

$$(E y)(c = y),$$

so kann die Einsetzung in die ε-Formel in Verbindung mit einer Umbenennung so ausgeführt werden: Zunächst tritt an Stelle von $\varepsilon_x A(x)$ der Term

$$\varepsilon_x\left((E y)(x = y)\right),$$

für den wir auch kürzer — unter Beseitigung der entbehrlichen äußeren Klammer —

$$\varepsilon_x(E y)(x = y)$$

schreiben[2].

Hier benennen wir nun y in z um, so daß wir

$$\varepsilon_x(E z)(x = z)$$

erhalten. Nunmehr tritt an Stelle von $A\left(\varepsilon_x A(x)\right)$ die Formel

$$(E y)\left(\varepsilon_x(E z)(x = z) = y\right)$$

und an Stelle von $A(a)$ die Formel

$$(E y)(a = y),$$

so daß wir im ganzen erhalten:

$$(E y)(a = y) \rightarrow (E y)\left(\varepsilon_x(E z)(x = z) = y\right).$$

In entsprechender Weise können wir allenthalben durch geeignete Umbenennungen Kollisionen zwischen gebundenen Variablen verhüten. Die hierzu auszuführenden Umbenennungen sollen nicht jedesmal einzeln erwähnt werden. Auch wollen wir uns bei der Anwendung von Zeichen zur Mitteilung die Freiheit nehmen, Formeln, die sich nur in der Benennung von gebundenen Variablen unterscheiden, mit dem gleichen Buchstaben zu bezeichnen.

Ferner soll überall, wo wir von „gleichen" oder „verschiedenen" Termen sprechen, die Gleichheit bzw. Verschiedenheit abgesehen von der Benennung der gebundenen Variablen gemeint sein, sofern nicht ausdrücklich Gegenteiliges bemerkt ist.

Die Vorteile, welche die Einführung des ε-Symbols und der ε-Formel bietet, treten sogleich zutage, wenn wir uns ihre nächsten deduktiven Konsequenzen klar machen.

---

[1] Zur Bestimmung von $\mathfrak{A}^*(x)$ vgl. auch Bd. I, S. 394.

[2] Allgemein sei für die Zusammensetzungen von Quantoren und ε-Symbolen verabredet, so wie es bisher schon für die Zusammensetzungen von Quantoren geschah, daß Klammern überall da weggelassen werden können, wo die Art der Zusammenfassung nicht zweifelhaft ist.

Zunächst gelangen wir von der ε-Formel mittels des Schemas (β)[1] zu der Formel (ε_0) zurück, und diese ergibt, zusammen mit der Formel

$$A\left(\varepsilon_x A(x)\right) \rightarrow (E x)\, A(x),$$

welche aus der Grundformel (b) durch Einsetzung entsteht, die Äquivalenz

$$(\varepsilon_1) \qquad (E x)\, A(x) \sim A\left(\varepsilon_x A(x)\right).$$

Indem wir hierin für die Nennform $A(a)$ einsetzen $\overline{A(a)}$ und von beiden Seiten der so entstehenden Äquivalenz die Negation bilden, erhalten wir zunächst

$$\overline{(E x)}\, \overline{A(x)} \sim \overline{\overline{A\left(\varepsilon_x \overline{A(x)}\right)}}$$

und daraus weiter:

$$(\varepsilon_2) \qquad (x)\, A(x) \sim A\left(\varepsilon_x \overline{A(x)}\right).$$

Die Gestalt der Formeln (ε_1), (ε_2) legt uns den Gedanken nahe, ob wir nicht *diese Äquivalenzen als explizite Definitionen für das Seinszeichen und das Allzeichen nehmen* und dadurch die Grundformeln (a), (b)[1] und die Schemata (α), (β) entbehrlich machen können.

Diese Möglichkeit besteht in der Tat. Nämlich die ε-Formel zusammen mit (ε_1) ergibt mittels des Aussagenkalkuls die Formel (b)

$$A(a) \rightarrow (E x)\, A(x);$$

setzen wir ferner in die ε-Formel für die Nennform $A(c)$ ein $\overline{A(c)}$, so ergibt sich zunächst

$$\overline{A(a)} \rightarrow \overline{A\left(\varepsilon_x \overline{A(x)}\right)}$$

und daraus weiter durch Kontraposition die Formel

$$A\left(\varepsilon_x \overline{A(x)}\right) \rightarrow A(a),$$

welche in Verbindung mit der Formel (ε_2) die Formel (a)

$$(x)\, A(x) \rightarrow A(a)$$

liefert.

Nun bleiben noch die Schemata (α), (β) zu betrachten; diese aber lassen sich mittels der Äquivalenzen (ε_1), (ε_2) auf bloße Einsetzungen zurückführen. Denn aus einer Formel

$$\mathfrak{A} \rightarrow \mathfrak{B}(a),$$

in welcher die Variable a nur an der angegebenen Argumentstelle und x nicht innerhalb von $\mathfrak{B}(a)$ auftritt, erhalten wir durch Einsetzung die Formel

$$\mathfrak{A} \rightarrow \mathfrak{B}\left(\varepsilon_x \overline{\mathfrak{B}(x)}\right)$$

und diese, zusammen mit der Formel

$$(x)\, \mathfrak{B}(x) \sim \mathfrak{B}\left(\varepsilon_x \overline{\mathfrak{B}(x)}\right),$$

welche durch Einsetzung aus (ε_2) erhalten wird, ergibt die Formel

$$\mathfrak{A} \rightarrow (x)\, \mathfrak{B}(x).$$

Entsprechend erhalten wir aus einer Formel

$$\mathfrak{B}(a) \rightarrow \mathfrak{A},$$

[1] Vgl. Suppl. I, S. 391.

worin a nur an der angegebenen Argumentstelle und x nicht innerhalb von $\mathfrak{B}(a)$ auftritt, durch Einsetzung

$$\mathfrak{B}(\varepsilon_x \mathfrak{B}(x)) \rightarrow \mathfrak{A}$$

und aus dieser, zusammen mit der Formel

$$(E x)\, \mathfrak{B}(x) \sim \mathfrak{B}(\varepsilon_x \mathfrak{B}(x)),$$

welche aus (ε_1) durch Einsetzung hervorgeht, die Formel

$$(E x)\, \mathfrak{B}(x) \rightarrow \mathfrak{A}.$$

Somit ergibt sich, daß der Formalismus, den wir aus dem elementaren Kalkul mit freien Variablen durch Hinzunahme der ε-Formel und der Definitionen (ε_1), (ε_2) gewinnen, *bereits den gesamten Prädikatenkalkul in sich schließt.*

Eine weitere Bemerkung betreffs der Vorteile der Einführung des ε-Symbols ist, daß durch die Hinzufügung des ε-Symbols und der ε-Formel zum Prädikatenkalkul die ι-Regel entbehrlich wird. *Das ε-Symbol übernimmt völlig die Rolle des ι-Symbols.* Denn für jede Formel $\mathfrak{A}(c)$, für welche die zugehörigen Unitätsformeln ableitbar sind, ist insbesondere $(E x)\,\mathfrak{A}(x)$ ableitbar; andererseits erhalten wir aus der Formel (ε_0) durch Einsetzung

$$(E x)\, \mathfrak{A}(x) \rightarrow \mathfrak{A}(\varepsilon_x \mathfrak{A}(x));$$

und somit ergibt sich

$$\mathfrak{A}(\varepsilon_x \mathfrak{A}(x)),$$

d. h. die Formel, welche aus der Endformel des auf $\mathfrak{A}(c)$ angewandten ι-Schemas mittels der Ersetzung des ι-Symbols durch das ε-Symbol hervorgeht[1].

Während aber das ι-Symbol nur auf solche Formeln anwendbar ist, deren zugehörige Unitätsformeln abgeleitet sind, kann das ε-Symbol auf beliebige Formeln mit einer freien Individuenvariablen angewendet werden.

Schließlich gewinnen wir durch Anwendung des ε-Symbols und der ε-Formel eine *generelle Formalisierung des Prozesses der symbolischen Auflösung*[2]. Wollen wir nämlich diesen Prozeß auf eine Formel

$$(E \mathfrak{v})\, \mathfrak{A}(\mathfrak{a}, \ldots, \mathfrak{k}, \mathfrak{v})$$

anwenden, worin $\mathfrak{a}, \ldots, \mathfrak{k}$ die vorkommenden freien Variablen sind, so brauchen wir nur die (mittels der ε-Formel ableitbare) Formel (ε_0)

$$(E x)\, A(x) \rightarrow A(\varepsilon_x A(x))$$

---

[1] Wir können uns diese Rolle des ε-Symbols an Hand der inhaltlichen Deutung ersichtlich machen. Gemäß dieser stellt ja ein ε-Term $\varepsilon_{\mathfrak{x}} \mathfrak{A}(\mathfrak{x})$ für ein Prädikat $\mathfrak{A}(c)$, das auf mindestens ein Ding des Individuenbereiches zutrifft, ein solches Ding dar, auf das dieses Prädikat zutrifft, insbesondere also für ein Prädikat $\mathfrak{A}(c)$, das auf ein einziges Ding zutrifft, eben dieses betreffende Ding; dieses wird aber auch durch den ι-Term $\iota_{\mathfrak{x}} \mathfrak{A}(\mathfrak{x})$ dargestellt.

[2] Vgl. S. 6.

anzuwenden, aus der wir durch Einsetzung (eventuell nebst Umbenennung) die Formel

$$(E\mathfrak{v})\,\mathfrak{A}(\mathfrak{a},\ldots,\mathfrak{k},\mathfrak{v}) \rightarrow \mathfrak{A}\big(\mathfrak{a},\ldots,\mathfrak{k},\varepsilon_{\mathfrak{v}}\mathfrak{A}(\mathfrak{a},\ldots,\mathfrak{k},\mathfrak{v})\big)$$

erhalten. Diese ergibt, nach Einführung der expliziten Definition

$$\mathfrak{f}(a,\ldots,k) = \varepsilon_{\mathfrak{v}}\mathfrak{A}(a,\ldots,k,\mathfrak{v}),$$

zusammen mit $(E\mathfrak{v})\,\mathfrak{A}(\mathfrak{a},\ldots,\mathfrak{k},\mathfrak{v})$ die Formel

$$\mathfrak{A}\big(\mathfrak{a},\ldots,\mathfrak{k},\mathfrak{f}(\mathfrak{a},\ldots,\mathfrak{k})\big).$$

Bemerkung. Die formale Anwendung der expliziten Definition von $\mathfrak{f}(a,\ldots,k)$ erfordert die Benutzung der Gleichheitsaxiome. Falls wir in dem betreffenden Formalismus die Gleichheitsaxiome nicht zur Verfügung haben, so können wir die explizite Definition auch als eine *Ersetzungsregel* fassen, gemäß welcher allenthalben ein Ausdruck $\varepsilon_{\mathfrak{v}}\mathfrak{A}(\mathfrak{a},\ldots,\mathfrak{k},\mathfrak{v})$ durch $\mathfrak{f}(\mathfrak{a},\ldots,\mathfrak{k})$ und auch dieser durch jenen ersetzt werden kann.

Allgemein ist zu beachten, daß bei einer expliziten Definition in Form einer Ersetzungsregel in ganz der gleichen Weise wie bei den durch Gleichungen oder Äquivalenzen dargestellten expliziten Definitionen die Möglichkeit besteht, das durch sie eingeführte Symbol aus einem Beweise, in dem es benutzt wird, und dessen Endformel von dem Symbol frei ist, zu eliminieren; vorausgesetzt ist dabei die Erfüllung der Bedingung, die für alle expliziten Definitionen besteht: daß die in dem definierenden Ausdruck auftretenden Variablen, und nur diese, Argumente des zu definierenden Symbols sind[1].

Wir stellen somit fest, daß das ε-Symbol vermöge seiner Charakterisierung durch die ε-Formel dreierlei leistet: Es liefert zusammen mit den Definitionen (ε_1), (ε_2) die Formeln und Schemata für die Quantoren, es tritt an die Stelle des ι-Symbols und es führt die symbolischen Auflösungen auf explizite Definitionen zurück.

Diese Eigenschaften des ε-Symbols, um derentwillen es von HILBERT in die Beweistheorie eingeführt wurde, gilt es nun für die von uns aufgeworfenen Fragestellungen[2] zu verwerten. Wir wollten uns einerseits vergewissern, daß der Übergang von einem System (S) von eigentlichen Axiomen zu einem entsprechenden Axiomensystem (S') in aufgelöster Form bei Zugrundelegung des Prädikatenkalkuls eine unbedenkliche Art der Erweiterung des Formalismus bildet in dem Sinne, daß eine jede Formel des Ausgangsformalismus, die mittels des Systems (S') ableitbar ist, auch aus dem System (S) ableitbar ist. Die andere gestellte Aufgabe war, zu zeigen, daß eine jede Formel, die aus einem in aufgelöster Form vorliegenden Axiomensystem mittels des Prädikatenkalkuls ableitbar ist, und welche selbst keine gebundene Variable enthält, stets auch in solcher Weise abgeleitet werden kann, daß überhaupt keine gebundenen Variablen dabei benutzt werden.

[1] Vgl. Bd. I, § 7, S. 292–293 bzw. Suppl. I, S. 395f.

[2] Vgl. S. 8f.

Die Lösung dieser beiden Aufgaben kommt nun, auf Grund des Umstandes, daß jede symbolische Auflösung sich mittels der ε-Formel vollziehen läßt, auf den Beweis zweier Theoreme über das ε-Symbol hinaus, für deren Beweis es sich empfiehlt, die Reihenfolge der beiden genannten Probleme umzukehren, und welche in dieser umgekehrten Reihenfolge als *erstes* und *zweites ε-Theorem* bezeichnet werden mögen.

Diese Theoreme beziehen sich beide auf einen Formalismus F, der aus dem Prädikatenkalkul dadurch hervorgeht, daß zu den Symbolen das ε-Symbol und sonst noch gewisse Individuen-, Prädikaten- und Funktionssymbole hinzutreten und zu den Ausgangsformeln die ε-Formel und außerdem gewisse *eigentliche, von dem ε-Symbol freie Axiome* $\mathfrak{P}_1, \ldots, \mathfrak{P}_{\mathfrak{k}}$ hinzugenommen werden. Für einen solchen Formalismus F besagen nun die beiden Theoreme folgendes:

1. Ist $\mathfrak{E}$ eine in F ableitbare Formel, welche keine gebundene Variable enthält, und enthalten auch die Axiome $\mathfrak{P}_1, \ldots, \mathfrak{P}_{\mathfrak{k}}$ keine gebundenen Variablen, so kann die Formel $\mathfrak{E}$ aus den Axiomen $\mathfrak{P}_1, \ldots, \mathfrak{P}_{\mathfrak{k}}$ ganz ohne Benutzung von gebundenen Variablen, also lediglich mittels des elementaren Kalkuls mit freien Variablen[1] abgeleitet werden („Erstes ε-Theorem").

2. Ist $\mathfrak{E}$ eine in F ableitbare Formel, welche kein ε-Symbol enthält, so kann diese aus den Axiomen $\mathfrak{P}_1, \ldots, \mathfrak{P}_{\mathfrak{k}}$ ohne Benutzung des ε-Symbols allein mittels des Prädikatenkalkuls abgeleitet werden („Zweites ε-Theorem").

Als Folgerung aus dem ersten ε-Theorem erhalten wir insbesondere das folgende gar nicht mehr auf das ε-Symbol bezügliche Theorem — man möge es „Theorem der elementaren Ableitung" nennen: Wenn aus einem System von eigentlichen Axiomen, welche keine gebundene Variablen enthalten, eine Formel $\mathfrak{E}$, die ebenfalls keine gebundene Variable enthält, mittels des Prädikatenkalkuls ableitbar ist, so kann die Ableitung auch schon durch den elementaren Kalkul mit freien Variablen erfolgen[2].

Wir wenden uns vorderhand dem Beweis des ersten ε-Theorems zu. Aus den an dieses sich anschließenden Überlegungen wird sich hernach das zweite ε-Theorem als Folgerung ergeben[3].

3. Beweis des ersten ε-Theorems.

a) Vorbereitungen. Wir beginnen den Beweis des ersten ε-Theorems mit einigen vorbereitenden Reduktionen. Was zunächst die Endformel $\mathfrak{E}$ der zu betrachtenden Ableitung betrifft, so ist ja von dieser voraus-

[1] Vgl. Suppl. I, S. 393.

[2] Dieser Satz ergibt sich auch als Spezialfall eines allgemeineren Satzes über den Prädikatenkalkul, den Erik Stenius in der Abhandlung „Über das Interpretationsproblem der formalisierten Zahlentheorie" (Acta Academiae Aboensis Math. et Phys. XVIII. 3, Abo 1952) bewies.

[3] Vgl. S. 130ff.

gesetzt, daß sie keine gebundene Variable enthält. Wir können aber ohne Beschränkung der Allgemeinheit zugleich annehmen, daß sie auch keine freie Variable enthält.

Nämlich was die Formelvariablen ohne Argument anbelangt, so ist eine Formel mit einer darin vorkommenden Formelvariablen ohne Argument $\mathfrak{B}$ einer jeden Formel deduktionsgleich, die man aus ihr erhält, indem man allenthalben $\mathfrak{B}$ durch $\mathfrak{W}(\mathfrak{a})$ ersetzt, wobei $\mathfrak{W}(\cdot)$ eine vorher nicht vorkommende Formelvariable mit einem Argument und $\mathfrak{a}$ einen beliebig zu wählenden Term bedeutet; und zwar besteht die Deduktionsgleichheit, wenn die betrachtete Formel keine gebundene Variable enthält, bereits auf Grund des Aussagenkalkuls[1].

Es gehe nun aus der Formel $\mathfrak{E}$ die Formel $\mathfrak{E}_1$ hervor, indem für jede der etwa in $\mathfrak{E}$ vorkommenden Formelvariablen ohne Argument eine Ersetzung der beschriebenen Art vorgenommen wird; ferner entstehe aus $\mathfrak{E}_1$ die Formel $\mathfrak{E}_2$, indem jede in $\mathfrak{E}_1$ auftretende Individuenvariable durch je ein neu eingeführtes Individuensymbol und jede Formelvariable mit Argumenten durch ein neues Prädikatensymbol mit der gleichen Anzahl von Argumenten ersetzt wird.

Dann läßt sich die Formel $\mathfrak{E}_2$ aus $\mathfrak{E}_1$ und diese aus $\mathfrak{E}$ durch Einsetzungen erhalten. Aus einer Ableitung von $\mathfrak{E}$ durch den Formalismus F gewinnen wir also eine Ableitung von $\mathfrak{E}_2$. Die neue Endformel $\mathfrak{E}_2$ enthält nun keine freie Variable. Gilt daher das erste ε-Theorem für den Fall, daß in der abzuleitenden Formel keine freie Variable auftritt, so können wir aus der betreffenden vorliegenden Ableitung von $\mathfrak{E}_2$ eine solche gewinnen, die allein durch den elementaren Kalkul mit freien Variablen erfolgt. In dieser Ableitung können wir dann aber auch nachträglich an Stelle der neu eingeführten Individuen- und Prädikatensymbole — für welche ja keine Axiome aufgestellt sind — ohne Störung des Beweiszusammenhangs entsprechende freie Individuen- und Formelvariablen setzen; auf diese Weise erhalten wir eine durch den elementaren Kalkul mit freien Variablen sich vollziehende Ableitung einer Formel $\mathfrak{E}_3$, aus welcher die Formel $\mathfrak{E}_1$ durch Einsetzungen erhalten wird. Von $\mathfrak{E}_1$ aber gelangen wir zu $\mathfrak{E}$ mittels des Aussagenkalkuls. Somit lassen sich auch aus der Ableitung von $\mathfrak{E}$ die gebundenen Variablen ausschalten.

Es genügt demnach für den Beweis des ersten ε-Theorems, den Fall zu betrachten, daß die Endformel $\mathfrak{E}$ keine freie Variable enthält. Diese Annahme über die Endformel $\mathfrak{E}$ soll im folgenden zugrunde gelegt werden.

---

[1] Ist $\mathfrak{F}(\mathfrak{B})$ die betreffende Formel, $\mathfrak{F}(\mathfrak{W}(\mathfrak{a}))$ die aus ihr durch die angegebene Ersetzung hervorgehende Formel, so wird einerseits aus $\mathfrak{F}(\mathfrak{B})$ die Formel $\mathfrak{F}(\mathfrak{W}(\mathfrak{a}))$ durch Einsetzung erhalten; andererseits erhalten wir aus $\mathfrak{F}(\mathfrak{W}(\mathfrak{a}))$ zunächst, durch Einsetzung, $\mathfrak{F}(\overline{\mathfrak{W}(\mathfrak{a})})$ und weiter, mittels der Formel

$$(\mathfrak{B} \sim \mathfrak{W}(\mathfrak{a})) \vee (\mathfrak{B} \sim \overline{\mathfrak{W}(\mathfrak{a})}),$$

die aus der identischen Formel $(A \sim B) \vee (A \sim \overline{B})$ durch Einsetzung entsteht, die Formel $\mathfrak{F}(\mathfrak{B})$.

Unser zweiter vorbereitender Schritt besteht in der Ausschaltung der All- und Seinszeichen. Wie im vorigen Abschnitt gezeigt wurde, können wir die Anwendung der Grundformeln (a), (b) und der Schemata (α), (β) des Prädikatenkalkuls mit Hilfe der ε-Formel und der expliziten Definitionen (ε_1), (ε_2) entbehrlich machen[1]. Führen wir diese Ausschaltung der Grundformeln und Schemata für die Quantoren an der zu betrachtenden Ableitung der Formel $\mathfrak{E}$ aus und ersetzen wir hernach jeden Ausdruck $(\mathfrak{v})\mathfrak{A}(\mathfrak{v})$ durch $\mathfrak{A}(\varepsilon_{\mathfrak{v}}\overline{\mathfrak{A}(\mathfrak{v})})$, jeden Ausdruck $(E\mathfrak{v})\mathfrak{A}(\mathfrak{v})$ durch $\mathfrak{A}(\varepsilon_{\mathfrak{v}}\mathfrak{A}(\mathfrak{v}))$, so gehen die aus ($\varepsilon_1$), ($\varepsilon_2$) durch Einsetzung gewonnenen Formeln in solche über, die durch Einsetzung aus der Formel $A \sim A$ entstehen. Die Quantoren werden durch dieses Verfahren gänzlich ausgeschaltet, so daß *nunmehr gebundene Variablen ausschließlich in Verbindung mit dem ε-Symbol auftreten, und der Beweiszusammenhang nur durch Wiederholungen, Einsetzungen, Umbenennung gebundener Variablen und Schlußschemata stattfindet.*

Auf die so umgeformte Ableitung können wir nun die Prozesse der Auflösung in „Beweisfäden" und der Rückverlegung der Einsetzungen in die Ausgangsformeln[2] ausüben; und die dann noch verbleibenden freien Variablen können wir ausschalten, indem wir alle Individuenvariablen durch ein und dasselbe (willkürlich zu wählende) Individuensymbol, alle Formelvariablen mit gleicher Zahl von Argumenten durch ein und dasselbe Prädikatensymbol mit derselben Zahl von Argumenten und alle Formelvariablen ohne Argumente durch ein und dieselbe von Variablen freie Formel ersetzen.

Von all den an der betrachteten Ableitung vorzunehmenden Änderungen wird die Endformel $\mathfrak{E}$ nicht betroffen, da sie ja weder Quantoren noch freie Variablen enthält und auch bei der Auflösung der Ableitung in Beweisfäden unverändert bleibt.

Wir gelangen so zu einer Ableitung der Formel $\mathfrak{E}$ — das Wort „Ableitung" in etwas erweitertem Sinne gebraucht[3] — von folgenden Eigenschaften: Alle vorkommenden Formeln sind gebildet aus Individuensymbolen, Prädikatensymbolen, Funktionssymbolen, dem ε-Symbol (mit den jeweiligen gebundenen Variablen) und den Symbolen des Aussagenkalkuls. Jede der Ausgangsformeln ist entweder eine solche Formel, die aus einer identischen Formel des Aussagenkalkuls durch Einsetzung hervorgeht, oder sie ist eines der Axiome $\mathfrak{P}_1, \ldots, \mathfrak{P}_{\mathfrak{k}}$ bzw. entsteht aus einem solchen durch Einsetzung, oder sie geht durch Einsetzung aus der ε-Formel hervor. Der Beweiszusammenhang findet nur durch Wiederholungen, Umbenennungen von gebundenen Variablen und Schlußschemata statt. Eine solche Ableitung mit den genannten Eigenschaften wollen wir als „normierten Beweis" bezeichnen.

---

[1] Vgl. S. 15.

[2] Vgl. Bd. I, § 6, S. 220–227 bzw. Supplement I, S. 402f.

[3] Vgl. Bd. I, S. 227 unten.

Tritt in dem erhaltenen normierten Beweis von $\mathfrak{E}$ keine solche Ausgangsformel auf, die durch Einsetzung aus der ε-Formel hervorgeht, so können wir die ε-Symbole gänzlich ausschalten. Denn die charakteristischen Eigenschaften des normierten Beweises bleiben ja unversehrt, wenn wir jeden ε-Term durch die Variable a ersetzen — wobei es offensichtlich genügt, die Ersetzung für solche ε-Terme auszuführen, die nicht Bestandteil eines anderen ε-Terms sind. Dadurch erhalten wir dann eine Ableitung der Formel $\mathfrak{E}$ aus den Axiomen $\mathfrak{P}_1, \ldots, \mathfrak{P}_{\mathfrak{k}}$, welche lediglich mittels des elementaren Kalkuls mit freien Variablen erfolgt; und zwar erhalten wir eine Ableitung auch im ursprünglichen Sinne, da wir ja für jede Ausgangsformel, die durch Einsetzung aus einer identischen Formel des Aussagenkalkuls oder aus einem der Axiome $\mathfrak{P}_1, \ldots, \mathfrak{P}_{\mathfrak{k}}$ hervorgegangen ist, nachträglich wieder ihre Ableitung aus der betreffenden Formel hinzufügen können. In diesem Fall ist also die Behauptung des ersten ε-Theorems bereits als zutreffend erkannt.

Somit genügt es für unseren Nachweis, wenn wir allgemein zeigen, daß aus einem normierten Beweis einer Formel $\mathfrak{E}$ diejenigen Ausgangsformeln, die durch Einsetzung aus der ε-Formel entstehen, eliminiert werden können.

Es mögen diese Ausgangsformeln als „kritische Formeln" bezeichnet werden; und zwar heiße eine solche Formel

$$\mathfrak{A}(\mathfrak{k}) \to \mathfrak{A}(\varepsilon_{\mathfrak{v}}\, \mathfrak{A}(\mathfrak{v}))$$

eine „zu dem ε-Term $\varepsilon_{\mathfrak{v}}\, \mathfrak{A}(\mathfrak{v})$ gehörige" kritische Formel. (Die Bezeichnung ist so gemeint, daß der ε-Term, zu dem eine kritische Formel gehört, nur bis auf die Benennung der darin auftretenden gebundenen Variablen eindeutig bestimmt ist.)

b) Der Hilbertsche Ansatz. Unsere Aufgabe des Nachweises für das erste ε-Theorem ist nunmehr darauf zurückgeführt, zu zeigen, daß sich aus einem normierten Beweise die kritischen Formeln eliminieren lassen. Die Methode, nach der wir diese Elimination vollziehen, stammt von HILBERT. Zu ihrer Darlegung betrachten wir zunächst den speziellen Fall, daß alle kritischen Formeln zu dem gleichen ε-Term gehören. Diese kritischen Formeln seien[1]

$$(\mathfrak{K}) \begin{cases} \mathfrak{A}(\mathfrak{k}_1) \to \mathfrak{A}(\varepsilon_{\mathfrak{x}}\, \mathfrak{A}(\mathfrak{x})) \\ \quad \vdots \\ \mathfrak{A}(\mathfrak{k}_n) \to \mathfrak{A}(\varepsilon_{\mathfrak{x}}\, \mathfrak{A}(\mathfrak{x})), \end{cases}$$

wobei $\mathfrak{k}_1, \ldots, \mathfrak{k}_n$ gewisse Terme bedeuten, die auch das ε-Symbol enthalten können. Unsere Eliminationsmethode beruht nun auf folgendem Umstand: Wird der Term $\varepsilon_{\mathfrak{x}}\, \mathfrak{A}(\mathfrak{x})$, überall wo er in der betrachteten Ableitung auftritt, durch einen gewissen Term $\mathfrak{t}$ ersetzt, so behält eine jede Ausgangsformel, welche aus einer identischen Formel des Aussagenkalkuls oder einer der Formeln $\mathfrak{P}_1 \ldots, \mathfrak{P}_{\mathfrak{k}}$ durch Einsetzung gebildet ist, auch nach

[1] Hier wird implizite benutzt, daß es nicht zwei gestaltlich verschiedene Formeln $\mathfrak{A}(c)$, $\mathfrak{B}(c)$ geben kann, für welche $\varepsilon_{\mathfrak{x}}\mathfrak{A}(\mathfrak{x})$, $\varepsilon_{\mathfrak{x}}\mathfrak{B}(\mathfrak{x})$ gleichgestaltete ε-Terme sind. Diese Möglichkeit wird in der Tat durch unsere Festsetzungen über die Vermeidung von Kollisionen zwischen gebundenen Variablen ausgeschlossen.

der Ersetzung die Eigenschaft, aus jener Formel durch Einsetzung hervorzugehen. Ferner bleibt auch der Beweiszusammenhang erhalten.

Bemerkung. Es sei hier noch einmal darauf hingewiesen, daß wir Terme, die sich nur durch die Benennung gebundener Variablen unterscheiden, als gleich behandeln. Dieses gilt insbesondere auch für die Ausführungen der Ersetzungen.

Es werde nun zuerst für $\varepsilon_{\mathfrak{x}}\, \mathfrak{A}(\mathfrak{x})$ überall der Term $\mathfrak{k}_1$ gesetzt. Dadurch treten an die Stelle der kritischen Formeln ($\mathfrak{K}$) Formeln von der Gestalt

$$\begin{gathered}\mathfrak{B}_1 \rightarrow \mathfrak{A}(\mathfrak{k}_1)\\ \vdots \\ \mathfrak{B}_n \rightarrow \mathfrak{A}(\mathfrak{k}_1).\end{gathered}$$

Diese Formeln sind alle aus der Formel $\mathfrak{A}(\mathfrak{k}_1)$ mittels der identischen Formel

$$A \rightarrow (B \rightarrow A)$$

ableitbar. Nehmen wir daher die Formel $\mathfrak{A}(\mathfrak{k}_1)$ als Ausgangsformel hinzu, so gewinnen wir eine Ableitung der Formel $\mathfrak{E}$, bei welcher die kritischen Formeln eliminiert sind, in dem Sinne, daß sie darin nicht als Ausgangsformeln, sondern als abgeleitete Formeln auftreten. Wir erhalten also eine Ableitung der Formel $\mathfrak{E}$ aus den Axiomen $\mathfrak{P}_1, \ldots, \mathfrak{P}_{\mathfrak{k}}$ und der Formel $\mathfrak{A}(\mathfrak{k}_1)$, welche sich durch den elementaren Kalkul mit freien Variablen vollzieht.

Da die Formel $\mathfrak{A}(\mathfrak{k}_1)$ keine freie Variable enthält, so können wir uns aus dieser Ableitung gemäß dem (auch bei Einbeziehung der ε-Formel gültigen) Deduktionstheorem[1] eine solche für die Formel

$$\mathfrak{A}(\mathfrak{k}_1) \rightarrow \mathfrak{E}$$

verschaffen, worin $\mathfrak{A}(\mathfrak{k}_1)$ nicht mehr als Ausgangsformel benutzt wird und somit außer dem elementaren Kalkul mit freien Variablen nur noch die Axiome $\mathfrak{P}_1, \ldots, \mathfrak{P}_{\mathfrak{k}}$ zur Anwendung kommen. Die Anwendung des Deduktionstheorems ist dabei eine besonders elementare, da ja in der vorgelegten Ableitung von $\mathfrak{E}$ nirgends die Schemata (α), (β) noch auch Einsetzungen vorkommen; sie beruht also lediglich auf dem Aussagenkalkul.

In ganz entsprechender Weise, wie wir zur Ableitung der Formel

$$\mathfrak{A}(\mathfrak{k}_1) \rightarrow \mathfrak{E}$$

gelangt sind, erhalten wir Ableitungen der Formeln

$$\begin{gathered}\mathfrak{A}(\mathfrak{k}_2) \rightarrow \mathfrak{E}\\ \vdots \\ \mathfrak{A}(\mathfrak{k}_n) \rightarrow \mathfrak{E},\end{gathered}$$

welche ebenfalls nur die Axiome $\mathfrak{P}_1, \ldots, \mathfrak{P}_{\mathfrak{k}}$ und den elementaren Kalkul mit freien Variablen erfordern. Die Formeln

$$\mathfrak{A}(\mathfrak{k}_1) \rightarrow \mathfrak{E}, \ldots, \quad \mathfrak{A}(\mathfrak{k}_n) \rightarrow \mathfrak{E}$$

ergeben zusammen, mittels des Aussagenkalkuls, die Formel

$$\mathfrak{A}(\mathfrak{k}_1) \vee \ldots \vee \mathfrak{A}(\mathfrak{k}_n) \rightarrow \mathfrak{E}.$$

[1] Vgl. Bd. I, S. 150–154. Der dort geführte Nachweis gilt ohne weiteres auch für unseren vorliegenden Formalismus. Siehe übrigens die sogleich folgende Bemerkung.

Andererseits erhalten wir eine Ableitung der Formel

$$\overline{\mathfrak{A}(\mathfrak{k}_1)} \,\&\ldots\&\, \overline{\mathfrak{A}(\mathfrak{k}_n)} \rightarrow \mathfrak{E}$$

auf folgende Weise. Wir gehen wieder von dem normierten Beweis der Formel $\mathfrak{E}$ aus, in welchem die Formeln $(\mathfrak{K})$ als Ausgangsformeln benutzt werden. Eine jede der Formeln $(\mathfrak{K})$ ist mit Hilfe des Aussagenkalkuls aus der Formel

$$\overline{\mathfrak{A}(\mathfrak{k}_1)} \,\&\ldots\&\, \overline{\mathfrak{A}(\mathfrak{k}_n)}$$

ableitbar, da ja die Formel

$$\mathfrak{A}(\mathfrak{k}_\mathfrak{r}) \rightarrow \mathfrak{A}\left(\varepsilon_\mathfrak{x}\, \mathfrak{A}(\mathfrak{x})\right) \qquad (\text{für } \mathfrak{r} = 1, \ldots, \mathfrak{n})$$

aus $\overline{\mathfrak{A}(\mathfrak{k}_\mathfrak{r})}$ durch Anwendung der identischen Formel

$$\overline{A} \rightarrow (A \rightarrow B)$$

ableitbar ist. Fügen wir also in dem normierten Beweis der Formel $\mathfrak{E}$ für jede der Formeln $(\mathfrak{K})$ ihre Ableitung aus der Formel

$$\overline{\mathfrak{A}(\mathfrak{k}_1)} \,\&\ldots\&\, \overline{\mathfrak{A}(\mathfrak{k}_n)}$$

hinzu, so erhalten wir einen Beweis von $\mathfrak{E}$, in welchem keine kritische Formel als Ausgangsformel auftritt. Aus diesem aber können wir, gemäß dem Deduktionstheorem, eine Ableitung der Formel

$$\overline{\mathfrak{A}(\mathfrak{k}_1)} \,\&\ldots\&\, \overline{\mathfrak{A}(\mathfrak{k}_n)} \rightarrow \mathfrak{E}$$

herstellen, bei welcher auch die Formel

$$\overline{\mathfrak{A}(\mathfrak{k}_1)} \,\&\ldots\&\, \overline{\mathfrak{A}(\mathfrak{k}_n)}$$

nicht mehr als Ausgangsformel verwendet wird, so daß diese Ableitung außer dem elementaren Kalkul mit freien Variablen nur die Axiome $\mathfrak{P}_1, \ldots, \mathfrak{P}_\mathfrak{k}$ erfordert.

Nun ergibt die Formel

$$\overline{\mathfrak{A}(\mathfrak{k}_1)} \,\&\ldots\&\, \overline{\mathfrak{A}(\mathfrak{k}_n)} \rightarrow \mathfrak{E},$$

welche in

$$\overline{\mathfrak{A}(\mathfrak{k}_1) \vee \ldots \vee \mathfrak{A}(\mathfrak{k}_n)} \rightarrow \mathfrak{E}$$

umgeformt werden kann, zusammen mit der vorher erhaltenen Formel

$$\mathfrak{A}(\mathfrak{k}_1) \vee \ldots \vee \mathfrak{A}(\mathfrak{k}_n) \rightarrow \mathfrak{E}$$

mittels des Aussagenkalkuls die Formel $\mathfrak{E}$. Und wir erhalten so im ganzen eine Ableitung der Formel $\mathfrak{E}$ ohne Benutzung der Formeln $(\mathfrak{K})$ als Ausgangsformeln und ohne Einführung einer neuen Ausgangsformel. Somit gelingt es in der Tat, aus dem normierten Beweise der Formel $\mathfrak{E}$ die Anwendung der kritischen Formeln als Ausgangsformeln zu eliminieren.

c) Arten der Zusammensetzung von ε-Symbolen; Grad und Rang von ε-Termen. Es kommt nun darauf an, das beschriebene Eliminationsverfahren, das in dem betrachteten Spezialfall zur Ausschaltung aller kritischen Formeln führt, für die Behandlung des allgemeinen Falles auszugestalten.

Hierzu müssen wir des näheren auf die möglichen Arten der Zusammensetzung von ε-Symbolen eingehen. Die Bildungsweisen sind hier ganz entsprechend wie bei der Zusammensetzung von ι-Symbolen, und zu ihrer Charakterisierung benutzen wir wiederum die Begriffe der „Einlagerung" und der „Überordnung"[1]. Ein ε-Term heiße in einen anderen „eingelagert", wenn er einen Bestandteil von diesem bildet. Das Verhältnis der Überordnung betrifft allgemein „ε-Ausdrücke", d. h. Ausdrücke, die entweder ε-Terme sind oder aus einem ε-Term durch Umwandlung von freien Individuenvariablen in gebundene, nicht in dem ε-Term vorkommende Variablen entstehen[2].

Ein ε-Ausdruck $\mathfrak{a}$ heiße einem anderen ε-Ausdruck $\varepsilon_{\mathfrak{v}}\,\mathfrak{B}(\mathfrak{v})$ „untergeordnet", wenn er ein Bestandteil von diesem ist und die Variable $\mathfrak{v}$ enthält; zugleich heißt dann der Ausdruck $\varepsilon_{\mathfrak{v}}\,\mathfrak{B}(\mathfrak{v})$ dem ε-Ausdruck $\mathfrak{a}$ „übergeordnet".

Bemerkung. Gemäß diesen Definitionen braucht ein ε-Ausdruck $\mathfrak{a}$, welcher Bestandteil eines ε-Terms $\mathfrak{t}$ ist, weder in $\mathfrak{t}$ eingelagert noch auch diesem ε-Term untergeordnet zu sein.

Sei z. B. $\mathfrak{t}$ ein Term von der Gestalt

$$\varepsilon_{\mathfrak{x}}\,\mathfrak{A}\big(\mathfrak{x},\,\varepsilon_{\mathfrak{y}}\,\mathfrak{B}(\mathfrak{x},\,\mathfrak{y},\,\varepsilon_{\mathfrak{z}}\,\mathfrak{C}(\mathfrak{y},\,\mathfrak{z}))\big),$$

so ist der ε-Ausdruck $\varepsilon_{\mathfrak{z}}\,\mathfrak{C}(\mathfrak{y},\,\mathfrak{z})$ weder in den Term $\mathfrak{t}$ eingelagert, da er selbst kein Term ist, noch auch ihm untergeordnet.

Für die Kombinationen von Einlagerungs- und Überordnungsverhältnissen liefern uns insbesondere diejenigen Ausdrücke Beispiele, die wir durch die Elimination der Allzeichen und Seinszeichen gewinnen.

Betrachten wir als Beispiel die Elimination der Seinszeichen aus einem Ausdruck

$$(E\,\mathfrak{x})\,(E\,\mathfrak{y})\,\mathfrak{A}(\mathfrak{x},\,\mathfrak{y}),$$

welcher außer $(E\,\mathfrak{x})$, $(E\,\mathfrak{y})$ keinen Quantor enthält.

Hier ist zunächst $(E\,\mathfrak{y})\,\mathfrak{A}(\mathfrak{x},\,\mathfrak{y})$ zu ersetzen durch

$$\mathfrak{A}\big(\mathfrak{x},\,\varepsilon_{\mathfrak{y}}\,\mathfrak{A}(\mathfrak{x},\,\mathfrak{y})\big).$$

Schreiben wir hierfür zur Abkürzung $\mathfrak{B}(\mathfrak{x})$, so ist $(E\,\mathfrak{x})\,(E\,\mathfrak{y})\,\mathfrak{A}(\mathfrak{x},\,\mathfrak{y})$ zu ersetzen durch $(E\,\mathfrak{x})\,\mathfrak{B}(\mathfrak{x})$. Hierfür nun ist wiederum zu setzen

$$\mathfrak{B}\big(\varepsilon_{\mathfrak{x}}\,\mathfrak{B}(\mathfrak{x})\big),$$

wobei die Einsetzung von $\varepsilon_{\mathfrak{x}}\,\mathfrak{B}(\mathfrak{x})$ in $\mathfrak{B}(.)$ mit einer Umbenennung der gebundenen Variablen $\mathfrak{y}$ (zwecks Vermeidung einer Kollision zwischen gebundenen Variablen) zu verbinden ist. Wir erhalten so

$$\mathfrak{A}\Big(\varepsilon_{\mathfrak{x}}\,\mathfrak{A}\big(\mathfrak{x},\,\varepsilon_{\mathfrak{z}}\,\mathfrak{A}(\mathfrak{x},\,\mathfrak{z})\big),\;\varepsilon_{\mathfrak{y}}\,\mathfrak{A}\big(\varepsilon_{\mathfrak{x}}\,\mathfrak{A}(\mathfrak{x},\,\varepsilon_{\mathfrak{z}}\,\mathfrak{A}(\mathfrak{x},\,\mathfrak{z})),\,\mathfrak{y}\big)\Big),$$

also einen Ausdruck von der Form

$$\mathfrak{A}(\mathfrak{a},\,\mathfrak{b}),$$

[1] Vgl. Bd. I, S. 397—400.

[2] Die Unterscheidung zwischen ε-Termen und ε-Ausdrücken entspricht derjenigen von ι-Termen und ι-Ausdrücken, vgl. Bd. I, S. 398.

worin $\mathfrak{a}$ der Ausdruck $\varepsilon_{\mathfrak{x}}\,\mathfrak{A}(\mathfrak{x}, \varepsilon_{\mathfrak{z}}\,\mathfrak{A}(\mathfrak{x}, \mathfrak{z}))$ und $\mathfrak{b}$ der Ausdruck $\varepsilon_{\mathfrak{y}}\,\mathfrak{A}(\mathfrak{a}, \mathfrak{y})$ ist. Wenn insbesondere $\mathfrak{A}(a, b)$ eine Formel ist, so sind $\mathfrak{a}$ und $\mathfrak{b}$ Terme; und zwar ist $\mathfrak{a}$ in $\mathfrak{b}$ eingelagert, während zugleich der ε-Ausdruck $\varepsilon_{\mathfrak{z}}\,\mathfrak{A}(\mathfrak{x}, \mathfrak{z})$, aus welchem $\mathfrak{b}$ mittels der Ersetzung der Variablen $\mathfrak{x}$ durch den Term $\mathfrak{a}$ nebst der Umbenennung von $\mathfrak{z}$ in $\mathfrak{y}$ entsteht, dem Term $\mathfrak{a}$ untergeordnet ist.

In entsprechender Weise erkennt man, daß vermöge der Elimination der Quantoren mit Hilfe des ε-Symbols Ausdrücke von der Form

$$(\mathfrak{x})\,(E\,\mathfrak{y})\,\mathfrak{A}(\mathfrak{x}, \mathfrak{y}), \qquad (E\,\mathfrak{x})\,(\mathfrak{y})\,\mathfrak{A}(\mathfrak{x}, \mathfrak{y}), \qquad (\mathfrak{x})\,(\mathfrak{y})\,\mathfrak{A}(\mathfrak{x}, \mathfrak{y})$$

sich in der Form

$$\mathfrak{A}(\mathfrak{a}, \mathfrak{b})$$

darstellen, wobei jeweils $\mathfrak{a}$, $\mathfrak{b}$ gewisse ε-Ausdrücke sind.

Ebenso ergibt sich auch, daß eine jede Formel

$$(E\,\mathfrak{x}_1)\,(E\,\mathfrak{x}_2)\ldots(E\,\mathfrak{x}_{\mathfrak{k}})\,\mathfrak{A}(\mathfrak{x}_1, \ldots, \mathfrak{x}_{\mathfrak{k}}),$$

worin außer $\mathfrak{x}_1, \ldots, \mathfrak{x}_{\mathfrak{k}}$ keine weiteren gebundenen Variablen auftreten, durch die Elimination der Seinszeichen vermittels des ε-Symbols übergeht in eine Formel der Gestalt

$$\mathfrak{A}(\mathfrak{a}_1, \ldots, \mathfrak{a}_{\mathfrak{k}}),$$

worin $\mathfrak{a}_1, \ldots, \mathfrak{a}_{\mathfrak{k}}$ gewisse ε-Terme sind.

Die Beziehungen der Einlagerung und der Überordnung geben Anlaß zu einer Abstufung der ε-Terme, einerseits nach dem „Grad" und andererseits nach dem „Rang".

Der *Grad eines ε-Terms* $\mathfrak{t}$ bestimmt sich folgendermaßen: Wir betrachten alle möglichen Aufeinanderfolgen von ε-Termen, die mit $\mathfrak{t}$ beginnen und worin auf jeden Term, der mindestens einen anderen ε-Term als eingelagerten Bestandteil enthält, einer dieser ihm eingelagerten ε-Terme folgt.

Es kann nur eine begrenzte Anzahl verschiedener solcher Aufeinanderfolgen geben, und in jeder solchen Aufeinanderfolge ist auch die Anzahl der ε-Terme begrenzt, nämlich durch die Anzahl der ε-Terme, die überhaupt in $\mathfrak{t}$ vorkommen ($\mathfrak{t}$ selbst mitgerechnet).

Die maximale Anzahl der Terme in einer solchen Aufeinanderfolge heiße der Grad des Terms $\mathfrak{t}$.

Diese Definition des Grades ist, wie man leicht erkennt, gleichbedeutend mit der folgenden rekursiven Definition: Ein ε-Term, dem kein ε-Term eingelagert ist, hat den Grad 1; ein ε-Term, in welchem jeder eingelagerte Term einen Grad $\leq \mathfrak{k}$ und mindestens ein ihm eingelagerter Term den Grad $\mathfrak{k}$ hat, ist vom Grad $(\mathfrak{k}+1)$. Hiernach hat ein ε-Term stets einen höheren Grad als jeder ihm eingelagerte ε-Term.

Wie die Einlagerung zu dem Begriff des Grades, so führt die Überordnung zu dem Begriff des „Ranges". Wir definieren den *Rang* allgemein für *ε-Ausdrücke*. Sei $\mathfrak{t}$ ein ε-Ausdruck. Wir betrachten Aufeinanderfolgen von ε-Ausdrücken, welche mit $\mathfrak{t}$ beginnen und worin auf jeden ε-Ausdruck, der mindestens einem anderen ε-Ausdruck übergeordnet ist, einer von diesen ihm untergeordneten ε-Ausdrücken folgt.

Es gibt nur eine begrenzte Anzahl von solchen Aufeinanderfolgen und innerhalb einer jeden auch nur eine begrenzte Anzahl von aufeinanderfolgenden ε-Ausdrücken. Die Höchstzahl der ε-Ausdrücke in einer solchen Aufeinanderfolge soll der Rang von $\mathfrak{t}$ heißen.

Die Definition des Ranges läßt sich, wie die des Grades, auch rekursiv fassen: Ein ε-Ausdruck heiße vom Rang 1, wenn ihm kein ε-Ausdruck untergeordnet ist; ein ε-Ausdruck heiße vom Rang $(\mathfrak{k}+1)$, wenn jeder ihm untergeordnete ε-Ausdruck einen Rang $\leqq \mathfrak{k}$ und mindestens ein solcher ihm untergeordnete ε-Ausdruck den Rang $\mathfrak{k}$ hat.

Aus dieser Definition ergibt sich zunächst, daß ein ε-Ausdruck stets höheren Rang hat als jeder ihm untergeordnete ε-Ausdruck, sowie auch, daß ein ε-Ausdruck, der aus einem ε-Term durch Umwandlung einer oder mehrerer freien Variablen in gebundene[1] entsteht, den gleichen Rang hat wie jener ε-Term. Ferner ist ersichtlich, daß für den Rang eines ε-Ausdrucks die in ihm als Bestandteile vorkommenden ε-Terme sowie auch die ihnen untergeordneten ε-Ausdrücke von keinem Belang sind; nämlich ein ε-Term kann ja nicht selbst einem ε-Ausdruck untergeordnet sein, und wenn ein ε-Term Bestandteil von einem ε-Ausdruck $\mathfrak{a}$ ist, dem ein ε-Ausdruck $\mathfrak{b}$ untergeordnet ist, so tritt er (an jeder Stelle, wo er vorkommt) entweder als Bestandteil von $\mathfrak{b}$ oder ganz außerhalb von $\mathfrak{b}$ auf, da er jedenfalls nicht eine Variable enthalten kann, die durch ein außerhalb seiner befindliches ε-Symbol gebunden ist. Somit folgt auch, daß der Rang eines ε-Ausdrucks sich nicht ändert, wenn ein darin befindlicher ε-Term (an einer oder mehreren Stellen, wo er auftritt) durch irgendeinen anderen ε-Term ersetzt wird.

Als ein Beispiel für die Bestimmung des Grades sowie des Ranges wollen wir den mit zahlentheoretischen Symbolen gebildeten ε-Term

$$\varepsilon_x \{[\varepsilon_y (0' = \varepsilon_z(z < y'')) = \varepsilon_y (x < y)] \vee [0 < \varepsilon_u ((\varepsilon_z (z < u') < u) \mathbin{\&} u < x)]\}$$

betrachten, der mit $\mathfrak{t}$ bezeichnet werde. Dieser enthält als eingelagerten ε-Term nur den Term $\varepsilon_y (0' = \varepsilon_z(z < y''))$,

welcher seinerseits keinen eingelagerten ε-Term enthält; somit ist $\mathfrak{t}$ vom Grade 2.

Dem Term $\mathfrak{t}$ untergeordnet sind die ε-Ausdrücke

$$\varepsilon_y(x < y) \quad \text{und} \quad \varepsilon_u(\varepsilon_z(z < u') < u) \mathbin{\&} u < x),$$

von denen der erste keinen weiteren ε-Ausdruck enthält und somit vom Range 1 ist, während der zweite, dem der ε-Ausdruck

$$\varepsilon_z (z < u')$$

untergeordnet ist, den Rang 2 hat. Somit ist $\mathfrak{t}$ vom Rang 3.

Nehmen wir noch als Beispiel den ε-Term

$$\varepsilon_y [\varepsilon_x(x < \varepsilon_z(x < z)) < y],$$

[1] Notabene solche, die nicht in dem ε-Term vorkommen (vgl. S. 24 oben).

auf den wir geführt werden, wenn wir nach dem vorhin betrachteten Verfahren aus der Formel $(E x)(E y)(x < y)$ die Seinszeichen mittels des ε-Symbols eliminieren.

Dieser Term enthält keinen ihm untergeordneten ε-Ausdruck, er ist somit vom Rang 1; als eingelagerten ε-Term enthält er den Term

$$\varepsilon_x\big(x < \varepsilon_z(x < z)\big);$$

da dieser keinen ihm eingelagerten ε-Term enthält, also vom Grade 1 ist, ist der ganze betrachtete ε-Term vom Grade 2.

An diesem Beispiel sehen wir, daß ein ε-Term von kleinerem Range sein kann als ein ihm eingelagerter ε-Term. Nämlich der ε-Term, welcher dem betrachteten Term vom Range 1 eingelagert ist, hat ja den Rang 2.

Von den Begriffen des Grades und des Ranges machen wir nun Gebrauch für unseren Nachweis der Eliminierbarkeit der kritischen Formeln aus einem normierten Beweis.

d) Elimination der kritischen Formeln im allgemeinen Falle. Es handelt sich darum, das Hilbertsche Eliminationsverfahren, welches in dem Spezialfall, daß alle kritischen Formeln eines vorgelegten normierten Beweises zu dem gleichen ε-Term gehören, zur Ausschaltung dieser kritischen Formeln führt[1], für den allgemeinen Fall zu verwerten. Dieses Verfahren besteht ja darin, daß wir uns aus dem vorliegenden normierten Beweis von $\mathfrak{E}$ mit den kritischen Formeln

$$(\mathfrak{K}) \qquad \mathfrak{A}(\mathfrak{k}_1) \rightarrow \mathfrak{A}\big(\varepsilon_{\mathfrak{x}}\,\mathfrak{A}(\mathfrak{x})\big), \ldots, \mathfrak{A}(\mathfrak{k}_{\mathfrak{n}}) \rightarrow \mathfrak{A}\big(\varepsilon_{\mathfrak{x}}\,\mathfrak{A}(\mathfrak{x})\big)$$

zunächst Ableitungen der Formeln

$$\mathfrak{A}(\mathfrak{k}_1) \rightarrow \mathfrak{E}, \ldots, \mathfrak{A}(\mathfrak{k}_{\mathfrak{n}}) \rightarrow \mathfrak{E}$$

und sodann eine Ableitung der Formel

$$\overline{\mathfrak{A}(\mathfrak{k}_1)} \,\&\ldots\&\, \overline{\mathfrak{A}(\mathfrak{k}_{\mathfrak{n}})} \rightarrow \mathfrak{E}$$

verschaffen, welche zusammen mit jenen $\mathfrak{n}$ Formeln mittels des Aussagenkalkuls die Formel $\mathfrak{E}$ ergibt. Die Herstellung der $(\mathfrak{n}+1)$ „Teilbeweise" aus dem vorgelegten normierten Beweis geschieht, im Sinne des Deduktionstheorems, durch Vorsetzen von Vordergliedern nebst Einschaltung von Beweisstücken, die in Anwendungen des Aussagenkalkuls bestehen; außerdem aber haben wir zur Gewinnung der Ableitung von $\mathfrak{A}(\mathfrak{k}_{\mathfrak{r}}) \rightarrow \mathfrak{E}$, $(\mathfrak{r} = 1, \ldots, \mathfrak{n})$, den Term $\varepsilon_{\mathfrak{x}}\mathfrak{A}(\mathfrak{x})$ allenthalben, wo er in dem vorgelegten normierten Beweis auftritt, durch $\mathfrak{k}_{\mathfrak{r}}$ zu ersetzen.

Wir werden nun suchen, das gleiche Verfahren auch dann zur Anwendung zu bringen, wenn außer den kritischen Formeln $(\mathfrak{K})$, die zu einem ε-Term $\varepsilon_{\mathfrak{x}}\mathfrak{A}(\mathfrak{x})$ gehören, noch andere kritische Formeln vorhanden sind.

Es bestehen dann aber zunächst folgende beiden Schwierigkeiten: Erstens könnte es sein, daß durch die Ersetzungen, die wir bei dem Verfahren der Elimination der Formeln $(\mathfrak{K})$ vorzunehmen haben, andere

[1] Vgl. Abschnitt b), S. 21—23.

kritische Formeln so verändert werden, daß sie gar nicht mehr die Gestalt solcher Formeln haben, die aus der ε-Formel durch Einsetzung entstehen; wir würden dann durch jenes Verfahren gar keine Ableitung der Formel $\mathfrak{E}$ erhalten. Aber selbst wenn dieser Fall nicht eintritt, so haben wir doch zu erwarten, daß infolge der auszuführenden Ersetzungen neue kritische Formeln entstehen, und es ist daher nicht ohne weiteres ersichtlich, daß das Eliminationsverfahren zu einem Abschluß führt.

Es bedarf also hier einer näheren Erörterung der möglichen Veränderungen, welche eine kritische Formel

$$\mathfrak{A}(\mathfrak{k}) \rightarrow \mathfrak{A}(\varepsilon_{\mathfrak{x}} \mathfrak{A}(\mathfrak{x}))$$

dadurch erfahren kann, daß für einen von $\varepsilon_{\mathfrak{x}} \mathfrak{A}(\mathfrak{x})$ verschiedenen ε-Term $\mathfrak{t}$ eine Ersetzung vorgenommen wird. Es bestehen hier folgende Möglichkeiten:

1. Der Term $\mathfrak{t}$ tritt innerhalb der kritischen Formel nur in $\mathfrak{k}$ auf. (Hierin soll der Fall inbegriffen sein, daß $\mathfrak{k}$ mit $\mathfrak{t}$ identisch ist.) Dann bleibt die Formel auch nach der Ersetzung eine zu $\varepsilon_{\mathfrak{x}} \mathfrak{A}(\mathfrak{x})$ gehörige kritische Formel.

2. Der Term $\mathfrak{t}$ tritt in der Formel $\mathfrak{A}(c)$ und außerdem eventuell noch in $\mathfrak{k}$ auf, er enthält aber weder $\mathfrak{k}$ noch $\varepsilon_{\mathfrak{x}} \mathfrak{A}(\mathfrak{x})$ als Bestandteil. Dann lautet die kritische Formel ausführlicher geschrieben:

$$\mathfrak{A}(\mathfrak{k}(\mathfrak{t}), \mathfrak{t}) \rightarrow \mathfrak{A}(\varepsilon_{\mathfrak{x}} \mathfrak{A}(\mathfrak{x}, \mathfrak{t}), \mathfrak{t}).$$

Es ist also der Term $\mathfrak{t}$ ein Bestandteil des Terms $\varepsilon_{\mathfrak{x}} \mathfrak{A}(\mathfrak{x}, \mathfrak{t})$, zu welchem die kritische Formel gehört, und demnach von niederem Grad als dieser Term. Die Ersetzung bewirkt in diesem Falle, daß die kritische Formel in eine andere kritische Formel übergeht, die zu einem Term

$$\varepsilon_{\mathfrak{x}} \mathfrak{A}(\mathfrak{x}, \mathfrak{t}^*)$$

gehört, welcher — nach dem Satze, den wir uns über den Rang von ε-Ausdrücken angemerkt haben[1] — den gleichen Rang hat wie $\varepsilon_{\mathfrak{x}} \mathfrak{A}(\mathfrak{x}, \mathfrak{t})$.

3. Einer der Terme $\mathfrak{k}, \varepsilon_{\mathfrak{x}} \mathfrak{A}(\mathfrak{x})$ ist als Bestandteil in $\mathfrak{t}$ enthalten. Dann hat $\mathfrak{t}$ die Gestalt $\mathfrak{s}(\mathfrak{k})$ bzw. $\mathfrak{s}(\varepsilon_{\mathfrak{x}} \mathfrak{A}(\mathfrak{x}))$, und die Formel $\mathfrak{A}(c)$ hat die Gestalt $\mathfrak{B}(\mathfrak{s}(c))$, wobei $\mathfrak{s}(c)$ ein gewisser ε-Term ist, der den gleichen Rang hat wie $\mathfrak{t}$.

Der Term $\varepsilon_{\mathfrak{x}} \mathfrak{A}(\mathfrak{x})$, zu dem die kritische Formel gehört, lautet dann

$$\varepsilon_{\mathfrak{x}} \mathfrak{B}(\mathfrak{s}(\mathfrak{x})),$$

er ist also dem ε-Ausdruck $\mathfrak{s}(\mathfrak{x})$ übergeordnet und daher von höherem Rang als $\mathfrak{s}(\mathfrak{x})$; $\mathfrak{s}(\mathfrak{x})$ hat aber den gleichen Rang wie $\mathfrak{s}(c)$, und $\mathfrak{s}(c)$ hat, wie eben festgestellt, den gleichen Rang wie $\mathfrak{t}$. Somit hat $\varepsilon_{\mathfrak{x}} \mathfrak{A}(\mathfrak{x})$ höheren Rang als $\mathfrak{t}$.

Wir können demnach das Eintreten des Falles 3 ausschließen, indem wir unser gesamtes Eliminationsverfahren so einrichten, daß Ersetzungen

[1] S. 26 oben.

immer nur für solche ε-Terme vorgenommen werden, die unter den ε-Termen, zu welchen jeweils noch kritische Formeln gehören, den *höchsten vorkommenden Rang* besitzen.

Halten wir eine solche Reihenfolge der Ersetzungen ein, so sind wir sicher, daß bei der Ersetzung eines ε-Terms $\mathfrak{t}$ durch einen anderen Term nur einer der beiden Fälle 1., 2. vorliegen kann. Dieses besagt erstens, daß eine kritische Formel, sofern sie überhaupt verändert wird, stets wieder in eine kritische Formel übergeht, und zwar in eine solche, die entweder zu demselben ε-Term gehört wie die anfängliche kritische Formel oder doch zu einem ε-Term *von dem gleichen Rang*; und ferner folgt, daß bei einer Ersetzung für einen ε-Term $\mathfrak{t}$ jede kritische Formel, die zu einem ε-Term $\mathfrak{a}$ von nicht höherem Grad als demjenigen des Terms $\mathfrak{t}$ gehört, wieder in eine zu $\mathfrak{a}$ gehörige kritische Formel übergeht. Denn der Fall 2. kann ja nur dann vorliegen, wenn der ε-Term, zu dem die durch die Ersetzung von $\mathfrak{t}$ veränderte kritische Formel gehört, von höherem Grad ist als der Term $\mathfrak{t}$, und beim Fall 1. bleibt der ε-Term, zu dem die kritische Formel gehört, unverändert.

Auf Grund dieser Überlegung ergibt sich die Möglichkeit der Elimination aller kritischen Formeln aus einem vorgelegten normierten Beweis einer Formel $\mathfrak{E}$ in folgender Weise: Unter den vorkommenden Rangzahlen der Terme, zu denen kritische Formeln gehören, gibt es eine maximale Rangzahl. Um uns kürzer auszudrücken zu können, wollen wir den Rang des ε-Terms, zu dem eine kritische Formel gehört, als Rang dieser Formel, und ebenso auch den Grad jenes ε-Terms als Grad der kritischen Formel bezeichnen. Sei $\mathfrak{m}$ die maximale in dem vorgelegten Beweis vorkommende Rangzahl kritischer Formeln; und unter den Gradzahlen der vorkommenden kritischen Formeln vom Rang $\mathfrak{m}$ sei $\mathfrak{n}$ die maximale. $\mathfrak{t}$ sei einer der ε-Terme vom Range $\mathfrak{m}$ und vom Grade $\mathfrak{n}$, zu denen eine kritische Formel gehört. Wenden wir auf die zu $\mathfrak{t}$ gehörenden kritischen Formeln unter Eliminationsverfahren an, so treten in dem umgestalteten Beweis der Formel $\mathfrak{E}$ an Stelle einer der nicht eliminierten kritischen Formeln, zufolge der bei dem Eliminationsverfahren auszuführenden Ersetzungen, im allgemeinen mehrere verschiedene Formeln; jedoch haben diese alle wiederum die Gestalt von kritischen Formeln (d. h. von Formeln, die durch Einsetzung aus der ε-Formel hervorgehen), überdies treten an Stelle einer kritischen Formel nur solche kritische Formeln, die den gleichen Rang haben, und an Stelle einer kritischen Formel vom Rang $\mathfrak{m}$ (welche ja einen Grad $\leqq \mathfrak{n}$ hat) treten nur solche kritische Formeln, die zu dem gleichen ε-Term gehören.

Somit wird durch die Elimination der zu $\mathfrak{t}$ gehörigen kritischen Formeln die Anzahl der verschiedenen ε-Terme vom Range $\mathfrak{m}$, zu denen kritische Formeln gehören, um 1 verringert, und es treten jedenfalls keine neuen Rangzahlen von kritischen Formeln auf. Sind also zu Anfang $\mathfrak{s}$ verschiedene ε-Terme vom Range $\mathfrak{m}$ vorhanden, zu denen kritische Formeln gehören, so führt die $\mathfrak{s}$-malige Anwendung des Eliminationsverfahrens dazu, daß alle kritischen Formeln vom Range $\mathfrak{m}$ ausgeschaltet sind, während andererseits keine neuen Rangzahlen kritischer Formeln hinzugekommen sind. Wir haben demnach ein Verfahren, um die Anzahl der verschiedenen vorkommenden Rangzahlen kritischer Formeln zu vermindern, und durch wiederholte Ausübung dieses Verfahrens gelangen wir zur völligen Ausschaltung der kritischen Formeln.

Hiermit ist nun unser erstes ε-Theorem als gültig erwiesen. Die Behandlung des allgemeinen Falles mit Hilfe des Rangbegriffs rührt von Wilhelm Ackermann her.

e) Erweiterung des Ergebnisses. Die Methode des vorangehenden Beweises liefert uns sogleich noch ein weiteres Resultat, welches für die Anwendungen von Erheblichkeit ist.

Zu diesem gelangen wir, indem wir unser Eliminationsverfahren auf den Fall der Ableitung einer Formel $\mathfrak{E}$ von der Gestalt

$$(E\mathfrak{x}_1)\ldots(E\mathfrak{x}_\mathfrak{r})\,\mathfrak{A}(\mathfrak{x}_1,\ldots,\mathfrak{x}_\mathfrak{r})$$

anwenden, worin außer den voranstehenden Seinszeichen $(E\mathfrak{x}_1),\ldots,(E\mathfrak{x}_\mathfrak{r})$ keine weiteren Quantoren und auch keine ε-Terme auftreten. Die Voraussetzungen über den Formalismus F und die Axiome $\mathfrak{P}_1,\ldots,\mathfrak{P}_\mathfrak{k}$ sollen dabei die gleichen sein wie vordem, und wir können auch wieder ohne Beschränkung der Allgemeinheit annehmen, daß die Formel $\mathfrak{E}$ keine freie Variable enthält. Wir führen nun wiederum zunächst die vorbereitenden Prozesse aus: Die Elimination der Quantoren mittels des ε-Symbols, die Auflösung der Ableitung in Beweisfäden, die Rückverlegung der Einsetzungen in die Ausgangsformeln und die Ausschaltung der verbleibenden freien Variablen[1].

Bei der Elimination der Quantoren geht jetzt die Endformel $\mathfrak{E}$, d. h. $(E\mathfrak{x}_1)\ldots(E\mathfrak{x}_\mathfrak{r})\,\mathfrak{A}(\mathfrak{x}_1,\ldots,\mathfrak{x}_\mathfrak{r})$ in eine Formel der Gestalt

$$\mathfrak{A}(\mathfrak{a}_1,\ldots,\mathfrak{a}_\mathfrak{r})$$

über, worin $\mathfrak{a}_1,\ldots,\mathfrak{a}_\mathfrak{r}$ gewisse Terme sind[2]; diese Terme enthalten übrigens keine freie Variable, da ja die Formel $\mathfrak{E}$ keine solche enthält und bei der Ersetzung eines Ausdrucks $(E\mathfrak{x})\,\mathfrak{B}(\mathfrak{x})$ durch $\mathfrak{B}(\varepsilon_\mathfrak{x}\,\mathfrak{B}(\mathfrak{x}))$ keine freie Variable hinzutreten kann.

Die übrigen genannten Vorbereitungsprozesse lassen die Formel $\mathfrak{A}(\mathfrak{a}_1,\ldots,\mathfrak{a}_\mathfrak{r})$ unverändert. Innerhalb dieser Formel treten ε-Symbole nur in den Termen $\mathfrak{a}_1,\ldots,\mathfrak{a}_\mathfrak{r}$ auf, da ja nach Voraussetzung der Ausdruck $\mathfrak{A}(\mathfrak{x}_1,\ldots,\mathfrak{x}_\mathfrak{r})$ kein ε-Symbol enthält.

Wir haben nunmehr einen normierten Beweis[3] der Formel $\mathfrak{A}(\mathfrak{a}_1,\ldots,\mathfrak{a}_\mathfrak{r})$ vor uns. Auf diesen läßt sich freilich unser Verfahren der Elimination der kritischen Formeln nicht ganz in der vorherigen Weise anwenden; denn bei diesem wurde wesentlich davon Gebrauch gemacht, daß die

[1] Vgl. Abschnitt a), S. 19f.

[2] Vgl. die Betrachtung auf S. 24–25, wo wir die Elimination für den Fall $\mathfrak{r}=2$ durchgeführt haben.

[3] Vgl. S. 20.

Endformel des vorgelegten normierten Beweises kein ε-Symbol enthält. Jedoch können wir das Verfahren leicht so modifizieren, daß es auch im Fall einer Endformel, die ε-Terme enthält, zu einem Ergebnis führt. Dieses erkennen wir durch folgende Überlegung: Es sei ein normierter Beweis mit einer Endformel $\mathfrak{C}$ gegeben; unter den ε-Termen, zu denen in diesem Beweis kritische Formeln gehören, sei $\varepsilon_{\mathfrak{x}} \mathfrak{B}(\mathfrak{x})$ ein solcher von höchstem Rang und unter denen vom höchsten Rang ein solcher von höchstem Grade. Die zu ihm gehörigen kritischen Formeln seien

$$(\mathfrak{K}) \begin{cases} \mathfrak{B}(\mathfrak{k}_1) \to \mathfrak{B}(\varepsilon_{\mathfrak{x}} \mathfrak{B}(\mathfrak{x})) \\ \quad\vdots \\ \mathfrak{B}(\mathfrak{k}_{\mathfrak{n}}) \to \mathfrak{B}(\varepsilon_{\mathfrak{x}} \mathfrak{B}(\mathfrak{x})). \end{cases}$$

Wir können nun ganz entsprechend wie vordem das Hilbertsche Verfahren zur Gewinnung von $(\mathfrak{n}+1)$ „Teilbeweisen" anwenden[1]. Diese haben aber jetzt im allgemeinen nicht die Endformeln

$$\mathfrak{B}(\mathfrak{k}_1) \to \mathfrak{C}, \ldots, \quad \mathfrak{B}(\mathfrak{k}_{\mathfrak{n}}) \to \mathfrak{C}, \quad \overline{\mathfrak{B}(\mathfrak{k}_1)} \,\&\ldots\&\, \overline{\mathfrak{B}(\mathfrak{k}_{\mathfrak{n}})} \to \mathfrak{C}.$$

Denn es findet ja in jedem der ersten $\mathfrak{n}$ Teilbeweise eine Ersetzung für den Term $\varepsilon_{\mathfrak{x}} \mathfrak{B}(\mathfrak{x})$ statt, nämlich in dem $\mathfrak{r}$-ten Teilbeweis wird $\varepsilon_{\mathfrak{x}} \mathfrak{B}(\mathfrak{x})$ durch $\mathfrak{k}_{\mathfrak{r}}$ ersetzt, und durch diese Ersetzungen kann die Formel $\mathfrak{C}$, die ja eventuell den Term $\varepsilon_{\mathfrak{x}} \mathfrak{B}(\mathfrak{x})$ enthält, eine Veränderung erfahren. Nur bei dem $(\mathfrak{n}+1)$-ten Teilbeweis, der ohne eine Ersetzung erfolgt, sind wir gewiß, daß die Formel $\mathfrak{C}$ unverändert bleibt.

Demnach haben im allgemeinen die Endformeln der Teilbeweise die Gestalt

$$\mathfrak{B}(\mathfrak{k}_1) \to \mathfrak{C}_1, \ldots, \quad \mathfrak{B}(\mathfrak{k}_{\mathfrak{n}}) \to \mathfrak{C}_{\mathfrak{n}}, \quad \overline{\mathfrak{B}(\mathfrak{k}_1)} \,\&\ldots\&\, \overline{\mathfrak{B}(\mathfrak{k}_{\mathfrak{n}})} \to \mathfrak{C},$$

wobei die Formeln $\mathfrak{C}_1, \ldots, \mathfrak{C}_{\mathfrak{n}}$ sich von $\mathfrak{C}$ eventuell dadurch unterscheiden, daß in $\mathfrak{C}_{\mathfrak{r}} (\mathfrak{r} = 1, \ldots, \mathfrak{n})$ an Stelle von $\varepsilon_{\mathfrak{x}} \mathfrak{B}(\mathfrak{x})$ jeweils der Term $\mathfrak{k}_{\mathfrak{r}}$ steht.

Aus diesen $(\mathfrak{n}+1)$ Formeln ist nun zwar (im allgemeinen) nicht die Formel $\mathfrak{C}$, wohl aber

$$\mathfrak{C} \vee \mathfrak{C}_1 \vee \ldots \vee \mathfrak{C}_{\mathfrak{n}}$$

mittels des Aussagenkalkuls ableitbar. Denn bezeichnen wir diese Disjunktion mit $\mathfrak{D}$, so sind ja die Formeln

$$\mathfrak{C}_1 \to \mathfrak{D}, \quad \mathfrak{C}_2 \to \mathfrak{D}, \ldots, \quad \mathfrak{C}_{\mathfrak{n}} \to \mathfrak{D}, \quad \mathfrak{C} \to \mathfrak{D}$$

durch den Aussagenkalkul ableitbar; wir erhalten daher aus den Endformeln der $(\mathfrak{n}+1)$ Teilbeweise mittels des Aussagenkalkuls die Formeln

$$\mathfrak{B}(\mathfrak{k}_1) \to \mathfrak{D}, \ldots, \quad \mathfrak{B}(\mathfrak{k}_{\mathfrak{n}}) \to \mathfrak{D}, \quad \overline{\mathfrak{B}(\mathfrak{k}_1)} \,\&\ldots\&\, \overline{\mathfrak{B}(\mathfrak{k}_{\mathfrak{n}})} \to \mathfrak{D},$$

welche zusammen $\mathfrak{D}$ ergeben.

Auf diese Weise erhalten wir eine einfache Modifikation unseres Verfahrens zur Ausschaltung der kritischen Formeln: Der einzige Unterschied gegenüber dem Fall, wo die Endformel kein ε-Symbol enthält, besteht darin, daß bei jedem der Eliminationsschritte, welcher die Ausschaltung der zu einem bestimmten ε-Term gehörenden kritischen Formeln bewirkt, eventuell eine *disjunktive Aufspaltung* der Endformel

[1] Vgl. S. 27.

erfolgt; d. h. es kann bei einem solchen Eliminationsschritt an Stelle der vorherigen Endformel $\mathfrak{C}$ eine Disjunktion $\mathfrak{C} \vee \mathfrak{C}_1 \vee \ldots \vee \mathfrak{C}_n$ treten, worin jedes der Glieder $\mathfrak{C}_r$ aus $\mathfrak{C}$ durch eine Ersetzung hervorgeht, die für einen in $\mathfrak{C}$ auftretenden ε-Term (überall wo dieser in $\mathfrak{C}$ vorkommt) auszuführen ist.

Wenden wir nun dieses modifizierte Eliminationsverfahren auf den betrachteten normierten Beweis der Formel $\mathfrak{A}(\mathfrak{a}_1, \ldots, \mathfrak{a}_\mathfrak{k})$ an, so erhalten wir im ganzen eine von kritischen Formeln freie Ableitung einer Formel $\mathfrak{E}^*$, die aus der Formel $\mathfrak{A}(\mathfrak{a}_1, \ldots, \mathfrak{a}_\mathfrak{k})$ — sofern diese bei dem Verfahren verändert wird — durch eine oder mehrere sich aneinanderschließende disjunktive Aufspaltungen hervorgeht.

Sehen wir zu, was diese Formel für eine Gestalt haben muß. Bei einer einmaligen disjunktiven Aufspaltung entsteht eine Endformel

$$\mathfrak{A}_0 \vee \mathfrak{A}_1 \vee \ldots \vee \mathfrak{A}_\mathfrak{p},$$

worin $\mathfrak{A}_0$ die Formel $\mathfrak{A}(\mathfrak{a}_1, \ldots, \mathfrak{a}_\mathfrak{r})$ ist und die anderen Disjunktionsglieder sich von dieser nur dadurch unterscheiden können, daß an Stelle der Terme $\mathfrak{a}_1, \ldots, \mathfrak{a}_\mathfrak{r}$ gewisse andere Terme treten; denn in der Formel $\mathfrak{A}(\mathfrak{a}_1, \ldots, \mathfrak{a}_\mathfrak{k})$ kommen ja ε-Symbole außerhalb der Terme $\mathfrak{a}_1, \ldots, \mathfrak{a}_\mathfrak{k}$ nicht vor. Somit ist die Formel $\mathfrak{A}_0 \vee \mathfrak{A}_1 \vee \ldots \vee \mathfrak{A}_\mathfrak{p}$ eine Disjunktion aus Gliedern von der Gestalt

$$\mathfrak{A}(\mathfrak{b}_1, \ldots, \mathfrak{b}_\mathfrak{r}),$$

worin $\mathfrak{b}_1, \ldots, \mathfrak{b}_\mathfrak{r}$ gewisse Terme sind. Diese Beschaffenheit der Endformel bleibt nun auch bei allen weiteren Aufspaltungen bestehen; denn aus einem Disjunktionsglied der Gestalt $\mathfrak{A}(\mathfrak{b}_1, \ldots, \mathfrak{b}_\mathfrak{r})$ kann vermöge der Ersetzung eines darin vorkommenden ε-Terms durch einen anderen wieder nur ein Glied

$$\mathfrak{A}(\mathfrak{c}_1, \ldots, \mathfrak{c}_\mathfrak{r})$$

mit gewissen Termen $\mathfrak{c}_1, \ldots, \mathfrak{c}_\mathfrak{r}$ hervorgehen, und eine Disjunktion von Disjunktionen solcher Glieder ist ja selbst eine Disjunktion aus solchen Gliedern.

Auch bleibt die genannte Beschaffenheit der Endformel erhalten, wenn wir nach der Ausführung der Elimination aller kritischen Formeln die verbleibenden ε-Terme — mit Übergehung derjenigen, welche Bestandteil eines umfassenden ε-Terms sind — jeden durch die Variable a ersetzen.

Auf diese Weise gelangen wir zur Ableitung einer Formel

$$\mathfrak{A}(\mathfrak{t}_1^{(1)}, \ldots, \mathfrak{t}_\mathfrak{r}^{(1)}) \vee \ldots \vee \mathfrak{A}(\mathfrak{t}_1^{(\mathfrak{s})}, \ldots, \mathfrak{t}_\mathfrak{r}^{(\mathfrak{s})}),$$

worin $\mathfrak{t}_1^{(1)}, \ldots, \mathfrak{t}_\mathfrak{r}^{(1)}, \ldots, \mathfrak{t}_\mathfrak{r}^{(\mathfrak{s})}$ gewisse Terme sind; und zwar erfolgt diese Ableitung mit Hilfe der Axiome $\mathfrak{P}_1, \ldots, \mathfrak{P}_\mathfrak{k}$ durch den elementaren Kalkul, d. h. durch Einsetzungen für die freien Variablen in $\mathfrak{P}_1, \ldots, \mathfrak{P}_\mathfrak{k}$ und Anwendung des Aussagenkalkuls.

Somit erhalten wir folgende *Erweiterung des ersten ε-Theorems:* Es sei uns eine Ableitung vorgelegt von einer Formel

$$(E\mathfrak{x}_1)\ldots(E\mathfrak{x}_\mathfrak{r})\,\mathfrak{A}(\mathfrak{x}_1, \ldots, \mathfrak{x}_\mathfrak{r}),$$

worin außer $\mathfrak{x}_1, \ldots, \mathfrak{x}_r$ keine gebundenen Variablen vorkommen; die Ableitung erfolge aus gewissen Axiomen $\mathfrak{P}_1, \ldots, \mathfrak{P}_t$, welche keine gebundenen Variablen enthalten, mittels des Prädikatenkalkuls, eventuell auch mit Hinzuziehung der ε-Formel.

Dann können wir uns eine lediglich mit Hilfe der Axiome $\mathfrak{P}_1, \ldots, \mathfrak{P}_t$ und des elementaren Kalkuls mit freien Variablen erfolgende Ableitung verschaffen für eine Formel

$$\mathfrak{A}(\mathfrak{t}_1^{(1)}, \ldots, \mathfrak{t}_r^{(1)}) \vee \ldots \vee \mathfrak{A}(\mathfrak{t}_1^{(\mathfrak{s})}, \ldots, \mathfrak{t}_r^{(\mathfrak{s})}),$$

worin $\mathfrak{t}_1^{(1)}, \ldots, \mathfrak{t}_r^{(1)}, \ldots, \mathfrak{t}_1^{(\mathfrak{s})}, \ldots, \mathfrak{t}_r^{(\mathfrak{s})}$ gewisse von dem ε-Symbol freie Terme sind.

Man beachte, daß wir von dieser Endformel durch Anwendung der Grundformel (b) und des Aussagenkalkuls leicht zu der ursprünglichen Endformel

$$(E\,\mathfrak{x}_1), \ldots, (E\,\mathfrak{x}_r)\, \mathfrak{A}(\mathfrak{x}_1, \ldots, \mathfrak{x}_r)$$

zurückgelangen können.

4. Nachweise von Widerspruchsfreiheit.

a) Ein allgemeines Widerspruchsfreiheitstheorem. Wir wollen nun von dem ersten ε-Theorem die Anwendung auf die Untersuchung von Widerspruchsfreiheit machen, im Hinblick auf die wir den Nachweis des Theorems unternommen haben[1]. Die Bedeutung dieses Theorems besteht ja darin, daß es die Frage der Widerspruchsfreiheit eines Systems von eigentlichen Axiomen ohne gebundene Variablen bei Zugrundelegung des Prädikatenkalkuls und des ε-Axioms zurückführt auf die seiner Widerspruchsfreiheit bei Zugrundelegung des elementaren Kalkuls mit freien Variablen.

Um uns die Verwertbarkeit dieser Zurückführung zunächst an einem einfachen Fall klar zu machen, wollen wir auf einen Formalismus zurückgreifen, den wir im § 6 eingehend betrachtet haben[2], nämlich denjenigen Formalismus, den wir aus dem Prädikatenkalkul erhalten, indem wir die Prädikatensymbole $=$, $<$, das Individuensymbol 0, das Strichsymbol als Funktionszeichen sowie ferner folgende Axiome hinzunehmen: Die Gleichheitsaxiome

(J_1) $$a = a$$

(J_2) $$a = b \to (A(a) \to A(b)),$$

die Axiome $(<_1)$, $(<_2)$, $(<_3)$:

$$\overline{a < a}, \quad a < b \,\&\, b < c \to a < c, \quad a < a'$$

und die Peanoschen Axiome (P_1), (P_2):

$$a' \neq 0, \quad a' = b' \to a = b.$$

Wir haben den Nachweis für die Widerspruchsfreiheit dieses Systems — es möge hier mit „(S)“ bezeichnet werden — in der Weise geführt, daß wir zunächst nur solche Ableitungen in Betracht zogen, die ohne Benutzung gebundener Variablen erfolgen, und dann erst zum allgemeinen

[1] Vgl. S. 9. [2] Vgl. Bd. I, S. 219f.

Fall beliebiger Ableitungen durch den Prädikatenkalkul übergingen. Diese Zweiteilung des Nachweises hatte dort nur heuristische Bedeutung. Wir können aber jetzt an diese Vorausnahme des speziellen Falles einen neuen Widerspruchsfreiheitsbeweis knüpfen, indem wir unser ε-Theorem heranziehen. Zu diesem neuen Nachweis der Widerspruchsfreiheit gelangen wir leicht, indem wir uns folgendes vergegenwärtigen:

1. Die Behauptung der Widerspruchsfreiheit von (S) konnten wir zu der positiven Behauptung verschärfen, daß jede in (S) ableitbare numerische Formel eine wahre Formel ist. Dabei haben wir als numerisch eine Formel erklärt, die entweder eine Gleichung oder Ungleichung[1] zwischen Ziffern oder aus solchen Formeln mittels der Operationen des Aussagenkalkuls gebildet ist; und die Einteilung der numerischen Formeln in wahre und falsche bestimmte sich gemäß der arithmetischen Deutung der numerischen Primformeln und der Deutung der Operationen des Aussagenkalkuls als Wahrheitsfunktionen[2].

2. Die Axiome von (S) enthalten keine gebundene Variable, ferner sind sie alle bis auf das Axiom (J_2) eigentliche Axiome, und dieses Gleichheitsaxiom (J_2) kann, wie wir im § 7 gezeigt haben[3], durch die eigentlichen Axiome

$$\text{(i)}\quad \begin{cases} a = b \to (a = c \to b = c) \\ a = b \to a' = b' \\ a = b \to (a < c \to b < c) \\ a = b \to (c < a \to c < b) \end{cases}$$

ersetzt werden. Das durch diese Ersetzung aus (S) entstehende gleichwertige System werde mit „(S^*)“ bezeichnet.

Hiernach kommt die Aufgabe des zu führenden Nachweises darauf hinaus zu zeigen, daß jede im System (S^*) ableitbare numerische Formel wahr ist. Da nun die Axiome von (S^*) sämtlich eigentliche Axiome ohne gebundene Variablen sind, so können gemäß unserem ε-Theorem aus der Ableitung einer numerischen Formel, welche in (S^*) erfolgt, die gebundenen Variablen ausgeschaltet werden, und es genügt daher für den gewünschten Nachweis, wenn gezeigt wird, daß jede aus den Axiomen von (S^*) mittels des elementaren Kalkuls mit freien Variablen ableitbare numerische Formel eine wahre Formel ist[4].

Damit ist nun bereits die Zurückführung des allgemeinen Falles auf den speziellen Fall einer Ableitung durch den elementaren Kalkul bewirkt, und der verbleibende Nachweis, daß jede aus den Axiomen von (S^*) mittels des elementaren Kalkuls ableitbare numerische Formel wahr ist, ergibt sich, entsprechend der Überlegung in § 6, in einfacher Weise aus den folgenden Tatsachen:

---

[1] Als Ungleichungen haben wir Formeln von der Gestalt $\mathfrak{s} < \mathfrak{t}$ bezeichnet, vgl. Bd. I, S. 228.

[2] Vgl. Bd. I, S. 228.

[3] Vgl. Bd. I, S. 382–384.

[4] Diese Anwendung des ε-Theorems entspricht dem Theorem der elementaren Ableitung, vgl. S. 18.

1. Auf eine vorgelegte Ableitung einer numerischen Formel aus den Axiomen von (S^*) mittels des elementaren Kalkuls können wir die Prozesse der Auflösung der Beweisfigur in Beweisfäden, der Rückverlegung der Einsetzungen in die Ausgangsformeln und der Ausschaltung aller freien Variablen anwenden und erhalten so eine Beweisfigur (im erweiterten Sinne), worin jede Ausgangsformel durch Einsetzung entweder aus einer identischen Formel des Aussagenkalkuls oder aus einem der Axiome von (S^*) hervorgeht, worin ferner jede Formel eine numerische ist und der Beweiszusammenhang lediglich durch Wiederholungen und Schlußschemata stattfindet.

2. Jede aus einer identischen Formel durch Einsetzung entstehende numerische Formel ist wahr; jede aus einem der Axiome von (S^*) durch Einsetzung von Ziffern für die freien Variablen entstehende numerische Formel ist wahr. Sind $\mathfrak{A}$ und $\mathfrak{A} \rightarrow \mathfrak{B}$ wahre numerische Formeln, so ist auch $\mathfrak{B}$ eine wahre Formel.

Die Methode dieses Nachweises der Widerspruchsfreiheit von (S^*), und damit auch von (S), hat gegenüber der Reduktionsmethode, mittels deren wir im § 6 die Widerspruchsfreiheit von (S) bewiesen haben, den Vorteil einer wesentlich allgemeineren Anwendbarkeit. Nämlich jene Reduktionsmethode beruhte wesentlich darauf, daß im Bereich derjenigen arithmetischen Beziehungen, die sich mit den Symbolen des Systems (S) darstellen lassen, jede mit gebundenen Variablen (jedoch ohne Formelvariablen) ausdrückbare Beziehung auch ohne gebundene Variablen ausdrückbar ist; z. B. die Beziehung

$$(E x)\,(a < x \,\&\, x < b) \quad \text{durch} \quad a' < b$$

und die Beziehung

$$(x)\,(a < x \lor x < b \lor x = c)$$

durch

$$(a < b) \lor (a = b \,\&\, a = c).$$

Eine solche Art der Eliminierbarkeit der gebundenen Variablen besteht nur für ganz spezielle Systeme, während die Eliminierbarkeit der gebundenen Variablen *aus einer Ableitung* einer von gebundenen Variablen freien Formel gemäß unserem ε-Theorem für jedes mittels des Prädikatenkalkuls formalisierte Axiomensystem besteht, dessen Axiome eigentliche Axiome ohne gebundene Variablen sind.

Als besondere, d. h. nicht nur die Arten der vorkommenden Variablen betreffende Eigenschaft der Axiome von (S^*) haben wir bei dem letzten Widerspruchsfreiheitsbeweis nur diejenige benutzt, daß jedes dieser Axiome bei einer beliebigen Ersetzung der freien Variablen durch Ziffern eine wahre numerische Formel ergibt, oder wie wir dafür auch kurz sagen: daß die Axiome „verifizierbare Formeln" sind[1].

[1] Vgl. Bd. I, § 6, S. 237. — Der Terminus „verifizierbar" ist im Hinblick darauf gewählt, daß den betreffenden Formeln im Sinne der inhaltlichen Deutung solche mathematischen Sätze allgemeiner Form entsprechen, die sich in jedem Einzelfall verifizieren (bestätigen) lassen, wenngleich natürlich die Allgemeingültigkeit der Sätze nicht verifiziert werden kann.

Auch dieser Begriff der Verifizierbarkeit ist noch mit unnötigen Beschränkungen behaftet. Nämlich er ist definiert in Angemessenheit für einen Formalismus, in welchem jeder Term, der keine freie Variable enthält, oder, wie wir kurz dafür sagen wollen, jeder „variablenlose" Term eine Ziffer ist. Eine Erweiterung dieses Begriffes im Hinblick auf das Auftreten von Funktionszeichen für rekursive Funktionen haben wir bereits im § 7 vorgenommen[1]. Wir brauchen uns aber überhaupt nicht auf zahlentheoretische Formalismen zu beschränken, in denen das Symbol 0 und das Strichsymbol (bzw. andere entsprechende Symbole an deren Stelle) in ihrer spezifischen Rolle auftreten. Vielmehr können wir „Verifizierbarkeit" allgemein für einen Formalismus, welcher variablenlose Terme enthält, *mit Bezug auf eine Wertbestimmung der variablenlosen Primformeln* dieses Formalismus erklären, wobei unter der Wertbestimmung ein Verfahren verstanden werden soll, gemäß welchem sich jede vorgelegte variablenlose Primformel des betreffenden Formalismus eindeutig als „wahr" oder „falsch" bestimmt.

Aus einer solchen Wertbestimmung für die variablenlosen Primformeln ergibt sich ohne weiteres auch eine Wertbestimmung für jede variablenlose Formel, indem wir die Deutung der Operationen des Aussagenkalkuls als Wahrheitsfunktionen zur Anwendung bringen. Jede variablenlose Formel bestimmt sich danach eindeutig als wahr oder falsch, und jede durch Einsetzung aus einer identischen Formel des Aussagenkalkuls hervorgehende variablenlose Formel ist danach eine wahre Formel.

Wir erklären nun eine Formel, die keine anderen Variablen als nur freie Individuenvariablen enthält, als „verifizierbar", wenn sie bei jeder Ersetzung der Variablen durch variablenlose Terme eine wahre Formel ergibt.

Mittels dieser Begriffsbildung können wir folgendes allgemeine Widerspruchsfreiheits-Theorem („Wf.-Theorem") formulieren:

Es sei F ein Formalismus, der aus dem Prädikatenkalkul durch Hinzunahme gewisser Individuen-, Prädikaten- und Funktionssymbole sowie gewisser eigentlicher Axiome hervorgeht. Für die variablenlosen Primformeln von F gebe es ein Verfahren der eindeutigen Bestimmung ihres Wahrheitswertes. Die Axiome mögen keine gebundenen Variablen enthalten und seien verifizierbar. Dann ist der Formalismus widerspruchsfrei in dem scharfen Sinne, daß jede in ihm ableitbare variablenlose Formel eine wahre Formel ist.

Der Nachweis für dieses Theorem erfolgt ganz in derselben Weise wie der Nachweis, den wir mit Benutzung des ersten ε-Theorems für die Widerspruchsfreiheit des Systems (S^*) geführt haben.

Es lassen sich nun hier verschiedene bemerkenswerte *Zusätze* anknüpfen:

---

[1] Vgl. Bd. I, § 7, S. 297.

1. Jede in F ableitbare Formel, die als einzige Variablen freie Individuenvariablen enthält, ist verifizierbar.

Denn jede Ersetzung der freien Variablen einer solchen Formel durch variablenlose Terme kann ja als eine Einsetzung betrachtet werden und führt somit wieder auf eine in F ableitbare Formel, welche gemäß der Behauptung unseres Theorems eine wahre Formel ist.

2. Zu jeder in F ableitbaren Formel von der Gestalt

$$(E\,\mathfrak{x}_1)\ldots(E\,\mathfrak{x}_n)\,\mathfrak{A}(\mathfrak{x}_1,\ldots,\mathfrak{x}_n),$$

welche außer $\mathfrak{x}_1,\ldots,\mathfrak{x}_n$ keine Variable enthält, können wir an Hand ihrer Ableitung variablenlose Terme $\mathfrak{t}_1,\ldots,\mathfrak{t}_n$ finden, für welche

$$\mathfrak{A}(\mathfrak{t}_1,\ldots,\mathfrak{t}_n)$$

eine wahre Formel ist.

Dieses ergibt sich aus der bewiesenen Erweiterung des ersten ε-Theorems. Diese besagt ja, auf unseren Fall angewendet, daß wir, ausgehend von der Ableitung der Formel

$$(E\,\mathfrak{x}_1)\ldots(E\,\mathfrak{x}_n)\,\mathfrak{A}(\mathfrak{x}_1,\ldots,\mathfrak{x}_n)$$

durch unsere Methode der Ausschaltung der gebundenen Variablen zu einer Formel

$$\mathfrak{A}(\mathfrak{k}_1^{(1)},\ldots,\mathfrak{k}_n^{(1)}) \vee \ldots \vee \mathfrak{A}(\mathfrak{k}_1^{(\mathfrak{s})},\ldots,\mathfrak{k}_n^{(\mathfrak{s})})$$

gelangen, welche aus den Axiomen von F mittels des elementaren Kalkuls ableitbar ist, und worin $\mathfrak{k}_1^{(1)},\ldots,\mathfrak{k}_n^{(\mathfrak{s})}$ gewisse Terme sind, die kein ε-Symbol enthalten, also nur aus freien Variablen, Individuensymbolen und Funktionszeichen des Formalismus F gebildet sein können.

Setzen wir in dieser Formel für alle eventuell vorkommenden freien Individuenvariablen ein und dasselbe Individuensymbol ein, so erhalten wir wieder eine in F ableitbare Formel, die nun variablenlos und somit eine wahre Formel ist. Mindestens eines der Disjunktionsglieder muß daher eine wahre Formel sein, und diese Formel hat die Gestalt

$$\mathfrak{A}(\mathfrak{t}_1,\ldots,\mathfrak{t}_n),$$

wobei $\mathfrak{t}_1,\ldots,\mathfrak{t}_n$ gewisse variablenlose Terme sind.

3. Ist in F eine Formel der Gestalt

$$(\mathfrak{x}_1)\ldots(\mathfrak{x}_m)\,(E\,\mathfrak{y}_1)\ldots(E\,\mathfrak{y}_n)\,\mathfrak{A}(\mathfrak{x}_1,\ldots,\mathfrak{x}_m,\mathfrak{y}_1,\ldots,\mathfrak{y}_n)$$

ableitbar, worin außer $\mathfrak{x}_1,\ldots,\mathfrak{x}_m,\ \mathfrak{y}_1,\ldots,\mathfrak{y}_n$ keine Variable vorkommt, so können wir an Hand der Ableitung dieser Formel zu jedem vorgelegten System von variablenlosen Termen $\mathfrak{a}_1,\ldots,\mathfrak{a}_m$ solche variablenlosen Terme $\mathfrak{b}_1,\ldots,\mathfrak{b}_n$ finden, für welche

$$\mathfrak{A}(\mathfrak{a}_1,\ldots,\mathfrak{a}_m,\mathfrak{b}_1,\ldots,\mathfrak{b}_n)$$

eine wahre Formel ist.

Dies folgt aus dem Zusatz 2., indem wir die Tatsache benutzen, daß für jedes System von Termen $\mathfrak{a}_1,\ldots,\mathfrak{a}_m$ die Formel

$$(E\,\mathfrak{y}_1)\ldots(E\,\mathfrak{y}_n)\,\mathfrak{A}(\mathfrak{a}_1,\ldots,\mathfrak{a}_m,\mathfrak{y}_1,\ldots,\mathfrak{y}_n)$$

aus der Formel

$$(\mathfrak{x}_1)\ldots(\mathfrak{x}_m)\,(E\,\mathfrak{y}_1)\ldots(E\,\mathfrak{y}_n)\,\mathfrak{A}(\mathfrak{x}_1,\ldots,\mathfrak{x}_m,\mathfrak{y}_1,\ldots,\mathfrak{y}_n)$$

durch Anwendung der Grundformel (a) ableitbar ist.

4. Die Behauptung des formulierten Widerspruchsfreiheits-Theorems mitsamt den Zusätzen 1., 2., 3. gilt auch, wenn in den Formalismus F noch das ε-Symbol und die ε-Formel aufgenommen werden.

Denn bei unserer Beweismethode für das erste ε-Theorem wird ja zum Zweck der Ausschaltung der Quantoren ohnehin zunächst das ε-Symbol und die ε-Formel zu dem betrachteten Formalismus hinzugefügt.

Diese Bemerkung ist insofern von Erheblichkeit, als ja, wie wir wissen, mittels der ε-Formel alle die Definitionsverfahren, die durch die ι-Regel zusammengefaßt werden, sowie auch die Prozesse der symbolischen Auflösung von Existenzialsätzen[1] eine gemeinsame Formalisierung erhalten.

Das bewiesene Widerspruchsfreiheits-Theorem mit Einschluß der Zusätze 1.—4. wollen wir kurz als das „Wf.-Theorem" bezeichnen.

b) Anwendung auf die Geometrie. Das erhaltene Wf.-Theorem liefert uns eine Methode, um axiomatische Theorien, die mittels des Prädikatenkalkuls formalisiert sind, und für deren Axiome wir eine finite arithmetische Deutung besitzen, als widerspruchsfrei zu erweisen. Die Widerspruchsfreiheit ergibt sich dabei zugleich unter Einbeziehung der ε-Formel.

Daß die finite Deutung der Axiome allein noch nicht genügt, um im finiten Sinne die Widerspruchsfreiheit des Axiomensystems erkennen zu lassen, liegt daran, daß jene finite Deutung sich ja nicht auf die Beweise erstreckt. Durch die im Prädikatenkalkul formalisierten Schlußweisen wird für die inhaltliche Interpretation ein nicht finites Element eingeführt. Wir können aber mittels des Wf.-Theorems diese Schlußweisen als unbedenklich erkennen.

Wie dieses des Genaueren geschieht, wollen wir im Falle der elementaren axiomatischen Geometrie darlegen, der ja auch an sich von Interesse ist. Dabei soll unter „elementarer" Geometrie hier die auf die Axiome der Verknüpfung der Anordnung, der Kongruenz und das Parallelenaxiom, unter Ausschluß der Stetigkeitsaxiome, gegründete Geometrie verstanden werden.

Der Einfachheit halber beschränken wir uns auf die Geometrie der Ebene. Die Übertragung des Verfahrens auf die Raumgeometrie macht keine grundsätzlichen Schwierigkeiten.

Das System der Axiome müssen wir, um unser Wf.-Theorem unmittelbar anwenden zu können, in aufgelöster Form aufstellen. Die Axiome der Verknüpfung und der Anordnung, wie sie sich an Hand der im Bd. I, § 1 gewählten Fassung in aufgelöster Form ergeben, haben wir bereits in diesem Paragraphen als I 1.—4., II 1.—5. zusammengestellt[2].

Für die Formalisierung der *Kongruenzaxiome* empfiehlt sich die von R. L. Moore gegebene Fassung[3], welche für die lineare Kongruenz die

[1] Vgl. S. 6.

[2] Vgl. S. 8.

[3] Siehe die Abhandlung „Sets of metrical hypotheses for geometry". Trans. Amer. Math. Soc. Bd. 9 (1908) S. 487—512.

HILBERTschen Axiome im wesentlichen übernimmt, jedoch die Einführung des Begriffs der Winkelkongruenz vermeidet. Für die Streckenkongruenz als Beziehung zwischen 4 Punkten, die zu zwei Punktepaaren zusammengefaßt sind, nehmen wir das Symbol

$$ab \equiv cd$$

(zu lesen: „ab ist kongruent cd").

Diese Kongruenzbeziehung wird formal durch die folgenden Axiome charakterisiert:

$$ab \equiv ba \,\&\, aa \equiv bb,$$
$$ab \equiv pq \,\&\, cd \equiv pq \rightarrow ab \equiv cd,$$
$$a \neq b \,\&\, c \neq d \rightarrow (Ex)\big(Zw(c, d, x) \,\&\, ab \equiv cx\big),$$
$$Gr(a, b, c) \,\&\, \overline{Zw(a, b, c)} \,\&\, ab \equiv ac \rightarrow b = c,$$
$$Zw(b, a, c) \,\&\, Zw(q, p, r) \,\&\, ab \equiv pq \,\&\, bc \equiv qr \rightarrow ac \equiv pr,$$
$$\overline{Gr(a, b, c)} \,\&\, \overline{Gr(p, q, r)} \,\&\, Zw(b, a, d) \,\&\, Zw(q, p, s)$$
$$\&\, ab \equiv pq \,\&\, bc \equiv qr \,\&\, ac \equiv pr \,\&\, bd \equiv qs \rightarrow cd \equiv rs.$$

Von diesen bringt das erste die Unabhängigkeit der Streckenlänge von der Reihenfolge der Endpunkte und die Kongruenzbeziehung zwischen uneigentlichen Strecken (Doppelpunkten)[1] zum Ausdruck, das zweite den Satz, daß zwei Strecken, die einer dritten kongruent sind, einander kongruent sind (Axiom III 2. in HILBERTs „Grundlagen der Geometrie"), das dritte die Möglichkeit der Streckenabtragung (Axiom III 1. bei HILBERT), das vierte die Eindeutigkeit der Streckenabtragung (welche in HILBERTs System aus der Eindeutigkeit der Winkelantragung folgt), das fünfte die Additivität der Strecken (Axiom III 3. bei HILBERT), und das letzte ist folgender Dreieckskongruenzsatz:

Wenn in zwei Dreiecken die Längen entsprechender Seiten übereinstimmen und entsprechende Seiten über entsprechende Ecken hinaus um gleiche Strecken verlängert werden, so sind die Verbindungsstrecken

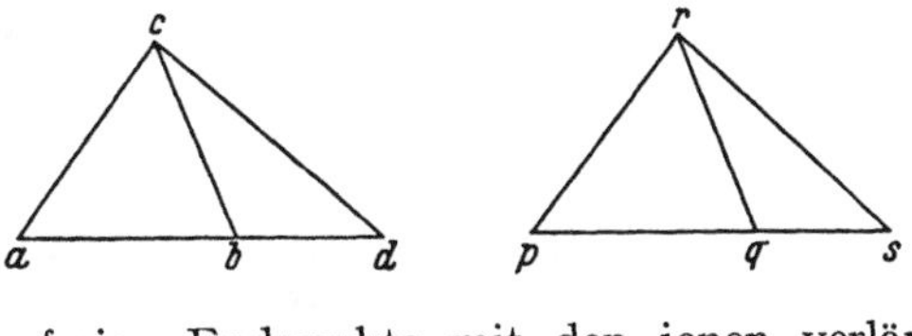

der erhaltenen freien Endpunkte mit den jenen verlängerten Seiten gegenüberliegenden Ecken einander gleich. Daß dieses Dreieckskongruenzaxiom, in Verbindung mit den vorangehenden Axiomen der linearen Kongruenz, ausreichend ist, um auf Grund einer geeigneten Definition der Winkelkongruenz, der Begriffe „kleiner" und „größer" für Strecken und Winkel, sowie des „rechten", „spitzen", „stumpfen" Winkels die üblichen Sätze der elementaren Geometrie, soweit sie nicht vom

[1] Die axiomatische Festsetzung der Kongruenz zwischen Doppelpunkten ist hier zur formalen Vervollständigung hinzugefügt.

Parallelenaxiom abhängen, zu gewinnen, wurde vollständig erst von J. L. DORROH gezeigt[1].

Durch das dritte, existenziale Kongruenzaxiom wird das Axiom II 4., welches die Möglichkeit der Verlängerung einer Strecke zum Ausdruck bringt, entbehrlich. Wir lassen dieses daher weg, womit zugleich das Funktionszeichen $\varphi(a, b)$ ausgeschaltet wird.

Das Parallelenaxiom lautet in der HILBERTschen Fassung, bei Beschränkung auf die Geometrie der Ebene: „Durch einen Punkt außerhalb der Geraden a gibt es höchstens eine Gerade, welche a nicht schneidet." Hierfür können wir auch sagen: „Von zwei verschiedenen Geraden, die durch einen Punkt P außerhalb einer Geraden a gehen, hat mindestens eine mit der Geraden a einen Punkt gemeinsam"; und in dieser Formulierung können wir noch die Bedingung, daß P außerhalb der Geraden a liegt, weglassen.

Mit Hilfe der Beziehung Gr stellt sich demnach das Axiom folgendermaßen dar:

$$\overline{Gr(a, b, c)} \rightarrow (E x)\big(Gr(d, e, x) \,\&\, (Gr(a, b, x) \vee Gr(a, c, x))\big).$$

(Erläuterung: Die Gerade durch d, e ist die gegebene Gerade[2], a ist der beliebige Punkt, durch welchen zwei verschiedene Geraden, die eine durch b, die andere durch c, betrachtet werden; die Behauptung ist, daß mindestens eine von diesen beiden Geraden mit der Geraden durch d, e einen Punkt x gemeinsam hat.)

Schließlich haben wir noch die Gleichheitsaxiome in der Form von eigentlichen Axiomen hinzuzufügen. Es sind zunächst die Axiome

$$a = a$$
$$a = b \rightarrow (a = c \rightarrow b = c)$$

zu nehmen, ferner die den Grundprädikaten Gr, Zw, $\equiv$ zugehörigen Gleichheitsaxiome. Hier würden an sich nach der Zahl der Argumentstellen dieser Prädikate 10 Formeln aufzustellen sein. Jedoch brauchen wir zufolge des Axioms I 1.

$$Gr(a, b, c) \rightarrow Gr(b, a, c) \,\&\, Gr(a, c, b)$$

und der aus II 3. sich unmittelbar ergebenden Formel

$$Zw(a, b, c) \rightarrow Zw(a, c, b)$$

[1] Siehe „Concerning a set of metrical hypotheses for geometry". Ann. of Math., 2. Serie Bd. 29 (1928) S. 229—231. MOORE zeigte die Zulänglichkeit der von ihm aufgestellten Kongruenzaxiome nur unter Benutzung noch eines Stetigkeitsaxioms, an dessen Stelle, wie er fand, auch der Satz genügt, daß jede Strecke einen Mittelpunkt hat. Dieser Satz wird in der Abhandlung von DORROH aus den MOOREschen Kongruenzaxiomen bewiesen.

[2] Diese geometrische Deutung ist nur für $d \neq e$ sinnvoll; für $d = e$ ist aber die vorstehende Implikation zufolge des Axioms $G(a, a, b)$ in trivialer Weise erfüllt.

für Gr und Zw nur die Formeln

$$a = b \rightarrow (Gr(a, c, d) \rightarrow Gr(b, c, d))$$
$$a = b \rightarrow (Zw(a, c, d) \rightarrow Zw(b, c, d))$$
$$a = b \rightarrow (Zw(c, d, a) \rightarrow Zw(c, d, b))$$

zu nehmen[1], von denen wiederum die zweite auf Grund des Axioms II 1.

$$Zw(a, b, c) \rightarrow Gr(a, b, c)$$

und der Ableitbarkeit der Formeln

$$Zw(a, b, c) \rightarrow a \neq b \;\&\; a \neq c \;\&\; b \neq c$$

und

$$Gr(a, b, c) \;\&\; a \neq b \;\&\; a \neq c \;\&\; b \neq c \rightarrow Zw(a, b, c) \vee Zw(b, a, c) \vee Zw(c, a, b)$$

entbehrlich ist. Und für das Prädikat $\equiv$ genügt wegen der Axiome

$$ab \equiv ba, \quad ab \equiv pq \;\&\; cd \equiv pq \;\rightarrow\; ab \equiv cd$$

die Gleichheitsformel

$$a = b \rightarrow ac \equiv bc.$$

Wir haben nun noch die zwei hinzugetretenen Existenzaxiome in aufgelöste Form zu bringen. An Stelle des Axioms

$$a \neq b \;\&\; c \neq d \rightarrow (E x)(Zw(c, d, x) \;\&\; ab \equiv cx)$$

erhalten wir, bei Einführung eines Funktionszeichens $\varphi(a, b, c, d)$:

$$a \neq b \;\&\; c \neq d \rightarrow Zw(c, d, \varphi(a, b, c, d)) \;\&\; ab \equiv c\varphi(a, b, c, d).$$

Um unsere Formel des Parallelenaxioms in aufgelöste Form zu bringen, würden wir nach dem allgemeinen Verfahren ein Funktionszeichen mit fünf Argumenten einzuführen haben. Wir können aber hier eine Vereinfachung erzielen. Erinnern wir uns, daß die symbolische Auflösung einer Existenzialformel ja mittels der Anwendung des ε-Symbols nebst einer expliziten Definition vollzogen werden kann.

Gemäß dem allgemeinen Verfahren würde zur symbolischen Auflösung unserer Formel des Parallelenaxioms das einzuführende ε-Symbol

$$\varepsilon_x(Gr(d, e, x) \;\&\; (Gr(a, b, x) \vee Gr(a, c, x)))$$

sein. Wir können aber statt dessen hier mit gleichem Erfolg

$$\varepsilon_x(Gr(a, b, x) \;\&\; Gr(c, d, x))$$

einführen. Definieren wir nämlich

$$\xi(a, b, c, d) = \varepsilon_x(Gr(a, b, x) \;\&\; Gr(c, d, x)),$$

so erhalten wir aus unserer Formel des Parallelenaxioms, in Verbindung mit der Formel

$$(E x) A(x) \rightarrow A(\varepsilon_x A(x)),$$

leicht die Formel

$$\overline{Gr(a, b, c)} \rightarrow (Gr(d, e, \xi(a, b, d, e)) \;\&\; Gr(a, b, \xi(a, b, d, e)))$$
$$\vee (Gr(d, e, \xi(a, c, d, e)) \;\&\; Gr(a, c, \xi(a, c, d, e))),$$

[1] Vgl. die Zusammenstellung im Bd. I, § 7, S. 390.

aus welcher wir auch umgekehrt unsere Formel des Parallelenaxioms mittels des Prädikatenkalkuls zurückgewinnen können.

Geometrisch ist die Definition von $\xi(a, b, c, d)$ so zu deuten, daß $\xi(a, b, c, d)$ einen gemeinsamen Punkt der Geraden ab und cd darstellt, sofern ein solcher existiert; insbesondere stellt danach $\xi(a, b, c, d)$ im Falle, daß ab und cd zwei verschiedene sich schneidende Geraden sind, den Schnittpunkt dieser Geraden dar.

Diese geometrische Interpretation weist uns zugleich darauf hin, daß mittels der Funktion $\xi(a, b, c, d)$ auch die symbolische Auflösung des fünften Anordnungsaxioms vollzogen werden kann, so daß wir hierfür das Funktionszeichen $\psi(a, b, c, d, e)$ entbehren können. Dieses Axiom besagt ja, daß, wenn eine Gerade die Seite ab eines Dreiecks abc in einem Punkt zwischen a und b schneidet, sie dann durch einen Punkt der Seite (Strecke) ac oder durch einen Punkt der Seite bc geht. Diese Behauptung läßt sich auch so formulieren: „Wenn a, b, c nicht auf einer Geraden liegen, p zwischen a und b liegt und pq eine von ab verschiedene Gerade ist, welche nicht durch c geht, so gibt es entweder einen Schnittpunkt der Geraden pq und ac, der zwischen a und c liegt, oder einen Schnittpunkt der Geraden pq und bc, der zwischen b und c liegt."

Mit unseren Symbolen stellt sich diese Aussage dar durch die Formel

$$(\xi_1) \quad \begin{cases} \overline{Gr(a, b, c)} \mathbin{\&} Zw(p, a, b) \mathbin{\&} \overline{Gr(q, a, b)} \mathbin{\&} \overline{Gr(c, p, q)} \\ \to \big(Gr(p, q, \xi(p, q, a, c)) \mathbin{\&} Zw(\xi(p, q, a, c), a, c)\big) \\ \lor \big(Gr(p, q, \xi(p, q, b, c)) \mathbin{\&} Zw(\xi(p, q, b, c), b, c)\big). \end{cases}$$

Diese Formel (ξ_1) ist in der Tat auch der ursprünglichen Formel des Axioms II 5., bei Benutzung der ε-Formel und der Definition von $\xi(a, b, c, d)$, deduktionsgleich. Nämlich jene Formel

$$\begin{aligned} (x)(y)(z)(u)(v)\{&\overline{Gr(x, y, z)} \mathbin{\&} Zw(u, x, y) \mathbin{\&} \overline{Gr(v, x, y)} \mathbin{\&} \overline{Gr(z, u, v)} \\ &\to (Ew)\big(Gr(u, v, w) \mathbin{\&} \big(Zw(w, x, z) \lor Zw(w, y, z)\big)\big)\} \end{aligned}$$

geht bei Austausch der gebundenen Variablen x, y, z, u, v gegen freie Variablen nebst einer Umformung nach den Regeln des Prädikatenkalkuls über in die Formel

$$\begin{aligned} &\overline{Gr(a, b, c)} \mathbin{\&} Zw(p, a, b) \mathbin{\&} \overline{Gr(q, a, b)} \mathbin{\&} \overline{Gr(c, p, q)} \\ \to (Ew)\big(Gr(p, q, w) \mathbin{\&} Zw(w, a, c)\big) &\lor (Ew)\big(Gr(p, q, w) \mathbin{\&} Zw(w, b, c)\big); \end{aligned}$$

und diese kann einerseits aus der Formel (ξ_1) leicht durch den Prädikatenkalkul abgeleitet werden, während andererseits aus ihr die Formel (ξ_1) mit Hilfe der Formel

$$\begin{aligned} (Ew)\big(Gr(p, q, w) \mathbin{\&} Zw(w, d, c)\big) \mathbin{\&} \overline{Gr(c, p, q)} \\ \to Gr(p, q, \xi(p, q, d, c)) \mathbin{\&} Zw(\xi(p, q, d, c), d, c) \end{aligned}$$

ableitbar ist, welche man auf Grund der Definition von $\xi(a, b, c, d)$ mittels der Axiome I 1., 2., 3., II 1., 2., 3. und der Gleichheitsaxiome, mit Benutzung der ε-Formel, erhält.

Somit kommen wir im ganzen zur Auflösung der existenzialen Axiome unseres geometrischen Axiomensystems mit der Einführung der Individuensymbole α, β, γ und der Funktionszeichen $\varphi(a, b, c, d)$, $\xi(a, b, c, d)$ aus; und es ergibt sich das folgende System von Axiomen in aufgelöster Form:

Gleichheitsaxiome.

$$a = a,$$
$$a = b \rightarrow (a = c \rightarrow b = c),$$
$$a = b \rightarrow \bigl(Gr(a, c, d) \rightarrow Gr(b, c, d)\bigr),$$
$$a = b \rightarrow \bigl(Zw(c, d, a) \rightarrow Zw(c, d, b)\bigr),$$
$$a = b \rightarrow ac \equiv bc.$$

Axiome der Verknüpfung.

$$Gr(a, a, b),$$
$$Gr(a, b, c) \rightarrow Gr(b, a, c) \mathbin{\&} Gr(a, c, b),$$
$$Gr(a, b, c) \mathbin{\&} Gr(a, b, d) \mathbin{\&} a \neq b \rightarrow Gr(a, c, d),$$
$$\overline{Gr(\alpha, \beta, \gamma)}.$$

Axiome der Anordnung.

$$Zw(a, b, c) \rightarrow Gr(a, b, c),$$
$$\overline{Zw(a, b, b)},$$
$$Zw(a, b, c) \rightarrow Zw(a, c, b) \mathbin{\&} \overline{Zw(b, a, c)},$$
$$\overline{Gr(a, b, c)} \mathbin{\&} Zw(p, a, b) \mathbin{\&} \overline{Gr(q, a, b)} \mathbin{\&} \overline{Gr(c, p, q)}$$
$$\rightarrow \bigl(Gr(p, q, \xi(p, q, a, c)) \mathbin{\&} Zw(\xi(p, q, a, c), a, c)\bigr)$$
$$\vee \bigl(Gr(p, q, \xi(p, q, b, c)) \mathbin{\&} Zw(\xi(p, q, b, c), b, c)\bigr).$$

Axiome der Kongruenz.

$$ab \equiv ba \mathbin{\&} aa \equiv bb,$$
$$ab \equiv pq \mathbin{\&} cd \equiv pq \rightarrow ab \equiv cd,$$
$$a \neq b \mathbin{\&} c \neq d \rightarrow Zw\bigl(c, d, \varphi(a, b, c, d)\bigr) \mathbin{\&} ab \equiv c\varphi(a, b, c, d),$$
$$Gr(a, b, c) \mathbin{\&} \overline{Zw(a, b, c)} \mathbin{\&} ab \equiv ac \rightarrow b = c,$$
$$Zw(b, a, c) \mathbin{\&} Zw(q, p, r) \mathbin{\&} ab \equiv pq \mathbin{\&} bc \equiv qr \rightarrow ac \equiv pr,$$
$$\overline{Gr(a, b, c)} \mathbin{\&} \overline{Gr(p, q, r)} \mathbin{\&} Zw(b, a, d) \mathbin{\&} Zw(q, p, s) \mathbin{\&} ab \equiv pq \mathbin{\&} bc \equiv qr$$
$$\mathbin{\&} ac \equiv pr \mathbin{\&} bd \equiv qs \rightarrow cd \equiv rs.$$

Parallelenaxiom.

$$\overline{Gr(a, b, c)} \rightarrow \bigl(Gr(d, e, \xi(a, b, d, e)) \mathbin{\&} Gr(a, b, \xi(a, b, d, e))\bigr)$$
$$\vee \bigl(Gr(d, e, \xi(a, c, d, e)) \mathbin{\&} Gr(a, c, \xi(a, c, d, e))\bigr).$$

Bemerkung. Für die Funktionszeichen $\varphi(a, b, c, d)$, $\xi(a, b, c, d)$ haben wir nicht nötig, zugehörige Gleichheitsaxiome aufzustellen, da ja die symbolische Auflösung der Existenzaxiome uns nur als Hilfsmittel dient, um das betrachtete geometrische Axiomensystem in seiner üblichen Form, im Rahmen der durch den Prädikatenkalkul und das ε-Axiom formalisierten Schlußweisen, als widerspruchsfrei zu erkennen. Hierfür ist aber unser vorliegendes Axiomensystem ausreichend, da ja aus diesem alle Axiome des ursprünglichen Systems durch den Prädikatenkalkul ableitbar sind[1].

Um nun die Widerspruchsfreiheit des aufgestellten Axiomensystems aus unserem Wf.-Theorem entnehmen zu können, genügt es, ein Verfahren der eindeutigen Bestimmung des Wahrheitswertes für die variablenlosen Primformeln anzugeben, auf Grund dessen sich die Axiome als verifizierbar erweisen lassen. Ein solches Verfahren wird uns durch die analytische Geometrie geliefert. Als Zahlenbereich für die analytische Geometrie genügt hierbei der Bereich derjenigen Zahlen, die man ausgehend von 1 durch die vier elementaren Rechenspezies nebst der Operation des Quadratwurzelnehmens von einer positiven Zahl gewinnt.

Das Rechnen in diesem Zahlenbereich — welcher mit Q bezeichnet werden möge — läßt sich auf finite Weise vollziehen. Eine gekürzte Schreibweise für die Beziehungen der analytischen Geometrie der Ebene wird uns durch die Anwendung komplexer Zahlen ermöglicht. Diese Anwendung erfolgt in der Weise, daß wir die Koordinaten $\mathfrak{a}$, $\mathfrak{b}$ eines Punktes zu einer komplexen Zahl $\mathfrak{a}+\mathfrak{b}i$ zusammenfassen. Wir haben es hier mit solchen komplexen Zahlen $\mathfrak{a}+\mathfrak{b}i$ zu tun, bei welchen $\mathfrak{a}$ und $\mathfrak{b}$ Zahlen aus Q sind. Der Bereich dieser komplexen Zahlen werde mit Q^* bezeichnet.

Wir wenden ferner gewisse in bezug auf komplexe Zahlen gebräuchliche Bezeichnungen an: Ist $\mathfrak{c}$ die Zahl $\mathfrak{a}+\mathfrak{b}i$, so bezeichne $\mathfrak{J}(\mathfrak{c})$ die Zahl $\mathfrak{b}$ (den „imaginären Teil" von $\mathfrak{c}$), $|\mathfrak{c}|$ die Zahl $\sqrt{\mathfrak{a}^2+\mathfrak{b}^2}$ (den „Betrag" von $\mathfrak{c}$) und $\bar{\mathfrak{c}}$ die zu $\mathfrak{c}$ „konjugiert komplexe" Zahl $\mathfrak{a}-\mathfrak{b}i$; $\mathfrak{c}$ heiße reell, wenn $\mathfrak{b}=0$ ist, $\mathfrak{c}$ heiße positiv, wenn $\mathfrak{b}=0$ und $\mathfrak{a}$ positiv ist.

Zur Ausführung der Wertbestimmung für die variablenlosen Primformeln haben wir zu beachten, daß jede variablenlose Primformel eine der vier Formen

$$\mathfrak{a}=\mathfrak{b}, \qquad Gr(\mathfrak{a},\mathfrak{b},\mathfrak{c}), \qquad Zw(\mathfrak{a},\mathfrak{b},\mathfrak{c}), \qquad \mathfrak{a}\mathfrak{b}\equiv\mathfrak{c}\mathfrak{d}$$

hat, wobei $\mathfrak{a}$, $\mathfrak{b}$, $\mathfrak{c}$, $\mathfrak{d}$ variablenlose Terme sind, und daß ferner jeder variablenlose Term entweder eines der Individuensymbole α, β, γ oder aus diesen mittels der Funktionszeichen φ, ξ gebildet ist.

---

[1] Übrigens würde die Hinzufügung von 8 Gleichheitsaxiomen, die den 8 Argumenten von $\varphi(a, b, c, d)$ und $\xi(a, b, c, d)$ entsprechen, in der Weise wie die Formel

$$a=b \rightarrow \varphi(a, p, q, r)=\varphi(b, p, q, r)$$

dem ersten Argument von $\varphi(a, b, c, d)$ entspricht, für unseren Nachweis der Widerspruchsfreiheit keinerlei Schwierigkeit ergeben. Denn die arithmetische Deutung, mittels deren wir diesen Nachweis führen, liefert für die Terme $\varphi(\mathfrak{a}, \mathfrak{b}, \mathfrak{c}, \mathfrak{d})$, $\xi(\mathfrak{a}, \mathfrak{b}, \mathfrak{c}, \mathfrak{d})$ mit variablenlosen Argumenten eine eindeutige Wertbestimmung. Vgl. nachher S. 45.

Wir erhalten demgemäß eine Wertbestimmung für die variablenlosen Primformeln, indem wir erstens eine Methode angeben, um jedem variablenlosen Term eine Zahl aus Q^* zuzuordnen, und indem wir ferner jeder Primformel

$$\mathfrak{a} = \mathfrak{b}, \quad Gr(\mathfrak{a}, \mathfrak{b}, \mathfrak{c}), \quad Zw(\mathfrak{a}, \mathfrak{b}, \mathfrak{c}), \quad \mathfrak{a}\mathfrak{b} \equiv \mathfrak{c}\mathfrak{d}$$

eine arithmetische Aussage zuweisen, deren Zutreffen oder Nichtzutreffen auf die den Termen $\mathfrak{a}$, $\mathfrak{b}$, $\mathfrak{c}$, $\mathfrak{d}$ zugeordneten Zahlen aus Q^* darüber entscheidet, ob die betreffende Primformel den Wert „wahr" oder den Wert „falsch" erhält.

Zur Ausführung des ersten Schrittes ordnen wir den Symbolen α, β, γ die komplexen Zahlen 0, 1, i zu und definieren die Funktionen φ, ξ für die Argumente $\mathfrak{k}$, $\mathfrak{l}$, $\mathfrak{m}$, $\mathfrak{n}$ aus Q^* folgendermaßen:

$$\begin{aligned} \varphi(\mathfrak{k}, \mathfrak{l}, \mathfrak{m}, \mathfrak{n}) &= \mathfrak{m} + \frac{|\mathfrak{k}-\mathfrak{l}|}{|\mathfrak{m}-\mathfrak{n}|} \cdot (\mathfrak{m}-\mathfrak{n}) \qquad \text{für} \quad \mathfrak{m} \neq \mathfrak{n}, \\ &= \mathfrak{m} \qquad \text{für} \quad \mathfrak{m} = \mathfrak{n} \end{aligned}$$

$$\begin{aligned} \xi(\mathfrak{k}, \mathfrak{l}, \mathfrak{m}, \mathfrak{n}) &= \frac{\mathfrak{J}(\mathfrak{k}\cdot\bar{\mathfrak{l}})\cdot(\mathfrak{m}-\mathfrak{n}) - \mathfrak{J}(\mathfrak{m}\cdot\bar{\mathfrak{n}})\cdot(\mathfrak{k}-\mathfrak{l})}{\mathfrak{J}((\mathfrak{k}-\mathfrak{l})\cdot(\overline{\mathfrak{m}-\mathfrak{n}}))}, \\ &\qquad \text{wenn } (\mathfrak{k}-\mathfrak{l})\cdot(\overline{\mathfrak{m}-\mathfrak{n}}) \text{ nicht reell ist}, \\ &= \mathfrak{m} \qquad \text{für } \mathfrak{k} = \mathfrak{l},\ \mathfrak{m} \neq \mathfrak{n}, \\ &= \mathfrak{k} \text{ in den übrigen Fällen}. \end{aligned}$$

Erläuterungen: $\varphi(\mathfrak{k}, \mathfrak{l}, \mathfrak{m}, \mathfrak{n})$ stellt für $\mathfrak{m} \neq \mathfrak{n}$ den Punkt dar, welcher auf der Verlängerung der von $\mathfrak{n}$ nach $\mathfrak{m}$ führenden Strecke im Abstand $|\mathfrak{k}-\mathfrak{l}|$ von $\mathfrak{m}$ liegt.

Wenn $(\mathfrak{k}-\mathfrak{l})\cdot(\overline{\mathfrak{m}-\mathfrak{n}})$ nicht reell ist, so ist $\mathfrak{k} \neq \mathfrak{l}$, $\mathfrak{m} \neq \mathfrak{n}$, und die Richtung der Strecke von $\mathfrak{k}$ nach $\mathfrak{l}$ ist derjenigen der Strecke von $\mathfrak{m}$ nach $\mathfrak{n}$ weder gleich noch entgegengesetzt. Es stellt dann $\xi(\mathfrak{k}, \mathfrak{l}, \mathfrak{m}, \mathfrak{n})$ den Schnittpunkt der Geraden durch $\mathfrak{k}$ und $\mathfrak{l}$ mit der Geraden durch $\mathfrak{m}$ und $\mathfrak{n}$ dar.

Wir erhalten nun für jeden variablenlosen Term eindeutig eine zugeordnete Zahl aus Q^*, indem wir zunächst jedes auftretende Individuensymbol durch die ihm zugeordnete komplexe Zahl ersetzen und sodann, von innen her fortschreitend, jedes Funktionszeichen, in dessen Argumentstellen komplexe Zahlen stehen, durch den ihm für diese Argumentwerte zugewiesenen komplexen Zahlenwert aus Q^* ersetzen, bis schließlich alle Funktionszeichen entfernt sind und nur eine Zahl aus Q^* übrig bleibt.

Nunmehr geben wir zu den Primformeln

$$\mathfrak{a} = \mathfrak{b}, \quad Gr(\mathfrak{a}, \mathfrak{b}, \mathfrak{c}), \quad Zw(\mathfrak{a}, \mathfrak{b}, \mathfrak{c}), \quad \mathfrak{a}\mathfrak{b} \equiv \mathfrak{c}\mathfrak{d}$$

die ihnen zur Bestimmung des Wahrheitswertes zugeordneten arithmetischen Aussagen an. $\mathfrak{k}$, $\mathfrak{l}$, $\mathfrak{m}$, $\mathfrak{n}$ seien die den Termen $\mathfrak{a}$, $\mathfrak{b}$, $\mathfrak{c}$, $\mathfrak{d}$ auf Grund der bisherigen Festsetzungen zugeordneten komplexen Zahlen aus Q^*; dann soll

$\mathfrak{a} = \mathfrak{b}$ wahr oder falsch sein, je nachdem die arithmetische Gleichung $\mathfrak{k} = \mathfrak{l}$ zutrifft oder nicht,

$Gr(\mathfrak{a}, \mathfrak{b}, \mathfrak{c})$ wahr oder falsch sein, je nachdem $(\mathfrak{k}-\mathfrak{l})\cdot(\overline{\mathfrak{m}-\mathfrak{k}})$ reell ist oder nicht,

$Zw(\mathfrak{a}, \mathfrak{b}, \mathfrak{c})$ wahr oder falsch sein, je nachdem $(\mathfrak{k}-\mathfrak{l})\cdot(\overline{\mathfrak{m}-\mathfrak{k}})$ positiv ist oder nicht,

$\mathfrak{a}\mathfrak{b} \equiv \mathfrak{c}\mathfrak{d}$ wahr oder falsch sein, je nachdem $|\mathfrak{k}-\mathfrak{l}| = |\mathfrak{m}-\mathfrak{n}|$ ist oder nicht.

Man kann nun anhand elementarer arithmetischer Überlegungen feststellen, daß gemäß den getroffenen Festsetzungen jedes unserer Axiome verifizierbar ist, d. h. stets dann eine wahre Formel (im Sinne der Festsetzungen) ergibt, wenn jede darin vorkommende freie Variable durch je einen variablenlosen Term (und zwar überall, wo sie auftritt, durch den gleichen Term) ersetzt wird. Damit ist nun auf Grund unseres Wf.-Theorems der gewünschte Nachweis der Widerspruchsfreiheit für die formulierten geometrischen Axiome der Verknüpfung, der Anordnung der Kongruenz und das Parallelenaxiom geführt.

Die hier angewendete Beweismethode läßt sich auch gleichermaßen zum Nachweis für die *Widerspruchsfreiheit der nichteuklidischen Geometrie* (wiederum unter Absehen von den Stetigkeitsaxiomen) anwenden.

Indem wir uns wieder auf die Geometrie der Ebene beschränken, können wir als Axiomensystem für die nichteuklidische Geometrie dasjenige nehmen, welches aus dem von uns verwendeten Axiomensystem der euklidischen Geometrie dadurch hervorgeht, daß an die Stelle des Parallelenaxioms das folgende Axiom gesetzt wird[1]:

„Zu einem Punkt a außerhalb der durch die (voneinander verschiedenen) Punkte b, c bestimmten Geraden gibt es Punkte p, q, die mit a nicht auf einer Geraden liegen und ferner so gelegen sind, daß weder die Gerade ap noch die Gerade aq einen Punkt mit der Geraden bc gemeinsam haben, während andererseits für jeden zwischen p und q gelegenen Punkt d die Gerade ad die Gerade bc schneidet.“

Dieses Axiom stellt sich dar durch die Formel

$$\begin{aligned}\overline{Gr(a,b,c)} \rightarrow (Ex)\,(Ey)\,\{&\overline{Gr(a,x,y)}\ \&\ \overline{(Ez)}\big(Gr(a,x,z)\ \&\ Gr(b,c,z)\big)\\ &\&\ \overline{(Ez)}\big(Gr(a,y,z)\ \&\ Gr(b,c,z)\big)\ \&\ (u)\big(Zw(u,x,y)\rightarrow\\ &\rightarrow (Ev)\big(Gr(a,u,v)\ \&\ Gr(b,c,v)\big)\big)\}.\end{aligned}$$

Die symbolische Auflösung kann hier mit Hilfe des Funktionszeichens $\xi(a, b, c, d)$ und noch eines Funktionszeichens $\chi(a, b, c)$ erfolgen. Den beiden Seinszeichen (Ex), (Ey) werden die Funktionen $\chi(a, b, c)$ und $\chi(a, c, b)$ zugeordnet; das Axiom erfährt auf diese Weise noch eine gewisse unerhebliche Verschärfung. Wir erhalten so folgende aufgelöste Form des Axioms:

$$\begin{aligned}&\overline{Gr(a,b,c)} \rightarrow \overline{Gr\big(a,\chi(a,b,c),\chi(a,c,b)\big)}\ \&\\ &\quad\&\ \big(\overline{Gr(a,\chi(a,b,c),d)} \vee \overline{Gr(b,c,d)}\big)\\ &\quad\&\ \big(Zw(e,\chi(a,b,c),\chi(a,c,b))\rightarrow Gr(a,e,\xi(a,e,b,c))\ \&\ Gr(b,c,\xi(a,e,b,c))\big)\end{aligned}$$

[1] Vgl. in HILBERTS „Grundlagen der Geometrie“, Anhang III, Axiom IV (S. 162 der 7. Auflage).

[Man beachte, daß das Konjunktionsglied, welches zunächst an Stelle von $\overline{(E z)}\big(Gr(a, y, z) \,\&\, Gr(b, c, z)\big)$ tritt, entbehrlich wird[1].]

Indem wir dieses Axiom an die Stelle des Parallelenaxioms setzen, erhalten wir ein Axiomensystem der ebenen nichteuklidischen Geometrie (mit Ausschluß allerdings der Stetigkeitsaxiome). Um nun für dieses Axiomensystem einen finiten Nachweis der Widerspruchsfreiheit, anhand des von FELIX KLEIN herrührenden projektiven Modells der nichteuklidischen Geometrie, zu führen, brauchen wir an unseren vorherigen Wertbestimmungen und Zuordnungen nur folgende Modifikationen und Ergänzungen vorzunehmen:

1. a) An Stelle des Bereichs Q^* der komplexen Zahlen $\mathfrak{a} + \mathfrak{b} i$, bei welchen $\mathfrak{a}$ und $\mathfrak{b}$ zu Q gehören, nehmen wir den Bereich derjenigen Zahlen von Q^*, deren Betrag kleiner als 1 ist. Dieser Zahlenbereich werde mit Q_1^* bezeichnet.

b) Den Symbolen α, β, γ ordnen wir die Zahlen 0, $\frac{1}{2}$, $\frac{i}{2}$ zu.

c) Die Definition der arithmetischen Funktionen wird eingeschränkt auf Argumente aus dem Bereich Q_1^*.

d) Die Definition von $\xi(\mathfrak{k}, \mathfrak{l}, \mathfrak{m}, \mathfrak{n})$ erfährt die Änderung, daß für diejenigen Quadrupel (von Zahlen $\mathfrak{k}$, $\mathfrak{l}$, $\mathfrak{m}$, $\mathfrak{n}$ aus Q_1^*), bei welchen gemäß der bisherigen Definition der Wert von $\xi(\mathfrak{k}, \mathfrak{l}, \mathfrak{m}, \mathfrak{n})$ einen Betrag hat, der $\geqq 1$ ist, $\mathfrak{k}$ als Wert von $\xi(\mathfrak{k}, \mathfrak{l}, \mathfrak{m}, \mathfrak{n})$ definiert wird.

2. Es tritt die Definition von $\chi(\mathfrak{k}, \mathfrak{l}, \mathfrak{m})$ hinzu, welche mit Benutzung der Hilfsfunktion

$$\tau(\mathfrak{k}, \mathfrak{l}) = \frac{i \cdot \mathfrak{I}(\bar{\mathfrak{k}} \cdot \mathfrak{l}) \cdot (\mathfrak{k} - \mathfrak{l})}{|\mathfrak{k} - \mathfrak{l}|^2} + \frac{\mathfrak{k} - \mathfrak{l}}{|\mathfrak{k} - \mathfrak{l}|} \cdot \sqrt{1 - \left(\frac{\mathfrak{I}(\bar{\mathfrak{k}} \cdot \mathfrak{l})}{|\mathfrak{k} - \mathfrak{l}|}\right)^2}, \qquad \text{für } \mathfrak{k} \neq \mathfrak{l}$$

$$\tau(\mathfrak{k}, \mathfrak{l}) = \mathfrak{k}, \qquad \text{für } \mathfrak{k} = \mathfrak{l}$$

durch die Gleichung

$$\chi(\mathfrak{k}, \mathfrak{m}, \mathfrak{n}) = \tfrac{1}{2}\big(\mathfrak{k} + \tau(\mathfrak{m}, \mathfrak{n})\big)$$

erfolgt.

Erläuterung: $\tau(\mathfrak{k}, \mathfrak{l})$ stellt für $\mathfrak{k} \neq \mathfrak{l}$ den Schnittpunkt des von $\mathfrak{l}$ durch $\mathfrak{k}$ gehenden Halbstrahles mit dem Kreis vom Radius 1 um den Nullpunkt dar, $\chi(\mathfrak{k}, \mathfrak{m}, \mathfrak{n})$ den Mittelpunkt der von $\mathfrak{k}$ nach $\tau(\mathfrak{m}, \mathfrak{n})$ führenden Strecke. Man beachte, daß zwar der Wert von $\tau(\mathfrak{k}, \mathfrak{l})$ nicht zu Q_1^* gehört, wohl aber der Wert von $\chi(\mathfrak{k}, \mathfrak{m}, \mathfrak{n})$.

3. Bei den Zuordnungen arithmetischer Aussagen zu den variablenlosen Primformeln wird die Zuordnung für $\mathfrak{a}\,\mathfrak{b} \equiv \mathfrak{c}\,\mathfrak{d}$ dahin abgeändert, daß, wenn $\mathfrak{k}$, $\mathfrak{l}$, $\mathfrak{m}$, $\mathfrak{n}$ die den Termen $\mathfrak{a}$, $\mathfrak{b}$, $\mathfrak{c}$, $\mathfrak{d}$ zugeordneten Zahlen aus Q_1^*

---

[1] In der vorstehenden Formel kann übrigens noch, nach einer Bemerkung von ARNOLD SCHMIDT, das Konjunktionsglied $\overline{Gr\big(a, \chi(a, b, c), \chi(a, c, b)\big)}$ durch das einfachere: $\chi(a, b, c) \neq \chi(a, c, b)$ ersetzt werden. Nämlich die so geänderte Formel ist der angegebenen Formel auf Grund der Verknüpfungs-, Anordnungs- und Gleichheitsaxiome und des existenzialen (dritten) Kongruenzaxioms, aus denen ja insbesondere die Formel
$$a \neq b \rightarrow (E x)\, Zw(x, a, b)$$
ableitbar ist, deduktionsgleich.

sind, die Formel $\mathfrak{a}\mathfrak{b} \equiv \mathfrak{c}\mathfrak{d}$ wahr oder falsch sein soll, je nachdem

$$\frac{(\mathfrak{k} - \tau(\mathfrak{l}, \mathfrak{k})) \cdot (\mathfrak{l} - \tau(\mathfrak{k}, \mathfrak{l}))}{(\mathfrak{k} - \tau(\mathfrak{k}, \mathfrak{l})) \cdot (\mathfrak{l} - \tau(\mathfrak{l}, \mathfrak{k}))} = \frac{(\mathfrak{m} - \tau(\mathfrak{n}, \mathfrak{m})) \cdot (\mathfrak{n} - \tau(\mathfrak{m}, \mathfrak{n}))}{(\mathfrak{m} - \tau(\mathfrak{m}, \mathfrak{n})) \cdot (\mathfrak{n} - \tau(\mathfrak{n}, \mathfrak{m}))}$$

ist oder nicht.

Was die Feststellung der Verifizierbarkeit der Axiome auf Grund der getroffenen Festsetzungen anbelangt, so gelingt diese bei allen Axiomen bis auf das letzte Kongruenzaxiom ziemlich einfach auf direktem Wege. Bei dem letzten Kongruenzaxiom wird man dagegen zweckmäßigerweise einige der bekannten Überlegungen der projektiven analytischen Geometrie heranziehen. Diese Überlegungen lassen sich in finiter Weise ausführen, da man nur Punkte mit Koordinaten aus dem Zahlenbereich Q zu betrachten hat.

Generell bemerkt man an den hier skizzierten Nachweisen der Widerspruchsfreiheit geometrischer Axiomensysteme, daß dabei die Gedanken der üblichen Widerspruchsfreiheitsbeweise durch „Zurückführung auf die Arithmetik“ völlig übernommen werden. Es tritt nur eine finite Verschärfung hinzu; und zwar wird diese in der Weise bewirkt, daß man sich bei der Behandlung des arithmetischen Modells auf finit-arithmetische Überlegungen (bei unseren Beispielen solche innerhalb des Zahlenbereichs Q) beschränkt, wodurch zunächst eine Lücke im Nachweis der Widerspruchsfreiheit entsteht, weil das finit-arithmetische Modell nur für die Axiome der Theorie, nicht aber für die Beweisführungen eine zulängliche Interpretation liefert; die Behebung dieser Lücke erfolgt dann mit Hilfe des Wf.-Theorems.

Dieses Verfahren würde sich erübrigen, wenn wir für das volle System der Analysis einen finiten Nachweis der Widerspruchsfreiheit besäßen. In den betrachteten Fällen der geometrischen Axiomensysteme würde es sogar genügen, wenn wir für die Theorie des Zahlenbereichs Q mit Einbeziehung des „tertium non datur“ einen finiten Nachweis der Widerspruchsfreiheit hätten. Doch unsere bisherigen Betrachtungen enthalten ja noch nicht einmal für den Formalismus der axiomatischen Zahlentheorie[1] einen solchen Nachweis. In der Tat wird die Frage der Widerspruchsfreiheit dieses Formalismus durch unser Wf.-Theorem noch nicht erledigt. Wir wollen uns die hier bestehenden Verhältnisse des Genaueren vor Augen führen.

§ 2. Beweistheoretische Untersuchung der Zahlentheorie mittels der an das ε-Symbol sich knüpfenden Methoden.

1. Anwendung des Wf.-Theorems auf die Zahlentheorie.

Wir haben in den §§ 7 und 8 zwei verschiedene Formalismen der Zahlentheorie betrachtet: die rekursive Zahlentheorie und den Formalismus des Systems (Z) mit Hinzunahme der Funktion $\mu_x A(x)$. Die rekursive

[1] Vgl. Bd. I, § 7, S. 380 bzw. Supplement I.

Zahlentheorie erfordert als zugrunde liegenden logischen Formalismus nur den elementaren Kalkul mit freien Variablen, dazu treten die Gleichheitsaxiome und die Formel $0' \neq 0$, das Induktionsschema und das Schema der primitiven Rekursion. In diesem Formalismus lassen sich bereits die Begriffsbildungen, Sätze und Beweise der elementaren Zahlentheorie darstellen. Andererseits ist dieser Formalismus noch einer finiten Deutung fähig; wir konnten überdies, ohne direkt diese Deutung zu benutzen, leicht den Nachweis seiner Widerspruchsfreiheit führen und zeigen, daß jede in ihm ableitbare Formel, die keine Formelvariable enthält, bei jeder Ersetzung der freien Variablen durch Ziffern, nach Ausrechnung der Funktionswerte eine wahre Formel ergibt.

Auch macht es für diesen Nachweis keine Schwierigkeit, wenn wir gewisse naheliegende Arten der Erweiterung des Induktionsschemas und des Schemas der Rekursion hinzunehmen, wie wir sie im § 7 betrachtet haben[1].

Der andere, im § 8 behandelte Formalismus der Zahlentheorie ergibt sich aus der Verbindung des Prädikatenkalkuls mit den Gleichheitsaxiomen (J_1), (J_2) und den Peanoschen Axiomen[2], wobei jedoch noch die Rekursionsgleichungen für die Addition und die Multiplikation als Axiome hinzuzunehmen sind[3] — das hieraus resultierende Axiomensystem haben wir als „System (Z)" bezeichnet — und ferner zu dem logischen Formalismus noch die ι-Regel hinzuzufügen ist. Mittels des ι-Symbols kann hier, wie wir fanden, die Funktion $\mu_x A(x)$ explizite definiert werden[4], welche charakterisiert ist durch die Formeln

$$(\mu_1) \qquad (E x) A(x) \rightarrow A\left(\mu_x A(x)\right)$$

$$(\mu_2) \qquad A(a) \rightarrow \mu_x A(x) \leq a$$

$$(\mu_3) \qquad (x) \overline{A(x)} \rightarrow \mu_x A(x) = 0 .$$

Mit Hilfe dieser Funktion stellen sich, wie wir zeigten, alle die arithmetischen Begriffsbildungen dar, welche auf dem Begriff der kleinsten Zahl von einer gegebenen Eigenschaft beruhen; auch ergab sich, daß mit ihrer Anwendung das Schema der primitiven Rekursion sich auf explizite Definitionen, bei Zugrundelegung der Funktionen Summe und Produkt, zurückführen läßt, und zwar in dem Sinne, daß die Rekursionsgleichungen auf Grund der expliziten Definitionen ableitbare Formeln werden[5]. Das gleiche gilt auch noch für die verschränkte Rekursion[6].

[1] Vgl. Bd. I, S. 330 unten bis S. 355.

[2] Vgl. Bd. I, S. 218–219 und S. 264.

[3] Das Axiom (J_1) wird damit entbehrlich.

[4] Vgl. Bd. I, S. 405.

[5] Vgl. Bd. I, S. 421ff.

[6] Vgl. Bd. I, S. 430–431. Der Gedanke des hier erwähnten v. NEUMANNschen Beweises ist, im Rahmen inhaltlicher Betrachtung, neuerdings von RÓZSA PÉTER in ihrer Abhandlung „Über die mehrfache Rekursion" [Math. Ann. Bd. 113 (1936).

Was die Frage der Widerspruchsfreiheit dieses Formalismus betrifft, so wissen wir aus dem Theorem über die Eliminierbarkeit der ι-Regel[1], daß es für einen Nachweis der Widerspruchsfreiheit genügt, den Formalismus mit Ausschluß der ι-Regel, also lediglich den Formalismus des System (Z) zu betrachten.

Eine andere Reduktion haben wir im § 7 vollzogen[2], indem wir von dem Satz über die Vertretbarkeit des allgemeinen Gleichheitsaxioms (J_2) durch speziellere Gleichheitsaxiome und ferner noch von der Ersetzbarkeit des Induktionsaxioms durch das Induktionsschema Gebrauch machten. Wir gelangten so zu dem System der Axiome

$$a = a$$
$$a = b \to (a = c \to b = c)$$
$$a' \neq 0$$
$$a = b \sim a' = b'$$
$$a + 0 = a, \qquad a + b' = (a + b)$$
$$a \cdot 0 = 0, \qquad a \cdot b' = a \cdot b + a,$$

zu denen noch das Induktionsschema

$$\frac{\begin{array}{c}\mathfrak{A}(0)\\ \mathfrak{A}(a) \to \mathfrak{A}(a')\end{array}}{\mathfrak{A}(a)}$$

hinzutritt, für welches die Bedingung besteht, daß die Variable a in $\mathfrak{A}(a)$ nur an den durch das Argument bezeichneten Stellen auftreten darf. Dieses System, welches mit „(Z')" bezeichnet werde, ist bei Zugrundelegung des Prädikatenkalkuls dem System (Z) in Hinsicht auf die Ableitung von Formeln ohne Formelvariablen, und somit für die arithmetischen Ableitungen, wie auch hinsichtlich der Frage der Widerspruchsfreiheit gleichwertig.

Betrachten wir nun das System (Z') daraufhin, ob es einen Anwendungsfall unseres Wf.-Theorems[3] bildet, so bemerken wir, daß wegen des Induktionsschemas eine direkte Anwendung jedenfalls nicht möglich ist. (Das Induktionsaxiom bietet hier natürlich die gleiche Schwierigkeit wie das Induktionsschema, da es ja kein eigentliches Axiom ist.)

Lassen wir zunächst das Induktionsschema beiseite, so ist die Anwendbarkeit des Wf.-Theorems leicht zu ersehen. Nämlich die variablenlosen Primformeln des Systems (Z') sind Gleichungen zwischen Termen, welche entweder selbst Ziffern sind oder aus Ziffern mittels der Addition und Multiplikation gebildet sind. Für diese Terme, soweit in ihnen die

Heft 4, § 5] allgemein für „mehrfache" Rekursionen, d. h. solche, die gleichzeitig nach mehreren Argumenten fortschreiten, durchgeführt worden. Diese Überlegung läßt sich auch in eine rein beweistheoretische übersetzen.

[1] Vgl. Bd. I, S. 431 f.

[2] Vgl. Bd. I, § 7, S. 387.

[3] Vgl. S. 36.

Symbole $+$, $\cdot$ auftreten, haben wir ja ein Verfahren der rekursiven Berechnung (dasjenige, welches sich ergibt, indem wir die Rekursionsgleichungen für Addition und Multiplikation im Sinne der finiten Zahlentheorie als Anweisungen für einen Berechnungsprozeß nehmen), und dieses Verfahren liefert als Wert eines solchen Terms eine Ziffer. Eine Gleichung zwischen variablenlosen Termen geht somit durch Ausrechnung der Terme in eine Gleichung zwischen Ziffern über, und eine solche Gleichung $\mathfrak{s} = \mathfrak{t}$ erklären wir, so wie schon früher, als wahr oder falsch, je nachdem die Ziffer $\mathfrak{s}$ mit der Ziffer $\mathfrak{t}$ übereinstimmt oder nicht.

Gemäß dieser Bestimmung des Wahrheitswertes der variablenlosen Primformeln sind nun die Axiome von (Z'), wie man ohne Mühe erkennt[1], verifizierbare Formeln. Demnach gelten für das System (Z') bei Ausschluß des Induktionsschemas alle durch das Wf.-Theorem gelieferten Feststellungen, so vor allem, daß jede ableitbare Formel, die keine gebundene Variable und keine Formelvariable enthält, verifizierbar ist. Außerdem folgt noch, daß diese Feststellungen auch dann noch gültig bleiben, wenn wir zu den Axiomen von (Z') als Ausgangsformeln irgendwelche verifizierbare Formeln aus dem Formalismus von (Z') hinzufügen, d. h. Formeln dieses Formalismus, die keine anderen Variablen als freie Individuenvariablen enthalten und die auf Grund der eben besprochenen Wertbestimmung der variablenlosen Primformeln bei jeder Ersetzung der freien Variablen durch Ziffern eine wahre Formel ergeben. Denn bei der Hinzufügung solcher Formeln als Ausgangsformeln bleiben ja die Voraussetzungen des Wf.-Theorems erfüllt.

Dieser Umstand ermöglicht uns, das Induktionsschema wenigstens teilweise noch in unser Ergebnis einzubegreifen, nämlich *insoweit es nur auf Formeln ohne gebundene Variablen angewendet wird.* Hierzu brauchen wir in der Tat nur die Überlegung zu wiederholen, die wir im § 7 beim Nachweis der Widerspruchsfreiheit für die rekursive Zahlentheorie angestellt haben[2]. Aus dieser ergibt sich, daß bei einem im System (Z') geführten Beweis, in welchem das Induktionsschema

$$\frac{\begin{array}{c}\mathfrak{A}(0)\\ \mathfrak{A}(a) \rightarrow \mathfrak{A}(a')\end{array}}{\mathfrak{A}(a)}$$

nur auf Formeln $\mathfrak{A}(c)$ ohne gebundene Variablen angewendet wird, jeweils die Endformel des Schemas verifizierbar[3] ist, so daß die Anwendungen des Induktionsschemas in dem Beweise der Hinzufügung gewisser verifizierbarer Formeln zu den Axiomen von (Z') gleichkommen. Nach der vorangehenden Bemerkung folgt aber daraus, daß die Aussagen des Wf.-Theorems Gültigkeit behalten, wenn wir in den betrach-

[1] Betr. der Rekursionsgleichungen vgl. die Überlegung im § 7, S. 294.

[2] Vgl. Bd. I, S. 298—299.

[3] Vgl. Bd. I, S. 297.

teten Formalismus noch das Induktionsaxiom, in seiner Anwendung auf Formeln ohne gebundene Variablen, einbeziehen.

Ebenso wie bei der Hinzunahme verifizierbarer Ausgangsformeln bleiben die Voraussetzungen des Wf.-Theorems auch erfüllt bei der Hinzunahme des Schemas der Einführung von Funktionszeichen mittels primitiver Rekursion. Denn einem Paar von Rekursionsgleichungen von der Form der primitiven Rekursion entspricht ja — im Sinne der inhaltlich-finiten Deutung der primitiven Rekursion[1] — ein Berechnungsverfahren, durch welches jedem Term, bestehend aus dem Funktionszeichen mit Ziffern als Argumenten, in eindeutiger Weise eine Ziffer als Wert zugeordnet wird. Auf diese Weise erhalten wir für die variablenlosen Terme, welche durch die Einführung des Funktionszeichens neu hinzukommen, eine Wertbestimmung, welche als Wert eines jeden solchen Terms eine Ziffer ergibt, und gemäß dieser Wertbestimmung sind die Rekursionsgleichungen verifizierbare Formeln, nämlich sie gehen ja bei jeder Ersetzung der freien Variablen durch Ziffern und nachheriger Ausrechnung der Terme in Gleichungen der Form

$$\mathfrak{z} = \mathfrak{z}$$

über.

Der gleiche Sachverhalt liegt auch bei dem Schema der verschränkten Rekursion vor. Allgemein können wir die Einführung eines oder mehrerer neuer Funktionszeichen durch ein System von Gleichungen, oder allgemeiner auch von Axiomen, im Einklang mit den Voraussetzungen des Wf.-Theorems zulassen, wenn 1. die betreffenden Axiome eigentliche Axiome ohne gebundene Variablen sind, und 2. ein Verfahren der Wertbestimmung für die hinzutretenden variablenlosen Terme angegeben wird, wonach der Wert eines jeden dieser Terme eine Ziffer ist, und auf Grund deren die neuen Axiome sich als verifizierbar erweisen[2].

Bei einer derartigen Einführung von Funktionszeichen können auch im Einklang mit den genannten Bedingungen stets die den Funktionszeichen bzw. ihren Argumenten zugehörigen Gleichheitsformeln

$$a = b \rightarrow \mathfrak{f}(a) = \mathfrak{f}(b)$$

als Axiome genommen werden[3]. Nämlich eine solche Formel ist (auf

[1] Vgl. Bd. I, S. 26—27.

[2] Eine allgemeine Anweisung zur Einführung neuer Funktionszeichen durch Axiome wurde von HERBRAND in seiner Abhandlung „Sur la non-contradiction de l'Arithmétique" [J. reine angew. Math. Bd. 166 (1931)] gegeben („Groupe C"). Diese ist insofern etwas enger als die hier formulierte Anweisung, als HERBRAND verlangt, daß das Verfahren der Wertbestimmung sich, so wie bei den Schematen der rekursiven Definition, durch eine finite Deutung der Axiome ergeben soll. — Betreffs des Begriffes der „allgemein rekursiven" Funktion, wie er in Anknüpfung an HERBRAND von GÖDEL und KLEENE gefaßt worden ist, und weitere anschließende Begriffsbildungen siehe § 5, S. 356 sowie Supplement II, S. 406.

[3] Die Angabe dieser Formeln ist, entsprechend wie im § 7 (vgl. Bd. I, S. 384), so zu verstehen, daß außer der angegebenen Argumentstelle des Funktionszeichens $\mathfrak{f}$ noch andere Argumentstellen vorhanden sein können, die auf beiden Seiten der Gleichung $\mathfrak{f}(a) = \mathfrak{f}(b)$ in der gleichen Weise durch freie, von a, b und voneinander verschiedene Individuenvariablen ausgefüllt sind.

Grund der Wertbestimmung für die variablenlosen Terme) jedenfalls verifizierbar. Denn setzen wir für die Variablen Ziffern und ersetzen dann die Funktionsausdrücke durch ihre Ziffernwerte, so erhalten wir, falls für a und b die gleiche Ziffer $\mathfrak{x}$ gesetzt wird, eine Formel

$$\mathfrak{x} = \mathfrak{x} \rightarrow \mathfrak{s} = \mathfrak{s},$$

wobei $\mathfrak{s}$ die Ziffer ist, welche sich als Wert von $\mathfrak{f}(\mathfrak{x})$ ergibt, und falls für a, b verschiedene Ziffern $\mathfrak{x}$, $\mathfrak{y}$ gesetzt sind, eine Formel

$$\mathfrak{x} = \mathfrak{y} \rightarrow \mathfrak{s} = \mathfrak{t};$$

jede dieser Formeln hat aber den Wert „wahr", die eine, weil das Hinterglied $\mathfrak{s} = \mathfrak{s}$ eine wahre Formel ist, die andere, weil das Vorderglied $\mathfrak{x} = \mathfrak{y}$ eine falsche Formel ist.

Auch die im § 7 betrachteten Verallgemeinerungen des Induktionsschemas — welche einen partiellen Ausgleich für die Beschränkung des Induktionsschemas liefern — sind in das Wf.-Theorem einbezogen, da sie ja, wie wir fanden[1], sich mittels primitiver Rekursionen auf das gewöhnliche Induktionsschema der rekursiven Zahlentheorie zurückführen lassen.

Fassen wir das Ergebnis der letzten Überlegungen zusammen. Wir fanden zunächst, daß das Wf.-Theorem sich unmittelbar anwenden läßt auf denjenigen Formalismus, welcher aus der Verbindung des Prädikatenkalkuls mit den Axiomen des Systems (Z') — das Induktionsschema nicht eingerechnet — hervorgeht. Nun haben wir uns klar gemacht, daß wir zu diesem Formalismus unbeschadet der Anwendbarkeit des Wf.-Theorems das Induktionsschema in Beschränkung auf Formeln ohne gebundene Variablen, die Rekursionsschemata der rekursiven Zahlentheorie sowie die Gleichheitsaxiome für die jeweils eingeführten Funktionen hinzunehmen können. Damit ist die ganze rekursive Zahlentheorie einbezogen, nur mit der einen Beschränkung, daß an die Stelle des allgemeinen Gleichheitsaxioms

$$a = b \rightarrow (A(a) \rightarrow A(b))$$

spezielle Gleichheitsaxiome treten.

Eine andere Ausdehnung des Ergebnisses wird durch den Wortlaut des Wf.-Theorems selbst geliefert; dieser gestattet ja ausdrücklich die Einbeziehung des ε-Symbols und der ε-Formel in den zu betrachtenden Formalismus. Wie wir wissen, wird bei der Einführung der ε-Formel die ι-Regel (d. h. mit „ε" an Stelle von „ι") zu einer ableitbaren Regel. Wir erhalten daher auch eine Einbeziehung der ι-Regel in unser Ergebnis, ohne daß wir das Theorem des § 8 über die Eliminierbarkeit der ι-Regel heranzuziehen brauchen. Der Formalismus, auf den wir so geführt werden, enthält die folgenden Bestandteile:

1. Den Formalismus des Prädikatenkalkuls.
2. Den Formalismus des ε-Symbols und der ε-Formel.

---

[1] Vgl. Bd. I, S. 348—355.

3. Das Prädikatensymbol $=$, das Individuensymbol 0 und das Strichsymbol (Funktionszeichen), nebst den Axiomen:

$$a = a, \quad a = b \rightarrow (a = c \rightarrow b = c)$$
$$a = b \rightarrow a' = b', \quad 0' \neq 0.$$

4. Das Induktionsschema der rekursiven Zahlentheorie, dessen Anwendung sich nur auf Formeln ohne gebundene Variablen erstreckt.

5. Schemata zur Einführung von Funktionszeichen durch Rekursionsgleichungen bzw. durch eigentliche Axiome ohne gebundene Variablen, die sich an Hand einer finiten Wertbestimmung der hinzutretenden variablenlosen Terme als verifizierbar erweisen.

6. Die Gleichheitsaxiome

$$a = b \rightarrow \mathfrak{f}(a) = \mathfrak{f}(b),$$

welche den verschiedenen Argumentstellen der jeweils neu eingeführten Funktionszeichen zugehören, soweit diese sich nicht als ableitbar erweisen.

Bemerkung. Von den Axiomen des Systems (Z') brauchen die Rekursionsgleichungen für Addition und Multiplikation nicht eigens aufgeführt zu werden, da sie in 5. eingeschlossen sind, und die Axiome

$$a' \neq 0, \quad a' = b' \rightarrow a = b$$

können, wie früher gezeigt[1], mittels des Schemas der primitiven Rekursion aus der Formel $0' \neq 0$ abgeleitet werden.

Im Bereich des so umgrenzten Formalismus haben wir eine Wertbestimmung für die variablenlosen Formeln. Diese ergibt sich, auf dem Wege schrittweiser Berechnung von innen her, aus:

a) der Deutung der Operationen des Aussagenkalkuls als Wahrheitsfunktionen;

b) der Definition des Wahrheitswertes für Gleichungen zwischen Ziffern: nämlich als „wahr", wenn die Ziffern gestaltgleich, als „falsch", wenn sie verschieden sind;

c) dem Verfahren der Wertbestimmung für Funktionszeichen mit Ziffernargumenten, welches sich mit der Einführung von Funktionszeichen gemäß den unter 5. genannten Schematen verbindet.

Mit Bezug auf diese Wertbestimmung gelten nun für den beschriebenen Formalismus auf Grund des Wf.-Theorems die folgenden Sätze:

1. Jede ableitbare variablenlose Formel ist eine wahre Formel. Insbesondere ist daher die Formel $0' = 0$ unableitbar, und es können nicht zwei Formeln $\mathfrak{A}$, $\overline{\mathfrak{A}}$ beide ableitbar sein.

2. Jede ableitbare Formel, die keine Formelvariable und keine gebundene Variable enthält, ist verifizierbar.

3. Ist eine Formel von der Gestalt

$$(E\mathfrak{x}_1) \ldots (E\mathfrak{x}_n)\, \mathfrak{A}(\mathfrak{x}_1, \ldots, \mathfrak{x}_n)$$

[1] Vgl. Bd. I, § 7, S. 301 unten bis 303 oben.

ableitbar, die keine anderen Variablen als $\mathfrak{x}_1, \ldots, \mathfrak{x}_n$ enthält, so können wir an Hand ihrer Ableitung solche Ziffern $\mathfrak{z}_1, \ldots, \mathfrak{z}_n$ finden, für welche

$$\mathfrak{A}(\mathfrak{z}_1, \ldots, \mathfrak{z}_n)$$

eine wahre Formel ist.

4. Ist eine Formel von der Gestalt

$$(\mathfrak{x}_1) \ldots (\mathfrak{x}_m) (E\mathfrak{y}_1) \ldots (E\mathfrak{y}_n) \mathfrak{A}(\mathfrak{x}_1, \ldots, \mathfrak{x}_m, \mathfrak{y}_1, \ldots, \mathfrak{y}_n)$$

ableitbar, die außer den angegebenen Variablen keine weiteren enthält, so können wir zu jedem System von Ziffern $\mathfrak{r}_1, \ldots, \mathfrak{r}_m$ solche Ziffern $\mathfrak{s}_1, \ldots, \mathfrak{s}_n$ bestimmen, für welche

$$\mathfrak{A}(\mathfrak{r}_1, \ldots, \mathfrak{r}_m, \mathfrak{s}_1, \ldots, \mathfrak{s}_n)$$

eine wahre Formel ist.

Beachten wir, daß diese Sätze 1.—4. alle die Ableitbarkeit solcher Formeln betreffen, in denen keine Formelvariable vorkommt, so erhalten wir hinsichtlich des Geltungsbereichs dieser Sätze noch ein weiteres Ergebnis. Nämlich die Ersetzung des allgemeinen Gleichheitsaxioms (J_2) durch spezielle Gleichheitsaxiome haben wir ja beim Übergang vom System (Z) zu dem System (Z') von vornherein unter dem Gesichtspunkt vorgenommen, daß sie für die Untersuchung der Widerspruchsfreiheit keine Beschränkung des Resultats ergibt, weil die allgemeinen Gleichheitsaxiome mit den speziellen hinsichtlich der Ableitbarkeit von Formeln ohne Formelvariablen gleichwertig sind.

Überlegen wir uns nun, ob diese Gleichwertigkeit für unseren erweiterten Formalismus noch besteht, so stellen wir zunächst fest, daß für die durch Schemata nach der Anweisung 5. hinzutretenden Funktionszeichen die zugehörigen speziellen Gleichheitsaxiome unter 6. in den Formalismus aufgenommen sind.

Was ferner den logischen Teil des Formalismus betrifft, so ist allerdings zu bedenken, daß der im § 7 bewiesene Satz über die Gleichwertigkeit des allgemeinen Gleichheitsaxioms mit speziellen Gleichheitsaxiomen sich auf eine mittels des Prädikatenkalkuls formalisierte Theorie bezieht[1], während wir in unseren Formalismus noch das ε-Symbol nebst der ε-Formel einbezogen haben. Für diesen logischen Rahmen ist jener Gleichwertigkeitssatz nicht bewiesen und, wie sich auch zeigen läßt[2], gar nicht zutreffend. Jedoch haben wir im § 8 gezeigt, daß bei der Hinzunahme der ι-Regel die Gleichwertigkeit des allgemeinen Gleichheitsaxioms mit den speziellen bestehen bleibt[3]; und andererseits ist ja, wie vorhin erwähnt, die ι-Regel bei Benutzung der ε-Formel eine ableitbare Regel und somit in unserem betrachteten Formalismus enthalten.

Demnach bleiben die Sätze 1.—4. gültig, wenn wir die Abgrenzung des Formalismus folgendermaßen modifizieren: Der Formalismus enthält:

[1] Vgl. Bd. I, S. 384.

[2] Wir werden diesen Nachweis im folgenden noch nachtragen. Siehe die Anmerkung auf S. 60—61.

[3] Vgl. Bd. I, Nachtrag.

1. den Prädikatenkalkul,
2. die ι-Regel,
3. die Symbole $=$, 0 und das Strichsymbol, nebst den Axiomen

$$a = a, \quad a = b \rightarrow (A(a) \rightarrow A(b))$$
$$0' \neq 0,$$

4. das Induktionsschema der rekursiven Zahlentheorie (wie vorher),
5. Schemata zur Einführung von Funktionszeichen (wie vorher).

Es sei nochmals hervorgehoben, daß hier die Einbeziehung der ι-Regel nicht den Beweis aus § 8 für die Eliminierbarkeit der ι-Regel erfordert. Wir benutzen hier die Überlegung, welche sich auf die Ersetzung des allgemeinen Gleichheitsaxioms (J_2), bzw. des allgemeinen Gleichheitsschemas, durch spezielle Gleichheitsaxiome bezieht, und die Zurückführung der ι-Regel auf die ε-Formel.

Es kann nun als ein Mangel unseres Verfahrens erscheinen, daß die Wiedereinbeziehung des allgemeinen Gleichheitsaxioms (J_2) auf einem Umwege erfolgt, während das erste ε-Theorem noch nicht mit Einschluß des Axioms (J_2) bewiesen ist. Dieses ist ja auch der Grund, weshalb bei unserem letzterhaltenen Resultat der ε-Formalismus auf den ι-Formalismus eingeschränkt werden mußte.

Tatsächlich besteht die Möglichkeit, das erste ε-Theorem, und auch seine Erweiterung, mit Einbeziehung des Axioms (J_2) zu beweisen. Hiervon wollen wir uns nunmehr überzeugen.

2. Einbeziehung des allgemeinen Gleichheitsaxioms in das erste ε-Theorem.

a) Vorbereitende Überlegungen; Grundtypus; Formeln der ε-Gleichheit. Vergegenwärtigen wir uns die Aussage des ersten ε-Theorems[1]. Dieses handelt von einem Formalismus F, welcher aus demjenigen des Prädikatenkalkuls dadurch hervorgeht, daß als Symbole gewisse Individuen, Funktions- und Prädikatensymbole sowie das ε-Symbol und als Ausgangsformeln gewisse eigentliche Axiome $\mathfrak{P}_1, \ldots, \mathfrak{P}_\mathfrak{k}$, die keine gebundene Variable enthalten, sowie die ε-Formel hinzugenommen werden. Die Behauptung des ε-Theorems besagt, daß aus einer mittels des Formalismus F erfolgenden Ableitung einer Formel $\mathfrak{E}$, die keine gebundenen Variablen enthält, die gebundenen Variablen überhaupt eliminiert werden können.

Als Erweiterung dieses Theorems haben wir ferner bewiesen[2], daß wir aus einer mittels des Formalismus F erfolgenden Ableitung einer Formel $\mathfrak{E}$ von der Form

$$(E\mathfrak{x}_1)\ldots(E\mathfrak{x}_\mathfrak{r})\,\mathfrak{A}(\mathfrak{x}_1,\ldots,\mathfrak{x}_\mathfrak{r}),$$

[1] Vgl. S. 18. [2] Vgl. S. 32—33.

welche außer $\mathfrak{x}_1, \ldots, \mathfrak{x}_\mathfrak{r}$ keine gebundenen Variablen enthält, eine gänzlich ohne gebundene Variablen sich vollziehende Ableitung für eine Formel $\mathfrak{E}_1$ von der Gestalt

$$\mathfrak{A}(\mathfrak{t}_1^{(1)}, \ldots, \mathfrak{t}_\mathfrak{r}^{(1)}) \lor \ldots \lor \mathfrak{A}(\mathfrak{t}_1^{(\mathfrak{s})}, \ldots, \mathfrak{t}_\mathfrak{r}^{(\mathfrak{s})})$$

gewinnen können, worin $\mathfrak{t}_1^{(\nu)}, \ldots, \mathfrak{t}_\mathfrak{r}^{(\nu)}$ (für $\nu = 1, \ldots, \mathfrak{s}$) irgendwelche aus freien Variablen, Individuensymbolen und Funktionszeichen gebildeten Terme sind.

Diese Sätze sollen nun auch als gültig erwiesen werden für den Fall, daß der zu betrachtende Formalismus F die allgemeinen Gleichheitsaxiome (J_1), (J_2):

$$a = a, \quad a = b \to (A(a) \to A(b))$$

enthält, von denen ja das zweite kein eigentliches Axiom ist.

Für diesen Nachweis benutzen wir wiederum die Überlegung, mittels deren wir im § 7 mit Bezug auf die dort betrachteten Formalismen zeigten[1], daß für die Ableitung einer Formel ohne Formelvariablen das Axiom (J_2) vertreten werden kann durch eigentliche Axiome.

Aus dieser Überlegung geht zugleich hervor, daß für eine von Quantoren freie Formel $\mathfrak{A}(a)$, worin die Primformeln aus Individuenvariablen, Individuen-, Funktions- und Prädikatensymbolen gebildet sind, die Ableitung der Formel

$$a = b \to (\mathfrak{A}(a) \to \mathfrak{A}(b))$$

aus den an Stelle von (J_2) tretenden eigentlichen Axiomen nebst (J_1), ohne Benutzung von Quantoren, also im Rahmen des elementaren Kalkuls mit freien Variablen möglich ist.

Diese Feststellungen können wir jedoch nicht ohne weiteres auf den jetzt zu betrachtenden Formalismus F anwenden, weil bei diesem das ε-Symbol hinzutritt. Um zu erkennen, welche Modifikation der Behauptung wir bei der Anwesenheit von ε-Termen anzubringen haben, stellen wir zunächst betreffs des Aufbaus der ε-Terme eine Hilfsüberlegung an. Bei dieser Betrachtung soll es sich immer nur um solche Terme handeln, die *keine Formelvariable enthalten*, ohne daß diese Voraussetzung jedesmal eigens erwähnt werden soll.

Ein ε-Term enthält im allgemeinen andere Terme als Bestandteile. Einen Bestandteil eines ε-Terms $\mathfrak{e}$, welcher ein Term ist, der aber nicht innerhalb eines anderen Terms steht, der ein Bestandteil von $\mathfrak{e}$ ist, wollen wir einen „direkten Teilterm" von $\mathfrak{e}$ nennen.

Es sei $\mathfrak{e}$ ein ε-Term, für welchen die Anzahl der direkten Teilterme — diese nicht nur der Gestalt nach, sondern auch ihrer Stellung nach betrachtet — gleich $\mathfrak{k}$ ist. Wir bezeichnen dann als „Grundtypus"[2] von $\mathfrak{e}$ mit den Argumentvariablen $\mathfrak{v}_1, \ldots, \mathfrak{v}_\mathfrak{k}$ denjenigen Term, den wir aus $\mathfrak{e}$

[1] Vgl. Bd. I, S. 382—384.

[2] Der Begriff des Grundtypus eines ε-Terms geht auf eine analoge Begriffsbildung zurück, die J. v. NEUMANN in der Abhandlung „Zur Hilbertschen Beweistheorie" [Math. Z. Bd. 26 (1927) S. 28] eingeführt hat.

erhalten, indem wir für die direkten Teilterme von $\mathfrak{e}$ ihrer Reihenfolge nach die freien Variablen $\mathfrak{v}_1, \ldots, \mathfrak{v}_{\mathfrak{k}}$ setzen. Als Grundtypus eines ε-Terms $\mathfrak{e}$, der keine Terme als Bestandteile enthält, werde $\mathfrak{e}$ selbst angesehen.

Hiernach ist als Grundtypus eines ε-Terms $\mathfrak{e}$ eindeutig, abgesehen von der Benennung der Argumentvariablen, ein ε-Term bestimmt, und zwar hat dieser stets den Grad 1, da er keinen eingelagerten ε-Term enthält; andererseits hat er den gleichen Rang wie $\mathfrak{e}$, da er ja, sofern er nicht mit $\mathfrak{e}$ übereinstimmt, aus $\mathfrak{e}$ dadurch entsteht, daß gewisse in $\mathfrak{e}$ als Bestandteile auftretende Terme durch andere Terme ersetzt werden[1].

Die Grundtypen sind unter den ε-Termen als diejenigen gekennzeichnet, in denen außer freien Individuenvariablen keine anderen Terme als Bestandteile vorkommen und worin auch keine freie Variable mehrfach vorkommt. Zwei verschiedene ε-Terme haben dann und nur dann den gleichen Grundtypus, wenn der eine aus dem anderen hervorgeht, indem gewisse in diesem als Bestandteile auftretende Terme durch gewisse andere Terme ersetzt werden.

Um die Bildung des Grundtypus eines ε-Terms zu verdeutlichen, nehmen wir folgendes Beispiel: Der Term

$$\varepsilon_x\big(\varepsilon_y\big(c+2=\varepsilon_z(y+1<z)\big)=\varepsilon_y\big(\varepsilon_z(z+\varepsilon_u(u=z)<z'')<y\mathbin{\&}y<x\big)\big)$$

hat als Grundtypus (mit den Argumentvariablen a, b):

$$\varepsilon_x\big(a=\varepsilon_y(b<y\mathbin{\&}y<x)\big);$$

von den beiden eingelagerten ε-Termen

$$\varepsilon_y\big(c+2=\varepsilon_z(y+1<z)\big),\qquad \varepsilon_z\big(z+\varepsilon_u(u=z)<z''\big)$$

hat der erste als Grundtypus (mit den Argumentvariablen a, b)

$$\varepsilon_y\big(a=\varepsilon_z(y+b<z)\big),$$

und der zweite hat sich selbst als Grundtypus.

Führen wir für die Grundtypen aller ε-Terme in einer gegebenen Formel, die keine Formelvariable enthält, abkürzende Symbole durch explizite Definitionen ein, und zwar für einen Grundtypus ohne Argumente ein Individuensymbol, für einen Grundtypus mit Argumentvariablen $\mathfrak{v}_1, \ldots, \mathfrak{v}_{\mathfrak{k}}$ ein Funktionszeichen mit diesen Argumenten, so stellt sich mit Anwendung dieser eingeführten Symbole jeder in der Formel vorkommende ε-Term als ein aus freien Variablen, Individuensymbolen und Funktionszeichen gebildeter Ausdruck dar. Zum Beispiel stellt sich der eben als Beispiel betrachtete ε-Term mit Anwendung der expliziten Definitionen

$$\varphi(a,b)=\varepsilon_x\big(a=\varepsilon_y(b<y\mathbin{\&}y<x)\big)$$
$$\psi(a,b)=\varepsilon_y\big(a=\varepsilon_z(y+b<z)\big)$$
$$\alpha=\varepsilon_z\big(z+\varepsilon_u(u=z)<z''\big)$$

[1] Wir nehmen uns die Freiheit von „dem" Grundtypus eines ε-Terms zu sprechen, da wo wir von der Benennung der Argumentvariablen abstrahieren wollen.

durch den Ausdruck
$$\varphi(\psi(c+2,1),\alpha)$$
dar. Der allgemeine Nachweis für die ausgesprochene Behauptung ergibt sich leicht durch eine finite Induktion nach dem Grad des betreffenden ε-Terms. Zugleich erkennt man auch, daß in dem Ausdruck, der aus einem ε-Term $\mathfrak{e}$ durch Anwendung der abkürzenden Symbole für die Grundtypen entsteht, die gleichen von dem ε-Symbol freien Terme auftreten, welche in $\mathfrak{e}$ als Bestandteile vorkommen.

Betrachten wir nun insbesondere eine Formel von der Gestalt
$$a=b\to(\mathfrak{A}(a)\to\mathfrak{A}(b)),$$
welche keine Formelvariable, wohl aber ε-Terme enthält. Führen wir für die Grundtypen der darin vorkommenden ε-Terme abkürzende Symbole ein, so erhalten wir, mit Anwendung dieser Symbole, an Stelle jener Formel eine Formel
$$a=b\to(\mathfrak{A}^*(a)\to\mathfrak{A}^*(b)),$$
in welcher keine ε-Symbole, dafür aber gewisse vorher nicht vorkommende Individuen- bzw. Funktionssymbole auftreten.

Diese Formel kann nun mittels des Prädikatenkalkuls — und, sofern die Formel $\mathfrak{A}(a)$, und daher auch $\mathfrak{A}^*(a)$, keine Quantoren enthält, bereits durch den elementaren Kalkul — abgeleitet werden aus den Formeln

(J_1) $$a=a$$
(i) $$a=b\to(a=c\to b=c)$$

und Formeln von der Gestalt
$$a=b\to(\mathfrak{Q}(a)\to\mathfrak{Q}(b))$$
$$a=b\to(\mathfrak{f}(a)=\mathfrak{f}(b));$$

dabei ist jeweils $\mathfrak{Q}$ ein in $\mathfrak{A}^*$, also auch in $\mathfrak{A}$ vorkommendes Prädikatensymbol, $\mathfrak{f}$ ein in $\mathfrak{A}^*$ vorkommendes Funktionszeichen, also entweder ein in $\mathfrak{A}$ vorkommendes Funktionszeichen oder ein solches, das als abkürzendes Symbol für einen Grundtypus eines ε-Terms eingeführt ist; und die etwa noch auftretenden nicht explizite angegebenen Argumentstellen der Prädikaten- und Funktionssymbole sind mit freien Variablen ausgefüllt, die untereinander und von a, b verschieden sind.

Um nun aus der Ableitung der Formel
$$a=b\to(\mathfrak{A}^*(a)\to\mathfrak{A}^*(b))$$
eine solche für die Formel
$$a=b\to(\mathfrak{A}(a)\to\mathfrak{A}(b))$$
zu erhalten, brauchen wir nur allenthalben die eingeführten abkürzenden Symbole durch die sie definierenden ε-Terme zu ersetzen. Dabei tritt an Stelle einer Formel
$$a=b\to(\mathfrak{f}(a)=\mathfrak{f}(b)),$$

worin $\mathfrak{f}(\cdot)$ ein für einen Grundtypus eingeführtes abkürzendes Symbol ist, eine Formel

$$a = b \rightarrow \varepsilon_{\mathfrak{v}} \mathfrak{B}(\mathfrak{v}, a) = \varepsilon_{\mathfrak{v}} \mathfrak{B}(\mathfrak{v}, b),$$

und zwar ist der hierin auftretende ε-Term $\varepsilon_{\mathfrak{v}} \mathfrak{B}(\mathfrak{v}, a)$ ein Grundtypus. Somit ist eine Formel von der Gestalt

$$a = b \rightarrow (\mathfrak{A}(a) \rightarrow \mathfrak{A}(b)),$$

worin $\mathfrak{A}(a)$ außer den Symbolen des Prädikatenkalkuls noch Individuen-, Funktions- und Prädikatensymbole sowie auch das ε-Symbol enthalten kann, die andererseits aber keine Formelvariable enthält, stets ableitbar aus:

1. den Formeln (J_1), (i),

2. speziellen Gleichheitsaxiomen von der vorhin angegebenen Form, welche zu Prädikatensymbolen und Funktionszeichen aus $\mathfrak{A}(a)$ gehören,

3. Formeln von der Gestalt

$$a = b \rightarrow \varepsilon_{\mathfrak{v}} \mathfrak{B}(\mathfrak{v}, a) = \varepsilon_{\mathfrak{v}} \mathfrak{B}(\mathfrak{v}, b),$$

worin $\varepsilon_{\mathfrak{v}} \mathfrak{B}(\mathfrak{v}, a)$ ein Grundtypus ist. Die Ableitung erfolgt durch den Prädikatenkalkul bzw., wenn $\mathfrak{A}(a)$ keine Quantoren enthält, durch den elementaren Kalkul, eventuell mit Hinzunahme der Einsetzung von ε-Termen für freie Individuenvariablen.

Bemerkung. Beiläufig sei darauf hingewiesen, daß jede Formel von der Gestalt

$$a = b \rightarrow \varepsilon_{\mathfrak{v}} \mathfrak{B}(\mathfrak{v}, a) = \varepsilon_{\mathfrak{v}} \mathfrak{B}(\mathfrak{v}, b)$$

durch eine Einsetzung (eventuell nebst Umbenennung) hervorgeht aus der Formel

$$a = b \rightarrow \varepsilon_x A(x, a) = \varepsilon_x A(x, b);$$

diese kann ihrerseits aus den Formeln (J_1), (J_2) auf ganz entsprechende Art abgeleitet werden, wie man für ein Funktionszeichen $\mathfrak{f}(\cdot)$ die Formel

$$a = b \rightarrow \mathfrak{f}(a) = \mathfrak{f}(b)$$

ableitet[1].

[1] Vgl. Bd. I, S. 188. — Hier ist die Gelegenheit, die Begründung für die an früherer Stelle (vgl. S. 55) ausgesprochene Behauptung nachzutragen, daß die Gleichwertigkeit des allgemeinen Gleichheitsaxioms (J_2) mit speziellen Gleichheitsaxiomen, in Hinsicht auf die Ableitung von Formeln ohne Formelvariablen, wie wir sie ja allgemein für die im Rahmen des Prädikatenkalkuls formalisierten axiomatischen Theorien festgestellt haben, bei der Hinzunahme des ε-Symbols nebst der ε-Formel nicht mehr besteht.

Nämlich der Nachweis hierfür ergibt sich, mit Benutzung der eben vermerkten Ableitbarkeit der Formeln

$$a = b \rightarrow \varepsilon_{\mathfrak{v}} \mathfrak{B}(\mathfrak{v}, a) = \varepsilon_{\mathfrak{v}} \mathfrak{B}(\mathfrak{v}, b)$$

aus den Axiomen (J_1), (J_2), auf folgende Weise:

Wir betrachten den Formalismus bestehend aus dem Prädikatenkalkul mit Hinzunahme des ε-Symbols und der ε-Formel, sowie ferner den Symbolen und Axiomen des Systems (Z), jedoch unter Ausschluß des Induktionsaxioms. In diesem Formalismus ist die Formel

$$a = b \rightarrow \varepsilon_x (x + a) = \varepsilon_x (x + b)$$

Das erhaltene Ergebnis wollen wir nun verwerten für die beabsichtigte[1] Ausdehnung des ε-Theorems auf den Fall eines Formalismus F, welcher die Gleichheitsaxiome (J_1), (J_2) enthält.

Wir beginnen die Beweisführung — sowohl für die Behauptung, die sich auf eine Endformel ohne gebundene Variablen, wie auch für die weitere Behauptung, die sich auf eine Endformel mit voranstehenden Seinszeichen, jedoch ohne sonstige Quantoren und ohne ε-Symbole

---

und aus dieser mit Hilfe des Axioms

$$a + 0 = a$$

die Formel

$$[\varepsilon] \qquad \varepsilon_x(x + 0 + 0) = \varepsilon_x(x + 0)$$

ableitbar.

Angenommen es bestände auch bei diesem Formalismus die Ersetzbarkeit des Axioms (J_2) durch spezielle Gleichheitsaxiome für die Ableitung von Formeln ohne Formelvariablen, so müßte sich für die Ableitung der Formel $[\varepsilon]$ das Axiom (J_2) durch spezielle Gleichheitsaxiome ersetzen lassen. Durch diese Ersetzung treten an Stelle der Axiome von (Z) die Axiome von (Z'). Es müßte daher aus den Axiomen von (Z') und der ε-Formel mittels des Prädikatenkalkuls die Formel $[\varepsilon]$ ableitbar sein.

Nun führt die Formel $[\varepsilon]$ zusammen mit den Formeln

$$\varepsilon_x(x + 0) = 0', \qquad \varepsilon_x(x + 0 + 0) = 0''$$

und den Axiomen von (Z') zu einem Widerspruch. Demnach wäre der Formalismus „F_1" bestehend aus dem Prädikatenkalkul, den Symbolen und Axiomen von (Z'), dem ε-Symbol nebst der ε-Formel und noch den beiden als Axiome genommenen Formeln

$$[\varepsilon^*] \qquad \varepsilon_x(x + 0) = 0', \qquad \varepsilon_x(x + 0 + 0) = 0''$$

widerspruchsvoll. Das ist jedoch nicht der Fall; vielmehr läßt sich die Widerspruchsfreiheit des Formalismus F_1 mittels unserer Methode der Elimination der ε-Symbole erkennen. Hierzu ist nur nötig, diese Methode mit Rücksicht auf die beiden Axiome $[\varepsilon^*]$ in folgender Weise zu modifizieren:

Bei der Elimination der kritischen Formeln aus einem normierten Beweise werden diejenigen kritischen Formeln, die zu den Termen $\varepsilon_x(x + 0)$, $\varepsilon_x(x + 0 + 0)$ gehören, nicht dem Ausschaltungsverfahren unterzogen. Diese Formeln bleiben, da sie den Rang 1 und den Grad 1 haben, bei den Ersetzungen, die zur Elimination der übrigen kritischen Formeln auszuführen sind, unverändert. Wenn alle diese anderen kritischen Formeln eliminiert sind, wird der Term $\varepsilon_x(x + 0)$ durch $0'$, $\varepsilon_x(x + 0 + 0)$ durch $0''$ ersetzt. Dadurch gehen die zu diesen ε-Termen gehörigen kritischen Formeln in Formeln der Gestalt

$$\mathfrak{k} + 0 \rightarrow 0' + 0, \qquad \mathfrak{l} + 0 + 0 \rightarrow 0'' + 0 + 0$$

über, und die beiden Formeln $[\varepsilon^*]$ in die Formeln

$$0' = 0', \qquad 0'' = 0''.$$

Alle diese Formeln sind aber aus den Axiomen von (Z') mittels des elementaren Kalkuls ableitbar.

Wir erhalten somit aus einem im Formalismus F_1 erfolgenden normierten Beweise einer numerischen Formel $\mathfrak{E}$ eine Ableitung dieser Formel aus den Axiomen von (Z') durch den elementaren Kalkul; und da die Axiome von (Z') verifizierbare Formeln sind, so folgt, daß die Formel $\mathfrak{E}$ eine wahre Formel ist.

Der Formalismus F_1 ist demnach widerspruchsfrei, und die Formel $[\varepsilon]$ kann also nicht aus den Axiomen von (Z') mittels des Prädikatenkalkuls und der ε-Formel abgeleitet werden.

[1] Vgl. S. 57.

bezieht — ganz wie vordem: Wir zeigen zunächst, daß ohne Beschränkung der Allgemeinheit die Endformel $\mathfrak{E}$ als eine solche ohne freie Variablen angenommen werden darf. Sodann schalten wir die Quantoren aus, indem wir (von innen her fortschreitend) jeden Ausdruck der Form $(E\mathfrak{v})\mathfrak{F}(\mathfrak{v})$ durch $\mathfrak{F}(\varepsilon_{\mathfrak{v}}\mathfrak{F}(\mathfrak{v}))$ und jeden Ausdruck $(\mathfrak{v})\mathfrak{F}(\mathfrak{v})$ durch $\mathfrak{F}(\varepsilon_{\mathfrak{v}}\overline{\mathfrak{F}(\mathfrak{v})})$ ersetzen (wobei die zur Vermeidung von Kollisionen erforderlichen Umbenennungen von gebundenen Variablen anzubringen sind). Dabei gehen, wie wir wissen, die Anwendungen der Schemata (α), (β) in Einsetzungen über, die Grundformel (b) geht über in die ε-Formel und die Grundformel (a) in eine aus der ε-Formel mittels Einsetzung und Kontraposition ableitbare Formel, deren Ableitung wir hinzufügen. Was die Beeinflussung der Endformel $\mathfrak{E}$ durch diesen Prozeß der Ausschaltung der Quantoren betrifft, so haben wir die beiden in Betracht kommenden Fälle zu unterscheiden, daß die Endformel keine gebundenen Variablen enthält oder daß sie die Form

$$(E\mathfrak{x}_1)\ldots(E\mathfrak{x}_{\mathfrak{r}})\,\mathfrak{A}(\mathfrak{x}_1,\ldots,\mathfrak{x}_{\mathfrak{r}})$$

hat. Im ersten Fall bleibt die Formel $\mathfrak{E}$ unverändert; im zweiten Fall tritt an ihre Stelle eine Formel der Gestalt

$$\mathfrak{A}(\mathfrak{a}_1,\ldots,\mathfrak{a}_{\mathfrak{r}}),$$

worin $\mathfrak{a}_1,\ldots,\mathfrak{a}_{\mathfrak{r}}$ gewisse ε-Terme sind[1].

Des weiteren vollziehen wir nun mittels der Auflösung der Beweisfigur in Beweisfäden die Rückverlegung der Einsetzungen in die Ausgangsformeln und anschließend daran die Ausschaltung der freien Variablen[2]. Dabei treten an die Stelle derjenigen Ausgangsformeln der vorherigen Ableitung von $\mathfrak{E}$, welche freie Variablen enthalten, solche Formeln, die aus jenen durch Einsetzungen hervorgehen. Insbesondere erhalten wir an Stelle der Anwendungen des Axioms (J_2) als Ausgangsformel nunmehr Formeln der Gestalt

$$\mathfrak{a}=\mathfrak{b}\rightarrow(\mathfrak{A}(\mathfrak{a})\rightarrow\mathfrak{A}(\mathfrak{b}))$$

als Ausgangsformeln; und zwar enthalten diese keine freien Variablen, insbesondere also keine Formelvariable, und auch keine Quantoren. Eine Formel dieser Gestalt geht nun durch Einsetzung aus der entsprechenden Formel

$$a=b\rightarrow(\mathfrak{A}(a)\rightarrow\mathfrak{A}(b))$$

hervor, und diese ist, wie wir gefunden haben, ableitbar aus der Formel (J_1), speziellen Gleichheitsaxiomen und Formeln der Gestalt

$$a=b\ \rightarrow\ \varepsilon_{\mathfrak{v}}\,\mathfrak{B}(\mathfrak{v},a)=\varepsilon_{\mathfrak{v}}\,\mathfrak{B}(\mathfrak{v},b);$$

und zwar erfolgt die Ableitung mittels des elementaren Kalkuls unter Hinzunahme der Einsetzbarkeit von ε-Termen für freie Individuenvariablen.

[1] Vgl. S. 23, 25. [2] Vgl. S. 20.

Die zu benutzenden speziellen Gleichheitsaxiome gehören einem durch den Formalismus F bestimmten endlichen Vorrat an, nämlich der Gesamtheit derjenigen Gleichheitsformeln von der Gestalt

$$a = b \rightarrow (\mathfrak{Q}(a) \rightarrow \mathfrak{Q}(b))$$
$$a = b \rightarrow \mathfrak{f}(a) = \mathfrak{f}(b),$$

welche den Prädikatensymbolen und Funktionszeichen aus F (bzw. deren verschiedenen Argumentstellen) entsprechen. [Die Formel (i), d. h.

$$a = b \rightarrow (a = c \rightarrow b = c)$$

ist ja auch unter diesen inbegriffen.] Diese Formeln mögen kurz als die „Formeln (i_F)" bezeichnet werden. Sie alle sind Formeln, die keine anderen Variablen als freie Individuenvariablen enthalten, und sie können alle aus den Axiomen (J_1), (J_2) ohne Benutzung gebundener Variablen abgeleitet werden: die zu den Prädikatensymbolen gehörigen Formeln direkt durch Einsetzung aus (J_2) und die zu den Funktionszeichen gehörigen mit Hinzunahme von (J_1).

Wir verfahren nun mit unserem umgeformten Beweise der Formel $\mathfrak{E}$ folgendermaßen: Zu jeder vorkommenden Ausgangsformel

$$\mathfrak{a} = \mathfrak{b} \rightarrow (\mathfrak{A}(\mathfrak{a}) \rightarrow \mathfrak{A}(\mathfrak{b}))$$

fügen wir die Ableitung hinzu, welche sich aus der Ableitung der entsprechenden Formel

$$a = b \rightarrow (\mathfrak{A}(a) \rightarrow \mathfrak{A}(b))$$

ergibt, indem am Schluß noch die Terme $\mathfrak{a}$, $\mathfrak{b}$ für die Variablen a, b eingesetzt werden; die Ableitung der Formel

$$a = b \rightarrow (\mathfrak{A}(a) \rightarrow \mathfrak{A}(b))$$

erfolgt dabei aus den Formeln (J_1), (i_F) und aus Formeln der Gestalt

$$a = b \ \rightarrow\ \varepsilon_{\mathfrak{v}}\,\mathfrak{B}(\mathfrak{v}, a) = \varepsilon_{\mathfrak{v}}\,\mathfrak{B}(\mathfrak{v}, b),$$

worin jeweils $\varepsilon_{\mathfrak{v}}\,\mathfrak{B}(\mathfrak{v}, a)$ ein Grundtypus ist.

An diesen hinzugefügten Ableitungen vollziehen wir nun wieder die Rückverlegung der Einsetzungen in die Ausgangsformeln und die Ausschaltung der freien Variablen. Dabei tritt an die Stelle einer jeden als Ausgangsformel benutzten Formel

$$a = b \ \rightarrow\ \varepsilon_{\mathfrak{v}}\,\mathfrak{B}(\mathfrak{v}, a) = \varepsilon_{\mathfrak{v}}\,\mathfrak{B}(\mathfrak{v}, b)$$

mit einem Grundtypus $\varepsilon_{\mathfrak{v}}\,\mathfrak{B}(\mathfrak{v}, a)$, eine Formel

$$\mathfrak{a} = \mathfrak{b} \ \rightarrow\ \varepsilon_{\mathfrak{v}}\,\mathfrak{B}^*(\mathfrak{v}, \mathfrak{a}) = \varepsilon_{\mathfrak{v}}\,\mathfrak{B}^*(\mathfrak{v}, \mathfrak{b}),$$

worin $\varepsilon_{\mathfrak{v}}\,\mathfrak{B}^*(\mathfrak{v}, \mathfrak{a})$, $\varepsilon_{\mathfrak{v}}\,\mathfrak{B}^*(\mathfrak{v}, \mathfrak{b})$ Terme vom Grundtypus $\varepsilon_{\mathfrak{v}}\,\mathfrak{B}(\mathfrak{v}, a)$ sind, in denen die Argumentstelle dieses Grundtypus, die in $\varepsilon_{\mathfrak{v}}\,\mathfrak{B}(\mathfrak{v}, a)$ von der Variablen a besetzt ist, durch den Term $\mathfrak{a}$ bzw. $\mathfrak{b}$ ausgefüllt wird.

Die auf diese Weise entstehende Formelfigur kann als eine Ableitung im Rahmen desjenigen Formalismus „F^*" aufgefaßt werden, den wir aus F

erhalten, indem wir das Axiom (J_2) weglassen, dafür die Formeln $(\mathfrak{i}_F)$ hinzunehmen und ferner Formeln der Gestalt

$$\mathfrak{a} = \mathfrak{b} \rightarrow \varepsilon_{\mathfrak{v}}\,\mathfrak{B}(\mathfrak{v}, \mathfrak{a}) = \varepsilon_{\mathfrak{v}}\,\mathfrak{B}(\mathfrak{v}, \mathfrak{b})$$

als Ausgangsformeln zulassen, bei denen die Terme $\mathfrak{a}$, $\mathfrak{b}$ in $\varepsilon_{\mathfrak{v}}\mathfrak{B}(\mathfrak{v}, \mathfrak{a})$, $\varepsilon_{\mathfrak{v}}\mathfrak{B}(\mathfrak{v}, \mathfrak{b})$ eine Argumentstelle des gemeinsamen Grundtypus dieser Terme ausfüllen[1]. Freilich liegt hier eine „Ableitung" nur *im erweiterten Sinne* vor, da ja als Ausgangsformeln solche Formeln auftreten, die nicht direkt Ausgangsformeln von F^* sind, vielmehr aus ihnen durch Einsetzung hervorgehen[2].

Die Axiome von F^* sind nun sämtlich eigentliche Axiome ohne gebundene Variablen, und somit besteht der einzige Unterschied gegenüber der Situation, wie wir sie bei dem Beweis des ersten ε-Theorems im § 1 hatten, in dem Auftreten der Ausgangsformeln

$$\mathfrak{a} = \mathfrak{b} \rightarrow \varepsilon_{\mathfrak{v}}\,\mathfrak{B}(\mathfrak{v}, \mathfrak{a}) = \varepsilon_{\mathfrak{v}}\,\mathfrak{B}(\mathfrak{v}, \mathfrak{b}),$$

welche sozusagen eine zweite Art von kritischen Formeln bilden. Wir wollen eine Formel dieser Gestalt, bei welcher die angegebenen Terme $\mathfrak{a}$, $\mathfrak{b}$ in $\varepsilon_{\mathfrak{v}}\mathfrak{B}(\mathfrak{v}, \mathfrak{a})$, $\varepsilon_{\mathfrak{v}}\mathfrak{B}(\mathfrak{v}, \mathfrak{b})$ eine Argumentstelle des gemeinsamen Grundtypus dieser ε-Terme ausfüllen — wie es ja bei jenen Ausgangsformeln stets der Fall ist — als „Formel der ε-Gleichheit" bezeichnen, und zwar als eine solche, die zu den ε-Termen $\varepsilon_{\mathfrak{v}}\mathfrak{B}(\mathfrak{v}, \mathfrak{a})$, $\varepsilon_{\mathfrak{v}}\mathfrak{B}(\mathfrak{v}, \mathfrak{b})$ „gehört". Der gemeinsame Rang dieser beiden ε-Terme soll auch der Rang jener Formel der ε-Gleichheit heißen, und der gemeinsame Grundtypus der beiden ε-Terme soll als der Grundtypus der Formel der ε-Gleichheit (oder auch als der ihr „zugehörige" Grundtypus bzw. als der Grundtypus, zu dem jene Formel der ε-Gleichheit gehört) bezeichnet werden.

Bemerkung. In unserer Definition einer „Formel der ε-Gleichheit" ist nicht eigens verlangt, daß die betreffenden Terme $\mathfrak{a}$, $\mathfrak{b}$ gestaltlich verschieden sind. Wir könnten diese Bedingung einführen, da ja eine Formel der Gestalt

$$\mathfrak{a} = \mathfrak{a} \rightarrow \varepsilon_{\mathfrak{v}}\,\mathfrak{B}(\mathfrak{v}, \mathfrak{a}) = \varepsilon_{\mathfrak{v}}\,\mathfrak{B}(\mathfrak{v}, \mathfrak{a})$$

stets aus der Formel (J_1) durch Einsetzung und Anwendung des Aussagenkalkuls abgeleitet werden kann und somit jedenfalls als Ausgangsformel entbehrlich ist. Wir wollen aber, um an gewissen Stellen unnötige Unterscheidungen zu vermeiden, auch solche Formeln als Formeln der ε-Gleichheit gelten lassen; wo es auf ihre Besonderheit ankommt, mögen sie „uneigentliche" Formeln der ε-Gleichheit genannt werden.

Angenommen nun, es gelinge uns, aus einer Ableitungsfigur der vorliegenden Art die Formeln der ε-Gleichheit gemeinsam mit den kritischen

[1] Man beachte, daß ein Term $\mathfrak{g}$, der innerhalb eines ε-Terms auftritt, nicht notwendig eine Argumentstelle des Grundtypus dieses ε-Terms ausfüllt; er kann ja ein Bestandteil eines umfassenderen, innerhalb jenes ε-Terms befindlichen Terms sein.

[2] Vgl. die entsprechende Redeweise im § 1, S. 20.

Formeln zu eliminieren, derart daß wir — entsprechend wie bei dem im § 1 geführten Beweis des ε-Theorems[1] — nach Ersetzung der verbleibenden ε-Terme durch die Variable a eine gänzlich ohne gebundene Variablen sich vollziehende Ableitung erhalten, und zwar, wenn die Endformel $\mathfrak{E}$ der ursprünglichen Ableitung eine solche ohne gebundene Variablen ist, wiederum eine Ableitung von $\mathfrak{E}$, und wenn $\mathfrak{E}$ die Gestalt

$$(E\,\mathfrak{x}_1)\ldots(E\,\mathfrak{x}_\mathfrak{r})\,\mathfrak{A}(\mathfrak{x}_1,\ldots,\mathfrak{x}_\mathfrak{r})$$

(mit $\mathfrak{x}_1,\ldots,\mathfrak{x}_\mathfrak{r}$ als einzigen gebundenen Variablen) hat, eine Ableitung einer Disjunktion

$$\mathfrak{A}(\mathfrak{t}_1^{(1)},\ldots,\mathfrak{t}_\mathfrak{r}^{(1)}) \lor \ldots \lor \mathfrak{A}(\mathfrak{t}_1^{(\mathfrak{s})},\ldots,\mathfrak{t}_\mathfrak{r}^{(\mathfrak{s})}),$$

dann können wir nachträglich für diejenigen Ausgangsformeln, die aus den hinzugenommenen Axiomen (i_F) durch Einsetzungen hervorgegangen sind, ihre Ableitungen aus den Axiomen (J_1), (J_2) hinzufügen und gelangen so zu einer Ableitung der betreffenden Endformel, welche sich im Rahmen des Formalismus F und ganz ohne gebundene Variablen vollzieht.

Demnach kommt die Aufgabe unseres Nachweises darauf hinaus, das Verfahren der Elimination der kritischen Formeln zu einem Verfahren der gemeinsamen Ausschaltung der kritischen Formeln und der Formeln der ε-Gleichheit auszugestalten.

b) Gemeinsame Elimination der kritischen Formeln und der Formeln der ε-Gleichheit. Die Methode, mittels deren die Einbeziehung der Formeln der ε-Gleichheit in das Hilbertsche Verfahren zur Elimination der Symbole gelingt, ist von W. Ackermann, anläßlich seiner Durchführung des Hilbertschen Ansatzes — bei welchem von vornherein die Einbeziehung des allgemeinen Gleichheitsaxioms (J_2) intendiert war — gefunden und in den Grundzügen dargelegt worden.

Wir haben hierzu von der gegebenen Beweisfigur, auf welche die Elimination ausgeübt werden soll, die folgenden Eigenschaften zu benutzen:

1. Jede Ausgangsformel entsteht durch Einsetzung aus einer identischen Formel des Aussagenkalkuls oder aus einem eigentlichen, von Quantoren freien Axiom, oder sie ist eine kritische Formel oder eine Formel der ε-Gleichheit.

2. Es treten keine Quantoren auf, und der Beweiszusammenhang findet lediglich durch Schlußschemata, nebst Wiederholungen von Formeln und Umbenennungen gebundener Variablen statt.

Eine solche Beweisfigur wollen wir, jetzt in einem erweiterten Sinne des Wortes[2], als einen „normierten Beweis" bezeichnen. (Die Erweiterung der Bedeutung besteht in der Zulassung von Formeln der ε-Gleichheit als Ausgangsformeln.)

Ferner werden wir Gebrauch zu machen haben von der Tatsache, daß der Formalismus F^*, in dessen Rahmen der normierte Beweis erfolgt,

[1] Vgl. S. 27ff. [2] Vgl. S. 20.

die Axiome (J_1) und $(\mathfrak{i}_F)$ enthält. Mittels dieser Axiome läßt sich, wie wir fanden, jede Formel ohne Formelvariable aus F^* von der Gestalt

$$\mathfrak{a} = \mathfrak{b} \rightarrow (\mathfrak{A}(\mathfrak{a}) \rightarrow \mathfrak{A}(\mathfrak{b}))$$

unter Hinzuziehung von Formeln der ε-Gleichheit ableiten; und zwar gehen die betreffenden Formeln der ε-Gleichheit durch Einsetzung hervor aus Formeln von der Gestalt

$$a = b \rightarrow \varepsilon_{\mathfrak{v}} \mathfrak{B}(\mathfrak{v}, a) = \varepsilon_{\mathfrak{v}} \mathfrak{B}(\mathfrak{v}, b),$$

wobei $\varepsilon_{\mathfrak{v}} \mathfrak{B}(\mathfrak{v}, a)$ ein Grundtypus eines in der Formel $\mathfrak{A}(c)$ auftretenden ε-Terms ist; es ist daher der Rang einer jeden der zu benutzenden Formeln der ε-Gleichheit gleich dem Rang eines in $\mathfrak{A}(c)$ auftretenden ε-Terms.

Außer den Eigenschaften des gegebenen normierten Beweises und des zu betrachtenden Formalismus müssen wir uns noch die Aufgabe der Elimination in Hinsicht auf die verlangte Beschaffenheit der Endformel vergegenwärtigen. Wir wollen das Eliminationsverfahren so anlegen, daß es die beiden für das ε-Theorem in Betracht kommenden Fälle umfaßt: den einer Endformel $\mathfrak{E}$, welche keine gebundenen Variablen enthält, und den einer Endformel $(E \mathfrak{x}_1) \ldots (E \mathfrak{x}_\mathfrak{r}) \mathfrak{A}(\mathfrak{x}_1, \ldots, \mathfrak{x}_\mathfrak{r})$, in welcher $\mathfrak{x}_1, \ldots, \mathfrak{x}_\mathfrak{r}$ die einzigen vorkommenden gebundenen Variablen sind. Eine Formel der letztgenannten Art geht, wie wir wissen, bei der Ausschaltung der Quantoren mit Hilfe des ε-Symbols über in eine Formel

$$\mathfrak{A}(\mathfrak{a}_1, \ldots, \mathfrak{a}_\mathfrak{r}),$$

worin $\mathfrak{a}_1, \ldots, \mathfrak{a}_\mathfrak{r}$ gewisse ε-Terme sind, außerhalb deren kein ε-Symbol in der Formel auftritt. Unsere Aufgabe ist demnach einerseits, aus einem normierten Beweis für eine Formel $\mathfrak{E}$, die keinen ε-Term enthält, einen normierten Beweis ohne kritische Formeln und ohne Formeln der ε-Gleichheit für die Formel $\mathfrak{E}$ zu gewinnen, andererseits, aus einem normierten Beweis für eine Formel $\mathfrak{E}$ von der Gestalt $\mathfrak{A}(\mathfrak{a}_1, \ldots, \mathfrak{a}_\mathfrak{r})$, worin $\mathfrak{a}_1, \ldots, \mathfrak{a}_\mathfrak{r}$ gewisse ε-Terme sind, außerhalb deren kein weiterer ε-Term auftritt, einen normierten Beweis ohne kritische Formeln und ohne Formeln der ε-Gleichheit für eine Formel von der Gestalt einer Disjunktion

$$\mathfrak{E}_1 \vee \ldots \vee \mathfrak{E}_\mathfrak{s}$$

zu gewinnen, worin jedes der Disjunktionsglieder $\mathfrak{E}_\nu$ $(\nu = 1, \ldots, \mathfrak{s})$ die Form

$$\mathfrak{A}(\mathfrak{t}_1^{(\nu)}, \ldots, \mathfrak{t}_\mathfrak{r}^{(\nu)})$$

mit irgendwelchen Termen $\mathfrak{t}_1^{(\nu)}, \ldots, \mathfrak{t}_\mathfrak{r}^{(\nu)}$ hat.

Die Lösung der ersten Aufgabe ist in der zweiten inbegriffen, sofern wir zulassen, daß in $\mathfrak{A}(\mathfrak{a}_1, \ldots, \mathfrak{a}_\mathfrak{r})$ die Anzahl $\mathfrak{r}$ der angegebenen Argumentstellen gleich 0 ist. In diesem Fall nämlich muß ja in der Disjunktion

$$\mathfrak{E}_1 \vee \ldots \vee \mathfrak{E}_\mathfrak{s}$$

jedes Glied mit $\mathfrak{E}$ übereinstimmen; aus einer Disjunktion

$$\mathfrak{E} \vee \ldots \vee \mathfrak{E}$$

erhält man aber mittels des Aussagenkalkuls die Formel $\mathfrak{C}$. Wir brauchen demnach die erste Aufgabe nicht gesondert zu betrachten.

Allgemein ist die Disjunktion $\mathfrak{E}_1 \vee \ldots \vee \mathfrak{E}_{\mathfrak{s}}$ im Verhältnis zu $\mathfrak{E}$ dadurch charakterisiert, daß jedes ihrer Glieder entweder mit $\mathfrak{E}$ übereinstimmt oder aus $\mathfrak{E}$ dadurch hervorgeht, daß ein oder mehrere in $\mathfrak{E}$ vorkommende ε-Terme durch andere Terme (die wieder ε-Terme sein können, aber nicht zu sein brauchen) ersetzt sind. Den Übergang von einer Formel $\mathfrak{E}$ zu einer solchen Disjunktion $\mathfrak{E}_1 \vee \ldots \vee \mathfrak{E}_{\mathfrak{s}}$ haben wir als „disjunktive" Aufspaltung bezeichnet[1]. Wie schon früher vermerkt[1], ergibt die Aneinanderreihung von disjunktiven Aufspaltungen wieder eine disjunktive Aufspaltung, d. h.: Wenn $\mathfrak{C}_1$ aus $\mathfrak{C}$ und $\mathfrak{C}_2$ aus $\mathfrak{C}_1$ durch disjunktive Aufspaltung entsteht, so entsteht auch $\mathfrak{C}_2$ aus $\mathfrak{C}$ durch disjunktive Aufspaltung.

Auf Grund hiervon läßt sich die Gesamtelimination der kritischen Formeln und der Formeln der ε-Gleichheit aus einem normierten Beweise auf Teileliminationen zurückführen, deren jede einige von jenen Formeln ausschaltet. Nämlich sofern jede dieser Teileliminationen entweder die Endformel unverändert läßt oder eine disjunktive Aufspaltung der Endformel bewirkt, so kann auch die Aneinanderfügung der Teileliminationen insgesamt keine andere Veränderung der Endformel als eine disjunktive Aufspaltung bewirken.

Im folgenden soll stets, wo von der „Elimination" kritischer Formeln oder der Elimination von Formeln der ε-Gleichheit die Rede ist, eine solche Art der Ausschaltung gemeint sein, bei welcher die Endformel des betreffenden normierten Beweises entweder unverändert bleibt oder eine disjunktive Aufspaltung erfährt.

Nach dem Vorbild unseres früheren Verfahrens zur Elimination der kritischen Formeln[2] bedienen wir uns für den Zweck der Eliminationen insbesondere zweier Operationen: des „Vorschaltens" von Vordergliedern und der Ersetzungen, die für ε-Terme ausgeführt werden.

Der Prozeß des Vorschaltens einer Formel $\mathfrak{V}$ besteht darin, daß wir zunächst in allen Formeln eines gegebenen normierten Beweises das Implikationsvorderglied $\mathfrak{V}$ vorsetzen, ferner jeder der Formeln $\mathfrak{V} \rightarrow \mathfrak{P}$ die an die Stelle einer Ausgangsformel $\mathfrak{P}$ tritt, sofern sie nicht selbst schon die Form einer zulässigen Ausgangsformel hat, ihre Ableitung aus $\mathfrak{P}$ durch den Aussagenkalkul hinzufügen und bei jeder Formelfolge

$$\frac{\begin{array}{c}\mathfrak{V} \rightarrow \mathfrak{S} \\ \mathfrak{V} \rightarrow (\mathfrak{S} \rightarrow \mathfrak{T})\end{array}}{\mathfrak{V} \rightarrow \mathfrak{T}},$$

die an Stelle eines Schlußschemas tritt, die (ebenfalls durch den Aussagenkalkul erfolgende) Ableitung der dritten Formel aus den beiden ersten einschalten.

[1] Vgl. S. 31. [2] Vgl. S. 21, 27ff.

Durch das Vorschalten einer Formel $\mathfrak{B}$, welche keine Formelvariable und keinen Quantor enthält, entsteht aus einem normierten Beweis für eine Formel $\mathfrak{C}$ ein normierter Beweis für $\mathfrak{B} \rightarrow \mathfrak{C}$.

Der Prozeß der Ersetzung eines ε-Terms $\mathfrak{e}$ durch einen Term $\mathfrak{k}$ besteht darin, daß an allen Stellen, wo in dem gegebenen normierten Beweis der Term $\mathfrak{e}$ auftritt, anstatt seiner der Term $\mathfrak{k}$ gesetzt wird.

Betreffs der Beeinflussung kritischer Formeln durch Ersetzungen haben wir früher[1] folgendes festgestellt: Durch eine Ersetzung für einen ε-Term $\mathfrak{e}$ kann eine kritische Formel, die nicht zu $\mathfrak{e}$ gehört, nur dann verändert werden, wenn ihr Rang oder ihr Grad höher ist als derjenige von $\mathfrak{e}$; und eine nicht zu $\mathfrak{e}$ gehörige kritische Formel, deren Rang nicht höher ist als der von $\mathfrak{e}$, wird durch die Ersetzung jedenfalls wieder in eine kritische Formel übergeführt, und ihr Rang bleibt unverändert.

Überlegen wir uns nun, wie durch eine Ersetzung für einen ε-Term $\mathfrak{e}$ eine nicht zu $\mathfrak{e}$ gehörige Formel der ε-Gleichheit

$$\mathfrak{a} = \mathfrak{b} \rightarrow \varepsilon_{\mathfrak{v}} \mathfrak{B}(\mathfrak{v}, \mathfrak{a}) = \varepsilon_{\mathfrak{v}} \mathfrak{B}(\mathfrak{v}, \mathfrak{b})$$

beeinflußt werden kann.

Gemäß der für die Formeln der ε-Gleichheit bestehenden Bedingung muß der Term $\mathfrak{a}$ in $\varepsilon_{\mathfrak{v}} \mathfrak{B}(\mathfrak{v}, \mathfrak{a})$, $\mathfrak{b}$ in $\varepsilon_{\mathfrak{v}} \mathfrak{B}(\mathfrak{v}, \mathfrak{b})$ eine Argumentstelle des gemeinsamen Grundtypus dieser ε-Terme ausfüllen; andererseits kann der Term $\mathfrak{e}$, wenn er in dieser Formel vorkommt, nur in einer oder mehreren Argumentstellen des zugehörigen Grundtypus oder sonst noch im Vorderglied $\mathfrak{a} = \mathfrak{b}$ auftreten. Demnach geht die Formel der ε-Gleichheit, wenn sie überhaupt durch die Ersetzung verändert wird, in eine Formel von der Gestalt

$$\mathfrak{a}^* = \mathfrak{b}^* \rightarrow \varepsilon_{\mathfrak{v}} \mathfrak{B}_1(\mathfrak{v}, \mathfrak{a}^*) = \varepsilon_{\mathfrak{v}} \mathfrak{B}_1(\mathfrak{v}, \mathfrak{b}^*)$$

über, wobei $\mathfrak{B}_1(\mathfrak{v}, \mathfrak{c})$ denselben Grundtypus hat wie $\mathfrak{B}(\mathfrak{v}, \mathfrak{c})$.

Es ergibt sich also, daß bei einer Ersetzung für einen ε-Term $\mathfrak{e}$ eine nicht zu $\mathfrak{e}$ gehörige Formel der ε-Gleichheit, sofern sie überhaupt verändert wird, stets wieder in eine Formel der ε-Gleichheit übergeht und daß auch ihr Grundtypus, und somit auch ihr Rang, unverändert bleibt.

Auf Grund dieser Feststellungen über die Beeinflussung von kritischen Formeln und von Formeln der ε-Gleichheit durch Ersetzungen soll nun, entsprechend wie bei dem früheren Beweis für das ε-Theorem, die Elimination der kritischen Formeln und der Formeln der ε-Gleichheit schrittweise durch sukzessive Erniedrigung der höchsten vorkommenden Rangzahl solcher Formeln durchgeführt werden. In der Tat genügt es ja, wenn wir ein Verfahren haben, um aus einem normierten Beweis diejenigen kritischen Formeln und Formeln der ε-Gleichheit auszuschalten, welche den höchsten vorkommenden Rang besitzen. Dabei schadet es nichts, wenn neue kritische Formeln bzw. Formeln der ε-Gleichheit, hinzutreten, sofern nur diese einen niedrigeren Rang haben.

[1] Vgl. S. 28–29.

Für den Fall, daß in einem gegebenen normierten Beweis der höchste vorkommende Rang $\mathfrak{m}$ nur bei kritischen Formeln, nicht aber bei Formeln der ε-Gleichheit auftritt, können wir das frühere Verfahren der Ausschaltung der kritischen Formeln übernehmen. Dieses besteht ja darin, daß wir schrittweise die Anzahl der ε-Terme vom Rang $\mathfrak{m}$, zu denen kritische Formeln gehören, vermindern. Vergegenwärtigen wir uns, wie bei diesem Verfahren eine Eliminationsschritt erfolgt, um uns zu vergewissern, daß er auch für den jetzt zu betrachtenden Fall das Gewünschte leistet.

Wir nehmen unter den ε-Termen vom Range $\mathfrak{m}$, zu denen in dem gegebenen normierten Beweis kritische Formeln gehören, einen solchen von maximalem Grad. Die zu ihm gehörenden kritischen Formeln seien

$$\begin{gathered}\mathfrak{B}(\mathfrak{t}_1) \rightarrow \mathfrak{B}(\varepsilon_{\mathfrak{v}}\,\mathfrak{B}(\mathfrak{v}))\\ \vdots \\ \mathfrak{B}(\mathfrak{t}_{\mathfrak{n}}) \rightarrow \mathfrak{B}(\varepsilon_{\mathfrak{v}}\,\mathfrak{B}(\mathfrak{v})).\end{gathered}$$

Wir bilden dann zunächst $\mathfrak{n}$ „Teilbeweise“, von denen der $\mathfrak{r}$-te ($\mathfrak{r} = 1, \ldots, \mathfrak{n}$) aus dem gegebenen normierten Beweis durch die Ersetzung des Terms $\varepsilon_{\mathfrak{v}}\,\mathfrak{B}(\mathfrak{v})$ durch den Term $\mathfrak{t}_{\mathfrak{r}}$ und nachheriges Vorschalten von $\mathfrak{B}(\mathfrak{t}_{\mathfrak{r}})$ erhalten wird. In der Tat entsteht auf diese Weise wieder ein normierter Beweis; denn durch die Ersetzung von $\varepsilon_{\mathfrak{v}}\,\mathfrak{B}(\mathfrak{v})$ gehen die kritischen Formeln, die nicht zu diesem ε-Term gehören, da sie ja höchstens den Rang $\mathfrak{m}$ haben, wieder in kritische Formeln über, und auch die Formeln der ε-Gleichheit gehen wieder in Formeln der ε-Gleichheit über, da sie ja nicht zu $\varepsilon_{\mathfrak{v}}\,\mathfrak{B}(\mathfrak{v})$ gehören.

Sodann bilden wir noch aus dem anfänglichen normierten Beweis durch Vorschalten der Formel

$$\overline{\mathfrak{B}(\mathfrak{t}_1)} \mathbin{\&} \ldots \mathbin{\&} \overline{\mathfrak{B}(\mathfrak{t}_{\mathfrak{n}})}$$

einen $(\mathfrak{n}+1)$-ten Teilbeweis.

Hat der gegebene normierte Beweis die Endformel $\mathfrak{E}$, so hat der $\mathfrak{r}$-te Teilbeweis eine Endformel

$$\mathfrak{B}(\mathfrak{t}_{\mathfrak{r}}) \rightarrow \mathfrak{E}_{\mathfrak{r}},$$

worin $\mathfrak{E}_{\mathfrak{r}}$ aus $\mathfrak{E}$ durch die Ersetzung für $\varepsilon_{\mathfrak{v}}\,\mathfrak{B}(\mathfrak{v})$ hervorgeht, und der $(\mathfrak{n}+1)$-te Teilbeweis hat als Endformel

$$\overline{\mathfrak{B}(\mathfrak{t}_1)} \mathbin{\&} \ldots \mathbin{\&} \overline{\mathfrak{B}(\mathfrak{t}_{\mathfrak{n}})} \rightarrow \mathfrak{E}.$$

Diese $\mathfrak{n}+1$ Endformeln ergeben zusammen mittels des Aussagenkalkuls die Formel

$$\mathfrak{E}_1 \vee \ldots \vee \mathfrak{E}_{\mathfrak{n}} \vee \mathfrak{E}.$$

Die vorherige Endformel $\mathfrak{E}$ erfährt somit eine disjunktive Aufspaltung. (In der erhaltenen Disjunktion können noch die eventuell vorhandenen Wiederholungen von Disjunktionsgliedern mittels des Aussagenkalkuls beseitigt werden.) An die Stelle der zu $\varepsilon_{\mathfrak{v}}\,\mathfrak{B}(\mathfrak{v})$ gehörenden kritischen Formeln treten in jedem der Teilbeweise Formeln, die aus identischen

Formeln des Aussagenkalkuls durch Einsetzung entstehen. Diese kritischen Formeln werden also nicht mehr als Ausgangsformeln gebraucht. Durch die auszuführenden Ersetzungen können zwar neue kritische Formeln und Formeln der ε-Gleichheit hinzukommen; diese sind aber alle von niedrigerem Rang als $\mathfrak{m}$; denn durch die Ersetzung für $\varepsilon_{\mathfrak{v}}\mathfrak{B}(\mathfrak{v})$ kann ja bei einer kritischen Formel oder einer Formel der ε-Gleichheit, die nicht zu diesem ε-Term gehört, keine Rangerhöhung eintreten, und die außer den zu $\varepsilon_{\mathfrak{v}}\mathfrak{B}(\mathfrak{v})$ gehörigen kritischen Formeln eventuell noch vorhandenen kritischen Formeln vom Rang $\mathfrak{m}$ werden durch die Ersetzungen überhaupt nicht verändert, da sie höchstens den gleichen Grad haben wie $\varepsilon_{\mathfrak{v}}\mathfrak{B}(\mathfrak{v})$.

Somit ist in der Tat auf die angegebene Weise die Ausschaltung der zu $\varepsilon_{\mathfrak{v}}\mathfrak{B}(\mathfrak{v})$ gehörenden kritischen Formeln bewirkt, und die Anzahl der ε-Terme vom Range $\mathfrak{m}$, zu denen kritische Formeln gehören, um 1 vermindert. Die Wiederholung dieses Verfahrens führt zur Ausschaltung aller kritischen Formeln vom Range $\mathfrak{m}$.

Hiernach reduziert sich unsere Aufgabe darauf, aus einem normierten Beweis, in welchem der Höchstrang von kritischen Formeln und Formeln der ε-Gleichheit $\mathfrak{m}$ ist, die Formeln der ε-Gleichheit vom Rang $\mathfrak{m}$ auszuschalten, wobei wir auch zulassen können, daß Formeln der ε-Gleichheit von niedrigerem Rang als $\mathfrak{m}$ und kritische Formeln von nicht höherem Rang als $\mathfrak{m}$ hinzutreten. Wenn nämlich alle Formeln der ε-Gleichheit vom Range $\mathfrak{m}$ eliminiert sind, so können wir ja die kritischen Formeln vom Range $\mathfrak{m}$ nach dem eben beschriebenen Verfahren ausschalten.

Für die Elimination der Formeln der ε-Gleichheit vom Range $\mathfrak{m}$ genügt es wiederum, wenn wir die Anzahl der verschiedenen *Grundtypen* vom Range $\mathfrak{m}$, zu denen in einem gegebenen normierten Beweis Formeln der ε-Gleichheit gehören, vermindern können. Wir denken uns einen von diesen Grundtypen gewählt, etwa denjenigen, zu dem die erste in dem normierten Beweis auftretende Formel der ε-Gleichheit vom Range $\mathfrak{m}$ gehört. Es kommt darauf an, alle zu diesem Grundtypus „$\mathfrak{t}$“ gehörigen Formeln der ε-Gleichheit in ihrer Eigenschaft als Ausgangsformeln zu eliminieren.

Diese Elimination gelingt in sehr einfacher Weise, falls in dem zu behandelnden normierten Beweise unter den ε-Termen vom Grundtypus $\mathfrak{t}$ kein solcher ist, zu dem sowohl eine (d. h. mindestens eine) Formel der ε-Gleichheit wie auch eine kritische Formel gehört. Ist nämlich diese Voraussetzung erfüllt, und ersetzen wir jeden der ε-Terme vom Grundtypus $\mathfrak{t}$, zu welchem in dem betrachteten normierten Beweis Formeln der ε-Gleichheit gehören, durch die Variable a, so geht jede Formel der ε-Gleichheit vom Range $\mathfrak{m}$ in eine Formel der Gestalt

$$\mathfrak{G} \rightarrow a = a$$

über, welche aus der Formel (J_1) mittels des Aussagenkalkuls ableitbar ist. An Stelle der Endformel tritt, sofern diese überhaupt verändert wird, eine Formel, die aus ihr durch die erfolgten Ersetzungen hervorgeht. Die Formeln der ε-Gleichheit von kleinerem Range als $\mathfrak{m}$ gehen wieder in solche Formeln über, ohne Veränderung ihres Ranges. Die Formeln der ε-Gleichheit vom Range $\mathfrak{m}$, die nicht zum Grundtypus $\mathfrak{t}$ gehören, gehen wiederum in solche Formeln über, unter Erhaltung ihres Grundtypus, und auch die kritischen Formeln, welche ja höchstens den Rang $\mathfrak{m}$ haben, behalten die Form von kritischen Formeln sowie auch ihren Rang bei. Somit werden durch die angegebenen Ersetzungen bereits sämtliche zu dem Grundtypus $\mathfrak{t}$ gehörigen Formeln der ε-Gleichheit eliminiert.

Dieses Verfahren versagt, wenn zu einem der ε-Terme des Grundtypus $\mathfrak{t}$, zu denen Formeln der ε-Gleichheit gehören, auch eine oder mehrere kritische Formeln gehören, weil diese Formeln bei der Ersetzung des betreffenden ε-Terms durch die Variable a ihre charakteristische Form verlieren. Wir sind dann auf ein komplizierteres Verfahren angewiesen, welches wiederum in einer schrittweisen Ausschaltung der zum Grundtypus $\mathfrak{t}$ gehörigen Formeln der ε-Gleichheit besteht. Wie die Elimination einer solchen Formel erfolgt, soll nunmehr dargelegt werden.

Als Vorbereitung werde zunächst die Ausschaltung aller etwa vorhandenen uneigentlichen Formeln der ε-Gleichheit vom Grundtypus $\mathfrak{t}$ ausgeführt, welche ja ohne weiteres mittels des Axioms (J_1) vollzogen werden kann. Die Gesamtheit der in dem normierten Beweis verbleibenden Formeln der ε-Gleichheit vom Grundtypus $\mathfrak{t}$ werde mit „G" bezeichnet. Unter den ε-Termen, zu denen die Formeln aus G gehören, sei $\mathfrak{l}$ ein solcher von maximalem Grad.

Wir wollen zunächst annehmen, der Term $\mathfrak{l}$ lasse sich als ein solcher wählen, zu welchem in dem betrachteten normierten Beweis nur eine einzige Formel der ε-Gleichheit gehört. Diese Formel „$\mathfrak{F}$" hat dann die Gestalt

$$\mathfrak{a} = \mathfrak{b} \to \mathfrak{k} = \mathfrak{l} \quad \text{bzw.} \quad \mathfrak{a} = \mathfrak{b} \to \mathfrak{l} = \mathfrak{k}.$$

Wir können den zweiten Fall leicht auf den ersten zurückführen, da sich ja die Formel

$$\mathfrak{a} = \mathfrak{b} \to \mathfrak{l} = \mathfrak{k}$$

aus der Formel

$$\mathfrak{b} = \mathfrak{a} \to \mathfrak{k} = \mathfrak{l},$$

die wieder eine Formel der ε-Gleichheit ist, mittels der Formel

$$a = b \to b = a$$

(die man ja aus (J_1), (i) erhält) ableiten läßt.

Die Formel

$$\mathfrak{a} = \mathfrak{b} \to \mathfrak{k} = \mathfrak{l}$$

stellt sich genauer dar in der Form

$$\mathfrak{a} = \mathfrak{b} \ \to \ \varepsilon_{\mathfrak{v}}\,\mathfrak{B}(\mathfrak{v}, \mathfrak{a}) = \varepsilon_{\mathfrak{v}}\,\mathfrak{B}(\mathfrak{v}, \mathfrak{b}),$$

worin $\varepsilon_{\mathfrak{v}}\,\mathfrak{B}(\mathfrak{v}, \mathfrak{a})$, $\varepsilon_{\mathfrak{v}}\,\mathfrak{B}(\mathfrak{v}, \mathfrak{b})$ die Terme $\mathfrak{k}$, $\mathfrak{l}$ sind.

Wegen der verlangten Gradeigenschaft des Terms $\mathfrak{l}$ kann dieser nicht Bestandteil eines anderen der ε-Terme sein, zu denen eine Formel von G gehört, noch auch von einem der Terme, die in den Vordergliedern der Formeln von G vorkommen.

Wir führen nun zunächst die Ersetzung von $\mathfrak{l}$ durch $\mathfrak{k}$ aus. Durch diese Ersetzung werden in dem normierten Beweis alle von $\mathfrak{J}$ verschiedenen Formeln der ε-Gleichheit, sofern sie überhaupt verändert werden, wieder in Formeln von gleichem Grundtypus, und somit auch von gleichem Rang, übergeführt. Desgleichen behalten die kritischen Formeln, die nicht zu $\mathfrak{l}$ gehören, bei der Ersetzung, sofern sie überhaupt durch diese verändert werden, ihre charakteristische Form und auch ihren Rang bei, da diese ja alle höchstens den gleichen Rang $\mathfrak{m}$ wie der Term $\mathfrak{l}$ haben. Die zum Grundtypus $\mathfrak{t}$ gehörigen, von $\mathfrak{J}$ verschiedenen Formeln der ε-Gleichheit, die ja nach unserer Annahme alle nicht zu $\mathfrak{l}$ gehören, werden durch die Ersetzung nicht verändert, da sie nirgends $\mathfrak{l}$ als Bestandteil eines Terms enthalten. Die Formel $\mathfrak{J}$ selbst geht in die Formel

$$\mathfrak{a} = \mathfrak{b} \to \mathfrak{k} = \mathfrak{k}$$

über, die aus dem Axiom (J_1) ableitbar ist.

Nun bleiben noch die zu $\mathfrak{l}$ gehörigen kritischen Formeln zu berücksichtigen. Diese verlieren durch die Ersetzung ihre charakteristische Form. Nämlich eine solche Formel hat ja die Gestalt

$$\mathfrak{B}(\mathfrak{c}, \mathfrak{b}) \to \mathfrak{B}\left(\varepsilon_{\mathfrak{v}}\, \mathfrak{B}(\mathfrak{v}, \mathfrak{b}), \mathfrak{b}\right),$$

wobei $\varepsilon_{\mathfrak{v}}\, \mathfrak{B}(\mathfrak{v}, \mathfrak{b})$ der Term $\mathfrak{l}$ ist. Durch die Ersetzung geht diese Formel über in eine Formel[1]

$$\mathfrak{B}(\mathfrak{d}, \mathfrak{b}) \to \mathfrak{B}\left(\varepsilon_{\mathfrak{v}}\, \mathfrak{B}(\mathfrak{v}, \mathfrak{a}), \mathfrak{b}\right),$$

welche nicht mehr die Gestalt einer kritischen Formel besitzt.

Hier helfen wir uns nun in der Weise, daß wir die Formel $\mathfrak{a} = \mathfrak{b}$ als Vorderglied vorschalten. Dadurch erhalten wir an Stelle einer jeden der durch die Ersetzung veränderten, zu $\mathfrak{l}$ gehörigen kritischen Formeln eine Formel der Gestalt

$$\mathfrak{a} = \mathfrak{b} \to \left(\mathfrak{B}(\mathfrak{d}, \mathfrak{b}) \to \mathfrak{B}(\varepsilon_{\mathfrak{v}}\, \mathfrak{B}(\mathfrak{v}, \mathfrak{a}), \mathfrak{b})\right).$$

Eine solche Formel kann aber mittels des Aussagenkalkuls abgeleitet werden aus den Formeln

$$\begin{aligned}
&\mathfrak{a} = \mathfrak{b} \to \mathfrak{b} = \mathfrak{a}\\
&\mathfrak{b} = \mathfrak{a} \to \left(\mathfrak{B}(\mathfrak{d}, \mathfrak{b}) \to \mathfrak{B}(\mathfrak{d}, \mathfrak{a})\right)\\
&\mathfrak{B}(\mathfrak{d}, \mathfrak{a}) \to \mathfrak{B}\left(\varepsilon_{\mathfrak{v}}\, \mathfrak{B}(\mathfrak{v}, \mathfrak{a}), \mathfrak{a}\right)\\
&\mathfrak{a} = \mathfrak{b} \to \left(\mathfrak{B}(\varepsilon_{\mathfrak{v}}\, \mathfrak{B}(\mathfrak{v}, \mathfrak{a}), \mathfrak{a}) \to \mathfrak{B}(\varepsilon_{\mathfrak{v}}\, \mathfrak{B}(\mathfrak{v}, \mathfrak{a}), \mathfrak{b})\right).
\end{aligned}$$

[1] Man beachte, daß die Formel $\mathfrak{B}(\mathfrak{c}, \mathfrak{b})$ den Term $\mathfrak{l}$, wenn überhaupt, so nur als Bestandteil von $\mathfrak{c}$ bzw. als den Term $\mathfrak{c}$ selbst, enthalten kann, weil sich bei jeder anderen Art des Enthaltenseins der Widerspruch ergäbe, daß $\varepsilon_{\mathfrak{v}}\, \mathfrak{B}(\mathfrak{v}, \mathfrak{b})$ den Term $\mathfrak{l}$, also sich selbst, im Rang oder im Grad überträfe.

Von diesen ist die erste aus den Formeln (J_1), (i) ableitbar, die dritte ist eine kritische Formel vom Rang $\mathfrak{m}$. Die zweite und die vierte Formel entstehen durch Einsetzungen aus der Formel

$$a = b \rightarrow \big(\mathfrak{B}(r, a) \rightarrow \mathfrak{B}(r, b)\big);$$

diese wiederum geht, wenn $\varepsilon_{\mathfrak{v}}\mathfrak{B}_0(\mathfrak{v}, c)$ Grundtypus von $\varepsilon_{\mathfrak{v}}\mathfrak{B}(\mathfrak{v}, c)$ ist, aus der Formel

$$a = b \rightarrow \big(\mathfrak{B}_0(r, a) \rightarrow \mathfrak{B}_0(r, b)\big)$$

durch Einsetzung hervor oder stimmt mit ihr überein, und die Ableitung dieser letztgenannten Formel gelingt mit Hilfe der Formeln (J_1), (i_F) nebst eventuell noch gewissen Formeln

$$a = b \;\rightarrow\; \varepsilon_{\mathfrak{w}}\mathfrak{K}(\mathfrak{w}, a) = \varepsilon_{\mathfrak{w}}\mathfrak{K}(\mathfrak{w}, b),$$

worin jeweils $\varepsilon_{\mathfrak{w}}\mathfrak{K}(\mathfrak{w}, c)$ Grundtypus eines in $\mathfrak{B}_0(r, c)$ vorkommenden ε-Terms ist.

Da $\varepsilon_{\mathfrak{v}}\mathfrak{B}_0(\mathfrak{v}, c)$ ein Grundtypus ist, so können in $\mathfrak{B}_0(r, c)$ nur solche ε-Terme vorkommen, die aus einem dem Term $\varepsilon_{\mathfrak{v}}\mathfrak{B}_0(\mathfrak{v}, c)$ untergeordneten ε-Ausdruck hervorgehen, indem an Stelle der gebundenen Variablen $\mathfrak{v}$ die freie Variable r gesetzt wird, und die somit einen geringeren Rang als $\varepsilon_{\mathfrak{v}}\mathfrak{B}_0(\mathfrak{v}, c)$ haben. Demnach ist der Rang des betreffenden Terms $\varepsilon_{\mathfrak{w}}\mathfrak{K}(\mathfrak{w}, c)$ jeweils niedriger als $\mathfrak{m}$.

Verlegen wir nun nachträglich in den Ableitungen der Formeln

$$\mathfrak{b} = \mathfrak{a} \rightarrow \big(\mathfrak{B}(\mathfrak{d}, \mathfrak{b}) \rightarrow \mathfrak{B}(\mathfrak{d}, \mathfrak{a})\big)$$
$$\mathfrak{a} = \mathfrak{b} \rightarrow \big(\mathfrak{B}(\varepsilon_{\mathfrak{v}}\mathfrak{B}(\mathfrak{v}, \mathfrak{a}), \mathfrak{a}) \rightarrow \mathfrak{B}(\varepsilon_{\mathfrak{v}}\mathfrak{B}(\mathfrak{v}, \mathfrak{a}), \mathfrak{b})\big)$$

die Einsetzungen in die Ausgangsformeln zurück, so treten an Stelle der Ausgangsformeln von der Gestalt

$$a = b \;\rightarrow\; \varepsilon_{\mathfrak{w}}\mathfrak{K}(\mathfrak{w}, a) = \varepsilon_{\mathfrak{w}}\mathfrak{K}(\mathfrak{w}, b),$$

worin die ε-Terme, wie wir gefunden haben, von niedrigerem Rang als $\mathfrak{m}$ sind, Formeln der ε-Gleichheit

$$\mathfrak{b} = \mathfrak{a} \;\rightarrow\; \varepsilon_{\mathfrak{w}}\mathfrak{K}_1(\mathfrak{w}, \mathfrak{b}) = \varepsilon_{\mathfrak{w}}\mathfrak{K}_1(\mathfrak{w}, \mathfrak{a})$$
$$\mathfrak{a} = \mathfrak{b} \;\rightarrow\; \varepsilon_{\mathfrak{w}}\mathfrak{K}_2(\mathfrak{w}, \mathfrak{a}) = \varepsilon_{\mathfrak{w}}\mathfrak{K}_2(\mathfrak{w}, \mathfrak{b}),$$

und diese haben wiederum einen niedrigeren Rang als $\mathfrak{m}$.

Im ganzen ergibt sich so eine Ableitung der Formel

$$\mathfrak{a} = \mathfrak{b} \rightarrow \big(\mathfrak{B}(\mathfrak{d}, \mathfrak{b}) \rightarrow \mathfrak{B}(\varepsilon_{\mathfrak{v}}\mathfrak{B}(\mathfrak{v}, \mathfrak{a}), \mathfrak{b})\big),$$

worin als Ausgangsformeln außer solchen, die aus identischen Formeln oder aus Axiomen von F^* [1] durch Einsetzung hervorgehen, noch die Formel

$$\mathfrak{B}(\mathfrak{d}, \mathfrak{a}) \rightarrow \mathfrak{B}\big(\varepsilon_{\mathfrak{v}}\mathfrak{B}(\mathfrak{v}, \mathfrak{a}), \mathfrak{a}\big),$$

also eine kritische Formel vom Range $\mathfrak{m}$, und eventuell noch gewisse Formeln der ε-Gleichheit von niedrigerem Rang als $\mathfrak{m}$ benutzt werden.

Fügen wir nun für jede der Formeln

$$\mathfrak{a} = \mathfrak{b} \rightarrow \big(\mathfrak{B}(\mathfrak{d}, \mathfrak{b}) \rightarrow \mathfrak{B}(\varepsilon_{\mathfrak{v}}\mathfrak{B}(\mathfrak{v}, \mathfrak{a}), \mathfrak{b})\big),$$

---

[1] Vgl. S. 63.

die wir an Stelle einer zu $\mathfrak{l}$ gehörigen kritischen Formel des gegebenen normierten Beweises durch die ausgeführte Ersetzung und das Vorschalten von $\mathfrak{a} = \mathfrak{b}$ erhalten, die beschriebene Ableitung ein, so ergibt sich ein normierter Beweis mit der Endformel

$$\mathfrak{a} = \mathfrak{b} \rightarrow \mathfrak{C}_1,$$

worin $\mathfrak{C}_1$ die Formel ist, die aus $\mathfrak{C}$ durch die Ersetzung entsteht. Andererseits erhalten wir aus dem anfänglichen normierten Beweis durch Vorschalten der Formel $\mathfrak{a} \neq \mathfrak{b}$ einen normierten Beweis für die Formel

$$\mathfrak{a} \neq \mathfrak{b} \rightarrow \mathfrak{C},$$

in welchem an Stelle der Formel $\mathfrak{F}$ die Formel

$$\mathfrak{a} \neq \mathfrak{b} \rightarrow (\mathfrak{a} = \mathfrak{b} \rightarrow \mathfrak{k} = \mathfrak{l})$$

tritt, die durch Einsetzung aus der identischen Formel

$$A \rightarrow (A \rightarrow B)$$

hervorgeht. Die Endformeln

$$\mathfrak{a} = \mathfrak{b} \rightarrow \mathfrak{C}_1 \quad \text{und} \quad \mathfrak{a} \neq \mathfrak{b} \rightarrow \mathfrak{C}$$

der beiden „Teilbeweise" ergeben zusammen mittels des Aussagenkalkuls die Formel

$$\mathfrak{C} \vee \mathfrak{C}_1$$

und im Falle, daß $\mathfrak{C}_1$ mit $\mathfrak{C}$ übereinstimmt, wiederum die Formel $\mathfrak{C}$.

Im ganzen gelangen wir so wiederum durch die Methode der Teilbeweise zu einem normierten Beweis, in welchem die Formel $\mathfrak{F}$ nicht mehr als Ausgangsformel benutzt wird. Es kommen dabei eventuell neue kritische Formeln und neue Formeln der ε-Gleichheit hinzu, jedoch treten keine neuen Rangzahlen solcher Formeln auf, ferner bei den Formeln der ε-Gleichheit vom Rang $\mathfrak{m}$ auch keine neuen Grundtypen und keine neuen zum Grundtypus $\mathfrak{t}$ gehörigen Formeln. Somit ist die Anzahl der zum Grundtypus $\mathfrak{t}$ gehörigen Formeln der ε-Gleichheit um 1 vermindert, und falls diese Anzahl 1 war, die Anzahl der vorkommenden Grundtypen von Formeln der ε-Gleichheit des Ranges $\mathfrak{m}$ vermindert. Die Endformel erfährt, sofern sie verändert wird, eine disjunktive Aufspaltung.

Hiermit würde bereits ein hinlängliches Verfahren zur schrittweisen Ausschaltung aller Formeln der ε-Gleichheit vom Range $\mathfrak{m}$ gegeben sein, wenn nicht der betrachtete Fall durch die Voraussetzung spezialisiert wäre, daß zu dem Term $\mathfrak{l}$ nur eine einzige Formel der ε-Gleichheit gehört[1]. Zur Aufhebung dieser beschränkenden Voraussetzung bedarf es noch einer weiteren Betrachtung. Wenn nämlich zu dem Term $\mathfrak{l}$, für den die Ersetzung erfolgt, mehrere Formeln der ε-Gleichheit gehören, so wird bei der Ersetzung von $\mathfrak{l}$ durch $\mathfrak{k}$ die charakteristische Form aller derjenigen in dem normierten Beweis vorkommenden Formeln der ε-Gleichheit zerstört, welche zu $\mathfrak{l}$, aber nicht zu $\mathfrak{k}$ gehören.

[1] Vgl. S. 71.

Um die hier bestehenden Möglichkeiten genauer zu diskutieren, bemerken wir zunächst, daß wir ohne Beschränkung der Allgemeinheit, so wie vordem für die Formel $\mathfrak{F}$ allein, jetzt für alle zu dem Term $\mathfrak{l}$ gehörigen Formeln von G annehmen können, daß ihr Hinterglied die Form

$$\mathfrak{q} = \mathfrak{l}$$

hat, wo also $\mathfrak{l}$ auf der rechten Seite der Gleichung steht[1].

Ferner führen wir den Begriff der „ausgezeichneten Argumentstelle“ ein. In einer Formel der ε-Gleichheit

$$\mathfrak{r} = \mathfrak{s} \rightarrow \varepsilon_{\mathfrak{v}}\, \mathfrak{H}(\mathfrak{v}, \mathfrak{r}) = \varepsilon_{\mathfrak{v}}\, \mathfrak{H}(\mathfrak{v}, \mathfrak{s})$$

hat der gemeinsame Grundtypus der Terme $\varepsilon_{\mathfrak{v}}\, \mathfrak{H}(\mathfrak{v}, \mathfrak{r})$, $\varepsilon_{\mathfrak{v}}\, \mathfrak{H}(\mathfrak{v}, \mathfrak{s})$ im allgemeinen mehrere Argumente. Diejenige Argumentstelle dieses Grundtypus, durch deren Ausfüllung sich, wenn $\mathfrak{r}$ von $\mathfrak{s}$ verschieden ist, die Terme $\varepsilon_{\mathfrak{v}}\, \mathfrak{H}(\mathfrak{v}, \mathfrak{r})$, $\varepsilon_{\mathfrak{v}}\, \mathfrak{H}(\mathfrak{v}, \mathfrak{s})$ voneinander unterscheiden, soll als die „in dieser Formel ausgezeichnete Argumentstelle“ des zugehörigen Grundtypus bezeichnet werden.

Es bestehen nun bei einer zu $\mathfrak{l}$ gehörigen, von $\mathfrak{F}$ verschiedenen Formel der ε-Gleichheit $\mathfrak{G}$ zwei Möglichkeiten: Die in $\mathfrak{G}$ ausgezeichnete Argumentstelle des Grundtypus $\mathfrak{t}$ kann dieselbe sein wie in $\mathfrak{F}$ oder eine andere. Im ersten Fall stellen sich, wenn wieder der Term $\mathfrak{l}$ durch $\varepsilon_{\mathfrak{v}} \mathfrak{B}(\mathfrak{v}, \mathfrak{b})$ angegeben wird, die Formeln $\mathfrak{F}$ und $\mathfrak{G}$ in der Form

$$\mathfrak{a} = \mathfrak{b} \rightarrow \varepsilon_{\mathfrak{v}}\, \mathfrak{B}(\mathfrak{v}, \mathfrak{a}) = \varepsilon_{\mathfrak{v}}\, \mathfrak{B}(\mathfrak{v}, \mathfrak{b})$$
$$\mathfrak{c} = \mathfrak{b} \rightarrow \varepsilon_{\mathfrak{v}}\, \mathfrak{B}(\mathfrak{v}, \mathfrak{c}) = \varepsilon_{\mathfrak{v}}\, \mathfrak{B}(\mathfrak{v}, \mathfrak{b})$$

dar. Durch die Ersetzung geht die Formel $\mathfrak{G}$ über in die Formel

$$\mathfrak{c} = \mathfrak{b} \rightarrow \varepsilon_{\mathfrak{v}}\, \mathfrak{B}(\mathfrak{v}, \mathfrak{c}) = \varepsilon_{\mathfrak{v}}\, \mathfrak{B}(\mathfrak{v}, \mathfrak{a}).$$

Diese ist nicht mehr eine Formel der ε-Gleichheit. Im zweiten Fall stellen sich die beiden Formeln $\mathfrak{F}$, $\mathfrak{G}$ mit Angabe der beiden ausgezeichneten Argumentstellen, dar in der Form

$$\mathfrak{a} = \mathfrak{b} \rightarrow \varepsilon_{\mathfrak{v}}\, \mathfrak{B}(\mathfrak{v}, \mathfrak{a}, \mathfrak{s}) = \varepsilon_{\mathfrak{v}}\, \mathfrak{B}(\mathfrak{v}, \mathfrak{b}, \mathfrak{s})$$
$$\mathfrak{r} = \mathfrak{s} \rightarrow \varepsilon_{\mathfrak{v}}\, \mathfrak{B}(\mathfrak{v}, \mathfrak{b}, \mathfrak{r}) = \varepsilon_{\mathfrak{v}}\, \mathfrak{B}(\mathfrak{v}, \mathfrak{b}, \mathfrak{s}).$$

Die auszuführende Ersetzung ist hier diejenige von $\varepsilon_{\mathfrak{v}} \mathfrak{B}(\mathfrak{v}, \mathfrak{b}, \mathfrak{s})$ durch $\varepsilon_{\mathfrak{v}} \mathfrak{B}(\mathfrak{v}, \mathfrak{a}, \mathfrak{s})$, und an die Stelle der Formel $\mathfrak{G}$ tritt hierdurch die Formel

$$\mathfrak{r} = \mathfrak{s} \rightarrow \varepsilon_{\mathfrak{v}}\, \mathfrak{B}(\mathfrak{v}, \mathfrak{b}, \mathfrak{r}) = \varepsilon_{\mathfrak{v}}\, \mathfrak{B}(\mathfrak{v}, \mathfrak{a}, \mathfrak{s}),$$

welche wiederum keine Formel der ε-Gleichheit ist.

Wir erkennen nun aber leicht, daß in beiden Fällen die Formel, welche aus der Formel $\mathfrak{G}$ durch die Ersetzung entsteht, beim Vorschalten der Formel $\mathfrak{a} = \mathfrak{b}$, das sich ja in dem ersten zu bildenden Teilbeweis an die Ersetzung anschließt, in eine solche Formel übergeht, die aus den Axiomen (J_1), (i) und Formeln der ε-Gleichheit ableitbar ist.

[1] Vgl. S. 71.

Nämlich im ersten Fall geht aus $\mathfrak{G}$ durch die Ersetzung und das Vorschalten von $\mathfrak{a} = \mathfrak{b}$ die Formel

$$\mathfrak{a} = \mathfrak{b} \rightarrow \left(\mathfrak{c} = \mathfrak{b} \rightarrow \varepsilon_{\mathfrak{v}}\, \mathfrak{B}(\mathfrak{v}, \mathfrak{c}) = \varepsilon_{\mathfrak{v}}\, \mathfrak{B}(\mathfrak{v}, \mathfrak{a})\right)$$

hervor; diese ist mit Hilfe der Formel

$$\mathfrak{a} = \mathfrak{b} \rightarrow (\mathfrak{c} = \mathfrak{b} \rightarrow \mathfrak{c} = \mathfrak{a}),$$

die man aus (J_1), (i) erhält, ableitbar aus der Formel

$$\mathfrak{c} = \mathfrak{a} \rightarrow \varepsilon_{\mathfrak{v}}\, \mathfrak{B}(\mathfrak{v}, \mathfrak{c}) = \varepsilon_{\mathfrak{v}}\, \mathfrak{B}(\mathfrak{v}, \mathfrak{a}).$$

Im zweiten Fall lautet die aus $\mathfrak{G}$ durch die Ersetzung und das Vorschalten von $\mathfrak{a} = \mathfrak{b}$ entstehende Formel

$$\mathfrak{a} = \mathfrak{b} \rightarrow \left(\mathfrak{r} = \mathfrak{s} \rightarrow \varepsilon_{\mathfrak{v}}\, \mathfrak{B}(\mathfrak{v}, \mathfrak{b}, \mathfrak{r}) = \varepsilon_{\mathfrak{v}}\, \mathfrak{B}(\mathfrak{v}, \mathfrak{a}, \mathfrak{s})\right),$$

und diese erhält man, mit Hilfe der aus (J_1), (i) ableitbaren Formeln

$$\mathfrak{a} = \mathfrak{b} \rightarrow \mathfrak{b} = \mathfrak{a}$$

$$\varepsilon_{\mathfrak{v}}\, \mathfrak{B}(\mathfrak{v}, \mathfrak{b}, \mathfrak{r}) = \varepsilon_{\mathfrak{v}}\, \mathfrak{B}(\mathfrak{v}, \mathfrak{a}, \mathfrak{r})\ \&\ \varepsilon_{\mathfrak{v}}\, \mathfrak{B}(\mathfrak{v}, \mathfrak{a}, \mathfrak{r}) = \varepsilon_{\mathfrak{v}}\, \mathfrak{B}(\mathfrak{v}, \mathfrak{a}, \mathfrak{s}) \\ \rightarrow \varepsilon_{\mathfrak{v}}\, \mathfrak{B}(\mathfrak{v}, \mathfrak{b}, \mathfrak{r}) = \varepsilon_{\mathfrak{v}}\, \mathfrak{B}(\mathfrak{v}, \mathfrak{a}, \mathfrak{s}),$$

aus den Formeln der ε-Gleichheit

$$\mathfrak{b} = \mathfrak{a} \rightarrow \varepsilon_{\mathfrak{v}}\, \mathfrak{B}(\mathfrak{v}, \mathfrak{b}, \mathfrak{r}) = \varepsilon_{\mathfrak{v}}\, \mathfrak{B}(\mathfrak{v}, \mathfrak{a}, \mathfrak{r}),$$

$$\mathfrak{r} = \mathfrak{s} \rightarrow \varepsilon_{\mathfrak{v}}\, \mathfrak{B}(\mathfrak{v}, \mathfrak{a}, \mathfrak{r}) = \varepsilon_{\mathfrak{v}}\, \mathfrak{B}(\mathfrak{v}, \mathfrak{a}, \mathfrak{s}).$$

Mit dieser Feststellung ist nun aber die Schwierigkeit noch nicht behoben: Wir können zwar bei der Bildung des ersten Teilbeweises, nach erfolgter Ersetzung von $\mathfrak{l}$ durch $\mathfrak{k}$ und Vorschalten von $\mathfrak{a} = \mathfrak{b}$, für die Formeln, die an Stelle der von $\mathfrak{F}$ verschiedenen, zu $\mathfrak{l}$ gehörigen Formeln der ε-Gleichheit getreten sind, die eben angegebenen Ableitungen einfügen — ebenso wie wir ja auch für die Formeln, die an Stelle der zu $\mathfrak{l}$ gehörigen kritischen Formeln getreten sind, ihre Ableitungen einzuschalten haben — und wir gelangen so zu einem normierten Beweis für eine Formel

$$\mathfrak{a} = \mathfrak{b} \rightarrow \mathfrak{C}_1$$

(worin $\mathfrak{C}_1$ die aus $\mathfrak{C}$ durch die Ersetzung entstehende Formel ist). Aber die hierbei zu benutzenden Formeln der ε-Gleichheit

$$\mathfrak{c} = \mathfrak{a} \rightarrow \varepsilon_{\mathfrak{v}}\, \mathfrak{B}(\mathfrak{v}, \mathfrak{c}) = \varepsilon_{\mathfrak{v}}\, \mathfrak{B}(\mathfrak{v}, \mathfrak{a})$$

bzw.

$$\mathfrak{b} = \mathfrak{a} \rightarrow \varepsilon_{\mathfrak{v}}\, \mathfrak{B}(\mathfrak{v}, \mathfrak{b}, \mathfrak{r}) = \varepsilon_{\mathfrak{v}}\, \mathfrak{B}(\mathfrak{v}, \mathfrak{a}, \mathfrak{r})$$

$$\mathfrak{r} = \mathfrak{s} \rightarrow \varepsilon_{\mathfrak{v}}\, \mathfrak{B}(\mathfrak{v}, \mathfrak{a}, \mathfrak{r}) = \varepsilon_{\mathfrak{v}}\, \mathfrak{B}(\mathfrak{v}, \mathfrak{a}, \mathfrak{s}),$$

welche ja vom Grundtypus $\mathfrak{t}$ sind, brauchen nicht zu der Gesamtheit G[1] zu gehören. Es werden also eventuell an Stelle der eliminierten Formel $\mathfrak{F}$ neue Formeln der ε-Gleichheit vom Grundtypus $\mathfrak{t}$ eingeführt, und somit wird dann durch den Prozeß, welcher die Formel $\mathfrak{F}$ eliminiert, die Anzahl der zum Grundtypus $\mathfrak{t}$ gehörigen Formeln der ε-Gleichheit gar nicht vermindert.

---

[1] Vgl. S. 71.

Es kommt nun darauf an zu zeigen, daß gleichwohl stets mit einem solchen Eliminationsschritt, welcher die Ausschaltung einer Formel der ε-Gleichheit vom Grundtypus $\mathfrak{t}$ bewirkt, bei passender Wahl dieser Formel eine Reduktion der Eliminationsaufgabe erzielt wird, derart, daß nach einer von vornherein absehbaren Anzahl von Schritten alle Formeln der ε-Gleichheit von dem betreffenden Grundtypus eliminiert sind, und somit die Anzahl der vorkommenden Grundtypen von Formeln der ε-Gleichheit des Ranges $\mathfrak{m}$ vermindert ist.

Hierzu betrachten wir die Gesamtheit „$\mathfrak{T}$" aller der ε-Terme, zu denen eine Formel aus G gehört, oder ausführlicher gesagt: zu denen in dem gegebenen normierten Beweis (nach Ausschaltung der etwa vorhandenen uneigentlichen Formeln der ε-Gleichheit vom Grundtypus $\mathfrak{t}$) eine Formel der ε-Gleichheit vom Grundtypus $\mathfrak{t}$ gehört.

Durch diese Gesamtheit $\mathfrak{T}$ bestimmt sich die Gesamtheit „$\mathfrak{T}^*$" derjenigen ε-Terme, welche aus dem Grundtypus $\mathfrak{t}$ dadurch hervorgehen, daß jede seiner Argumentstellen mit einem derjenigen Terme ausgefüllt wird, welche in einem Term von $\mathfrak{T}$ diese selbe Argumentstelle ausfüllen. Gemäß dieser Definition ist $\mathfrak{T}$ ein Teil von $\mathfrak{T}^*$. Die Gesamtheit $\mathfrak{T}^*$ läßt sich aus der Gesamtheit $\mathfrak{T}$ explizite herstellen. Wir können auch leicht eine Abschätzung für die Anzahl der Elemente von $\mathfrak{T}^*$ angeben. Ist nämlich $\mathfrak{n}$ die Anzahl der Argumentstellen von $\mathfrak{t}$ und $\mathfrak{z}$ die Anzahl der Terme, die in mindestens einem ε-Term von $\mathfrak{T}$ eine Argumentstelle von $\mathfrak{t}$ ausfüllen — diese Terme mögen kurz die „Argumentterme in $\mathfrak{T}$" genannt werden —, so enthält $\mathfrak{T}^*$, wie leicht ersichtlich, höchstens $\mathfrak{z}^{\mathfrak{n}}$ Elemente.

Wir führen nun für die Terme von $\mathfrak{T}^*$ eine Reihenfolge ein. Hierzu wählen wir zunächst irgendeine Reihenfolge für die Argumentterme in $\mathfrak{T}$, welche nur den Bedingungen unterworfen ist, daß von zwei ε-Termen verschiedenen Grades der von niedrigerem Grad vorausgeht, und daß die Terme, welche nicht ε-Terme sind, die „Terme 0-ten Grades", den ε-Termen vorausgehen. Sodann wählen wir eine Reihenfolge der Argumentstellen in $\mathfrak{t}$. Nunmehr ordnen wir die Elemente von $\mathfrak{T}^*$ zunächst nach aufsteigendem Grad und im übrigen lexikographisch, d. h. so, daß von zwei Termen gleichen Grades derjenige vorausgeht, bei welchem in der ersten unter den Argumentstellen von $\mathfrak{t}$, durch deren Ausfüllung sich die beiden Terme unterscheiden, der ausfüllende Argumentterm der frühere ist.

Von dieser Reihenfolge machen wir nun bei unserem Eliminationsverfahren in der Weise Gebrauch, daß wir als den Term $\mathfrak{l}$, für welchen zuerst eine Ersetzung ausgeführt wird, denjenigen unter den ε-Termen von $\mathfrak{T}$ wählen, welcher in der Reihenfolge der Terme von $\mathfrak{T}^*$ der *späteste* ist. Gemäß dieser Bestimmung hat der Term $\mathfrak{l}$ jedenfalls die erforderliche Eigenschaft, daß er unter den ε-Termen, zu denen Formeln von G gehören, den maximalen vorkommenden Grad besitzt. Sei nun wieder $\mathfrak{F}$ eine beliebig gewählte von den zu $\mathfrak{l}$ gehörigen Formeln aus G, die wir als die zuerst zu eliminierende nehmen. Zur Elimination von $\mathfrak{F}$ wird die Ersetzung von $\mathfrak{l}$ durch $\mathfrak{k}$ ausgeführt und die Formel $\mathfrak{a} = \mathfrak{b}$ vorgeschaltet. Um auf diese Weise zu einem normierten Beweis (einem ersten „Teilbeweis") zu gelangen, müssen wir eventuell, wie eben festgestellt, neue, d. h. nicht in der Gesamtheit G enthaltene Formeln der ε-Gleichheit vom Grundtypus $\mathfrak{t}$ als Ausgangsformeln einführen. Die Hinzunahme solcher Hilfsformeln bewirkt, daß nach vollzogener Elimination der Formel $\mathfrak{F}$ die Gesamtheit „G_1" der nunmehr als Ausgangsformeln benutzten Formeln der ε-Gleichheit vom Grundtypus $\mathfrak{t}$ nicht eine Teilgesamtheit von G ist, und daß somit auch die Gesamtheit „$\mathfrak{T}_1$" der ε-Terme, zu denen die Formeln von G_1 gehören, nicht notwendig eine Teilgesamtheit von $\mathfrak{T}$ ist. Wir können jedoch jetzt leicht erkennen, daß der Übergang von $\mathfrak{T}$ zu $\mathfrak{T}_1$ in einem bestimmten Sinne eine Reduktion bedeutet.

Hierfür müssen wir wiederum die beiden Fälle voneinander sondern, die wir in Hinsicht auf die Möglichkeit der Zerstörung der charakteristischen Form einer Formel der ε-Gleichheit $\mathfrak{G}$ durch die Ersetzung für den Term $\mathfrak{l}$ zu unterscheiden hatten[1] und denen die beiden Arten der Ableitung entsprechen, durch welche die aus $\mathfrak{G}$ durch die Ersetzung und das Vorschalten von $\mathfrak{a} = \mathfrak{b}$ entstehende Formel, mittels der Einführung einer bzw. zweier Formeln der ε-Gleichheit als Ausgangsformeln, erhalten wird.

Diese beiden Fälle sind in Hinsicht auf die ε-Terme, zu denen die Formeln $\mathfrak{F}$, $\mathfrak{G}$ und die hilfsweise hinzugenommenen Formeln der ε-Gleichheit gehören, folgendermaßen beschaffen:

Erster Fall. Werden die Terme $\mathfrak{k}$, $\mathfrak{l}$, zu denen $\mathfrak{F}$ gehört, durch $\varepsilon_{\mathfrak{v}}\mathfrak{B}(\mathfrak{v}, \mathfrak{a})$, $\varepsilon_{\mathfrak{v}}\mathfrak{B}(\mathfrak{v}, \mathfrak{b})$ angegeben, so gehört $\mathfrak{G}$ zu $\mathfrak{l}$ und zu einem Term $\varepsilon_{\mathfrak{v}}\mathfrak{B}(\mathfrak{v}, \mathfrak{c})$; wir haben dann nur eine Formel der ε-Gleichheit als Hilfsformel einzuführen, und zwar gehört diese zu den Termen $\varepsilon_{\mathfrak{v}}\mathfrak{B}(\mathfrak{v}, \mathfrak{c})$, $\varepsilon_{\mathfrak{v}}\mathfrak{B}(\mathfrak{v}, \mathfrak{a})$. Hier tritt also zu der Gesamtheit $\mathfrak{T}$ überhaupt kein neuer Term hinzu, während der Term $\mathfrak{l}$ nicht mehr in der Gesamtheit auftritt.

Zweiter Fall. Werden die Terme $\mathfrak{k}$, $\mathfrak{l}$ durch $\varepsilon_{\mathfrak{v}}\mathfrak{B}(\mathfrak{v}, \mathfrak{a}, \mathfrak{s})$, $\varepsilon_{\mathfrak{v}}\mathfrak{B}(\mathfrak{v}, \mathfrak{b}, \mathfrak{s})$ angegeben, so gehört $\mathfrak{G}$ zu $\mathfrak{l}$ und zu einem Term $\varepsilon_{\mathfrak{v}}\mathfrak{B}(\mathfrak{v}, \mathfrak{b}, \mathfrak{r})$. Wir haben dann zwei Formeln der ε-Gleichheit als Hilfsformeln einzuführen, von denen die eine zu den Termen $\varepsilon_{\mathfrak{v}}\mathfrak{B}(\mathfrak{v}, \mathfrak{b}, \mathfrak{r})$, $\varepsilon_{\mathfrak{v}}\mathfrak{B}(\mathfrak{v}, \mathfrak{a}, \mathfrak{r})$, die andere zu $\varepsilon_{\mathfrak{v}}\mathfrak{B}(\mathfrak{v}, \mathfrak{a}, \mathfrak{r})$, $\varepsilon_{\mathfrak{v}}\mathfrak{B}(\mathfrak{v}, \mathfrak{a}, \mathfrak{s})$ gehört. Es kommt also in $\mathfrak{T}_1$ zu $\mathfrak{T}$ der Term $\varepsilon_{\mathfrak{v}}\mathfrak{B}(\mathfrak{v}, \mathfrak{a}, \mathfrak{r})$ hinzu, während der Term $\mathfrak{l}$ wegfällt.

Der Term $\varepsilon_{\mathfrak{v}}\mathfrak{B}(\mathfrak{v}, \mathfrak{a}, \mathfrak{r})$ gehört aber jedenfalls zu $\mathfrak{T}^*$; denn in diesem Term sind alle Argumentstellen von $\mathfrak{t}$ bis auf die von $\mathfrak{a}$ eingenommene ebenso ausgefüllt wie in dem Term $\varepsilon_{\mathfrak{v}}\mathfrak{B}(\mathfrak{v}, \mathfrak{b}, \mathfrak{r})$ aus $\mathfrak{T}$, und der Term $\mathfrak{a}$ steht in dem Term $\varepsilon_{\mathfrak{v}}\mathfrak{B}(\mathfrak{v}, \mathfrak{a}, \mathfrak{s})$, der ja ein Term aus $\mathfrak{T}$ ist, an der gleichen Argumentstelle wie in $\varepsilon_{\mathfrak{v}}\mathfrak{B}(\mathfrak{v}, \mathfrak{a}, \mathfrak{r})$.

[1] Vgl. S. 75.

Außerdem ist der Term $\varepsilon_{\mathfrak{v}} \mathfrak{B}(\mathfrak{v}, \mathfrak{a}, \mathfrak{r})$ in der Reihenfolge der Terme von $\mathfrak{T}^*$ früher als $\mathfrak{l}$. Denn der Term $\mathfrak{l}$, d. h. $\varepsilon_{\mathfrak{v}} \mathfrak{B}(\mathfrak{v}, \mathfrak{b}, \mathfrak{s})$ ist, auf Grund der Art seiner Festlegung, in der Reihenfolge der Elemente von $\mathfrak{T}^*$ später als die (in $\mathfrak{T}$ enthaltenen) Terme $\varepsilon_{\mathfrak{v}} \mathfrak{B}(\mathfrak{v}, \mathfrak{a}, \mathfrak{s})$, $\varepsilon_{\mathfrak{v}} \mathfrak{B}(\mathfrak{v}, \mathfrak{b}, \mathfrak{r})$. Daraus folgt erstens, daß $\varepsilon_{\mathfrak{v}} \mathfrak{B}(\mathfrak{v}, \mathfrak{b}, \mathfrak{s})$ mindestens den gleichen Grad hat wie jeder dieser beiden Terme. Ist ferner der Grad von $\varepsilon_{\mathfrak{v}} \mathfrak{B}(\mathfrak{v}, \mathfrak{b}, \mathfrak{s})$ der gleiche wie der von $\varepsilon_{\mathfrak{v}} \mathfrak{B}(\mathfrak{v}, \mathfrak{a}, \mathfrak{s})$, so muß der Term $\mathfrak{a}$ in der Reihenfolge der Argumentterme in $\mathfrak{T}$ früher sein als $\mathfrak{b}$; hat andererseits $\varepsilon_{\mathfrak{v}} \mathfrak{B}(\mathfrak{v}, \mathfrak{b}, \mathfrak{s})$ höheren Grad als $\varepsilon_{\mathfrak{v}} \mathfrak{B}(\mathfrak{v}, \mathfrak{a}, \mathfrak{s})$, so muß $\mathfrak{b}$ höheren Grad haben als $\mathfrak{a}$ und somit wiederum $\mathfrak{a}$ in der Reihenfolge der Argumentterme früher sein als $\mathfrak{b}$. Jedenfalls ist also $\mathfrak{a}$ in der Reihenfolge der Argumentterme in $\mathfrak{T}$ früher als $\mathfrak{b}$ und hat daher auch höchstens den gleichen Grad wie $\mathfrak{b}$. Ebenso hat daher auch $\varepsilon_{\mathfrak{v}} \mathfrak{B}(\mathfrak{v}, \mathfrak{a}, \mathfrak{r})$ höchstens den gleichen Grad wie $\varepsilon_{\mathfrak{v}} \mathfrak{B}(\mathfrak{v}, \mathfrak{b}, \mathfrak{r})$ und ist auch in der Reihenfolge der Terme von $\mathfrak{T}^*$ früher als $\varepsilon_{\mathfrak{v}} \mathfrak{B}(\mathfrak{v}, \mathfrak{b}, \mathfrak{r})$. Da dieser Term wiederum früher ist als $\mathfrak{l}$, so ist $\varepsilon_{\mathfrak{v}} \mathfrak{B}(\mathfrak{v}, \mathfrak{a}, \mathfrak{r})$ früher als $\mathfrak{l}$, wie behauptet.

Die Erörterung der beiden Fälle ergibt somit, daß die Gesamtheit $\mathfrak{T}_1$ sich von $\mathfrak{T}$ im ersten Fall lediglich durch das Ausscheiden des Terms $\mathfrak{l}$ unterscheidet, im zweiten Fall durch das Ausscheiden des Terms $\mathfrak{l}$ und das Hinzutreten eines Terms von $\mathfrak{T}^*$, der, in der Reihenfolge der Elemente von $\mathfrak{T}^*$, früher ist als $\mathfrak{l}$. Der Eliminationsschritt, welcher die Formel $\mathfrak{F}$ als Ausgangsformel eliminiert, bewirkt demnach, daß, gemäß der Reihenfolge der Terme von $\mathfrak{T}^*$, die Stellennummer des spätesten zu $\mathfrak{T}$ gehörigen von diesen Termen verkleinert wird. Ist die maximale unter den Termen von $\mathfrak{T}$ vorkommende Stellennummer zu Anfang gleich $\mathfrak{p}$, so müssen nach spätestens $\mathfrak{p}$ Eliminationsschritten alle zum Grundtypus $\mathfrak{t}$ gehörigen Formeln der ε-Gleichheit ausgeschaltet sein.

Hiermit ist der Nachweis für die Möglichkeit einer gemeinsamen Elimination der kritischen Formeln und der Formeln der ε-Gleichheit zum Abschluß gebracht.

c) Verschärfte Fassung des ersten ε-Theorems und des Wf.-Theorems. Es kommt nun darauf an, aus dem erhaltenen Ergebnis die Folgerungen zu entnehmen. Gehen wir auf die Überlegungen zurück, die uns zu dem Ansatz des erweiterten Eliminationsverfahrens geführt haben[1], so erkennen wir, daß auf Grund der gemeinsamen Eliminierbarkeit der kritischen Formeln und der Formeln der ε-Gleichheit aus einem normierten Beweise *die Gültigkeit des ε-Theorems sich auch auf solche Formalismen erstreckt, welche das allgemeine Gleichheitsaxiom* (J_2) *und zugleich die ε-Formel enthalten.*

Es gilt also der Satz: Sei F ein Formalismus, der aus dem Formalismus des Prädikatenkalkuls hervorgeht durch Hinzunahme

1. des ε-Symbols und der ε-Formel,
2. des Gleichheitszeichens und der Axiome (J_1), (J_2),

[1] Vgl. S. 65f.

3. gewisser Individuen-, Funktions- und Prädikatensymbole nebst gewissen sie enthaltenden eigentlichen Axiomen $\mathfrak{P}_1, \ldots, \mathfrak{P}_\mathfrak{k}$ ohne gebundene Variablen.

Ist durch diesen Formalismus eine Formel $\mathfrak{E}$ ableitbar, die keine gebundene Variable enthält, so können wir aus ihrer Ableitung stets auch eine solche gewinnen, worin keine gebundene Variable auftritt, die also im Rahmen des elementaren Kalkuls mit freien Variablen erfolgt.

Ist ferner durch den Formalismus F eine Formel

$$(E\mathfrak{x}_1)\ldots(E\mathfrak{x}_n)\,\mathfrak{A}(\mathfrak{x}_1,\ldots,\mathfrak{x}_n)$$

ableitbar, worin $\mathfrak{x}_1, \ldots, \mathfrak{x}_n$ die einzigen vorkommenden gebundenen Variablen sind, so können wir aus der Ableitung dieser Formel eine ohne Benutzung gebundener Variablen erfolgende Ableitung einer Disjunktion aus Gliedern der Gestalt

$$\mathfrak{A}(\mathfrak{t}_1,\ldots,\mathfrak{t}_n)$$

gewinnen, worin $\mathfrak{t}_1, \ldots, \mathfrak{t}_n$ gewisse von dem ε-Symbol freie Terme sind.

Zugleich folgt auch noch, daß in beiden Fällen die Anwendung des Axioms (J_2) ersetzt werden kann durch Anwendungen der speziellen Gleichheitsformeln von der Gestalt

$$a = b \rightarrow (\mathfrak{Q}(a) \rightarrow \mathfrak{Q}(b))$$
$$a = b \rightarrow (\mathfrak{f}(a) = \mathfrak{f}(b)),$$

die zu den Prädikaten- und Funktionssymbolen von F gehören und unter denen insbesondere die Formel

$$(i) \qquad a = b \rightarrow (a = c \rightarrow b = c)$$

inbegriffen ist.

In der Tat erhalten wir dieses zusätzliche Ergebnis direkt aus unserem Eliminationsverfahren, in welchem ja die genannte Ersetzung vollzogen wird.

Sei nun F_0 der Formalismus, der aus F entsteht, indem das Axiom (J_2) durch die speziellen Gleichheitsformeln ersetzt wird, so ist hiernach jede variablenlose Formel, die durch den Formalismus F ableitbar ist, auch durch F_0 ableitbar, und zu jeder durch F ableitbaren Formel

$$(E\mathfrak{x}_1)\ldots(E\mathfrak{x}_n)\,\mathfrak{A}(\mathfrak{x}_1,\ldots,\mathfrak{x}_n),$$

worin $\mathfrak{x}_1, \ldots, \mathfrak{x}_n$ die einzigen vorkommenden gebundenen Variablen sind, können wir eine durch F_0 ableitbare Disjunktion aus Gliedern der Form $\mathfrak{A}(\mathfrak{t}_1, \ldots, \mathfrak{t}_n)$ (mit Termen $\mathfrak{t}_1, \ldots, \mathfrak{t}_n$, die kein ε-Symbol enthalten) bestimmen.

Auf den Formalismus F_0 können wir aber unser im § 1 bewiesenes Wf.-Theorem[1] anwenden, und daraus ergibt sich für den Formalismus F die Gültigkeit des Wf.-Theorems in folgendem Sinne:

Haben wir für die variablenlosen Primformeln von F eine Wertbestimmung, auf Grund deren die Formeln $\mathfrak{P}_1, \ldots, \mathfrak{P}_\mathfrak{k}$, (J_1) sowie die zu den Prädikaten- und Funktionssymbolen von F gehörenden speziellen

[1] Vgl. S. 36f.

Gleichheitsaxiome verifizierbar sind, so ist jede durch den Formalismus F ableitbare variablenlose Formel wahr, jede durch F ableitbare Formel, die keine anderen Variablen als freie Individuenvariablen enthält, ist verifizierbar, und für jede durch F ableitbare Formel von der Gestalt

$$(\mathfrak{x}_1)\dots(\mathfrak{x}_m)\,(E\,\mathfrak{y}_1)\dots(E\,\mathfrak{y}_n)\,\mathfrak{A}(\mathfrak{x}_1,\dots,\mathfrak{x}_m,\mathfrak{y}_1,\dots,\mathfrak{y}_n),$$

worin $\mathfrak{x}_1,\dots,\mathfrak{x}_m,\mathfrak{y}_1,\dots,\mathfrak{y}_n$ die einzigen vorkommenden Variablen sind[1], lassen sich nach Wahl irgendwelcher variablenloser Terme $\mathfrak{s}_1,\dots,\mathfrak{s}_m$ variablenlose Terme $\mathfrak{t}_1,\dots,\mathfrak{t}_n$ so bestimmen, daß $\mathfrak{A}(\mathfrak{s}_1,\dots,\mathfrak{s}_m,\mathfrak{t}_1,\dots\mathfrak{t}_n)$ eine wahre Formel ist.

Von diesem verstärkten Wf.-Theorem können wir Anwendung machen auf die im § 1 betrachteten Axiomensysteme der elementaren euklidischen und der elementaren nichteuklidischen Geometrie[2]. Hier haben wir als spezielle Gleichheitsaxiome, die an Stelle von (J_2) zu setzen sind, die Formel (i), ferner die für Gr, Zw, $\equiv$ aufgestellten Gleichheitsaxiome, aus denen die übrigen zu diesen Prädikatensymbolen gehörenden Gleichheitsformeln ableitbar sind, und außerdem noch diejenigen Gleichheitsformeln, die zu den (bei der symbolischen Auflösung eingeführten) Funktionszeichen $\varphi(a, b, c, d)$, $\xi(a, b, c, d)$, und bei dem Axiomensystem der nichteuklidischen Geometrie noch $\chi(a, b, c)$, gehören.

Von allen diesen speziellen Gleichheitsaxiomen läßt sich ohne Schwierigkeit erkennen, daß sie auf Grund der im § 1 benutzten Wertbestimmungen für die variablenlosen Primformeln verifizierbar sind, und es erstreckt sich somit das Ergebnis unseres Nachweises der Widerspruchsfreiheit für die beiden geometrischen Axiomensysteme auch auf die Formalismen, die man aus ihnen erhält, indem man an die Stelle der vorherigen Gleichheitsaxiome die Axiome (J_1), (J_2) setzt; als wesentlich ist dabei zu beachten, daß in dem zugrunde zu legenden logischen Formalismus auch das ε-Symbol und die ε-Formel zugelassen ist[3].

Die in dem verstärkten Wf.-Theorem auftretende Voraussetzung über die Verifizierbarkeit der speziellen Gleichheitsaxiome ist insbesondere stets dann erfüllt, wenn die Wertbestimmung für die variablenlosen Gleichungen diejenige ist — wir wollen sie die „ausgezeichnete Gleichheitswertung" nennen —, wonach eine Gleichung

$$\mathfrak{s} = \mathfrak{t},$$

worin $\mathfrak{s}$, $\mathfrak{t}$ variablenlose Terme sind, den Wert „wahr" oder „falsch" hat, je nachdem der Wert von $\mathfrak{s}$ mit dem von $\mathfrak{t}$ übereinstimmt oder nicht.

Es ergibt sich so, daß für einen Formalismus F, der aus dem Prädikatenkalkul durch Hinzunahme des ε-Formalismus, der Gleichheitsaxiome (J_1), (J_2) und gewisser eigentlicher Axiome $\mathfrak{P}_1,\dots,\mathfrak{P}_\mathfrak{k}$ ohne

[1] Der Fall, daß die Anzahl m der voranstehenden Allzeichen 0 ist, soll hier inbegriffen sein.

[2] Vgl. S. 38ff.

[3] Für den Fall der Zugrundelegung des bloßen Prädikatenkalkuls bringt das Ergebnis nichts Neues, da wir ja dann das Theorem aus dem § 7 über die Vertretbarkeit des Gleichheitsaxioms (J_2) durch eigentliche Axiome zur Verfügung haben.

gebundene Variablen, nebst den in ihnen auftretenden Individuen-, Funktions- und Prädikatensymbolen hervorgeht, die Aussagen des Wf.-Theorems in bezug auf jede solche Wertbestimmung für die variablenlosen Primformeln zutreffen, für welche die Axiome $\mathfrak{P}_1, \ldots, \mathfrak{P}_\mathfrak{k}$ verifizierbar sind, und bei der die Wertbestimmung für die variablenlosen Gleichungen die ausgezeichnete Gleichheitswertung ist.

Wir brauchen übrigens, um dieses einzusehen, nicht erst den Formalismus F_0 einzuführen, vielmehr genügt es ja für den Übergang von dem ε-Theorem zu dem Wf.-Theorem, wenn wir feststellen, daß jede durch den Formalismus F ohne Benutzung gebundener Variablen ableitbare variablenlose Formel eine wahre Formel ist. Dieses aber ergibt sich entsprechend der Überlegung, durch die wir im § 1 das Wf.-Theorem bewiesen[1], wobei wir zu benutzen haben, daß die Axiome $\mathfrak{P}_1, \ldots, \mathfrak{P}_\mathfrak{k}$ in bezug auf die betrachtete Wertbestimmung der variablenlosen Primformeln als verifizierbar vorausgesetzt sind, und ferner, daß jede aus dem Axiom (J_2) durch Einsetzung hervorgehende variablenlose Formel

$$\mathfrak{s} = \mathfrak{t} \rightarrow (\mathfrak{A}(\mathfrak{s}) \rightarrow \mathfrak{A}(\mathfrak{t}))$$

auf Grund der ausgezeichneten Gleichheitswertung eine wahre Formel ist, da ja entweder, wenn $\mathfrak{s}$, $\mathfrak{t}$ verschiedene Werte haben, ihr Vorderglied eine falsche Formel ist, oder wenn der Wert von $\mathfrak{s}$ mit dem von $\mathfrak{t}$ übereinstimmt, der Wahrheitswert von $\mathfrak{A}(\mathfrak{s})$ gleich dem von $\mathfrak{A}(\mathfrak{t})$ ist und somit das Hinterglied $\mathfrak{A}(\mathfrak{s}) \rightarrow \mathfrak{A}(\mathfrak{t})$ eine wahre Formel ist.

Auf die gleiche Art ergibt sich mit Verwendung der Überlegungen, die wir im Abschnitt 1 dieses Paragraphen angestellt haben[2], daß die Aussagen des Wf.-Theorems auch für den Formalismus gelten, der aus der rekursiven Zahlentheorie durch Hinzunahme der Formeln und Schemata für die Quantoren sowie des ε-Symbols und der ε-Formel entsteht[3], sofern als Wertbestimmung für die variablenlosen Primformeln, welche ja hier ausschließlich Gleichungen sind, diejenige genommen wird, die sich aus der ausgezeichneten Gleichheitswertung und dem Berechnungsverfahren für die rekursiven Funktionen bestimmt.

3. Hindernisse für die Einbeziehung des unbeschränkten Induktionsschemas in das Eliminationsverfahren. Formalisierung des Induktionsprinzips mit Hilfe einer zweiten Formel für das ε-Symbol. Überleitung zu dem ursprünglichen Hilbertschen Ansatz.

Mit der Einbeziehung des allgemeinen Gleichheitsaxioms (J_2) in das ε-Theorem und das Wf.-Theorem haben wir eine zuvor bestehende Unvollkommenheit unserer Resultate behoben. Ein erheblicherer Mangel

[1] Vgl. S. 33—36. [2] Vgl. S. 50—53.

[3] Man beachte, daß dieser Formalismus, im Unterschied von dem auf S. 53—54 betrachteten, das allgemeine Gleichheitsaxiom (J_2) enthält.

ist jedoch der, daß in unsere Ergebnisse hinsichtlich des arithmetischen Formalismus das Induktionsschema nur in beschränkter Form, nämlich in Anwendung auf Formeln ohne gebundene Variablen, einbezogen[1] und somit der Formalismus des Systems (Z) noch keineswegs als widerspruchsfrei erwiesen ist.

Es entsteht nun naturgemäß die Frage, ob nicht das Verfahren der Elimination der ε-Symbole, mittels dessen das erste ε-Theorem und mit diesem dann das Wf.-Theorem bewiesen wurde, so abgeändert werden kann, daß es auch beim Hinzutreten des Induktionsschemas anwendbar bleibt. Sobald man jedoch diese Möglichkeit des näheren erwägt, so zeigt sich, daß in dieser Richtung keine Aussicht besteht.

Zunächst einmal ergibt sich bei der Einbeziehung des Induktionsschemas in Hinsicht auf die vorbereitenden Prozesse für das Eliminationsverfahren der Unterschied, daß nach der Rückverlegung der Einsetzungen in die Ausgangsformeln nicht die völlige Ausschaltung der freien Variablen erfolgen kann, weil durch diese die Induktionsschemata zerstört würden.

Es sei beiläufig daran erinnert, daß durch den Prozeß der Rückverlegung der Einsetzungen nebst den dazu erforderlichen Vorkehrungen[2] ein Induktionsschema

$$\frac{\begin{array}{c}\mathfrak{A}(0)\\ \mathfrak{A}(a) \rightarrow \mathfrak{A}(a')\end{array}}{\mathfrak{A}(a)}$$

im allgemeinen verändert wird, nämlich in

$$\frac{\begin{array}{c}\mathfrak{A}(0)\\ \mathfrak{A}(\mathfrak{a}) \rightarrow \mathfrak{A}(\mathfrak{a}')\end{array}}{\mathfrak{A}(\mathfrak{t})},$$

wobei $\mathfrak{t}$ irgendein Term und $\mathfrak{a}$ eine freie Variable, die „ausgezeichnete" Variable des veränderten Schemas ist.

Bei einer Ersetzung der ausgezeichneten Variablen durch einen variablenlosen Term würde jedenfalls die Form des Induktionsschemas zerstört, daher kann nur die Ausschaltung der Formelvariablen, nicht aber die der freien Individuenvariablen unter Erhaltung des Beweiszusammenhanges vollzogen werden.

Dieser Umstand brauchte an sich kein erhebliches Hindernis für das Verfahren der Elimination der kritischen Formeln zu bilden. Wir bemerken aber, wenn wir diese Elimination nach der bisherigen Methode durchzuführen suchen, daß zwei wesentliche Hemmnisse bestehen. Das erste betrifft die Anwendung des Deduktionstheorems. Wir haben bei dem Eliminationsverfahren von der Tatsache Gebrauch gemacht, daß, wenn aus gewissen Formeln $\mathfrak{B}_1, \ldots, \mathfrak{B}_\mathfrak{r}$, die entweder aus eigentlichen

[1] Vgl. S. 51.

[2] Vgl. Bd. I, S. 267.

Axiomen oder aus der ε-Formel durch Einsetzung hervorgehen, unter Hinzunahme einer Formel $\mathfrak{P}$ die Formel $\mathfrak{C}$ mittels des Aussagenkalkuls ableitbar ist, dann die Formel $\mathfrak{P} \rightarrow \mathfrak{C}$ aus den Formeln $\mathfrak{B}_1, \ldots, \mathfrak{B}_{\mathfrak{r}}$ mittels des Aussagenkalkuls ableitbar ist[1].

Wollen wir nun diesen Satz auf den Fall ausdehnen, daß neben dem Aussagenkalkul als Mittel der Ableitung das Induktionsschema zugelassen wird, so müssen wir die einschränkende Bedingung anbringen, daß die Formel $\mathfrak{P}$ nicht die ausgezeichnete Variable eines Induktionsschemas enthalten darf. Denn die aus einem Schema

$$\frac{\mathfrak{A}(0) \qquad \mathfrak{A}(\mathfrak{a}) \rightarrow \mathfrak{A}(\mathfrak{a}')}{\mathfrak{A}(\mathfrak{t})}$$

durch das Vorsetzen des Vordergliedes $\mathfrak{P}$ entstehende Formelfolge läßt sich in allgemeiner Weise, mit Benutzung der Ableitbarkeit der Formel

$$(\mathfrak{P} \rightarrow \mathfrak{A}(\mathfrak{a})) \rightarrow (\mathfrak{P} \rightarrow \mathfrak{A}(\mathfrak{a}'))$$

aus der Formel

$$\mathfrak{P} \rightarrow (\mathfrak{A}(\mathfrak{a}) \rightarrow \mathfrak{A}(\mathfrak{a}'))$$

zu einem mittels des Induktionsschemas erfolgenden Übergang nur dann ergänzen, wenn $\mathfrak{P}$ die Variable $\mathfrak{a}$ nicht enthält; nur unter dieser Bedingung hat ja die Formelfolge

$$\frac{\mathfrak{P} \rightarrow \mathfrak{A}(0) \qquad (\mathfrak{P} \rightarrow \mathfrak{A}(\mathfrak{a})) \rightarrow (\mathfrak{P} \rightarrow \mathfrak{A}(\mathfrak{a}'))}{\mathfrak{P} \rightarrow \mathfrak{A}(\mathfrak{t})}$$

die Gestalt eines Induktionsschemas[2].

Nun erfolgt die Anwendung des Deduktionstheorems bei der Elimination der kritischen Formeln in der Weise, daß jedes der Vorderglieder $\mathfrak{B}(\mathfrak{k})$ von den bei einem Eliminationsschritt auszuschaltenden kritischen Formeln einmal die Rolle der hinzuzufügenden Ausgangsformel $\mathfrak{P}$ erhält[1]. Es ist aber nicht ersichtlich, wie hier die Möglichkeit ausgeschlossen werden kann, daß das Vorderglied einer kritischen Formel — so wie es nach erfolgter Rückverlegung der Einsetzungen lautet — die ausgezeichnete Variable irgendeines der Induktionsschemata enthält.

Das zweite Hemmnis besteht darin, daß durch die auszuführenden Ersetzungen für die ε-Terme die Form des Induktionsschemas eventuell

---

[1] Vgl. S. 21–27.

[2] Man kann sich auch leicht an Beispielen klar machen, daß ein Schema der Form

$$\frac{\mathfrak{P}(\mathfrak{a}) \rightarrow \mathfrak{A}(0) \qquad \mathfrak{P}(\mathfrak{a}) \rightarrow (\mathfrak{A}(\mathfrak{a}) \rightarrow \mathfrak{A}(\mathfrak{a}'))}{\mathfrak{P}(\mathfrak{a}) \rightarrow \mathfrak{A}(\mathfrak{t})}$$

nicht die Formalisierung einer allgemein zulässigen Schlußweise bilden kann. Man nehme etwa für $\mathfrak{A}(c)$ die Formel $c = 0$, für $\mathfrak{P}(c)$ die Formel $c \neq 0$ und für $\mathfrak{t}$ den Term $0'$.

zerstört werden kann. Hat z. B. ein Induktionsschema die Gestalt

$$\frac{\begin{array}{c}\mathfrak{B}(\mathfrak{e}, 0)\\ \mathfrak{B}(\mathfrak{e}, \mathfrak{a}) \to \mathfrak{B}(\mathfrak{e}, \mathfrak{a}')\end{array}}{\mathfrak{B}(\mathfrak{e}, \mathfrak{t})},$$

wobei $\mathfrak{e}$ ein ε-Term ist, welcher die ausgezeichnete Variable $\mathfrak{a}$ des Schemas nicht enthält, und wird nun $\mathfrak{e}$ durch einen Term $\mathfrak{s}(\mathfrak{a})$ ersetzt (worin $\mathfrak{a}$ als Bestandteil auftritt), so hat die entstehende Formelfigur

$$\frac{\begin{array}{c}\mathfrak{B}(\mathfrak{s}(\mathfrak{a}), 0)\\ \mathfrak{B}(\mathfrak{s}(\mathfrak{a}), \mathfrak{a}) \to \mathfrak{B}(\mathfrak{s}(\mathfrak{a}), \mathfrak{a}')\end{array}}{\mathfrak{B}(\mathfrak{s}(\mathfrak{a}), \mathfrak{t})}$$

nicht mehr die Gestalt eines Induktionsschemas; denn für ein solches Schema

$$\frac{\begin{array}{c}\mathfrak{A}(0)\\ \mathfrak{A}(\mathfrak{a}) \to \mathfrak{A}(\mathfrak{a}')\end{array}}{\mathfrak{A}(\mathfrak{t})}$$

ist es ja eine Bedingung, daß die ausgezeichnete Variable $\mathfrak{a}$ nur an der angegebenen Argumentstelle auftritt[1].

Diesen Schwierigkeiten, die ja mit der Form des Induktionsschemas zusammenhängen, können wir nun dadurch zu entgehen versuchen, daß wir für den Zweck der Ausdehnung des ε-Theorems und des Wf.-Theorems auf den zahlentheoretischen Formalismus an Stelle des Induktionsschemas das Induktionsaxiom oder eine noch andere Formalisierung des Prinzips der vollständigen Induktion benutzen. Das Induktionsaxiom führt, wenn wir darin das Allzeichen mittels des ε-Symbols eliminieren — wie es ja bei unserem Verfahren der Ausschaltung der Quantoren zu geschehen hat — auf eine ziemlich unhandliche Formel. Statt deren aber genügt, sofern der betrachtete zahlentheoretische Formalismus das Gleichheitsaxiom (J_2) enthält, die einfachere Formel

$$A(a) \to \varepsilon_x A(x) \neq a'$$

in Verbindung mit dem Axiom

$$a \neq 0 \to (\delta(a))' = a.$$

Diese letztere Formel, die ja bei Benutzung des Induktionsschemas aus der rekursiven Definition

$$\delta(0) = 0, \qquad \delta(a') = a$$

und der Formel

$$a = b \to a' = b'$$

ableitbar ist, kann als aufgelöste Form des Axioms

$$a \neq 0 \to (Ex)(x' = a)$$

[1] Vgl. Bd. I, S. 265.

aufgefaßt werden. Für einen Nachweis eines verallgemeinerten ε-Theorems bzw. Wf.-Theorems bietet sie keine Schwierigkeit, da sie als einzige Variable eine freie Individuenvariable enthält und auf Grund der Wertbestimmung für variablenlose Terme $\delta(\mathfrak{a})$, die sich an Hand der inhaltlichen Deutung der rekursiven Definition von δ ergibt, eine verifizierbare Formel ist.

Daß tatsächlich durch die Einführung der beiden Formeln

$$A(a) \rightarrow \varepsilon_x A(x) \neq a'$$
$$a \neq 0 \rightarrow (\delta(a))' = a$$

als Axiome das Induktionsschema zu einer ableitbaren Regel bzw. das Induktionsaxiom zu einer ableitbaren Formel[1] wird, ergibt sich folgendermaßen.

Wir haben zu zeigen, daß aus zwei Formeln

$$\mathfrak{A}(0), \qquad \mathfrak{A}(a) \rightarrow \mathfrak{A}(a'),$$

von denen die erste die Variable a nicht enthält, mit Hilfe der Formeln

$$A(a) \rightarrow \varepsilon_x A(x) \neq a'$$
$$a \neq 0 \rightarrow (\delta(a))' = a$$

die Formel $\mathfrak{A}(a)$ abgeleitet werden kann. Als Mittel der Ableitung verwenden wir dabei außer den genannten vier Formeln nur den Aussagenkalkul, die ε-Formel und das Gleichheitsaxiom (J_2), aus welchem, wie wir wissen, die Formeln

$$a = b \rightarrow (A(b) \rightarrow A(a))$$
$$a = b \rightarrow b = a$$

ableitbar sind[2].

Ohne Beschränkung der Allgemeinheit können wir annehmen, daß die Formel $\mathfrak{A}(a)$ nicht die Variable x enthält, da wir ja anderenfalls diese Variable in den Ausgangsformeln durch Umbenennung entfernen und hernach in der Endformel wieder einführen können.

Wir gehen aus von der Formel

$$a \neq 0 \rightarrow (\delta(a))' = a.$$

Diese läßt sich umformen in

$$a = 0 \vee (\delta(a))' = a,$$

woraus wir durch Einsetzung

$$(1) \qquad \varepsilon_x \overline{\mathfrak{A}(x)} = 0 \ \vee \ \left(\delta\left(\varepsilon_x \overline{\mathfrak{A}(x)}\right)\right)' = \varepsilon_x \overline{\mathfrak{A}(x)}$$

erhalten.

---

[1] Betreffs der Ableitung des Induktionsaxioms durch das Induktionsschema vgl. Bd. I, S. 266.

[2] Vgl. Bd. I, S. 168 oben und S. 390.

Durch Anwendung von $\mathfrak{A}(0)$ und $a = b \to (A(b) \to A(a))$ ergibt sich

(2) $$\varepsilon_x \overline{\mathfrak{A}(x)} = 0 \to \mathfrak{A}(\varepsilon_x \overline{\mathfrak{A}(x)}).$$

Aus

$$A(a) \to \varepsilon_x A(x) \neq a'$$

erhalten wir zunächst, durch Einsetzung für die Variable a,

$$A(\delta(\varepsilon_x \overline{\mathfrak{A}(x)})) \to \varepsilon_x A(x) \neq (\delta(\varepsilon_x \overline{\mathfrak{A}(x)}))'.$$

Aus dieser Formel, welche sich, wenn wir ,,$\mathfrak{d}$" als Zeichen zur Mitteilung für den Term $\delta(\varepsilon_x \overline{\mathfrak{A}(x)})$ nehmen, abgekürzt durch

$$A(\mathfrak{d}) \to \varepsilon_x A(x) \neq \mathfrak{d}'$$

angeben läßt, erhalten wir weiter, durch Einsetzung für die Formelvariable:

$$\overline{\mathfrak{A}(\mathfrak{d})} \to \varepsilon_x \overline{\mathfrak{A}(x)} \neq \mathfrak{d}'$$

und hieraus, durch Kontraposition und Anwendung der Formel

$$a = b \to b = a$$

(3) $$\mathfrak{d}' = \varepsilon_x \overline{\mathfrak{A}(x)} \to \mathfrak{A}(\mathfrak{d}).$$

Andererseits ergibt sich aus der Formel $\mathfrak{A}(a) \to \mathfrak{A}(a')$ durch Einsetzung

(4) $$\mathfrak{A}(\mathfrak{d}) \to \mathfrak{A}(\mathfrak{d}'),$$

und durch Anwendung von (J_2) ergibt sich

(5) $$\mathfrak{d}' = \varepsilon_x \overline{\mathfrak{A}(x)} \to (\mathfrak{A}(\mathfrak{d}') \to \mathfrak{A}(\varepsilon_x \overline{\mathfrak{A}(x)})).$$

Die Formeln (3), (4), (5) ergeben zusammen mittels des Aussagenkalkuls

$$\mathfrak{d}' = \varepsilon_x \overline{\mathfrak{A}(x)} \to \mathfrak{A}(\varepsilon_x \overline{\mathfrak{A}(x)}),$$

d. h.

(6) $$(\delta(\varepsilon_x \overline{\mathfrak{A}(x)}))' = \varepsilon_x \overline{\mathfrak{A}(x)} \to \mathfrak{A}(\varepsilon_x \overline{\mathfrak{A}(x)}).$$

Aus (1), (2) und (6) aber erhalten wir durch den Aussagenkalkul

$$\mathfrak{A}(\varepsilon_x \overline{\mathfrak{A}(x)}),$$

und diese Formel liefert mittels der ε-Formel und des Aussagenkalkuls[1] die gewünschte Formel $\mathfrak{A}(a)$.

Somit liefert uns in der Tat die Formel

$$A(a) \to \varepsilon_x A(x) \neq a'$$

in Verbindung mit der ε-Formel und dem Axiom $a \neq 0 \to \delta(a)' = a$ eine Formalisierung des Prinzips der vollständigen Induktion. Der Formel $A(a) \to \varepsilon_x A(x) \neq a'$ zusammengenommen mit der ε-Formel entspricht inhaltlich das Prinzip: ,,Für jedes Zahlenprädikat $\mathfrak{P}$, welches auf mindestens eine Zahl zutrifft, gibt es eine solche Zahl, auf welche $\mathfrak{P}$ zutrifft, auf deren Vorgänger aber, sofern ein solcher existiert (d. h. sofern die Zahl von 0 verschieden ist), das Prädikat $\mathfrak{P}$ nicht zutrifft."

[1] Vgl. S. 15.

Dieses Prinzip ist, wie unmittelbar ersichtlich, eine Konsequenz des Prinzips der kleinsten Zahl. Gegenüber diesem inhaltlich prägnanteren Prinzip hat es den Vorteil, daß es strukturell etwas einfacher ist, da es sich ohne Anwendung des Begriffes „kleiner" formulieren läßt[1].

Durch die neue Formalisierung des Prinzips der vollständigen Induktion wird nun der Ansatz für die Ausschaltung der gebundenen Variablen unter Einbeziehung der vollständigen Induktion ein ganz entsprechender wie zuvor. Wir können jetzt wieder, nach der Ausschaltung der Quantoren und der Rückverlegung der Einsetzungen in die Ausgangsformeln, die Ausschaltung der freien Variablen durchführen und erhalten dann wieder einen „normierten Beweis", in welchem der Beweiszusammenhang nur durch Schlußschemata (nebst Wiederholungen und Umbenennungen) erfolgt. Der Unterschied gegenüber den bisher betrachteten normierten Beweisen[2] besteht darin, daß als Ausgangsformeln, in denen das ε-Symbol auftritt, außer den kritischen Formeln

$$\mathfrak{A}(\mathfrak{k}) \rightarrow \mathfrak{A}(\varepsilon_{\mathfrak{x}} \mathfrak{A}(\mathfrak{x}))$$

und den Formeln der ε-Gleichheit[3] noch solche Formeln in Betracht kommen, die durch Einsetzung aus der Formel

$$A(a) \rightarrow \varepsilon_x A(x) \neq a'$$

hervorgehen[4], daß wir also Ausgangsformeln der Gestalt

$$\mathfrak{A}(\mathfrak{k}) \rightarrow \varepsilon_{\mathfrak{x}} \mathfrak{A}(\mathfrak{x}) \neq \mathfrak{k}'$$

als „kritische Formeln zweiter Art" zu berücksichtigen haben.

Es besteht jedoch, trotz dieser formalen Analogie mit den vorherigen Fällen des Ansatzes für die Ausschaltung der ε-Symbole, keine Aussicht, unser Eliminationsverfahren auf den vorliegenden Fall auszudehnen.

---

[1] Formal stellt sich die Beziehung zwischen den beiden Beweisprinzipien am deutlichsten an Hand der Formalisierung dar, welche für das Prinzip der kleinsten Zahl mittels der μ-Funktion durch die Formeln

(μ_1) $$(Ex)\, A(x) \rightarrow A(\mu_x A(x))$$

(μ_2) $$A(a) \rightarrow \mu_x A(x) \leqq a$$

geliefert wird. (Vgl. Bd. I, S. 396.) Von diesen beiden Formeln ist die erste der Formel

$$A(a) \rightarrow A(\mu_x A(x))$$

deduktionsgleich, und aus der zweiten erhält man mit Hilfe der Formeln

$$a' \neq a, \quad \overline{a' < a}$$

die Formel

$$A(a) \rightarrow \mu_x A(x) \neq a'.$$

[2] Vgl. S. 20, 65.

[3] S. 64.

[4] Wir wollen hierbei wiederum zulassen, daß mit der Einsetzung für die Formelvariable eine Umbenennung der Variablen x verbunden wird. (Vgl. hierzu S. 13.)

Wenn nämlich diese Verallgemeinerung gelänge, so hätten wir ja damit ein Verfahren, um allgemein aus einer Ableitung einer Formel, die keine gebundene Variable enthält, nicht nur die gebundenen Variablen, sondern auch die Anwendung des Induktionsschemas auszuschalten. Denn zunächst können wir die Anwendung des Induktionsschemas, wie gezeigt[1], stets durch Anwendungen der ε-Formel, der Formel $A(a) \rightarrow \varepsilon_x A(x) \neq a'$, des Gleichheitsaxioms (J_2) und der Formel $a \neq 0 \rightarrow \delta(a)' = a$ ersetzen. Könnten wir nunmehr auch die gebundenen Variablen und damit auch diejenigen Ausgangsformeln, welche das ε-Symbol enthalten, eliminieren, so würde damit im ganzen die Anwendung des Induktionsschemas auf Anwendungen der Formeln (J_2) und $a \neq 0 \rightarrow \delta(a)' = a$ zurückgeführt sein. Eine solche Eliminierbarkeit des Induktionsschemas liegt aber gewiß nicht vor[2].

Wenn sonach eine Ausdehnung des ersten ε-Theorems auf den zahlentheoretischen Formalismus als unmöglich erscheint, so entsteht nun-

---

[1] Vgl. S. 86f.

[2] Man kann sich dieses an einfachen Beispielen klar machen. Nehmen wir die beiden Peanoschen Axiome $a' \neq 0$, $a' = b' \rightarrow a = b$. Aus diesen können wir mit Hilfe des elementaren Kalkuls und des Induktionsschemas die Formel $a' \neq a$ ableiten. Angenommen nun, es ließe sich aus dieser Ableitung die Anwendung des Induktionsschemas in der Weise eliminieren, daß an deren Stelle lediglich Anwendungen der Formeln (J_2) und $a \neq 0 \rightarrow \delta(a)' = a$ träten, so würden wir eine Ableitung der Formel $a' \neq a$ aus den beiden Peanoschen Axiomen nebst den Formeln (J_2) und $a \neq 0 \rightarrow \delta(a)' = a$ erhalten, die sich lediglich mittels des elementaren Kalkuls mit freien Variablen vollzöge. Ferner könnten die Anwendungen des Gleichheitsaxioms (J_2) in dieser Ableitung durch Anwendungen spezieller Gleichheitsaxiome vertreten werden, und zwar würden hier, wo ja als Prädikatensymbol nur das Gleichheitszeichen auftritt und als Funktionszeichen nur das Strichsymbol und das Symbol δ, zur Vertretung des Axioms (J_2) die Formeln (J_1), (i) und $a = b \rightarrow a' = b'$, $a = b \rightarrow \delta(a) = \delta(b)$ genügen.

Somit müßte sich die Formel $a' \neq a$ aus den Axiomen

$$
\begin{array}{lll}
a = a, & a = b \rightarrow (a = c \rightarrow b = c), & a = b \sim a' = b', \\
a' \neq 0, & a = b \rightarrow \delta(a) = \delta(b), & a \neq 0 \rightarrow (\delta(a))' = a
\end{array}
$$

durch den elementaren Kalkul mit freien Variablen ableiten lassen. Dann aber müßte sich bei der Hinzunahme des Individuensymbols ω nebst dem Axiom

$$a = \omega \rightarrow a' = \omega,$$

aus dem man ja mittels der Formel $\omega = \omega$ die Formel $\omega' = \omega$ erhält, ein Widerspruch ergeben, derart, daß auch die Formel $0' = 0$ ableitbar wäre. Daß aber dieses nicht zutrifft, erkennt man an Hand der folgenden Wertbestimmung für die variablenlosen Gleichungen: Eine variablenlose Gleichung $\mathfrak{s} = \mathfrak{t}$ heiße „wahr", wenn $\mathfrak{s}$, $\mathfrak{t}$ beide das Symbol ω enthalten, ferner wenn $\mathfrak{s}$, $\mathfrak{t}$ beide nicht das Symbol ω enthalten und entweder direkt übereinstimmen oder nach Ausrechnung der auftretenden Funktionswerte von δ (auf die gewöhnliche Art) übereinstimmende Ziffern ergeben; in allen anderen Fällen heiße die Gleichung $\mathfrak{s} = \mathfrak{t}$ „falsch". Auf Grund dieser Wertung sind die aufgezählten Axiome einschließlich des hinzugefügten Axioms $a = \omega \rightarrow a' = \omega$ alle verifizierbar, und es muß daher jede aus ihnen mittels des elementaren Kalkuls ableitbare variablenlose Formel eine wahre Formel sein, während $0' = 0$ eine falsche Formel ist.

mehr die Aufgabe, den Nachweis der Widerspruchsfreiheit des zahlentheoretischen Formalismus ohne das ε-Theorem zu führen.

Sehen wir zunächst, wieweit wir hierbei unseren bisherigen Gedankengang verwerten können. Der Formalismus, mit dem wir es zu tun haben, besteht aus dem Prädikatenkalkul mit Hinzufügung des ε-Symbols und der ε-Formel und dem Axiomensystem (Z), worin als Individuensymbol nur 0, als Prädikatensymbol nur das Gleichheitszeichen und als Funktionszeichen das Strichsymbol sowie die Symbole für Summe und Produkt auftreten. Das Induktionsaxiom kann, wie wir soeben feststellten, ersetzt werden durch die Formeln

$$a \neq 0 \rightarrow (\delta(a))' = a$$
$$A(a) \rightarrow \varepsilon_x A(x) \neq a';$$

diese nehmen wir an dessen Stelle als Ausgangsformeln.

Zum Nachweis der Widerspruchsfreiheit genügt es, wenn wir zeigen können, daß jede variablenlose ableitbare Formel auf Grund der „gewöhnlichen" Wertbestimmung, welche sich aus der ausgezeichneten Gleichheitswertung, dem rekursiven Berechnungsverfahren für variablenlose Summen- und Produktausdrücke und aus der Deutung der Operationen des Aussagenkalkuls als Wahrheitsfunktionen ergibt, eine wahre Formel ist. Wir haben es daher zu diesem Nachweis mit der Betrachtung der Ableitungen variablenloser Formeln zu tun.

Auf eine solche Ableitung können wir die Prozesse der Ausschaltung der Quantoren, der Rückverlegung der Einsetzungen in die Ausgangsformeln und der Ausschaltung der freien Variablen anwenden. Ferner können wir die Anwendungen des Axioms (J_2) ersetzen durch Anwendung spezieller Gleichheitsaxiome nebst der Zulassung von Formeln der ε-Gleichheit als Ausgangsformeln. Die hierbei zu benutzenden speziellen Gleichheitsaxiome sind diejenigen, welche den in unserem Formalismus enthaltenen Prädikatensymbolen und Funktionszeichen entsprechen[1].

Im ganzen erhalten wir so einen „normierten Beweis", worunter wir jetzt eine Formelfigur von folgenden Eigenschaften verstehen:

1. Jede Formel ist aus den Symbolen $=$, 0, $'$, $+$, $\cdot$, δ, den Symbolen des Aussagenkalkuls und dem ε-Symbol, nebst den zugehörigen gebundenen Variablen gebildet.

---

[1] Von diesen Gleichheitsformeln sind, wie wir wissen, diejenigen für das Summen- und das Produktsymbol mittels des Induktionsschemas aus den Rekursionsgleichungen für Summe und Produkt nebst den Formeln (J_1), (i) und $a = b \rightarrow a' = b'$ ableitbar (vgl. Bd. I, S. 387). Gleichwohl ergibt sich hieraus nicht, daß diese Gleichheitsformeln als Ausgangsformeln entbehrlich sind, weil wir ja das Induktionsschema, nach seiner Ersetzung durch die Formeln

$$a \neq 0 \rightarrow (\delta(a))' = a, \qquad A(a) \rightarrow \varepsilon_x A(x) \neq a'$$

nicht unmittelbar, sondern nur als abgeleitete Regel zur Verfügung haben und die jeweilige Ableitung des Schemas ihrerseits das Gleichheitsaxiom (J_2) erfordert.

2. Jede Formel ist entweder eine Ausgangsformel oder die Wiederholung einer ihr vorausgehenden Formel (eventuell verbunden mit der Umbenennung einer oder mehrerer gebundener Variablen), oder sie ist die Endformel eines Schlußschemas.

3. Jede Ausgangsformel geht entweder durch Einsetzung hervor aus einer identischen Formel des Aussagenkalkuls, oder aus einem der eigentlichen Axiome des Formalismus oder einer der beiden Formeln

$$A(a) \rightarrow A(\varepsilon_x A(x)), \qquad A(a) \rightarrow \varepsilon_x A(x) \neq a',$$

oder sie ist eine Formel der ε-Gleichheit.

Die aus den beiden eben genannten Formeln durch Einsetzung entstehenden Formeln der Gestalt

$$\mathfrak{A}(\mathfrak{k}) \rightarrow \mathfrak{A}(\varepsilon_{\mathfrak{x}} \mathfrak{A}(\mathfrak{x}))$$

bzw.

$$\mathfrak{A}(\mathfrak{k}) \rightarrow \varepsilon_{\mathfrak{x}} \mathfrak{A}(\mathfrak{x}) \neq \mathfrak{k}'$$

bezeichnen wir als „kritische Formeln erster" bzw. „zweiter Art", die zu dem ε-Term $\varepsilon_{\mathfrak{x}} \mathfrak{A}(\mathfrak{x})$ „gehören".

Die eigentlichen Axiome des Formalismus (einschließlich der speziellen Gleichheitsaxiome) und die identischen Formeln des Aussagenkalkuls haben die Eigenschaft, daß jede aus ihnen durch Einsetzung entstehende variablenlose Formel auf Grund der gewöhnlichen Wertung eine wahre Formel ist. Hieraus ergibt sich gemäß einer uns geläufigen Überlegung, daß auch die Endformel eines normierten Beweises, wenn in diesem kein ε-Symbol vorkommt, auf Grund der gewöhnlichen Wertung eine wahre Formel ist.

Der Eliminationsansatz geht darauf aus, einen normierten Beweis einer variablenlosen Formel in einen solchen normierten Beweis für die gleiche Formel umzuwandeln, der kein ε-Symbol enthält. Es ist ja aber für den Zweck unseres Nachweises nicht nötig, die Ausschaltung der ε-Symbole in solcher Weise zu vollziehen, daß wir wiederum einen normierten Beweis erhalten; es genügt vielmehr, wenn wir für die sämtlichen vorkommenden ε-Terme *Ersetzungen durch Ziffern* derart bestimmen können, daß dabei jede der Ausgangsformeln in eine (gemäß der gewöhnlichen Wertung) wahre Formel übergeht. Denn die Schlußschemata werden durch die Ersetzungen nicht zerstört, und wir erhalten somit dann eine Formelfigur, in der jede Formel, also auch die Endformel, eine wahre Formel ist.

Beachten wir nun, daß alle diejenigen Ausgangsformeln, die aus einem der eigentlichen Axiome oder aus einer identischen Formel des Aussagenkalkuls durch Einsetzung hervorgehen, bei jeder beliebigen Ersetzung der ε-Terme durch Ziffern in wahre Formeln übergehen, so erkennen wir, daß die Aufgabe unseres gewünschten Nachweises darauf hinauskommt, für die ε-Terme, die in dem normierten Beweis auftreten, solche Ersetzungen durch Ziffern zu finden, daß die sämtlichen kritischen Formeln erster und zweiter Art sowie die Formeln der ε-Gleichheit in wahre Formeln übergehen.

Von dieser Seite hat HILBERT die Aufgabe der Ausschaltung der ε-Symbole — lange bevor er das zu dem ε-Theorem führende Eliminationsverfahren erdachte — zu allererst angefaßt[1] und, indem er zunächst einfache Fälle von normierten Beweisen betrachtete, für diese eine Methode angegeben, nach der man Ziffernersetzungen von der verlangten Beschaffenheit für die ε-Terme solcher normierter Beweise finden kann.

Diese Methode liefert ganz allgemein einen Ansatz für die Ausschaltung der ε-Terme, und es schien zunächst, daß sich mit ihr ohne grundsätzliche Schwierigkeit die Widerspruchsfreiheit nicht nur des zahlentheoretischen Formalismus, sondern auch desjenigen der Analysis würde nachweisen lassen. Jedoch haben sich bei der Verfolgung dieses Zieles unerwartete, erhebliche Schwierigkeiten gezeigt, und die bisher weitestgehenden Durchführungen des genannten Hilbertschen Ansatzes, welche von ACKERMANN und v. NEUMANN herrühren, kommen in ihren Ergebnissen nicht wesentlich über dasjenige Wf.-Theorem hinaus, welches mit Hilfe des ε-Theorems auf einfachere Art erhalten wird.

Gleichwohl lohnt es sich, jenen Ansatz des näheren zu betrachten, da die durch ihn gelieferte Methode für manche Anwendungen von Bedeutung ist und da überdies die Möglichkeit einer Weiterführung des Ansatzes noch offen bleibt.

4. Der ursprüngliche Hilbertsche Ansatz zur Ausschaltung der ε-Symbole und seine weitere Verfolgung[2].

a) Einfachste Fälle. Zur Darlegung des Hilbertschen Ersetzungsverfahrens betrachten wir zuerst einen ganz einfachen Fall eines normierten Beweises, nämlich wir setzen voraus, daß alle kritischen Formeln erster Art zu demselben ε-Term $\varepsilon_{\mathfrak{x}} \mathfrak{A}(\mathfrak{x})$ gehören, und daß überhaupt kein anderer ε-Term auftrete, sowie ferner, daß kritische Formeln zweiter Art und Formeln der ε-Gleichheit nicht vorkommen.

Es handelt sich darum, den Term $\varepsilon_{\mathfrak{x}} \mathfrak{A}(\mathfrak{x})$ durch eine solche Ziffer zu ersetzen, daß dadurch die kritischen Formeln in wahre Formeln übergehen. Die kritischen Formeln sind von der Gestalt

$$\mathfrak{A}(\mathfrak{k}) \rightarrow \mathfrak{A}\left(\varepsilon_{\mathfrak{x}} \mathfrak{A}(\mathfrak{x})\right),$$

und zwar kann die Formel $\mathfrak{A}(c)$ nicht den Term $\varepsilon\, \mathfrak{A}(\mathfrak{x})$ enthalten, weil sonst dieser ε-Term in sich selbst eingelagert wäre; hingegen kann $\varepsilon_{\mathfrak{x}} \mathfrak{A}(\mathfrak{x})$ in $\mathfrak{k}$ auftreten.

[1] Vgl. Bd. I, S. 348 unten bis 349. Die Anwendung des auf S. 358 angegebenen verallgemeinerten Induktionsschemas läßt sich auf zwei Anwendungen des gewöhnlichen unbeschränkten Induktionsschemas zurückführen.

[2] Ein Leser, der diesen Hilbertschen Ansatz bloß seinem Grundgedanken nach zu kennen wünscht, braucht sich nur mit dem Teil a) dieses Abschnitts 4 zu befassen und kann dann zu Teil e) oder auch gleich zu § 3 übergehen.

Wir probieren nun zunächst die Ersetzung von $\varepsilon_{\mathfrak{x}} \mathfrak{A}(\mathfrak{x})$ durch die Ziffer 0. Durch diese Ersetzung gehen die kritischen Formeln in variablenlose Formeln über. Der Wahrheitswert einer solchen Formel bestimmt sich durch die Berechnung der etwa vorkommenden, mit $+$, $\cdot$, δ gebildeten Funktionsausdrücke, durch die ausgezeichnete Gleichheitswertung und durch die Deutung der Operationen des Aussagenkalkuls als Wahrheitsfunktionen.

Erhält auf diese Weise jede der kritischen Formeln den Wert „wahr", so sind wir bereits am Ziel. Anderenfalls betrachten wir von denjenigen kritischen Formeln, die den Wert „falsch" erhalten, die erste. Nach der Ersetzung von $\varepsilon_{\mathfrak{x}} \mathfrak{A}(\mathfrak{x})$ durch 0 hat diese jedenfalls die Gestalt

$$\mathfrak{A}(\mathfrak{l}) \rightarrow \mathfrak{A}(0),$$

worin $\mathfrak{l}$ ein variablenloser Term ist. Sei nun $\mathfrak{z}$ diejenige Ziffer, die sich durch Ausrechnung des Termes $\mathfrak{l}$ ergibt (bzw. der Term $\mathfrak{l}$ selbst). Gemäß unserer Wertbestimmung für die variablenlosen Formeln hat $\mathfrak{A}(\mathfrak{z})$ den gleichen Wert wie $\mathfrak{A}(\mathfrak{l})$; es hat somit die Formel

$$\mathfrak{A}(\mathfrak{z}) \rightarrow \mathfrak{A}(0)$$

den Wert „falsch". Hieraus aber folgt, daß $\mathfrak{A}(\mathfrak{z})$ eine wahre Formel ist, während $\mathfrak{A}(0)$ eine falsche Formel ist.

Führen wir nunmehr eine neue Ersetzung aus, nämlich die Ersetzung von $\varepsilon_{\mathfrak{x}} \mathfrak{A}(\mathfrak{x})$ durch $\mathfrak{z}$, so geht dabei jede der kritischen Formeln in eine variablenlose Formel der Gestalt

$$\mathfrak{A}(\mathfrak{t}) \rightarrow \mathfrak{A}(\mathfrak{z})$$

über. Diese hat aber jedenfalls den Wert „wahr", da ja $\mathfrak{A}(\mathfrak{z})$ diesen Wert hat. Die Ersetzung von $\varepsilon_{\mathfrak{x}} \mathfrak{A}(\mathfrak{x})$ durch die Ziffer $\mathfrak{z}$ leistet also das Gewünschte.

Somit gelangen wir jedenfalls mit höchstens zwei Schritten zu einer Ersetzung, durch welche die kritischen Formeln in wahre Formeln übergehen: entweder hat bereits die Ersetzung von $\varepsilon_{\mathfrak{x}} \mathfrak{A}(\mathfrak{x})$ durch 0, die „0-Ersetzung", wie wir sie nennen wollen, den verlangten Effekt oder wir finden an Hand der 0-Ersetzung ein *Beispiel* einer Ziffer $\mathfrak{z}$, für welche die Formel $\mathfrak{A}(\mathfrak{z})$ wahr ist, und die Ersetzung von $\varepsilon_{\mathfrak{x}} \mathfrak{A}(\mathfrak{x})$ durch diese Ziffer — wir wollen diese Ersetzung als „Exemplarersetzung" bezeichnen — ist dann eine Ersetzung von der verlangten Eigenschaft.

Es macht nun keine Schwierigkeit, das Verfahren so zu modifizieren, daß es auch bei Anwesenheit von kritischen Formeln zweiter Art zum Ziel führt.

Eine zu dem Term $\varepsilon_{\mathfrak{x}} \mathfrak{A}(\mathfrak{x})$ gehörende kritische Formel zweiter Art hat die Gestalt

$$\mathfrak{A}(\mathfrak{t}) \rightarrow \varepsilon_{\mathfrak{x}} \mathfrak{A}(\mathfrak{x}) \neq \mathfrak{t}',$$

wobei $\mathfrak{t}$ eventuell den Term $\varepsilon_{\mathfrak{x}} \mathfrak{A}(\mathfrak{x})$ enthalten kann. Eine solche Formel geht bei der 0-Ersetzung jedenfalls in eine wahre Formel über. Werden also durch die 0-Ersetzung alle kritischen Formeln erster Art zu wahren

Formeln, so haben wir unser Ziel erreicht. Anderenfalls finden wir, wie wir wissen, eine Exemplarersetzung für $\varepsilon_{\mathfrak{x}}\mathfrak{A}(\mathfrak{x})$, d. h. eine solche durch eine Ziffer $\mathfrak{z}$, für welche $\mathfrak{A}(\mathfrak{z})$ eine wahre Formel ist; außerdem ist dann $\mathfrak{A}(0)$ eine falsche Formel. Die Ersetzung von $\varepsilon_{\mathfrak{x}}\mathfrak{A}(\mathfrak{x})$ durch $\mathfrak{z}$ braucht nun freilich nicht die kritischen Formeln zweiter Art in wahre Formeln überzuführen. Eine solche geht ja durch die Ersetzung über in eine Formel

$$\mathfrak{A}(\mathfrak{s}) \rightarrow \mathfrak{z} \neq \mathfrak{s}',$$

und diese hat den gleichen Wahrheitswert wie die Formel

$$\mathfrak{A}(\mathfrak{r}) \rightarrow \mathfrak{z} \neq \mathfrak{r}',$$

wobei $\mathfrak{r}$ die Ziffer ist, welche sich durch die Ausrechnung des variablenlosen Terms $\mathfrak{s}$ ergibt. Diese Formel kann nun in der Tat falsch sein, nämlich wenn $\mathfrak{z}$ mit $\mathfrak{r}'$ übereinstimmt und $\mathfrak{A}(\mathfrak{r})$ eine wahre Formel ist. Dann aber ist $\mathfrak{r}$ eine Ziffer, welche kleiner als $\mathfrak{z}$ ist und für welche $\mathfrak{A}(\mathfrak{r})$ wahr ist.

Wir können nun das Eintreten dieses Falles von vornherein durch folgendes Verfahren ausschließen: Nach der Auffindung des Beispiels $\mathfrak{z}$ suchen wir die Wahrheitswerte der Formeln

$$\mathfrak{A}(0),\ \mathfrak{A}(0'),\ \mathfrak{A}(0''),\ \ldots,\ \mathfrak{A}(\mathfrak{z})$$

auf. Von der ersten dieser Formeln wissen wir bereits, daß sie eine falsche, von der letzten, daß sie eine wahre Formel ist. Sei nun $\mathfrak{A}(\mathfrak{m})$ die erste wahre Formel in dieser Reihe. Wir bilden dann die zweite Ersetzung, indem wir $\varepsilon_{\mathfrak{x}}\mathfrak{A}(\mathfrak{x})$ durch die Ziffer $\mathfrak{m}$ ersetzen. Durch diese Ersetzung gehen zunächst alle kritischen Formeln erster Art in wahre Formeln über, weil ja $\mathfrak{A}(\mathfrak{m})$ eine wahre Formel ist. Aber auch die kritischen Formeln zweiter Art müssen in wahre Formeln übergehen; denn gemäß der vorausgegangenen Überlegung würden wir ja im Falle, daß eine der kritischen Formeln zweiter Art durch die Ersetzung in eine falsche Formel übergeführt wird, eine Ziffer $\mathfrak{r}$ finden, die kleiner als $\mathfrak{m}$ ist und für welche $\mathfrak{A}(\mathfrak{r})$ wahr ist, was der Bestimmung von $\mathfrak{m}$ widerstreitet. Somit führt in der Tat die Ersetzung von $\varepsilon_{\mathfrak{x}}\mathfrak{A}(\mathfrak{x})$ durch $\mathfrak{m}$ alle kritischen Formeln in wahre Formeln über.

Auf diese Weise erhalten wir folgende Alternative: Entweder die 0-Ersetzung leistet bereits das Gewünschte; oder wir erhalten zunächst ein Beispiel einer von 0 verschiedenen Ziffer $\mathfrak{z}$, für welche $\mathfrak{A}(\mathfrak{z})$ eine wahre Formel ist (Exemplarersetzung); bestimmen wir dann unter denjenigen Ziffern $\mathfrak{n}$ aus der Reihe von $0'$ bis $\mathfrak{z}$, für welche $\mathfrak{A}(\mathfrak{n})$ eine wahre Formel ist, die kleinste Ziffer $\mathfrak{m}$, so führt die Ersetzung von $\varepsilon_{\mathfrak{x}}\mathfrak{A}(\mathfrak{x})$ durch $\mathfrak{m}$ — wir nennen sie kurz die „Minimalersetzung" — alle kritischen Formeln in wahre Formeln über.

Hiermit ist für den betrachteten Spezialfall eines normierten Beweises ein Verfahren zur Ausschaltung der ε-Terme in dem gewünschten

Sinne geliefert. Es entsteht nun die Aufgabe, dieses Verfahren so auszugestalten, daß es sich auf beliebige normierte Beweise unseres zugrunde gelegten arithmetischen Formalismus anwenden läßt.

Hierfür ist es zunächst eine generelle vereinfachende Bemerkung, daß wir uns für unseren Zweck jeweils nur um diejenigen ε-Terme eines gegebenen normierten Beweises zu kümmern brauchen, die in einer kritischen Formel oder einer Formel der ε-Gleichheit auftreten. Denn wenn wir für diese ε-Terme solche Ziffernersetzungen bestimmt haben, durch welche die kritischen Formeln und die Formeln der ε-Gleichheit in wahre Formeln übergehen, so können wir ja für die verbleibenden ε-Terme ohne Störung der Schlußschemata und der Wiederholungen die Ziffer 0 setzen.

Es kann daher überhaupt von der Betrachtung der normierten Beweise als solcher ganz abgesehen werden: die Aufgabe ist schlechtweg die, zu einer konkret gegebenen Gesamtheit von kritischen Formeln und Formeln der ε-Gleichheit, die dem betrachteten arithmetischen Formalismus angehören, solche Ersetzungen für die vorkommenden ε-Terme zu bestimmen, durch welche jene Formeln zu wahren Formeln werden. Einen Inbegriff solcher Ersetzungen wollen wir als eine „*Resolvente*" für die betreffende Gesamtheit von kritischen Formeln und Formeln der ε-Gleichheit bezeichnen.

Bei dem zunächst erörterten Spezialfall hatten wir es nur mit kritischen Formeln zu tun, und es wurde vorausgesetzt, daß in diesen nur ein einziger ε-Term auftritt. Aus der Behandlung dieses Falles gewinnen wir nun sofort auch das Verfahren zur Bestimmung einer Resolvente für eine Gesamtheit von kritischen Formeln, die alle den Grad 1 und den Rang 1 haben, so daß keiner von den ε-Termen, zu denen die kritischen Formeln gehören, einen eingelagerten ε-Term oder einen ihm untergeordneten ε-Ausdruck enthält.

Nämlich unter der genannten Bedingung kann ja, wenn

$$\mathfrak{A}(\mathfrak{k}) \to \mathfrak{A}(\varepsilon_{\mathfrak{x}} \mathfrak{A}(\mathfrak{x}))$$

bzw.

$$\mathfrak{A}(\mathfrak{k}) \to \varepsilon_{\mathfrak{x}} \mathfrak{A}(\mathfrak{x}) \neq \mathfrak{k}'$$

eine der gegebenen kritischen Formeln ist, die Formel $\mathfrak{A}(c)$ keinen ε-Term enthalten, und es kann daher ein von $\varepsilon_{\mathfrak{x}} \mathfrak{A}(\mathfrak{x})$ verschiedener ε-Term innerhalb der betreffenden Formel nur in $\mathfrak{k}$ auftreten.

Hieraus ergibt sich, daß die charakteristische Form der kritischen Formeln nicht zerstört wird, wenn wir in jeder von ihnen diejenigen etwa auftretenden ε-Terme, zu denen keine kritische Formel gehört, durch die Ziffer 0 ersetzen. Dadurch erreichen wir, daß außer den ε-Termen, zu denen die kritischen Formeln gehören — diese mögen in irgendeiner Reihenfolge mit „$\mathfrak{e}_1$", ..., „$\mathfrak{e}_p$" bezeichnet werden —, überhaupt keine weiteren ε-Terme vorkommen.

Wir haben nun für die Terme $\mathfrak{e}_1, \ldots, \mathfrak{e}_\mathfrak{p}$ passende Ersetzungen zu bestimmen. Ein Ersetzungsprozeß, bestehend aus Ziffernersetzungen für die Terme $\mathfrak{e}_1, \ldots, \mathfrak{e}_\mathfrak{p}$ soll als „Gesamtersetzung" bezeichnet werden.

Wir beginnen mit derjenigen Gesamtersetzung, bei welcher für jeden der Terme $\mathfrak{e}_1, \ldots, \mathfrak{e}_\mathfrak{p}$ die 0-Ersetzung genommen wird. Falls hierdurch alle kritischen Formeln in wahre Formeln übergehen, so ist die 0-Ersetzung bereits eine Resolvente. Andernfalls finden wir für einen oder mehrere der Terme $\mathfrak{e}_\mathfrak{r}$ $(\mathfrak{r} = 1, \ldots, \mathfrak{p})$ eine Exemplarersetzung, und aus dieser bestimmt sich die Minimalersetzung. Wir bilden nun eine neue Gesamtersetzung, indem wir für diejenigen Terme $\mathfrak{e}_\mathfrak{r}$, zu denen die Minimalersetzung gefunden wurde, diese anstatt der 0-Ersetzung wählen. Es gehen dann jedenfalls die zu diesen ε-Termen gehörenden kritischen Formeln alle in wahre Formeln über. Falls auch alle anderen kritischen Formeln wahre Formeln werden, so haben wir nunmehr eine Resolvente. Sonst aber finden wir für noch weitere von den Termen $\mathfrak{e}_1, \ldots, \mathfrak{e}_\mathfrak{p}$ die Minimalersetzungen und bilden dann wiederum eine neue Gesamtersetzung, indem wir die neugefundenen Minimalersetzungen für die betreffenden Terme an Stelle der 0-Ersetzung wählen.

In dieser Weise können wir fortfahren. Der Prozeß muß aber spätestens nach $\mathfrak{p}$-maliger Abänderung der Gesamtersetzung zum Abschluß kommen, da ja jedesmal für mindestens einen weiteren Term aus der Reihe $\mathfrak{e}_1, \ldots, \mathfrak{e}_\mathfrak{p}$ die Minimalersetzung bestimmt wird und jede einmal gefundene Minimalersetzung von da an festgehalten wird. Falls wir daher nicht schon früher zu einer Resolvente gelangen, so muß nach der $\mathfrak{p}$-ten Gesamtersetzung für jeden der Terme $\mathfrak{e}_1, \ldots, \mathfrak{e}_\mathfrak{p}$ die Minimalersetzung gefunden sein, und bei der $(\mathfrak{p} + 1)$-ten Gesamtersetzung, in welcher alle diese Minimalersetzungen benutzt werden, müssen sämtlichen kritischen Formeln in wahre Formeln übergehen.

Wir gelangen somit auf einem eindeutig vorgeschriebenen Wege durch eine Aufeinanderfolge von höchstens $(\mathfrak{p} + 1)$ Gesamtersetzungen zu einer Resolvente.

Bemerkung. Es sei darauf hingewiesen, daß der Übergang von einer Exemplarersetzung zu der Minimalersetzung nur bei den Ersetzungen für diejenigen Terme $\mathfrak{e}_\mathfrak{r}$ erforderlich ist, zu denen kritische Formeln zweiter Art gehören; für die übrigen können wir die Exemplarersetzungen beibehalten.

b) Vorbereitungen zur Behandlung des allgemeinen Falles. Der bisher erledigte Fall ist noch sehr speziell, und wir müssen uns nunmehr von den beschränkenden Voraussetzungen, die wir über den Grad und den Rang der kritischen Formeln gemacht haben, befreien und ferner auch die Möglichkeit berücksichtigen, daß die Gesamtheit von Formeln, für die wir eine Resolvente bestimmen wollen, neben kritischen Formeln auch Formeln der ε-Gleichheit enthält. Als Vorbereitung hierzu empfiehlt es sich, daß wir uns genauer darüber orientieren, in welcher Weise die Einlagerungen und Überordnungen von ε-Termen sich für unser Ersetzungsverfahren auswirken können. Es wird nämlich im allgemeinen Falle eine wesentliche Komplikation durch den Umstand verursacht, daß die Eigenschaft einer Ziffer $\mathfrak{z}$, eine Exemplarersetzung für einen Term $\varepsilon_{\mathfrak{x}} \mathfrak{A}(\mathfrak{x})$ zu bilden, und ebenso die Eigenschaft der Minimalersetzung im allgemeinen in Abhängigkeit steht von den Ersetzungen für die ε-Terme, welche in $\mathfrak{A}(\mathfrak{z})$ bzw. in $\mathfrak{A}(0)$, $\mathfrak{A}(0')$, ..., $\mathfrak{A}(\mathfrak{z})$ vorkommen. Das Auftreten solcher ε-Terme ist bedingt durch den Grad und den Rang von $\varepsilon_{\mathfrak{x}} \mathfrak{A}(\mathfrak{x})$, d. h. durch die in diesem Term sich vorfindenden Einlagerungen und Überordnungen.

Wir haben uns mit den Beziehungen der Einlagerung und der Überordnung bereits früher[1] vertraut gemacht. Hier wollen wir uns insbesondere die folgenden Tatsachen anmerken:

1. Jeder in $\varepsilon_{\mathfrak{x}} \mathfrak{A}(\mathfrak{x})$ eingelagerte ε-Term tritt in $\mathfrak{A}(c)$ auf, und zwar so, daß er die Variable c nicht umschließt. Umgekehrt ist auch jeder in solcher Weise in $\mathfrak{A}(c)$ auftretende ε-Term in $\varepsilon_{\mathfrak{x}} \mathfrak{A}(\mathfrak{x})$ eingelagert und somit von niedrigerem Grad als $\varepsilon_{\mathfrak{x}} \mathfrak{A}(\mathfrak{x})$.

2. Jedem ε-Ausdruck, welcher dem Term $\varepsilon_{\mathfrak{x}} \mathfrak{A}(\mathfrak{x})$ untergeordnet ist, entspricht in $\mathfrak{A}(c)$ ein ε-Term, welcher die Variable c umschließt und der aus jenem ε-Ausdruck hervorgeht, indem an Stelle der Variablen $\mathfrak{x}$ die Variable c gesetzt wird. Umgekehrt entspricht jedem in $\mathfrak{A}(c)$ auftretenden und die Variable c umschließenden ε-Term ein ε-Ausdruck, welcher dem Term $\varepsilon_{\mathfrak{x}} \mathfrak{A}(\mathfrak{x})$ untergeordnet ist und aus welchem jener ε-Term entsteht, indem die Variable c an Stelle von $\mathfrak{x}$ gesetzt wird; jener ε-Term ist daher auch von niedrigerem Rang als $\varepsilon_{\mathfrak{x}} \mathfrak{A}(\mathfrak{x})$.

Aus der Feststellung 1. entnehmen wir, daß im Falle eines ε-Terms $\varepsilon_{\mathfrak{x}} \mathfrak{A}(\mathfrak{x})$ vom Range 1 die betreffs der Ersetzungen bestehenden Verhältnisse ziemlich einfache sind. Nämlich in diesem Falle ist der Wahrheitswert, der sich für eine Formel $\mathfrak{A}(\mathfrak{s})$, worin $\mathfrak{s}$ eine Ziffer ist, auf Grund einer Gesamtersetzung ergibt, nur von den Ersetzungen für solche ε-Terme abhängig, die in $\varepsilon_{\mathfrak{x}} \mathfrak{A}(\mathfrak{x})$ eingelagert sind. Es kann also zwar eine Exemplarersetzung oder Minimalersetzung für $\varepsilon_{\mathfrak{x}} \mathfrak{A}(\mathfrak{x})$ hinfällig werden, jedoch nur dann, wenn für einen in $\varepsilon_{\mathfrak{x}} \mathfrak{A}(\mathfrak{x})$ eingelagerten ε-Term, also einen solchen von niedrigerem Grade als $\varepsilon_{\mathfrak{x}} \mathfrak{A}(\mathfrak{x})$, eine Exemplarersetzung gefunden ist. Hat insbesondere $\varepsilon_{\mathfrak{x}} \mathfrak{A}(\mathfrak{x})$ den Grad 1, so ist eine für diesen Term gefundene Exemplar- bzw. Minimalersetzung als solche endgültig.

Wir erhalten auf diese Weise einen Regreß, welcher, wie wir sehen werden[2], im Falle, daß nur kritische Formeln vom Range 1 auftreten, in einfacher Weise ermöglicht, nach einer von vornherein abschätzbaren Anzahl von Gesamtersetzungen zu einer Resolvente zu gelangen.

[1] Vgl. S. 24—27.

[2] Vgl. Abschnitt c), S. 107—112.

Doch ehe wir diese Überlegung durchführen, wird es gut sein, daß wir uns über die Anlage des Ersetzungsverfahrens beim Auftreten höherer Rangzahlen der kritischen Formeln noch näher orientieren. Die Betrachtung kritischer Formeln höheren als ersten Ranges zeigt uns nämlich, daß unser Ersetzungsverfahren in der bisherigen Form nicht ausreichend ist. Wir treffen hier auf folgende Schwierigkeit:

Wenn $\varepsilon_{\mathfrak{x}}\, \mathfrak{A}(\mathfrak{x})$ von zweitem oder höherem Rang ist, so steht, gemäß unserer Feststellung 2., in der Formel $\mathfrak{A}(c)$ die Variable c innerhalb eines ε-Terms $\varepsilon_{\mathfrak{v}}\, \mathfrak{B}(c, \mathfrak{v})$, d. h. $\mathfrak{A}(c)$ hat die Gestalt[1] $\mathfrak{K}\big(c, \varepsilon_{\mathfrak{v}}\, \mathfrak{B}(c, \mathfrak{v})\big)$, und demnach hat eine zu $\varepsilon_{\mathfrak{x}}\, \mathfrak{A}(\mathfrak{x})$ gehörige kritische Formel erster Art die Form

$$\mathfrak{K}\big(\mathfrak{k}, \varepsilon_{\mathfrak{v}}\, \mathfrak{B}(\mathfrak{k}, \mathfrak{v})\big) \to \mathfrak{K}\big(\varepsilon_{\mathfrak{x}}\, \mathfrak{A}(\mathfrak{x}), \varepsilon_{\mathfrak{v}}\, \mathfrak{B}\,(\varepsilon_{\mathfrak{x}}\, \mathfrak{A}(\mathfrak{x}), \mathfrak{v})\big).$$

Soll nun an Hand dieser Formel mittels einer Gesamtersetzung, bei welcher diese Formel in eine falsche Formel übergeht, eine Exemplarersetzung für $\varepsilon_{\mathfrak{x}}\, \mathfrak{A}(\mathfrak{x})$ gefunden werden — nämlich durch die Bestimmung der Ziffer $\mathfrak{z}$, die sich aus $\mathfrak{k}$ auf Grund der Ersetzungen und der Wertbestimmung für die variablenlosen Terme ergibt —, so ist dafür ein Erfordernis, daß die Ersetzung, welche der Term $\varepsilon_{\mathfrak{v}}\, \mathfrak{B}(\mathfrak{k}, \mathfrak{v})$ bei der Gesamtersetzung erfährt, sich aus einer Ersetzung für $\varepsilon_{\mathfrak{v}}\, \mathfrak{B}(\mathfrak{z}, \mathfrak{v})$ entnehmen läßt. Denn anderenfalls würden wir ja gar nicht folgern können, daß die Formel $\mathfrak{A}(\mathfrak{z})$ durch die betreffende Gesamtersetzung zu einer wahren Formel wird. Andererseits braucht aber der Term $\varepsilon_{\mathfrak{v}}\, \mathfrak{B}(\mathfrak{z}, \mathfrak{v})$ gar nicht ursprünglich in unserer gegebenen Formelgesamtheit aufzutreten.

Wir kommen demnach mit Ersetzungen für die unmittelbar in der gegebenen Formelgesamtheit vorkommenden ε-Terme nicht aus. Doch bietet sich ohne weiteres ein Weg, wie wir dem eben dargelegten Erfordernis genügen können, nämlich dadurch, daß wir die Ersetzungen für die ε-Terme in der Form einer *schrittweise erfolgenden Reduktion von innen her* ausführen.

Wie dieses gemeint ist, sei an einem Beispiel gezeigt. Es handle sich um die Ausführung der Ersetzung für einen ε-Term

$$\varepsilon_x\, \mathfrak{A}\big(x, \varepsilon_y\, \mathfrak{B}\big(y, \varepsilon_z\, \mathfrak{C}(z) + 3\big) \cdot 5, 2 \cdot 1\big),$$

worin außer den angegebenen ε-Symbolen keine weiteren vorkommen mögen und auch kein Term außer den angegebenen als Bestandteil auftrete. Die Ersetzung „von innen her“ geschieht dann folgendermaßen: Zunächst wird der variablenlose Term $2 \cdot 1$ durch seinen Ziffernwert $0''$ ersetzt. Ferner wird für $\varepsilon_z\, \mathfrak{C}(z)$ eine Ziffer $\mathfrak{c}$ als Ersetzung bestimmt und dann für den an Stelle von $\varepsilon_z\, \mathfrak{C}(z) + 3$ tretenden Term $\mathfrak{c} + 3$ sein Ziffernwert $\mathfrak{c}'''$ gesetzt. Hierauf wird für den Term $\varepsilon_y\, \mathfrak{B}(y, \mathfrak{c}''')$ eine Ziffer $\mathfrak{b}$ als Ersetzung bestimmt und dann für den Term $\mathfrak{b} \cdot 5$ sein Ziffernwert $\mathfrak{n}$ gesetzt. Endlich wird für $\varepsilon_x\, \mathfrak{A}(x, \mathfrak{n}, 0'')$ eine Ziffer als Ersetzung bestimmt.

[1] Die Angabe „$\mathfrak{K}\,(c, \varepsilon_{\mathfrak{v}}\, \mathfrak{B}\,(c, \mathfrak{v}))$“ ist so zu verstehen, daß die Variable c eventuell, jedoch nicht notwendig auch außerhalb des Ausdrucks $\varepsilon_{\mathfrak{v}}\, \mathfrak{B}\,(c, \mathfrak{v})$ auftritt.

Das Prinzip dieser Ersetzungsweise besteht darin, daß eine Ersetzung für einen ε-Term erst festgesetzt wird, nachdem jeder als Bestandteil auftretende Term, der nicht von vornherein eine Ziffer ist, durch vorausgehende Ersetzungen und durch Auswertungen in eine Ziffer umgewandelt ist, und daß somit Ersetzungen unmittelbar nur für solche ε-Terme ausgeführt werden, in denen keine anderen Terme als nur Ziffern auftreten.

Dieses Verfahren bringt einerseits eine Vereinfachung, andererseits eine Komplikation mit sich: eine Vereinfachung insofern, als man dabei unmittelbare Ersetzungen nur für ε-Terme vom ersten Grade auszuführen hat, eine Komplikation insofern, als die Gesamtheit der ε-Terme ersten Grades, für welche die unmittelbaren Ersetzungen zu wählen sind, nicht durch die in der gegebenenen Formelreihe vorliegenden ε-Terme bestimmt ist, sondern auch von den gewählten Ersetzungen abhängt.

Was mit dieser Zerlegung der Ersetzungen in sukzessive Reduktionen von innen her bewirkt wird, ist zunächst das mit ihnen Bezweckte, daß die Hilbertsche Methode der Auffindung von Exemplarersetzungen aus kritischen Formeln auch bei kritischen Formeln höheren als ersten Ranges anwendbar sei.

Außerdem aber wird auf diese Art auch erreicht, daß Formeln der ε-Gleichheit vermöge der Ersetzungen stets in wahre Formeln übergehen. Denn falls bei einer Formel

$$\mathfrak{a} = \mathfrak{b} \rightarrow \varepsilon_{\mathfrak{v}} \mathfrak{A}(\mathfrak{v}, \mathfrak{a}) = \varepsilon_{\mathfrak{v}} \mathfrak{A}(\mathfrak{v}, \mathfrak{b})$$

die Terme $\mathfrak{a}$, $\mathfrak{b}$ auf Grund einer Gesamtersetzung den gleichen Ziffernwert erhalten, muß sich bei dem Verfahren der schrittweisen Ersetzung von innen her für die Terme $\varepsilon_{\mathfrak{v}} \mathfrak{A}(\mathfrak{v}, \mathfrak{a})$, $\varepsilon_{\mathfrak{v}} \mathfrak{A}(\mathfrak{v}, \mathfrak{b})$ die gleiche Ziffernersetzung ergeben.

Trotz dieser Vorzüge, welche die Methode der Ersetzungen durch sukzessive Reduktionen besitzt, ist diese dennoch für die Behandlung der kritischen Formeln von höherem als erstem Rang noch nicht völlig befriedigend.

Wie wir uns schon vorhin überlegten, hat eine kritische Formel von höherem als erstem Rang die Gestalt

$$\mathfrak{K}(\mathfrak{k}, \varepsilon_{\mathfrak{v}} \mathfrak{B}(\mathfrak{k}, \mathfrak{v})) \rightarrow \mathfrak{K}(\varepsilon_{\mathfrak{x}} \mathfrak{A}(\mathfrak{x}), \varepsilon_{\mathfrak{v}} \mathfrak{B}(\varepsilon_{\mathfrak{x}} \mathfrak{A}(\mathfrak{x}), \mathfrak{v})),$$

wobei $\varepsilon_{\mathfrak{x}} \mathfrak{A}(\mathfrak{x})$ den ε-Term $\varepsilon_{\mathfrak{x}} \mathfrak{K}(\mathfrak{x}, \varepsilon_{\mathfrak{v}} \mathfrak{B}(\mathfrak{x}, \mathfrak{v}))$ bedeutet, zu dem die kritische Formel gehört; und die Auffindung einer Exemplarersetzung $\mathfrak{z}$ für diesen Term an Hand der kritischen Formel erfolgt in der Weise, daß bei einer Gesamtersetzung diese kritische Formel in eine falsche Formel und somit ihr Vorderglied in eine wahre Formel übergeht, während $\mathfrak{k}$ entweder unmittelbar oder auf Grund der Gesamtersetzung den Wert $\mathfrak{z}$ hat.

[Daß in der Tat der Wahrheitswert des Vordergliedes

$$\mathfrak{K}(\mathfrak{k}, \varepsilon_{\mathfrak{v}} \mathfrak{B}(\mathfrak{k}, \mathfrak{v}))$$

auf Grund der betreffenden Gesamtersetzung übereinstimmt mit demjenigen, den die Formel $\mathfrak{A}(\mathfrak{z})$, d. h.

$$\mathfrak{K}\left(\mathfrak{z}, \varepsilon_{\mathfrak{v}}\, \mathfrak{B}(\mathfrak{z}, \mathfrak{v})\right)$$

bei dieser Gesamtersetzung erhält, wird durch unser Verfahren der schrittweisen Reduktion sichergestellt.]

Nun besteht hierbei der komplizierende Umstand, daß der Wahrheitswert der Formel

$$\mathfrak{K}\left(\mathfrak{z}, \varepsilon_{\mathfrak{v}}\, \mathfrak{B}(\mathfrak{z}, \mathfrak{v})\right)$$

von der Ersetzung abhängt, die der Term $\varepsilon_{\mathfrak{v}}\mathfrak{B}(\mathfrak{z}, \mathfrak{v})$ innerhalb der betrachteten Gesamtersetzung erfährt. Es ist also eine Exemplarersetzung für einen ε-Term $\varepsilon_{\mathfrak{x}}\mathfrak{A}(\mathfrak{x})$, der einen ihm untergeordneten ε-Ausdruck $\varepsilon_{\mathfrak{v}}\mathfrak{B}(\mathfrak{x}, \mathfrak{v})$ enthält, als solche (d. h. in ihrer Eigenschaft als Exemplarersetzung) abhängig von der Ersetzung für einen Term $\varepsilon_{\mathfrak{v}}\mathfrak{B}(\mathfrak{z}, \mathfrak{v})$, der aus jenem untergeordneten ε-Ausdruck hervorgeht, indem die Variable $\mathfrak{x}$ durch eine Ziffer $\mathfrak{z}$ ersetzt wird. Dieser Term $\varepsilon_{\mathfrak{v}}\mathfrak{B}(\mathfrak{z}, \mathfrak{v})$ — worin übrigens die Ziffer $\mathfrak{z}$ sich eventuell erst durch die Gesamtersetzung bestimmt —, ist von gleichem Rang wie $\varepsilon_{\mathfrak{v}}\mathfrak{B}(\mathfrak{x}, \mathfrak{v})$ und somit von niedrigerem Rang als $\varepsilon_{\mathfrak{x}}\mathfrak{A}(\mathfrak{x})$.

Der Umstand nun, daß die Exemplarersetzungen für Terme vom Range $\mathfrak{k}+1$ abhängig sind von Ersetzungen für Terme von $\mathfrak{k}$-tem und niedrigerem Rang, führt auf einen Regreß, den wir jedenfalls verwerten müssen, um für den allgemeinen Fall zu zeigen, daß das Verfahren der Aufsuchung von Exemplarersetzungen zum Abschluß kommt.

Um diesen Regreß in bezug auf den Rang übersichtlich zu gestalten, gehen wir darauf aus, die Ersetzungen von ε-Termen von höherem als erstem Rang aus Ersetzungen für Terme vom ersten Rang zusammenzusetzen, in analoger Weise, wie wir durch das Verfahren der schrittweisen Reduktionen die Ersetzungen für Terme höheren Grades aus solchen für Terme ersten Grades aufbauen.

Wie diese Analogie durchzuführen ist, wollen wir uns an Hand der Gegenüberstellung einfacher Fälle klarmachen. Nehmen wir einerseits einen ε-Term zweiten Grades

$$\varepsilon_x\, \mathfrak{K}\left(x, \varepsilon_y\, \mathfrak{L}(y)\right),$$

andererseits einen solchen vom zweiten Rang

$$\varepsilon_x\, \mathfrak{K}\left(\varepsilon_y\, \mathfrak{L}(x, y)\right);$$

in beiden mögen keine anderen ε-Symbole als die angegebenen vorkommen. Eine Ersetzung für den ersten dieser Terme findet gemäß dem Verfahren der schrittweisen Reduktion in der Weise statt, daß zunächst $\varepsilon_y\mathfrak{L}(y)$ durch eine Ziffer $\mathfrak{z}$ und hernach $\varepsilon_x\mathfrak{K}(x, \mathfrak{z})$ wiederum durch eine Ziffer ersetzt wird. Dabei ist die Rolle der Ziffer $\mathfrak{z}$ eine doppelte: einerseits tritt sie in dem ε-Term zweiten Grades an die Stelle von $\varepsilon_y\mathfrak{L}(y)$, wodurch jener ε-Term in einen solchen ersten Grades übergeht, andererseits liefert sie überall da, wo $\varepsilon_y \mathfrak{L}(y)$ für sich (d. h. nicht als Bestandteil eines umfassenderen ε-Terms) auftritt, die Wertbestimmung für $\varepsilon_y \mathfrak{L}(y)$. Die Ziffer $\mathfrak{z}$ dient somit einerseits als Term, andererseits als Wert.

Suchen wir nun eine analoge Art der Ausführung einer Ersetzung für den Term $\varepsilon_x \mathfrak{K}(\varepsilon_y \mathfrak{L}(x, y))$, so kann hierbei der Ziffernersetzung $\mathfrak{z}$ für den Term $\varepsilon_y \mathfrak{L}(y)$ nicht eine Ziffernersetzung für $\varepsilon_y \mathfrak{L}(x, y)$ entsprechen, was schon daran ersichtlich ist, daß für eine Ziffer $\mathfrak{z}$ die Figur $\varepsilon_x \mathfrak{K}(\mathfrak{z})$ überhaupt kein Term ist. Vielmehr muß zur Ersetzung für $\varepsilon_y \mathfrak{L}(x, y)$ jedenfalls ein solcher Ausdruck genommen werden, der die von außen her gebundene Variable x enthält. Einen weiteren Anhaltspunkt für die angemessene Ausführung der Ersetzung gewinnen wir dadurch, daß wir die zweifache Rolle der Ersetzung aufrecht zu erhalten suchen: einem Auftreten (bei dem ersten Beispiel) des Termes $\varepsilon_y \mathfrak{L}(y)$ „für sich", d. h. ohne Einlagerung in einen anderen Term, entspricht bei dem vorliegenden Beispiel das Auftreten eines Termes $\varepsilon_y \mathfrak{L}(\mathfrak{a}, y)$, worin $\mathfrak{a}$ irgendein Term ist. Soll nun die Ersetzung für $\varepsilon_y \mathfrak{L}(x, y)$ auch zur Wertbestimmung eines jeden Termes $\varepsilon_y \mathfrak{L}(\mathfrak{a}, y)$ dienen, so heißt das, sie muß den Wert eines solchen Termes liefern, wenn der Wert von $\mathfrak{a}$ bekannt ist, sie muß somit für jede gegebene Ziffer $\mathfrak{s}$ dem Term $\varepsilon_y \mathfrak{L}(\mathfrak{s}, y)$ einen Ziffernwert zuweisen.

Durch die Berücksichtigung dieser Anforderung werden wir auf folgendes Verfahren der „*Funktionsersetzung*" geführt: Ausgehend von dem Ausdruck $\varepsilon_y \mathfrak{L}(x, y)$ bilden wir zunächst eine „Nennform", indem wir die nach außen gebundene Variable x gegen eine freie Individuenvariable, z. B. c, austauschen. Für die Nennform $\varepsilon_y \mathfrak{L}(c, y)$ geben wir nun die Ersetzung durch ein Funktionszeichen $\mathfrak{f}$ mit dem Argument c an, nebst einer Anweisung, nach der sich für jede vorgelegte Ziffer $\mathfrak{s}$ eindeutig ein Ziffernwert von $\mathfrak{f}(\mathfrak{s})$ bestimmt.

Jedes in solcher Art einzuführende Funktionszeichen denken wir uns zu unserem zugrunde gelegten arithmetischen Formalismus hinzugefügt. Da für diese Funktionszeichen keine Axiome aufgestellt werden und andererseits eine Anweisung zur Berechnung der mit ihnen gebildeten variablenlosen Terme gegeben wird, so kann ihre Hinzufügung ohne eine sonstige Änderung unserer Beweisanordnung erfolgen.

Was die Wertbestimmung der einzuführenden Funktionen betrifft, so werden wir allenthalben mit solchen Ersetzungsfunktionen (eines oder mehrerer Argumente) auskommen, die höchstens für endlich viele Argumentwerte bzw. Wertsysteme der Argumente einen von 0 verschiedenen Wert haben und für die sich daher der Wertverlauf durch direkte Aufzählung jener endlich vielen Argumente bzw. Argumentsysteme und der zugehörigen Funktionswerte angeben läßt.

Die Eintragung einer für eine Nennform $\varepsilon_y \mathfrak{L}(c, y)$ angegebenen Funktionsersetzung $\mathfrak{f}(c)$ in die Formeln erfolgt in der Weise, daß für einen jeden ε-Term oder ε-Ausdruck $\varepsilon_{\mathfrak{v}}\, \mathfrak{L}(\mathfrak{a}, \mathfrak{v})$, bei welchem die gebundene Variable $\mathfrak{v}$ nicht in $\mathfrak{a}$ vorkommt, der entsprechende Ausdruck $\mathfrak{f}(\mathfrak{a})$ gesetzt wird. Auf diese Art entsteht insbesondere aus $\varepsilon_x \mathfrak{K}(\varepsilon_y\, \mathfrak{L}(x, y))$ der Term vom ersten Rang $\varepsilon_x\, \mathfrak{K}(\mathfrak{f}(x))$; und die Ausführung einer Ersetzung für den Term $\varepsilon_x\, \mathfrak{K}(\varepsilon_y\, \mathfrak{L}(x, y))$ erfolgt hiernach so, daß zunächst für $\varepsilon_y\, \mathfrak{L}(c, y)$ eine Funktionsersetzung $\mathfrak{f}(c)$ angegeben und dann für den Term $\varepsilon_x\, \mathfrak{K}(\mathfrak{f}(x))$ eine Ziffernersetzung gewählt wird.

Eine zu dem Term $\varepsilon_x \mathfrak{K}(\varepsilon_y\, \mathfrak{L}(x, y))$ — kurz „$\mathfrak{e}$“ — gehörige kritische Formel

$$\mathfrak{K}(\varepsilon_y\, \mathfrak{L}(\mathfrak{k}, y)) \to \mathfrak{K}(\varepsilon_y\, \mathfrak{L}(\mathfrak{e}, y))$$

geht vermöge der Ersetzung von $\varepsilon_y\, \mathfrak{L}(c, y)$ durch $\mathfrak{f}(c)$ über in die kritische Formel ersten Ranges

$$\mathfrak{K}(\mathfrak{f}(\mathfrak{k})) \to \mathfrak{K}(\mathfrak{f}(\varepsilon_x\, \mathfrak{K}(\mathfrak{f}(x))))$$

Das beschriebene Verfahren der Funktionsersetzung läßt sich auch ohne Schwierigkeit auf beliebige Fälle der Überordnung von ε-Termen anwenden, nur daß man als Ersetzungsfunktionen eventuell auch Funktionen mit mehreren Argumenten nehmen muß. Haben wir z. B. einen Term vom dritten Rang

$$\varepsilon_x\, \mathfrak{A}(x, \varepsilon_y\, \mathfrak{B}(x, y, \varepsilon_z\, \mathfrak{C}(z), \varepsilon_z\, \mathfrak{F}(y, z), \varepsilon_z\, \mathfrak{G}(x, y, z))),$$

in welchem außer den angegebenen ε-Symbolen keine weiteren auftreten, so besteht hier die Anwendung des Verfahrens der Funktionsersetzung in folgendem: Wir stellen uns zunächst die ε-Ausdrücke vom Range 1 zusammen:

$$\varepsilon_z\, \mathfrak{C}(z), \quad \varepsilon_z\, \mathfrak{F}(y, z), \quad \varepsilon_z\, \mathfrak{G}(x, y, z).$$

Für $\varepsilon_z\, \mathfrak{C}(z)$ wählen wir eine Ziffernersetzung $\mathfrak{c}$; für die beiden anderen ε-Ausdrücke bilden wir entsprechende Nennformen, etwa

$$\varepsilon_z\, \mathfrak{F}(a, z), \quad \varepsilon_z\, \mathfrak{G}(a, b, z)$$

und geben Funktionsersetzungen $\mathfrak{f}(a)$, $\mathfrak{g}(a, b)$ für diese an. Durch die Eintragung dieser Ersetzungen geht unser gegebener ε-Term über in den ε-Term vom zweiten Rang

$$\varepsilon_x\, \mathfrak{A}(x, \varepsilon_y\, \mathfrak{B}(x, y, \mathfrak{c}, \mathfrak{f}(y), \mathfrak{g}(x, y))).$$

Nunmehr bilden wir für den hierin auftretenden ε-Ausdruck vom Rang 1

$$\varepsilon_y\, \mathfrak{B}(x, y, \mathfrak{c}, \mathfrak{f}(y), \mathfrak{g}(x, y)),$$

der die nach außen gebundene Variable x enthält, die Nennform

$$\varepsilon_y\, \mathfrak{B}(a, y, \mathfrak{c}, \mathfrak{f}(y), \mathfrak{g}(a, y))$$

und geben als Ersetzung hierfür $\mathfrak{h}(a)$ an; die Eintragung dieser Ersetzung in den vorherigen ε-Term vom zweiten Rang liefert nun den Term vom ersten Rang

$$\varepsilon_x\, \mathfrak{A}(x, \mathfrak{h}(x)),$$

für den dann eine Ziffernersetzung gewählt wird.

Diese Art der Ausführung bildet in der gewünschten Weise eine Verallgemeinerung der schrittweisen Reduktion, die sich jetzt nicht mehr bloß auf die Einlagerungen, sondern auch auf die Unterordnungen von ε-Termen erstreckt.

Nun findet sich aber bei diesem Verfahren noch eine Unzuträglichkeit, die uns zu einer letzten Modifikation des Ersetzungsprozesses veranlaßt. Nämlich bei der kombinierten Anwendung mehrerer Funktionsersetzungen begegnen wir der Schwierigkeit, daß ein und derselbe ε-Term aus verschiedenen Nennformen hervorgehen kann, und daß infolgedessen die Ersetzung für einen solchen Term mehrdeutig wird. Haben wir z. B. innerhalb einer Gesamtersetzung einerseits für die Nennform $\varepsilon_x \mathfrak{B}(0, c, x)$ eine Funktionsersetzung $\mathfrak{f}(c)$, andererseits für die Nennform $\varepsilon_x \mathfrak{B}(a, 0', x)$ eine Funktionsersetzung $\mathfrak{g}(\mathfrak{a})$ auszuführen, so ergeben sich für den Term $\varepsilon_x \mathfrak{B}(0, 0', x)$ die zwei Ersetzungen $\mathfrak{f}(0')$ und $\mathfrak{g}(0)$, welche nur dann miteinander in Einklang sind, wenn der Wert von $\mathfrak{f}$ für das Argument $0'$ übereinstimmend mit dem Wert von $\mathfrak{g}$ für das Argument 0 festgesetzt ist. Es können hiernach zwischen verschiedenen Ersetzungsfunktionen gewisse Bedingungsgleichungen bestehen, die bei der Wahl dieser Funktionen berücksichtigt werden müssen.

Das ist nun eine sehr lästige Komplikation, und wir werden trachten, uns von ihr frei zu machen. Wir könnten uns hier so behelfen, daß wir in einem Falle wie dem genannten an Stelle der zwei Nennformen $\varepsilon_x \mathfrak{B}(0, c, x)$, $\varepsilon_x \mathfrak{B}(a, 0', x)$ die Nennform mit zwei Variablen $\varepsilon_x \mathfrak{B}(a, c, x)$ einführen, für welche dann eine Funktionsersetzung $\mathfrak{h}(a, c)$ angegeben wird. Jedoch werden wir auf ein einheitlicheres Verfahren gewiesen, indem wir beachten, daß jener Fall, wo der gleiche ε-Term aus zwei verschiedenen Nennformen hervorgeht, nur dann eintreten kann, wenn die beiden Nennformen den gleichen *Grundtypus*[1] haben. In der Tat ist ja jeder Term, der aus einer Nennform hervorgeht, indem für eine oder mehrere darin auftretende Variablen gewisse Terme gesetzt werden, von gleichem Grundtypus wie jene Nennform.

Wir können daher die genannte Schwierigkeit von vornherein ausschließen, indem wir allenthalben von den Nennformen auf ihre Grundtypen zurückgehen und für diese die Funktionsersetzungen angeben. Ein Grundtypus als Term, mit einer bestimmten Benennung der Argumentvariablen, kann ja als Nennform dienen, und eine Ersetzungsfunktion für einen solchen wird symbolisch durch ein Funktionszeichen gegeben, dessen Argumentvariablen mit denen des Grundtypus gleichlauten. Hiernach erfolgt z. B. eine Funktionsersetzung für $\varepsilon_y \mathfrak{L}(a, y)$, wenn dieser Term etwa die Gestalt $\varepsilon_y \mathfrak{L}_1(\mathfrak{q}, \mathfrak{r}(a), \mathfrak{t}(a), y)$ hat und $\varepsilon_y \mathfrak{L}_1(b, c, d, y)$ ein Grundtypus vom Range 1 ist, in der Weise, daß für den Grundtypus eine Funktionsersetzung $\mathfrak{f}(b, c, d)$ angegeben wird und

[1] Vgl. S. 57.

als Ersetzung von $\varepsilon_y \mathfrak{L}(a, y)$ der Term $\mathfrak{f}(\mathfrak{q}, \mathfrak{r}(a), \mathfrak{t}(a))$ genommen wird; für $\varepsilon_y \mathfrak{L}(x, y)$ ist die Ersetzung dann $\mathfrak{f}(\mathfrak{q}, \mathfrak{r}(x), \mathfrak{t}(x))$.

Bei diesem Verfahren ist übrigens die Rolle der zunächst gebildeten Nennform entbehrlich. Wir können direkt von einem ε-Ausdruck zu „seinem" Grundtypus übergehen. In der Tat ist nicht nur einem ε-Term, sondern auch einem ε-Ausdruck, der nicht ein Term ist, in eindeutiger Weise, abgesehen von der Benennung der Argumentvariablen, ein Grundtypus zugeordnet, nämlich der gemeinsame Grundtypus eines jeden der ε-Terme, die aus dem ε-Ausdruck entstehen, wenn für die nach außen gebundenen Variablen (d. h. diejenigen gebundenen Variablen, die nicht zu einem in dem ε-Ausdruck selbst stehenden ε-Symbol gehören) freie Variablen gesetzt werden. In diesem Sinne können wir daher allgemein von dem Grundtypus eines ε-Ausdrucks sprechen.

Wenn man nun in der angegebenenen Weise die Grundtypen zur Ausführung der Funktionsersetzungen verwenden will, dann erscheint es als konsequent, *überhaupt alle Ersetzungen für ε-Terme und ε-Ausdrücke mit Hilfe von Ersetzungen für Grundtypen auszuführen*, derart, daß jede unmittelbare Ersetzung für einen Grundtypus vom ersten Rang erfolgt. Daß dieses jedenfalls möglich ist, ergibt sich folgendermaßen: 1. Für einen ε-Term $\mathfrak{e}$, der keine freie Variable enthält — nur solche ε-Terme kommen ja in den kritischen Formeln und den Formeln der ε-Gleichheit vor —, erhalten wir, mit Benutzung der Wertbestimmung für die variablenlosen Terme, einen Ziffernwert, wenn für den Grundtypus von $\mathfrak{e}$, je nachdem dieser Argumente enthält oder nicht, eine Funktions- oder Ziffernersetzung gegeben wird und wenn ferner für jeden in $\mathfrak{e}$ eingelagerten ε-Term eine Ziffernersetzung gegeben wird.

Falls nämlich der Grundtypus von $\mathfrak{e}$ kein Argument enthält, so ist $\mathfrak{e}$ selbst dieser Grundtypus, und die Ziffernersetzung für den Grundtypus von $\mathfrak{e}$ ist eine Ziffernersetzung für $\mathfrak{e}$. Falls aber der Grundtypus von $\mathfrak{e}$ Argumente hat, so erhalten wir, unter den genannten Bedingungen, für die in dem Term $\mathfrak{e}$ auftretenden Argumente des Grundtypus (entweder direkt oder durch Ausrechnung) Ziffernwerte, und diesen Werten für die Argumente wird durch die Funktionsersetzung für den Grundtypus von $\mathfrak{e}$ wieder eine Ziffer als Funktionswert zugeordnet.

2. Für einen Grundtypus $\mathfrak{g}$ vom Range $\mathfrak{k}+1$ erhalten wir eine Funktions- bzw. Ziffernersetzung, wenn für die Grundtypen der ε-Ausdrücke vom Range 1, die dem Term $\mathfrak{g}$ untergeordnet sind, Funktionsersetzungen gegeben werden und wenn ferner für den Grundtypus vom Range $\mathfrak{k}$, der aus $\mathfrak{g}$ durch Eintragung jener Funktionsersetzungen entsteht, eine Funktions- oder Ziffernersetzung gegeben wird, je nachdem dieser entstehende Grundtypus Argumente enthält oder nicht.

Daß in der Tat aus dem Term $\mathfrak{g}$ vom Range $\mathfrak{k}+1$ durch die Eintragung der Funktionsersetzung (für die Grundtypen der ε-Ausdrücke vom Range 1) ein ε-Term vom Range $\mathfrak{k}$ entsteht, entnimmt man leicht aus der Definition des Ranges[1]. Daß ferner dieser ε-Term vom Range $\mathfrak{k}$ wieder ein Grundtypus ist, ergibt sich daraus, daß ja durch die Funktionsersetzungen an der Ausfüllung der (gegebenenfalls vorhandenen) Argumentstellen von $\mathfrak{g}$ durch Variablen nichts geändert wird, und daß ferner dadurch auch keine weiteren Terme als Bestandteile hinzutreten.

Wir erhalten nun aus 1. eine Anweisung, um die Bestimmung von Ziffernersetzungen für die ε-Terme einer gegebenen Formelreihe schrittweise zurückzuführen auf Ersetzungen für Grundtypen, und aus 2. eine Anweisung, um die Ersetzungen für Grundtypen von höherem als erstem Rang schrittweise zurückzuführen auf solche für Grundtypen vom Range 1.

Bei dieser Art der Herstellung der Ziffernersetzungen für die ε-Terme wird es nötig, zu unterscheiden zwischen der *„Gesamtersetzung" als dem Inbegriff der unmittelbaren Ziffern- und Funktionsersetzungen für die Grundtypen* und dem Inbegriff der *„effektiven" Ersetzungen* für die in den gegebenen Formeln vorkommenden ε-Terme. Aus der Gesamtersetzung bestimmen sich die effektiven Ersetzungen, aber im allgemeinen nicht umgekehrt. Die Grundtypen, für die wir Ersetzungen anzugeben haben, sind zunächst die Grundtypen aller in der gegebenen Formelreihe vorkommenden ε-Ausdrücke vom Range 1, ferner solche Grundtypen vom Range 1, die aus Grundtypen von ε-Ausdrücken höheren Ranges durch Eintragung von Funktionsersetzungen für die ihnen untergeordneten ε-Ausdrücke hervorgehen, wobei diese Eintragungen schrittweise „von innen her" erfolgen, so daß jeweils nur Grundtypen vom ersten Rang eine Ersetzung erhalten.

Nehmen wir als Beispiel hierfür die Herstellung einer Ersetzung für den Term

$$\varepsilon_x\{\delta(x) + \varepsilon_y\left[\varepsilon_z\left(y \cdot y = (z \cdot (z \cdot z))'\right) + \varepsilon_z\left((4 \cdot 5) \cdot (x + y) = z \cdot z\right)\right.$$
$$\left. = x + \varepsilon_z(z + z \neq z) \cdot y'\right] = 0''''\}$$

Dieser Term, welcher mit $\mathfrak{e}$ bezeichnet werde, hat den Grundtypus

$$\varepsilon_x\{\delta(x) + \varepsilon_y\left[\varepsilon_z\left(y \cdot y = (z \cdot (z \cdot z))'\right) + \varepsilon_z\left(a \cdot (x + y) = z \cdot z\right) = x + b \cdot y'\right] = c\},$$

den wir mit $\mathfrak{g}$ bezeichnen wollen. Eine Ziffernersetzung für $\mathfrak{e}$ bestimmt sich nach unserem Verfahren aus einer Funktionsersetzung $\mathfrak{g}_1(a, b, c)$ für $\mathfrak{g}$, und einer Ziffernersetzung $\mathfrak{z}$ für $\varepsilon_z(z + z \neq z)$. Nämlich wir erhalten aus $\mathfrak{g}_1(a, b, c)$ und $\mathfrak{z}$ für $\mathfrak{e}$ die Ersetzung

$$\mathfrak{g}_1(4 \cdot 5, \mathfrak{z}, 0''''),$$

welche auf Grund der Festlegung der Werte von $\mathfrak{g}_1(a, b, c)$ einen bestimmten Ziffernwert ergibt. Nun wird jedoch die Ersetzung $\mathfrak{g}_1(a, b, c)$ für den Grundtypus $\mathfrak{g}$, der ja vom Range 3 ist, nicht unmittelbar ge-

[1] Vgl. S. 25.

wählt, sondern mit Hilfe von Ersetzungen für Grundtypen vom ersten Rang bestimmt. Hierzu suchen wir zuerst die ε-Ausdrücke vom Range 1 in $\mathfrak{g}$ auf:

$$\varepsilon_z\bigl(y \cdot y = (z \cdot (z \cdot z))'\bigr), \qquad \varepsilon_z\bigl(a \cdot (x + y) = z \cdot z\bigr).$$

Diese haben die Grundtypen

$$\varepsilon_z\bigl(c = (z \cdot (z \cdot z))'\bigr), \qquad \varepsilon_z(c = z \cdot z).$$

Wählen wir für diese die Funktionsersetzungen $\mathfrak{f}_1(c)$, $\mathfrak{f}_2(c)$ und tragen sie in $\mathfrak{g}$ ein, so entsteht der Grundtypus vom Range 2

$$\varepsilon_x\{\delta(x) + \varepsilon_y[\mathfrak{f}_1(y \cdot y) + \mathfrak{f}_2(a \cdot (x + y)) = x + b \cdot y'] = c\}.$$

Der hierin auftretende ε-Ausdruck vom Range 1

$$\varepsilon_y[\mathfrak{f}_1(y \cdot y) + \mathfrak{f}_2(a \cdot (x + y)) = x + b \cdot y']$$

hat den Grundtypus

$$\varepsilon_y[\mathfrak{f}_1(y \cdot y) + \mathfrak{f}_2(a \cdot (c + y)) = d + b \cdot y'].$$

Wird für diesen eine Funktionsersetzung $\mathfrak{h}(a, b, c, d)$ gewählt und diese in $\mathfrak{g}$ eingetragen, so entsteht der Grundtypus

$$\varepsilon_x\{\delta(x) + \mathfrak{h}(a, b, x, x) = c\}.$$

Für diesen Grundtypus vom Range 1 wird nun eine Funktionsersetzung gewählt, und diese bildet dann auch die Ersetzung $\mathfrak{g}_1(a, b, c)$ für den Grundtypus $\mathfrak{g}$.

Bei dieser Art der Bestimmung einer Ziffernersetzung für $\mathfrak{e}$ entsprechen den fünf verschiedenen in $\mathfrak{e}$ auftretenden ε-Ausdrücken ($\mathfrak{e}$ selbst mitgerechnet) fünf unmittelbare Ersetzungen für Grundtypen, und zwar erstens für die Grundtypen der drei direkt auftretenden ε-Ausdrücke vom Range 1

$$\varepsilon_z\bigl(y \cdot y = (z \cdot (z \cdot z))'\bigr), \qquad \varepsilon_z\bigl((4 \cdot 5) \cdot (x + y) = z \cdot z\bigr), \qquad \varepsilon_z(z + z \neq z)$$

und ferner für diejenigen Grundtypen ersten Ranges, die aus den Grundtypen der beiden ε-Ausdrücke vom zweiten und dritten Rang durch die sukzessiven Eintragungen der Funktionsersetzungen für die untergeordneten ε-Ausdrücke hervorgehen.

Betreffs der Wahl der Symbole für die Ersetzungsfunktionen ist noch zu bemerken, daß zur Ersetzung für verschiedene Grundtypen stets auch verschiedene Funktionszeichen genommen werden sollen (auch dann, wenn die Ersetzungsfunktionen ihrem Wertverlauf nach übereinstimmen). Diese Maßnahme hat den Zweck, zu verhüten, daß durch die Art der symbolischen Eintragung der Ersetzungsfunktionen eventuell komplizierende Übereinstimmungen zwischen ε-Termen zustande kommen von der Art, wie wir sie gerade durch die Heranziehung der Grundtypen vermeiden wollen.

Hinsichtlich der zu verwendenden Funktionszeichen kann für eine Formelreihe von vornherein, unabhängig von der Wahl der Ersetzungsfunktionen, eine Regelung erfolgen. Hierfür empfiehlt es sich, Funktionszeichen mit angehängten Nummern[1], oder auch Doppelnummern, zu verwenden. Wir denken uns jeweils eine diesbezügliche Vereinbarung getroffen, ohne daß dieses eigens erwähnt werden soll.

c) Durchführung des Hilbertschen Ansatzes bei Beschränkung auf ε-Terme vom Range 1. Wir haben nun eine Methode für die Ausführung der Ersetzungen gewonnen, die den Erfordernissen unserer Aufgabe[2], der Bestimmung einer Resolvente für eine gegebene Reihe von kritischen Formeln und Formeln der ε-Gleichheit, bei der Behandlung des allgemeinen Falles angepaßt ist. Sehen wir nun zu, wie sich mit der neuen Ersetzungsmethode das Aufsuchen einer Resolvente gemäß dem Hilbertschen Ansatz gestaltet.

Wir bemerken hier zunächst, daß diese Methode der Ersetzungen mittels der Grundtypen, ebenso wie schon das Verfahren der sukzessiven Reduktionen, die Wirkung hat, daß Formeln der ε-Gleichheit durch jede Gesamtersetzung zu wahren Formeln werden. Nämlich bei einer Formel der ε-Gleichheit

$$\mathfrak{a} = \mathfrak{b} \rightarrow \varepsilon_{\mathfrak{v}}\, \mathfrak{A}(\mathfrak{v}, \mathfrak{a}) = \varepsilon_{\mathfrak{v}}\, \mathfrak{A}(\mathfrak{v}, \mathfrak{b})$$

bestimmen sich die Ersetzungen für die beiden Terme $\varepsilon_{\mathfrak{v}}\, \mathfrak{A}(\mathfrak{v}, \mathfrak{a})$, $\varepsilon_{\mathfrak{v}}\, \mathfrak{A}(\mathfrak{v}, \mathfrak{b})$, die ja den gleichen Grundtypus haben, aus einer Funktionsersetzung für diesen Grundtypus und aus den Ziffernersetzungen, welche die eventuell eingelagerten ε-Terme erhalten. Wenn daher auf Grund einer Gesamtersetzung die Terme $\mathfrak{a}$, $\mathfrak{b}$ den gleichen Wert erhalten, so erhalten $\varepsilon_{\mathfrak{v}}\, \mathfrak{A}(\mathfrak{v}, \mathfrak{a})$, $\varepsilon_{\mathfrak{v}}\, \mathfrak{A}(\mathfrak{v}, \mathfrak{b})$ die gleiche Ziffernersetzung, und somit wird dann das Hinterglied der Formel eine wahre Formel; wenn andererseits $\mathfrak{a}$, $\mathfrak{b}$ auf Grund einer Gesamtersetzung verschiedene Werte erhalten, so wird das Vorderglied eine falsche Formel. Jedenfalls also geht die Formel der ε-Gleichheit in eine wahre Formel über. Wir brauchen demgemäß bei der Aufsuchung einer Resolvente nur auf die kritischen Formeln zu achten.

Um nun das Verfahren der sukzessiven Bildung von Gesamtersetzungen zu betrachten, wollen wir zuerst den Fall diskutieren, daß in der gegebenen Formelreihe nur ε-Terme ersten Ranges auftreten. In diesem Fall wird eine Gesamtersetzung gemäß unserer neuen Ersetzungsart angegeben durch Festlegung von Ersetzungen für die Grundtypen der vorkommenden ε-Terme. Wir beginnen stets mit derjenigen Ersetzung, bei welcher für jeden Grundtypus ohne Argument die 0-Ersetzung gewählt wird und für jeden Grundtypus mit Argumenten als Ersetzung

---

[1] Solche Nummern sind nicht etwa als Terme, sondern als figürliche Bestandteile der Funktionszeichen selbst anzusehen.

[2] Vgl. S. 95.

diejenige Funktion mit den gleichen Argumenten genommen wird, die für alle Werte der Argumente den Wert 0 hat. Diese Gesamtersetzung möge kurz als diejenige „mit lauter 0-Werten" bezeichnet werden.

Die Auffindung einer Exemplarersetzung aus einer kritischen Formel

$$\mathfrak{A}(\mathfrak{k}) \rightarrow \mathfrak{A}(\varepsilon_{\mathfrak{x}} \mathfrak{A}(\mathfrak{x}))$$

und ihre Verwertung geschieht nun in folgender Weise: Es sei $\varepsilon_{\mathfrak{x}} \mathfrak{B}(\mathfrak{x}, a_1, \ldots, a_n)$ Grundtypus von $\varepsilon_{\mathfrak{x}} \mathfrak{A}(\mathfrak{x})$, und die Argumentstellen dieses Grundtypus seien in $\varepsilon_{\mathfrak{x}} \mathfrak{A}(\mathfrak{x})$ durch die Terme $\mathfrak{t}_1, \ldots, \mathfrak{t}_n$ ausgefüllt; dann lautet die kritische Formel

$$\mathfrak{B}(\mathfrak{k}, \mathfrak{t}_1, \ldots, \mathfrak{t}_n) \rightarrow \mathfrak{B}(\varepsilon_{\mathfrak{x}} \mathfrak{B}(\mathfrak{x}, \mathfrak{t}_1, \ldots, \mathfrak{t}_n), \mathfrak{t}_1, \ldots, \mathfrak{t}_n).$$

Wird aus dieser Formel eine Exemplarersetzung gewonnen, so erfolgt dieses an Hand einer solchen Gesamtersetzung, bei welcher der Term $\varepsilon_{\mathfrak{x}} \mathfrak{A}(\mathfrak{x})$ durch 0 ersetzt wird und bei der die kritische Formel in eine falsche Formel übergeht[1]. Sind $\mathfrak{z}, \mathfrak{z}_1, \ldots, \mathfrak{z}_n$ die Ziffernwerte, welche die Terme $\mathfrak{k}, \mathfrak{t}_1, \ldots, \mathfrak{t}_n$ auf Grund dieser Gesamtersetzung erhalten, so muß die Ersetzungsfunktion, welche bei der Gesamtersetzung für den Grundtypus $\varepsilon_{\mathfrak{x}} \mathfrak{B}(\mathfrak{x}, a_1, \ldots, a_n)$ gewählt ist, für die Argumentwerte $\mathfrak{z}_1, \ldots, \mathfrak{z}_n$ den Wert 0 haben; andererseits muß die Formel $\mathfrak{B}(0, \mathfrak{z}_1, \ldots, \mathfrak{z}_n)$ eine falsche, $\mathfrak{B}(\mathfrak{z}, \mathfrak{z}_1, \ldots, \mathfrak{z}_n)$ eine wahre Formel sein. Die Ziffer $\mathfrak{z}$ bildet nun eine Exemplarersetzung in dem Sinne, daß bei jeder Gesamtersetzung, bei welcher die Terme $\mathfrak{t}_1, \ldots, \mathfrak{t}_n$ die Werte $\mathfrak{z}_1, \ldots, \mathfrak{z}_n$ erhalten und bei der die Ersetzungsfunktion für den Grundtypus $\varepsilon_{\mathfrak{x}} \mathfrak{B}(\mathfrak{x}, a_1, \ldots, a_n)$ den Argumentwerten $\mathfrak{z}_1, \ldots, \mathfrak{z}_n$ die Ziffer $\mathfrak{z}$ als Funktionswert zuordnet, die betrachtete kritische Formel in eine wahre Formel übergeht. Im gleichen Sinne bildet die kleinste Zahl $\mathfrak{m}$ unter denjenigen Zahlen $\mathfrak{r}$ aus der Reihe von $0'$ bis $\mathfrak{z}$, für welche die Formel $\mathfrak{B}(\mathfrak{r}, \mathfrak{z}_1, \ldots, \mathfrak{z}_n)$ eine wahre Formel ist, eine Minimalersetzung. Die Verwertung der gefundenen Minimalersetzung $\mathfrak{m}$ besteht nun darin, daß wir in einer neuen Gesamtersetzung an Stelle der vorherigen Ersetzungsfunktion für den Grundtypus $\varepsilon_{\mathfrak{x}} \mathfrak{B}(\mathfrak{x}, a_1, \ldots, a_n)$ eine neue Ersetzungsfunktion wählen, die sich ihrem Wertverlauf nach von jener dadurch unterscheidet, daß sie den Argumentwerten $\mathfrak{z}_1, \ldots, \mathfrak{z}_n$ nicht den Wert 0, sondern den Wert $\mathfrak{m}$ zuordnet. Dieser Funktionswert wird dann bei allen folgenden Gesamtersetzungen beibehalten.

Im allgemeinen werden an Hand einer Gesamtersetzung mehrere Exemplarersetzungen und daraus Minimalersetzungen gefunden, und diese werden dann alle gemeinsam für die Bildung der nachfolgenden Gesamtersetzung verwertet. Abgesehen aber von der Verwertung der Exemplar- bzw. Minimalersetzungen nehmen wir keine Veränderungen an den Gesamtersetzungen vor. Daher wird auch jede Ersetzungs-

[1] Vgl. S. 94.

funktion nur für endliche viele Werte bzw. Wertsysteme ihrer Argumente abgeändert, und es treten demnach, da wir ja von der Gesamtersetzung mit lauter 0-Werten ausgehen, nur solche Ersetzungsfunktionen auf, die höchstens für endlich viele Wertsysteme ihrer Argumente von 0 verschiedene Werte haben.

Durch den Übergang von den Exemplarersetzungen zu den Minimalersetzungen wird erreicht, daß bei jeder Gesamtersetzung die kritischen Formeln zweiter Art alle in wahre Formeln übergehen. Nämlich eine kritische Formel zweiter Art, die zu einem ε-Term vom Grundtypus $\varepsilon_{\mathfrak{x}}\,\mathfrak{B}(\mathfrak{x}, a_1, \ldots, a_n)$ gehört, hat die Gestalt

$$\mathfrak{B}(\mathfrak{l}, \mathfrak{k}_1, \ldots, \mathfrak{k}_n) \rightarrow \varepsilon_{\mathfrak{x}}\,\mathfrak{B}(\mathfrak{x}, \mathfrak{k}_1, \ldots, \mathfrak{k}_n) \neq \mathfrak{l}'.$$

Diese Formel geht nun bei einer Gesamtersetzung, bei welcher der Term $\varepsilon_{\mathfrak{x}}\,\mathfrak{B}(\mathfrak{x}, \mathfrak{k}_1, \ldots, \mathfrak{k}_n)$ die effektive Ersetzung 0 hat, jedenfalls in eine wahre Formel über; hat aber dieser Term bei einer Gesamtersetzung eine andere effektive Ersetzung $\mathfrak{r}$ und erhalten bei dieser Gesamtersetzung die Terme $\mathfrak{k}_1, \ldots, \mathfrak{k}_n$ die Werte $\mathfrak{z}_1, \ldots, \mathfrak{z}_n$, so muß in dieser Gesamtersetzung die Ersetzungsfunktion für den Grundtypus $\varepsilon_{\mathfrak{x}}\,\mathfrak{B}(\varepsilon, a_1, \ldots, a_n)$ so bestimmt sein, daß sie für die Argumentwerte $\mathfrak{z}_1, \ldots, \mathfrak{z}_n$ den Funktionswert $\mathfrak{r}$ hat. Dann aber muß, gemäß unserer Art der Bestimmung von Gesamtersetzungen, die Ziffer $\mathfrak{r}$ die Eigenschaft der Minimalersetzung für $\varepsilon_{\mathfrak{x}}\,\mathfrak{B}(\mathfrak{x}, \mathfrak{z}_1, \ldots, \mathfrak{z}_n)$ haben und somit die Formel

$$\mathfrak{B}(\mathfrak{s}, \mathfrak{z}_1, \ldots, \mathfrak{z}_n) \rightarrow \mathfrak{r} \neq \mathfrak{s}',$$

in welche die betrachtete kritische Formel zweiter Art bei der betreffenden Gesamtersetzung übergeht — ($\mathfrak{s}$ bezeichnet den Ziffernwert, den hierbei der Term $\mathfrak{l}$ erhält) — eine wahre Formel sein.

Da nun bei jeder Gesamtersetzung sowohl die Formeln der ε-Gleichheit wie auch die kritischen Formeln zweiter Art der gegebenen Formelreihe zu wahren Formeln werden, so muß durch eine Gesamtersetzung, die noch nicht eine Resolvente ist, mindestens eine kritische Formel erster Art falsch werden und somit durch diese Gesamtersetzung mindestens eine Exemplarersetzung gefunden werden, auf Grund deren dann eine weitere Gesamtersetzung gebildet wird.

Es kommt nun darauf an zu erkennen, daß der Prozeß der fortgesetzten Bildungen von Gesamtersetzungen nach einer von vornherein abschätzbaren Anzahl von Gesamtersetzungen zum Abschluß kommt, d. h. zu einer Resolvente führt. Hierzu machen wir uns folgendes klar:

1. Die Änderung einer Ersetzungsfunktion für einen Grundtypus kann stets nur darin bestehen, daß einem oder mehreren Wertsystemen der Argumente, denen vorher der Funktionswert 0 zugeordnet war, je ein von 0 verschiedener Funktionswert zugeordnet wird. Ein von 0 verschiedener Funktionswert wird also stets festgehalten, und es können

nur weitere von 0 verschiedene Werte hinzutreten. Ebenso kann die Abänderung der Ersetzung für einen Grundtypus ohne Argument nur darin bestehen, daß an Stelle der 0-Ersetzung eine Ersetzung durch eine von 0 verschiedene Ziffer tritt.

2. Eine effektive Ersetzung für einen ε-Term $\mathfrak{e}$, die sich aus einer Gesamtersetzung bestimmt[1], kann bei einer späteren Gesamtersetzung nur dann geändert werden, wenn entweder jene effektive Ersetzung eine 0-Ersetzung ist, die durch eine andere Ziffernersetzung abgelöst wird oder wenn die effektive Ersetzung für einen in $\mathfrak{e}$ eingelagerten ε-Term geändert wird.

Die Begründung hierfür ergibt sich aus der vorausgehenden Feststellung 1., indem wir noch berücksichtigen, daß die effektive Ersetzung für $\mathfrak{e}$ sich aus der Ersetzung für den Grundtypus von $\mathfrak{e}$ und den effektiven Ersetzungen für die eventuell in $\mathfrak{e}$ eingelagerten ε-Terme bestimmt.

Als Konsequenz aus der Feststellung 2. ergibt sich:

3. Unterscheidet sich eine Gesamtersetzung gegenüber einer früheren in den effektiven Ersetzungen, so besteht für die ε-Terme niedrigsten Grades, welche eine geänderte effektive Ersetzung erfahren, diese Änderung in der Ablösung der 0-Ersetzung durch eine andere Ziffernersetzung.

Wir können diesem Sachverhalt einen prägnanten Ausdruck geben, indem wir jeder Gesamtersetzung als ihren „Index" eine Folge von $\mathfrak{p}$ Nummern zuordnen, wobei $\mathfrak{p}$ der höchste vorkommende Grad eines ε-Terms in unserer gegebenen Formelreihe ist und die $\mathfrak{q}$-te Nummer (für $\mathfrak{q} = 1, \ldots, \mathfrak{p}$) die Anzahl derjenigen ε-Terme $\mathfrak{q}$-ten Grades angibt, für die auf Grund der Gesamtersetzung die effektive Ersetzung von der 0-Ersetzung verschieden ist. Nennen wir von zwei verschiedenen Indices denjenigen den „höheren", welcher an der frühsten Stelle, an der sich die Nummern der beiden Indices unterscheiden, die höhere Nummer aufweist, so spricht sich die Feststellung 3. folgendermaßen aus:

4. Von zwei Gesamtersetzungen, denen verschiedene effektive Ersetzungen entsprechen, hat die spätere den höheren Index.

5. Bedeutet $\mathfrak{n}_\mathfrak{q}$ (für $\mathfrak{q} = 1, \ldots, \mathfrak{p}$) die Anzahl der verschiedenen ε-Terme $\mathfrak{q}$-ten Grades in unserer gegebenen Formelreihe, so ist die Anzahl der verschiedenen in Betracht kommenden Indices von Gesamtersetzungen gleich

$$(\mathfrak{n}_1 + 1) \cdot \cdots \cdot (\mathfrak{n}_\mathfrak{p} + 1).$$

Denn für jeden Grad $\mathfrak{q}$ kann ja die Anzahl der ε-Terme $\mathfrak{q}$-ten Grades, die eine von der 0-Ersetzung verschiedene effektive Ersetzung haben, nur eine der Zahlen von 0 bis $\mathfrak{n}_\mathfrak{q}$ sein.

6. Beim Übergang von einer Gesamtersetzung zu einer nächsten, welcher auf Grund der Auffindung einer oder mehrerer Exemplarersetzungen erfolgt, wird für mindestens einen ε-Term die effektive Ersetzung verändert.

[1] Vgl. S. 105.

Sei nämlich $\varepsilon\ \mathfrak{B}(\mathfrak{x}, \mathfrak{t}_1, \ldots, \mathfrak{t}_n)$ ein ε-Term, zu dem eine von den kritischen Formeln gehört, die bei der Bildung der neuen Gesamtersetzung aus der vorherigen eine Exemplarersetzung liefern; sei ferner $\varepsilon_{\mathfrak{x}} \mathfrak{B}(\mathfrak{x}, a_1, \ldots, a_n)$ Grundtypus jenes ε-Terms und seien $\mathfrak{z}_1, \ldots, \mathfrak{z}_n$ die Werte der Terme $\mathfrak{t}_1, \ldots, \mathfrak{t}_n$ bei der Auffindung der Exemplarersetzung, so besteht die folgende Alternative: Entweder erhalten die Terme $\mathfrak{t}_1, \ldots, \mathfrak{t}_n$ bei der neuen Gesamtersetzung wiederum die Werte $\mathfrak{z}_1, \ldots, \mathfrak{z}_n$; dann kommt bei dieser Gesamtersetzung in der effektiven Ersetzung von $\varepsilon_{\mathfrak{x}} \mathfrak{B}(\mathfrak{x}, \mathfrak{t}_1, \ldots, \mathfrak{t}_n)$ der neue Funktionswert zur Verwendung, den die Ersetzungsfunktion von $\varepsilon_{\mathfrak{x}} \mathfrak{B}(\mathfrak{x}, a_1, \ldots, a_n)$, gemäß der geänderten Funktionsersetzung für diesen Grundtypus, für das Argumentsystem $\mathfrak{z}_1, \ldots, \mathfrak{z}_n$ erhält, und somit wird die effektive Ersetzung für den Term $\varepsilon_{\mathfrak{x}} \mathfrak{B}(\mathfrak{x}, \mathfrak{t}_1, \ldots, \mathfrak{t}_n)$ bei dem Übergang zu der neuen Gesamtersetzung verändert; oder mindestens einer der Terme $\mathfrak{t}_1, \ldots, \mathfrak{t}_n$ erhält bei der neuen Gesamtersetzung einen anderen Wert als zuvor, dann aber muß für mindestens einen in diesen Termen auftretenden ε-Term die effektive Ersetzung geändert sein.

Aus den Feststellungen 4. und 6. folgt nun, daß bei unserem Verfahren der Bildung von Gesamtersetzungen an jede Gesamtersetzung, die nicht eine Resolvente ist, sich eine weitere Gesamtersetzung von höherem Index anschließt. Hieraus aber ergibt sich auf Grund von 5., daß spätestens die $((\mathfrak{n}_1 + 1) \cdot \cdots \cdot (\mathfrak{n}_p + 1))$-te Gesamtersetzung eine Resolvente sein muß.

Hiermit ist für den Fall, daß in der gegebenen Formelreihe alle vorkommenden ε-Terme vom Range 1 sind, ein Verfahren zur Bestimmung einer Resolvente geliefert. Aus der gefundenen Abschätzung für die Anzahl der erforderlichen Gesamtersetzungen können wir noch eine einfachere, wenn auch unschärfere Abschätzung gewinnen, die den Vorzug hat, nur von der Gesamtanzahl

$$\mathfrak{n} = \mathfrak{n}_1 + \cdots + \mathfrak{n}_p$$

der verschiedenen in der gegebenen Formelreihe vorkommenden ε-Terme abhängig zu sein. Berücksichtigen wir nämlich, daß für jede Anzahl $\mathfrak{z}$ die Beziehung

$$\mathfrak{z} + 1 \leqq 2^{\mathfrak{z}}$$

gilt, so erhalten wir

$$\begin{aligned}(\mathfrak{n}_1 + 1) \cdot \cdots \cdot (\mathfrak{n}_p + 1) &\leqq 2^{\mathfrak{n}_1} \cdot \cdots \cdot 2^{\mathfrak{n}_p} \\ &\leqq 2^{\mathfrak{n}_1 + \cdots + \mathfrak{n}_p} \\ &\leqq 2^{\mathfrak{n}}.\end{aligned}$$

Die Anzahl der erforderlichen Gesamtersetzungen beträgt somit höchstens $2^{\mathfrak{n}}$, wenn $\mathfrak{n}$ die Anzahl der verschiedenen in der gegebenen Formelreihe auftretenden ε-Terme ist.

Zur Gewinnung dieses Ergebnisses hätten wir das Verfahren der Funktionsersetzung mittels der Grundtypen nicht gebraucht, wenn es auch hier zur Verdeutlichung der Betrachtung beiträgt. Wesentlich kommt dieses Verfahren erst bei dem allgemeinen Falle zur Geltung, wo wir es mit ε-Termen sowie kritischen Formeln auch von höherem als erstem Rang zu tun haben.

d) Bildung einer Aufeinanderfolge von Gesamtersetzungen im allgemeinen Fall. Zur Behandlung des allgemeinen Falles gehen wir zunächst darauf aus, wiederum ein Verfahren zur Bildung einer Aufeinanderfolge von Gesamtersetzungen zu gewinnen, das nur dann zum Stillstand kommt, wenn eine erhaltene Gesamtersetzung die Eigenschaft einer Resolvente hat. Auf Grund unserer Methode der Ausführung von Ersetzungen, bei der wir ja die Ersetzung für Grundtypen höheren Ranges auf Ersetzungen für solche vom ersten Rang zurückführen, ist es naturgemäß, daß die Herstellung der Gesamtersetzungen auf rekursivem Wege erfolgt, derart, daß die Behandlung einer Formelgesamtheit mit ε-Termen bis zum Rang $\mathfrak{m}+1$ zurückgeführt wird auf die Behandlung einer solchen mit dem Höchstrang $\mathfrak{m}$ der ε-Terme.

Wir wollen den maximalen vorkommenden Rang von ε-Termen in einer gegebenen Reihe von kritischen Formeln und Formeln der ε-Gleichheit kurz als den *Rang der Formelreihe* bezeichnen. Für den Fall einer Formelreihe vom Rang 1 kennen wir bereits ein Verfahren, um ausgehend von der Gesamtersetzung mit lauter 0-Werten immer weitere Gesamtersetzungen zu bilden, so lange bis wir auf eine Resolvente treffen. Dabei treten nur solche Ersetzungsfunktionen auf, die höchstens für endlich viele Wertsysteme ihrer Argumente einen von 0 verschiedenen Wert haben[1]. Um nun von diesem bekannten Verfahren zu einem solchen zu gelangen, welches das Entsprechende für Formelreihen von höherem Range leistet, machen wir Gebrauch von folgender Tatsache: Werden in einer gegebenen Formelreihe beliebigen Ranges für die Grundtypen der vorkommenden ε-Ausdrücke vom Range 1 Ersetzungen gewählt und werden diese (mit Benutzung der gewählten Symbole für die Ersetzungsfunktionen) in die kritischen Formeln und Formeln der ε-Gleichheit von höherem als erstem Rang symbolisch eingetragen, so gehen diese Formeln wieder in Formeln der gleichen Art über, wobei sich ihr Rang um 1 erniedrigt.

Nämlich die Erhaltung der charakteristischen Form der kritischen Formeln und der Formeln der ε-Gleichheit ergibt sich einesteils aus dem Umstand, daß bei den Ersetzungen für die Grundtypen deren Argumentstellen (wenn solche vorhanden sind) erhalten bleiben, und ferner aus den früher betrachteten Beziehungen[2] zwischen dem Auftreten von ε-Ausdrücken, einerseits in einem Term $\varepsilon_{\mathfrak{x}}\mathfrak{A}(\mathfrak{x})$, andererseits in der

[1] Vgl. S. 108–109, 115. [2] Vgl. S. 97.

entsprechenden Formel $\mathfrak{A}(c)$. Daß ferner der Rang der ε-Terme bei denen von zweitem und höherem Rang durch die Eintragung der Ersetzungen für die Grundtypen ersten Ranges um 1 erniedrigt wird, entnimmt man leicht aus der Definition des Ranges[1].

Wir erhalten somit, wenn die gegebene Formelreihe vom $(\mathfrak{m}+1)$-ten Rang ist, aus den kritischen Formeln und Formeln der ε-Gleichheit von höherem als erstem Rang durch die symbolische Eintragung der Ersetzungen für die Grundtypen ersten Ranges eine Reihe von kritischen Formeln und Formeln der ε-Gleichheit von nicht höherem als $\mathfrak{m}$-tem Rang.

Angenommen nun, es sei uns ein Verfahren bekannt, um für eine Formelreihe vom $\mathfrak{r}$-ten Rang, ausgehend von der Gesamtersetzung mit lauter 0-Werten immer weitere Gesamtersetzungen zu bilden, so lange als man nicht auf eine Resolvente geführt wird. Aus einem solchen Verfahren gewinnen wir ein entsprechendes Verfahren für eine gegebene Formelreihe $\mathfrak{R}$ vom $(\mathfrak{m}+1)$-ten Rang in folgender Weise.

Wir wählen zuerst für die Grundtypen ersten Ranges die Ersetzung mit lauter 0-Werten. Diese tragen wir symbolisch in die kritischen Formeln und Formeln der ε-Gleichheit von höherem als erstem Rang ein. Dadurch erhalten wir aus diesen eine Formelreihe vom $\mathfrak{m}$-ten Rang $\mathfrak{R}_1$. Auf diese Formelreihe wenden wir nun das Verfahren zur Bildung einer Aufeinanderfolge von Gesamtersetzungen an. Jede Gesamtersetzung für die Grundtypen der Formelreihe $\mathfrak{R}_1$ liefert zusammen mit den Ersetzungen für die Grundtypen ersten Ranges der Formelreihe $\mathfrak{R}$ eine Gesamtersetzung für $\mathfrak{R}$. Denn für jeden Grundtypus vom zweiten oder höheren Rang wird ja die Ersetzung aus derjenigen für den entsprechenden Grundtypus in $\mathfrak{R}_1$ erhalten, der aus jenem durch Eintragung der Ersetzungen für die ihm untergeordneten ε-Ausdrücke hervorgeht. So werden wir zu einer Aufeinanderfolge von Gesamtersetzungen

$$E_{11}, E_{12}, \ldots$$

für die Formelreihe $\mathfrak{R}$ geführt. Diese kann eventuell abbrechen, jedoch nur dann, wenn wir in der Bildung der Gesamtersetzungen für die Formelreihe $\mathfrak{R}_1$ zu einer Resolvente gelangen. Ist in diesem Falle die zugehörige Gesamtersetzung für $\mathfrak{R}$ ebenfalls eine Resolvente, so kommt das ganze Verfahren zum Abschluß. Sonst aber muß mindestens eine zu $\mathfrak{R}$ gehörige kritische Formel bei der betreffenden Gesamtersetzung $E_{1\mathfrak{k}_1}$ in eine falsche Formel übergehen. Und zwar muß eine solche kritische Formel vom ersten Rang sein, weil ja die Gesamtersetzung $E_{1\mathfrak{k}_1}$ aus einer Resolvente für $\mathfrak{R}_1$ gewonnen ist und somit die kritischen Formeln höheren als ersten Ranges durch sie zu wahren Formeln werden. Andererseits kann von den kritischen Formeln ersten Ranges keine solche zweiter Art falsch werden, weil die Ersetzungen für die Grundtypen ersten Ranges solche mit lauter 0-Werten sind. Somit wird mindestens eine kritische

[1] Vgl. S. 25.

Formel

$$\mathfrak{A}(\mathfrak{k}) \rightarrow \mathfrak{A}\left(\varepsilon_{\mathfrak{x}}\, \mathfrak{A}(\mathfrak{x})\right)$$

vom ersten Rang durch die Gesamtersetzung $E_{1\,\mathfrak{k}_1}$ zu einer falschen Formel. In der Auswertung dieser Formel kommen im allgemeinen auch die Ersetzungen für die Grundtypen zweiten und höheren Ranges zur Verwendung. Da jedoch diese kritische Formel vom ersten Rang ist, so machen sich jene Ersetzungen nur für die Wertbestimmung gewisser in $\mathfrak{A}(c)$ auftretender ε-Terme geltend. Wir erhalten somit, ebenso wie im Falle, wo überhaupt nur ε-Terme ersten Ranges vorhanden sind, aus jeder der kritischen Formeln vom ersten Rang, die bei der Gesamtersetzung $E_{1\,\mathfrak{k}_1}$ zu falschen Formeln werden, eine Exemplarersetzung, und weiter aus dieser eine Minimalersetzung. Diese Minimalersetzung können wir sodann zur Bildung einer neuen Ersetzung für den Grundtypus des ε-Terms verwerten, zu dem die betreffende kritische Formel gehört.

Wir bilden nunmehr für die Grundtypen ersten Ranges neue Ersetzungen, indem wir die Ersetzungen mit lauter 0-Werten durch Berücksichtigung derjenigen Ziffern- und Funktionswerte abändern, die sich aus den gefundenen Minimalersetzungen ergeben. Diese veränderten Ersetzungen tragen wir sodann in die kritischen Formeln und Formeln der ε-Gleichheit von höherem als erstem Rang ein und erhalten dadurch aus diesen Formeln eine Formelreihe $\mathfrak{R}_2$ vom Rang $\mathfrak{m}$. Auf $\mathfrak{R}_2$ kann dann wiederum das Verfahren zur Bildung einer Aufeinanderfolge von Gesamtersetzungen angewandt werden, und jede so erhaltene Gesamtersetzung für $\mathfrak{R}_2$ liefert, zusammen mit den Ersetzungen für die Grundtypen ersten Ranges, eine Gesamtersetzung für $\mathfrak{R}$. Wir erhalten demnach eine Aufeinanderfolge von Gesamtersetzungen für $\mathfrak{R}$:

$$E_{21}, E_{22}, \ldots .$$

Diese kann nur dann abbrechen, wenn wir für die Formelreihe $\mathfrak{R}_2$ eine Resolvente erhalten. Ist die zugehörige Gesamtersetzung für $\mathfrak{R}$ ebenfalls eine Resolvente, so schließt unser gesamtes Verfahren ab. Sonst aber muß durch die betreffende Gesamtersetzung $E_{2\,\mathfrak{k}_2}$ mindestens eine kritische Formel vom Rang 1 zu einer falschen Formel werden, und zwar muß diese kritische Formel erster Art sein. Denn bei einer kritischen Formel zweiter Art

$$\mathfrak{A}(\mathfrak{k}) \rightarrow \varepsilon_{\mathfrak{x}}\, \mathfrak{A}(\mathfrak{x}) \neq \mathfrak{k}'$$

erhält der Term $\varepsilon_{\mathfrak{x}}\, \mathfrak{A}(\mathfrak{x})$ durch die Gesamtersetzung entweder den Wert 0 oder einen solchen Ziffernwert, der die Minimalersetzung bildet — entweder für den Term $\varepsilon_{\mathfrak{x}}\, \mathfrak{A}(\mathfrak{x})$ selbst, falls dieser ein Grundtypus ist, oder sonst für denjenigen Term, der sich aus dem Term $\varepsilon_{\mathfrak{x}}\, \mathfrak{A}(\mathfrak{x})$ ergibt, indem für die in ihm auftretenden Argumente seines Grundtypus die aus der Gesamtersetzung hervorgehenden Werte eingetragen werden. Somit geht eine kritische Formel zweiter Art durch die Gesamtersetzung jedenfalls in eine wahre Formel über. Es muß daher wiederum mindestens eine kritische Formel erster Art vom Range 1 durch die Gesamtersetzung zu einer falschen Formel werden, und wir erhalten also eine oder mehrere Exemplarersetzungen und aus diesen weiter Minimalersetzungen, welche für die Ersetzungen der Grundtypen ersten Ranges neue von 0 verschiedene Ziffern- und Funktionswerte liefern.

Indem wir diese neuen Ziffern- und Funktionswerte an die Stelle der vorherigen 0-Werte setzen, erhalten wir neue Ersetzungen für die Grundtypen ersten Ranges. Durch Eintragung dieser Ersetzungen in die kritischen Formeln und Formeln der ε-Gleichheit von höherem als erstem Rang gewinnen wir aus diesen Formeln eine Formelreihe $\mathfrak{R}_3$ vom Range $\mathfrak{m}$. Auf diese kann nun wieder das Verfahren der Bildung einer Aufeinanderfolge von Gesamtersetzungen angewendet werden. Jede der dabei erhaltenen Gesamtersetzungen für $\mathfrak{R}_3$ liefert eine Gesamtersetzung für $\mathfrak{R}$, und wir gewinnen so eine Aufeinanderfolge von Gesamtersetzungen für $\mathfrak{R}$:

$$E_{31}, E_{32}, \ldots .$$

Diese kann nur abbrechen, wenn wir zu einer Resolvente von $\mathfrak{R}_3$ gelangen. Die entsprechende Gesamtersetzung von $\mathfrak{R}$ ist dann entweder auch eine Resolvente für $\mathfrak{R}$, und es kommt dann unser gesamtes Verfahren zum Abschluß, oder es muß bei der betreffenden Gesamtersetzung eine kritische Formel ersten Ranges falsch werden, und zwar eine solche erster Art. Es ergeben sich dann wieder Exemplar- und Minimalersetzungen, welche zu neuen Ersetzungen für die Grundtypen ersten Ranges führen.

Auf diese Art kann das Verfahren unbegrenzt fortgesetzt werden, sofern man nicht an einer Stelle zu einer Resolvente gelangt. Somit läßt sich in der Tat aus einem Verfahren von der vorausgesetzten Art zur Bildung von Gesamtersetzungen für Formelreihen vom Rang $\mathfrak{m}$ ein solches Verfahren gewinnen, welches das entsprechende für Formelreihen vom Rang $\mathfrak{m}+1$ leistet. Und es ergibt sich demnach rekursiv ein solches Verfahren für Formelreihen beliebigen Ranges.

Dieses Verfahren ist insbesondere so beschaffen, daß bei jedem Übergang von einer Gesamtersetzung zur nächsten eine Änderung der Ersetzung für einen Grundtypus stets nur darin besteht, daß entweder an Stelle der 0-Ersetzung eine andere Ziffernersetzung tritt, oder daß, im Falle einer Funktionsersetzung, die Ersetzungsfunktion für einige (endlich viele) Wertsysteme der Argumente an Stelle des Funktionswertes 0 einen anderen Wert erhält. Hieraus folgt zugleich auch, daß alle vorkommenden Ersetzungsfunktionen höchstens für endlich viele Werte bzw. Wertsysteme der Argumente einen von 0 verschiedenen Wert haben.

Bemerkung. Wenn die gegebene Formelreihe $\mathfrak{R}$ vom Rang 2 ist, so sind die Formelreihen $\mathfrak{R}_1$, $\mathfrak{R}_2$, ... vom ersten Rang. Wir kommen daher zur Gewinnung von Resolventen für diese Formelreihen ohne die Methode der Funktionsersetzungen, d. h. mit bloßen Ziffernersetzungen aus. In diesem Falle läßt sich also, ohne daß im übrigen das Verfahren geändert wird, die Anwendung der Grundtypen für die Ersetzungen auf die ε-Ausdrücke vom Range 1 beschränken. Ein solches Verfahren empfiehlt sich insbesondere dann, wenn die vorkommenden ε-Terme zweiten Ranges alle vom Grade 1 sind, so daß die Auffindung von Resolventen für die Formelreihen $\mathfrak{R}_1, \mathfrak{R}_2, \ldots$ nach der anfangs betrachteten direkten Methode gelingt.

e) Nachweis der Bestimmbarkeit einer Resolvente im Falle, daß alle kritischen Formeln solche von erster Art sind. Mit dem beschriebenen Verfahren zur Bildung von Gesamtersetzungen ist nun unser Ziel noch keineswegs erreicht; vielmehr bleibt noch die hauptsächliche Aufgabe, zu zeigen, daß dieses Verfahren zu einem Abschluß führt. Dieser Nachweis ist jedoch in allgemeiner Weise nicht gelungen, sondern nur für den Fall, daß in der zu betrachtenden Formelreihe die kritischen Formeln zweiter Art alle vom Range 1 sind.

Um unter dieser Annahme den Nachweis zu führen, empfiehlt es sich, zunächst die noch stärkere Voraussetzung zu machen, daß in der betrachteten Formelreihe alle kritischen Formeln von erster Art sind. Wir haben dann die Erleichterung, daß wir bei dem Verfahren der Bildung von Gesamtersetzungen nicht von den Exemplarersetzungen zu den Minimalersetzungen überzugehen brauchen, vielmehr die Exemplarersetzungen direkt für die jeweils neu zu bildende Gesamtersetzung verwerten können. Für das hierdurch vereinfachte Verfahren der Bildung von Gesamtersetzungen können wir in der Tat nachweisen, daß man nach einer von vornherein abschätzbaren Anzahl von Gesamtersetzungen jedenfalls zu einer Resolvente gelangt.

Die Bestimmung der Abschätzung geschieht auf rekursivem Wege. Wie wir wissen[1], ist für eine Formelreihe vom Range 1 die Anzahl der erforderlichen Gesamtersetzungen bis zu einer Resolvente höchstens gleich $2^{\mathfrak{n}}$, wenn $\mathfrak{n}$ die Anzahl der verschiedenen in der Formelreihe vorkommenden ε-Terme bezeichnet.

Nehmen wir nun an, es sei uns für eine gewisse Rangzahl $\mathfrak{m}$ eine Abschätzung $\psi(\mathfrak{n})$ bekannt für die Höchstzahl von Gesamtersetzungen, die wir brauchen, um für eine Formelreihe vom Range $\mathfrak{m}$, bestehend aus kritischen Formeln erster Art und Formeln der ε-Gleichheit, worin nicht mehr als $\mathfrak{n}$ verschiedene ε-Terme auftreten, durch unser Verfahren der Bildung von Gesamtersetzungen, in der vereinfachten Form, d. h. mit direkter Verwertung der Exemplarersetzungen, zu einer Resolvente zu gelangen. Unter dieser Annahme soll eine entsprechende Abschätzung für Formelreihen vom Range $\mathfrak{m}+1$ gefunden werden.

---

[1] Vgl. S. 111f.

Sei $\mathfrak{R}$ eine solche Formelreihe $(\mathfrak{m}+1)$-ten Ranges, bestehend aus kritischen Formeln erster Art und Formeln der ε-Gleichheit, mit höchstens $\mathfrak{n}$ verschiedenen darin vorkommenden ε-Termen. Zu dieser können wir in der zuvor beschriebenen Weise Gesamtersetzungen

$$\begin{array}{l} E_{11}, E_{12}, \ldots, E_{1\mathfrak{k}_1} \\ E_{21}, E_{22}, \ldots, E_{2\mathfrak{k}_2} \\ \vdots \quad\;\; \vdots \end{array}$$

bilden, wobei wir jetzt allenthalben die Vereinfachung anbringen, daß der Übergang von den Exemplarersetzungen zu den Minimalersetzungen unterbleibt.

Eine jede Gesamtersetzung $E_{\mathfrak{p}\mathfrak{r}}$ $(\mathfrak{r}=1,2,\ldots,\mathfrak{k}_{\mathfrak{p}})$ ist gebildet aus zwei „Teilersetzungen", einer solchen bestehend aus Ersetzungen für die Grundtypen vom Range 1 aus $\mathfrak{R}$ und einer solchen für die übrigen Grundtypen. Die erste Teilersetzung „$E_{\mathfrak{p}}$" ist für alle Gesamtersetzungen $E_{\mathfrak{p}1}E_{\mathfrak{p}2},\ldots,E_{\mathfrak{p}\mathfrak{k}_{\mathfrak{p}}}$ die gleiche. Durch die Eintragung der Teilersetzung $E_{\mathfrak{p}}$ in die kritischen Formeln und Formeln der ε-Gleichheit von höherem als erstem Rang entsteht aus $\mathfrak{R}$ eine Formelreihe $\mathfrak{m}$-ten Ranges $\mathfrak{R}_{\mathfrak{p}}$. Die zweite Teilersetzung von $E_{\mathfrak{p}\mathfrak{r}}$, die aus den Ersetzungen für die Grundtypen höheren Ranges besteht — sie heiße „$E^*_{\mathfrak{p}\mathfrak{r}}$" —, bestimmt sich aus einer Gesamtersetzung für die Grundtypen von $\mathfrak{R}_{\mathfrak{p}}$, die mit „$E'_{\mathfrak{p}\mathfrak{r}}$" bezeichnet werde.

Die Gesamtersetzungen $E'_{\mathfrak{p}1}, E'_{\mathfrak{p}2},\ldots$ werden durch die Anwendung unseres Verfahrens der Bildung von Gesamtersetzungen auf die Formelreihe $\mathfrak{R}_{\mathfrak{p}}$ gewonnen. Da diese vom $\mathfrak{m}$-ten Range ist, und die Anzahl der verschiedenen darin vorkommenden ε-Terme nicht größer ist als die Anzahl der verschiedenen ε-Terme in $\mathfrak{R}$, also höchstens gleich $\mathfrak{n}$, so muß gemäß unserer Voraussetzung die Aufeinanderfolge dieser Gesamtersetzungen spätestens bei der $\psi(\mathfrak{n})$-ten, welche dann eine Resolvente ist, zum Abschluß kommen. Es gilt hiernach die Abschätzung

$$\mathfrak{k}_{\mathfrak{p}} \leq \psi(\mathfrak{n}).$$

Um nun zu der gewünschten Abschätzung für die Anzahl der im ganzen erforderlichen Gesamtersetzungen zu gelangen, ist es hinreichend, daß wir für die Anzahl der Teilersetzungen $E_{\mathfrak{p}}$ $(\mathfrak{p}=1,2,\ldots)$ eine obere Schranke finden. Hierzu vergegenwärtigen wir uns folgende Tatsachen:

1. Tragen wir in die kritischen Formeln und Formeln der ε-Gleichheit ersten Ranges von $\mathfrak{R}$ die Teilersetzung $E^*_{\mathfrak{p}\mathfrak{r}}$ symbolisch ein, so entstehen Formeln der gleichen Art, welche ε-Terme nur vom ersten Rang enthalten; diese bilden also eine Formelreihe vom Range 1, welche mit „$\mathfrak{R}_{\mathfrak{p}\mathfrak{r}}$" bezeichnet werde. Die Teilersetzung $E_{\mathfrak{p}}$ bildet eine Gesamtersetzung für $\mathfrak{R}_{\mathfrak{p}\mathfrak{r}}$.

2. Wenn die Teilersetzungen $E^*_{\mathfrak{p}\mathfrak{r}}$, $E^*_{\mathfrak{q}\mathfrak{r}}$ übereinstimmen, so stimmen auch die Formelreihen $\mathfrak{R}_{\mathfrak{p}\mathfrak{r}}$, $\mathfrak{R}_{\mathfrak{q}\mathfrak{r}}$ überein. Insbesondere folgt hiernach, weil ja die Teilersetzungen $E^*_{\mathfrak{p}1}$ $(\mathfrak{p}=1,2,\ldots)$ solche mit lauter 0-Werten sind, daß die Formelreihen $\mathfrak{R}_{\mathfrak{p}1}$ $(\mathfrak{p}=1,2,\ldots)$ alle mit $\mathfrak{R}_{11}$ übereinstimmen.

3. Die Teilersetzung E_1 ist eine solche mit lauter 0-Werten. Wenn $E_{\mathfrak{p}}$ für $\mathfrak{R}_{\mathfrak{p}\,\mathfrak{k}_{\mathfrak{p}}}$ eine Resolvente ist, so ist die Gesamtersetzung $E_{\mathfrak{p}\,\mathfrak{k}_{\mathfrak{p}}}$ eine Resolvente für $\mathfrak{R}$. Sonst aber wird eine von $E_{\mathfrak{p}}$ verschiedene Teilersetzung $E_{\mathfrak{p}+1}$ gebildet; diese unterscheidet sich von $E_{\mathfrak{p}}$ dadurch, daß gewisse 0-Werte, die in $E_{\mathfrak{p}}$ als Ziffernersetzungen oder als Werte von Ersetzungsfunktionen auftreten, durch andere Werte ersetzt werden.

4. Für eine Teilersetzung $E_{\mathfrak{p}}$ können wir mit Bezug auf eine Formelreihe $\mathfrak{R}_{\mathfrak{p}\,\mathfrak{r}}$, für welche ja (nach 1.) $E_{\mathfrak{p}}$ eine Gesamtersetzung bildet, entsprechend wie früher[1] einen „Index" definieren als Aufeinanderfolge der Nummern, die der Reihe nach für jede vorkommende Gradzahl von ε-Termen in $\mathfrak{R}_{\mathfrak{p}\,\mathfrak{r}}$ die Anzahl derjenigen ε-Terme angeben, die eine von der 0-Ersetzung verschiedene Ersetzung erhalten.

Ist $\mathfrak{R}_{\mathfrak{p}\,\mathfrak{r}}$ die gleiche Formelreihe wie $\mathfrak{R}_{\mathfrak{q}\,\mathfrak{r}}$ und $\mathfrak{p} < \mathfrak{q}$, so stimmen entweder die effektiven Ersetzungen, welche $E_{\mathfrak{p}}$ und $E_{\mathfrak{q}}$ für diese Formelreihe liefern, überein oder $E_{\mathfrak{q}}$ hat in bezug auf diese Formelreihe einen höheren Index als $E_{\mathfrak{p}}$. Dieses ergibt sich aus dem letzten Teil der Feststellung 3. Die Überlegung ist hier ganz entsprechend, wie wir sie zuvor für Formelreihen vom Range 1 ausgeführt haben[1].

5. Stimmen die Teilersetzungen $E^*_{\mathfrak{p}_1\mathfrak{r}}, E^*_{\mathfrak{p}_2\mathfrak{r}}, \ldots, E^*_{\mathfrak{p}_{\mathfrak{g}}\mathfrak{r}}$ überein, so kann es unter den Gesamtersetzungen $E_{\mathfrak{p}_1\mathfrak{r}}, E_{\mathfrak{p}_2\mathfrak{r}}, \ldots, E_{\mathfrak{p}_{\mathfrak{g}}\mathfrak{r}}$ *in Hinsicht auf die effektiven Ersetzungen* der ε-Terme höchstens $2^{\mathfrak{n}}$ verschiedene geben.

Nämlich aus der Voraussetzung folgt, daß $\mathfrak{R}_{\mathfrak{p}_1\mathfrak{r}}$ die gleiche Formelreihe ist wie $\mathfrak{R}_{\mathfrak{p}_2\mathfrak{r}}, \ldots, \mathfrak{R}_{\mathfrak{p}_{\mathfrak{g}}\mathfrak{r}}$. Für diese Formelreihe, die jedenfalls nicht mehr als $\mathfrak{n}$ verschiedene ε-Terme enthält, sind nun $E_{\mathfrak{p}_1}, \ldots, E_{\mathfrak{p}_{\mathfrak{g}}}$ Gesamtersetzungen. Von den Indices dieser Gesamtersetzungen können nicht mehr als $2^{\mathfrak{n}}$ voneinander verschieden sein; daher kann es, gemäß der Feststellung 4., unter den von $E_{\mathfrak{p}_1}, \ldots, E_{\mathfrak{p}_{\mathfrak{g}}}$ für die Formelreihe $\mathfrak{R}_{\mathfrak{p}_1\mathfrak{r}}$ gelieferten effektiven Ersetzungen höchstens $2^{\mathfrak{n}}$ verschiedene geben. Hieraus aber erhält man die Behauptung, indem man berücksichtigt, daß allgemein die effektiven Ersetzungen, die sich aus einer Gesamtersetzung $E_{\mathfrak{p}\,\mathfrak{r}}$ für die ε-Terme von $\mathfrak{R}$ ergeben, durch die Teilersetzung $E^*_{\mathfrak{p}\,\mathfrak{r}}$ in Verbindung mit den effektiven Ersetzungen, welche $E_{\mathfrak{p}}$ für die Formelreihe $\mathfrak{R}_{\mathfrak{p}\,\mathfrak{r}}$ liefert, eindeutig bestimmt sind.

6. Stimmen die Gesamtersetzungen $E_{\mathfrak{p}\,\mathfrak{r}}, E_{\mathfrak{q}\,\mathfrak{r}}$ hinsichtlich der effektiven Ersetzungen sowie hinsichtlich der Teilersetzungen $E^*_{\mathfrak{p}\,\mathfrak{r}}, E^*_{\mathfrak{q}\,\mathfrak{r}}$ überein, so ist, falls $\mathfrak{r} < \mathfrak{k}_{\mathfrak{p}}$, auch $\mathfrak{r} < \mathfrak{k}_{\mathfrak{q}}$, und es stimmt dann auch $E^*_{\mathfrak{p},\,\mathfrak{r}+1}$ mit $E^*_{\mathfrak{q},\,\mathfrak{r}+1}$ überein; falls $\mathfrak{r} = \mathfrak{k}_{\mathfrak{p}}$, so ist auch $\mathfrak{r} = \mathfrak{k}_{\mathfrak{q}}$.

Betrachten wir nämlich irgend zwei kritische Formeln von $\mathfrak{R}_{\mathfrak{p}}$ und $\mathfrak{R}_{\mathfrak{q}}$, die aus derselben Formel

$$\mathfrak{A}(\mathfrak{k}) \rightarrow \mathfrak{A}\left(\varepsilon_{\mathfrak{x}}\, \mathfrak{A}(\mathfrak{x})\right)$$

durch die Teilersetzungen $E_{\mathfrak{p}}$, $E_{\mathfrak{q}}$ hervorgehen; sie mögen lauten:

$$\mathfrak{A}_1(\mathfrak{k}_1) \rightarrow \mathfrak{A}_1\left(\varepsilon_{\mathfrak{x}}\, \mathfrak{A}_1(\mathfrak{x})\right), \qquad \mathfrak{A}_2(\mathfrak{k}_2) \rightarrow \mathfrak{A}_2\left(\varepsilon_{\mathfrak{x}}\, \mathfrak{A}_2(\mathfrak{x})\right).$$

[1] Vgl. S. 110.

Da die Gesamtersetzungen $E_{\mathfrak{p}\mathfrak{r}}$, $E_{\mathfrak{q}\mathfrak{r}}$ hinsichtlich der effektiven Ersetzungen übereinstimmen, so muß der Wahrheitswert, den die erste Formel durch $E'_{\mathfrak{p}\mathfrak{r}}$ erhält, übereinstimmen mit dem Wahrheitswert, den die zweite durch $E'_{\mathfrak{q}\mathfrak{r}}$ erhält. Ebenso muß der Wert, den $\mathfrak{k}_1$ durch $E'_{\mathfrak{p}\mathfrak{r}}$ erhält, übereinstimmen mit dem Wert, den $\mathfrak{k}_2$ durch $E'_{\mathfrak{q}\mathfrak{r}}$ erhält. Wenn der Grundtypus von $\varepsilon_{\mathfrak{x}}\mathfrak{A}_1(\mathfrak{x})$ Argumente hat, so hat derjenige von $\varepsilon_{\mathfrak{x}}\mathfrak{A}_2(\mathfrak{x})$ die gleiche Anzahl von Argumenten, und jedes Argument des ersten Grundtypus erhält durch $E'_{\mathfrak{p}\mathfrak{r}}$ den gleichen Wert wie das entsprechende Argument des zweiten Grundtypus durch $E'_{\mathfrak{q}\mathfrak{r}}$. Liefert daher die erste der beiden Formeln an Hand der Gesamtersetzung $E'_{\mathfrak{p}\mathfrak{r}}$ eine Exemplarersetzung, so liefert die zweite an Hand der Gesamtersetzung $E'_{\mathfrak{q}\mathfrak{r}}$ die gleiche Exemplarersetzung.

Da diese Beziehungen für jedes Paar von kritischen Formeln zutreffen, welche in der genannten Weise einander entsprechen, so folgt erstens, daß $E'_{\mathfrak{p}\mathfrak{r}}$ dann und nur dann eine Resolvente für $\mathfrak{R}_{\mathfrak{p}}$ ist, wenn $E'_{\mathfrak{q}\mathfrak{r}}$ eine Resolvente für $\mathfrak{R}_{\mathfrak{q}}$ ist; und ferner ergibt sich, falls $E'_{\mathfrak{p}\mathfrak{r}}$, $E'_{\mathfrak{q}\mathfrak{r}}$ nicht Resolventen sind, daß beim Übergang von $E'_{\mathfrak{p}\mathfrak{r}}$ zu $E'_{\mathfrak{p},\mathfrak{r}+1}$ die neu hinzutretenden von 0 verschiedenen Werte in den Ziffern- und Funktionsersetzungen die gleichen sind wie beim Übergang von $E'_{\mathfrak{q}\mathfrak{r}}$ zu $E'_{\mathfrak{q},\mathfrak{r}+1}$, und hieraus folgt weiter, da ja $E^*_{\mathfrak{p}\mathfrak{r}}$ nach Voraussetzung mit $E^*_{\mathfrak{q}\mathfrak{r}}$ übereinstimmt, daß in dem betreffenden Fall auch $E^*_{\mathfrak{p},\mathfrak{r}+1}$ mit $E^*_{\mathfrak{q},\mathfrak{r}+1}$ übereinstimmt.

7. Wenn eine Teilersetzung $E^*_{\mathfrak{p}\mathfrak{t}_{\mathfrak{p}}}$ mit $E^*_{\mathfrak{q}\mathfrak{t}_{\mathfrak{p}}}$ übereinstimmt und $\mathfrak{p} < \mathfrak{q}$, so können die Gesamtersetzungen $E_{\mathfrak{p}\mathfrak{t}_{\mathfrak{p}}}$, $E_{\mathfrak{q}\mathfrak{t}_{\mathfrak{p}}}$ nicht hinsichtlich aller effektiven Ersetzungen übereinstimmen. Denn in der Teilersetzung $E_{\mathfrak{q}}$ sind (für $\mathfrak{q} > \mathfrak{p}$) die Exemplarersetzungen verwertet, die sich bei der Gesamtersetzung $E_{\mathfrak{p}\mathfrak{t}_{\mathfrak{p}}}$ aus kritischen Formeln vom Rang 1 ergeben haben; und da zufolge der Voraussetzung die Formelreihe $\mathfrak{R}_{\mathfrak{q}\mathfrak{t}_{\mathfrak{p}}}$ mit $\mathfrak{R}_{\mathfrak{p}\mathfrak{t}_{\mathfrak{p}}}$ übereinstimmt, so muß sich bei der Ausübung von $E_{\mathfrak{q}}$ auf diese Formelreihe die Verwertung jener Exemplarersetzungen (die ja erst bei der Anwendung von $E_{\mathfrak{p}}$ auf $\mathfrak{R}_{\mathfrak{p}\mathfrak{t}_{\mathfrak{p}}}$ gefunden wurden) in den effektiven Ersetzungen geltend machen, entweder direkt in den Ersetzungen für die ε-Terme, für welche Exemplarersetzungen gefunden sind, oder in veränderten Ersetzungen für gewisse Argumentterme jener ε-Terme[1].

Die Feststellungen 1.—7. wollen wir nun zur Gewinnung einer Abschätzung für die Anzahl der verschiedenen Teilersetzungen $E_{\mathfrak{p}}$ und damit auch für die Anzahl der Gesamtersetzungen $E_{\mathfrak{p}\mathfrak{r}}$ verwenden. Zur bequemeren Ausdrucksweise führen wir folgende Bezeichnungen ein:

Wir sprechen mit Bezug auf unsere schematische Anordnung der Gesamtersetzungen nach Zeilen und Spalten von „Ersetzungszeilen" und „Ersetzungsspalten" in dem Sinne, daß die $\mathfrak{p}$-te Ersetzungszeile von den Gesamtersetzungen $E_{\mathfrak{p}1}$, $E_{\mathfrak{p}2}, \ldots,$ die $\mathfrak{r}$-te Ersetzungsspalte von den Gesamtersetzungen $E_{1\mathfrak{r}}$, $E_{2\mathfrak{r}}, \ldots$ gebildet wird. Ferner wollen wir Gesamtersetzungen, welche die gleiche effektive Ersetzung liefern, als „effektiv

[1] Vgl. die entsprechende Überlegung S. 111.

gleich", solche die sich, eine jede von jeder anderen, in den effektiven Ersetzungen unterscheiden, als „effektiv verschiedene" Gesamtersetzungen bezeichnen.

Zwei Ersetzungszeilen, etwa die $\mathfrak{p}$-te und die $\mathfrak{q}$-te, mögen „$\mathfrak{r}$-fach gleichartig" heißen, wenn für jede der Ziffern $\mathfrak{s}$ von 1 bis $\mathfrak{r}$ entweder die Teilersetzungen $E^*_{\mathfrak{p}\mathfrak{s}}$, $E^*_{\mathfrak{q}\mathfrak{s}}$ übereinstimmen und außerdem die Gesamtersetzungen $E_{\mathfrak{p}\mathfrak{s}}$, $E_{\mathfrak{q}\mathfrak{s}}$ effektgleich sind, oder aber beide Ersetzungszeilen schon vor der $\mathfrak{s}$-ten Spalte abbrechen.

Denken wir uns nun die Bildung von Ersetzungszeilen bis einschließlich zur $\mathfrak{l}$-ten Zeile ausgeführt. Dann haben wir in unserem Schema der Gesamtersetzungen in jeder Spalte höchstens $\mathfrak{l}$, in jeder Zeile höchstens $\psi(\mathfrak{n})$ Gesamtersetzungen.

Die Abschätzung von $\mathfrak{l}$ ergibt sich nun folgendermaßen: Aus 4. und 5. folgt zunächst, weil die Teilersetzungen $E^*_{11}, E^*_{21}, \ldots, E^*_{\mathfrak{l}1}$ übereinstimmen, daß in der ersten Ersetzungsspalte höchstens $2^{\mathfrak{n}}$ effektiv verschiedene Gesamtersetzungen auftreten und daß in der Aufeinanderfolge der Gesamtersetzungen $E_{11}, E_{21}, \ldots, E_{\mathfrak{l}1}$ zwischen zwei effektgleichen Gesamtersetzungen nicht eine von ihnen effektiv verschiedene Gesamtersetzung stehen kann. Die erste Ersetzungsspalte zerlegt sich also in höchstens $2^{\mathfrak{n}}$ aufeinanderfolgende Abschnitte, in deren jedem die Gesamtersetzungen effektgleich sind. Beachten wir noch, daß im Falle, wo $E_{\mathfrak{p}1}$ und $E_{\mathfrak{q}1}$ effektgleich sind, die $\mathfrak{p}$-te und die $\mathfrak{q}$-te Zeile 1fach gleichartig sind, so ergibt sich, daß die Aufeinanderfolge der Ersetzungszeilen sich in höchstens $2^{\mathfrak{n}}$ Abschnitte zerlegt, derart, daß innerhalb jedes Abschnitts die Ersetzungszeilen 1fach gleichartig sind.

Weiter ergibt sich gemäß 6., daß, wenn die Ersetzungszeilen von der $\mathfrak{p}$-ten bis zur $\mathfrak{q}$-ten ($\mathfrak{p} < \mathfrak{q}$) $\mathfrak{r}$-fach gleichartig sind, dann entweder alle diese Ersetzungszeilen vor der $(\mathfrak{r}+1)$-ten Spalte abbrechen, also auch $(\mathfrak{r}+1)$-fach gleichartig sind, oder die Teilersetzungen $E^*_{\mathfrak{s},\mathfrak{r}+1}$ für alle Zeilennummern $\mathfrak{s}$ von $\mathfrak{p}$ bis $\mathfrak{q}$ die gleichen sind und somit auch die entsprechenden Formelreihen $\mathfrak{R}_{\mathfrak{s},\mathfrak{r}+1}$ übereinstimmen.

Hieraus aber folgt, wiederum auf Grund von 4. und 5., daß jede Aufeinanderfolge von Ersetzungszeilen, die $\mathfrak{r}$-fach gleichartig sind, entweder schon vor der $(\mathfrak{r}+1)$-ten Spalte abbricht, also eine Aufeinanderfolge von $(\mathfrak{r}+1)$-fach gleichartigen Ersetzungszeilen bildet, oder in höchstens $2^{\mathfrak{n}}$ Abschnitte zerfällt, in deren jedem die Ersetzungszeilen $(\mathfrak{r}+1)$-fach gleichartig sind.

Auf Grund hiervon können wir nun so argumentieren: Wie wir festgestellt haben, zerfällt die Aufeinanderfolge der $\mathfrak{l}$ Ersetzungszeilen in höchstens $2^{\mathfrak{n}}$ verschiedene Abschnitte, wobei in jedem Abschnitt die Ersetzungszeilen 1fach gleichartig sind; jeder dieser Abschnitte zerfällt wiederum in höchstens $2^{\mathfrak{n}}$ Abschnitte, innerhalb deren die Ersetzungszeilen 2fach gleichartig sind, jeder von diesen wieder in höchstens $2^{\mathfrak{n}}$ solche, innerhalb deren die Ersetzungszeilen 3fach gleichartig sind.

Indem wir so fortfahren, gelangen wir zu dem Ergebnis, daß die Aufeinanderfolge der Zeilen in höchstens $(2^{\mathfrak{n}})^{\psi(\mathfrak{n})}$ solche Abschnitte zerfällt, innerhalb deren die Ersetzungszeilen $\psi(\mathfrak{n})$-fach gleichartig sind. Nun kann es aber nicht zwei verschiedene Ersetzungszeilen geben, die $\psi(\mathfrak{n})$-fach gleichartig sind. Denn sind $\mathfrak{p}$, $\mathfrak{q}$ verschiedene Zeilennummern und ist $\mathfrak{p} < \mathfrak{q}$, so kann nach 7. die $\mathfrak{p}$-te Ersetzungszeile der $\mathfrak{q}$-ten nicht $\mathfrak{k}_{\mathfrak{p}}$-fach gleichartig sein, also können jedenfalls die beiden Ersetzungszeilen nicht $\psi(\mathfrak{n})$-fach gleichartig sein, da ja $\mathfrak{k}_{\mathfrak{p}} \leq \psi(\mathfrak{n})$ ist.

Demnach kann es in unserer betrachteten Aufeinanderfolge von Ersetzungszeilen überhaupt nur höchstens $(2^{\mathfrak{n}})^{\psi(\mathfrak{n})}$ Ersetzungszeilen geben, d. h. es ist jedenfalls

$$\mathfrak{l} \leq 2^{\mathfrak{n}\cdot\psi(\mathfrak{n})},$$

und somit können durch unser Verfahren der Bildung von Gesamtersetzungen im ganzen höchstens

$$2^{\mathfrak{n}\cdot\psi(\mathfrak{n})}\cdot\psi(\mathfrak{n})$$

Gesamtersetzungen zustande kommen. Wir gelangen also spätestens bei der $(2^{\mathfrak{n}\cdot\psi(\mathfrak{n})}\cdot\psi(\mathfrak{n}))$-ten Gesamtersetzung zu einer Resolvente.

Diese Abschätzung gilt nun für eine Formelreihe vom Range $\mathfrak{m}+1$, wenn $\psi(\mathfrak{n})$ eine schon bekannte Abschätzung für den Fall einer Formelreihe vom $\mathfrak{m}$-ten Range ist. Im Falle einer Formelreihe vom ersten Rang haben wir die Abschätzung $2^{\mathfrak{n}}$. Wir erhalten demnach eine rekursive Bestimmung einer Abschätzung $\psi(\mathfrak{m}, \mathfrak{n})$ für die Anzahl der erforderlichen Gesamtersetzungen zur Gewinnung einer Resolvente bei einer Formelreihe vom Range $\mathfrak{m}$ bestehend aus kritischen Formeln erster Art und Formeln der ε-Gleichheit mit höchstens $\mathfrak{n}$ verschiedenen auftretenden ε-Termen, indem wir setzen:

$$\psi(1, \mathfrak{n}) = 2^{\mathfrak{n}}$$
$$\psi(\mathfrak{m}+1, \mathfrak{n}) = 2^{\mathfrak{n}\cdot\psi(\mathfrak{m},\mathfrak{n})}\cdot\psi(\mathfrak{m}, \mathfrak{n}).$$

Diese Rekursionsgleichungen haben die Form einer primitiven Rekursion.

f) Versagen der Beweismethode bei der Hinzunahme kritischer Formeln zweiter Art von beliebigem Rang. Ergänzung des vorherigen Resultates. Durch den im vorigen Teil geführten Nachweis ist nun die Möglichkeit der Auffindung einer Resolvente zu einer gegebenen Reihe von kritischen Formeln erster Art und Formeln der ε-Gleichheit gezeigt. Wie wir sehen, müssen für die Behandlung der Formelreihen von höherem als erstem Rang zu der Grundidee des Hilbertschen Ansatzes noch weitere Beweisgedanken hinzugenommen werden. Die hier benutzte Beweismethode rührt von W. ACKERMANN her[1]. Auf einem

[1] ACKERMANN hat diesen Beweis, der eine Präzisierung und Vereinfachung desjenigen aus seiner Dissertation „Begründung des ‚tertium non datur‘ mittels der Hilbertschen Theorie der Widerspruchsfreiheit“ [Math. Ann. Bd. 93 (1924)] bildet, nur brieflich mitgeteilt.

anderen Wege, jedoch ebenfalls von dem Hilbertschen Ansatz ausgehend, ist J. VON NEUMANN zu dem gleichen Ziel gelangt[1].

Es hatte zunächst den Anschein, als ob die Methoden dieser Beweise ohne Schwierigkeit auch die Einbeziehung der kritischen Formeln zweiter Art gestatteten. In der Tat liegt das Hindernis für diese Einbeziehung ziemlich versteckt.

Was insbesondere den hier geführten Beweis betrifft, so ist ja das Verfahren zur Bildung von Gesamtersetzungen so angelegt, daß es die kritischen Formeln zweiter Art einbegreift. Erst bei dem Nachweis dafür, daß dieses Verfahren zum Abschluß kommt, haben wir die Voraussetzung eingeführt, daß die zu betrachtende Formelreihe keine kritischen Formeln zweiter Art enthalte[2]. Diese Voraussetzung gestattete uns, bei dem Verfahren der Bildung von Gesamtersetzungen den Übergang von den Exemplarersetzungen zu den Minimalersetzungen zu ersparen.

Sehen wir nun zu, wo denn jene Vereinfachung für unsere Beweisführung zur Geltung kommt. Bei dieser findet die Art, wie die Gesamtersetzungen gewonnen werden, ihre Berücksichtigung in den Feststellungen 1.—7. Von diesen sind nun 1.—5. und 7. ganz unabhängig davon, ob wir die Exemplarersetzungen direkt oder mittels der Minimalersetzungen verwenden. Für die Feststellungen 1.—3. ist dieses ohne weiteres ersichtlich. 4., 5. und 7. aber ergeben sich aus Betrachtungen über Gesamtersetzungen für Formelreihen vom Range 1, wie wir sie schon zuvor ganz entsprechend unter Einbeziehung der kritischen Formeln zweiter Art durchgeführt haben[3].

Die einzige Stelle, wo der Unterschied zwischen Exemplar- und Minimalersetzungen erheblich wird, ist die Begründung von 6. Hier tritt folgende Argumentation auf: Haben wir zwei kritische Formeln, die aus einer und derselben kritischen Formel höheren als ersten Ranges durch Eintragung zweier verschiedener Teilersetzungen $E_{\mathfrak{p}}$, $E_{\mathfrak{q}}$ hervorgehen, und ist die aus $E_{\mathfrak{p}}$ und $E'_{\mathfrak{p}\mathfrak{r}}$ resultierende Gesamtersetzung $E_{\mathfrak{p}\mathfrak{r}}$ der aus $E_{\mathfrak{q}}$ und $E'_{\mathfrak{q}\mathfrak{r}}$ resultierenden Gesamtersetzung $E_{\mathfrak{q}\mathfrak{r}}$ effektgleich, so entspricht jeder Exemplarersetzung, welche aus der ersten kritischen Formel durch die Gesamtersetzung $E'_{\mathfrak{p}\mathfrak{r}}$ gefunden wird, eine Exemplarersetzung *mit dem gleichen Ziffernwert*, die aus der zweiten kritischen Formel durch die Gesamtersetzung $E'_{\mathfrak{q}\mathfrak{r}}$ gefunden wird.

Hierbei beruht die Übereinstimmung der Ziffernwerte für die entsprechenden Exemplarersetzungen darauf, daß die Gesamtersetzungen $E_{\mathfrak{p}\mathfrak{r}}$ und $E_{\mathfrak{q}\mathfrak{r}}$ effektgleich sind. Aus diesem Umstand kann aber nicht geschlossen werden, daß auch die zu den betreffenden Exemplar-

[1] NEUMANN, J. v.: „Zur Hilbertschen Beweistheorie", Math. Z. Bd. 26 (1927). Dieser v. Neumannsche Beweis ging zeitlich dem hier dargestellten Ackermannschen Beweis voraus. Hier wurde auch zuerst, wie schon erwähnt, der Begriff des Grundtypus (mit geringen Unterschieden in der Definition) eingeführt.

[2] Vgl. S. 116.

[3] Es wurde auf die betreffenden Stellen verwiesen.

ersetzungen gehörigen Minimalersetzungen den gleichen Ziffernwert haben. Es bleibt vielmehr die Möglichkeit, daß bei verschiedenen effektgleichen Gesamtersetzungen eine Exemplarersetzung $\mathfrak{z}$ für den gleichen ε-Term auf verschiedene Minimalersetzungen führt, wenn auch deren Anzahl höchstens gleich $\mathfrak{z}$ sein kann.

Wir können daher im Falle der Einbeziehung der kritischen Formeln zweiter Art nicht folgern, daß eine Aufeinanderfolge von $\mathfrak{r}$-fach gleichartigen Ersetzungsreihen stets nur in höchstens $2^{\mathfrak{n}}$ Abschnitte von $(\mathfrak{r}+1)$-fach gleichartigen Ersetzungsreihen zerfällt, vielmehr kann die Anzahl solcher Abschnitte von den Ziffernwerten der Exemplarersetzungen abhängen, die in den betreffenden Ersetzungsreihen beim Übergang von der $\mathfrak{r}$-ten zur $(\mathfrak{r}+1)$-ten Gesamtersetzung benutzt werden.

Dieser Sachverhalt wird durch folgendes v. NEUMANNsche Beispiel verdeutlicht: Es sei $\mathfrak{z}$ irgendeine von 0 und 0′ verschiedene Ziffer, $\mathfrak{C}(a)$ sei die Formel

$$\varepsilon_y(a' = y) = 0 \rightarrow a = \mathfrak{z},$$

und $\mathfrak{e}$ sei der ε-Term zweiten Ranges $\varepsilon_x \mathfrak{C}(x)$, d. h.

$$\varepsilon_x\big(\varepsilon_y(x' = y) = 0 \rightarrow x = \mathfrak{z}\big).$$

Die zu betrachtende Formelreihe bestehe aus den Formeln:

(1) $$\mathfrak{C}(\mathfrak{z}) \rightarrow \mathfrak{C}\big(\varepsilon_x \mathfrak{C}(x)\big),$$

(2) $$\mathfrak{C}\big(\delta(\varepsilon_x \mathfrak{C}(x))\big) \rightarrow \varepsilon_x \mathfrak{C}(x) \neq \big(\delta(\varepsilon_x \mathfrak{C}(x))\big)',$$

(3) $$\varepsilon_x \mathfrak{C}(x) = \varepsilon_x \mathfrak{C}(x) \rightarrow \varepsilon_x \mathfrak{C}(x) = \varepsilon_y\big(\varepsilon_x \mathfrak{C}(x) = y\big),$$

d. h. den Formeln

(1) $$\big(\varepsilon_y(\mathfrak{z}' = y) = 0 \rightarrow \mathfrak{z} = \mathfrak{z}\big) \rightarrow \big(\varepsilon_y(\mathfrak{e}' = y) = 0 \rightarrow \mathfrak{e} = \mathfrak{z}\big),$$

(2) $$\big(\varepsilon_y\big((\delta(\mathfrak{e}))' = y\big) = 0 \rightarrow \delta(\mathfrak{e}) = \mathfrak{z}\big) \rightarrow \mathfrak{e} \neq \big(\delta(\mathfrak{e})\big)',$$

(3) $$\mathfrak{e} = \mathfrak{e} \rightarrow \mathfrak{e} = \varepsilon_y(\mathfrak{e} = y).$$

(1) ist eine zu $\mathfrak{e}$ gehörige kritische Formel erster Art, (2) eine zu $\mathfrak{e}$ gehörige kritische Formel zweiter Art und (3) eine zu dem ε-Term ersten Ranges $\varepsilon_y(\mathfrak{e} = y)$ gehörige kritische Formel erster Art. Außer dem Term $\mathfrak{e}$ treten nur solche ε-Terme auf, die zu dem Grundtypus $\varepsilon_y(c = y)$ gehören. Die Funktionsersetzungen für diesen Grundtypus mögen symbolisch mit den Funktionszeichen $\varphi_1(c)$, $\varphi_2(c)$, ... ausgeführt werden.

Wenden wir nun auf die angegebene Formelreihe unser Verfahren der Bildung von Gesamtersetzungen an, so haben wir zu beginnen mit der Ersetzung des Grundtypus $\varepsilon_y(c = y)$ durch diejenige Funktion $\varphi_1(c)$, die stets den Wert 0 hat. Tragen wir diese Ersetzung E_1 in die Formeln (1), (2) ein, so erhalten wir:

(1*) $$\big(\varphi_1(\mathfrak{z}') = 0 \rightarrow \mathfrak{z} = \mathfrak{z}\big) \rightarrow \big(\varphi_1(\mathfrak{e}_1') = 0 \rightarrow \mathfrak{e}_1 = \mathfrak{z}\big),$$

(2*) $$\big(\varphi_1\big((\delta(\mathfrak{e}_1))'\big) = 0 \rightarrow \delta(\mathfrak{e}_1) = \mathfrak{z}\big) \rightarrow \mathfrak{e}_1 \neq \big(\delta(\mathfrak{e}_1)\big)',$$

wobei $\mathfrak{e}_1$ den ε-Term ersten Ranges $\varepsilon_x\big(\varphi_1(x') = 0 \rightarrow x = \mathfrak{z}\big)$ bedeutet.

Für dieses Formelpaar, welches $\mathfrak{e}_1$ als einzigen ε-Term enthält, gewinnen wir in zwei Schritten, E'_{11}, E'_{12}, eine Resolvente. Es ist hier unnötig, Funktionsersetzungen auszuführen, weil ja der Grundtypus $\varepsilon_x(\varphi_1(x') = a \rightarrow x = b)$ von $\mathfrak{e}_1$ allenthalben nur mit den Argumenten 0, $\mathfrak{z}$ auftritt.

Wir ersetzen erst $\mathfrak{e}_1$ durch 0. Hierdurch wird (2*) eine wahre, dagegen (1*) eine falsche Formel. Aus (1*) finden wir für $\mathfrak{e}_1$ die Exemplarersetzung $\mathfrak{z}$; diese ist zugleich die Minimalersetzung. Die Ersetzung von $\mathfrak{e}_1$ durch $\mathfrak{z}$ ist nun eine Resolvente für (1*), (2*). Jedoch ist die aus dieser Ersetzung E'_{12} zusammen mit E_1 hervorgehende Gesamtersetzung E_{12} nicht eine Resolvente für (1), (2), (3). Nämlich durch diese Gesamtersetzung geht $\mathfrak{e}$ in $\mathfrak{z}$, $\varepsilon_y(\mathfrak{e} = y)$ in 0 über, und es wird daher (3) eine falsche Formel. Aus (3) erhalten wir nun für $\varepsilon_y(\mathfrak{z} = y)$ die Exemplarersetzung $\mathfrak{z}$, welche zugleich die Minimalersetzung ist.

Somit haben wir jetzt für $\varepsilon_y(c = y)$ eine zweite Ersetzungsfunktion $\varphi_2(c)$ zu nehmen, die für das Argument $\mathfrak{z}$ den Wert $\mathfrak{z}$ und sonst den Wert 0 hat. Durch die Eintragung dieser Ersetzung E_2 in die Formeln (1), (2) erhalten wir die Formeln

(1**) $$\big(\varphi_2(\mathfrak{z}') = 0 \rightarrow \mathfrak{z} = \mathfrak{z}\big) \rightarrow \big(\varphi_2(\mathfrak{e}_2') = 0 \rightarrow \mathfrak{e}_2 = \mathfrak{z}\big),$$

(2**) $$\big(\varphi_2\big((\delta(\mathfrak{e}_2))'\big) = 0 \rightarrow \delta(\mathfrak{e}_2) = \mathfrak{z}\big) \rightarrow \mathfrak{e}_2 \neq \big(\delta(\mathfrak{e}_2)\big)',$$

wobei $\mathfrak{e}_2$ den Term $\varepsilon_x\big(\varphi_2(x') = 0 \rightarrow x = \mathfrak{z}\big)$ bedeutet.

In diesen Formeln ist wiederum $\mathfrak{e}_2$ der einzige vorkommende ε-Term; wir kommen daher mittels Ziffernersetzungen für $\mathfrak{e}_2$ in zwei Schritten, E'_{21}, E'_{22}, zu einer Resolvente. Zunächst, bei der Ersetzung von $\mathfrak{e}_2$ durch 0, wird (2**) zu einer wahren, (1**) zu einer falschen Formel. Aus (1**) erhalten wir nun für $\mathfrak{e}_2$ die Exemplarersetzung $\mathfrak{z}$.

Wenn wir uns nicht um die kritische Formel zweiter Art (2) zu kümmern brauchten, würde hiermit bereits eine Resolvente erreicht sein. Jedoch ist die Exemplarersetzung $\mathfrak{z}$ für $\mathfrak{e}_2$ nicht die Minimalersetzung, was sich daran kundtut, daß bei der Ersetzung von $\mathfrak{e}_2$ durch $\mathfrak{z}$ die Formel (2**) in eine falsche Formel übergeht. Die Minimalersetzung für $\mathfrak{e}_2$ wird durch die der Ziffer $\mathfrak{z}$ vorhergehende Ziffer „$\mathfrak{z} - 1$" gebildet. [In der Tat ist ja die Formel $\varphi_2\big((\mathfrak{z} - 1)'\big) = 0$ eine falsche, und es geht daher bei der Ersetzung von $\mathfrak{e}_2$ durch $\mathfrak{z} - 1$ das Hinterglied von (1**) in eine wahre Formel über, während bei der Ersetzung von $\mathfrak{e}_2$ durch eine kleinere Ziffer als $\mathfrak{z} - 1$ die Formel (1**) falsch wird.]

Somit haben wir jetzt $\mathfrak{e}_2$ durch $\mathfrak{z} - 1$ zu ersetzen, und diese Ersetzung E'_{22} ist für die Formeln (1**), (2**) eine Resolvente. Jedoch wird bei der aus E'_{22} und E_2 hervorgehenden Gesamtersetzung E_{22} für (1), (2), (3) die Formel (3) falsch, da $\mathfrak{e}$ den Wert $\mathfrak{z} - 1$ und $\varepsilon_y(\mathfrak{z} - 1 = y)$ den Wert 0 erhält. Wir gewinnen nun aus (3) für $\varepsilon_y(\mathfrak{z} - 1 = y)$ die Exemplarersetzung $\mathfrak{z} - 1$, die zugleich eine Minimalersetzung ist, und haben demgemäß für den Grundtypus $\varepsilon_y(c = y)$ eine neue Funktionsersetzung $\varphi_3(c)$ zu bilden, wobei $\varphi_3(c)$ für das Argument $\mathfrak{z}$ den Wert $\mathfrak{z}$, für $\mathfrak{z}-1$ den Wert $\mathfrak{z}-1$ und sonst den Wert 0 hat.

Hier haben wir nun bereits einen Fall vor uns, wo eine Exemplarersetzung, die bei zwei verschiedenen, aber effektgleichen Gesamtersetzungen aus der gleichen kritischen Formel erhalten wird, auf zwei verschiedene Minimalersetzungen führt. Nämlich die Gesamtersetzungen E_{11} und E_{21} ergeben beide für $\mathfrak{e}$ sowie für die Terme $\varepsilon_y(\mathfrak{z}' = y)$, $\varepsilon_y(\mathfrak{e}' = y)$, $\varepsilon_y\big((\delta(\mathfrak{e}))' = y\big)$, $\varepsilon_y(\mathfrak{e} = y)$ den Wert 0, sie sind also effektgleich; beide liefern an Hand der Formel (1) die Exemplarersetzung $\mathfrak{z}$ für $\mathfrak{e}$, jedoch liefern sie nicht die gleiche Minimalersetzung. Denn während sich bei E_{11} als Minimalersetzung $\mathfrak{z}$ ergibt, ergibt sich bei E_{21} als Minimalersetzung $\mathfrak{z}-1$.

Verfolgt man nun das Verfahren der Bildung von Gesamtersetzungen für die Formeln (1), (2), (3), so findet man, daß dieses erst bei der $(\mathfrak{z}+1)$-ten Ersetzungszeile zum Abschluß kommt. In jeder der ersten $\mathfrak{z}$ Ersetzungszeilen stehen zwei Gesamtersetzungen, dagegen in der letzten nur eine. Die Gesamtersetzungen $E_{\mathfrak{p}1}$, $E_{\mathfrak{p}2}$ $(\mathfrak{p} = 2, \ldots, \mathfrak{z})$ sind so beschaffen, daß der Grundtypus $\varepsilon_y(c = y)$ durch die Funktion $\varphi_{\mathfrak{p}}(c)$ ersetzt wird, die für $\mathfrak{z}$ den Wert $\mathfrak{z}$, für $\mathfrak{z}-1$ den Wert $\mathfrak{z}-1, \ldots$, für $\mathfrak{z}-(\mathfrak{p}-2)$ den Wert $\mathfrak{z}-(\mathfrak{p}-2)$ und sonst den Wert 0 hat, und daß der ε-Term $\mathfrak{e}$ bei $E_{\mathfrak{p}1}$ durch 0, bei $E_{\mathfrak{p}2}$ durch $\mathfrak{z}-(\mathfrak{p}-1)$ ersetzt wird; bei der Gesamtersetzung $E_{\mathfrak{z}+1,1}$ erhält der Grundtypus $\varepsilon_y(c = y)$ die Ersetzung durch diejenige Funktion, welche für jeder der Ziffern $\mathfrak{r}$ von $0'$ bis $\mathfrak{z}$ den Wert $\mathfrak{r}$ und sonst stets den Wert 0 hat. Diese Funktionsersetzung zusammen mit der 0-Ersetzung für $\mathfrak{e}$ bildet eine Resolvente für die Formeln (1), (2), (3).

Die Anzahl $2\mathfrak{z}+1$ der Gesamtersetzungen, die hier erforderlich sind, um nach unserem allgemeinen Verfahren zu einer Resolvente zu gelangen, läßt sich jedenfalls nicht durch einen solchen Ausdruck abschätzen, der nur von den vorkommenden Rangzahlen der ε-Terme und von der Anzahl der verschiedenen auftretenden ε-Terme abhängt, da sie ja durch die Ziffer $\mathfrak{z}$ bestimmt ist, die bei der Aufstellung der Formelreihe beliebig gewählt werden kann.

Somit zeigt sich, daß in unserem Nachweis für die Herstellbarkeit einer Resolvente (mit Hilfe unseres Verfahrens der Bildung von Gesamtersetzungen) die Beschränkung der kritischen Formeln auf solche von erster Art[1] nicht fallen gelassen werden kann. Unsere Erörterung über diesen Punkt läßt uns aber immerhin die Möglichkeit erkennen, die kritischen Formeln zweiter Art wenigstens teilweise in unser Ergebnis einzubeziehen. Wir fanden ja, daß das Erfordernis des Überganges von den Exemplarersetzungen zu den Minimalersetzungen, durch welches das Hinzutreten von kritischen Formeln zweiter Art sich für unser Verfahren geltend macht, nur für die Begründung der Be-

[1] Vgl. S. 116.

hauptung 6.[1] ein Hindernis bietet, während im übrigen unser Beweis der Abschätzung für die Anzahl der erforderlichen Gesamtersetzungen davon unberührt bleibt. Nun handelt es sich aber bei der betreffenden Überlegung ausschließlich um solche Exemplarersetzungen, die aus kritischen Formeln *höheren als ersten Ranges* gefunden werden.

Demnach bleibt die Begründung von 6. in Kraft, sofern wir bei den Ersetzungen für die Grundtypen von höherem als erstem Range die Exemplarersetzungen direkt verwerten können, d. h. wenn kritische Formeln zweiter Art nur von erstem Rang auftreten. *Somit gilt die Abschätzung* $\psi(\mathfrak{m}, \mathfrak{n})$ der erforderlichen Anzahl von Gesamtersetzungen *für jede Formelreihe, bei der alle kritischen Formeln zweiter Art den Rang 1 haben.*

g) Verwertung des erhaltenen Ergebnisses für das Wf.-Theorem. Kehren wir nun zu dem Gedankengang zurück, durch den wir auf die Aufgabe der Bestimmung einer Resolvente für eine Formelreihe geführt worden sind. Diese Aufgabe wurde ja im Hinblick darauf in Angriff genommen, daß mit ihrer Lösung der Nachweis der Widerspruchsfreiheit für den zahlentheoretischen Formalismus erbracht sein würde. Dieses Ziel ist wegen der Einschränkung der kritischen Formeln zweiter Art auf solche vom Rang 1, die wir anzubringen genötigt waren, nicht erreicht.

Es fragt sich nun, welches die Begrenzung des Formalismus ist, die sich durch jene Einschränkung ergibt. Das Auftreten kritischer Formeln zweiter Art in den normierten Beweisen rührt davon her, daß wir die Anwendungen des Induktionsschemas zurückgeführt haben auf Anwendungen der Formel

$$A(a) \to \varepsilon_x A(x) \neq a'$$

in Verbindung mit der ε-Formel, dem Gleichheitsaxiom (J_2), der Formel $a \neq 0 \to (\delta(a))' = a$ und dem Aussagenkalkul[2].

Jene Zurückführung ist nun derart, daß bei der Ersetzung des auf eine Formel $\mathfrak{A}(c)$ angewandten Induktionsschemas durch eine Ableitung von $\mathfrak{A}(a)$ aus $\mathfrak{A}(0)$ und $\mathfrak{A}(a) \to \mathfrak{A}(a')$, wie sie mittels der eben genannten Formeln zu erfolgen hat[3], in dem entsprechenden Stück eines normierten Beweises nur eine einzige kritische Formel zweiter Art

$$\overline{\mathfrak{A}(\mathfrak{d})} \to \varepsilon_{\mathfrak{x}} \overline{\mathfrak{A}(\mathfrak{x})} \neq \mathfrak{d}'$$

auftritt. Diese zu dem Term $\varepsilon_{\mathfrak{x}} \overline{\mathfrak{A}(\mathfrak{x})}$ gehörige kritische Formel ist dann und nur dann vom Rang 1, wenn dieser Term keinen ihm untergeordneten ε-Term enthält, wenn also in $\mathfrak{A}(c)$ die Variable c nicht im Bereich eines ε-Symbols steht.

[1] Vgl. S. 118f.
[2] Vgl. S. 85ff.
[3] Vgl. S. 86–87.

Die so bestimmte Abgrenzung bezieht sich auf denjenigen Formelbereich, der sich nach der Ausschaltung der Quantoren (mittels des ε-Symbols) ergibt. Für den intendierten zahlentheoretischen Formalismus, in welchem auch die Quantoren auftreten, kommt die Abgrenzung darauf hinaus, daß in der Formel $\mathfrak{A}(c)$ die Variable c nicht im Bereich eines Quantors oder eines ε-Symbols steht.

Somit ist die Widerspruchsfreiheit desjenigen Teilbereichs von dem Formalismus (Z) erwiesen, der sich durch die *Beschränkung des Induktionsschemas auf solche Formeln* $\mathfrak{A}(c)$ *ergibt, bei denen die Variable* c *nicht im Bereich eines Quantors oder eines* ε*-Symbols auftritt.* Diese Bedingung ist etwas weniger einschränkend als diejenige des völligen Ausschlusses der gebundenen Variablen, wie wir sie in dem bisher betrachteten „beschränkten Induktionsschema" hatten[1].

Für den genannten Teilbereich des zahlentheoretischen Formalismus erhalten wir aber nicht nur den Nachweis der Widerspruchsfreiheit, sondern das volle Wf.-Theorem[2].

Nämlich die Widerspruchsfreiheit ergibt sich ja in dem Sinne, daß jede ableitbare variablenlose Formel wahr ist. Was ferner die ableitbaren Formeln der Gestalt

$$(E\,\mathfrak{x}_1)\ldots(E\,\mathfrak{x}_n)\,\mathfrak{A}(\mathfrak{x}_1,\ldots,\mathfrak{x}_n)$$

betrifft, in denen $\mathfrak{x}_1,\ldots,\mathfrak{x}_n$ die einzigen auftretenden Variablen sind, so geht ja eine solche Formel durch den Prozeß der Ausschaltung der Quantoren in eine Formel

$$\mathfrak{A}(\mathfrak{e}_1,\ldots,\mathfrak{e}_n)$$

über, worin $\mathfrak{e}_1,\ldots,\mathfrak{e}_n$ gewisse ε-Terme sind und welche abgesehen von diesen Termen keine Variable, und auch innerhalb dieser Terme keine freie Variable enthält. Für die Formel $\mathfrak{A}(\mathfrak{e}_1,\ldots,\mathfrak{e}_n)$ erhalten wir einen normierten Beweis. Und für die darin auftretenden kritischen Formeln und Formeln der ε-Gleichheit können wir eine Resolvente bestimmen. Tragen wir die aus dieser Resolvente sich ergebenden effektiven Ersetzungen in den normierten Beweis ein und ersetzen die dann noch verbleibenden ε-Terme alle durch die Ziffer 0, so gehen alle Ausgangsformeln und somit auch die übrigen Formeln des normierten Beweises in wahre Formeln über. Insbesondere ist also die Formel

$$\mathfrak{A}(\mathfrak{z}_1,\ldots,\mathfrak{z}_n)\,,$$

die aus der Endformel $\mathfrak{A}(\mathfrak{e}_1,\ldots,\mathfrak{e}_n)$ durch Eintragung der Ziffernersetzungen $\mathfrak{z}_1,\ldots,\mathfrak{z}_n$ für die ε-Terme $\mathfrak{e}_1,\ldots,\mathfrak{e}_n$ entsteht, eine wahre Formel.

---

[1] Vgl. S. 51f.

[2] Vgl. S. 36f.

Auf diese Weise können wir zu jeder Formel $(E\mathfrak{x}_1)\ldots(E\mathfrak{x}_n)\,\mathfrak{A}(\mathfrak{x}_1,\ldots,\mathfrak{x}_n)$ von der vorausgesetzten Beschaffenheit solche Ziffern $\mathfrak{z}_1,\ldots,\mathfrak{z}_n$ bestimmen, für welche $\mathfrak{A}(\mathfrak{z}_1,\ldots,\mathfrak{z}_n)$ eine wahre Formel ist.

Somit ergeben sich alle Behauptungen des Wf.-Theorems für den betrachteten Formalismus als gültig.

Diese Beweismethode für das Wf.-Theorem bleibt auch bei verschiedenen Erweiterungen des betrachteten arithmetischen Formalismus in Kraft. So können wir erstens, ohne an der Beweisführung etwas ändern zu müssen, den Formalismus durch die Hinzunahme von Funktionszeichen erweitern, für welche ein Verfahren der Berechnung ihrer Werte für Ziffernwerte ihrer Argumente gegeben ist, sowie von eigentlichen Axiomen ohne gebundene Variablen, die verifizierbar sind. Damit ergibt sich wiederum die Widerspruchsfreiheit derjenigen zahlentheoretischen Formalismen, die wir im Abschnitt 1 dieses Paragraphen betrachtet haben[1].

Ferner bleibt unsere Beweismethode gültig, wenn zu dem Formalismus das μ-Symbol nebst den Formeln (μ_1), (μ_2), (μ_3)

$$(\mu_1)\qquad (E x)\, A(x) \rightarrow A(\mu_x A(x))$$

$$(\mu_2)\qquad A(a) \rightarrow \mu_x A(x) \leq a$$

$$(\mu_3)\qquad (x)\,\overline{A(x)} \rightarrow \mu_x A(x) = 0$$

hinzugenommen wird, sofern die Einsetzungen in die Formel (μ_2) durch die Bedingung beschränkt werden, daß in der Formel $\mathfrak{A}(\mathfrak{c})$, die für eine Nennform $A(\mathfrak{c})$ eingesetzt wird, die Variable $\mathfrak{c}$ nicht im Bereich eines Quantors oder eines μ-Symbols steht[2].

Nämlich zunächst ist die Formel (μ_3) mit Hilfe des Prädikatenkalkuls und der Formel (μ_1) überführbar in die Formel

$$(\mu_3')\qquad \overline{A(\mu_x A(x))} \rightarrow \mu_x A(x) = 0,$$

und die Formel (μ_1) ist auf Grund des Prädikatenkalkuls der Formel

$$(\mu_1')\qquad A(a) \rightarrow A(\mu_x A(x))$$

deduktionsgleich. Die Hinzunahme der Formeln (μ_1), (μ_2), (μ_3) kommt demnach der Hinzunahme von (μ_1'), (μ_2), (μ_3') gleich.

Wir können nun diese Formeln ohne Schwierigkeit in das Verfahren der Resolventenbestimmung einbeziehen. Ersetzen wir nämlich jeden Ausdruck $\mu_{\mathfrak{v}}\,\mathfrak{A}(\mathfrak{v})$ durch $\varepsilon_{\mathfrak{v}}\,\mathfrak{A}(\mathfrak{v})$, so fällt zunächst die Formel (μ_1') mit der ε-Formel zusammen. Die Formeln (μ_2), (μ_3') führen allerdings (nach der Ausschaltung der Quantoren und der freien Variablen) zu neuen Arten „kritischer Formeln“, nämlich solchen von der Form

$$\mathfrak{A}(\mathfrak{k}) \rightarrow \varepsilon_{\mathfrak{x}}\,\mathfrak{A}(\mathfrak{x}) \leq \mathfrak{k}$$

[1] Vgl. S. 48–56.

[2] Diese Bedingung soll sich auch auf alle diejenigen mittelbaren Einsetzungen in die Formel (μ_2) erstrecken, die bei Rückverlegung aller Einsetzungen in die Ausgangsformeln in Erscheinung treten.

sowie solchen der Form

$$\overline{\mathfrak{A}(\varepsilon_{\mathfrak{x}}\mathfrak{A}(\mathfrak{x}))} \to \varepsilon_{\mathfrak{x}}\mathfrak{A}(\mathfrak{x}) = 0.$$

Diese Formeln erfordern aber keine neue Art der Behandlung; denn eine Formel

$$\overline{\mathfrak{A}(\varepsilon_{\mathfrak{x}}\mathfrak{A}(\mathfrak{x}))} \to \varepsilon_{\mathfrak{x}}\mathfrak{A}(\mathfrak{x}) = 0$$

geht durch jede Gesamtersetzung, bei welcher der Term $\varepsilon_{\mathfrak{x}}\mathfrak{A}(\mathfrak{x})$ bzw. der an seine Stelle (durch die Ersetzungen für die eingelagerten ε-Terme) tretende ε-Term die 0-Ersetzung oder eine Exemplarersetzung erhält, in eine wahre Formel über, und eine Formel

$$\mathfrak{A}(\mathfrak{k}) \to \varepsilon_{\mathfrak{x}}\mathfrak{A}(\mathfrak{x}) \leqq \mathfrak{k}$$

geht durch jede Gesamtersetzung, bei welcher der Term $\varepsilon_{\mathfrak{x}}\mathfrak{A}(\mathfrak{x})$ bzw. der an seine Stelle tretende ε-Term die 0-Ersetzung oder die Minimalersetzung erhält, in eine wahre Formel über.

Nun wissen wir[1], daß unsere Methode der Resolventenbestimmung stets dann zum Ziel führt, wenn Minimalersetzungen nur für ε-Terme vom Range 1 erfordert werden.

Damit diese Bedingung im vorliegenden Fall erfüllt sei, genügt es aber, wenn in keiner der Formeln $\mathfrak{A}(\mathfrak{c})$, die bei Rückverlegung aller Einsetzungen in die Ausgangsformeln für eine Nennform $A(\mathfrak{c})$ der Formelvariablen in (μ_2) einzusetzen sind, die Variable $\mathfrak{c}$ im Bereich eines Quantors oder eines μ-Symbols steht. Denn diese Einschränkung hat, wie man leicht ersieht, zur Folge, daß eine jede aus der Formel (μ_2) hervorgehende kritische Formel vom Range 1 ist.

Somit lassen sich in der Tat die Formeln (μ_1), (μ_2), (μ_3), bei der genannten Beschränkung in der Anwendung von (μ_2), in den durch die Resolventenmethode gelieferten Nachweis für das Wf.-Theorem einbeziehen.

Außerdem aber kann diese Methode auch auf andere als zahlentheoretische Formalismen angewendet werden. In der Tat besteht ja die ausgezeichnete Rolle der Ziffern bei dem Verfahren zur Bestimmung einer Resolvente nur in Hinsicht auf die Behandlung der kritischen Formeln zweiter Art. Diese aber treten nur anläßlich der Formalisierung des Prinzips der vollständigen Induktion auf. Beim Wegfall der kritischen Formeln zweiter Art und der durch sie erforderlichen Minimalersetzungen macht es für die Beweisführung keinen Unterschied, wenn die Ersetzungen der ε-Terme anstatt durch Ziffern durch irgendwelche variablenlosen Terme erfolgen; insbesondere kann dabei die Rolle der 0 irgendeinem Individuensymbol, das man für diesen Zweck auszeichnet, zugewiesen werden.

Auf diese Art ergibt sich mittels der Methode der Resolventenbestimmung die Gültigkeit des Wf.-Theorems für einen jeden Formalismus bestehend aus dem Prädikatenkalkul, der ε-Formel, dem allgemeinen

[1] Vgl. S. 125.

Gleichheitsaxiom und gewissen eigentlichen Axiomen ohne gebundene Variablen, die auf Grund einer Wertbestimmung für die variablenlosen Primformeln verifizierbar sind, wobei die Wertbestimmung für die variablenlosen Gleichungen die ausgezeichnete Gleichheitswertung ist[1].

Die letztere Bedingung kann auch noch durch die schwächere ersetzt werden, daß eine jede variablenlose Primformel ihren Wert behält, wenn für einen darin auftretenden variablenlosen Term $\mathfrak{a}$, an einer oder mehreren Stellen, wo er vorkommt, ein ihm „gleichwertiger" Term $\mathfrak{b}$ gesetzt wird, d. h. ein solcher, für den die Formel $\mathfrak{a} = \mathfrak{b}$ wahr ist. Für diesen allgemeineren Fall, wo nicht die ausgezeichnete Gleichheitswertung vorausgesetzt ist, hat man das Verfahren der Gewinnung einer Resolvente insofern etwas zu modifizieren, als bei der Bestimmung der Ersetzungsfunktionen darauf zu achten ist, daß die Funktionswerte für gleichwertige Argumente auch gleichwertig sind.

Mit alledem ist aber das eigentliche Ziel, zu dem das Verfahren der Bestimmung einer Resolvente dienen sollte, nicht erreicht: die Widerspruchsfreiheit des vollen zahlentheoretischen Formalismus ist auf diesem Wege nicht erwiesen. Ehe wir aber dieses Problem weiter verfolgen, wird es angemessen sein, daß wir erst den im § 1 begonnenen Gedankengang zu Ende führen. Es steht ja noch der angekündigte[2] Beweis des zweiten ε-Theorems aus.

§ 3. Anwendung des ε-Symbols auf die Untersuchung des logischen Formalismus.

1. Das zweite ε-Theorem.

Die Ergebnisse der beiden vorigen Paragraphen knüpfen sich an die eine der beiden Problemstellungen, die wir im Zusammenhang mit der Einführung des ε-Symbols aufgeworfen haben, nämlich diejenige betreffend die generelle Möglichkeit, aus einer Ableitung mittels des Prädikatenkalkuls (und eventuell auch der ε-Formel), wenn die darin benutzten Axiome sowie die abgeleitete Formel keine gebundene Variable enthalten, überhaupt die gebundenen Variablen auszuschalten. Diese Möglichkeit wird durch das erste ε-Theorem[3] festgestellt. Nun bleibt noch die andere Aufgabe, die sich auf die symbolische Auflösung von Existenzialformeln bezieht[4]. Wir wollten zeigen, daß die Anwendung dieses Prozesses im Rahmen des Formalismus eines Axiomensystems $\mathfrak{S}$ der ersten Stufe den Bereich der ableitbaren Formeln, die sich mit den Symbolen von $\mathfrak{S}$ bilden lassen, nicht erweitert.

Die Aufgabe dieses Nachweises haben wir vermittels des ε-Symbols und der ε-Formel — durch welche ja der Prozeß der symbolischen

[1] Diese Allgemeinheit der Voraussetzung hat v. NEUMANN bei seinem zuvor zitierten Widerspruchsfreiheitsbeweis (Math. Z. Bd. 26) von vornherein ins Auge gefaßt.

[2] Vgl. S. 18. [3] Vgl. S. 9. [4] Vgl. S. 6, 8.

Auflösung von Existenzialformeln in allgemeiner Weise formalisiert wird — zurückgeführt auf diejenige eines Nachweises für das zweite ε-Theorem, welches den eben genannten Satz über die symbolische Auflösung in sich schließt und verallgemeinert[1].

Vergegenwärtigen wir uns die Aussage des zweiten ε-Theorems. Bei diesem handelt es sich um einen Formalismus F, der aus dem Prädikatenkalkul durch Hinzunahme der ε-Formel sowie gewisser eigentlicher, von dem ε-Symbol freier Axiome nebst den in ihnen enthaltenen Individuen-, Funktions- und Prädikatensymbolen hervorgeht. Die Behauptung ist, daß eine durch F ableitbare Formel $\mathfrak{E}$, welche kein ε-Symbol enthält, auch ohne Benutzung des ε-Symbols ableitbar ist.

Wir beginnen den Nachweis mit ein paar vorbereitenden Vereinfachungen. Zunächst bemerken wir, daß wir ohne Beschränkung der Allgemeinheit voraussetzen können, daß in der Ableitung der Formel $\mathfrak{E}$ keine Axiome benutzt werden. Angenommen nämlich, wir hätten für diesen Spezialfall die Behauptung des zweiten ε-Theorems schon als zutreffend erkannt, und es sei nun eine Ableitung einer von dem ε-Symbol freien Formel $\mathfrak{E}$ durch den Formalismus F vorgelegt, bei welcher die Axiome

$$\mathfrak{A}_1, \ldots, \mathfrak{A}_\mathfrak{l}$$

benutzt werden. Diese sind dann, nach unseren Voraussetzungen über den Formalismus F, eigentliche Axiome, und indem wir die in ihnen etwa vorkommenden freien Individuenvariablen gegen gebundene (d. h. durch voranstehende Allzeichen gebundene) Variablen austauschen[2], erhalten wir Formeln

$$\mathfrak{A}_1^+, \ldots, \mathfrak{A}_\mathfrak{l}^+$$

ohne freie Variablen, die den entsprechenden Formeln $\mathfrak{A}_1, \ldots, \mathfrak{A}_\mathfrak{l}$ deduktionsgleich sind. Diese Formeln $\mathfrak{A}_1^+, \ldots, \mathfrak{A}_\mathfrak{l}^+$ sind außerdem frei von dem ε-Symbol. Gemäß dem Deduktionstheorem erhalten wir nun in F eine Ableitung der Formel

$$\mathfrak{A}_1^+ \,\&\ldots\&\, \mathfrak{A}_\mathfrak{l}^+ \rightarrow \mathfrak{E},$$

in der keine Axiome benutzt werden[3]. Da nun die Formel

$$\mathfrak{A}_1^+ \,\&\ldots\&\, \mathfrak{A}_\mathfrak{l}^+ \rightarrow \mathfrak{E}$$

kein ε-Symbol enthält, so kann, gemäß unserer Annahme, aus ihrer Ableitung, die ja keine Axiome benutzt, die Anwendung des ε-Symbols überhaupt ausgeschaltet werden, so daß sich für diese Formel eine Ableitung durch den bloßen Prädikatenkalkul ergibt. Aus dieser Ableitung aber gewinnen wir eine Ableitung der Formel $\mathfrak{E}$, die mit Benutzung der Axiome $\mathfrak{A}_1, \ldots, \mathfrak{A}_\mathfrak{l}$ mittels des Prädikatenkalkuls, ohne Anwendung des ε-Symbols erfolgt. Demnach genügt es in der Tat für unseren Nachweis, den Fall zu betrachten, daß die Formel $\mathfrak{E}$ ohne Benutzung von

[1] Vgl. S. 16ff. [2] Siehe Supplement I, S. 401.
[3] Vgl. die Überlegung Bd. I, S. 154—155.

Axiomen, also lediglich mittels des Prädikatenkalkuls und der ε-Formel abgeleitet ist.

Eine weitere Vereinfachung ergibt sich aus dem Umstand, daß die Formel $\mathfrak{E}$ für den Zweck unseres Nachweises durch irgendeine solche Formel $\mathfrak{E}_1$ vertreten werden kann, die ihr auf Grund des Prädikatenkalkuls deduktionsgleich ist. Nämlich diese ist dann ebenfalls durch den Formalismus F ableitbar; und wenn sich aus der Ableitung von $\mathfrak{E}_1$ die Anwendung des ε-Symbols ausschalten läßt, so erhalten wir, mittels der durch den Prädikatenkalkul erfolgenden Ableitung von $\mathfrak{E}$ aus $\mathfrak{E}_1$, eine Ableitung von $\mathfrak{E}$, die ohne Benutzung des ε-Symbols erfolgt.

Wir können daher insbesondere die Formel $\mathfrak{E}$, ohne Beschränkung der Allgemeinheit, als eine solche annehmen, welche die Gestalt einer Skolemschen Normalform hat[1]:

$$(E\mathfrak{x}_1)\ldots(E\mathfrak{x}_\mathfrak{r})\,(\mathfrak{y}_1)\ldots(\mathfrak{y}_\mathfrak{s})\,\mathfrak{A}(\mathfrak{x}_1,\ldots,\mathfrak{y}_\mathfrak{s}),$$

worin $\mathfrak{x}_1,\ldots,\mathfrak{y}_\mathfrak{s}$ die sämtlichen vorkommenden gebundenen Variablen sind. Dabei können wir auch voraussetzen, daß mindestens ein Seinszeichen tatsächlich auftritt; denn ist $\mathfrak{F}$ eine beliebige Formel und $\mathfrak{B}(\cdot)$ eine Formelvariable mit einem Argument, $\mathfrak{x}$ eine nicht in $\mathfrak{F}$ vorkommende gebundene Variable, so ist die Formel

$$(E\mathfrak{x})\left((\mathfrak{B}(\mathfrak{x})\vee\overline{\mathfrak{B}(\mathfrak{x})})\,\&\,\mathfrak{F}\right)$$

in die Formel $\mathfrak{F}$ überführbar[2].

Die Aufgabe unseres Nachweises reduziert sich somit darauf, zu zeigen, daß aus einer Ableitung einer Formel $\mathfrak{E}$ von der Gestalt

$$(E\mathfrak{x}_1)\ldots(E\mathfrak{x}_\mathfrak{r})\,(\mathfrak{y}_1)\ldots(\mathfrak{y}_\mathfrak{s})\,\mathfrak{A}(\mathfrak{x}_1,\ldots,\mathfrak{y}_\mathfrak{s}),$$

mit $\mathfrak{x}_1,\ldots,\mathfrak{y}_\mathfrak{s}$ als einzigen gebundenen Variablen und $\mathfrak{r}\neq 0$, welche mittels des Prädikatenkalkuls und der ε-Formel erfolgt, die Anwendung des ε-Symbols ausgeschaltet werden kann.

Diese Behauptung ergibt sich zunächst in dem Fall, daß die Anzahl der voranstehenden Allzeichen gleich 0 ist, als eine fast unmittelbare Konsequenz aus dem erweiterten ersten ε-Theorem. Nämlich in diesem Fall hat ja die Formel $\mathfrak{E}$ die Gestalt

$$(E\mathfrak{x}_1)\ldots(E\mathfrak{x}_\mathfrak{r})\,\mathfrak{A}(\mathfrak{x}_1,\ldots,\mathfrak{x}_\mathfrak{r}),$$

und gemäß dem ersten ε-Theorem erhalten wir aus einer Ableitung dieser Formel, die mittels des Prädikatenkalkuls und der ε-Formel erfolgt, eine Ableitung allein durch den Prädikatenkalkul von einer Disjunktion aus Gliedern der Form

$$\mathfrak{A}(\mathfrak{t}_1,\ldots,\mathfrak{t}_\mathfrak{r}),$$

[1] Vgl. Bd. I, S. 158.

[2] Übrigens erledigt sich der Fall einer Formel $(\mathfrak{y}_1)\ldots(\mathfrak{y}_\mathfrak{s})\,\mathfrak{A}(\mathfrak{y}_1,\ldots,\mathfrak{y}_\mathfrak{s})$, worin $\mathfrak{y}_1,\ldots,\mathfrak{y}_\mathfrak{s}$ die einzigen gebundenen Variablen sind, bereits auf Grund des ersten ε-Theorems, weil ja aus einer solchen Formel mittels des Austausches der gebundenen Variablen gegen freie eine ihr deduktionsgleiche Formel ohne gebundene Variable erhalten wird.

worin $\mathfrak{t}_1, \ldots, \mathfrak{t}_\mathfrak{r}$ irgendwelche Terme ohne gebundene Variablen sind. Von einer solchen Disjunktion können wir aber mittels des Prädikatenkalkuls wieder zu der Formel $\mathfrak{E}$ zurückgelangen, so daß sich im ganzen eine Ableitung von $\mathfrak{E}$ durch den Prädikatenkalkul allein ergibt.

Nach Analogie zu der Behandlung dieses einfachen Sonderfalles wollen wir nun den Nachweis im allgemeinen Falle führen. Dazu gehen wir aus von der ableitbaren Formel des Prädikatenkalkuls

$$(1) \qquad (\mathfrak{y}_1)\ldots(\mathfrak{y}_\mathfrak{s})\, A(a_1, \ldots, a_\mathfrak{r}, \mathfrak{y}_1, \ldots, \mathfrak{y}_\mathfrak{s}) \to A(a_1, \ldots, a_\mathfrak{r}, b_1, \ldots, b_\mathfrak{s}),$$

welche durch Anwendung der Grundformel (a) (nebst Umbenennungen gebundener Variablen) und des Kettenschlusses erhalten wird. Wir führen nun $\mathfrak{s}$ neue Funktionszeichen mit $\mathfrak{r}$ Argumenten

$$\mathfrak{f}_1(c_1, \ldots, c_\mathfrak{r}), \ldots, \mathfrak{f}_\mathfrak{s}(c_1, \ldots, c_\mathfrak{r})$$

ein. Mit Verwendung von diesen gewinnen wir aus der Formel (1) durch Einsetzungen die Formel

$$\begin{gathered}(\mathfrak{y}_1)\ldots(\mathfrak{y}_\mathfrak{s})\, A(a_1, \ldots, a_\mathfrak{r}, \mathfrak{y}_1, \ldots, \mathfrak{y}_\mathfrak{s}) \\ \to A\big(a_1, \ldots, a_\mathfrak{r}, \mathfrak{f}_1(a_1, \ldots, a_\mathfrak{r}), \ldots, \mathfrak{f}_\mathfrak{s}(a_1, \ldots, a_\mathfrak{r})\big),\end{gathered}$$

ferner aus dieser durch wiederholte Anwendung der abgeleiteten Regel $(\delta)'$ des Prädikatenkalkuls[1] und durch Einsetzung die Formel

$$\begin{gathered}(E\mathfrak{x}_1)\ldots(E\mathfrak{x}_\mathfrak{r})\,(\mathfrak{y}_1)\ldots(\mathfrak{y}_\mathfrak{s})\, \mathfrak{A}(\mathfrak{x}_1, \ldots, \mathfrak{x}_\mathfrak{r}, \mathfrak{y}_1, \ldots, \mathfrak{y}_\mathfrak{s}) \\ \to (E\mathfrak{x}_1)\ldots(E\mathfrak{x}_\mathfrak{r})\, \mathfrak{A}\big(\mathfrak{x}_1, \ldots, \mathfrak{x}_\mathfrak{r}, \mathfrak{f}_1(\mathfrak{x}_1, \ldots, \mathfrak{x}_\mathfrak{r}), \ldots, \mathfrak{f}_\mathfrak{s}(\mathfrak{x}_1, \ldots, \mathfrak{x}_\mathfrak{r})\big),\end{gathered}$$

welche zusammen mit der Formel $\mathfrak{E}$ nach dem Schlußschema

$$(2) \qquad (E\mathfrak{x}_1)\ldots(E\mathfrak{x}_\mathfrak{r})\, \mathfrak{A}\big(\mathfrak{x}_1, \ldots, \mathfrak{x}_\mathfrak{r}, \mathfrak{f}_1(\mathfrak{x}_1, \ldots, \mathfrak{x}_\mathfrak{r}), \ldots, \mathfrak{f}_\mathfrak{s}(\mathfrak{x}_1, \ldots, \mathfrak{x}_\mathfrak{r})\big)$$

ergibt. Für diese Formel (2) haben wir also eine Ableitung mittels des Prädikatenkalkuls und der ε-Formel; und gemäß dem erweiterten ersten ε-Theorem[2] können wir uns aus der Ableitung der Formel (2) eine gänzlich ohne gebundene Variablen sich vollziehende Ableitung für eine Disjunktion

$$(3) \quad \left\{\begin{array}{l} \mathfrak{A}\big(\mathfrak{t}_1^{(1)}, \ldots, \mathfrak{t}_\mathfrak{r}^{(1)}, \mathfrak{f}_1(\mathfrak{t}_1^{(1)}, \ldots, \mathfrak{t}_\mathfrak{r}^{(1)}), \ldots, \mathfrak{f}_\mathfrak{s}(\mathfrak{t}_1^{(1)}, \ldots, \mathfrak{t}_\mathfrak{r}^{(1)})\big) \\ \vee \ldots \vee \mathfrak{A}\big(\mathfrak{t}_1^{(\mathfrak{m})}, \ldots, \mathfrak{t}_\mathfrak{r}^{(\mathfrak{m})}, \mathfrak{f}_1(\mathfrak{t}_1^{(\mathfrak{m})}, \ldots, \mathfrak{t}_\mathfrak{r}^{(\mathfrak{m})}), \ldots, \mathfrak{f}_\mathfrak{s}(\mathfrak{t}_1^{(\mathfrak{m})}, \ldots, \mathfrak{t}_\mathfrak{r}^{(\mathfrak{m})})\big) \end{array}\right.$$

verschaffen, worin $\mathfrak{t}_1^{(1)}, \ldots, \mathfrak{t}_\mathfrak{r}^{(\mathfrak{m})}$ gewisse von dem ε-Symbol freie Terme sind. Diese Ableitung ist nun eine solche, die lediglich durch den elementaren Kalkul mit freien Variablen erfolgt. Das Eliminationsverfahren, durch das wir diese Ableitung erhalten, liefert uns außerdem die Ableitung in der modifizierten Gestalt, daß die Einsetzungen in die Ausgangsformeln zurückverlegt sind, so daß die Endformel (3) aus den Ausgangsformeln durch bloße Schlußschemata (und Wiederholungen) gewonnen wird; dabei sind die Ausgangsformeln solche, die durch Einsetzung aus identischen Formeln des Aussagenkalkuls entstehen.

[1] Vgl. Bd. I, S. 108. [2] Vgl. S. 32.

Ersetzen wir nun in dieser Ableitung jede Primformel durch je eine Formelvariable, d. h. so, daß gestaltlich gleiche Primformeln durch die gleiche, gestaltlich verschiedene durch verschiedene Variablen ersetzt werden, so gehen die Schlußschemata wieder in Schlußschemata und die Ausgangsformeln in identische Formeln des Aussagenkalkuls über. Demnach muß auch die Formel, welche an Stelle der Formel (3) tritt, eine identische Formel sein. Andererseits geht aus dieser Formel die Formel (3) durch Einsetzungen hervor, da ja bei der vorgenommenen Ersetzung gleichen Formelvariablen gleiche Primformeln entsprechen.

Somit entsteht die Formel (3) durch Einsetzung aus einer identisch wahren Formel des Aussagenkalkuls. Das gleiche muß daher auch von einer solchen Formel gelten, die wir aus (3) erhalten, indem wir die Terme

$$\mathfrak{f}_{\mathfrak{p}}(\mathfrak{t}_1^{(\mathfrak{i})}, \ldots, \mathfrak{t}_{\mathfrak{r}}^{(\mathfrak{i})}); \quad \begin{matrix} \mathfrak{p} = 1, \ldots, \mathfrak{s} \\ \mathfrak{i} = 1, \ldots, \mathfrak{m} \end{matrix}$$

durch freie Individuenvariablen ersetzen, sofern dabei gestaltlich übereinstimmende Argumente der Primformeln auch übereinstimmende Ersetzungen erfahren.

Um nun eine derartige Ersetzung vorzunehmen, bemerken wir zunächst Folgendes. Betrachten wir die Terme $\mathfrak{f}_{\mathfrak{p}}(\mathfrak{t}_1^{(\mathfrak{i})}, \ldots, \mathfrak{t}_{\mathfrak{r}}^{(\mathfrak{i})})$ — die wir zur Abkürzung mit $\mathfrak{k}_{\mathfrak{p}}^{\mathfrak{i}}$ (für $\mathfrak{p} = 1, \ldots, \mathfrak{s}$, $\mathfrak{i} = 1, \ldots, \mathfrak{m}$) bezeichnen wollen — daraufhin, wie oft in einem einzelnen von ihnen Funktionszeichen aus der Reihe $\mathfrak{f}_1, \ldots, \mathfrak{f}_{\mathfrak{s}}$ auftreten (wobei jedes dieser Funktionszeichen mit der Vielfachheit seines Auftretens gezählt wird), so ist diese „Vielfachheitszahl" für

$$\mathfrak{k}_1^{\mathfrak{i}}, \ldots, \mathfrak{k}_{\mathfrak{s}}^{\mathfrak{i}}$$

die gleiche, wir können also diese Vielfachheitszahl eindeutig der Nummer $\mathfrak{i}$ zuordnen, welche die Nummer eines Disjunktionsgliedes in der Disjunktion (3) ist.

Es kann nun die Reihenfolge der Disjunktionsglieder in (3) so gewählt werden, daß die zugeordneten Vielfachheitszahlen beim Fortschreiten von einem Disjunktionsglied zum nächsten nirgends abnehmen. Wir denken uns von vornherein eine solche Reihenfolge hergestellt, was ja mittels des Aussagenkalkuls möglich ist. Auch können wir annehmen, daß in der Disjunktion (3) keine Wiederholungen von Disjunktionsgliedern vorliegen; Wiederholungen können ja ebenfalls mittels des Aussagenkalkuls beseitigt werden.

Bei Erfüllung dieser Bedingungen bestehen in der Formel (3) die folgenden gestaltlichen Verhältnisse:

1. Wenn $\mathfrak{p}$ von $\mathfrak{q}$ oder $\mathfrak{i}$ von $\mathfrak{j}$ verschieden ist, so ist $\mathfrak{k}_{\mathfrak{p}}^{\mathfrak{i}}$ von $\mathfrak{k}_{\mathfrak{q}}^{\mathfrak{j}}$ gestaltlich verschieden.

Nämlich zunächst ist klar, daß gestaltliche Übereinstimmung von $\mathfrak{k}_{\mathfrak{p}}^{\mathfrak{i}}$ mit $\mathfrak{k}_{\mathfrak{q}}^{\mathfrak{j}}$ nur bei Übereinstimmung von $\mathfrak{p}$ mit $\mathfrak{q}$ bestehen kann; außerdem ist zur Übereinstimmung noch erforderlich, daß $\mathfrak{t}_1^{(\mathfrak{i})}$ mit $\mathfrak{t}_1^{(\mathfrak{j})}, \ldots, \mathfrak{t}_{\mathfrak{r}}^{(\mathfrak{i})}$ mit

$\mathfrak{t}_{\mathfrak{r}}^{(\mathfrak{j})}$ übereinstimmt; wenn das aber der Fall ist, so stimmen $\mathfrak{k}_1^{\mathfrak{i}}, \ldots, \mathfrak{k}_{\mathfrak{s}}^{\mathfrak{i}}$ mit $\mathfrak{k}_1^{\mathfrak{j}}, \ldots, \mathfrak{k}_{\mathfrak{s}}^{\mathfrak{j}}$ überein, es stimmt also das $\mathfrak{i}$-te mit dem $\mathfrak{j}$-ten Disjunktionsglied überein, was aber nur der Fall ist, wenn $\mathfrak{i}$ dieselbe Nummer ist wie $\mathfrak{j}$.

2. Ein Term $\mathfrak{k}_{\mathfrak{p}}^{\mathfrak{i}}$ kann nur dann mit einem der Terme $\mathfrak{t}_1^{(\mathfrak{j})}, \ldots, \mathfrak{t}_{\mathfrak{r}}^{(\mathfrak{j})}$ übereinstimmen oder Bestandteil von einem solchen sein, wenn $\mathfrak{i}$ kleiner ist als $\mathfrak{j}$.

Denn wenn $\mathfrak{k}_{\mathfrak{p}}^{\mathfrak{i}}$ mit einem der Terme $\mathfrak{t}_1^{(\mathfrak{j})}, \ldots, \mathfrak{t}_{\mathfrak{r}}^{(\mathfrak{j})}$ übereinstimmt oder in einem solchen als Bestandteil auftritt, so ist die zu der Nummer $\mathfrak{i}$ gehörige Vielfachheitszahl kleiner als die zu $\mathfrak{j}$ gehörige; also ist $\mathfrak{i}$ kleiner als $\mathfrak{j}$.

Auf Grund von 1. erhalten wir nun aus der Formel (3) wiederum eine Formel, die durch Einsetzungen aus einer identischen Formel entsteht, indem wir, nach Einführung einer Reihe von vorher noch nicht vorkommenden numerierten freien Individuenvariablen

$$\mathfrak{a}_1, \ldots, \mathfrak{a}_{\mathfrak{m}\cdot\mathfrak{s}},$$

jeden der Terme $\mathfrak{k}_{\mathfrak{p}}^{\mathfrak{i}}$ ($\mathfrak{p} = 1, \ldots, \mathfrak{s}$, $\mathfrak{i} = 1, \ldots, \mathfrak{m}$) durch die entsprechende Variable $\mathfrak{a}_{(\mathfrak{i}-1)\cdot\mathfrak{s}+\mathfrak{p}}$ ersetzen[1], wobei diese Ersetzung überall da auszuführen ist, wo der Term $\mathfrak{k}_{\mathfrak{p}}^{\mathfrak{i}}$ in (3), jedoch nicht als Bestandteil eines anderen Terms $\mathfrak{k}_{\mathfrak{q}}^{\mathfrak{j}}$ vorkommt.

In der so entstehenden Formel

$$(3^*)\quad \begin{cases} \mathfrak{A}(\mathfrak{l}_1^{(1)}, \ldots, \mathfrak{l}_{\mathfrak{r}}^{(1)}, \mathfrak{a}_1, \ldots, \mathfrak{a}_{\mathfrak{s}}) \lor \mathfrak{A}(\mathfrak{l}_1^{(2)}, \ldots, \mathfrak{l}_{\mathfrak{r}}^{(2)}, \mathfrak{a}_{\mathfrak{s}+1}, \ldots, \mathfrak{a}_{2\mathfrak{s}}) \\ \qquad \lor \ldots \lor \mathfrak{A}(\mathfrak{l}_1^{(\mathfrak{m})}, \ldots, \mathfrak{l}_{\mathfrak{r}}^{(\mathfrak{m})}, \mathfrak{a}_{(\mathfrak{m}-1)\cdot\mathfrak{s}+1}, \ldots, \mathfrak{a}_{\mathfrak{m}\cdot\mathfrak{s}}) \end{cases}$$

treten, zufolge der Feststellung 2., die Variablen

$$\mathfrak{a}_{(\mathfrak{i}-1)\cdot\mathfrak{s}+1}, \ldots, \mathfrak{a}_{\mathfrak{i}\cdot\mathfrak{s}}$$

in keinem der ersten $(\mathfrak{i}-1)$ Disjunktionsglieder und auch nicht in den Termen $\mathfrak{l}_1^{(\mathfrak{i})}, \ldots, \mathfrak{l}_{\mathfrak{r}}^{(\mathfrak{i})}$ auf.

Dieser Umstand ermöglicht uns nun einen Rückgang von der Formel (3*) zu der Formel $\mathfrak{E}$ mittels des Prädikatenkalkuls. Zur Darstellung dieser Ableitung empfiehlt es sich, zwei ableitbare Regeln des Prädikatenkalkuls zu den früher zusammengestellten ableitbaren Regeln[2] (γ) — (λ) hinzuzufügen:

Regel (μ): Hat eine Formel die Gestalt einer Disjunktion, so kann man darin ein beliebiges von den Disjunktionsgliedern in der Weise verändern, daß man einen darin auftretenden Term durch eine gebundene Variable ersetzt und diese durch ein an den Anfang des Disjunktionsgliedes gestelltes Seinszeichen bindet.

Regel (ν): Hat eine Formel die Gestalt einer Disjunktion, und enthält eines von den Disjunktionsgliedern eine freie Individuenvariable, die

---

[1] Die Bezeichnungen $\mathfrak{m}\cdot\mathfrak{s}$, $(\mathfrak{i}-1)\cdot\mathfrak{s}+\mathfrak{p}$, und weitere solche im folgenden, sind hier als Angaben der Ziffern zu verstehen, die sich durch Ausrechnung des betreffenden arithmetischen Ausdruckes ergeben.

[2] Vgl. Bd. I, S. 107—109 und S. 132—139.

in den anderen Disjunktionsgliedern nicht auftritt, so kann man diese freie Variable innerhalb des betreffenden Disjunktionsgliedes gegen eine gebundene Variable austauschen und das zugehörige Allzeichen an den Anfang dieses Disjunktionsgliedes stellen.

Bei der Wahl der gebundenen Variablen hat man jedesmal darauf zu achten, daß keine Kollision zwischen gebundenen Variablen entsteht.

Die Regel (μ) beruht auf der Anwendung der Grundformel (b) und des Aussagenkalkuls. Zunächst können wir — da sich ja mittels des Aussagenkalkuls beliebige Umstellungen und Zusammenfassungen von Disjunktionsgliedern bewirken lassen — die zu betrachtende Disjunktion in der Form

$$\mathfrak{A} \vee \mathfrak{B}(\mathfrak{t})$$

annehmen, wobei $\mathfrak{t}$ der Term ist, der durch eine gebundene Variable ersetzt werden soll. Es handelt sich dann um den Übergang von der Formel $\mathfrak{A} \vee \mathfrak{B}(\mathfrak{t})$ zu einer Formel

$$\mathfrak{A} \vee (E\mathfrak{x})\,\mathfrak{B}(\mathfrak{x}),$$

wobei $\mathfrak{x}$ eine nicht in $\mathfrak{B}(a)$ vorkommende gebundene Variable bedeutet. Diese Formel wird aus der gegebenen Formel in Verbindung mit der Formel

$$\mathfrak{B}(\mathfrak{t}) \rightarrow (E\mathfrak{x})\,\mathfrak{B}(\mathfrak{x})$$

erhalten, die durch Einsetzungen aus der Formel (b) hervorgeht.

Man beachte, daß hier die Möglichkeit zugelassen ist, daß der Term $\mathfrak{t}$ in $\mathfrak{A} \vee \mathfrak{B}(\mathfrak{t})$ auch außerhalb der angegebenen Stelle, insbesondere auch in $\mathfrak{A}$ auftritt.

Bei der Regel (ν) haben wir eine stärkere Voraussetzung. Hier muß der zu ersetzende Term eine freie Variable sein und darf nur innerhalb des zu verändernden Disjunktionsgliedes auftreten.

Entsprechend wie bei der Begründung der Regel (μ) können wir hier die gegebene Formel in der Gestalt

$$\mathfrak{A} \vee \mathfrak{B}(\mathfrak{c})$$

annehmen, wobei jetzt $\mathfrak{c}$ eine freie Variable ist, die nur an der angegebenen Stelle auftritt. Es handelt sich um den Übergang von dieser Formel zu einer Formel

$$\mathfrak{A} \vee (\mathfrak{x})\,\mathfrak{B}(\mathfrak{x}),$$

worin $\mathfrak{x}$ eine nicht in $\mathfrak{B}(\mathfrak{c})$ vorkommende gebundene Variable ist.

Diesen Übergang erhalten wir, indem wir erst die Formel

$$\mathfrak{A} \vee \mathfrak{B}(\mathfrak{c})$$

in

$$\overline{\mathfrak{A}} \rightarrow \mathfrak{B}(\mathfrak{c})$$

umformen, dann mittels des Schemas (α) (eventuell in Verbindung mit Einsetzungen) die Formel

$$\overline{\mathfrak{A}} \rightarrow (\mathfrak{x})\,\mathfrak{B}(\mathfrak{x})$$

und aus dieser wiederum durch elementare Umformung

$$\mathfrak{A} \vee (\mathfrak{x})\, \mathfrak{B}(\mathfrak{x})$$

gewinnen. Dieser Übergang läßt sich übrigens, mittels der Grundformel (a), auch im umgekehrten Sinne ausführen, und somit ist die Veränderung einer Formel gemäß der Regel (ν) ein umkehrbarer Prozeß, durch den diese Formel in eine ihr deduktionsgleiche übergeht. Dagegen ist die Veränderung gemäß der Regel (μ), wie ohne weiteres ersichtlich, im allgemeinen nicht umkehrbar.

Mittels der Regeln (μ), (ν) vollziehen wir nun den Rückgang von der Formel (3*) zu der Formel $\mathfrak{E}$.

Wir können zunächst, mit Bezug auf jede der Variablen

$$\mathfrak{a}_{(\mathfrak{m}-1)\mathfrak{s}+1}, \quad \mathfrak{a}_{(\mathfrak{m}-1)\mathfrak{s}+2}, \ldots, \mathfrak{a}_{\mathfrak{m}\mathfrak{s}},$$

die ja nur in dem letzten Disjunktionsglied von (3*), und auch nicht in $\mathfrak{l}_1^{(\mathfrak{m})}, \ldots, \mathfrak{l}_\mathfrak{r}^{(\mathfrak{m})}$, auftreten, die Regel (ν) anwenden und erhalten so, durch $\mathfrak{s}$-malige Anwendung dieser Regel, wobei wir als gebundene Variablen $\mathfrak{y}_1, \ldots, \mathfrak{y}_\mathfrak{s}$ nehmen, an Stelle jenes letzten Disjunktionsgliedes ein Glied

$$(\mathfrak{y}_1) \ldots (\mathfrak{y}_\mathfrak{s})\, \mathfrak{A}(\mathfrak{l}_1, \ldots, \mathfrak{l}_\mathfrak{r}, \mathfrak{y}_1, \ldots, \mathfrak{y}_\mathfrak{s}),$$

und an Stelle dieses Gliedes erhalten wir durch $\mathfrak{r}$-malige Anwendung der Regel (μ), wobei wir als gebundene Variablen $\mathfrak{x}_1, \ldots, \mathfrak{x}_\mathfrak{r}$ nehmen:

$$(E\mathfrak{x}_1) \ldots (E\mathfrak{x}_\mathfrak{r})\, (\mathfrak{y}_1) \ldots (\mathfrak{y}_\mathfrak{s})\, \mathfrak{A}(\mathfrak{x}_1, \ldots, \mathfrak{x}_\mathfrak{r}, \mathfrak{y}_1, \ldots, \mathfrak{y}_\mathfrak{s}).$$

Nunmehr treten die Variablen

$$\mathfrak{a}_{(\mathfrak{m}-2)\mathfrak{s}+1}, \ldots, \mathfrak{a}_{(\mathfrak{m}-1)\cdot\mathfrak{s}}$$

nur noch in dem vorletzten Disjunktionsglied, und innerhalb von diesem nicht in den Termen

$$\mathfrak{l}_1^{(\mathfrak{m}-1)}, \ldots, \mathfrak{l}_\mathfrak{r}^{(\mathfrak{m}-1)}$$

auf; wir können daher jetzt mit dem vorletzten Disjunktionsglied gerade so verfahren, wie wir zuvor mit dem letzten verfahren sind, und erhalten an seiner statt wiederum, durch $\mathfrak{s}$-malige Anwendung der Regel (ν) und nachfolgende $\mathfrak{r}$-malige Anwendung der Regel (μ):

$$(E\mathfrak{x}_1) \ldots (E\mathfrak{x}_\mathfrak{r})\, (\mathfrak{y}_1) \ldots (\mathfrak{y}_\mathfrak{s})\, \mathfrak{A}(\mathfrak{x}_1, \ldots, \mathfrak{y}_\mathfrak{s}).$$

In der gleichen Weise setzt sich das Verfahren fort, und wir erhalten so schließlich eine Disjunktion, in der jedes Glied die Gestalt

$$(E\mathfrak{x}_1) \ldots (E\mathfrak{x}_\mathfrak{r})\, (\mathfrak{y}_1) \ldots (\mathfrak{y}_\mathfrak{s})\, \mathfrak{A}(\mathfrak{x}_1, \ldots, \mathfrak{y}_\mathfrak{s}),$$

d. h. die Gestalt der Formel $\mathfrak{E}$ hat, und die sich daher mittels des Aussagenkalkuls in $\mathfrak{E}$ umformen läßt. Wir können also in der Tat von der Formel (3*) mittels des Prädikatenkalkuls zu der Formel $\mathfrak{E}$ zurückgelangen.

Hiermit ist der Nachweis für das zweite ε-Theorem zum Abschluß gebracht. Aus der Methode dieses Nachweises wollen wir nun einige weitere Ergebnisse entnehmen.

2. Einbeziehung des allgemeinen Gleichheitsaxioms in das zweite ε-Theorem. Anknüpfende Eliminationsbetrachtungen.

Bei unserem Nachweis für das zweite ε-Theorem haben wir uns wesentlich auf das erweiterte erste ε-Theorem gestützt; durch dieses wurde ja der Übergang von der Formel (2)

$$(E\mathfrak{x}_1)\dots(E\mathfrak{x}_\mathfrak{r})\,\mathfrak{A}(\mathfrak{x}_1,\dots,\mathfrak{x}_\mathfrak{r},\mathfrak{f}_1(\mathfrak{x}_1,\dots,\mathfrak{x}_\mathfrak{r}),\dots,\mathfrak{f}_\mathfrak{s}(\mathfrak{x}_1,\dots,\mathfrak{x}_\mathfrak{r}))$$

zu der Disjunktion (3) aus Gliedern

$$\mathfrak{A}(\mathfrak{t}_1^{(\mathfrak{i})},\dots,\mathfrak{t}_\mathfrak{r}^{(\mathfrak{i})},\mathfrak{f}_1(\mathfrak{t}_1^{(\mathfrak{i})},\dots,\mathfrak{t}_\mathfrak{r}^{(\mathfrak{i})}),\dots,\mathfrak{f}_\mathfrak{s}(\mathfrak{t}_1^{(\mathfrak{i})},\dots,\mathfrak{t}_\mathfrak{r}^{(\mathfrak{i})}))\qquad(\mathfrak{i}=1,\dots,\mathfrak{m})$$

ermöglicht. Hiernach ist es plausibel, daß wir das zweite ε-Theorem entsprechend wie das erste ε-Theorem auf den Fall ausdehnen können, daß der zu betrachtende Formalismus F außer eigentlichen Axiomen auch das allgemeine Gleichheitsaxiom (J_2) enthält.

Dieses gelingt nun in der Tat, durch eine leichte Modifikation unseres vorherigen Nachweises, auf folgende Art. Die Aufgabe ist, aus einer im Formalismus F vollzogenen Ableitung einer von dem ε-Symbol freien Formel $\mathfrak{E}$ eine solche Ableitung zu gewinnen, in der das ε-Symbol nicht auftritt. Wir können nun hier zunächst wieder die gleichen Vereinfachungen anbringen wie zuvor[1], d.h.: wir können erstens voraussetzen, daß in der vorgelegten Ableitung von $\mathfrak{E}$ keine eigentlichen Axiome benutzt werden, und daß ferner die Formel $\mathfrak{E}$ die Gestalt einer Skolemschen Normalform, mit mindestens einem voranstehenden Seinszeichen hat. Unsere Aufgabe reduziert sich somit darauf, für eine Formel $\mathfrak{E}$ von der Form

$$(E\mathfrak{x}_1)\dots(E\mathfrak{x}_\mathfrak{r})\,(\mathfrak{y}_1,\dots,\mathfrak{y}_\mathfrak{s})\,\mathfrak{A}(\mathfrak{x}_1,\dots,\mathfrak{x}_\mathfrak{r},\mathfrak{y}_1,\dots,\mathfrak{y}_\mathfrak{s}),$$

die aus den Symbolen des Prädikatenkalkuls und eventuell noch gewissen Individuen-, Funktions- und Prädikatensymbolen gebildet ist, worin ferner $\mathfrak{x}_1,\dots,\mathfrak{y}_\mathfrak{s}$ die sämtlichen vorkommenden gebundenen Variablen sind, und für welche eine Ableitung durch den Prädikatenkalkul, das Gleichheitsaxiom (J_2) und die ε-Formel vorgelegt ist, eine solche Ableitung zu gewinnen, die nur mittels des Prädikatenkalkuls und des Axioms (J_2) erfolgt.

Hierzu leiten wir zunächst aus der Formel $\mathfrak{E}$, so wie vorher, mittels des Prädikatenkalkuls die entsprechende Formel

$$(E\mathfrak{x}_1)\dots(E\mathfrak{x}_\mathfrak{r})\,\mathfrak{A}(\mathfrak{x}_1,\dots,\mathfrak{x}_\mathfrak{r},\mathfrak{f}_1(\mathfrak{x}_1,\dots,\mathfrak{x}_\mathfrak{r}),\dots,\mathfrak{f}\;(\mathfrak{x}_1\dots,\mathfrak{x}_\mathfrak{r}))$$

ab, so daß sich für diese Formel „$\mathfrak{E}_1$“ im ganzen eine Ableitung durch den Prädikatenkalkul, das Axiom (J_2) und die ε-Formel ergibt. Aus dieser können wir nun gemäß dem verschärften ersten ε-Theorem[2] eine Ableitung für eine Disjunktion $\mathfrak{D}$ bestehend aus Gliedern der Form

$$\mathfrak{A}(\mathfrak{t}_1^{(\mathfrak{i})},\dots,\mathfrak{t}_\mathfrak{r}^{(\mathfrak{i})},\mathfrak{f}_1(\mathfrak{t}_1^{(\mathfrak{i})},\dots,\mathfrak{t}_\mathfrak{r}^{(\mathfrak{i})}),\dots,\mathfrak{f}_\mathfrak{s}(\mathfrak{t}_1^{(\mathfrak{i})},\dots,\mathfrak{t}_\mathfrak{r}^{(\mathfrak{i})}))$$

---

[1] Vgl. für das Folgende die Überlegung S. 133—137. [2] Vgl. S. 79ff.

($\mathfrak{i} = 1, \ldots, \mathfrak{m}$) gewinnen, worin die Terme $\mathfrak{t}_1^{(\mathfrak{i})}, \ldots, \mathfrak{t}_\mathfrak{r}^{(\mathfrak{i})}$ kein ε-Symbol enthalten, und zwar erfolgt diese Ableitung mittels des elementaren Kalkuls mit freien Variablen und gewisser spezieller Gleichheitsaxiome. Das Eliminationsverfahren, durch welches wir zu dieser Ableitung geführt werden, liefert uns diese in der modifizierten Form, daß alle Einsetzungen in die Ausgangsformeln verlegt sind, so daß die Ausgangsformeln teils solche sind, die aus identischen wahren Formeln des Aussagenkalkuls, teils solche, die aus speziellen Gleichheitsaxiomen durch Einsetzungen hervorgehen, und die Endformel $\mathfrak{D}$ aus jenen Ausgangsformeln lediglich durch Schlußschemata (und Wiederholungen) erhalten wird.

Dabei ist insbesondere zu beachten, daß keines der zur Verwendung kommenden speziellen Gleichheitsaxiome zu einer Argumentstelle eines der Funktionszeichen $\mathfrak{f}_1, \ldots, \mathfrak{f}_\mathfrak{s}$ gehört. Denn diese Funktionszeichen treten ja in die Ableitung der Formel $\mathfrak{E}_1$ nur durch Einsetzungen für Individuenvariablen ein[1], während sie in keiner der Formeln $a = b \rightarrow (\mathfrak{B}(a) \rightarrow \mathfrak{B}(b))$ vorkommen, die innerhalb jener Ableitung von $\mathfrak{E}_1$ durch Einsetzung aus dem Axiom (J_2) gewonnen werden.

Sind nun $\mathfrak{G}_1, \ldots, \mathfrak{G}_\mathfrak{f}$ diejenigen von den Ausgangsformeln, die aus speziellen Gleichheitsaxiomen durch Einsetzung entstehen, so ist gemäß dem Deduktionstheorem die Formel

$$\mathfrak{G}_1 \,\&\, \ldots \,\&\, \mathfrak{G}_\mathfrak{f} \rightarrow \mathfrak{D}$$

ohne Benutzung von Axiomen, lediglich mittels des elementaren Kalkuls mit freien Variablen ableitbar[2]. Diese Formel muß also durch Einsetzung aus einer identisch wahren Formel des Aussagenkalkuls hervorgehen, und das gleiche muß von jeder Formel gelten, die aus jener erhalten wird durch Umstellung von Disjunktionsgliedern, Wegstreichen von Wiederholungen eines Disjunktionsgliedes innerhalb von $\mathfrak{D}$, oder ferner auch durch Ersetzungen von Termen durch andere Terme in der Weise, daß übereinstimmende Argumente von Primformeln wieder in übereinstimmende Argumente übergehen.

Durch solche Prozesse können wir nun, wie zuvor gezeigt, erreichen, daß an Stelle der Disjunktion $\mathfrak{D}$ eine solche von der Gestalt

$$\mathfrak{D}^* \begin{cases} \mathfrak{A}(\mathfrak{l}_1^{(1)}, \ldots, \mathfrak{l}_\mathfrak{r}^{(1)}, a_1, \ldots, a_\mathfrak{s}) \vee \ldots \\ \qquad \ldots \vee \mathfrak{A}(\mathfrak{l}_1^{(\mathfrak{m})}, \ldots, \mathfrak{l}_\mathfrak{r}^{(\mathfrak{m})}, a_{(\mathfrak{m}-1)\mathfrak{s}+1}, \ldots, a_{\mathfrak{m}\cdot\mathfrak{s}}) \end{cases}$$

tritt, worin $a_1, \ldots, a_{\mathfrak{m}\cdot\mathfrak{s}}$ neu eingeführte numerierte freie Variablen sind und die Variablen $a_{(\mathfrak{i}-1)\mathfrak{s}+1}, \ldots, a_{\mathfrak{i}\cdot\mathfrak{s}}$ in keinem der Terme $\mathfrak{l}_1^{(\mathfrak{j})}, \ldots, \mathfrak{l}_\mathfrak{r}^{(\mathfrak{j})}$, $\mathfrak{j} = 1, \ldots, \mathfrak{i}$, auftreten.

Zugleich gehen durch die auszuführenden Ersetzungen die Formeln $\mathfrak{G}_1, \ldots, \mathfrak{G}_\mathfrak{f}$ in Formeln $\mathfrak{G}_1^*, \ldots, \mathfrak{G}_\mathfrak{f}^*$ über, so daß an Stelle von

$$\mathfrak{G}_1 \,\&\, \ldots \,\&\, \mathfrak{G}_\mathfrak{f} \rightarrow \mathfrak{D}$$

eine Formel

$$\mathfrak{G}_1^* \,\&\, \ldots \,\&\, \mathfrak{G}_\mathfrak{f}^* \rightarrow \mathfrak{D}^*$$

[1] Vgl. die Ableitung der Formel (2) aus der Formel $\mathfrak{E}$ auf S. 133.

[2] Vgl. Bd. I, S. 154f.

tritt, aus der wir durch elementare Umformung die Disjunktion

$$\overline{\mathfrak{G}_1^*} \vee \ldots \vee \overline{\mathfrak{G}_\mathfrak{k}^*} \vee \mathfrak{D}^*$$

erhalten; diese entsteht also ebenfalls durch Einsetzungen aus einer identisch wahren Formel des Aussagenkalkuls.

Eine jede der Formeln $\mathfrak{G}_1^*, \ldots, \mathfrak{G}_\mathfrak{k}^*$ hat, ebenso wie die entsprechende der Formeln $\mathfrak{G}_1, \ldots, \mathfrak{G}_\mathfrak{k}$, eine der beiden Gestalten

$$\mathfrak{a} = \mathfrak{b} \rightarrow (\mathfrak{Q}(\mathfrak{a}) \rightarrow \mathfrak{Q}(\mathfrak{b}))$$
$$\mathfrak{a} = \mathfrak{b} \rightarrow (\mathfrak{f}(\mathfrak{a}) = \mathfrak{f}(\mathfrak{b})),$$

wobei $\mathfrak{Q}$ ein Prädikatensymbol, $\mathfrak{f}$ ein von $\mathfrak{f}_1, \ldots, \mathfrak{f}_\mathfrak{z}$ verschiedenes Funktionszeichen ist, das außer dem angegebenen Argument noch andere enthalten kann. (Insbesondere kann $\mathfrak{Q}$ auch das Gleichheitszeichen sein.)

Auf die Disjunktion

$$\overline{\mathfrak{G}_1^*} \vee \ldots \vee \overline{\mathfrak{G}_\mathfrak{k}^*} \vee \mathfrak{D}^*$$

wenden wir nun die Regeln (μ), (ν) [1] an. Durch wiederholte Anwendung der Regel (μ) auf ein Disjunktionsglied $\overline{\mathfrak{G}_\mathfrak{j}^*}$ (wo $\mathfrak{j}$ eine der Nummern $1, \ldots, \mathfrak{k}$ ist), erhalten wir an seiner statt ein solches Disjunktionsglied $\mathfrak{H}_\mathfrak{j}$, das aus der Negation eines speziellen Gleichheitsaxioms hervorgeht, indem die auftretenden freien Variablen durch gebundene ersetzt und die zugehörigen Seinszeichen vorangestellt werden.

Die Negation $\overline{\mathfrak{H}_\mathfrak{j}}$ eines solchen Gliedes ist überführbar in eine Formel, die aus einem speziellen Gleichheitsaxiom durch Austausch der freien Variablen gegen gebundene entsteht und die daher aus der Formel (J_2) mittels des Prädikatenkalkuls ableitbar ist.

Im ganzen entsteht durch die Anwendungen der Regel (μ) auf die Disjunktionsglieder $\overline{\mathfrak{G}_1^*}, \ldots, \overline{\mathfrak{G}_\mathfrak{k}^*}$ aus

$$\overline{\mathfrak{G}_1^*} \vee \ldots \vee \overline{\mathfrak{G}_\mathfrak{k}^*} \vee \mathfrak{D}^*$$

die Formel

$$\mathfrak{H}_1 \vee \ldots \vee \mathfrak{H}_\mathfrak{k} \vee \mathfrak{D}^*.$$

Da hierin die Formeln $\mathfrak{H}_1, \ldots, \mathfrak{H}_\mathfrak{k}$ keine freie Variable enthalten, so kann die Anwendung der Regeln (ν), (μ) auf die Disjunktionsglieder von $\mathfrak{D}^*$ ganz so erfolgen, wie wenn $\mathfrak{D}^*$ allein stände, und wir können somit, wie früher gezeigt, jedes Disjunktionsglied von $\mathfrak{D}^*$ durch Anwendung jener Regel in die Formel $\mathfrak{E}$ umwandeln, so daß sich im ganzen eine Formel

$$\mathfrak{H}_1 \vee \ldots \vee \mathfrak{H}_\mathfrak{k} \vee \mathfrak{E} \vee \ldots \vee \mathfrak{E}$$

ergibt, welche noch in

$$\overline{\mathfrak{H}_1} \mathbin{\&} \ldots \mathbin{\&} \overline{\mathfrak{H}_\mathfrak{k}} \rightarrow \mathfrak{E}$$

umgeformt werden kann.

Diese Formel ist somit durch den Prädikatenkalkul ableitbar, und da die Formeln $\overline{\mathfrak{H}_1}, \ldots, \overline{\mathfrak{H}_\mathfrak{k}}$, wie vorher bemerkt, aus (J_2) mittels des Prädikatenkalkuls ableitbar sind, so erhalten wir eine Ableitung von $\mathfrak{E}$ aus (J_2), welche lediglich durch den Prädikatenkalkul erfolgt.

[1] Vgl. S. 135.

Somit ergibt sich, daß das zweite ε-Theorem auch bei Einbeziehung des Gleichheitsaxioms (J_2) in den zu betrachtenden Formalismus F gültig bleibt.

Insbesondere erhalten wir hiernach den Satz: Innerhalb desjenigen (im weiteren Sinne „logischen") Formalismus, der aus dem Prädikatenkalkul durch Hinzunahme des Gleichheitszeichens und der Gleichheitsaxiome (J_1), (J_2) sowie des ε-Symbols und der ε-Formel hervorgeht, ist jede von dem ε-Symbol freie Formel auch ohne Benutzung des ε-Symbols ableitbar.

Wenn daher eine aus den Symbolen und Variablen des Prädikatenkalkuls und dem Gleichheitszeichen gebildete Formel derart abgeleitet werden kann, daß außer den Regeln des Prädikatenkalkuls und den Gleichheitsaxiomen (J_1), (J_2) noch symbolische Auflösungen von Existenzialformeln benutzt werden, so können diese symbolischen Auflösungen aus der Ableitung eliminiert werden.

Allgemein ergibt sich auf Grund des Bewiesenen, daß aus einer Ableitung einer Formel $\mathfrak{E}$, die mittels des Prädikatenkalkuls, der Gleichheitsaxiome und gewisser eigentlicher Axiome unter Hinzuziehung des Prozesses der symbolischen Auflösung von Existenzialformeln erfolgt, die symbolischen Auflösungen eliminiert werden können, sofern keines der durch sie eingeführten Symbole in der Formel $\mathfrak{E}$ auftritt.

Zugleich liefert unsere Beweismethode für die Einbeziehung des Axioms (J_2) in das zweite ε-Theorem auch einen Nachweis für den Satz, daß eine Formel $\mathfrak{E}$, die aus den Symbolen und Variablen des Prädikatenkalkuls, nebst eventuell noch gewissen Individuen-, Funktions- und Prädikatensymbolen gebildet ist, aber nicht das Gleichheitszeichen enthält, und welche mittels des Prädikatenkalkuls, der ε-Formel und der Gleichheitsaxiome ableitbar ist, auch durch den Prädikatenkalkul allein ableitbar ist.

In dieser Behauptung ist insbesondere enthalten, daß aus einer gegebenen Ableitung einer Formel $\mathfrak{E}$ von der genannten Beschaffenheit, welche durch den Prädikatenkalkul und die Gleichheitsaxiome (J_1), (J_2) erfolgt, die Anwendung der Gleichheitsaxiome eliminiert werden kann.

Diesen Satz haben wir bereits früher für den Fall bewiesen, daß die Formel $\mathfrak{E}$ eine Formel des Prädikatenkalkuls ist[1]. Jener Beweis ist ohne weiteres auch dann anwendbar, wenn die Formel $\mathfrak{E}$ noch Individuen- oder Prädikatensymbole enthält, dagegen nicht mehr, wenn in $\mathfrak{E}$ auch Funktionszeichen auftreten.

Wir beginnen den Nachweis wieder mit der Bemerkung, daß ohne Beschränkung der Allgemeinheit die Formel $\mathfrak{E}$ als eine solche von der Gestalt einer Skolemschen Normalform angenommen werden kann. Es ergibt sich nun zunächst ganz ebenso wie zuvor, daß wir an Hand der Ableitung von $\mathfrak{E}$ eine Formel

$$\mathfrak{G}_1^* \,\&\, \ldots \,\&\, \mathfrak{G}_{\mathfrak{k}}^* \rightarrow \mathfrak{D}^*$$

finden von folgenden Eigenschaften:

[1] Vgl. Bd. I, S. 390–392.

1. Sie geht durch Einsetzung aus einer identisch wahren Formel des Aussagenkalkuls hervor.

2. Jede der Formeln $\mathfrak{G}_1^*, \ldots, \mathfrak{G}_\mathfrak{k}^*$ hat eine der beiden Formen

$$\mathfrak{a} = \mathfrak{b} \rightarrow (\mathfrak{Q}(\mathfrak{a}) \rightarrow \mathfrak{Q}(\mathfrak{b}))$$
$$\mathfrak{a} = \mathfrak{b} \rightarrow \mathfrak{f}(\mathfrak{a}) = \mathfrak{f}(\mathfrak{b}),$$

wobei $\mathfrak{Q}$ ein Prädikatensymbol, $\mathfrak{f}$ ein Funktionszeichen ist, das außer dem angegebenen Argument noch andere enthalten kann, die in $\mathfrak{Q}(\mathfrak{a})$ und $\mathfrak{Q}(\mathfrak{b})$ bzw. in $\mathfrak{f}(\mathfrak{a})$ und $\mathfrak{f}(\mathfrak{b})$ übereinstimmend lauten.

3. Von der Formel $\mathfrak{D}^*$ können wir mittels des bloßen Prädikatenkalkuls zu $\mathfrak{E}$ zurückgelangen.

Außerdem folgt aus der Beziehung der Formel $\mathfrak{D}^*$ zu der Formel $\mathfrak{E}$, die ja nach Voraussetzung kein Gleichheitszeichen enthält, daß auch die Formel $\mathfrak{D}^*$ kein Gleichheitszeichen enthält; nämlich $\mathfrak{E}$ hat ja die Form

$$(E\mathfrak{x}_1) \ldots (E\mathfrak{x}_\mathfrak{r})(\mathfrak{y}_1) \ldots (\mathfrak{y}_\mathfrak{s})\, \mathfrak{A}(\mathfrak{x}_1, \ldots, \mathfrak{y}_\mathfrak{s}),$$

und $\mathfrak{D}^*$ ist eine Disjunktion, deren Glieder aus

$$\mathfrak{A}(\mathfrak{x}_1, \ldots, \mathfrak{y}_\mathfrak{s})$$

entstehen, indem an Stelle der gebundenen Variablen $\mathfrak{x}_1, \ldots, \mathfrak{y}_\mathfrak{s}$ gewisse Terme gesetzt werden.

Die Eigenschaft 1. bleibt nun erhalten, wenn wir in der Formel

$$\mathfrak{G}_1^* \,\&\, \ldots \,\&\, \mathfrak{G}_\mathfrak{k}^* \rightarrow \mathfrak{D}^*$$

jede vorkommende Gleichung, worin die Terme beiderseits gleichlauten, durch die Formel $A \vee \overline{A}$, jede andere Gleichung durch $A \,\&\, \overline{A}$ ersetzen. Denn hierbei erhalten ja übereinstimmende Primformeln allenthalben auch übereinstimmende Ersetzungen.

Durch diese Ersetzung geht eine Formel

$$\mathfrak{a} = \mathfrak{b} \rightarrow (\mathfrak{Q}(\mathfrak{a}) \rightarrow \mathfrak{Q}(\mathfrak{b}))$$

bzw.

$$\mathfrak{a} = \mathfrak{b} \rightarrow \mathfrak{f}(\mathfrak{a}) = \mathfrak{f}(\mathfrak{b}),$$

wenn der Term $\mathfrak{a}$ von $\mathfrak{b}$ gestaltlich verschieden ist, über in eine Formel

$$A \,\&\, \overline{A} \rightarrow \mathfrak{B},$$

und wenn $\mathfrak{a}$ mit $\mathfrak{b}$ übereinstimmt, in eine Formel

$$A \vee \overline{A} \rightarrow (\mathfrak{C} \rightarrow \mathfrak{C})$$

bzw.

$$A \vee \overline{A} \rightarrow A \vee \overline{A}.$$

Somit erhalten wir durch die genannte Ersetzung aus jeder der Formeln $\mathfrak{G}_\mathfrak{j}^*$ ($\mathfrak{j} = 1, \ldots, \mathfrak{k}$) eine solche Formel $\widetilde{\mathfrak{G}}_\mathfrak{j}$, die durch Einsetzung aus einer identisch wahren Formel des Aussagenkalkuls hervorgeht, während die Formel $\mathfrak{D}^*$ unverändert bleibt.

Da nun die Formel

$$\widetilde{\mathfrak{G}}_1 \,\&\, \ldots \,\&\, \widetilde{\mathfrak{G}}_\mathfrak{k} \rightarrow \mathfrak{D}^*$$

sowie auch jede der Formeln $\widetilde{\mathfrak{G}}_1, \ldots, \widetilde{\mathfrak{G}}_{\mathfrak{k}}$ durch Einsetzung aus einer identisch wahren Formel des Aussagenkalkuls entsteht, so gilt das gleiche von $\mathfrak{D}^*$. Aus $\mathfrak{D}^*$ aber erhalten wir mittels des Prädikatenkalkuls die Formel $\mathfrak{E}$. Somit ist, wie behauptet, die Formel $\mathfrak{E}$ durch den bloßen Prädikatenkalkul ableitbar.

Der hiermit bewiesene Satz gestattet ohne weiteres auch die folgende Verallgemeinerung: Wenn aus einem Axiomensystem, bestehend aus den Gleichheitsaxiomen (J_1), (J_2) und aus eigentlichen Axiomen, die nicht das Gleichheitszeichen enthalten, mittels des Prädikatenkalkuls eine Formel $\mathfrak{E}$ abgeleitet ist, die nicht das Gleichheitszeichen enthält, so kann aus dieser Ableitung die Anwendung der Gleichheitsaxiome ausgeschaltet werden.

Mit dem verschärften zweiten ε-Theorem erhalten wir auch einen neuen Beweis für den Satz über die Eliminierbarkeit der ι-Regel[1], da ja mit der Einführung der ε-Formel die ι-Regel zu einer ableitbaren Regel wird, indem das ε-Symbol die Rolle des ι-Symbols übernimmt[2]. Freilich erstreckt sich der so gewonnene Beweis für die Eliminierbarkeit der ι-Regel nur auf solche Formalismen, die aus dem Prädikatenkalkul nebst der ι-Regel durch Hinzunahme gewisser eigentlicher Axiome und eventuell noch des Gleichheitsaxioms (J_2) hervorgehen, während wir früher den Satz auch mit Einbeziehung der vollständigen Induktion bewiesen haben.

Für den Formalismus des Systems (Z), der ja das Induktionsaxiom enthält, folgt umgekehrt die Gültigkeit der Aussage des zweiten ε-Theorems aus dem Theorem über die Eliminierbarkeit der ι-Regel. Denn, wie früher gezeigt[3], können wir ja in diesem Formalismus bei Hinzunahme der ι-Regel das Symbol $\mu_x A(x)$ definieren, für welches die Formel

$$A(a) \rightarrow A(\mu_x A(x))$$

mittels der ι-Regel ableitbar ist.

Haben wir daher eine Ableitung einer zum Formalismus von (Z) gehörigen Formel $\mathfrak{E}$, welche mittels des Prädikatenkalkuls und der Axiome von (Z) unter Hinzunahme des ε-Symbols und der ε-Formel erfolgt, so können darin die Anwendungen des ε-Symbols und der ε-Formel durch Anwendungen der ι-Regel ersetzt werden; diese Anwendungen der ι-Regel können aber zufolge des genannten Theorems über die Eliminierbarkeit der ι-Regel ausgeschaltet werden, weil ja die Formel $\mathfrak{E}$ kein ι-Symbol enthält; und wir gelangen somit zu einer Ableitung von $\mathfrak{E}$ aus dem Axiomensystem (Z), die sich lediglich mittels des Prädikatenkalkuls vollzieht[4].

In den Fällen, wo sich die Eliminierbarkeit der ι-Regel aus dem zweiten ε-Theorem entnehmen läßt, kann man natürlich direkt, anstatt

[1] Vgl. Bd. I, S. 431–432. [2] Vgl. S. 16.

[3] Vgl. Bd. I, S. 403 unten bis 405 bzw. Supplement I.

[4] Vgl. hierzu auch die frühere Bemerkung S. 12.

mit der ι-Regel, mit dem ε-Symbol und der ε-Formel operieren. Als Beispiel hierfür möge die Erörterung der Frage der *Ersetzung von Funktionszeichen durch Prädikatensymbole* dienen, die wir seinerzeit mittels des Theorems über die Eliminierbarkeit der ι-Regel behandelt haben[1]. Die folgende Betrachtung hat insofern einen engeren Geltungsbereich, als darin die vollständige Induktion nicht einbezogen ist; andererseits wird aber jetzt das Ergebnis sich nicht, wie bei der früheren Betrachtung, nur auf solche Formalismen beziehen, welche die Gleichheitsaxiome enthalten.

Wir gehen aus von einem Formalismus F, der aus dem Prädikatenkalkul hervorgeht durch Hinzufügung des Gleichheitszeichens, der Gleichheitsaxiome (J_1), (J_2) sowie gewisser weiterer Symbole: Individuen-, Funktions- oder Prädikatensymbole, nebst eigentlichen Axiomen $\mathfrak{A}_1, \ldots, \mathfrak{A}_n$. Zu den Symbolen mögen jedenfalls auch Funktionszeichen gehören. Seien

$$\mathfrak{f}_1(a_1, \ldots, a_{\mathfrak{k}_1}), \ldots, \mathfrak{f}_\mathfrak{m}(a_1, \ldots, a_{\mathfrak{k}_\mathfrak{m}})$$

diese Funktionszeichen.

Wir bilden nun aus F einen erweiterten Formalismus F_1, indem wir den Funktionszeichen die Prädikatensymbole

$$\mathfrak{P}_1(b, a_1, \ldots, a_{\mathfrak{k}_1}), \ldots, \mathfrak{P}_\mathfrak{m}(b, a_1, \ldots, a_{\mathfrak{k}_\mathfrak{m}})$$

zuordnen und für diese die expliziten Definitionen

$$\{1\} \qquad \mathfrak{P}_\mathfrak{i}(b, a_1, \ldots, a_{\mathfrak{k}_\mathfrak{i}}) \sim b = \mathfrak{f}_\mathfrak{i}(a_1, \ldots, a_{\mathfrak{k}_\mathfrak{i}}) \qquad (\mathfrak{i} = 1, \ldots, \mathfrak{m})$$

aufstellen. Diese Erweiterung von F zu F_1 ist nur eine unwesentliche, da sie ja nur in der Hinzunahme explizite definierter Symbole besteht. Jedenfalls ist, wenn F widerspruchsfrei ist, auch F_1 widerspruchsfrei. Aus den Formeln $\{1\}$ sind mittels der Gleichheitsaxiome die Formeln

$$\{2\} \qquad \begin{cases} (E x)\, \mathfrak{P}_\mathfrak{i}(x, a_1, \ldots, a_{\mathfrak{k}_\mathfrak{i}}) \\ \mathfrak{P}_\mathfrak{i}(b, a_1, \ldots, a_{\mathfrak{k}_\mathfrak{i}})\ \&\ \mathfrak{P}_\mathfrak{i}(c, a_1, \ldots, a_{\mathfrak{k}_\mathfrak{i}}) \to b = c \end{cases} \qquad (\mathfrak{i} = 1, \ldots, \mathfrak{m})$$

sowie ferner die Äquivalenzen

$$\{3\} \quad A\left(\mathfrak{f}_\mathfrak{i}(a_1, \ldots, a_{\mathfrak{k}_\mathfrak{i}})\right) \sim (x)\left(\mathfrak{P}_\mathfrak{i}(x, a_1, \ldots, a_{\mathfrak{k}_\mathfrak{i}}) \to A(x)\right) \qquad (\mathfrak{i} = 1, \ldots, \mathfrak{m})$$

ableitbar, und mit Hilfe der Äquivalenzen $\{3\}$ ist jede Formel $\mathfrak{C}$ aus dem Formalismus F_1 überführbar in eine Formel $\mathfrak{C}^*$, die kein Funktionszeichen enthält.

Insbesondere sind die Axiome $\mathfrak{A}_1, \ldots, \mathfrak{A}_\mathfrak{n}$ in Formeln $\mathfrak{A}_1^*, \ldots, \mathfrak{A}_\mathfrak{n}^*$ überführbar, in denen kein Funktionszeichen auftritt. Wir denken uns solche Formeln $\mathfrak{A}_1^*, \ldots, \mathfrak{A}_\mathfrak{n}^*$ bestimmt. Sei nun $\mathfrak{C}$ eine in F_1 ableitbare Formel und $\mathfrak{C}^*$ eine Formel ohne Funktionszeichen, in welche $\mathfrak{C}$ überführbar ist, dann ist $\mathfrak{C}^*$ auch aus den Formeln $\mathfrak{A}_1^*, \ldots, \mathfrak{A}_\mathfrak{n}^*$ und den Formeln $\{1\}$ mittels des Prädikatenkalkuls und der Gleichheitsaxiome

[1] Vgl. Bd. I, S. 455–458.

ableitbar. In einer solchen Ableitung treten im allgemeinen Funktionszeichen auf. Wir können jedoch, wie wir zeigen wollen, die Funktionszeichen ausschalten, sofern wir die (im Formalismus F_1 ableitbaren) Formeln $\{2\}$ als Axiome einführen.

Gehen wir nämlich aus von einer Ableitung einer von Funktionszeichen freien Formel $\mathfrak{C}^*$ des Formalismus F_1 aus $\mathfrak{A}_1^*, \ldots, \mathfrak{A}_\mathfrak{k}^*$ und den Formeln $\{1\}$, welche mittels des Prädikatenkalkuls und der Gleichheitsaxiome (J_1), (J_2) erfolgt, so können wir zunächst die Funktionszeichen $\mathfrak{f}_1, \ldots, \mathfrak{f}_\mathfrak{m}$ in einer äußerlichen Weise beseitigen, indem wir das ε-Symbol und die ε-Formel einführen und jeden Ausdruck

$$\mathfrak{f}_\mathfrak{i}(a_1, \ldots, a_{\mathfrak{k}_\mathfrak{i}})$$

durch

$$\varepsilon_x \mathfrak{P}(x, a_1, \ldots, a_{\mathfrak{k}_\mathfrak{i}}) \quad \text{bzw.} \quad \varepsilon_\mathfrak{v} \mathfrak{P}(\mathfrak{v}, \mathfrak{a}_1, \ldots, \mathfrak{a}_{\mathfrak{k}_\mathfrak{i}})$$

ersetzen (wobei wir die Freiheit der Wahl der gebundenen Variablen zur Verhütung von Kollisionen zwischen gebundenen Variablen ausnutzen).

Hierbei gehen nun die Formeln $\{1\}$ in die Formeln

$$\{4\} \qquad \mathfrak{P}_\mathfrak{i}(b, a_1, \ldots, a_\mathfrak{k}) \sim b = \varepsilon_x \mathfrak{P}_\mathfrak{i}(x, a_1, \ldots, a_{\mathfrak{k}_\mathfrak{i}}) \qquad (\mathfrak{i} = 1, \ldots, \mathfrak{m})$$

über. Diese aber sind aus den Formeln $\{2\}$ mittels des Prädikatenkalkuls, der ε-Formel und des Gleichheitsaxioms (J_2) ableitbar.

Wir erhalten somit eine Ableitung der Formel $\mathfrak{C}^*$ aus $\mathfrak{A}_1^*, \ldots, \mathfrak{A}_\mathfrak{k}^*$, den Formeln $\{2\}$ und den Gleichheitsaxiomen mittels des Prädikatenkalkuls und der ε-Formel. Da nun die Formeln $\{2\}$ ebenso wie die Formeln $\mathfrak{A}_1^*, \ldots, \mathfrak{A}_\mathfrak{k}^*$ keine Formelvariable und kein ε-Symbol enthalten, so können wir aus dieser Ableitung gemäß dem zweiten ε-Theorem das ε-Symbol ausschalten, so daß wir zu einer Ableitung von $\mathfrak{C}^*$ aus $\mathfrak{A}_1^*, \ldots, \mathfrak{A}_\mathfrak{k}^*$, (J_1), (J_2) und den Formeln $\{2\}$ mittels des Prädikatenkalkuls gelangen.

Bezeichnen wir daher mit F^* den Formalismus, der aus F entsteht, indem an Stelle der Formeln $\mathfrak{A}_1, \ldots, \mathfrak{A}_\mathfrak{k}$ die Formeln $\mathfrak{A}_1^*, \ldots, \mathfrak{A}_\mathfrak{k}^*$ und $\{2\}$ als Axiome genommen und die Funktionszeichen $\mathfrak{f}_1, \ldots, \mathfrak{f}_\mathfrak{m}$ ausgeschaltet werden [während die Gleichheitsaxiome (J_1), (J_2) beibehalten werden], so besteht folgender Satz: Zu jeder Formel $\mathfrak{C}$ aus dem Formalismus F läßt sich eine Formel $\mathfrak{C}^*$ aus F^* bestimmen, welche mittels der Äquivalenzen $\{3\}$, also innerhalb F_1 in $\mathfrak{C}$ überführbar ist; und im Falle, daß die Formel $\mathfrak{C}$ in F ableitbar ist, ist auch jede Formel $\mathfrak{C}^*$, die zu $\mathfrak{C}$ die genannte Beziehung hat, in F^* ableitbar.

Es gilt aber auch umgekehrt, daß wenn $\mathfrak{C}^*$ in F^* ableitbar ist, dann auch $\mathfrak{C}$ in F abgeleitet werden kann.

Ersetzen wir nämlich in einer Ableitung von $\mathfrak{C}^*$ im Formalismus F^* jeden Ausdruck

$$\mathfrak{P}_\mathfrak{i}(\mathfrak{b}, \mathfrak{a}_1, \ldots, \mathfrak{a}_{\mathfrak{k}_\mathfrak{i}})$$

durch die Gleichung

$$\mathfrak{b} = \mathfrak{f}_\mathfrak{i}(\mathfrak{a}_1, \ldots, \mathfrak{a}_{\mathfrak{k}_\mathfrak{i}}),$$

womit an Stelle der Prädikatensymbole $\mathfrak{P}_1, \ldots, \mathfrak{P}_m$ wiederum die Funktionszeichen $\mathfrak{f}_1, \ldots, \mathfrak{f}_m$ eingeführt werden, so können wir die dadurch entstehende Formelfigur zu einem Beweis von $\mathfrak{C}$ in F ergänzen. Nämlich durch die genannte Ersetzung geht die Formel $\mathfrak{C}^*$ in eine gewisse Formel $\mathfrak{C}^{**}$, jedes der Axiome $\mathfrak{A}_i^*$ in eine Formel $\mathfrak{A}_i^{**}$ über, die Gleichheitsaxiome bleiben dabei unverändert und aus den Formeln $\{2\}$ werden solche Formeln, die mittels der Gleichheitsaxiome (J_1), (J_2) ableitbar sind. Wir erhalten somit zunächst eine Ableitung der Formel $\mathfrak{C}^{**}$ aus den Formeln $\mathfrak{A}_1^{**}, \ldots, \mathfrak{A}_n^{**}$, (J_1), (J_2) mittels des Prädikatenkalkuls. Nun sind ferner aus den Formeln $\{3\}$ die Äquivalenzen

$$\mathfrak{C} \sim \mathfrak{C}^*, \qquad \mathfrak{A}_1 \sim \mathfrak{A}_1^*, \ldots, \mathfrak{A}_n \sim \mathfrak{A}_n^*$$

mittels des Prädikatenkalkuls ableitbar. Führen wir in den Ableitungen dieser Äquivalenzen allenthalben die Ersetzung der Ausdrücke $\mathfrak{P}_i(\mathfrak{b}, \mathfrak{a}_1, \ldots, \mathfrak{a}_{\mathfrak{k}_i})$ durch die entsprechenden Gleichungen $\mathfrak{b} = \mathfrak{f}_i(\mathfrak{a}_1, \ldots, \mathfrak{a}_{\mathfrak{k}_i})$ aus, so gehen die Endformeln dieser Ableitungen über in

$$\mathfrak{C} \sim \mathfrak{C}^{**}, \qquad \mathfrak{A}_1 \sim \mathfrak{A}_1^{**}, \ldots, \mathfrak{A}_n \sim \mathfrak{A}_n^{**},$$

und aus den Formeln $\{3\}$ gehen solche Formeln hervor, die aus den Gleichheitsaxiomen ableitbar sind. Es ergibt sich daher eine Ableitung der Formeln

$$\mathfrak{C} \sim \mathfrak{C}^{**}, \qquad \mathfrak{A}_1 \sim \mathfrak{A}_1^{**}, \ldots, \mathfrak{A}_n \sim \mathfrak{A}_n^{**}$$

durch den Prädikatenkalkul und die Gleichheitsaxiome (J_1), (J_2), und diese Ableitungen in Verbindung mit der vorher erhaltenen Ableitung von $\mathfrak{C}^{**}$ aus $\mathfrak{A}_1^{**}, \ldots, \mathfrak{A}_n^{**}$, (J_1), (J_2) liefern eine Ableitung von $\mathfrak{C}$ aus den Axiomen $\mathfrak{A}_1, \ldots, \mathfrak{A}_n$, (J_1), (J_2) mittels des Prädikatenkalkuls, d. h. eine Ableitung von $\mathfrak{C}$ im Formalismus F.

Somit besteht ein Parallelismus zwischen den Ableitungen im Formalismus F und denjenigen im Formalismus F^*: Zunächst ist jede Formel aus F mittels der expliziten Definitionen $\{1\}$ und der Gleichheitsaxiome in eine Formel aus F^* überführbar, und umgekehrt geht jede Formel von F^* bei Ersetzung aller vorkommenden Ausdrücke $\mathfrak{P}_1(\mathfrak{b}, \mathfrak{a}_1, \ldots, \mathfrak{a}_{\mathfrak{k}_i})$ durch die entsprechenden Gleichungen $\mathfrak{b} = \mathfrak{f}_i(\mathfrak{a}_1, \ldots, \mathfrak{a}_{\mathfrak{k}_i})$ in eine Formel aus F über, in welche sie mittels der Formel $\{1\}$ und der Gleichheitsaxiome überführbar ist. Sind ferner irgend zwei Formeln, $\mathfrak{C}$ aus F und $\mathfrak{C}^*$ aus F^*, ineinander mittels der Formeln $\{1\}$ und der Gleichheitsaxiome überführbar, so erhalten wir aus einer Ableitung von $\mathfrak{C}$ in F eine Ableitung von $\mathfrak{C}^*$ in F^* und umgekehrt.

Die Untersuchung der Ableitbarkeiten im Formalismus F ist somit auf die der Ableitbarkeiten in F^* zurückgeführt. Der Formalismus F^* ist aber insofern enger, als er keine Funktionszeichen enthält.

Wir kommen so von neuem zu der Feststellung, daß wir die beweistheoretische Untersuchung von formalisierten Axiomensystemen der ersten Stufe, welche die Gleichheitsaxiome (J_1), (J_2) enthalten, stets auf die Untersuchung solcher Systeme reduzieren können, in denen keine Funktionszeichen auftreten.

An dieser Form des Ergebnisses ist nun noch die einschränkende Voraussetzung störend, daß der zu betrachtende Formalismus die Gleichheitsaxiome (J_1), (J_2) enthalten soll. Wir können aber, mit Hilfe des vorher bewiesenen Satzes über die Ausschaltung der Gleichheitsaxiome[1], ein entsprechendes Ergebnis auch für die Fälle gewinnen, wo entweder der gegebene Formalismus überhaupt nicht das Gleichheitszeichen enthält oder wo der Formalismus zwar das Gleichheitszeichen, aber nur eigentliche Axiome, also nicht das Axiom (J_2) enthält.

Betrachten wir zunächst den ersten Fall. Es sei ein Formalismus F_0 gegeben, der aus dem Prädikatenkalkul durch Hinzufügung gewisser Symbole (Individuen-, Funktions- oder Prädikatensymbole) nebst gewissen eigentlichen Axiomen $\mathfrak{A}_1, \ldots, \mathfrak{A}_n$ hervorgeht. Unter den Symbolen komme das Gleichheitszeichen nicht vor. Dagegen mögen gewisse Funktionszeichen

$$\mathfrak{f}_\mathfrak{i}(a_1, \ldots, a_{\mathfrak{k}_\mathfrak{i}}) \qquad (\mathfrak{i} = 1, \ldots, \mathfrak{m})$$

in ihm enthalten sein. Wir können dann zunächst den Formalismus F_0 durch Hinzunahme des Gleichheitszeichens und der Axiome (J_1), (J_2) zu einem Formalismus F von der eben betrachteten Art erweitern, und von diesem können wir nach der vorhin beschriebenen Methode zu einem Formalismus F^* übergehen, der keine Funktionszeichen enthält.

Jede Formel $\mathfrak{C}$ von F_0 ist nun, als Formel von F, mit Anwendung der Äquivalenzen $\{3\}$ überführbar in eine Formel $\mathfrak{C}^*$ von F^*, und aus einer Ableitung von $\mathfrak{C}$ in F_0 erhalten wir eine Ableitung von $\mathfrak{C}^*$ in F^*. Es gilt aber wiederum auch das Umgekehrte. Nämlich aus einer Ableitung von $\mathfrak{C}^*$ in F^* erhalten wir zunächst eine solche von $\mathfrak{C}$ in F, d. h. eine Ableitung von $\mathfrak{C}$ aus den Axiomen $\mathfrak{A}_1, \ldots, \mathfrak{A}_n$ mittels des Prädikatenkalkuls und der Gleichheitsaxiome (J_1), (J_2). Da aber weder die Formel $\mathfrak{C}$ noch die Axiome $\mathfrak{A}_1, \ldots, \mathfrak{A}_n$, die ja alle zu F_0 gehören, das Gleichheitszeichen enthalten, so kann, wie wir bewiesen haben, aus dieser Ableitung die Anwendung der Gleichheitsaxiome (wenn sie zunächst erfolgte) ausgeschaltet werden, und wir gelangen so zu einer Ableitung von $\mathfrak{C}$ in F_0.

Somit kann die Untersuchung der Ableitbarkeiten in F_0 zurückgeführt werden auf die Untersuchung gewisser Ableitbarkeiten in dem von Funktionszeichen freien Formalismus F^*.

Nun bleibt noch der Fall eines Formalismus zu berücksichtigen, der zwar das Gleichheitszeichen, aber nur eigentliche Axiome für dieses, also nicht das Axiom (J_2) enthält. Diesen Fall können wir auf den eben betrachteten dadurch zurückführen, daß wir an Stelle des Gleichheitszeichens ein anderes Symbol, etwa „$Id(a, b)$“, nehmen. Dieses kann, da ja nur eigentliche Axiome für Id gegeben sind, völlig mit den anderen Prädikatensymbolen gleichgestellt werden, und wir haben dann einen Formalismus F_0 ohne Gleichheitszeichen. In dem entsprechenden

[1] Vgl. S. 141–143.

Formalismus F^* treten dann die Symbole $=$, Id nebeneinander auf; für $=$ haben wir die Axiome (J_1), (J_2), für Id gewisse eigentliche Axiome, welche in die Reihe der Axiome $\mathfrak{A}_1^*, \ldots, \mathfrak{A}_\mathfrak{n}^*$ aufgenommen sind.

Wir können demnach auch in den Fällen von formalisierten Axiomensystemen mit auftretenden Funktionszeichen, bei welchen entweder überhaupt nicht die Gleichheit vorkommt, oder aber die Gleichheit nur in Verbindung mit eigentlichen Axiomen auftritt, die Untersuchungen über die Ableitbarkeit von Formeln auf die entsprechenden Untersuchungen für Axiomensysteme ohne Funktionszeichen zurückführen[1].

Die hier behandelte Zurückführung der beweistheoretischen Untersuchung von Axiomensystemen mit Funktionszeichen auf die von Axiomensystemen ohne Funktionszeichen hat insofern eine gewisse grundsätzliche Bedeutung, als für die Axiomensysteme der ersten Stufe ohne Funktionszeichen, wie wir wissen, die Untersuchung der Ableitbarkeit einer Formel hinauskommt auf eine Frage der Ableitbarkeit im reinen Prädikatenkalkul. Es sei kurz noch einmal daran erinnert, wie sich dieses ergibt: Wir können zunächst die Untersuchung der Ableitbarkeit einer beliebigen Formel aus dem Formalismus des zu betrachtenden Axiomensystems zurückführen auf die der Ableitbarkeit einer Formel ohne Formelvariablen[2]. Für die Ableitung einer solchen Formel kann das Gleichheitsaxiom (J_2) durch eigentliche Axiome ersetzt werden, so daß wir es nun mit der Ableitbarkeit einer Formel nur aus eigentlichen Axiomen (vermittels des Prädikatenkalkuls) zu tun haben. Ist nun $\mathfrak{F}$ die abzuleitende Formel, und sind $\mathfrak{A}_1, \ldots, \mathfrak{A}_\mathfrak{n}$ die Formeln, die aus den eigentlichen Axiomen durch Austausch der freien Variablen gegen gebundene entstehen, so ist die zu untersuchende Ableitbarkeit gleichbedeutend mit der Ableitbarkeit der Formel

$$\mathfrak{A}_1 \,\&\ldots\&\, \mathfrak{A}_\mathfrak{n} \rightarrow \mathfrak{F}$$

durch den bloßen Prädikatenkalkul. In dieser Formel treten nun auf Grund unserer Voraussetzung keine anderen Symbole als Individuen- und Prädikatensymbole auf, und ihre Ableitbarkeit ist daher gleichbedeutend mit der Ableitbarkeit derjenigen Formel des reinen Prädikatenkalkuls, die man aus ihr erhält, indem man die Individuensymbole durch vorher nicht vorkommende freie Individuenvariablen, die Prädikatensymbole durch Formelvariablen ersetzt.

In entsprechender Weise ergibt sich, daß die Widerspruchsfreiheit des Axiomensystems (im Rahmen der durch den Prädikatenkalkul formalisierten Schlußweisen) gleichbedeutend ist mit der Unableitbarkeit der Formel, welche aus der Negation der Formel

$$\mathfrak{A}_1 \,\&\ldots\&\, \mathfrak{A}_\mathfrak{k}$$

[1] Allerdings ist hier der Fall nicht inbegriffen, daß ein Axiomensystem zwar das Axiom (J_2), aber nicht (J_1) enthält, noch auch eine Ableitung von (J_1) liefert. Dieser dürfte aber für die Anwendungen der theoretischen Logik kaum von Interesse sein.

[2] Vgl. die diesbezüglichen Bemerkungen auf S. 19 und Bd. I, S. 390.

mittels der genannten Ersetzungen der Individuen- und Prädikatensymbole durch entsprechende freie Variablen erhalten wird.

Diese Reduktion der axiomatischen Ableitbarkeits- und Widerspruchsfreiheitsfragen auf Fragen der Ableitbarkeit im bloßen Prädikatenkalkul wird nun durch den Satz über die Ersetzbarkeit von Funktionszeichen durch Prädikatensymbole auf Axiomensysteme mit Funktionszeichen ausgedehnt.

Andererseits ist jedoch hervorzuheben, daß die Ausschaltung der Funktionszeichen für die Untersuchung der Ableitbarkeit gar nicht immer vorteilhaft ist; ja man wird bei den Untersuchungen der Ableitbarkeit im reinen Prädikatenkalkul vielfach geradezu zur Einführung von Funktionszeichen gedrängt. —

Nach dieser eingeschalteten Betrachtung wollen wir uns wieder unserem Hauptgedankengang zuwenden.

3. Der Herbrandsche Satz.

Das Ergebnis unseres Beweises für das zweite ε-Theorem wird durch die Behauptung dieses Theorems nicht erschöpfend wiedergegeben. In der Tat haben wir ja durch jenen Beweis nicht nur die Möglichkeit erkannt, aus der Ableitung einer von dem ε-Symbol freien Formel — (unter den beim zweiten ε-Theorem vorausgesetzten Bedingungen) — die ε-Symbole überhaupt auszuschalten, sondern es hat sich zugleich eine spezielle Art der Ableitbarkeit ergeben, deren Feststellung auch ganz ohne Rücksicht auf das Operieren mit dem ε-Symbol von Bedeutung ist.

Um dieses Ergebnis in einer für die Anwendungen zweckmäßigen Form zu erhalten, empfiehlt es sich, daß wir die Überlegung, mittels deren wir das zweite ε-Theorem nachwiesen[1], von der Anwendung der Skolemschen Normalform freimachen[2].

Zu diesem Zweck müssen wir in Kürze noch einmal jenen Gedankengang durchlaufen, wobei wir nun an Stelle einer Formel $\mathfrak{E}$ von der besonderen Gestalt $(E\mathfrak{x}_1)\ldots(E\mathfrak{x}_\mathfrak{r})(\mathfrak{y}_1)\ldots(\mathfrak{y}_\mathfrak{s})\,\mathfrak{A}(\mathfrak{x}_1,\ldots,\mathfrak{y}_\mathfrak{s})$ eine beliebige pränexe Formel zu nehmen haben; um die hierdurch bedingten Modifikationen zu erkennen, wird es genügen, die Betrachtung an einem typischen Fall durchzuführen. Als solchen nehmen wir den einer Formel von der Gestalt

$$(E t)\,(x)\,(y)\,(E u)\,(E v)\,(z)\,(E w)\,\mathfrak{A}(t, x, y, u, v, z, w),$$

worin außer den angegebenen Variablen keine weiteren gebundenen Variablen vorkommen mögen.

---

[1] Vgl. S. 132ff.

[2] Wir könnten statt dessen auch so verfahren, daß wir die Herstellung der Skolemschen Normalform für die zu betrachtende Formel im Endergebnis rückgängig machen. Doch würde damit im ganzen keine Vereinfachung gewonnen.

Diese Formel „$\mathfrak{E}$", welche außer Variablen und logischen Symbolen noch Individuen-, Funktions- und Prädikatensymbole enthalten kann, sei durch den Prädikatenkalkul ohne Benutzung von Axiomen, jedoch eventuell mit Benutzung weiterer Individuen-, Funktions- oder Prädikatensymbole, abgeleitet. In $\mathfrak{E}$ mögen die Funktionszeichen φ, ψ, χ nicht auftreten.

Wir leiten nun zuerst die Formel

$$\mathfrak{E} \rightarrow (Et)(Eu)(Ev)(Ew)\,\mathfrak{A}\big(t, \varphi(t), \psi(t), u, v, \chi(t, u, v), w\big)$$

ab. Dieses geschieht in der Weise, daß wir ausgehen von den ableitbaren Formeln

(1) $$(Et)(x)(y)\,A(t, x, y) \rightarrow (Et)\,A\big(t, \varphi(t), \psi(t)\big),$$

(2) $$(Et)(Eu)(Ev)(z)\,A(t, u, v, z) \rightarrow (Et)(Eu)(Ev)\,A\big(t, u, v, \chi(t, u, v)\big),$$

welche durch Anwendung der Grundformel (a) des Prädikatenkalkuls nebst Einsetzungen und Anwendungen der Regel (ζ)[1] erhalten werden. Wird in die Formel (1) für die Nennform $A(\mathfrak{a}, \mathfrak{b}, \mathfrak{c})$ — worin $\mathfrak{a}, \mathfrak{b}, \mathfrak{c}$ drei verschiedene nicht in $\mathfrak{E}$ vorkommende freie Variablen sind — die Formel

$$(Eu)(Ev)(z)(Ew)\,\mathfrak{A}(\mathfrak{a}, \mathfrak{b}, \mathfrak{c}, u, v, z, w)$$

eingesetzt, so ergibt sich die Formel

(3) $$\mathfrak{E} \rightarrow (Et)(Eu)(Ev)(z)(Ew)\,\mathfrak{A}\big(t, \varphi(t), \psi(t), u, v, z, w\big).$$

Setzen wir andererseits in (2) für die Nennform $A(\mathfrak{a}, \mathfrak{b}, \mathfrak{c}, \mathfrak{d})$ — worin $\mathfrak{d}$ eine von $\mathfrak{a}, \mathfrak{b}, \mathfrak{c}$ verschiedene, nicht in $\mathfrak{E}$ vorkommende freie Variable ist — die Formel

$$(Ew)\,\mathfrak{A}\big(\mathfrak{a}, \varphi(\mathfrak{a}), \psi(\mathfrak{a}), \mathfrak{b}, \mathfrak{c}, \mathfrak{d}, w\big)$$

ein, so erhalten wir

$$(Et)(Eu)(Ev)(z)(Ew)\,\mathfrak{A}\big(t, \varphi(t), \psi(t), u, v, z, w\big)$$
$$\rightarrow (Et)(Eu)(Ev)(Ew)\,\mathfrak{A}\big(t, \varphi(t), \psi(t), u, v, \chi(t, u, v), w\big),$$

und diese Formel zusammen mit der Formel (3) ergibt mittels des Kettenschlusses die gewünschte Formel

(4) $$\mathfrak{E} \rightarrow (Et)(Eu)(Ev)(Ew)\,\mathfrak{A}\big(t, \varphi(t), \psi(t), u, v, \chi(t, u, v), w\big).$$

Die Ableitung dieser Formel (4), zusammen mit der als vorliegend vorausgesetzten Ableitung von $\mathfrak{E}$, ergibt eine Ableitung der Formel

(5) $$(Et)(Eu)(Ev)(Ew)\,\mathfrak{A}\big(t, \varphi(t), \psi(t), u, v, \chi(t, u, v), w\big)$$

durch den Prädikatenkalkul.

Gemäß dem erweiterten ersten ε-Theorem[2] erhalten wir nun aus dieser Ableitung von (5) eine Ableitung einer Disjunktion aus Gliedern der Form

$$\mathfrak{A}\big(\mathfrak{q}, \varphi(\mathfrak{q}), \psi(\mathfrak{q}), \mathfrak{r}, \mathfrak{s}, \chi(\mathfrak{q}, \mathfrak{r}, \mathfrak{s}), \mathfrak{t}\big),$$

worin $\mathfrak{q}, \mathfrak{r}, \mathfrak{s}, \mathfrak{t}$ gewisse aus freien Variablen, Individuensymbolen und Funktionszeichen gebildete Terme sind, und zwar erfolgt diese Ableitung

[1] Vgl. Bd. I, S. 134. [2] Vgl. S. 32f.

durch den elementaren Kalkul ohne Benutzung von Axiomen. Jene Disjunktion muß daher durch Einsetzung aus einer identischen Formel des Aussagenkalkuls hervorgehen, also aussagenlogisch wahr sein[1].

Zu dem gleichen Ergebnis kann man auch durch folgende, heuristisch wohl mehr ansprechende Überlegung gelangen[2].

Aus der Ableitung von $\mathfrak{E}$ erhält man eine solche der Implikation

$$\overline{\mathfrak{E}} \rightarrow \mathfrak{U},$$

für eine beliebige Formel $\mathfrak{U}$. Es werde für $\mathfrak{U}$ eine quantorenfreie Formel gewählt, deren Negation aussagenlogisch wahr ist, d.h. durch Einsetzung aus einer identisch wahren Formel hervorgeht[3], etwa eine Formel der Gestalt $\mathfrak{P} \& \overline{\mathfrak{P}}$, worin $\mathfrak{P}$ eine Primformel ist. Wir nehmen provisorisch an, daß die Formel $\mathfrak{E}$ keine freie Variable enthält.

Die Negation von $\mathfrak{E}$ läßt sich umformen in

$$(t)\ (Ex)\ (Ey)\ (u)\ (v)\ (Ez)\ (w)\ \mathfrak{A}(t, x, y, u, v, z, w)\,.$$

Aus dieser Formel „$\mathfrak{E}_1$" ist also $\mathfrak{U}$ ableitbar. Auf die Formel $\mathfrak{E}_1$ wenden wir das Verfahren der symbolischen Auflösung an[4]. Dieses liefert uns, nach Wahl von freien, voneinander verschiedenen Variablen, etwa a, b, c, d, einstelligen Funktionszeichen φ, ψ, und einem dreistelligen Funktionszeichen χ — es seien solche Funktionszeichen genommen, die nicht in $\mathfrak{E}$ auftreten —, die quantorenfreie Formel „$\mathfrak{E}_2$":

$$\overline{\mathfrak{A}(a, \varphi(a), \psi(a), b, c, \chi(a, b, c), d)}\,,$$

aus der wir die Formel $\mathfrak{E}_1$ durch den Prädikatenkalkul zurückgewinnen können, und aus welcher daher auch die Formel $\mathfrak{U}$ ableitbar ist.

In der Ableitung von $\mathfrak{U}$ aus $\mathfrak{E}_2$ enthält weder die Ausgangsformel noch die Endformel eine gebundene Variable. Daher ergibt die Anwendung des Theorems der elementaren Ableitung, das wir aus dem ersten ε-Theorem entnommen haben[5], daß die Formel $\mathfrak{U}$ aus $\mathfrak{E}_2$ auch schon durch den elementaren Kalkul mit freien Variablen ableitbar ist. In einer solchen Ableitung können wir auch noch, mittels der Auflösung der Beweisfigur in Beweisfäden, die Einsetzungen in die Ausgangsformel zurückverlegen[6]. Es treten dann an die Stelle der Ausgangsformel $\mathfrak{E}_2$ „Substitute" dieser Formel, d.h. Formeln, die aus $\mathfrak{E}_2$ durch Einsetzungen von Termen für die freien Individuenvariablen entstehen, also Formeln

[1] Vgl. Suppl. I, S. 392.

[2] Der Ansatz dieser Überlegung stammt von ERIK STENIUS.

[3] Vgl. Suppl. I, S. 392.

[4] Vgl. S. 6–7. [5] Vgl. S. 18.

[6] Vgl. S. 20. Die Ausschaltung aller Variablen wird im vorliegenden Falle nicht erfordert.

der Gestalt

$$\overline{\mathfrak{A}(\mathfrak{q}_\mathfrak{i},\ \varphi(\mathfrak{q}_\mathfrak{i}),\ \psi(\mathfrak{q}_\mathfrak{i}),\ \mathfrak{r}_\mathfrak{i},\ \mathfrak{s}_\mathfrak{i},\ \chi(\mathfrak{q}_\mathfrak{i},\ \mathfrak{r}_\mathfrak{i},\ \mathfrak{s}_\mathfrak{i}),\ \mathfrak{t}_\mathfrak{i})}, \qquad (\mathfrak{i} = 1, 2, \ldots, \mathfrak{n}).$$

Geben wir diese kurz mit $\overline{\mathfrak{A}}_1, \ldots, \overline{\mathfrak{A}}_\mathfrak{n}$ an.

Aus diesen Formeln ist nun $\mathfrak{U}$ mittels des bloßen Aussagenkalkuls ableitbar, und zufolge des Deduktionstheorems ist daher die Formel

$$\overline{\mathfrak{A}}_1 \mathbin{\&} \ldots \mathbin{\&} \overline{\mathfrak{A}}_\mathfrak{n} \rightarrow \mathfrak{U}$$

ganz ohne Axiome, durch den bloßen Aussagenkalkul herleitbar, und somit aussagenlogisch wahr.

Das gleiche gilt daher von der Formel

$$\overline{\mathfrak{U}} \rightarrow \mathfrak{A}_1 \vee \ldots \vee \mathfrak{A}_\mathfrak{n},$$

und da ja $\overline{\mathfrak{U}}$ ebenfalls aussagenlogisch wahr ist, von der Disjunktion

$$\mathfrak{A}_1 \vee \ldots \vee \mathfrak{A}_\mathfrak{n},$$

wobei $\mathfrak{A}_\mathfrak{i}$ $(\mathfrak{i} = 1, \ldots, \mathfrak{n})$ die Formel $\mathfrak{A}(\mathfrak{q}_\mathfrak{i},\ \varphi(\mathfrak{q}_\mathfrak{i}),\ \psi(\mathfrak{q}_\mathfrak{i}),\ \mathfrak{r}_\mathfrak{i},\ \mathfrak{s}_\mathfrak{i},\ \chi(\mathfrak{q}_\mathfrak{i},\ \mathfrak{r}_\mathfrak{i},\ \mathfrak{s}_\mathfrak{i}),\ \mathfrak{t}_\mathfrak{i})$ ist. Diese Disjunktion geht also durch Einsetzung aus einer identischen Formel des Aussagenkalkuls hervor.

Nachträglich können wir uns auch von der Voraussetzung befreien, daß die Formel $\mathfrak{E}$ keine freien Variablen enthält. In der Tat ist ja die Formel $\mathfrak{E}$, wenn in ihr freie Variablen auftreten, deduktionsgleich einer Formel $\mathfrak{E}^*$, die aus ihr entsteht, indem die freien Individuenvariablen durch Individuensymbole und die Formelvariablen durch Prädikatensymbole ersetzt werden, in der Weise, wie wir dies schon beim Beweis des ersten ε-Theorem ausgeführt haben[1]. In der zu der Formel $\mathfrak{E}^*$ gehörenden Disjunktion $\mathfrak{A}_1 \vee \ldots \vee \mathfrak{A}_\mathfrak{n}$ können dann wiederum die eingeführten Individuensymbole und Prädikatensymbole durch die entsprechenden Variablen ersetzt werden; diese Ersetzung ändert nichts daran, daß die Disjunktion aus einer identischen Formel durch Einsetzung entsteht.

Von dem hiermit festgestellten Zusammenhang zwischen der durch den Prädikatenkalkul ableitbaren Formel $\mathfrak{E}$ und der aus ihr zu gewinnenden aussagenlogisch wahren Disjunktion besteht nun auch folgende Umkehrung:

Wenn eine Disjunktion $\mathfrak{D}$ von der Form

$$\mathfrak{A}(\mathfrak{q}_1,\ \varphi(\mathfrak{q}_1),\ \psi(\mathfrak{q}_1),\ \mathfrak{r}_1,\ \mathfrak{s}_1,\ \chi(\mathfrak{q}_1,\ \mathfrak{r}_1,\ \mathfrak{s}_1)\ \mathfrak{t}_1) \vee$$
$$\ldots \vee \mathfrak{A}(\mathfrak{q}_\mathfrak{n},\ \varphi(\mathfrak{q}_\mathfrak{n}),\ \psi(\mathfrak{q}_\mathfrak{n}),\ \mathfrak{r}_\mathfrak{n},\ \mathfrak{s}_\mathfrak{n},\ \chi(\mathfrak{q}_\mathfrak{n},\ \mathfrak{r}_\mathfrak{n},\ \mathfrak{s}_\mathfrak{n}),\ \mathfrak{t}_\mathfrak{n})$$

durch Einsetzung aus einer identischen Formel des Aussagenkalkuls hervorgeht, so ist die Formel $\mathfrak{E}$ durch den Prädikatenkalkul ableitbar.

[1] Vgl. S. 18—19.

Zunächst nämlich können wir für die in $\mathfrak{D}$ vorkommenden Terme eine „Vielfachheitszahl" definieren, welche angibt, wievielmal Funktionszeichen φ, ψ oder χ in einem solchen Term auftreten; ferner können wir die Terme

$$\varphi(\mathfrak{q}_i), \quad \psi(\mathfrak{q}_i), \quad \chi(\mathfrak{q}_i, \mathfrak{r}_i, \mathfrak{s}_i), \qquad (i = 1, \ldots, \mathfrak{n})$$

unter Weglassung von etwa auftretenden Wiederholungen desselben Terms, in eine solche Reihenfolge

$$\mathfrak{k}_1, \ldots, \mathfrak{k}_{\mathfrak{p}}$$

bringen, daß beim Durchlaufen der Reihe die Vielfachheitszahl nirgends abnimmt.

Wir wählen nun solche numerierten Variablen, die noch nicht in $\mathfrak{D}$ vorkommen, etwa $a_1, \ldots, a_{\mathfrak{p}}$. Ersetzen wir dann in $\mathfrak{D}$ den Term $\mathfrak{k}_1$ durch die Variable a_1, $\mathfrak{k}_2$ durch $a_2, \ldots, \mathfrak{k}_{\mathfrak{p}}$ durch $a_{\mathfrak{p}}$ derart, daß die Ersetzung von $\mathfrak{k}_j$ durch a_j überall da ausgeführt wird, wo dieser Term in $\mathfrak{D}$, jedoch nicht als Bestandteil eines anderen von den Termen $\mathfrak{k}_1, \ldots, \mathfrak{k}_{\mathfrak{p}}$ auftritt, so geht die Formel $\mathfrak{D}$ in eine Formel $\mathfrak{D}_1$ über, die wiederum aussagenlogisch wahr ist; denn es werden, wie man sich leicht klarmacht, durch die Ersetzungen die gestaltlichen Übereinstimmungen zwischen Primformeln nicht zerstört.

Die Disjunktion $\mathfrak{D}_1$ hat die Gestalt

$$\mathfrak{A}(\mathfrak{b}_1, a_{\mathfrak{h}_1}, a_{\mathfrak{l}_1}, \mathfrak{c}_1, \mathfrak{d}_1, a_{\mathfrak{z}_1}, \mathfrak{e}_1) \vee \ldots \vee \mathfrak{A}(\mathfrak{b}_{\mathfrak{n}}, a_{\mathfrak{h}_{\mathfrak{n}}}, a_{\mathfrak{l}_{\mathfrak{n}}}, \mathfrak{c}_{\mathfrak{n}}, \mathfrak{d}_{\mathfrak{n}}, a_{\mathfrak{z}_{\mathfrak{n}}}, \mathfrak{e}_{\mathfrak{n}}).$$

Dabei sind $\mathfrak{h}_1, \ldots, \mathfrak{h}_{\mathfrak{n}}, \mathfrak{l}_1, \ldots, \mathfrak{l}_{\mathfrak{n}}, \mathfrak{z}_1, \ldots, \mathfrak{z}_{\mathfrak{n}}$ Nummern aus der Reihe $1, \ldots, \mathfrak{p}$, für welche die folgenden „Nummernbedingungen" erfüllt sind:

1. Wenn (für eine Nummer i aus der Reihe $1, \ldots, \mathfrak{p}$) eine Variable a_i in einem Term $\mathfrak{b}_j$ auftritt, so sind die Nummern $\mathfrak{h}_j, \mathfrak{l}_j, \mathfrak{z}_j$ höher als i; wenn eine Variable a_i in $\mathfrak{c}_j$ oder in $\mathfrak{d}_j$ auftritt, so ist die Nummer $\mathfrak{z}_j$ höher als i.

2. Die Nummern $\mathfrak{h}_1, \ldots, \mathfrak{h}_{\mathfrak{n}}$ sind alle verschieden von jeder der Nummern $\mathfrak{l}_i (i = 1, \ldots, \mathfrak{n})$ und von jeder der Nummern $\mathfrak{z}_i$; ebenso ist jede der Nummern $\mathfrak{l}_1, \ldots, \mathfrak{l}_{\mathfrak{n}}$ verschieden von jeder der Nummern $\mathfrak{z}_i$.

3. Die Nummer $\mathfrak{h}_i$ stimmt mit $\mathfrak{h}_j$ und ebenso $\mathfrak{l}_i$ mit $\mathfrak{l}_j$ dann und nur dann überein, wenn $\mathfrak{b}_i$ mit $\mathfrak{b}_j$ übereinstimmt; die Nummer $\mathfrak{z}_i$ stimmt mit $\mathfrak{z}_j$ dann und nur dann überein, wenn $\mathfrak{b}_i$ mit $\mathfrak{b}_j$, $\mathfrak{c}_i$ mit $\mathfrak{c}_j$ und $\mathfrak{d}_i$ mit $\mathfrak{d}_j$ übereinstimmt.

Nämlich: 1. ergibt sich folgendermaßen: Wenn a_i in $\mathfrak{b}_j$ auftritt, so tritt in der Formel $\mathfrak{D}$ der Term $\mathfrak{k}_i$ in $\mathfrak{q}_j$ auf, ist also Bestandteil von $\varphi(\mathfrak{q}_j)$, ebenso von $\psi(\mathfrak{q}_j)$ und von $\chi(\mathfrak{q}_j, \mathfrak{r}_j, \mathfrak{s}_j)$, d. h. Bestandteil von $\mathfrak{k}_{\mathfrak{h}_j}$, von $\mathfrak{k}_{\mathfrak{l}_j}$ und von $\mathfrak{k}_{\mathfrak{z}_j}$; daher ist die Vielfachheitszahl von $\mathfrak{k}_i$ kleiner als diejenigen der Terme $\mathfrak{k}_{\mathfrak{h}_j}, \mathfrak{k}_{\mathfrak{l}_j}, \mathfrak{k}_{\mathfrak{z}_j}$, und somit sind die Nummern $\mathfrak{h}_j, \mathfrak{l}_j, \mathfrak{z}_j$ höher als i. Tritt ferner a_i in $\mathfrak{c}_j$ oder in $\mathfrak{d}_j$ auf, so tritt $\mathfrak{k}_i$ in der Formel $\mathfrak{D}$ als Bestandteil von $\mathfrak{k}_{\mathfrak{z}_j}$ auf; daher hat der Term $\mathfrak{k}_i$ eine kleinere Vielfachheitszahl als $\mathfrak{k}_{\mathfrak{z}_j}$, und somit ist die Nummer $\mathfrak{z}_j$ höher als i.

2. folgt daraus, daß ein Term $\varphi(\mathfrak{q}_i)$ jedenfalls von $\psi(\mathfrak{q}_j)$ und $\chi(\mathfrak{q}_j, \mathfrak{r}_j, \mathfrak{s}_j)$, und ebenso auch $\psi(\mathfrak{q}_i)$ von $\chi(\mathfrak{q}_j, \mathfrak{r}_j, \mathfrak{s}_j)$ verschieden ist.

3. ergibt sich so: $\mathfrak{h}_i$ stimmt mit $\mathfrak{h}_j$ dann und nur dann überein, wenn in der Formel $\mathfrak{D}$ die Terme $\varphi(\mathfrak{q}_i)$ und $\varphi(\mathfrak{q}_j)$ übereinstimmen, also wenn $\mathfrak{q}_i$ mit $\mathfrak{q}_j$ übereinstimmt. Wenn dieses aber der Fall ist, und auch nur dann, stimmt $\mathfrak{b}_i$ mit $\mathfrak{b}_j$ überein. $\mathfrak{l}_i$ stimmt mit $\mathfrak{l}_j$ dann und nur dann überein, wenn $\psi(\mathfrak{q}_i)$ mit $\psi(\mathfrak{q}_j)$ übereinstimmt; hierfür ist wiederum die notwendige und hinreichende Bedingung die Übereinstimmung von $\mathfrak{b}_i$ mit $\mathfrak{b}_j$. $\mathfrak{z}_i$ stimmt mit $\mathfrak{z}_j$ dann und nur dann überein, wenn $\chi(\mathfrak{q}_i, \mathfrak{r}_i, \mathfrak{s}_i)$ mit $\chi(\mathfrak{q}_j, \mathfrak{r}_j, \mathfrak{s}_j)$ übereinstimmt. Hierfür ist die notwendige und hinreichende Bedingung, daß $\mathfrak{q}_i$ mit $\mathfrak{q}_j$, $\mathfrak{r}_i$ mit $\mathfrak{r}_j$, $\mathfrak{s}_i$ mit $\mathfrak{s}_j$ übereinstimmt, und dieses wieder ist dann und nur dann der Fall, wenn $\mathfrak{b}_i$ mit $\mathfrak{b}_j$, $\mathfrak{c}_i$ mit $\mathfrak{c}_j$ und $\mathfrak{d}_i$ mit $\mathfrak{d}_j$ übereinstimmt.

Auf Grund dieser Eigenschaften der Disjunktion $\mathfrak{D}_1$ besteht nun die Möglichkeit, von dieser Formel durch Anwendung der Regeln (μ), (ν)[1] und durch Streichung der eventuell auftretenden Wiederholungen von Disjunktionsgliedern zu der Formel $\mathfrak{E}$ zurück zu gelangen. Dieses gelingt auf folgende Weise.

Wir können zunächst durch Anwendung der Regel (μ) jedes Disjunktionsglied

$$\mathfrak{A}(\mathfrak{b}_i, a_{\mathfrak{h}_i}, a_{\mathfrak{l}_i}, \mathfrak{c}_i, \mathfrak{d}_i, a_{\mathfrak{z}_i}, \mathfrak{e}_i)$$

in die entsprechende Formel

$$(Ew)\,\mathfrak{A}(\mathfrak{b}_i, a_{\mathfrak{h}_i}, a_{\mathfrak{l}_i}, \mathfrak{c}_i, \mathfrak{d}_i, a_{\mathfrak{z}_i}, w)$$

umwandeln. Entstehen dadurch Wiederholungen von Disjunktionsgliedern, so streichen wir diese weg.

In der hierdurch entstehenden Disjunktion $\mathfrak{D}_2$ müssen die vorkommenden Nummern $\mathfrak{z}_i$ alle voneinander verschieden sein. Denn bei Übereinstimmung von $\mathfrak{z}_i$ mit $\mathfrak{z}_j$ müßte, zufolge der Nummernbedingung 3., $\mathfrak{b}_i$ mit $\mathfrak{b}_j$, $\mathfrak{c}_i$ mit $\mathfrak{c}_j$, $\mathfrak{d}_i$ mit $\mathfrak{d}_j$ und daher auch $\mathfrak{h}_i$ mit $\mathfrak{h}_j$ und $\mathfrak{l}_i$ mit $\mathfrak{l}_j$ übereinstimmen. Die Disjunktionsglieder mit den Nummern $\mathfrak{i}$ und $\mathfrak{j}$ würden also gleichlauten.

Sei nun $a_{\mathfrak{m}}$ die Variable mit der höchsten Nummer unter denjenigen der Variablen $a_1, \ldots, a_{\mathfrak{p}}$, die in einem der Terme $\mathfrak{b}_i$, $\mathfrak{c}_i$, $\mathfrak{d}_i$ — die wir kurz als „$\mathfrak{b}$-, $\mathfrak{c}$-, $\mathfrak{d}$-Terme" bezeichnen —, auftreten. Kommt $a_{\mathfrak{m}}$ in dem Disjunktionsglied mit der Nummer $\mathfrak{i}$ in $\mathfrak{b}_i$, $\mathfrak{c}_i$ oder $\mathfrak{d}_i$ vor, so ist die Nummer $\mathfrak{z}_i$ gemäß der Nummernbedingung 1. höher als $\mathfrak{m}$ und daher auch höher als die Nummer einer jeden der Variablen $a_{\mathfrak{j}}$, die in einem der $\mathfrak{b}$-, $\mathfrak{c}$-, $\mathfrak{d}$-Terme auftreten. Diese Nummer kann ferner, zufolge der Nummernbedingung 2., mit keiner der Nummern $\mathfrak{h}_j$, $\mathfrak{l}_j$ übereinstimmen, und gemäß dem zuvor Bemerkten stimmt sie auch mit keiner Nummer $\mathfrak{z}_j$, für $\mathfrak{j} \neq \mathfrak{i}$, überein. Demnach tritt die Variable $a_{\mathfrak{z}_i}$ in der Disjunktion $\mathfrak{D}_2$ überhaupt nur einmal auf, und wir können auf das Disjunktionsglied

[1] Vgl. S. 135.

mit der Nummer $\mathfrak{i}$ in bezug auf die Variable $a_{\mathfrak{z}_\mathfrak{i}}$ die Regel (ν) anwenden. Hierdurch erhalten wir an Stelle dieses Disjunktionsgliedes, wenn wir für $a_{\mathfrak{z}_\mathfrak{i}}$ die gebundene Variable z nehmen, das Disjunktionsglied

$$(z)\,(E w)\,\mathfrak{A}(\mathfrak{b}_\mathfrak{i}, a_{\mathfrak{h}_\mathfrak{i}}, a_{\mathfrak{l}_\mathfrak{i}}, \mathfrak{c}_\mathfrak{i}, \mathfrak{d}_\mathfrak{i}, z, w)\,.$$

Dieses können wir dann weiter noch durch zweimalige Anwendung der Regel (μ) umwandeln in

$$(E u)\,(E v)\,(z)\,(E w)\,\mathfrak{A}(\mathfrak{b}_\mathfrak{i}, a_{\mathfrak{h}_\mathfrak{i}}, a_{\mathfrak{l}_\mathfrak{i}}, u, v, z, w)\,.$$

In dieser Weise verfahren wir nun bei jedem der Disjunktionsglieder, innerhalb deren die Variable $a_\mathfrak{m}$ in einem der $\mathfrak{b}$-, $\mathfrak{c}$-, $\mathfrak{d}$-Terme auftritt. Entstehen hierdurch Wiederholungen von Disjunktionsgliedern, dann streichen wir diese weg. So gelangen wir zu einer Disjunktion $\mathfrak{D}_3$. In dieser kann die Variable $a_\mathfrak{m}$ nicht mehr in einem der $\mathfrak{c}$-, $\mathfrak{d}$-Terme, wohl aber noch in gewissen $\mathfrak{b}$-Termen auftreten. Ein Disjunktionsglied, in dem sich ein solcher die Variable $a_\mathfrak{m}$ enthaltender $\mathfrak{b}$-Term befindet, ist jedenfalls eines von denen, die mittels der Regeln (μ), (ν) umgewandelt sind in die Gestalt

$$(E u)\,(E v)\,(z)\,(E w)\,\mathfrak{A}(\mathfrak{b}_\mathfrak{i}, a_{\mathfrak{h}_\mathfrak{i}}, a_{\mathfrak{l}_\mathfrak{i}}, u, v, z, w)\,.$$

Die hierin auftretenden Variablennummern $\mathfrak{h}_\mathfrak{i}$, $\mathfrak{l}_\mathfrak{i}$ sind gemäß der Nummernbedingung 1. (weil ja $\mathfrak{b}_\mathfrak{i}$ die Variable $a_\mathfrak{m}$ enthält) größer als $\mathfrak{m}$ und somit größer als die Nummern aller solchen $a_\mathfrak{j}$, die in einem der (noch in $\mathfrak{D}_3$ vorhandenen) $\mathfrak{b}$-, $\mathfrak{c}$-, $\mathfrak{d}$-Terme vorkommen.

Es kann auch die betreffende Nummer $\mathfrak{h}_\mathfrak{i}$ nicht mit einer (noch in $\mathfrak{D}_3$ vorkommenden) Nummer $\mathfrak{h}_\mathfrak{j}$, $\mathfrak{j} \neq \mathfrak{i}$, übereinstimmen. Denn gemäß der Nummernbedingung 3. müßte sonst $\mathfrak{b}_\mathfrak{i}$ mit $\mathfrak{b}_\mathfrak{j}$ und auch $\mathfrak{l}_\mathfrak{i}$ mit $\mathfrak{l}_\mathfrak{j}$ übereinstimmen; $\mathfrak{b}_\mathfrak{j}$ würde dann auch die Variable $a_\mathfrak{m}$ enthalten, und das Glied mit der Nummer $\mathfrak{j}$ würde daher die Gestalt

$$(E u)\,(E v)\,(z)\,(E w)\,\mathfrak{A}(\mathfrak{b}_\mathfrak{j}, a_{\mathfrak{h}_\mathfrak{j}}, a_{\mathfrak{l}_\mathfrak{j}}, u, v, z, w)$$

haben und somit, gemäß den eben gemachten Feststellungen, mit dem Glied

$$(E u)\,(E v)\,(z)\,(E w)\,\mathfrak{A}(\mathfrak{b}_\mathfrak{i}, a_{\mathfrak{h}_\mathfrak{i}}\, a_{\mathfrak{l}_\mathfrak{i}}, u, v, z, w)$$

übereinstimmen, während doch in der Disjunktion $\mathfrak{D}_3$ keine Wiederholungen von Disjunktionsgliedern vorhanden sind. Die Nummer $\mathfrak{h}_\mathfrak{i}$ ist also von jeder in $\mathfrak{D}_3$ vorkommenden Nummer $\mathfrak{h}_\mathfrak{j}$, $\mathfrak{j} \neq \mathfrak{i}$, verschieden. Schließlich ist, auf Grund der Nummernbedingung 2., die Nummer $\mathfrak{h}_\mathfrak{i}$ auch von jeder der Nummern $\mathfrak{l}_\mathfrak{j}$ und $\mathfrak{z}_\mathfrak{j}$ verschieden.

Im ganzen ergibt sich somit, daß die Variable $a_{\mathfrak{h}_\mathfrak{i}}$ überhaupt nur an einer Stelle in der Disjunktion $\mathfrak{D}_3$ auftritt. Das gleiche gilt auch für die Variable $a_{\mathfrak{l}_\mathfrak{i}}$. Wir können demnach auf das Disjunktionsglied mit der Nummer $\mathfrak{i}$, zuerst in bezug auf die Variable $a_{\mathfrak{l}_\mathfrak{i}}$, dann in bezug auf die Variable $a_{\mathfrak{h}_\mathfrak{i}}$, die Regel (ν) anwenden, und indem wir dabei die Variablen

y und x als die einzuführenden gebundenen Variablen nehmen, erhalten wir an Stelle des betrachteten Disjunktionsgliedes die Formel

$$(x)\,(y)\,(Eu)\,(Ev)\,(z)\,(Ew)\,\mathfrak{A}(\mathfrak{b}_{\mathfrak{i}},\, x,\, y,\, u,\, v,\, z,\, w)\,.$$

Diese können wir dann noch durch Anwendung der Regel (μ) in

$$(Et)\,(x)\,(y)\,(Eu)\,(Ev)\,(z)\,(Ew)\,\mathfrak{A}(t,\, x,\, y,\, u,\, v,\, z,\, w)\,,$$

d. h. in die Formel $\mathfrak{E}$ umwandeln.

Dieses Verfahren wenden wir nun auf jedes derjenigen Disjunktionsglieder von $\mathfrak{D}_3$ an, bei welchen die Variable $a_{\mathfrak{m}}$ in dem $\mathfrak{b}$-Term auftritt. Die hierdurch etwa entstehenden Wiederholungen von Disjunktionsgliedern streichen wir dann weg.

So kommen wir zu einer Disjunktion $\mathfrak{D}_4$, welche im allgemeinen Glieder von dreierlei Art enthält: Glieder von der Gestalt

$$(Ew)\,\mathfrak{A}(\mathfrak{b}_{\mathfrak{i}},\, a_{\mathfrak{h}_{\mathfrak{i}}},\, a_{\mathfrak{l}_{\mathfrak{i}}},\, \mathfrak{c}_{\mathfrak{i}},\, \mathfrak{d}_{\mathfrak{i}},\, a_{\mathfrak{z}_{\mathfrak{i}}},\, w)\,,$$

die wir „Disjunktionsglieder erster Art" nennen wollen, ferner solche von der Gestalt

$$(Eu)\,(Ev)\,(z)\,(Ew)\,\mathfrak{A}(\mathfrak{b}_{\mathfrak{i}},\, a_{\mathfrak{h}_{\mathfrak{i}}},\, a_{\mathfrak{l}_{\mathfrak{i}}},\, u,\, v,\, z,\, w)\,,$$

„Disjunktionsglieder zweiter Art", und drittens ein Glied gebildet von der Formel $\mathfrak{E}$.

Durch das Verfahren des Übergangs von $\mathfrak{D}_1$ zu $\mathfrak{D}_4$ haben wir erreicht, daß innerhalb von $\mathfrak{D}_4$ die Variable $a_{\mathfrak{m}}$ nicht mehr in einem der $\mathfrak{b}$-, $\mathfrak{c}$-, $\mathfrak{d}$-Terme auftritt. Sei $a_{\mathfrak{m}*}$ unter den numerierten Variablen $a_{\mathfrak{j}}$, welche in einem der noch in $\mathfrak{D}_4$ vorhandenen $\mathfrak{b}$-, $\mathfrak{c}$-, $\mathfrak{d}$-Terme auftreten, diejenige mit der höchsten Nummer. Es ergibt sich dann wiederum, mit Hilfe der Nummernbedingungen und unter Benutzung des Umstandes, daß in $\mathfrak{D}_4$ kein Disjunktionsglied mehrfach auftritt, daß, wenn die Variable $a_{\mathfrak{m}*}$ innerhalb eines Disjunktionsgliedes erster Art von $\mathfrak{D}_4$,

$$(Ew)\,\mathfrak{A}(\mathfrak{b}_{\mathfrak{i}},\, a_{\mathfrak{h}_{\mathfrak{i}}},\, a_{\mathfrak{l}_{\mathfrak{i}}},\, \mathfrak{c}_{\mathfrak{i}},\, \mathfrak{d}_{\mathfrak{i}},\, a_{\mathfrak{z}_{\mathfrak{i}}},\, w)$$

in einem der Terme $\mathfrak{b}_{\mathfrak{i}}$, $\mathfrak{c}_{\mathfrak{i}}$, $\mathfrak{d}_{\mathfrak{i}}$ enthalten ist, dann die Variable $a_{\mathfrak{z}_{\mathfrak{i}}}$ nur an einer einzigen Stelle in $\mathfrak{D}_4$ vorkommt; das betreffende Disjunktionsglied kann dann also durch Anwendung der Regel (ν) in bezug auf die Variable $a_{\mathfrak{z}_{\mathfrak{i}}}$ und nachherige zweimalige Anwendung der Regel (μ) in ein Disjunktionsglied zweiter Art verwandelt werden.

Wir führen nun diese Umwandlung bei allen Disjunktionsgliedern erster Art von der genannten Beschaffenheit aus und beseitigen sodann die durch diese Umwandlungen etwa entstehenden Wiederholungen von Disjunktionsgliedern. In der hierdurch sich ergebenden Disjunktion $\mathfrak{D}_5$ kann die Variable $a_{\mathfrak{m}*}$ nicht mehr in $\mathfrak{c}$-, $\mathfrak{d}$-Termen, wohl aber noch in $\mathfrak{b}$-Termen auftreten, jedoch nur innerhalb von Disjunktionsgliedern zweiter Art. Die in einem solchen Disjunktionsglied

$$(Eu)\,(Ev)\,(z)\,(Ew)\,\mathfrak{A}(\mathfrak{b}_{\mathfrak{i}},\, a_{\mathfrak{h}_{\mathfrak{i}}},\, a_{\mathfrak{l}_{\mathfrak{i}}},\, u,\, v,\, z,\, w)$$

auftretenden Variablen $a_{\mathfrak{h}_i}$, $a_{\mathfrak{l}_i}$, können nun — das folgt wiederum auf Grund der Nummernbedingungen sowie der Tatsache, daß in $\mathfrak{D}_5$ keine Wiederholung eines Disjunktionsgliedes vorkommt — nicht noch an anderer Stelle in $\mathfrak{D}_5$ auftreten, und wir können daher das betreffende Disjunktionsglied durch Anwendung der Regel (ν), erst in bezug auf die Variable $a_{\mathfrak{l}_i}$, dann in bezug auf die Variable $a_{\mathfrak{h}_i}$, und nachherige Anwendung der Regel (μ) in die Formel $\mathfrak{E}$ umwandeln.

Indem wir dieses Verfahren auf jedes der Disjunktionsglieder zweiter Art von $\mathfrak{D}_5$, welche die Variable $a_{\mathfrak{m}*}$ in einem $\mathfrak{b}$-Term enthalten, zur Anwendung bringen und hernach die etwa entstehenden Wiederholungen von Disjunktionsgliedern beseitigen, erhalten wir eine Disjunktion $\mathfrak{D}_6$, in der nun die Variable $a_{\mathfrak{m}*}$ nicht mehr in einem der $\mathfrak{b}$-, $\mathfrak{c}$-, $\mathfrak{d}$-Terme auftritt.

In dieser Weise fortschreitend können wir durch Umwandlung von Disjunktionsgliedern erster Art in solche zweiter Art und Umwandlung von Disjunktionsgliedern zweiter Art in die Formel $\mathfrak{E}$ nebst Streichung der Wiederholungen von Disjunktionsgliedern nach und nach alle die $\mathfrak{b}$-, $\mathfrak{c}$-, $\mathfrak{d}$-Terme entfernen, in denen eine der numerierten Variablen $a_{\mathfrak{i}}$ auftritt, wobei wir diese Variablen nach absteigender Höhe ihrer Nummern an die Reihe nehmen.

So gelangen wir schließlich, nach höchstens $(\mathfrak{p}-1)$-maliger Anwendung des beschriebenen Prozesses, zu einer Disjunktion, worin jedes Glied entweder ein Disjunktionsglied erster Art oder ein solches zweiter Art oder die Formel $\mathfrak{E}$ ist, worin ferner keine Wiederholung von Gliedern auftritt und in welcher keiner der vorkommenden $\mathfrak{b}$-, $\mathfrak{c}$-, $\mathfrak{d}$-Terme eine Variable aus der Reihe $a_1, \ldots, a_{\mathfrak{p}}$ enthält.

In einer solchen Disjunktion lassen sich nun wiederum, zufolge der Nummernbedingungen, die sämtlichen Glieder erster Art mittels der Regeln (μ), (ν) in Glieder zweiter Art umwandeln, und nachdem dieses geschehen ist und die etwa entstehenden Wiederholungen von Disjunktionsgliedern beseitigt sind, können die sämtlichen Disjunktionsglieder zweiter Art in die Formel $\mathfrak{E}$ umgewandelt werden. Damit aber ergibt sich, wenn nochmals die Wiederholungen von Disjunktionsgliedern beseitigt sind, die Formel $\mathfrak{E}$.

Auf diese Weise läßt sich die Ableitung der Formel $\mathfrak{E}$ aus der Disjunktion $\mathfrak{D}_1$ vollziehen. Da nun die Formel $\mathfrak{D}_1$ durch Einsetzung aus einer identischen Formel des Aussagenkalkuls entsteht, so ist hiermit eine Ableitung von $\mathfrak{E}$ durch den Prädikatenkalkul geliefert.

Durch diese Betrachtung ist nun im ganzen folgendes gezeigt: Die Formel $\mathfrak{E}$

$$(E\,t)\,(x)\,(y)\,(E\,u)\,(E\,v)\,(z)\,(E\,w)\,\mathfrak{A}(t,\,x,\,y,\,u,\,v,\,z,\,w)$$

ist dann und nur dann ableitbar, wenn die (mit den zuvor nicht auftretenden Funktionszeichen φ, ψ, χ gebildete) Formel (5):

$$(E\,t)\,(E\,u)\,(E\,v)\,(E\,w)\,\mathfrak{A}(t,\,\varphi(t),\,\psi(t),\,u,\,v,\,\chi(t,\,u,\,v),\,w)$$

ableitbar ist, oder, was gemäß dem ersten ε-Theorem auf das gleiche hinauskommt: wenn eine Disjunktion $\mathfrak{D}$ aus Gliedern von der Gestalt

$$\mathfrak{A}(\mathfrak{q}, \varphi(\mathfrak{q}), \psi(\mathfrak{q}), \mathfrak{r}, \mathfrak{s}, \chi(\mathfrak{q}, \mathfrak{r}, \mathfrak{s}), \mathfrak{t}),$$

worin $\mathfrak{q}$, $\mathfrak{r}$, $\mathfrak{s}$, $\mathfrak{t}$ gewisse lediglich aus freien Variablen, Individuensymbolen und Funktionszeichen gebildete Terme sind, durch Einsetzung aus einer identischen Formel des Aussagenkalkuls entsteht.

(Diese Disjunktion $\mathfrak{D}$ wird an Hand der Ableitung der Formel (5) durch das Verfahren der Elimination der gebundenen Variablen, mittels der Einführung und nachherigen Ausschaltung des ε-Symbols, gefunden.)

Außerdem aber ergibt sich noch der weitere Satz: Wenn eine Formel $\mathfrak{E}$ von der Gestalt

$$(Et)\,(x)\,(y)\,(Eu)\,(Ev)\,(z)\,(Ew)\,\mathfrak{A}(t, x, y, u, v, z, w)$$

ableitbar ist, so findet man an Hand ihrer Ableitung eine Disjunktion $\mathfrak{D}_1$ aus Gliedern von der Form

$$\mathfrak{A}(\mathfrak{q}, \mathfrak{a}, \mathfrak{b}, \mathfrak{r}, \mathfrak{s}, \mathfrak{c}, \mathfrak{t})$$

— worin $\mathfrak{a}$, $\mathfrak{b}$, $\mathfrak{c}$ freie Variablen und $\mathfrak{q}$, $\mathfrak{r}$, $\mathfrak{s}$, $\mathfrak{t}$ gewisse Terme sind —, welche durch Einsetzung aus einer identischen Formel des Aussagenkalkuls entsteht, und aus der andererseits die Formel $\mathfrak{E}$ durch Anwendungen der Regeln (μ), (ν) nebst Streichung der Wiederholungen von Disjunktionsgliedern erhalten werden kann.

Hier läßt sich sogleich noch folgende Verschärfung anbringen: Die Disjunktion $\mathfrak{D}$ kann stets als eine solche bestimmt werden, die außer den Funktionszeichen φ, ψ, χ nur solche außerlogischen Symbole enthält, die auch in $\mathfrak{E}$ vorkommen. Diese Anforderung ist gleichbedeutend mit derjenigen, daß in den Termen $\mathfrak{q}$, $\mathfrak{r}$, $\mathfrak{s}$, $\mathfrak{t}$, die in den Disjunktionsgliedern von $\mathfrak{D}$ auftreten, nur solche Individuensymbole und außer den Symbolen φ, ψ, χ nur solche Funktionszeichen vorkommen, die auch in $\mathfrak{E}$ vorkommen. Die Erfüllung dieser Bedingung läßt sich in der Tat leicht bewirken. Wenn nämlich zunächst in den Termen $\mathfrak{q}$, $\mathfrak{r}$, $\mathfrak{s}$, $\mathfrak{t}$ noch gewisse nicht in $\mathfrak{E}$ vorkommende und von den Symbolen φ, ψ, χ verschiedene Individuen- oder Funktionssymbole auftreten, so brauchen wir nur jedes solche Individuensymbol und jedes solche Funktionszeichen allenthalben durch die Variable a zu ersetzen. Die dadurch entstehende Disjunktion besteht dann wieder aus Gliedern der Form

$$\mathfrak{A}(\mathfrak{q}, \varphi(\mathfrak{q}), \psi(\mathfrak{q}), \mathfrak{r}, \mathfrak{s}, \chi(\mathfrak{q}, \mathfrak{r}, \mathfrak{s}), \mathfrak{t}),$$

nur daß die Terme $\mathfrak{q}$, $\mathfrak{r}$, $\mathfrak{s}$, $\mathfrak{t}$ jetzt andere sind. Auch bleibt die Eigenschaft der Disjunktion erhalten, daß sie aus einer identischen Formel des Aussagenkalkuls hervorgeht; denn durch die vorgenommenen Ersetzungen wird nirgends eine vorher bestehende Übereinstimmung zwischen Termen, und daher auch nicht eine solche zwischen Primformeln zerstört.

Auf die gleiche Art erkennen wir, daß die Disjunktion $\mathfrak{D}_1$ als eine solche bestimmt werden kann, die nur solche außerlogischen Symbole enthält, die auch in $\mathfrak{E}$ vorkommen. (Die Sonderstellung der Funktionszeichen φ, ψ, χ ist für die Formel $\mathfrak{D}_1$ aufgehoben.)

Die Beweismethode, durch die wir die aufgezählten Ergebnisse gewonnen haben, ist nun, wie man ohne weiteres ersieht, nicht an die speziell gewählte Gestalt der Formel $\mathfrak{E}$ gebunden, sondern ganz entsprechend auf beliebige pränexe Formeln anwendbar. Dabei handelt es sich — was in den folgenden Formulierungen nicht jedesmal eigens erwähnt werden soll — um solche Formeln, die aus den Variablen und Symbolen des Prädikatenkalkuls und eventuell noch aus Individuen-, Funktions- und Prädikatensymbolen gebildet sind.

Um allgemein für eine solche Formel $\mathfrak{E}$ unser Ergebnis zu formulieren, bemerken wir zunächst, daß für die gebundenen Variablen in $\mathfrak{E}$ durch die Aufeinanderfolge der voranstehenden Quantoren eine Reihenfolge bestimmt ist. Wir wollen die durch Allzeichen gebundenen Variablen kurz „Allvariablen", die durch Seinszeichen gebundenen Variablen „Seinsvariablen" nennen, und mit Bezug auf die genannte Reihenfolge der gebundenen Variablen wollen wir von den einer Allvariablen „vorausgehenden" Seinsvariablen sprechen.

In Hinsicht auf den Fall, daß die Formel $\mathfrak{E}$ mit einem Allzeichen beginnt, ist noch zu bemerken, daß wir den Allvariablen, denen keine Seinsvariable vorausgeht, im Sinne unseres Verfahrens Individuensymbole (sozusagen 0-stellige Funktionszeichen) zuzuordnen haben. Lassen wir z.B. in der betrachteten Formel $\mathfrak{E}$ das Seinszeichen (Et) und die Argumentvariable t weg, so tritt in unserer anfänglichen Überlegung an die Stelle der ableitbaren Formel (1) die Formel

$$(x)(y)\,\mathfrak{A}(x, y) \rightarrow \mathfrak{A}(\alpha, \beta),$$

worin die Individuensymbole α, β (entsprechend wie vorher φ, ψ) als solche zu wählen sind, die nicht in $\mathfrak{E}$ vorkommen.

Auch bei der Überlegung mittels der symbolischen Auflösung treten an die Stelle von Allvariablen in $\mathfrak{E}$, denen keine Seinsvariable vorausgeht, Individuensymbole. Man hat ja das Verfahren der symbolischen Auflösung anzuwenden auf diejenige Formel, die man aus $\overline{\mathfrak{E}}$ durch Umwandlung in eine pränexe Formel erhält. Und bei dieser Umformung gehen ja jene Allvariablen über in Seinsvariablen, denen keine Allvariablen vorausgehen.

Bei dem Rückgang von der aussagenlogisch wahren Disjunktion zu der Formel $\mathfrak{E}$ hat man in die Reihe der Terme

$$\mathfrak{t}_1, \ldots, \mathfrak{t}_p,$$

außer denjenigen, die mit einem der neu eingeführten Funktionszeichen beginnen, noch die neu eingeführten Individuensymbole als Terme der Vielfachheitszahl 0 aufzunehmen.

Mit Berücksichtigung dieser Vorbemerkungen läßt sich nun unser Ergebnis in folgenden zwei Sätzen aussprechen:

a) Eine pränexe Formel $\mathfrak{E}$ ist dann und nur dann durch den Prädikatenkalkul ableitbar, wenn sich eine Disjunktion bestimmen läßt, die aussagenlogisch wahr ist und in der jedes Glied aus der Formel $\mathfrak{E}$ in der Weise hervorgeht, daß die Quantoren weggestrichen und die gebundenen Variablen durch gewisse Terme ersetzt sind, wobei folgende genaueren „Strukturbedingungen“ erfüllt sind: 1. Die ersetzenden Terme sind gebildet aus Individuenvariablen, aus Symbolen, die in $\mathfrak{E}$ vorkommen, und außerdem noch gewissen *neu eingeführten, den Allvariablen in* $\mathfrak{E}$ *umkehrbar eindeutig zugeordneten* Individuensymbolen und Funktionszeichen; diese Zuordnung ist so beschaffen, daß einer Allvariablen, der keine Seinsvariable vorausgeht, eine Individuenvariable, und einer Allvariablen, der $\mathfrak{k}$ Seinsvariablen vorausgehen, ein Funktionszeichen mit $\mathfrak{k}$ Argumenten entspricht. 2. Eine Allvariable, der keine Seinsvariable vorausgeht, wird in jedem Disjunktionsglied durch das ihr zugeordnete Individuensymbol ersetzt; eine Allvariable, der eine oder mehrere Seinsvariablen vorausgehen, wird ersetzt durch das ihr zugeordnete Funktionszeichen, worin als Argumente die Terme stehen, die an die Stelle der vorausgehenden Seinsvariablen treten, und zwar geordnet nach der Reihenfolge jener Seinsvariablen. (Die an Stelle der Seinsvariablen tretenden Terme können in beliebiger Weise aus den in $\mathfrak{E}$ vorkommenden freien Individuenvariablen, Individuensymbolen und Funktionszeichen sowie den neu eingeführten Symbolen gebildet sein.)

b) Zu einer durch den Prädikatenkalkul ableitbaren pränexen Formel $\mathfrak{E}$ läßt sich eine Disjunktion bestimmen, in welcher jedes Glied aus $\mathfrak{E}$ hervorgeht, indem die Quantoren weggestrichen werden, die Allvariablen durch gewisse freie Individuenvariablen und die Seinsvariablen durch gewisse, aus freien Individuenvariablen und den in $\mathfrak{E}$ vorkommenden Individuensymbolen und Funktionszeichen gebildete Terme ersetzt werden, welche ferner aus einer identischen Formel des Aussagenkalkuls durch Einsetzung entsteht und aus der die Formel $\mathfrak{E}$ durch Anwendungen der Regeln (μ), (ν)[1] nebst Streichung der Wiederholungen von Disjunktionsgliedern abgeleitet werden kann.

Diese beiden Feststellungen zusammen machen, in Hinsicht auf pränexe Formeln, den Inhalt des Theorems aus, welches, freilich in etwas anderer Fassung, von J. HERBRAND als Fundamentaltheorem der theo-

[1] Vgl. S. 135.

retischen Logik aufgestellt und in seiner Thèse bewiesen worden ist[1] und das wir deshalb als den *Herbrandschen Satz* bezeichnen.

Wir wollen uns den Inhalt dieses Satzes zunächst an einem einfachen Beispiel verdeutlichen. Nehmen wir das Paar der Formeln

$$(x)\,(E\,y)\,\bigl(x < \varphi(\varphi(y))\bigr) \to (x)\,(E\,y)\,\bigl(x < \varphi(y)\bigr),$$
$$(x)\,(E\,y)\,\bigl(x < \varphi(y)\bigr) \to (x)\,(E\,y)\,\bigl(x < \varphi(\varphi(y))\bigr).$$

Von der ersten stellt man leicht direkt die Ableitbarkeit fest, von der zweiten ist ersichtlich, daß sie im Sinne der arithmetischen Interpretation nicht allgemein gilt. Um auf diese Formeln die Sätze a), b) anzuwenden, müssen wir sie zunächst in pränexe Formeln überführen, was auf mehrere Arten geschehen kann; z. B. ist die erste Formel überführbar in

$$((1))\qquad (x)\,(E\,y)\,(z)\,\bigl(\overline{y < \varphi(\varphi(z))} \lor x < \varphi(y)\bigr),$$

die zweite in

$$((2))\qquad (x)\,(E\,y)\,(z)\,\bigl(\overline{y < \varphi(z)} \lor x < \varphi(\varphi(y))\bigr).$$

---

[1] „Recherches sur la théorie de la démonstration, Thèse de l'Univ. de Paris 1930", veröffentlicht in den Travaux de la Soc. des Sc. et Let. de Varsovie 1930. Vgl. auch die zweite Herbrandsche Abhandlung „Sur le problème fondamental de la logique mathématique". C. R. Soc. Sci. Varsovie XXIV, Cl. III. 1931. Die Herbrandsche Beweisführung ist schwer zu verfolgen und bedarf übrigens einer Korrektur, wie neuerdings von BURTON DREBEN dargetan wurde (siehe „False Lemmas in Herbrand", B. DREBEN, P. ANDREWS, ST. AANDERAA, Bull. Amer. Math. Soc. Bd. 69, S. 699—706; 1963). Ein einfacherer Beweis wurde bereits von G. GENTZEN in seinen „Untersuchungen über das logische Schließen" [Math. Z. Bd. 39 (1934) Heft 2 u. 3; siehe insbesondere IV. Abschnitt, § 2] geliefert. Dieser Beweis erfolgt mittels eines noch allgemeineren Theorems, welches auch Anwendungen auf gewisse Teilformalismen des Prädikatenkalkuls zuläßt. Neuere Beweise dieses allgemeineren Theorems wurden von KURT SCHÜTTE („Schlußweisenkalküle der Prädikatenlogik", Math. Ann. Bd. 122, S. 47—65, 1950), HASKELL B. CURRY („A Theory of Formal Deducibility", Notre Dame Mathematical Lectures Number 6, Indiana, 1950) und STEPHEN C. KLEENE („Introduction to Metamathematics", Bibliotheca Mathematica, Bd. 1, Amsterdam 1952, § 78) gegeben. Wie wir sahen, ergibt sich der Herbrandsche Satz aus dem Theorem der elementaren Ableitung (vgl. S. 18). Dieses Theorem, das wir aus dem ersten ε-Theorem gewonnen haben, folgt auch als Spezialfall aus einem Satz von ERIK STENIUS über den Prädikatenkalkul (vgl. Fußnote 2, S. 18). Die Beweise von SCHÜTTE und STENIUS beziehen sich direkt auf die von uns betrachtete Form des logischen Kalkuls, während die Beweise von GENTZEN, CURRY und KLEENE im Rahmen eines Sequenzenkalkuls erfolgen. Schließlich kann der Herbrandsche Satz auch aus E. W. BETHS Methode der semantischen Tafeln entnommen werden. Siehe hierüber in BETHS Werk „The foundations of Mathematics" (Studies in Logic, Amsterdam 1959), sections 90—92. Hingewiesen sei auch auf die mengentheoretischen Beweise des Gentzenschen Theorems und des Herbrandschen Satzes von STIG KANGER („Provability in Logic", Stockholm Studies in Philosophy 1, Uppsala 1957), R. SIKORSKI („On Herbrands Theorem", Colloquium Mathematicum Vol. VI, S. 55—58, 1958), H. RASIOWA und R. SIKORSKI („On the Gentzen Theorem", Fund. Math. XLVIII 1960, S. 57—69).

Gemäß dem Satz a) besteht eine notwendige und hinreichende Bedingung für die Ableitbarkeit von $((1))$ darin, daß sich eine Disjunktion aus Gliedern

$$\overline{\mathfrak{t} < \varphi(\varphi(\psi(\mathfrak{t})))} \vee a < \varphi(\mathfrak{t})$$

mit gewissen aus Variablen und den Symbolen φ, ψ gebildeten Termen $\mathfrak{t}$ angeben läßt, die aus einer identischen Formel durch Einsetzung entsteht. Eine solche Disjunktion ist nun z. B.

$$\left(\overline{a < \varphi(\varphi(\psi(a)))} \vee a < \varphi(a)\right) \vee \left(\overline{\varphi(\psi(a)) < \varphi(\varphi(\psi(\varphi(\psi(a)))))} \vee a < \varphi(\varphi(\psi(a)))\right),$$

und somit folgt die Ableitbarkeit jener Formel. Wäre auch die Formel $((2))$ ableitbar, so müßte sich entsprechend eine Disjunktion aus Gliedern

$$\overline{\mathfrak{t} < \varphi(\psi(\mathfrak{t}))} \vee a < \varphi(\varphi(\mathfrak{t}))$$

finden lassen, die aus einer identischen Formel durch Einsetzung entsteht. Hierzu wäre aber erforderlich, daß eine der negiert auftretenden Formeln $\mathfrak{t} < \varphi(\psi(\mathfrak{t}))$ gestaltlich übereinstimmt mit einer Formel $a < \varphi(\varphi(\mathfrak{r}))$, was nicht möglich ist, da ja der Term $\varphi(\mathfrak{r})$ nicht mit $\psi(\mathfrak{t})$ übereinstimmen kann. Es ergibt sich demnach die Unableitbarkeit von $((2))$.

Ziehen wir nun den Satz b) heran, so besagt dieser für die als ableitbar erkannte Formel $((1))$, daß es eine Disjunktion aus Gliedern

$$\overline{\mathfrak{t} < \varphi(\varphi(\mathfrak{a}))} \vee \mathfrak{b} < \varphi(\mathfrak{t})$$

mit Variablen $\mathfrak{a}$, $\mathfrak{b}$ und gewissen aus Variablen und dem Symbol φ gebildeten Termen $\mathfrak{t}$ geben muß, die aus einer identischen Formel des Aussagenkalkuls durch Einsetzung entsteht und aus der sich die Formel $((1))$ mittels der Regeln (μ), (ν) nebst Streichungen der Wiederholungen von Disjunktionsgliedern gewinnen läßt.

Als eine Disjunktion von dieser Eigenschaft erweist sich z. B. die folgende Formel

$$\left(\overline{a < \varphi(\varphi(b))} \vee a < \varphi(a)\right) \vee \left(\overline{\varphi(b) < \varphi(\varphi(c))} \vee a < \varphi(\varphi(b))\right).$$

Nämlich diese entsteht einerseits durch Einsetzung aus der identischen Formel

$$(\bar{A} \vee B) \vee (\bar{C} \vee A),$$

andererseits gelangen wir von ihr zu der Formel $((1))$ auf folgende Weise: Zunächst erhalten wir durch Anwendung der Regel (ν) in bezug auf die Variable c und nachfolgende Anwendung der Regel (μ) die Formel

$$\left(\overline{a < \varphi(\varphi(b))} \vee a < \varphi(a)\right) \vee (E y)(z)\left(\overline{y < \varphi(\varphi(z))} \vee a < \varphi(y)\right),$$

weiter durch Anwendung der Regel (ν) in bezug auf die Variable b und Anwendung der Regel (μ)

$$(E y)(z)\left(\overline{y < \varphi(\varphi(z))} \vee a < \varphi(y)\right) \vee (E y)(z)\left(\overline{y < \varphi(\varphi(z))} \vee a < \varphi(y)\right).$$

Hier können wir nun das eine der beiden übereinstimmenden Disjunktionsglieder wegstreichen. Durch nochmalige Anwendung der Regel (ν) erhalten wir dann die gewünschte Formel

$$(x)(E y)(z)\left(\overline{y < \varphi(\varphi(z))} \vee x < \varphi(y)\right).$$

Wenn in einer pränexen Formel $\mathfrak{E}$ der Ausdruck hinter den Quantoren die Gestalt einer Disjunktion $\mathfrak{A}_1 \vee \ldots \vee \mathfrak{A}_{\mathfrak{r}}$ hat, worin die Glieder $\mathfrak{A}_1, \ldots, \mathfrak{A}_{\mathfrak{r}}$ Ausdrücke ohne logische Zeichen oder Negationen von solchen sind, so läßt sich mit Hilfe des Satzes a) die Entscheidung über die Ableitbarkeit von $\mathfrak{E}$ jedenfalls erreichen. Nämlich gemäß diesem Satz ist ja für die Ableitbarkeit von $\mathfrak{E}$ notwendig und hinreichend, daß sich eine durch Einsetzung aus einer identischen Formel des Aussagenkalkuls hervorgehende Disjunktion $\mathfrak{B}_1 \vee \ldots \vee \mathfrak{B}_{\mathfrak{k}}$ angeben läßt, worin jedes Glied aus $\mathfrak{E}$ dadurch gewonnen wird, daß die Quantoren weggestrichen und die gebundenen Variablen durch gewisse Terme ersetzt werden, wobei noch die genaueren Strukturbedingungen einzuhalten sind. Jede der Formeln $\mathfrak{B}_{\mathfrak{i}} (\mathfrak{i} = 1, \ldots, \mathfrak{k})$ hat dabei die Gestalt einer Disjunktion $\mathfrak{A}_1^{(\mathfrak{i})} \vee \ldots \vee \mathfrak{A}_{\mathfrak{r}}^{(\mathfrak{i})}$, worin jedes Glied eine Primformel oder die Negation einer solchen ist. Damit nun die Formel $\mathfrak{B}_1 \vee \ldots \vee \mathfrak{B}_{\mathfrak{k}}$ aus einer identischen Formel des Aussagenkalkuls durch Einsetzung hervorgehe, ist notwendig und hinreichend, daß unter den $\mathfrak{k} \cdot \mathfrak{r}$ Disjunktionsgliedern mindestens zwei solche auftreten, von denen eines mit der Negation des anderen übereinstimmt.

Somit kommt die durch den Satz a) gelieferte notwendige und hinreichende Bedingung für die Ableitbarkeit von $\mathfrak{E}$ darauf hinaus, daß unter den Ausdrücken $\mathfrak{A}_1, \ldots, \mathfrak{A}_{\mathfrak{r}}$ sich zwei solche, $\mathfrak{A}_{\mathfrak{p}}$, $\mathfrak{A}_{\mathfrak{q}}$ finden, zu denen sich, nach Ausführung einer Zuordnung von neuen Variablen und Funktionszeichen zu den Allvariablen von $\mathfrak{E}$, zwei Arten der Ersetzungen für die Seinsvariablen von $\mathfrak{E}$ so bestimmen lassen, daß — auf Grund der aus diesen Ersetzungen sich nach den Strukturbedingungen ergebenden Ersetzungen für die Allvariablen von $\mathfrak{E}$ — die Formel, in die $\mathfrak{A}_{\mathfrak{p}}$ durch die erste Ersetzung übergeht, mit der Negation der Formel übereinstimmt, in die $\mathfrak{A}_{\mathfrak{q}}$ durch die zweite Ersetzung übergeht. Für die Möglichkeit der Bestimmung zweier solcher Ersetzungen lassen sich die Bedingungen, wie man leicht erkennt, explizite aufstellen, und da die Anzahl der in Betracht kommenden Paare von Ausdrücken $\mathfrak{A}_{\mathfrak{p}}$, $\mathfrak{A}_{\mathfrak{q}}$ eine begrenzte ist, so gelangt man auf diese Weise zu einer Entscheidung über die Ableitbarkeit von $\mathfrak{E}$.[1]

Daß für eine beliebige pränexe Formel die Entscheidung über ihre Ableitbarkeit nicht auf entsprechende Art erzwungen werden kann, liegt

[1] Dieser Fall einer Lösung des Entscheidungsproblems wurde bereits von HERBRAND in seiner zuvor zitierten Thèse hervorgehoben. In seiner Abhandlung „Sur le problème fondamental de la logique mathém." fügt HERBRAND die Bemerkung hinzu, das Kriterium der Ableitbarkeit für diesen Fall lasse sich leicht auf die Form bringen, daß für eine gegebene Formel der betrachteten Art eine Zahl $\mathfrak{k}$ derart bestimmt werden könne, daß die Formel dann und nur dann ableitbar ist, wenn sie $\mathfrak{k}$-zahlig identisch ist (l. c. S. 34). Diese Behauptung, für die HERBRAND den Beweis nicht mitteilt, ist auf Grund einer täuschenden Plausibilität ohne weiteres in den Bd. I der „Grundlagen der Mathematik" (S. 143 unten) übernommen worden. Auf den Umstand, daß die Gültigkeit dieser Behauptung keineswegs auf der Hand liegt, hat K. SCHÜTTE hingewiesen.

daran, daß für die Anzahl der Disjunktionsglieder $\mathfrak{B}_1, \ldots, \mathfrak{B}_{\mathfrak{k}}$ im allgemeinen keine bestimmte Schranke gegeben ist. In dem betrachteten Spezialfall kann die Disjunktion von vornherein als eine *zweigliedrige* angenommen werden; denn sind in der Entwicklung der Disjunktion in $\mathfrak{k} \cdot \mathfrak{r}$ Glieder $\mathfrak{A}_{\mathfrak{p}}^{(\mathfrak{i})}$, $\mathfrak{A}_{\mathfrak{q}}^{(\mathfrak{j})}$ jene beiden Glieder, von denen eines mit der Negation des anderen übereinstimmt, so geht bereits die Disjunktion $\mathfrak{B}_{\mathfrak{i}} \vee \mathfrak{B}_{\mathfrak{j}}$ aus einer identischen Formel des Aussagenkalkuls durch Einsetzung hervor. —

Die im Vorangehenden gegebene Formulierung des Herbrandschen Satzes und sein Beweis ist auf pränexe Formeln bezogen. Die Methode des Beweises, wie wir ihn insbesondere mit Benutzung der symbolischen Auflösung und des Theorems der elementaren Ableitung geführt haben, liefert uns aber auch eine allgemeinere Fassung. Diese bezieht sich auf alle solchen Formeln, in denen kein Quantor im Bereich eines Negationszeichens steht noch auch in einem Gliede einer Implikation oder einer Äquivalenz steht, oder, positiv ausgedrückt, alle solchen Formeln, die sich aus pränexen Formeln durch Anwendung von Konjunktionen, Disjunktionen und der Quantoren bilden lassen. Eine solche Formel möge kurz eine „pränexoide" Formel genannt werden. Von einer beliebigen Formel des Prädikatenkalkuls gelangt man zu einer pränexoiden Formel durch Anwendung der Umformungsregeln 2. und 4. des Aussagenkalkuls[1] sowie der Regel (λ) des Prädikatenkalkuls[2]. Wird nach diesen Regeln die Negation einer pränexoiden Formel wieder in eine pränexoide Formel umgeformt, so werden Allzeichen und Seinszeichen sowie Konjunktionen und Disjunktionen gegeneinander ausgetauscht, und die Negation wird auf die innerhalb der Quantoren stehenden Ausdrücke verlegt, — ganz entsprechend, wie es gemäß der Regel (λ) bei der Umformung der Negation einer pränexen Formel in eine pränexe Formel erfolgt. —

Die Möglichkeit der Ausdehnung des Herbrandschen Satzes auf pränexoide Formeln ergibt sich aus dem Umstande, daß das Verfahren der symbolischen Auflösung entsprechend wie für pränexe Formeln auch für pränexoide Formeln anwendbar ist.

Machen wir uns dieses an einem Beispiel klar, wobei wir uns der Methode der Formalisierung der symbolischen Auflösung mittels des ε-Symbols[3] bedienen.

Die zu betrachtende Formel $\mathfrak{F}$ habe die Gestalt

$$(x)\big((y)(Ez)\,\mathfrak{A}(x, y, z) \vee (Ey)(z)\,\mathfrak{B}(x, y, z)\big).$$

Diese Formel ist deduktionsgleich der Formel

$$(y)(Ez)\,\mathfrak{A}(a, y, z) \vee (Eu)(v)\,\mathfrak{B}(a, u, v)$$

[1] Siehe Bd. I, S. 49—50. [2] Siehe Bd. I, S. 139. [3] Vgl. § 1, S. 16—17.

sowie auch (aufgrund der Regel (ν)) der Formel

$$(Ez)\,\mathfrak{A}(a, b, z) \vee (Eu)(v)\,\mathfrak{B}(a, u, v).$$

Diese Formel läßt sich aufgrund der Äquivalenzen

$$(Ez)\,\mathfrak{A}(a, b, z) \sim \mathfrak{A}\bigl(a, b, \varepsilon_z\,\mathfrak{A}(a, b, z)\bigr),$$

$$(Eu)(v)\,\mathfrak{B}(a, u, v) \sim (v)\,\mathfrak{B}\bigl(a, \varepsilon_u(w)\,\mathfrak{B}(a, u, w), v\bigr)$$

umformen in

$$\mathfrak{A}\bigl(a, b, \varepsilon_z\,\mathfrak{A}(a, b, z)\bigr) \vee (v)\,\mathfrak{B}\bigl(a, \varepsilon_u(w)\,\mathfrak{B}(a, u, w), v\bigr).$$

Führen wir nunmehr die Funktionen $\varphi(a, b)$ und $\psi(a)$ durch die expliziten Definitionen

$$\varphi(a, b) = \varepsilon_z\,\mathfrak{A}(a, b, z), \qquad \psi(a) = \varepsilon_u(w)\,\mathfrak{B}(a, u, w)$$

ein, so erhalten wir durch deren Eintragung die Formel

$$\mathfrak{A}\bigl(a, b, \varphi(a, b)\bigr) \vee (v)\,\mathfrak{B}\bigl(a, \psi(a), v\bigr),$$

und diese wiederum ist deduktionsgleich der Formel

$$\mathfrak{A}\bigl(a, b, \varphi(a, b)\bigr) \vee \mathfrak{B}\bigl(a, \psi(a), c\bigr),$$

welche keine gebundene Variablen mehr enthält und aus der wir die Formel $\mathfrak{F}$ durch den Prädikatenkalkul zurückgewinnen können. Damit ist die symbolische Auflösung der Formel $\mathfrak{F}$ erreicht.

Aufgrund der Verallgemeinerung der symbolischen Auflösung kann nun die Überlegung, die wir auf S. 151—152 für eine durch den Prädikatenkalkul herleitbare pränexe Formel $\mathfrak{E}$ anwandten, gleichermaßen auf eine herleitbare pränexoide Formel $\mathfrak{E}$ angewandt werden, und es ergibt sich, daß eine Disjunktion $\mathfrak{E}_1 \vee \ldots \vee \mathfrak{E}_r$ aussagenlogisch wahr ist, worin ein jedes Glied $\mathfrak{E}_i$ aus der Formel $\mathfrak{E}$ entsteht, indem alle Quantoren weggestrichen werden und folgende Ersetzungen der gebundenen Variablen ausgeführt werden: jede Seinsvariable wird durch einen Term ersetzt, eine Allvariable, die nicht im Bereich eines Seinszeichens steht, wird durch ein ihr zugeordnetes Individuensymbol ersetzt; eine Allvariable, die im Bereich von $\mathfrak{k}$ Seinszeichen steht, wird durch einen Funktionsterm mit einem (der Variablen zugeordneten) $\mathfrak{k}$-stelligen Funktionszeichen ersetzt; darin stehen als Argumente die Terme, die an die Stelle der Seinsvariablen treten, welche zu jenen $\mathfrak{k}$ Seinszeichen gehören. (Die Reihenfolge der Argumente richtet sich nach der Reihenfolge des Auftretens der entsprechenden Seinszeichen.)

Dabei können die an die Stelle der Seinsvariablen tretenden Terme in beliebiger Weise aus den in $\mathfrak{E}$ auftretenden freien Individuenvariablen, Individuensymbolen und Funktionszeichen sowie den neu eingeführten, den Allvariablen zugeordneten Individuensymbolen und Funktionszeichen gebildet sein.

Ist andererseits eine Disjunktion $\mathfrak{E}_1 \vee \ldots \vee \mathfrak{E}_r$ der genannten Beschaffenheit aussagenlogisch wahr, so ergibt sich daraus die Ableitbarkeit der Formel $\mathfrak{E}$ durch den Prädikatenkalkul. Nämlich zugleich mit jener Disjunktion ist auch die Disjunktion $\mathfrak{E}'_1 \vee \ldots \vee \mathfrak{E}'_r$ aussagenlogisch wahr, die man aus ihr erhält, indem man jeden der verschiedenen vorkommenden Terme, in denen eines der einer Allvariablen zugeordneten Funktionszeichen voransteht oder die bloß aus einem einer Allvariablen zugeordneten Individuensymbol bestehen, durch je eine (neu einzuführende) freie Individuenvariable ersetzt. Und von dieser Disjunktion $\mathfrak{E}'_1 \vee \ldots \vee \mathfrak{E}'_r$ kann man durch den Prädikatenkalkul zu der Formel $\mathfrak{E}$ zurückgelangen.

Dieser Rückgang zu $\mathfrak{E}$ läßt sich in spezieller Weise vollziehen: durch Anwendung der (sogleich zu formulierenden) Regeln (μ^*), (ν^*) nebst der Streichung der Wiederholungen von Disjunktionsgliedern.

Die Regeln (μ^*), (ν^*), welche Verallgemeinerungen der Regeln (μ), (ν) sind, lauten:

Regel (μ^*): Ist eine Formel aus Bestandteilen („Gliedern") durch Konjunktionen und Disjunktionen zusammengesetzt, so kann man ein beliebiges von den Gliedern in der Weise verändern, daß man einen darin auftretenden Term durch eine gebundene Variable ersetzt und das zugehörige Seinszeichen dem Gliede voranstellt.

Regel (ν^*): Ist eine Formel aus Bestandteilen (Gliedern) durch Konjunktionen und Disjunktionen zusammengesetzt und enthält eines der Glieder eine freie Individuenvariable, die in keinem der anderen Glieder auftritt, so kann man diese freie Variable gegen eine gebundene austauschen und das zugehörige Allzeichen dem Gliede voranstellen[1].

Zu den pränexoiden Formeln gehören insbesondere die Disjunktionen aus pränexen Formeln. Auf die Betrachtung solcher Disjunktionen werden wir bei der Untersuchung der Ableitbarkeit von pränexen Formeln aus anderen pränexen Formeln (Axiomen) geführt. Eine solche Ableitbarkeit stellt sich ja durch eine Implikation der Gestalt $\mathfrak{A}_1 \& \ldots \& \mathfrak{A}_k \rightarrow \mathfrak{B}$ dar, worin $\mathfrak{A}_1, \ldots, \mathfrak{A}_k$, $\mathfrak{B}$ pränexe Formeln sind. Diese Implikation ergibt nun durch elementare Umformung $\overline{\mathfrak{A}_1} \vee \ldots \vee \overline{\mathfrak{A}_k} \vee \mathfrak{B}$, und für die Formeln $\overline{\mathfrak{A}_1}, \ldots, \overline{\mathfrak{A}_{\mathfrak{k}}}$ erhalten wir sofort gemäß der Regel (λ)[2]

[1] Für die Anwendung der Regeln (μ^*), (ν^*) beachte man, daß ein und dieselbe Formel auf verschiedene Arten als durch Konjunktionen und Disjunktionen aus Bestandteilen zusammengesetzt betrachtet werden kann.

[2] Vgl. Bd. I, S. 139.

eine Umformung in pränexe Formeln, so daß sich eine Disjunktion aus pränexen Formeln ergibt. Wir können dann freilich auch mittels der Regel (ι)[1] alle Quantoren an den Anfang ziehen und so eine einzige pränexe Formel erhalten; jedoch bringt dieses Verfahren für die Anwendung des Herbrandschen Satzes, in der Form des Satzes a), den Nachteil mit sich, daß die einzuführenden Funktionszeichen teilweise mehr Argumente als nötig erhalten. Dieser Umstand hängt damit zusammen, daß in der Gestalt einer Disjunktion aus pränexen Formeln manche charakteristischen Unterschiede zwischen Formeln hervortreten, die bei der Zusammenfassung zu einer pränexen Formel verdeckt werden. Zum Beispiel läßt sich ja eine Disjunktion von der Gestalt

$$(E\,x)\,(y)\,\mathfrak{A}(x,y) \vee (E\,x)\,(E\,y)\,(E\,z)\;\mathfrak{B}(x,y,z)$$

stets zu einer pränexen Formel

$$(E\,x)\,(E\,y)\,(E\,z)\,(u)\,\mathfrak{C}(x,y,z,u)$$

zusammenfassen, dagegen läßt sich eine pränexe Formel dieser Gestalt im allgemeinen nicht in eine Disjunktion von der voranstehenden Form aufspalten. So sieht man sich auch bei den Fragen des Entscheidungsproblems öfters veranlaßt, zur Charakterisierung von Formeltypen, wenn es sich um Fragen der Ableitbarkeit handelt, Disjunktionen von pränexen Formeln, und wenn es sich um die dual korrespondierenden Fragen der Widerspruchsfreiheit (Unwiderlegbarkeit) bzw. um die entsprechenden inhaltlichen Fragen der „Erfüllbarkeit" handelt, Konjunktionen aus pränexen Formeln heranzuziehen.

Als eine Konsequenz aus dem Satz b) und seiner Verallgemeinerung ergibt sich, daß die Ableitung einer aus den Variablen und Symbolen des Prädikatenkalkuls und eventuell noch gewissen Individuen-, Funktions- und Prädikatensymbolen gebildeten pränexoiden Formel, sofern sie durch den Prädikatenkalkul allein vollziehbar ist, stets auch in folgender Weise ausgeführt werden kann: Man geht aus von einer aussagenlogisch wahren, quantorenfreien Formel, welche keine anderen aussagenlogischen Symbole enthält außer den in der gegebenen Formel vorkommenden, und wendet dann in geeigneter Weise die Regeln (μ^*), (ν^*) an in Verbindung mit der Regel, daß Wiederholungen von Disjunktionsgliedern gestrichen werden können. Die Ableitung einer nicht pränexoiden Formel $\mathfrak{F}$ kann hiernach so erfolgen, daß man zunächst eine in $\mathfrak{F}$ überführbare pränexoide Formel $\mathfrak{F}_1$ bestimmt, diese auf die eben beschriebene Art aus einer aussagenlogisch wahren, quantorenfreien Formel $\mathfrak{E}_1$ ableitet und dann durch Umformungen von $\mathfrak{F}_1$ zu $\mathfrak{F}$ zurückgeht. Die Formel $\mathfrak{E}_1$ wiederum kann durch Umformung aus einer

[1] Vgl. Bd. I, S. 137.

mit Primformeln gebildeten konjunktiven Normalform gewonnen werden, welche ebenfalls aussagenlogisch wahr ist.

Überlegt man sich, wie hiernach im Ganzen die Gewinnung von $\mathfrak{F}$ in Herleitungsschritte zerlegt werden kann, so ersieht man, daß folgende Deduktionsregeln ausreichend sind:

a) Die Regeln des assoziativen und kommutativen Rechnens mit Konjunktionen und Disjunktionen sind anwendbar.

b) Als Ausgangsformeln werden Formeln der Gestalt

$$\mathfrak{P} \vee \overline{\mathfrak{P}} \vee \mathfrak{Q}_1 \vee \ldots \vee \mathfrak{Q}_r \, (r \geqq 0)$$

oder Konjunktionen solcher Formeln genommen; dabei ist $\mathfrak{P}$ eine Primformel, und die $\mathfrak{Q}_i$ sind entweder Primformeln oder Negationen von Primformeln.

c) Ein Ausdruck $\mathfrak{A} \& (\mathfrak{B} \vee \mathfrak{C})$ kann durch $(\mathfrak{A} \& \mathfrak{B}) \vee (\mathfrak{A} \& \mathfrak{C})$,
ein Ausdruck $(\mathfrak{A} \vee \mathfrak{B}) \& (\mathfrak{A} \vee \mathfrak{C})$ kann durch $\mathfrak{A} \vee (\mathfrak{B} \& \mathfrak{C})$
ersetzt werden.

d) Ein Ausdruck $\mathfrak{A}$ kann durch $\overline{\overline{\mathfrak{A}}}$,
ein Ausdruck $\overline{\mathfrak{A}} \& \overline{\mathfrak{B}}$ kann durch $\overline{\mathfrak{A} \vee \mathfrak{B}}$,
ein Ausdruck $\overline{\mathfrak{A}} \vee \overline{\mathfrak{B}}$ kann durch $\overline{\mathfrak{A} \& \mathfrak{B}}$
ersetzt werden.

e) Wiederholungen von Disjunktionsgliedern können gestrichen werden.

f) Ein Ausdruck $\overline{\mathfrak{A}} \vee \mathfrak{B}$ kann durch $\mathfrak{A} \to \mathfrak{B}$,
ein Ausdruck $(\overline{\mathfrak{A}} \vee \mathfrak{B}) \& (\mathfrak{A} \vee \overline{\mathfrak{B}})$ kann durch $\mathfrak{A} \sim \mathfrak{B}$
ersetzt werden.

g) Ein Ausdruck $(\mathfrak{x})\, \overline{\mathfrak{A}(\mathfrak{x})}$ kann durch $\overline{(E\mathfrak{x})}\, \mathfrak{A}(\mathfrak{x})$,
ein Ausdruck $(E\mathfrak{x})\, \overline{\mathfrak{A}(\mathfrak{x})}$ kann durch $\overline{(\mathfrak{x})}\, \mathfrak{A}(\mathfrak{x})$
ersetzt werden.

h) Ein Ausdruck $(\mathfrak{x})\, (\mathfrak{A}(\mathfrak{x}) \& \mathfrak{B})$ kann durch $(\mathfrak{x})\, \mathfrak{A}(\mathfrak{x}) \& \mathfrak{B}$,
ein Ausdruck $(E\mathfrak{x})\, (\mathfrak{A}(\mathfrak{x}) \vee \mathfrak{B})$ kann durch $(E\mathfrak{x})\, \mathfrak{A}(\mathfrak{x}) \vee \mathfrak{B}$,
ein Ausdruck $(\mathfrak{x})\, (\mathfrak{A}(\mathfrak{x}) \vee \mathfrak{B})$ kann durch $(\mathfrak{x})\, \mathfrak{A}(\mathfrak{x}) \vee \mathfrak{B}$,
ein Ausdruck $(E\mathfrak{x})\, (\mathfrak{A}(\mathfrak{x}) \& \mathfrak{B})$ kann durch $(E\mathfrak{x})\, \mathfrak{A}(\mathfrak{x}) \& \mathfrak{B}$
ersetzt werden, vorausgesetzt, daß $\mathfrak{B}$ die Variable $\mathfrak{x}$ nicht enthält.

i) Es gelten die Ableitungsschemata

$$\frac{\mathfrak{A}(\mathfrak{t})}{(\mathfrak{E}\mathfrak{x})\,(\mathfrak{A}\mathfrak{x})}, \qquad \frac{\mathfrak{A}(\mathfrak{v})}{(\mathfrak{x})\,\mathfrak{A}(\mathfrak{x})};$$

dabei ist $\mathfrak{t}$ ein Term, $\mathfrak{v}$ eine freie Variable, die nicht in $\mathfrak{A}(\mathfrak{x})$ vorkommt; beim ersten Schema darf dagegen $\mathfrak{t}$ in $\mathfrak{A}(\mathfrak{x})$ vorkommen. Beide Male darf die Variable $\mathfrak{x}$ nicht in der Oberformel vorkommen.

k) Umbenennungen gebundener Variablen können ausgeführt werden, jedoch unter der Bedingung der Vermeidung von Kollisionen.

Bei den Regeln c), d), f), g), h) wird die Ersetzbarkeit jeweils nur in der angegebenen Richtung verlangt. Diese Regeln finden nicht nur auf ganze (für sich stehende) Formeln, sondern gleichermaßen auf Bestandteile von Formeln Anwendung. Diese brauchen nicht die Eigenschaft von Formeln zu haben, sollen aber andernfalls aus Formeln mittels der Ersetzung von freien Variablen durch gebundene hervorgehen.

Der durch diese Regeln beschriebene eingeschränkte Prädikatenkalkul[1] ist aufgrund unserer vorausgegangenen, an den Herbrandschen Satz sich knüpfenden Überlegung dem gewöhnlichen Prädikatenkalkul in Hinsicht auf die Herleitung von Formeln gleichwertig. Diese Gleichwertigkeit erstreckt sich aber nicht auf die Ableitung einer Formel aus anderen Formeln. Für den gewöhnlichen Prädikatenkalkul ist ja die Ableitbarkeit einer Formel $\mathfrak{B}$ aus $\mathfrak{A}$, wenn $\mathfrak{A}$ keine freie Variable enthält, gleichbedeutend mit der Herleitbarkeit der Implikation $\mathfrak{A} \rightarrow \mathfrak{B}$. Das ist in dem eingeschränkten Kalkul nicht mehr der Fall, weil hier das Schema $\dfrac{\mathfrak{S},\ \mathfrak{S} \rightarrow \mathfrak{T}}{\mathfrak{T}}$ nicht als Regel zur Verfügung steht. Im Unterschiede von diesem Schema sind die Regeln des beschriebenen eingeschränkten Prädikatenkalkuls alle so beschaffen, daß sie nicht ermöglichen, eine Formel zu eliminieren[2].

Bemerkung: Eine nicht auf pränexoide Formeln beschränkte Formulierung des Herbrandschen Satzes wurde in der Abhandlung „False Lemmas in Herbrand" (vgl. Fußnote S. 161) gegeben. Diese allgemeine Fassung war auch schon in Herbrands Thèse, wenn auch nicht so explicite, enthalten. Der Beweis aber bedurfte einer wesentlichen Korrektur, indem das Lemma von Abschnitt 3.3 des Kapitels 5 der Herbrandschen Thèse durch eine schwächere, kompliziertere Behauptung ersetzt werden mußte. Ein Beweis des modifizierten Lemmas ist in der

[1] Dieser Kalkul steht sehr nahe dem von Kurt Schütte in seiner Abhandlung „Schlußweisenkalküle der Prädikatenlogik", Math. Ann. **122**, 47—65 (1950), aufgestellten „Umsetzungskalkül K_2". Er ist nur noch ein wenig enger als dieser Umsetzungskalkül.

[2] Die systematische Untersuchung solcher eingeschränkten, durch Regeln umschriebenen Formen des Prädikatenkalkuls, welche die gleiche Gesamtheit der herleitbaren Formeln liefern, obwohl sie keine Regel enthalten, welche die Elimination von Formeln gestattet, wurde zuerst von G. Gentzen in seiner Abhandlung „Untersuchung über das logische Schließen" (vgl. Fußnote 1, S. 161) ausgeführt. Gentzen knüpfte seine Überlegungen an die Aufstellung eines Sequenzenkalkuls. Daß sich die Betrachtungen gleichermaßen auch anhand unseres Formelkalkuls ausführen lassen, wurde von K. Schütte in seiner vorhin erwähnten Abhandlung „Schlußweisenkalküle der Prädikatenlogik" gezeigt.

Abhandlung „A Supplement to Herbrand" von BURTON DREBEN und JOHN DENTON gegeben worden. (J. Symb. Logic **31**, 393—398.)

Die allgemeine Fassung des Herbrandschen Satzes geht übrigens nicht wesentlich über diejenige für pränexoide Formeln hinaus. Das Kriterium der Ableitbarkeit einer Formel, das sie liefert, kommt demjenigen gleich, das sich ergibt, indem man eine beliebige Formel in eine pränexoide umformt[1] und auf diese die vorhin gegebene Formulierung des Herbrandschen Satzes für pränexoide Formeln anwendet.

4. Kriterien der Widerlegbarkeit im reinen Prädikatenkalkul.

Der Herbrandsche Satz läßt neben der durch die Sätze a), b)[2] gegebenen Fassung noch eine solche zu, die sich enger an die inhaltliche Deutung der Formeln anschließt und welche von HERBRAND selbst bevorzugt worden ist. Im allgemeinen Falle wird diese Fassung etwas kompliziert, dagegen gestaltet sie sich übersichtlicher, wenn wir uns auf den reinen Prädikatenkalkul beschränken.

Um zu dieser Fassung des Herbrandschen Satzes zu gelangen, betrachten wir zunächst den Fall einer Formel $\mathfrak{C}$ von der Gestalt einer Skolemschen Normalform

$$(E\mathfrak{x}_1)\ldots(E\mathfrak{x}_\mathfrak{r})(\mathfrak{y}_1)\ldots(\mathfrak{y}_\mathfrak{s})\,\mathfrak{A}(\mathfrak{x}_1,\ldots,\mathfrak{x}_\mathfrak{r},\mathfrak{y}_1,\ldots,\mathfrak{y}_\mathfrak{s})$$

mit mindestens einem voranstehenden Seinszeichen und auch mindestens einem Allzeichen, die keine außerlogischen Symbole, ferner keine freie Individuenvariable und außer den Variablen $\mathfrak{x}_1,\ldots,\mathfrak{y}_\mathfrak{s}$ keine gebundene Variable enthält[3]. Wenn die Formel $\mathfrak{C}$ eine ableitbare Formel ist, so bestimmt sich zu ihr gemäß der Aussage a) des Herbrandschen Satzes eine Disjunktion

$$\mathfrak{A}\left(\mathfrak{t}_1^{(1)}\ldots\mathfrak{t}_\mathfrak{r}^{(1)},\ \varphi_1(\mathfrak{t}_1^{(1)}\ldots\mathfrak{t}_\mathfrak{r}^{(1)}),\ldots,\ \varphi_\mathfrak{s}(\mathfrak{t}_1^{(1)}\ldots\mathfrak{t}_\mathfrak{r}^{(1)})\right)$$
$$\vee\ldots\vee\mathfrak{A}\left(\mathfrak{t}_1^{(\mathfrak{m})}\ldots\mathfrak{t}_\mathfrak{r}^{(\mathfrak{m})},\ \varphi_1(\mathfrak{t}_1^{(\mathfrak{m})}\ldots\mathfrak{t}_\mathfrak{r}^{(\mathfrak{m})}),\ldots,\ \varphi_\mathfrak{s}(\mathfrak{t}_1^{(\mathfrak{m})}\ldots\mathfrak{t}_\mathfrak{r}^{(\mathfrak{m})})\right),$$

die aussagenlogisch wahr ist, also — was auf das gleiche hinauskommt — durch den bloßen Aussagenkalkul ableitbar ist und worin die Terme $\mathfrak{t}_1^{(1)},\ldots,\mathfrak{t}_\mathfrak{r}^{(\mathfrak{m})}$ aus freien Individuenvariablen und den Funktionszeichen $\varphi_1,\ldots,\varphi_\mathfrak{s}$ gebildet sind.

[1] Man beachte, daß diese Umformung nicht diejenigen Umformungsregeln (règles de passage) erfordert, welche für den Beweis von DREBEN und DENTON die Schwierigkeit bieten.

[2] Vgl. S. 160.

[3] Die Fälle $\mathfrak{s}=0$ und $\mathfrak{r}=0$ erledigen sich direkt auf Grund früherer elementarer Betrachtungen, vgl. Bd. I, S. 190—192.

Aus dieser Disjunktion gewinnen wir nun wieder eine durch den Aussagenkalkul ableitbare Formel, wenn wir an den Termen solche Ersetzungen ausführen, bei denen die bestehenden Übereinstimmungen zwischen Primformeln erhalten bleiben. Ersetzungen dieser Art können wir insbesondere in folgender Weise vornehmen: Wir ersetzen zunächst jeden der Terme $\mathfrak{t}_1^{(1)}, \ldots, \mathfrak{t}_\mathfrak{r}^{(\mathfrak{m})}$, der nicht mit einem von den Termen $\varphi_\mathfrak{i}(\mathfrak{t}_1^{(\mathfrak{j})}, \ldots, \mathfrak{t}_\mathfrak{r}^{(\mathfrak{j})})$, $(\mathfrak{i} = 1, \ldots, \mathfrak{s}, \mathfrak{j} = 1, \ldots, \mathfrak{m})$, übereinstimmt, überall wo er entweder für sich stehend oder als Argument einer der Funktionen $\varphi_1, \ldots, \varphi_\mathfrak{s}$ auftritt, durch die Ziffer 0. In der hierdurch entstehenden Disjunktion $\mathfrak{D}$ ist jeder der vorkommenden Terme aus der Ziffer 0 und den Funktionszeichen $\varphi_1, \ldots, \varphi_\mathfrak{s}$ gebildet.

Nunmehr deuten wir die Funktionszeichen $\varphi_1, \ldots, \varphi_\mathfrak{s}$ als Symbole für gewisse $\mathfrak{s}$ arithmetische Funktionen, die einem $\mathfrak{r}$-tupel aus Ziffern in berechenbarer Weise jeweils wieder eine Ziffer zuordnen. Dadurch ergibt sich für die Terme in der Disjunktion $\mathfrak{D}$ eine Wertbestimmung, und indem wir jeden der Terme von $\mathfrak{D}$ durch seinen Wert, der eine Ziffer ist, ersetzen, erhalten wir eine, wiederum durch den Aussagenkalkul ableitbare Disjunktion $\mathfrak{D}_1$, bestehend aus Gliedern von der Form

$$\mathfrak{A}(\mathfrak{n}_1, \ldots, \mathfrak{n}_\mathfrak{r}, \mathfrak{k}_1, \ldots, \mathfrak{k}_\mathfrak{s}),$$

worin $\mathfrak{n}_1, \ldots, \mathfrak{n}_\mathfrak{r}$ Ziffern sind und $\mathfrak{k}_\mathfrak{i}$ (für $\mathfrak{i} = 1, \ldots, \mathfrak{s}$) der Wert von $\varphi_\mathfrak{i}(\mathfrak{n}_1, \ldots, \mathfrak{n}_\mathfrak{r})$ ist.

Sei nun unter den Ziffern $\mathfrak{n}_1, \ldots, \mathfrak{n}_\mathfrak{r}$, die in den Gliedern von $\mathfrak{D}_1$ an Stelle der Seinsvariablen von $\mathfrak{E}$ stehen, $\mathfrak{p}$ die größte, dann ist $\mathfrak{D}_1$ eine Teildisjunktion der Disjunktion aus $(\mathfrak{p}+1)^\mathfrak{r}$ Gliedern

$$\mathfrak{A}(\mathfrak{n}_{1\mathfrak{j}}, \ldots, \mathfrak{n}_{\mathfrak{r}\mathfrak{j}}, \mathfrak{k}_{1\mathfrak{j}}, \ldots, \mathfrak{k}_{\mathfrak{s}\mathfrak{j}}),$$

worin $\mathfrak{j}$ (die Nummer des Disjunktionsgliedes) von 0 bis $(\mathfrak{p}+1)^\mathfrak{r} - 1$ läuft, $\mathfrak{k}_{\mathfrak{i}\mathfrak{j}}$ (für $\mathfrak{i} = 1, \ldots, \mathfrak{s}$) der Wert von $\varphi_\mathfrak{i}(\mathfrak{n}_{1\mathfrak{j}}, \ldots, \mathfrak{n}_{\mathfrak{r}\mathfrak{j}})$ ist und

$$\mathfrak{n}_{1,0}, \ldots, \mathfrak{n}_{\mathfrak{r},0}, \ldots, \mathfrak{n}_{1,(\mathfrak{p}+1)^\mathfrak{r}-1}, \ldots, \mathfrak{n}_{\mathfrak{r},(\mathfrak{p}+1)^\mathfrak{r}-1}$$

die sämtlichen verschiedenen $\mathfrak{r}$-tupel aus Ziffern $\leqq \mathfrak{p}$ in irgendeiner Reihenfolge sind. Diese Reihenfolge werde jetzt so gewählt, daß von je zwei $\mathfrak{r}$-tupeln, die sich hinsichtlich der maximalen vorkommenden Ziffern unterscheiden, dasjenige vorausgeht, worin die maximale Ziffer kleiner ist, und für die $\mathfrak{r}$-tupel mit gleicher maximaler Ziffer die Reihenfolge lexikographisch ist, so daß also von zwei solchen $\mathfrak{r}$-tupeln dasjenige vorausgeht, bei dem an der ersten Stelle, in der sich die $\mathfrak{r}$-tupel unterscheiden, die kleinere Ziffer steht.

Die beschriebene Disjunktion möge mit „$\mathfrak{E}_\mathfrak{p}^{(\varphi)}$" bezeichnet werden; sie ist wiederum durch den Aussagenkalkul ableitbar, da sie ja $\mathfrak{D}_1$ als Teildisjunktion enthält.

Allgemein bezeichne „$\mathfrak{E}_{\mathfrak{q}}^{(\varphi)}$" für eine Ziffer $\mathfrak{q}$ und für ein System von $\mathfrak{s}$ arithmetischen Funktionen $\psi_1, \ldots, \psi_{\mathfrak{s}}$ mit $\mathfrak{r}$ Argumenten — deren Werte sich berechnen lassen oder, für den endlichen Bereich der $\mathfrak{r}$-tupel aus Ziffern $\leqq \mathfrak{q}$, direkt durch Aufzählung gegeben werden — die Disjunktion bestehend aus den Gliedern

$$\mathfrak{A}(\mathfrak{n}_{1\mathfrak{j}}, \ldots, \mathfrak{n}_{\mathfrak{r}\mathfrak{j}}, \mathfrak{l}_{1\mathfrak{j}}, \ldots, \mathfrak{l}_{\mathfrak{s}\mathfrak{j}}),$$

$\mathfrak{j} = 0, \ldots, (\mathfrak{q}+1)^{\mathfrak{r}} - 1$, worin $(\mathfrak{n}_{1\mathfrak{j}}, \ldots, \mathfrak{n}_{\mathfrak{r}\mathfrak{j}})$ die $(\mathfrak{q}+1)^{\mathfrak{r}}$ verschiedenen $\mathfrak{r}$-tupel aus Ziffern $\leqq \mathfrak{q}$, in der eben angegebenen Reihenfolge, durchläuft und $\mathfrak{l}_{\mathfrak{i}\mathfrak{j}}$ (für $\mathfrak{i} = 1, \ldots, \mathfrak{s}$) der Wert von

$$\psi_{\mathfrak{i}}(\mathfrak{n}_{1\mathfrak{j}}, \ldots, \mathfrak{n}_{\mathfrak{r}\mathfrak{j}})$$

ist.

Für jede solche Disjunktion läßt sich direkt entscheiden, ob sie durch den Aussagenkalkul ableitbar ist oder nicht. Man braucht ja nur für die verschiedenen vorkommenden Primformeln verschiedene Formelvariablen ohne Argumente zu setzen und zu prüfen, ob die so entstehende Formel des Aussagenkalkuls identisch wahr ist.

Ist die Ziffer $\mathfrak{k}$ kleiner als $\mathfrak{q}$, so ist $\mathfrak{E}_{\mathfrak{k}}^{(\varphi)}$ eine Teildisjunktion von $\mathfrak{E}_{\mathfrak{q}}^{(\varphi)}$. Wenn daher $\mathfrak{E}_{\mathfrak{k}}^{(\varphi)}$ durch den Aussagenkalkul ableitbar ist, so gilt das gleiche für $\mathfrak{E}_{\mathfrak{q}}^{(\varphi)}$.

Das Ergebnis unserer vorangegangenen Überlegungen spricht sich nun dahin aus, daß wir aus einer Ableitung der Formel $\mathfrak{E}$ im Prädikatenkalkul nach beliebiger Wahl berechenbarer arithmetischer Funktionen mit $\mathfrak{r}$ Argumenten $\varphi_1, \ldots, \varphi_{\mathfrak{s}}$ stets eine Ziffer $\mathfrak{p}$ so bestimmen können, daß die Formel $\mathfrak{E}_{\mathfrak{p}}^{(\varphi)}$ durch den Aussagenkalkul ableitbar ist. Dieser Satz gestattet insofern noch eine etwas erweiterte Fassung, als es nicht wesentlich ist, daß wir dabei mit Funktionen $\varphi_1, \ldots, \varphi_{\mathfrak{s}}$ zu tun haben, die durch arithmetische Gesetze festgelegt werden; es genügt vielmehr, daß für die Ausdrücke $\varphi_{\mathfrak{i}}(\mathfrak{n}_1, \ldots, \mathfrak{n}_{\mathfrak{r}})$ $(\mathfrak{i} = 1, \ldots, \mathfrak{s})$ schrittweise durch sukzessive Wahlen Ziffernwerte festgesetzt werden, wobei wir in der Ausdehnung der Ziffernbereiche, für deren $\mathfrak{r}$-tupel wir die Wahlen der Funktionswerte treffen, soweit fortschreiten, bis wir mit Benutzung der gewählten Funktionswerte $\varphi_{\mathfrak{i}}(\mathfrak{n}_1, \ldots, \mathfrak{n}_{\mathfrak{r}})$ auf eine Disjunktion $\mathfrak{E}_{\mathfrak{p}}^{(\varphi)}$ treffen, die durch den Aussagenkalkul ableitbar ist.

Daß wir jedenfalls auf die beschriebene Art zu einer durch den Aussagenkalkul ableitbaren Disjunktion $\mathfrak{E}_{\mathfrak{p}}^{(\varphi)}$ gelangen, ergibt sich an Hand unserer vorangegangenen Überlegung: nämlich die Ziffer $\mathfrak{p}$, von der in unserem Satz die Rede ist, wurde ja erhalten als der größte unter den Ziffernwerten bei der Wertbestimmung für diejenigen Ausdrücke, die sich in den Gliedern der Disjunktion $\mathfrak{D}$ an den Stellen der Seinsvariablen von $\mathfrak{E}$ befinden. Die Wertbestimmung erfolgte dabei mittels der Deutung der Funktionszeichen $\varphi_1, \ldots, \varphi_{\mathfrak{s}}$ als Symbole für gewisse arithmetische Funktionen. Wir können aber die Wertbestimmung auch so vollziehen, daß wir zunächst jedem der vorkommenden Terme $\varphi_{\mathfrak{i}}(0, \ldots, 0)$ $(\mathfrak{i} = 1, \ldots, \mathfrak{s})$

einen Ziffernwert zuschreiben und diese Werte an Stelle der betreffenden Ausdrücke eintragen, dann für die neu entstehenden Terme $\varphi_{\mathfrak{i}}(\mathfrak{n}_1, \ldots, \mathfrak{n}_{\mathfrak{r}})$ mit Ziffern $\mathfrak{n}_1, \ldots, \mathfrak{n}_{\mathfrak{r}}$ Ziffernwerte wählen, die wir wiederum eintragen, und in dieser Weise fortfahren, bis alle in der Formel $\mathfrak{D}$ vorkommenden Terme einen Wert erhalten haben, wobei darauf zu achten ist, daß stets für gleiche Ausdrücke $\varphi_{\mathfrak{i}}(\mathfrak{n}_1, \ldots, \mathfrak{n}_{\mathfrak{r}})$ der gleiche Wert genommen wird.

Ist unter den Ziffernwerten, welche bei diesem Verfahren die an den Seinsstellen von $\mathfrak{E}$ befindlichen Terme (in den Disjunktionsgliedern von $\mathfrak{D}$) erhalten, $\mathfrak{p}$ der größte und setzen wir noch für alle die Ausdrücke $\varphi_{\mathfrak{i}}(\mathfrak{n}_1, \ldots, \mathfrak{n}_{\mathfrak{r}})$, bei denen $\mathfrak{n}_1, \ldots, \mathfrak{n}_{\mathfrak{r}}$ Ziffern aus der Reihe von 0 bis $\mathfrak{p}$ sind, und die noch keinen Wert erhalten haben, einen Ziffernwert fest, so sind dann im Bereich der Ziffern von 0 bis $\mathfrak{p}$ die Funktionen $\varphi_1, \ldots, \varphi_{\mathfrak{s}}$ definiert (eventuell sind sie auch bereits für gewisse weitere $\mathfrak{r}$-tupel definiert), und wir können mit ihnen die Disjunktion $\mathfrak{E}_{\mathfrak{p}}^{(\varphi)}$ bilden. Diese enthält ferner als Teildisjunktion diejenige Disjunktion $\mathfrak{D}_1$, die aus $\mathfrak{D}$ vermittels der Ersetzung der Terme durch ihre Ziffernwerte hervorgeht, und sie ist daher ebenso wie $\mathfrak{D}$ durch den Aussagenkalkul ableitbar.

Bei diesem Verfahren sind die Werte der Funktionen $\varphi_1, \ldots, \varphi_{\mathfrak{s}}$ im Bereich der Ziffern von 0 bis $\mathfrak{p}$ keiner einschränkenden Bedingung (außer derjenigen der eindeutigen Bestimmtheit durch die Argumente) unterworfen. Es ergibt sich demnach, daß, wenn wir der Reihe nach die $\mathfrak{r}$-tupel in der von uns gewählten Reihenfolge vornehmen, zu jedem von ihnen die Werte der Funktionen $\varphi_1, \ldots, \varphi_{\mathfrak{s}}$ (als Ziffernwerte) willkürlich festlegen und mit diesen Funktionswerten fortschreitend die Formeln $\mathfrak{E}_0^{(\varphi)}, \mathfrak{E}_1^{(\varphi)}, \mathfrak{E}_2^{(\varphi)}, \ldots$ bilden, wir einmal zu einer Formel $\mathfrak{E}_{\mathfrak{p}}^{(\varphi)}$ gelangen, die aus einer identischen Formel des Aussagenkalkuls durch Einsetzung entsteht.

(Die Ziffer $\mathfrak{p}$ hängt dabei von den gewählten Funktionswerten ab; wir können die Art der Abhängigkeit an Hand der Gestalt der Disjunktion $\mathfrak{D}$ überblicken.)

Eine unbegrenzte Aufeinanderfolge von Wertbestimmungen durch willkürliche Wahl wird nach Brouwer als „Wahlfolge" bezeichnet. Die betrachtete fortschreitende Definition der Funktionen $\varphi_1, \ldots, \varphi_{\mathfrak{s}}$ bildet ein Beispiel einer Wahlfolge.

Von dem erhaltenen Kriterium der Ableitbarkeit gilt nun folgende Umkehrung:

Wenn für eine Ziffer $\mathfrak{p}$ und gewisse im Bereich der Ziffern von 0 bis $\mathfrak{p}$ definierte arithmetischen Funktionen $\varphi_1, \ldots, \varphi_{\mathfrak{s}}$ die Formel $\mathfrak{E}_{\mathfrak{p}}^{(\varphi)}$ durch den Aussagenkalkul ableitbar ist, und wenn die Funktionen $\varphi_1, \ldots, \varphi_{\mathfrak{s}}$ im Bereich der $\mathfrak{r}$-tupel aus Ziffern $\leq \mathfrak{p}$ die Bedingungen erfüllen, daß

$$\{1\} \qquad \varphi_{\mathfrak{i}}(\mathfrak{n}_1, \ldots, \mathfrak{n}_{\mathfrak{r}}) > \mathfrak{n}_{\mathfrak{j}} \qquad (\text{für } \mathfrak{i} = 1, \ldots, \mathfrak{s}, \mathfrak{j} = 1, \ldots, \mathfrak{r})$$

und daß

$$\{2\} \quad \varphi_{\mathfrak{i}}(\mathfrak{m}_1, \ldots, \mathfrak{m}_{\mathfrak{r}}) \neq \varphi_{\mathfrak{k}}(\mathfrak{n}_1, \ldots, \mathfrak{n}_{\mathfrak{r}}) \text{ außer für } \mathfrak{i} = \mathfrak{k},\ \mathfrak{m}_1 = \mathfrak{n}_1, \ldots, \mathfrak{m}_{\mathfrak{r}} = \mathfrak{n}_{\mathfrak{r}},$$

dann erhalten wir eine Ableitung von $\mathfrak{E}$ im Prädikatenkalkul.

Nämlich ebenso wie $\mathfrak{E}_{\mathfrak{p}}^{(\varphi)}$ ist auch diejenige Disjunktion $\widetilde{\mathfrak{E}_{\mathfrak{p}}^{(\varphi)}}$ durch den Aussagenkalkul ableitbar, die man aus $\mathfrak{E}_{\mathfrak{p}}^{(\varphi)}$ erhält, indem man jede Ziffer $\mathfrak{z}$, die in einem Disjunktionsglied von $\mathfrak{E}_{\mathfrak{p}}^{(\varphi)}$ (an der Stelle einer gebundenen Variablen von $\mathfrak{E}$) auftritt, durch die entsprechende numerierte Variable $a_{\mathfrak{z}}$ ersetzt. Von dieser Disjunktion aus Gliedern

$$\mathfrak{A}(a_{\mathfrak{n}_{1\mathfrak{j}}}, \ldots, a_{\mathfrak{n}_{\mathfrak{r}\mathfrak{j}}}, a_{\mathfrak{k}_{1\mathfrak{j}}}, \ldots, a_{\mathfrak{k}_{\mathfrak{s}\mathfrak{j}}})$$

$$(\mathfrak{j} = 0, \ldots, (\mathfrak{p}+1)^{\mathfrak{r}}-1, \ \mathfrak{k}_{\mathfrak{i}\mathfrak{j}} = \varphi_{\mathfrak{i}}(\mathfrak{n}_{1\mathfrak{j}}, \ldots, \mathfrak{n}_{\mathfrak{r}\mathfrak{j}}) \quad \text{für} \quad \mathfrak{i} = 1, \ldots, \mathfrak{s}),$$

welche ja eine Formel des reinen Prädikatenkalkuls ist, können wir nun, auf Grund der Bedingungen $\{1\}$, $\{2\}$, denen die Funktionen $\varphi_1, \ldots, \varphi_{\mathfrak{s}}$ genügen, ganz entsprechend, wie wir es beim Beweis des zweiten ε-Theorems für die Formel (3*) ausgeführt haben[1] durch Anwendungen der Regeln (μ), (ν) zu einer Disjunktion gelangen, in der jedes Glied mit $\mathfrak{E}$ übereinstimmt, und die sich somit durch den Aussagenkalkul in $\mathfrak{E}$ umformen läßt. Diese Ableitung von $\mathfrak{E}$ aus $\widetilde{\mathfrak{E}_{\mathfrak{p}}^{(\varphi)}}$, zusammen mit der Gewinnung von $\widetilde{\mathfrak{E}_{\mathfrak{p}}^{(\varphi)}}$ durch Einsetzung aus einer identischen Formel des Aussagenkalkuls, ergibt eine Ableitung von $\mathfrak{E}$ im Prädikatenkalkul.

Die Bedingungen $\{1\}$, $\{2\}$ werden, nicht nur in einem begrenzten, sondern auch im unbegrenzten Zahlenbereich, durch mannigfache Funktionensysteme $\varphi_1(\mathfrak{n}_1, \ldots, \mathfrak{n}_{\mathfrak{r}}), \ldots, \varphi_{\mathfrak{s}}(\mathfrak{n}_1, \ldots, \mathfrak{n}_{\mathfrak{r}})$ erfüllt. Ein solches Funktionensystem ist dadurch charakterisiert, daß die Werte jeder der Funktionen stets größer sind als jeder der Argumentwerte, und daß jeder Zahlwert höchstens von einer der Funktionen und auch nur für ein einziges Argumentsystem angenommen wird. Wir wollen allgemein ein Funktionensystem von dieser Eigenschaft ein „disparates Funktionensystem" nennen.

Ein Verfahren, um ein solches Funktionensystem zu gewinnen, besteht darin, daß man ausgeht von einer Funktion $\varphi(\mathfrak{n}_1, \ldots, \mathfrak{n}_{\mathfrak{r}})$, die jedem $\mathfrak{r}$-tupel aus Ziffern $\mathfrak{n}_1, \ldots, \mathfrak{n}_{\mathfrak{r}}$ eine Ziffer, und zwar verschiedenen $\mathfrak{r}$-tupeln verschiedene Ziffern zuordnet, wobei der Funktionswert stets mindestens so groß ist wie jedes der Argumente. Aus einer solchen Funktion erhält man ein disparates Funktionensystem, indem man

$$\varphi_{\mathfrak{i}}(\mathfrak{n}_1, \ldots, \mathfrak{n}_{\mathfrak{r}}) = \mathfrak{s} \cdot \varphi(\mathfrak{n}_1, \ldots, \mathfrak{n}_{\mathfrak{r}}) + \mathfrak{i} \qquad (\text{für } \mathfrak{i} = 1, \ldots, \mathfrak{s})$$

setzt.

Eine Funktion $\varphi(n_1, \ldots, n_{\mathfrak{r}})$ von der eben angegebenen Beschaffenheit ist insbesondere diejenige, die jedem $\mathfrak{r}$-tupel aus Ziffern die Nummer $\mathfrak{j}$ zuordnet, welche ihm in der Abzählung aller $\mathfrak{r}$-tupel aus Ziffern

$$\mathfrak{n}_{1\mathfrak{j}}, \ldots, \mathfrak{n}_{\mathfrak{r}\mathfrak{j}} \qquad (\mathfrak{j} = 0, 1, \ldots)$$

nach dem von uns benutzten Ordnungsprinzip zukommt (d. h. bei der Ordnung, die in erster Linie nach der maximalen Ziffer des $\mathfrak{r}$-tupels und im übrigen lexikographisch erfolgt).

[1] Vgl. S. 135—137.

Somit wird, auf Grund unserer Numerierung der $\mathfrak{r}$-tupel aus Ziffern, durch die Gleichungen

$$\varphi_{\mathfrak{i}}(\mathfrak{n}_{1\mathfrak{j}}, \ldots, \mathfrak{n}_{\mathfrak{r}\mathfrak{j}}) = \mathfrak{s} \cdot \mathfrak{j} + \mathfrak{i} \qquad (\mathfrak{i} = 1, \ldots, \mathfrak{s}, \mathfrak{j} = 0, 1, \ldots)$$

ein disparates Funktionensystem bestimmt.

Bemerkung. Als arithmetisch besonders einfache disparate Funktionensysteme, bestehend aus $\mathfrak{r}$-stelligen Funktionen, seien noch die beiden folgenden erwähnt:

1. Die Funktion

$$\varphi(\mathfrak{n}_1, \ldots, \mathfrak{n}_{\mathfrak{r}}) = \mathfrak{n}_1 + \binom{\mathfrak{n}_1 + \mathfrak{n}_2 + 1}{2} + \binom{\mathfrak{n}_1 + \mathfrak{n}_2 + \mathfrak{n}_3 + 2}{3} + \cdots + \binom{\mathfrak{n}_1 + \cdots + \mathfrak{n}_{\mathfrak{r}} + (\mathfrak{r} - 1)}{\mathfrak{r}}$$

läßt sich, wie man leicht nachweist, deuten als die Nummer des $\mathfrak{r}$-tupels $\mathfrak{n}_1, \ldots, \mathfrak{n}_{\mathfrak{r}}$ in einer Abzählung aller $\mathfrak{r}$-tupel, wobei diese Nummer stets mindestens so groß ist wie jede der Ziffern des $\mathfrak{r}$-tupels. Wir erhalten daher aus dieser Funktion $\varphi(\mathfrak{n}_1, \ldots, \mathfrak{n}_{\mathfrak{r}})$ ein disparates Funktionensystem

$$\varphi_{\mathfrak{i}}(\mathfrak{n}_1, \ldots, \mathfrak{n}_{\mathfrak{r}}) = \mathfrak{s} \cdot \varphi(\mathfrak{n}_1, \ldots, \mathfrak{n}_{\mathfrak{r}}) + \mathfrak{i} \qquad (\mathfrak{i} = 1, \ldots, \mathfrak{s}).$$

2. Sind $\wp_0, \wp_1, \ldots, \wp_{\mathfrak{r}}$ die ersten $\mathfrak{r} + 1$ Primzahlen, so bilden die Funktionen

$$\varphi_{\mathfrak{i}}(\mathfrak{n}_1, \ldots, \mathfrak{n}_{\mathfrak{r}}) = \wp_0^{\mathfrak{i}} \cdot \wp_1^{\mathfrak{n}_1} \cdot \cdots \cdot \wp_{\mathfrak{r}}^{\mathfrak{n}_{\mathfrak{r}}}, \qquad (\mathfrak{i} = 1, \ldots, \mathfrak{s}),$$

wie man leicht erkennt, ein disparates Funktionensystem.

Zusammenfassend können wir nun unser Ergebnis dahin aussprechen: Für die Ableitbarkeit der Formel $\mathfrak{E}$ im Prädikatenkalkul ist notwendig und hinreichend, daß sich eine Ziffer $\mathfrak{p}$ und ein disparates Funktionensystem $\varphi_1, \ldots, \varphi_{\mathfrak{s}}$ so bestimmen lassen, daß die Disjunktion $\mathfrak{E}_{\mathfrak{p}}^{(\varphi)}$ durch den Aussagenkalkul ableitbar ist[1]. Im Falle der Ableitbarkeit von $\mathfrak{E}$ läßt sich ferner zu jedem beliebigen System $\varphi_1, \ldots, \varphi_{\mathfrak{s}}$ von berechenbaren Funktionen jeweils eine Ziffer $\mathfrak{p}$ so bestimmen, daß die Disjunktion $\mathfrak{E}_{\mathfrak{p}}^{(\varphi)}$ durch den Aussagenkalkul ableitbar ist; zugleich ist dann auch für jede größere Ziffer $\mathfrak{q}$ die Formel $\mathfrak{E}_{\mathfrak{q}}^{(\varphi)}$ für die betreffenden Funktionen

[1] Daß in dieser Formulierung die Bedingung, daß das Funktionensystem $\varphi_1 \ldots, \varphi_{\mathfrak{s}}$ ein disparates ist, nicht weggelassen werden kann, mit anderen Worten, daß die Existenz irgendeines Funktionensystems $\varphi_1, \ldots, \varphi_{\mathfrak{s}}$ und einer Ziffer $\mathfrak{p}$, für welche $\mathfrak{E}_{\mathfrak{p}}^{(\varphi)}$ durch den Aussagenkalkul ableitbar ist, noch nicht immer die Ableitbarkeit der Formel $\mathfrak{E}$ anzeigt, kann aus folgendem Beispiel ersehen werden: Es sei $\mathfrak{E}$ die Formel

$$(Ex)(y)(\overline{A(x, x)} \vee A(x, y)).$$

Hier sind $\mathfrak{r}$ und $\mathfrak{s}$ gleich 1. $\varphi(\mathfrak{n})$ bedeute die Funktion, die stets den Wert 0 hat. Es ist dann $\mathfrak{E}_0^{(\varphi)}$ die Formel

$$\overline{A(0, 0)} \vee A(0, 0).$$

Diese ist durch den Aussagenkalkul ableitbar. Gleichwohl ist die Formel $\mathfrak{E}$ nicht ableitbar, was z. B. daraus zu entnehmen ist, daß sie nicht zweizahlig identisch ist.

$\varphi_1, \ldots, \varphi_\mathfrak{s}$ durch den Aussagenkalkul ableitbar. Auch für jedes durch eine fortschreitende Definition gegebene Funktionensystem $\varphi_1, \ldots, \varphi_\mathfrak{s}$ erhalten wir eine Ziffer $\mathfrak{p}$, für die $\mathfrak{E}_\mathfrak{p}^{(\varphi)}$ durch den Aussagenkalkul ableitbar ist.

In dieser Form ist das Ergebnis noch nicht recht handlich. Wir gelangen aber durch eine einfache Transformation nebst inhaltlicher Interpretation zu einer übersichtlicheren Fassung.

Die Transformation besteht darin, daß wir von der Frage der *Ableitbarkeit* einer Formel der betrachteten speziellen Form zur Frage der „*Widerlegbarkeit*" für Formeln der *dual entsprechenden Form* übergehen. Gemäß der früher angegebenen Definition[1] verstehen wir unter der Widerlegbarkeit einer Formel des Prädikatenkalkuls die Ableitbarkeit ihrer Negation.

Eine Formel $\mathfrak{E}$ des Prädikatenkalkuls von der Gestalt

$$(E\mathfrak{x}_1)\ldots(E\mathfrak{x}_\mathfrak{r})\,(\mathfrak{y}_1)\ldots(\mathfrak{y}_\mathfrak{s})\,\mathfrak{A}(\mathfrak{x}_1, \ldots, \mathfrak{y}_\mathfrak{s}),$$

in der $\mathfrak{x}_1, \ldots, \mathfrak{y}_\mathfrak{s}$ die einzigen vorkommenden Individuenvariablen sind, läßt sich umformen in die Negation der Formel

$$(\mathfrak{x}_1)\ldots(\mathfrak{x}_\mathfrak{r})\,(E\mathfrak{y}_1)\ldots(E\mathfrak{y}_\mathfrak{s})\,\mathfrak{B}(\mathfrak{x}_1, \ldots, \mathfrak{y}_\mathfrak{s}),$$

worin $\mathfrak{B}(\mathfrak{x}_1, \ldots, \mathfrak{y}_\mathfrak{s})$ die Negation von $\mathfrak{A}(\mathfrak{x}_1, \ldots, \mathfrak{y}_\mathfrak{s})$ oder eine Umformung dieser Negation ist. Gehen wir umgekehrt aus von einer Formel $\mathfrak{F}$ des Prädikatenkalkuls von der Gestalt

$$(\mathfrak{x}_1)\ldots(\mathfrak{x}_\mathfrak{r})\,(E\mathfrak{y}_1)\ldots(E\mathfrak{y}_\mathfrak{s})\,\mathfrak{B}(\mathfrak{x}_1, \ldots, \mathfrak{y}_\mathfrak{s}),$$

so ist deren Widerlegbarkeit gleichbedeutend mit der Ableitbarkeit der Formel

$$(E\mathfrak{x}_1)\ldots(E\mathfrak{x}_\mathfrak{r})\,(\mathfrak{y}_1)\ldots(\mathfrak{y}_\mathfrak{s})\,\overline{\mathfrak{B}(\mathfrak{x}_1, \ldots, \mathfrak{y}_\mathfrak{s})}. \tag{4}$$

Sind $\mathfrak{x}_1, \ldots, \mathfrak{y}_\mathfrak{s}$ die einzigen in $\mathfrak{F}$ vorkommenden Variablen, und ist $\mathfrak{r} \neq 0$, $\mathfrak{s} \neq 0$, so erfüllt die Formel (4) alle Voraussetzungen, die wir in der eben ausgeführten Betrachtung an die Formel $\mathfrak{E}$ gestellt hatten; wir können daher das Ergebnis dieser Betrachtung auf die Formel (4) anwenden. Zugleich können wir dabei an Stelle der Disjunktionen $\mathfrak{E}_\mathfrak{p}^{(\varphi)}$ entsprechende Konjunktionen einführen, indem wir benutzen, daß eine Disjunktion aus Gliedern von der Form

$$\overline{\mathfrak{B}(\mathfrak{n}_1, \ldots, \mathfrak{n}_\mathfrak{r}, \mathfrak{k}_1, \ldots, \mathfrak{k}_\mathfrak{s})}$$

sich mittels des Aussagenkalkuls umformen läßt in die Negation der Konjunktion aus den entsprechenden Gliedern

$$\mathfrak{B}(\mathfrak{n}_1, \ldots, \mathfrak{n}_\mathfrak{r}, \mathfrak{k}_1, \ldots, \mathfrak{k}_\mathfrak{s}).$$

Wir wollen für eine Formel $\mathfrak{F}$ des Prädikatenkalkuls von der Gestalt

$$(\mathfrak{x}_1)\ldots(\mathfrak{x}_\mathfrak{r})\,(E\mathfrak{y}_1)\ldots(E\mathfrak{y}_\mathfrak{s})\,\mathfrak{B}(\mathfrak{x}_1, \ldots, \mathfrak{y}_\mathfrak{s}) \qquad \mathfrak{r}, \mathfrak{s} \neq 0,$$

[1] Vgl. Bd. I, S. 128.

mit $\mathfrak{x}_1, \ldots, \mathfrak{y}_{\mathfrak{s}}$ als einzigen Individuenvariablen, für eine Ziffer $\mathfrak{p}$ und ein System von berechenbaren arithmetischen Funktionen $\varphi_1, \ldots, \varphi_{\mathfrak{s}}$ mit je $\mathfrak{r}$ Argumenten unter „$\mathfrak{F}_{\mathfrak{p}}^{(\varphi)}$" die *Konjunktion* aus den Gliedern

$$\mathfrak{B}(\mathfrak{n}_{1\mathfrak{j}}, \ldots, \mathfrak{n}_{\mathfrak{r}\mathfrak{j}}, \mathfrak{k}_{1\mathfrak{j}}, \ldots, \mathfrak{k}_{\mathfrak{s}\mathfrak{j}})$$
$$(\mathfrak{j} = 0, \ldots, (\mathfrak{p}+1)^{\mathfrak{r}} - 1, \ \mathfrak{k}_{\mathfrak{i}\mathfrak{j}} = \varphi_{\mathfrak{i}}(\mathfrak{n}_{1\mathfrak{j}}, \ldots, \mathfrak{n}_{\mathfrak{r}\mathfrak{j}}) \quad \text{für} \quad \mathfrak{i} = 1, \ldots, \mathfrak{s})$$

verstehen, worin $(\mathfrak{n}_{1\mathfrak{j}}, \ldots, \mathfrak{n}_{\mathfrak{r}\mathfrak{j}})$ die $(\mathfrak{p}+1)^{\mathfrak{r}}$ verschiedenen $\mathfrak{r}$-tupel aus Ziffern $\leq \mathfrak{p}$ durchlaufen (geordnet nach der maximalen vorkommenden Ziffer und im übrigen in lexikographischer Reihenfolge).

Es stellt sich dann unser vorheriges Ergebnis in Anwendung auf die Formel $\mathfrak{F}$ folgendermaßen dar: Wenn die Formel $\mathfrak{F}$ im Prädikatenkalkul widerlegbar ist, so läßt sich an Hand der Widerlegung von $\mathfrak{F}$ zu jedem System von berechenbaren arithmetischen Funktionen $\varphi_1, \ldots \varphi_{\mathfrak{s}}$, von $\mathfrak{r}$ Argumenten eine solche Ziffer $\mathfrak{p}$ bestimmen, daß die Konjunktion $\mathfrak{F}_{\mathfrak{p}}^{(\varphi)}$ durch den Aussagenkalkul widerlegbar ist, d. h. daß diese Konjunktion aus der Negation einer identischen Formel des Aussagenkalkuls durch Einsetzung entsteht. Auch ergibt sich eine solche Ziffer $\mathfrak{p}$ im Falle eines in einer fortschreitenden Definition (durch eine Wahlfolge[1]) gegebenen Funktionensystems. Ist andererseits die Formel $\mathfrak{F}_{\mathfrak{p}}^{(\varphi)}$ für eine gewisse Ziffer $\mathfrak{p}$ und für ein disparates Funktionensystem $\varphi_1, \ldots, \varphi_{\mathfrak{s}}$ durch den Aussagenkalkul widerlegbar, so erhalten wir auf Grund dieser Widerlegbarkeit eine Widerlegung von $\mathfrak{F}$ im Prädikatenkalkul.

Machen wir uns nun klar, was die Widerlegbarkeit der Formel $\mathfrak{F}_{\mathfrak{p}}^{(\varphi)}$ durch den Aussagenkalkul bedeutet. Sie besagt zunächst, daß diese Formel aus der Negation einer identisch wahren Formel des Aussagenkalkuls durch Einsetzung entsteht; dieses wiederum bedeutet — da die Formel $\mathfrak{F}_{\mathfrak{p}}^{(\varphi)}$ keine gebundene Variable enthält —, daß bei beliebiger Zuteilung von Wahrheitswerten zu den verschiedenen in $\mathfrak{F}_{\mathfrak{p}}^{(\varphi)}$ vorkommenden Primformeln die Formel im ganzen (auf Grund der Deutung der Symbole des Aussagenkalkuls als Wahrheitsfunktionen) stets den Wert „falsch" erhält.

Berücksichtigen wir ferner, daß $\mathfrak{F}_{\mathfrak{p}}^{(\varphi)}$ die Konjunktion aus den Gliedern

$$\mathfrak{B}(\mathfrak{n}_{1\mathfrak{j}}, \ldots, \mathfrak{n}_{\mathfrak{r}\mathfrak{j}}, \mathfrak{k}_{1\mathfrak{j}}, \ldots, \mathfrak{k}_{\mathfrak{s}\mathfrak{j}})$$
$$(\mathfrak{j} = 0, \ldots, (\mathfrak{p}+1)^{\mathfrak{r}} - 1)$$

ist [wobei $\mathfrak{k}_{\mathfrak{i}\mathfrak{j}}$ der Wert von $\varphi_{\mathfrak{i}}(\mathfrak{n}_{1\mathfrak{j}}, \ldots, \mathfrak{n}_{\mathfrak{r}\mathfrak{j}})$, für $\mathfrak{i} = 1, \ldots, \mathfrak{s}$ ist] und daß in $\mathfrak{B}(\mathfrak{n}_{1\mathfrak{j}}, \ldots, \mathfrak{k}_{\mathfrak{s}\mathfrak{j}})$ keine anderen Variablen als die Formelvariablen von $\mathfrak{F}$ und keine anderen Terme als die Ziffern $\mathfrak{n}_{1\mathfrak{j}}, \ldots, \mathfrak{k}_{\mathfrak{s}\mathfrak{j}}$ vorkommen, so ergibt sich als gleichbedeutend mit der Widerlegbarkeit von $\mathfrak{F}_{\mathfrak{p}}^{(\varphi)}$ durch den Aussagenkalkul, daß, wie man auch die Formelvariablen aus $\mathfrak{F}$ durch logische Funktionen mit der gleichen Argumentzahl (— die Formel-

[1] Vgl. S. 173.

variablen ohne Argument also durch Wahrheitswerte[1] —) ersetzt, die im Bereich der in $\mathfrak{F}_{\mathfrak{p}}^{(\varphi)}$ auftretenden Ziffern definiert sind, stets die Formel $\mathfrak{F}_{\mathfrak{p}}^{(\varphi)}$ (auf Grund der Wertverläufe der logischen Funktionen und der Deutung der Symbole des Aussagenkalkuls als Wahrheitsfunktionen) den Wert „falsch" erhält.

Der gegenteilige Fall, die „Unwiderlegbarkeit von $\mathfrak{F}_{\mathfrak{p}}^{(\varphi)}$ durch den Aussagenkalkul", besteht darin, daß unter den möglichen Ersetzungen der Formelvariablen in $\mathfrak{F}$ durch logische Funktionen — es kommen ja wegen der Begrenztheit des Bereichs der Ziffern in $\mathfrak{F}_{\mathfrak{p}}^{(\varphi)}$ nur endlich viele Systeme von Wertverläufen in Betracht — sich mindestens eine solche findet, durch welche die Formel $\mathfrak{F}_{\mathfrak{p}}^{(\varphi)}$ den Wert „wahr" erhält, mit anderen Worten: Die Unwiderlegbarkeit der Formel $\mathfrak{F}_{\mathfrak{p}}^{(\varphi)}$ durch den Aussagenkalkul besagt, daß sich logische Funktionen zur Ersetzung für die Formelvariablen in $\mathfrak{F}$ so wählen lassen, daß jede der Formeln

$$\mathfrak{B}(\mathfrak{n}_{1\mathfrak{j}}, \ldots, \mathfrak{n}_{\mathfrak{r}\mathfrak{j}}, \mathfrak{k}_{1\mathfrak{j}}, \ldots, \mathfrak{k}_{\mathfrak{s}\mathfrak{j}}),$$
$$\text{für } \mathfrak{j} = 0, \ldots, (\mathfrak{p}+1)^{\mathfrak{r}} - 1,$$

worin $\mathfrak{k}_{\mathfrak{i}\mathfrak{j}}$ der Wert von $\varphi_{\mathfrak{i}}(\mathfrak{n}_{1\mathfrak{j}}, \ldots, \mathfrak{n}_{\mathfrak{r}\mathfrak{j}})$ ist, den Wert „wahr" erhält.

Die Möglichkeit der Bestimmung solcher logischen Funktionen wollen wir kurz so ausdrücken, daß wir sagen: Die Formeln

$$\mathfrak{B}(\mathfrak{n}_{1\mathfrak{j}}, \ldots, \mathfrak{n}_{\mathfrak{r}\mathfrak{j}}, \varphi_1(\mathfrak{n}_{1\mathfrak{j}}, \ldots, \mathfrak{n}_{\mathfrak{r}\mathfrak{j}}), \ldots, \varphi_{\mathfrak{s}}(\mathfrak{n}_{1\mathfrak{j}}, \ldots, \mathfrak{n}_{\mathfrak{r}\mathfrak{j}}))$$
$$\mathfrak{j} = 0, \ldots, (\mathfrak{p}+1)^{\mathfrak{r}} - 1$$

sind für die betreffenden arithmetischen Funktionen $\varphi_1, \ldots, \varphi_{\mathfrak{s}}$ „gemeinsam erfüllbar".

Die Erfüllbarkeit ist dabei gemeint als eine solche durch logische Funktionen, die an Stelle der Formelvariablen aus $\mathfrak{F}$ treten — (jede logische Funktion mit der gleichen Anzahl von Argumenten wie die betreffende Formelvariable, und an Stelle einer Formelvariablen ohne Argument einfach ein Wahrheitswert) — und welche bezogen sind auf den endlichen Individuenbereich der vorkommenden Ziffern (oder, wenn man es lieber will, auf den Bereich der Ziffern von 0 bis zu der größten vorkommenden Ziffer). Wegen der Begrenztheit dieses Ziffernbereichs hat auch die Aussage der gemeinsamen Erfüllbarkeit der genannten Formeln ohne weiteres einen finiten Sinn.

Das Ergebnis dieser Überlegungen liefert uns für die erhaltenen Kriterien der Widerlegbarkeit einer Formel $\mathfrak{F}$ des Prädikatenkalkuls von der Gestalt

$$(\mathfrak{x}_1) \ldots (\mathfrak{x}_{\mathfrak{r}}) (E\,\mathfrak{y}_1) \ldots (E\,\mathfrak{y}_{\mathfrak{s}})\, \mathfrak{B}(\mathfrak{x}_1, \ldots, \mathfrak{x}_{\mathfrak{r}}, \mathfrak{y}_1, \ldots, \mathfrak{y}_{\mathfrak{s}}),$$

worin $\mathfrak{r}$, $\mathfrak{s} \neq 0$ und $\mathfrak{x}_1, \ldots, \mathfrak{y}_{\mathfrak{s}}$ die einzigen vorkommenden Individuenvariablen sind, folgende übersichtlicheren Formulierungen, bei denen wir

[1] Diese Wahrheitswerte können als logische Funktionen mit 0 Argumenten betrachtet werden.

wiederum auf die bisher schon benutzte Numerierung der $\mathfrak{r}$-tupel von Ziffern

Bezug nehmen: $$\mathfrak{n}_{1\mathfrak{j}}, \ldots, \mathfrak{n}_{\mathfrak{r}\mathfrak{j}} \qquad (\mathfrak{j} = 0, 1 \ldots)$$

1. Wenn die Formel $\mathfrak{F}$ im Prädikatenkalkul widerlegbar ist, so sind für jedes System von berechenbaren $\mathfrak{r}$-stelligen arithmetischen Funktionen $\varphi_1, \ldots, \varphi_{\mathfrak{s}}$ von einer gewissen, für das Funktionensystem an Hand der Widerlegung bestimmbaren Ziffer $\mathfrak{p}$ an die Formeln

$$\mathfrak{B}(\mathfrak{n}_{1\mathfrak{j}}, \ldots, \mathfrak{n}_{\mathfrak{r}\mathfrak{j}}, \varphi_1(\mathfrak{n}_{1\mathfrak{j}}, \ldots, \mathfrak{n}_{\mathfrak{r}\mathfrak{j}}), \ldots, \varphi_{\mathfrak{s}}(\mathfrak{n}_{1\mathfrak{j}}, \ldots, \mathfrak{n}_{\mathfrak{r}\mathfrak{j}}))$$
$$\mathfrak{j} = 0, \ldots, (\mathfrak{p}+1)^{\mathfrak{r}} - 1,$$

nicht mehr gemeinsam erfüllbar.

2. Wenn die Formel $\mathfrak{F}$ im Prädikatenkalkul widerlegbar ist, so sind für jede fortschreitende Wahlfolge von $\mathfrak{s}$-tupeln aus Ziffern

$$\mathfrak{k}_{1\mathfrak{j}}, \ldots, \mathfrak{k}_{\mathfrak{s}\mathfrak{j}}, \quad \mathfrak{j} = 0, 1, \ldots,$$

von einer gewissen Ziffer $\mathfrak{p}$ an (die sich im Lauf der Bildung der Wahlfolge an Hand der Widerlegung von $\mathfrak{F}$ ergibt), die Formeln

$$\mathfrak{B}(\mathfrak{n}_{1\mathfrak{j}}, \ldots, \mathfrak{n}_{\mathfrak{r}\mathfrak{j}}, \mathfrak{k}_{1\mathfrak{j}}, \ldots, \mathfrak{k}_{\mathfrak{s}\mathfrak{j}})$$
$$\mathfrak{j} = 0, \ldots, (\mathfrak{p} + 1)^{\mathfrak{r}} - 1,$$

nicht mehr gemeinsam erfüllbar[1].

3. Wenn für irgendeine Ziffer $\mathfrak{p}$ und ein disparates System[2] von berechenbaren arithmetischen Funktionen $\varphi_1, \ldots, \varphi_{\mathfrak{s}}$ die Formeln

$$\mathfrak{B}(\mathfrak{n}_{1\mathfrak{j}}, \ldots, \mathfrak{n}_{\mathfrak{r}\mathfrak{j}}, \varphi_1(\mathfrak{n}_{1\mathfrak{j}}, \ldots, \mathfrak{n}_{\mathfrak{r}\mathfrak{j}}), \ldots, \varphi_{\mathfrak{s}}(\mathfrak{n}_{1\mathfrak{j}}, \ldots, \mathfrak{n}_{\mathfrak{r}\mathfrak{j}}))$$
$$\mathfrak{j} = 0, \ldots, (\mathfrak{p} + 1)^{\mathfrak{r}} - 1$$

nicht gemeinsam erfüllbar sind, so ergibt sich aus der Unerfüllbarkeit dieser Formelreihe eine Widerlegung der Formel $\mathfrak{F}$ im Prädikatenkalkul.

Von diesen drei Feststellungen 1., 2. 3. ist die erste sofort als eine Folge der zweiten zu erkennen. Denn wir können ja die $\mathfrak{r}$-stelligen

---

[1] Man könnte denken, daß dieses Kriterium sich durch das einfachere ersetzen ließe, daß im Falle der Widerlegbarkeit von $\mathfrak{F}$ von einer gewissen Ziffer $\mathfrak{p}$ an es nicht mehr möglich ist, solche $\mathfrak{s}$-tupel

$$\mathfrak{k}_{1\mathfrak{j}}, \ldots, \quad \mathfrak{k}_{\mathfrak{s}\mathfrak{j}}, \quad \mathfrak{j} = 0, \ldots, (\mathfrak{p} + 1)^{\mathfrak{r}} - 1$$

zu bestimmen, für welche die Formeln

$$\mathfrak{B}(\mathfrak{n}_{1\mathfrak{j}}, \ldots, \quad \mathfrak{n}_{\mathfrak{r}\mathfrak{j}}, \quad \mathfrak{k}_{1\mathfrak{j}}, \ldots, \mathfrak{k}_{\mathfrak{s}\mathfrak{j}})$$

gemeinsam erfüllbar sind. Damit würde dann hier die Anwendung des Begriffes einer Wahlfolge entbehrlich.

Tatsächlich ist aber die genannte einfachere Bedingung gar nicht für jede widerlegbare Formel von der betrachteten speziellen Gestalt erfüllt. Dieses zeigt sich schon an dem Beispiel der Formel

$$(x)\,(Ey)\,(A(x) \mathbin{\&} \overline{A(y)}),$$

die ja widerlegbar ist, während andererseits für jede Ziffer $\mathfrak{p}$ die Formeln

$$A(\mathfrak{j}) \mathbin{\&} \overline{A(\mathfrak{p}+1)}, \quad \mathfrak{j} = 0, \ldots, \mathfrak{p}$$

gemeinsam erfüllbar sind.

[2] Vgl. S. 174.

berechenbaren Funktionen $\varphi_1, \ldots, \varphi_{\mathfrak{s}}$ zur Bildung einer Wahlfolge verwenden, indem wir für $\mathfrak{k}_{1\mathfrak{j}}, \ldots, \mathfrak{k}_{\mathfrak{s}\mathfrak{j}}$ jeweils die Werte der Funktionen $\varphi_1, \ldots, \varphi_{\mathfrak{s}}$ für die $\mathfrak{r}$-tupel $\mathfrak{n}_{1\mathfrak{j}}, \ldots, \mathfrak{n}_{\mathfrak{r}\mathfrak{j}}$ nehmen.

Die Kriterien 1., 2. sind notwendige Kriterien der Widerlegbarkeit, 3. ist ein hinlängliches Kriterium der Widerlegbarkeit. Da dieses hinlängliche Kriterium weniger fordert als jene notwendigen Kriterien, so ist *jedes der Kriterien zugleich notwendige und hinreichende Bedingung der Widerlegbarkeit* von $\mathfrak{F}$ im Prädikatenkalkul.

Wir können aus den Kriterien 1., 2., 3. folgende Merkregeln betreffend die Feststellung der *Unwiderlegbarkeit* einer Formel $\mathfrak{F}$ von der Gestalt

$$(\mathfrak{x}_1) \ldots (\mathfrak{x}_{\mathfrak{r}}) (E \mathfrak{y}_1) \ldots (E \mathfrak{y}_{\mathfrak{s}}) \mathfrak{B}(\mathfrak{x}_1, \ldots, \mathfrak{y}_{\mathfrak{s}}),$$

mit $\mathfrak{r}, \mathfrak{s} \neq 0$ und $\mathfrak{x}_1, \ldots, \mathfrak{y}_{\mathfrak{s}}$ als einzigen Individuenvariablen, entnehmen:

1*. Zum Nachweis der Unwiderlegbarkeit von $\mathfrak{F}$ im Prädikatenkalkul genügt die Aufweisung eines Systems von berechenbaren $\mathfrak{r}$-stelligen arithmetischen Funktionen $\varphi_1, \ldots \varphi_{\mathfrak{s}}$, für die sich zeigen läßt, daß bei beliebiger Wahl einer Ziffer $\mathfrak{p}$ die Formeln

$$\mathfrak{B}(\mathfrak{n}_{1\mathfrak{j}}, \ldots, \mathfrak{n}_{\mathfrak{r}\mathfrak{j}}, \varphi_1(\mathfrak{n}_{1\mathfrak{j}}, \ldots, \mathfrak{n}_{\mathfrak{r}\mathfrak{j}}), \ldots, \varphi_{\mathfrak{s}}(\mathfrak{n}_{1\mathfrak{j}}, \ldots, \mathfrak{n}_{\mathfrak{r}\mathfrak{j}}))$$
$$\mathfrak{j} = 0, \ldots, (\mathfrak{p}+1)^{\mathfrak{r}} - 1$$

gemeinsam erfüllbar sind.

2*. Zum Nachweis der Unwiderlegbarkeit von $\mathfrak{F}$ im Prädikatenkalkul genügt es zu zeigen, daß wir eine Aufeinanderfolge (Wahlfolge) von $\mathfrak{s}$-tupeln aus Ziffern

$$\mathfrak{k}_{1\mathfrak{j}}, \ldots, \mathfrak{k}_{\mathfrak{s}\mathfrak{j}}, \quad \mathfrak{j} = 0, 1, \ldots,$$

unbegrenzt so fortführen können, daß jeweils, wenn die $\mathfrak{s}$-tupel bis zu einer Stelle $\mathfrak{j} = (\mathfrak{p}+1)^{\mathfrak{r}} - 1$ gebildet sind, die Formeln

$$\mathfrak{B}(\mathfrak{n}_{1\mathfrak{j}}, \ldots, \mathfrak{n}_{\mathfrak{r}\mathfrak{j}}, \mathfrak{k}_{1\mathfrak{j}}, \ldots, \mathfrak{k}_{\mathfrak{s}\mathfrak{j}})$$
$$\mathfrak{j} = 0, \ldots, (\mathfrak{p}+1)^{\mathfrak{r}} - 1$$

gemeinsam erfüllbar sind.

3*. Wenn die Formel $\mathfrak{F}$ als im Prädikatenkalkul unwiderlegbar erwiesen ist, so folgt, daß für jedes disparate System[1] von berechenbaren $\mathfrak{r}$-stelligen Funktionen $\varphi_1, \ldots, \varphi_{\mathfrak{s}}$ und jede Ziffer $\mathfrak{p}$ die Formeln

$$\mathfrak{B}(\mathfrak{n}_{1\mathfrak{j}}, \ldots, \mathfrak{n}_{\mathfrak{r}\mathfrak{j}}, \varphi_1(\mathfrak{n}_{1\mathfrak{j}}, \ldots, \mathfrak{n}_{\mathfrak{r}\mathfrak{j}}), \ldots, \varphi_{\mathfrak{s}}(\mathfrak{n}_{1\mathfrak{j}}, \ldots, \mathfrak{n}_{\mathfrak{r}\mathfrak{j}}))$$
$$\mathfrak{j} = 0, \ldots, (\mathfrak{p}+1)^{\mathfrak{r}} - 1$$

gemeinsam erfüllbar sind.

Diese Fassung der Kriterien hat ihren Vorteil für die Anwendung auf Fragen der Widerspruchsfreiheit von formalisierten Axiomensystemen der ersten Stufe; diese Fragen kommen ja, wie wir wissen, auf solche der Unwiderlegbarkeit von Formeln des Prädikatenkalkuls hinaus.

---

[1] Vgl. S. 174.

Es ist jedoch zu beachten, daß diese Art der Formulierung der Kriterien — abgesehen davon, daß sie nicht in Theoremen, sondern nur in Merkregeln für das inhaltliche Schließen erfolgt — für die finite Betrachtung nicht den vollen Inhalt der Kriterien 1., 2., 3. wiedergibt. Machen wir uns dieses kurz an dem Kriterium 1. klar. Dieses besagt, daß mit der Existenz einer Widerlegung der Formel $\mathfrak{F}$ für jedes System von berechenbaren Funktionen $\varphi_1, \ldots, \varphi_{\mathfrak{s}}$ die Existenz einer Ziffer $\mathfrak{p}$ von einer gewissen direkt konstatierbaren Eigenschaft $\mathfrak{Q}(\mathfrak{p}, \varphi_1, \ldots, \varphi_{\mathfrak{s}})$ gegeben ist.

Hieraus haben wir entnommen, daß mit der Aufweisung eines Systems von berechenbaren Funktionen $\varphi_1, \ldots, \varphi_{\mathfrak{s}}$, für welches nachweislich jede Ziffer $\mathfrak{p}$ die Eigenschaft $\overline{\mathfrak{Q}(\mathfrak{p}, \varphi_1, \ldots, \varphi_{\mathfrak{s}})}$ besitzt, auch die Unwiderlegbarkeit von $\mathfrak{F}$ erwiesen ist. Dieses ist der Inhalt des Kriteriums 1*. Aus diesem aber kann, für den Fall, daß eine Widerlegung der Formel $\mathfrak{F}$ gegeben ist, nur gefolgert werden, daß es unmöglich ist, ein solches System von berechenbaren Funktionen $\varphi_1, \ldots, \varphi_{\mathfrak{s}}$ aufzuweisen, für welches der Nachweis gelingt, daß für alle Ziffern $\mathfrak{p}$ die Beziehung $\overline{\mathfrak{Q}(\mathfrak{p}, \varphi_1, \ldots, \varphi_{\mathfrak{s}})}$ statthat, oder anders ausgedrückt, daß, wie auch ein System von berechenbaren Funktionen $\varphi_1, \ldots, \varphi_{\mathfrak{s}}$ gewählt wird, es nicht gelingen kann, den Nachweis zu führen, daß für alle Ziffern $\mathfrak{p}$ die Beziehung $\overline{\mathfrak{Q}(\mathfrak{p}, \varphi_1, \ldots, \varphi_{\mathfrak{s}})}$ besteht.

Hiermit ist aber noch nicht gesagt, daß wir für jedes System berechenbarer Funktionen $\varphi_1, \ldots, \varphi_{\mathfrak{s}}$ eine Ziffer $\mathfrak{p}$ finden können, für welche $\mathfrak{Q}(\mathfrak{p}, \varphi_1, \ldots, \varphi_{\mathfrak{s}})$ zutrifft.

Entsprechend verhält es sich bei den Kriterien 2., 2*. und 3., 3*.

Die Kriterien der Widerlegbarkeit 1., 2., 3. sind somit vom finiten Standpunkt schärfer als die aus ihnen (durch eine inhaltliche Kontraposition) entnommenen Kriterien der Unwiderlegbarkeit 1*., 2*., 3*.

Es sei noch darauf hingewiesen, daß alle diese Kriterien, die ja unmittelbar nur Formeln von der besonderen betrachteten Gestalt

$$(\mathfrak{x}_1) \ldots (\mathfrak{x}_{\mathfrak{r}})\,(E\,\mathfrak{y}_1) \ldots (E\,\mathfrak{y}_{\mathfrak{s}})\;\mathfrak{B}(\mathfrak{x}_1, \ldots, \mathfrak{y}_{\mathfrak{s}}),$$

mit $\mathfrak{x}_1, \ldots, \mathfrak{y}_{\mathfrak{s}}$ als einzigen Individuenvariablen und $\mathfrak{r}, \mathfrak{s} \neq 0$, betreffen, sich auch zur Untersuchung der Widerlegbarkeit bzw. Unwiderlegbarkeit *beliebiger* Formeln des Prädikatenkalkuls verwenden lassen. Nämlich ist $\mathfrak{E}$ irgendeine Formel des Prädikatenkalkuls, so können wir ja zu der Formel $\overline{\mathfrak{E}}$ eine ihr deduktionsgleiche Skolemsche Normalform, und zwar auch eine solche ohne freie Individuenvariable bestimmen. Die Negation dieser Formel ist dann überführbar in eine Formel $\mathfrak{F}$ von der Form

$$(\mathfrak{x}_1) \ldots (\mathfrak{x}_{\mathfrak{r}})\,(E\,\mathfrak{y}_1) \ldots (E\,\mathfrak{y}_{\mathfrak{s}})\;\mathfrak{B}(\mathfrak{x}_1, \ldots, \mathfrak{y}_{\mathfrak{s}}),$$

worin $\mathfrak{x}_1, \ldots, \mathfrak{y}_{\mathfrak{s}}$ die sämtlichen vorkommenden Individuenvariablen sind. Da nun die Formel $\overline{\mathfrak{E}}$ mit $\overline{\mathfrak{F}}$ deduktionsgleich ist, so ergibt eine Widerlegung von $\mathfrak{E}$ auch eine solche von $\mathfrak{F}$, und umgekehrt; die Untersuchung der Unwiderlegbarkeit von $\mathfrak{C}$ kommt also der Untersuchung der Unwiderlegbarkeit von $\mathfrak{F}$ gleich. Falls in der Formel nur Seinszeichen oder nur Allzeichen voranstehen, so läßt sich auf elementare Art[1] entscheiden, ob sie widerlegbar ist oder nicht. Wenn aber die Anzahlen $\mathfrak{r}$ und $\mathfrak{s}$ der voranstehenden Allzeichen und Seinszeichen beide von 0 verschieden sind, so kommen die eben formulierten Kriterien der Unwiderlegbarkeit zur Anwendung.

Es lassen sich aber auch direkt Verallgemeinerungen der Kriterien 1., 2., 3. für den Fall einer beliebigen pränexen oder aus pränexen Formeln konjunktiv zusammengesetzten Formel des Prädikatenkalkuls gewinnen. Ein erster Schritt zu dieser Verallgemeinerung ist die Zulassung von freien Variablen in der Formel $\mathfrak{F}$. Die Modifikation der Kriterien für den Fall, daß die Formel $\mathfrak{F}$ freie Variablen enthält, besteht darin, daß man zunächst in dieser Formel die freien Variablen durch voneinander verschiedene Ziffern zu ersetzen hat und daß außerdem in dem Kriterium 3. zu der Bedingung, daß das Funktionensystem $\varphi_1, \ldots, \varphi_{\mathfrak{s}}$ ein disparates ist, noch die weitere Bedingung hinzutritt, daß die Werte der Funktionen von jenen an Stelle der freien Variablen von $\mathfrak{F}$ gesetzten Ziffern verschieden sein müssen.

Der Nachweis für diese modifizierten Kriterien ergibt sich aus der Bemerkung, daß eine Formel $\mathfrak{E}_1$, die aus einer Formel $\mathfrak{E}$ des Prädikatenkalkuls bei einer Ersetzung der freien Individuenvariablen durch verschiedene Ziffern entsteht, dann und nur dann durch den Prädikatenkalkul ableitbar ist, wenn das gleiche für die Formel $\mathfrak{E}$ selbst gilt.

Die Beweisführung verläuft im übrigen ganz entsprechend wie vorher; nur können jetzt in der Disjunktion[2]

$$\mathfrak{A}\big(\mathfrak{t}_1^{(1)}, \ldots, \mathfrak{t}_{\mathfrak{r}}^{(1)}, \varphi_1(\mathfrak{t}_1^{(1)}, \ldots, \mathfrak{t}_{\mathfrak{r}}^{(1)}), \ldots, \varphi_{\mathfrak{s}}(\mathfrak{t}_1^{(1)}, \ldots \mathfrak{t}_{\mathfrak{r}}^{(1)})\big)$$
$$\vee \ldots \vee \mathfrak{A}\big(\mathfrak{t}_1^{(\mathfrak{m})}, \ldots, \mathfrak{t}_{\mathfrak{r}}^{(\mathfrak{m})}, \varphi_1(\mathfrak{t}_1^{(\mathfrak{m})}, \ldots, \mathfrak{t}_{\mathfrak{r}}^{(\mathfrak{m})}), \ldots, \varphi_{\mathfrak{s}}(\mathfrak{t}_1^{(\mathfrak{m})}, \ldots, \mathfrak{t}_{\mathfrak{r}}^{(\mathfrak{m})})\big)$$

die Terme $\mathfrak{t}_1^{(1)}, \ldots, \mathfrak{t}_{\mathfrak{r}}^{(\mathfrak{m})}$ auch Ziffern sein oder Ziffern enthalten, und der Übergang zu der Disjunktion $\mathfrak{D}$ ist demgemäß so abzuändern, daß nur diejenigen von den Termen $\mathfrak{t}_1^{(1)}, \ldots, \mathfrak{t}_{\mathfrak{r}}^{(\mathfrak{m})}$ eine Ersetzung durch die Ziffer 0 erhalten, die nicht bereits Ziffern sind und nicht mit einem der Terme $\varphi_{\mathfrak{i}}(\mathfrak{t}_1^{(\mathfrak{j})}, \ldots, \mathfrak{t}_{\mathfrak{r}}^{(\mathfrak{j})})$ $(\mathfrak{i} = 1, \ldots, \mathfrak{s}, \mathfrak{j} = 1, \ldots, \mathfrak{m})$ übereinstimmen. — Die Hinzufügung der genannten Bedingung für das Funktionensystem $\varphi_1, \ldots, \varphi_{\mathfrak{s}}$ ist nötig, damit die Möglichkeit der Ableitung von $\mathfrak{E}$ aus der Disjunktion $\widetilde{\mathfrak{E}_{\mathfrak{p}}^{(\varphi)}}$ erhalten bleibt[3].

Die Betrachtung von Formeln mit freien Variablen ist für die Untersuchung der Widerlegbarkeit gleichbedeutend mit der Betrachtung von Formeln mit voranstehenden Seinszeichen.

---

[1] Vgl. die vor kurzem schon zitierte Stelle Bd. I, S. 190—192.

[2] Vgl. S. 170.

[3] Vgl. S. 173—174.

Nämlich die Widerlegbarkeit einer Formel des Prädikatenkalkuls

$$\mathfrak{B}(\mathfrak{a}_1, \dots, \mathfrak{a}_\mathfrak{t}),$$

worin $\mathfrak{a}_1, \dots, \mathfrak{a}_\mathfrak{t}$ die sämtlichen vorkommenden freien Variablen sind, bedeutet ja die Ableitbarkeit der Formel $\overline{\mathfrak{B}(\mathfrak{a}_1, \dots, \mathfrak{a}_\mathfrak{t})}$; diese Formel aber ist einer jeden Formel

$$(\mathfrak{x}_1) \dots (\mathfrak{x}_\mathfrak{t}) \overline{\mathfrak{B}(\mathfrak{x}_1, \dots, \mathfrak{x}_\mathfrak{t})}$$

deduktionsgleich, die aus ihr durch Austausch der freien Variablen gegen gebundene entsteht, und somit ist die Widerlegbarkeit von $\mathfrak{B}(\mathfrak{a}_1, \dots, \mathfrak{a}_\mathfrak{t})$ gleichbedeutend mit der Widerlegbarkeit der Formel

$$(E\mathfrak{x}_1) \dots (E\mathfrak{x}_\mathfrak{t}) \mathfrak{B}(\mathfrak{x}_1, \dots, \mathfrak{x}_\mathfrak{t}).$$

Demgemäß können wir bei der Angabe der Formeln, die wir auf ihre Widerlegbarkeit hin untersuchen wollen, das Auftreten von freien Variablen stets vermeiden, indem wir an Stelle der Formeln mit freien Variablen solche mit voranstehenden Seinszeichen betrachten. Zur Anwendung der Kriterien werden wir umgekehrt die voranstehenden Seinszeichen beseitigen, indem wir die durch sie gebundenen Variablen gegen freie Variablen austauschen; diese freien Variablen sind dann weiter durch Ziffern zu ersetzen. Man wird im allgemeinen die Ziffern aufeinanderfolgend, von 0 oder 1 beginnend, wählen.

Wir wollen nun die Verallgemeinerung der Kriterien 1., 2., 3. angeben für den *Fall einer beliebigen pränexen Formel* $\mathfrak{F}$ ohne freie Individuenvariablen. Es bedarf hierzu nicht einer nochmaligen Formulierung der Kriterien, da die anzubringenden Modifikationen nur gering sind; sie bestehen in folgendem:

1. Die Zuordnung von Funktionszeichen $\varphi_1, \dots, \varphi_\mathfrak{s}$ zu den Seinsvariablen in $\mathfrak{F}$, bei den Kriterien 1. und 3., ist jetzt derart, daß jeder der Seinsvariablen $\mathfrak{y}_i$, welcher mindestens eine Allvariable vorausgeht, wiederum das Funktionszeichen φ_i entspricht, jedoch mit nur denjenigen der Ziffern $\mathfrak{n}_{1j}, \dots, \mathfrak{n}_{\mathfrak{r}j}$ als Argumenten, die an der Stelle einer vor der Variablen $\mathfrak{y}_i$ in $\mathfrak{F}$ vorausgehenden Allvariablen stehen. In analoger Weise ist auch bei dem Kriterium 2. in der Wahl der Ziffern $\mathfrak{k}_{ij}$, welche in den verschiedenen gemeinsam zu erfüllenden Ausdrücken an Stelle der Variablen $\mathfrak{y}_i$ der Formel $\mathfrak{F}$ treten, darauf zu achten, daß, wenn zwei $\mathfrak{r}$-tupel $\mathfrak{n}_{1j}, \dots, \mathfrak{n}_{\mathfrak{r}j}$ und $\mathfrak{n}_{1j*}, \dots, \mathfrak{n}_{\mathfrak{r}j*}$ in allen denjenigen Ziffern übereinstimmen, die an Stelle einer vor der Variablen $\mathfrak{y}_i$ in $\mathfrak{F}$ *vorausgehenden* Allvariablen stehen, dann auch die Ziffer $\mathfrak{k}_{ij}$ mit $\mathfrak{k}_{ij*}$ übereinstimmen muß.

2. Enthält die Formel $\mathfrak{F}$ solche Seinsvariablen, denen keine Allvariablen vorausgehen, so sind in den gemeinsam zu erfüllenden Ausdrücken an Stelle jener Variablen verschiedene Ziffern zu setzen. Bei dem Kriterium 3. tritt dann für die Funktionen $\varphi_1, \dots, \varphi_\mathfrak{s}$ noch die Bedingung hinzu, daß alle Funktionswerte von jenen (zur Ersetzung für die Seinsvariablen ohne vorausgehende Allvariablen genommenen) Ziffern verschieden sein müssen.

Bemerkung. Man kann die Sonderstellung der Seinsvariablen ohne vorausgehende Allvariablen in der Formulierung der Kriterien dadurch vermeiden, daß man in der Reihe der Funktionszeichen $\varphi_1, \ldots, \varphi_{\mathfrak{s}}$ auch solche *ohne Argumente* zuläßt, welche den Seinsvariablen ohne vorausgehende Allvariablen entsprechen, und deren Werte die an Stelle jener Seinsvariablen zu setzenden Ziffern sind. Es braucht dann in dem Kriterium 3. *keine zusätzliche Bedingung für das disparate Funktionensystem* hinzugefügt zu werden.

Die genannten Modifikationen genügen auch für den Fall, daß $\mathfrak{F}$ eine *Konjunktion aus pränexen Formeln* ist; man hat dann nur jeweils unter dem „Vorausgehen“ einer Allvariablen vor einer Seinsvariablen das Vorausgehen in dem betreffenden Konjunktionsglied zu verstehen, dem die Seinsvariable angehört. Dabei sind die in verschiedenen Konjunktionsgliedern auftretenden gebundenen Variablen stets als *verschiedene* Variablen anzusehen, auch wenn sie gleich benannt sind.

Zur Erläuterung dieser modifizierten Kriterien wollen wir den Fall einer Formel $\mathfrak{F}$ von der Gestalt

$$(x)\,(E y)\,(E z)\,(u)\,(E v)\,\mathfrak{A}(x, y, z, u, v)\ \&\ (E x)\,(E y)\,(z)\,\mathfrak{B}(x, y, z)$$

betrachten. Hier besagen die Kriterien folgendes:

1. Wenn die Formel $\mathfrak{F}$ widerlegbar ist, so bestimmt sich zu jedem Ziffernpaar $\mathfrak{z}_1, \mathfrak{z}_2$ und jedem Tripel von berechenbaren arithmetischen Funktionen $\varphi_1, \varphi_2, \varphi_3$ an Hand der Widerlegung von $\mathfrak{F}$ eine solche Ziffer $\mathfrak{p}$, für welche die Formeln

$$\mathfrak{A}\big(\mathfrak{n}_{1\mathfrak{j}}, \varphi_1(\mathfrak{n}_{1\mathfrak{j}}), \varphi_2(\mathfrak{n}_{1\mathfrak{j}}), \mathfrak{n}_{2\mathfrak{j}}, \varphi_3(\mathfrak{n}_{1\mathfrak{j}}, \mathfrak{n}_{2\mathfrak{j}})\big)\ \&\ \mathfrak{B}(\mathfrak{z}_1, \mathfrak{z}_2, \mathfrak{n}_{3\mathfrak{j}}),$$
$$\mathfrak{j} = 0, \ldots, (\mathfrak{p}+1)^3 - 1$$

nicht gemeinsam erfüllbar sind.

2. Wenn die Formel $\mathfrak{F}$ widerlegbar ist, so bestimmt sich an Hand der Widerlegung zu jedem Paar von Ziffern $\mathfrak{z}_1, \mathfrak{z}_2$ und zu jeder Wahlfolge von Zifferntripeln $\mathfrak{k}_{1\mathfrak{j}}, \mathfrak{k}_{2\mathfrak{j}}, \mathfrak{k}_{3\mathfrak{j}}$, in der stets, wenn $\mathfrak{n}_{1\mathfrak{j}}$ mit $\mathfrak{n}_{1\mathfrak{j}^*}$ übereinstimmt, auch $\mathfrak{k}_{1\mathfrak{j}}$ mit $\mathfrak{k}_{1\mathfrak{j}^*}$ und $\mathfrak{k}_{2\mathfrak{j}}$ mit $\mathfrak{k}_{2\mathfrak{j}^*}$ übereinstimmt und ferner, wenn $\mathfrak{n}_{1\mathfrak{j}}$ mit $\mathfrak{n}_{1\mathfrak{j}^*}$ und $\mathfrak{n}_{2\mathfrak{j}}$ mit $\mathfrak{n}_{2\mathfrak{j}^*}$ übereinstimmt, auch $\mathfrak{k}_{3\mathfrak{j}}$ mit $\mathfrak{k}_{3\mathfrak{j}^*}$ übereinstimmt, eine Ziffer $\mathfrak{p}$ derart, daß die Formeln

$$\mathfrak{A}(\mathfrak{n}_{1\mathfrak{j}}, \mathfrak{k}_{1\mathfrak{j}}, \mathfrak{k}_{2\mathfrak{j}}, \mathfrak{n}_{2\mathfrak{j}}, \mathfrak{k}_{3\mathfrak{j}})\ \&\ \mathfrak{B}(\mathfrak{z}_1, \mathfrak{z}_2, \mathfrak{n}_{3\mathfrak{j}}),$$
$$\mathfrak{j} = 0, \ldots, (\mathfrak{p}+1)^3 - 1$$

nicht gemeinsam erfüllbar sind.

3. Wenn für irgendeine Ziffer $\mathfrak{p}$, ein Ziffernpaar $\mathfrak{z}_1, \mathfrak{z}_2$ und ein Tripel von berechenbaren arithmetischen Funktionen, φ_1, φ_2 mit einem Argument, φ_3 mit zwei Argumenten, die ein disparates Funktionensystem bilden und deren Werte stets von $\mathfrak{z}_1$ und $\mathfrak{z}_2$ verschieden sind, die Formeln

$$\mathfrak{A}\big(\mathfrak{n}_{1\mathfrak{j}}, \varphi_1(\mathfrak{n}_{1\mathfrak{j}}), \varphi_2(\mathfrak{n}_{1\mathfrak{j}}), \mathfrak{n}_{2\mathfrak{j}}, \varphi_3(\mathfrak{n}_{1\mathfrak{j}}, \mathfrak{n}_{2\mathfrak{j}})\big)\ \&\ \mathfrak{B}(\mathfrak{z}_1, \mathfrak{z}_2, \mathfrak{n}_{3\mathfrak{j}}),$$
$$\mathfrak{j} = 0, \ldots, (\mathfrak{p}+1)^3 - 1$$

nicht gemeinsam erfüllbar sind, so erhält man eine Widerlegung von $\mathfrak{F}$ im Prädikatenkalkul.

(Dabei ist in allen drei Sätzen unter „$\mathfrak{n}_{1\mathfrak{j}}$, $\mathfrak{n}_{2\mathfrak{j}}$, $\mathfrak{n}_{3\mathfrak{j}}$" das Tripel mit der Nummer $\mathfrak{j}$ in der Numerierung der Zifferntripel nach der Größe der maximalen Ziffer und bei gleicher maximaler Ziffer nach der lexikographischen Reihenfolge zu verstehen.)

Der Nachweis für die Gültigkeit der aufgestellten Verallgemeinerungen der Kriterien 1., 2., 3. erfordert keine neuen Gedanken. Der Leser kann ihn sich leicht an Hand des Nachweises für den behandelten Spezialfall, unter Benutzung unserer Beweisführung für den allgemeinen Herbrandschen Satz[1] zurechtlegen.

5. Anwendung der erhaltenen Kriterien auf das Entscheidungsproblem.

a) Allgemeines über Erfüllbarkeit. Die erfüllungstheoretische Skolemsche Normalform. Mit den erhaltenen Kriterien der Widerlegbarkeit haben wir nun die gewünschte, an die inhaltliche Deutung der Formeln anknüpfende Fassung des Herbrandschen Satzes für den Bereich des reinen Prädikatenkalkuls gewonnen.

Diese Fassung ist besonders den Anwendungen des Herbrandschen Satzes auf das Entscheidungsproblem angepaßt.

Die Erörterung dieser Anwendungen gibt uns Anlaß, auf die Betrachtung der Fragen der Erfüllbarkeit und der Widerlegbarkeit logischer Formeln zurückzukommen, die wir bereits im § 4 berührt haben und deren nähere Besprechung wir dort in Aussicht stellten[2].

Wir schalten daher hier einige *Ausführungen aus dem Gebiet der mengentheoretischen Behandlung des Entscheidungsproblems* ein, bei denen wir bewußtermaßen auf eine Erfüllung der Anforderungen des finiten Standpunktes verzichten.

Erinnern wir uns daran, was unter der „Erfüllbarkeit" einer Formel $\mathfrak{F}$ des reinen Prädikatenkalkuls in der mengentheoretischen Prädikatenlogik[3] verstanden wird. Sie besagt, daß es für einen geeigneten Individuenbereich J solche Ersetzungen der freien Individuenvariablen in $\mathfrak{F}$ durch Individuen aus J, der Formelvariablen ohne Argumente durch Wahrheitswerte und der Formelvariablen mit Argumenten durch logische Funktionen mit der gleichen Anzahl von Argumenten, bezogen auf den Bereich J, gibt, für welche die Formel den Wert „wahr" erhält, und zwar auf Grund der Wahrheitswerte der Primformeln, der Deutung der Operationen des Aussagenkalkuls als Wahrheitsfunktionen und der Deutung der Quantoren; die Deutung der Quantoren ist dabei diejenige, wonach eine Formel

$$(\mathfrak{x})\,\mathfrak{A}(\mathfrak{x})$$

---

[1] Vgl. insbesondere S. 152—157. [2] Vgl. Bd. I, S. 128.

[3] Vgl. Bd. I, S. 124ff.

auf Grund von Ersetzungen der genannten Art den Wert „wahr" erhält, wenn für jedes Individuum a aus dem betreffenden Individuenbereich $\mathfrak{A}(a)$ den Wert „wahr" hat, während sie andernfalls den Wert „falsch" erhält, und eine Formel

$$(E\mathfrak{x})\,\mathfrak{A}(\mathfrak{x})$$

auf Grund der Ersetzungen den Wert „wahr" erhält, wenn für mindestens ein Individuum a des betreffenden Individuenbereiches $\mathfrak{A}(a)$ den Wert „wahr" hat, während sie sonst den Wert „falsch" erhält.

Ein System von Ersetzungen, welches in diesem Sinne der Formel $\mathfrak{F}$ den Wert „wahr" erteilt, wobei J der verwendete Individuenbereich ist, wird als „Erfüllung" der Formel $\mathfrak{F}$ „im Bereich J" bezeichnet, und die zur Ersetzung verwendeten logischen Funktionen können wir als die „erfüllenden" logischen Funktionen bezeichnen.

Daß eine erfüllbare Formel nicht widerlegbar sein kann, folgt vom mengentheoretischen Standpunkt ohne weiteres aus dem Satz, daß jede ableitbare Formel des Prädikatenkalkuls allgemeingültig ist[1], d. h. bei Ersetzung der freien Individuenvariablen durch Dinge aus dem Individuenbereich J, der Formelvariablen ohne Argument durch Wahrheitswerte und der Formelvariablen mit Argumenten durch logische Funktionen, bezogen auf den Bereich J, auf Grund der Deutung der logischen Zeichen stets den Wert „wahr" erhält.

Aus diesem Satz ergibt sich auch als Folgerung, daß zwei ineinander überführbare Formeln entweder beide erfüllbar oder beide nicht erfüllbar sind. Durch diese Bemerkung wird die Untersuchung der Erfüllbarkeit beliebiger Formeln des Prädikatenkalkuls auf die Untersuchung der Erfüllbarkeit pränexer Formeln zurückgeführt; denn jede Formel des Prädikatenkalkuls ist ja in eine pränexe Formel überführbar.

Desgleichen ergibt sich, daß wir bei der Untersuchung der Erfüllbarkeit von Formeln des Prädikatenkalkuls die Formelvariablen ohne Argumente ausschalten können. Nämlich eine Formel $\mathfrak{F}$ des Prädikatenkalkuls, die eine Formelvariable $\mathfrak{V}$ ohne Argument enthält, läßt sich umformen in eine Formel

$$(\mathfrak{F}_1 \,\&\, \mathfrak{V}) \vee (\mathfrak{F}_2 \,\&\, \overline{\mathfrak{V}}),$$

worin keine anderen Formelvariablen ohne Argument als in $\mathfrak{F}$ vorkommen und $\mathfrak{F}_1$, $\mathfrak{F}_2$ die Variable $\mathfrak{V}$ nicht enthalten. Diese Formel ist zugleich mit $\mathfrak{F}$ erfüllbar bzw. nicht erfüllbar; andererseits ist sie aber dann und nur dann erfüllbar, wenn die Formel

$$\mathfrak{F}_1 \vee \mathfrak{F}_2$$

erfüllbar ist, welche die Variable $\mathfrak{V}$ nicht mehr enthält. Dieses Verfahren der Ausschaltung einer Formelvariablen ohne Argument läßt sich nun so oft anwenden, bis wir zu einer Formel gelangen, die keine Formel-

[1] Vgl. Bd. I, S. 127.

variable ohne Argument enthält und die sich hinsichtlich der Erfüllbarkeit ebenso verhält wie $\mathfrak{F}$.

Auch die freien Individuenvariablen lassen sich für die Untersuchung der Erfüllbarkeit einer Formel eliminieren, auf Grund der Tatsache, daß eine Formel $\mathfrak{F}$, in der freie Individuenvariablen auftreten, sich in bezug auf die Erfüllbarkeit ebenso verhält wie jede der Formeln, die aus ihr entsteht, indem die freien Variablen gegen gebundene Variablen, mit zugehörigen *Seinszeichen* am Anfang der Formel, ausgetauscht werden.

Wir können uns demnach bei der Untersuchung der Erfüllbarkeit auf die Betrachtung solcher pränexen Formeln beschränken, die weder Formelvariablen ohne Argument noch freie Individuenvariablen enthalten.

Eine weitere derartige Zurückführung besteht in der Herstellung derjenigen von Skolem gefundenen Normalform, welche das duale Gegenstück der von uns so benannten „Skolemschen Normalform" bildet. Diese „erfüllungstheoretische" Skolemsche Normalform, wie wir sie zur Unterscheidung von jener „beweistheoretischen" Skolemschen Normalform[1] nennen wollen[2], besteht aus einer solchen pränexen Formel, in der die vorkommenden Allzeichen sämtlich den Seinszeichen vorausgehen.

Das Verfahren der Gewinnung einer solchen Normalform zu einer gegebenen pränexen Formel und der Nachweis, daß sich die beiden Formeln hinsichtlich der Erfüllbarkeit gleich verhalten, ist dual analog dem deduktiven Übergang von einer pränexen Formel zu einer ihr deduktionsgleichen Skolemschen Normalform nebst dem Nachweis der Deduktionsgleichheit; nur ist für die Frage der Erfüllbarkeit die Betrachtung noch etwas leichter, weil wir die Voraussetzungen des mengentheoretischen Standpunktes zur Verfügung haben.

Um diese Betrachtung an Hand eines typischen Falles durchzuführen, nehmen wir eine Formel $\mathfrak{F}$ von der Gestalt

$$(x)\,(E u_1)\,(E u_2)\,(y_1)\,(y_2)\,(y_3)\,(E v)\,(z_1)\,(z_2)\,\mathfrak{A}(x, u_1, u_2, y_1, y_2, y_3, v, z_1, z_2)\,.$$

Der Einfachheit halber wollen wir annehmen (was jedoch nicht wesentlich ist), daß in dieser Formel keine freien Individuenvariablen und keine Formelvariablen ohne Argument auftreten.

Es sei diese Formel $\mathfrak{F}$ in einem Bereich J erfüllbar; für die erfüllenden logischen Funktionen mögen Symbole eingeführt werden (etwa numerierte Funktionszeichen $\Phi_1, \Phi_2, \ldots$), und bei der Ersetzung der Formelvariablen in $\mathfrak{A}(x, u_1, u_2, y_1, y_2, y_3, v, z_1, z_2)$ durch die Symbole der entsprechenden logischen Funktionen entstehe der Ausdruck $\widetilde{\mathfrak{A}}(x, u_1, u_2, y_1, y_2, y_3, v, z_1, z_2)$.

---

[1] Vgl. Bd. I, S. 158.

[2] In Fällen, wo kein Mißverständnis zu befürchten ist, werden wir das Beiwort „erfüllungstheoretisch" gelegentlich weglassen.

Bezeichnen wir nun mit $\Phi(a, b, c, k, l, m, n)$ diejenige logische Funktion, die für jedes aus J entnommene Wertsystem der Argumente den gleichen Wahrheitswert hat wie

$$(z_1)\,(z_2)\,\overline{\mathfrak{A}}(a, b, c, k, l, m, n, z_1, z_2)$$

und mit $\Psi(a, b, c)$ die logische Funktion, die für jedes aus J entnommene Wertsystem der Argumente den gleichen Wahrheitswert hat wie

$$(y_1)\,(y_2)\,(y_3)\,(Ev)\,(z_1)\,(z_2)\,\overline{\mathfrak{A}}(a, b, c, y_1, y_2, y_3, v, z_1, z_2),$$

so haben die drei Formeln

$$(x)\,(u_1)\,(u_2)\,(y_1)\,(y_2)\,(y_3)\,(v)\,\big(\Phi(x, u_1, u_2, y_1, y_2, y_3, v) \\ \rightarrow (z_1)\,(z_2)\,\overline{\mathfrak{A}}(x, u_1, u_2, y_1, y_2, y_3, v, z_1, z_2)\big),$$

$$(x)\,(u_1)\,(u_2)\,\big(\Psi(x, u_1, u_2) \rightarrow (y_1)\,(y_2)\,(y_3)\,(Ev)\,\Phi(x, u_1, u_2, y_1, y_2, y_3, v)\big),$$

$$(x)\,(Eu_1)\,(Eu_2)\,\Psi(x, u_1, u_2)$$

mit Bezug auf den Individuenbereich J (auf Grund der Deutung der logischen Zeichen) den Wert wahr, und es ist daher, wenn die Formelvariablen $\mathfrak{U}$, $\mathfrak{B}$ nicht in $\mathfrak{F}$ vorkommen, die Formel

$$(1)\quad \begin{cases} (x)\,(u_1)\,(u_2)\,(y_1)\,(y_2)\,(y_3)\,(v)\,\big(\mathfrak{U}(x, u_1, u_2, y_1, y_2, y_3, v) \rightarrow \\ (z_1)\,(z_2)\,\mathfrak{A}(x, u_1, u_2, y_1, y_2, y_3, v, z_1, z_2)\big) \mathbin{\&} (x)\,(u_1)\,(u_2)\,\big(\mathfrak{B}(x, u_1, u_2) \rightarrow \\ (y_1)\,(y_2)\,(y_3)\,(Ev)\,\mathfrak{U}(x, u_1, u_2, y_1, y_2, y_3, v)\big) \mathbin{\&} (x)\,(Eu_1)\,(Eu_2)\,\mathfrak{B}(x, u_1, u_2) \end{cases}$$

im Bereich J erfüllbar. Ist andererseits diese Formel erfüllbar, so erhält für jedes System von erfüllenden logischen Funktionen zufolge der Wahrheit des zweiten und dritten Konjunktionsgliedes der Ausdruck

$$(x)\,(Eu_1)\,(Eu_2)\,(y_1)\,(y_2)\,(y_3)\,(Ev)\,\mathfrak{U}(x, u_1, u_2, y_1, y_2, y_3, v)$$

den Wert „wahr" und daher, zufolge der Wahrheit des ersten Konjunktionsgliedes, die Formel $\mathfrak{F}$ den Wert wahr.

Somit liefert jede Erfüllung von $\mathfrak{F}$ eine Erfüllung der Formel (1) in dem gleichen Individuenbereich, und umgekehrt.

Die Formel (1) läßt sich aber leicht, und sogar auf verschiedene Arten, in eine erfüllungstheoretische Skolemsche Normalform umformen, z. B. in die Formel

$$(2)\quad \begin{cases} (x)\,(u_1)\,(u_2)\,(y_1)\,(y_2)\,(y_3)\,(v)\,(z_1)\,(z_2)\,(Ew_1)\,(Ew_2)\,(Ew_3) \\ \quad \{\big(\mathfrak{U}(x, u_1, u_2, y_1, y_2, y_3, v) \rightarrow \mathfrak{A}(x, u_1, u_2, y_1, y_2, y_3, v, z_1, z_2)\big) \\ \quad\quad \mathbin{\&} \big(\mathfrak{B}(x, u_1, u_2) \rightarrow \mathfrak{U}(x, u_1, u_2, y_1, y_2, y_3, w_1)\big) \mathbin{\&} \mathfrak{B}(x, w_2, w_3)\}. \end{cases}$$

Damit ist der gewünschte Übergang von der Formel $\mathfrak{F}$ zu einer in Hinsicht auf die Erfüllbarkeit ihr gleichwertigen Skolemschen Normalform vollzogen.

Man beachte, daß die an dem betrachteten Fall dargelegte Gleichwertigkeit einer beliebigen Formel $\mathfrak{F}$ des Prädikatenkalkuls, in Hinsicht auf die Erfüllbarkeit, mit einer Skolemschen Normalform $\mathfrak{N}$ in dem scharfen Sinne besteht, daß sich aus jeder Erfüllung der Formel $\mathfrak{F}$ in einem Bereich J eine Erfüllung von $\mathfrak{N}$ in *demselben* Individuenbereich ergibt, und auch umgekehrt. Diese Art der Gleichwertigkeit zweier Formeln möge kurz als „Erfüllungsgleichheit" bezeichnet werden[1].

Zugleich zeigt sich folgende duale Beziehung zwischen der erfüllungstheoretischen und der beweistheoretischen Skolemschen Normalform: Bilden wir von der Formel (2) die Negation und ersetzen wir die zur Herstellung der Normalform eingeführten Formelvariablen $\mathfrak{U}$, $\mathfrak{V}$ durch ihre Negationen — was einen Übergang zu einer deduktionsgleichen Formel bedeutet —, so entsteht eine Formel, die sich in eine beweistheoretische Skolemsche Normalform für die Formel $\overline{\mathfrak{F}}$ umformen läßt. Hieraus folgt insbesondere auf Grund unseres früheren Satzes über die beweistheoretische Skolemsche Normalform, daß die Negation der Formel (2) der Negation von $\mathfrak{F}$ deduktionsgleich ist. Allgemein ergibt sich auf diese Weise, daß die Negation einer erfüllungstheoretischen Skolemschen Normalform $\mathfrak{N}$ für eine Formel $\mathfrak{F}$ des Prädikatenkalkuls der Negation von $\mathfrak{F}$ deduktionsgleich ist. Eine solche Normalform $\mathfrak{N}$ von $\mathfrak{F}$ ist daher der Formel $\mathfrak{F}$ nicht nur erfüllungsgleich, sondern verhält sich auch hinsichtlich der *Widerlegbarkeit* ebenso wie diese Formel.

b) Der Löwenheimsche Satz und der Gödelsche Vollständigkeitssatz. Die erfüllungstheoretische Skolemsche Normalform läßt sich insbesondere verwenden — und dazu wurde sie auch von SKOLEM selbst benutzt[2] —, um auf einfache Art zu dem Satz zu gelangen, daß eine *jede erfüllbare Formel auch im Bereich der Zahlen erfüllbar* ist. Dieser Satz, der, wie schon früher erwähnt, von LÖWENHEIM gefunden und zuerst bewiesen wurde[3], braucht auf Grund der Tatsache, daß jede Formel des Prädikatenkalkuls einer Skolemschen Normalform erfüllungsgleich ist, nur für solche Normalformen bewiesen zu werden. Dabei können wir uns außerdem, nach den zuvor gemachten Bemerkungen, auf solche Formeln beschränken, die keine Formelvariable ohne Argument und keine freie Individuenvariable enthalten. Auch können wir annehmen, daß unter den voranstehenden Quantoren mindestens ein Allzeichen und mindestens ein Seinszeichen auftritt; denn für eine pränexe Formel des Prädikatenkalkuls, die kein Allzeichen oder kein Seinszeichen enthält, ergibt sich ja die Gültigkeit der Behauptung sofort aus dem

[1] In der Terminologie der Schule von HEINRICH SCHOLZ heißen zwei Formeln, die in dieser Beziehung stehen, „erfüllbarkeitsverbunden".

[2] TH. SKOLEM: „Logisch-kombinatorische Untersuchungen über die Erfüllbarkeit oder Beweisbarkeit mathematischer Sätze nebst einem Theorem über dichte Mengen." Vid.-Selsk. Skr. Kristiania, I. Mathem.-nat. Kl. 1920, Nr. 4.

[3] L. LÖWENHEIM: „Über Möglichkeiten im Relativkalkul". Math. Ann. Bd. 76 (1915).

Umstande, daß die Erfüllung einer solchen Formel, wenn überhaupt, dann auch stets in einem endlichen Individuenbereich möglich ist[1].

Betrachten wir also eine Formel $\mathfrak{F}$ von der Gestalt

$$(\mathfrak{x}_1)\ldots(\mathfrak{x}_\mathfrak{r})\,(E\,\mathfrak{y}_1)\ldots(E\,\mathfrak{y}_\mathfrak{s})\,\mathfrak{B}(\mathfrak{x}_1,\ldots,\mathfrak{x}_\mathfrak{r},\mathfrak{y}_1,\ldots,\mathfrak{y}_\mathfrak{s}),$$

worin $\mathfrak{x}_1,\ldots,\mathfrak{x}_\mathfrak{r},\mathfrak{y}_1,\ldots,\mathfrak{y}_\mathfrak{s}$ die einzigen vorkommenden Individuenvariablen sind, $\mathfrak{r}$ und $\mathfrak{s}$ von 0 verschieden sind und in der keine Formelvariable ohne Argument vorkommt. Diese Formel sei erfüllbar in einem Individuenbereich J. Es handelt sich darum zu zeigen, daß sie auch im Bereich der Zahlen erfüllbar ist.

Nach Voraussetzung gibt es für die Formel $\mathfrak{F}$ ein System von erfüllenden logischen Funktionen, bezogen auf den Bereich J. Es bedeute $\widetilde{\mathfrak{B}}(\mathfrak{x}_1,\ldots,\mathfrak{y}_\mathfrak{s})$ den Ausdruck, der aus $\mathfrak{B}(\mathfrak{x}_1,\ldots,\mathfrak{y}_\mathfrak{s})$ entsteht, indem die Formelvariablen durch Symbole für die ihnen zugeordneten erfüllenden logischen Funktionen ersetzt werden; dann ist die Formel

$$(\mathfrak{x}_1)\ldots(\mathfrak{x}_\mathfrak{r})\,(E\,\mathfrak{y}_1)\ldots(E\,\mathfrak{y}_\mathfrak{s})\,\widetilde{\mathfrak{B}}(\mathfrak{x}_1,\ldots,\mathfrak{x}_\mathfrak{r},\mathfrak{y}_1,\ldots,\mathfrak{y}_\mathfrak{s})$$

in bezug auf den Bereich J eine wahre Formel.

Auf Grund des *Auswahlprinzips* gibt es daher solche mathematische Funktionen $\chi_1,\ldots,\chi_\mathfrak{s}$ mit $\mathfrak{r}$ Argumenten, bezogen auf den Bereich J, daß die Formel

$$(\mathfrak{x}_1)\ldots(\mathfrak{x}_\mathfrak{r})\,\widetilde{\mathfrak{B}}\big(\mathfrak{x}_1,\ldots,\mathfrak{x}_\mathfrak{r},\chi_1(\mathfrak{x}_1,\ldots,\mathfrak{x}_\mathfrak{r}),\ldots,\chi_\mathfrak{s}(\mathfrak{x}_1,\ldots,\mathfrak{x}_\mathfrak{r})\big)$$

für den Bereich J wahr ist, daß also, wenn $\mathfrak{a}_1,\ldots,\mathfrak{a}_\mathfrak{r}$ Symbole oder Ausdrücke zur Bezeichnung von Dingen aus J sind, die Formel

$$\widetilde{\mathfrak{B}}\big(\mathfrak{a}_1,\ldots,\mathfrak{a}_\mathfrak{r},\chi_1(\mathfrak{a}_1,\ldots,\mathfrak{a}_\mathfrak{r}),\ldots,\chi_\mathfrak{s}(\mathfrak{a}_1,\ldots,\mathfrak{a}_\mathfrak{r})\big)$$

wahr ist.

Es werde nun ein Ding aus J ausgezeichnet und für dieses als Symbol „α" genommen. Sodann bringen wir die aus den Symbolen $\alpha,\chi_1,\ldots,\chi_\mathfrak{s}$ gebildeten Terme in eine Abzählung, indem wir etwa die Ordnung in erster Linie nach der „Vielfachheitszahl" in bezug auf die Symbole $\chi_1,\ldots,\chi_\mathfrak{s}$, d. h. nach der Anzahl der vorkommenden Funktionszeichen, jedes in der Vielfachheit seines Auftretens gerechnet, und bei gleicher Vielfachheitszahl lexikographisch wählen.

Jeder Zahl n entspricht auf Grund dieser Abzählung eindeutig (sogar umkehrbar eindeutig) ein aus den Symbolen $\alpha,\chi_1,\ldots,\chi_\mathfrak{s}$ gebildeter Term, der die Zahl n in der Abzählung als Nummer hat. Dieser Term stellt auf Grund der Bedeutung der Symbole ein Ding aus J dar. Wir erhalten daher eine eindeutige Zuordnung $\xi(n)$ von Dingen aus J zu den Zahlen, von der Art, daß der Wert von $\xi(n)$ dasjenige Ding aus J ist, welches durch den Term dargestellt wird, der in unserer Numerierung der aus $\alpha,\chi_1,\ldots,\chi_\mathfrak{s}$ gebildeten Terme die Nummer n hat.

[1] Vgl. die Überlegungen im Bd. I, S. 190—192, die sich vom Beweistheoretischen ohne weiteres auf das Erfüllungstheoretische übertragen lassen.

Für beliebige Zahlen $n_1, \ldots, n_\mathfrak{r}$ stellt sich, wenn $\mathfrak{i}$ eine Nummer aus der Reihe $1, \ldots, \mathfrak{s}$ ist, der Wert von $\chi_\mathfrak{i}(\xi(n_1), \ldots, \xi(n_\mathfrak{r}))$, der ja ein Ding aus J ist, wieder durch einen aus den Symbolen $\alpha, \chi_1, \ldots, \chi_\mathfrak{s}$ gebildeten Ausdruck dar. Die Nummer dieses Ausdrucks in unserer Numerierung werde, in Abhängigkeit von $n_1, \ldots, n_\mathfrak{r}$ und dem Index $\mathfrak{i}$ mit „$\psi_\mathfrak{i}(n_1, \ldots, n_\mathfrak{r})$“ bezeichnet. Es sind dann

$$\psi_1(n_1, \ldots, n_\mathfrak{r}), \ldots, \psi_\mathfrak{s}(n_1, \ldots, n_\mathfrak{r})$$

arithmetische Funktionen, und der Wert von $\xi(\psi_\mathfrak{i}(n_1, \ldots, n_\mathfrak{r}))$ stimmt mit demjenigen von $\chi_\mathfrak{i}(\xi(n_1), \ldots, \xi(n_\mathfrak{r}))$ überein (für $\mathfrak{i} = 1, \ldots, \mathfrak{s}$).

Nunmehr ordnen wir jeder der in dem Ausdruck $\widetilde{\mathfrak{B}}(\mathfrak{x}_1, \ldots, \mathfrak{y}_\mathfrak{s})$ auftretenden logischen Funktionen $\mathfrak{P}(a_1, \ldots, a_\mathfrak{p})$, die ja auf den Bereich J bezogen sind, die entsprechende logische Funktion $\mathfrak{P}(\xi(n_1), \ldots, \xi(n_\mathfrak{p}))$ mit den Zahlargumenten $n_1, \ldots, n_\mathfrak{p}$ zu. Bezeichnen wir mit $\mathfrak{B}^*(\mathfrak{x}_1, \ldots, \mathfrak{y}_\mathfrak{s})$ den Ausdruck, der aus $\widetilde{\mathfrak{B}}(\mathfrak{x}_1, \ldots, \mathfrak{y}_\mathfrak{s})$ entsteht, indem für die in ihm auftretenden Symbole von logischen Funktionen, bezogen auf den Bereich J, Symbole für die ihnen zugeordneten logischen Funktionen mit Zahlargumenten gesetzt werden, so ist auf Grund der vorgenommenen Zuordnung und auf Grund der Gleichwertigkeit der Ausdrücke $\chi_\mathfrak{i}(\xi(n_1), \ldots, \xi(n_\mathfrak{r}))$ und $\xi(\psi_\mathfrak{i}(n_1, \ldots, n_\mathfrak{r}))$ der Ausdruck

$$\mathfrak{B}^*(n_1, \ldots, n_\mathfrak{r}, \psi_1(n_1, \ldots, n_\mathfrak{r}), \ldots, \psi_\mathfrak{s}(n_1, \ldots, n_\mathfrak{r}))$$

für beliebige Zahlen $n_1, \ldots, n_\mathfrak{r}$ dem Ausdruck

$$\widetilde{\mathfrak{B}}(\xi(n_1), \ldots, \xi(n_\mathfrak{r}), \chi_1(\xi(n_1), \ldots, \xi(n_\mathfrak{r})), \ldots, \chi_\mathfrak{s}(\xi(n_1), \ldots, \xi(n_\mathfrak{r})))$$

wertgleich, er hat also für beliebige Zahlen $n_1, \ldots, n_\mathfrak{r}$ den Wert „wahr“. Somit ist die Formel

$$(\mathfrak{x}_1) \ldots (\mathfrak{x}_\mathfrak{r})\, \mathfrak{B}^*(\mathfrak{x}_1, \ldots, \mathfrak{x}_\mathfrak{r}, \psi_1(\mathfrak{x}_1, \ldots, \mathfrak{x}_\mathfrak{r}), \ldots, \psi_\mathfrak{s}(\mathfrak{x}_1, \ldots, \mathfrak{x}_\mathfrak{r}))$$

und daher auch die Formel

$$(\mathfrak{x}_1) \ldots (\mathfrak{x}_\mathfrak{r})\, (E\,\mathfrak{y}_1) \ldots (E\,\mathfrak{y}_\mathfrak{s})\, \mathfrak{B}^*(\mathfrak{x}_1, \ldots, \mathfrak{x}_\mathfrak{r}, \mathfrak{y}_1, \ldots, \mathfrak{y}_\mathfrak{s})$$

im Bereich der Zahlen wahr; die Formel $\mathfrak{F}$ ist demnach im Bereich der Zahlen erfüllbar.

Gemäß dem hiermit bewiesenen *Löwenheimschen Satz* kann der Begriff der Erfüllbarkeit bei Formeln des Prädikatenkalkuls allgemein ersetzt werden durch den mathematisch handlicheren Begriff der Erfüllbarkeit im Bereich der Zahlen.

Eine noch weitergehende Vereinfachung für das mengentheoretische Entscheidungsproblem ergibt sich aus dem *Gödelschen Vollständigkeitssatz*[1], welcher aussagt, daß *jede unwiderlegbare Formel erfüllbar* ist.

[1] K. Gödel: „Die Vollständigkeit der Axiome des logischen Funktionenkalküls.“ Mh. Math. Phys. Bd. 37 (1930) Heft 2. Wie hier Gödel auch zeigte, gilt der Vollständigkeitssatz auch noch in der verstärkten Form, daß jede abzählbare Folge von Formeln, aus der sich kein Widerspruch entnehmen läßt, erfüllbar ist.

Zum Beweise dieses Satzes können wir uns wiederum auf die Betrachtung von Formeln der Gestalt

(3) $$(\mathfrak{x}_1)\ldots(\mathfrak{x}_\mathfrak{r})\,(E\,\mathfrak{y}_1)\ldots(E\,\mathfrak{y}_\mathfrak{s})\;\mathfrak{B}(\mathfrak{x}_1,\ldots,\mathfrak{x}_\mathfrak{r},\mathfrak{y}_1,\ldots,\mathfrak{y}_\mathfrak{s})$$

beschränken, worin $\mathfrak{x}_1,\ldots,\mathfrak{y}_\mathfrak{s}$ die sämtlichen vorkommenden Individuenvariablen sind. Denn ist $\mathfrak{C}$ irgendeine Formel des Prädikatenkalkuls und $\mathfrak{N}$ eine erfüllungstheoretische Skolemsche Normalform für $\mathfrak{C}$, so hat zunächst $\mathfrak{N}$ die genannte spezielle Gestalt; ferner verhält sich $\mathfrak{N}$, wie wir festgestellt haben, in bezug auf die Widerlegbarkeit ebenso wie $\mathfrak{C}$. Ist also die Formel $\mathfrak{C}$ unwiderlegbar, so ist auch $\mathfrak{N}$ unwiderlegbar. Ist andererseits $\mathfrak{N}$ erfüllbar, so ist auch $\mathfrak{C}$ erfüllbar. Können wir daher für $\mathfrak{N}$ aus der Unwiderlegbarkeit die Erfüllbarkeit folgern, so ergibt sich die gleiche Folgerung für $\mathfrak{C}$.

Ferner können wir von der zu betrachtenden Formel (3) wieder annehmen, daß sie mindestens ein Allzeichen und mindestens ein Seinszeichen enthält. Zur Begründung hierfür bedürfen wir nicht einmal der Überlegungen, durch welche sich, wie zuvor erwähnt, die Fälle $\mathfrak{s}=0$ bzw. $\mathfrak{r}=0$ direkt erledigen lassen, sondern können von dem Umstand Gebrauch machen, daß eine Formel

$$(\mathfrak{x}_1)\ldots(\mathfrak{x}_\mathfrak{r})\;\mathfrak{B}(\mathfrak{x}_1,\ldots,\mathfrak{x}_\mathfrak{r})$$

in die Formel

$$(\mathfrak{x}_1)\ldots(\mathfrak{x}_\mathfrak{r})\,(E\,\mathfrak{y})\,\{\mathfrak{B}(\mathfrak{x}_1,\ldots,\mathfrak{x}_\mathfrak{r})\;\&\;(A(\mathfrak{y})\vee\overline{A(\mathfrak{y})})\}$$

und ebenso eine Formel

$$(E\,\mathfrak{y}_1)\ldots(E\,\mathfrak{y}_\mathfrak{s})\;\mathfrak{B}(\mathfrak{y}_1,\ldots,\mathfrak{y}_\mathfrak{s})$$

in die Formel

$$(\mathfrak{x})\,(E\,\mathfrak{y}_1)\ldots(E\,\mathfrak{y}_\mathfrak{s})\,\big((A(\mathfrak{x})\vee\overline{A(\mathfrak{x})})\;\&\;\mathfrak{B}(\mathfrak{y}_1,\ldots,\mathfrak{y}_\mathfrak{s})\big)$$

überführbar ist und daß diese angegebenen Umformungen auch hinsichtlich der Erfüllbarkeit keine Veränderung bewirken. Sei also $\mathfrak{F}$ eine unwiderlegbare Formel der Gestalt (3), worin $\mathfrak{r}$ und $\mathfrak{s}$ von 0 verschieden und $\mathfrak{x}_1,\ldots,\mathfrak{x}_\mathfrak{r},\mathfrak{y}_1,\ldots,\mathfrak{y}_\mathfrak{s}$ die sämtlichen vorkommenden Individuenvariablen sind. Auf diese Formel wenden wir unser Kriterium 3* der Unwiderlegbarkeit[1] an, und zwar mit Bezug auf das System derjenigen Funktionen $\varphi_1,\ldots,\varphi_\mathfrak{s}$, die mittels unserer Numerierung der $\mathfrak{r}$-tupel

Gödel gewinnt diese Verstärkung, indem er beweist, daß eine abzählbare Folge von Formeln erfüllbar ist, wenn jede ihrer endlichen Teilfolgen erfüllbar ist. — Ein sehr übersichtlicher Beweis des Vollständigkeitssatzes in der verstärkten Form wurde von L. Henkin gegeben („The Completeness of the First Order Functional Calculus", Journ. of Symb. Logic, Bd. 14 (1949), S. 159—166, der dann noch von G. Hasenjaeger vereinfacht wurde („Eine Bemerkung zu Henkins Beweis für die Vollständigkeit des Prädikatenkalküls erster Stufe", Journ. of Symb. Logic, Bd. 18 (1953), S. 42—48). Seither sind weitere Beweise für den Vollständigkeitssatz mit verschiedenen Methoden erbracht worden.

[1] Vgl. S. 180. Für denjenigen, der hier die Berufung auf das genannte Kriterium ersparen will, folgt sogleich eine direktere Überlegung.

von Ziffern[1] durch die Gleichungen

$$\varphi_i(\mathfrak{n}_{1\mathfrak{j}}, \ldots, \mathfrak{n}_{\mathfrak{r}\mathfrak{j}}) = \mathfrak{s}\cdot\mathfrak{j} + \mathfrak{i} \qquad (\mathfrak{i} = 1, \ldots, \mathfrak{s}, \mathfrak{j} = 0, 1, \ldots)$$

definiert werden; diese Funktionen bilden ja, wie bereits erwähnt[1], ein disparates Funktionensystem.

Es ergibt sich so, daß für jede Zahl $\mathfrak{p}$ die Formeln

$$\mathfrak{B}(\mathfrak{n}_{1\mathfrak{j}}, \ldots, \mathfrak{n}_{\mathfrak{r}\mathfrak{j}}, \mathfrak{s}\cdot\mathfrak{j}+1, \ldots, \mathfrak{s}\cdot\mathfrak{j}+\mathfrak{s}),$$
$$\mathfrak{j} = 0, \ldots, (\mathfrak{p}+1)^{\mathfrak{r}} - 1$$

gemeinsam erfüllbar sind.

Dieses läßt sich auch folgendermaßen einsehen. Wären für eine Zahl $\mathfrak{p}$ die genannten Formeln nicht gemeinsam erfüllbar, so müßte für diese Zahl $\mathfrak{p}$ bei jeder Verteilung von Wahrheitswerten auf die verschiedenen in den genannten Formeln auftretenden Primformeln mindestens eine der Formeln den Wert „falsch" erhalten; es wäre also die Disjunktion, gebildet aus den Negationen dieser Formeln aussagenlogisch wahr, d.h. durch Einsetzung aus einer identischen Formel des Aussagenkalkuls gewinnbar. Von dieser Disjunktion aber könnte man, durch eine Reihe von Anwendungen der ableitbaren Regeln (μ), (ν) des Prädikatenkalkuls[2], mittels ganz des gleichen Verfahrens, wie es zum Beweise des zweiten ε-Theorems benutzt wurde, zu der Formel

$$(E\mathfrak{x}_1)\ldots(E\mathfrak{x}_{\mathfrak{r}})\,(\mathfrak{y}_1)\ldots(\mathfrak{y}_{\mathfrak{s}})\,\overline{\mathfrak{B}(\mathfrak{x}_1, \ldots, \mathfrak{x}_{\mathfrak{r}}, \mathfrak{y}_1, \ldots, \mathfrak{y}_{\mathfrak{s}})}$$

gelangen, und somit wäre die Negation der Formel $\mathfrak{F}$ ableitbar, im Gegensatz zu unserer Annahme.

Dem erhaltenen Ergebnis können wir folgende Fassung geben:

Bezeichnen wir die Formel

$$\mathfrak{B}(\mathfrak{n}_{1\mathfrak{j}}, \ldots, \mathfrak{n}_{\mathfrak{r}\mathfrak{j}}, \mathfrak{s}\cdot\mathfrak{j}+1, \ldots, \mathfrak{s}\cdot\mathfrak{j}+\mathfrak{s})$$

kurz mit „$\mathfrak{B}_{\mathfrak{j}}$", so ist für jede Zahl $\mathfrak{k}$ die Konjunktion

$$\mathfrak{B}_0 \mathbin{\&} \mathfrak{B}_1 \mathbin{\&} \ldots \mathbin{\&} \mathfrak{B}_{\mathfrak{k}}$$

erfüllbar. Wir wollen diese (durch die Formel $\mathfrak{F}$ und die Zahl $\mathfrak{k}$ bestimmte) Konjunktion mit „$\mathfrak{F}_{\mathfrak{k}}$" bezeichnen.

Es kommt nun darauf an, aus den Erfüllungen der Formeln $\mathfrak{F}_0$, $\mathfrak{F}_1$, $\mathfrak{F}_2$, von denen jede eine Teilkonjunktion der folgenden ist, eine gemeinsame Erfüllung aller dieser Formeln und damit eine Erfüllung von $\mathfrak{F}$ zu gewinnen.

Betrachten wir hierzu die Struktur der Formeln $\mathfrak{B}_{\mathfrak{j}}$ ($\mathfrak{j} = 0, 1, \ldots$). Diese setzen sich aus Primformeln mittels der Operationen des Aussagenkalkuls zusammen. Seien $\mathfrak{P}_1, \ldots, \mathfrak{P}_{\mathfrak{r}_0}$ die in $\mathfrak{B}_0$ auftretenden Primformeln, nach der Reihenfolge ihres erstmaligen Auftretens geordnet,

---

[1] Vgl. S. 174.

[2] Vgl. S. 135—136.

$\mathfrak{P}_{\mathfrak{r}_0+1}, \ldots, \mathfrak{P}_{\mathfrak{r}_1}$ die in $\mathfrak{B}_1$, aber noch nicht in $\mathfrak{B}_0$ vorkommenden Primformeln, nach der Reihenfolge ihres ersten Auftretens geordnet, ..., allgemein $\mathfrak{P}_{\mathfrak{r}_\mathfrak{j}+1}, \ldots, \mathfrak{P}_{\mathfrak{r}_{\mathfrak{j}+1}}$ die Primformeln, die in $\mathfrak{B}_{\mathfrak{j}+1}$ neu hinzutreten, nach der Reihenfolge ihres ersten Auftretens geordnet. Es entspricht dann jeder Erfüllung einer Konjunktion $\mathfrak{F}_\mathfrak{k}$ eine Zuordnung von Wahrheitswerten zu den Primformeln

$$\mathfrak{P}_1, \mathfrak{P}_2, \ldots, \mathfrak{P}_{\mathfrak{r}_\mathfrak{k}}.$$

An sich gibt es $2^{\mathfrak{r}_\mathfrak{k}}$ verschiedene mögliche Verteilungen von Wahrheitswerten auf diese Primformeln, und wir können diese durch Zahlen darstellen, indem wir zur Darstellung der Werte „wahr", „falsch" die Ziffern 0, 1 nehmen und, wenn $\mathfrak{m}_1, \ldots, \mathfrak{m}_{\mathfrak{r}_\mathfrak{k}}$ der Reihe nach die den Primformeln $\mathfrak{P}_1, \ldots, \mathfrak{P}_{\mathfrak{r}_\mathfrak{k}}$ zugewiesenen Werte darstellen, dann die gesamte Wahrheitswertverteilung durch die Zahl

$$2^{\mathfrak{r}_\mathfrak{k}-1} \cdot \mathfrak{m}_1 + 2^{\mathfrak{r}_\mathfrak{k}-2} \cdot \mathfrak{m}_2 + \cdots + 2 \cdot \mathfrak{m}_{\mathfrak{r}_\mathfrak{k}-1} + \mathfrak{m}_{\mathfrak{r}_\mathfrak{k}}$$

repräsentieren, die im duadischen Zahlensystem einfach durch Hintereinandersetzen der Ziffern $\mathfrak{m}_1, \ldots, \mathfrak{m}_{\mathfrak{r}_\mathfrak{k}}$ angegeben wird. Auf diese Art werden den $2^{\mathfrak{r}_\mathfrak{k}}$ verschiedenen Verteilungen von Wahrheitswerten zu den Primformeln $\mathfrak{P}_1, \ldots, \mathfrak{P}_{\mathfrak{r}_\mathfrak{k}}$ in einer gewissen Reihenfolge die Zahlen von 0 bis $2^{\mathfrak{r}_\mathfrak{k}} - 1$ beigelegt. Ist $\mathfrak{l} > \mathfrak{k}$, so enthält jede Verteilung von Wahrheitswerten zu den Primformeln $\mathfrak{P}_1, \ldots, \mathfrak{P}_{\mathfrak{r}_\mathfrak{l}}$ eine solche zu den Primformeln $\mathfrak{P}_1, \ldots, \mathfrak{P}_{\mathfrak{r}_\mathfrak{k}}$. Verschiedene Wahrheitswertverteilungen für $\mathfrak{P}_1, \ldots, \mathfrak{P}_{\mathfrak{r}_\mathfrak{l}}$ können eventuell aus der gleichen Verteilung für $\mathfrak{P}_1, \ldots, \mathfrak{P}_{\mathfrak{r}_\mathfrak{k}}$ hervorgehen. Jedenfalls aber gilt, auf Grund der Art unserer Darstellung der Wahrheitswertverteilungen durch Zahlen, daß, wenn $\mathfrak{s}, \mathfrak{t}$ die darstellenden Zahlen zweier Verteilungen für $\mathfrak{P}_1, \ldots, \mathfrak{P}_{\mathfrak{r}_\mathfrak{l}}$ und $\mathfrak{s}^*, \mathfrak{t}^*$ die darstellenden Zahlen der in jenen enthaltenen Verteilungen für $\mathfrak{P}_1, \ldots, \mathfrak{P}_{\mathfrak{r}_\mathfrak{k}}$ sind, dann, falls $\mathfrak{s}^* < \mathfrak{t}^*$ ist, auch $\mathfrak{s} < \mathfrak{t}$ ist.

Eine Verteilung von Wahrheitswerten auf die Primformeln $\mathfrak{P}_1, \ldots, \mathfrak{P}_{\mathfrak{r}_\mathfrak{k}}$, für welche die Formel $\mathfrak{F}_\mathfrak{k}$ den Wert „wahr" erhält, möge als „erfüllende Verteilung für $\mathfrak{F}_\mathfrak{k}$" bezeichnet werden.

Zu jeder Zahl $\mathfrak{k}$ gibt es mindestens eine, andererseits aber nur endlich viele (höchstens $2^{\mathfrak{r}_\mathfrak{k}}$) verschiedene erfüllende Verteilungen für $\mathfrak{F}_\mathfrak{k}$. Ist $\mathfrak{l} > \mathfrak{k}$, so enthält jede erfüllende Verteilung für $\mathfrak{F}_\mathfrak{l}$ eine erfüllende Verteilung für $\mathfrak{F}_\mathfrak{k}$, weil ja $\mathfrak{F}_\mathfrak{k}$ eine Teilkonjunktion von $\mathfrak{F}_\mathfrak{l}$ ist; diese erfüllende Verteilung für $\mathfrak{F}_\mathfrak{k}$ möge kurz als der „$\mathfrak{k}$-Bestandteil" jener Verteilung für $\mathfrak{F}_\mathfrak{l}$ bezeichnet werden. Ist eine erfüllende Verteilung für $\mathfrak{F}_\mathfrak{k}$ der $\mathfrak{k}$-Bestandteil einer erfüllenden Verteilung für $\mathfrak{F}_\mathfrak{q}$, so ist er auch, wenn $\mathfrak{l}$ irgendeine Zahl zwischen $\mathfrak{k}$ und $\mathfrak{q}$ ist, der $\mathfrak{k}$-Bestandteil derjenigen erfüllenden Verteilung für $\mathfrak{F}_\mathfrak{l}$, welche den $\mathfrak{l}$-Bestandteil jener erfüllenden Verteilung für $\mathfrak{F}_\mathfrak{q}$ bildet. Demnach ergibt sich, daß es unter den erfüllenden Verteilungen für $\mathfrak{F}_\mathfrak{k}$ mindestens eine solche geben muß, die für jede Zahl $\mathfrak{l}$, die größer als $\mathfrak{k}$ ist, den $\mathfrak{k}$-Bestandteil einer erfüllenden Verteilung für $\mathfrak{F}_\mathfrak{l}$ bildet. Und zwar ist unter denjenigen erfüllenden Verteilungen für $\mathfrak{F}_\mathfrak{k}$, welche die genannte Eigenschaft besitzen, diejenige eindeutig festgelegt, deren darstellende Zahl die kleinste ist. Auf diese Weise ist für jede Zahl $\mathfrak{k}$ eine „ausgezeichnete" Verteilung von Wahrheitswerten auf die Primformeln $\mathfrak{P}_1, \ldots, \mathfrak{P}_{\mathfrak{r}_\mathfrak{k}}$ bestimmt als die der Zahlendarstellung nach erste solche erfüllende Verteilung für $\mathfrak{F}_\mathfrak{k}$, welche für jede Zahl $\mathfrak{l} > \mathfrak{k}$ den $\mathfrak{k}$-Bestandteil einer erfüllenden Verteilung für $\mathfrak{F}_\mathfrak{l}$ bildet.

Auf Grund dieser Definition der für die Zahl $\mathfrak{k}$ ausgezeichneten Verteilung von Wahrheitswerten gilt nun, daß für irgend zwei Zahlen $\mathfrak{k}, \mathfrak{l}$, von denen $\mathfrak{k}$ die kleinere ist, die für $\mathfrak{k}$ ausgezeichnete Verteilung den $\mathfrak{k}$-Bestandteil der für $\mathfrak{l}$ ausgezeichneten Verteilung bildet. Denn sind $n_\mathfrak{k}$, $n_\mathfrak{l}$ die darstellenden Zahlen der für die Zahlen $\mathfrak{k}$ und $\mathfrak{l}$ ausgezeichneten Verteilungen, und ist m die darstellende Zahl des $\mathfrak{k}$-Bestandteils der durch $n_\mathfrak{l}$ dargestellten Verteilung, so kann zunächst m auf Grund der Definition von $n_\mathfrak{k}$ nicht kleiner sein als $n_\mathfrak{k}$. Wäre andererseits m größer als $n_\mathfrak{k}$, so müßte es, zufolge der definierenden Eigenschaft von $n_\mathfrak{k}$, eine erfüllende Verteilung für $\mathfrak{F}_\mathfrak{l}$ geben, welche die durch $n_\mathfrak{k}$ dargestellte Verteilung als $\mathfrak{k}$-Bestandteil hat und welche für jede Zahl $\mathfrak{q} > \mathfrak{l}$ den $\mathfrak{l}$-Bestandteil einer erfüllenden Verteilung für $\mathfrak{F}_\mathfrak{q}$ bildet; diese Verteilung müßte ferner, da $n_\mathfrak{k} < m$, auf Grund der vorher erwähnten Eigenschaft unserer Darstellung der Wahrheitswertverteilungen durch Zahlen, eine kleinere darstellende Zahl als $n_\mathfrak{l}$ haben. Das widerspricht aber der Definition von $n_\mathfrak{l}$. Somit muß m mit $n_\mathfrak{k}$ übereinstimmen, d. h. die durch $n_\mathfrak{k}$ dargestellte Verteilung bildet den $\mathfrak{k}$-Bestandteil der durch $n_\mathfrak{l}$ dargestellten Verteilung.

Es folgt demnach, daß die zu den verschiedenen Zahlen gehörenden ausgezeichneten Verteilungen sich zu einer einzigen eindeutigen Verteilung von Wahrheitswerten auf die Primformeln $\mathfrak{P}_1, \mathfrak{P}_2, \ldots$ zusammenfügen.

Wir können nun diese Wahrheitswertverteilung ohne weiteres zu einer Erfüllung der Formel $\mathfrak{F}$ ergänzen. Nämlich die Primformeln $\mathfrak{P}_1, \mathfrak{P}_2, \ldots$ werden ja gebildet von Formelvariablen mit Ziffernargumenten und eventuell auch von Formelvariablen ohne Argument, wobei alle in $\mathfrak{F}$ vorkommenden Formelvariablen auftreten, zwar im allgemeinen nicht mit allen möglichen Wertsystemen von Ziffernargumenten, jedoch mit allen denjenigen, die in einer der Formeln $\mathfrak{F}_\mathfrak{k}$ auftreten. Durch die Verteilung der Wahrheitswerte auf die Primformeln $\mathfrak{P}_1, \mathfrak{P}_2, \ldots$ werden also zunächst für die eventuell vorkommenden Primformeln ohne Argument Wahrheitswerte festgelegt, und ferner werden die an Stelle der Formelvariablen mit Argumenten zu setzenden logischen Funktionen als Funktionen im Bereich der Zahlen für diejenigen Argumentsysteme bestimmt, die in den Formeln $\mathfrak{F}_\mathfrak{k}$ auftreten. Für die übrigen Argumentsysteme können wir ihre Wahrheitswerte beliebig festsetzen, indem wir etwa jedesmal den Wert „wahr" wählen. Auf diese Weise erhalten wir eine gemeinsame Erfüllung der Formeln

$$\mathfrak{B}(\mathfrak{n}_{1\mathfrak{j}}, \ldots, \mathfrak{n}_{\mathfrak{r}\mathfrak{j}}, \mathfrak{s}\cdot\mathfrak{j}+1, \ldots, \mathfrak{s}\cdot\mathfrak{j}+\mathfrak{s})$$

durch logische Funktionen, die im Bereich der Zahlen definiert sind, nebst Wahrheitswerten zur Ersetzung für die Formelvariablen ohne Argument. Da aber in der Reihe von $\mathfrak{r}$-tupeln $\mathfrak{n}_{1\mathfrak{j}}, \ldots, \mathfrak{n}_{\mathfrak{r}\mathfrak{j}}$, $\mathfrak{j} = 0, 1, \ldots$, alle möglichen $\mathfrak{r}$-tupel aus Ziffern auftreten, so haben wir eine Erfüllung der Formel

$$(\mathfrak{x}_1) \ldots (\mathfrak{x}_\mathfrak{r}) (E\,\mathfrak{y}_1) \ldots (E\,\mathfrak{y}_\mathfrak{s})\, \mathfrak{B}(\mathfrak{x}_1, \ldots, \mathfrak{x}_\mathfrak{r}, \mathfrak{y}_1, \ldots, \mathfrak{y}_\mathfrak{s})$$

im Bereich der Zahlen.

Mit diesem Nachweis für den Gödelschen Vollständigkeitssatz ist zugleich ein neuer Beweis des Löwenheimschen Satzes geliefert, daß jede erfüllbare Formel auch im Bereich der Zahlen erfüllbar ist. Denn wir haben ja aus der Unwiderlegbarkeit nicht nur die Erfüllbarkeit schlechthin, sondern sogleich die Erfüllbarkeit im Bereich der Zahlen gefolgert, und andererseits ergibt sich ja aus der Erfüllbarkeit einer Formel ihre Unwiderlegbarkeit.

Bemerkung 1. Bei diesem zweiten Beweis des Löwenheimschen Satzes[1] wird die Anwendung des Auswahlprinzips, mit der ja der erste Beweis anhebt[2], entbehrlich. Andererseits erfordert der neue Beweis (bei der Bestimmung der für eine Zahl $\mathfrak{k}$ ausgezeichneten Verteilung von Wahrheitswerten) eine Anwendung des „tertium non datur" für ganze Zahlen[3]. Es ist daher auch die neue Beweisführung, trotz der Vermeidung des Auswahlprinzips, nicht ein finiter Beweis.

Bemerkung 2. In der Überlegung, durch die wir aus der Erfüllbarkeit der Konjunktionen $\mathfrak{F}_0, \mathfrak{F}_1, \mathfrak{F}_2, \ldots$ die gemeinsame Erfüllbarkeit der Formeln $\mathfrak{B}_0, \mathfrak{B}_1, \mathfrak{B}_2, \ldots$ und damit die Erfüllbarkeit der Formel $\mathfrak{F}$ gefolgert haben, wird von der Gestalt der in den Formeln $\mathfrak{B}_0, \mathfrak{B}_1, \mathfrak{B}_2, \ldots$ auftretenden Primformeln $\mathfrak{P}_1, \mathfrak{P}_2, \ldots$ keinerlei Gebrauch gemacht, es kommt vielmehr nur auf die Zuteilung von Wahrheitswerten zu diesen Primformeln an. Wir können daher in dieser Überlegung die Primformeln durch Aussagenvariablen ersetzen und erhalten folgendes rein aussagenlogisches Ergebnis: Sind die Formeln $\mathfrak{C}_1, \mathfrak{C}_2, \ldots$ aus den Aussagenvariablen $A_1, A_2, \ldots$ mittels der aussagenlogischen Symbole gebildet, und sind für jede Zahl $\mathfrak{k}$ die Formeln $\mathfrak{C}_1, \mathfrak{C}_2, \ldots, \mathfrak{C}_\mathfrak{k}$ gemeinsam erfüllbar, so sind alle Formeln gemeinsam erfüllbar. Gleichbedeutend hiermit ist die Feststellung: Wenn jede endliche Teilgesamtheit aus der Reihe der Formeln erfüllbar ist, so sind auch die Formeln $\mathfrak{C}_1, \mathfrak{C}_2, \ldots$ alle gemeinsam erfüllbar.

---

[1] Aus diesem Beweis läßt sich die Bezugnahme auf den Prädikatenkalkul eliminieren, so daß man einen rein erfüllungstheoretischen Beweis erhält. Ein Beweis dieser Art, auf Grund des Gedankens, daß die Erfüllbarkeit einer Formel $\mathfrak{F}$ von der Gestalt (3) die Erfüllbarkeit einer jeden der Formeln $\mathfrak{F}_\mathfrak{k}$ zur Folge hat, wurde von SKOLEM in der Abhandlung „Über einige Grundlagenfragen der Mathematik" (Skr. norske Vid.-Akad., Oslo, I. Mathem.-nat. Kl. 1929, Nr. 4) gegeben. Vgl. hierzu die Angabe im Bd. I, S. 128, Anm. 1.

[2] Vgl. S. 190.

[3] Vgl. Bd. I, S. 32–36.

Die angestellte Überlegung läßt sich auch anwenden auf die Kriterien der Widerlegbarkeit, die wir in allgemeinerer Fassung für den Fall einer Formel $\mathfrak{F}$ der Gestalt

$$(x)\,(E\,y)\,(E\,z)\,(u)\,(E\,v)\,\mathfrak{A}(x, y, z, u, v)\ \&\ (E\,x)\,(E\,y)\,(z)\,\mathfrak{B}(x, y, z)$$

formulierten[1]. Wenn wir hier — unter Verzicht auf den finiten Charakter der Überlegung — Kontraposition verwenden und von der eben erwähnten aussagenlogischen Betrachtung Gebrauch machen, so gelangen wir zu dem folgenden Ergebnis: Wenn die Formel $\mathfrak{F}$ unwiderlegbar ist, ist für beliebige Ziffern $\mathfrak{z}_1, \mathfrak{z}_2$ und für jedes Tripel von berechenbaren arithmetischen Funktionen $\varphi_1, \varphi_2, \varphi_3$ (φ_1, φ_2 einstellig, φ_3 zweistellig) die ein disparates Funktionensystem bilden, die Formel

$$(x)\,(u)\,\mathfrak{A}\big(x, \varphi_1(x), \varphi_2(x), u, \varphi_3(x, u)\big)\ \&\ (z)\,\mathfrak{B}(\mathfrak{z}_1, \mathfrak{z}_2, z)$$

erfüllbar und andrerseits, wenn diese Formel für irgendwelche Ziffern $\mathfrak{z}_1, \mathfrak{z}_2$ und irgend ein Tripel von berechenbaren Funktionen $\varphi_1, \varphi_2, \varphi_3$ der genannten Art erfüllbar ist, so ist die Formel $\mathfrak{F}$ unwiderlegbar.

In diesen beiden Feststellungen kann auch noch, auf Grund des Vollständigkeitssatzes, anstelle von „unwiderlegbar" beidemal „erfüllbar" gesetzt werden.

In diesen Überlegungen wird freilich der Bereich der finiten Betrachtung überschritten.

c) Berücksichtigung der Anforderungen des finiten Standpunktes. Durch den Gödelschen Vollständigkeitssatz wird die Aufgabestellung der Untersuchungen über das Entscheidungsproblem insofern erheblich vereinfacht, als die zunächst getrennten Fragen der Ableitbarkeit (bzw. Widerlegbarkeit) und der Erfüllbarkeit von Formeln des Prädikatenkalkuls als gleichwertig erkannt werden in dem Sinne, daß die Feststellung der Erfüllbarkeit einer Formel gleichwertig ist mit der Feststellung ihrer Unwiderlegbarkeit, d. h. der Unableitbarkeit ihrer Negation, und die Feststellung der Allgemeingültigkeit einer Formel gleichwertig mit derjenigen ihrer Ableitbarkeit. Dazu tritt noch die Gleichwertigkeit der Erfüllbarkeit mit derjenigen im Bereich der Zahlen.

Diese übersichtlichen Ergebnisse beziehen sich auf die Begriffsbildung der mengentheoretischen Prädikatenlogik. Für die finite Behandlung des Entscheidungsproblems können wir diese nicht schlechtweg übernehmen, schon darum, weil der Begriff der Erfüllbarkeit, so wie er definiert wurde, vom finiten Standpunkt nicht verwendbar ist.

In der Tat ist der Wahrheitswert einer logischen Funktion für ein gegebenes Argumentsystem im allgemeinen nichts finit Bestimmtes, da ja in die Definition der logischen Funktion Allheiten und existenziale

[1] Vgl. S. 184—185, Kriterium 1. und 3.

Bestimmungen eingehen können. Was ferner die Quantoren betrifft, so lassen sich diese zwar, wie wir wissen[1], finit interpretieren, aber bei dieser Interpretation besteht keine Alternative zwischen der Wahrheit oder Falschheit einer Allaussage bzw. Existenzialaussage. Außerdem kann eine „Erfüllung" im finiten Sinne nicht auf einen bloß angenommenen Individuenbereich, sondern nur auf eine anschaulich bestimmte Gattung von Dingen bezogen werden.

Nun besteht zunächst einmal die Möglichkeit, den Begriff der Erfüllbarkeit vom finiten Standpunkt zum Begriff der „effektiven Erfüllbarkeit" zu verschärfen, indem wir 1. die Erfüllbarkeit von vornherein nur als solche im Bereich der Ziffern definieren, 2. von den Definitionen der logischen Funktionen verlangen, daß sie eine Berechnung der Wahrheitswerte der Funktionen für gegebene Argumentwerte ermöglichen, 3. die finite Interpretation der Quantoren benutzen.

Auf diese Art erhalten wir eine *Definition der effektiven Erfüllbarkeit* wenigstens für alle diejenigen Formeln des Prädikatenkalkuls, in denen Quantoren weder negiert noch im Vorderglied einer Implikation noch in einem Glied einer Äquivalenz auftreten, insbesondere also für pränexe Formeln und auch für Konjunktionen von solchen. Nämlich eine Formel von der genannten Gestalt erklären wir als „effektiv erfüllbar im Bereich der Ziffern", wenn sich an Stelle der freien Individuenvariablen solche Ziffern, an Stelle der Formelvariablen ohne Argument solche Wahrheitswerte und an Stelle der Formelvariablen mit Argumenten solche im Bereich der Ziffern in berechenbarer Weise definierten logischen Funktionen angeben lassen, daß die Formel den Wert „wahr" erhält, und zwar auf Grund der Wahrheitswerte der Primformeln, der Deutung der Operationen des Aussagenkalkuls als Wahrheitsfunktionen und derjenigen Deutung der Quantoren, wonach eine Formel $(\mathfrak{x})\,\mathfrak{A}(\mathfrak{x})$ den Wert „wahr" erhält, wenn sich zeigen läßt, daß für jede vorgelegte Ziffer $\mathfrak{z}$ die Formel $\mathfrak{A}(\mathfrak{z})$ den Wert „wahr" erhält, und $(E\,\mathfrak{x})\,\mathfrak{A}(\mathfrak{x})$ den Wert „wahr" erhält, wenn sich eine Ziffer $\mathfrak{z}$ angeben läßt, für welche $\mathfrak{A}(\mathfrak{z})$ den Wert „wahr" erhält.

Dieser Begriff der effektiven Erfüllbarkeit bietet jedoch insofern kein befriedigendes Äquivalent für den üblichen Begriff der Erfüllbarkeit, als wir nicht in der Lage sind nachzuweisen, daß — im Bereich der Formeltypen, auf welche der Begriff der effektiven Erfüllbarkeit anwendbar ist — die effektive Erfüllbarkeit mit der Unwiderlegbarkeit zusammenfällt. Wohl läßt sich mit Hilfe unseres Kriteriums 2* erkennen[2], daß jede effektiv erfüllbare Formel unwiderlegbar ist.

Machen wir uns dieses an dem Fall einer Formel von der Gestalt

$$(\mathfrak{x}_1)\ldots(\mathfrak{x}_\mathfrak{r})\,(E\,\mathfrak{y}_1)\ldots(E\,\mathfrak{y}_\mathfrak{s})\,\mathfrak{B}(\mathfrak{x}_1,\ldots,\mathfrak{x}_\mathfrak{r},\mathfrak{y}_1,\ldots,\mathfrak{y}_\mathfrak{s},\mathfrak{a}_1,\ldots,\mathfrak{a}_\mathfrak{q})$$

[1] Vgl. Bd. I, S. 32.

[2] Vgl. S. 180.

klar, worin $\mathfrak{x}_1, \ldots, \mathfrak{x}_\mathfrak{r}, \mathfrak{y}_1, \ldots, \mathfrak{y}_\mathfrak{s}$ die sämtlichen gebundenen, $\mathfrak{a}_1, \ldots, \mathfrak{a}_\mathfrak{q}$ die sämtlichen freien Variablen seien und von der wir der Einfachheit halber annehmen wollen, daß sie keine Formelvariable ohne Argument enthält. Die effektive Erfüllbarkeit einer solchen Formel besagt, daß die Variablen $\mathfrak{a}_1, \ldots, \mathfrak{a}_\mathfrak{q}$ sich durch solche Ziffern $\mathfrak{m}_1, \ldots, \mathfrak{m}_\mathfrak{q}$ und die Formelvariablen durch solche im Bereich der Ziffern definierten berechenbaren logischen Funktionen ersetzen lassen, daß sich zu jedem $\mathfrak{r}$-tupel $\mathfrak{n}_1, \ldots, \mathfrak{n}_\mathfrak{r}$ von Ziffern ein $\mathfrak{s}$-tupel $\mathfrak{k}_1, \ldots, \mathfrak{k}_\mathfrak{s}$ so bestimmen läßt, daß die Formel

$$\mathfrak{B}(\mathfrak{n}_1, \ldots, \mathfrak{n}_\mathfrak{r}, \mathfrak{k}_1, \ldots, \mathfrak{k}_\mathfrak{s}, \mathfrak{m}_1, \ldots, \mathfrak{m}_\mathfrak{q})$$

auf Grund der Wahrheitswerte der Primformeln und der Deutung der Operationen des Aussagenkalkuls als Wahrheitsfunktionen den Wert „wahr" erhält. Mit Hilfe eines solchen Systems von logischen Funktionen können wir aber, indem wir in der Reihe der numerierten $\mathfrak{r}$-tupel aus Ziffern

$$\mathfrak{n}_{1\mathfrak{j}}, \ldots, \mathfrak{n}_{\mathfrak{r}\mathfrak{j}}, \quad \mathfrak{j} = 0, 1, \ldots,$$

beliebig weit fortschreiten, zu jedem von ihnen ein $\mathfrak{s}$-tupel $\mathfrak{k}_{1\mathfrak{j}}, \ldots, \mathfrak{k}_{\mathfrak{s}\mathfrak{j}}$ so bestimmen, daß die Formeln

$$\mathfrak{B}(\mathfrak{n}_{1\mathfrak{j}}, \ldots, \mathfrak{n}_{\mathfrak{r}\mathfrak{j}}, \mathfrak{k}_{1\mathfrak{j}}, \ldots, \mathfrak{k}_{\mathfrak{s}\mathfrak{j}}, \mathfrak{m}_1, \ldots, \mathfrak{m}_\mathfrak{q})$$

bis zu jeder jeweils erreichten Stelle hin gemeinsam erfüllbar sind (in dem elementaren Sinn dieses Ausdrucks, wie er in unseren Kriterien der Widerlegbarkeit und Unwiderlegbarkeit auftritt).

Gemäß dem Kriterium 2* ist demnach die betrachtete Formel unwiderlegbar. Auf diese Art ergibt sich auch allgemein, daß eine effektiv erfüllbare pränexe Formel und ebenso auch eine effektiv erfüllbare Konjunktion pränexer Formeln unwiderlegbar ist.

Wir sind dagegen nicht imstande zu beweisen, daß jede unwiderlegbare pränexe Formel effektiv erfüllbar ist. Nicht nur, daß zu einem solchen Nachweis, d. h. zu einer finiten Verschärfung des Gödelschen Vollständigkeitsbeweises kein Ansatz vorliegt: Es steht vielmehr zu vermuten, daß im allgemeinen für eine unwiderlegbare pränexe Formel eine Erfüllung durch *berechenbare* logische Funktionen gar nicht möglich ist.

Wir können nun aber auf andere Weise einen finiten Ersatz finden für die vom mengentheoretischen Standpunkt bestehende Gleichwertigkeit der Unwiderlegbarkeit mit der Erfüllbarkeit; nämlich in unseren Kriterien der Widerlegbarkeit bzw. der Unwiderlegbarkeit spricht sich ja eine ähnliche Gleichwertigkeit aus.

Der Gödelsche Vollständigkeitssatz ergibt sich durch Anwendung der Kriteriums 3*.[1] In diesem ist sozusagen der finite Teil des Gödelschen Vollständigkeitssatzes formuliert. Andererseits läßt sich der Satz, daß jede effektiv erfüllbare Formel unwiderlegbar ist, der ja, wie wir eben festgestellt haben, eine Konsequenz des Kriteriums 2* ist, als der finite Teil des Satzes von der Unwiderlegbarkeit jeder erfüllbaren Formel betrachten, der ja die Umkehrung des Gödelschen Vollständigkeitssatzes bildet.

[1] Vgl. S. 180.

Hiernach ist es plausibel, daß viele Überlegungen aus der Theorie der Erfüllbarkeit, deren Ergebnisse, auf Grund des Zusammenfallens von Erfüllbarkeit und Unwiderlegbarkeit, sich auch als Sätze über Unwiderlegbarkeit, also beweistheoretisch aussprechen lassen — womit jedoch diese Sätze vom finiten Standpunkt noch nicht bewiesen sind —, mit Hilfe unserer Kriterien der Widerlegbarkeit und der Unwiderlegbarkeit direkt in Betrachtungen der finiten Beweistheorie übersetzt werden können.

d) Behandlung eines Beispiels. HERBRAND hat für alle zu seiner Zeit vorhandenen Beweise aus der Theorie der Erfüllbarkeit eine solche Übersetzung mit Hilfe seines théorème fondamental durchgeführt[1]. Seither sind in der Theorie der Erfüllbarkeit verschiedene bemerkenswerte neue Ergebnisse erzielt worden[2]. Wir wollen hier nicht für alle diese Untersuchungen die Übertragung in die finite Beweistheorie unternehmen, obwohl eine solche in allen diesen Fällen gelingen dürfte. Vielmehr wollen wir uns damit begnügen, die Methode einer solchen Übertragung an dem Beispiel eines kürzlich von J. PEPIS bewiesenen Satzes[3] darzulegen. Dieser Satz besagt, daß zu jeder Formel $\mathfrak{F}$ des Prädikatenkalkuls eine Formel von der Gestalt

$$(1) \qquad (x)(y)(Ez)A(x, y, z) \mathbin{\&} (\mathfrak{u}_1)\dots(\mathfrak{u}_m)\,\mathfrak{C}(\mathfrak{u}_1, \dots, \mathfrak{u}_m),$$

worin $x, y, z, \mathfrak{u}_1, \dots, \mathfrak{u}_m$ die sämtlichen vorkommenden Individuenvariablen sind, derart bestimmt werden kann, daß sie mit $\mathfrak{F}$ hinsichtlich der Erfüllbarkeit gleichwertig ist.

Der Nachweis hierfür wird von PEPIS folgendermaßen geführt[4]. Wir können zunächst die zu betrachtende Formel $\mathfrak{F}$ des Prädikatenkalkuls in der Gestalt

$$(\mathfrak{x}_1)\dots(\mathfrak{x}_\mathfrak{r})(E\mathfrak{y}_1)\dots(E\mathfrak{y}_\mathfrak{s})\,\mathfrak{B}(\mathfrak{x}_1, \dots, \mathfrak{x}_\mathfrak{r}, \mathfrak{y}_1, \dots, \mathfrak{y}_\mathfrak{s})$$

annehmen[5], worin $\mathfrak{x}_1, \dots, \mathfrak{x}_\mathfrak{r}, \mathfrak{y}_1, \dots, \mathfrak{y}_\mathfrak{s}$ die sämtlichen vorkommenden Individuenvariablen sind, $\mathfrak{r}$ und $\mathfrak{s}$ von 0 verschieden sind, und worin

[1] Siehe die bereits zitierte Abhandlung HERBRANDS „Sur le problème fondamental de la logique mathématique", Chap. II und III.

[2] Siehe die auf S. 210—212 folgende Zusammenstellung.

[3] JÓZEF PEPIS: „Untersuchungen über das Entscheidungsproblem der mathematischen Logik." Fundam. Math. Bd. 30 (1938). Diese Abhandlung bildet eine Fortsetzung der früheren Pepisschen Untersuchung: „Beiträge zur Reduktionstheorie des logischen Entscheidungsproblems." Acta Sci. Math. Szeged Bd. 8 (1936/37).

[4] Die hier gegebene Darstellung enthält gegenüber derjenigen bei PEPIS nur unerhebliche Modifikationen.

[5] Diese vorbereitende Anwendung der erfüllungstheoretischen Skolemschen Normalform kann hier übrigens, wie PEPIS in der Abhandlung „Ein Verfahren der mathematischen Logik" [J. symb. logic Bd. 3 (1938)] gezeigt hat, vermieden werden; dadurch wird im Ergebnis der Überlegung eine gewisse Verschärfung erzielt.

keine Formelvariable ohne Argument auftritt. Einer solchen Formel ist ja, wie wir wissen, jede Formel des Prädikatenkalkuls erfüllungsgleich. Auch können wir die Formel als eine solche wählen, in der nicht die Formelvariable A (mit Argumenten) auftritt.

Es sei eine Erfüllung der Formel $\mathfrak{F}$ in einem Individuenbereich J gegeben[1], und es mögen für die erfüllenden logischen Funktionen Symbole gewählt sein; durch die Eintragung dieser Symbole an Stelle der Formelvariablen von $\mathfrak{F}$ gehe der Ausdruck $\mathfrak{B}(\mathfrak{x}_1, \ldots, \mathfrak{y}_\mathfrak{s})$ über in

$$\widetilde{\mathfrak{B}}(\mathfrak{x}_1, \ldots, \mathfrak{y}_\mathfrak{s}).$$

Wir beginnen nun die Überlegung wie beim Beweis des Löwenheimschen Satzes: Mittels des Auswahlprinzips folgt zunächst, daß für gewisse auf den Bereich J bezogene Funktionen $\chi_1, \ldots, \chi_\mathfrak{s}$ mit je $\mathfrak{r}$ Argumenten die Formel

$$(\mathfrak{x}_1) \ldots (\mathfrak{x}_\mathfrak{r})\, \widetilde{\mathfrak{B}}(\mathfrak{x}_1, \ldots, \mathfrak{x}_\mathfrak{r}, \chi_1(\mathfrak{x}_1, \ldots, \mathfrak{x}_\mathfrak{r}), \ldots, \chi_\mathfrak{s}(\mathfrak{x}_1, \ldots, \mathfrak{x}_\mathfrak{r}))$$

mit Bezug auf den Bereich J wahr ist. Es werde wiederum ein Ding aus J ausgezeichnet und für dieses „α" als Symbol genommen. Wir betrachten nun wieder die aus den Symbolen $\alpha, \chi_1, \ldots, \chi_\mathfrak{s}$ gebildeten Ausdrücke. Anstatt aber diese direkt abzuzählen, wenden wir folgende allgemeinere Hilfsüberlegung an: Es seien $\varphi_1, \ldots, \varphi_\mathfrak{s}$ arithmetische Funktionen von $\mathfrak{r}$ Argumenten, die ein disparates Funktionensystem bilden. $\mathfrak{Z}_0$ sei der Bereich derjenigen Zahlen (Ziffern)[2], die nicht als Wert von einer der Funktionen $\varphi_1, \ldots, \varphi_\mathfrak{s}$ angenommen werden. Dann ist jede Zahl auf eine und nur eine Weise darstellbar durch einen Term, gebildet aus den Funktionszeichen $\varphi_1, \ldots, \varphi_\mathfrak{s}$ und Zahlen aus $\mathfrak{Z}_0$.

Dieses ergibt sich durch vollständige Induktion: Für die Zahl 0 trifft die Behauptung zu; denn 0 gehört zu $\mathfrak{Z}_0$, weil die Werte der Funktionen $\varphi_1, \ldots, \varphi_\mathfrak{s}$ stets größer als die Argumentwerte, also größer als 0 sind. Trifft die Behauptung für alle Zahlen, die kleiner als n sind, zu, so auch für n. Denn entweder gehört n zu $\mathfrak{Z}_0$; oder n ist ein Funktionswert für eine der Funktionen $\varphi_1, \ldots, \varphi_\mathfrak{s}$; dann ist — weil ja diese Funktionen ein disparates Funktionensystem bilden — durch n die betreffende Funktion und das Argumentsystem, für welche sie den Wert n hat, eindeutig bestimmt; ferner sind die Argumentwerte alle kleiner als n, so daß auf diese bereits unsere Induktionsannahme angewendet werden kann; es folgt demnach, daß sich n auf eine und nur eine Weise durch einen Funktionsausdruck, gebildet mit den Funktionszeichen $\varphi_1, \ldots, \varphi_\mathfrak{s}$, darstellt, worin die zu innerst stehenden Argumente Zahlen aus $\mathfrak{Z}_0$ sind.

---

[1] Wir könnten hier schon den Löwenheimschen Satz anwenden, doch ergibt das keine Vereinfachung.

[2] Die Zahlen sind hier figürlich als Ziffern vorzustellen. Man beachte, daß die Überlegung nicht den Anspruch auf finiten Charakter erhebt.

Wir erhalten nun in einfacher Weise eine Abbildung der Zahlen auf Dinge des Bereiches J, indem wir in der Darstellung einer Zahl n durch die Funktionszeichen $\varphi_1, \ldots, \varphi_{\mathfrak{s}}$ und durch Zahlen aus $\mathfrak{Z}_0$ jede solche Zahl durch das Symbol α und jedes der Funktionszeichen $\varphi_{\mathfrak{i}}$ ($\mathfrak{i} = 1, \ldots, \mathfrak{s}$) durch das entsprechende Funktionszeichen $\chi_{\mathfrak{i}}$ ersetzen. Der Wert des so entstehenden Ausdruckes, welcher ein Ding aus J und durch n eindeutig bestimmt ist, werde mit $\eta(n)$ bezeichnet.

Es stimmt dann für beliebige Zahlen $n_1, \ldots, n_{\mathfrak{r}}$ und für $\mathfrak{i} = 1, \ldots, \mathfrak{s}$ der Wert von $\eta(\varphi_{\mathfrak{i}}(n_1, \ldots, n_{\mathfrak{r}}))$ mit demjenigen von $\chi_{\mathfrak{i}}(\eta(n_1), \ldots, \eta(n_{\mathfrak{r}}))$ überein; ferner wird durch jede in $\widetilde{\mathfrak{B}}(\mathfrak{x}_1, \ldots, \mathfrak{y}_{\mathfrak{s}})$ auftretende logische Funktion $\mathfrak{P}(a_1, \ldots, a_{\mathfrak{k}})$, die ja auf den Bereich J bezogen ist, eine auf den Bereich der Zahlen bezogene logische Funktion $\mathfrak{P}(\eta(n_1), \ldots, \eta(n_{\mathfrak{k}}))$ bestimmt; und wenn wir mit $\mathfrak{B}^*(\mathfrak{x}_1, \ldots, \mathfrak{y}_{\mathfrak{s}})$ den Ausdruck bezeichnen, der aus $\widetilde{\mathfrak{B}}(\mathfrak{x}_1, \ldots, \mathfrak{y}_{\mathfrak{s}})$ entsteht, indem an Stelle der Symbole der auf den Bereich J bezogenen logischen Funktionen Symbole für die ihnen (in der eben angegebenen Weise) entsprechenden logischen Funktionen, bezogen auf den Bereich der Zahlen, gesetzt werden, so ist die Formel

$$(\mathfrak{x}_1) \ldots (\mathfrak{x}_{\mathfrak{r}})\, \mathfrak{B}^*(\mathfrak{x}_1, \ldots, \mathfrak{x}_{\mathfrak{r}}, \varphi_1(\mathfrak{x}_1, \ldots, \mathfrak{x}_{\mathfrak{r}}), \ldots, \varphi_{\mathfrak{s}}(\mathfrak{x}_1, \ldots, \mathfrak{x}_{\mathfrak{r}}))$$

im Bereich der Zahlen eine wahre Formel.

Das Ergebnis dieser Hilfsbetrachtung spricht sich in folgender Verschärfung des Löwenheimschen Satzes aus: Wenn eine Formel der betrachteten Gestalt

$$(\mathfrak{x}_1) \ldots (\mathfrak{x}_{\mathfrak{r}})\, (E\,\mathfrak{y}_1) \ldots (E\,\mathfrak{y}_{\mathfrak{s}})\, \mathfrak{B}(\mathfrak{x}_1, \ldots, \mathfrak{x}_{\mathfrak{r}}, \mathfrak{y}_1, \ldots, \mathfrak{y}_{\mathfrak{s}})$$

erfüllbar ist, so ist die Formel

$$(\mathfrak{x}_1) \ldots (\mathfrak{x}_{\mathfrak{r}})\, \mathfrak{B}(\mathfrak{x}_1, \ldots, \mathfrak{x}_{\mathfrak{r}}, \varphi_1(\mathfrak{x}_1, \ldots, \mathfrak{x}_{\mathfrak{r}}), \ldots, \varphi_{\mathfrak{s}}(\mathfrak{x}_1, \ldots, \mathfrak{x}_{\mathfrak{r}}))$$

im Bereich der Zahlen für jedes disparate Funktionensystem

$$\varphi_1(n_1, \ldots, n_{\mathfrak{r}}), \ldots, \varphi_{\mathfrak{s}}(n_1, \ldots, n_{\mathfrak{r}})$$

erfüllbar[1].

Zu jedem disparaten Funktionensystem $\varphi_1, \ldots, \varphi_{\mathfrak{s}}$ erhalten wir also eine im Bereich der Zahlen wahre Formel

$$(\mathfrak{x}_1) \ldots (\mathfrak{x}_{\mathfrak{r}})\, \mathfrak{B}^*(\mathfrak{x}_1, \ldots, \mathfrak{x}_{\mathfrak{r}}, \varphi_1(\mathfrak{x}_1, \ldots, \mathfrak{x}_{\mathfrak{r}}), \ldots, \varphi_{\mathfrak{s}}(\mathfrak{x}_1, \ldots, \mathfrak{x}_{\mathfrak{r}})).$$

Es kommt nun darauf an, ein disparates Funktionensystem von möglichst einfacher Bildungsweise zu finden. Wir betrachten ein solches, das durch Iterationen einer einzigen zweistelligen Funktion gewonnen wird. Diese zweistellige Funktion ist weitgehend beliebig; sie braucht nur die Eigenschaften zu haben, daß für beliebige Zahlen a, b die Ungleichungen gelten

$$\psi(a, b) > a, \qquad \psi(a, b) > b$$

[1] Die Methode des Beweises für diesen Hilfssatz ist der Abhandlung von W. Ackermann: „Beiträge zum Entscheidungsproblem der mathematischen Logik“ [Math. Ann. Bd. 112 (1936) Heft 3] entnommen, an welche auch Pepis in dem hier dargestellten Gedankengang anknüpft.

und daß jeder Funktionswert von ihr nur für einziges Zahlenpaar angenommen wird.

Eine solche Funktion ist z. B. $\psi(a, b) = 2^a(2b + 1)$.

Es werde nun für eine gegebene Nummer $\mathfrak{k}\,(\neq 0)$ unter $\psi_{\mathfrak{k}}(a_1, \ldots, a_{\mathfrak{k}+1})$ die Funktion von $\mathfrak{k} + 1$ Argumenten verstanden, die durch den Ausdruck

$$\psi\bigl(a_1, \psi(a_2, \psi(a_3, \ldots, \psi(a_{\mathfrak{k}}, a_{\mathfrak{k}+1})) \ldots\bigr),$$

— in welchem $\mathfrak{k}$ mal das Funktionszeichen ψ auftritt —, dargestellt wird; $\psi_0(a_1)$ bedeute a_1. Die so bestimmte Funktion kann auch rekursiv durch die Gleichungen

$$\psi_0(a_1) = a_1$$
$$\psi_{\mathfrak{k}+1}(a_1, \ldots, a_{\mathfrak{k}+2}) = \psi\bigl(a_1, \psi_{\mathfrak{k}}(a_2, \ldots, a_{\mathfrak{k}+2})\bigr)$$

definiert werden. Aus den genannten Eigenschaften von $\psi(a, b)$ lassen sich leicht die entsprechenden Eigenschaften von $\psi_{\mathfrak{k}}(a_1, \ldots, a_{\mathfrak{k}+1})$ entnehmen, daß nämlich die Werte dieser Funktion, für $\mathfrak{k} \neq 0$, stets größer sind als jeder der Argumentwerte und daß die Funktion jeden ihrer Werte nur für ein einziges Argumentsystem annimmt.

Wir verstehen ferner unter $\psi^{(\mathfrak{k})}(a)$, für $\mathfrak{k} \neq 0$, die einstellige Funktion, die aus $\psi_{\mathfrak{k}}(a_1, \ldots, a_{\mathfrak{k}+1})$ erhalten wird, indem die Argumente gleichgesetzt werden, und die auch rekursiv durch die Gleichungen

$$\psi^{(1)}(a) = \psi(a, a)$$
$$\psi^{(\mathfrak{k}+1)}(a) = \psi\bigl(a, \psi^{(\mathfrak{k})}(a)\bigr)$$

definiert werden kann. Diese erfüllt, wie man ohne Mühe erkennt, die Beziehungen

$$\psi^{(\mathfrak{k})}(a) > a, \qquad \psi^{(\mathfrak{k}+1)}(a) > \psi^{(\mathfrak{k})}(a)$$

sowie auch die Bedingung, daß eine Gleichung

$$\psi^{(\mathfrak{k})}(a) = \psi^{(\mathfrak{l})}(b)$$

nur für $\mathfrak{k} = \mathfrak{l}$, $a = b$ bestehen kann.

Setzen wir nun für $\mathfrak{i} = 1, \ldots, \mathfrak{s}$:

$$\varkappa_{\mathfrak{i}}(n_1, \ldots, n_{\mathfrak{r}}) = \psi^{(\mathfrak{i})}\bigl(\psi_{\mathfrak{r}-1}(n_{\mathfrak{r}}, n_{\mathfrak{r}-1}, \ldots, n_1)\bigr),$$

so bilden diese Funktionen, wie man aus den aufgezählten Eigenschaften der Funktionen $\psi_{\mathfrak{k}}(a_1, \ldots, a_{\mathfrak{k}+1})$ und $\psi^{(\mathfrak{k})}(a)$ entnimmt, ein disparates Funktionensystem.

Es ist daher die Formel

$$(2) \qquad (\mathfrak{x}_1) \ldots (\mathfrak{x}_{\mathfrak{r}})\, \mathfrak{B}^*\bigl(\mathfrak{x}_1, \ldots, \mathfrak{x}_{\mathfrak{r}}, \varkappa_1(\mathfrak{x}_1, \ldots, \mathfrak{x}_{\mathfrak{r}}), \ldots, \varkappa_{\mathfrak{s}}(\mathfrak{x}_1, \ldots, \mathfrak{x}_{\mathfrak{r}})\bigr)$$

im Bereich der Zahlen wahr.

Es handelt sich nunmehr darum, die mathematischen Funktionen $\varkappa_1, \ldots, \varkappa_{\mathfrak{s}}$ durch logische Funktionen zu ersetzen. Da die Funktionen $\varkappa_1, \ldots, \varkappa_{\mathfrak{s}}$ alle durch wiederholte Anwendung der Funktion $\psi(a, b)$

gebildet sind, so genügt die Einführung einer einzigen logischen Funktion von drei Zahlargumenten, welche für ein Zahlentripel a, b, c den Wert „wahr" oder „falsch" hat, je nachdem die Gleichung

$$\psi(a, b) = c$$

erfüllt ist oder nicht. Wir wählen für diese logische Funktion ein in (2) noch nicht vorhandenes Symbol, etwa $\Psi(a, b, c)$.

Um nun mit Benutzung dieses Symbols die Elimination der Funktionszeichen $\varkappa_1, \ldots, \varkappa_{\mathfrak{s}}$ zu vollziehen, führen wir provisorisch das Gleichheitszeichen (nebst der ausgezeichneten Gleichheitswertung) ein, das wir nachher wieder ausschalten werden. Wir erhalten dann zunächst aus (2) die wahre Formel

$$(3)\quad \begin{cases} (\mathfrak{x}_1) \ldots (\mathfrak{x}_{\mathfrak{r}})\,(\mathfrak{y}_1) \ldots (\mathfrak{y}_{\mathfrak{s}})\,\{\varkappa_1(\mathfrak{x}_1, \ldots, \mathfrak{x}_{\mathfrak{r}}) = \mathfrak{y}_1 \mathbin{\&} \varkappa_2(\mathfrak{x}_1, \ldots, \mathfrak{x}_{\mathfrak{r}}) = \mathfrak{y}_2 \\ \qquad \mathbin{\&} \ldots \mathbin{\&} \varkappa_{\mathfrak{s}}(\mathfrak{x}_1, \ldots, \mathfrak{x}_{\mathfrak{r}}) = \mathfrak{y}_{\mathfrak{s}} \rightarrow \mathfrak{B}^*(\mathfrak{x}_1, \ldots, \mathfrak{x}_{\mathfrak{r}}, \mathfrak{y}_1, \ldots, \mathfrak{y}_{\mathfrak{s}})\}. \end{cases}$$

Nun können wir die Beziehung

$$\varkappa_1(n_1, \ldots, n_{\mathfrak{r}}) = l_1 \mathbin{\&} \varkappa_2(n_1, \ldots, n_{\mathfrak{r}}) = l_2 \mathbin{\&} \ldots \mathbin{\&} \varkappa_{\mathfrak{s}}(n_1, \ldots, n_{\mathfrak{r}}) = l_{\mathfrak{s}}$$

mit Hilfe der logischen Funktion $\Psi(a, b, c)$ folgendermaßen ausdrücken:

$$\begin{aligned} &(E\,\mathfrak{v}_1) \ldots (E\,\mathfrak{v}_{\mathfrak{r}-1})\,\{\Psi(n_2, n_1, \mathfrak{v}_1) \mathbin{\&} \Psi(n_3, \mathfrak{v}_1, \mathfrak{v}_2) \mathbin{\&} \Psi(n_4, \mathfrak{v}_2, \mathfrak{v}_3) \\ &\quad \mathbin{\&} \ldots \mathbin{\&} \Psi(n_{\mathfrak{r}}, \mathfrak{v}_{\mathfrak{r}-2}, \mathfrak{v}_{\mathfrak{r}-1}) \mathbin{\&} \Psi(\mathfrak{v}_{\mathfrak{r}-1}, \mathfrak{v}_{\mathfrak{r}-1}, l_1) \\ &\quad \mathbin{\&} \Psi(\mathfrak{v}_{\mathfrak{r}-1}, l_1, l_2) \mathbin{\&} \ldots \mathbin{\&} \Psi(\mathfrak{v}_{\mathfrak{r}-1}, l_{\mathfrak{s}-1}, l_{\mathfrak{s}})\}. \end{aligned}$$

[Im Falle $\mathfrak{r} = 1$ hat man hierfür zu setzen

$$\Psi(n_1, n_1, l_1) \mathbin{\&} \Psi(n_1, l_1, l_2) \mathbin{\&} \ldots \mathbin{\&} \Psi(n_1, l_{\mathfrak{s}-1}, l_{\mathfrak{s}})].$$

Tragen wir diesen Ausdruck in die Formel (3) ein und berücksichtigen wir, daß ein Ausdruck der Form

$$\big((E\,\mathfrak{v}_1) \ldots (E\,\mathfrak{v}_{\mathfrak{r}})\,\mathfrak{K}(\mathfrak{v}_1, \ldots, \mathfrak{v}_{\mathfrak{r}-1})\big) \rightarrow \mathfrak{L},$$

worin $\mathfrak{L}$ keine der Variablen $\mathfrak{v}_1, \ldots, \mathfrak{v}_{\mathfrak{r}-1}$ enthält, sich umformen läßt[1] in

$$(\mathfrak{v}_1) \ldots (\mathfrak{v}_{\mathfrak{r}-1})\,\big(\mathfrak{K}(\mathfrak{v}_1, \ldots, \mathfrak{v}_{\mathfrak{r}-1}) \rightarrow \mathfrak{L}\big)$$

und daß ferner in einer pränexen Formel die Reihenfolge solcher Allzeichen, die durch kein Seinszeichen getrennt sind, beliebig verändert werden kann, so erhalten wir, indem wir die Allzeichen $(\mathfrak{v}_1) \ldots (\mathfrak{v}_{\mathfrak{r}-1})$ unmittelbar hinter $(\mathfrak{x}_{\mathfrak{r}})$ setzen und sodann die Variablen $\mathfrak{v}_1, \ldots, \mathfrak{v}_{\mathfrak{r}-1}$ umbenennen[2] in $\mathfrak{x}_{\mathfrak{r}+1}, \ldots, \mathfrak{x}_{2\mathfrak{r}-1}$, die Formel

$$(4)\quad \begin{cases} (\mathfrak{x}_1) \ldots (\mathfrak{x}_{\mathfrak{r}}) \ldots (\mathfrak{x}_{2\mathfrak{r}-1})\,(\mathfrak{y}_1) \ldots (\mathfrak{y}_{\mathfrak{s}})\,\{\Psi(\mathfrak{x}_2, \mathfrak{x}_1, \mathfrak{x}_{\mathfrak{r}+1}) \mathbin{\&} \\ \quad \mathbin{\&} \Psi(\mathfrak{x}_3, \mathfrak{x}_{\mathfrak{r}+1}, \mathfrak{x}_{\mathfrak{r}+2}) \mathbin{\&} \Psi(\mathfrak{x}_4, \mathfrak{x}_{\mathfrak{r}+2}, \mathfrak{x}_{\mathfrak{r}+3}) \mathbin{\&} \ldots \mathbin{\&} \Psi(\mathfrak{x}_{\mathfrak{r}}, \mathfrak{x}_{2\mathfrak{r}-2}, \mathfrak{x}_{2\mathfrak{r}-1}) \\ \quad \mathbin{\&} \Psi(\mathfrak{x}_{2\mathfrak{r}-1}, \mathfrak{x}_{2\mathfrak{r}-1}, \mathfrak{y}_1) \mathbin{\&} \Psi(\mathfrak{x}_{2\mathfrak{r}-1}, \mathfrak{y}_1, \mathfrak{y}_2) \mathbin{\&} \ldots \mathbin{\&} \Psi(\mathfrak{x}_{2\mathfrak{r}-1}, \mathfrak{y}_{\mathfrak{s}-1}\, \mathfrak{y}_{\mathfrak{s}}) \\ \quad \rightarrow \mathfrak{B}^*(\mathfrak{x}_1, \ldots, \mathfrak{x}_{\mathfrak{r}}, \mathfrak{y}_1, \ldots, \mathfrak{y}_{\mathfrak{s}})\}, \end{cases}$$

---

[1] Man beachte, daß durch eine Umformung nach den Regeln des Prädikatenkalkuls aus einer wahren Formel stets wieder eine wahre Formel hervorgeht.

[2] Durch diese Umbenennung wird bewirkt, daß für den Fall $\mathfrak{r} = 1$ keine zusätzliche Bemerkung erforderlich ist.

welche somit als eine im Bereich der Ziffern wahre Formel erkannt ist. Nun erfüllt überdies die logische Funktion $\Psi(a, b, c)$ die zum Argument c gehörigen Unitätsformeln. Es genügt hier, wie wir zeigen werden, daß wir die erste von diesen Unitätsformeln verwerten; dies tun wir, indem wir zu der Formel (4) noch die im Bereich der Zahlen wahre Formel

$$(5) \qquad (x)\,(y)\,(Ez)\,\Psi(x, y, z)$$

hinzufügen.

Verbinden wir die Formeln (5) und (4) zu einer Konjunktion und ersetzen wir darin den Ausdruck $\mathfrak{B}^*(\mathfrak{x}_1, \ldots, \mathfrak{y}_{\mathfrak{s}})$ durch $\mathfrak{B}(\mathfrak{x}_1, \ldots, \mathfrak{y}_{\mathfrak{s}})$ und das Symbol Ψ mit drei Argumenten durch die Variable A mit drei Argumenten, so ist die entstehende Formel $\mathfrak{G}$ erfüllbar und von der Gestalt (1).

Dieses Ergebnis haben wir aus unserer Annahme der Erfüllbarkeit von $\mathfrak{F}$ gefolgert. Nehmen wir nun umgekehrt die Erfüllbarkeit der Formel $\mathfrak{G}$ an. Diese Erfüllbarkeit besagt, daß sich in den Formeln (4) und (5) die Prädikatensymbole derart als Symbole für logische Funktionen, bezogen auf einen gewissen Individuenbereich J_1 interpretieren lassen, daß gemäß dieser Deutung beide Formeln wahr sind.

Aus der Wahrheit von (4) folgt weiter die Wahrheit der Formel

$$\begin{aligned}(\mathfrak{x}_1)\ldots(\mathfrak{x}_{\mathfrak{r}})\,(E\,\mathfrak{x}_{\mathfrak{r}+1})\ldots(E\,\mathfrak{x}_{2\mathfrak{r}-1})\,(E\,\mathfrak{y}_1)\ldots(E\,\mathfrak{y}_{\mathfrak{s}})\,\big(\Psi(\mathfrak{x}_2, \mathfrak{x}_1, \mathfrak{x}_{\mathfrak{r}+1})\\ \&\,\Psi(\mathfrak{x}_3, \mathfrak{x}_{\mathfrak{r}+1}, \mathfrak{x}_{\mathfrak{r}+2})\,\&\ldots\&\,\Psi(\mathfrak{x}_{\mathfrak{r}}, \mathfrak{x}_{2\mathfrak{r}-2}, \mathfrak{x}_{2\mathfrak{r}-1})\\ \&\,\Psi(\mathfrak{x}_{2\mathfrak{r}-1}, \mathfrak{x}_{2\mathfrak{r}-1}, \mathfrak{y}_1)\,\&\,\Psi(\mathfrak{x}_{2\mathfrak{r}-1}, \mathfrak{y}_1, \mathfrak{y}_2)\,\&\ldots\Psi(\mathfrak{x}_{2\mathfrak{r}-1}, \mathfrak{y}_{\mathfrak{s}-1}, \mathfrak{y}_{\mathfrak{s}})\big)\\ \to(\mathfrak{x}_1)\ldots(\mathfrak{x}_{\mathfrak{r}})\,(E\,\mathfrak{y}_1)\ldots(E\,\mathfrak{y}_{\mathfrak{s}})\,\mathfrak{B}^*(\mathfrak{x}_1, \ldots, \mathfrak{x}_{\mathfrak{r}}, \mathfrak{y}_1, \ldots, \mathfrak{y}_{\mathfrak{s}})\,.\end{aligned}$$

In dieser Implikation ist nun das Vorderglied auf Grund von (5) eine wahre Formel [die auch formal aus (5) ableitbar ist]. Somit muß auch das Hinterglied eine wahre Formel sein. Dieses Hinterglied entsteht aber aus $\mathfrak{F}$, indem die Formelvariablen durch die Symbole gewisser logischer Funktionen ersetzt werden. Wir haben also eine Erfüllung der Formel $\mathfrak{F}$ im Bereich J_1.

Somit ist die Formel $\mathfrak{G}$ in Hinsicht auf die Erfüllbarkeit mit der Formel $\mathfrak{F}$ gleichwertig; der behauptete Satz ist also bewiesen. Die Formel $\mathfrak{G}$ läßt sich übrigens in eine Skolemsche Normalform

$$(6) \qquad (x_1)\ldots(x_n)\,(Ey)\,\mathfrak{A}(x_1, \ldots, x_n, y)$$

oder auch in eine Formel

$$(7) \qquad (x_1)\,(x_2)\,(Ey)\,(x_3)\ldots(x_n)\,\mathfrak{A}(x_1, \ldots, x_n, y)$$

umformen; somit kann zu jeder Formel des Prädikatenkalkuls eine Formel von der Gestalt (6) und desgleichen eine solche von der Gestalt (7) angegeben werden, die ihr hinsichtlich der Erfüllbarkeit gleichwertig ist.

Wir wollen nun an der ausgeführten erfüllungstheoretischen Betrachtung den Übergang zur finiten beweistheoretischen Betrachtung vollziehen. Der Pepissche Satz kommt vom Standpunkt der mengentheoretischen Prädikatentheorie, auf Grund des Zusammenfallens von Erfüllbarkeit und Unwiderlegbarkeit, der Feststellung gleich, daß zu jeder Formel $\mathfrak{F}$ des Prädikatenkalkuls eine solche von der Form (1) bestimmt werden kann, die sich hinsichtlich der Widerlegbarkeit ebenso verhält wie $\mathfrak{F}$.

Der Beweis hierfür, wie er sich aus der vorangehenden Überlegung in Verbindung mit dem Gödelschen Vollständigkeitssatz und dem Satz von der Unwiderlegbarkeit einer jeden erfüllbaren Formel ergibt, ist ein nichtfiniter Beweis. Wir können aber diesen Beweis durch Anwendung unserer Kriterien der Widerlegbarkeit[1] in einen finiten Beweis übersetzen. Ein solcher läßt sich in der Tat hier folgendermaßen führen: Zunächst kann zu jeder Formel $\mathfrak{A}$ des Prädikatenkalkuls eine Formel $\mathfrak{F}$ von der Gestalt

$$(\mathfrak{x}_1)\ldots(\mathfrak{x}_\mathfrak{r})(E\mathfrak{y}_1)\ldots(E\mathfrak{y}_\mathfrak{s})\,\mathfrak{B}(\mathfrak{x}_1,\ldots,\mathfrak{y}_\mathfrak{s}),$$

worin $\mathfrak{x}_1,\ldots,\mathfrak{x}_\mathfrak{s}$ die sämtlichen vorkommenden Individuenvariablen sind, $\mathfrak{r}$, $\mathfrak{s}$ von 0 verschieden sind, worin ferner keine Formelvariable ohne Argument und auch nicht die Formelvariable A mit Argumenten vorkommt, so bestimmt werden, daß ihre Negation der Negation von $\mathfrak{A}$ deduktionsgleich ist, so daß sich die Formel $\mathfrak{F}$ hinsichtlich der Widerlegbarkeit ebenso verhält wie $\mathfrak{A}$. Es genügt daher, die Behauptung für die Formel $\mathfrak{F}$ zu beweisen.

Wir verwenden hierzu wiederum die Formel $\mathfrak{G}$, welche ja lautet:

$$\begin{aligned}&(x)(y)(Ez)A(x,y,z)\;\&\;(\mathfrak{x}_1)\ldots(\mathfrak{x}_\mathfrak{r})(\mathfrak{x}_{\mathfrak{r}+1})\ldots(\mathfrak{x}_{2\mathfrak{r}-1})(\mathfrak{y}_1)\ldots(\mathfrak{y}_\mathfrak{s})\\&\quad\{A(\mathfrak{x}_2,\mathfrak{x}_1,\mathfrak{x}_{\mathfrak{r}+1})\;\&\;A(\mathfrak{x}_3,\mathfrak{x}_{\mathfrak{r}+1},\mathfrak{x}_{\mathfrak{r}+2})\;\&\;A(\mathfrak{x}_4,\mathfrak{x}_{\mathfrak{r}+2},\mathfrak{x}_{\mathfrak{r}+3})\;\&\;\ldots\\&\quad\ldots\&\;A(\mathfrak{x}_\mathfrak{r},\mathfrak{x}_{2\mathfrak{r}-2},\mathfrak{x}_{2\mathfrak{r}-1})\;\&\;A(\mathfrak{x}_{2\mathfrak{r}-1},\mathfrak{x}_{2\mathfrak{r}-1},\mathfrak{y}_1)\;\&\;A(\mathfrak{x}_{2\mathfrak{r}-1},\mathfrak{y}_1,\mathfrak{y}_2)\\&\quad\&\ldots A(\mathfrak{x}_{2\mathfrak{r}-1},\mathfrak{y}_{\mathfrak{s}-1},\mathfrak{y}_\mathfrak{s})\to\mathfrak{B}(\mathfrak{x}_1,\ldots,\mathfrak{x}_\mathfrak{r},\mathfrak{y}_1,\ldots,\mathfrak{y}_\mathfrak{s})\}.\end{aligned}$$

Es möge der hierin als Implikationsvorderglied auftretende Ausdruck

$$A(\mathfrak{x}_2,\mathfrak{x}_1,\mathfrak{x}_{\mathfrak{r}+1})\;\&\ldots\&\;A(\mathfrak{x}_{2\mathfrak{r}-1},\mathfrak{y}_{\mathfrak{s}-1},\mathfrak{y}_\mathfrak{s})$$

mit $\mathfrak{P}(\mathfrak{x}_1,\mathfrak{x}_2,\ldots,\mathfrak{x}_{2\mathfrak{r}-1},\mathfrak{y}_1,\ldots,\mathfrak{y}_\mathfrak{s})$ und die Ziffer $2\mathfrak{r}+\mathfrak{s}-1$ mit $\mathfrak{m}$ bezeichnet werden. Wir wollen nun mittels unserer Kriterien 1. und 3. zeigen, daß die Formel $\mathfrak{F}$ dann und nur dann im Prädikatenkalkul widerlegbar ist, wenn $\mathfrak{G}$ widerlegbar ist. Dazu verwenden wir wiederum das ausgezeichnete Funktionensystem $\varkappa_1,\ldots,\varkappa_\mathfrak{s}$, welches wir mit Hilfe der Funktion $\psi(a,b)=2^a(2b+1)$ definiert haben[2], wobei jetzt auch zur Geltung kommt, daß die Funktionen $\varkappa_1,\ldots,\varkappa_\mathfrak{s}$ berechenbare Funktionen sind.

Nehmen wir nun zuerst an, daß $\mathfrak{F}$ widerlegbar sei. Dann läßt sich gemäß dem Kriterium 1. eine Ziffer $\mathfrak{p}$ so bestimmen, daß die Formeln

$$\mathfrak{B}(\mathfrak{n}_{1\mathfrak{j}},\ldots,\mathfrak{n}_{\mathfrak{r}\mathfrak{j}},\varkappa_1(\mathfrak{n}_{1\mathfrak{j}},\ldots,\mathfrak{n}_{\mathfrak{r}\mathfrak{j}}),\ldots,\varkappa_\mathfrak{s}(\mathfrak{n}_{1\mathfrak{j}},\ldots,\mathfrak{n}_{\mathfrak{r}\mathfrak{j}}))$$
$$\mathfrak{j}=0,\ldots,(\mathfrak{p}+1)^\mathfrak{r}-1$$

nicht gemeinsam erfüllbar sind.

[1] Vgl. S. 178f. [2] Vgl. S. 202f.

Es bedeute $\mathfrak{q}$ den größten unter den Werten der Ausdrücke $\varkappa_{\mathfrak{i}}(\mathfrak{n}_{1\mathfrak{j}}, \ldots, \mathfrak{n}_{\mathfrak{r}\mathfrak{j}})$, $\mathfrak{i} = 1, \ldots, \mathfrak{s}$, $\mathfrak{j} = 0, \ldots, (\mathfrak{p}+1)^{\mathfrak{r}} - 1$. [Dieser ist übrigens gleich $\varkappa_{\mathfrak{s}}(\mathfrak{p}, \ldots, \mathfrak{p})$, wie man leicht erkennt, doch kommt es hierauf nicht an.] Dann wird für jede Ersetzung der Formelvariablen aus $\mathfrak{F}$ durch logische Funktionen, die im Bereich der Ziffern von 0 bis $\mathfrak{q}$ definiert sind, mindestens eine der Formeln

$$\mathfrak{B}(\mathfrak{n}_{1\mathfrak{j}}, \ldots, \mathfrak{n}_{\mathfrak{r}\mathfrak{j}}, \varkappa_1(\mathfrak{n}_{1\mathfrak{j}}, \ldots, \mathfrak{n}_{\mathfrak{r}\mathfrak{j}}), \ldots, \varkappa_{\mathfrak{s}}(\mathfrak{n}_{1\mathfrak{j}}, \ldots, \mathfrak{n}_{\mathfrak{r}\mathfrak{j}})),$$
$$\mathfrak{j} = 0, \ldots, (\mathfrak{p}+1)^{\mathfrak{r}} - 1$$

falsch.

Hieraus aber können wir folgern, daß für jede Ersetzung der Formelvariablen aus $\mathfrak{G}$ durch logische Funktionen, die im Bereich der Ziffern von 0 bis $\psi(\mathfrak{q}, \mathfrak{q})$ definiert sind[1], mindestens eine der Formeln

$$(8)\quad A(\mathfrak{l}_1, \mathfrak{l}_2, \psi(\mathfrak{l}_1, \mathfrak{l}_2)) \,\&\, \{\mathfrak{P}(\mathfrak{n}_1, \ldots, \mathfrak{n}_{2\mathfrak{r}-1}, \mathfrak{k}_1, \ldots, \mathfrak{k}_{\mathfrak{s}}) \to \mathfrak{B}(\mathfrak{n}_1, \ldots, \mathfrak{n}_{\mathfrak{r}}, \mathfrak{k}_1, \ldots, \mathfrak{k}_{\mathfrak{s}})\},$$

worin $\mathfrak{l}_1, \mathfrak{l}_2, \mathfrak{n}_1, \ldots, \mathfrak{n}_{2\mathfrak{r}-1}, \mathfrak{k}_1, \ldots, \mathfrak{k}_{\mathfrak{s}}$ unabhängig voneinander die Ziffern von 0 bis $\mathfrak{q}$ durchlaufen, falsch wird. Nämlich jede Ersetzung der Formelvariablen in $\mathfrak{G}$ durch logische Funktionen setzt sich zusammen aus einer Ersetzung für die Formelvariable A und Ersetzungen für die Formelvariablen in $\mathfrak{F}$. Denken wir uns nun die Ersetzungen für A und die Formelvariablen in $\mathfrak{F}$ in bestimmter Weise mit logischen Funktionen, die im Bereich der Ziffern $\leqq \psi(\mathfrak{q}, \mathfrak{q})$ definiert sind, ausgeführt. Erhält durch diese Ersetzungen eine der Formeln $A(\mathfrak{l}_1, \mathfrak{l}_2, \psi(\mathfrak{l}_1, \mathfrak{l}_2))$, worin $\mathfrak{l}_1, \mathfrak{l}_2$ Ziffern $\leqq \mathfrak{q}$ sind, den Wert „falsch", so wird bereits mindestens eine der Formeln (8), mit Ziffern $\mathfrak{l}_1, \ldots, \mathfrak{k}_{\mathfrak{s}}$ aus der Reihe von 0 bis $\mathfrak{q}$, falsch. Werden aber alle jene $(\mathfrak{q}+1)^2$ Formeln durch die Ersetzungen zu wahren Formeln, so erhält in allen denjenigen von den Formeln (8), bei welchen $\mathfrak{n}_1, \ldots, \mathfrak{n}_{\mathfrak{r}} \leqq \mathfrak{p}$ ist und die Gleichungen

$$(9)\quad \begin{cases} \mathfrak{n}_{\mathfrak{r}+1} = \psi(\mathfrak{n}_2, \mathfrak{n}_1),\ \mathfrak{n}_{\mathfrak{r}+2} = \psi(\mathfrak{n}_3, \mathfrak{n}_{\mathfrak{r}+1}),\ \mathfrak{n}_{\mathfrak{r}+3} = \psi(\mathfrak{n}_4, \mathfrak{n}_{\mathfrak{r}+2}) \\ \ldots\ \mathfrak{n}_{2\mathfrak{r}-1} = \psi(\mathfrak{n}_{\mathfrak{r}}, \mathfrak{n}_{2\mathfrak{r}-2}),\ \mathfrak{k}_1 = \psi(\mathfrak{n}_{2\mathfrak{r}-1}, \mathfrak{n}_{2\mathfrak{r}-1}), \\ \mathfrak{k}_2 = \psi(\mathfrak{n}_{2\mathfrak{r}-1}, \mathfrak{k}_1), \ldots,\ \mathfrak{k}_{\mathfrak{s}} = \psi(\mathfrak{n}_{2\mathfrak{r}-1}, \mathfrak{k}_{\mathfrak{s}-1}) \end{cases}$$

erfüllt sind — aus denen ja die Beziehungen

$$\mathfrak{n}_{\mathfrak{r}+1} < \mathfrak{n}_{\mathfrak{r}+2} < \cdots < \mathfrak{n}_{2\mathfrak{r}-1} < \mathfrak{k}_1 < \cdots < \mathfrak{k}_{\mathfrak{s}},$$
$$\mathfrak{k}_1 = \varkappa_1(\mathfrak{n}_1, \ldots, \mathfrak{n}_{\mathfrak{r}}),\ \mathfrak{k}_2 = \varkappa_2(\mathfrak{n}_1, \ldots, \mathfrak{n}_{\mathfrak{r}}), \ldots,\ \mathfrak{k}_{\mathfrak{s}} = \varkappa_{\mathfrak{s}}(\mathfrak{n}_1, \ldots, \mathfrak{n}_{\mathfrak{r}}),\ \mathfrak{k}_{\mathfrak{s}} \leqq \mathfrak{q}$$

folgen —, die Formel $\mathfrak{P}(\mathfrak{n}_1, \ldots, \mathfrak{n}_{2\mathfrak{r}-1}, \mathfrak{k}_1, \ldots, \mathfrak{k}_{\mathfrak{s}})$ den Wert „wahr", und somit erhält jede der betreffenden $(\mathfrak{p}+1)^{\mathfrak{r}}$ Formeln den gleichen Wahrheitswert wie die entsprechende Formel

$$\mathfrak{B}(\mathfrak{n}_1, \ldots, \mathfrak{n}_{\mathfrak{r}}, \varkappa_1(\mathfrak{n}_1, \ldots, \mathfrak{n}_{\mathfrak{r}}), \ldots, \varkappa_{\mathfrak{s}}(\mathfrak{n}_1, \ldots, \mathfrak{n}_{\mathfrak{r}})).$$

---

[1] Wir machen der Einfachheit halber Gebrauch davon, daß der Wert der Funktion $\psi(a, b)$ bei Vergrößerung des Wertes von a wie auch bei Vergrößerung des Wertes von b zunimmt.

Unter diesen Formeln befindet sich aber, wie wir wissen, mindestens eine, die auf Grund der betrachteten Ersetzungen den Wert „falsch" erhält.

Somit wird in der Tat für jede Ersetzung der Formelvariablen durch logische Funktionen, die im Bereich der Ziffern von 0 bis $\psi(\mathfrak{q}, \mathfrak{q})$ definiert sind, mindestens eine der Formeln (8) falsch. Hieraus aber folgt gemäß unserem Kriterium 3. — weil ja die Funktion ψ stets größere Werte hat als ihre Argumente und jeden Wert, den sie annimmt, nur für ein Ziffernpaar annimmt, also eine disparate Funktion ist —, daß die Formel $\mathfrak{G}$ im Prädikatenkalkul widerlegbar ist.

Nehmen wir jetzt umgekehrt an, die Formel $\mathfrak{G}$ sei widerlegbar. Dann muß gemäß dem Kriterium 1. von einer gewissen Ziffer $\mathfrak{p}$ an unter denjenigen Formeln (8), worin $\mathfrak{l}_1, \mathfrak{l}_2, \mathfrak{n}_1, \ldots, \mathfrak{n}_{2\mathfrak{r}-1}, \mathfrak{k}_1, \ldots, \mathfrak{k}_{\mathfrak{s}}$ die Ziffern von 0 bis $\mathfrak{p}$ durchlaufen, für jede Ersetzung der Formelvariablen in $\mathfrak{G}$ durch logische Funktionen mindestens eine falsch sein.

Dieses gilt insbesondere auch für alle solchen Ersetzungen, bei denen an Stelle der Formelvariablen $A(a, b, c)$ diejenige logische Funktion tritt, die für ein Zifferntripel $\mathfrak{a}, \mathfrak{b}, \mathfrak{c}$ den Wert „wahr" oder „falsch" hat, je nachdem $\mathfrak{c}$ der (berechenbare) Wert von $\psi(\mathfrak{a}, \mathfrak{b})$ ist oder nicht.

Wählen wir nun für die betreffende Ziffer $\mathfrak{p}$ irgendwelche Ersetzungen der Formelvariablen in $\mathfrak{B}(\mathfrak{x}_1, \ldots, \mathfrak{y}_{\mathfrak{s}})$, d. h. der Formelvariablen aus $\mathfrak{F}$, durch logische Funktionen, definiert im Bereich der Ziffern von 0 bis $\psi(\mathfrak{p}, \mathfrak{p})$ — (andere Ziffern treten in den betreffenden Formeln (8) nicht als Argumente auf) — und verbinden diese Ersetzungen mit der eben genannten Ersetzung für die Formelvariable $A(a, b, c)$, so werden zunächst in den genannten Formeln (8) die Konjunktionsglieder $A(\mathfrak{l}_1, \mathfrak{l}_2, \psi(\mathfrak{l}_1, \mathfrak{l}_2))$ alle wahr; es kann somit nur eine solche von diesen Formeln den Wert „falsch" erhalten, bei der $\mathfrak{P}(\mathfrak{n}_1, \ldots, \mathfrak{n}_{2\mathfrak{r}-1}, \mathfrak{k}_1, \ldots, \mathfrak{k}_{\mathfrak{s}})$ den Wert „wahr" und $\mathfrak{B}(\mathfrak{n}_1, \ldots, \mathfrak{n}_{\mathfrak{r}}, \mathfrak{k}_1, \ldots, \mathfrak{k}_{\mathfrak{s}})$ den Wert „falsch" erhält. Wenn dieses aber der Fall ist, so müssen, zufolge der Bestimmung der zur Ersetzung für die Formelvariable A gewählten logischen Funktion, die Ziffern $\mathfrak{n}_1, \ldots, \mathfrak{n}_{2\mathfrak{r}-1}, \mathfrak{k}_1, \ldots, \mathfrak{k}_{\mathfrak{s}}$ (die alle der Reihe von 0 bis $\mathfrak{p}$ angehören) die Gleichungen (9) erfüllen, gemäß denen $\mathfrak{k}_{\mathfrak{i}}$, für $\mathfrak{i} = 1, \ldots, \mathfrak{s}$, der Wert von $\varkappa_{\mathfrak{i}}(\mathfrak{n}_1, \ldots, \mathfrak{n}_{\mathfrak{r}})$ ist, und es muß daher für die betreffenden Ziffern $\mathfrak{n}_1, \ldots, \mathfrak{n}_{\mathfrak{r}}$ die Formel

$$\mathfrak{B}(\mathfrak{n}_1, \ldots, \mathfrak{n}_{\mathfrak{r}}, \varkappa_1(\mathfrak{n}_1, \ldots, \mathfrak{n}_{\mathfrak{r}}), \ldots, \varkappa_{\mathfrak{s}}(\mathfrak{n}_1, \ldots, \mathfrak{n}_{\mathfrak{r}}))$$

den Wert falsch erhalten. [Die Werte von $\varkappa_1(\mathfrak{n}_1, \ldots, \mathfrak{n}_{\mathfrak{r}}), \ldots, \varkappa_{\mathfrak{s}}(\mathfrak{n}_1, \ldots, \mathfrak{n}_{\mathfrak{r}})$ müssen hierbei $\leq \mathfrak{p}$ sein.]

Da dieses für beliebige Ersetzungen der Formelvariablen aus $\mathfrak{F}$ durch logische Funktionen, definiert im Bereich der Ziffern $\leq \psi(\mathfrak{p}, \mathfrak{p})$, gilt, so können die Formeln

$$\mathfrak{B}(\mathfrak{n}_{1\mathfrak{j}}, \ldots, \mathfrak{n}_{\mathfrak{r}\mathfrak{j}}, \varkappa_1(\mathfrak{n}_{1\mathfrak{j}}, \ldots, \mathfrak{n}_{\mathfrak{r}\mathfrak{j}}), \ldots, \varkappa_{\mathfrak{s}}(\mathfrak{n}_{1\mathfrak{j}}, \ldots, \mathfrak{n}_{\mathfrak{r}\mathfrak{j}})),$$
$$\mathfrak{j} = 0, \ldots, (\mathfrak{p}+1)^{\mathfrak{r}} - 1$$

nicht gemeinsam erfüllbar sein. [Es ergibt sich sogar, daß nicht einmal diejenigen von diesen Formeln gemeinsam erfüllbar sind, für welche die Werte von $\varkappa_1(\mathfrak{n}_{1\mathfrak{j}}, \ldots, \mathfrak{n}_{\mathfrak{r}\mathfrak{j}}), \ldots, \varkappa_{\mathfrak{s}}(\mathfrak{n}_{1\mathfrak{j}}, \ldots, \mathfrak{n}_{\mathfrak{r}\mathfrak{j}})$ alle $\leq \mathfrak{p}$ sind.] Gemäß dem Kriterium 3. folgt demnach, daß die Formel $\mathfrak{F}$ widerlegbar ist.

Hiermit ist nun gezeigt, daß die Formeln $\mathfrak{F}$, $\mathfrak{G}$ sich hinsichtlich der Widerlegbarkeit im Prädikatenkalkul gleich verhalten. Zu jeder Formel $\mathfrak{F}$ von der betrachteten speziellen Form können wir aber direkt eine zugehörige Formel $\mathfrak{G}$ aufstellen, und diese hat die Form (1). Es ergibt sich also, daß wir zu jeder Formel $\mathfrak{F}$ der betrachteten Form und daher auch, nach der vorausgeschickten Bemerkung, zu jeder beliebigen Formel des Prädikatenkalkuls eine ihr hinsichtlich der Widerlegbarkeit gleichwertige Formel von der Gestalt (1) bestimmen können.

Auf diese Weise ist nun der betrachtete Pepissche Satz in beweistheoretischer Fassung finit bewiesen. Wie wir sehen, ist für diese finite Gestaltung des Beweises kein neuer Beweisgedanke erforderlich, vielmehr gestatten uns unsere Kriterien der Widerlegbarkeit, die erfüllungstheoretische Beweisführung ihrem Gedanken nach zu übernehmen, dabei aber die Überlegungen betreffend die logischen Funktionen auf begrenzte Ziffernbereiche zu beschränken. Freilich gelingt die Übersetzung erfüllungstheoretischer Überlegungen in finit-beweistheoretische im allgemeinen nicht so einfach, wie in dem eben behandelten Falle. In manchen Fällen ist es auch vorteilhafter, anstatt der Anwendung der Widerlegbarkeitskriterien ein direktes Verfahren anzuwenden.

Ein solcher Fall liegt z. B. vor bei dem Löwenheimschen Satz über die Gleichwertigkeit jeder Formel des Prädikatenkalkuls hinsichtlich ihrer Erfüllbarkeit mit einer „binären" Formel, d. h. einer solchen, worin alle Formelvariablen zweistellig sind.

Das beweistheoretische Gegenstück dieses Satzes ist, daß jede Formel des Prädikatenkalkuls hinsichtlich ihrer Ableitbarkeit einer binären Formel gleichwertig ist. Man kann zum Beweise dieses Satzes so verfahren, daß man — so wie es HERBRAND getan hat — den erfüllungstheoretischen Beweis des Löwenheimschen Satzes mit Hilfe der Widerlegbarkeitskriterien zu einem finiten Nachweis für den entsprechenden beweistheoretischen Satz umgestaltet.

Jedoch läßt sich der Beweis, wie L. KALMÁR gezeigt hat, auf einem direkten Wege erheblich einfacher erbringen[1].

e) Erfüllungstheoretische Normalformen. Es seien nun hier einige prägnante neue Ergebnisse aufgeführt, welche die Gleichwertigkeit von Formeln hinsichtlich der Erfüllbarkeit betreffen und die sich auch zu entsprechenden finiten Sätzen betreffend die Gleichwertigkeit von Formeln hinsichtlich der Widerlegbarkeit verschärfen lassen. Um diese

[1] LÁSZLÓ KALMÁR: „Über einen Löwenheimschen Satz." Acta Sci. Math. Szeged Bd. 7 (1934) Heft 2.

Ergebnisse kurz formulieren zu können, wollen wir eine spezielle Gestalt von Formeln des Prädikatenkalkuls eine „erfüllungstheoretische Normalform" nennen, wenn sich durch ein bestimmtes Umwandlungsverfahren zu jeder gegebenen Formel des Prädikatenkalkuls eine solche Formel von der betreffenden speziellen Gestalt gewinnen läßt, die der gegebenen Formel hinsichtlich der Erfüllbarkeit gleichwertig ist.

Als erfüllungstheoretische Normalformen sind insbesondere erwiesen:

1. Die *Gödelsche* Normalform

$$(x)\,(y)\,(E\,u)\,\big(A\,(x,u)\,\&\,B\,(y,u)\big)\,\&\,(x)\,(y)\,(z)\,\mathfrak{A}\,(x,y,z)$$
$$\&\,(x)\,(E\,v_1)\ldots(E\,v_n)\,\mathfrak{B}\,(x,v_1,\ldots,v_n),$$

mit nur zweistelligen Formelvariablen[1].

2. Die *Kalmársche* Normalform

$$(x)\,(y)\,(E\,z)\,\mathfrak{A}\,(x,y,z)$$
$$\&\,(E\,u_1)\ldots(E\,u_m)\,(v_1)\ldots(v_n)\,\mathfrak{B}\,(u_1,\ldots,u_m,v_1,\ldots,v_n)$$

mit nur *einer einzigen, zweistelligen Formelvariablen*[2].

3. Die *Pepissche* Normalform

$$(x)\,(y)\,(E\,z)\,A\,(x,y,z)\,\&\,(u_1)\ldots(u_n)\,\mathfrak{C}\,(u_1,\ldots,u_n).$$

4. Die *Ackermannsche* Normalform[3]

$$(x)\,(E\,y)\,A\,(x,y)\,\&\,(E\,z)\,(u_1)\ldots(u_n)\,\mathfrak{B}\,(z,u_1,\ldots,u_n).$$

Alle diese Normalformen sind als Formeln *ohne freie Individuenvariablen* gemeint.

Bemerkungen. Bei der Pepisschen Normalform läßt sich das erste Glied

$$(x)\,(y)\,(E\,z)\,A\,(x,y,z)$$

auch durch

$$(x)\,(y)\,(E\,z)\,\big(A\,(x,z)\,\&\,B\,(y,z)\big)$$

---

[1] Siehe K. GÖDEL: „Zum Entscheidungsproblem des logischen Funktionenkalkuls." Mh. Math. Phys. Bd. 40 (1933) Heft 2. Eine ganz ähnliche erfüllungstheoretische Normalform wurde als solche von TH. SKOLEM in der Abhandlung „Ein Satz über Zählausdrücke" [Acta Sci. Math. Szeged Bd. 7 (1935) Heft 4] erwiesen; diese lautet

$$(x)\,(y)\,(E\,u)\,\mathfrak{A}\,(x,y,u)\,\&\,(x)\,(y)\,(E\,v)\,\mathfrak{B}\,(x,y,v)\,\&\,(x)\,(y)\,(z)\,\mathfrak{C}\,(x,y,z)$$
$$\&\,(x)\,(E\,w_1)\ldots(E\,w_n)\,\mathfrak{K}\,(x,w_1,\ldots,w_n)$$

und enthält auch nur zweistellige Formelvariablen. Die Skolemsche Beweisführung liefert zugleich auch einen neuen Beweis für den Löwenheimschen Satz, daß jede Formel des Prädikatenkalkuls einer binären Formel hinsichtlich der Erfüllbarkeit gleichwertig ist.

[2] L. KALMÁR: „Zurückführung des Entscheidungsproblems auf den Fall von Formeln mit einer einzigen, binären Funktionsvariablen." Compositio math. Bd. 4 (1936) Nr. 1.

[3] Siehe W. ACKERMANN: „Beiträge zum Entscheidungsproblem der mathematischen Logik." Math. Ann. Bd. 112 (1936) Heft 3.

ersetzen[1]. Außerdem kann man — wie PEPIS gezeigt hat — erreichen, daß in der Normalform außer den zweistelligen Formelvariablen A, B nur noch eine, und zwar eine einstellige Formelvariable auftritt. Hieraus wiederum läßt sich entnehmen, daß bei der Kalmárschen Normalform für $\mathfrak{m}$ die Zahl drei gesetzt werden kann, so daß also im zweiten Konjunktionsglied nur drei Seinszeichen voranstehen[3].

Bei der Gödelschen und bei der Ackermannschen Normalform kommt man, wie ebenfalls PEPIS nachwies[2], mit drei zweistelligen und einer einstelligen Formelvariablen aus. KALMÁR zeigte, daß bei der pränex zusammengezogenen Ackermannschen Normalform sogar schon eine einzige binäre Formelvariable ausreichend ist[4].

Aus den Normalformen 1.—4. ergeben sich sofort, durch Umformung der Konjunktionen in pränexe Formeln, weitere übersichtliche Normalformen. Insbesondere ergibt sich aus der Gödelschen Normalform eine spezielle Skolemsche Normalform mit nur drei Allzeichen, aus der Pepisschen Normalform eine Skolemsche Normalform mit nur einem Seinszeichen.

Die Kalmársche Normalform ist in eine pränexe Formel

$$(E u_1) \ldots (E u_{\mathfrak{m}})\, (x)\, (y)\, (E z)\, (v_1) \ldots (v_{\mathfrak{n}})\, \mathfrak{C}(u_1, \ldots, u_{\mathfrak{m}}, x, y, z, v_1, \ldots, v_{\mathfrak{n}}),$$

die Ackermannsche in eine Formel

$$(E z)\, (x)\, (E y)\, (u_1) \ldots (u_{\mathfrak{n}})\, \mathfrak{C}(x, y, z, u_1, \ldots, u_{\mathfrak{n}})$$

überführbar.

Alle die genannten Normalformen sind auch zugleich Normalformen für die Untersuchung der Widerlegbarkeit einer Formel im Prädikatenkalkul. Freilich bedarf es, um sie als solche im finiten Sinne zu erweisen, der finiten Übersetzung der erfüllungstheoretischen Beweise; doch ist für diese das Verfahren durch unsere Widerlegbarkeitskriterien 1.,

[1] Dieses ergibt sich nach PEPIS, indem man bei dem Nachweis für die Herstellbarkeit der erfüllungstheoretischen Normalform 3. berücksichtigt, daß die Beziehung $\psi(a, b) = c$ sich mittels zweier zweistelliger logischer Funktionen in der Form $\Psi_1(a, c)$ & $\Psi_2(b, c)$ darstellen läßt, wobei $\Psi_1(a, c)$ dann und nur dann wahr ist, wenn 2^a die höchste in c aufgehende Potenz von 2 ist, und $\Psi_2(b, c)$ dann und nur dann wahr ist, wenn $2b + 1$ die größte in c aufgehende ungerade Zahl ist.

[2] Siehe die vor kurzem zitierte Pepissche Abhandlung „Untersuchungen über das Entscheidungsproblem der mathematischen Logik". Fundam. Math. Bd. 30 (1938).

[3] Auf diesen Umstand wurde von A. LINDENBAUM in seiner Besprechung der vorstehend zitierten Kalmárschen Abhandlung hingewiesen. Siehe Zbl. Math. Bd. 15 (1937).

[4] L. KALMÁR, „On the Reduction of the Decision Problem, First Paper". Journal of Symb. Logic, Vol. 4 (1939), S. 1—9.

Ein entsprechender Nachweis wurde später von L. KALMÁR und J. SURÁNYI für die pränex zusammengezogene GÖDELsche Normalform sowie auch für die pränex zusammengezogene PEPISsche Normalform erbracht. Vgl. Journal of Symb. Logic, Vol. 12 (1947), S. 65—73, und Vol. 15 (1950), S. 161—173.

3. — in der Art, wie wir es im Fall der Pepisschen Normalform dargelegt haben — vorgezeichnet.

In neuerer Zeit wurden bezüglich der erfüllungstheoretischen Normalformen etliche weitergehende Ergebnisse erzielt[1]. Als ein besonders prägnantes Ergebnis sei die Surányische Normalform erwähnt:

$$(x)\,(y)\,(z)\,\mathfrak{A}(x, y, z)\ \&\ (x)\,(y)\,(E\,u)\,\mathfrak{B}(x, y, u),$$

worin nur eine zweistellige Formelvariable und sonst nur einstellige Formelvariablen auftreten[2]. Diese Normalform stellt in Hinsicht auf die Verteilung der Quantoren schon beinahe das Optimum dar. Dieses Optimum ist erreicht worden, indem[3] die Form

$$(x)\,(E\,y)\,(z)\,\mathfrak{A}(x, y, z),$$

mit zweistelligen Formelvariablen, als erfüllungstheoretische Normalform[4] erkannt wurde.

Die Bedeutung der erfüllungstheoretischen Normalformen wird vor allem an Hand der *Beziehung der Formeln des Prädikatenkalkuls zu den Axiomensystemen* ersichtlich.

Wir können uns bei der Betrachtung dieser Beziehung auf Formeln ohne freie Individuenvariablen und ohne argumentlose Formelvariablen beschränken. Die Unwiderlegbarkeit einer solchen Formel des Prädikatenkalkuls ist gleichbedeutend mit der Widerspruchsfreiheit desjenigen Axioms bzw. Axiomensystems, welches durch die Formel dargestellt wird, die wir aus der betrachteten Formel mittels der Ersetzung der Formelvariablen durch Prädikatensymbole mit der gleichen Anzahl von Argumenten erhalten. Hat die betrachtete Formel die Gestalt einer Konjunktion aus pränexen Formeln, so werden wir nach der Ersetzung der Formelvariablen durch Prädikatensymbole jedes Konjunktionsglied für sich als Axiom nehmen; von dem so erhaltenen Axiomensystem, worin sich die Axiome durch pränexe Formeln ohne freie Individuenvariablen darstellen, können wir sodann zu einem Axiomensystem in aufgelöster Form übergehen, worin jedem der vorher auftretenden Seinszeichen, denen kein Allzeichen vorausgeht, ein Indi-

[1] Zur Literatur vgl. W. Ackermann „Solvable Cases of the Decision Problem" (Amsterdam 1954) und J. Surányi „Reduktionstheorie des Entscheidungsproblems im Prädikatenkalkul der ersten Stufe" (Budapest 1959).

[2] Vgl. in dem erwähnten Surányischen Buche Satz X, S. 72.

[3] In einer Untersuchung von A. S. Kahr, E. F. Moore und Hao Wang „Entscheidungsproblem reduced to the ∀∃∀ case", Proc. of the Nat. Acad. of Sc., Vol. 48 (1962), S. 365—377. Die Autoren nehmen Bezug auf Überlegungen von J. R. Büchi.

[4] Anstelle des Terminus „erfüllungstheoretische Normalform" hat sich in der Literatur der von Surányi benutzte Ausdruck „Reduktionstypus" eingebürgert.

viduensymbol und jedem Seinszeichen, dem $\mathfrak{k}$ Allzeichen vorausgehen, ein Funktionszeichen mit $\mathfrak{k}$ Argumenten entspricht. Dieses Axiomensystem in aufgelöster Form verhält sich, wie wir wissen, hinsichtlich der Widerspruchsfreiheit ebenso wie das vorherige Axiomensystem.

Sind nun zwei Formeln des Prädikatenkalkuls (ohne freie Individuenvariablen und ohne argumentlose Formelvariablen) hinsichtlich der Widerlegbarkeit gleichwertig, so müssen sich auch die ihnen entsprechenden Axiomensysteme in aufgelöster Form in betreff der Widerspruchsfreiheit gleich verhalten.

Jede Normalform für die Untersuchung der Widerlegbarkeit von Formeln des Prädikatenkalkuls liefert daher eine *Normalform für die Untersuchung der Widerspruchsfreiheit von symbolisch aufgelösten Axiomensystemen* in dem Sinne, daß zu jedem symbolisch aufgelösten Axiomensystem ein solches von besonderer Art bestimmt werden kann, welches sich in betreff der Widerspruchsfreiheit ebenso wie jenes verhält.

In dieser Weise entsprechen nun den Normalformen 1.—4. und den zuletzt genannten zwei Normalformen (unter Berücksichtigung der erwähnten zusätzlichen Verschärfungen) folgende Normalformen für die Untersuchung der Widerspruchsfreiheit symbolisch aufgelöster Axiomensysteme:

1. Ein Axiomensystem mit nur drei verschiedenen Individuenvariablen, ohne Individuensymbole, mit einem zweistelligen und sonst nur einstelligen Funktionszeichen und mit nur vier Prädikatensymbolen, drei zweistelligen und einem einstelligen.

2. Ein Axiomensystem mit nur einem, zweistelligen Funktionszeichen, nur einem, zweistelligen Prädikatensymbol und nur drei Individuensymbolen.

3. Ein Axiomensystem ohne Individuensymbole, mit nur einem, zweistelligen Funktionszeichen und nur drei Prädikatensymbolen, zwei zweistelligen und einem einstelligen.

4. Ein Axiomensystem mit nur einem Individuensymbol, nur einem, einstelligen Funktionszeichen und nur einem zweistelligen Prädikatensymbol.

(In den Normalformen 2., 3., 4. ist die Anzahl der Individuenvariablen nicht beschränkt.)

5. Ein Axiomensystem ohne Individuensymbole, mit nur drei verschiedenen Individuenvariablen, mit einem zweistelligen Funktionszeichen und mit einem zweistelligen und sonst nur einstelligen Prädikatensymbolen.

6. Ein Axiomensystem ohne Individuensymbole mit zwei verschiedenen Individuenvariablen, einem einstelligen Funktionszeichen und einer Anzahl von zweistelligen Prädikatensymbolen. —

Zur Untersuchung der Widerspruchsfreiheit von Axiomensystemen der ersten Stufe können natürlich unsere Kriterien der Widerlegbarkeit auch direkt verwendet werden. Insbesondere ergibt sich aus dem Kriterium 2*, daß zur Feststellung der Widerspruchsfreiheit eines in symbolisch aufgelöster Form gegebenen Axiomensystems der ersten Stufe anstatt einer Erfüllung durch ein finites zahlentheoretisches Modell eine Art uneigentlicher Erfüllung genügt, welche darin besteht, daß man *abschnittweise fortschreitend* die mathematischen und die logischen Funktionen jeweils für einen *endlichen Zahlenbereich* (bis zu einer gewissen Zahl hin) so definiert, daß die Axiome für alle die Wertsysteme der freien Variablen, bei denen die Werte der sämtlichen vorkommenden Terme noch in dem betreffenden Zahlenbereich liegen, den Wert „wahr" erhalten, und beim Übergang von einem Zahlenbereich zu einem größeren *die Definition der mathematischen Funktionen fortsetzt, während die Definition der logischen Funktionen beliebig geändert werden kann.* Wenn sich erkennen läßt, daß dieses Verfahren der abschnittweisen Erfüllung unbegrenzt weitergeführt werden kann, so ist damit die Widerspruchsfreiheit des betreffenden Axiomensystems erwiesen.

Dabei ist die Widerspruchsfreiheit hier zunächst zu verstehen im Rahmen der Schlußweisen, die durch den Prädikatenkalkul formalisiert sind.

Vom Standpunkt der mengentheoretischen Prädikatenlogik fällt diese Art der Widerspruchsfreiheit auf Grund des Gödelschen Vollständigkeitssatzes zusammen mit der Erfüllbarkeit des Axiomensystems durch ein zahlentheoretisches (allerdings im allgemeinen nichtfinites) Modell, und es ist danach mit jener auf den Prädikatenkalkul bezogenen Widerspruchsfreiheit zugleich die Widerspruchsfreiheit im unbegrenzten inhaltlichen Sinne gewährleistet.

Auch für diese Verwertung des Gödelschen Vollständigkeitssatzes gibt es eine Art von finitem Äquivalent: Nämlich es läßt sich einsehen, daß eine jede unwiderlegbare Formel des Prädikatenkalkuls auch unwiderlegbar ist im Rahmen eines jeden „zahlentheoretisch widerspruchsfreien" Formalismus, d. h. eines solchen Formalismus, der erstens widerspruchsfrei ist und ferner bei Hinzunahme des zahlentheoretischen Formalismus (falls er diesen nicht schon in sich schließt) nebst eventuell noch der Hinzufügung verifizierbarer Formeln der rekursiven Zahlentheorie (als Axiomen) widerspruchsfrei bleibt.

Zur Gewinnung dieser Einsicht bedarf es aber eines Schrittes, den wir bisher noch nicht vollzogen haben, nämlich der Formalisierung der beweistheoretischen Überlegungen. Dieser Methode, die nach verschiedenen Richtungen erhebliche Einblicke gewährt, wollen wir uns nunmehr zuwenden.

§ 4. Die Methode der Arithmetisierung der Metamathematik in Anwendung auf den Prädikatenkalkul.

1. Durchführung einer Arithmetisierung der Metamathematik des Prädikatenkalkuls.

a) Die Nummernzuordnungen. In den vorangehenden drei Paragraphen haben wir die Methoden behandelt, die sich an die Einführung des Hilbertschen ε-Symbols knüpfen. Insbesondere konnten wir mittels der Methode der Elimination der gebundenen Variablen die aufgeworfene Frage betreffend die symbolische Auflösung von Existenzialaxiomen zur befriedigenden Erledigung bringen; ferner erhielten wir das allgemeine Wf.-Theorem, mittels dessen es möglich ist, die Widerspruchsfreiheit von Axiomen der ersten Stufe, ohne Voraussetzung der Widerspruchsfreiheit des vollen arithmetischen Formalismus, an Hand von finiten zahlentheoretischen Modellen nachzuweisen.

Außerdem lieferte uns diese Methode auch einen naturgemäßen Beweis für den Herbrandschen Satz, der ein starkes Hilfsmittel zur metamathematischen Beherrschung des Prädikatenkalkuls bildet, sowie auch zur finiten Behandlung von Entscheidungsproblemen. In Hinsicht auf den zahlentheoretischen Formalismus führte dagegen die Anwendung des ε-Symbols nur zu einem partiellen Ergebnis, indem es nur für einen Teilformalismus, nicht aber für den vollen Formalismus des Systems[1] (Z) gelang, die Widerspruchsfreiheit auf diesem Wege zu erweisen[2].

Wir kommen nun auf eine weitere beweistheoretische Methode zu sprechen, welche von Kurt Gödel ausgebildet worden ist[3]: das Verfahren der Arithmetisierung der Metamathematik.

Was zunächst das Grundsätzliche betrifft, so ist die Möglichkeit einer Arithmetisierung der Metamathematik in entsprechender Weise gegeben wie die Möglichkeit der Arithmetisierung anderer Theorien: die Arithmetik ist genügend reichhaltig an Beziehungen, um ein Modell für die metamathematischen Gegenständlichkeiten und Beziehungen zu liefern[4]. Dieser Sachverhalt besteht auch unabhängig von dem finiten

---

[1] Vgl. Suppl. I, S. 398.

[2] Vgl. S. 127.

[3] Dieses erfolgte in Gödels bahnbrechender Abhandlung „Über formal unentscheidbare Sätze der Principia Mathematica und verwandter Systeme“, Mh. Math. Phys. Bd. 38 (1931), S. 173—198.

[4] Ein solches Modell läßt sich auch als ein erfüllendes Modell für ein Axiomensystem auffassen. In der Tat besteht die Möglichkeit, die Metamathematik eines deduktiven Formalismus zu axiomatisieren. Auf diese Möglichkeit wurde zuerst von A. Tarski in den Abhandlungen „Einige Betrachtungen über die Begriffe der ω-Widerspruchsfreiheit und der ω-Vollständigkeit“ [Mh. Math. Phys. Bd. 40 (1933)] und „Der Wahrheitsbegriff in den formalisierten Sprachen“ (Trav. Soc.

Charakter der Metamathematik. Für eine finite Metamathematik kann aber außerdem das arithmetische Modell als ein solches der finiten Arithmetik gewählt werden.

Durch diese prinzipielle Erwägung ist nun freilich noch nicht ein Verfahren der Arithmetisierung vorgezeichnet; vor allem aber ist nicht von vornherein abzusehen, ob es gelingt, die mathematischen Verhältnisse in einem arithmetischen Modell der Metamathematik soweit effektiv zu verfolgen, wie es für die Zwecke der Anwendungen erfordert wird, bei denen wir mit der Arithmetisierung noch die Formalisierung der Metamathematik zu verbinden haben.

GÖDEL hat nun gezeigt, daß die Hilfsmittel der rekursiven Zahlentheorie zur mathematischen Beherrschung eines solchen Modells und zu seiner Formalisierung völlig ausreichend sind. Das Verfahren der Arithmetisierung, das er wählt, besteht in der *arithmetischen Nachahmung der linearen Anordnung der Zeichen* in den Formeln der formalisierten Mathematik. Die logische und mathematische Symbolik läßt sich jedenfalls so wählen, daß die Anordnung der Symbole und Variablen in den Formeln eine streng lineare ist. Wird dann jedem gestaltlich bestimmten Symbol und jeder gestaltlich bestimmten Variablen, sowie auch der vorderen Klammer, der hinteren Klammer und dem Komma eindeutig je eine Ziffer (Nummer) zugeordnet, so entspricht jeder Formel umkehrbar eindeutig eine Aufeinanderfolge von Ziffern[1].

Nun können wir, wie früher gezeigt[2], mit Hilfe der eindeutigen Zerlegung der Zahlen in Primfaktoren jeder (endlichen) Aufeinanderfolge von Ziffern umkehrbar eindeutig eine Ziffer zuordnen, nämlich der Aufeinanderfolge

$$\mathfrak{n}_1, \ldots, \mathfrak{n}_\mathfrak{r}$$

die Ziffer

$$\wp_0^{\mathfrak{n}_1}, \ldots, \wp_{\mathfrak{r}-1}^{\mathfrak{n}_\mathfrak{r}},$$

wobei $\wp_0, \wp_1, \ldots, \wp_{\mathfrak{r}-1}$ die ersten $\mathfrak{r}$-Primzahlen bedeuten. Auf diese Weise wird jede Formel durch eine ihr beigelegte Nummer gekennzeichnet. Das gleiche Verfahren können wir nochmals dazu verwenden, die endlichen Formelreihen durch Nummern zu kennzeichnen, indem wir der

Sci. Varsovie 1933, Deutsche Übersetzung in den Studia philos. 1935) hingewiesen, in denen er auch für gewisse deduktive Formalismen den Begriff des „Ausdrucks" axiomatisch festgelegt hat. — Ein allgemeiner Ansatz zur Axiomatisierung der Metamathematik deduktiver Formalismen ist von H. HERMES in dem Vortrag „Ein Axiomensystem für die Syntax des (klassischen) Logikkalküls" (Trav. du IX. congr. intern. de philos. Paris 1937, Heft 6) kurz geschildert worden.

[1] Der Gedanke, die symbolischen Formeln in solcher Weise durch Aufeinanderfolgen von Ziffern darzustellen und dadurch die Regeln für die Bildung der symbolischen Formeln und für die Ausführung der formalen Beweise in arithmetische Regeln zu übersetzen, war von HILBERT bereits im Zusammenhang mit seinen Überlegungen zum Cantorschen Kontinuumsproblem gefaßt worden. Es schien aber damals, daß die Durchführung dieses Gedankens sich allzu kompliziert gestalten würde.

[2] Siehe Bd. I, S. 324—326.

Formelreihe, die aus den Formeln mit den Nummern $\mathfrak{n}_1, \ldots, \mathfrak{n}_\mathfrak{r}$ besteht, die Nummer

$$\wp_0^{\mathfrak{n}_1}, \wp_1^{\mathfrak{n}_2}, \ldots, \wp_{\mathfrak{r}-1}^{\mathfrak{n}_\mathfrak{r}}$$

beilegen. Wir haben es hiernach mit dreierlei Zuordnungen von Nummern zu Objekten der Beweistheorie zu tun: Einer Nummernzuordnung zu den symbolischen Bestandteilen, aus denen sich die Formeln aufbauen, einer zweiten zu den Formeln und einer dritten zu den Formelreihen, insbesondere den Beweisen.

Mittels dieser Zuordnungen stellen sich nun die strukturellen Eigenschaften und Beziehungen von Formeln und Formelreihen durch zahlentheoretische Eigenschaften und Beziehungen dar.

Wir können aber die Arithmetisierung auch auf eine etwas andere Art bewirken, indem wir, anstatt die Schreibweise der Formeln nachzubilden, ihren *grammatischen Aufbau arithmetisch nachahmen*. Der Unterschied des Verfahrens besteht darin, daß wir den Prädikaten, Symbolen und Funktionszeichen sowie den logischen Symbolen nicht Nummern, sondern arithmetische Funktionen zuordnen. Wir wollen dieses Verfahren zunächst an seiner *Anwendung auf den Prädikatenkalkul* darlegen.

Die Formeln des Prädikatenkalkuls sind gebildet aus freien und gebundenen Individuenvariablen, Formelvariablen ohne und mit Argumenten[1], ferner aus den Symbolen des Aussagenkalkuls und den Quantoren. Wir wählen: als Nummern für die gebundenen Variablen die Primzahlen, welche von 2, 3, 5 verschieden sind; für die freien Individuenvariablen die Zahlen[2] $2 \cdot p$, wo p eine Primzahl > 5 ist, für die Formelvariablen ohne Argument die Zahlen $10 \cdot p$, wo p eine Primzahl > 5 ist. Die Formelvariablen mit $\mathfrak{k}$ Argumentstellen repräsentieren wir durch $\mathfrak{k}$-stellige Funktionen der Form

$$10 \cdot \mathfrak{q}_1^{a_1} \cdot \cdots \cdot \mathfrak{q}_\mathfrak{k}^{a_\mathfrak{k}},$$

wobei $\mathfrak{q}_1, \ldots, \mathfrak{q}_\mathfrak{k}$ Primzahlen > 5 sind und $\mathfrak{q}_\mathfrak{i} < \mathfrak{q}_{\mathfrak{i}+1}$ (für $1 \leqq \mathfrak{i} < \mathfrak{k}$). Diese Darstellung einer Formelvariablen ist so zu verstehen, daß ein Ausdruck bestehend aus der Formelvariablen mit Argumenten, deren Nummern (nach der Reihenfolge der Argumentstellen geordnet) $\mathfrak{n}_1, \ldots, \mathfrak{n}_\mathfrak{k}$ sind, als Nummer die Zahl

$$10 \cdot \mathfrak{q}_1^{\mathfrak{n}_1} \cdot \cdots \cdot \mathfrak{q}_\mathfrak{k}^{\mathfrak{n}_\mathfrak{k}}$$

erhält. Die genannten Zuordnungen von Nummern und Funktionen sollen so getroffen werden, daß das Entsprechen zwischen den Primzahlen > 5 und den gebundenen Variablen, ferner zwischen den Zweifachen jener Primzahlen und den freien Individuenvariablen, zwischen den Zehnfachen jener Primzahlen und den Formelvariablen ohne Argument sowie, für jede Anzahl $\mathfrak{k}$, zwischen den nach wachsender Größe geordneten $\mathfrak{k}$-tupeln aus Primzahlen > 5 und den Formelvariablen mit

[1] Wir setzen hier voraus, daß für jede Variablenart, und bei den Formelvariablen auch für jede Anzahl von Argumentstellen, die Bildung von Variablen in einer unbegrenzten Folge entsprechend der Zahlenreihe fortschreite.

[2] Wir sprechen hier, da wir die Arithmetisierung zunächst im Rahmen der *inhaltlichen* Zahlentheorie ausführen, von „Zahlen" anstatt von „Ziffern".

$\mathfrak{k}$ Argumenten je ein umkehrbar eindeutiges ist[1]. Für die logischen Operationen wählen wir folgende Repräsentationen:

für die Negation die Multiplikation mit 3,
„ „ Konjunktion die Funktion $20 \cdot 7^a \cdot 11^b$,
„ „ Disjunktion „ „ $40 \cdot 7^a \cdot 11^b$,
„ „ Implikation „ „ $80 \cdot 7^a \cdot 11^b$,
„ „ Äquivalenz „ „ $160 \cdot 7^a \cdot 11^b$;
den Allquantor repräsentieren wir durch $50 \cdot \mathfrak{q}^a$,
den Seinsquantor durch $100 \cdot \mathfrak{q}^a$,

wobei jeweils $\mathfrak{q}$ die Nummer der zu dem Quantor gehörenden gebundenen Variablen ist und für a jeweils die Nummer des Ausdrucks einzusetzen ist, auf den sich der Quantor erstreckt.

Für die Arithmetisierung von Betrachtungen zum Entscheidungsproblem brauchen wir noch eine Repräsentation der Ziffern und der Funktionszeichen[2]. Als Nummer für eine Ziffer $\mathfrak{n}$ nehmen wir die Zahl $2 \cdot 3^{\mathfrak{n}}$, zur Repräsentation eines Funktionszeichens mit $\mathfrak{k}$ Argumenten eine Funktion

$$5 \cdot \mathfrak{q}_1^{a_1} \cdot \cdots \cdot \mathfrak{q}_{\mathfrak{k}}^{a_{\mathfrak{k}}},$$

worin $\mathfrak{q}_1, \ldots, \mathfrak{q}_{\mathfrak{k}}$ wieder wachsend geordnete Primzahlen > 5 sind.

Die so gewählten Zuordnungen sind von den besonderen Konventionen der Schreibweise der Formeln unabhängig. (Auch die Schreibweise der Ziffern mittels der Null und des Strichsymbols bleibt dabei außer Betracht.) Wollen wir bestimmten aufgeschriebenen Formeln im Sinne dieser Zuordnung Nummern zuweisen, so müssen wir noch betreffs der Zuordnung von bestimmten Variablennummern zu bestimmten Buchstaben Verabredungen treffen. Z. B. können wir im Einklang mit unseren Festsetzungen vereinbaren, daß die Nummern der Variablen x, y, z die Zahlen 7, 11, 13, die Nummern der Variablen a, b, c die Zahlen 14, 22, 26, die Nummern der Formelvariablen ohne Argument A, B, C die Zahlen 70, 110, 130 sein sollen, und daß die Formelvariablen A, B, C mit einem Argument durch die Funktionen

$$10 \cdot 7^a, \quad 10 \cdot 11^a, \quad 10 \cdot 13^a,$$

die Formelvariable A mit zwei Argumenten durch die Funktion

$$10 \cdot 7^a \cdot 11^b$$

repräsentiert werde.

Es erhält dann z. B. die Formel

$$A \mathbin{\&} B \rightarrow B \mathbin{\&} A$$

als Nummer die Zahl

$$80 \cdot 7^{(20 \cdot 7^{10 \cdot 7} \cdot 11^{10 \cdot 11})} \cdot 11^{(20 \cdot 7^{10 \cdot 11} \cdot 11^{10 \cdot 7})}$$

(d. h. die Zahl, die sich durch Auswertung des angegebenen Rechenausdrucks ergibt);

---

[1] Eine Zuordnung der $\mathfrak{k}$-stelligen Formelvariablen zu den nach wachsender Größe geordneten $\mathfrak{k}$-tupeln aus Primzahlen > 5 erhält man, auf Grund der Abzählbarkeit dieser $\mathfrak{k}$-tupel, aus einer Abzählung der $\mathfrak{k}$-stelligen Formelvariablen.

[2] Wir setzen für jede Anzahl $\mathfrak{k}$ eine unbegrenzte Bildung von $\mathfrak{k}$-stelligen Funktionszeichen voraus.

die Formel

$$(x)\, A(x) \to A(c)$$

erhält die Nummer

$$80 \cdot 7^{(50 \cdot 7^{(10 \cdot 7^7)})} \cdot 11^{(10 \cdot 7^{26})},$$

die Formel

$$\overline{(E x)}\, (y)\, A(x, y) \vee (x)\, (E y)\, A(y, x)$$

erhält die Nummer

$$40 \cdot 7^{(300 \cdot 7^{(50 \cdot 11^{(10 \cdot 7^7 \cdot 11^{11})})})} \cdot 11^{(50 \cdot 7^{(100 \cdot 11^{(10 \cdot 7^{11} \cdot 10^7)})})}.$$

Ein grundlegendes Erfordernis, dem die Nummernzuordnung zu genügen hat, besteht darin, daß verschiedene Ausdrücke stets auch verschiedene Nummern haben müssen. Diese Bedingung wird bei unseren Zuordnungen in der Weise erfüllt, daß die verschiedenen Arten von Variablen und Symbolen durch die Primzahlpotenzen, insbesondere die Potenzen von 2, 3 und 5 unterschieden sind, die in den repräsentierenden Nummern bzw. Funktionen als Faktoren auftreten. So ist ein Ausdruck, der aus einer Formelvariablen mit oder ohne Argument besteht, als ein solcher dadurch charakterisiert, daß seine Nummer durch 10, aber nicht durch 20, nicht durch 25 und nicht durch 30 teilbar ist; ein Ausdruck, der die Negation eines anderen ist, und nur ein solcher hat eine durch 30 teilbare Nummer; ein Ausdruck, der die Konjunktion von zwei Ausdrücken ist, hat eine durch 4 und durch 5, aber durch keine höhere Potenz von 2 und von 5 sowie auch nicht durch 3 teilbare Nummer; ein Ausdruck mit einem voranstehenden Allzeichen, dessen Bereich sich bis zum Ende des Ausdrucks erstreckt, hat eine durch 50, aber nicht durch 4 und nicht durch 3 teilbare Nummer; in entsprechender Weise sind die Disjunktionen, Implikationen, Äquivalenzen und die Ausdrücke mit voranstehenden Seinszeichen als solche charakterisiert.

Ein Funktionszeichen mit Argumenten hat eine durch 5, aber nicht durch 2 und nicht durch 3 teilbare Nummer. Die Nummern von Ziffern sind dadurch gekennzeichnet, daß sie keinen Primteiler > 3 enthalten. Bei einem Ausdruck, der aus einem Funktionszeichen oder einer Formelvariablen mit einem oder mehreren Argumenten besteht, ist die Anzahl der Argumente durch die Nummer des Ausdrucks als die Anzahl derjenigen Primfaktoren, welche in höherer als erster Potenz in der Nummer aufgehen, gekennzeichnet. (Die Nummer einer Formelvariablen ohne Argument enthält keine Primzahl in höherer als erster Potenz.)

Für je zwei verschiedene freie bzw. gebundene Individuenvariablen und ebenso für je zwei verschiedene Formelvariablen mit der gleichen Anzahl von Argumenten und je zwei verschiedene Funktionszeichen mit der gleichen Anzahl von Argumenten unterscheiden sich die Nummern durch die Gesamtheit der in ihnen aufgehenden Primzahlen. In den Nummern von verschiedenen Ziffern geht die Zahl 3 in verschieden hohen Potenzen auf.

Hiernach ergibt sich zunächst, daß zwei Ausdrücke des betrachteten Formalismus, die sich hinsichtlich des zu äußerst stehenden Zeichens unterscheiden, verschiedene Nummern haben; und auf Grund davon ergibt sich die Verschiedenheit der Nummern irgend zweier verschiedener

Ausdrücke durch eine Induktion nach der Anzahl der in den betreffenden Ausdrücken enthaltenen Zeichen, indem wir berücksichtigen, daß die arithmetischen Funktionen, die gemäß unseren Zuordnungen den symbolischen Zusammensetzungen entsprechen, alle so beschaffen sind, daß erstens ihre Werte größer sind als die Werte ihrer Argumente, und daß ferner verschiedenen Argumentwerten bzw. Wertsystemen der Argumente auch stets verschiedene Funktionswerte zugehören.

Bemerkung. Die den symbolischen Zusammensetzungen zugeordneten arithmetischen Funktionen haben außerdem alle die Eigenschaft, daß bei Vergrößerung des Wertes eines Argumentes (unter Beibehaltung der übrigen Argumentwerte) sich der Funktionswert vergrößert.

b) Hilfsmittel der rekursiven Zahlentheorie. Sehen wir nun zu, wie sich die strukturellen Eigenschaften und Beziehungen der Ausdrücke des Prädikatenkalkuls in arithmetische Beziehungen der sie repräsentierenden Nummern übersetzen lassen. Insbesondere wollen wir uns davon überzeugen, daß für die als direkter Befund feststellbaren Eigenschaften und Beziehungen von Ausdrücken des Prädikatenkalkuls die arithmetische Übersetzung durch „*rekursive*" Funktionen und Prädikate geliefert wird. Dabei verstehen wir wie früher[1] unter einer rekursiven Funktion eine solche, die sich durch primitive Rekursionen nebst Einsetzungen definieren läßt. Und ein Zahlenprädikat nennen wir rekursiv, wenn sich zu ihm eine rekursive Funktion $\mathfrak{f}(a_1, \ldots, a_\mathfrak{k})$ angeben läßt, deren Stellenzahl mit derjenigen des Prädikats übereinstimmt und welche für ein vorgelegtes Argumentsystem $\mathfrak{n}_1, \ldots, \mathfrak{n}_\mathfrak{k}$ dann und nur dann den Wert 0 hat, wenn das Prädikat auf das Argumentsystem $\mathfrak{n}_1, \ldots, \mathfrak{n}_\mathfrak{k}$ zutrifft.

Im Formalismus der rekursiven Zahlentheorie stellt sich eine rekursive Funktion durch einen „rekursiven Term"[2] dar, worin die verschiedenen vorkommenden freien Variablen umkehrbar eindeutig den Argumenten der Funktion entsprechen, und ein rekursives Prädikat stellt sich durch eine Gleichung

$$\mathfrak{t} = 0$$

dar, wobei $\mathfrak{t}$ ein rekursiver Term ist und die verschiedenen in $\mathfrak{t}$ vorkommenden freien Variablen umkehrbar eindeutig den Argumenten (Subjekten) des Prädikats entsprechen. Umgekehrt stellt auch jede solche Gleichung, in der mindestens eine freie Variable auftritt, ein rekursives Prädikat dar.

Wir können nun unsere früheren Betrachtungen[3] aus der rekursiven Zahlentheorie betreffend die rekursiven Definitionen von Funktionen sowie die Überführbarkeit von Formeln in Gleichungen der Gestalt

$$\mathfrak{t} = 0$$

[1] Vgl. Bd. I, S. 287—288, S. 322 oben, S. 330—331.
[2] Vgl. Bd. I, S. 321.
[3] Vgl. Bd. I, S. 313—334.

(„rekursive Formeln")[1] hier verwerten. Wir entnehmen aus diesen folgende Tatsachen:

1. Rekursive Funktionen sind insbesondere:

die Funktionen $a + b$, $a \cdot b$, a^b;

die Funktion $\alpha(n)$, die für $n = 0$ den Wert 0 und sonst den Wert 1 hat;

die Funktion $\beta(n)$, die für $n = 0$ den Wert 1 und sonst den Wert 0 hat;

die Funktion $\delta(a, b)$, die für $a \leqq b$ den Wert 0 hat und für $a > b$ der Gleichung

$$a = b + \delta(a, b)$$

genügt; die Funktion $\delta(n)$, die mit $\delta(n, 1)$ übereinstimmt;

die Funktionen $\pi(a, b)$, $\varrho(a, b)$, die für $b \neq 0$ den Quotient und den Rest bei der Division von a durch b darstellen und durch die Bedingungen

$$a = \pi(a, b) \cdot b + \varrho(a, b), \qquad \varrho(a, b) < b \quad \text{für} \quad b \neq 0,$$
$$\pi(a, 0) = 0$$

charakterisiert sind;

die Funktion $\wp_n$, welche die Primzahl mit der Nummer n in der mit der Nummer 0 beginnenden Numerierung nach der Größe darstellt;

die Funktion $\nu(m, k)$, deren Wert für $m \neq 0$ gleich dem Exponenten der höchsten in m aufgehenden Potenz der Primzahl $\wp_k$ und für $m = 0$ gleich 0 ist;

die Funktion $\lambda(m)$, deren Wert für $m > 1$ gleich der Nummer der größten in m aufgehenden Primzahl und sonst gleich m ist.

Auch können wir durch eine rekursive Funktion $\sigma(a, b)$ und ihre Umkehrungsfunktionen $\sigma_1(n)$ und $\sigma_2(n)$ eine solche [mit dem Paar (0, 0) beginnende] Numerierung der Zahlenpaare darstellen, bei welcher einem Paar $(0, c)$ diejenigen und nur diejenigen Zahlenpaare vorausgehen, in denen beide Zahlen kleiner als c sind[2].

Durch Zusammensetzen rekursiver Funktionen entstehen wieder rekursive Funktionen.

---

[1] Diese Verwendung des Terminus „rekursive Formel", die wir im folgenden einhalten wollen, ist etwas enger als nach unserer Definition im § 7 (vgl. Bd. I, S. 322.

[2] Siehe Bd. I, S. 326. Anstatt der hier benutzten Art der Numerierung kann auch diejenige genommen werden, bei welcher die Ordnung in erster Linie nach der größten in dem Paar vorkommenden Zahl und in zweiter Linie lexikographisch erfolgt. Auch bei dieser sind ja die einem Paar $(0, c)$ vorausgehenden Paare (a, b) diejenigen, in welchen die Zahlen a, b kleiner als c sind. Die Funktion $\sigma^*(a, b)$, welche diese Numerierung darstellt, und ihre Umkehrungsfunktionen $\sigma_1^*(n)$, $\sigma_2^*(n)$ lassen sich, wiederum mit Hilfe der Funktion $[\sqrt{n}]$, die einer Zahl n die größte der Zahlen zuordnet, deren Quadrat $\leqq n$ ist (siehe die rekursive Definition Bd. I, S. 326), durch folgende Rekursionen definieren:

$$\sigma^*(a, b) = \alpha\big(\delta(b, a)\big) \cdot (a + b^2) + \beta\big(\delta(b, a)\big) \cdot (a^2 + a + b)$$
$$\sigma_1^*(n) = \alpha\big(\delta([\sqrt{n}]^2 + [\sqrt{n}], n)\big) \cdot \delta(n, [\sqrt{n}]^2) + \beta\big(\delta([\sqrt{n}]^2 + [\sqrt{n}], n)\big) \cdot [\sqrt{n}]$$
$$\sigma_2^*(n) = \alpha\big(\delta([\sqrt{n}]^2 + [\sqrt{n}], n)\big) \cdot [\sqrt{n}] + \beta\big(\delta([\sqrt{n}]^2 + [\sqrt{n}], n)\big) \cdot \delta(n, [\sqrt{n}]^2 + [\sqrt{n}]).$$

2. Ist $\mathfrak{t}(a)$ ein rekursiver Term, so stellt sich auch die n-gliedrige Summe $\sum_{x<n}\mathfrak{t}(x)$ sowie das n-gliedrige Produkt $\prod_{x<n}\mathfrak{t}(x)$, und ebenso $\sum_{x\leqq n}\mathfrak{t}(x)$ und $\prod_{x\leqq n}\mathfrak{t}(x)$ je durch einen rekursiven Term dar.

Hiernach ist z. B. die Funktion von n, die für $n = 0$ den Wert 0 und sonst die Anzahl der verschiedenen Primfaktoren von n als Wert hat, eine rekursive Funktion, da sie sich durch den Ausdruck

$$\sum_{x<n}\alpha\big(\nu(n, x)\big)$$

darstellt. Wir wollen diese Funktion mit „$\varkappa(n)$" bezeichnen.

3. Rekursive Prädikate sind insbesondere:

„$a = b$", das sich durch die Gleichung $\delta(a, b) + \delta(b, a) = 0$ darstellt;

„$a < b$", das sich durch die Gleichung $\beta\big(\delta(b, a)\big) = 0$ darstellt;

„$a \leqq b$", das sich durch die Gleichung $\delta(a, b) = 0$ darstellt;

„a ist durch b teilbar" bzw. „b geht in a auf", das durch $\varrho(a, b) = 0$ dargestellt wird;

„n ist eine Primzahl", das durch die Gleichung $\delta(2, n) + \delta(n, \wp_{\lambda(n)}) = 0$ dargestellt wird.

Für die Formel $\varrho(a, b) = 0$ wollen wir zur Abkürzung auch „b/a" schreiben[1], und als Abkürzung für $\delta(2, n) + \delta(n, \wp_{\lambda(n)}) = 0$ das Symbol $Pr(n)$ verwenden.

4. Aus rekursiven Prädikaten erhalten wir durch die Operationen der Negation, Konjunktion, Implikation, Äquivalenz stets wieder rekursive Prädikate. Insbesondere stellt sich die Negation eines durch eine Gleichung $\mathfrak{t} = 0$ dargestellten Prädikats durch $\beta(\mathfrak{t}) = 0$, die Konjunktion zweier durch die Gleichungen $\mathfrak{s} = 0$, $\mathfrak{t} = 0$ darstellbaren Prädikate durch die Gleichung $\mathfrak{s} + \mathfrak{t} = 0$, ihre Disjunktion durch die Gleichung $\mathfrak{s} \cdot \mathfrak{t} = 0$ dar.

5. Ist $\mathfrak{P}(a)$ ein rekursives Prädikat (das außer a noch andere Argumente enthalten kann), so bildet die Aussage „Für alle Zahlen x, die kleiner als n sind, trifft $\mathfrak{P}(x)$ zu", sowie auch die Aussage „Es gibt eine Zahl x, die kleiner als n ist und für die $\mathfrak{P}(x)$ zutrifft", ein rekursives Prädikat der in sie eingehenden freien Parameter. Das gleiche gilt, wenn es in der betreffenden Aussage anstatt „kleiner als n" heißt „nicht größer als n".

Bemerkung. Man beachte, daß in den beiden eben genannten Aussagen nicht etwa die Variable x, wohl aber die Variable n als Parameter auftritt.

Ferner läßt sich für ein jedes rekursive Prädikat $\mathfrak{P}(a)$ die Funktion $\underset{x\leqq n}{\mathfrak{Min}}\,\mathfrak{P}(x)$ durch einen rekursiven Term darstellen, d. h. die Funktion,

[1] Das Symbol a/b haben wir schon früher (vgl. Bd. I, S. 413) in gleicher arithmetischer Bedeutung gebraucht, wenn es auch dort durch eine andere Definition eingeführt wurde.

deren Wert (für jedes Wertsystem der auftretenden Parameter) die kleinste von den Zahlen $x \leqq n$ ist, für welche $\mathfrak{P}(x)$ zutrifft, oder, falls keine solche Zahl vorhanden ist, gleich 0 ist.

6. Ersetzen wir in dem (sprachlichen oder durch eine Formel gegebenen) Ausdruck eines rekursiven Prädikats ein oder mehrere Argumente durch rekursive Funktionen, deren Argumente teilweise oder sämtlich mit Argumenten des Prädikats identifiziert sein können, so ist das entstehende Prädikat wieder rekursiv.

7. Wird ein rekursives Prädikat durch eine Gleichung $\mathfrak{t} = 0$, mit einem rekursiven Term $\mathfrak{t}$, dargestellt, so wird es auch durch die Gleichung $\alpha(\mathfrak{t}) = 0$ dargestellt, und der Term $\alpha(\mathfrak{t})$ hat für diejenigen Wertsysteme der Argumente (der freien Variablen), für welche das Prädikat zutrifft, den Wert 0, für die übrigen den Wert 1.

Der Term $\alpha(\mathfrak{t})$ stellt eine durch das betreffende rekursive Prädikat eindeutig bestimmte arithmetische Funktion seiner Argumente dar, während ja in der Darstellung jenes Prädikats durch eine Gleichung $\mathfrak{t} = 0$ die durch $\mathfrak{t}$ dargestellte arithmetische Funktion keineswegs eindeutig durch das Prädikat bestimmt ist.

8. Sind $\mathfrak{P}_1, \ldots, \mathfrak{P}_\mathfrak{r}$ einander ausschließende rekursive Prädikate, d. h. solche, von denen für kein Wertsystem der Argumente zwei zugleich zutreffen, und sind $\mathfrak{f}_1, \ldots, \mathfrak{f}_\mathfrak{r}, \mathfrak{f}$ rekursive Terme, so ist die Funktion der in $\mathfrak{P}_1, \ldots, \mathfrak{P}_\mathfrak{r}, \mathfrak{f}_1, \ldots, \mathfrak{f}_\mathfrak{r}, \mathfrak{f}$ auftretenden Argumente, welche durch die Bedingung definiert ist, daß sie für ein jedes Wertsystem ihrer Argumente, auf das $\mathfrak{P}_1$ zutrifft, den gleichen Wert wie $\mathfrak{f}_1$, für ein solches, auf das $\mathfrak{P}_2$ zutrifft, den gleichen Wert wie $\mathfrak{f}_2, \ldots,$ für ein solches, auf das $\mathfrak{P}_\mathfrak{r}$ zutrifft, den gleichen Wert wie $\mathfrak{f}_\mathfrak{r}$ und sonst stets den gleichen Wert wie $\mathfrak{f}$ haben soll, eine rekursive Funktion.

Nämlich die rekursiven Prädikate $\mathfrak{P}_1, \ldots, \mathfrak{P}_\mathfrak{r}$ stellen sich ja durch Gleichungen

$$\mathfrak{t}_1 = 0, \ldots, \mathfrak{t}_\mathfrak{r} = 0$$

mit rekursiven Termen $\mathfrak{t}_1, \ldots, \mathfrak{t}_\mathfrak{r}$ dar, von denen nach Voraussetzung niemals zwei für das gleiche Wertsystem der Argumente den Wert 0 haben; und die durch die genannte Bedingung definierte Funktion wird demgemäß durch den Ausdruck

$$\beta(\mathfrak{t}_1) \cdot \mathfrak{f}_1 + \beta(\mathfrak{t}_2) \cdot \mathfrak{f}_2 + \cdots + \beta(\mathfrak{t}_\mathfrak{r}) \cdot \mathfrak{f}_\mathfrak{r} + \alpha(\mathfrak{t}_1 \cdot \cdots \cdot \mathfrak{t}_\mathfrak{r}) \cdot \mathfrak{f}$$

dargestellt, ist also rekursiv.

9. Eine „Wertverlaufsrekursion", d. h. eine Definition der Form

$$\mathfrak{f}(a_1, \ldots, a_\mathfrak{k}, 0) = \mathfrak{a}(a_1. \ldots, a_\mathfrak{k})$$
$$\mathfrak{f}(a_1, \ldots, a_\mathfrak{k}, n') = \mathfrak{b}(a_1, \ldots, a_\mathfrak{k}, n, \mathfrak{f}(a_1, \ldots, a_\mathfrak{k}, \mathfrak{t}_1(n)), \ldots, \mathfrak{f}(a_1, \ldots, a_\mathfrak{k}, \mathfrak{t}_\mathfrak{r}(n)),$$

worin $\mathfrak{f}(\ldots)$ das einzuführende Funktionszeichen mit $\mathfrak{k}+1$ Argumenten ist, $\mathfrak{a}(a_1, \ldots, a_\mathfrak{k})$, $\mathfrak{b}(a_1, \ldots, a_\mathfrak{k}, n, c_1, \ldots, c_\mathfrak{r})$ rekursive Terme sind und

$\mathfrak{t}_1(n), \ldots, \mathfrak{t}_{\mathfrak{r}}(n)$ solche rekursiven Terme sind, die den Gleichungen

$$\mathfrak{t}_1(n) \leqq n, \ldots, \mathfrak{t}_{\mathfrak{r}}(n) \leqq n$$

genügen, läßt sich auf primitive Rekursionen zurückführen[1].

Die Wertverlaufsrekursion läßt sich auch in folgender Form aufstellen:

$$\mathfrak{f}(a_1, \ldots, a_{\mathfrak{k}}, 0) = \mathfrak{a}(a_1, \ldots, a_{\mathfrak{k}})$$

$$n \neq 0 \rightarrow \mathfrak{f}(a_1, \ldots, a_{\mathfrak{k}}, n) = \mathfrak{b}(a_1, \ldots, a_{\mathfrak{k}}, n, \mathfrak{f}(a_1, \ldots, a_{\mathfrak{k}}, \mathfrak{s}_1(n)), \ldots, \mathfrak{f}(a_1, \ldots, a_{\mathfrak{k}}, \mathfrak{s}_{\mathfrak{r}}(n))),$$

wobei nun die (wiederum rekursiven) Terme $\mathfrak{s}_1(n), \ldots, \mathfrak{s}_{\mathfrak{r}}(n)$ der Bedingung

$$\mathfrak{s}_1(n) < n, \ldots, \mathfrak{s}_{\mathfrak{r}}(n) < n \quad \text{für} \quad n \neq 0$$

zu genügen haben.

Bemerkung. Die Feststellungen 1.—9. sind nicht rein als Sätze über den Formalismus der rekursiven Zahlentheorie formuliert, sondern mit Bezugnahme auf die *inhaltliche* finite Zahlentheorie, welche ja durch die rekursive Zahlentheorie formalisiert wird[2]. So sprechen wir von Funktionen und ihren Werten, von Prädikaten und ihrem Zutreffen usw. Diese Art der Formulierung ist hier deshalb sachgemäß, weil es uns ja bei der gegenwärtigen Betrachtung darauf ankommt, *inhaltlich zu konstatierende metamathematische Beziehungen* vermittels unserer Zuordnungen in den zahlentheoretischen Formalismus zu übersetzen.

c) Arithmetisierung des Begriffes „Formel". Nach diesen Vorbereitungen wollen wir uns nun ein Beispiel eines metamathematischen Begriffes vornehmen, an welchem wir die Übersetzung in die rekursive Zahlentheorie vollständig durchführen. Wir wählen den Begriff *„Formel des Aussagenkalkuls"*. Diesem entspricht die Eigenschaft einer Zahl, auf Grund unserer Zuordnungen Nummer einer Formel des Aussagenkalkuls zu sein. Dieses Zahlenprädikat „n ist (gemäß unseren Zuordnungen) Nummer einer Formel des Aussagenkalkuls" können wir zunächst, und zwar noch unabhängig von der Art der Nummernzuordnung, folgendermaßen definieren: „n ist entweder Nummer einer Formelvariablen ohne Argument oder Nummer der Negation einer Formel des Aussagenkalkuls oder Nummer einer Konjunktion oder einer Disjunktion oder einer Implikation oder einer Äquivalenz aus Formeln des Aussagenkalkuls."

Hiermit ist zwar keine explizite Definition gegeben, da ja der zu definierende Begriff „Formel des Aussagenkalkuls" in dem definierenden Ausdruck vorkommt. Wir erhalten jedoch eine rekursive Definition. Nämlich die arithmetische Übersetzung der aufgestellten Definition ergibt zunächst inhaltlich folgende Erklärung:

„Eine Zahl n ist Nummer einer Formel des Aussagenkalkuls, wenn sie entweder das 10fache einer Primzahl > 5 oder das dreifache einer solchen Zahl $\neq 0$ ist, welche Nummer einer Formel des Aussagenkalkuls ist,

[1] Vgl. Bd. I, S. 331—332. [2] Vgl. Bd. I, S. 330.

oder wenn sie gleich dem 20fachen oder dem 40fachen oder dem 80fachen oder dem 160fachen einer Zahl $7^a \cdot 11^b$ ist, wobei a und b Nummern von Formeln des Aussagenkalkuls sind.“

Diese Erklärung läßt sich, indem wir das zu definierende Zahlenprädikat mit „$\Phi(n)$“ bezeichnen, durch folgende Äquivalenz darstellen:

$$\begin{aligned}\Phi(n) \sim & \big(10/n \mathbin{\&} Pr(\pi(n, 10)) \mathbin{\&} \lambda(n) \geqq 3\big)\\ & \vee \big(3/n \mathbin{\&} \Phi(\pi(n, 3)) \mathbin{\&} n \neq 0\big)\\ & \vee \big(\nu(n, 0) > 1 \mathbin{\&} \nu(n, 0) \leqq 5 \mathbin{\&} \nu(n, 1) = 0 \mathbin{\&} \nu(n, 2) = 1\\ & \quad \mathbin{\&} \Phi(\nu(n, 3)) \mathbin{\&} \Phi(\nu(n, 4)) \mathbin{\&} \lambda(n) = 4\big).\end{aligned}$$

Diese Äquivalenz kann nun sehr leicht in eine Wertverlaufsrekursion für eine Funktion $\mathfrak{f}(n)$ umgesetzt werden, mittels deren sich das Prädikat $\Phi(n)$ in der Form

$$\mathfrak{f}(n) = 0$$

darstellt.

Nämlich zunächst ergibt sich aus der Äquivalenz (deduktiv oder inhaltlich): $\overline{\Phi(0)}$ und somit auch

$$\Phi(0) \sim 1 = 0.$$

Wir können daher

$$\mathfrak{f}(0) = 1$$

setzen.

Ferner erhalten wir aus der Äquivalenz, indem wir erstens $n \neq 0$ als Vorderglied hinzufügen, dafür auf der rechten Seite im zweiten Disjunktionsglied den Bestandteil $n \neq 0$ weglassen, sodann jeden Ausdruck $\Phi(\mathfrak{a})$ durch $\mathfrak{f}(\mathfrak{a}) = 0$ ersetzen und hierauf die ganze auf der rechten Seite der Äquivalenz stehende Formel in eine solche von der Form $\mathfrak{t} = 0$ überführen, folgende Formel:

$$\begin{aligned}n \neq 0 \to \{\mathfrak{f}(n) = 0 \sim & \big[\varrho(n, 10) + \delta\big(\pi(n, 10), \wp_{\lambda(\pi(n, 10))}\big) + \delta(3, \lambda(n))\big] \cdot\\ & \cdot \big[\varrho(n, 3) + \mathfrak{f}(\pi(n, 3))\big] \cdot \big[\delta(2, \nu(n, 0)) + \delta(\nu(n, 0), 5) +\\ & + \nu(n, 1) + \delta(\nu(n, 2), 1) + \delta(1, \nu(n, 2)) + \mathfrak{f}(\nu(n, 3)) + \mathfrak{f}(\nu(n, 4)) +\\ & + \delta(\lambda(n), 4) + \delta(4, \lambda(n))\big] = 0\}.\end{aligned}$$

Wir können demnach das Prädikat $\Phi(n)$ in der Form $\varphi(n) = 0$ mittels der durch folgende Rekursion definierten Funktion „$\varphi(n)$“ darstellen:

$$\varphi(0) = 1$$

$$\begin{aligned}n \neq 0 \to \varphi(n) = & \big[\varrho(n, 10) + \delta\big(\pi(n, 10), \wp_{\lambda(\pi(n, 10))}\big) + \delta(3, \lambda(n))\big] \cdot\\ & \cdot \big[\varrho(n, 3) + \varphi(\pi(n, 3))\big] \cdot \big[\delta(2, \nu(n, 0)) + \delta(\nu(n, 0), 5) + \nu(n, 1) +\\ & + \delta(\nu(n, 2), 1) + \delta(1, \nu(n, 2)) + \varphi(\nu(n, 3)) + \varphi(\nu(n, 4)) +\\ & + \delta(\lambda(n), 4) + \delta(4, \lambda(n))\big].\end{aligned}$$

Diese beiden Formeln bilden aber eine Wertverlaufsrekursion. Nämlich die zweite hat ja die Form

$$n \neq 0 \rightarrow \varphi(n) = \mathfrak{b}\big(n, \varphi(\pi(n, 3)), \varphi(\nu(n, 3)), \varphi(\nu(n, 4))\big),$$

wobei $\mathfrak{b}(n, a, b, c)$, $\pi(n, 3)$, $\nu(n, 3)$, $\nu(n, 4)$ rekursive Funktionen sind und für $n \neq 0$ die Ungleichungen

$$\pi(n, 3) < n, \qquad \nu(n, 3) < n, \qquad \nu(n, 4) < n$$

gelten.

Hiermit ist für den Begriff „Formel des Aussagenkalkuls" die arithmetische Formalisierung auf Grund unserer Nummernzuordnungen mittels einer rekursiven Definition durchgeführt. Die hierbei zunächst auftretende Rekursionsform der Wertverlaufsrekursion ist noch nicht die allgemeinste Art der Rekursion, mit der wir es bei den Arithmetisierungen der metamathematischen Begriffe zu tun haben. Jedoch lassen sich die auftretenden allgemeineren Rekursionstypen in ähnlicher Weise wie die Wertverlaufsrekursion auf die primitive Rekursion zurückführen.

Als ein typisches Beispiel hierfür wollen wir die Arithmetisierung des Begriffes „*Term*" behandeln; und zwar wollen wir diesen Begriff mit Bezug auf denjenigen Formalismus definieren, für den wir die Nummernzuordnungen festgelegt haben, d. h. den Prädikatenkalkul mit Hinzunahme der Ziffern und der Funktionszeichen. Ein Ausdruck dieses Formalismus ist ein Term, wenn er entweder eine freie Individuenvariable oder eine Ziffer ist oder aus einem Funktionszeichen mit Termen als Argumenten besteht.

Bemerkung. Unter einem „Ausdruck des Formalismus" verstehen wir hier eine solche aus den Symbolen und Variablen des Formalismus gebildete Figur, die entweder eine Formel ist oder ein solcher Formelbestandteil, worin von jedem mit Argumentstellen versehenen Zeichen auch die Argumente und von jedem logischen Symbol auch der Bereich bzw. die Bereiche, auf die es sich erstreckt, enthalten sind. Ein Ausdruck unseres betrachteten Formalismus ist hiernach entweder ein Term oder eine Formel, oder er geht aus einem Term oder einer Formel vermittels der Ersetzung freier Variablen durch gebundene hervor.

Hiernach ergibt sich auf Grund unserer Nummernzuordnungen[1], daß eine Zahl dann und nur dann Nummer eines Terms ist, wenn sie entweder das Doppelte einer Primzahl > 5 oder das Doppelte einer Potenz von 3 ist oder das 5fache einer aus Potenzen von Primfaktoren ≥ 7 (multiplikativ) zusammengesetzten Zahl, bei der die Exponenten jener Potenzen Nummern von Termen sind. Übersetzen wir diese inhaltliche Formulierung in den Formalismus der rekursiven Zahlentheorie, so erhalten wir für das Prädikat „n ist die Nummer eines Terms" für

[1] Vgl. S. 217f.

welches das Symbol $Tm(n)$ gewählt werde, die Äquivalenz

$$
\begin{aligned}
Tm(n) \sim & \big(2/n \,\&\, Pr(\pi(n, 2)) \,\&\, \lambda(n) \geqq 3\big) \\
& \vee \big(\nu(n, 0) = 1 \,\&\, \lambda(n) \leqq 1\big) \\
& \vee \big(\nu(n, 0) = 0 \,\&\, \nu(n, 1) = 0 \,\&\, \nu(n, 2) = 1 \,\&\, \lambda(n) \geqq 3 \\
& \quad \&\, (x)\big(x < n \rightarrow \nu(n, x) = 0 \vee x = 2 \vee Tm(\nu(n, x))\big)\big).
\end{aligned}
$$

[Wir könnten als Vorderglied der im Bereich des Allzeichens (x) stehenden Implikation anstatt „$x < n$" auch „$x \leqq \lambda(n)$" nehmen.]

Auf Grund dieser Äquivalenz läßt sich das Prädikat $Tm(n)$ in der Form $\mathfrak{t}(n) = 0$ durch eine solche Funktion $\mathfrak{t}(n)$ darstellen, welche die Bedingungen

$$
\begin{aligned}
& \mathfrak{t}(0) = 1 \\
n \neq 0 \rightarrow \mathfrak{t}(n) = & \big(\varrho(n, 2) + \delta(\pi(n, 2), \wp_{\lambda(\pi(n, 2))}) + \delta(3, \lambda(n))\big) \\
& \cdot \big(\delta(\nu(n, 0), 1) + \delta(1, \nu(n, 0)) + \delta(\lambda(n), 1)\big) \\
& \cdot \big(\nu(n, 0) + \nu(n, 1) + \delta\big(\nu(n, 2), 1\big) + \delta\big(1, \nu(n, 2)\big) + \delta(3, \lambda(n)) \\
& + \sum_{x < n}\{\nu(n, x) \cdot \big(\delta(x, 2) + \delta(2, x)\big) \cdot \mathfrak{t}\big(\nu(n, x)\big)\}\big)
\end{aligned}
$$

erfüllt.

Hiermit ist eine Art von rekursiver Definition für $\mathfrak{t}(n)$ gegeben; und zwar eine solche von der Form

$$
\begin{gathered}
\mathfrak{t}(0) = 1 \\
n \neq 0 \rightarrow \mathfrak{t}(n) = \mathfrak{a}(n) \cdot \big(\mathfrak{b}(n) + \sum_{x < n} \mathfrak{c}(n, x) \cdot \mathfrak{t}(\nu(n, x))\big),
\end{gathered}
$$

wobei $\mathfrak{a}(n)$, $\mathfrak{b}(n)$, $\mathfrak{c}(n, a)$ rekursive Terme sind. Diese Rekursion ist nun zwar weder eine primitive noch eine Wertverlaufsrekursion, doch läßt sie sich nach demselben Verfahren wie die Wertverlaufsrekursion auf eine primitive Rekursion zurückführen. Nämlich für die Funktion

$$
\mathfrak{h}(n) = \prod_{x \leqq n} \wp_x^{\mathfrak{t}(x)}
$$

ergibt sich aus den Formeln für $\mathfrak{t}(n)$ die folgende Rekursion:

$$
\begin{gathered}
\mathfrak{h}(0) = 2 \\
\mathfrak{h}(n') = \mathfrak{h}(n) \cdot \wp_{n'}^{\mathfrak{a}(n') \cdot \left(\mathfrak{b}(n') + \sum_{x < n'} \mathfrak{c}(n', x) \cdot \nu(\mathfrak{h}(n), \nu(n', x))\right)}
\end{gathered}
$$

[Hierbei ist benutzt, daß $\mathfrak{t}\big(\nu(n', x)\big) = \nu\big(\mathfrak{h}(n), \nu(n', x)\big)$ für $x < n'$, weil ja $\nu(n', x) \leqq n$ und für $\mathfrak{k} \leqq n$: $\mathfrak{t}(\mathfrak{k}) = \nu\big(\mathfrak{h}(n), \mathfrak{k}\big)$.]

Diese Rekursion für $\mathfrak{h}(n)$ ist eine primitive, da ja

$$
\sum_{x < n'} \mathfrak{c}(n', x) \cdot \nu\big(c, \nu(n', x)\big)
$$

eine rekursive Funktion ist.

Aus $\mathfrak{h}(n)$ aber bestimmt sich $\mathfrak{t}(n)$ auf Grund der Gleichung $\mathfrak{t}(n) = \nu(\mathfrak{h}(n), n)$. Somit ist das Prädikat „n ist (auf Grund unserer Zuordnungen) Nummer eines Terms" als rein rekursives erwiesen.

Ganz entsprechend wie das Prädikat „n ist die Nummer eines Terms" läßt sich auch das Prädikat „n ist die Nummer eines *termartigen Ausdruckes*" definieren, wobei unter einem „termartigen Ausdruck" ein solcher verstanden sein soll, der entweder ein Term ist oder aus einem Term mittels der Ersetzung einer oder mehrerer freien Individuenvariablen durch gebundene hervorgeht. Die Änderung in der Definition gegenüber derjenigen von $Tm(n)$ besteht lediglich darin, daß in der definierenden Äquivalenz noch ein Disjunktionsglied hinzugefügt wird, welches die Möglichkeit ausdrückt, daß n die Nummer einer gebundenen Variablen ist, also etwa das Disjunktionsglied $Pr(n) \,\&\, n \geqq 7$. Dieser Hinzufügung entspricht in der rekursiven Definition des darstellenden Terms das Hinzutreten eines Faktors in dem Ausdruck $\mathfrak{a}(n)$, und zwar kann als dieser Faktor der Ausdruck $\delta(n, \wp_{\lambda(n)}) + \delta(7, n)$ genommen werden.

Nachdem wir an den zwei behandelten Beispielen das Verfahren der Übersetzung einer finiten metamathematischen Begriffsbildung in eine formale rekursive Definition ausführlich dargelegt haben, werden wir uns bei den weiteren zu besprechenden Übersetzungen metamathematischer Begriffe in den Formalismus der rekursiven Zahlentheorie im allgemeinen damit begnügen können, den Ansatz der Definition bis zur inhaltlich arithmetischen Fassung anzugeben.

Aus der Betrachtung der beiden Beispiele ist noch nicht ohne weiteres ersichtlich, wie weit wir in der rekursiv-arithmetischen Übersetzung der metamathematischen Begriffe gelangen können. Wir wollen uns davon überzeugen, daß sich für den betrachteten Formalismus des Prädikatenkalkuls mit Einbeziehung der Ziffern und der Funktionszeichen der allgemeine Begriff der „Formel" sowie auch der des formalen Beweises (der Ableitung) auf Grund unserer Nummernzuordnungen rekursiv definieren läßt.

Als Hilfsmittel hierzu führen wir zunächst eine arithmetische Funktion zweier Argumente, „$st(m, k)$" ein, die im Falle, daß k eine Primzahl ≥ 7 und m die Nummer eines Ausdruckes $\mathfrak{A}$ aus unserem betrachteten Formalismus ist, als Wert die Nummer desjenigen (nicht notwendig unserem Formalismus angehörenden) Ausdruckes hat, der aus $\mathfrak{A}$ entsteht, indem die Variable mit der Nummer k überall, ausgenommen da, wo sie als figürlicher Bestandteil eines Quantors auftritt, durch die Ziffer 0 ersetzt wird, so daß insbesondere, falls die Variable mit der Nummer k nirgends innerhalb von $\mathfrak{A}$ auftritt, der Wert von $st(m, k)$ gleich m ist.

Wir definieren die Funktion $st(m, k)$ mittels folgender Fallunterscheidung:

„Wenn $m = k$ und k eine Primzahl $\geqq 7$ ist, so ist $st(m, k) = 2$; wenn $m = 2^a \cdot 3^b \cdot 5^c \cdot n$, $c > 0$ und n durch keine der Zahlen 2, 3, 5 teilbar ist, so ist $st(m, k) = 2^a \cdot 3^b \cdot 5^c \cdot \prod\limits_{x < m} \wp_x^{st(\nu(n, x), k)}$; wenn keiner der genannten beiden Fälle vorliegt, so ist $st(m, k) = m$."

Die charakterisierenden Bedingungen der drei Fälle stellen sich in der Form

$$\mathfrak{t}_1(m, k) = 0, \qquad \mathfrak{t}_2(m, k) = 0, \qquad \mathfrak{t}_1(m, k) \cdot \mathfrak{t}_2(m, k) \neq 0$$

dar, indem wir setzen:

$$\begin{aligned} \mathfrak{t}_1(m, k) &= \delta(m, k) + \delta(k, m) + \delta(k, \wp_{\lambda(k)}) + \delta(3, \lambda(k)) \\ \mathfrak{t}_2(m, k) &= \varrho(m, 5) + \beta(m). \end{aligned}$$

Hiernach ergibt sich für die Funktion $st(m, k)$ folgende Darstellung:

$$st(m, k) = \beta\big(\mathfrak{t}_1(m, k)\big) \cdot 2 + \beta\big(\mathfrak{t}_2(m, k)\big) \cdot \prod_{x < m} \wp_x^{\alpha(\delta(3, x)) \cdot \nu(m, x) + \beta(\delta(3, x)) \cdot st(\nu(m, x), k)}$$
$$+ \alpha\big(\mathfrak{t}_1(m, k) \cdot \mathfrak{t}_2(m, k)\big) \cdot m,$$

womit die Funktion $st(m, k)$ als rekursive Funktion erwiesen ist. Aus der Definition von $st(m, k)$ entnehmen wir noch, daß stets $st(m, k) \leqq m$.

Wir haben jetzt alle erforderlichen Hilfsmittel beisammen, um den Begriff der „*Formel*" auf Grund unserer Zuordnungen rekursiv-arithmetisch zu definieren.

Eine Formel unseres Formalismus besteht entweder aus einer Formelvariablen ohne Argument oder aus einer Formelvariablen mit einem oder mehreren Termen als Argumenten oder sie ist die Negation einer Formel oder eine Konjunktion, Disjunktion, Implikation oder Äquivalenz aus Formeln, oder sie hat eine der Gestalten $(\mathfrak{x})\, \mathfrak{A}(\mathfrak{x})$, $(E\mathfrak{x})\, \mathfrak{A}(\mathfrak{x})$, wobei $\mathfrak{x}$ eine gebundene Variable ist und $\mathfrak{A}(\mathfrak{x})$ ein Ausdruck, der die Variable $\mathfrak{x}$, jedoch keinen zu $\mathfrak{x}$ gehörenden Quantor enthält und bei der Ersetzung von $\mathfrak{x}$ durch 0 in eine Formel übergeht.

Die Bedingung für $\mathfrak{A}(\mathfrak{x})$ ist gleichbedeutend damit, daß dieser Ausdruck bei der Ersetzung von $\mathfrak{x}$ durch 0, wenn diese an allen Stellen, nur nicht innerhalb eines Quantors $(\mathfrak{x})$ oder $(E\mathfrak{x})$ vorgenommen wird, in eine von ihm verschiedene Formel übergeht.

Hiernach ergibt sich folgende arithmetische Definition: „m ist die Nummer einer Formel (unseres Formalismus) dann und nur dann, wenn einer der folgenden Fälle vorliegt: m ist das 10fache einer Primzahl ≥ 7 oder das 10fache eines Produktes aus Potenzen von Primzahlen ≥ 7, worin jeder der Exponenten die Nummer eines Terms ist, oder m ist das dreifache einer Zahl $\neq 0$, welche Nummer einer Formel ist, oder das 20fache oder 40fache oder 80fache oder 160fache einer Zahl $7^a \cdot 11^b$, bei welcher a, b Nummern von Formeln sind, oder m ist das 50fache oder 100fache einer Primzahlpotenz p^a, bei welcher $p \geq 7$, $st(a, p) \neq a$ und $st(a, p)$ die Nummer einer Formel ist."

Diese Definition liefert, auf Grund des Umstandes, daß für eine Primzahl p stets $st(a, p) \leqq a < p^a$, eine Wertverlaufsrekursion für eine Funktion $\mathfrak{f}(n)$, mittels derer sich das Prädikat „m ist die Nummer einer Formel" in der Form $\mathfrak{f}(m) = 0$ darstellt.

Behalten wir von der Disjunktion, mittels deren wir dieses Prädikat definiert haben, nur die beiden ersten Glieder bei, so liefert die entstehende Disjunktion die Definition für das Prädikat „m ist die Nummer einer *Primformel*"; wenn wir andererseits von jener Disjunktion nur das letzte Glied weglassen, so gelangen wir zu der Definition des Begriffes „m ist die Nummer einer *Formel ohne gebundene Variable*", d. h. einer *quantorenfreien Formel*. Diese Begriffe sind demnach ebenfalls mittels primitiver Rekursion definierbar.

d) Arithmetisierung von Wahrheitswertverteilungen. Ehe wir nun daran gehen, den Begriff der „Ableitung" zu arithmetisieren, wollen wir zunächst betrachten, wie sich an Hand der arithmetischen Übersetzung das Verfahren der Bestimmung derjenigen Wahrheitswerte von quantorenfreien Formeln gestaltet, die wir erhalten, wenn wir jeder Primformel nach Wahl einen der Werte „wahr", „falsch" beilegen und die Deutung der Operationen des Aussagenkalkuls als Wahrheitsfunktionen benutzen.

Die möglichen Verteilungen von Wahrheitswerten auf die Primformeln einer quantorenfreien Formel haben wir bereits beim Beweise des Gödelschen Vollständigkeitssatzes arithmetisiert[1], indem wir feststellten, daß, wenn $\mathfrak{P}_1, \ldots, \mathfrak{P}_\mathfrak{r}$ die Primformeln in der betreffenden Formel sind, nach der Reihenfolge ihres erstmaligen Auftretens geordnet, eine Verteilung von Wahrheitswerten auf diese Primformeln durch diejenige Zahl

$$2^{\mathfrak{r}-1} \cdot \mathfrak{m}_1 + 2^{\mathfrak{r}-2} \cdot \mathfrak{m}_2 + \cdots + 2 \cdot \mathfrak{m}_{\mathfrak{r}-1} + \mathfrak{m}_\mathfrak{r}$$

repräsentiert werden kann, worin $\mathfrak{m}_\mathfrak{i}$ (für $\mathfrak{i} = 1, \ldots, \mathfrak{r}$) gleich 0 oder gleich 1 ist, je nachdem die Primformel $\mathfrak{P}_\mathfrak{i}$ den Wert „wahr" oder „falsch" erhält.

Diese Art der Darstellung ist für den Zweck der damaligen Überlegung besonders geeignet, weil dabei die Größe der Zahl, welche eine Verteilung von Wahrheitswerten repräsentiert, sich in erster Linie nach dem Wert von $\mathfrak{m}_1$, in zweiter Linie nach dem Wert von $\mathfrak{m}_2$ usw. bestimmt.

An sich ist es noch etwas einfacher, als repräsentierende Zahl für eine Verteilung von Wahrheitswerten, bei gleicher Bedeutung von $\mathfrak{m}_1, \ldots, \mathfrak{m}_\mathfrak{r}$, die Zahl $\mathfrak{m}_1 + 2 \cdot \mathfrak{m}_2 + 4 \cdot \mathfrak{m}_3 + \cdots + 2^{\mathfrak{r}-1} \cdot \mathfrak{m}_\mathfrak{r}$ zu nehmen. Bezeichnen wir diese Zahl mit $\mathfrak{m}$, so ist, für $\mathfrak{i} = 1, \ldots, \mathfrak{r}$: $\mathfrak{m}_\mathfrak{i} = \varrho\left(\pi(\mathfrak{m}, 2^{\mathfrak{i}-1}), 2\right)$. Andererseits ergeben sich gemäß diesen Formeln die gleichen Werte von $\mathfrak{m}_1, \ldots, \mathfrak{m}_\mathfrak{r}$, wenn wir die Zahl $\mathfrak{m}$ durch eine solche ersetzen, die sich von ihr um ein Vielfaches von $2^\mathfrak{r}$ unterscheidet. Wir wollen die Funktion $\varrho\left(\pi(m, 2^k), 2\right)$ mit „$\gamma(m, k)$" bezeichnen. Der Wert von $\gamma(m, k)$ ist

[1] Vgl. S. 193f.

diejenige Ziffer (0 oder 1), die in der duadischen Entwicklung der Zahl m an der, von hinten an rückwärts gezählt, $(k+1)$-ten Stelle steht.

Um die Eintragung von Wahrheitswerten in die Formeln auszuführen und zu arithmetisieren, fügen wir zu unserem Formalismus das Symbol „V", welches als „uneigentliche" Primformel gelten soll und dem wir die Nummer 10 zuordnen. Eine Formel bzw. Primformel im vorherigen Sinne soll als „eigentliche" Formel bzw. Primformel bezeichnet werden. Die Erweiterung der arithmetischen Definitionen der Begriffe „Primformel" und „Formel" im Sinne der Hinzunahme des Symbols V erfolgt einfach in der Weise, daß in der definierenden Disjunktion für das Prädikat „m ist eine Formel" bzw. „m ist eine Primformel" das Glied $m = 10$ hinzugefügt wird. Durch das Symbol V stellen wir den Wert „wahr", durch die Negation $\overline{V}$ den Wert „falsch" dar.

Die Eintragung einer durch die duadische Entwicklung einer Zahl n charakterisierten Verteilung von Wahrheitswerten auf die Primformeln einer quantorenfreien eigentlichen Formel geschieht nun so, daß zunächst die erste in der betreffenden Formel auftretende Primformel, überall wo sie vorkommt, durch V oder $\overline{V}$ ersetzt wird, je nachdem $\gamma(n, 0)$ den Wert 0 oder 1 hat, dann in der so erhaltenen Formel die erste auftretende eigentliche Primformel an allen Stellen, wo sie vorkommt, durch V oder $\overline{V}$ ersetzt wird, je nachdem $\gamma(n, 1)$ den Wert 0 oder 1 hat, und dieser Prozeß weiter so oft angewendet wird, wie die Anzahl der verschiedenen in der gegebenen Formel vorhandenen Primformeln beträgt, so daß wir zu einer Formel gelangen, welche allein aus dem Symbol V mittels der Operationen des Aussagenkalkuls gebildet ist. Diese Formel hat gemäß der Deutung der Operationen des Aussagenkalkuls als Wahrheitsfunktionen einen durch die Ausrechnung bestimmbaren Wahrheitswert.

Um nun dieses Verfahren der Eintragung von Wahrheitswerten nebst der anschließenden Wertbestimmung mittels unserer Nummernzuordnungen im Rahmen der rekursiven Zahlentheorie darzustellen, führen wir zunächst einige Hilfsbegriffe ein.

Wir definieren zuerst das Prädikat: „m ist die Nummer einer solchen quantorenfreien Formel, die eine eigentliche Primformel enthält." Die Definition dieses Prädikats, das wir mit „$\Phi_1(m)$" bezeichnen wollen, wird durch folgende Alternative geliefert:

„m ist entweder die Nummer einer eigentlichen Primformel[1],
oder m ist das dreifache einer von 0 verschiedenen Zahl n, für welche $\Phi_1(n)$ gilt,

[1] Die rekursive Darstellbarkeit dieses Prädikates haben wir vorhin festgestellt; vgl. S. 230, wo ja von „Primformeln" in dem Sinne wie hier von „eigentlichen Primformeln" gesprochen ist.

oder m ist das 20fache einer Zahl $q \cdot 7^a \cdot 11^b$, wobei q Teiler von 8 ist, a, b Nummern von quantorenfreien Formeln sind und mindestens eine der Aussagen $\Phi_1(a)$, $\Phi_1(b)$ zutrifft."

Sodann definieren wir eine Funktion „$\varphi_1(m)$", die so beschaffen ist, daß sie der Nummer einer quantorenfreien Formel, welche eine eigentliche Primformel enthält, die Nummer der ersten in ihr auftretenden Primformel zuordnet, jeder anderen Zahl m dagegen den Wert 0 zuordnet.

Die Definition von $\varphi_1(m)$ lautet in inhaltlicher Angabe:

„Wenn $\Phi_1(m)$ nicht zutrifft, so ist $\varphi_1(m) = 0$;
wenn m Nummer einer eigentlichen Primformel ist, so ist $\varphi_1(m) = m$;
wenn $\Phi_1(m)$ zutrifft und m das dreifache einer von 0 verschiedenen Zahl n ist, so ist $\varphi_1(m) = \varphi_1(n)$;
wenn $\Phi_1(m)$ zutrifft und m das 20fache oder 40fache oder 80fache oder 160fache einer Zahl $7^a \cdot 11^b$ ist, so ist im Falle, daß $\Phi_1(a)$ zutrifft, $\varphi_1(m) = \varphi_1(a)$, sonst aber $\varphi_1(m) = \varphi_1(b)$."

Ferner definieren wir eine Funktion „$\varphi_2(m, k, l)$", die im Falle, daß m die Nummer einer quantorenfreien Formel $\mathfrak{F}$, k die Nummer einer in $\mathfrak{F}$ vorkommenden eigentlichen Primformel $\mathfrak{P}$ und l die Nummer irgendeines Ausdruckes $\mathfrak{A}$ ist, als Wert die Nummer desjenigen Ausdruckes hat, der aus der Formel $\mathfrak{F}$ entsteht, indem darin die Primformel $\mathfrak{P}$, überall wo sie vorkommt, durch den Ausdruck $\mathfrak{A}$ ersetzt wird, und im Falle, daß k nicht die Nummer einer eigentlichen Primformel ist, insbesondere also für $k = 0$, sowie auch im Falle, daß k die Nummer einer nicht in m vorkommenden Primformel ist, den Wert m hat.

Die rekursive Definition von $\varphi_2(m, k, l)$ wird durch folgende Bestimmungen geliefert:

„Wenn $m = k$ und k die Nummer einer eigentlichen Primformel ist, so ist $\varphi_2(m, k, l) = l$; allgemein ist für $n \neq 0$:

$$\varphi_2(30 \cdot n, k, l) = 3 \cdot \varphi_2(10 \cdot n, k, l)$$

und für $q = 1, 2, 4, 8$:

$$\varphi_2(q \cdot 20 \cdot 7^a \cdot 11^b, k, l) = q \cdot 20 \cdot 7^{\varphi_2(a,k,l)} \cdot 11^{\varphi_2(b,k,l)};$$

für alle Argumentsysteme m, k, l, die keinem der genannten Fälle entsprechen, ist

$$\varphi_2(m, k, l) = m."$$

Aus $\varphi_1(m)$ und $\varphi_2(m, k, l)$ erhalten wir die Funktion

$$\varphi_2(m, \varphi_1(m), l) \text{ — wir bezeichnen sie mit „}\varphi_3(m, l)\text{" —,}$$

deren Wert im Falle, daß m die Nummer einer quantorenfreien Formel $\mathfrak{F}$ ist, welche eine eigentliche Primformel enthält, und l die Nummer irgendeines Ausdruckes $\mathfrak{A}$ ist, gleich der Nummer desjenigen Ausdruckes ist, der aus $\mathfrak{F}$ entsteht, indem die erste in $\mathfrak{F}$ vorkommende eigentliche Primformel, überall wo sie in $\mathfrak{F}$ auftritt, durch den Ausdruck $\mathfrak{A}$ ersetzt wird, und im Falle, daß m die Nummer einer Formel ist, die keine eigentliche Primformel enthält, gleich m ist. [Das letzte nämlich ergibt sich daraus, daß, wenn $\Phi_1(m)$ nicht zutrifft, $\varphi_1(m) = 0$ ist, und daß $\varphi_2(m, 0, l) = m$ ist.]

Nunmehr stellt sich das Verfahren der schrittweisen Eintragung einer Verteilung von Wahrheitswerten auf die Primformeln einer eigentlichen quantorenfreien Formel $\mathfrak{F}$ mit der Nummer m — wenn die Verteilung der Wahrheitswerte durch die Zahl n charakterisiert ist —, in folgender Weise dar: Zunächst wird die erste in $\mathfrak{F}$ auftretende Primformel aufgesucht, diese ist eine eigentliche Primformel und hat die Nummer $\varphi_1(m)$; diese Formel wird nun, je nachdem $\gamma(n, 0)$ gleich 0 oder 1 ist, allenthalben, wo sie in $\mathfrak{F}$ auftritt, durch V bzw. $\overline{V}$, jedenfalls also durch die Formel mit der Nummer $10 + 20 \cdot \gamma(n, 0)$ ersetzt. Durch diese Ersetzung erhalten wir die Formel mit der Nummer $\varphi_2\big(m, \varphi_1(m), 10 + 20 \cdot \gamma(n, 0)\big)$, d. h. mit der Nummer $\varphi_3\big(m, 10 + 20 \cdot \gamma(n, 0)\big)$. Sei $\mathfrak{F}_1$ diese Formel und m_1 ihre Nummer. Entweder enthält nun die Formel $\mathfrak{F}_1$ noch eigentliche Primformeln, dann suchen wir wieder die erste von diesen auf; ihre Nummer ist $\varphi_1(m_1)$. Diese Formel wird dann überall, wo sie in $\mathfrak{F}_1$ auftritt, durch die Formel mit der Nummer $10 + 20 \cdot \gamma(n, 1)$ ersetzt, und es entsteht dadurch aus der Formel $\mathfrak{F}_1$ die Formel mit der Nummer $\varphi_3\big(m_1, 10 + 20 \cdot \gamma(n, 1)\big)$. Enthält aber die Formel $\mathfrak{F}_1$ keine eigentliche Primformel, so wird sie nicht weiter verändert, und es ist dann $m_1 = \varphi_3\big(m_1, 10 + 20 \cdot \gamma(n, 1)\big)$. Sei in jedem Falle $\mathfrak{F}_2$ die Formel mit der Nummer $\varphi_3\big(m_1, 10 + 20 \cdot \gamma(n, 1)\big)$. Mit dieser Formel verfahren wir nun ganz entsprechend wie vorher mit $\mathfrak{F}_1$, nur daß jetzt an Stelle der Zahl $\gamma(n, 1)$ die Zahl $\gamma(n, 2)$ herangezogen wird. Auf diese Art setzt sich das Verfahren fort. Nach spätestens m Schritten erhalten wir eine Formel, die keine eigentliche Primformel mehr enthält; denn die Anzahl der verschiedenen Primformeln in der Formel $\mathfrak{F}$ mit der Nummer m ist ja jedenfalls kleiner als m, und durch jeden Ersetzungsschritt wird eine dieser Formeln ausgeschaltet.

Demnach stellt sich das Verfahren der schrittweisen Eintragung der Wahrheitswerte, wenn wir mit „$\varphi_4(m, n, k)$“ die Nummer der Formel bezeichnen, die wir nach dem k-ten Schritte, ausgehend von der quantorenfreien Formel mit der Nummer m, erhalten, durch folgende primitive Rekursion dar:

$$\varphi_4(m, n, 0) = m$$

$$\varphi_4(m, n, k') = \varphi_3\big(\varphi_4(m, n, k), 10 + 20 \cdot \gamma(n, k)\big).$$

Die gegebene Interpretation der Funktion $\varphi_4(m, n, k)$ gilt für jede solche Zahl m, welche die Nummer einer quantorenfreien Formel $\mathfrak{F}$ ist. Für eine solche Formel stellt $\varphi_4(m, n, m)$ die Nummer derjenigen aus dem Symbol V und den Operationen des Aussagenkalkuls gebildeten Formel dar, die aus $\mathfrak{F}$ durch Eintragung der durch die Zahl n charakterisierten Verteilung von Wahrheitswerten auf die in $\mathfrak{F}$ vorkommenden eigentlichen Primformeln erhalten wird.

Nun handelt es sich noch darum, eine Funktion „$\varphi_5(m)$" zu definieren, die im Falle, daß m die Nummer einer aus dem Symbol V und den Operationen des Aussagenkalkuls gebildeten Formel ist, den Wert 0 oder 1 hat, je nachdem der Wahrheitswert dieser Formel, der sich mittels der Deutung der Operationen des Aussagenkalkuls als Wahrheitsfunktionen ergibt, V oder $\overline{V}$ ist.

Die Definition von $\varphi_5(m)$ kann folgendermaßen gegeben werden:

$$„\varphi_5(10) = 0.$$

Für $n \neq 0$ ist

$$\varphi_5(3\cdot n) = \begin{cases} 1, & \text{wenn } \varphi(n) = 0 \\ 0, & \text{wenn } \varphi(n) = 1 \\ 2, & \text{wenn } \varphi(n) \neq 0,1. \end{cases}$$

Wenn jede der Zahlen $\varphi(a)$, $\varphi(b)$ einen der Werte 0,1 hat, so ist

$$\begin{aligned} \varphi_5\,(20\cdot 7^a\cdot 11^b) &= \alpha\big(\varphi_5(a) + \varphi_5(b)\big) \\ \varphi_5\,(40\cdot 7^a\cdot 11^b) &= \varphi_5(a)\cdot\varphi_5(b) \\ \varphi_5\,(80\cdot 7^a\cdot 11^b) &= \beta\big(\varphi_5(a)\big)\cdot\varphi_5(b) \\ \varphi_5(160\cdot 7^a\cdot 11^b) &= \alpha\big(\beta(\varphi_5(a))\cdot\varphi_5(b) + \varphi_5(a)\cdot\beta(\varphi_5(b))\big). \end{aligned}$$

In allen übrigen Fällen ist $\varphi_5(m) = 2$."

Nunmehr können wir auch ein rekursives Prädikat angeben, das auf eine Zahl m, welche die Nummer einer quantorenfreien Formel ist, dann und nur dann zutrifft, wenn jene Formel durch Einsetzung aus einer identischen Formel des Aussagenkalkuls hervorgeht.

Nämlich diese notwendige und hinreichende Bedingung ist ja für eine Zahl m von der genannten Eigenschaft gleichbedeutend damit, daß für jede durch eine Zahl n charakterisierte Verteilung von Wahrheitswerten

$$\varphi_5\big(\varphi_4(m, n, m)\big) = 0$$

ist. Beachten wir nun noch, daß in einer Formel mit der Nummer m nur weniger als m verschiedene eigentliche Primformeln auftreten können, und daß jede Verteilung von Wahrheitswerten auf diese Primformeln bereits durch eine Zahl $< 2^m$ charakterisiert wird, so erkenen wir, daß das betrachtete Prädikat sich in der Form

$$\sum_{n<2^m} \varphi_5\big(\varphi_4(m, n, m)\big) = 0$$

darstellen läßt.

Wir wollen dieses hiermit als rekursiv erwiesene Prädikat mit „$\Phi_2(m)$" bezeichnen. Aus der Definition von $\Phi_2(m)$ erhalten wir sofort auch diejenige des Begriffes „*identische Formel des Aussagenkalkuls*". Nämlich m ist dann und nur dann die Nummer einer identischen Formel des Aussagenkalkuls, wenn m Nummer einer Formel des Aussagenkalkuls ist — was wir ja rekursiv ausgedrückt haben —, und wenn außerdem $\Phi_2(m)$ zutrifft.

e) Arithmetisierung des Begriffes „Ableitung". Wir wenden uns nunmehr zu dem Begriff der „Ableitung". Für die arithmetische Definition dieses Begriffes bedürfen wir vor allem der Arithmetisierung unserer Einsetzungs- und Umbenennungsregeln.

Bemerkung. Bei den folgenden Definitionen wird wieder der *engere* Formelbegriff zugrunde gelegt, wir verstehen also den Terminus „Formel" in dem Sinne, in welchem wir zuletzt von „eigentlichen Formeln" gesprochen haben.

Ohne Schwierigkeit gelingt die Arithmetisierung der Einsetzung für Formelvariablen ohne Argument und für freie Individuenvariablen mittels der Definition einer rekursiven Funktion „$st_1(m, k, l)$", deren Wert im Falle, daß m sowie l Nummer eines Ausdruckes aus unserem Formalismus ist und k Nummer einer freien Individuenvariablen oder Formelvariablen ohne Argument ist, gleich der Nummer desjenigen (eventuell nicht mehr unserem Formalismus angehörigen) Ausdruckes ist, der aus dem Ausdruck mit der Nummer m erhalten wird, indem die Variable mit der Nummer k überall, wo sie auftritt, durch den Ausdruck mit der Nummer l ersetzt wird. Wir richten die Definition im Hinblick auf die Arithmetisierung der Umbenennung von gebundenen Variablen auch gleich so ein, daß im Falle, wo m Nummer eines Ausdruckes aus unserem Formalismus ist und k, l Nummern von gebundenen Variablen sind, der Wert von $st_1(m, k, l)$ die Nummer desjenigen Ausdruckes ist, der aus dem Ausdruck mit der Nummer m hervorgeht, indem die Variable mit der Nummer k, überall wo sie auftritt, durch die Variable mit der Nummer l ersetzt wird.

Wir definieren die Funktion $st_1(m, k, l)$, ähnlich wie $st(m, k)$,[1] in folgender Weise:

„Wenn $m = k$ und $k = q \cdot p$, wobei $q = 1$ oder $q = 2$ oder $q = 10$ und p eine Primzahl $\geqq 7$ ist, so ist

$$st_1(m, k, l) = l;$$

wenn $m = 2^a \cdot 5 \cdot n$, n durch keine der Zahlen 2, 3, 5 teilbar und ferner keine Primzahl ist, so ist

$$st_1(m, k, l) = 2^a \cdot 5 \cdot \prod_{x < m} \wp_x^{st_1(\nu(n, x), k, l)};$$

wenn $m = q \cdot 50 \cdot p^a$, $q = 1$ oder $q = 2$ und p eine Primzahl $\geqq 7$ ist, so ist

$$st_1(m, k, l) = q \cdot 50 \cdot \left(st_1(p, k, l)\right)^{st_1(a, k, l)};$$

wenn $m = 3 \cdot n$, $n \neq 0$ und durch 10 teilbar ist, so ist

$$st_1(m, k, l) = 3 \cdot st_1(n, k, l);$$

in allen übrigen Fällen ist

$$st_1(m, k, l) = m."$$

[1] Vgl. S. 228f.

Mit Hilfe der Funktion $st_1(m, k, l)$ können wir nun die Beziehung, die zwischen zwei Formeln besteht, von denen die eine aus der anderen durch *Einsetzung für eine Individuenvariable* bzw. *für eine Formelvariable ohne Argument* hervorgeht, rekursiv ausdrücken. Nämlich wir erhalten die Definition: „Eine Formel mit der Nummer n geht aus einer von ihr verschiedenen Formel mit der Nummer m durch Einsetzung für eine Individuenvariable dann und nur dann hervor, wenn m und n Nummern von Formeln sind, $m \neq n$, und wenn es eine Zahl $k \leq m$ gibt, die Nummer einer freien Individuenvariablen ist, sowie eine Zahl $l \leq n$, welche die Nummer eines Terms ist, und für welche die Gleichung $st_1(m, k, l) = n$ erfüllt ist."

Ganz entsprechend lautet die Definition des Prädikats „die Formel mit der Nummer n geht aus der von ihr verschiedenen Formel mit der Nummer m durch Einsetzung für eine Formelvariable ohne Argument hervor". Der Unterschied gegenüber der vorigen Definition besteht nur darin, daß in der Beziehung $st_1(m, k, l) = n$ nunmehr k Nummer einer Formelvariablen ohne Argument und l Nummer einer Formel sein muß.

Ferner können wir mittels der Funktion $st_1(m, k, l)$ die notwendige und hinreichende Bedingung dafür, daß eine Individuenvariable, deren Nummer k ist, in einem Ausdruck mit der Nummer m auftritt, rekursiv ausdrücken. Nämlich diese Bedingung wird durch die Formel

$$st_1(m, k, 2) \neq m$$

dargestellt.

Dagegen genügt die Funktion $st_1(m, k, l)$ noch nicht unmittelbar, um die Beziehung zwischen zwei Formeln auszudrücken, von denen eine durch *Umbenennung einer gebundenen Variablen* aus der anderen hervorgeht. Das liegt daran, daß die Umbenennung einer gebundenen Variablen nicht an allen Stellen ausgeführt zu werden braucht, wo die betreffende gebundene Variable auftritt, sondern nur im Bereich eines Quantors.

Wir können aber mittels noch einer rekursiven Definition zur Darstellung jener Beziehung gelangen. Dieses gelingt mit Hilfe der Funktion $\sigma(a, b)$ und ihrer Umkehrungsfunktionen $\sigma_1(n)$, $\sigma_2(n)$,[1] indem wir eine rekursive Definition für ein Prädikat „$\Psi_1(s)$" aufstellen, welches auf eine Zahl s, für welche $\sigma_1(s)$ und $\sigma_2(s)$ Nummern von Formeln sind, dann und nur dann zutrifft, wenn die zweite Formel aus der ersten durch Umbenennung einer gebundenen Variablen (im Bereich eines Quantors) hervorgeht.

Die Definition von $\Psi_1(s)$ wird durch folgende Alternative geliefert:

„Entweder ist $\sigma_1(s)$ eine Zahl der Form $50 \cdot q \cdot p^a$, $\sigma_2(s)$ eine Zahl der Form $50 \cdot q \cdot l^b$, wobei $q = 1$ oder $q = 2$, $p \neq l$ ist, p, l Primzahlen ≥ 7 sind, und es gilt

$$st_1(\sigma_1(s), p, l) = \sigma_2(s);$$

[1] Vgl. Fußnote 2, S. 221.

oder

$$\sigma_1(s) = 3 \cdot m, \quad \sigma_2(s) = 3 \cdot n, \quad m, n \neq 0 \quad \text{und} \quad \Psi_1(\sigma(m, n));$$

oder

$$\sigma_1(s) = 50 \cdot q \cdot p^a, \quad \sigma_2(s) = 50 \cdot q \cdot p^b,$$

wobei $q = 1$ oder $q = 2$ und p eine Primzahl $\geqq 7$ ist, und $\Psi_1(\sigma(a, b))$

oder

$$\sigma_1(s) = 20 \cdot q \cdot 7^a \cdot 11^b, \quad \sigma_2(s) = 20 \cdot q \cdot 7^c \cdot 11^d,$$

wobei q ein Teiler von 8 ist, und es ist

$$a = c \,\&\, \Psi_1(\sigma(b, d)) \quad \text{oder} \quad b = d \,\&\, \Psi_1(\sigma(a, c))."$$

Auf Grund dieser Definition stellt das Prädikat $\Psi_1(\sigma(m, n))$ für zwei Zahlen m, n, welche Nummern von Formeln sind, die notwendige und hinreichende Bedingung dafür dar, daß die zweite Formel aus der ersten durch eine Umbenennung einer gebundenen Variablen hervorgeht.

Nun handelt es sich noch darum, einen rekursiven Ausdruck für die Beziehungen zwischen zwei solchen Formeln zu gewinnen, von denen die eine aus der anderen mittels einer *Einsetzung für eine Formelvariable mit Argumenten* hervorgeht.

Vergegenwärtigen wir uns zunächst, wie eine solche Einsetzung ausgeführt wird. Wir haben dazu eine „Nennform"[1] der Formelvariablen, für welche die Einsetzung erfolgen soll, zu wählen. In dieser sind die als Argumente stehenden freien Individuenvariablen alle voneinander verschieden; außerdem müssen sie eventuell von gewissen Individuenvariablen der Formel, an der die Einsetzung vorzunehmen ist, verschieden sein. Wollen wir z. B. aus der Formel

$$a = b \rightarrow (A(a) \rightarrow A(b))$$

durch Einsetzung die Formel

$$a = b \rightarrow (a = a \rightarrow b = a)$$

erhalten, so dürfen wir als Nennform nicht $A(a)$ wählen (da sich ja durch Einsetzung der Formel $a = a$ für $A(a)$ nicht die gewünschte Formel, sondern die Formel

$$a = b \rightarrow (a = a \rightarrow b = b)$$

ergibt), sondern müssen als Argumentvariable eine von a verschiedene Individuenvariable nehmen. Derartigen Erfordernissen wird auf jeden Fall Genüge geleistet, wenn wir die Argumentvariablen der Nennform als solche wählen, die in der Formel $\mathfrak{F}$, an der die Einsetzung vorgenommen werden soll, überhaupt nicht vorkommen. Ist m die Nummer dieser Formel, so kommen jedenfalls die Variablen mit einer Nummer $2\wp_k$, wo $k \geqq m$ ist, nicht in der Formel vor. Andererseits ist die Anzahl der Argumente der Formelvariablen, für welche die Einsetzung stattfinden soll (da ja diese Formelvariable in der Formel mit der Nummer m auf-

[1] Vgl. Suppl. I, S. 390.

tritt), jedenfalls kleiner als m. Somit können wir als Variablen der Nennform solche wählen, deren Nummern alle der Reihe

$$2\wp_m, \quad 2\wp_{m+1}, \ldots, 2\wp_{2(m-1)}$$

angehören.

Die Einsetzung erfolgt nun so, daß zunächst eine für die Nennform einzusetzende Formel angegeben wird; diese Formel — wir wollen sie kurz den ,,Substituend" nennen — muß die Argumente der Nennform enthalten. Sodann werden alle die Stellen aufgesucht, wo in der Formel $\mathfrak{F}$ ein Ausdruck auftritt, der entweder mit der Nennform überhaupt übereinstimmt oder sich von ihr nur dadurch unterscheidet, daß an Stelle einiger von den Argumenten der Nennform oder eines jeden von ihnen andere termartige Ausdrücke als Argumente stehen; ein solcher Ausdruck möge kurz als ein ,,Derivat" der Nennform bezeichnet werden. An Stelle eines jeden Derivates $\mathfrak{U}$ der Nennform wird nun derjenige Ausdruck gesetzt, der aus dem Substituend durch die gleichen Ersetzungen für die Argumentvariablen der Nennform hervorgeht, durch welche $\mathfrak{U}$ aus der Nennform erhalten wird.

Diese Beschreibung des Prozesses müssen wir nun mittels unserer Nummernzuordnungen ins Arithmetische übersetzen.

Wir haben zunächst die Begriffe ,,Nennform", ,,Substituend", ,,Derivat" arithmetisch zu definieren, was ohne weiteres mittels der folgenden Formulierungen geschieht:

,,k ist dann und nur dann Nummer einer Nennform, wenn $k = 10 \cdot n$, wobei $n > 1$ und n durch keine der Zahlen 2, 3, 5 teilbar ist, wenn ferner jede der Zahlen $\nu(n, x)$, $(x < k)$, welche von 0 verschieden ist, das Doppelte einer Primzahl $\geqq 7$ ist, und wenn ferner, für $x < y < k$, entweder $\nu(n, x) \neq \nu(n, y)$ oder $\nu(n, x)$, $\nu(n, y)$ beide gleich 0 sind."

,,l ist dann und nur dann Nummer eines Substituenden für die Nennform mit der Nummer k, wenn k Nummer einer Nennform, l Nummer einer Formel ist, und wenn für alle Zahlen $x < k$, die $\geqq 3$ sind und für welche $\nu(k, x) \neq 0$ ist, die freie Variable mit der Nummer $\nu(k, x)$ in der Formel mit der Nummer l vorkommt[1]."

Es bezeichne ,,$\psi_1(n)$" die rekursive Funktion $\prod_{x<n} \wp_x^{\alpha(\nu(n,x))}$. ,,$t$ ist dann und nur dann Nummer eines Derivates der Nennform mit der Nummer k, wenn k Nummer einer Nennform ist, ferner $\psi_1(t) = \psi_1(k)$, $\nu(t, 0) = 1$, $\nu(t, 2) = 1$, und wenn für jede der Zahlen x, welche $\geqq 3$ und $< t$ sind, $\nu(t, x)$ entweder gleich 0 oder gleich der Nummer eines termartigen Ausdruckes ist."

Nun definieren wir eine Funktion ,,$st_2(m, k, t)$", deren Wert im Falle, daß m Nummer eines Ausdruckes $\mathfrak{A}$ aus unserem Formalismus, k Nummer einer Nennform und t Nummer eines Derivates $\mathfrak{T}$ dieser Nennform ist, gleich der Nummer desjenigen Ausdruckes ist, der aus $\mathfrak{A}$ entsteht, indem

[1] Für die Darstellung der letzgenannten Bedingung vgl. S. 236.

jede in $\mathfrak{A}$ vorkommende Argumentvariable der Nennform überall, wo sie auftritt, durch denjenigen termartigen Ausdruck ersetzt wird, der in $\mathfrak{T}$ an Stelle jener Argumentvariablen der Nennform steht.

Die Definition von $st_2(m, k, t)$ wird durch folgende Alternative gegeben:

„Wenn m das Doppelte einer Primzahl $\geqq 7$ ist, und wenn es ein $x < k$ und $\geqq 3$ gibt, für welches $\nu(k, x) = m$, so ist $st_2(m, k, t) = \nu(t, x)$; wenn $m = 2^a \cdot 3^b \cdot 5^c \cdot n$, $c > 0$ und n durch keine der Zahlen 2, 3, 5 teilbar ist, so ist

$$st_2(m, k, t) = 2^a \cdot 3^b \cdot 5^c \cdot \prod_{x < m} \wp_x^{st_2(\nu(n, x), k, t)};$$

in allen übrigen Fällen ist $st_2(m, k, t) = m$."

Mittels der Funktion $st_2(m, k, t)$ können wir nun leicht eine Funktion „$st_3(m, k, l)$" definieren, deren Wert im Falle, daß m die Nummer einer Formel $\mathfrak{F}$, k die Nummer einer Nennform $\mathfrak{B}$, l die Nummer eines Substituenden $\mathfrak{S}$ für diese Nennform ist, gleich der Nummer derjenigen Formel ist, die aus $\mathfrak{F}$ durch Eintragung der Einsetzung von $\mathfrak{S}$ für die Nennform $\mathfrak{B}$ erhalten wird; dieses geschieht nämlich durch folgende Alternative:

„Wenn k Nummer einer Nennform und m Nummer eines Derivates dieser Nennform ist, so ist

$$st_3(m, k, l) = st_2(l, k, m);$$

wenn $m = 3 \cdot n$, $n \neq 0$ und durch 10 teilbar ist, so ist

$$st_3(m, k, l) = 3 \cdot st_3(n, k, l);$$

wenn $m = 2^a \cdot 5^b \cdot n$, $a + b > 2$ und n durch keine der Zahlen 2, 3, 5 teilbar ist, so ist

$$st_3(m, k, l) = 2^a \cdot 5^b \cdot \prod_{x < m} \wp_x^{st_3(\nu(n, x), k, l)};$$

in allen übrigen Fällen ist $st_3(m, k, l) = m$."

Hiermit ist die arithmetische Definition der Einsetzung für Formelvariablen schon beinahe fertig; doch brauchen wir zur Darstellung der Beziehung, die zwischen zwei Formeln mit den Nummern m, n besteht, wenn die zweite aus der ersten durch die Eintragung der Einsetzung eines Substituenden, mit einer Nummer l, für eine Nennform mit der Nummer k, hervorgeht — damit die Darstellung eine rekursive sei —, noch eine Abschätzung der Nummern k, l durch m und n. Nämlich es ist ja nicht sicher, daß die Nummer k kleiner ist als m, da ja die Nennform Variablen enthalten kann, die nicht in der Formel mit der Nummer m auftreten, und aus dem gleichen Grund ist es nicht gewiß, daß die Nummer l kleiner ist als n.

Wir machen nun hier Gebrauch von dem vorher vermerkten Umstand, daß die Argumentvariablen der Nennform bei einer Einsetzung, die an der Formel mit der Nummer m vorgenommen wird, als solche mit Nummern aus der Reihe $2\wp_m, 2\wp_{m+1}, \ldots, 2\wp_{2(m-1)}$ genommen werden können, so daß die Nummern der Argumentvariablen alle kleiner als $2\wp_{2m}$ sind. Ferner haben wir zu benutzen, daß die Eintragung einer Einsetzung für die Nennform mit der Nummer k in eine Formel $\mathfrak{F}$ mit der Nummer m nur dann in Frage kommt, wenn die Formel $\mathfrak{F}$ ein Derivat der Nennform als Bestandteil enthält bzw. selbst ein solches Derivat ist. Ersetzen wir nun in einem in $\mathfrak{F}$ auftretenden Derivat der Nennform jede (freie oder gebundene) Individuenvariable und jede Ziffer durch die Variable mit der Nummer $2\wp_{2m}$, so erhält die betreffende Formelvariable lauter solche Argumente, deren Nummern $\geqq 2\wp_{2m}$, also größer als die Nummern der Argumente der Nennform sind. Wir erhalten daher aus der Formel $\mathfrak{F}$, indem wir darin jede Individuenvariable und jede Ziffer durch die Variable mit der Nummer $2\wp_{2m}$ ersetzen, einen solchen Ausdruck, dessen Nummer größer ist als k; die Nummer dieses Ausdruckes (der übrigens nicht unserem betrachteten Formalismus anzugehören braucht) bildet somit eine Abschätzung für k. Diese Abschätzung läßt sich nun rekursiv ausdrücken, indem wir eine Funktion „$st_4(m, l)$" durch folgende Alternative definieren:

„Wenn m eine Primzahl $\geqq 3$ oder das Doppelte einer solchen oder das Doppelte einer Potenz von 3 ist, so ist

$$st_4(m, l) = l;$$

wenn $m = 2^a \cdot 3^b \cdot 5^c \cdot n$, $c > 0$ und n durch keine der Zahlen 2, 3, 5 teilbar ist, so ist

$$st_4(m, l) = 2^a \cdot 3^b \cdot 5^c \cdot \prod_{x<m} \wp_x^{st_4(\nu(n,x),l)};$$

wenn keiner der beiden genannten Fälle vorliegt, so ist $st_4(m, l) = m$."

Sind m, l Nummern von Ausdrücken unseres Formalismus, so stellt $st_4(m, l)$ die Nummer desjenigen (nicht notwendig unserem Formalismus angehörigen) Ausdruckes dar, der aus m entsteht, indem jede Individuenvariable und jede Ziffer durch den Ausdruck mit der Nummer l ersetzt wird.

Die gefundene Abschätzung für k stellt sich demnach durch die Ungleichung

$$k < st_4(m, 2\wp_{2m})$$

dar. Auch erhalten wir eine entsprechende Abschätzung für die Nummer l des Substituenden. Nämlich ist $\mathfrak{G}$ die Formel mit der Nummer n, d. h. die Formel, welche durch Einsetzung aus $\mathfrak{F}$ hervorgeht, so tritt ja in $\mathfrak{G}$ mindestens ein solcher Ausdruck auf, der sich von dem Substituenden nur dadurch unterscheidet, daß an Stelle der Argumentvariablen der Nennform gewisse, auch in $\mathfrak{F}$ vorkommende, termartige Ausdrücke stehen. Ersetzen wir in jedem solchen Ausdruck die Individuenvariablen und die Ziffern sämtlich durch die Variable mit der Nummer $2\wp_{2m}$, so erhalten wir einen Ausdruck, dessen Nummer größer ist als l, und erst recht erhalten wir einen Ausdruck mit einer Nummer $> l$, indem wir *überall* in $\mathfrak{G}$ die Individuenvariablen und die Ziffern durch die Variable mit der Nummer $2\wp_{2m}$ ersetzen (da ja außerhalb der eingesetzten Ausdrücke in der Formel $\mathfrak{G}$ nur solche Variablen und Ziffern auftreten, die auch in $\mathfrak{F}$ auftreten). Es ist also

$$l < st_4(n, 2\wp_m)\,.$$

Nunmehr können wir folgende Definition aufstellen: „Die Formel mit der Nummer n geht aus der von ihr verschiedenen Formel mit der Nummer m durch Ausführung einer Einsetzung für eine Formelvariable mit Argumenten dann und nur dann hervor, wenn zunächst m, n Nummern von Formeln sind, $m \neq n$ ist, und wenn es Zahlen k, l, $k < st_4(m, 2\wp_m)$, $l < st_4(n, 2\wp_m)$ gibt, k Nummer einer Nennform und l Nummer eines Substituenden von k, für welche $st_3(m, k, l) = n$ ist.“

Hiermit haben wir jetzt die hauptsächlichen Begriffe für die Definition der Ableitung rekursiv-arithmetisch ausgedrückt.

Es bedarf nun bloß noch folgender leichter Hilfsdefinitionen: „Aus der Formel mit der Nummer m geht die Formel mit der Nummer n gemäß dem Schema (α) dann und nur dann hervor, wenn m von der Form $80 \cdot 7^a \cdot 11^b$ ist, wobei a die Nummer einer Formel ist, welche die Variable mit der Nummer 14 nicht enthält, b die Nummer einer Formel, welche die Variable mit der Nummer 14, dagegen nicht diejenige mit der Nummer 7 enthält, und $n = 80 \cdot 7^a \cdot 11^{(50 \cdot 7^{st_1(b,\,14,7)})}$ ist.“

„Aus der Formel mit der Nummer m geht die Formel mit der Nummer n gemäß dem Schema (β) dann und nur dann hervor, wenn m von der Form $80 \cdot 7^a \cdot 11^b$ ist, wobei a die Nummer einer Formel ist, welche die Variable mit der Nummer 14, dagegen nicht diejenige mit der Nummer 7 enthält, b die Nummer einer Formel ist, welche die Variable mit der Nummer 14 nicht enthält, und

$$n = 80 \cdot 7^{(100 \cdot 7^{st_1(a,\,14,7)})} \cdot 11^b$$

ist.“

„Aus den Formeln mit den Nummern m, n wird die Formel mit der Nummer s durch das Schlußschema dann und nur dann erhalten, wenn m, n, s Nummern von Formeln sind und

$$n = 80 \cdot 7^m \cdot 11^s$$

ist.“

Die Nummern der beiden Formeln

$$(x)\,A(x) \rightarrow A(a)\,, \qquad A(a) \rightarrow (E\,x)\,A(x)\,,$$

d. h. die Nummern

$$80 \cdot 7^{(50 \cdot 7^{(10 \cdot 7^7)})} \cdot 11^{(10 \cdot 7^{14})} \quad \text{und} \quad 80 \cdot 7^{(10 \cdot 7^{14})} \cdot 11^{(100 \cdot 7^{(10 \cdot 7^7)})}$$

mögen mit $\mathfrak{n}_1$, $\mathfrak{n}_2$ bezeichnet werden.

Indem wir nun benutzen, daß eine Aufeinanderfolge von Formeln mit den Nummern $m_1, \ldots, m_{\mathfrak{r}}$ sich durch die Zahl

$$\wp_0^{m_1} \cdots \wp_{\mathfrak{r}-1}^{m_{\mathfrak{r}}}$$

repräsentieren läßt, gelangen wir zu folgender Definition:

„Die notwendige und hinreichende Bedingung dafür, daß die Zahl m eine Formelreihe repräsentiert, die eine Ableitung für die Formel mit der Nummer n bildet, besteht darin, daß

1. für jede Zahl $x \leqq \lambda(m)$ die Zahl $\nu(m, x)$ Nummer einer Formel ist;
2. $\nu(m, \lambda(m)) = n$;
3. für jede der Zahlen $x \leqq \lambda(m)$ folgende Alternative besteht:

a) $\nu(m, x)$ ist Nummer einer identischen Formel des Aussagenkalkuls oder gleich einer der Zahlen $\mathfrak{n}_1$, $\mathfrak{n}_2$;

oder b) $x \neq 0$, und die Formel mit der Nummer $\nu(m, x)$ geht aus derjenigen mit der Nummer $\nu(m, \delta(x))$ durch eine Einsetzung für eine Formelvariable ohne Argument oder für eine freie Individuenvariable oder für eine Formelvariable mit einem oder mehreren Argumenten, oder durch eine Umbenennung einer gebundenen Variablen oder auch gemäß einem der Schemata (α), (β) hervor;

oder c) $x > 1$, und die Formel mit der Nummer $\nu(m, x)$ wird aus den Formeln mit den Nummern $\nu(m, \delta(x, 1))$, $\nu(m, \delta(x, 2))$ durch das Schlußschema erhalten;

oder d) es gibt eine Zahl $y < x$, für welche $\nu(m, y) = \nu(m, x)$."

Hiermit ist nun ein rekursives Prädikat aufgezeigt — wir wollen es mit „$Dd(m, n)$" bezeichnen („Dd" soll an „Deduktion" erinnern) —, das auf ein Zahlenpaar m, n dann und nur dann zutrifft, wenn die Zahlen

$$\nu(m, 0), \ldots, \nu(m, \lambda(m))$$

die Nummern von solchen Formeln unseres Formalismus sind, die in der angegebenen Reihenfolge eine Ableitung der letzten Formel (nach den Regeln dieses Formalismus) bilden, und die letzte Formel die Nummer n hat. Kurz gesagt: Die Aussage „Die durch die Zahl m repräsentierte Formelreihe bildet eine Ableitung der Formel mit der Nummer n" stellt sich durch ein rekursives Prädikat $Dd(m, n)$ dar.

Die Art und Weise, wie wir dieses Ergebnis gewonnen haben, macht es ersichtlich, daß die Aufweisbarkeit eines rekursiven Prädikats, welches auf Grund der Nummernzuordnungen eine Formelreihe als Ableitung einer Formel charakterisiert, nicht auf der besonderen Struktur gerade des betrachteten Formalismus, d. h. des Prädikatenkalkuls mit Hinzunahme der Ziffern und der Funktionszeichen, beruht, vielmehr nur auf dem streng formalen und zugleich anschaulich-elementaren Charakter des Operierens in dem Formalismus.

Wir haben die Betrachtung so ausführlich angestellt und auch von möglichen Erleichterungen durch Reduktionen des Formalismus — wie sie ja mittels definitorischer Zurückführungen verschiedener logischer Zeichen auf andere und auch durch Ausschaltung der Einsetzungsregel für die Formelvariablen mittels der Anwendung von Formelschematen[1] möglich sind — keinen Gebrauch gemacht, einerseits um die Handhabung

[1] Vgl. Bd. I, S. 387f. und S. 247—248.

der Nummernzuordnungen zur Gewinnung rekursiver Definitionen für die metamathematischen Begriffe eingehend zu verdeutlichen und zu zeigen, wie die verschiedenartigen dabei auftretenden Schwierigkeiten sich beheben lassen, andererseits weil der Nachweis der rekursiven Definierbarkeit der charakteristischen Eigenschaften einer Ableitung im Prädikatenkalkul als eine Bestätigung für die Präzision unserer Regeln des Prädikatenkalkuls gelten kann.

Außerdem aber haben wir die rekursive Beschreibung der Verteilung von Wahrheitswerten auf die Primformeln quantorenfreier Formeln und die daran sich knüpfenden rekursiven Definitionen insbesondere im Hinblick auf eine Anwendung ausführlicher behandelt: diese sollen uns dazu verhelfen, die am Ende des vorigen Paragraphen angekündigte finite Verschärfung des Gödelschen Vollständigkeitssatzes zu gewinnen.

2. Anwendung der Arithmetisierungsmethode auf den Gödelschen Vollständigkeitssatz.

a) Formalisierung des Vollständigkeitsbeweises. Greifen wir zurück auf den Beweis des Gödelschen Satzes, daß jede unwiderlegbare Formel des Prädikatenkalkuls erfüllbar ist[1]. Wir gingen dabei aus von der Bemerkung, daß zu jeder Formel des Prädikatenkalkuls eine solche erfüllungstheoretische Skolemsche Normalform bestimmt werden kann, die sich sowohl hinsichtlich der Widerlegbarkeit wie auch hinsichtlich der Erfüllbarkeit ebenso verhält wie jene Formel. Auf Grund dieses Umstandes brauchte der Beweis nur für Formeln von der speziellen Gestalt

$$(\mathfrak{x}_1)\ldots(\mathfrak{x}_\mathfrak{r})\,(E\,\mathfrak{y}_1)\ldots(E\,\mathfrak{y}_\mathfrak{s})\,\mathfrak{B}(\mathfrak{x}_1,\ldots,\mathfrak{x}_\mathfrak{r},\mathfrak{y}_1,\ldots,\mathfrak{y}_\mathfrak{s})$$

geführt zu werden, worin $\mathfrak{x}_1,\ldots,\mathfrak{x}_\mathfrak{r},\mathfrak{y}_1,\ldots,\mathfrak{y}_\mathfrak{s}$ die sämtlichen vorkommenden Individuenvariablen sind. Dabei konnten wir $\mathfrak{r}$ und $\mathfrak{s}$ als von 0 verschieden annehmen.

Sodann machten wir Gebrauch von der Tatsache, daß für eine Formel $\mathfrak{F}$ des Prädikatenkalkuls von der betrachteten Gestalt aus der Feststellung ihrer Unwiderlegbarkeit die gemeinsame Erfüllbarkeit der Formeln

$$\mathfrak{B}(\mathfrak{n}_{1\,\mathfrak{j}},\ldots,\mathfrak{n}_{\mathfrak{r}\,\mathfrak{j}},\mathfrak{s}\cdot\mathfrak{j}+1,\ldots,\mathfrak{s}\cdot\mathfrak{j}+\mathfrak{s}),$$

$\mathfrak{j}=0,\ldots,\mathfrak{k}$, für jede Zahl $\mathfrak{k}$ gefolgert werden kann, so daß sich also, wenn die Formel

$$\mathfrak{B}(\mathfrak{n}_{1\,\mathfrak{j}},\ldots,\mathfrak{n}_{\mathfrak{r}\,\mathfrak{j}},\mathfrak{s}\cdot\mathfrak{j}+1,\ldots,\mathfrak{s}\cdot\mathfrak{j}+\mathfrak{s})$$

kurz mit $\mathfrak{B}_\mathfrak{j}$ bezeichnet wird, die Erfüllbarkeit der Konjunktion

$$\mathfrak{B}_0\,\&\ldots\&\,\mathfrak{B}_\mathfrak{k}$$

— wir bezeichneten diese mit $\mathfrak{F}_\mathfrak{k}$ — für jede Zahl $\mathfrak{k}$ ergibt. Dabei haben wir diejenige Numerierung $\mathfrak{n}_{1\,\mathfrak{j}},\ldots,\mathfrak{n}_{\mathfrak{r}\,\mathfrak{j}}\,(\mathfrak{j}=0,1,\ldots)$ der $\mathfrak{r}$-tupel benutzt, bei welcher die Ordnung in erster Linie nach der maximalen vorkommenden

[1] Vgl. S. 191–197.

Zahl und bei Übereinstimmung der maximalen Zahlen nach dem lexikographischen Prinzip erfolgt.

Hiernach bestand die verbleibende Aufgabe des Beweises darin, aus der Erfüllbarkeit der quantorenfreien Formeln $\mathfrak{F}_{\mathfrak{k}}$ ($\mathfrak{k} = 0, 1, \ldots$) die Erfüllbarkeit der Formel $\mathfrak{F}$ zu entnehmen, und dieses gelang, indem sich die Erfüllungen der Formeln $\mathfrak{F}_{\mathfrak{k}}$ zu einer gemeinsamen Erfüllung aller dieser Formeln verschmelzen ließen.

Es handelt sich nunmehr darum einzusehen, daß dieses Verfahren sich für eine jede einzelne vorgelegte Formel $\mathfrak{F}$ im Rahmen des zahlentheoretischen Formalismus formalisieren läßt, wobei wir allerdings nicht völlig mit dem Formalismus der rekursiven Zahlentheorie auskommen.

Der erste Schritt hierzu ist die Darstellung der benutzten Abzählung der $\mathfrak{r}$-tupel von Zahlen durch rekursive Funktionen. In der Tat lassen sich $\mathfrak{r}$ Funktionen „$\eta_1(n)$", ..., „$\eta_{\mathfrak{r}}(n)$" und eine Funktion „$\eta(a_1, \ldots, a_{\mathfrak{r}})$" rekursiv so definieren, daß für jede Zahl $\mathfrak{j}$

$$\eta_1(\mathfrak{j}) = \mathfrak{n}_{1\,\mathfrak{j}}, \ldots, \eta_{\mathfrak{r}}(\mathfrak{j}) = \mathfrak{n}_{\mathfrak{r}\,\mathfrak{j}}$$

und für irgendwelche Zahlen $\mathfrak{n}_1, \ldots, \mathfrak{n}_{\mathfrak{r}}$ der Funktionswert $\eta(\mathfrak{n}_1, \ldots, \mathfrak{n}_{\mathfrak{r}})$ gleich der Nummer des $\mathfrak{r}$-tupels $\mathfrak{n}_1, \ldots, \mathfrak{n}_{\mathfrak{r}}$ ist[1]. Für $\mathfrak{r} = 2$ haben wir die rekursiven Definitionen dieser Funktionen direkt angegeben[2].

Allgemein kann man zu einer rekursiven Definition dieser Funktionen in der Weise gelangen, daß man zunächst für die Funktionen $\eta_1(n), \ldots, \eta_{\mathfrak{r}}(n)$ eine simultane Rekursion aufstellt und diese dann nach dem im § 7 angegebenen Verfahren[3] auf primitive Rekursionen zurückführt. Auf Grund der rekursiven Definition von $\eta_1(n), \ldots, \eta_{\mathfrak{r}}(n)$ ergibt sich sodann eine solche für $\eta(a_1, \ldots, a_{\mathfrak{r}})$, indem $\eta(a_1, \ldots, a_{\mathfrak{r}})$ definiert wird als[4]

$$\underset{x \leqq (a_1 + \cdots + a_{\mathfrak{r}} + 1)^{\mathfrak{r}}}{\mathfrak{Min}} \left(\eta_1(x) = a_1 \mathbin{\&} \ldots \mathbin{\&} \eta_{\mathfrak{r}}(x) = a_{\mathfrak{r}}\right).$$

Mit Hilfe der Funktionen $\eta_1, \ldots, \eta_{\mathfrak{r}}$ stellt sich die (auf Grund unserer Nummernzuordnung) der Formel $\mathfrak{B}_{\mathfrak{j}}$ zukommende Nummer in Abhängigkeit von $\mathfrak{j}$ durch eine rekursive Funktion $\mathfrak{b}(k)$ und ferner auch die Nummer von $\mathfrak{F}_{\mathfrak{k}}$ in Abhängigkeit von $\mathfrak{k}$ durch eine rekursive Funktion $\mathfrak{f}(k)$ dar.

Nämlich in der Formel $\mathfrak{B}_{\mathfrak{j}}$ treten ja die Ziffern

$$\mathfrak{n}_{1\,\mathfrak{j}}, \ldots, \mathfrak{n}_{\mathfrak{r}\,\mathfrak{j}}, \mathfrak{s} \cdot \mathfrak{j} + 1, \ldots, \mathfrak{s} \cdot \mathfrak{j} + \mathfrak{s}$$

als Argumente von Formelvariablen auf. Dieses Auftreten macht sich bei der Bildung der Nummer, die der Formel $\mathfrak{B}_{\mathfrak{j}}$ gemäß unserer Nummernzuordnung zukommt, dadurch geltend, daß die Zahlen

$$2 \cdot 3^{\mathfrak{n}_{1\,\mathfrak{j}}}, \ldots, 2 \cdot 3^{\mathfrak{n}_{\mathfrak{r}\,\mathfrak{j}}}, 2 \cdot 3^{\mathfrak{s} \cdot \mathfrak{j} + 1}, \ldots, 2 \cdot 3^{\mathfrak{s} \cdot \mathfrak{j} + \mathfrak{s}}$$

als Exponenten von Primzahlen auftreten, so daß diese Nummer sich mittels einer rekursiven Funktion „$\vartheta_0(a_1, \ldots, a_{\mathfrak{r}}, a_{\mathfrak{r}+1}, \ldots, a_{\mathfrak{r}+\mathfrak{s}})$"

[1] Eine generell (bei veränderlichem Wert von $\mathfrak{r}$) verwendbare Bezeichnung dieser Funktionen ist: „$\eta_1^{(\mathfrak{r})}(n)$", ..., „$\eta_{\mathfrak{r}}^{(\mathfrak{r})}(n)$", „$\eta^{(\mathfrak{r})}(a_1, \ldots, a_{\mathfrak{r}})$".

[2] Vgl. S. 221, Anmerkung 2. [3] Vgl. Bd. I, S. 333–334. [4] Vgl. Bd. I, S. 320.

durch den Term

$$\vartheta_0(\mathfrak{n}_{1\mathfrak{j}}, \ldots, \mathfrak{n}_{\mathfrak{r}\mathfrak{j}}, \mathfrak{s}\cdot\mathfrak{j}+1, \ldots, \mathfrak{s}\cdot\mathfrak{j}+\mathfrak{s})$$

darstellt. Ersetzen wir hierin die Ziffern $\mathfrak{n}_{1\mathfrak{j}}, \ldots, \mathfrak{n}_{\mathfrak{r}\mathfrak{j}}$ durch die Ausdrücke $\eta_1(\mathfrak{j}), \ldots, \eta_\mathfrak{r}(\mathfrak{j})$, so erhalten wir einen Term, bei dem die Abhängigkeit des Wertes von der Zahl $\mathfrak{j}$ explizite zum Ausdruck kommt, und es ist also die durch die Gleichung

$$\mathfrak{b}(k) = \vartheta_0(\eta_1(k), \ldots, \eta_\mathfrak{r}(k), \mathfrak{s}\cdot k+1, \ldots, \mathfrak{s}\cdot k+\mathfrak{s})$$

definierte rekursive Funktion eine solche, die als Wert $\mathfrak{b}(\mathfrak{j})$ für eine Zahl $\mathfrak{j}$ die Nummer der Formel $\mathfrak{B}_\mathfrak{j}$ hat.

Was ferner die Funktion $\mathfrak{f}(k)$ betrifft, so wird diese durch folgende primitive Rekursion definiert:

$$\mathfrak{f}(0) = \mathfrak{b}(0)$$
$$\mathfrak{f}(k') = 20 \cdot 7^{\mathfrak{f}(k)} \cdot 11^{\mathfrak{b}(k')}.$$

Die Erfüllung einer Formel $\mathfrak{F}_\mathfrak{k}$ — die ja stets quantorenfrei ist — besteht in einer Verteilung von Wahrheitswerten auf die verschiedenen Primformeln, die wir, nach der Reihenfolge ihres erstmaligen Auftretens geordnet, mit $\mathfrak{P}_1, \ldots, \mathfrak{P}_{\mathfrak{r}_\mathfrak{k}}$ bezeichnet haben. Eine Verteilung von Wahrheitswerten auf diese Primformeln haben wir durch eine duadische Zahl

$$2^{\mathfrak{r}_\mathfrak{k}-1}\cdot\mathfrak{m}_1 + \cdots + 2\cdot\mathfrak{m}_{\mathfrak{r}_\mathfrak{k}-1} + \mathfrak{m}_{\mathfrak{r}_\mathfrak{k}}$$

repräsentiert, wobei $\mathfrak{m}_\mathfrak{i}\,(\mathfrak{i} = 1, \ldots, \mathfrak{r}_\mathfrak{k})$ gleich 0 oder 1 ist, je nachdem die Primformel $\mathfrak{P}_\mathfrak{i}$ in der Verteilung den Wert „wahr" oder „falsch" erhält. Ist $\mathfrak{m}$ die betreffende duadische Zahl, so ist

$$\mathfrak{m}_\mathfrak{i} = \varrho\big(\pi(\mathfrak{m}, 2^{\delta(\mathfrak{r}_\mathfrak{k}, \mathfrak{i})}), 2\big),$$
$$\text{für } \mathfrak{i} = 1, \ldots, \mathfrak{r}_\mathfrak{k} \quad \text{und} \quad \mathfrak{m} < 2^{\mathfrak{r}_\mathfrak{k}};$$

sind andererseits diese Bedingungen erfüllt, so ist

$$\mathfrak{m} = 2^{\mathfrak{r}_\mathfrak{k}-1}\,\mathfrak{m}_1 + \cdots + 2\,\mathfrak{m}_{\mathfrak{r}_\mathfrak{k}-1} + \mathfrak{m}_{\mathfrak{r}_\mathfrak{k}}.$$

Demnach repräsentiert jede Zahl, die $< 2^{\mathfrak{r}_\mathfrak{k}}$ ist, eindeutig eine Verteilung von Wahrheitswerten auf die Primformeln von $\mathfrak{F}_\mathfrak{k}$, und umgekehrt gehört zu jeder solchen Verteilung von Wahrheitswerten eindeutig eine sie repräsentierende Zahl, die $< 2^{\mathfrak{r}_\mathfrak{k}}$ ist.

Die notwendige und hinreichende Bedingung dafür, daß die Zahl $\mathfrak{m}$ eine solche Verteilung von Wahrheitswerten auf die Primformeln von $\mathfrak{F}_\mathfrak{k}$ repräsentiert, die den „$\mathfrak{k}$-Bestandteil" einer durch die Zahl $\mathfrak{n}$ repräsentierten Verteilung von Wahrheitswerten auf die Primformeln von $\mathfrak{F}_\mathfrak{l}$ bildet, besteht darin, daß

$$\mathfrak{k} \leq \mathfrak{l},\ \mathfrak{n} < 2^{\mathfrak{r}_\mathfrak{l}} \quad \text{und} \quad \pi(\mathfrak{n}, 2^{\delta(\mathfrak{r}_\mathfrak{l}, \mathfrak{r}_\mathfrak{k})}) = \mathfrak{m}$$

ist. (Es empfiehlt sich, den Fall $\mathfrak{k} = \mathfrak{l}$ mit einzubegreifen.)

Es kommt nun darauf an, die Beziehung „$\mathfrak{m}$ repräsentiert eine *erfüllende* Verteilung von Wahrheitswerten auf die Primformeln von

$\mathfrak{F}_{\mathfrak{k}}$" durch ein rekursives Prädikat von $\mathfrak{m}$ und $\mathfrak{k}$ auszudrücken. Hierzu knüpfen wir an die Betrachtungen an, die wir im vorigen Abschnitt zur arithmetischen Formalisierung der Eintragung von Wahrheitswertverteilungen angestellt haben. Wir fügen wiederum zu dem Formalismus, auf den sich unsere Nummernzuordnung bezieht, das Symbol V mit der Nummer 10 hinzu, das als „uneigentliche" Primformel von den übrigen „eigentlichen" Primformeln unterschieden wird[1]. Ferner machen wir Gebrauch von den rekursiven Funktionen $\varphi_1(m)$, $\varphi_2(m, a, b)$, die wir so definiert haben[2], daß, wenn m die Nummer einer quantorenfreien Formel $\mathfrak{C}$ ist (die eventuell auch das Symbol V enthalten kann), $\varphi_1(m)$ gleich der Nummer der ersten in $\mathfrak{C}$ auftretenden eigentlichen Primformel bzw. wenn keine solche in $\mathfrak{C}$ vorkommt, gleich 0 ist, und $\varphi_2(m, a, b)$, im Falle, daß a die Nummer einer in $\mathfrak{C}$ vorkommenden eigentlichen Primformel $\mathfrak{P}$ und b die Nummer eines Ausdrucks $\mathfrak{A}$ ist, als Wert die Nummer der Formel hat, die aus $\mathfrak{C}$ entsteht, indem die Primformel $\mathfrak{P}$, überall wo sie auftritt, durch $\mathfrak{A}$ ersetzt wird, während im Falle, daß a nicht Nummer einer eigentlichen Primformel ist oder Nummer einer solchen eigentlichen Primformel, die nicht in $\mathfrak{C}$ auftritt, der Wert von $\varphi_2(m, a, b)$ gleich m ist.

Mit Hilfe dieser Funktionen φ_1, φ_2 gewinnen wir zunächst eine Darstellung der Anzahl $\mathfrak{r}_{\mathfrak{k}}$ als rekursiver Funktion von $\mathfrak{k}$.

Führen wir nämlich eine Funktion „$\chi_1(m, l)$" durch die primitive Rekursion

$$\chi_1(m, 0) = m$$

$$\chi_1(m, l') = \varphi_2(\chi_1(m, l), \varphi_1(\chi_1(m, l)), 10)$$

ein, so stellt sich für eine Zahl m, welche die Nummer einer quantorenfreien Formel $\mathfrak{C}$ ist, und eine Zahl l, die nicht größer ist als die Anzahl der verschiedenen in $\mathfrak{C}$ vorkommenden eigentlichen Primformeln, durch $\chi_1(m, l)$ die Nummer derjenigen Formel dar, die aus $\mathfrak{C}$ entsteht, indem jede der ersten l verschiedenen Primformeln (in der Ordnung nach dem erstmaligen Auftreten) durch das Symbol V ersetzt wird; und im Falle, daß die Zahl l nicht kleiner ist als die Anzahl der verschiedenen in $\mathfrak{C}$ vorkommenden eigentlichen Primformeln, stimmt der Wert von $\chi_1(m, l')$ mit dem von $\chi_1(m, l)$ überein, während sonst $\chi_1(m, l) > \chi_1(m, l')$ ist.

Hiernach ergibt sich, daß die Funktion

$$\chi_2(m) = \sum_{x < m} \alpha(\delta(\chi_1(m, x), \chi_1(m, x')))$$

für eine Zahl m, welche Nummer einer quantorenfreien Formel ist, die Anzahl der verschiedenen in ihr auftretenden eigentlichen Primformeln darstellt, und es wird daher die Darstellung von $\mathfrak{r}_{\mathfrak{k}}$ in Abhängigkeit von $\mathfrak{k}$ durch die Funktion

$$\mathfrak{e}(k) = \chi_2(\mathfrak{f}(k))$$

geliefert.

[1] Vgl. S. 231. [2] Vgl. S. 232.

Die Funktion $\chi_1(m, l)$ in Verbindung mit der Funktion φ_1 liefert uns auch eine Darstellung der Nummer der Formel $\mathfrak{P}_{\mathfrak{i}}$ als rekursiver Funktion des Index $\mathfrak{i}$. Nämlich die Funktion

$$\varphi_1(\chi_1(m, l))$$

stellt für eine Zahl m, welche Nummer einer quantorenfreien Formel $\mathfrak{C}$ ist, und eine Zahl $l < \chi_2(m)$ die Nummer der $(l+1)$-ten von den verschiedenen eigentlichen Primformeln in $\mathfrak{C}$ dar; für $l < \mathfrak{e}(k)$ ist daher der Wert von

$$\varphi_1(\chi_1(\mathfrak{f}(k), l))$$

gleich der Zahl, welche auf Grund unserer Nummernzuordnung der Formel $\mathfrak{P}_{l+1}$ als Nummer zukommt.

Nun gilt für jeden Wert von k die Ungleichung $k < \mathfrak{e}(k)$, weil ja in jeder Formel $\mathfrak{B}_{\mathfrak{j}}$ mindestens eine Ziffer, nämlich $\mathfrak{s} \cdot \mathfrak{j} + 1$ als neues Argument hinzutritt, und somit auch eine neue, d. h. noch nicht in $\mathfrak{B}_0 \& \ldots \& \mathfrak{B}_{\mathfrak{j}-1}$ vorkommende Primformel auftritt.

Demnach stellt die Funktion

$$\mathfrak{h}(l) = \varphi_1(\chi_1(\mathfrak{f}(l), l))$$

für jede Zahl l die Nummer der Primformel $\mathfrak{P}_{l+1}$ (im Sinne unserer Nummernzuordnung) dar.

Mittels der Funktion $\mathfrak{e}(k)$ stellen sich ferner die Verteilungen von Wahrheitswerten auf die Primformeln einer Formel $\mathfrak{F}_{\mathfrak{k}}$ durch die rekursive Funktion

$$\gamma_1(m, k, l) = \varrho(\pi(m, 2^{\delta(\mathfrak{e}(k), l+1)}), 2)$$

dar, deren Wert für ein Zahlentripel m, k, l, das die Bedingungen $m < 2^{\mathfrak{e}(k)}$, $l < \mathfrak{e}(k)$ erfüllt, gleich 0 oder 1 ist, je nachdem bei der durch die Zahl m repräsentierten Verteilung von Wahrheitswerten auf die Primformeln von $\mathfrak{F}_k$ die Primformel $\mathfrak{P}_{l+1}$ den Wert „wahr" oder den Wert „falsch" erhält[1].

Nunmehr gelangen wir in wenigen Schritten zur rekursiven Darstellung des Begriffes einer erfüllenden Verteilung von Wahrheitswerten: Wir definieren eine Funktion „$\chi_3(m, n, k, l)$" durch die primitive Rekursion

$$\chi_3(m, n, k, 0) = m$$
$$\chi_3(m, n, k, l') = \varphi_2(\chi_3(m, n, k, l), \varphi_1(\chi_3(m, n, k, l)), 10 + 20 \cdot \gamma_1(n, k, l)).$$

Setzen wir nun

$$\mathfrak{g}(k, n) = \chi_3(\mathfrak{f}(k), n, k, \mathfrak{e}(k)),$$

so stellt die so definierte Funktion $\mathfrak{g}(k, n)$ für jeden Wert von k und für jede Zahl $n < 2^{\mathfrak{e}(k)}$ die Nummer derjenigen aus dem Symbol V und den

[1] Man beachte, daß wir hier eine andere Repräsentation der Verteilungen von Wahrheitswerten benutzen als im vorigen Abschnitt (vgl. S. 230—231); dieses ist auch der Grund, weshalb wir nötig haben, anstatt der dort verwendeten Funktion $\gamma(m, l)$ die Funktion $\gamma_1(m, k, l)$ einzuführen.

Operationen des Aussagenkalkuls gebildeten Formel dar, die wir aus der Formel $\mathfrak{F}_k$ erhalten, indem wir die durch die Zahl n repräsentierte Verteilung von Wahrheitswerten auf die Primformeln symbolisch eintragen.

Das Ergebnis der Auswertung dieser Formel können wir mit Hilfe der im vorigen Abschnitt definierten Funktion $\varphi_5(m)$ ausdrücken[1], die für eine Zahl m, welche die Nummer einer aus dem Symbol V und den Operationen des Aussagenkalkuls gebildeten Formel ist, den Wert 0 hat, wenn die Auswertung der Formel den Wert „wahr" ergibt, und den Wert 1 hat, wenn die Auswertung den Wert „falsch" ergibt.

Nämlich das Prädikat

$$n < 2^{\mathfrak{e}(k)} \,\&\, \varphi_5(\mathfrak{g}(k, n)) = 0$$

trifft ja auf ein Zahlenpaar k, n dann und nur dann zu, wenn die Zahl n eine solche Verteilung von Wahrheitswerten auf die Primformeln $\mathfrak{P}_1, \ldots, \mathfrak{P}_{\mathfrak{e}(k)}$ repräsentiert, bei welcher die Formel $\mathfrak{F}_k$ den Wert „wahr" erhält. Dieses rekursive Prädikat, welches mit „$\mathfrak{Q}(k, n)$" bezeichnet werde, stellt also die notwendige und hinreichende Bedingung dafür dar, daß durch die Zahl n eine erfüllende Verteilung von Wahrheitswerten auf die Primformeln von $\mathfrak{F}_k$ repräsentiert wird.

Zugleich ergibt sich, daß die *Erfüllbarkeit* der Formel $\mathfrak{F}_k$, welche ja besagt, daß es unter den Zahlen $< 2^{\mathfrak{e}(k)}$ eine Zahl x gibt, für welche $\mathfrak{Q}(k, x)$ zutrifft, mittels einer rekursiven Funktion $\mathfrak{q}(n)$ in der Form

(1) $$\mathfrak{q}(k) = 0$$

ausdrückbar ist. Ferner erweist sich die Voraussetzung, daß für jede Zahl k die Formel $\mathfrak{F}_k$ erfüllbar sein soll — von der ja unsere gegenwärtige Betrachtung ausgeht — als gleichbedeutend mit der *Verifizierbarkeit* der Formel (1). Jetzt können wir auch den Begriff einer „ausgezeichneten" Verteilung von Wahrheitswerten arithmetisch zur Darstellung bringen, allerdings nicht mehr im Rahmen der rekursiven Zahlentheorie, sondern mit Verwendung der Quantoren und des μ-Symbols.

Wir begeben uns somit in denjenigen zahlentheoretischen Formalismus, den wir aus der rekursiven Zahlentheorie durch Hinzufügen des vollen Prädikatenkalkuls, zugleich mit der Ausdehnung des Induktionsschemas auf den erweiterten Formelbereich, und Hinzunahme des μ-Symbols nebst den Formeln[2] (μ_1), (μ_2), (μ_3) gewinnen. Dieser Formalismus ist demjenigen im § 8 betrachteten Formalismus der Zahlentheorie gleichwertig, der aus dem Formalismus des Systems (Z) durch Hinzufügung des μ-Symbols und der Formeln (μ_1), (μ_2), (μ_3) hervorgeht. Nämlich in diesem Formalismus lassen sich ja, wie wir gezeigt haben, die rekursiven Funktionen mittels des μ-Symbols explizite definieren, und auf Grund dieser Definitionen werden die Rekursionsgleichungen für diese Funktionen ableitbare Formeln[3]. Andererseits sind die Axiome des Systems (Z) aus dem vorher genannten, durch

[1] Vgl. S. 234. [2] Vgl. S. 49. [3] Vgl. Bd. I, S. 421—430.

Erweiterung der rekursiven Zahlentheorie sich ergebenden Formalismus ableitbar[1].

Anstatt das μ-Symbol nebst den Formeln (μ_1), (μ_2), (μ_3) direkt in den Formalismus einzuführen, können wir, wie ja früher gezeigt wurde, auch so verfahren, daß wir zu dem Formalismus des Systems (Z) die ι-Regel hinzufügen, mittels deren ja das μ-Symbol sich explizite so definieren läßt, daß die Formeln (μ_1), (μ_2), (μ_3) ableitbar werden[2].

Die gewünschte Darstellung des Begriffes der ausgezeichneten Verteilung erhalten wir mit Hilfe der vorangegangenen rekursiven Definitionen leicht aus der inhaltlichen Bestimmung dieses Begriffes. Eine ausgezeichnete Verteilung von Wahrheitswerten auf die Primformeln von $\mathfrak{F}_{\mathfrak{k}}$ ist zunächst eine solche erfüllende Verteilung von Wahrheitswerten, die für jede Zahl $\mathfrak{l}$, die größer als $\mathfrak{k}$ ist, den $\mathfrak{k}$-Bestandteil einer erfüllenden Verteilung von Wahrheitswerten auf die Primformeln von $\mathfrak{F}_{\mathfrak{l}}$ bildet; unter diesen wiederum ist sie dadurch gekennzeichnet, daß die repräsentierende Zahl für sie die kleinste ist.

Nun wird die Aussage „m ist repräsentierende Zahl des k-Bestandteils einer durch n repräsentierten erfüllenden Verteilung von Wahrheitswerten auf die Primformeln von $\mathfrak{F}_l$" durch die Formel

$$k \leqq l \mathbin{\&} \mathfrak{Q}(l, n) \mathbin{\&} m = \pi(n, 2^{\delta(\mathfrak{e}(l), \mathfrak{e}(k))})$$

dargestellt, die wir kurz mit $\mathfrak{H}(k, m, l, n)$ bezeichnen wollen.

Die repräsentierende Zahl der ausgezeichneten Verteilung von Wahrheitswerten auf die Primformeln von $\mathfrak{F}_{\mathfrak{k}}$ ist hiernach charakterisiert als die kleinste unter denjenigen Zahlen m $(< 2^{\mathfrak{e}(\mathfrak{k})})$, für welche es zu jeder Zahl l, die $\geqq \mathfrak{k}$ ist, eine Zahl $n (< 2^{\mathfrak{e}(l)})$ gibt, für die $\mathfrak{H}(\mathfrak{k}, m, l, n)$ zutrifft. Sie stellt sich somit, in Abhängigkeit von $\mathfrak{k}$, durch die mittels des μ-Symbols definierte Funktion

$$\mathfrak{a}(k) = \mu_x(y)\bigl(k \leqq y \rightarrow (Ez)\,\mathfrak{H}(k, x, y, z)\bigr)$$

dar. Freilich ist die Korrespondenz zwischen dieser formalen Definition und dem Begriff der repräsentierenden Zahl einer ausgezeichneten Verteilung von Wahrheitswerten zunächst nur auf Grund der inhaltlichen Deutung des μ-Symbols ersichtlich. Um zu erkennen, daß im zahlentheoretischen Formalismus diese Definition entsprechend dem inhaltlichen Begriff verwendet werden kann, müssen wir uns davon überzeugen, daß im zahlentheoretischen Formalismus die Formel

$$(2) \qquad (Ex)(y)\bigl(k \leqq y \rightarrow (Ez)\,\mathfrak{H}(k, x, y, z)\bigr)$$

abgeleitet werden kann, aus der man dann auf Grund der Definition von $\mathfrak{a}(k)$ und der Formeln (μ_1), (μ_2) die Formeln

$$(3) \qquad (y)\bigl(k \leqq y \rightarrow (Ez)\,\mathfrak{H}(k, \mathfrak{a}(k), y, z)\bigr)$$

$$(4) \qquad (y)\bigl(k \leqq y \rightarrow (Ez)\,\mathfrak{H}(k, m, y, z)\bigr) \rightarrow \mathfrak{a}(k) \leqq m$$

erhält.

---

[1] Vgl. Bd. I, S. 302–303. [2] Vgl. Suppl. I, S. 398f.

Die Ableitung von (2) ist nun in der Tat, *bei Benutzung der Formel* (1) *als Ausgangsformel*, in folgender Weise möglich.

Aus der Formel (1) ergibt sich, auf Grund der rekursiven Definition von $\mathfrak{q}(k)$, zunächst

$$(Ez)\,\mathfrak{Q}(k, z),$$

hieraus weiter — wenn wir den Ausdruck $\pi(n, 2^{\delta(\mathfrak{e}(l), \mathfrak{e}(k))})$ kurz mit $\mathfrak{e}_1(n, l, k)$ angeben — die Formel

$$k \leq l \rightarrow (Ez)\,\mathfrak{H}\bigl(k, \mathfrak{e}_1(z, l, k), l, z\bigr),$$

und aus dieser in Verbindung mit der leicht abzuleitenden Formel

$$\mathfrak{H}(k, m, l, n) \rightarrow m < 2^{\mathfrak{e}(k)}:$$

(5) $$(v)\bigl(k \leq v \rightarrow (Eu)\,(u < 2^{\mathfrak{e}(k)} \,\&\, (Ez)\,\mathfrak{H}\,(k, u, v, z))\bigr).$$

Ferner läßt sich, durch vollständige Induktion nach r, die Formel

(6) $$\begin{cases} (u)\,(Ey)\,A\,(u, y)\,\&\,(u)\,(v)\,(w)\,\bigl(A\,(u, v)\,\&\,v < w \rightarrow A\,(u, w)\bigr) \rightarrow \\ \quad \rightarrow (Ey)\,(u)\,\bigl(u < r \rightarrow A\,(u, y)\bigr) \end{cases}$$

ableiten. Diese liefert nach Einsetzung der Formel

$$(x)\,\bigl(b < x \rightarrow (z)\,\overline{\mathfrak{H}\,(k, a, x, z)}\bigr)$$

für die Nennform $A\,(a, b)$ sowie des Terms $2^{\mathfrak{e}(k)}$ für die Variable r — auf Grund der Ableitbarkeit derjenigen Formel, die durch die genannte Einsetzung an Stelle der Formel

$$(u)\,(v)\,(w)\,\bigl(A\,(u, v)\,\&\,v < w \rightarrow A\,(u, w)\bigr)$$

tritt, — zusammen mit der Formel (5) und der Formel

$$(Ev)\,(c < v \,\&\, k \leq v)$$

mittels des Prädikatenkalkuls die Formel

$$(Eu)\,(y)\,(Ev)\,\bigl(y < v \,\&\, (Ez)\,\mathfrak{H}\,(k, u, v, z)\bigr),$$

und von dieser gelangt man zu der gewünschten Formel (2) mit Hilfe der Formel

(7) $$k \leq s \,\&\, s < l \,\&\, \mathfrak{H}\,(k, m, l, n) \rightarrow \mathfrak{H}\,\bigl(k, m, s, \mathfrak{e}_1(n, l, s)\bigr),$$

die sich auf Grund des Ausdrucks von $\mathfrak{H}\,(k, m, l, n)$ und der rekursiven Definition von $\mathfrak{Q}\,(k, n)$, auf dem Weg über die Ableitung der Formel

(8) $$s < l \,\&\, \mathfrak{Q}\,(l, n) \rightarrow \mathfrak{Q}\bigl(s, \mathfrak{e}_1(n, l, s)\bigr)$$

ergibt.

[Die Formel (8) bildet den Ausdruck der Tatsache, daß eine erfüllende Verteilung von Wahrheitswerten auf die Primformeln von $\mathfrak{F}_{\mathfrak{l}}$, im Falle daß die Zahl $\mathfrak{s}$ kleiner als $\mathfrak{l}$ ist, eine erfüllende Verteilung für die Primformeln von $\mathfrak{F}_{\mathfrak{s}}$ in sich schließt. — Die Durchführung der Ableitung von (8) ist allerdings ziemlich mühsam.]

Nachdem die Formel (2) abgeleitet ist, ergeben sich, wie schon bemerkt[1], die Formeln (3) und (4). Aus (3) erhalten wir die Formel

(9) $$\mathfrak{Q}(k, \mathfrak{a}(k)),$$

welche zum Ausdruck bringt, daß für jede Zahl k der Wert von $\mathfrak{a}(k)$ eine erfüllende Verteilung von Wahrheitswerten für $\mathfrak{F}_k$ repräsentiert.

Ferner erhalten wir die Formel

(10) $$k < l \rightarrow \mathfrak{H}(k, \mathfrak{a}(k), l, \mathfrak{a}(l))$$

auf folgende Art: Aus der Formel (3) ergibt sich:

$$k < l \rightarrow (v)\left(l \leqq v \rightarrow (Ez)\, \mathfrak{H}(k, \mathfrak{a}(k), v, z)\right)$$

und weiter, mit Hilfe von (7) und mit Benutzung des Ausdrucks von $\mathfrak{H}(k, m, l, n)$ die Formel

$$k < l \rightarrow (v)\left[l < v \rightarrow (Ez)\,(Eu)\left(\mathfrak{H}(k, \mathfrak{a}(k), l, u)\ \&\ \mathfrak{H}(l, u, v, z)\right)\right],$$

die sich noch umformen läßt in

$$k < l \rightarrow (v)\left[l < v \rightarrow (Eu)\left(u < 2^{\mathfrak{e}(l)}\ \&\ \mathfrak{H}(k, \mathfrak{a}(k), l, u)\ \&\ (Ez)\, \mathfrak{H}(l, u, v, z)\right)\right].$$

Aus dieser Formel gewinnt man nun wieder mit Hilfe der Formel (6), worin jetzt für die Nennform $A(a, b)$ die Formel

$$(x)\left(b < x\ \&\ \mathfrak{H}(k, \mathfrak{a}(k), l, a) \rightarrow (z)\, \overline{\mathfrak{H}(l, a, x, z)}\right)$$

und für die Variable r der Term $2^{\mathfrak{e}(l)}$ eingesetzt wird, zunächst die Formel

$$k < l \rightarrow (Eu)\,(y)\,(Ev)\left(y < v\ \&\ \mathfrak{H}(k, \mathfrak{a}(k), l, u)\ \&\ (Ez)\, \mathfrak{H}(l, u, v, z)\right)$$

und aus dieser mit Hilfe von (7) die Formel

$$k < l \rightarrow (Ex)\left(\mathfrak{H}(k, \mathfrak{a}(k), l, x)\ \&\ (y)\,(l \leqq y \rightarrow (Ez)\, \mathfrak{H}(l, x, y, z))\right).$$

Wird nun der Term

$$\mu_x\left[\mathfrak{H}(k, \mathfrak{a}(k), l, x)\ \&\ (y)\left(l \leqq y \rightarrow (Ez)\, \mathfrak{H}(l, x, y, z)\right)\right]$$

mit $\mathfrak{c}(k, l)$ angegeben, so erhalten wir

$$k < l \rightarrow \mathfrak{H}(k, \mathfrak{a}(k), l, \mathfrak{c}(k, l))\ \&\ (y)\left(l \leqq y \rightarrow (Ez)\, \mathfrak{H}(l, \mathfrak{c}(k, l), y, z)\right).$$

Aus dieser Formel ergibt sich, auf Grund des Ausdrucks von $\mathfrak{H}(k, m, l, n)$:

$$k < l \rightarrow \mathfrak{a}(k) = \mathfrak{e}_1(\mathfrak{c}(k, l), l, k),$$

außerdem, durch Anwendung von (4):

$$k < l \rightarrow \mathfrak{a}(l) \leqq \mathfrak{c}(k, l);$$

und die beiden so erhaltenen Formeln ergeben zusammen, mittels der leicht ableitbaren Formel

$$r \leqq s \rightarrow \mathfrak{e}_1(r, l, k) \leqq \mathfrak{e}_1(s, l, k)$$

die Formel

(11) $$k < l \rightarrow \mathfrak{e}_1(\mathfrak{a}(l), l, k) \leqq \mathfrak{a}(k).$$

[1] Vgl. S. 249.

Andererseits liefert die Formel (3), wenn darin l für k eingesetzt wird, in Verbindung mit der leicht ableitbaren Formel

$$k \leq l \,\&\, l \leq r \rightarrow \mathfrak{e}_1\bigl(\mathfrak{e}_1(n, r, l), l, k\bigr) = \mathfrak{e}_1(n, r, k)$$

und mit Benutzung des Ausdrucks von $\mathfrak{H}(k, m, l, n)$ die Formel

$$k < l \rightarrow (y)\bigl(l \leq y \rightarrow (Ez)\, \mathfrak{H}\bigl(k, \mathfrak{e}_1(\mathfrak{a}(l), l, k), y, z\bigr)\bigr)$$

und weiter, mit Hilfe von (7), die Formel

$$k < l \rightarrow (y)\bigl(k \leq y \rightarrow (Ez)\, \mathfrak{H}\bigl(k, \mathfrak{e}_1(\mathfrak{a}(l), l, k), y, z\bigr)\bigr),$$

aus der sich, auf Grund von (4),

(12) $$k < l \rightarrow \mathfrak{a}(k) \leq \mathfrak{e}_1\bigl(\mathfrak{a}(l), l, k\bigr)$$

ergibt. (11) und (12) zusammen ergeben die Formel

$$k < l \rightarrow \mathfrak{a}(k) = \mathfrak{e}_1\bigl(\mathfrak{a}(l), l, k\bigr),$$

die in Verbindung mit der Formel $\mathfrak{Q}\bigl(l, \mathfrak{a}(l)\bigr)$, die durch Einsetzung aus (9) hervorgeht, zu der gewünschten Formel (10)

$$k < l \rightarrow \mathfrak{H}\bigl(k, \mathfrak{a}(k), l, \mathfrak{a}(l)\bigr)$$

führt. Die Formel (10) bringt zur Darstellung, daß, wenn die Zahl k kleiner ist als die Zahl l, die ausgezeichnete Verteilung von Wahrheitswerten für $\mathfrak{F}_k$ der k-Bestandteil der ausgezeichneten Verteilung für $\mathfrak{F}_l$ ist, und die Formeln (9), (10) zusammen bringen zum Ausdruck, daß die ausgezeichneten Verteilungen für die Formeln $\mathfrak{F}_k$ $(k = 0, 1, \ldots)$ sich zu einer Erfüllung der Formel $\mathfrak{F}$, von der wir ausgingen, zusammenschließen.

Diese Deutung der Formeln (9), (10) als Ausdruck einer Erfüllung der Formel $\mathfrak{F}$ ist freilich ein inhaltlicher Zusatz. Wir haben nicht eine Formel abgeleitet, welche die Behauptung der Erfüllbarkeit von $\mathfrak{F}$ formalisiert, sondern nur gewisse zahlentheoretische Formeln abgeleitet, aus deren Interpretation sich, bei Zugrundelegung des inhaltlichen Begriffes der Erfüllbarkeit, die Erfüllbarkeit der Formel $\mathfrak{F}$ entnehmen läßt.

Es besteht nun aber die Möglichkeit, durch Verwendung unserer eben ausgeführten formalen Ableitungen die Behauptung der Erfüllbarkeit von $\mathfrak{F}$ zur Feststellung eines deduktiven Sachverhalts betreffend den zahlentheoretischen Formalismus zu verschärfen, indem wir die Ableitbarkeit einer gewissen Formel nachweisen, die aus $\mathfrak{F}$ durch Einsetzungen für die Formelvariablen hervorgeht, und zwar die Ableitbarkeit durch den zahlentheoretischen Formalismus, unter Hinzunahme der Formel

$$\mathfrak{q}(\mathfrak{k}) = 0$$

als Ausgangsformel, durch die ja eine arithmetische Folgerung aus unserer Voraussetzung der Unwiderlegbarkeit von $\mathfrak{F}$ dargestellt wird.

b) Verschärfung der Erfüllbarkeit zu einer Ableitbarkeit. Für den Nachweis der behaupteten Ableitbarkeit kommt es zunächst darauf an, solche Einsetzungen für die Formelvariablen von $\mathfrak{F}$ zu bestimmen, welche der durch die ausgezeichneten Verteilungen von Wahrheitswerten gelieferten Erfüllung von $\mathfrak{F}$ angepaßt sind.

Betrachten wir eine Formelvariable mit irgendeiner Anzahl $\mathfrak{p}$ von Argumenten: als Argumentvariablen der Nennform können wir die numerierten Variablen $a_1, \ldots, a_\mathfrak{p}$ wählen. Sei $\mathfrak{V}(a_1, \ldots, a_\mathfrak{p})$ diese Nennform. In den Formeln $\mathfrak{B}_\mathfrak{j}$ tritt die Formelvariable $\mathfrak{V}$ jeweils mit Ziffernargumenten auf. Sind $\mathfrak{n}_1, \ldots, \mathfrak{n}_\mathfrak{p}$ irgendwelche Ziffern und tritt die Primformel $\mathfrak{V}(\mathfrak{n}_1, \ldots, \mathfrak{n}_\mathfrak{r})$ in einer der Formeln $\mathfrak{B}_\mathfrak{j}$ auf, so ist sie eine der Primformeln $\mathfrak{P}_1, \ldots, \mathfrak{P}_{\mathfrak{e}(\mathfrak{j})}$, es stimmt also dann die Formel $\mathfrak{V}(\mathfrak{n}_1, \ldots, \mathfrak{n}_\mathfrak{r})$ mit einer Formel $\mathfrak{P}_{\mathfrak{i}+1}(\mathfrak{i} < \mathfrak{e}(\mathfrak{j}))$ überein, welche auf Grund unserer Nummernzuordnung die Nummer $\mathfrak{h}(\mathfrak{i})$ hat[1]. Die Nummer der Primformel $\mathfrak{V}(\mathfrak{n}_1, \ldots, \mathfrak{n}_\mathfrak{p})$ ist eine Zahl

$$10 \cdot \mathfrak{q}_1^{(2 \cdot 3^{\mathfrak{n}_1})} \cdot \ldots \cdot \mathfrak{q}_\mathfrak{p}^{(2 \cdot 3^{\mathfrak{n}_\mathfrak{p}})},$$

wobei $\mathfrak{q}_1, \ldots, \mathfrak{q}_\mathfrak{p}$ gewisse von einander verschiedene Primzahlen sind; sie stellt sich, in Abhängigkeit von $\mathfrak{n}_1, \ldots, \mathfrak{n}_\mathfrak{p}$, mittels der rekursiven Funktion

$$\mathfrak{t}(a_1, \ldots, a_\mathfrak{p}) = 10 \cdot \mathfrak{q}_1^{(2 \cdot 3^{a_1})} \cdot \ldots \cdot \mathfrak{q}_\mathfrak{p}^{(2 \cdot 3^{a_\mathfrak{p}})}$$

durch den Term $\mathfrak{t}(\mathfrak{n}_1, \ldots, \mathfrak{n}_\mathfrak{p})$ dar.

Es läßt sich demnach die Zahl $\mathfrak{i}$, für welche die Primformel $\mathfrak{P}_{\mathfrak{i}+1}$ mit $\mathfrak{V}(\mathfrak{n}_1, \ldots, \mathfrak{n}_\mathfrak{r})$ übereinstimmt, arithmetisch darstellen durch den Term[2]

$$\mu_x\big(\mathfrak{h}(x) = \mathfrak{t}(\mathfrak{n}_1, \ldots, \mathfrak{n}_\mathfrak{r})\big)$$

und daher auch, mit Anwendung der Definitionen

$$\mathfrak{h}_1(a) = \mu_x\big(\mathfrak{h}(x) = a\big)$$
$$\mathfrak{k}(a_1, \ldots, a_\mathfrak{p}) = \mathfrak{h}_1\big(\mathfrak{t}(a_1, \ldots, a_\mathfrak{p})\big),$$

durch den Term $\mathfrak{k}(\mathfrak{n}_1, \ldots, \mathfrak{n}_\mathfrak{p})$. Wegen der Gültigkeit der Ungleichung $k < \mathfrak{e}(k)$ kommt in der Formel $\mathfrak{F}_\mathfrak{i}$, in der ja die Primformeln $\mathfrak{P}_1, \ldots, \mathfrak{P}_{\mathfrak{e}(\mathfrak{i})}$ auftreten, jedenfalls auch die Primformel $\mathfrak{P}_{\mathfrak{i}+1}$ vor. Demnach können wir, im Falle der Übereinstimmung der Formel $\mathfrak{V}(\mathfrak{n}_1, \ldots, \mathfrak{n}_\mathfrak{p})$ mit $\mathfrak{P}_{\mathfrak{i}+1}$, den Wahrheitswert, den die Formel $\mathfrak{V}(\mathfrak{n}_1, \ldots, \mathfrak{n}_\mathfrak{p})$ bei der Erfüllung von $\mathfrak{F}$ durch die ausgezeichneten Wahrheitswertverteilungen erhält, charakterisieren als denjenigen Wahrheitswert, den die Formel $\mathfrak{P}_{\mathfrak{i}+1}$ bei der für $\mathfrak{F}_\mathfrak{i}$ ausgezeichneten Verteilung von Wahrheitswerten erhält; die Bedingung dafür, daß dieser der Wert „wahr" ist, stellt sich durch die Gleichung

$$\gamma_1\big(\mathfrak{a}(\mathfrak{i}), \mathfrak{i}, \mathfrak{i}\big) = 0,$$

[1] Siehe S. 247.

[2] Dieser Term ist kein solcher der rekursiven Zahlentheorie. Es ließe sich die Zahl $\mathfrak{i}$ in Abhängigkeit von $\mathfrak{n}_1, \ldots, \mathfrak{n}_\mathfrak{r}$ auch durch einen rekursiven Term darstellen. Dazu würde eine Abschätzung von $\mathfrak{i}$ heranzuziehen sein, deren Ausführung sich jedoch im vorliegenden Zusammenhang nicht lohnt.

und somit auch, in Abhängigkeit von den Zahlen $\mathfrak{n}_1, \ldots, \mathfrak{n}_\mathfrak{p}$, durch die Formel

$$\gamma_1(\mathfrak{a}(\mathfrak{k}(\mathfrak{n}_1, \ldots, \mathfrak{n}_\mathfrak{p})), \mathfrak{k}(\mathfrak{n}_1, \ldots, \mathfrak{n}_\mathfrak{p}), \mathfrak{k}(\mathfrak{n}_1, \ldots, \mathfrak{n}_\mathfrak{p})) = 0$$

dar.

Es bildet demnach die Formel

$$\gamma_1(\mathfrak{a}(\mathfrak{k}(a_1, \ldots, a_\mathfrak{p})), \mathfrak{k}(a_1, \ldots, a_\mathfrak{p}), \mathfrak{k}(a_1, \ldots, a_\mathfrak{p})) = 0$$

einen der Erfüllung von $\mathfrak{F}$ durch die ausgezeichneten Wahrheitswertverteilungen angepaßten Substituenden für die Formelvariable $\mathfrak{B}(a_1, \ldots, a_\mathfrak{p})$.

Für jede Formelvariable mit Argumenten, und ebenso auch für eine solche ohne Argument, erhalten wir auf diese Art einen ihr zugeordneten Substituenden, den wir kurz als den ihr „korrespondierenden" Substituenden bezeichnen wollen.

Denken wir uns die Formelvariablen in $\mathfrak{F}$, deren Anzahl $\mathfrak{z}$ sei, nach der Reihenfolge ihres ersten Auftretens geordnet. Die Nennform der nach dieser Reihenfolge an i-ter Stelle stehenden Formelvariablen sei $\mathfrak{B}_\mathfrak{i}(a_1, \ldots, a_{\mathfrak{p}_\mathfrak{i}})$, wobei eventuell die Anzahl $\mathfrak{p}_\mathfrak{i}$ der Argumente auch gleich 0 sein kann. Die Nummer, welche im Sinne unserer Nummernzuordnung der Formel $\mathfrak{B}_\mathfrak{i}(\mathfrak{n}_1, \ldots, \mathfrak{n}_{\mathfrak{p}_\mathfrak{i}})$ für irgendwelche Ziffernargumente $\mathfrak{n}_1, \ldots, \mathfrak{n}_{\mathfrak{p}_\mathfrak{i}}$ zukommt, stellt sich, wenn $\mathfrak{p}_\mathfrak{i}$ gleich 0 ist, durch eine Ziffer $\mathfrak{t}_\mathfrak{i}$ und sonst mittels einer rekursiven Funktion $\mathfrak{t}_\mathfrak{i}(a_1, \ldots, a_{\mathfrak{p}_\mathfrak{i}})$ in der Form $\mathfrak{t}_\mathfrak{i}(\mathfrak{n}_1, \ldots, \mathfrak{n}_{\mathfrak{p}_\mathfrak{i}})$ dar, und der korrespondierende Substituend für die Formelvariable $\mathfrak{B}_\mathfrak{i}(a_1, \ldots, a_{\mathfrak{p}_\mathfrak{i}})$ ist die Formel

$$\gamma_1(\mathfrak{a}(\mathfrak{k}_\mathfrak{i}(a_1, \ldots, a_{\mathfrak{p}_\mathfrak{i}})), \mathfrak{k}_\mathfrak{i}(a_1, \ldots, a_{\mathfrak{p}_\mathfrak{i}}), \mathfrak{k}_\mathfrak{i}(a_1, \ldots, a_{\mathfrak{p}_\mathfrak{i}})) = 0,$$

worin $\mathfrak{k}_\mathfrak{i}(a_1, \ldots, a_{\mathfrak{p}_\mathfrak{i}})$ durch die Gleichung

$$\mathfrak{k}_\mathfrak{i}(a_1, \ldots, a_{\mathfrak{p}_\mathfrak{i}}) = \mathfrak{h}_1(\mathfrak{t}_\mathfrak{i}(a_1, \ldots, a_{\mathfrak{p}_\mathfrak{i}}))$$

definiert ist.

Dieser korrespondierende Substituend für $\mathfrak{B}_\mathfrak{i}(a_1, \ldots, a_{\mathfrak{p}_\mathfrak{i}})$ werde abgekürzt durch

$$\mathfrak{j}_\mathfrak{i}(a_1, \ldots, a_{\mathfrak{p}_\mathfrak{i}}) = 0$$

angegeben, wobei also „$\mathfrak{j}_\mathfrak{i}(a_1, \ldots, a_{\mathfrak{p}_\mathfrak{i}})$" den Term

$$\gamma_1(\mathfrak{a}(\mathfrak{k}_\mathfrak{i}(a_1, \ldots, a_{\mathfrak{p}_\mathfrak{i}})), \mathfrak{k}_\mathfrak{i}(a_1, \ldots, a_{\mathfrak{p}_\mathfrak{i}}), \mathfrak{k}_\mathfrak{i}(a_1, \ldots, a_{\mathfrak{p}_\mathfrak{i}}))$$

bezeichnet, für den man leicht die Formel

$$\mathfrak{j}_\mathfrak{i}(a_1, \ldots, a_{\mathfrak{p}_\mathfrak{i}}) = 0 \vee \mathfrak{j}_\mathfrak{i}(a_1, \ldots, a_{\mathfrak{p}_\mathfrak{i}}) = 1$$

ableitet.

Bemerkung. Für die Deutung der hier vorkommenden Terme beachte man insbesondere die Rolle der freien Individuenvariablen: Während der Term $\mathfrak{t}_\mathfrak{i}(\mathfrak{n}_1, \ldots, \mathfrak{n}_{\mathfrak{p}_\mathfrak{i}})$ — wenn $\mathfrak{n}_1, \ldots, \mathfrak{n}_{\mathfrak{p}_\mathfrak{i}}$ Ziffern sind — die Nummer der Formel $\mathfrak{B}_\mathfrak{i}(\mathfrak{n}_1, \ldots, \mathfrak{n}_{\mathfrak{p}_\mathfrak{i}})$ als Wert hat, stellt der Term $\mathfrak{t}_\mathfrak{i}(a_1, \ldots, a_{\mathfrak{p}_\mathfrak{i}})$ keine bestimmte Nummer, also auch nicht etwa die Nummer der Formel $\mathfrak{B}_\mathfrak{i}(a_1, \ldots, a_{\mathfrak{p}_\mathfrak{i}})$ dar; und die Nummer dieser Formel wird auch nicht durch denjenigen Term dargestellt, den wir aus dem Term $\mathfrak{t}_\mathfrak{i}(a_1, \ldots, a_{\mathfrak{p}_\mathfrak{i}})$

erhalten, indem wir für die freien Variablen die Nummern einsetzen, die den Variablen $a_1, \ldots, a_{\mathfrak{p}_i}$ gemäß unserer Nummernzuordnung zukommen. So stellt sich z. B. die Nummer der Formel $A(\mathfrak{n})$ in Abhängigkeit von der Ziffer $\mathfrak{n}$ durch den Term $10 \cdot 7^{(2 \cdot 3^{\mathfrak{n}})}$ dar; die Funktion $\mathfrak{t}(a)$ ist hier $10 \cdot 7^{(2 \cdot 3^a)}$, die Nummer der Variablen a ist 14. Nun hat aber die Formel $A(a)$ nicht etwa die Nummer $10 \cdot 7^{(2 \cdot 3^{14})}$, sondern die Nummer $10 \cdot 7^{14}$.

Die Formel, die aus $\mathfrak{F}$ entsteht, indem für die Formelvariablen die ihnen korrespondierenden Substituenden eingesetzt werden, möge mit $\mathfrak{F}^*$ bezeichnet werden. Sie hat die Gestalt

$$(\mathfrak{x}_1) \ldots (\mathfrak{x}_\mathfrak{r}) (E\,\mathfrak{y}_1) \ldots (E\,\mathfrak{y}_\mathfrak{s})\, \mathfrak{B}^*(\mathfrak{x}_1, \ldots, \mathfrak{x}_\mathfrak{r}, \mathfrak{y}_1, \ldots, \mathfrak{y}_\mathfrak{s}),$$

wobei der Ausdruck $\mathfrak{B}^*(\mathfrak{x}_1, \ldots, \mathfrak{y}_\mathfrak{s})$ aus $\mathfrak{B}(\mathfrak{x}_1, \ldots, \mathfrak{y}_\mathfrak{s})$ durch die genannten Einsetzungen hervorgeht.

Ferner werde die Formel

$$\mathfrak{B}\big(a_1, \ldots, a_\mathfrak{r}, \mathfrak{s} \cdot \eta(a_1, \ldots, a_\mathfrak{r}) + 1, \ldots, \mathfrak{s} \cdot \eta(a_1, \ldots, a_\mathfrak{r}) + \mathfrak{s}\big)$$

mit $\tilde{\mathfrak{F}}$ und die aus dieser durch die genannten Einsetzungen entstehende Formel

$$\mathfrak{B}^*\big(a_1, \ldots, a_\mathfrak{r}, \mathfrak{s} \cdot \eta(a_1, \ldots, a_\mathfrak{r}) + 1, \ldots, \mathfrak{s} \cdot \eta(a_1, \ldots, a_\mathfrak{r}) + \mathfrak{s}\big)$$

mit $\tilde{\mathfrak{F}}^*$ bezeichnet.

Wir wollen uns nun klarmachen, daß die Formel $\mathfrak{F}^*$ im Formalismus der Zahlentheorie, unter Hinzuziehung der verifizierbaren Formel $\mathfrak{q}(k) = 0$ als Ausgangsformel, abgeleitet werden kann. Hierfür genügt es, wenn wir zeigen, daß die Formel $\tilde{\mathfrak{F}}^*$ mit den angegebenen Hilfsmitteln ableitbar ist; denn von der Formel $\tilde{\mathfrak{F}}^*$ gelangen wir leicht mittels des Prädikatenkalkuls zu der Formel $\mathfrak{F}^*$.

Wir zerlegen diese Überlegung in mehrere Schritte:

1. Die Funktion $\mathfrak{b}(k)$ wurde[1] durch den Ausdruck

$$\vartheta_0\big(\eta_1(k), \ldots, \eta_\mathfrak{r}(k), \mathfrak{s} \cdot k + 1, \ldots, \mathfrak{s} \cdot k + \mathfrak{s}\big)$$

definiert, wobei die Funktion ϑ_0 so beschaffen ist, daß für irgendwelche Zahlen $\mathfrak{n}_1, \ldots, \mathfrak{n}_{\mathfrak{r}+\mathfrak{s}}$ der Funktionswert $\vartheta_0(\mathfrak{n}_1, \ldots, \mathfrak{n}_\mathfrak{r}, \mathfrak{n}_{\mathfrak{r}+1}, \ldots, \mathfrak{n}_{\mathfrak{r}+\mathfrak{s}})$ gleich der Nummer der Formel $\mathfrak{B}(\mathfrak{n}_1, \ldots, \mathfrak{n}_\mathfrak{r}, \mathfrak{n}_{\mathfrak{r}+1}, \ldots, \mathfrak{n}_{\mathfrak{r}+\mathfrak{s}})$ ist.

Nun bestehen die Gleichungen

$$\eta_1\big(\eta(a_1, \ldots, a_\mathfrak{r})\big) = a_1, \ldots, \eta_\mathfrak{r}\big(\eta(a_1, \ldots, a_\mathfrak{r})\big) = a_\mathfrak{r},$$

die auf Grund der rekursiven Definitionen der Funktionen $\eta, \eta_1, \ldots, \eta_\mathfrak{r}$ ableitbar sind. Aus diesen erhalten wir:

$$\begin{aligned}&\mathfrak{b}\big(\eta(a_1, \ldots, a_\mathfrak{r})\big) = \\ &\quad = \vartheta_0\big(a_1, \ldots, a_\mathfrak{r}, \mathfrak{s} \cdot \eta(a_1, \ldots, a_\mathfrak{r}) + 1, \ldots, \mathfrak{s} \cdot \eta(a_1, \ldots, a_\mathfrak{r}) + \mathfrak{s}\big),\end{aligned}$$

und zugleich ergibt sich, daß für jedes Ziffern-$\mathfrak{r}$-tupel $\mathfrak{n}_1, \ldots, \mathfrak{n}_\mathfrak{r}$ der Term $\mathfrak{b}\big(\eta(\mathfrak{n}_1, \ldots, \mathfrak{n}_\mathfrak{r})\big)$ die Nummer derjenigen Formel $\mathfrak{B}(\mathfrak{n}_1, \ldots, \mathfrak{n}_\mathfrak{r}, \mathfrak{l}_1, \ldots, \mathfrak{l}_\mathfrak{s})$

[1] Vgl. S. 244f.

darstellt, worin $\mathfrak{l}_1, \ldots, \mathfrak{l}_{\mathfrak{s}}$ die Ziffernwerte der Terme

$$\mathfrak{s} \cdot \eta(\mathfrak{n}_1, \ldots, \mathfrak{n}_{\mathfrak{r}}) + 1, \ldots, \mathfrak{s} \cdot \eta(\mathfrak{n}_1, \ldots, \mathfrak{n}_{\mathfrak{r}}) + \mathfrak{s}$$

sind.

2. Wir können eine Funktion $\mathfrak{g}_1(s, n, k)$ definieren, die für jedes Tripel von Zahlen s, n, k, die den Bedingungen $s \leq k, n < 2^{\mathfrak{e}(k)}$ genügen, die Nummer derjenigen Formel (im Sinne unserer Nummernzuordnung) darstellt, die aus der Formel $\mathfrak{B}_s$ bei der Eintragung der durch die Zahl n repräsentierten Verteilung von Wahrheitswerten auf die Primformeln von $\mathfrak{F}_k$ hervorgeht, so daß für jedes Zahlentripel s, n, k der genannten Art der Wert von $\varphi_5(\mathfrak{g}_1(s, n, k))$ gleich 0 oder 1 ist, je nachdem bei der durch die Zahl n repräsentierten Wahrheitswertverteilung für $\mathfrak{F}_k$ die Formel $\mathfrak{B}_s$ den Wert „wahr" oder „falsch" erhält.

Nämlich wir setzen zunächst

$$\mathfrak{h}_2(a, k) = \underset{x \leqq \mathfrak{e}(k)}{\mathfrak{Min}} (\mathfrak{h}(x) = a).$$

Ist k irgendeine Zahl und a die Nummer (im Sinne unserer Nummernzuordnung) einer in $\mathfrak{F}_k$ vorkommenden Primformel $\mathfrak{P}_{\mathfrak{i}+1}$, so ist der Wert von $\mathfrak{h}_2(a, k)$ gleich $\mathfrak{i}$. Die Beziehung der rekursiven Funktion $\mathfrak{h}_2(a, k)$ zu der Funktion $\mathfrak{h}_1(a)$ (die nicht rekursiv definiert ist[1]), drückt sich aus durch die Ableitbarkeit der Formel

$$(13) \qquad (E x)(\mathfrak{h}(x) = a \,\&\, x \leq \mathfrak{e}(k)) \rightarrow \mathfrak{h}_2(a, k) = \mathfrak{h}_1(a).$$

Sodann definieren wir eine rekursive Funktion $\mathfrak{g}_0(s, n, k, l)$, auf ähnliche Art wie zuvor die Funktion $\chi_3(m, n, k, l)$ durch die Rekursionsgleichungen:

$$\mathfrak{g}_0(s, n, k, 0) = \mathfrak{b}(s)$$
$$\mathfrak{g}_0(s, n, k, l') = \varphi_2\Big(\mathfrak{g}_0(s, n, k, l), \varphi_1(\mathfrak{g}_0(s, n, k, l)),$$
$$10 + 20 \cdot \gamma_1\big(n, k, \mathfrak{h}_2(\varphi_1(\mathfrak{g}_0(s, n, k, l)), k)\big)\Big).$$

Aus der Funktion $\mathfrak{g}_0(s, n, k, l)$ gewinnen wir nun die gewünschte Funktion $\mathfrak{g}_1(s, n, k)$ durch die Definitionsgleichung

$$\mathfrak{g}_1(s, n, k) = \mathfrak{g}_0(s, n, k, \mathfrak{b}(s)).$$

Zugleich stellt die Funktion $\varphi_1(\mathfrak{g}_0(s, n, k, l))$, für irgendwelche Zahlen s, n, k, l, die den Bedingungen $s \leq k, n < 2^{\mathfrak{e}(k)}, l < \mathfrak{e}(k)$ genügen, die Nummer (im Sinne unserer Nummernzuordnung) von der $(l+1)$-ten der verschiedenen Primformeln in $\mathfrak{B}_s$ dar, wenn diese Primformeln nach der Reihenfolge ihres erstmaligen Auftretens in $\mathfrak{B}_s$ geordnet werden.

Aus den rekursiven Definitionen von $\mathfrak{g}_1(s, n, k)$ und $\mathfrak{Q}(k, n)$ ergibt sich als ableitbare Formel[2]:

$$(14) \qquad \mathfrak{Q}(k, n) \rightarrow (s \leq k \rightarrow \varphi_5(\mathfrak{g}_1(s, n, k)) = 0).$$

[1] Vgl. S. 253.

[2] Die Ableitung der Formel (14) ist allerdings ziemlich langwierig.

3. Mit Hilfe der Formel $\mathfrak{q}(k) = 0$ ist, wie zuvor gezeigt[1], die Formel $\mathfrak{Q}(k, \mathfrak{a}(k))$ ableitbar. Diese zusammen mit der Formel (14) ergibt

$$(15) \qquad s \leq k \rightarrow \varphi_5\big(\mathfrak{g}_1(s, \mathfrak{a}(k), k)\big) = 0.$$

Ferner erhalten wir aus der Formel (10)

$$k < l \rightarrow \mathfrak{H}\big(k, \mathfrak{a}(k), l, \mathfrak{a}(l)\big),$$

die ja, wie wir feststellten[1], mit Hilfe der Formel $\mathfrak{q}(k) = 0$ ableitbar ist, auf Grund der Definitionen von $\mathfrak{H}$ und von γ_1 die Formel

$$(16) \qquad a < \mathfrak{e}(k) \mathbin{\&} k \leq l \rightarrow \gamma_1\big(\mathfrak{a}(k), k, a\big) = \gamma_1\big(\mathfrak{a}(l), l, a\big).$$

4. Wir bilden aus den Termen $\mathfrak{k}_\mathfrak{i}(a_1, \ldots, a_{\mathfrak{p}_\mathfrak{i}})$, die den verschiedenen in $\mathfrak{F}$ vorkommenden Formelvariablen zugeordnet sind[2], die Summe und addieren noch $\eta(a_1, \ldots, a_\mathfrak{r})$.[3] Der so entstehende Term, der als freie Variablen nur $a_1, \ldots, a_\mathfrak{r}$ enthält, werde mit $\mathfrak{m}(a_1, \ldots, a_\mathfrak{r})$ bezeichnet. Auf Grund der Bildungsweise dieses Terms ergeben sich ohne weiteres die Formeln

$$(17) \qquad \begin{cases} \mathfrak{k}_\mathfrak{i}(a_1, \ldots, a_{\mathfrak{p}_\mathfrak{i}}) \leq \mathfrak{m}(a_1, \ldots, a_\mathfrak{r}), & (\mathfrak{i} = 1, \ldots, \mathfrak{z}) \\ \eta(a_1, \ldots, a_\mathfrak{r}) \leq \mathfrak{m}(a_1, \ldots, a_\mathfrak{r}). & \end{cases}$$

Die Formeln (17) ergeben zusammen mit (16) und der Formel $k < \mathfrak{e}(k)$ die Gleichungen

$$\gamma_1\big(\mathfrak{a}(\mathfrak{k}_\mathfrak{i}(a_1, \ldots, a_{\mathfrak{p}_\mathfrak{i}})), \mathfrak{k}_\mathfrak{i}(a_1, \ldots, a_{\mathfrak{p}_\mathfrak{i}}), \mathfrak{k}_\mathfrak{i}(a_1, \ldots, a_{\mathfrak{p}_\mathfrak{i}})\big)$$
$$= \gamma_1\big(\mathfrak{a}(\mathfrak{m}(a_1, \ldots, a_\mathfrak{r})), \mathfrak{m}(a_1, \ldots, a_\mathfrak{r}), \mathfrak{k}_\mathfrak{i}(a_1, \ldots, a_{\mathfrak{p}_\mathfrak{i}})\big),$$

das heißt

$$(18) \qquad \begin{cases} \mathfrak{f}_\mathfrak{i}(a_1, \ldots a_{\mathfrak{p}_\mathfrak{i}}) = \gamma_1\big(\mathfrak{a}(\mathfrak{m}(a_1, \ldots, a_\mathfrak{r})), \mathfrak{m}(a_1, \ldots, a_\mathfrak{r}), \mathfrak{k}_\mathfrak{i}(a_1, \ldots, a_{\mathfrak{p}_\mathfrak{i}})\big) \\ \qquad (\mathfrak{i} = 1, \ldots, \mathfrak{z}). \end{cases}$$

Andererseits erhalten wir aus der Formel (15) in Verbindung mit der letzten der Formeln (17) die Gleichung

$$(19) \qquad \varphi_5\big(\mathfrak{g}_1\big(\eta(a_1, \ldots, a_\mathfrak{r}), \mathfrak{a}(\mathfrak{m}(a_1, \ldots, a_\mathfrak{r})), \mathfrak{m}(a_1, \ldots, a_\mathfrak{r})\big)\big) = 0.$$

5. Unsere Aufgabe reduziert sich nunmehr darauf, mit Hilfe der Formeln (13), (17), (18), (19) die Formel $\tilde{\mathfrak{F}}^*$ abzuleiten.

Hierzu betrachten wir die Definition von $\mathfrak{g}_1(s, n, k)$, wie sie mittels der Rekursionsgleichungen für $\mathfrak{g}_0(s, n, k, l)$ gegeben wurde. Setzen wir in diese Gleichungen für die Variablen s, n, k die Terme $\eta(a_1, \ldots, a_\mathfrak{r})$, $\mathfrak{a}\big(\mathfrak{m}(a_1, \ldots, a_\mathfrak{r})\big)$, $\mathfrak{m}(a_1, \ldots, a_\mathfrak{r})$ ein, so erhalten wir für die Funktion

$$\mathfrak{g}_0\big(\eta(a_1, \ldots, a_\mathfrak{r}), \mathfrak{a}(\mathfrak{m}(a_1, \ldots, a_\mathfrak{r})), \mathfrak{m}(a_1, \ldots, a_\mathfrak{r}), l\big),$$

welche mit $\mathfrak{g}_2(a_1, \ldots, a_\mathfrak{r}, l)$ bezeichnet werde, die Rekursionsgleichungen

$$\mathfrak{g}_2(a_1, \ldots, a_\mathfrak{r}, 0) = \mathfrak{b}\big(\eta(a_1, \ldots, a_\mathfrak{r})\big)$$
$$\mathfrak{g}_2(a_1, \ldots, a_\mathfrak{r}, l') = \varphi_2\Big(\mathfrak{g}_2(a_1, \ldots, a_\mathfrak{r}, l), \varphi_1\big(\mathfrak{g}_2(a_1, \ldots, a_\mathfrak{r}, l)\big),$$
$$10 + 20 \cdot \gamma_1\Big(\mathfrak{a}(\mathfrak{m}(a_1, \ldots, a_\mathfrak{r})), \mathfrak{m}(a_1, \ldots, a_\mathfrak{r}), \mathfrak{h}_2\big(\varphi_1(\mathfrak{g}_2(a_1, \ldots, a_\mathfrak{r}, l)),$$
$$\mathfrak{m}(a_1, \ldots, a_\mathfrak{r})\big)\Big)\Big).$$

[1] Vgl. S. 251f. [2] Vgl. S. 254f. [3] Vgl. S. 244.

Nun läßt sich mit Hilfe dieser Gleichungen die Formel

$$\varphi_1(\mathfrak{g}_2(a_1, \ldots, a_\mathfrak{r}, l) = 0 \vee$$
$$\vee (E x) \{\mathfrak{h}(x) = \varphi_1(\mathfrak{g}_2(a_1, \ldots, a_\mathfrak{r}, l)) \mathbin{\&} x \leq \mathfrak{e}(\mathfrak{m}(a_1, \ldots, a_\mathfrak{r}))\}$$

ableiten, aus der sich auf Grund von (13) die Formel

$$\varphi_1(\mathfrak{g}_2(a_1, \ldots, a_\mathfrak{r}, l) = 0 \vee$$
$$\vee\, \mathfrak{h}_2(\varphi_1(\mathfrak{g}_2(a_1, \ldots, a_\mathfrak{r}, l)), \mathfrak{m}(a_1, \ldots, a_\mathfrak{r})) = \mathfrak{h}_1(\varphi_1(\mathfrak{g}_2(a_1, \ldots, a_\mathfrak{r}, l)))$$

ergibt. Mit Hilfe dieser Formel und der aus der rekursiven Definition[1] von $\varphi_2(m, a, b)$ ableitbaren Gleichung $\varphi_2(m, 0, r) = m$ erhalten wir aus den rekursiven Gleichungen für $\mathfrak{g}_2(a_1, \ldots, a_\mathfrak{r}, l)$ die Formeln

$$(20)\quad \begin{cases} \mathfrak{g}_2(a_1, \ldots, a_\mathfrak{r}, 0) = \mathfrak{b}(\eta(a_1, \ldots, a_\mathfrak{r})) \\ \mathfrak{g}_2(a_1, \ldots, a_\mathfrak{r}, l') = \varphi_2\big(\mathfrak{g}_2(a_1, \ldots, a_\mathfrak{r}, l), \varphi_1(\mathfrak{g}_2(a_1, \ldots, a_\mathfrak{r}, l)), \\ 10 + 20 \cdot \gamma_1(\mathfrak{a}(\mathfrak{m}(a_1, \ldots, a_\mathfrak{r})), \mathfrak{m}(a_1, \ldots, a_\mathfrak{r}), \mathfrak{h}_1(\varphi_1(\mathfrak{g}_2(a_1, \ldots, a_\mathfrak{r}, l))))\big), \end{cases}$$

aus deren zweiter sich, mit Benutzung der Gleichung $\varphi_2(m, 0, r) = m$, die Formel

$$(21)\quad \varphi_1(\mathfrak{g}_2(a_1, \ldots, a_\mathfrak{r}, l)) = 0 \rightarrow \mathfrak{g}_2(a_1, \ldots, a_\mathfrak{r}, l') = \mathfrak{g}_2(a_1, \ldots, a_\mathfrak{r}, l)$$

sowie ferner, mit Anwendung der Definitionsgleichung für die Funktionen $\mathfrak{k}_\mathfrak{i}(a_1, \ldots, a_{\mathfrak{p}_\mathfrak{i}})$ $(\mathfrak{i} = 1, \ldots, \mathfrak{z})$ und der Gleichungen (18) die Formeln

$$(22)\quad \begin{cases} \varphi_1(\mathfrak{g}_2(a_1, \ldots, a_\mathfrak{r}, l)) = \mathfrak{t}_\mathfrak{i}(a_1, \ldots, a_{\mathfrak{p}_\mathfrak{i}}) \rightarrow \\ \mathfrak{g}_2(a_1, \ldots, a_\mathfrak{r}, l') = \varphi_2(\mathfrak{g}_2(a_1, \ldots, a_\mathfrak{r}, l), \mathfrak{t}_\mathfrak{i}(a_1, \ldots, a_{\mathfrak{p}_\mathfrak{i}}), \\ 10 + 20 \cdot \mathfrak{j}_\mathfrak{i}(a_1, \ldots, a_{\mathfrak{p}_\mathfrak{i}})) \qquad (\mathfrak{i} = 1, \ldots, \mathfrak{z}) \end{cases}$$

ergeben.

Auf Grund der Definitionen von $\mathfrak{g}_1(s, n, k)$ und von $\mathfrak{g}_2(a_1, \ldots, a_\mathfrak{r}, l)$ läßt sich außerdem die Formel (19) überführen in die Formel

$$(23)\quad \varphi_5(\mathfrak{g}_2(a_1, \ldots, a_\mathfrak{r}, \mathfrak{b}(\eta(a_1, \ldots, a_\mathfrak{r})))) = 0.$$

6. Aus den Formeln (20), (21), (22) erhalten wir an Hand des Ausdrucks von $\tilde{\mathfrak{F}}$, d. h. von

$$\mathfrak{B}(a_1, \ldots, a_\mathfrak{r}, \mathfrak{s} \cdot \eta(a_1, \ldots, a_\mathfrak{r}) + 1, \ldots, \mathfrak{s} \cdot \eta(a_1, \ldots, a_\mathfrak{r}) + \mathfrak{s}),$$

mittels einer disjunktiven Schlußweise, welche inhaltlich gedeutet auf eine Unterscheidung der verschiedenen Möglichkeiten betreffend die gestaltlichen Übereinstimmungen und Verschiedenheiten zwischen den Primformeln einer Formel

$$\mathfrak{B}(\mathfrak{n}_1, \ldots, \mathfrak{n}_\mathfrak{r}, \mathfrak{s} \cdot \eta(\mathfrak{n}_1, \ldots, \mathfrak{n}_\mathfrak{r}) + 1, \ldots, \mathfrak{s} \cdot \eta(\mathfrak{n}_1, \ldots, \mathfrak{n}_\mathfrak{r}) + \mathfrak{s})$$

hinauskommt — wir werden diese Schlußweise gleich hernach an einem Beispiel erläutern — die Gleichung

$$(24)\quad \mathfrak{g}_2(a_1, \ldots, a_\mathfrak{r}, \mathfrak{b}(\eta(a_1, \ldots, a_\mathfrak{r}))) = \mathfrak{b}^*(\eta(a_1, \ldots, a_\mathfrak{r})),$$

worin $\mathfrak{b}^*(\eta(a_1, \ldots, a_\mathfrak{r}))$ der Term ist, welcher aus $\mathfrak{b}(\eta(a_1, \ldots, a_\mathfrak{r}))$ hervorgeht, indem für jeden der Terme $\mathfrak{t}_\mathfrak{i}(\mathfrak{a}_1, \ldots, a_{\mathfrak{p}_\mathfrak{i}})$, die den Primformeln $\mathfrak{B}_\mathfrak{i}(\mathfrak{a}_1, \ldots, a_{\mathfrak{p}_\mathfrak{i}})$ von $\tilde{\mathfrak{F}}$ entsprechen, der zugehörige Term $10 + 20 \cdot \mathfrak{j}_\mathfrak{i}(\mathfrak{a}_1, \ldots \mathfrak{a}_{\mathfrak{p}_\mathfrak{i}})$ gesetzt wird.

---

[1] Vgl. S. 232.

Die Formeln (23) und (24) ergeben zusammen die Gleichung

$$\varphi_5\big(\mathfrak{b}^*(\eta(a_1, \ldots, a_\mathfrak{r}))\big) = 0,$$

aus welcher wir auf Grund der Definition von φ_5, mit Anwendung der (bereits als ableitbar erwähnten) Formeln

$$\mathfrak{f}_\mathfrak{i}(a_1, \ldots, a_{\mathfrak{p}_\mathfrak{i}}) = 0 \lor \mathfrak{f}_\mathfrak{i}(a_1, \ldots, a_{\mathfrak{p}_\mathfrak{i}}) = 1 \qquad (\mathfrak{i} = 1, \ldots, \mathfrak{z})$$

die gewünschte Formel $\widetilde{\mathfrak{F}}^*$ erhalten, die ja aus $\widetilde{\mathfrak{F}}$ entsteht, indem jede der Primformeln $\mathfrak{B}_\mathfrak{i}(\mathfrak{a}_1, \ldots, \mathfrak{a}_{\mathfrak{p}_\mathfrak{i}})$ durch die entsprechende Gleichung $\mathfrak{f}_\mathfrak{i}(\mathfrak{a}_1, \ldots, \mathfrak{a}_{\mathfrak{p}_\mathfrak{i}}) = 0$ ersetzt wird.

Wir wollen uns den Teil 6 der beschriebenen formalen Ableitung an einem Beispiel verdeutlichen. Es sei $\mathfrak{F}$ die Formel

$$(x)\,(y)\,(E\,z)\big((A\,(x, y) \to \overline{A\,(y, x)}) \,\&\, A\,(x, z)\big);$$

die Formel $\widetilde{\mathfrak{F}}$ lautet dann

$$\big(A\,(a_1, a_2) \to \overline{A\,(a_2, a_1)}\big) \,\&\, A\,\big(a_1, \eta\,(a_1, a_2) + 1\big).$$

Wir haben hier nur eine einzige Formelvariable und brauchen daher keine Numerierung der Formelvariablen und der entsprechenden Funktionen $\mathfrak{t}_\mathfrak{i}(a_1, \ldots, a_{\mathfrak{p}_\mathfrak{i}})$; es genügt vielmehr eine einzige zweistellige Funktion $\mathfrak{t}(a_1, a_2)$, die für jedes Zahlenpaar $\mathfrak{n}_1$, $\mathfrak{n}_2$ die Nummer der Formel $A\,(\mathfrak{n}_1, \mathfrak{n}_2)$ darstellt. Diese wird durch die Gleichung

$$\mathfrak{t}(a_1, a_2) = 10 \cdot 7^{2 \cdot 3^{a_1}} \cdot 11^{2 \cdot 3^{a_2}}$$

definiert. Mittels dieser Funktion stellt sich die Nummer der Formel

$$\big(A\,(\mathfrak{n}_1, \mathfrak{n}_2) \to \overline{A\,(\mathfrak{n}_2, \mathfrak{n}_1)}\big) \,\&\, A\,\big(\mathfrak{n}_1, \eta\,(\mathfrak{n}_1, \mathfrak{n}_2) + 1\big)$$

— worin für den Ausdruck $\eta\,(\mathfrak{n}_1, \mathfrak{n}_2) + 1$ dessen *Ziffernwert* gesetzt zu denken ist — durch den Wert des Ausdrucks

$$20 \cdot 7^{(80 \cdot 7^{\mathfrak{t}(\mathfrak{n}_1, \mathfrak{n}_2)} \cdot 11^{3 \cdot \mathfrak{t}(\mathfrak{n}_2, \mathfrak{n}_1)})} \cdot 11^{\mathfrak{t}(\mathfrak{n}_1, \eta(\mathfrak{n}_1, \mathfrak{n}_2) + 1)}$$

dar. Wir haben demgemäß für $\mathfrak{b}(s)$ die Funktion

$$20 \cdot 7^{(80 \cdot 7^{\mathfrak{t}(\eta_1(s), \eta_2(s))} \cdot 11^{3 \cdot \mathfrak{t}(\eta_2(s), \eta_1(s))})} \cdot 11^{\mathfrak{t}(\eta_1(s), s + 1)}$$

zu setzen, und es ergibt sich:

$$\mathfrak{b}\big(\eta\,(a_1, a_2)\big) = 20 \cdot 7^{(80 \cdot 7^{\mathfrak{t}(a_1, a_2)} \cdot 11^{3 \cdot \mathfrak{t}(a_2, a_1)})} \cdot 11^{\mathfrak{t}(a_1, \eta(a_1, a_2) + 1)}.$$

Nun erhalten wir aus der ersten der Gleichungen (20), den Definitionen von φ_1 und φ_2 und der Formel (22) zunächst $\varphi_1\big(\mathfrak{g}_2(a_1, a_2, 0)\big) = \mathfrak{t}(a_1, a_2)$ und weiter

$$a_1 \neq a_2 \to \mathfrak{g}_2(a_1, a_2, 1) =$$
$$20 \cdot 7^{(80 \cdot 7^{10 + 20 \cdot \mathfrak{f}(a_1, a_2)} \cdot 11^{3 \cdot \mathfrak{t}(a_2, a_1)})} \cdot 11^{\mathfrak{t}(a_1, \eta(a_1, a_2) + 1)}$$

$$a_1 = a_2 \to \mathfrak{g}_2(a_1, a_2, 1) =$$
$$20 \cdot 7^{(80 \cdot 7^{10 + 20 \cdot \mathfrak{f}(a_1, a_2)} \cdot 11^{3 \cdot (10 + 20 \cdot \mathfrak{f}(a_2, a_1))})} \cdot 11^{\mathfrak{t}(a_1, \eta(a_1, a_2) + 1)}.$$

Entsprechend erhalten wir die Formeln

$$a_1 \neq a_2 \to \mathfrak{g}_2(a_1, a_2, 2) =$$
$$20 \cdot 7^{(80 \cdot 7^{10 + 20 \cdot \mathfrak{j}(a_1, a_2)} \cdot 11^{3 \cdot (10 + 20 \cdot \mathfrak{j}(a_2, a_1))})} \cdot 11^{\mathfrak{t}(a_1, \eta(a_1, a_2) + 1)}$$

$$a_1 = a_2 \to \mathfrak{g}_2(a_1, a_2, 2) =$$
$$20 \cdot 7^{(80 \cdot 7^{10 + 20 \cdot \mathfrak{j}(a_1, a_2)} \cdot 11^{3 \cdot (10 + 20 \cdot \mathfrak{j}(a_2, a_1))})} \cdot 11^{(10 + 20 \cdot \mathfrak{j}(a_1, \eta(a_1, a_2) + 1))},$$

und aus diesen:

$$a_1 \neq a_2 \to \varphi_1(\mathfrak{g}_2(a_1, a_2, 2)) = \mathfrak{t}(a_1, \eta(a_1, a_2) + 1)$$
$$a_1 = a_2 \to \varphi_1(\mathfrak{g}_2(a_1, a_2, 2)) = 0.$$

Nunmehr liefern die Formeln (21), (22), mit Benutzung der Alternative $a_1 \neq a_2 \vee a_1 = a_2$, die Gleichungen

$$\mathfrak{g}_2(a_1, a_2, 3) =$$
$$20 \cdot 7^{(80 \cdot 7^{10 + 20 \cdot \mathfrak{j}(a_1, a_2)} \cdot 11^{3 \cdot (10 + 20 \cdot \mathfrak{j}(a_2, a_1))})} \cdot 11^{(10 + 20 \cdot \mathfrak{j}(a_1, \eta(a_1, a_2) + 1))}$$
$$\varphi_1(\mathfrak{g}_2(a_1, a_2, 3)) = 0.$$

Aus der letzten ergibt sich mit Hilfe von (21):

$$3 \leqq s \to \mathfrak{g}_2(a_1, a_2, s) = \mathfrak{g}_2(a_1, a_2, 3)$$

und weiter, mit Anwendung der aus der Definition von $\mathfrak{b}(s)$ ohne weiteres zu entnehmenden Formel $3 < \mathfrak{b}(s)$, die Gleichung

$$\mathfrak{g}_2(a_1, a_2, \mathfrak{b}(\eta(a_1, a_2))) = \mathfrak{g}_2(a_1, a_2, 3),$$

aus der wir mittels (23) die Gleichung $\varphi_5(\mathfrak{g}_2(a_1, a_2, 3)) = 0$ erhalten.

Diese Gleichung, in Verbindung mit dem Ausdruck für $\mathfrak{g}_2(a_1, a_2, 3)$ ergibt auf Grund der Definition von φ_5 zunächst

$$\alpha\big(\beta(\varphi_5(10 + 20 \cdot \mathfrak{j}(a_1, a_2))) \cdot \varphi_5(3 \cdot (10 + 20 \cdot \mathfrak{j}(a_2, a_1)))$$
$$+ \varphi_5(10 + 20 \cdot \mathfrak{j}(a_1, \eta(a_1, a_2) + 1))\big) = 0$$

und weiter, mit Anwendung der Formel $\mathfrak{j}(a, b) = 0 \vee \mathfrak{j}(a, b) = 1$, die Gleichung

$$\beta(\mathfrak{j}(a_1, a_2)) \cdot \beta(\mathfrak{j}(a_2, a_1)) + \mathfrak{j}(a_1, \eta(a_1, a_2) + 1) = 0.$$

Aus dieser aber gewinnen wir die Formel

$$(\mathfrak{j}(a_1, a_2) \neq 0 \vee \mathfrak{j}(a_2, a_1) \neq 0) \mathbin{\&} \mathfrak{j}(a_1, \eta(a_1, a_2) + 1) = 0$$

sowie durch Umformung aus dieser die Formel

$$(\mathfrak{j}(a_1, a_2) = 0 \to \mathfrak{j}(a_2, a_1) \neq 0) \mathbin{\&} \mathfrak{j}(a_1, \eta(a_1, a_2) + 1) = 0.$$

Das ist aber diejenige Formel, welche aus der Formel $\tilde{\mathfrak{F}}$, d. h.

$$(A(a_1, a_2) \to \overline{A(a_2, a_1)}) \mathbin{\&} A(a_1, \eta(a_1, a_2) + 1),$$

entsteht, indem für die Formelvariable $A(a, b)$ die Gleichung $\mathfrak{j}(a, b) = 0$ eingesetzt wird, also die gewünschte Formel $\tilde{\mathfrak{F}}^*$. —

Hiermit ist nun das volle beweistheoretische Gegenstück des Gödelschen Vollständigkeitssatzes gewonnen. Nämlich wir haben zunächst gezeigt, daß für eine Formel $\mathfrak{F}$ des Prädikatenkalkuls von der Gestalt

$$(\mathfrak{x}_1)\ldots(\mathfrak{x}_\mathfrak{r})\,(E\,\mathfrak{y}_1)\ldots(E\,\mathfrak{y}_\mathfrak{s})\;\mathfrak{B}(\mathfrak{x}_1,\ldots,\mathfrak{y}_\mathfrak{s}),$$

worin $\mathfrak{x}_1,\ldots,\mathfrak{x}_\mathfrak{r}$, $\mathfrak{y}_1,\ldots,\mathfrak{y}_\mathfrak{s}$ die einzigen vorkommenden Individuenvariablen sind und $\mathfrak{r} \neq 0$, $\mathfrak{s} \neq 0$, sich eine rekursive Funktion $\mathfrak{q}(k)$ so bestimmen läßt, daß für jede Zahl $\mathfrak{k}$ der berechenbare Wert von $\mathfrak{q}(\mathfrak{k})$ gleich 0 oder von 0 verschieden ist, je nachdem die quantorenfreie Formel $\mathfrak{F}_\mathfrak{k}$ erfüllbar ist oder nicht, so daß für jede Zahl $\mathfrak{k}$ der Wert von $\mathfrak{q}(\mathfrak{k})$ dann und nur dann von 0 verschieden ist, wenn die Negation der Formel $\mathfrak{F}_\mathfrak{k}$ durch den Aussagenkalkul ableitbar ist.

Wie wir früher bewiesen haben, ist die Ableitbarkeit einer Formel $\overline{\mathfrak{F}_\mathfrak{k}}$ durch den Aussagenkalkul, für irgendeine Zahl $\mathfrak{k}$, bereits eine hinlängliche Bedingung der Widerlegbarkeit der Formel $\mathfrak{F}$ im Prädikatenkalkul.

Steht also die Unwiderlegbarkeit von $\mathfrak{F}$ fest, so folgt, daß die Funktion $\mathfrak{q}(\mathfrak{k})$ für jeden Zahlenwert des Arguments den Wert 0 hat, daß also die Formel $\mathfrak{q}(k) = 0$, in der ja k die einzige vorkommende Variable ist, eine verifizierbare Formel ist. Nun haben wir ferner gezeigt, daß mit Hilfe des zahlentheoretischen Formalismus, bestehend aus dem Formalismus des Systems (Z) nebst dem μ-Symbol und den Formeln (μ_1), (μ_2), (μ_3), bei Hinzunahme der Formel $\mathfrak{q}(k) = 0$ als Ausgangsformel eine solche Formel $\mathfrak{F}^*$ ableitbar ist, die aus $\mathfrak{F}$ durch Einsetzungen für die Formelvariablen entsteht.

Aus diesen Feststellungen erhalten wir nun sofort den Nachweis für den am Ende des vorigen Paragraphen behaupteten Satz, daß eine unwiderlegbare Formel des Prädikatenkalkuls auch in jedem zahlentheoretisch widerspruchsfreien Formalismus unwiderlegbar ist, d. h. in jedem solchen Formalismus, der selbst widerspruchsfrei ist und auch widerspruchsfrei bleibt, wenn zu ihm der zahlentheoretische Formalismus (falls dieser nicht schon in ihm eingeschlossen ist) hinzugefügt wird und außerdem eventuell noch verifizierbare Formeln als Ausgangsformeln hinzugenommen werden.

Sei nämlich $\mathfrak{A}$ eine Formel des Prädikatenkalkuls, von der feststehe, daß sie im Prädikatenkalkul nicht widerlegbar ist, daß also die Negation $\overline{\mathfrak{A}}$ im Prädikatenkalkul unableitbar ist. Die Formel $\overline{\mathfrak{A}}$ ist einer Skolemschen Normalform $\mathfrak{N}$ deduktionsgleich, und diese läßt sich umformen in die Negation $\overline{\mathfrak{F}}$ einer Formel $\mathfrak{F}$ von der eben betrachteten speziellen Gestalt. Diese Formel ist nun ebenso wie $\mathfrak{A}$ unwiderlegbar im Prädikatenkalkul, und wir können zu ihr nach dem Bewiesenen eine rekursive Funktion $\mathfrak{q}(k)$ so bestimmen, daß die Formel $\mathfrak{q}(k) = 0$ verifizierbar ist und daß ferner mittels des zahlentheoretischen Formalismus unter Hinzunahme der Formel $\mathfrak{q}(k) = 0$ als Ausgangsformel eine Formel $\mathfrak{F}^*$ ableitbar ist, die aus $\mathfrak{F}$ durch Einsetzungen für die Formelvariablen hervorgeht.

Ist nun F ein Formalismus, in welchem die Formel $\mathfrak{A}$ widerlegbar ist, so ist die Formel $\mathfrak{A}$ erst recht in demjenigen Formalismus G widerlegbar, der durch Vereinigung von F mit dem zahlentheoretischen Formalismus nebst der Hinzunahme der verifizierbaren Formel $\mathfrak{q}(k) = 0$ zu den Ausgangsformeln entsteht. In diesem Formalismus G ist also die Formel $\overline{\mathfrak{A}}$ ableitbar, und da dieser Formalismus den Prädikatenkalkul und die Symbole des zahlentheoretischen Formalismus in sich schließt, so ist auch die der Formel $\overline{\mathfrak{A}}$ deduktionsgleiche Formel $\overline{\mathfrak{F}}$ und ferner die aus dieser durch Einsetzung entstehende Formel $\overline{\mathfrak{F}^*}$ in G ableitbar. Da andererseits der Formalismus G den zahlentheoretischen Formalismus und auch die Ausgangsformel $\mathfrak{q}(k) = 0$ enthält, so ist in ihm die Formel $\mathfrak{F}^*$ ableitbar. Der Formalismus G ist also widerspruchsvoll; d. h., der Formalismus F führt bei Vereinigung mit dem zahlentheoretischen Formalismus nebst Hinzunahme einer verifizierbaren Ausgangsformel zu einem Widerspruch. Eine Ableitung der Formel $\overline{\mathfrak{A}}$ ist demnach in einem zahlentheoretisch widerspruchsfreien Formalismus ausgeschlossen.

Dem erhaltenen Ergebnis läßt sich noch eine andere Fassung geben, indem wir die Beziehung der prädikatenlogischen Formeln zu den Axiomensystemen berücksichtigen. Haben wir ein Axiomensystem, dessen Axiome sich durch endlich viele Formeln ohne Funktionszeichen darstellen, so ist dessen Widerspruchsfreiheit gleichbedeutend mit der Unwiderlegbarkeit derjenigen prädikatenlogischen Formel $\mathfrak{F}$, die man erhält, indem man die Konjunktion der formalisierten Axiome bildet, ferner jedes der Symbole für ein Grundprädikat durch eine Formelvariable mit gleicher Stellenzahl von Argumenten ersetzt und jedes Individuensymbol durch je eine Individuenvariable ersetzt, die am Anfang der Formel durch ein Seinszeichen gebunden ist. Der Übergang von der Formel $\mathfrak{F}$ zu der Formel $\mathfrak{F}^*$ durch zahlentheoretische Einsetzungen hat die Bedeutung eines *zahlentheoretischen Modells* für das Axiomensystem, da ja die Formeln für die Axiome bei der Ersetzung der Symbole für die Grundprädikate durch die zahlentheoretischen (für die entsprechenden Formelvariablen substituierten) Ausdrücke in beweisbare zahlentheoretische Formeln übergehen — beweisbar freilich nur unter Hinzunahme einer verifizierbaren Formel $\mathfrak{q}(\mathfrak{k}) = 0$, welche die Widerspruchsfreiheit des Axiomensystems in metamathematischer Formalisierung zum Ausdruck bringt (welche aber ihrerseits nicht im Formalismus der Zahlentheorie ableitbar zu sein braucht).

Es besteht somit für ein widerspruchsfreies Axiomensystem der betrachteten Art die Existenz eines zahlentheoretischen Modells in einem deduktiven Sinne.

Das hiermit bewiesene Theorem hat allerdings seine Bedeutung als ein Vollständigkeitssatz, d. h. als Ausdruck einer Art von deduktiver

Abgeschlossenheit des Prädikatenkalkuls, nur unter der Voraussetzung der Widerspruchsfreiheit des zahlentheoretischen Formalismus. Denn wenn diese nicht besteht, so gibt es ja überhaupt keinen zahlentheoretisch widerspruchsfreien Formalismus.

Diese Erwägung weist uns darauf hin, daß die Aufgabe eines Nachweises der Widerspruchsfreiheit für den vollen zahlentheoretischen Formalismus in unserer Untersuchung noch als unerledigtes Problem aussteht. Tatsächlich haben ja gegenüber dieser Aufgabe unsere verschiedenen bisher betrachteten Methoden des Nachweises von Widerspruchsfreiheit versagt. Dieser Umstand, der uns stutzig machen kann, findet nun eine grundsätzliche Erklärung durch ein Theorem von Gödel über deduktive Formalismen, für welches der zahlentheoretische Formalismus einen ersten Anwendungsfall bildet und dessen Konsequenzen uns dazu nötigen, den Bereich der inhaltlichen Schlußweisen, die wir für die Überlegungen der Beweistheorie verwenden, weiter zu fassen, als es unserer bisherigen Durchführung des finiten Standpunktes entspricht.

§ 5. Der Anlaß zur Erweiterung des methodischen Rahmens der Beweistheorie.

1. Grenzen der Darstellbarkeit und der Ableitbarkeit in deduktiven Formalismen.

Die Methode der Arithmetisierung der Metamathematik wurde von Gödel zum Zweck des Nachweises von zwei allgemeinen Theoremen ausgebildet, welche die deduktive Unabgeschlossenheit eines jeden scharf abgegrenzten und andererseits nicht zu engen logisch-mathematischen Formalismus zum Ausdruck bringen.

Der Beweisgedanke, durch welchen Gödel zu diesen Theoremen gelangt, liefert zugleich ein Verfahren der mathematischen Verschärfung jener logischen und mengentheoretischen Paradoxien, in denen das Verhältnis von Bezeichnung und Bezeichnetem eine wesentliche Rolle spielt, und für die sich neuerdings die Benennung „semantische Paradoxien“ oder auch „semantische Antinomien“ einbürgert.

In der Anwendung der Gödelschen Beweismethode auf die semantischen Antimonien tritt das Grundsätzliche dieser Methode in der einfachsten Form hervor, und wir wollen deshalb diese Anwendung zuerst betrachten.

a) Die Antinomie des Lügners; Tarskis Satz über den Wahrheitsbegriff; das Richardsche Paradoxon. Eine der einfachsten von den semantischen Paradoxien ist das Paradoxon des Lügners, das ja schon den Griechen bekannt war. Es besteht in der Antinomie, die sich aus einer Aussage ergibt, die ihre eigene Falschheit behauptet. Wenn jemand erklärt: „ich lüge jetzt", oder genauer „ich spreche jetzt eine unzutreffende Behauptung aus", so hat diese Aussage auf Grund ihrer sprachlichen Form den Charakter einer Behauptung; die Annahme, daß diese Behauptung zutreffe, führt sofort, auf Grund des Wortlauts der Aussage, zu der Folgerung, daß die Behauptung unzutreffend ist. Gemäß dem Schlußprinzip der reductio ad absurdum ergibt sich daher, daß die Behauptung unzutreffend ist; diese Konstatierung besagt aber, daß für den Zeitmoment der Aussage, auf den ja ihr Wortlaut bezogen ist, gerade dasselbe vorgelegen hat, was in der Aussage ausgesprochen ist; die Aussage drückt demnach eine zutreffende Behauptung aus. Wir gelangen somit — übrigens ohne Benutzung des Satzes vom ausgeschlossenen Dritten — zu einem Widerspruch.

Wir wollen uns hier nicht auf die philosophische Diskussion dieser Antinomie einlassen, über die schon viel disputiert und geschrieben worden ist[1].

Auf jeden Fall bildet dieses Paradoxon eine Verlegenheit für die Umgangssprache, insofern als hier die Betrachtung eines grammatisch korrekt gebildeten Satzes auf Grund der üblichen Regeln des Schließens zu einem Widerspruch führt.

Eine Auflösung dieses Paradoxons kommt darauf hinaus, zu motivieren, aus welchen Gründen der schematische Gebrauch der sprachlichen Satzformen und der Regeln des sprachlichen Schließens gewisse Beschränkungen erfordert.

Uns interessiert hier nicht diese Fragestellung, sondern vielmehr diejenige, ob bzw. unter welchen Bedingungen bei *formalisierten Sprachen* ein dem Paradoxon des Lügners analoger Sachverhalt auftreten kann. Als geeignetes Hilfsmittel zur Behandlung dieser Frage bietet sich die Methode der Arithmetisierung der Metamathematik.

Denken wir uns ein Teilgebiet der Sprache zu einem deduktiven Formalismus F verschärft und nehmen wir an, es sei für die Ausdrücke aus F eine Nummernzuordnung festgesetzt, bei welcher jedem Ausdruck umkehrbar eindeutig eine Zahl als seine Nummer entspricht.

Der Formalismus F und die Nummernzuordnung mögen den folgenden Bedingungen genügen:

a) Die Funktionen, Beziehungen, Sätze und Schlußweisen der rekursiven Zahlentheorie (einschließlich derjenigen des Aussagenkalkuls) sind in F darstellbar.

[1] Von der neueren Literatur über diesen Gegenstand siehe u. a. die Diskussion zwischen P. Finsler u. H. Lipps: „Über die Lösung von Paradoxien." Philos. Anzeiger II. Jg. (1927) Heft 2, ferner R. Carnap: „Die Antinomien und die Unvollständigkeit der Mathematik." Mh. Math. Phys. Bd. 41 (1934) Heft 2, sowie E. Stenius: „Das Problem der logischen Antinomien" (Dissertation, Helsingfors 1949, Commentationes Physico-Mathematicae XIV 11 Soc. Scient. Fennica).

b) An Hand der Nummernzuordnung stellen sich die gestaltlichen Eigenschaften und Beziehungen von Ausdrücken des Formalismus F durch rekursive Prädikate und die an den Ausdrücken ausführbaren formalen Prozesse durch rekursive Funktionen dar.

c) Es gibt eine Gattung der „Zahlenvariablen". Unter den Ausdrücken des Formalismus F sind gewisse als „Terme" gekennzeichnet. Zu den Termen gehören die Zahlenvariablen und die Ziffern; auch stellt sich jede rekursive Funktion in F durch einen Term dar, worin die Argumente der Funktion durch Zahlenvariablen repräsentiert sind. Aus einem Term, der eine Zahlenvariable enthält, entsteht bei der Ersetzung dieser Variablen durch einen Term stets wieder ein Term (sofern dabei nicht eine Kollision zwischen gebundenen Variablen auftritt).

Unter den Ausdrücken aus F sind gewisse als „Formeln" gekennzeichnet. Jede Gleichung zwischen Termen ist eine Formel, und jede rekursive Beziehung stellt sich demgemäß in F durch eine Formel dar.

Aus einer Formel entsteht bei der Ersetzung einer in ihr vorkommenden Zahlenvariablen durch einen Term — sofern dabei nicht eine Kollision zwischen gebundenen Variablen auftritt — stets wieder eine Formel. Die Negation einer Formel ist wieder eine Formel. Jeder ableitbare Ausdruck ist eine Formel.

Bemerkung. Die Kennzeichnung gewisser Ausdrücke aus F als Terme bzw. als Formeln soll *nicht* besagen, daß es für jeden Ausdruck aus F *entscheidbar* sein muß, ob er ein Term bzw. ob er eine Formel ist.

Was diese vorbereitenden Voraussetzungen betrifft, so sind sie von ziemlich allgemeinem Charakter. Sie besagen ungefähr, daß der Formalismus F ein gewisses Mindestmaß an Möglichkeiten der Darstellung und der Ableitung bietet, daß ferner das symbolische Operieren in F hinlänglich scharf festgelegt ist und daß der Formalismus bestimmte Gemeinsamkeiten mit den von uns bisher betrachteten zahlentheoretischen Formalismen aufweist.

Es ließen sich diese Annahmen allerdings nach gewissen Richtungen abschwächen. Doch wollen wir uns hier an die formulierten Voraussetzungen halten, die es uns ermöglichen, die Ableitung des Widerspruchs im Rahmen der uns vertrauten Methoden des deduktiven Operierens auszuführen. Unter diesem Gesichtspunkt wollen wir auch noch die offensichtlich unwesentliche Voraussetzung hinzunehmen, daß die Symbole für die Operationen des Aussagenkalkuls, das Gleichheitssymbol, das Symbol der zahlentheoretischen Nachfolgerfunktion (Strichsymbol) und die Buchstaben für die Zahlenvariablen die gleichen sind, wie wir sie sonst verwenden.

Für unsere Zwecke der formalen Nachbildung des Paradoxons brauchen wir nun noch eine weitere Annahme, welche die Formalisierbarkeit des Aussagenprädikats „zutreffend" (bzw. „wahr") betrifft. Diese kann so gefaßt werden:

d) Es gibt eine Formel $\mathfrak{M}(a)$, worin die Zahlenvariable a die einzige freie Variable ist, von der Eigenschaft, daß wenn $\mathfrak{n}$ die Nummer einer Formel $\mathfrak{A}$ ist, die keine freie Variable enthält, die Implikationen

$$\mathfrak{M}(\mathfrak{n}) \to \mathfrak{A}, \qquad \mathfrak{A} \to \mathfrak{M}(\mathfrak{n})$$

in F ableitbar sind.

Auf Grund der Annahmen a) bis d) kommt nun folgendermaßen ein Analogon der Paradoxie des Lügners zustande:

Aus den Voraussetzungen b), c) folgt zunächst, daß es eine rekursive Funktion zweier Argumente gibt, die der Nummer eines Ausdrucks $\mathfrak{K}$ aus F und einer Ziffer $\mathfrak{l}$ die Nummer desjenigen Ausdrucks zuordnet, der aus $\mathfrak{K}$ entsteht, indem die Variable a, überall wo sie in $\mathfrak{K}$ vorkommt, durch die Ziffer $\mathfrak{l}$ ersetzt wird.

Diese Funktion stellt sich gemäß den Annahmen a) und c) durch einen Term $\mathfrak{s}(k, l)$ dar, und dieser hat die Eigenschaft, daß, wenn $\mathfrak{k}$ die Nummer eines Ausdrucks $\mathfrak{K}$ aus F, $\mathfrak{l}$ irgend eine Ziffer und $\mathfrak{m}$ die Nummer desjenigen Ausdrucks ist, der aus $\mathfrak{K}$ entsteht, indem die Variable a allenthalben durch die Ziffer $\mathfrak{l}$ ersetzt wird, dann die Gleichung

$$\mathfrak{s}(\mathfrak{k}, \mathfrak{l}) = \mathfrak{m}$$

in F ableitbar ist. Außerdem kann der Term $\mathfrak{s}(k, l)$ so gewählt werden, daß in ihm keine solche gebundene Variable vorkommt, die auch in $\mathfrak{M}(a)$ vorkommt, so daß jedenfalls der Ausdruck $\mathfrak{M}(\mathfrak{s}(a, a))$ und ebenso die von ihm gebildete Negation

$$\overline{\mathfrak{M}(\mathfrak{s}(a, a))}$$

eine *Formel* ist. Die Nummer dieser Formel sei $\mathfrak{p}$.

Allgemein ist für eine Ziffer $\mathfrak{k}$, welche die Nummer eines Ausdrucks $\mathfrak{K}$ ist, der Wert von $\mathfrak{s}(\mathfrak{k}, \mathfrak{k})$ gleich der Nummer desjenigen Ausdrucks, der aus $\mathfrak{K}$ entsteht, indem die Variable a überall durch die Ziffer $\mathfrak{k}$ ersetzt wird. Demnach ist der Wert von $\mathfrak{s}(\mathfrak{p}, \mathfrak{p})$ gleich der Nummer der Formel

$$\overline{\mathfrak{M}(\mathfrak{s}(\mathfrak{p}, \mathfrak{p}))}.$$

Sei $\mathfrak{q}$ diese Nummer; dann ist, zufolge der genannten Eigenschaft des Terms $\mathfrak{s}(k, l)$, die Gleichung

$$\mathfrak{s}(\mathfrak{p}, \mathfrak{p}) = \mathfrak{q}$$

in F ableitbar. Aus dieser ergeben sich [gemäß der Voraussetzung a)] die Implikationen:

$$\mathfrak{M}(\mathfrak{q}) \to \mathfrak{M}(\mathfrak{s}(\mathfrak{p}, \mathfrak{p})), \qquad \mathfrak{M}(\mathfrak{s}(\mathfrak{p}, \mathfrak{p})) \to \mathfrak{M}(\mathfrak{q}).$$

Andererseits sind [gemäß der Annahme d)] — weil ja $\mathfrak{q}$ die Nummer der Formel $\overline{\mathfrak{M}(\mathfrak{s}(\mathfrak{p}, \mathfrak{p}))}$ ist, die keine freie Variable enthält — die Implikationen

$$\mathfrak{M}(\mathfrak{q}) \rightarrow \overline{\mathfrak{M}(\mathfrak{s}(\mathfrak{p}, \mathfrak{p}))}, \qquad \overline{\mathfrak{M}(\mathfrak{s}(\mathfrak{p}, \mathfrak{p}))} \rightarrow \mathfrak{M}(\mathfrak{q})$$

in F ableitbar.

Nun stellt sich sofort der Widerspruch ein; nämlich die Implikationen

$$\mathfrak{M}(\mathfrak{s}(\mathfrak{p}, \mathfrak{p})) \rightarrow \mathfrak{M}(\mathfrak{q}), \qquad \mathfrak{M}(\mathfrak{q}) \rightarrow \overline{\mathfrak{M}(\mathfrak{s}(\mathfrak{p}, \mathfrak{p}))}$$

ergeben zusammen die Formel

$$\mathfrak{M}(\mathfrak{s}(\mathfrak{p}, \mathfrak{p})) \rightarrow \overline{\mathfrak{M}(\mathfrak{s}(\mathfrak{p}, \mathfrak{p}))},$$

aus der sich weiter

$$\overline{\mathfrak{M}(\mathfrak{s}(\mathfrak{p}, \mathfrak{p}))}$$

ergibt. Andererseits liefert diese Formel zusammen mit den Implikationen

$$\overline{\mathfrak{M}(\mathfrak{s}(\mathfrak{p}, \mathfrak{p}))} \rightarrow \mathfrak{M}(\mathfrak{q}), \qquad \mathfrak{M}(\mathfrak{q}) \rightarrow \mathfrak{M}(\mathfrak{s}(\mathfrak{p}, \mathfrak{p}))$$

die Formel

$$\mathfrak{M}(\mathfrak{s}(\mathfrak{p}, \mathfrak{p})).$$

Hiermit ist nun die Formalisierung der Antinomie des Lügners gewonnen. Dabei entspricht die Formel $\overline{\mathfrak{M}(\mathfrak{s}(\mathfrak{p}, \mathfrak{p}))}$ der Aussage, die ihre eigene Falschheit behauptet. Nämlich für eine Zahl $\mathfrak{n}$, welche die Nummer einer Formel $\mathfrak{A}$ ohne freie Variable ist, bildet ja die Formel $\mathfrak{M}(\mathfrak{n})$ die Darstellung der Behauptung des Zutreffens von $\mathfrak{A}$, und daher $\overline{\mathfrak{M}(\mathfrak{n})}$ die Darstellung der Behauptung, daß $\mathfrak{A}$ nicht zutreffe. Da nun $\mathfrak{s}(\mathfrak{p}, \mathfrak{p}) = \mathfrak{q}$ und $\mathfrak{q}$ die Nummer der Formel $\overline{\mathfrak{M}(\mathfrak{s}(\mathfrak{p}, \mathfrak{p}))}$ ist, so stellt die Formel $\overline{\mathfrak{M}(\mathfrak{s}(\mathfrak{p}, \mathfrak{p}))}$ die Behauptung dar, daß $\overline{\mathfrak{M}(\mathfrak{s}(\mathfrak{p}, \mathfrak{p}))}$ nicht zutreffe.

Durch die formale Fassung der Antinomie wird zunächst einmal zur vollen Deutlichkeit gebracht, daß die Antinomie mit der Frage der sachlichen Wahrheit, im Sinne eines erkenntnistheoretischen Problems, nichts zu tun hat, daß vielmehr von dem Begriff des Zutreffens (der Wahrheit) einer Aussage für das Zustandekommen des Widerspruchs nur dasjenige erfordert wird, was in der Voraussetzung d) formalisiert ist, und was sich in der Umgangssprache etwa so formulieren läßt: „Ein Satz der Form ‚die Aussage $\mathfrak{A}$ trifft zu' ist seinerseits eine Aussage; aus dieser Aussage kann die Aussage $\mathfrak{A}$ gefolgert werden und umgekehrt auch aus der Aussage $\mathfrak{A}$ jener Satz."

Vor allem aber verschafft uns die Formalisierung der Antinomie, dadurch, daß wir die Voraussetzungen über den deduktiven Formalismus explizite aufzählen, den Vorteil, daß wir nicht nur ein Paradoxon, sondern zugleich eine allgemeine Feststellung über deduktive Formalismen erhalten. Nämlich es ergibt sich aus dem aufgezeigten Widerspruch, daß für einen Formalismus F, der die Voraussetzungen a), c) erfüllt, der widerspruchsfrei ist, und für den sich eine umkehrbar eindeutige Zuordnung von Nummern zu den Ausdrücken bestimmen läßt, welche die in der Annahme b) verlangten Eigenschaften hat, eine Formalisierung des Zahlenprädikats „n ist die Nummer einer Formel aus F, welche eine zutreffende Behauptung darstellt", im Rahmen des Formalismus F selbst, in der Art, wie sie durch die Annahme d) gefordert wird, nicht möglich ist.

Wie schon zuvor erwähnt, lassen sich die hier gemachten Voraussetzungen nach verschiedener Richtung abschwächen. Es sei in dieser Beziehung insbesondere Folgendes vermerkt:

1. Wir brauchen nicht vorauszusetzen, daß der Formalismus F *freie Variablen* enthält. In der Tat tritt ja in der Ableitung des Widerspruchs eine freie Variable nur insofern auf, als einerseits die Definition der durch $\mathfrak{s}(k, l)$ dargestellten rekursiven Funktion auf die Ersetzung der Variablen a durch eine Ziffer Bezug nimmt und ferner die Ziffer $\mathfrak{p}$ als Nummer des Ausdrucks $\mathfrak{M}(\mathfrak{s}(a, a))$ bestimmt wird. Hierzu ist aber nicht erforderlich, daß die Variable a dem Formalismus F angehört, sondern nur, daß sie in die Nummernzuordnung einbezogen wird.

Ebenso können auch in der Formulierung unserer Voraussetzungen freie Variablen zur Angabe von Argumentstellen benutzt werden, ohne daß sie dem Formalismus F anzugehören brauchen.

2. Es ist nicht nötig vorauszusetzen, daß der Formalismus F die Ziffern enthalte. Es können ja an die Stelle der Ziffern gewisse kompliziertere, nicht notwendig variablenlose Terme treten, von denen nur vorausgesetzt zu werden braucht, daß es eine Art fortschreitender Bildungsweise für sie gibt, auf Grund deren jeder Ziffer umkehrbar eindeutig einer dieser Terme und jedem dieser Terme umkehrbar eindeutig eine Ziffer entspricht; diese Terme hat man dann auch, an Stelle der Ziffern, als Nummern für die Ausdrücke von F in der Nummernzuordnung zu verwenden.

3. Es braucht nicht gefordert zu werden, daß jede rekursive Funktion im Formalismus F *darstellbar* ist, sondern es genügt eine gewisse Art der „Vertretbarkeit" einer solchen Funktion in F, unter der Bedingung wenigstens, daß der Formalismus F das Allzeichen, nebst der zugehörigen Erweiterung des Begriffes „Formel" sowie den an das Allzeichen sich knüpfenden Schlußweisen, in irgendeiner Art der Formalisierung, enthält. In welchem Sinn hierbei die Vertretbarkeit angenommen werden muß, läßt sich am besten an Hand des Anwendungsfalles darlegen, in welchem bei der Ableitung des Widerspruchs die Voraussetzung der Darstellbarkeit der rekursiven Funktionen in F zur Geltung kommt. Diese Voraussetzung wird tatsächlich nur einmal bei der Ableitung benutzt, nämlich bei der Darstellung einer rekursiven Funktion durch den Term $\mathfrak{s}(k, l)$. Die betreffende rekursive Funktion — nennen wir sie „$sb(k, l)$" — ist eine solche, die der Nummer $\mathfrak{k}$ eines Ausdrucks $\mathfrak{K}$ und einer Ziffer $\mathfrak{l}$ als Wert $sb(\mathfrak{k}, \mathfrak{l})$ die Nummer desjenigen Ausdrucks zuordnet, der aus $\mathfrak{K}$ mittels der Ersetzung der Variablen a durch die Ziffer $\mathfrak{l}$ hervorgeht.

Zur Formalisierung der Antinomie genügt nun an Stelle der Darstellung der Funktion $sb(k, l)$ durch einen Terms $\mathfrak{s}(k, l)$ aus F eine Darstellung des dreistelligen Prädikates $sb(k, l) = m$ durch eine Formel $\mathfrak{S}(k, l, m)$ aus F, worin k, l, m die einzigen freien Variablen sind, und von der Eigenschaft, daß für irgendwelche Ziffern $\mathfrak{k}$, $\mathfrak{l}$, $\mathfrak{m}$, die der Gleichung

$$sb(\mathfrak{k}, \mathfrak{l}) = \mathfrak{m}$$

genügen, die Formel $\mathfrak{S}(\mathfrak{k}, \mathfrak{l}, \mathfrak{m})$ in F ableitbar ist, und daß ferner die Formel

(1) $$(x)(y)(u)(v)\big(\mathfrak{S}(x, y, u) \,\&\, \mathfrak{S}(x, y, v) \rightarrow u = v\big)$$

in F ableitbar ist.

Sei nämlich $\mathfrak{p}$ die Nummer der Formel

$$(x)\big(\mathfrak{S}(a, a, x) \rightarrow \overline{\mathfrak{M}(x)}\big)$$

und $\mathfrak{q}$ die Ziffer, welche den Wert von $st(\mathfrak{p}, \mathfrak{p})$ bildet, so ist $\mathfrak{q}$ die Nummer der Formel

$$(x)\big(\mathfrak{S}(\mathfrak{p}, \mathfrak{p}, x) \rightarrow \overline{\mathfrak{M}(x)}\big).$$

Da diese Formel keine freie Variable enthält, so sind gemäß der Annahme d) die Formeln

(2) $$\mathfrak{M}(\mathfrak{q}) \rightarrow (x)\big(\mathfrak{S}(\mathfrak{p}, \mathfrak{p}, x) \rightarrow \overline{\mathfrak{M}(x)}\big)$$

und

(3) $$(x)\big(\mathfrak{S}(\mathfrak{p}, \mathfrak{p}, x) \rightarrow \overline{\mathfrak{M}(x)}\big) \rightarrow \mathfrak{M}(\mathfrak{q})$$

in F ableitbar. Ferner ist, wegen der Gültigkeit der Gleichung

$$sb(\mathfrak{p}, \mathfrak{p}) = \mathfrak{q}$$

die Formel

(4) $$\mathfrak{S}(\mathfrak{p}, \mathfrak{p}, \mathfrak{q})$$

in F ableitbar.

Aus (2) und (4) ergibt sich

$$\mathfrak{M}(\mathfrak{q}) \rightarrow \overline{\mathfrak{M}(\mathfrak{q})}$$

und daraus

$$\overline{\mathfrak{M}(\mathfrak{q})}.$$

Diese Formel, zusammen mit (4) und (1), ergibt (auf Grund des allgemeinen Gleichheitsaxioms)

$$(x)\big(\mathfrak{S}(\mathfrak{p}, \mathfrak{p}, x) \rightarrow \overline{\mathfrak{M}(x)}\big),$$

und diese Formel in Verbindung mit (3) liefert

$$\mathfrak{M}(\mathfrak{q}),$$

so daß wir wiederum einen Widerspruch erhalten.

Bemerkung. Bei dieser Betrachtung haben wir die Annahme zugrunde gelegt, daß der Formalismus F die Bedingung c) erfülle. Die Überlegung läßt sich jedoch in ganz entsprechender Weise auch für den Fall durchführen, daß der Formalismus F keine freien Variablen enthält. Es gehört dann der Ausdruck $\mathfrak{S}(k, l, m)$ nicht dem Formalismus F an, sondern fungiert nur als Nennform. Dagegen ist für irgendwelche Ziffern $\mathfrak{k}, \mathfrak{l}, \mathfrak{m}$ der Ausdruck $\mathfrak{S}(\mathfrak{k}, \mathfrak{l}, \mathfrak{m})$ und ebenso auch der Ausdruck (1) eine Formel aus F. Die Variable a wird in die Nummernzuordnung für die Ausdrücke von F einbezogen, so daß die metamathematische Bedeutung der Funktion $sb(k, l)$ bestehen bleibt und der Ausdruck

$$(x)\left(\mathfrak{S}(a, a, x) \rightarrow \overline{\mathfrak{M}(x)}\right),$$

obwohl er nicht dem Formalismus F angehört, eine Nummer erhält. —

Desgleichen kann die Überlegung auch auf den Fall eines solchen Formalismus F ausgedehnt werden, in welchem an die Stelle der Ziffern gewisse kompliziertere Terme treten.

Auf Grund unserer verschiedenen Feststellungen über die Möglichkeiten der Abschwächung der Annahmen a) bis d) könnten wir eine modifizierte Fassung dieser Annahmen aufstellen. Diese würde sich jedoch ziemlich schwerfällig gestalten, und andrerseits würde auch diese Fassung wiederum gewisse nicht erforderliche Beschränkungen des Formalismus F enthalten. Eine letzte, nicht mehr überschreitbare Allgemeinheit kann in dieser Richtung schwerlich erreicht werden.

Jedenfalls aber zeigen uns jene Feststellungen über die möglichen Abschwächungen unserer Voraussetzungen, daß der Sachverhalt, den wir durch die Formalisierung der Antinomie des Lügners in betreffs solcher Formalismen festgestellt haben, die den Bedingungen a), b), c) genügen, auch bei Formalismen von noch wesentlich allgemeinerer Struktur vorliegt. Dieser Sachverhalt besteht darin, daß innerhalb eines solchen Formalismus, sofern er widerspruchsfrei ist, der Begriff des Zutreffens einer Aussage sich nicht in einer den formalen Grundeigenschaften dieses Begriffs entsprechenden Weise zur Darstellung bringen läßt.

Die Tatsache, daß diese Unmöglichkeit bei allen hinlänglich arithmetisch ausdrucksfähigen und andrerseits hinlänglich formal abgegrenzten deduktiven Formalismen besteht, die noch gewisse sehr allgemeine Bedingungen erfüllen, ist von ALFRED TARSKI in der Abhandlung „Der Wahrheitsbegriff in den formalisierten Sprachen“ aufgezeigt und als Theorem ausgesprochen worden[1], wobei er anschließend hervorhebt, daß ein entsprechender Sachverhalt auch in bezug auf andere semantische

[1] Die genannte TARSKIsche Abhandlung erschien zuerst in polnischer Sprache in den Travaux de la soc. des sciences ... de Varsovie, Warschau 1933, nach einer Voranzeige „Der Wahrheitsbegriff in den Sprachen der deduktiven Disziplinen“. Akad. d. Wissensch. Wien, Anzeiger Bd. 69 (1932). Die deutsche Übersetzung der Abhandlung ist, mit einem Nachwort, in den Studia philosophica Bd. 1 (1935) veröffentlicht.

Begriffe als den des Zutreffens einer Aussage vorliegt. In der Tat besteht noch für verschiedene Begriffe, die das Verhältnis von Bezeichnung und Bezeichnetem betreffen, die Unmöglichkeit einer Darstellung in einem deduktiven Formalismus, unter analogen wie den eben genannten Bedingungen.

Ein bemerkenswerter Fall dieser Art ist die Unmöglichkeit der Darstellung des Begriffs „Wert eines Zahl-bestimmenden Ausdrucks", welche sich wiederum unter sehr allgemeinen Bedingungen für einen deduktiven Formalismus feststellen läßt. Wir können diese Unmöglichkeit sogar direkt aus unserem vorherigen Ergebnis betreffend die Formalisierung des Begriffs der zutreffenden Aussage entnehmen, sofern der zu betrachtende Formalismus eine gewisse sogleich anzugebende Bedingung erfüllt.

Dabei wollen wir uns begnügen, die Überlegung wieder für den Fall solcher deduktiven Formalismen durchzuführen, bei denen die Voraussetzungen a), b), c) zutreffen.

Die zu diesen Voraussetzungen *hinzuzufügende Bedingung* besteht darin, daß sich in F zu jeder Formel $\mathfrak{A}$ ohne freie Variable ein Term ohne freie Variable $\mathfrak{h}(\mathfrak{A})$ bestimmen läßt, nach einem Verfahren, welches sich vermittels der Nummernzuordnung durch eine rekursive Abhängigkeit der Nummer des Terms von der Nummer der Formel darstellt, und in solcher Weise, daß die Formel $\mathfrak{A}$ in die Gleichung

$$\mathfrak{h}(\mathfrak{A}) = 0$$

überführbar ist.

Diese zusätzliche Annahme, welche mit „c_1)" bezeichnet werde, ist jedenfalls dann erfüllt, wenn der Formalismus F die Quantoren und das ι-Symbol nebst den zugehörigen Regeln und Formeln (bzw. Formelschematen) enthält.

Nämlich es kann dann für $\mathfrak{h}(\mathfrak{A})$ der ι-Term

$$\iota_x(\mathfrak{A} \rightarrow x = 0 \;\&\; \overline{\mathfrak{A}} \rightarrow x = 1)$$

genommen werden, den wir im § 8 mit $\omega(\mathfrak{A})$ bezeichnet haben und für welchen die Äquivalenz

$$\mathfrak{A} \sim \omega(\mathfrak{A}) = 0$$

ableitbar ist[1].

Auf ganz entsprechende Weise ergibt sich, daß die Annahme c_1) erfüllt ist, wenn in F das ε-Symbol nebst der ε-Formel oder statt dessen das μ-Symbol und das Seinszeichen nebst der Formel (μ_1) und der Grundformel (b) enthalten ist, wobei die genannten Formeln auch durch die entsprechenden Formelschemata vertreten werden können.

An Stelle der Annahme d) tritt jetzt die folgende Annahme: d_1) Es gibt einen Term $\mathfrak{e}(a)$, worin die Zahlenvariable a die einzige vorkommende

[1] Vgl. Bd. I, S. 401–402.

freie Variable ist, und von der Eigenschaft, daß, wenn $\mathfrak{n}$ die Nummer eines Terms $\mathfrak{t}$ ist, der keine freie Variable enthält, die Gleichung

$$\mathfrak{e}(\mathfrak{n}) = \mathfrak{t}$$

in F ableitbar ist.

Um zu erkennen, daß diese Annahme d_1) in Verbindung mit den Voraussetzungen a), b), c), c_1) zum Widerspruch führt, genügt es auf Grund des Vorangehenden, wenn wir feststellen, daß im Fall der gemeinsamen Erfüllung der Voraussetzungen a), b), c), c_1), d_1) auch die Forderung d) erfüllt ist. Dieses ergibt sich nun folgendermaßen:

Gemäß der Voraussetzung c_1) stellt sich für jede Formel $\mathfrak{A}$ aus F, die keine freie Variable enthält, die Nummer des Terms $\mathfrak{h}(\mathfrak{A})$ in Abhängigkeit von der Nummer der Formel $\mathfrak{A}$ durch eine rekursive Funktion dar; und diese wiederum wird in F durch einen Term $\mathfrak{b}(a)$ dargestellt. Das heißt: Wenn $\mathfrak{n}$ die Nummer einer Formel $\mathfrak{A}$ ist, die keine freie Variable enthält, und $\mathfrak{l}$ die Nummer des Terms $\mathfrak{h}(\mathfrak{A})$ ist, so ist die Gleichung

$$\mathfrak{b}(\mathfrak{n}) = \mathfrak{l}$$

in F ableitbar. Bei der gleichen Bedeutung der Buchstaben $\mathfrak{A}$, $\mathfrak{n}$, $\mathfrak{l}$ ist nun ferner nach der Annahme d_1) — [da ja $\mathfrak{h}(\mathfrak{A})$ ein Term ohne freie Variable ist] — die Gleichung

$$\mathfrak{e}(\mathfrak{l}) = \mathfrak{h}(\mathfrak{A})$$

in F ableitbar. Die Gleichungen

$$\mathfrak{b}(\mathfrak{n}) = \mathfrak{l} \quad \text{und} \quad \mathfrak{e}(\mathfrak{l}) = \mathfrak{h}(\mathfrak{A})$$

zusammen ergeben mittels des allgemeinen Gleichheitsaxioms die Formel

$$\mathfrak{e}(\mathfrak{b}(\mathfrak{n})) = \mathfrak{h}(\mathfrak{A}),$$

mittels deren die Gleichung

$$\mathfrak{e}(\mathfrak{b}(\mathfrak{n})) = 0$$

in die Gleichung

$$\mathfrak{h}(\mathfrak{A}) = 0$$

überführbar ist. Diese aber ist, gemäß der Voraussetzung c_1) überführbar in die Formel $\mathfrak{A}$. Somit sind in F die Formeln

$$\mathfrak{e}(\mathfrak{b}(\mathfrak{n})) = 0 \rightarrow \mathfrak{A}, \qquad \mathfrak{A} \rightarrow \mathfrak{e}(\mathfrak{b}(\mathfrak{n})) = 0$$

ableitbar.

Diese Ableitbarkeit besteht allgemein, wenn $\mathfrak{A}$ irgendeine Formel aus F ohne freie Variable und $\mathfrak{n}$ die Nummer dieser Formel ist; es hat also die Formel $\mathfrak{e}(\mathfrak{b}(a)) = 0$ die Eigenschaft, welche durch die Annahme d) von der Formel $\mathfrak{M}(a)$ gefordert wird.

Somit ist in der Tat die Erfüllung der Annahme d) eine Konsequenz aus der Erfüllung der Voraussetzungen a), b), c), c_1), d_1). Daraus aber folgt nach dem vorhin Bemerkten, daß bei einem widerspruchsfreien deduktiven Formalismus, der den Bedingungen a), b), c), c_1) genügt, die Forderung d_1) nicht erfüllt sein kann.

Die Unmöglichkeit der Erfüllung der Forderung d_1) unter den genannten Voraussetzungen besagt, daß einem deduktiven Formalismus F, der diesen Voraussetzungen genügt, jedenfalls nicht ein solcher Funktionsausdruck angehört, durch den eine Zuordnung formalisiert wird, bei der einer jeden Zahl, welche die Nummer eines Terms ohne freie Variable (d. h. eines „zahlbestimmenden" Ausdrucks aus F) ist, der „Wert" dieses Ausdrucks zugeordnet wird.

Man möchte versucht sein, den Sachverhalt simpler zu interpretieren; jedoch ist zu beachten, daß durch die Bedingung $\mathfrak{d}_1$) keineswegs die Möglichkeit der effektiven Auswertung eines jeden Terms $\mathfrak{t}$, der keine freie Variable enthält, verlangt wird. Es wird ja, wenn $\mathfrak{n}$ die Nummer des Terms $\mathfrak{t}$ ist, nur die Ableitbarkeit der Gleichung

$$\mathfrak{e}(\mathfrak{n}) = \mathfrak{t}$$

gefordert, nicht aber die Ableitbarkeit einer Gleichung

$$\mathfrak{e}(\mathfrak{n}) = \mathfrak{m},$$

worin $\mathfrak{m}$ die *Ziffer* ist, welche den Wert des Terms $\mathfrak{t}$ bildet. Die Annahme $\mathfrak{d}_1$) fordert also nur die Formalisierbarkeit des Wert-*Begriffs*, nicht aber eine formal-deduktive Auswertung innerhalb von F.

Der Sachverhalt, den wir in betreff der Bedingung $\mathfrak{d}_1$) festgestellt haben, steht in engem Zusammenhang mit denjenigen semantischen Antinomien, die unter dem Namen des *Richardschen Paradoxons* zusammengefaßt werden[1]. — Wir wollen hier an Hand einer besonders bekannten Form des Richardschen Paradoxons diesen Zusammenhang darlegen. Es handelt sich dabei um folgende Überlegung:

Wir betrachten die Gesamtheit derjenigen zahlentheoretischen Funktionen (d. h. Funktionen, die jeder Zahl der mit 0 beginnenden Zahlenreihe wieder eine solche Zahl als Wert zuordnen), welche sich durch einen deutschen Sprachtext definieren lassen[2]. Für diese Funktionen gewinnen wir eine Abzählung auf Grund der Abzählbarkeit aller endlichen Zeichenfolgen, die aus Buchstaben der deutschen Sprache und Interpunktionen gebildet sind, wobei wir uns auf nur ein Alphabet beschränken können und als Interpunktionen nur: Punkt, Komma, Semikolon, Anführungszeichen, vordere und hintere Klammer und ein Zeichen zur Trennung der Wörter zu nehmen brauchen.

Die Numerierung dieser Zeichenfolgen läßt sich so ausführen, daß wir zunächst eine Reihenfolge der einzelnen Zeichen festlegen (indem

---

[1] JULES RICHARD ist der Entdecker einiger dieser Antinomien. Siehe die Abhandlung „Les principes des mathématiques et le problème des ensembles". Revue générale des sciences pures et appl. Bd. 16 (1905), sowie die Ergänzung dazu Acta math. Bd. 30 (1906). Vgl. übrigens auch JULIUS KÖNIG: „Über die Grundlagen der Mengenlehre und das Kontinuumproblem". Math. Ann. Bd. 61 (1905).

[2] Der Begriff des „deutschen Sprachtextes" soll hier so weit gefaßt sein, daß auch geläufige wissenschaftliche Termini wie „Funktion", „definieren" als zur deutschen Sprache gehörig betrachtet werden. Man könnte natürlich diese Termini auch durch deutsche Worte ersetzen.

wir z. B. auf die Buchstaben des üblichen Alphabets zunächst noch die für die drei Umlaute und dann die soeben genannten Interpunktionen in der angegebenen Ordnung folgen lassen) und hernach die Ordnung der Zeichenfolgen, in erster Linie nach der Anzahl der vorkommenden Zeichen und bei gleicher Anzahl lexikographisch, wählen.

Unter den so numerierten Zeichenfolgen treten nun insbesondere alle diejenigen auf, welche den deutschen Sprachtext einer Definition für eine zahlentheoretische Funktion bilden; die betreffenden Sprachtexte erhalten auf diese Weise jedenfalls eine Numerierung und zugleich ergibt sich damit eine Abzählung, allerdings mit Wiederholungen, für die zahlentheoretischen Funktionen, die durch mindestens einen dieser Sprachtexte definiert werden: $\psi_0(n), \psi_1(n), \ldots$.

Auf diese Funktionenfolge können wir nun das CANTORsche Diagonalverfahren, bestehend in der Bildung der Funktion $(\psi_n(n))'$, anwenden. Diese Funktion ist wiederum eine zahlentheoretische, jedoch eine solche, die von allen Funktionen der Folge $\psi_0(n)$, $\psi_1(n), \ldots$ verschieden ist denn wäre für eine Nummer $\mathfrak{k}$

$$\psi_{\mathfrak{k}}(n) = (\psi_n(n))',$$

so ergäbe sich die falsche Gleichung

$$\psi_{\mathfrak{k}}(\mathfrak{k}) = (\psi_{\mathfrak{k}}(\mathfrak{k}))'.$$

Die Funktion $(\psi_n(n))'$ kann demnach nicht in der Folge $\psi_0(n), \psi_1(n), \ldots$ auftreten. Andrerseits läßt sich aber diese zahlentheoretische Funktion durch einen deutschen Sprachtext definieren. Nämlich die Beschreibung des Verfahrens zur Gewinnung der Abzählung (mit Wiederholungen) für die durch einen deutschen Sprachtext definierbaren zahlentheoretischen Funktionen haben wir ja in deutscher Sprache formuliert, und die nachfolgende symbolische Bildung „$(\psi_n(n))'$" kann durch folgende sprachliche Definition ersetzt werden: „Diejenige zahlentheoretische Funktion, die einer jeden Zahl der (mit 0 beginnenden) Zahlenreihe einen um eins größeren Wert zuordnet als den Wert, der ihr durch diejenige Funktion zugeordnet wird, die in der erhaltenen Folge von zahlentheoretischen Funktionen die betreffende Zahl als Nummer hat."

Demnach muß die Funktion $(\psi_n(n))'$ in der Folge $\psi_0(n), \psi_1(n), \ldots$ auftreten. Wir kommen somit zu einem Widerspruch.

Bei der Erörterung dieser Antinomie fällt zunächst auf, daß der Begriff der „Definition einer zahlentheoretischen Funktion durch einen deutschen Sprachtext" ziemlich unscharf und daher die Aussonderung derjenigen Sprachtexte, die eine zahlentheoretische Funktion definieren, problematisch ist. Durch diesen Gesichtspunkt wird jedoch das Paradoxon noch nicht völlig aufgeklärt. In der Tat können wir bei der Formalisierung der Antinomie die eben genannte Schwierigkeit ausschalten, indem wir uns auf solche deduktiven Formalismen beschränken, bei denen diejenigen Ausdrücke, die eine zahlentheoretische Funktion darstellen, durch ihre Struktur als solche kenntlich sind.

Im Sinne dieser Beschränkung fügen wir zu unseren Annahmen[1] a), b), c) über den deduktiven Formalismus F, die wir wiederum für die Formalisierung der Antinomie zugrunde legen wollen[2], die folgende Voraussetzung hinzu:

c*) Unter den Ausdrücken aus F sind die Terme als solche äußerlich durch ihre Bildungsweise kenntlich, derart daß mit Bezug auf die vorausgesetzte Nummernzuordnung die Eigenschaft einer Zahl, die Nummer eines Terms zu sein, ein rekursives Prädikat bildet. Ferner stellt jeder Term, der keine freie Variable enthält, eine eindeutig bestimmte — wenn auch eventuell nur begrifflich (ohne Anweisung zur effektiven Bestimmung) festgelegte — Zahl dar.

Die Bedingung c*) läßt sich für den Formalismus der Zahlentheorie sowie für den der Analysis und auch noch für umfassendere Formalismen bei geeigneter Wahl der Festsetzungen erfüllen[3].

Wir zeigen nun, daß die Voraussetzungen a), b), c), c*) über den Formalismus F und die Nummernzuordnung, in Verbindung mit der Annahme d_1), die Ableitbarkeit eines Widerspruchs im Formalismus F zur Folge haben.

Zunächst ergibt sich aus den Voraussetzungen b), c), c*), daß die Eigenschaft einer Zahl m, die Nummer eines Terms mit der Zahlenvariablen a als einziger freier Variablen zu sein, ein rekursives Prädikat $\mathfrak{T}(m)$ ist.

Betrachten wir die Nummern der Terme $a, a', \ldots, a^{(\mathfrak{r})}$. Diese haben alle die Eigenschaft $\mathfrak{T}$ und sind alle voneinander verschieden. Die Nummer von $a^{(\mathfrak{r})}$ stellt sich in Abhängigkeit von $\mathfrak{r}$ durch eine rekursive Funktion $\mathfrak{o}(n)$ dar. Für diese gelten die Ungleichungen

$$n \leq \mathfrak{o}(n), \qquad \mathfrak{o}(n) < \mathfrak{o}(n');$$

ferner gilt

$$\mathfrak{T}(\mathfrak{o}(n)).$$

[1] Vgl. S. 264f.

[2] Zur Vereinfachung setzen wir auch wieder voraus, daß die Zahlenvariablen und die Symbole für die Gleichheit und für die zahlentheoretische Nachfolgerfunktion die gleichen seien, wie wir sie sonst gebrauchen, und ferner, daß die Nummer eines Terms $\mathfrak{t}$ kleiner ist als diejenige von $\mathfrak{t}'$. Diese unwesentlichen Zusätze zu den Annahmen a), b), c) sollen in der folgenden Betrachtung nicht eigens als Voraussetzungen erwähnt werden.

[3] Zum Beispiel trifft dieses zu auf den von Rudolf Carnap in seinem Buch „Logische Syntax der Sprache“ (Wien 1934) als „Sprache II“ abgegrenzten Formalismus der Stufentheorie, in welchen die Peanoschen Axiome und die Formalisierung des Begriffes der kleinsten Zahl einbezogen sind.

Wir können nun die Aufeinanderfolge der Ziffern von der Eigenschaft $\mathfrak{F}$, in der Ordnung nach der Größe, durch eine rekursive Funktion $\mathfrak{t}(n)$ darstellen; nämlich $\mathfrak{t}(n)$ läßt sich ja definieren durch die Rekursionsgleichungen[1]

$$\mathfrak{t}(0) = \underset{x \leqq \mathfrak{o}(0)}{\mathfrak{Min}}\, \mathfrak{F}(x)$$
$$\mathfrak{t}(n') = \underset{x \leqq \mathfrak{o}(n')}{\mathfrak{Min}}\big(\mathfrak{F}(x)\;\&\;\mathfrak{t}(n) < x\big).$$

Für diese Funktion gelten die (im Rahmen der rekursiven Zahlentheorie ableitbaren) Formeln:

$$\mathfrak{t}(n) \leqq \mathfrak{o}(n), \qquad \mathfrak{t}(n) < \mathfrak{t}(n'), \qquad n \leqq \mathfrak{t}(n), \qquad \mathfrak{F}\big(\mathfrak{t}(n)\big).$$

Gemäß unserer Voraussetzung a) stellt sich die Funktion $\mathfrak{t}(n)$ in F durch einen Term $\mathfrak{k}(n)$ dar, worin die Zahlenvariable n als einzige freie Variable auftritt.

Die Folge der Werte der Terme $\mathfrak{k}(0)$, $\mathfrak{k}(0')$, $\mathfrak{k}(0'')$, ... bildet eine Abzählung der Nummern aller derjenigen Terme in F, worin a als einzige freie Variable auftritt. Der Folge $\mathfrak{k}(0)$, $\mathfrak{k}(0')$, ... entspricht also eine Abzählung (mit Wiederholungen) $\psi_1(a)$, $\psi_2(a)$, ... aller in F durch einen Term mit der einzigen freien Variablen a darstellbaren zahlentheoretischen Funktionen, in der Weise, daß für jede Ziffer $\mathfrak{n}$ der Wert von $\mathfrak{k}(\mathfrak{n})$ die Nummer eines Terms $\mathfrak{f}_{\mathfrak{n}}(a)$ in F ist[2], der die Funktion $\psi_{\mathfrak{n}}$ mit dem Argument a darstellt. Wird in diesem Term für a die Ziffer $\mathfrak{n}$ eingesetzt, so ist die Nummer des entstehenden Terms — auf Grund der charakteristischen Eigenschaft der Funktion[3] $\mathfrak{s}(k, l)$ — der Wert von $\mathfrak{s}\big(\mathfrak{k}(\mathfrak{n}), \mathfrak{n}\big)$. Auf Grund der Eigenschaft der Funktion $\mathfrak{c}(n)$ (Annahme d_1))[4] folgt daher, daß die Gleichung

$$\mathfrak{c}\big(\mathfrak{s}(\mathfrak{k}(\mathfrak{n}), \mathfrak{n})\big) = \mathfrak{f}_{\mathfrak{n}}(\mathfrak{n})$$

in F ableitbar ist. Die Funktion $\big(\psi_n(n)\big)'$ kann demnach in F durch den Term $\big[\mathfrak{c}\big(\mathfrak{s}(\mathfrak{k}(a), a)\big)\big]'$ repräsentiert werden.

Die Nummer dieses Terms muß nun in der Reihe $\mathfrak{k}(0)$, $\mathfrak{k}(0')$, ... auftreten, etwa als $\mathfrak{k}(\mathfrak{p})$. Ist nun $\mathfrak{m}$ die Nummer des Terms $\big[\mathfrak{c}\big(\mathfrak{s}(\mathfrak{k}(\mathfrak{p}), \mathfrak{p})\big)\big]'$, so ist auf Grund der charakteristischen Eigenschaft der Funktion $\mathfrak{s}(k, l)$ die Gleichung

$$\mathfrak{s}\big(\mathfrak{k}(\mathfrak{p}), \mathfrak{p}\big) = \mathfrak{m}$$

in F ableitbar, und daraus, mittels der Gleichheitsaxiome

$$\mathfrak{c}\big(\mathfrak{s}(\mathfrak{k}(\mathfrak{p}), \mathfrak{p})\big) = \mathfrak{c}(\mathfrak{m}).$$

---

[1] Betreffs der Funktion $\mathfrak{Min}$ vgl. S. 222f.

[2] Der Index $\mathfrak{n}$ in $\mathfrak{f}_{\mathfrak{n}}$ soll nur die Abhängigkeit des betreffenden Terms von $\mathfrak{n}$ andeuten.

[3] Vgl. S. 266.

[4] Vgl. S. 271f.

Andrerseits ist auf Grund der charakteristischen Eigenschaft der Funktion $\mathfrak{e}(n)$ die Gleichung

$$\mathfrak{e}(\mathfrak{m}) = [\mathfrak{e}(\mathfrak{s}(\mathfrak{f}(\mathfrak{p}), \mathfrak{p}))]'$$

in F ableitbar. Die beiden letzten Gleichungen zusammen aber ergeben

$$\mathfrak{e}(\mathfrak{s}(\mathfrak{f}(\mathfrak{p}), \mathfrak{p})) = [\mathfrak{e}(\mathfrak{s}(\mathfrak{f}(\mathfrak{p}), \mathfrak{p}))]',$$

während andrerseits, auf Grund der Voraussetzung a) die Formel

$$\mathfrak{e}(\mathfrak{s}(\mathfrak{f}(\mathfrak{p}), \mathfrak{p})) \neq [\mathfrak{e}(\mathfrak{s}(\mathfrak{f}(\mathfrak{p}), \mathfrak{p}))]'$$

in F ableitbar ist. Wir gelangen also im Formalismus F zu einem Widerspruch.

Hiermit ist nun der Nachweis für unsere Behauptung erbracht, daß ein widerspruchsfreier deduktiver Formalismus, der den Bedingungen a), b), c), c*) genügt, nicht auch die Bedingung d_1) erfüllen kann[1].

Eine ähnliche Art der Verschärfung des Richardschen Paradoxons wie die hier dargelegte, ist von KLEENE und ROSSER ausgeführt worden, allerdings im Hinblick auf eine andere Art von Formalismen[2]. Bei dieser Betrachtung treten an die Stelle unserer Annahme c) andere Voraussetzungen, und die Annahme c*) wird durch eine schwächere Annahme ersetzt. Das Ergebnis dieser Überlegung wurde von den beiden Autoren auf gewisse von A. CHURCH und H. B. CURRY aufgestellte Systeme der Logistik angewendet, und es stellten sich auf diesem Wege die genannten Systeme als widerspruchsvoll heraus.

Ehe wir die Ausführungen über die semantischen Paradoxien und ihre formale Verschärfung abschließen, sei noch ein Umstand hervorgehoben. Die Feststellungen, die wir betreffs der Unmöglichkeit einer formalen Darstellung des Begriffs der zutreffenden Aussage und desjenigen des Wertes eines zahlbestimmenden Ausdrucks in bezug auf formalisierte Sprachen (deduktive Formalismen), unter Zugrundelegung gewisser allgemeiner Voraussetzungen über diese Formalismen gemacht haben, gelten nur in dem Sinn, daß jene Begriffe, bezogen auf die betreffende formalisierte Sprache *nicht innerhalb der Sprache selbst* dargestellt werden können; dagegen wird durch sie keineswegs die Möglichkeit einer Darstellung jener Begriffe im Rahmen einer umfassenderen formalisierten Sprache ausgeschlossen. Diese Möglichkeit besteht vielmehr allem Anschein nach in genereller Weise; und zwar

[1] Für diesen Nachweis selbst könnte man etwas einfacher verfahren. Nämlich, es würde genügen, an Stelle des Terms $[\mathfrak{e}(\mathfrak{s}(\mathfrak{f}(a), a))]'$ den Term $[\mathfrak{e}(\mathfrak{s}(a, a))]'$ zu betrachten. Hier aber lag uns daran, den Zusammenhang des erhaltenen Ergebnisses mit dem verschärften Richardschen Paradoxon ersichtlich zu machen.

[2] S. C. KLEENE u. J. B. ROSSER: „The inconsistency of certain formal logics." Ann. of Math. Bd. 36 (1935) Nr. 3. Vgl. auch H. B. CURRY, „The Paradox of KLEENE and ROSSER", Trans. Amer. Math. Soc. Bd. 50 (1941), S. 454—516.

kann die formale Darstellung der Begriffe einerseits axiomatisch, andererseits durch explizite Definitionen erfolgen.

Was insbesondere die Formalisierung des Begriffs der zutreffenden Aussage mittels einer expliziten Definition („Wahrheitsdefinition") betrifft, so wurden solche Definitionen für verschiedene Systeme des Klassen- und des Prädikatenkalkuls (mit Einbeziehung der zweiten Stufe) von TARSKI explizite aufgestellt[1]. Für einen Formalismus des Stufenkalkuls mit Einbeziehung der arithmetischen Axiome hat CARNAP[2] den sprachlichen Ansatz einer Wahrheitsdefinition angegeben, die sich in einem hinlänglich ausdrucksfähigen, logistischen System formalisieren läßt.

Wir haben in den früheren Paragraphen bereits verschiedene Beispiele von sprachlich ausgedrückten Wahrheitsdefinitionen kennen gelernt; nämlich die für verschiedene Formalismen aufgestellten Definitionen des Terminus „verifizierbar" sind solche Wahrheitsdefinitionen[3]. Auch lassen sich die bei dem Entscheidungsproblem vorkommenden Erklärungen der Begriffe „allgemeingültig", „erfüllbar" mit Bezug auf einen Formalismus, in welchem die Allgemeingültigkeit und die Erfüllbarkeit von Formeln des Prädikatenkalkuls formal darstellbar ist, als Wahrheitsdefinitionen bzw. Teile einer solchen auffassen. Wir werden späterhin ein Beispiel einer formalisierten Wahrheitsdefinition betrachten[4].

Bemerkung. Der Ausdruck „Wahrheitsdefinition" darf nicht dazu verleiten, von einer solchen Definition eine philosophische Aufklärung über den Wahrheitsbegriff zu erwarten. Es handelt sich vielmehr zumeist nur um eine Präzisierung derjenigen Deutung der Formeln, welche ohnehin bei der üblichen Art der Anwendung des Formalismus zugrunde gelegt wird, und die Aufgabe für die Definition besteht darin, daß diese Deutung auf generelle Art, *in Abhängigkeit von der Gestalt der jeweiligen Formel,* zum Ausdruck zu bringen ist. Die Wahrheitsdefinitionen sind übrigens im allgemeinen *nicht einer finiten Deutung fähig.*

b) Das erste Gödelsche Unableitbarkeitstheorem. Von der Antinomie des Lügners werden wir zu den am Anfang dieses Paragraphen erwähnten Gödelschen Theoremen hingeführt, indem wir eine Modifikation jener Antinomie betrachten und auf diese die Methode der formalen Verschärfung anwenden.

Diese Modifikation besteht in der Betrachtung einer Aussage, die ihre eigene Unbeweisbarkeit aussagt. Wenn jemand erklärt, „der Satz, den ich jetzt ausspreche, läßt sich nicht als Ergebnis aus einer Beweis-

[1] In der bereits zitierten Abhandlung: „Der Wahrheitsbegriff in den formalisierten Sprachen."

[2] R. CARNAP, „Ein Gültigkeitskriterium für die Sätze der klassischen Mathematik." Mh. Math. Phys. Bd. 42 (1935) Heft 1.

[3] Vgl. Bd. I, S. 237—238 (dazu 247), 249—251, 274—276, 279—283, 297, 360—367.

[4] Siehe S. 341—345.

führung entnehmen", so führt die Annahme, daß sich dieser Satz als Ergebnis aus einer Beweisführung entnehmen lasse, auf einen Widerspruch; diese Annahme ist also zu verwerfen. Damit ergibt sich jedoch andererseits, daß gerade dasjenige vorliegt, was in dem Satz ausgesagt ist, und somit wird der Satz als Ergebnis aus einer Beweisführung entnommen.

Hiermit scheint zunächst nur eine unnötige Komplikation zu der Antinomie des Lügners hinzugefügt zu sein. Für die formale Verschärfung bewirkt jedoch die angebrachte Modifikation insofern eine wesentliche Veränderung, als der Begriff „Ergebnis einer Beweisführung" mit Bezug auf einen deduktiven Formalismus einen elementareren Charakter besitzt als der Begriff der zutreffenden Aussage.

Wir haben ja für den Formalismus des Prädikatenkalkuls gezeigt, daß sich, mittels einer geeigneten Nummernzuordnung, die Beziehung zwischen einer Formelreihe und einer Formel $\mathfrak{A}$, für welche die Formelreihe eine Ableitung bildet, durch eine *rekursive* Beziehung $Dd(m, n)$ zwischen der Nummer der Formelreihe und der Nummer der Formel $\mathfrak{A}$ ausdrücken läßt[1].

Aus der Art, wie wir diese rekursive Darstellung gewonnen haben, ist ersichtlich, daß die Möglichkeit einer solchen rekursiven Darstellung der Beziehung zwischen einer Zahl m, welche die Nummer einer Formelreihe von der Eigenschaft einer Ableitung ist, und einer Zahl n, welche die Nummer der Endformel dieser Ableitung ist, nicht durch die besondere Beschaffenheit gerade des Prädikatenkalkuls bedingt ist, sondern für jeden hinlänglich scharf abgegrenzten deduktiven Formalismus besteht. Wir werden uns hernach noch eigens in bezug auf den zahlentheoretischen Formalismus von der rekursiven Darstellbarkeit jener Beziehung überzeugen.

GÖDEL hat die rekursive Darstellbarkeit der genannten Beziehung für einen Formalismus aufgezeigt, der aus dem System der *Principia mathematica* durch das Fallenlassen der engeren Stufenunterscheidung und die Ersetzung des Unendlichkeitsaxioms durch die Peanoschen Axiome, nebst noch gewissen Vereinfachungen, hervorgeht. Auch die Systeme der axiomatischen Mengenlehre ergeben bei ihrer Formalisierung solche deduktive Formalismen, für die sich bei geeigneter Nummernzuordnung die Beziehung der Nummer einer Formelreihe, welche eine Ableitung bildet, zur Nummer ihrer Endformel rekursiv ausdrückt[2].

Somit kann es sich bei der Formalisierung der modifizierten Antinomie des Lügners nicht darum handeln, daß wir unter gewissen Voraus-

---

[1] Vgl. S. 241.

[2] Ein sehr übersichtlicher Formalismus dieser Art wurde kürzlich, unter Fortführung eines Ansatzes von W. V. QUINE [„Set-theoretic foundations for logic". J. Symbol. Logic Bd. 1 (1936), vgl. insbesondere S. 45—46] und mit wesentlicher Verwendung des ε-Symbols von ACKERMANN aufgestellt, in der Abhandlung „Mengentheoretische Begründung der Logik". Math. Ann. Bd. 115 (1937) Heft 1.

setzungen allgemeinen Charakters über einen deduktiven Formalismus, einschließlich der Voraussetzung der Widerspruchsfreiheit, die Unmöglichkeit einer Formalisierung des Begriffs „Ergebnis einer Beweisführung" nachweisen. Vielmehr werden wir umgekehrt die Voraussetzung, daß auf Grund der Nummernzuordnung die Beziehung „m ist die Nummer einer Ableitung der Formel mit der Nummer n" sich rekursiv darstellen lasse, von vornherein zugrunde legen. Diese Voraussetzung bildet eine Verschärfung unserer bisherigen Annahme über den zu betrachtenden deduktiven Formalismus F. Wir werden außer dieser noch eine weitere, jedoch nur geringfügige Verstärkung unserer Annahmen a), b), c)[1] einführen: Während wir bisher nur angenommen haben, daß die Funktionsausdrücke der rekursiven Zahlentheorie im Formalismus F eine Darstellung besitzen, wollen wir nunmehr voraussetzen, daß die Symbole für die rekursiven Funktionen selbst in F enthalten sind. Diese Voraussetzung ist jedenfalls schon dann erfüllt, wenn erstens die Bedingung a) erfüllt ist und wenn ferner die Einführung von Funktionszeichen durch explizite Definitionen im Formalismus statthaft ist.

Bemerkung. Wir könnten an sich ohne diese Voraussetzung auskommen, jedoch werden die Betrachtungen durch sie erleichtert, während andererseits das Ergebnis durch ihre Hinzufügung keine wirkliche Einschränkung erfährt.

Indem wir ferner die bisher schon benutzte Voraussetzung machen, daß die Symbole für die Operationen des Aussagenkalkuls sowie das Strichsymbol und das Gleichheitssymbol in F die gleichen sind, wie wir sie sonst verwenden, und diese Voraussetzung auch auf die Symbole $0, <, \leq$ ausdehnen, kommen wir dazu, an Stelle der Annahmen a), c) die folgende Annahme „a_1)" zu setzen:

a_1) Der Formalismus F enthält die Terme und Formeln der rekursiven Zahlentheorie[2], abgesehen eventuell von denjenigen, in denen Formelvariablen auftreten. Jede Formel ohne Formelvariable, die in der rekursiven Zahlentheorie ableitbar ist, ist auch in F ableitbar, und jeder Übergang von einer Formel aus F zu einer anderen, der mit den Mitteln der rekursiven Zahlentheorie ausführbar ist, ist auch in F ausführbar.

Die Annahme b) wollen wir — nachdem wir in den vorausgegangenen Betrachtungen die Art ihrer Verwendung kennen gelernt haben — etwas enger fassen, zugleich wollen wir mit ihr die neue Voraussetzung über die rekursive Darstellbarkeit der Beziehung „m ist die Nummer einer Ableitung der Formel mit der Nummer n" vereinigen; so gelangen wir zu folgender Fassung:

b_1) Es gibt eine umkehrbar eindeutige Zuordnung von Nummern zu den Ausdrücken von F, welche die folgenden Eigenschaften besitzt:

---

[1] Vgl. S. 264f.

[2] Vgl. S. 220f.

1. Die Nummer desjenigen Ausdrucks, der aus einem Ausdruck $\mathfrak{K}$ mit der Nummer $\mathfrak{k}$ hervorgeht, indem allenthalben die Zahlenvariable a durch die Ziffer $\mathfrak{l}$ ersetzt wird, stellt sich, in Abhängigkeit von $\mathfrak{k}$ und $\mathfrak{l}$ als der Wert einer zweistelligen rekursiven Funktion $\mathfrak{s}(k, l)$ für die Argumentwerte $\mathfrak{k}, \mathfrak{l}$ dar.

2. Mittels der Nummernzuordnung für die endlichen Folgen von Ausdrücken aus F, die sich aus der Nummernzuordnung für die Ausdrücke von F durch Benutzung der Primfaktorenzerlegung der ganzen Zahlen ($\geqq 2$) ergibt, stellt sich die Aussage „m ist die Nummer einer Folge von Ausdrücken aus F, welche eine Ableitung des Ausdrucks mit der Nummer n bildet", durch ein zweistelliges rekursives Prädikat und somit im Formalismus der rekursiven Zahlentheorie durch eine rekursive Formel[1] $\mathfrak{B}(m, n)$ dar, worin m, n die einzigen Variablen sind.

Um nun auf Grund der Voraussetzungen a_1), b_1) eine Formalisierung der modifizierten Antinomie des Lügners zu gewinnen, kommt es darauf an, das Vorhandensein einer Formel in F nachzuweisen, welche die Behauptung ihrer eigenen Unableitbarkeit (im Formalismus F) darstellt, d. h. welche, wenn $\mathfrak{q}$ ihre Nummer ist, die Aussage darstellt „Wie auch die Zahl m gewählt wird, so ist sie jedenfalls nicht die Nummer einer Formelreihe, welche eine Ableitung der Formel mit der Nummer $\mathfrak{q}$ bildet."

Da wir nicht vorausgesetzt haben, daß zum Formalismus F das Allzeichen gehört, so werden wir für die eben genannte Aussage (welche ja die Form einer allgemeinen Aussage hat) eine solche Darstellung ansetzen, worin die Allheit mittels einer freien Zahlenvariablen formalisiert wird.

Dabei verwenden wir die bereits benutzte, von GÖDEL stammende Methode der Heranziehung der Funktion $\mathfrak{s}(k, l)$:

Wir bilden die Formel
$$\overline{\mathfrak{B}(m, \mathfrak{s}(a, a))},$$
welche gemäß der Voraussetzung a_1) eine Formel aus F ist. Diese habe die Nummer $\mathfrak{p}$. Auf Grund der charakteristischen Eigenschaft der Funktion $\mathfrak{s}(k, l)$ ist der Wert von $\mathfrak{s}(\mathfrak{p}, \mathfrak{p})$ die Nummer der Formel
$$\overline{\mathfrak{B}(m, \mathfrak{s}(\mathfrak{p}, \mathfrak{p}))}.$$
Ist $\mathfrak{q}$ diese Nummer, so ist die Gleichung
$$\mathfrak{s}(\mathfrak{p}, \mathfrak{p}) = \mathfrak{q}$$
in F ableitbar, und die Formel $\overline{\mathfrak{B}(m, \mathfrak{s}(\mathfrak{p}, \mathfrak{p}))}$ ist daher in die Formel $\overline{\mathfrak{B}(m, \mathfrak{q})}$ überführbar.

Nun bildet die Formel $\overline{\mathfrak{B}(m, \mathfrak{q})}$ eine Formalisierung der Aussage „für keine Zahl m trifft es zu, daß sie die Nummer einer Ableitung für die Formel mit der Nummer $\mathfrak{q}$ ist", oder kurz: „die Formel mit der

[1] Vgl. S. 221.

Nummer $\mathfrak{q}$ ist nicht ableitbar". Der Term $\mathfrak{s}(\mathfrak{p}, \mathfrak{p})$ ist ein definierender Ausdruck für die Ziffer $\mathfrak{q}$; also wird auch durch die Formel

$$\overline{\mathfrak{B}\big(m, \mathfrak{s}(\mathfrak{p}, \mathfrak{p})\big)}$$

die eben genannte Aussage formalisiert; da andererseits diese Formel die Nummer $\mathfrak{q}$ hat, so ist sie eine solche, wie wir sie wünschten, welche die Behauptung ihrer eigenen Unableitbarkeit formalisiert.

Wir können jetzt, entsprechend der Überlegung bei der Antinomie, folgendermaßen argumentieren: Angenommen, die Formel $\overline{\mathfrak{B}(m, \mathfrak{q})}$ sei in F ableitbar; dann ist auch die Formel $\overline{\mathfrak{B}\big(m, \mathfrak{s}(\mathfrak{p}, \mathfrak{p})\big)}$, d.h. die Formel mit der Nummer $\mathfrak{q}$, ableitbar; es läßt sich also eine Formelreihe angeben, welche eine Ableitung der Formel mit der Nummer $\mathfrak{q}$ bildet. Ist $\mathfrak{l}$ die Nummer einer solchen Formelreihe, so besteht die Beziehung $\mathfrak{B}(\mathfrak{l}, \mathfrak{q})$, welche eine numerisch konstatierbare Gleichung ist (bzw. in eine solche umgeformt werden kann), und die Formel $\mathfrak{B}(\mathfrak{l}, \mathfrak{q})$ ist dann auch in F ableitbar. Da andererseits nach der gemachten Annahme die Formel $\overline{\mathfrak{B}(m, \mathfrak{q})}$ ableitbar ist, so ist gemäß unserer Voraussetzung a_1) auch die Formel $\overline{\mathfrak{B}(\mathfrak{l}, \mathfrak{q})}$ ableitbar. Somit kommt im Formalismus F ein Widerspruch zustande.

Die gleiche Konsequenz ergibt sich unter der Annahme, daß für irgendeine Ziffer $\mathfrak{l}$ die Beziehung $\mathfrak{B}(\mathfrak{l}, \mathfrak{q})$ bestehe. Wenn nämlich diese Beziehung vorliegt, so ist einerseits die Formel $\mathfrak{B}(\mathfrak{l}, \mathfrak{q})$ in F ableitbar; andererseits ist dann $\mathfrak{l}$ die Nummer einer Formelreihe, die eine Ableitung für die Formel mit der Nummer $\mathfrak{q}$ bildet, d. h. für die Formel $\overline{\mathfrak{B}\big(m, \mathfrak{s}(\mathfrak{p},\mathfrak{p})\big)}$; diese Formel ist dann also in F ableitbar, und ebenso die Formel $\overline{\mathfrak{B}(m, \mathfrak{q})}$, aus der wiederum die Formel $\overline{\mathfrak{B}(\mathfrak{l}, \mathfrak{q})}$ ableitbar ist.

Beachten wir nun noch, daß gemäß der Voraussetzung a_1) für jede Ziffer $\mathfrak{l}$ entweder die Formel $\mathfrak{B}(\mathfrak{l}, \mathfrak{q})$, welche ja eine numerische Formel ist, oder ihre Negation $\overline{\mathfrak{B}(\mathfrak{l}, \mathfrak{q})}$ in F ableitbar ist, und daß zugleich mit der Ableitbarkeit der Formel $\mathfrak{B}(\mathfrak{l}, \mathfrak{q})$ die Beziehung $\mathfrak{B}(\mathfrak{l}, \mathfrak{q})$, zugleich mit der Ableitbarkeit der Formel $\overline{\mathfrak{B}(\mathfrak{l}, \mathfrak{q})}$ die Beziehung $\overline{\mathfrak{B}(\mathfrak{l}, \mathfrak{q})}$ besteht, so erhalten wir folgendes Ergebnis: sofern der Formalismus F widerspruchsfrei ist, so besteht für jede Ziffer $\mathfrak{l}$ die Beziehung $\overline{\mathfrak{B}(\mathfrak{l}, \mathfrak{q})}$ und die Formel $\overline{\mathfrak{B}(\mathfrak{l}, \mathfrak{q})}$ ist in F ableitbar, während die Formel $\overline{\mathfrak{B}(m, \mathfrak{q})}$ in F nicht ableitbar ist. Das Bestehen der Beziehung $\overline{\mathfrak{B}(\mathfrak{l}, \mathfrak{q})}$ für jede Ziffer $\mathfrak{l}$ besagt, daß die Formel $\overline{\mathfrak{B}(m, \mathfrak{q})}$ eine *verifizierbare* Formel ist. Diese Formel ist als rekursive Formel überführbar in eine Gleichung $\mathfrak{f}(m) = 0$, worin $\mathfrak{f}$ ein rekursiv eingeführtes Funktionszeichen mit einem Argument ist.

Somit ergibt sich folgender Satz: Zu einem deduktiven Formalismus F, der den Bedingungen a_1), b_1) genügt und der widerspruchsfrei ist, läßt sich stets eine solche einstellige rekursive Funktion bestimmen, daß, wenn $\mathfrak{f}(\cdot)$ das Symbol in F für diese Funktion ist, die Formel

$$\mathfrak{f}(m) = 0$$

nicht in F ableitbar ist, obwohl sie eine verifizierbare Formel ist und demgemäß für jede Ziffer $\mathfrak{l}$ auch die Gleichung

$$\mathfrak{f}(\mathfrak{l}) = 0$$

in F ableitbar ist.

Diesen Satz, den Gödel auf dem hier dargelegten Wege bewiesen hat, wollen wir als das *erste Gödelsche Unableitbarkeitstheorem* bezeichnen. In der Gödelschen Formulierung ist nicht dieser Satz selbst, sondern eine aus ihm zu entnehmende Folgerung ausgesprochen, welche sich auf die Existenz solcher zahlentheoretischen Sätze bezieht, die in dem betreffenden Formalismus F „formal unentscheidbar" sind. Dabei wird unter einem im Formalismus F formal unentscheidbaren Satz ein solcher verstanden, der sich in F durch eine Formel ohne freie Variable darstellt, die selbst, ebenso wie auch ihre Negation, nicht in F ableitbar ist[1].

Für die genannte Folgerung haben wir zunächst die Voraussetzung hinzuzunehmen, daß der Formalismus F das Allzeichen nebst den zugehörigen formalen Schlußweisen enthält, so daß also erstens, wenn $\mathfrak{A}(a)$ eine Formel aus F ist, welche die gebundene Variable $\mathfrak{x}$ nicht enthält, auch $(\mathfrak{x})\mathfrak{A}(\mathfrak{x})$ eine Formel aus F ist, und ferner das Formelschema $(\mathfrak{x})\mathfrak{A}(\mathfrak{x}) \rightarrow \mathfrak{A}(a)$ sowie das Schema (α) entweder ein Grundschema oder ein ableitbares Schema in F bildet.

Es ergibt sich dann zunächst aus der Unableitbarkeit der Formel

$$\mathfrak{f}(m) = 0$$

auch die Unableitbarkeit der Formel

$$(x)\big(\mathfrak{f}(x) = 0\big).$$

Andererseits folgt aus dem Umstand, daß für jede Ziffer $\mathfrak{l}$ die Gleichung

$$\mathfrak{f}(\mathfrak{l}) = 0$$

ableitbar ist, die Unableitbarkeit der Formel

$$\overline{(x)}\big(\mathfrak{f}(x) = 0\big),$$

wenn wir über den Formalismus F noch die folgende *Annahme* machen, welche in einer Verschärfung der Forderung der Widerspruchsfreiheit

[1] In dieser Definition ist die Beschränkung der darstellenden Formeln auf solche ohne freie Variablen deshalb nötig, weil ja bei der Darstellung eines allgemeinen Satzes durch eine Formel mit einer oder mehreren freien Variablen die Darstellung der Negation des Satzes nicht durch die Negation der Formel geliefert wird. Hierauf beruht es, daß eine Formel mit freien Variablen, die selbst ebenso wie ihre Negation unableitbar in einem Formalismus ist, noch keineswegs einen in diesem Formalismus unentscheidbaren Satz darstellt. So ist z. B. im Formalismus der Zahlentheorie (sofern dieser widerspruchsfrei ist) weder die Formel $a = 0$ noch die Formel $a \neq 0$ ableitbar. Die Formel $a = 0$ kann als Darstellung des (falschen) Satzes genommen werden: „Jede Zahl ist gleich 0." Die Negation dieses Satzes wird jedoch nicht durch die Formel $a \neq 0$, sondern durch die Formel $\overline{(x)}\,\overline{(x = 0)}$ dargestellt, welche tatsächlich im zahlentheoretischen Formalismus ableitbar ist. Somit ist der genannte allgemeine Satz im Formalismus der Zahlentheorie formal entscheidbar.

besteht: Ist für jede Ziffer $\mathfrak{n}$ die Formel $\mathfrak{A}(\mathfrak{n})$ in dem Formalismus ableitbar, so ist die Formel $\overline{(\mathfrak{x})\mathfrak{A}(\mathfrak{x})}$ unableitbar.

Bezeichnen wir nach GÖDEL einen widerspruchsfreien deduktiven Formalismus, sofern er noch dieser Bedingung genügt, als „ω-widerspruchsfrei", so ergibt sich, daß zu einem Formalismus F, der die Voraussetzungen a_1), b_1) erfüllt, ferner das Allzeichen (nebst den zugehörigen formalen Schlußweisen) enthält und außerdem ω-widerspruchsfrei ist, stets eine Formel ohne freie Variable so bestimmt werden kann, daß weder sie selbst noch ihre Negation in F ableitbar ist.

Nun läßt sich jedoch, wie neuerdings BARKLEY ROSSER gefunden hat[1], die Voraussetzung der ω-Widerspruchsfreiheit bei diesem Satz ausschalten, d. h. es genügt, anstatt der ω-Widerspruchsfreiheit so wie vorher die Widerspruchsfreiheit im üblichen Sinne vorauszusetzen.

Zum Nachweis hierfür empfiehlt es sich, die Voraussetzung einzuführen, daß der Formalismus F außer dem Allzeichen auch das Seinszeichen nebst den zugehörigen formalen Schlußweisen enthält. Nachträglich läßt sich dann diese Voraussetzung eliminieren. Im übrigen sollen wieder die Voraussetzungen a_1), b_1) erfüllt sein und außerdem noch die Voraussetzung „b_1')", daß sich eine rekursive Funktion $\mathfrak{e}(n)$ angeben läßt, welche der Nummer einer Formel aus F die Nummer ihrer Negation zuordnet.

An Stelle der bei dem Gödelschen Beweis auftretenden Formel $\overline{\mathfrak{B}(m, \mathfrak{s}(a, a))}$ wird die Formel

$$(x)\left\{\mathfrak{B}(x, \mathfrak{s}(a, a)) \rightarrow (Ey)\left(y \leq x \,\&\, \mathfrak{B}(y, \mathfrak{e}(\mathfrak{s}(a, a)))\right)\right\}$$

betrachtet.

Es sei $\mathfrak{p}$ die Nummer dieser Formel und $\mathfrak{q}$ die Nummer der Formel

$$(x)\left\{\mathfrak{B}(x, \mathfrak{s}(\mathfrak{p}, \mathfrak{p})) \rightarrow (Ey)\left(y \leq x \,\&\, \mathfrak{B}(y, \mathfrak{e}(\mathfrak{s}(\mathfrak{p}, \mathfrak{p})))\right)\right\},$$

die wir kurz mit „$\mathfrak{C}$" angeben wollen. Dann ist zunächst die Gleichung

$$\mathfrak{s}(\mathfrak{p}, \mathfrak{p}) = \mathfrak{q}$$

in F ableitbar, und die Formel $\mathfrak{C}$ ist daher überführbar in die Formel

$$(x)\ \{\mathfrak{B}(x, \mathfrak{q}) \rightarrow (Ey)\left(y \leq x \,\&\, \mathfrak{B}(y, \mathfrak{e}(\mathfrak{q}))\right)\},$$

welche mit „$\mathfrak{C}_1$" angegeben werde.

Angenommen es sei $\mathfrak{C}$ in F ableitbar, so besteht die Beziehung $\mathfrak{B}(\mathfrak{l}, \mathfrak{q})$ für eine Ziffer $\mathfrak{l}$, welche die Nummer einer Ableitung der Formel $\mathfrak{C}$ ist. Es ist dann auch die Formel $\mathfrak{B}(\mathfrak{l}, \mathfrak{q})$ in F ableitbar, ferner auch die Formel $\mathfrak{C}_1$. Aus $\mathfrak{C}_1$ und $\mathfrak{B}(\mathfrak{l}, \mathfrak{q})$ ergibt sich die Formel

$$(Ey)\left(y \leq \mathfrak{l} \,\&\, \mathfrak{B}(y, \mathfrak{e}(\mathfrak{q}))\right),$$

und diese ist mit Hilfe der durch die rekursive Zahlentheorie ableitbaren Formel

$$c \leq \mathfrak{l} \sim c = 0 \vee \ldots \vee c = \mathfrak{l}$$

[1] Siehe J. B. ROSSER: „Extensions of some theorems of GÖDEL and CHURCH." J. Symbol. Logic Bd. 1 (1936) Nr. 3.

(unter Benutzung der Gleichheitsaxiome) überführbar in die Disjunktion

$$\mathfrak{B}(0, \mathfrak{e}(\mathfrak{q})) \vee \ldots \vee \mathfrak{B}(\mathfrak{l}, \mathfrak{e}(\mathfrak{q})).$$

Nun ist diese Disjunktion eine variablenlose Formel der rekursiven Zahlentheorie; sie hat also, auf Grund der Wertbestimmung der rekursiven Funktionen und der Deutung der Operationen des Aussagenkalkuls als Wahrheitsfunktionen, einen bestimmten Wahrheitswert. Ist die Formel eine wahre Formel, so ist mindestens eine der Formeln

$$\mathfrak{B}(0, \mathfrak{e}(\mathfrak{q})), \ldots, \mathfrak{B}(\mathfrak{l}, \mathfrak{e}(\mathfrak{q}))$$

wahr, und es ist dann mindestens eine der Ziffern von 0 bis $\mathfrak{l}$ die Nummer einer Ableitung der Formel $\overline{\mathfrak{C}}$, deren Nummer ja gleich dem Wert von $\mathfrak{e}(\mathfrak{q})$ ist. Demnach ist dann die Formel $\overline{\mathfrak{C}}$ in F ableitbar; nach unserer Annahme ist aber auch die Formel $\mathfrak{C}$ ableitbar. Der Formalismus F ist also in diesem Fall widerspruchsvoll.

Ist aber die Disjunktion

$$\mathfrak{B}(0, \mathfrak{e}(\mathfrak{q})) \vee \ldots \vee \mathfrak{B}(\mathfrak{l}, \mathfrak{e}(\mathfrak{q}))$$

eine falsche Formel, so ist ihre Negation wahr und zugleich auch in F ableitbar, während andererseits die Disjunktion selbst in F ableitbar ist. Somit ist wiederum der Formalismus F widerspruchsvoll.

Nehmen wir jetzt an, die Formel $\overline{\mathfrak{C}}$ sei in F ableitbar. Dann besteht für eine gewisse Ziffer $\mathfrak{l}$ die Beziehung $\mathfrak{B}(\mathfrak{l}, \mathfrak{e}(\mathfrak{q}))$, und es ist dann auch die Formel $\mathfrak{B}(\mathfrak{l}, \mathfrak{e}(\mathfrak{q}))$ in F ableitbar. Aus dieser erhält man die Formel

$$\mathfrak{l} < c \rightarrow (E y)\big(y \leqq c \mathbin{\&} \mathfrak{B}(y, \mathfrak{e}(\mathfrak{q}))\big)$$

und aus dieser weiter

$$\overline{(E y)}\big(y \leqq c \mathbin{\&} \mathfrak{B}(y, \mathfrak{e}(\mathfrak{q}))\big) \rightarrow c \leqq \mathfrak{l}.$$

Andererseits ist die als ableitbar vorausgesetzte Formel $\overline{\mathfrak{C}}$ überführbar in $\overline{\mathfrak{C}}_1$ und diese wiederum in

$$(E x)\{\mathfrak{B}(x, \mathfrak{q}) \mathbin{\&} \overline{(E y)}\big(y \leqq x \mathbin{\&} \mathfrak{B}(y, \mathfrak{e}(\mathfrak{q}))\big)\}.$$

Diese Formel zusammen mit der eben zuvor aus $\mathfrak{B}(\mathfrak{l}, \mathfrak{e}(\mathfrak{q}))$ abgeleiteten Formel ergibt

$$(E x)\big(\mathfrak{B}(x, \mathfrak{q}) \mathbin{\&} x \leqq \mathfrak{l}\big),$$

und diese Formel ist mit Hilfe der vorhin schon erwähnten Äquivalenz

$$c \leqq \mathfrak{l} \sim c = 0 \vee \ldots \vee c = \mathfrak{l}$$

in die Disjunktion

$$\mathfrak{B}(0, \mathfrak{q}) \vee \ldots \vee \mathfrak{B}(\mathfrak{l}, \mathfrak{q})$$

überführbar.

Nun können wir eine entsprechende Fallunterscheidung wie vorher anwenden: Die genannte ableitbare Disjunktion ist entweder eine wahre oder eine falsche Formel. Ist sie wahr, so ist eines der Disjunktionsglieder wahr, und es ist dann die Formel mit der Nummer $\mathfrak{q}$, d. h. die

Formel $\mathfrak{C}$ in F ableitbar, während andererseits ja $\overline{\mathfrak{C}}$ als ableitbar angenommen ist; der Formalismus F ist also dann widerspruchsvoll. Ist aber die Disjunktion falsch, so ist ihre Negation wahr, und diese Negation ist dann in F ableitbar, während andererseits die Disjunktion selbst ableitbar ist. Somit ist wiederum der Formalismus F widerspruchsvoll.

Im ganzen folgt demnach, daß sowohl, wenn die Formel $\mathfrak{C}$, wie auch, wenn die Formel $\overline{\mathfrak{C}}$ in F ableitbar ist, dieser Formalismus auf einen Widerspruch führt, so daß also im Fall der Widerspruchsfreiheit des Formalismus F die Formel $\mathfrak{C}$ einen in F formal unentscheidbaren Satz darstellt.

Die Formel $\mathfrak{C}$ läßt sich übrigens in eine Formel von der Gestalt

$$(x)\left(\mathfrak{f}(x) = 0\right)$$

überführen, worin $\mathfrak{f}(\cdot)$ ein rekursiv eingeführtes Funktionszeichen ist; in der Tat stellt ja die Formel

$$\mathfrak{B}\left(m, \mathfrak{s}(\mathfrak{p}, \mathfrak{p})\right) \to (E y)\left[y \leq m \,\&\, \mathfrak{B}\left(y, \mathfrak{e}(\mathfrak{s}(\mathfrak{p}, \mathfrak{p}))\right)\right]$$

ein rekursives Prädikat $\mathfrak{P}(m)$ dar.

Unsere Überlegung ergibt auch, daß, wenn der Formalismus F widerspruchsfrei ist, für jede Ziffer $\mathfrak{l}$ die Formel $\mathfrak{B}(\mathfrak{l}, \mathfrak{q})$ falsch und somit die numerische Formel, die sich durch Umformung der Formel

$$\mathfrak{B}\left(\mathfrak{l}, \mathfrak{s}(\mathfrak{p}, \mathfrak{p})\right) \to (E y)\left(y \leq \mathfrak{l} \,\&\, \mathfrak{B}\left(y, \mathfrak{e}(\mathfrak{s}(\mathfrak{p}, \mathfrak{p}))\right)\right)$$

ergibt, eine wahre und daher auch in F ableitbare Formel ist. (Auch die angegebene Formel selbst ist somit in F ableitbar.)

Wie schon bemerkt, läßt sich aus dieser Betrachtung die Voraussetzung ausschalten, daß der Formalismus F das Seinszeichen enthält; man braucht hierzu nur allenthalben die Ausdrücke der Form $(E\mathfrak{x})\mathfrak{A}(\mathfrak{x})$ durch die entsprechenden Ausdrücke $\overline{(\mathfrak{x})}\,\overline{\mathfrak{A}(\mathfrak{x})}$ zu ersetzen und zu beachten, daß eine Formel von der Gestalt

$$\overline{(\mathfrak{x})}\,\overline{\left(\mathfrak{x} \leq \mathfrak{l} \,\&\, \mathfrak{K}(\mathfrak{x})\right)},$$

worin $\mathfrak{l}$ eine Ziffer ist, zunächst in die Formel

$$\overline{(\mathfrak{x})}\left(\mathfrak{x} \leq \mathfrak{l} \to \overline{\mathfrak{K}(\mathfrak{x})}\right)$$

und weiter, mit Hilfe der Formel

$$c \leq \mathfrak{l} \sim c = 0 \lor \ldots \lor c = \mathfrak{l}$$

in die Formel

$$\overline{\overline{\mathfrak{K}(0)} \,\&\ldots\&\, \overline{\mathfrak{K}(\mathfrak{l})}}$$

überführbar ist.

Es sei hier noch einer Bemerkung Erwähnung getan, die Rosser in der vorhin zitierten Abhandlung an den Gödelschen Beweis des ersten Unableitbarkeitstheorems[1] sowie auch an seine eigene Modifikation

[1] Die Bemerkung bezieht sich übrigens auch auf das zweite Gödelsche Unableitbarkeitstheorem.

dieses Beweises knüpft. In diesen Beweisen wird die Voraussetzung, daß die Formel $\mathfrak{B}(m, n)$ eine rekursive Darstellung der Beziehung „m ist die Nummer einer Ableitung in F für die Formel mit der Nummer n" bildet, gar nicht voll ausgenutzt, vielmehr kommt von den Eigenschaften der Formel $\mathfrak{B}(m, n)$ außer derjenigen, daß sie eine rekursive Formel mit m und n als einzigen vorkommenden Variablen ist, nur die zur Verwendung, daß eine Ziffer $\mathfrak{n}$ dann und nur dann Nummer einer in F ableitbaren Formel ist, wenn für eine gewisse Ziffer $\mathfrak{m}$ die Beziehung $\mathfrak{B}(\mathfrak{m}, \mathfrak{n})$ besteht.

Die notwendige und hinreichende Bedingung dafür, daß eine rekursive Formel $\mathfrak{B}(m, n)$ von der eben genannten Eigenschaft existiert, besteht darin, daß die Nummern der in F ableitbaren Formeln den Wertevorrat einer einstelligen rekursiven Funktion $\mathfrak{d}(n)$ bilden, so daß die Reihe der Funktionswerte

$$\mathfrak{d}(0), \mathfrak{d}(0'), \ldots$$

eine Abzählung (eventuell mit Wiederholungen) für die Nummern der in F ableitbaren Formeln bildet.

Denn erstens: Wenn diese Bedingung erfüllt ist, so ist ja die Gleichung

$$\mathfrak{d}(m) = n$$

eine rekursive Formel von der genannten Eigenschaft.

Die genannte Bedingung ist aber auch eine notwendige. Allgemein nämlich läßt sich — worauf KLEENE hingewiesen hat[1] — zu jeder rekursiven Formel $\mathfrak{B}(m, n)$, für die mindestens ein Ziffernpaar $\mathfrak{m}, \mathfrak{n}$ bekannt ist, welches eine wahre Formel $\mathfrak{B}(\mathfrak{m}, \mathfrak{n})$ ergibt, eine einstellige rekursive Funktion $\mathfrak{d}(n)$ so bestimmen, daß zu jedem Ziffernpaar $\mathfrak{r}, \mathfrak{s}$, bei welchem $\mathfrak{s}$ der Wert von $\mathfrak{d}(\mathfrak{r})$ ist, eine Ziffer $\mathfrak{q}$ angegeben werden kann, für die $\mathfrak{B}(\mathfrak{q}, \mathfrak{s})$ wahr ist, und auch zu jedem Ziffernpaar $\mathfrak{q}, \mathfrak{s}$, für welches $\mathfrak{B}(\mathfrak{q}, \mathfrak{s})$ wahr ist, eine Ziffer $\mathfrak{r}$ angegeben werden kann, für die $\mathfrak{d}(\mathfrak{r})$ den Wert $\mathfrak{s}$ hat. Eine solche rekursive Funktion $\mathfrak{d}(n)$ erhalten wir in der Tat auf folgende Weise: Als rekursive Formel läßt sich die Formel $\mathfrak{B}(m, n)$ überführen in eine Gleichung

$$\mathfrak{t}(m, n) = 0,$$

worin $\mathfrak{t}(m, n)$ ein rekursiver Term ist. $\sigma_1(n), \sigma_2(n)$ seien die im § 7 so bezeichneten rekursiven Umkehrungsfunktionen der rekursiven Funktion $\sigma(a, b)$, die eine umkehrbar eindeutige Abbildung der Zahlenpaare auf die Zahlen liefert[2]; man nehme die Ziffer $\mathfrak{n}$ eines solchen Ziffernpaares $\mathfrak{m}, \mathfrak{n}$, für das $\mathfrak{B}(\mathfrak{m}, \mathfrak{n})$ als wahr festgestellt ist. Dann stellt der Ausdruck

$$\alpha\left(\mathfrak{t}(\sigma_1(n), \sigma_2(n))\right) \cdot \mathfrak{n} + \beta\left(\mathfrak{t}(\sigma_1(n), \sigma_2(n))\right) \cdot \sigma_2(n),$$

[1] S. C. KLEENE: „General recursive functions of natural numbers." Math. Ann. Bd. 112 (1936) Heft 5, Satz III.

[2] Vgl. Bd. I, S. 326f.

wie man sich leicht überlegt, eine Funktion $\mathfrak{d}(n)$ von der gewünschten Beschaffenheit dar[1].

Demnach kann in der Annahme b_1) die Bedingung, welche sich auf die Formel $\mathfrak{B}(m, n)$ bezieht, durch die schwächere Forderung ersetzt werden, daß die Nummern der in F ableitbaren Formeln den Wertevorrat einer einstelligen rekursiven Funktion bilden[2].

Die Gesamtannahme, die hierdurch an die Stelle der Voraussetzung b_1) tritt, möge mit „b_1^*)" bezeichnet werden. Indem wir diese Annahme b_1^*) anstatt b_1) einführen und die Feststellung über die Existenz formal unentscheidbarer Sätze mit unserer Formulierung des ersten Gödelschen Unableitbarkeitstheorems vereinigen, erhalten wir folgende *verschärfte Fassung* dieses Theorems:

1. Zu einem deduktiven Formalismus F, der den Bedingungen a_1), b_1^*) genügt und der widerspruchsfrei ist, läßt sich stets eine rekursive Funktion $\mathfrak{f}(m)$ so bestimmen, daß die Gleichung

$$\mathfrak{f}(m) = 0$$

nicht in F ableitbar ist, während für jede Ziffer $\mathfrak{l}$ die Gleichung $\mathfrak{f}(\mathfrak{l}) = 0$ eine wahre und in F ableitbare Formel ist.

2. Zu einem deduktiven, widerspruchsfreien Formalismus F, der den Bedingungen a_1), b_1^*), b_1') genügt und der das Allzeichen nebst den zugehörigen formalen Schlußweisen enthält, läßt sich stets eine rekursive Funktion $\mathfrak{f}(m)$ so bestimmen, daß weder die Formel

$$(x)\big(\mathfrak{f}(x) = 0\big)$$

noch ihre Negation in F ableitbar ist.

[Aus der Unableitbarkeit der Formel $\overline{(x)}\big(\mathfrak{f}(x) = 0\big)$ folgt zugleich, daß für jede Ziffer $\mathfrak{l}$ die Formel $\mathfrak{f}(\mathfrak{l}) = 0$ wahr und in F ableitbar ist.]

---

[1] Im Fall der speziellen rekursiven Formel $\mathfrak{B}(m, n)$, welche die Beweisbarkeitsbeziehung darstellt, erhält man eine Funktion $\mathfrak{d}(n)$ der gewünschten Art auf etwas einfachere Weise. Hier hat ja die Formel $\mathfrak{B}(m, n)$ die Gestalt

$$\mathfrak{B}_1(m) \mathbin{\&} \nu\big(m, \lambda(m)\big) = n,$$

wobei $\mathfrak{B}_1(m)$ ein rekursives Prädikat, also durch eine Gleichung $\mathfrak{b}_1(m) = 0$ mit einer rekursiven Funktion $\mathfrak{b}_1(m)$ darstellbar ist. Wenn daher $\mathfrak{n}$ die Nummer einer beweisbaren Formel ist, so wird durch den rekursiven Term

$$\alpha\big(\mathfrak{b}_1(m)\big) \cdot \mathfrak{n} + \beta\big(\mathfrak{b}_1(m)\big) \cdot \nu\big(m, \lambda(m)\big),$$

mit der freien Variablen m, eine Abzählung (mit Wiederholungen) für die Nummern der in F ableitbaren Formeln gegeben.

[2] Diese Forderung ist z. B. schon dann erfüllt, wenn sich eine rekursive Formel $\mathfrak{C}(l, m, n)$, mit l, m, n als einzigen Variablen, derart angeben läßt, daß eine Ziffer $\mathfrak{m}$ dann und nur dann die Nummer einer Ableitung für die Formel mit der Nummer $\mathfrak{n}$ ist, wenn für eine gewisse Ziffer $\mathfrak{l}$ die Beziehung $\mathfrak{C}(\mathfrak{l}, \mathfrak{m}, \mathfrak{n})$ besteht. Man erkennt dieses, indem man an Stelle der soeben benutzten Abzählung der Zahlenpaare eine rekursive Abzählung der Zahlentripel verwendet.

Hiernach ist jeder hinlänglich ausdrucksfähige und scharf abgegrenzte Formalismus deduktiv unabgeschlossen, d. h. es gibt Sätze, und zwar sogar solche der rekursiven Zahlentheorie, die in ihm formulierbar, aber nicht deduktiv entscheidbar sind. Läßt sich ferner der Nachweis der Widerspruchsfreiheit für einen Formalismus F erbringen, so gibt es einen Satz der rekursiven Zahlentheorie, der zwar beweisbar, aber nicht formal in F beweisbar ist. Nämlich der durch die betreffende Gleichung $\mathfrak{f}(m) = 0$ dargestellte Satz wird ja, wenn der Formalismus F als widerspruchsfrei erkannt ist, mittels des ausgesprochenen Unableitbarkeitstheorems als zutreffend erkannt.

Es kann demnach ein deduktiver Formalismus, für welchen der Nachweis seiner Widerspruchsfreiheit gelingt, nicht den gesamten Bereich der überhaupt möglichen Beweisführungen für zahlentheoretische Sätze in sich schließen.

Abgesehen zunächst von der Frage des Nachweises der Widerspruchsfreiheit erscheint schon auf Grund der festgestellten deduktiven Unabgeschlossenheit eines jeden genügend ausdrucksfähigen und genügend scharf umgrenzten deduktiven Formalismus der Gedanke der Charakterisierung der Mathematik überhaupt als eines deduktiven Formalismus, wie er zeitweise durch die logistischen Systeme nahegelegt worden ist, als unsachgemäß.

Wir haben in unserer Darstellung der Ausgangsproblematik und der Zielsetzung der Beweistheorie von vornherein vermieden, den Gedanken eines Totalsystems der Mathematik in einer philosophisch prinzipiellen Bedeutung einzuführen, vielmehr uns begnügt, die tatsächlich vorhandene Systematik der Analysis und Mengenlehre als eine solche zu charakterisieren, die einen geeigneten Rahmen für die Einordnung der geometrischen und physikalischen Disziplinen bildet. Diesem Zweck kann ein Formalismus auch entsprechen, ohne die Eigenschaft der vollen deduktiven Abgeschlossenheit zu besitzen.

Auch verträgt sich unsere Auffassung, daß es sich bei dem inhaltlichen Standpunkt, welcher der Ausbildung des Systems der Analysis und Mengenlehre zugrunde liegt, um eine extrapolierende Ideenbildung handelt, sehr wohl mit der deduktiven Unabgeschlossenheit dieses Systems: die Schlußweisen in dem System sind orientiert nach der Vorstellung von einer geschlossenen, völlig bestimmten Tatsächlichkeit und bringen diese Vorstellung formal zum Ausdruck; daraus folgt aber nicht, daß die aus den Schlußweisen resultierende *deduktive* (metamathematisch zu konstatierende) *Struktur* jene Eigenschaft der völligen Geschlossenheit besitzen muß. Eine gewisse Art von methodischer Geschlossenheit besitzt sie jedenfalls, nämlich diejenige, auf Grund deren wir bei den üblichen Schlußweisen der Analysis und Mengenlehre sozusagen von selbst im Bereich dieses Formalismus verbleiben, und diese

Art der Geschlossenheit ist auch für den Zweck, dem der deduktive Formalismus dient, ganz ausreichend.

Jedoch stellt sich in anderer Weise eine Problematik ein, indem wir die Konsequenz des Gödelschen Theorems berücksichtigen, daß im Fall des Gelingens eines finiten Nachweises der Widerspruchsfreiheit für den Formalismus der Analysis und Mengenlehre zugleich auch ein finiter Beweis für einen Satz der rekursiven Zahlentheorie ermöglicht würde, der sich in dem genannten Formalismus nicht ableiten läßt. Es erscheint als paradox, daß die Methoden der finiten Beweistheorie denjenigen der Analysis und Mengenlehre beim Beweis zahlentheoretischer Sätze nach gewisser Richtung überlegen sein sollen.

Wir kommen damit auf die Frage der Tragweite der finiten Methoden und zugleich damit auf diejenige einer sachgemäßen Abgrenzung des methodischen Standpunktes der Beweistheorie. Mit diesen Fragen werden wir uns in den folgenden Abschnitten genauer befassen. —

Noch ein anderer Gesichtspunkt knüpft sich an das Gödelsche Ergebnis, auf den bereits einige Jahre vor der Gödelschen Untersuchung über formal unentscheidbare Sätze P. FINSLER in der Abhandlung „Formale Beweise und Entscheidbarkeit"[1] hingewiesen hat. An dieser ist zunächst bemerkenswert, daß hier FINSLER schon die These ausgesprochen hat, daß in jedem scharf abgegrenzten und hinreichend ausdrucksfähigen Sprachformalismus solche Sätze formulierbar sind, die in dem Formalismus nicht deduktiv entscheidbar sind, während sich inhaltlich ihre Wahrheit einsehen läßt.

Freilich ist die Argumentation, durch welche FINSLER seine Behauptung begründet — sie besteht in einer Modifikation des Richardschen Paradoxons — für die Beweistheorie nicht verwertbar[2], und die Behauptung selbst ist nur ein Analogon des Gödelschen Satzes, da sie sich auf andere Voraussetzungen bezieht.

Jedenfalls aber verdient der grundsätzliche Gedanke Berücksichtigung, den FINSLER hier, unter Berufung auf die Existenz deduktiv unentscheid-

[1] Math. Z. Bd. 25 (1926).

[2] Die Formalismen, die FINSLER betrachtet, sind von so starker semantischer Ausdrucksfähigkeit, daß in ihnen das gewöhnliche Richardsche Paradoxon herstellbar ist. Dieses Paradoxon läßt FINSLER nicht als einen in dem Sprachformalismus notwendig zustande kommenden, sondern nur als einen versehentlich zustande kommenden Widerspruch gelten. Der Standpunkt, den er dabei einnimmt, kommt darauf hinaus, daß er unter einem „festen Formalismus" etwas ganz anderes versteht, als man es in der Beweistheorie tut, nämlich lediglich eine bestimmte Zuordnung der Wörter und der grammatischen Formen und Zusammensetzungen zu gewissen Bedeutungen, auf Grund deren sich für einen vorgelegten Sprachtext jeweils durch sachgemäße Beurteilung ergibt, ob er etwas ausdrückt bzw. was er ausdrückt. — Daß auch bei Formalismen, wie sie die Beweistheorie betrachtet, formal unentscheidbare Sätze auftreten können, wird durch die Finslersche Argumentation nicht erwiesen.

barer Sätze in jedem genügend ausdrucksfähigen Sprachformalismus, zur Frage der Widerspruchsfreiheit vorgebracht hat. Er macht geltend, daß der Beweis der Widerspruchsfreiheit eines Formalismus im üblichen Sinn noch keine Sicherheit gibt gegen erkennbare Widersprüche; denn ein Widerspruch kann bestehen in der formalen Beweisbarkeit der Negation eines im Formalismus ausdrückbaren, aber nicht ableitbaren Satzes, der sich jedoch inhaltlich als zutreffend erkennen läßt.

Daß diese Erwägung auch für die in der Beweistheorie zu betrachtenden Formalismen, und zwar auch bei Zugrundelegung des finiten Standpunktes, Anwendung findet, ergibt sich aus dem Gödelschen Unableitbarkeitstheorem. Denn bilden wir — wie es ja nach diesem Theorem möglich ist — für einen Formalismus F, der den Bedingungen $\mathfrak{a}_1$), $\mathfrak{b}_1^*$) genügt und das Allzeichen enthält, eine solche rekursive einstellige Funktion $\mathfrak{f}(m)$, welche im Fall der Widerspruchsfreiheit des Formalismus für jede Zahl $\mathfrak{l}$ die Gleichung $\mathfrak{f}(\mathfrak{l}) = 0$ erfüllt, während andererseits die Formel $(x)\big(\mathfrak{f}(x) = 0\big)$ (wiederum im Fall der Widerspruchsfreiheit von F) unableitbar ist, und fügen wir zu den Ausgangsformeln von F die Formel $\overline{(x)}\big(\mathfrak{f}(x) = 0\big)$ hinzu, so hat der hierdurch entstehende Formalismus F_1 — vorausgesetzt, daß für den Formalismus F das Deduktionstheorem[1] gilt — die Eigenschaft, daß mit einem Nachweis der Widerspruchsfreiheit von F auch seine Widerspruchsfreiheit erwiesen ist; trotz dieser Widerspruchsfreiheit von F_1 bildet dann die in F_1 ableitbare Formel $\overline{(x)}\big(\mathfrak{f}(x) = 0\big)$ die Darstellung des Gegenteils einer als zutreffend erkannten Aussage, und die Widerspruchsfreiheit geht verloren, wenn wir zu dem Formalismus F_1 die Darstellung jener zutreffenden Aussage, welche eben durch die Formel $(x)\big(\mathfrak{f}(x) = 0\big)$ geliefert wird, als formales Axiom hinzunehmen.

Wir werden aber von einem im vollen Sinn des Wortes widerspruchsfreien deduktiven Formalismus der Arithmetik verlangen, daß keine der in ihm ableitbaren Formeln die Negation einer solchen Formel ist, die eine finite Feststellung zur Darstellung bringt.

Diese Forderung kann als die einer „externen Widerspruchsfreiheit“ bezeichnet werden. Wir haben auf sie bei unserer anfänglichen Darlegung der Aufgabe der Beweistheorie bereits hingewiesen[2]. Allerdings ist der hierbei vorkommende Begriff der finiten Feststellung unscharf; als eine präzisere *Mindestforderung der externen Widerspruchsfreiheit für zahlentheoretische Formalismen* kann die folgende aufgestellt werden: Die Widerspruchsfreiheit des Formalismus muß bestehen bleiben, wenn

---

[1] Vgl. Bd. I, S. 150—154.

[2] Vgl. Bd. I, S. 44 oben. — Was die Beziehung zwischen ω-Widerspruchsfreiheit und externer Widerspruchsfreiheit betrifft, so dürfte sich — ohne einschränkende Annahmen — weder die erste aus der zweiten noch auch diese aus jener folgern lassen.

zu dem Formalismus als Ausgangsformeln verifizierbare Formeln hinzugefügt werden, und zwar entweder solche, in denen die vorkommenden Symbole solche aus dem Formalismus sind, oder auch solche, die gewisse durch sie neu eingeführte Funktions- oder Prädikatensymbole enthalten und denen die Verifizierbarkeit auf Grund eines beigefügten Verfahrens der Wertbestimmung für die mit jenen Symbolen und mit Ziffern gebildeten Primformeln zukommt.

Bemerkung. Im Fall der Erfüllung dieser Bedingung bleibt die Widerspruchsfreiheit auch bei der Hinzufügung solcher Ausgangsformeln erhalten, die sich aus verifizierbaren Formeln (in dem eben angegebenen weiteren Sinn des Wortes) ableiten lassen. Haben wir z. B. eine Formel

$$(x)\,(E\,y)\,(u)\,(E\,v)\,\mathfrak{A}(x,\,y,\,u,\,v)\,,$$

welche eine Aussage darstellt, die sich mittels der Einführung zweier berechenbarer Funktionen $\mathfrak{f}(a)$, $\mathfrak{g}(a,\,b)$ im finiten Sinn verschärfen läßt zu der Feststellung „Für jede Zahl $\mathfrak{k}$ und jede Zahl $\mathfrak{l}$ besteht die Beziehung $\mathfrak{A}(\mathfrak{k},\,\mathfrak{f}(\mathfrak{k}),\,\mathfrak{l},\,\mathfrak{g}(\mathfrak{k},\,\mathfrak{l}))$“, so ist die Formel

$$\mathfrak{A}(a,\,\mathfrak{f}(a),\,b,\,\mathfrak{g}(a,\,b))$$

verifizierbar, und die Formel

$$(x)\,(E\,y)\,(u)\,(E\,v)\,\mathfrak{A}(x,\,y,\,u,\,v)$$

ist aus dieser ableitbar. Erfüllt nun ein arithmetischer Formalismus die aufgestellte Mindestforderung der externen Widerspruchsfreiheit, so kann durch die Hinzufügung der verifizierbaren Formel

$$\mathfrak{A}(a,\,\mathfrak{f}(a),\,b,\,\mathfrak{g}(a,\,b))$$

als Ausgangsformel die Widerspruchsfreiheit nicht aufgehoben werden, ebensowenig daher durch die Hinzufügung der Formel

$$(x)\,(E\,y)\,(u)\,(E\,v)\,\mathfrak{A}(x,\,y,\,u,\,v)$$

als Ausgangsformel.

An Ergebnissen betreffend die externe Widerspruchsfreiheit, die sich aus unseren bisherigen Beweisführungen entnehmen lassen, sind die folgenden zu erwähnen:

1. Aus dem Satz, den wir durch die formale Verschärfung des Gödelschen Vollständigkeitssatzes erhalten haben[1], ergibt sich, daß ein Axiomensystem der ersten Stufe, welches im Rahmen des Prädikatenkalkuls widerspruchsfrei ist, auch nicht mittels der Formalisierung einer inhaltlich richtigen Überlegung auf einen Widerspruch führen kann, sofern wenigstens diese Formalisierung in einem zahlentheoretisch widerspruchsfreien Formalismus möglich ist.

2. Bei dem Nachweis der Widerspruchsfreiheit, den wir zu Anfang des § 2 durch Anwendung des Wf.-Theorems für den dort betrachteten eingeschränkten Formalismus der Zahlentheorie erbracht haben[2], wurde

[1] Vgl. S. 214 und 260/261.

[2] Vgl. S. 54f.

zugleich auch die externe Widerspruchsfreiheit, im Sinne der hier formulierten Mindestforderung, mit bewiesen; denn wir stellten ja fest, daß jener Nachweis der Widerspruchsfreiheit anwendbar bleibt, wenn wir zu dem Formalismus eine Regel der Hinzunahme von verifizierbaren Ausgangsformeln sowie eine solche der Einführung von Funktionszeichen durch verifizierbare Axiome hinzufügen.

Dieses zusätzliche Ergebnis wird übrigens auch, wie man sich leicht überlegt, durch die andere im § 2 dargelegte — auf dem Verfahren der Ziffernersetzungen beruhende — Methode des Nachweises der Widerspruchsfreiheit geliefert.

c) Das zweite Gödelsche Unableitbarkeitstheorem. In der Überlegung, durch die sich das erste Gödelsche Unableitbarkeitstheorem ergeben hat[1], liegt nicht eine völlige Formalisierung der modifizierten Antinomie des Lügners vor. Es wird in dieser zwar der Satz, der seine eigene Unbeweisbarkeit behauptet, durch die Formel $\overline{\mathfrak{B}(m, \mathfrak{s}(\mathfrak{p}, \mathfrak{p}))}$ bzw. durch die in sie überführbare Formel $\overline{\mathfrak{B}(m, \mathfrak{q})}$ dargestellt. Dann aber ist es eine inhaltliche Beweisführung, durch die wir erkannt haben, daß in dem zugrunde gelegten Formalismus F — auf den sich die vorausgesetzten Eigenschaften der rekursiven Formel $\mathfrak{B}(m, n)$ und der rekursiven Funktion $\mathfrak{s}(k, l)$, sowie die Bestimmung der Ziffern $\mathfrak{p}$, $\mathfrak{q}$ beziehen — die Formel $\overline{\mathfrak{B}(m, \mathfrak{q})}$ nicht ableitbar ist, sofern wenigstens der Formalismus widerspruchsfrei ist, und daß andererseits unter dieser Bedingung für jede Ziffer $\mathfrak{m}$ die Beziehung $\overline{\mathfrak{B}(\mathfrak{m}, \mathfrak{q})}$ besteht und die Formel $\overline{\mathfrak{B}(\mathfrak{m}, \mathfrak{q})}$ in F ableitbar ist.

Es läßt sich jedoch — und GÖDEL hat es auch getan — die formale Nachbildung jener Antinomie noch weiter führen.

Nämlich die Argumentation, welche zeigt, daß im Fall der Widerspruchsfreiheit des Formalismus F für jede Ziffer $\mathfrak{m}$ die Beziehung $\overline{\mathfrak{B}(\mathfrak{m}, \mathfrak{q})}$ besteht, läßt sich unter gewissen Voraussetzungen, die wir hernach angeben werden[2], durch eine Ableitung in F formalisieren; d. h. es kann die Formel $\overline{\mathfrak{B}(m, \mathfrak{q})}$ (mit der Variablen m) aus einer solchen Formel $\mathfrak{C}$ abgeleitet werden, welche die Behauptung der Widerspruchsfreiheit von F, in der Fassung „Eine Formel und ihre Negation sind nicht beide in F ableitbar", im Formalismus F darstellt.

Auf Grund dieser Ableitung, die wir sogleich näher betrachten werden ergibt sich nun, daß im Fall der Widerspruchsfreiheit des Formalismus F ein in F formalisierter Beweis dieser Widerspruchsfreiheit, d. h. eine Ableitung jener Formel $\mathfrak{C}$ in F nicht existieren kann.

Denn aus einer solchen Ableitung in Verbindung mit der zuvor genannten Ableitung würde sich ja die Ableitbarkeit der Formel $\overline{\mathfrak{B}(m, \mathfrak{q})}$

---

[1] Vgl. S. 281 f.

[2] a_2), b_2) und die „Ableitbarkeitsforderungen" auf S. 295.

ergeben; von dieser haben wir jedoch erkannt, daß sie im Fall der Widerspruchsfreiheit von F nicht in F ableitbar sein kann.

Mit diesem Nachweis, daß im Fall der Widerspruchsfreiheit von F die Formel $\mathfrak{C}$, welche die Widerspruchsfreiheit ausdrückt, in F unableitbar ist, erreicht die Formalisierung der modifizierten Antinomie des Lügners ihr volles Ergebnis. In der Tat ist jene Unableitbarkeit gerade dasjenige, was bei den scharf abgegrenzten deduktiven Formalismen dem Widerspruch bei der sprachlichen Fassung der Antinomie entspricht. Bei der Umgangssprache ist die Möglichkeit der Vermeidung des Widerspruchs, wie sie für die deduktiven mathematischen Formalismen auf Grund jener Unableitbarkeit besteht, deshalb nicht vorhanden, weil hier die Regeln des logischen Folgerns nicht als schlechthin festgesetzt, sondern als durch einsichtige Beziehungen motiviert gedacht werden, so daß es danach ausgeschlossen ist, daß korrekt geführte Beweise widersprechende Ergebnisse liefern, sofern nicht falsche Annahmen vorliegen. Im üblichen sprachlichen Schließen ist daher eine Annahme, die zur Konsequenz hat, daß ein gewisser Satz sowie seine Negation *beweisbar* ist, damit bereits als falsch erwiesen, während beim formalen Schließen in einem deduktiven mathematischen Formalismus die entsprechende Folgerung noch die Hinzufügung einer Prämisse erfordert, welche die Voraussetzung der Widerspruchsfreiheit des Formalismus ausdrückt.

Bemerkung. Man beachte, daß die Behebung des Widerspruchs bei der Formalisierung der modifizierten Antinomie des Lügners eine wesentlich andere ist als bei der ursprünglichen Antinomie. Während bei der formalen Nachbildung jener Antinomie der Widerspruch dadurch wegfällt, daß eine gewisse Wortverbindung der Sprache nicht in den Formalismus übersetzbar ist, lassen sich bei der modifizierten Antinomie alle in Betracht kommenden sprachlichen Termini auch im Formalismus darstellen, und die Vermeidung des Widerspruchs beruht hier darauf, daß eine im sprachlichen Argumentieren zulässige Schlußweise bei der Übersetzung in den Formalismus eine in dem Formalismus nicht zulässige Schlußweise ergibt.

Es handelt sich nunmehr darum, die Ableitung der Formel $\overline{\mathfrak{B}(m, \mathfrak{q})}$ aus einer Formel $\mathfrak{C}$, welche die Behauptung der Widerspruchsfreiheit von F formalisiert, unter gewissen Voraussetzungen als im Formalismus F ausführbar zu erkennen.

Was die Festlegung dieser Voraussetzungen betrifft, so erweitern wir zunächst die Annahme a_1)[1] durch Hinzunahme der Voraussetzung, daß der Formalismus F die Quantoren nebst den zugehörigen formalen Schlußweisen enthält. An Stelle der Annahme a_1) tritt so die folgende stärkere Annahme:

[1] Vgl. S. 280.

a_2): Der Formalismus F enthält die Symbole und Variablen der rekursiven Zahlentheorie und des Prädikatenkalkuls eventuell unter Ausschluß der Formelvariablen; jede Formel, die durch die rekursive Zahlentheorie ableitbar ist und die keine Formelvariable enthält, ist auch in F ableitbar, und jeder durch den Prädikatenkalkul vollziehbare Übergang von einer Formel aus F zu einer anderen ist auch in F vollziehbar.

Von der Bedingung b_1^*)[1] wird implizite bereits bei der Aufstellung der Formel $\overline{\mathfrak{B}(m, \mathfrak{q})}$ Gebrauch gemacht. Diese Bedingung soll jetzt durch folgende erweiterte Forderung ersetzt werden:

b_2) Es gibt eine Nummernzuordnung für die Ausdrücke des Formalismus F, die folgende Eigenschaften hat:

Die Nummer der Negation einer Formel mit der Nummer $\mathfrak{n}$ stellt sich in Abhängigkeit von $\mathfrak{n}$ durch eine rekursive Funktion $\mathfrak{e}(n)$ dar.

Die Nummer der Formel, die aus einer Formel mit der Nummer $\mathfrak{k}$ entsteht, indem die Variable a überall, wo sie vorkommt, durch die Ziffer $\mathfrak{l}$ ersetzt wird, stellt sich in Abhängigkeit von $\mathfrak{k}$ und $\mathfrak{l}$ durch eine rekursive Funktion $\mathfrak{s}(k, l)$ dar.

Es gibt eine rekursive Formel $\mathfrak{B}(m, n)$ mit m, n als einzigen Variablen, von der Eigenschaft, daß eine Ziffer $\mathfrak{n}$ dann und nur dann die Nummer einer in F ableitbaren Formel ist, wenn sich eine Ziffer $\mathfrak{m}$ bestimmen läßt, für welche die Beziehung $\mathfrak{B}(\mathfrak{m}, \mathfrak{n})$ besteht.

Wir fügen schließlich noch folgende „Ableitbarkeitsforderungen" hinzu:

1. Wenn sich in F eine Ableitung einer Formel mit der Nummer $\mathfrak{l}$ aus einer Formel mit der Nummer $\mathfrak{k}$ angeben läßt, so ist die Formel

$$(E x)\, \mathfrak{B}(x, \mathfrak{k}) \rightarrow (E x)\, \mathfrak{B}(x, \mathfrak{l})$$

in F ableitbar.

2. Die Formel

$$(E x)\, \mathfrak{B}(x, \mathfrak{e}(k)) \rightarrow (E x)\, \mathfrak{B}(x, \mathfrak{e}(\mathfrak{s}(k, l)))$$

ist in F ableitbar.

3. Ist $\mathfrak{f}(m)$ ein rekursiver Term mit m als einziger Variablen und ist $\mathfrak{r}$ die Nummer der Gleichung $\mathfrak{f}(a) = 0$, so ist die Formel

$$\mathfrak{f}(m) = 0 \rightarrow (E x)\, \mathfrak{B}(x, \mathfrak{s}(\mathfrak{r}, m))$$

in F ableitbar.

Bemerkung. Die in der Forderung 2. genannte Formel bildet die Formalisierung der Aussage „wenn die Negation einer Formel $\mathfrak{A}$ (mit der Nummer $\mathfrak{k}$) in F ableitbar ist, so ist auch für jede Ziffer $\mathfrak{l}$ die Negation derjenigen Formel in F ableitbar, die aus $\mathfrak{A}$ durch Einsetzung der Ziffer $\mathfrak{l}$ für die Variable a entsteht".

Nachdem hiermit unsere Voraussetzungen über den Formalismus F festgelegt sind, muß nun noch eine unter den Formalisierungen der Behauptung der Widerspruchsfreiheit von F als Formel $\mathfrak{C}$ gewählt werden.

Die Formalisierung dieser Behauptung der Widerspruchsfreiheit kann durch die Formel

$$\overline{\mathfrak{B}(l, n) \,\&\, \mathfrak{B}(m, \mathfrak{e}(n))}$$

[1] Vgl. S. 288.

erfolgen, worin $\mathfrak{e}(\cdot)$ die in der Voraussetzung b_2) auftretende rekursive Funktion ist, welche der Nummer einer Formel aus F die Nummer ihrer Negation zuordnet.

Dieser Formel deduktionsgleich ist die deduktiv handlichere Formel

$$(E\,x)\ \mathfrak{B}(x, n) \rightarrow \overline{(E\,x)}\ \mathfrak{B}\big(x, \mathfrak{e}(n)\big),$$

und diese wollen wir als die Formel $\mathfrak{C}$ nehmen, aus welcher die Formel $\overline{\mathfrak{B}(m, \mathfrak{q})}$ abgeleitet werden soll.

Wir erinnern daran, daß $\mathfrak{q}$ als die Nummer der Formel $\overline{\mathfrak{B}\big(m, \mathfrak{s}(\mathfrak{p}, \mathfrak{p})\big)}$ und $\mathfrak{p}$ als die Nummer der Formel $\overline{\mathfrak{B}\big(m, \mathfrak{s}(a, a)\big)}$ bestimmt ist, woraus zugleich, auf Grund der vorausgesetzten Eigenschaft der rekursiven Funktion $\mathfrak{s}(k, l)$, die Beziehung $\mathfrak{s}(\mathfrak{p}, \mathfrak{p}) = \mathfrak{q}$ und auch die Ableitbarkeit dieser Gleichung in F folgt.

Die Nummer der Formel $\mathfrak{B}(a, \mathfrak{q})$ sei $\mathfrak{r}$, die der Formel $\overline{\mathfrak{B}(a, \mathfrak{q})}$ sei $\mathfrak{r}_1$. Es besteht dabei die Beziehung

$$\mathfrak{e}(\mathfrak{r}) = \mathfrak{r}_1.$$

Nach diesen Vorbereitungen ergibt sich nun die Ableitung der Formel $\overline{\mathfrak{B}(m, \mathfrak{q})}$ aus der Formel $\mathfrak{C}$ auf folgende Weise:

Wegen der Ableitbarkeit der Gleichung $\mathfrak{s}(\mathfrak{p}, \mathfrak{p}) = \mathfrak{q}$ ist die Formel $\overline{\mathfrak{B}(m, \mathfrak{q})}$ aus der Formel $\overline{\mathfrak{B}\big(m, \mathfrak{s}(\mathfrak{p}, \mathfrak{p})\big)}$ ableitbar; ferner wird die Formel $\overline{\mathfrak{B}(a, \mathfrak{q})}$ aus $\overline{\mathfrak{B}(m, \mathfrak{q})}$ durch Einsetzung erhalten. Es ist daher $\overline{\mathfrak{B}(a, \mathfrak{q})}$, d. h. die Formel mit der Nummer $\mathfrak{r}_1$, aus der Formel $\overline{\mathfrak{B}\big(m, \mathfrak{s}(\mathfrak{p}, \mathfrak{p})\big)}$, welche die Nummer $\mathfrak{q}$ hat, in F ableitbar. Gemäß der Ableitbarkeitsforderung 1. ist demnach die Formel

$$(E\,x)\ \mathfrak{B}(x, \mathfrak{q}) \rightarrow (E\,x)\ \mathfrak{B}(x, \mathfrak{r}_1)$$

in F ableitbar; diese Formel zusammen mit der durch den Prädikatenkalkul ableitbaren Formel

$$\mathfrak{B}(m, \mathfrak{q}) \rightarrow (E\,x)\ \mathfrak{B}(x, \mathfrak{q})$$

ergibt

$$\mathfrak{B}(m, \mathfrak{q}) \rightarrow (E\,x)\ \mathfrak{B}(x, \mathfrak{r}_1)$$

und weiter auf Grund der Gleichung

$$\mathfrak{e}(\mathfrak{r}) = \mathfrak{r}_1,$$

welche ja auch in F ableitbar ist, die Formel

$$\mathfrak{B}(m, \mathfrak{q}) \rightarrow (E\,x)\ \mathfrak{B}\big(x, \mathfrak{e}(\mathfrak{r})\big).$$

Diese Formel zusammen mit der Formel

$$(E\,x)\ \mathfrak{B}\big(x, \mathfrak{e}(k)\big) \rightarrow (E\,x)\ \mathfrak{B}\big(x, \mathfrak{e}(\mathfrak{s}(k, l))\big),$$

welche ja gemäß der Ableitbarkeitsforderung 2. in F ableitbar ist und in welcher für k die Ziffer $\mathfrak{r}$, für l die Variable m eingesetzt werden kann, ergibt:

$$\mathfrak{B}(m, \mathfrak{q}) \rightarrow (E\,x)\ \mathfrak{B}\big(x, \mathfrak{e}(\mathfrak{s}(\mathfrak{r}, m))\big),$$

woraus durch Kontraposition die Formel

$$\overline{(E x)}\, \mathfrak{B}(x, \mathfrak{e}(\mathfrak{s}(\mathfrak{r}, m))) \rightarrow \overline{\mathfrak{B}(m, \mathfrak{q})}$$

erhalten wird.

Andererseits hat die Formel $\mathfrak{B}(m, \mathfrak{q})$ die Gestalt $\mathfrak{b}(m, \mathfrak{q}) = 0$, wobei $\mathfrak{b}(m, \mathfrak{q})$ ein rekursiver Term ist, in welchem m als einzige Variable auftritt. Die Nummer der Gleichung $\mathfrak{b}(a, \mathfrak{q}) = 0$, d. h. der Formel $\mathfrak{B}(a, \mathfrak{q})$, ist $\mathfrak{r}$. Demnach ist in F gemäß der Ableitbarkeitsforderung 3. die Formel

$$\mathfrak{b}(m, \mathfrak{q}) = 0 \rightarrow (E x)\, \mathfrak{B}(x, \mathfrak{s}(\mathfrak{r}, m)),$$

d. h.

$$\mathfrak{B}(m, \mathfrak{q}) \rightarrow (E x)\, \mathfrak{B}(x, \mathfrak{s}(\mathfrak{r}, m))$$

ableitbar.

Nun wenden wir die Formel $\mathfrak{C}$ an. Diese ergibt durch Einsetzung des Terms $\mathfrak{s}(\mathfrak{r}, m)$ für die Variable n die Formel

$$(E x)\, \mathfrak{B}(x, \mathfrak{s}(\mathfrak{r}, m)) \rightarrow \overline{(E x)}\, \mathfrak{B}(x, \mathfrak{e}(\mathfrak{s}(\mathfrak{r}, m))).$$

Diese zusammen mit der eben erhaltenen Formel

$$\mathfrak{B}(m, \mathfrak{q}) \rightarrow (E x)\, \mathfrak{B}(x, \mathfrak{s}(\mathfrak{r}, m))$$

und der vorher abgeleiteten

$$\overline{(E x)}\, \mathfrak{B}(x, \mathfrak{e}(\mathfrak{s}(\mathfrak{r}, m))) \rightarrow \overline{\mathfrak{B}(m, \mathfrak{q})}$$

ergibt durch zweimaligen Kettenschluß die Formel

$$\mathfrak{B}(m, \mathfrak{q}) \rightarrow \overline{\mathfrak{B}(m, \mathfrak{q})},$$

welche durch elementare Umformung die gewünschte Formel $\overline{\mathfrak{B}(m, \mathfrak{q})}$ liefert.

Hiermit ist die Ableitung der Formel $\overline{\mathfrak{B}(m, \mathfrak{q})}$ aus der Formel $\mathfrak{C}$ als in F ausführbar erwiesen. Im Fall der Ableitbarkeit von $\mathfrak{C}$ in F ist also die Formel $\overline{\mathfrak{B}(m, \mathfrak{q})}$ in F ableitbar, und daraus ergibt sich nach der früheren Überlegung sofort, daß dann der Formalismus F widerspruchsvoll ist.

Wir gelangen somit zu dem Ergebnis: In einem widerspruchsfreien Formalismus F, der die Bedingungen a_2), b_2) und die drei genannten Ableitbarkeitsforderungen erfüllt, kann die Formel

$$(E x)\, \mathfrak{B}(x, n) \rightarrow \overline{(E x)}\, \mathfrak{B}(x, \mathfrak{e}(n)),$$

welche die Behauptung der Widerspruchsfreiheit von F formalisiert, nicht ableitbar sein.

Diese Feststellung bildet den Inhalt des „*zweiten Gödelschen Unableitbarkeitstheorems*" in Anwendung auf solche Formalismen, welche die Bedingung a_2) erfüllen, d. h. in denen jede in der rekursiven Zahlentheorie ableitbare Formel, sofern sie keine Formelvariable enthält, ebenfalls ableitbar ist, und in denen die Schlußweisen des Prädikatenkalkuls ausführbar sind.

Das Theorem läßt sich auch auf Formalismen anderer Art ausdehnen; es braucht nicht verlangt zu werden, daß der Formalismus F direkt die Formeln des zahlentheoretischen Formalismus enthält, sondern es genügt, wenn die Beziehungen der rekursiven Zahlentheorie in einer übersetzten Form in ihm durch ableitbare Formeln zur Darstellung gelangen.

So lassen sich insbesondere alle die Verallgemeinerungen anbringen, die wir bei unserer Formalisierung der ursprünglichen Antinomie des Lügners als möglich erkannt haben:

1. Der Formalismus F braucht keine freien Variablen zu enthalten. (Es genügt, daß die Variable a in die Nummernzuordnung einbezogen wird.)

2. Es braucht in F keine abgesonderte Gattung von Zahlenvariablen zu geben, sofern statt dessen das Prädikat „x ist eine Zahl" durch einen Ausdruck $\mathfrak{Z}(x)$ in F dargestellt wird. Auch können an Stelle der Ziffern gewisse ihnen entsprechende kompliziertere Ausdrücke treten.

3. Die rekursiven Funktionen brauchen in F nicht direkt darstellbar zu sein, sondern es genügt eine Art der Vertretbarkeit dieser Funktionen in der Art, wie sie sich bei dem Verfahren der Ersetzung der Funktionszeichen durch entsprechende Prädikatensymbole ergibt oder wie im Formalismus (Z) eine jede Gleichung der rekursiven Zahlentheorie durch eine Formel vertretbar ist.

Der Fall 3 liegt übrigens bei dem modifizierten Formalismus der Principia Mathematica vor, an Hand dessen GÖDEL seine Unableitbarkeitstheoreme darlegt.

Jede der genannten Verallgemeinerungen erfordert eine modifizierte Fassung der Voraussetzungen des Theorems, insbesondere der Ableitbarkeitsforderungen, sowie auch eine modifizierte Bestimmung der Formel $\mathfrak{C}$, welche die Behauptung der Widerspruchsfreiheit von F formalisiert, und der abzuleitenden Formel, welche die Behauptung ihrer eigenen Unableitbarkeit darstellt.

Auf das Erfordernis, bei dem zweiten Gödelschen Unableitbarkeitstheorem die Bedingungen seiner Anwendbarkeit auf einen deduktiven Formalismus zu beachten, hat besonders GEORG KREISEL hingewiesen[1] und dafür folgendes Beispiel konstruiert.

Man gehe aus von einem Formalismus F, der die Bedingungen a_2) und b_2) erfüllt[2]. Eine bestimmte Nummernzuordnung für die Formeln und Formelreihen von F mit den in b_2) genannten Eigenschaften werde zugrunde gelegt.

Es bedeutet dabei keinerlei Beschränkung für den Formalismus F, und für die Nummernzuordnung nur eine geringe Beschränkung, wenn

[1] KREISEL, G.: A survey of proof theory. J. Symb. Logic **33** (1968); siehe die Fußnote S. 331—332, und Mathematical Logic, in: T. L. SAATI, Lectures on Modern Mathematics III. New York-London-Sydney: John Wiley & Sons, Inc. 1965, s. S. 154—155.

[2] Siehe S. 295.

wir voraussetzen, daß die Nummer einer Formel, in welcher die Ziffer $\mathfrak{m}$ vorkommt, mindestens gleich $\mathfrak{m}$ ist, so daß für eine Ziffer $\mathfrak{r}$, welche Nummer einer die Variable a enthaltenden Formel ist, und eine beliebige Ziffer $\mathfrak{m}$ der Wert von $\mathfrak{s}(\mathfrak{r}, \mathfrak{m})$ mindestens gleich $\mathfrak{m}$ ist, und daß dementsprechend die Formel (mit der Variablen m) $m \leqq \mathfrak{s}(\mathfrak{r}, m)$ in der rekursiven Zahlentheorie und somit auch in F herleitbar ist.

Außerdem noch soll der Formalismus F die drei Ableitbarkeitsforderungen 1., 2., 3. erfüllen[1], so daß gemäß dem zweiten Gödelschen Unableitbarkeitstheorem die Formel

$$\mathfrak{B}(k, p) \to \overline{\mathfrak{B}(l, \mathfrak{e}(p))},$$

welche aufgrund der Nummernzuordnung für F die Widerspruchsfreiheit von F darstellt, nicht im Formalismus F selbst herleitbar ist, sofern dieser tatsächlich widerspruchsfrei ist[2].

Dann gehe man zu einem modifizierten Formalismus F^* über, der sich von F nur dadurch unterscheidet, daß die Bedingung der formalen Beweisbarkeit in folgender Weise verschärft wird: Eine Formelreihe mit der Nummer $\mathfrak{m}$ heißt eine Ableitung einer Formel $\mathfrak{N}$ in F^*, wenn sie in F eine Ableitung dieser Formel ist und wenn außderdem für keine zwei Formelreihen, welche Ableitungen in F sind und deren Nummern nicht größer als $\mathfrak{m}$ sind, die Endformel der einen mit der Negation der Endformel der anderen übereinstimmt, was sich ja direkt durch Aufstellen der Ableitungen mit Nummern $\leqq \mathfrak{m}$ entscheiden läßt.

Wie wir wissen, stellt sich für den Formalismus F aufgrund der Nummernzuordnung für die Formeln und Formelreihen die Aussage, daß die Formelreihe mit der Nummer $\mathfrak{m}$ eine Ableitung der Formel mit der Nummer $\mathfrak{n}$ ist, mittels des rekursiven Prädikates $\mathfrak{B}(m, n)$ durch die Formel $\mathfrak{B}(\mathfrak{m}, \mathfrak{n})$ dar. Für F^* tritt anstelle des rekursiven Prädikates $\mathfrak{B}(m, n)$ das Prädikat

$$\mathfrak{B}(m, n) \,\&\, (u)(v)(w)(z)\big(u \leqq m \,\&\, v \leqq m \,\&\, \mathfrak{B}(u, w) \,\&\, \mathfrak{B}(v, z) \to z \neq \mathfrak{e}(w)\big),$$

welches abgekürzt mit $\mathfrak{B}^*(m, n)$ angegeben werde. Dieses Prädikat ist aufgrund der Beziehung $\mathfrak{B}(m, n) \to n < m$ wiederum rekursiv.

Da F^* durch eine Verschärfung der Ableitbarkeitsbedingung für F erhalten wird, folgt zunächst, daß jede in F^* ableitbare Formel auch in F ableitbar ist.

Es gilt aber auch das Umgekehrte, sofern nicht F widerspruchsvoll ist. Denn, wenn in F eine Ableitung mit der Nummer $\mathfrak{m}$ für eine Formel mit der Nummer $\mathfrak{n}$ vorliegt, ohne daß die Bedingung $\mathfrak{B}^*(\mathfrak{m}, \mathfrak{n})$ erfüllt

---

[1] Vgl. S. 295.

[2] Alle die hier an den Formalismus F und die Nummernzuordnung für ihn gestellten Anforderungen werden im nächsten Abschnitt für den dort aufgestellten zahlentheoretischen Formalismus (Z_μ) und für eine Nummernzuordnung für diesen Formalismus als erfüllt erwiesen.

ist, so muß für zwei Ziffern $\mathfrak{r}$, $\mathfrak{s}$, welche Nummern der Endformeln von Ableitungen in F sind, und zwar solcher mit Nummern $\leqq \mathfrak{m}$, gelten, daß $\mathfrak{s} = \mathfrak{e}(\mathfrak{r})$ ist, d. h. es müssen in F zwei Formeln herleitbar sein, von denen eine die Negation der anderen ist, so daß also ein Widerspruch in F auftritt.

Andererseits ist der Formalismus F^* jedenfalls, d. h. unabhängig von der Widerspruchsfreiheit von F, widerspruchsfrei. Denn, wären zwei Formeln, von denen eine die Negation der andern ist, die also Nummern $\mathfrak{z}$ und $\mathfrak{e}(\mathfrak{z})$ haben, beide in F^* ableitbar, so würde für zwei Beweisnummern $\mathfrak{k}$, $\mathfrak{l}$ gelten $\mathfrak{B}^*(\mathfrak{k}, \mathfrak{z})$ und $\mathfrak{B}^*(\mathfrak{l}, \mathfrak{e}(\mathfrak{z}))$. Aufgrund des Ausdrucks von $\mathfrak{B}^*$ ist aber ersichtlich, daß diese Bedingungen weder für $\mathfrak{k} < \mathfrak{l}$ noch für $\mathfrak{l} < \mathfrak{k}$ erfüllt sein können.

Dieser sehr elementare Beweis für die Widerspruchsfreiheit von F^* kann nun in F durch Ableitung der Formel

$$\mathfrak{B}^*(k, n) \rightarrow \overline{\mathfrak{B}^*(l, \mathfrak{e}(n))}$$

formalisiert werden. Damit ergibt sich aber auch, wie wir vorhin bemerkten, eine Ableitung dieser Formel in F^*, sofern nicht F widerspruchsvoll ist. Wenn also F ein widerspruchsfreier Formalismus ist, der die Bedingungen a_2) und b_2) erfüllt, so ist in dem zugehörigen Formalismus F^* dessen eigene Widerspruchsfreiheit (im Sinne der Arithmetisierung der Metamathematik) beweisbar.

Das bedeutet aber keineswegs eine Widerlegung des zweiten Gödelschen Unableitbarkeitstheorems; denn dieses Theorem hat ja als Prämissen die Ableitbarkeitsforderungen 1., 2. und 3., und wir haben gar nicht gezeigt, daß diese für F^* zutreffen. Bei genauerem Zusehen bemerken wir zunächst, daß die Forderung 1. für F^* überhaupt nicht inhaltlich bestimmt ist, weil wir ja gar nicht erklärt haben, was es heißt, daß in F^* eine Formel aus einer Formel ableitbar ist.

Diesem Umstande kann man aber abhelfen. Wir brauchen uns jedoch hier nicht damit zu befassen, denn es läßt sich zeigen, daß jedenfalls die Ableitbarkeitsforderung 3. für F^* nicht erfüllt sein kann, sofern, wie wir es ja annehmen, F widerspruchsfrei ist. Nämlich die Ableitbarkeitsforderung 3. für F^* besagt ja, daß, wenn $\mathfrak{f}(m)$ ein rekursiver Term und $\mathfrak{r}$ die Nummer der Gleichung $\mathfrak{f}(a) = 0$ ist, dann die Formel

$$\mathfrak{f}(m) = 0 \rightarrow (E x)\, \mathfrak{B}^*(x, \mathfrak{s}(\mathfrak{r}, m))$$

in F^* ableitbar ist. Erst recht müßte diese Formel in F ableitbar sein. Wird insbesondere für $\mathfrak{f}(m)$ der Term $\delta(m, m)$ genommen, so ist die Gleichung $\mathfrak{f}(m) = 0$ in der rekursiven Zahlentheorie und daher auch im Formalismus F, der ja die Bedingung a_2) erfüllen soll, ableitbar. Es müßte daher auch

$$(E x)\, \mathfrak{B}^*(x, \mathfrak{s}(\mathfrak{r}, m))$$

in F ableitbar sein. Diese Formel lautet ausführlich geschrieben

$$(E x)\big[\mathfrak{B}(x, \mathfrak{s}(\mathfrak{r}, m)) \\ \& (u)(v)(w)(z)\big(u \leqq x \& v \leqq x \& \mathfrak{B}(u, w) \& \mathfrak{B}(v, z) \rightarrow z \neq \mathfrak{e}(w)\big)\big].$$

Aus dieser Formel zusammen mit der beweisbaren Formel

$$\mathfrak{B}(m, n) \rightarrow n < m$$

erhält man:

$$(E x)\big[\mathfrak{s}(\mathfrak{r}, m) < x \& (u)(v)\big(u \leqq x \& v \leqq x \\ \rightarrow (w)(z)(\mathfrak{B}(u, w) \& \mathfrak{B}(v, z) \rightarrow z \neq \mathfrak{e}(w))\big)\big],$$

und daraus weiter (auf Grund der Formeln für $\leqq$ und $<$)

$$(u)(v)\big(u \leqq \mathfrak{s}(\mathfrak{r}, m) \& v \leqq \mathfrak{s}(\mathfrak{r}, m) \rightarrow (w)(z)(\mathfrak{B}(u, w) \& \mathfrak{B}(v, z) \rightarrow z \neq \mathfrak{e}(w))\big)$$

sowie, durch Übergang von gebundenen Variablen zu freien Variablen:

$$k \leqq \mathfrak{s}(\mathfrak{r}, m) \& l \leqq \mathfrak{s}(\mathfrak{r}, m) \rightarrow \big(\mathfrak{B}(k, p) \& \mathfrak{B}(l, q) \rightarrow q \neq \mathfrak{e}(p)\big).$$

Diese Formel müßte also wiederum in F herleitbar sein, während andererseits gemäß unserer Voraussetzung über die Nummernzuordnung, die Formel $m \leqq \mathfrak{s}(\mathfrak{r}, m)$ in F herleitbar ist. Es wäre also auch die Formel

$$k \leqq m \& l \leqq m \rightarrow \big(\mathfrak{B}(k, p) \& \mathfrak{B}(l, q) \rightarrow q \neq \mathfrak{e}(p)\big)$$

in F herleitbar. Aus dieser ergibt sich durch Einsetzung von $k + l$ für m:

$$k \leqq k + l \ \& \ l \leqq k + l \rightarrow \big(\mathfrak{B}(k, p) \ \& \ \mathfrak{B}(l, q) \rightarrow q \neq \mathfrak{e}(p)\big),$$

und somit auch die Formel

$$\mathfrak{B}(k, p) \ \& \ \mathfrak{B}(l, q) \rightarrow q \neq \mathfrak{e}(p),$$

aus der man durch Einsetzung von $\mathfrak{e}(p)$ für q und aufgrund des Aussagenkalkuls sowie der Formel $a = a$ die Formel

$$\mathfrak{B}(k, p) \rightarrow \overline{\mathfrak{B}(l, \mathfrak{e}(p))}$$

erhält. Diese Formel wäre also in F herleitbar. Von dieser stellten wir jedoch fest, daß sie aufgrund unserer Annahmen über F und die Nummernzuordnung nicht in F herleitbar sein kann, sofern dieser Formalismus widerspruchsfrei ist.

Wenn demnach F ein widerspruchsfreier Formalismus ist, für welchen (zusammen mit der Nummernzuordnung) unsere genannten Bedingungen erfüllt sind, so kann der entsprechende Formalismus F^* nicht der Ableitbarkeitsforderung 3. genügen.

Es handelt sich nunmehr für uns darum, von der hypothetischen Fassung der Gödelschen Unableitbarkeitstheoreme zu der Feststellung zu gelangen, daß die in diesen Theoremen für gewisse Arten von deduktiven Formalismen ausgesagten Unableitbarkeiten für den vollen zahlentheoretischen Formalismus, bestehend aus dem System (Z), den Axiomen (μ_1), (μ_2), (μ_3) für das μ-Symbol und den expliziten Definitionen, sowie auch für umfassendere Formalismen der Arithmetik zutreffen. Wir haben hierfür die betreffenden Formalismen daraufhin zu betrachten, ob für sie die Voraussetzungen jener Theoreme, also die Annahmen a_2), b_2) — die ja die vorherigen Annahmen a_1), b_1^*) in sich schließen[1] — und die drei Ableitbarkeitsforderungen erfüllt sind. Damit kommen wir zurück auf die Betrachtungen über die Arithmetisierung der Metamathematik.

2. Die formalisierte Metamathematik des zahlentheoretischen Formalismus.

a) Abgrenzung eines zahlentheoretischen Formalismus. Die Formalisierung der Zahlentheorie mit Einschluß des „tertium non datur" wird, wie wir wissen, bereits durch den Formalismus des Systems (Z) geliefert. In diesem sind jedoch die rekursiven Funktionen (mit Ausnahme von denen, die sich aus Summe und Produkt zusammensetzen lassen) nicht direkt darstellbar, sondern nur vertretbar. Dieser Mangel wird behoben, wenn wir zu dem System (Z) die ι-Regel hinzunehmen. Es läßt sich dann, wie wir im § 8 gezeigt haben[2], das μ-Symbol explizite so definieren, daß die Formeln (μ_1), (μ_2), (μ_3) mit Anwendung des Induktionsaxioms ableitbar werden, und wir gelangen dadurch zur Darstellung nicht nur der rekursiven Funktionen, sondern überhaupt aller derjenigen arithmetischen Funktionen, die sich mittels des Prinzips der kleinsten Zahl definieren lassen. Die Darstellung der rekursiven Funktionen erfolgt dabei in dem Sinn, daß die Rekursionsgleichungen zu ableitbaren Formeln werden.

Dieser Formalismus ist systematisch durchaus befriedigend. Jedoch gestaltet sich die Arithmetisierung der Metamathematik für ihn recht unbequem, weil gemäß der ι-Regel die Eigenschaft eines Ausdrucks $\iota_{\mathfrak{x}}\mathfrak{A}(\mathfrak{x})$, ein Term zu sein, von der Ableitbarkeit der zu der Formel $\mathfrak{A}(c)$ gehörigen Unitätsformeln abhängt[3], so daß die Definition des Begriffes „Term" mit der Definition der Ableitbarkeit verflochten ist.

Diese Komplikation läßt sich dadurch vermeiden, daß an Stelle der ι-Regel die ε-Formel eingeführt wird, auf Grund deren ja das ε-Symbol die Rolle des ι-Symbols mit übernimmt[4], so daß insbesondere das μ-Symbol mittels des ε-Symbols explizite definiert werden kann. Es besteht dann auch die Möglichkeit, wie wir im § 2 gezeigt haben[5], das Induktionsaxiom entbehrlich zu machen, indem wir zu der ε-Formel

$$A(a) \rightarrow A(\varepsilon_x A(x))$$

[1] Vgl. S. 280, 288.
[2] Vgl. Bd. I, S. 405.
[3] Vgl. Bd. I, S. 393.
[4] Vgl. S. 16.
[5] Vgl. S. 85—87.

als zweites Axiom für das ε-Symbol die Formel

$$A(a) \rightarrow \varepsilon_x A(x) \neq a'$$

hinzufügen und außerdem die Formel

$$a \neq 0 \rightarrow (\delta(a))' = a$$

oder anstatt deren die Formel

$$a \neq 0 \rightarrow (Ex)(x' = a)$$

als Axiom nehmen[1].

Dieser Formalismus hat jedoch gegenüber dem Formalismus des ι-Symbols den Nachteil, daß nicht jeder argumentlose Term die Festlegung einer bestimmten Zahl formalisiert; d. h., wenn wir neben dem ε-Symbol noch ein Symbol $\varepsilon_x^* \mathfrak{A}(x)$ mit den entsprechenden beiden formalen Axiomen einführen, so sind wir nicht in der Lage, die Gleichung

$$\varepsilon_x A(x) = \varepsilon_x^* A(x)$$

abzuleiten, wenigstens sofern der betrachtete zahlentheoretische Formalismus (ohne das ε^*-Symbol) widerspruchsfrei ist[2].

Wir wollen aber aus der Arithmetisierung der Metamathematik des zahlentheoretischen Formalismus zugleich die Bestätigung unserer früheren (anläßlich der Besprechung des Richardschen Paradoxons vorgebrachten) Bemerkung[3] gewinnen, wonach sich für den zahlentheoretischen Formalismus die mit „c*)" bezeichnete Bedingung erfüllen läßt; diese besagt, daß erstens bei geeigneter Nummernzuordnung die Eigenschaft einer Zahl, Nummer eines Terms zu sein, sich durch ein rekursives Prädikat darstellt, und ferner, daß jeder Term, der keine freie Variable enthält, der Ausdruck für eine eindeutig bestimmte (wenn auch eventuell durch die Bestimmung noch nicht effektiv gegebene) Zahl ist.

---

[1] Daß die Formel

$$a \neq 0 \rightarrow (\delta(a))' = a$$

hier durch die Formel

$$a \neq 0 \rightarrow (Ex)(x' = a)$$

vertreten werden kann, ergibt sich am einfachsten daraus, daß bei Einführung des Symbols $\delta(a)$ durch die explizite Definition

$$\delta(a) = \varepsilon_z(z' = a)$$

die Formel

$$a \neq 0 \rightarrow (\delta(a))' = a$$

aus der Formel

$$a \neq 0 \rightarrow (Ex)(x' = a)$$

mittels der ε-Formel und des Schemas (β) ableitbar wird.

[2] Es läßt sich z. B., unter der Voraussetzung der Widerspruchsfreiheit des betrachteten zahlentheoretischen Formalismus, auf ziemlich einfache Art zeigen, daß die Hinzufügung der Gleichungen $\varepsilon_x(Ey)(x = 2y) = 0''$, $\varepsilon_x^*(Ey)(x = 2y) = 0''''$, zu den Axiomen für das ε-Symbol und für das ε^*-Symbol keinen Widerspruch ergibt.

[3] Vgl. S. 275.

Der Nachweis, daß diese beiden Forderungen sich bei einem zahlentheoretischen Formalismus gemeinsam erfüllen lassen, wird mittels einer rekursiv-arithmetischen Darstellung des Begriffs „Term" (an Hand einer Nummernzuordnung) erbracht sein, sofern wir den Formalismus so wählen, daß jeder argumentlose Term eine eindeutige Zahlbestimmung formalisiert.

Dieser letztgenannten Forderung wird bei dem Formalismus der ι-Regel entsprochen, dagegen nicht, wie wir eben feststellten, bei dem Formalismus des ε-Symbols. Andererseits ermöglicht der Formalismus des ε-Symbols eine rekursive Darstellung des Begriffes „Term", während beim Formalismus der ι-Regel einer solchen Darstellung die Verflechtung des Termbegriffes mit einer Ableitbarkeitsbedingung entgegensteht.

Wir können nun den beiden in der Bedingung c*) enthaltenen Anforderungen Genüge leisten, indem wir das μ-Symbol, anstatt durch eine explizite Definition, direkt als Grundsymbol mit den Formeln (μ_1), (μ_2), (μ_3) als Axiomen einführen. Wir müssen dann ferner noch die Festsetzung treffen, daß außer dem Strichsymbol und den Symbolen für Summe und Produkt nur solche Funktionszeichen zugelassen werden, die durch eine explizite Definition eingeführt sind.

Vom Standpunkt der Axiomatik wird man hier noch eine Modifikation wünschen; nämlich durch die Einführung der Formel (μ_1) als Axiom wird das Schema (β) zu einem ableitbaren Schema. Lassen wir andererseits dieses Schema weg, so geht die duale Symmetrie des Prädikatenkalkuls verloren.

Dieser Schwierigkeit entgehen wir, indem wir die Formel (μ_1) durch die ihr deduktionsgleiche, der ε-Formel entsprechende Formel

$$(\mu_1') \qquad A(a) \to A(\mu_x A(x))$$

ersetzen[1]. Es ist dann folgerichtig, daß wir auch in der Formel (μ_3) den Quantor eliminieren, indem wir anstatt dieser Formel die in sie

[1] Es würde hierdurch die Möglichkeit gegeben sein, entsprechend wie wir es im Formalismus des ε-Symbols getan haben, die Quantoren mittels des μ-Symbols explizite zu definieren, wodurch die Grundformeln (a), (b) und die Schemata (α), (β) ableitbar werden. Doch wollen wir hier von diesem Verfahren absehen. — Anstatt die Formel (μ_1) in (μ_1') abzuändern, könnte man auch so vorgehen, daß man die Formel

$$A(\mu_x \overline{A(x)}) \to (x)\, A(x)$$

noch als Axiom hinzufügt und die Schemata (α), (β) wegläßt. Es treten dann die Formeln

$$A(\mu_x \overline{A(x)}) \to (x)\, A(x), \qquad (E x)\, A(x) \to A(\mu_x A(x))$$

als Umkehrungen der Formeln

$$(x)\, A(x) \to A(a), \qquad A(a) \to (E x)\, A(x)$$

auf. Diese zwei Formelpaare entsprechen den Formeln der „τ-Gruppe" in v. Neumanns Abhandlung „Zur Hilbertschen Beweistheorie" (Math. Z. Bd. 26, S. 16).

überführbare Formel

$$(\mu_3') \qquad \overline{A(\mu_x A(x))} \rightarrow \mu_x A(x) = 0$$

als Axiom nehmen.

Durch die Axiome für das μ-Symbol wird das Induktionsaxiom als Ausgangsformel entbehrlich, sofern wir die Formel

$$a \neq 0 \rightarrow (E x)(x' = a)$$

als Axiom nehmen und eine geeignete Definition für „$\leq$" bzw. für „$<$" einführen. Dabei empfiehlt es sich, auch bei der Formel (μ_2) eine kleine Änderung vorzunehmen, indem wir an ihre Stelle die in sie überführbare Formel

$$(\mu_2') \qquad A(a) \rightarrow \mu_x A(x) < a'$$

setzen. Die behauptete Ableitbarkeit des Induktionsaxioms ergibt sich aus der vorhin vermerkten Tatsache, daß aus den beiden Axiomen für das ε-Symbol, der Formel $a \neq 0 \rightarrow (E x)(x' = a)$ und dem Gleichheitsaxiom (J_2) das Induktionsschema, und daher auch das Induktionsaxiom mittels des Prädikatenkalkuls ableitbar ist. In dieser Ableitung können die beiden Axiome für das ε-Symbol durch die entsprechenden Formeln für das μ-Symbol, d. h. (μ_1') und

$$A(a) \rightarrow \mu_x A(x) \neq a'$$

vertreten werden. Die eben genannte Formel ist aber aus (μ_2'), mit Hinzuziehung des Gleichheitsaxioms (J_2) und der Formel

$$\overline{a < a}$$

ableitbar, und diese ergibt sich aus der ersten Rekursionsgleichung für die Summe: $a + 0 = a$, sofern wir das Prädikatensymbol „$<$" durch die Äquivalenz

$$a < b \sim (x)(b + x \neq a)$$

definieren, die aus der Vereinigung der beiden Äquivalenzen

$$a < b \sim \overline{b \leq a}$$
$$a \leq b \sim (E x)(a + x = b)$$

hervorgeht.

Der Formalismus, zu dem wir so kommen, enthält zunächst die Variablen, die Symbole, die Ausgangsformeln und die Regeln des Prädikatenkalkuls; dazu treten folgende Symbole und Axiome:

Das Gleichheitszeichen mit dem Axiom (J_2):

$$a = b \rightarrow (A(a) \rightarrow A(b)),$$

das Individuensymbol 0 und das Strichsymbol mit den „Zahlaxiomen"

$$a' \neq 0, \quad a' = b' \rightarrow a = b, \quad a \neq 0 \rightarrow (E x)(x' = a),$$

die Symbole für Summe und Produkt mit den Rekursionsgleichungen

$$a + 0 = a \qquad a \cdot 0 = 0$$
$$a + b' = (a + b)' \qquad a \cdot b' = a \cdot b + a$$

die Symbole $a \leqq b$, $a < b$ mit den Äquivalenzen

$$a \leqq b \sim (E x)\,(a + x = b), \qquad a < b \sim (x)\,(b + x \neq a),$$

und das μ-Symbol mit den Axiomen (μ_1'), (μ_2'), (μ_3'):

$$A(a) \rightarrow A(\mu_x A(x)), \quad A(a) \rightarrow \mu_x A(x) < a', \quad \overline{A(\mu_x A(x))} \rightarrow \mu_x A(x) = 0.$$

Außerdem können noch Funktionszeichen und Prädikatensymbole durch *explizite Definitionen* eingeführt werden, welche für die Funktionszeichen in Gleichungen, für die Prädikatensymbole in Äquivalenzen bestehen. Dabei sollen die eingeführten Symbole stets solche sein, die *als Argumentvariablen nur Individuenvariablen* haben. Der Ausdruck auf der rechten Seite einer definierenden Gleichung oder Äquivalenz enthält auf Grund der allgemeinen Form einer expliziten Definition[1] außer den Argumentvariablen des zu definierenden Symbols keine weitere freie Variable.

Den hiermit abgegrenzten zahlentheoretischen Formalismus — er werde mit „(Z_μ)" bezeichnet — wollen wir jetzt näher betrachten und uns klar machen, daß die Voraussetzungen der Gödelschen Unableitbarkeitstheoreme für ihn erfüllt sind[2]. Die Voraussetzung a_2)[3] trifft jedenfalls für diesen Formalismus zu, da er ja den Prädikatenkalkul sowie die Gleichheitsaxiome und das Axiom $a' \neq 0$ enthält, da ferner die rekursiven Funktionen in ihm als explizite definierte Funktionen auftreten, für welche die zugehörigen Rekursionsgleichungen sich als ableitbare Formeln ergeben. So bleibt nun noch die Erfüllung der Voraussetzung b_2) und der drei Ableitbarkeitsforderungen[3] zu prüfen.

Hierzu bedarf es in erster Linie der Festlegung einer geeigneten Nummernzuordnung.

b) Bestimmung einer Nummernzuordnung für den Formalismus (Z_μ). Zur Gewinnung einer Nummernzuordnung für den Formalismus (Z_μ) knüpfen wir an unsere Nummernzuordnung für den Prädikatenkalkul an, in die wir auch die Ziffern und die Funktionszeichen einbezogen[4].

---

[1] Vgl. Bd. I, S. 292 bzw. Supplement I, S. 395f.

[2] Wir könnten zu diesem Zweck den Formalismus etwas enger wählen, unter Benutzung der Tatsache, daß für die Untersuchung der Widerspruchsfreiheit des Formalismus (Z_μ) die Formelvariablen ausgeschaltet werden können (nach dem im § 6 dargelegten Verfahren, vgl. Bd. I, S. 220—227, 230—232). Jedoch würden wir dadurch für unsere Betrachtung, bei der wir uns auf die vorangehende Arithmetisierung der Metamathematik des Prädikatenkalkuls stützen, kaum eine Vereinfachung gewinnen.

[3] Vgl. S. 295. [4] Vgl. S. 217ff.

Wir wollen kurz noch einmal die Festsetzungen dieser Nummernzuordnung zusammenstellen.

Als Nummern für die gebundenen Variablen haben wir die Primzahlen $\geqq 7$, als Nummern für freie Individuenvariablen die mit zwei multiplizierten Primzahlen $\geqq 7$, als Nummern für Formelvariablen ohne Argument die mit 10 multiplizierten Primzahlen $\geqq 7$, als Nummer für eine Ziffer $\mathfrak{k}$ die Zahl $2 \cdot 3^{\mathfrak{k}}$ genommen.

Ein Funktionszeichen mit $\mathfrak{r}$ Argumenten haben wir durch eine Funktion $5 \cdot \mathfrak{q}_1^{a_1} \cdot \cdots \cdot \mathfrak{q}_{\mathfrak{r}}^{a_{\mathfrak{r}}}$, eine Formelvariable mit $\mathfrak{r}$ Argumenten durch eine Funktion $10 \cdot \mathfrak{q}_1^{a_1} \cdot \cdots \cdot \mathfrak{q}_{\mathfrak{r}}^{a_{\mathfrak{r}}}$ dargestellt, worin $\mathfrak{q}_1, \ldots, \mathfrak{q}_{\mathfrak{r}}$ verschiedene Primzahlen $\geqq 7$ sind und für die Variablen $a_1, \ldots, a_{\mathfrak{r}}$ jeweils die Nummern der Argumente zu setzen sind.

Die Darstellung für die logischen Operationen haben wir folgendermaßen gewählt: Für die Negation die Multiplikation mit 3; für die Konjunktion, Disjunktion, Implikation, Äquivalenz die Funktionen $q \cdot 20 \cdot 7^a \cdot 11^b$, wo für q bei der Konjunktion die Zahl 1, bei der Disjunktion 2, der Implikation 4, bei der Äquivalenz 8 zu setzen ist; für die Operation des Allzeichens bzw. des Seinszeichens mit der Variablen $\mathfrak{x}$ die Funktion $50 \cdot \mathfrak{q}^a$ bzw. $100 \cdot \mathfrak{q}^a$, wobei $\mathfrak{q}$ die Nummer der Variablen $\mathfrak{x}$ ist und für die Variable a jeweils die Nummer des Ausdrucks zu setzen ist, auf den sich der betreffende Quantor erstreckt.

Um nun aus dieser Nummernzuordnung eine solche für das System (Z_μ) zu erhalten, ordnen wir zunächst dem μ-Symbol mit der Variablen $\mathfrak{x}$ die Funktion $25 \cdot \mathfrak{q}^a$ zu, worin $\mathfrak{q}$ die Nummer der Variablen $\mathfrak{x}$ ist und für die Variable a die Nummer des Ausdrucks zu setzen ist, auf den sich das μ-Symbol erstreckt. Zur Darstellung für die Summe und das Produkt nehmen wir die Funktionen $5 \cdot 11^a \cdot 13^b$, $5 \cdot 11^a \cdot 17^b$, was im Einklang mit unserer bisherigen Festsetzung über die Darstellung der Funktionszeichen ist, und zur Darstellung der Prädikatensymbole $=, \leqq, <$ die Funktionen $70 \cdot 11^a \cdot 13^b$, $70 \cdot 11^a \cdot 17^b$, $70 \cdot 13^a \cdot 17^b$.

Man beachte, daß diese Darstellung der drei Prädikatensymbole nicht mit unserer Darstellung der Formelvariablen kollidiert. Nämlich die kleinste Zahl, welche nach unseren Festsetzungen als Nummer eines Ausdrucks in Betracht kommt, ist die Zahl 2 (als Nummer der Ziffer 0). Wenn nun $\mathfrak{k}, \mathfrak{l}$ Nummern von Ausdrücken sind, so kann der Wert eines der Ausdrücke $70 \cdot 11^{\mathfrak{k}} \cdot 13^{\mathfrak{l}}$, $70 \cdot 11^{\mathfrak{k}} \cdot 17^{\mathfrak{l}}$, $70 \cdot 13^{\mathfrak{k}} \cdot 17^{\mathfrak{l}}$ jedenfalls nicht die Nummer einer Formelvariablen ohne Argument bilden; er kann aber auch nicht die Nummer einer Formelvariablen mit Argumenten sein, weil dann die Primzahl 7, die ja in ihm aufgeht, zu einer Potenz $\mathfrak{n}$ in ihm aufgehen müßte, welche Nummer eines Ausdrucks, also > 1 wäre.

Was die Darstellung des Strichsymbols betrifft, so haben wir zu berücksichtigen, daß die Ziffern im zahlentheoretischen Formalismus von dem Symbol 0 und den aus diesem durch (einmalige und wiederholte) Anwendung des Strichsymbols entstehenden Ausdrücken gebildet werden.

Auf Grund dieser Gestalt der Ziffern ergibt sich unsere Darstellung der Ziffern in der Nummernzuordnung, indem wir dem Symbol 0 als Nummer die Zahl 2 beilegen und das Strichsymbol durch die Multiplikation mit 3, angewendet auf die Nummer eines termartigen Ausdrucks, darstellen.

Diese Darstellung des Strichsymbols kollidiert nicht mit derjenigen für die Negation, weil die Negation stets nur auf solche Ausdrücke Anwendung findet, die entweder Formeln sind oder aus Formeln mittels der Ersetzung freier Individuenvariablen durch gebundene hervorgehen. Diese Ausdrücke, welche wir als „formelartige" bezeichnen wollen, sind bei unserer Nummernzuordnung als solche dadurch gekennzeichnet, daß ihre Nummer durch 10 teilbar ist. Die Multiplikation mit 3, angewendet auf die Nummer eines Ausdrucks, stellt demnach die Negation oder die Anwendung des Strichsymbols dar, je nachdem jene Nummer durch 10 teilbar ist oder nicht.

Zur vollständigen Festlegung der Nummernzuordnung fehlt jetzt nur noch, daß wir eine Festsetzung treffen für die Kennzeichnung der durch explizite Definitionen eingeführten Symbole. Eine solche ist im Hinblick darauf erforderlich, daß ja im Formalismus (Z_μ) nur solche Funktionszeichen und Prädikatensymbole, abgesehen von den als Grundzeichen genommenen, zugelassen werden, die durch eine explizite Definition eingeführt sind. Dieser Umstand bereitet insofern eine gewisse Schwierigkeit, als wir doch in der Lage sein wollen, die Eigenschaft einer Zahl, Nummer eines Terms bzw. einer Formel zu sein, durch ein rekursives Prädikat darzustellen. Wir können aber diese Schwierigkeit beheben, indem wir die Nummer eines Symbols, das durch eine explizite Definition eingeführt ist, in Abhängigkeit bringen von der Nummer des definierenden Ausdrucks[1].

Zu dem genannten Zweck vereinbaren wir zunächst, daß in einer expliziten Definition als Argumentvariablen des zu definierenden Symbols, wenn dieses $\mathfrak{r}$ Argumentstellen hat, stets die Variablen mit den Nummern $2\cdot\wp_3$, $2\cdot\wp_4, \ldots, 2\cdot\wp_{\mathfrak{r}+2}$, gemäß der Reihenfolge der Argumentstellen aufeinanderfolgend, genommen werden sollen (so daß die $\mathfrak{l}$-te Argumentstelle durch die Variable mit der Nummer $2\cdot\wp_{\mathfrak{l}+2}$ ausgefüllt wird). Und nun setzen wir fest, daß ein $\mathfrak{r}$-stelliges Funktionszeichen bzw. Prädikatensymbol, welches durch eine explizite Definition eingeführt ist, worin der definierende Ausdruck die Nummer $\mathfrak{n}$ hat, dargestellt wird durch die Funktion $5\,\wp_{\mathfrak{n}}^{a_1}\cdot\wp_{\mathfrak{n}+1}^{a_2}, \ldots, \wp_{\mathfrak{n}+\mathfrak{r}-1}^{a_\mathfrak{r}}$ bzw. die Funktion $70\cdot\wp_{\mathfrak{n}}^{a_1}, \ldots, \wp_{\mathfrak{n}+\mathfrak{r}-1}^{a_\mathfrak{r}}$.

Diese Darstellung kommt jedenfalls nicht in Konflikt mit der Darstellung der Symbole $+$, $\cdot$, $=$, $\leq$, $<$ durch Funktionen. Denn bei diesen

[1] Ein solches Verfahren der Kennzeichnung der expliziten Definitionen bei der Nummernzuordnung ist zuerst von CARNAP in seinem Buch „Logische Syntax der Sprache" (vgl. S. 59) angewendet worden. Dort wird das Verfahren durch eine gewisse Modifikation auch auf rekursive Definitionen ausgedehnt.

ist der größte vorkommende Primfaktor 17, d. h. $\wp_6$, während bei der Darstellung der explizite definierten Symbole die Primzahl $\wp_{\mathfrak{n}}$ mindestens gleich $\wp_{14}$ ist, weil der definierende Ausdruck ja mindestens eine freie Variable enthält und daher seine Nummer $\geqq 14$ ist.

Durch die letzte Festsetzung wird unsere frühere Darstellung von Funktionszeichen insofern geändert, als eine Funktion $5 \cdot \mathfrak{q}_1^{a_1} \cdot \cdots \cdot \mathfrak{q}_{\mathfrak{r}}^{a_{\mathfrak{r}}}$, bei der $\mathfrak{q}_1, \ldots, \mathfrak{q}_{\mathfrak{r}}$ verschiedene Primzahlen $\geqq 7$ sind, für unsere jetzige Nummernzuordnung nur dann die Darstellung eines Funktionszeichens bildet, wenn entweder $\mathfrak{r} = 2$ ist und zugleich das Primzahlpaar $\mathfrak{q}_1, \mathfrak{q}_2$ mit 11, 13 bzw. 11, 17 übereinstimmt oder wenn die Primzahlen $\mathfrak{q}_1, \ldots, \mathfrak{q}_{\mathfrak{r}}$ mit $\wp_{\mathfrak{n}}, \wp_{\mathfrak{n}+1}, \ldots, \wp_{\mathfrak{n}+\mathfrak{r}-1}$ übereinstimmen, wobei $\mathfrak{n}$ die Nummer eines Terms ist, worin $\mathfrak{r}$ (und nicht mehr) verschiedene freie Individuenvariablen auftreten. (Dieser Term kann eventuell seinerseits ein oder mehrere explizite definierte Symbole enthalten; der definierende Ausdruck eines solchen Symbols hat dann aber jedenfalls eine kleinere Nummer als jener Term.)

Die entsprechende Beschränkung besteht auch für die Darstellung eines Prädikatensymbols durch eine Funktion $70 \cdot \mathfrak{q}_1^{a_1} \cdot \cdots \cdot \mathfrak{q}_{\mathfrak{r}}^{a_{\mathfrak{r}}}$.

Hiermit ist die Nummernzuordnung für den Formalismus (Z_μ) in ihren wesentlichen Bestimmungen festgelegt. Es kommen dazu noch die Vereinbarungen über die Nummern bestimmter Variablen, die wir gerade so wie früher treffen können. So sollen insbesondere wieder für die Variablen a, b, c die Nummern 14, 22, 26, für die Variablen x, y, z die Nummern 7, 11, 13 genommen werden, und die Formalvariable A mit einem Argument soll durch die Funktion $10 \cdot 7^a$ dargestellt werden.

Die festgesetzte Nummernzuordnung für (Z_μ) ist eine umkehrbar eindeutige; d. h. es hat nicht nur jeder Ausdruck aus (Z_μ) eine eindeutig bestimmte Nummer, sondern verschiedene Ausdrücke aus (Z_μ) haben auch verschiedene Nummern. Man verifiziert das ganz entsprechend wie zuvor bei unserer Nummernzuordnung für den Prädikatenkalkul[1]. Eine spezielle Überlegung erfordert nur die Unterscheidung der Nummern der Prädikatensymbole mit Argumenten von den Formelvariablen und die Unterscheidung der Nummern der durch explizite Definitionen eingeführten Funktionszeichen und Prädikatensymbole von denjenigen der Symbole $+, \cdot, \leqq, <$. Diese Überlegung haben wir aber bereits bei der Aufstellung der Nummernzuordnung ausgeführt[2].

Aus der Nummernzuordnung für die Ausdrücke aus (Z_μ) bestimmt sich eine solche für die endlichen Aufeinanderfolgen von Ausdrücken aus (Z_μ), indem wir — ebenso wie wir es bei der Nummernzuordnung für den Prädikatenkalkul getan haben — einer Aufeinanderfolge von Ausdrücken, welche die Nummern $\mathfrak{n}_0, \ldots, \mathfrak{n}_{\mathfrak{r}}$ haben, als Nummer die Zahl $\wp_0^{\mathfrak{n}_0} \cdot \wp_1^{\mathfrak{n}_1} \cdot \cdots \cdot \wp_{\mathfrak{r}}^{\mathfrak{n}_{\mathfrak{r}}}$ zuordnen.

---

[1] Vgl. S. 219ff. [2] Vgl. S. 307.

c) Die Erfüllung der Bedingung $\mathfrak{b}_2$) durch die für den Formalismus (Z_μ) gewählte Nummernzuordnung. Es kommt nunmehr darauf an, zu erkennen, daß die gewählte Nummernzuordnung die Bedingung $\mathfrak{b}_2$) und die drei Ableitbarkeitsforderungen[1] erfüllt.

Unmittelbar ersichtlich ist zunächst die rekursive Darstellung der Negation. Die Funktion $\mathfrak{e}(n)$, welche die Nummer der Negation einer Formel in Abhängigkeit von der Nummer der Formel darstellt, ist einfach $3 \cdot n$.

Ferner können wir leicht eine rekursive Funktion $\mathfrak{s}(k, l)$ definieren, welche die Nummer des Ausdrucks, der aus einem Ausdruck mit der Nummer $\mathfrak{k}$ mittels der Ersetzung der Variablen a durch die Ziffer $\mathfrak{l}$ erhalten wird, in Abhängigkeit von $\mathfrak{k}$ und $\mathfrak{l}$ darstellt.

Wir wollen mit dieser Definition auch gleich die Definition einer Funktion „$st^*(m, k, l)$" verbinden, welche der früher (bei der Betrachtung des Prädikatenkalkuls) eingeführten Funktion $st_1(m, k, l)$ entspricht[2] und die Eigenschaft hat, daß ihr Wert für eine Ziffer $\mathfrak{m}$ sowie eine Ziffer $\mathfrak{l}$, welche Nummern von Ausdrücken aus (Z_μ) sind, und eine Ziffer $\mathfrak{k}$, welche die Nummer einer Individuenvariablen oder einer Formelvariablen ohne Argument ist, die Nummer desjenigen [nicht notwendig dem Formalismus (Z_μ) angehörigen] Ausdrucks darstellt, den man aus dem Ausdruck mit der Nummer $\mathfrak{m}$ erhält, indem man die Variable mit der Nummer $\mathfrak{k}$ überall wo sie auftritt, durch den Ausdruck mit der Nummer $\mathfrak{l}$ ersetzt.

Die Definition dieser Funktion unterscheidet sich nur geringfügig von derjenigen der Funktion $st_1(m, k, l)$, nämlich sie erfolgt mittels folgender Alternative: „Wenn $m = k$ und $k = q \cdot p$, wobei $q = 1$ oder $q = 2$ oder $q = 10$ und p eine Primzahl $\geqq 7$ ist, so ist

$$st^*(m, k, l) = l.$$

Wenn $m = 2^a \cdot 5 \cdot n$, wobei n durch keine der Zahlen 2, 3, 5 teilbar und ferner keine Primzahl ist, so ist

$$st^*(m, k, l) = 2^a \cdot 5 \cdot \prod_{x<m} \wp_x^{st^*(\nu(n,x),k,l)}.$$

Wenn $m = q \cdot 25 \cdot p^a$, q Teiler von 4 und p eine Primzahl $\geqq 7$ ist, so ist

$$st^*(m, k, l) = q \cdot 25 \cdot \left(st^*(p, k, l)\right)^{st^*(a,k,l)}.$$

Wenn $m = 3 \cdot n$ und $n \neq 0$, so ist

$$st^*(m, k, l) = 3 \cdot st^*(n, k, l).$$

In allen übrigen Fällen ist

$$st^*(m, k, l) = m.\text{"}$$

---

[1] Vgl. S. 295.

[2] Vgl. S. 235.

Aus der Funktion $st^*(m, k, l)$ erhalten wir eine Funktion $\mathfrak{s}(k, l)$ von der gewünschten Beschaffenheit, indem wir setzen:

$$\mathfrak{s}(k, l) = st^*(k, 14, 2 \cdot 3^l).$$

Von der Funktion $st^*(m, k, l)$ werden wir hernach noch Gebrauch zu machen haben. Wir wollen uns hier schon anmerken, daß für eine Ziffer $\mathfrak{m}$, welche Nummer eines Ausdrucks aus (Z_μ) ist, und eine Ziffer $\mathfrak{k}$, welche Nummer einer Individuenvariablen ist, die Formel

$$st^*(\mathfrak{m}, \mathfrak{k}, 2) \neq \mathfrak{m}$$

die rekursive Darstellung der Bedingung dafür ist, daß der Ausdruck mit der Nummer $\mathfrak{m}$ die Variable mit der Nummer $\mathfrak{k}$ enthält.

Bemerkung. Was die Darstellung der rekursiven Funktionen im Formalismus (Z_μ) betrifft, so können für diese Funktionen in (Z_μ) die gleichen Symbole genommen werden, wie wir sie in der rekursiven Zahlentheorie verwenden. Jedoch ist zu beachten, daß die arithmetische Darstellung, welche ein solches Funktionszeichen im Rahmen der Nummernzuordnung erhält, sich, wenn das Funktionszeichen nicht eines der Grundzeichen ist, an Hand einer expliziten Definition bestimmt, welche im allgemeinen nicht eine solche der rekursiven Zahlentheorie, sondern mit Hilfe des μ-Symbols gebildet ist.

Nachdem nun zwei von den in der Bedingung b_2) enthaltenen speziellen Forderungen[1] für den Formalismus (Z_μ) als erfüllt erwiesen sind, haben wir jetzt noch die Forderung zu betrachten, welche sich auf die Existenz einer rekursiven Formel $\mathfrak{B}(m, n)$ (mit m, n als einzigen Variablen) bezieht, von der Eigenschaft, daß eine Ziffer $\mathfrak{n}$ dann und nur dann die Nummer einer ableitbaren Formel ist, wenn sich eine Ziffer $\mathfrak{m}$ bestimmen läßt, für welche die Beziehung $\mathfrak{B}(\mathfrak{m}, \mathfrak{n})$ besteht.

Für den Formalismus (Z_μ) ist in bezug auf die von uns festgesetzte Nummernzuordnung nicht nur diese eben genannte Forderung erfüllt, sondern — entsprechend wie bei dem Prädikatenkalkul — auch die schärfere (in der Annahme b_1) enthaltene)[2] Bedingung, daß die Aussage „m ist die Nummer einer Folge von Ausdrücken, welche eine Ableitung des Ausdrucks mit der Nummer n bildet" sich durch eine rekursive Formel $\mathfrak{B}(m, n)$, mit m und n als einzigen Variablen, darstellt.

Der Nachweis erfordert eine Modifikation der entsprechenden Betrachtung, die wir für den Formalismus des Prädikatenkalkuls, mit Einbeziehung der Ziffern und der Funktionszeichen, ausgeführt haben.

Zu diesem Zweck kommt es in erster Linie darauf an, uns die Punkte zu vergegenwärtigen, in denen die Verhältnisse bei dem Formalismus (Z_μ) von denen bei dem zuvor behandelten Formalismus abweichen.

---

[1] Vgl. S. 295.
[2] Vgl. S. 280f.

Ein bemerkenswerter Unterschied besteht zunächst darin, daß wir die Begriffe „Term" und „Formel" für den Formalismus (Z_μ) nicht getrennt definieren können, weil ja die Eigenschaft eines Ausdrucks $\mu_{\mathfrak{x}}\mathfrak{A}(\mathfrak{x})$, ein Term zu sein, davon abhängt, daß der Ausdruck $\mathfrak{A}(c)$ eine Formel ist.

Wir müssen also die rekursive Definition der beiden Prädikate „n ist Nummer eines Terms", „n ist Nummer einer Formel", auf einmal ausführen. Hierzu bedarf es aber nicht einer simultanen Rekursion für zwei Prädikate, sondern wir können eine rekursive Definition aufstellen, für das Prädikat „n ist Nummer eines Terms oder einer Formel", wobei wir uns den Umstand zunutze machen, daß auf Grund unserer Nummernzuordnung für (Z_μ) eine Zahl, auf welche dieses Prädikat zutrifft, die Nummer eines Terms ist, wenn sie nicht durch 10 teilbar ist, während sie die Nummer einer Formel ist, wenn sie durch 10 teilbar ist.

Eine weitere erhebliche Abweichung ergibt sich durch das Hinzutreten des Schemas der expliziten Definition sowie durch die Festsetzungen, die wir hinsichtlich der Darstellung der explizite definierten Symbole im Rahmen der Nummernzuordnung getroffen haben[1].

Außerdem tritt eine neuartige Komplikation dadurch auf, daß wir bei den Einsetzungen für die Formelvariablen der Formeln (μ_1'), (μ_3'), d. h. der Formeln

$$A(a) \to A(\mu_x A(x)), \qquad \overline{A(\mu_x A(x))} \to \mu_x A(x) = 0$$

zulassen müssen, daß (zwecks der Vermeidung von Kollisionen zwischen gebundenen Variablen) zugleich mit der Einsetzung gewisse Umbenennungen von gebundenen Variablen ausgeführt werden, entsprechend wie dieses bei den Einsetzungen für die Formelvariable der ε-Formel nötig war[2].

Die Modifikationen, welche durch die genannten Umstände für die Aufstellung der rekursiven Formel $\mathfrak{B}(m, n)$ verursacht werden, betreffen die rekursive Definition einer Formel $\mathfrak{S}(n)$, die das Prädikat „n ist Nummer eines Terms oder einer Formel" darstellt, ferner die rekursive Darstellung des Prädikats „n ist Nummer einer expliziten Definition" und schließlich die rekursive Darstellung des Prädikats „n ist die Nummer einer Formel, die durch Einsetzung, eventuell in Verbindung mit Umbenennungen gebundener Variablen, aus einer der Formeln (μ_1'), (μ_3') hervorgeht". Wir wollen die Ansätze dieser Definitionen genauer betrachten.

Für die Definition der Formel $\mathfrak{S}(n)$ führen wir zunächst folgende Bezeichnungen ein: es werde

$$\lambda_1(n) = \underset{x \leqq n}{\mathfrak{Min}}\, \wp_x / n$$

[1] Vgl. S. 308.

[2] Vgl. S. 13–14.

gesetzt, so daß für $n \geqq 2$ die Primzahl $\wp_{\lambda_1(n)}$ der kleinste Primteiler von n ist.

Ferner werde mit „$\mathfrak{C}(n)$“ die Formel

$$\lambda_1(n) > 3 \mathbin{\&} (x)\left(x < \lambda(n) \to (\wp_x / n \to \wp_{x+1}/n)\right)$$
$$\mathbin{\&} (x)\left[x \leqq n \to \left(x + \lambda_1(n) \leqq \lambda(n) \sim st^*\left(\lambda_1(n), 2 \cdot \wp_{x+3}, 2\right) \neq \lambda_1(n)\right)\right]$$

bezeichnet, die auf Grund ihrer Gestalt ein rekursives Prädikat darstellt. Auf eine Zahl n, für welche $\lambda_1(n)$ die Nummer eines Ausdrucks $\mathfrak{A}$ aus dem Formalismus (Z_μ) ist, trifft dieses Prädikat dann und nur dann zu, wenn erstens n ein Produkt von Potenzen aufeinanderfolgender Primzahlen $\wp_{\mathfrak{k}}, \wp_{\mathfrak{k}+1}, \ldots, \wp_{\mathfrak{k}+\mathfrak{r}}$ ist, deren kleinste > 7 ist, und wenn ferner in $\mathfrak{A}$ diejenigen und nur diejenigen freien Variablen vorkommen, deren Nummern die Zahlen $2 \cdot \wp_3, 2 \cdot \wp_4, \ldots, 2 \cdot \wp_{3+\mathfrak{r}}$ sind.

Außerdem ziehen wir wie früher[1] eine Funktion $st(m, k)$ heran, deren Definition sich jetzt durch die folgende Fallunterscheidung bestimmt:

„Wenn $m = 3^a \cdot k$ und k eine Primzahl $\geqq 7$ ist, so ist $st(m, k) = 2 \cdot 3^a$.

Wenn $m = 2^a \cdot 3^b \cdot 5^c \cdot n$, $c > 0$ und n durch keine der Zahlen 2, 3, 5 teilbar ist, so ist

$$st(m, k) = 2^a \cdot 3^b \cdot 5^c \cdot \prod_{x < m} \wp_x^{st(\nu(n, x), k)};$$

in allen übrigen Fällen ist $st(m, k) = m$.“

Diese Funktion hat für (Z_μ) die entsprechende Eigenschaft wie die gleichbenannte Funktion für den früher betrachteten Formalismus, daß nämlich ihr Wert $st(\mathfrak{m}, \mathfrak{k})$ für eine Ziffer $\mathfrak{m}$, welche die Nummer eines Ausdrucks $\mathfrak{A}$ ist, und für eine Ziffer $\mathfrak{k}$, welche die Nummer einer gebundenen Variablen $\mathfrak{x}$ ist, gleich der Nummer desjenigen [nicht notwendig dem Formalismus (Z_μ) angehörenden] Ausdrucks ist, den man aus $\mathfrak{A}$ erhält, indem man die Variable $\mathfrak{x}$ allenthalben, ausgenommen da, wo sie als figürlicher Bestandteil eines Allzeichens $(\mathfrak{x})$ oder eines Seinszeichens $(E\mathfrak{x})$ oder als Index eines μ-Symbols auftritt, durch die Ziffer 0 ersetzt.

Nunmehr legen wir uns die Definition des Prädikats $\mathfrak{S}(n)$ zunächst in inhaltlich metamathematischer Form zurecht. Terme und Formeln sind folgende Ausdrücke:

a) die Ziffer 0, freie Individuenvariablen, Formelvariablen ohne Argument,

b) ein mit dem Strichsymbol versehener Term, eine mit dem Negationszeichen versehene Formel,

c) Formelvariablen mit Termen als Argumenten,

d) die Symbole $+, \cdot, =, \leqq, <$ mit Termen als Argumenten,

e) die durch eine explizite Definition eingeführten Funktionszeichen und Prädikatensymbole mit Termen als Argumenten,

---

[1] Vgl. S. 228f.

f) eine Konjunktion, Disjunktion, Implikation, Äquivalenz gebildet aus Formeln,

g) ein Ausdruck $(\mathfrak{x})\mathfrak{A}(\mathfrak{x})$, $(E\mathfrak{x})\mathfrak{A}(\mathfrak{x})$, $\mu_{\mathfrak{x}}\mathfrak{A}(\mathfrak{x})$, wobei $\mathfrak{A}(\mathfrak{x})$ ein Ausdruck ist, der die Variable $\mathfrak{x}$, jedoch nicht im Bereiche eines zu ihr gehörigen Quantors oder eines zu ihr gehörigen μ-Symbols enthält, und von der Eigenschaft, daß $\mathfrak{A}(0)$ eine Formel ist.

Die im Fall g) für den Ausdruck $\mathfrak{A}(\mathfrak{x})$ bestehenden Bedingungen lassen sich auch so formulieren: wenn die Variable $\mathfrak{x}$ überall durch 0 ersetzt wird, außer wo sie als figürlicher Bestandteil eines Allzeichens $(\mathfrak{x})$ oder eines Seinszeichens $(E\mathfrak{x})$ oder als Index eines μ-Symbols auftritt, so entsteht aus $\mathfrak{A}(\mathfrak{x})$ eine Formel, und diese ist von $\mathfrak{A}(\mathfrak{x})$ verschieden.

Den aufgezählten möglichen Arten von Termen und Formeln entsprechen die folgenden Möglichkeiten des Zutreffens des Prädikats $\mathfrak{S}(n)$ auf eine Zahl n:

a) $n = 2$ oder n ist das doppelte oder das 10fache einer Primzahl $\geqq 7$;

b) $n = 3 \cdot m,\ m \neq 0$ und $\mathfrak{S}(m)$;

c) $n = 10 \cdot m$, wobei $\lambda_1(m) \geqq 3$ und für jede Zahl $x < m$ entweder $\nu(m, x) = 0$ oder $\mathfrak{S}(\nu(m, x))\ \&\ \overline{10/\nu(m, x)}$;

d) n hat eine der Formen $5 \cdot 11^a \cdot 13^b$, $5 \cdot 11^a \cdot 17^b$, $70 \cdot 11^a \cdot 13^b$, $70 \cdot 11^a \cdot 17^b$, $70 \cdot 13^a \cdot 17^b$; wobei jeweils $\mathfrak{S}(a)$, $\mathfrak{S}(b)$, $\overline{10/a}$, $\overline{10/b}$;

e) $n = q \cdot 5 \cdot m$, wobei $q = 1$, falls $\overline{10/\lambda_1(m)}$, $q = 14$, falls $10/\lambda_1(m)$, ferner $\mathfrak{C}(m)$, $\mathfrak{S}(\lambda_1(m))$ und für jede Zahl $x < m$ entweder $\nu(m, x) = 0$ oder $\mathfrak{S}(\nu(m, x))\ \&\ \overline{10/\nu(m, x)}$;

f) $n = q \cdot 20 \cdot 7^a \cdot 11^b$, q Teiler von 8 und $\mathfrak{S}(a)$, $\mathfrak{S}(b)$, $10/a$, $10/b$;

g) $n = q \cdot 25 \cdot p^a$, q Teiler von 4, p eine Primzahl $\geqq 7$, $st(a, p) \neq a$, $\mathfrak{S}(st(a, p))$ und $10/st(a, p)$.

Aus dieser 7-gliedrigen Alternative, die sich ohne weiteres auch in vollständig formalisierte Gestalt bringen läßt, erhalten wir eine Äquivalenz

$$\mathfrak{S}(n) \sim \mathfrak{A}_1(n) \vee \mathfrak{A}_2(n) \vee \ldots \vee \mathfrak{A}_7(n),$$

aus der wir auf die früher dargelegte Art[1] eine rekursive Definition einer einstelligen Funktion $\mathfrak{f}(n)$ gewinnen, durch die sich das Prädikat $\mathfrak{S}(n)$ in der Form

$$\mathfrak{f}(n) = 0$$

darstellt.

[Für das Zustandekommen dieser rekursiven Definition ist das Bestehen der Beziehungen

$$\nu(m, k) < m, \qquad \lambda_1(m) < m \qquad \text{für} \qquad m \neq 0, \qquad st(a, p) < p^a$$

wesentlich.]

Mit der rekursiven Definition des Prädikats $\mathfrak{S}(n)$ erhalten wir eine Darstellung der Begriffe „Term" und „Formel" durch rekursive Formeln;

---

[1] Vgl. S. 225f.

nämlich die Aussage „n ist Nummer eines Terms" stellt sich dar durch die Formel $\mathfrak{S}(n) \,\&\, \overline{10/n}$, die Aussage „$n$ ist Nummer einer Formel" durch die Formel $\mathfrak{S}(n) \,\&\, 10/n$.

Ändern wir die Definition von $\mathfrak{S}(n)$ dadurch ab, daß wir bei dem Fall a) auch zulassen, daß n selbst eine Primzahl $\geqq 7$ ist, oder formal ausgedrückt: daß wir in dem Glied $\mathfrak{A}_1(n)$ den Ausdruck $Pr(n) \,\&\, n \geqq 7$ disjunktiv anfügen und überall, wo ein Ausdruck $\mathfrak{S}(\mathfrak{t})$ steht, statt dessen „$\mathfrak{S}_1(\mathfrak{t})$" setzen, so erhalten wir die rekursive Definition eines Prädikats $\mathfrak{S}_1(n)$, welches auf eine Zahl n dann und nur dann zutrifft, wenn sie die Nummer einer „termartigen" oder „formelartigen" Ausdrucks ist, d. h. eines solchen Ausdrucks, der entweder selbst ein Term oder eine Formel ist oder aus einem Term oder einer Formel hervorgeht, indem eine oder mehrere freie Variablen durch gebundene Variablen ersetzt werden.

Die Formel $\mathfrak{S}_1(n) \,\&\, \overline{10/n}$ stellt die Aussage dar „n ist die Nummer eines termartigen Ausdrucks", die Formel $\mathfrak{S}_1(n) \,\&\, 10/n$ die Aussage „n ist die Nummer eines formelartigen Ausdrucks".

Lassen wir andererseits in der Definition von $\mathfrak{S}(n)$ bei dem Fall a) nur die Möglichkeit $n = 2$ zu und schalten wir außerdem den Fall c) aus (so daß an Stelle der Formel $\mathfrak{A}_1(n)$ die Gleichung $n = 2$ tritt und die Formel $\mathfrak{A}_3(n)$ in der Disjunktion $\mathfrak{A}_1(n) \vee \ldots \vee \mathfrak{A}_7(n)$ wegfällt, so gelangen wir zu einer rekursiven Formel $\mathfrak{S}_2(n)$, welche die Aussage darstellt „n ist die Nummer eines Terms oder einer Formel ohne freie Variable".

Da im Formalismus (Z_μ) jeder Term ohne freie Variable ein zahlbestimmender Ausdruck ist, d. h. ein solcher Ausdruck, welcher eine eindeutige Festlegung einer bestimmten Zahl formalisiert, und umgekehrt auch jeder solcher Ausdruck in (Z_μ) ein Term ohne freie Variable ist, so wird für den Formalismus (Z_μ) mit Bezug auf unsere Nummernzuordnung die Eigenschaft einer Zahl n, Nummer eines zahlbestimmenden Ausdrucks zu sein, durch das rekursive Prädikat

$$\mathfrak{S}_2(n) \,\&\, \overline{10/n}$$

dargestellt. Der Formalismus (Z_μ) erfüllt somit die Bedingung, die wir an einer früheren Stelle dieses Paragraphen[1] mit „c*)" bezeichnet haben.

Noch eine bemerkenswerte Modifikation der Definition von $\mathfrak{S}(n)$ ergibt sich, indem wir wiederum $\mathfrak{A}_3(n)$ weglassen und für $\mathfrak{A}_1(n)$ die Formel $n = 2 \vee \big(2/n \,\&\, Pr(\pi(n, 2)) \,\&\, n \geqq 14\big)$ nehmen. Wir gelangen so zu einer rekursiven Darstellung der Begriffe „Formel ohne Formelvariable", „Term ohne Formelvariable".

Mit Hilfe der Formel $\mathfrak{C}(n)$, die wir bei der Definition von $\mathfrak{S}(n)$ benutzt haben[2], erhalten wir nun auch leicht die rekursive Darstellung der Aussage „n ist die Nummer einer expliziten Definition"; diese läßt sich

---

[1] Vgl. S. 275.

[2] Vgl. S. 313.

zunächst folgendermaßen disjunktiv zerlegen: „n ist die Nummer einer expliziten Definition eines Funktionszeichens oder n ist die Nummer einer expliziten Definition eines Prädikatensymbols." Um die Formeln zur Darstellung der beiden disjunktiven Bestandteile kürzer angeben zu können, nehmen wir „$\mathfrak{C}_1(n)$" als Zeichen zur Mitteilung für die rekursive Formel:

$$(y)\left(y \leq \lambda(n) \& \lambda_1(n) \leq y \rightarrow \nu(n, y) = 2 \cdot \wp_{\delta(y+3,\, \lambda_1(n))}\right),$$

welche für $n \geq 2$ zum Ausdruck bringt, daß in der Primfaktorenzerlegung von n die sämtlichen Primzahlen von $\wp_{\lambda_1(n)}$ bis $\wp_{\lambda(n)}$ auftreten, und zwar der Reihe nach mit den Exponenten $2 \cdot \wp_3,\ 2 \cdot \wp_4, \ldots, 2 \cdot \wp_{\delta(\lambda(n), \lambda_1(n))+3}$.

Es wird nun die Aussage „n ist die Nummer einer expliziten Definition eines Funktionszeichens" dargestellt durch die Formel:

$$n = 70 \cdot 11^{\nu(n,4)} \cdot 13^{\nu(n,5)} \& \mathfrak{S}(\nu(n, 5)) \& \overline{10/\nu(n, 5)}$$
$$\& (E x)\{x < n \& \nu(n, 4) = 5 \cdot x \& \nu(n, 5) = \lambda_1(x) \& \mathfrak{C}(x) \& \mathfrak{C}_1(x)\},$$

und die Aussage „n ist die Nummer einer expliziten Definition eines Prädikatensymbols" stellt sich dar durch die Formel

$$n = 160 \cdot 7^{\nu(n,3)} \cdot 11^{\nu(n,4)} \& \mathfrak{S}(\nu(n, 4)) \& 10/\nu(n, 4)$$
$$\& (E x)\{x < n \& \nu(n, 3) = 70 \cdot x \& \nu(n, 4) = \lambda_1(x) \& \mathfrak{C}(x) \& \mathfrak{C}_1(x)\}.$$

Jetzt bleibt von den zu betrachtenden rekursiven Definitionen, die bei dem Formalismus (Z_μ) — gegenüber dem im § 4 behandelten Formalismus — einen neuen Ansatz erfordern, noch diejenige des Prädikats „n ist die Nummer einer Formel, die durch Einsetzung, eventuell in Verbindung mit Umbenennungen gebundener Variablen, aus einer der Formeln (μ_1'), (μ_3') hervorgeht".

Zu ihrer Aufstellung führen wir zunächst ein Prädikat „$\Psi_2(s)$" ein, mittels dessen wir, unter Benutzung der Funktion $\sigma(a, b)$ und ihrer Umkehrungsfunktionen[1] σ_1, σ_2 die Beziehung zwischen zwei termartigen oder formelartigen Ausdrücken darstellen, welche in der Übereinstimmung abgesehen von der Benennung der gebundenen Variablen besteht. Dieses geschieht auf entsprechende Weise, wie wir zuvor durch das Prädikat $\Psi_1(s)$ die Beziehung zwischen zwei Formeln dargestellt haben, von denen die zweite aus der ersten durch Umbenennung einer gebundenen Variablen (im Bereich eines Quantors) hervorgeht[2].

Die rekursive Definition von $\Psi_2(s)$ ergibt sich aus der Bestimmung, daß dieses Prädikat auf eine Zahl s dann und nur dann zutreffen soll, wenn zunächst $\mathfrak{S}_1(\sigma_1(s)) \& \mathfrak{S}_1(\sigma_2(s))$ zutrifft und ferner mindestens einer der folgenden Fälle vorliegt:

a) $\sigma_1(s) = \sigma_2(s)$;

b) $\sigma_1(s) = 25 \cdot q \cdot p^a$,

[1] Vgl. S. 221.

[2] Vgl. S. 236—237.

wobei q ein Teiler von 4 ist, p, l Primzahlen $\geqq 7$ sind und

$$st^*(\sigma_1(s), p, l) = \sigma_2(s);$$

c) für $k \leqq 2$ ist

$$\nu(\sigma_1(s), k) = \nu(\sigma_2(s), k),$$

und für $3 \leqq k < s$ gilt

$$\Psi_2\big(\sigma\big(\nu(\sigma_1(s), k), \nu(\sigma_2(s), k)\big)\big).$$

Mit Hilfe der rekursiven Formel $\Psi_2(s)$ sind wir nun imstande, die Aussage „n ist die Nummer einer aus (μ_1') oder aus (μ_3') durch Einsetzung, eventuell in Verbindung mit Umbenennung gebundener Variablen, hervorgehenden Formel“ rekursiv darzustellen.

Nämlich diese Aussage ist gleichbedeutend mit der folgenden: „Es gibt Zahlen u, v, die kleiner als n und Nummern von Formeln $\mathfrak{A}(a)$, $\mathfrak{B}(a)$ sind, welche die Variable a, dagegen nicht die Variable x enthalten, welche keine gebundene Variable gemeinsam haben, sich aber voneinander höchstens durch die Benennung gebundener Variablen unterscheiden, und n ist die Nummer von einer der Formeln

$$\mathfrak{A}(a) \rightarrow \mathfrak{A}(\mu_x \mathfrak{B}(x)), \qquad \overline{\mathfrak{A}}(\mu_x \mathfrak{B}(x)) \rightarrow \mu_x \mathfrak{B}(x) = 0.\text{“}$$

Aus dieser Formulierung erhalten wir mit Hilfe der Formeln $\mathfrak{S}(n)$, $\Psi_2(s)$ und der Funktion $st^*(m, k, l)$ die formale Darstellung

$$\begin{aligned} &(E u)\,(E v)\,\{u < n \;\&\; v < n \;\&\; \mathfrak{S}(u) \;\&\; \mathfrak{S}(v) \;\&\; st^*(u, 14, 2) \neq u \\ &\quad \& \; st^*(v, 14, 2) \neq v \;\&\; st^*(u, 7, 2) = u \;\&\; st^*(v, 7, 2) = v \\ &\quad \& \; (z)\big(z < n \;\&\; 3 \leqq z \rightarrow st^*(u, \wp_z, 2) = u \vee st^*(v, \wp_z, 2) = v\big) \\ &\quad \& \; \Psi_2(\sigma(u, v)) \;\&\; [n = 80 \cdot 7^u \cdot 11^{st^*(u, 14, 25 \cdot 7^{st^*(v, 14, 7)})} \\ &\qquad \vee \, n = 80 \cdot 7^{3 \cdot st^*(u, 14, 25 \cdot 7^{st^*(v, 14, 7)})} \cdot 11^{70 \cdot 11^{25 \cdot 7\, st^*(v, 14, 7)} \cdot 13^2}]\}. \end{aligned}$$

Diese Formel aber ist, wie man aus ihrer Gestalt ersieht, in eine Gleichung $\mathfrak{f}(n) = 0$, mit einer rekursiven einstelligen Funktion $\mathfrak{f}(n)$ überführbar.

Durch eine leichte Modifikation dieser Formel erhält man auch eine rekursive Darstellung des zweistelligen Prädikates „m ist die Nummer einer der Formeln (μ_1'), (μ_3'), und n die Nummer einer Formel, die aus derjenigen mit der Nummer m durch eine Einsetzung für die Formelvariable, eventuell in Verbindung mit der Umbenennung einer oder mehrerer gebundener Variablen hervorgeht“.

Nunmehr können wir daran gehen, die in der Bedingung b_2) geforderte rekursive Formel $\mathfrak{B}(m, n)$ aufzustellen, durch welche die Aussage formalisiert wird: „m ist die Nummer einer Formelreihe, welche eine Ableitung in (Z_μ) für die Formel mit der Nummer n bildet.“

Diese Aussage besagt genauer folgendes:

Für jede Zahl $x \leqq \lambda(m)$ ist $\nu(m, x)$ Nummer einer Formel, ferner ist $\nu(m, \lambda(m)) = n$, und für jede der Zahlen $x \leqq \lambda(m)$ besteht folgende Alternative:

a) $\nu(m, x)$ ist die Nummer einer identischen Formel des Aussagenkalkuls,

b) $\nu(m, x)$ ist die Nummer einer der Formeln (a), (b) des Prädikatenkalkuls oder eines der Axiome des Formalismus (Z_μ),

c) $\nu(m, x)$ ist die Nummer einer expliziten Definition eines Funktionszeichens oder eines Prädikatensymbols,

d) $x \neq 0$ und die Formel mit der Nummer $\nu(m, x)$ geht aus derjenigen mit der Nummer $\nu(m, \delta(x))$ durch eine Einsetzung für eine Individuenvariable oder für eine Formelvariable ohne Argument hervor,

e) $x \neq 0$ und die Formel mit der Nummer $\nu(m, x)$ geht aus derjenigen mit der Nummer $\nu(m, \delta, (x))$ durch eine Einsetzung für eine Formelvariable mit einem oder mehreren Argumenten hervor,

f) $x \neq 0$ und die Formel mit der Nummer $\nu(m, x)$ geht aus der Formel mit der Nummer $\nu(m, \delta(x))$ durch Umbenennung einer oder mehrerer gebundener Variablen hervor,

g) $x \neq 0$, $\nu(m, \delta(x))$ ist die Nummer einer der Formeln (μ_1'), (μ_3') und die Formel mit der Nummer $\nu(m, x)$ geht aus dieser durch eine Einsetzung für die Formelvariable, verbunden mit der Umbenennung einer oder mehrerer gebundener Variablen hervor,

h) $x \neq 0$ und die Formel mit der Nummer $\nu(m, x)$ geht aus derjenigen mit der Nummer $\nu(m, \delta(x))$ gemäß einem der Schemata (α), (β) hervor,

i) $x > 1$ und die Formel mit der Nummer $\nu(m, x)$ wird aus den Formeln mit den Nummern $\nu(m, \delta(x, 1))$, $\nu(m, \delta(x, 2))$ durch das Schlußschema erhalten,

k) es gibt eine Zahl $y < x$, für welche die Formeln mit den Nummern $\nu(m, y)$, $\nu(m, x)$ übereinstimmen.

Betrachten wir nun die 10 Glieder a) bis k) der Alternative in Hinsicht auf ihre rekursive Darstellbarkeit. Wir können hierfür großenteils die rekursiven Darstellungen der entsprechenden Beziehungen übernehmen, wie sie sich uns zuvor für den Formalismus des Prädikatenkalkuls mit Einschluß der Ziffern und der Funktionszeichen ergaben. Nur sind dabei jetzt allenthalben die neuen, dem Formalismus (Z_μ) angepaßten Definitionen der Begriffe „Formel", „Term", „termartiger Ausdruck" an Stelle der früheren einzutragen, und die Funktion $st_1(m, k, l)$ ist durch die Funktion $st^*(m, k, l)$ zu ersetzen. So erhalten wir die Darstellungen für die Glieder a), d), e), h), i). Für die Glieder c) und g) haben wir eben zuvor rekursive Darstellungen bestimmt; das Glied f) stellt sich dar durch den Ausdruck

$$x \neq 0 \mathbin{\&} \nu(m, x) \neq \nu(m, \delta(x)) \mathbin{\&} \Psi_2(\sigma(\nu(m, x), \nu(m, \delta(x)))),$$

das Glied k) durch den Ausdruck

$$(E y)(y < x \mathbin{\&} \nu(m, x) = \nu(m, y));$$

und das Glied b) wird dargestellt durch eine Disjunktion

$$\nu(m, x) = \mathfrak{n}_1 \vee \nu(m, x) = \mathfrak{n}_2 \vee \ldots \vee \nu(m, x) = \mathfrak{n}_{16},$$

worin $\mathfrak{n}_1$, $\mathfrak{n}_2$ die Nummern der Formeln (a), (b) des Prädikatenkalkuls, $\mathfrak{n}_3$, $\mathfrak{n}_4$ die Nummern der Gleichheitsaxiome, $\mathfrak{n}_5$, $\mathfrak{n}_6$, $\mathfrak{n}_7$ die Nummern der drei Zahlaxiome, $\mathfrak{n}_8$, $\mathfrak{n}_9$, $\mathfrak{n}_{10}$, $\mathfrak{n}_{11}$ die Nummern der Rekursionsgleichungen für Addition und Multiplikation, $\mathfrak{n}_{12}$, $\mathfrak{n}_{13}$ die Nummern der Formeln für $\leq$, $<$ und $\mathfrak{n}_{14}$, $\mathfrak{n}_{15}$, $\mathfrak{n}_{16}$ die Nummern der Formeln (μ_1'), (μ_2'), (μ_3') sind.

Tragen wir die erhaltenen Ausdrücke für die Glieder a) bis k) ein, so ergibt sich als Formalisierung der durch die gesuchte Formel $\mathfrak{B}(m, n)$ darzustellenden Aussage zunächst eine Formel

$$\nu(m, \lambda(m)) = n \mathbin{\&} (x)\big(x \leq \lambda(m) \to \mathfrak{S}(\nu(m, x)) \mathbin{\&} 10 \,|\, \nu(m, x) \mathbin{\&} \mathfrak{D}(m, x)\big),$$

wobei $\mathfrak{D}(m, k)$ eine Disjunktion mit m, k als einzigen freien Variablen ist, deren Glieder in rekursive Formeln überführbar sind. Aus der Gestalt dieser Formel, die wir mit „$\mathfrak{B}^*(m, n)$" bezeichnen wollen, ist nun ersichtlich, daß sie sich in eine rekursive Formel überführen läßt, und zwar eine solche, in der m und n die einzigen vorkommenden Variablen sind; damit ist dann die gewünschte Formel $\mathfrak{B}(m, n)$ gewonnen.

Die Bedingung b_2) ist demnach für den Formalismus (Z_μ) in allen Teilen als erfüllt erkannt.

Für das Folgende wollen wir uns noch anmerken, daß die in der Formel $\mathfrak{B}^*(m, n)$ auftretende Disjunktion $\mathfrak{D}(m, x)$ die Gestalt hat:

$$\begin{aligned} &\mathfrak{D}_1(\nu(m, x)) \vee \big(x \neq 0 \mathbin{\&} \mathfrak{D}_2(\nu(m, x), \nu(m, \delta(x)))\big) \\ &\qquad \vee \big(0' < x \mathbin{\&} \mathfrak{D}_3(\nu(m, x), \nu(m, \delta(x, 1)), \nu(m, \delta(x, 2)))\big) \\ &\qquad \vee (E y)\big(y < x \mathbin{\&} \nu(m, x) = \nu(m, y)\big). \end{aligned}$$

Dabei sind $\mathfrak{D}_1(a)$, $\mathfrak{D}_2(a, b)$, $\mathfrak{D}_3(a, b, c)$ Formeln aus (Z_μ), die sich in rekursive Formeln überführen lassen. Die Formel $\mathfrak{D}_2(a, b)$ enthält als Disjunktionsglied die Formel

$$(E y)(E z)\{y < b \mathbin{\&} z < a \mathbin{\&} Pr(y) \mathbin{\&} 7 \leq y \mathbin{\&} \mathfrak{S}(z) \mathbin{\&} \overline{10/z} \mathbin{\&} a = st^*(b, 2y, z)\};$$

$\mathfrak{D}_3(a, b, c)$ ist die Gleichung $b = 80 \cdot 7^a \cdot 11^c$.

d) Erfüllung der Ableitbarkeitsforderungen durch den Formalismus (Z_μ). Wir müssen uns nun noch klar machen, daß der Formalismus (Z_μ) mit Bezug auf die Nummernzuordnung, die wir für ihn festgelegt haben, und die an Hand dieser Nummernzuordnung bestimmte Formel $\mathfrak{B}(m, n)$ den drei Ableitbarkeitsforderungen genügt, die als Voraussetzungen in dem zweiten Gödelschen Unableitbarkeitstheorem auftreten[1].

Betrachten wir zunächst die ersten beiden dieser Ableitbarkeitsforderungen; sie besagen, für den Formalismus (Z_μ) ausgesprochen:

1. Wenn aus der Formel mit der Nummer $\mathfrak{k}$ die Formel mit der Nummer $\mathfrak{l}$ ableitbar ist, so ist in (Z_μ) die Formel

$$(E x)\,\mathfrak{B}(x, \mathfrak{k}) \to (E x)\,\mathfrak{B}(x, \mathfrak{l})$$

ableitbar.

[1] Vgl. S. 295.

2. Die Formel

$$(E\,x)\,\mathfrak{B}\big(x,\,\mathfrak{e}(k)\big) \to (E\,x)\,\mathfrak{B}\big(x,\,\mathfrak{e}(\mathfrak{s}(k,l))\big)$$

ist in (Z_μ) ableitbar.

Dabei ist auf Grund unserer Nummernzuordnung für $\mathfrak{e}(k)$ die Funktion $3 \cdot k$, für $\mathfrak{s}(k,l)$ die Funktion $st^*(k, 14, 2 \cdot 3^l)$ zu setzen[1].

Zur Feststellung dieser geforderten Ableitbarkeiten schicken wir zwei Bemerkungen voraus: Erstens sei darauf hingewiesen, daß wir für die Betrachtungen von Ableitungen in (Z_μ) die Formel $\mathfrak{B}(m,n)$ allenthalben durch die Formel $\mathfrak{B}^*(m,n)$ ersetzen können, die ja in jene überführbar ist. Ferner bemerken wir, daß durch eine kleine Abänderung der Formel $\mathfrak{B}^*(m,n)$ eine Darstellung der Aussage gewonnen wird „m ist eine Formelreihe, welche eine Ableitung in (Z_μ), unter Hinzunahme der Formel mit der Nummer k als Ausgangsformel, für die Formel mit der Nummer n bildet". Diese Aussage wird nämlich dargestellt durch die Formel

$$\nu\big(m,\lambda(m)\big) = n \,\&\, (x)\big(x \leq \lambda(m) \to \mathfrak{S}(\nu(m,x)) \,\&\, 10/\nu(m,x) \\ \&\, (\mathfrak{D}(m,x) \vee \nu(m,x) = k)\big).$$

Diese Formel, welche mit „$\mathfrak{B}^*(m,k,n)$" bezeichnet werde, läßt sich wiederum überführen in eine rekursive Formel $\mathfrak{B}(m,k,n)$, worin m, k, n die einzigen Variablen sind.

Betrachten wir nun die erste Ableitbarkeitsforderung. Bei dieser besteht die Voraussetzung, daß wir aus der Formel mit der Nummer $\mathfrak{k}$ die Formel mit der Nummer $\mathfrak{l}$ ableiten können[2]. Eine solche Ableitung werde von der Formelreihe mit der Nummer $\mathfrak{m}$ gebildet. Dann stellt die variablenlose rekursive Formel $\mathfrak{B}(\mathfrak{m},\mathfrak{k},\mathfrak{l})$ eine zutreffende Zahlenbeziehung dar, und diese Formel ist dann auch in (Z_μ) ableitbar.

Die verlangte Ableitbarkeit ist die der Formel

$$(E\,x)\,\mathfrak{B}(x,\mathfrak{k}) \to (E\,x)\,\mathfrak{B}(x,\mathfrak{l}).$$

Um diese Formel als ableitbar zu erweisen, genügt es nach dem eben Bemerkten, die Ableitbarkeit der Formel

$$(E\,x)\,\mathfrak{B}(x,\mathfrak{k}) \,\&\, \mathfrak{B}(\mathfrak{m},\mathfrak{k},\mathfrak{l}) \to (E\,x)\,\mathfrak{B}(x,\mathfrak{l})$$

oder auch diejenige der Formel

$$(E\,x)\,\mathfrak{B}^*(x,\mathfrak{k}) \,\&\, \mathfrak{B}^*(\mathfrak{m},\mathfrak{k},\mathfrak{l}) \to (E\,x)\,\mathfrak{B}^*(x,\mathfrak{l})$$

festzustellen.

Es ist aber sogar die Formel

$$(E\,x)\,\mathfrak{B}^*(x,k) \,\&\, \mathfrak{B}^*(m,k,l) \to (E\,x)\,\mathfrak{B}^*(x,l)$$

---

[1] Vgl. S. 310–311.

[2] Unter „Ableitung" und „Unableitbarkeit" soll bei diesen Betrachtungen, welche sich auf die Ableitbarkeitsforderungen beziehen, stets, wo nichts anderes bemerkt ist, Ableitung bzw. Unableitbarkeit *im Formalismus* (Z_μ) verstanden werden.

mit Variablen m, k, l, an Stelle der Ziffern $\mathfrak{m}, \mathfrak{k}, \mathfrak{l}$ ableitbar. Nämlich man erhält diese mittels des Prädikatenkalkuls aus der Formel

$$\mathfrak{B}^*(n, k) \mathbin{\&} \mathfrak{B}^*(m, k, l) \to \mathfrak{B}^*\Big(n \cdot \prod_{x \leqq \lambda(m)} \wp_{\lambda(n)+x'}^{\nu(m,x)}, l\Big),$$

und diese Formel wiederum, welche ja die Form

$$\mathfrak{B}^*(n, k) \mathbin{\&} \mathfrak{B}^*(m, k, l) \to \mathfrak{B}^*\big(\mathfrak{t}(n, m), l\big)$$

hat, wobei „$\mathfrak{t}(n, m)$" den Term

$$n \cdot \prod_{x \leqq \lambda(m)} \wp_{\lambda(n)+x'}^{\nu(m,x)}$$

bezeichnet, ergibt sich auf Grund der Gestalt der Formeln $\mathfrak{B}^*(m, n)$ $\mathfrak{B}^*(m, k, n)$ mit Benutzung der ableitbaren Formeln

$$a \leqq \lambda(n) \to \nu\big(\mathfrak{t}(n, m), a\big) = \nu(n, a)$$
$$a \leqq \lambda(m) \to \nu\big(\mathfrak{t}(n, m), \lambda(n) + a'\big) = \nu(m, a)$$
$$\lambda\big(\mathfrak{t}(n, m)\big) = \lambda(n) + \big(\lambda(m)\big)'$$

und unter Berücksichtigung der (vor kurzem vermerkten)[1] Gestalt des Ausdrucks $\mathfrak{D}(m, x)$.

Es erweist sich somit die erste der betrachteten Ableitbarkeitsforderungen für den Formalismus (Z_μ) als erfüllt.

Was nun ferner die Ableitbarkeit der Formel

$$(E x)\, \mathfrak{B}(x, 3 \cdot k) \to (E x)\, \mathfrak{B}\big(x, 3 \cdot st^*(k, 14, 2 \cdot 3^l)\big)$$

betrifft, so ergibt sich diese Formel durch Einsetzung und durch Benutzung der (aus der Definition von $st^*(m, k, l)$ ableitbaren) Gleichung

$$st^*(3 \cdot m, k, l) = 3 \cdot st^*(m, k, l)$$

aus der Formel

$$(E x)\, \mathfrak{B}(x, k) \to (E x)\, \mathfrak{B}\big(x, st^*(k, 14, 2 \cdot 3^l)\big)$$

und daher auch aus der Formel

$$(E x)\, \mathfrak{B}^*(x, k) \to (E x)\, \mathfrak{B}^*\big(x, st^*(k, 14, 2 \cdot 3^l)\big);$$

diese wiederum ist mittels des Prädikatenkalkuls ableitbar aus der Formel

$$\mathfrak{B}^*(m, k) \to \mathfrak{B}^*\big(m \cdot \wp_{\lambda(m)+1}^{st^*(k, 14, 2 \cdot 3^l)}, st^*(k, 14, 2 \cdot 3^l)\big),$$

welche sich auf Grund der Gestalt der Formel $\mathfrak{B}^*(m, n)$, insbesondere unter Berücksichtigung der Gestalt des Ausdrucks $\mathfrak{D}(m, x)$, mit Hilfe der ableitbaren Formeln

$$\mathfrak{S}(2 \cdot 3^l), \quad \overline{10/2 \cdot 3^l}$$
$$st^*(k, n, l) \neq k \to n \leqq k$$
$$\mathfrak{S}(k) \mathbin{\&} 10/k \to \mathfrak{S}\big(st^*(k, 14, 2 \cdot 3^l)\big) \mathbin{\&} 10/st^*(k, 14, 2 \cdot 3^l)$$

ergibt[2].

[1] Vgl. S. 319.

[2] Zur Ableitung der genannten Formel gehe man von den rekursiven Definitionen der Funktion st^* und der Formel $\mathfrak{S}$ zu den Disjunktionen (Alternativen) zurück, aus denen diese Definitionen gewonnen wurden. Der weitere Gang der Ableitung erfolgt dann in enger Anlehnung an das inhaltliche zahlentheoretische Schließen.

Damit ist auch die zweite der Ableitbarkeitsforderungen als erfüllt erkannt.

Zugleich liefert das angewendete Ableitungsverfahren ein etwas allgemeineres Ergebnis, da die in der zweiten Argumentstelle der Funktion st^* auftretende Zahl 14 in der Ableitung durch die Nummer irgendeiner freien Individuenvariablen, d. h. durch das Doppelte irgendeiner Primzahl $\geqq 3$ vertreten werden kann. Es ergibt sich so für jede solche Primzahl $\mathfrak{p}$ die Ableitbarkeit der Formel

$$(E\,x)\,\mathfrak{B}(x, k) \rightarrow (E\,x)\,\mathfrak{B}\bigl(x, st^*(k, 2\cdot\mathfrak{p}, 2\cdot 3^l)\bigr).$$

Wenden wir uns nun zu der dritten Ableitbarkeitsforderung. Diese besagt für den Formalismus (Z_μ) und unsere Nummernzuordnung das folgende:

Ist $\mathfrak{f}(m)$ ein rekursiver Term, worin m als einzige Variable auftritt, und $\mathfrak{n}$ die Nummer der Gleichung $\mathfrak{f}(a) = 0$, so ist die Formel

$$\mathfrak{f}(m) = 0 \rightarrow (E\,x)\,\mathfrak{B}\bigl(x, st^*(\mathfrak{n}, 14, 2\cdot 3^m)\bigr)$$

in (Z_μ) ableitbar.

Aus dieser Fassung der Ableitbarkeitsforderung können wir zunächst die Funktion st^* eliminieren. Dazu gelangen wir auf Grund folgender Bemerkung:

Zu jedem Ausdruck $\mathfrak{A}(\mathfrak{a}_1, \ldots, \mathfrak{a}_\mathfrak{r})$ aus (Z_μ), worin $\mathfrak{a}_1, \ldots, \mathfrak{a}_\mathfrak{r}$ gewisse voneinander verschiedene auftretende freie Individuenvariablen sind, bestimmt sich durch unsere Nummernzuordnung ein elementar-arithmetischer Funktionsausdruck $\mathfrak{t}(\mathfrak{a}_1, \ldots, \mathfrak{a}_\mathfrak{r})$ von der Eigenschaft, daß der Wert von $\mathfrak{t}(\mathfrak{z}_1, \ldots, \mathfrak{z}_\mathfrak{r})$ für ein $\mathfrak{r}$-tupel von Ziffern $\mathfrak{z}_1, \ldots, \mathfrak{z}_\mathfrak{r}$ gleich der Nummer des Ausdrucks $\mathfrak{A}(\mathfrak{z}_1, \ldots, \mathfrak{z}_\mathfrak{r})$ ist.

Nämlich jede der Variablen $\mathfrak{a}_1, \ldots, \mathfrak{a}_\mathfrak{r}$ tritt, überall wo sie in $\mathfrak{A}(\mathfrak{a}_1, \ldots \mathfrak{a}_\mathfrak{r})$ vorkommt, — für sich oder mit einem oder mehreren Strichen versehen — als Argument entweder einer Formelvariablen oder eines Prädikatensymbols oder eines Funktionszeichens auf. Jedem solchem Auftreten der betreffenden Variablen $\mathfrak{a}_\mathfrak{i}$ in $\mathfrak{A}(\mathfrak{a}_1, \ldots, \mathfrak{a}_\mathfrak{r})$ entspricht bei der Nummernzuordnung das Auftreten der Nummer von $\mathfrak{a}_\mathfrak{i}$ — eventuell ein oder mehrmals mit 3 multipliziert — als Exponent einer Primzahl; und der Ersetzung der Variablen $\mathfrak{a}_\mathfrak{i}$ durch eine Ziffer $\mathfrak{z}_\mathfrak{i}$ entspricht die Ersetzung der Nummer von $\mathfrak{a}_\mathfrak{i}$ durch den Wert des Ausdrucks $2\cdot 3^{\mathfrak{z}_\mathfrak{i}}$. Demnach wird ein Ausdruck $\mathfrak{t}(\mathfrak{a}_1, \ldots, \mathfrak{a}_\mathfrak{r})$ von der angegebenen Eigenschaft in der Weise erhalten, daß wir den Aufbau der Formel $\mathfrak{A}(\mathfrak{a}_1, \ldots, \mathfrak{a}_\mathfrak{r})$ mittels der Nummernzuordnung nachbilden, dabei jedoch überall, wo eine der Variablen $\mathfrak{a}_\mathfrak{i}\,(\mathfrak{i} = 1, \ldots, \mathfrak{r})$, eventuell noch mit Strichen versehen, als Argument einer Formelvariablen eines Prädikatensymbols oder eines Funktionszeichens auftritt und wo dementsprechend in dem darstellenden arithmetischen Ausdruck die Nummer der Variablen $\mathfrak{a}_\mathfrak{i}$, eventuell mit einer Potenz von 3 multipliziert, als Exponent einer Primzahl auftritt, an Stelle der Nummer von $\mathfrak{a}_\mathfrak{i}$ den Ausdruck $2\cdot 3^{\mathfrak{a}_\mathfrak{i}}$ setzen.

Sei z. B. $\mathfrak{A}(a, b)$ die Implikation

$$c < a \rightarrow c < a'' + b\,,$$

so ist $\mathfrak{t}(a, b)$ der Ausdruck

$$80 \cdot 7^{70 \cdot 13^{26} \cdot 17^{2 \cdot 3''}} \cdot 11^{70 \cdot 13^{26} \cdot 17^{(5 \cdot 11^{9 \cdot 2 \cdot 3''} \cdot 13^{2 \cdot 3'})}}\,.$$

Wir wollen den in solcher Weise zu einem Ausdruck $\mathfrak{A}(\mathfrak{a}_1, \ldots, \mathfrak{a}_\mathfrak{r})$ aus (Z_μ) mit freien Individuenvariablen $\mathfrak{a}_1, \ldots, \mathfrak{a}_\mathfrak{r}$ durch die Nummernzuordnung bestimmten Funktionsausdruck $\mathfrak{t}(\mathfrak{a}_1, \ldots, \mathfrak{a}_\mathfrak{r})$ als den jenem Ausdruck $\mathfrak{A}(\mathfrak{a}_1, \ldots, \mathfrak{a}_\mathfrak{r})$ „in bezug auf die Variablen $\mathfrak{a}_1, \ldots, \mathfrak{a}_\mathfrak{r}$ zugeordneten arithmetischen Funktionsausdruck" bezeichnen. Dabei kann die Angabe „in bezug auf die Variablen $\mathfrak{a}_1, \ldots, \mathfrak{a}_\mathfrak{r}$" wegbleiben, wenn der betreffende Ausdruck aus (Z_μ) keine weitere freie Individuenvariable enthält.

Von dieser Begriffsbildung werden wir bei unserem Nachweis für die Erfüllung der dritten Ableitbarkeitsforderung[1] durch den Formalismus (Z_μ) fortgesetzt Gebrauch zu machen haben. Hier verwenden wir sie zunächst, um dieser Forderung eine andere Fassung zu geben, indem wir folgenden Umstand benutzen:

Ist $\mathfrak{r}$ die Nummer eines Ausdrucks aus (Z_μ), der die Variable c enthält, und $\mathfrak{g}(c)$ der diesem Ausdruck in bezug auf die Variable c zugeordnete arithmetische Funktionsausdruck, so ist in (Z_μ) die Gleichung

$$st^*(\mathfrak{r}, 14, 2 \cdot 3^c) = \mathfrak{g}(c)$$

ableitbar[2]. Auf Grund dieser Ableitbarkeit ist die betrachtete Ableitbarkeitsforderung gleichbedeutend mit der folgenden:

Ist $\mathfrak{f}(m)$ ein rekursiver Term, in dem m als einzige Variable auftritt, und $\mathfrak{g}(a)$ der durch unsere Nummernzuordnung der Gleichung $\mathfrak{f}(a) = 0$ (in bezug auf die Variable a) zugeordnete arithmetische Funktionsausdruck, so ist die Formel

$$\mathfrak{f}(m) = 0 \rightarrow (E\,x)\,\mathfrak{B}\big(x, \mathfrak{g}(m)\big)$$

in (Z_μ) ableitbar.

Um uns zunächst den Inhalt dieser Forderung an einem einfachen Beispiel zu verdeutlichen, nehmen wir für $\mathfrak{f}(m)$ den Term $m + 0$. Wir haben dann für $\mathfrak{g}(a)$ den Ausdruck

$$70 \cdot 11^{(5 \cdot 11^{2 \cdot 3^a} \cdot 13^2)} \cdot 13^2$$

zu nehmen. Gefordert wird nun die Ableitbarkeit der Formel

$$m + 0 = 0 \rightarrow (E\,x)\,\mathfrak{B}\big(x, \mathfrak{g}(m)\big).$$

Diese ist aber überführbar in die Formel

$$(E\,x)\,\mathfrak{B}\big(x, \mathfrak{g}(0)\big)\,,$$

also in

$$(E\,x)\,\mathfrak{B}(x, 70 \cdot 11^{5 \cdot 11^2 \cdot 13^2} \cdot 13^2)\,;$$

[1] Vgl. S. 295.

[2] Man überlegt sich dieses leicht an Hand der Definition von st^*; vgl. S. 310.

der Wert des Ausdrucks $70 \cdot 11^{5 \cdot 11^2 \cdot 13^2} \cdot 13^2$ ist die Nummer der Formel

$$0 + 0 = 0.$$

Wird diese mit $\mathfrak{n}$ bezeichnet, und mit $\mathfrak{m}$ die Nummer der Formelreihe, bestehend aus den beiden Formeln $a + 0 = a$, $0 + 0 = 0$ (von denen ja die erste eine Rekursionsgleichung für die Summe ist und die zweite aus der ersten durch Einsetzung für die Variable a hervorgeht) so ist die Formel $\mathfrak{B}^*(\mathfrak{m}, \mathfrak{n})$, und daher auch $\mathfrak{B}(\mathfrak{m}, \mathfrak{n})$ in (Z_μ) ableitbar.

Aus dieser aber erhält man

$$(E x)\, \mathfrak{B}(x, \mathfrak{n}).$$

Damit ist in diesem ganz speziellen Fall die Erfüllung der betrachteten Ableitbarkeitsforderung festgestellt.

Es kommt nun darauf an, zu erkennen, daß allgemein die geforderte Ableitbarkeit besteht. Vergegenwärtigen wir uns zunächst die Aussage, die durch eine Formel

$$\mathfrak{f}(m) = 0 \rightarrow (E x)\, \mathfrak{B}(x, \mathfrak{g}(m))$$

formalisiert wird, worin $\mathfrak{f}(m)$ ein rekursiver Term mit m als einziger Variablen und $\mathfrak{g}(a)$ der arithmetische Ausdruck ist, welcher der Formel $\mathfrak{f}(a) = 0$ in bezug auf die Variable a zugeordnet ist. Diese Aussage läßt sich so aussprechen: „Wenn für eine Ziffer $\mathfrak{z}$ der Wert des Terms $\mathfrak{f}(\mathfrak{z})$ gleich 0 ist, dann ist die Gleichung

$$\mathfrak{f}(\mathfrak{z}) = 0$$

in (Z_μ) ableitbar."

Daß dieser Satz inhaltlich zutrifft, ergibt sich folgendermaßen:

Eine jede Auswertung eines variablenlosen rekursiven Terms kann im Rahmen der rekursiven Zahlentheorie durch eine Ableitung der Gleichung formalisiert werden, die das Resultat der Auswertung angibt; diese Ableitung benutzt als Ausgangsformeln die Rekursionsgleichungen für die in dem Term, entweder direkt oder mittelbar auftretenden rekursiven Funktionen und die Gleichheitsaxiome. Dabei erfolgt die Verwendung dieser Formeln mit Hilfe von Einsetzungen und des Schlußschemas. Aus einer solchen Ableitung im Rahmen der rekursiven Zahlentheorie ergibt sich eine solche im Formalismus (Z_μ), indem für die benutzten Rekursionsgleichungen, soweit es nicht solche für die Summe oder das Produkt sind, ihre Ableitungen hinzugefügt werden. In der Tat werden ja die rekursiven Funktionen, mit Ausnahme von Summe und Produkt, im Formalismus (Z_μ) durch explizite Definitionen eingeführt, und es lassen sich, wie wir wissen, auf Grund dieser Definitionen die zu den Funktionen gehörigen Rekursionsgleichungen ableiten.

Die Aufgabe des verlangten Nachweises ist es nun, zu zeigen, daß die Anwendung der eben angestellten metamathematischen Überlegung auf einen bestimmten rekursiven Term $\mathfrak{f}(a)$ sich in (Z_μ) durch eine

Ableitung der entsprechenden Formel

$$\mathfrak{f}(m) = 0 \rightarrow (E x)\, \mathfrak{B}(x, \mathfrak{g}(m))$$

formalisieren läßt.

Bemerkung. Der Unterschied dieses Nachweises gegenüber der soeben ausgeführten Überlegung besteht darin, daß bei jener Überlegung die inhaltliche Allgemeinheit sich sowohl auf den Term $\mathfrak{f}(a)$ wie auf die Ziffer $\mathfrak{z}$ erstreckt, nun dagegen die inhaltliche Allgemeinheit sich nur noch auf den Term $\mathfrak{f}(a)$ erstreckt, während die Allgemeinheit in bezug auf die Ziffer $\mathfrak{z}$ durch eine formale Allgemeinheit ersetzt wird, bestehend in dem Auftreten der Variablen m in der jeweils [für einen gegebenen Term $\mathfrak{f}(a)$] abzuleitenden Formel.

Wir schicken zunächst folgenden *Hilfssatz* voraus: Enthält eine in (Z_μ) ableitbare Formel die Variablen $\mathfrak{a}_1, \ldots, \mathfrak{a}_\mathfrak{r}$ und ist $\mathfrak{g}(\mathfrak{a}_1, \ldots, \mathfrak{a}_\mathfrak{r})$ der dieser Formel in bezug auf die Variablen $\mathfrak{a}_1, \ldots, \mathfrak{a}_\mathfrak{r}$ zugeordnete arithmetische Funktionsausdruck, so ist auch die Formel

$$(E x)\, \mathfrak{B}(x, \mathfrak{g}(\mathfrak{a}_1, \ldots, \mathfrak{a}_\mathfrak{r}))$$

in (Z_μ) ableitbar.

Um dieses zu zeigen, benutzen wir die zuvor gemachte Feststellung, daß für eine beliebige Primzahl $\mathfrak{p}$, die $\geqq 3$ ist, die Formel

$$(E x)\, \mathfrak{B}(x, k) \rightarrow (E x)\, \mathfrak{B}(x, st^*(k, 2 \cdot \mathfrak{p}, 2 \cdot 3^l))$$

in (Z_μ) ableitbar ist. Die wiederholte Anwendung dieser Feststellung ergibt, daß für irgendwelche Primzahlen $\mathfrak{p}_1, \ldots, \mathfrak{p}_\mathfrak{r}$ die $\geqq 3$ sind, und für irgendwelche voneinander verschiedenen freien Individuenvariablen $\mathfrak{a}_1, \ldots, \mathfrak{a}_\mathfrak{r}$ die Formel

$$(E x)\, \mathfrak{B}(x, k) \rightarrow (E x)\, \mathfrak{B}\big(x, st^*(st^*(\ldots, st^*(k, 2 \cdot \mathfrak{p}_1, 2 \cdot 3^{\mathfrak{a}_1}), 2 \cdot \mathfrak{p}_2, 2 \cdot 3^{\mathfrak{a}_2}), \ldots \\ \ldots), 2 \cdot \mathfrak{p}_\mathfrak{r}, 2 \cdot 3^{\mathfrak{a}_\mathfrak{r}}\big)$$

in (Z_μ) ableitbar ist. Setzen wir hierin für k die Nummer $\mathfrak{n}$ einer in (Z_μ) ableitbaren Formel ein, so tritt als Vorderglied die ableitbare Formel $(E x)\, \mathfrak{B}(x, \mathfrak{n})$ auf, und es ergibt sich daher die Ableitbarkeit der Formel

$$(E x)\, \mathfrak{B}\big(x, st^*\big(st^*(\ldots(st^*(\mathfrak{n}, 2 \cdot \mathfrak{p}_1, 2 \cdot 3^{\mathfrak{a}_1}), 2 \cdot \mathfrak{p}_2, 2 \cdot 3^{\mathfrak{a}_2}), \ldots), 2 \cdot \mathfrak{p}_\mathfrak{r}, 2 \cdot 3^{\mathfrak{a}_\mathfrak{r}}\big)\big).$$

Hiernach brauchen wir, um die Gültigkeit unseres Hilfssatzes einzusehen, nur noch eine Ableitung der Gleichung

$$st^*\big(st^*(\ldots(st^*(\mathfrak{n}, 2 \cdot \mathfrak{p}_1, 2 \cdot 3^{\mathfrak{a}_1}), 2 \cdot \mathfrak{p}_2, 2 \cdot 3^{\mathfrak{a}_2}), \ldots), 2 \cdot \mathfrak{p}_\mathfrak{r}, 2 \cdot 3^{\mathfrak{a}_\mathfrak{r}}\big) \\ = \mathfrak{g}(\mathfrak{a}_1, \ldots, \mathfrak{a}_\mathfrak{r})$$

im Formalismus (Z_μ) anzugeben, unter den Bedingungen, daß $\mathfrak{n}$ die Nummer eines Ausdrucks $\mathfrak{A}$ aus (Z_μ) ist, der die Variablen $\mathfrak{a}_1, \ldots, \mathfrak{a}_\mathfrak{r}$ enthält, $2 \cdot \mathfrak{p}_1, \ldots, 2 \cdot \mathfrak{p}_\mathfrak{r}$ die Nummern dieser Variablen sind und $\mathfrak{g}(\mathfrak{a}_1, \ldots, \mathfrak{a}_\mathfrak{r})$ der dem Ausdruck $\mathfrak{A}$ in bezug auf diese Variablen zugeordnete arithmetische Funktionsausdruck ist.

Eine Ableitung der genannten Gleichung erhalten wir nun ohne weiteres — unter Benutzung der Gleichheitsaxiome — sofern wir die Gleichungen

$$st^*(\mathfrak{t}_{\mathfrak{i}-1}, 2\cdot\mathfrak{p}_{\mathfrak{i}}, 2\cdot 3^{\mathfrak{a}_{\mathfrak{i}}}) = \mathfrak{t}_{\mathfrak{i}} \qquad (\mathfrak{i} = 1, \ldots, \mathfrak{r})$$

ableiten können, wobei $\mathfrak{t}_0$ die Ziffer $\mathfrak{n}$ und $\mathfrak{t}_{\mathfrak{i}}$, für $\mathfrak{i} = 1, \ldots, \mathfrak{r}$ den arithmetischen Funktionsausdruck bedeutet, der dem Ausdruck $\mathfrak{A}$ in bezug auf die Variablen $\mathfrak{a}_1, \ldots, \mathfrak{a}_{\mathfrak{i}}$ zugeordnet ist.

Die Ableitbarkeit dieser Gleichungen aber ergibt sich auf Grund der rekursiven Definition der Funktion $st^*(m, k, l)$, indem wir uns die Struktur der Ausdrücke $\mathfrak{t}_{\mathfrak{i}}(\mathfrak{i} = 0, \ldots, \mathfrak{r})$ vergegenwärtigen und ferner noch berücksichtigen, daß die Gleichung

$$st^*(2\cdot 3^a, k, l) = 2\cdot 3^a$$

durch Induktion nach a ableitbar ist.

(Das Induktionsschema ist ja im Formalismus (Z_μ) ein ableitbares Schema.)

Hiermit ist nun der Hilfssatz als zutreffend erkannt. Um uns für die Anwendungen dieses Satzes eine gewisse Erleichterung zu verschaffen, führen wir zwei abkürzende Bezeichnungen ein. Die eine besteht darin, daß wir einen Ausdruck des Formalismus (Z_μ) von der Gestalt $(E x)\,\mathfrak{B}(x, \mathfrak{t})$ abgekürzt mit „$\widetilde{\mathfrak{B}}(\mathfrak{t})$" angeben. Ferner wollen wir vereinbaren, daß, wenn $\mathfrak{A}$ ein Ausdruck aus (Z_μ) und $\mathfrak{t}$ der dem Ausdruck $\mathfrak{A}$ in bezug auf sämtliche in ihm vorkommenden freien Individuenvariablen zugeordnete arithmetische Funktionsausdruck ist, dieser Funktionsausdruck, wenn er als Argument von $\widetilde{\mathfrak{B}}$ auftritt, durch den zwischen geschweifte Klammern gesetzten Ausdruck $\mathfrak{A}$ angegeben werden kann. Hiernach wird z. B. durch die Figur $\widetilde{\mathfrak{B}}(\{a = b\})$ die Formel

$$(E x)\,\mathfrak{B}(x, 70\cdot 11^{2\cdot 3^a}\cdot 13^{2\cdot 3^b})$$

[nicht etwa die Formel $(E x)\,\mathfrak{B}(x, 70\cdot 11^{14}\cdot 13^{22})$] angegeben. Und die Formeln, um deren Ableitbarkeit es sich bei der als erfüllt zu erweisenden Ableitbarkeitsforderung handelt, lassen sich angeben in der Form

$$\mathfrak{f}(m) = 0 \to \widetilde{\mathfrak{B}}(\{\,\mathfrak{f}(m) = 0\}).$$

Ferner läßt sich unser Hilfssatz mit einer geringen Spezialisierung so fassen: Aus einer Ableitung in (Z_μ) für die Formel $\mathfrak{A}$ ergibt sich eine Ableitung der Formel $\widetilde{\mathfrak{B}}(\{\mathfrak{A}\})$.

(Die Spezialisierung besteht bei dieser Fassung des Satzes gegenüber der ursprünglichen Formulierung darin, daß der in $\widetilde{\mathfrak{B}}(\{\mathfrak{A}\})$ auftretende, zu $\mathfrak{A}$ zugeordnete arithmetische Funktionsausdruck in bezug auf die *sämtlichen* in $\mathfrak{A}$ vorkommenden freien Individuenvariablen genommen ist.) Wir werden den Hilfssatz im folgenden stets in dieser Form verwenden.

Bei der Anwendung der abkürzenden Bezeichnung mittels der geschweiften Klammern ist zu beachten, daß in einer Formel $\widetilde{\mathfrak{B}}(\{\mathfrak{a} = \mathfrak{b}\})$ die Ausdrücke $\mathfrak{a}$, $\mathfrak{b}$ im allgemeinen nicht als Bestandteile vorkommen. Es kann daher auch *nicht* etwa für beliebige Terme $\mathfrak{a}$, $\mathfrak{b}$, $\mathfrak{c}$ aus dem Gleichheitsaxiom (J_2) die Formel

$$\mathfrak{a} = \mathfrak{b} \rightarrow \left(\widetilde{\mathfrak{B}}(\{\mathfrak{c} = \mathfrak{a}\}) \rightarrow \widetilde{\mathfrak{B}}(\{\mathfrak{c} = \mathfrak{b}\})\right)$$

abgeleitet werden.

Während demnach das Operieren mit Gleichungen in der abkürzenden geschweiften Klammer besonderer Vorsicht bedarf, gelten für das Operieren mit Implikationen in der geschweiften Klammer übersichtliche Beziehungen. Wir stellen in dieser Hinsicht Folgendes fest: Wenn $\mathfrak{S}$ und $\mathfrak{T}$ Formeln aus (Z_μ) sind, so ist die Formel

$$\widetilde{\mathfrak{B}}(\{\mathfrak{S} \rightarrow \mathfrak{T}\}) \rightarrow \left(\widetilde{\mathfrak{B}}(\{\mathfrak{S}\}) \rightarrow \widetilde{\mathfrak{B}}(\{\mathfrak{T}\})\right)$$

in (Z_μ) ableitbar.

Nämlich, wenn der Formel $\mathfrak{S}$ in bezug auf die in ihr vorkommenden freien Individuenvariablen der arithmetische Ausdruck $\mathfrak{s}$, der Formel $\mathfrak{T}$ in gleicher Weise der arithmetische Ausdruck $\mathfrak{t}$ zugeordnet ist, so ist der Formel $\mathfrak{S} \rightarrow \mathfrak{T}$ (in bezug auf die in ihr vorkommenden freien Individuenvariablen) der arithmetische Ausdruck $80 \cdot 7^{\mathfrak{s}} \cdot 11^{\mathfrak{t}}$ zugeordnet. Die als ableitbar festzustellende Formel hat demnach die Gestalt

$$\widetilde{\mathfrak{B}}(80 \cdot 7^{\mathfrak{s}} \cdot 11^{\mathfrak{t}}) \rightarrow \left(\widetilde{\mathfrak{B}}(\mathfrak{s}) \rightarrow \widetilde{\mathfrak{B}}(\mathfrak{t})\right);$$

sie geht also durch Einsetzung hervor aus der Formel

$$\widetilde{\mathfrak{B}}(80 \cdot 7^{s} \cdot 11^{t}) \rightarrow \left(\widetilde{\mathfrak{B}}(s) \rightarrow \widetilde{\mathfrak{B}}(t)\right).$$

Für diese aber ergibt sich die Ableitung auf Grund der Gestalt der Formel $\mathfrak{B}^*(m, n)$, die ja in $\mathfrak{B}(m, n)$ überführbar ist.

Wir erhalten somit ein abgeleitetes Formelschema

$$\widetilde{\mathfrak{B}}(\{\mathfrak{S} \rightarrow \mathfrak{T}\}) \rightarrow \left(\widetilde{\mathfrak{B}}(\{\mathfrak{S}\}) \rightarrow \widetilde{\mathfrak{B}}(\{\mathfrak{T}\})\right),$$

welches kurz als „erstes $\widetilde{\mathfrak{B}}$-Schema“ bezeichnet werde.

Dieses Schema in Verbindung mit unserem Hilfssatz ergibt sofort das folgende „zweite $\widetilde{\mathfrak{B}}$-Schema“ als abgeleitetes Schema:

$$\frac{\mathfrak{S} \rightarrow \mathfrak{T}}{\widetilde{\mathfrak{B}}(\{\mathfrak{S}\}) \rightarrow \widetilde{\mathfrak{B}}(\{\mathfrak{T}\})}.$$

Nämlich gemäß unserem Hilfssatz erhalten wir ja aus der Ableitung einer Formel $\mathfrak{S} \rightarrow \mathfrak{T}$ eine Ableitung der Formel $\widetilde{\mathfrak{B}}(\{\mathfrak{S} \rightarrow \mathfrak{T}\})$, aus dieser aber erhalten wir mittels des ersten $\widetilde{\mathfrak{B}}$-Schemas und des Schlußschemas die Formel

$$\widetilde{\mathfrak{B}}(\{\mathfrak{S}\}) \rightarrow \widetilde{\mathfrak{B}}(\{\mathfrak{T}\}).$$

Wir entnehmen nun aus dem zweiten $\widetilde{\mathfrak{B}}$-Schema zunächst die folgende Konsequenz: Sind $\mathfrak{f}(m)$ und $\mathfrak{f}_1(m)$ Terme und ist die Gleichung

$$\mathfrak{f}(m) = \mathfrak{f}_1(m)$$

sowie die Formel

$$\mathfrak{f}_1(m) = 0 \rightarrow \widetilde{\mathfrak{B}}(\{\mathfrak{f}_1(m) = 0\})$$

in (Z_μ) ableitbar, so ist auch die Formel

$$\mathfrak{f}(m) = 0 \rightarrow \widetilde{\mathfrak{B}}(\{\mathfrak{f}(m) = 0\})$$

in (Z_μ) ableitbar.

In der Tat erhält man aus der Gleichung

$$\mathfrak{f}(m) = \mathfrak{f}_1(m)$$

mit Hilfe des Gleichheitsaxioms (J_2) die Formel

$$\mathfrak{f}_1(m) = 0 \rightarrow \mathfrak{f}(m) = 0;$$

diese ergibt gemäß dem zweiten $\widetilde{\mathfrak{B}}$-Schema die Formel

$$\widetilde{\mathfrak{B}}(\{\mathfrak{f}_1(m) = 0\}) \rightarrow \widetilde{\mathfrak{B}}(\{\mathfrak{f}(m) = 0\}),$$

welche zusammen mit der als ableitbar vorausgesetzten Formel

$$\mathfrak{f}_1(m) = 0 \rightarrow \widetilde{\mathfrak{B}}(\{\mathfrak{f}_1(m) = 0\})$$

durch den Kettenschluß die Formel

$$\mathfrak{f}_1(m) = 0 \rightarrow \widetilde{\mathfrak{B}}(\{\mathfrak{f}(m) = 0\})$$

liefert; diese aber ergibt zusammen mit der Formel

$$\mathfrak{f}(m) = \mathfrak{f}_1(m)$$

mittels des Gleichheitsaxioms (J_2) die gewünschte Formel

$$\mathfrak{f}(m) = 0 \rightarrow \widetilde{\mathfrak{B}}(\{\mathfrak{f}(m) = 0\}).$$

Auf Grund des hiermit festgestellten Sachverhalts können wir uns für unseren zu erbringenden Nachweis auf die Betrachtung solcher rekursiven Terme $\mathfrak{f}(m)$ beschränken, in denen alle vorkommenden Funktionszeichen außer dem Strichsymbol durch Rekursionsgleichungen eingeführt sind und in denen ferner sowohl die direkt auftretenden Funktionszeichen sowie auch diejenigen, die in den rekursiven Definitionen der direkt auftretenden Funktionszeichen vorkommen, alle entweder einstellig oder zweistellig sind. Rekursive Terme von dieser Beschaffenheit mögen „normale" rekursive Terme heißen. An sich können ja in einem rekursiven Term Funktionszeichen mit mehreren Argumenten auftreten, sowie auch Funktionszeichen, die als Abkürzungen für einen durch Zusammensetzung rekursiver Funktionen gebildeten Term durch eine explizite Definition eingeführt werden. Aber solche explizite Definitionen lassen sich eliminieren, und ferner läßt sich, wie wir früher im § 7 gezeigt haben[1],

[1] Vgl. Bd. I, S. 327f.

jede mehrstellige rekursive Funktion aus einstelligen und zweistelligen rekursiven Funktionen zusammensetzen. Es kann daher zu jedem rekursiven Term $\mathfrak{t}$ ein normaler rekursiver Term $\mathfrak{t}_1$ mit den gleichen Variablen bestimmt werden, für den die Gleichung

$$\mathfrak{t} = \mathfrak{t}_1$$

im Rahmen der rekursiven Zahlentheorie und folglich auch im Formalismus (Z_μ) ableitbar ist. Insbesondere kann also zu einem rekursiven Term $\mathfrak{f}(m)$ mit der einzigen Variablen m, wenn er nicht selbst schon ein normaler rekursiver Term ist, ein Term dieser Art $\mathfrak{f}_1(m)$, wiederum mit m als einziger Variablen, bestimmt werden, für den die Gleichung

$$\mathfrak{f}(m) = \mathfrak{f}_1(m)$$

in (Z_μ) ableitbar ist. Können wir nun für diesen Term $\mathfrak{f}_1(m)$ die Formel

$$\mathfrak{f}_1(m) = 0 \to \widetilde{\mathfrak{B}}(\{\mathfrak{f}_1(m) = 0\})$$

ableiten, so kann, nach dem eben zuvor Bewiesenen, auch die Formel

$$\mathfrak{f}(m) = 0 \to \widetilde{\mathfrak{B}}(\{\mathfrak{f}(m) = 0\})$$

abgeleitet werden.

Unsere Aufgabe reduziert sich somit darauf, die Ableitbarkeit der Formel

$$\mathfrak{f}(m) = 0 \to \widetilde{\mathfrak{B}}(\{\mathfrak{f}(m) = 0\})$$

für einen beliebigen normalen rekursiven Term $\mathfrak{f}(m)$, worin m die einzige Variable ist, zu erweisen.

Wir verfahren hierzu in der Weise, daß wir allgemein die Ableitbarkeit der Formel

$$\mathfrak{t} = \mathfrak{c} \to \widetilde{\mathfrak{B}}(\{\mathfrak{t} = \mathfrak{c}\})$$

für einen normalen rekursiven Term $\mathfrak{t}$ und eine freie Individuenvariable $\mathfrak{c}$ feststellen. Daraus ergibt sich dann insbesondere die Ableitbarkeit der Formel

$$\mathfrak{f}(m) = c \to \widetilde{\mathfrak{B}}(\{\mathfrak{f}(m) = c\})$$

für einen normalen rekursiven Term $\mathfrak{f}(m)$ mit m als einziger Variablen. Diese Formel hat, wenn $\mathfrak{h}(m)$ der dem Term $\mathfrak{f}(m)$ in bezug auf die Variable m zugeordnete arithmetische Ausdruck ist, die Form

$$\mathfrak{f}(m) = c \to \widetilde{\mathfrak{B}}(70 \cdot 11^{\mathfrak{h}(m)} \cdot 13^{2 \cdot 3^c}),$$

und durch Einsetzung der Ziffer 0 für die Variable c erhalten wir hieraus die Formel

$$\mathfrak{f}(m) = 0 \to \widetilde{\mathfrak{B}}(70 \cdot 11^{\mathfrak{h}(m)} \cdot 13^2);$$

diese ist aber die als ableitbar zu erweisende Formel

$$\mathfrak{f}(m) = 0 \to \widetilde{\mathfrak{B}}(\{\mathfrak{f}(m) = 0\}).$$

Um nun allgemein für einen normalen rekursiven Term $\mathfrak{t}$ und eine freie Individuenvariable $\mathfrak{c}$ die Ableitbarkeit der Formel

$$\mathfrak{t} = \mathfrak{c} \rightarrow \widetilde{\mathfrak{B}}(\{\mathfrak{t} = \mathfrak{c}\})$$

zu erkennen, bemerken wir zunächst, daß diese Formel die Gestalt hat

$$\mathfrak{t} = \mathfrak{c} \rightarrow \widetilde{\mathfrak{B}}(70 \cdot 11^{\mathfrak{t}_1} \cdot 13^{2 \cdot 3^{\mathfrak{c}}}),$$

wobei $\mathfrak{t}_1$ der dem Term $\mathfrak{t}$ in bezug auf die in ihm vorkommenden Variablen zugeordnete arithmetische Funktionsausdruck ist. Tritt die Variable $\mathfrak{c}$ nicht in $\mathfrak{t}$ auf, so tritt sie auch nicht in $\mathfrak{t}_1$ auf ($\mathfrak{t}_1$ enthält ja dieselben Variablen wie $\mathfrak{t}$), und es ist dann aus der betrachteten Formel die Formel

$$(x)\left(\mathfrak{t} = x \rightarrow \widetilde{\mathfrak{B}}(70 \cdot 11^{\mathfrak{t}_1} \cdot 13^{2 \cdot 3^{x}})\right)$$

ableitbar. Umgekehrt erhalten wir aus dieser Formel, für jede beliebige freie Individuenvariable $\mathfrak{c}$, die Formel

$$\mathfrak{t} = \mathfrak{c} \rightarrow \widetilde{\mathfrak{B}}(70 \cdot 11^{\mathfrak{t}_1} \cdot 13^{2 \cdot 3^{\mathfrak{c}}}).$$

Die Ableitbarkeit der Formel

$$\mathfrak{t} = \mathfrak{c} \rightarrow \widetilde{\mathfrak{B}}(\{\mathfrak{t} = \mathfrak{c}\})$$

für jede beliebige freie Individuenvariable $\mathfrak{c}$ ist demnach gleichbedeutend mit der Ableitbarkeit der Formel

$$(x)\left(\mathfrak{t} = x \rightarrow \widetilde{\mathfrak{B}}(70 \cdot 11^{\mathfrak{t}_1} \cdot 13^{2 \cdot 3^{x}})\right),$$

worin $\mathfrak{t}_1$ der dem Term $\mathfrak{t}$ in bezug auf die in ihm vorkommenden Variablen zugeordnete arithmetische Funktionsausdruck ist. Diese durch den Term $\mathfrak{t}$ eindeutig bestimmte Formel wollen wir mit „$\mathfrak{F}[\mathfrak{t}]$" bezeichnen[1] und können nun die Aufgabe unseres Nachweises so fassen: Es soll gezeigt werden, daß für einen beliebig gegebenen normalen rekursiven Term $\mathfrak{t}$ die Formel $\mathfrak{F}[\mathfrak{t}]$ ableitbar ist.

Zu diesem Zweck betrachten wir die Bildungsweise eines normalen rekursiven Terms $\mathfrak{t}$. Ein solcher ist ja entweder das Symbol 0 oder eine freie Individuenvariable, oder er entsteht aus einem normalen rekursiven Term durch Anwendung des Strichsymbols, oder er besteht aus einem rekursiv eingeführten, einstelligen oder zweistelligen Funktionszeichen, dessen Argumentstellen durch normale rekursive Terme ausgefüllt sind. Zu der rekursiven Bildungsweise eines solchen Terms $\mathfrak{t}$ gehört außer dem gestaltlichen Aufbau noch eine in bestimmter Aufeinanderfolge geordnete Reihe $\mathfrak{R}$ von rekursiven Definitionen, worin für jedes der in $\mathfrak{t}$ auftretenden, von dem Strichsymbol verschiedenen Funktionszeichen (eventuell aber auch für noch weitere Funktionszeichen) die zugehörigen Rekursionsgleichungen enthalten sind. Dabei

[1] Die eckige Klammer in dieser Bezeichnung soll darauf hinweisen, daß die Abhängigkeit der Formel $\mathfrak{F}[\mathfrak{t}]$ von dem Term $\mathfrak{t}$ im allgemeinen nicht einfach als Auftreten des Terms $\mathfrak{t}$ in dieser Formel charakterisiert werden kann.

haben die Rekursionsgleichungen, je nachdem durch sie eine einstellige oder eine zweistellige Funktion eingeführt wird, entweder die Form

$$\mathfrak{f}(0) = \mathfrak{a}, \quad \mathfrak{f}(n') = \mathfrak{b}(n, \mathfrak{f}(n))$$

oder die Form

$$\mathfrak{f}(a, 0) = \mathfrak{a}(a), \quad \mathfrak{f}(a, n') = \mathfrak{b}(a, n, \mathfrak{f}(a, n)),$$

wobei im ersten Fall die Terme $\mathfrak{a}$, $\mathfrak{b}(n, m)$, im zweiten Fall die Terme $\mathfrak{a}(a)$, $\mathfrak{b}(a, n, m)$ normale rekursive Terme sind, die keine anderen als die angegebenen Variablen enthalten und in denen außer dem Strichsymbol nur solche Funktionszeichen vorkommen, deren zugehörige Rekursionsgleichungen in der Reihe $\mathfrak{R}$ der betrachteten Rekursion vorausgehen.

Hiernach kommt die Aufgabe unseres Nachweises auf folgende Feststellungen hinaus:

1. Die Formel $\mathfrak{F}[0]$ sowie eine jede Formel $\mathfrak{F}[\mathfrak{c}]$ mit einer freien Individuenvariablen $\mathfrak{c}$ ist ableitbar.

2. Aus einer Ableitung von $\mathfrak{F}[\mathfrak{t}]$ für einen Term $\mathfrak{t}$ erhalten wir eine Ableitung von $\mathfrak{F}[\mathfrak{t}']$.

3. Ist $\mathfrak{s}(\mathfrak{c})$ ein Term, $\mathfrak{c}$ eine in ihm, jedoch nicht in $\mathfrak{s}(0)$ auftretende freie Individuenvariable und $\mathfrak{k}$ ein Term, der die Variable $\mathfrak{c}$ nicht enthält, und sind die Formeln $\mathfrak{F}[\mathfrak{s}(\mathfrak{c})]$ und $\mathfrak{F}[\mathfrak{k}]$ ableitbar, so ist auch die Formel $\mathfrak{F}[\mathfrak{s}(\mathfrak{k})]$ ableitbar.

4. Ist $\mathfrak{a}$ ein variablenloser rekursiver Term, für welchen die Formel $\mathfrak{F}[\mathfrak{a}]$ ableitbar ist, $\mathfrak{b}(n, c)$ ein rekursiver Term mit n und c als einzigen Variablen, für welchen die Formel $\mathfrak{F}[\mathfrak{b}(n, c)]$ ableitbar ist und wird das Funktionszeichen $\mathfrak{f}(n)$ durch die Rekursionsgleichungen

$$\mathfrak{f}(0) = \mathfrak{a}, \quad \mathfrak{f}(n') = \mathfrak{b}(n, \mathfrak{f}(n))$$

eingeführt, so ist die Formel $\mathfrak{F}[\mathfrak{f}(n)]$ ableitbar.

Ist $\mathfrak{a}(a)$ ein rekursiver Term mit a als einziger Variablen, für welchen die Formel $\mathfrak{F}[\mathfrak{a}(a)]$ ableitbar ist, $\mathfrak{b}(a, n, c)$ ein rekursiver Term mit a, n, c als einzigen Variablen, für den die Formel $\mathfrak{F}[\mathfrak{b}(a, n, c)]$ ableitbar ist, und wird das Funktionszeichen $\mathfrak{f}(a, n)$ durch die Rekursionsgleichungen

$$\mathfrak{f}(a, 0) = \mathfrak{a}(a), \quad \mathfrak{f}(a, n') = \mathfrak{b}(a, n, \mathfrak{f}(a, n))$$

eingeführt, so ist die Formel $\mathfrak{F}[\mathfrak{f}(a, n)]$ ableitbar.

Bemerkung. Aus der Feststellung 3. läßt sich die Voraussetzung, daß die Variable $\mathfrak{c}$ nicht in $\mathfrak{k}$ vorkommt, nachträglich ausschalten. Denn, sind die übrigen Voraussetzungen von 3. erfüllt, enthält aber $\mathfrak{k}$ die Variable $\mathfrak{c}$, so nehme man eine Individuenvariable $\mathfrak{d}$, die weder in $\mathfrak{s}(\mathfrak{c})$ noch in $\mathfrak{k}$ vorkommt. Gemäß 1. ist die Formel $\mathfrak{F}[\mathfrak{d}]$ ableitbar. Nach 3. ist daher $\mathfrak{F}[\mathfrak{s}(\mathfrak{d})]$ ableitbar, und nun ergibt sich, wiederum nach 3., die Ableitbarkeit von $\mathfrak{F}[\mathfrak{s}(\mathfrak{k})]$.

Wir gelangen nun zu den Feststellungen 1.—4. auf folgende Weise:

1. Die Formel $\mathfrak{F}[0]$ lautet:

$$(x)\left(0 = x \to \widetilde{\mathfrak{B}}(70 \cdot 11^2 \cdot 13^{2 \cdot 3^x})\right);$$

sie ist mit Hilfe des Gleichheitsaxioms (J_2) ableitbar aus der Formel

$$\widetilde{\mathfrak{B}}(70 \cdot 11^2 \cdot 13^{2 \cdot 3^0})$$

und somit auch aus der Formel

$$\widetilde{\mathfrak{B}}(70 \cdot 11^2 \cdot 13^2)\,,$$

d. h. aus

$$\widetilde{\mathfrak{B}}(\{0 = 0\})\,.$$

Diese aber ist gemäß unserem Hilfssatz ableitbar, weil ja die Formel $0 = 0$ ableitbar ist.

Für eine freie Individuenvariable $\mathfrak{c}$ ist $\mathfrak{F}[\mathfrak{c}]$ die Formel

$$(x)\left(\mathfrak{c} = x \rightarrow \widetilde{\mathfrak{B}}(70 \cdot 11^{2 \cdot 3^{\mathfrak{c}}} \cdot 13^{2 \cdot 3^x}\right)\,.$$

Diese ist mit Hilfe des Axioms (J_2) ableitbar aus der Formel

$$\widetilde{\mathfrak{B}}(70 \cdot 11^{2 \cdot 3^{\mathfrak{c}}} \cdot 13^{2 \cdot 3^{\mathfrak{c}}})\,;$$

d. h. aus der Formel

$$\widetilde{\mathfrak{B}}(\{\mathfrak{c} = \mathfrak{c}\})\,,$$

die zufolge der Ableitbarkeit der Formel $\mathfrak{c} = \mathfrak{c}$ gemäß unserem Hilfssatz ableitbar ist.

2. Es sei für einen Term $\mathfrak{t}$ die Formel $\mathfrak{F}[\mathfrak{t}]$ ableitbar. Wir wählen zwei verschiedene freie Individuenvariablen $\mathfrak{c}, \mathfrak{d}$, die nicht in $\mathfrak{t}$ vorkommen.

Die Formel $\mathfrak{F}[\mathfrak{t}]$ ist der Formel

$$\mathfrak{t} = \mathfrak{c} \rightarrow \widetilde{\mathfrak{B}}(\{\mathfrak{t} = \mathfrak{c}\})$$

deduktionsgleich. Ferner erhalten wir aus der ableitbaren Formel

$$\mathfrak{t} = \mathfrak{c} \rightarrow \mathfrak{t}' = \mathfrak{c}'$$

gemäß dem zweiten $\widetilde{\mathfrak{B}}$-Schema die Formel

$$\widetilde{\mathfrak{B}}(\{\mathfrak{t} = \mathfrak{c}\}) \rightarrow \widetilde{\mathfrak{B}}(\{\mathfrak{t}' = \mathfrak{c}'\})\,.$$

Somit ergibt sich zunächst die Formel

$$(1) \qquad \mathfrak{t} = \mathfrak{c} \rightarrow \widetilde{\mathfrak{B}}(\{\mathfrak{t}' = \mathfrak{c}'\})\,.$$

Andererseits ergibt sich aus der Formel

$$\mathfrak{t} = \mathfrak{c} \rightarrow \mathfrak{t}' = \mathfrak{c}'$$

die Formel

$$\mathfrak{t} = \mathfrak{c} \rightarrow (\mathfrak{t}' = \mathfrak{d} \rightarrow \mathfrak{d} = \mathfrak{c}')\,.$$

Da $\mathfrak{d}$ und $\mathfrak{c}$ freie Individuenvariablen sind, so hat die Formel

$$\widetilde{\mathfrak{B}}(\{\mathfrak{d} = \mathfrak{c}'\})$$

die Gestalt

$$\widetilde{\mathfrak{B}}\left(70 \cdot 11^{2 \cdot 3^{\mathfrak{d}}} \cdot 13^{3 \cdot 2 \cdot 3^{\mathfrak{c}}}\right),$$

und es ist daher die Formel

$$\mathfrak{d} = \mathfrak{c}' \to \widetilde{\mathfrak{B}}(\{\mathfrak{d} = \mathfrak{c}'\})$$

überführbar in die Formel

$$\mathfrak{d} = \mathfrak{c}' \to \widetilde{\mathfrak{B}}\left(70 \cdot 11^{2 \cdot 3^{\mathfrak{d}}} \cdot 13^{2 \cdot 3^{\mathfrak{c}'}}\right);$$

diese ist mit Hilfe des Gleichheitsaxioms (J_2) ableitbar aus der Formel

$$\widetilde{\mathfrak{B}}\left(70 \cdot 11^{2 \cdot 3^{\mathfrak{d}}} \cdot 13^{2 \cdot 3^{\mathfrak{d}}}\right),$$

d. h. aus der Formel

$$\widetilde{\mathfrak{B}}(\{\mathfrak{d} = \mathfrak{d}\}),$$

welche, zufolge der Ableitbarkeit der Formel $\mathfrak{d} = \mathfrak{d}$, gemäß unserem Hilfssatz ableitbar ist.

Es ist demnach die Formel

$$\mathfrak{d} = \mathfrak{c}' \to \widetilde{\mathfrak{B}}(\{\mathfrak{d} = \mathfrak{c}'\})$$

und daher, nach dem Vorangehenden, auch die Formel

$$(2) \qquad \mathfrak{t} = \mathfrak{c} \to \left(\mathfrak{t}' = \mathfrak{d} \to \widetilde{\mathfrak{B}}(\{\mathfrak{d} = \mathfrak{c}'\})\right)$$

ableitbar.

Außerdem erhalten wir aus der ableitbaren Formel

$$\mathfrak{d} = \mathfrak{c}' \to (\mathfrak{t}' = \mathfrak{c}' \to \mathfrak{t}' = \mathfrak{d})$$

gemäß dem zweiten $\widetilde{\mathfrak{B}}$-Schema die Formel

$$\mathfrak{B}(\{\mathfrak{d} = \mathfrak{c}'\}) \to \mathfrak{B}(\{\mathfrak{t}' = \mathfrak{c}' \to \mathfrak{t}' = \mathfrak{d}\}),$$

und das erste $\widetilde{\mathfrak{B}}$-Schema liefert die Formel

$$\mathfrak{B}(\{\mathfrak{t}' = \mathfrak{c}' \to \mathfrak{t}' = \mathfrak{d}\}) \to \left(\mathfrak{B}(\{\mathfrak{t}' = \mathfrak{c}'\}) \to \mathfrak{B}(\{\mathfrak{t}' = \mathfrak{d}\})\right),$$

welche zusammen mit der vorigen Formel die Formel

$$(3) \qquad \mathfrak{B}(\{\mathfrak{d} = \mathfrak{c}'\}) \to \left(\mathfrak{B}(\{\mathfrak{t}' = \mathfrak{c}'\}) \to \mathfrak{B}(\{\mathfrak{t}' = \mathfrak{d}\})\right)$$

ergibt.

Die erhaltenen Formeln (1), (2), (3) ergeben zusammen mittels des Aussagenkalkuls die Formel

$$\mathfrak{t} = \mathfrak{c} \to \left(\mathfrak{t}' = \mathfrak{d} \to \widetilde{\mathfrak{B}}(\{\mathfrak{t}' = \mathfrak{d}\})\right),$$

weiter mittels des Prädikatenkalkuls (weil die Variable $\mathfrak{c}$ nicht in $\mathfrak{t}$ vorkommt und von $\mathfrak{d}$ verschieden ist):

$$(E\,x)\,(\mathfrak{t} = x) \to \left(\mathfrak{t}' = \mathfrak{d} \to \widetilde{\mathfrak{B}}(\{\mathfrak{t}' = \mathfrak{d}\})\right),$$

sowie ferner, wegen der Ableitbarkeit der Formel $(E\,x)\,(\mathfrak{t} = x)$,

$$\mathfrak{t}' = \mathfrak{d} \to \widetilde{\mathfrak{B}}(\{\mathfrak{t}' = \mathfrak{d}\});$$

aus dieser Formel aber erhalten wir, weil die Variable $\mathfrak{d}$ nicht in $\mathfrak{t}$ vorkommt, die Formel $\mathfrak{F}[\mathfrak{t}']$.

3. Es seien $\mathfrak{s}(\mathfrak{c})$ und $\mathfrak{t}$ Terme, $\mathfrak{c}$ sei eine freie Individuenvariable, die nicht in $\mathfrak{s}(\mathfrak{t})$ vorkommt. Die Formeln $\mathfrak{F}[\mathfrak{s}(\mathfrak{c})]$ und $\mathfrak{F}[\mathfrak{t}]$ seien ableitbar.

Wir wählen eine freie Individuenvariable $\mathfrak{d}$, die weder in $\mathfrak{s}(\mathfrak{c})$ noch in $\mathfrak{t}$ vorkommt. Aus den Formeln $\mathfrak{F}[\mathfrak{s}(\mathfrak{c})]$ und $\mathfrak{F}[\mathfrak{t}]$ erhalten wir zunächst die Formeln

$$\mathfrak{s}(\mathfrak{c}) = \mathfrak{d} \to \widetilde{\mathfrak{B}}(\{\mathfrak{s}(\mathfrak{c}) = \mathfrak{d}\}),$$

$$(4) \qquad \mathfrak{t} = \mathfrak{c} \to \widetilde{\mathfrak{B}}(\{\mathfrak{t} = \mathfrak{c}\}).$$

Die erste von diesen ergibt, in Verbindung mit der ableitbaren Formel

$$\mathfrak{t} = \mathfrak{c} \to (\mathfrak{s}(\mathfrak{t}) = \mathfrak{d} \to \mathfrak{s}(\mathfrak{c}) = \mathfrak{d})$$

die Formel

$$(5) \qquad \mathfrak{t} = \mathfrak{c} \to (\mathfrak{s}(\mathfrak{t}) = \mathfrak{d} \to \widetilde{\mathfrak{B}}(\{\mathfrak{s}(\mathfrak{c}) = \mathfrak{d}\})).$$

Ferner erhalten wir aus der ableitbaren Formel

$$\mathfrak{t} = \mathfrak{c} \to (\mathfrak{s}(\mathfrak{c}) = \mathfrak{d} \to \mathfrak{s}(\mathfrak{t}) = \mathfrak{d})$$

gemäß dem zweiten $\widetilde{\mathfrak{B}}$-Schema die Formel

$$\widetilde{\mathfrak{B}}(\{\mathfrak{t} = \mathfrak{c}\}) \to \widetilde{\mathfrak{B}}(\{\mathfrak{s}(\mathfrak{c}) = \mathfrak{d} \to \mathfrak{s}(\mathfrak{t}) = \mathfrak{d}\}),$$

aus dieser weiter, mit Hilfe der nach dem dem ersten $\widetilde{\mathfrak{B}}$-Schema sich ergebenden Formel

$$\widetilde{\mathfrak{B}}(\{\mathfrak{s}(\mathfrak{c}) = \mathfrak{d} \to \mathfrak{s}(\mathfrak{t}) = \mathfrak{d}\}) \to (\widetilde{\mathfrak{B}}(\{\mathfrak{s}(\mathfrak{c}) = \mathfrak{d}\}) \to \widetilde{\mathfrak{B}}(\{\mathfrak{s}(\mathfrak{t}) = \mathfrak{d}\}))$$

die Formel

$$\widetilde{\mathfrak{B}}(\{\mathfrak{t} = \mathfrak{c}\}) \to (\widetilde{\mathfrak{B}}(\{\mathfrak{s}(\mathfrak{c}) = \mathfrak{d}\}) \to \widetilde{\mathfrak{B}}(\{\mathfrak{s}(\mathfrak{t}) = \mathfrak{d}\})),$$

welche zusammen mit (4) die Formel

$$(6) \qquad \mathfrak{t} = \mathfrak{c} \to (\widetilde{\mathfrak{B}}(\{\mathfrak{s}(\mathfrak{c}) = \mathfrak{d}\}) \to \widetilde{\mathfrak{B}}(\{\mathfrak{s}(\mathfrak{t}) = \mathfrak{d}\}))$$

ergibt. Die Formeln (5) und (6) zusammen ergeben die Formel

$$\mathfrak{t} = \mathfrak{c} \to (\mathfrak{s}(\mathfrak{t}) = \mathfrak{d} \to \widetilde{\mathfrak{B}}(\{\mathfrak{s}(\mathfrak{t}) = \mathfrak{d}\})),$$

aus der wir — weil die Variable $\mathfrak{c}$ nicht in $\mathfrak{s}(\mathfrak{t})$ vorkommt und von $\mathfrak{d}$ verschieden ist — mittels des Prädikatenkalkuls und mit Benutzung der ableitbaren Formel $(E x)(\mathfrak{t} = x)$ die Formel

$$\mathfrak{s}(\mathfrak{t}) = \mathfrak{d} \to \widetilde{\mathfrak{B}}(\{\mathfrak{s}(\mathfrak{t}) = \mathfrak{d}\})$$

erhalten; diese aber ergibt, weil die Variable $\mathfrak{d}$ nicht in $\mathfrak{s}(\mathfrak{t})$ vorkommt, die Formel $\mathfrak{F}[\mathfrak{s}(\mathfrak{t})]$.

4. Was die Behandlung der Rekursionsschemata für einstellige und für zweistellige Funktionen betrifft, so ist das Verfahren in den beiden Fällen ganz analog; es wird daher genügen, das Rekursionsschema zur Einführung eines zweistelligen Funktionszeichens:

$$\mathfrak{f}(a, 0) = \mathfrak{a}(a), \qquad \mathfrak{f}(a, n') = \mathfrak{b}(a, n, \mathfrak{f}(a, n))$$

zu betrachten. Wir haben hier die Voraussetzungen, daß die Terme $\mathfrak{a}(a)$, $\mathfrak{b}(a, n, c)$ nur die angegebenen Variablen enthalten und daß die Formeln $\mathfrak{F}[\mathfrak{a}(a)]$, $\mathfrak{F}[\mathfrak{b}(a, n, c)]$ ableitbar sind.

Die Formeln $\mathfrak{f}(a, 0) = \mathfrak{a}(a)$, $\mathfrak{f}(a, n') = \mathfrak{b}(a, n, \mathfrak{f}(a, n))$ sind im Formalismus (Z_μ), auf Grund einer expliziten Definition der Funktion $\mathfrak{f}(a, n)$, ableitbare Formeln. An Hand der expliziten Definition von $\mathfrak{f}(a, n)$ in (Z_μ) ergibt sich auch eine bestimmte Darstellung dieses Funktionszeichens in unserer Nummernzuordnung. Der dem Term $\mathfrak{f}(a, n)$ in bezug auf die Variablen a, n zugeordnete arithmetische Ausdruck hat die Form

$$5 \cdot \mathfrak{p}^{2 \cdot 3^a} \cdot \mathfrak{q}^{2 \cdot 3^n},$$

wobei $\mathfrak{p}$, $\mathfrak{q}$ gewisse Primzahlen sind, und es hat demnach die Formel $\mathfrak{F}[\mathfrak{f}(a, n)]$ die Gestalt

$$(x)\left(\mathfrak{f}(a, n) = x \to \widetilde{\mathfrak{B}}\left(70 \cdot 11^{(5 \cdot \mathfrak{p}^{2 \cdot 3^a} \cdot \mathfrak{q}^{2 \cdot 3^n})} \cdot 13^{2 \cdot 3^x}\right)\right).$$

Bezeichnen wir diese Formel mit $\mathfrak{F}_1(n)$, so ist, wie leicht ersichtlich, die Formel $\mathfrak{F}_1(0)$ überführbar in die Formel $\mathfrak{F}[\mathfrak{f}(a, 0)]$ und die Formel $\mathfrak{F}_1(n')$ überführbar in die Formel $\mathfrak{F}[\mathfrak{f}(a, n')]$. Es kann daher die Formel $\mathfrak{F}[\mathfrak{f}(a, n)]$ mittels des Induktionsschemas, welches ja in (Z_μ) ein ableitbares Schema ist, erhalten werden aus den Formeln $\mathfrak{F}[\mathfrak{f}(a, 0)]$ und

$$\mathfrak{F}[\mathfrak{f}(a, n)] \to \mathfrak{F}[\mathfrak{f}(a, n')].$$

Diese beiden Formeln sind aber beide auf Grund unserer Voraussetzungen ableitbar. Nämlich die Formel $\mathfrak{F}[\mathfrak{f}(a, 0)]$ ergibt sich so:

Aus der ableitbaren Formel $\mathfrak{f}(a, 0) = \mathfrak{a}(a)$ erhalten wir mittels des Axioms (J_2) die Formeln

(7) $$\mathfrak{a}(a) = c \to \mathfrak{f}(a, 0) = c$$

(8) $$\mathfrak{f}(a, 0) = c \to \mathfrak{a}(a) = c,$$

und aus der Formel $\mathfrak{F}[\mathfrak{a}(a)]$ erhalten wir

(9) $$\mathfrak{a}(a) = c \to \widetilde{\mathfrak{B}}(\{\mathfrak{a}(a) = c\}).$$

Die Formeln (8) und (9) zusammen ergeben

(10) $$\mathfrak{f}(a, 0) = c \to \widetilde{\mathfrak{B}}(\{\mathfrak{a}(a) = c\});$$

andererseits erhalten wir aus (7) gemäß dem zweiten $\widetilde{\mathfrak{B}}$-Schema die Formel

$$\widetilde{\mathfrak{B}}(\{\mathfrak{a}(a) = c\}) \to \widetilde{\mathfrak{B}}(\{\mathfrak{f}(a, 0) = c\}),$$

und diese Formel zusammen mit der Formel (10) ergibt die Formel

$$\mathfrak{f}(a, 0) = c \to \widetilde{\mathfrak{B}}(\{\mathfrak{f}(a, 0) = c\}),$$

aus der wir sofort $\mathfrak{F}[\mathfrak{f}(a, 0)]$ erhalten.

Die Formel $\mathfrak{F}[\mathfrak{f}(a, n)] \to \mathfrak{F}[\mathfrak{f}(a, n')]$ wird folgendermaßen gewonnen:

Aus dem Prädikatenkalkul erhalten wir die Formel

(11) $$\mathfrak{F}[\mathfrak{f}(a, n)] \to \left(\mathfrak{f}(a, n) = c \to \widetilde{\mathfrak{B}}(\{\mathfrak{f}(a, n) = c\})\right).$$

Aus der ableitbaren Rekursionsgleichung $\mathfrak{f}(a, n') = \mathfrak{b}(a, n, \mathfrak{f}(a, n))$ erhalten wir mittels des Axioms (J_2) die Formeln

$$(12) \qquad \mathfrak{f}(a, n) = c \rightarrow (\mathfrak{f}(a, n') = d \rightarrow \mathfrak{b}(a, n, c) = d)$$

$$(13) \qquad \mathfrak{f}(a, n) = c \rightarrow (\mathfrak{b}(a, n, c) = d \rightarrow \mathfrak{f}(a, n') = d);$$

ferner erhalten wir aus der Formel $\mathfrak{F}[\mathfrak{b}(a, n, c)]$ die Formel

$$\mathfrak{b}(a, n, c) = d \rightarrow \widetilde{\mathfrak{B}}(\{\mathfrak{b}(a, n, c) = d\}),$$

und diese zusammen mit der Formel (12) ergibt:

$$(14) \qquad \mathfrak{f}(a, n) = c \rightarrow (\mathfrak{f}(a, n') = d \rightarrow \widetilde{\mathfrak{B}}(\{\mathfrak{b}(a, n, c) = d\})).$$

Andererseits ergibt die Formel (13) gemäß dem zweiten $\widetilde{\mathfrak{B}}$-Schema die Formel

$$\widetilde{\mathfrak{B}}(\{\mathfrak{f}(a, n) = c\}) \rightarrow \widetilde{\mathfrak{B}}(\{\mathfrak{b}(a, n, c) = d \rightarrow \mathfrak{f}(a, n') = d\})$$

und weiter, mittels der aus dem ersten $\widetilde{\mathfrak{B}}$-Schema zu entnehmenden Formel

$$\widetilde{\mathfrak{B}}(\{\mathfrak{b}(a, n, c) = d \rightarrow \mathfrak{f}(a, n') = d\}) \rightarrow (\widetilde{\mathfrak{B}}(\{\mathfrak{b}(a, n, c) = d\}) \rightarrow \widetilde{\mathfrak{B}}(\{\mathfrak{f}(a, n') = d\})),$$

die Formel

$$(15) \quad \widetilde{\mathfrak{B}}(\{\mathfrak{f}(a, n) = c\}) \rightarrow (\widetilde{\mathfrak{B}}(\{\mathfrak{b}(a, n, c) = d\}) \rightarrow \widetilde{\mathfrak{B}}(\{\mathfrak{f}(a, n') = d\})).$$

Die Formeln (11), (14), (15) ergeben zusammen mittels des Aussagenkalkuls

$$\mathfrak{f}(a, n) = c \rightarrow (\mathfrak{F}[\mathfrak{f}(a, n)] \rightarrow (\mathfrak{f}(a, n') = d \rightarrow \widetilde{\mathfrak{B}}(\{\mathfrak{f}(a, n') = d\}))),$$

aus der wir mittels des Prädikatenkalkuls und mit Benutzung der ableitbaren Formel $(E x)(\mathfrak{f}(a, n) = x)$ die Formel

$$\mathfrak{F}[\mathfrak{f}(a, n)] \rightarrow \mathfrak{F}[\mathfrak{f}(a, n')]$$

erhalten.

Hiermit ist nun der Nachweis erbracht, daß der Formalismus (Z_μ) unsere dritte Ableitbarkeitsforderung erfüllt. Man beachte, daß durch diesen Nachweis zugleich auch die Behauptung der Ableitbarkeit der Formel $\mathfrak{f}(m) = 0 \rightarrow \widetilde{\mathfrak{B}}(\{\mathfrak{f}(m) = 0\})$ (für einen gegebenen rekursiven Term $\mathfrak{f}(m)$ mit m als einziger Variablen) ihre Präzisierung im finiten Sinn erfährt, indem wir ein Verfahren zur effektiven Herstellung einer Ableitung der betreffenden Formel für einen vorgelegten Term $\mathfrak{f}(m)$ erhalten. In der Tat sind die benutzten Hilfsbetrachtungen über Ableitbarkeiten sowie die Nachweise für die Teilbehauptungen 1.—4. alle von der Art, daß sie entweder für Formeln von bestimmter Gestalt ein Ableitungsverfahren angeben oder zeigen, wie man aus einer gegebenen Ableitung einer gewissen Formel sich eine Ableitung einer gewissen anderen Formel verschaffen kann.

Die entsprechende Bemerkung gilt auch mit Bezug auf unsere Nachweise für das Erfülltsein der beiden ersten Ableitbarkeitsforderungen beim Formalismus (Z_μ)[1].

Das Gesamtergebnis aus den vorangegangenen Betrachtungen ist nun, daß für den Formalismus (Z_μ) die sämtlichen Voraussetzungen des zweiten Gödelschen Unableitbarkeitstheorems zutreffen. Zufolge dieses Theorems kann also die Formel $(E x)\, \mathfrak{B}(x, n) \rightarrow \overline{(E x)\, \mathfrak{B}(x, 3 \cdot n)}$, welche die Behauptung der Widerspruchsfreiheit des Formalismus (Z_μ) zur Darstellung bringt, nicht in (Z_μ) abgeleitet werden, es sei denn, daß der Formalismus widerspruchsvoll wäre.

Auf entsprechende Art, wie wir für den Formalismus (Z_μ) die Voraussetzungen b_2) und die zu diesen hinzutretenden Ableitbarkeitsforderungen als erfüllt erwiesen haben, kann das Zutreffen jener Annahmen für alle solchen deduktiven Formalismen nachgewiesen werden, welche einerseits hinlänglich scharf abgegrenzt sind, andererseits die Schlußweisen des Prädikatenkalkuls enthalten und ferner ausreichend sind zur Darstellung der zahlentheoretischen Begriffsbildungen und Schlußweisen, so daß insbesondere die rekursiven Funktionen in ihnen darstellbar sind und die zugehörigen Rekursionsgleichungen entweder Axiome oder ableitbare Formeln sind und ferner das Induktionsschema (entweder als Grundregel oder als ableitbares Schema) in ihnen enthalten ist. Auf alle solche Formalismen findet daher das zweite Gödelsche Unableitbarkeitstheorem Anwendung.

Wie schon früher erwähnt, lassen sich die in unserer Formulierung des Theorems auftretenden Voraussetzungen durch allgemeinere ersetzen.

Insbesondere kann das Theorem — worauf GÖDEL und KREISEL hingewiesen haben — auf Formalismen ohne gebundene Variablen, so besonders auf die rekursive Zahlentheorie ausgedehnt werden. Für die rekursive Zahlentheorie ergibt sich dieses aus dem vermerkten effektiven Charakter der Nachweise für die Erfüllung der Ableitbarkeitsforderungen 1., 2., 3. durch den Formalismus (Z_μ)[2].

Wir wollen hier noch kurz darlegen, in welcher Weise sich für den Formalismus (Z) zeigen läßt, daß die formalisierte Aussage seiner Widerspruchsfreiheit nicht in ihm selbst ableitbar sein kann, sofern er widerspruchsfrei ist.

e) Ausdehnung des zweiten Gödelschen Unableitbarkeitstheorems auf den Formalismus (Z). — Aufstellung einer Wahrheitsdefinition für diesen Formalismus. Der Formalismus (Z) geht aus dem Prädikatenkalkul hervor durch Hinzunahme der Symbole 0, $'$, $+$, $\cdot$, $=$, sowie der Gleichheitsaxiome (J_1), (J_2), der Peanoschen Axiome $a' \neq 0$,

[1] Vgl. S. 319—321.

[2] Für die erste und die zweite Ableitbarkeitsforderung ersieht man das sogar direkt aus den Herleitungen auf S. 321 für die Formeln auf Zeile 3 und Zeile 27.

$a' = b' \rightarrow a = b$, der Rekursionsgleichungen für Summe und Produkt und des Induktionsaxioms. Das Schema der expliziten Definition soll nicht mit inbegriffen werden.

Da der Formalismus (Z) nur solche Symbole und Variablen enthält, die auch zu (Z_μ) gehören, so ergibt sich aus der Nummernzuordnung für die Ausdrücke von (Z_μ) [1] ohne weiteres eine solche für die Ausdrücke von (Z).

Auf Grund dieser Nummernzuordnung können wir eine rekursive Funktion $\mathfrak{s}(k, l)$ bestimmen, die der Nummer eines Ausdrucks $\mathfrak{K}$ aus (Z) und einer Ziffer $\mathfrak{l}$ die Nummer desjenigen Ausdrucks zuordnet, der aus $\mathfrak{K}$ mittels der Ersetzung der Variablen a durch die Ziffer $\mathfrak{l}$ hervorgeht, ferner eine rekursive Formel $\mathfrak{B}(m, n)$, welche die Beziehung darstellt zwischen der Nummer einer Formelreihe und der Nummer einer Formel, für welche jene Formelreihe eine Ableitung im Formalismus (Z) bildet. Die Funktion $\mathfrak{s}(k, l)$ ist zwar im Formalismus (Z) nicht darstellbar, wohl aber vertretbar, und zwar in der Weise, daß sich eine Formel $\mathfrak{S}(a, b, c)$ in (Z) angeben läßt, worin a, b, c die einzigen freien Variablen sind und welche innerhalb von (Z_μ) in die Gleichung $\mathfrak{s}(a, b) = c$ überführbar ist. Ebenso läßt sich zu der Formel $\mathfrak{B}(m, n)$ eine Formel $\mathfrak{B}_1(m, n)$ in (Z), mit m, n als einzigen freien Variablen angeben, die innerhalb von (Z_μ) in die Formel $\mathfrak{B}(m, n)$ überführbar ist.

Von diesen Feststellungen ausgehend wollen wir uns nun klarmachen, wie sich durch gewisse Modifikationen unserer vorangehenden Beweisführung betreffend den Formalismus (Z_μ) das zweite Gödelsche Unableitbarkeitstheorem auf den Formalismus (Z) ausdehnen läßt.

Dabei können wir uns den Umstand zunutze machen, daß eine jede im Formalismus (Z_μ) ableitbare Formel auch in demjenigen Formalismus ableitbar ist, der aus dem Formalismus (Z) durch Hinzunahme der ι-Regel und des allgemeinen Schemas der expliziten Definition hervorgeht[2]. Aus diesem Umstande folgt auf Grund des Satzes über die Eliminierbarkeit der ι-Regel, daß jede Formel aus (Z), die in (Z_μ) ableitbar ist, auch in (Z) ableitbar ist.

Diese Tatsache ermöglicht es uns, Ableitbarkeiten im Formalismus (Z) aus Ableitbarkeiten in (Z_μ) zu entnehmen, und wir gewinnen so den Vorteil, daß wir die Überlegungen, wie wir sie für den Beweis des zweiten Gödelschen Unableitbarkeitstheorems sowie für seine Anwendung auf (Z_μ) angestellt haben, nur wenig zu modifizieren brauchen.

Die erste Modifikation ist, daß wir an Stelle der Formel $\mathfrak{B}(m, \mathfrak{s}(a, a))$ die Formel $(x)\left(\mathfrak{S}(a, a, x) \rightarrow \overline{\mathfrak{B}_1(m, x)}\right)$ betrachten. Die Nummer dieser Formel sei $\mathfrak{p}$; $\mathfrak{q}$ sei der Wert von $\mathfrak{s}(\mathfrak{p}, \mathfrak{p})$, also die Nummer der Formel $(x)\left(\mathfrak{S}(\mathfrak{p}, \mathfrak{p}, x) \rightarrow \overline{\mathfrak{B}_1(m, x)}\right)$, welche mittels der in (Z) ableitbaren Formeln

$$\mathfrak{S}(\mathfrak{p}, \mathfrak{p}, \mathfrak{q}), \qquad \mathfrak{S}(a, b, c) \mathbin{\&} \mathfrak{S}(a, b, d) \rightarrow c = d$$

[1] Vgl. S. 306ff.

[2] Betreffs der Beziehung zwischen den Formalismen (Z_μ) und (Z) vgl. S. 302–306.

in die Formel
$$\overline{\mathfrak{B}_1(m, \mathfrak{q})}$$
überführbar ist. $\mathfrak{r}$ sei die Nummer der Formel $\mathfrak{B}_1(a, \mathfrak{q})$ und $\mathfrak{r}_1$ die ihrer Negation. Für $\mathfrak{e}(n)$ kann wiederum die Funktion $3 \cdot n$ genommen werden; „$3 \cdot n$" ist ja auch in (Z) ein Term. Die formale Darstellung der Behauptung der Widerspruchsfreiheit von (Z) kann daher durch die Formel
$$(E x)\, \mathfrak{B}_1(x, n) \to \overline{(E x)}\, \mathfrak{B}_1(x, 3 \cdot n)$$
erfolgen, die wiederum als Formel „$\mathfrak{C}$" genommen werde.

Für den gewünschten Nachweis der Unableitbarkeit der Formel $\mathfrak{C}$ in (Z), unter der Voraussetzung der Widerspruchsfreiheit von (Z), genügt es, wenn wir zeigen können, daß aus $\mathfrak{C}$ die Formel $\overline{\mathfrak{B}_1(m, \mathfrak{q})}$ mittels des Formalismus (Z) ableitbar ist. Denn, wenn dieses erkannt ist, so folgt ja, unter der Annahme der Ableitbarkeit von $\mathfrak{C}$ im Formalismus (Z), die Ableitbarkeit [wiederum in (Z)] der Formel mit der Nummer $\mathfrak{q}$, also das Bestehen der Beziehung $\mathfrak{B}(\mathfrak{k}, \mathfrak{q})$ für eine gewisse Ziffer $\mathfrak{k}$ und damit die Ableitbarkeit der Formel $\mathfrak{B}_1(\mathfrak{k}, \mathfrak{q})$ in (Z), welche zusammen mit der Formel $\overline{\mathfrak{B}_1(m, \mathfrak{q})}$ einen Widerspruch ergibt.

Um nun für den Formalismus (Z) die Ableitbarkeit der Formel $\overline{\mathfrak{B}_1(m, \mathfrak{q})}$ aus $\mathfrak{C}$ zu erkennen, welche ja (nach dem Deduktionstheorem) der Ableitbarkeit der Formel
$$(u)\big((E x)\, \mathfrak{B}_1(x, u) \to \overline{(E x)}\, \mathfrak{B}_1(x, 3 \cdot u)\big) \to \overline{\mathfrak{B}_1(m, \mathfrak{q})}$$
gleichkommt, genügt es gemäß unserer vorausgeschickten Bemerkung, die Ableitbarkeit dieser Formel im Formalismus (Z_μ) festzustellen, welche wiederum gleichbedeutend ist mit der Ableitbarkeit der Formel $\overline{\mathfrak{B}_1(m, \mathfrak{q})}$ aus der Formel
$$(E x)\, \mathfrak{B}_1(x, n) \to \overline{(E x)}\, \mathfrak{B}_1(x, 3 \cdot n)$$
im Rahmen des Formalismus (Z_μ).

Diese Ableitbarkeit kann nun auf entsprechende Art erkannt werden, wie sich bei der Betrachtung des Formalismus (Z_μ), für die mit Bezug auf (Z_μ) gebildete Formel $\mathfrak{B}(m, n)$, die Ableitbarkeit von $\overline{\mathfrak{B}(m, \mathfrak{q})}$ aus der Formel
$$(E x)\, \mathfrak{B}(x, n) \to \overline{(E x)}\, \mathfrak{B}(x, 3 \cdot n)$$
zeigen ließ.

Dabei treten jetzt an die Stelle der drei Ableitbarkeitsforderungen, die wir für den Formalismus (Z_μ) als erfüllt erwiesen haben, die folgenden drei Feststellungen:

1. Aus einer vorgelegten Ableitung der Formel mit der Nummer $\mathfrak{l}$ durch den Formalismus (Z) unter Hinzunahme der Formel mit der Nummer $\mathfrak{k}$ als Ausgangsformel gewinnen wir eine Ableitung in (Z_μ) für die Formel
$$(E x)\, \mathfrak{B}_1(x, \mathfrak{k}) \to (E x)\, \mathfrak{B}_1(x, \mathfrak{l}).$$

2. Die Formel

$$(E x)\, \mathfrak{B}_1(x, \mathfrak{z} \cdot k) \rightarrow (E x)\, \mathfrak{B}_1\big(x, \mathfrak{z} \cdot \mathfrak{s}(k, l)\big)$$

ist in (Z_μ) ableitbar.

3. Ist $\mathfrak{f}(m)$ ein rekursiver Term mit m als einziger Variablen und ist $\mathfrak{r}$ die Nummer der Gleichung $\mathfrak{f}(a) = 0$, so ist die Formel

$$\mathfrak{f}(m) = 0 \rightarrow (E x)\, \mathfrak{B}_1\big(x, \mathfrak{s}(\mathfrak{r}, m)\big)$$

in (Z_μ) ableitbar.

(Man beachte, daß in diesen drei Sätzen die behauptete Ableitbarkeit jedesmal eine solche in (Z_μ) ist.)

Der Nachweis für 1. und 2. erfolgt gerade so wie derjenige für die Erfüllung der beiden ersten Ableitbarkeitsforderungen beim Formalismus (Z_μ). Die Behauptung 3. läßt sich (indem wir zunächst wieder die rekursive Funktion $st^*(m, k, l)$ heranziehen und sie dann eliminieren[1]), auf folgenden Satz zurückführen:

Ist $\mathfrak{f}(m)$ ein rekursiver Term mit m als einziger Variablen, $\mathfrak{G}(m)$ eine Formel aus (Z) mit m als einziger freien Variablen, die im Formalismus (Z_μ) in die Gleichung $\mathfrak{f}(m) = 0$ überführbar ist, und ist $\mathfrak{g}(m)$ der jener Formel $\mathfrak{G}(m)$ in bezug auf die Variable m zugeordnete arithmetische Funktionsausdruck, so ist die Formel

$$\mathfrak{G}(m) \rightarrow (E x)\, \mathfrak{B}_1\big(x, \mathfrak{g}(m)\big)$$

und daher auch

$$\mathfrak{f}(m) = 0 \rightarrow (E x)\, \mathfrak{B}_1\big(x, \mathfrak{g}(m)\big)$$

in (Z_μ) ableitbar.

Der Beweis für diesen Satz verläuft ganz analog wie derjenige, den wir in bezug auf den Formalismus (Z_μ) für die Ableitbarkeit der Formel

$$\mathfrak{f}(m) = 0 \rightarrow \widetilde{\mathfrak{B}}\big(\{\mathfrak{f}(m) = 0\}\big)$$

(im Falle eines rekursiven Terms $\mathfrak{f}(m)$ mit der einzigen Variablen m) geführt haben. Unter Anwendung der entsprechenden abkürzenden Bezeichnungen[2] können wir das Analogon unseres Hilfssatzes[2] beweisen: daß, wenn eine Formel $\mathfrak{A}$ in (Z) ableitbar ist, dann die Formel $\widetilde{\mathfrak{B}}_1(\{\mathfrak{A}\})$ in (Z_μ) ableitbar ist. Desgleichen gelten mit Bezug auf die Formel $\mathfrak{B}_1(m, n)$ die den beiden $\widetilde{\mathfrak{B}}$-Schematen[3] entsprechenden „$\widetilde{\mathfrak{B}}_1$-Schemata".

Dagegen sind von den Feststellungen[4] 1.—4. die beiden letzten entsprechend der Behauptung des zu beweisenden Satzes zu modifizieren. Es wird genügen, diese Modifikation für die Feststellung 4., und zwar in Hinsicht auf eine zweistellige rekursive Funktion anzugeben.

[1] Vgl. die Überlegung auf S. 322—323.

[2] Vgl. S. 325—326.

[3] Vgl. S. 327.

[4] Vgl. S. 331.

Wir haben hier Gebrauch zu machen von der Vertretbarkeit der rekursiven Funktionen in (Z). Einem Paar von Rekursionsgleichungen

$$\mathfrak{f}(a, 0) = \mathfrak{a}(a), \qquad \mathfrak{f}(a, n') = \mathfrak{b}(a, n, \mathfrak{f}(a, n))$$

entspricht in (Z) ein Paar von ableitbaren Formeln

$$\mathfrak{P}(a, 0, c) \sim \mathfrak{K}(a, c)$$
$$\mathfrak{P}(a, n, b) \rightarrow (\mathfrak{P}(a, n', c) \sim \mathfrak{L}(a, n, b, c)).$$

Dabei sind a, n, c in $\mathfrak{P}(a, n, c)$, a, c in $\mathfrak{K}(a, c)$ und a, n, b, c in $\mathfrak{L}(a, n, b, c)$ die einzigen auftretenden freien Variablen, und in (Z_μ) sind die Äquivalenzen

$$\mathfrak{K}(a, c) \sim \mathfrak{a}(a) = c, \qquad \mathfrak{L}(a, n, c, d) \sim \mathfrak{b}(a, n, c) = d$$
$$\mathfrak{P}(a, n, c) \sim \mathfrak{f}(a, n) = c$$

ableitbar. Und aufgrund der ableitbaren Formel $(Ez)\,\mathfrak{P}(a, n, z)$ gewinnt man aus der Formel

$$\mathfrak{P}(a, n, b) \rightarrow (\mathfrak{P}(a, n', c) \sim \mathfrak{L}(a, n, b, c))$$

die Äquivalenz

$$\mathfrak{P}(a, n', c) \sim (Ez)\,(\mathfrak{P}(a, n, z)\ \&\ \mathfrak{L}(a, n, z, c)).$$

Die anstatt der Feststellung 4. zu erweisende Behauptung lautet demnach: Es seien in (Z_μ) die Formeln

$$\mathfrak{K}(a, c) \rightarrow \tilde{\mathfrak{B}}_1(\{\mathfrak{K}(a, c)\}), \qquad \mathfrak{L}(a, n, c, d) \rightarrow \tilde{\mathfrak{B}}_1(\{\mathfrak{L}(a, n, c, d)\})$$

ableitbar; ferner seien in (Z) die Äquivalenzen

$$\mathfrak{P}(a, 0, c) \sim \mathfrak{K}(a, c), \qquad \mathfrak{P}(a, n', c) \sim (Ez)\,(\mathfrak{P}(a, n, z)\ \&\ \mathfrak{L}(a, n, z, c))$$

ableitbar; dann ist in (Z_μ) die Formel

$$\mathfrak{P}(a, n, c) \rightarrow \tilde{\mathfrak{B}}_1(\{\mathfrak{P}(a, n, c)\})$$

ableitbar.

Dieses ergibt sich nun, indem wir zeigen, daß durch vollständige Induktion nach n die Formel $(x)\,\mathfrak{Q}(n, x)$ abgeleitet werden kann, wo $\mathfrak{Q}(n, c)$ die Formel

$$\mathfrak{P}(a, n, c) \rightarrow \tilde{\mathfrak{B}}_1(\{\mathfrak{P}(a, n, c)\})$$

bezeichnet. Die Ausführbarkeit dieser Induktion nach n, d. h. die Ableitbarkeit der beiden Formeln

$$(x)\,\mathfrak{Q}(0, x), \qquad (x)\,\mathfrak{Q}(n, x) \rightarrow (x)\,\mathfrak{Q}(n', x)$$

erweist sich auf Grund unseres Hilfssatzes sowie der $\tilde{\mathfrak{B}}_1$-Schemata, mittels deren sich ja insbesondere ergibt, daß für irgendwelche Formeln $\mathfrak{A}(c)$, $\mathfrak{H}(c)$ aus (Z), (welche die Variable c enthalten) die Formel

$$\tilde{\mathfrak{B}}_1(\{\mathfrak{A}(c)\})\ \&\ \tilde{\mathfrak{B}}_1(\{\mathfrak{H}(c)\}) \rightarrow \tilde{\mathfrak{B}}_1(\{(Ez)\,(\mathfrak{A}(z)\ \&\ \mathfrak{H}(z))\})$$

in (Z_μ) ableitbar ist.

Auf diese Weise wird nun auch für den Formalismus (Z) — unter der Voraussetzung seiner Widerspruchsfreiheit — die Unmöglichkeit eines in (Z) selbst formalisierten Widerspruchsfreiheitsbeweises erkannt. Zugleich ergibt sich damit auch, daß unter der Bedingung der Widerspruchsfreiheit von (Z) diese Widerspruchsfreiheit *nicht einmal im Formalismus* (Z_μ) bewiesen werden kann. Denn aus einer Ableitung der Formel

$$(E x)\, \mathfrak{B}_1(x, n) \rightarrow \overline{(E x)}\, \mathfrak{B}_1(x, 3 \cdot n)$$

im Formalismus (Z_μ) könnten wir ja eine solche im Formalismus (Z) gewinnen.

Dieses Ergebnis legt nun die Frage nahe, was für eine Erweiterung des Formalismus (Z) denn erforderlich ist, damit ein formalisierter Beweis der Widerspruchsfreiheit von (Z) möglich wird, insbesondere ob es hierfür nötig ist, eine neue Art gebundener Variablen, wie etwa gebundene Formelvariablen, einzuführen.

Diese Frage können wir so in Angriff nehmen, daß wir uns zunächst inhaltlich einen Beweis der Widerspruchsfreiheit von (Z) zurechtlegen. Dabei sind wir nicht an die Forderungen des finiten Standpunktes gebunden, und es kommt daher auch ein solcher Beweis in Betracht, der auf der üblichen Deutung des Formalismus (Z) beruht, wie sie der inhaltlichen Anwendung des „tertium non datur" für die ganzen Zahlen entspricht. Die einfachste in dieser Weise sich bietende Beweisart ist nun die, daß wir für die Formeln aus (Z) eine „Wahrheitsdefinition" aufstellen, auf Grund deren sich beweisen läßt, daß jede ableitbare Formel eine wahre Formel ist und daß die Negation einer wahren Formel nicht wahr ist.

Bei diesem Verfahren ist nun, auf Grund des Tarskischen Satzes über die Formalisierung des Wahrheitsbegriffes[1], zu erwarten, daß die Überschreitung des Formalismus (Z) in der Wahrheitsdefinition erfolgt. In der Tat findet auf den Formalismus (Z) und die Nummernzuordnung, die wir für diesen aus der Nummernzuordnung für (Z_μ) entnommen haben, die frühere Überlegung Anwendung, durch die wir die Antinomie des Lügners verschärft haben[2]. Es ergibt sich daher, daß es im Formalismus (Z), sofern er widerspruchsfrei ist, keine Formel $\mathfrak{M}(a)$, mit a als einziger freier Variablen, von der Eigenschaft geben kann, daß für jede Ziffer $\mathfrak{n}$, welche die Nummer einer Formel $\mathfrak{A}$ ohne freie Variable ist, die Formel

$$\mathfrak{M}(\mathfrak{n}) \sim \mathfrak{A}$$

in (Z) ableitbar ist.

[1] Vgl. S. 270.

[2] Der Formalismus (Z) und unsere Nummernzuordnung für diesen erfüllt zunächst die Voraussetzung b). Die Voraussetzungen a), c) treffen freilich nicht völlig zu, weil in (Z) die rekursiven Funktionen nicht durchweg darstellbar, sondern nur vertretbar sind. Doch haben wir ja diesen allgemeineren Fall auch noch eigens berücksichtigt (vgl. S. 268—269).

Ferner folgt noch, daß es auch im Formalismus (Z_μ) — wiederum unter der Voraussetzung seiner Widerspruchsfreiheit — keine solche Formel $\mathfrak{M}(a)$ geben kann, für welche die genannte Äquivalenz stets dann ableitbar ist, wenn $\mathfrak{A}$ eine Formel aus (Z) ohne freie Variable und $\mathfrak{n}$ ihre Nummer ist. Denn zu einer solchen Formel $\mathfrak{M}(a)$ ließe sich ja in (Z), durch Ausschaltung des μ-Symbols, eine Formel $\mathfrak{M}_1(a)$ bestimmen, für welche die Äquivalenz

$$\mathfrak{M}_1(a) \sim \mathfrak{M}(a)$$

in (Z_μ) ableitbar wäre; es würde dann für jede Ziffer $\mathfrak{n}$, welche die Nummer einer variablenlosen Formel $\mathfrak{A}$ aus (Z) ist, die Formel

$$\mathfrak{M}_1(\mathfrak{n}) \sim \mathfrak{A}$$

in (Z_μ) ableitbar sein. Da aber diese Formel dem Formalismus (Z) angehört, müßte sie auch in (Z) ableitbar sein. Die Formel $\mathfrak{M}_1(a)$ würde also die Eigenschaft haben, von der wir eben zuvor festgestellt haben, daß sie bei einer Formel aus (Z) nicht im Einklang mit der Widerspruchsfreiheit von (Z), also erst recht nicht mit derjenigen von (Z_μ), bestehen kann.

Hiernach erhalten wir eine Methode, um von einer formalisierten Wahrheitsdefinition für die Formeln von (Z) nachzuweisen, daß sie über den Formalismus (Z) sowie auch über den Formalismus (Z_μ) — sofern dieser und daher auch (Z) widerspruchsfrei ist — hinausführt. Dieses ist nämlich sicher dann der Fall, wenn die Hinzufügung dieser Definition zu dem Formalismus (Z) eine Formel $\mathfrak{M}(a)$ von der Eigenschaft liefert, daß für jede Formel $\mathfrak{A}$ ohne freie Variable aus (Z), wenn $\mathfrak{n}$ ihre Nummer ist, die Formel $\mathfrak{M}(\mathfrak{n}) \sim \mathfrak{A}$ ableitbar ist.

Im Sinne dieser Erwägung gehen wir nun daran, eine *Wahrheitsdefinition für den Formalismus* (Z) aufzustellen. Hierzu benutzen wir verschiedene rekursive Darstellungen von Begriffen, die sich auf den Formalismus (Z) und die für ihn gewählte Nummernzuordnung beziehen.

Die Eigenschaft einer Zahl n, *Nummer eines variablenlosen Terms* zu sein, stellt sich durch eine rekursive Formel $\mathfrak{T}_0(n)$ dar. Die Definition ergibt sich ohne weiteres daraus, daß ein variablenloser Term aus (Z) entweder die Ziffer 0 ist oder die Form $\mathfrak{a}'$ hat, wo $\mathfrak{a}$ ein variablenloser Term ist, oder von der Form $\mathfrak{a} + \mathfrak{b}$ bzw. $\mathfrak{a} \cdot \mathfrak{b}$ ist, wobei $\mathfrak{a}$ und $\mathfrak{b}$ variablenlose Terme sind.

Der *Wert eines variablenlosen Terms* stellt sich als Funktion der Nummer des Terms durch eine rekursive Funktion „$vl(n)$" dar[1], die mittels folgender Fallunterscheidung definiert wird:

---

[1] Daß die Möglichkeit dieser Darstellung ungeachtet unseres früheren Ergebnisses betreffend die Darstellung des Begriffes „Wert eines zahlbestimmenden Ausdrucks" (vgl. S. 271) mit der Widerspruchsfreiheit von (Z) vereinbar ist, beruht darauf, daß die rekursiven Funktionen nicht allgemein in (Z) darstellbar sind.

„Wenn $n = 2$, so ist $vl(n) = 0$;
wenn $n = 3 \cdot m$, $m \neq 0$, so ist $vl(n) = (vl(m))'$;
wenn $n = 5 \cdot 11^a \cdot 13^b$, so ist $vl(n) = vl(a) + vl(b)$;
wenn $n = 5 \cdot 11^a \cdot 17^b$, so ist $vl(n) = vl(a) \cdot vl(b)$;
in allen übrigen Fällen ist $vl(n) = n$."

Die rekursive Darstellung des Begriffes „*Nummer einer Formel*" kann für den Formalismus (Z) ganz entsprechend erfolgen, wie wir sie früher für den Prädikatenkalkul mit Einschluß der Ziffern und Funktionszeichen ausgeführt haben[1]. Die darstellende Formel werde mit „$\mathfrak{S}(n)$" bezeichnet.

Ohne Schwierigkeit ergeben sich auch rekursive Darstellungen für die folgenden Prädikate:

„n ist die Nummer einer Formel ohne freie Variable", durch eine Formel $\mathfrak{S}_0(n)$;

„n ist die Nummer einer variablenlosen Formel", durch eine Formel $\mathfrak{S}_1(n)$;

„n ist die Nummer eines formelartigen Ausdrucks", durch eine Formel $\mathfrak{P}(n)$;

„n ist die Nummer eines quantorenfreien formelartigen Ausdrucks", durch eine Formel $\mathfrak{P}_0(n)$.

Wir können ferner den Begriff „*Nummer eines pränexen formelartigen Ausdrucks*" rekursiv definieren. Nämlich wir können zunächst ein rekursives Prädikat $\mathfrak{P}_1(n, k)$ zur Darstellung der Aussage „n ist die Nummer eines formelartigen pränexen Ausdrucks mit k Quantoren" durch eine rekursive Definition einführen, die sich in inhaltlicher Fassung folgendermaßen ausspricht:

„$\mathfrak{P}_1(n, 0)$ gilt dann und nur dann, wenn $\mathfrak{P}_0(n)$;

$\mathfrak{P}_1(n, k')$ gilt dann und nur dann, wenn $\mathfrak{P}(n)$ und $n = q \cdot 50 \cdot p^a$, wobei $q/2$, p eine Primzahl $\geqq 7$ ist und $\mathfrak{P}_1(a, k)$."

Nun wird die Aussage „n ist die Nummer eines pränexen formelartigen Ausdrucks" durch die Formel $(Ex)(x < n \,\&\, \mathfrak{P}_1(n, x))$ dargestellt, und diese läßt sich in eine rekursive Formel $\mathfrak{P}_1(n)$ überführen. Die Formel

$$\mathfrak{P}_1(n) \,\&\, \mathfrak{S}(n)$$

stellt nun die Aussage dar: „n ist die Nummer einer pränexen Formel."

Jetzt können wir auch eine rekursive Funktion „$pr(n)$" definieren, die der Nummer einer Formel die Nummer einer in sie überführbaren pränexen Formel zuordnet. Vorbereitend läßt sich zunächst ein rekursives Prädikat „$Sp(n)$" definieren zur Darstellung der Aussage: „n ist die Nummer eines formelartigen Ausdrucks, und jede in dem Ausdruck vorkommende gebundene Variable tritt entweder nur im Bereiche eines einzigen zu ihr gehörigen Quantors auf, oder es gehört zu ihr innerhalb des Ausdrucks überhaupt kein Quantor."

[1] Vgl. S. 228ff.

Der Sinn dieser Aussage ist kurz gesagt, daß n die Nummer eines solchen formelartigen Ausdrucks ist, in welchem die gebundenen Variablen durch die Benennungen voneinander gesondert sind. Wir wollen einen solchen Ausdruck als einen „normierten formelartigen Ausdruck" bezeichnen.

Z. B. sind Ausdrücke von der Form

$$(x)\,\mathfrak{A}(x)\,\&\,(x)\,\mathfrak{B}(x), \qquad (x)\big(\mathfrak{A}(x, z) \rightarrow (y)\,(z)\,\mathfrak{B}(x, y, z)\big)$$

nicht normierte Ausdrücke. Hingegen ist

$$(x)\big(A(x, y) \rightarrow (Ez)\,B(x, z)\big)$$

ein normierter formelartiger Ausdruck.

Ferner kann eine rekursive Funktion „$sp(n)$" eingeführt werden, welche der Nummer einer Formel die Nummer derjenigen Formel zuordnet, die man aus jener erhält, indem man die Variablen der Quantoren nach der Reihenfolge des Auftretens der Quantoren durch die Variablen mit den Nummern $\wp_3, \wp_4, \ldots$ ersetzt und diese Ersetzung jeweils auf den ganzen Bereich des betreffenden Quantors ausdehnt. Die Wirkung dieses Prozesses ist, daß die entstehende Formel sowie jeder in ihr als Bestandteil enthaltene formelartige Ausdruck ein normierter formelartiger Ausdruck ist.

Nunmehr ergibt sich die Definition von $pr(n)$ auf dem Wege über die Definition zweier Hilfsfunktionen „$pr_1(n)$" und „$pr_2(n)$".

$pr_1(n)$ wird folgendermaßen definiert:

„Wenn $n = 3\cdot m$, $m = q\cdot 50\cdot p^a$, $q/2$, p eine Primzahl $\geqq 7$ und $\mathfrak{P}_1(m)$, so ist

$$pr_1(n) = \pi(2, q)\cdot 50\cdot p^{pr_1(3\cdot a)};$$

wenn $Sp(n)$, $n = q\cdot 20\cdot 7^a\cdot 11^b$, $q/2$, $\mathfrak{P}_1(a)$, $\mathfrak{P}_1(b)$, $a = q_1\cdot 50\cdot p^c$, $q_1/2$, p eine Primzahl $\geqq 7$, dann ist

$$pr_1(n) = q_1\cdot 50\cdot p^{pr_1(q\cdot 20\cdot 7^c\cdot 11^b)};$$

wenn $Sp(n)$, $n = q\cdot 20\cdot 7^a\cdot 11^b$, $q/2$, $\mathfrak{P}_0(a)$, $\mathfrak{P}_1(b)$, $b = q_1\cdot 50\cdot p^c$, $q_1/2$, p eine Primzahl $\geqq 7$, dann ist

$$pr_1(n) = q_1\cdot 50\cdot p^{pr_1(q\cdot 20\cdot 7^a\cdot 11^c)};$$

in den übrigen Fällen ist $pr_1(n) = n$."

Die Definition von $pr_2(n)$ lautet:

„Wenn $Sp(n)$, $n = 3\cdot m$, $m \neq 0$, dann ist

$$pr_2(n) = pr_1\big(3\cdot pr_2(m)\big),$$

wenn $Sp(n)$, $n = q\cdot 50\cdot p^a$, $q/2$, p eine Primzahl $\geqq 7$, so ist

$$pr_2(n) = q\cdot 50\cdot p^{pr_2(a)},$$

wenn $Sp(n)$, $n = q \cdot 20 \cdot 7^a \cdot 11^b$, $q/2$, dann ist

$$pr_2(n) = pr_1(q \cdot 20 \cdot 7^{pr_2(a)} \cdot 11^{pr_2(b)}),$$

wenn $Sp(n)$, $n = 80 \cdot 7^a \cdot 11^b$, so ist

$$pr_2(n) = pr_1(40 \cdot 7^{pr_2(3 \cdot a)} \cdot 11^{pr_2(b)}),$$

wenn $Sp(n)$, $n = 160 \cdot 7^a \cdot 11^b$, so ist

$$pr_2(n) = pr_1\left(20 \cdot 7^{pr_1(40 \cdot 7^{pr_2(3 \cdot a)} \cdot 11^{pr_2(b)})} \cdot 11^{pr_1(40 \cdot 7^{pr_2(a)} \cdot 11^{pr_2(3 \cdot b)})}\right);$$

in allen übrigen Fällen ist $pr_2(n) = n$.“

Jetzt bestimmt sich $pr(n)$ durch die Definitionsgleichung

$$pr(n) = pr_2(sp(n)).$$

Nun führen wir weiter noch die rekursive Beziehung „$St(m, n)$“ ein, welche die Aussage darstellt „der Ausdruck mit der Nummer n geht aus demjenigen mit der Nummer m durch Einsetzungen für eine oder mehrere freie Variablen (Individuenvariablen oder Formelvariablen) hervor, oder es ist $m = n$“, sowie auch die Funktion „$st(m, k, l)$“, welche der Nummer $\mathfrak{m}$ eines Ausdrucks $\mathfrak{A}$, der Nummer $\mathfrak{k}$ einer Individuenvariablen $\mathfrak{c}$ und der Nummer $\mathfrak{l}$ eines Ausdrucks $\mathfrak{t}$ die Nummer desjenigen Ausdrucks zuordnet, der aus $\mathfrak{A}$ hervorgeht, indem die Variable $\mathfrak{c}$ allenthalben durch den Ausdruck $\mathfrak{t}$ ersetzt wird.

Nunmehr läßt sich die gewünschte Wahrheitsdefinition folgendermaßen ansetzen:

Wir bestimmen zuerst eine rekursive Formel $\mathfrak{M}_0(n)$ als Darstellung der Aussage „n ist die Nummer einer wahren, variablenlosen Formel“; sodann stellen wir eine formalisierte Definition für ein Prädikat „$\mathsf{M}(n, k)$“ auf, welches die Aussage repräsentiert: „n ist die Nummer einer wahren pränexen Formel ohne freie Variable, mit k voranstehenden Quantoren.“ Mittels des Symbols $\mathsf{M}(n, k)$ erhalten wir dann eine Darstellung $\mathfrak{M}_1(n)$ der Aussage: „n ist die Nummer einer wahren pränexen Formel ohne freie Variable“ durch die Äquivalenz

$$\mathfrak{M}_1(n) \sim (Ez)(z \leq n \,\&\, \mathsf{M}(n, z)),$$

aus dieser dann eine Formel $\mathfrak{M}(n)$ als Darstellung der Aussage „n ist die Nummer einer wahren Formel ohne freie Variable“, welche durch die Äquivalenz

$$\mathfrak{M}(n) \sim \mathfrak{M}_1(pr(n))$$

definiert wird, und schließlich die allgemeine Wahrheitsdefinition durch die Formel

$$\mathfrak{S}(n) \,\&\, (x)(St(n, x) \,\&\, \mathfrak{S}_0(x) \rightarrow \mathfrak{M}(x)),$$

welche mit „$\mathfrak{M}^*(n)$“ bezeichnet werde.

Die rekursive Definition von $\mathfrak{M}_0(n)$ ergibt sich aus folgender Äquivalenz

$$\begin{aligned}\mathfrak{M}_0(n) \sim\ & n = 70 \cdot 11^{\nu(n,4)} \cdot 13^{\nu(n,5)} \,\&\, \mathfrak{T}_0(\nu(n,4)) \\ & \qquad \&\, \mathfrak{T}_0(\nu(n,5)) \,\&\, vl(\nu(n,4)) = vl(\nu(n,5)) \\ & \vee (Ex)\big(x < n \,\&\, n = 3 \cdot x \,\&\, \mathfrak{S}_1(x) \,\&\, \overline{\mathfrak{M}_0(x)}\big) \\ & \vee \big[\mathfrak{S}_1(n) \,\&\, (Ex)(Ey)\{x < n \,\&\, y < n \,\&\, \big((x = 20 \cdot 7^x \cdot 11^y \,\&\, \mathfrak{M}_0(x) \,\&\, \mathfrak{M}_0(y)) \\ & \qquad \vee (x = 40 \cdot 7^x \cdot 11^y \,\&\, (\mathfrak{M}_0(x) \vee \mathfrak{M}_0(y))) \\ & \qquad \vee (x = 80 \cdot 7^x \cdot 11^y \,\&\, (\mathfrak{M}_0(x) \rightarrow \mathfrak{M}_0(y))) \\ & \qquad \vee (x = 160 \cdot 7^x \cdot 11^y \,\&\, (\mathfrak{M}_0(x) \sim \mathfrak{M}_0(y)))\big)\}\big].\end{aligned}$$

Die Definition von $\mathsf{M}(n, k)$ legen wir uns zunächst inhaltlich zurecht. Eine wahre pränexe Formel ohne voranstehenden Quantor ist eine variablenlose wahre Formel. Eine wahre pränexe Formel mit $\mathfrak{k}'$ voranstehenden Quantoren ist entweder eine solche von der Form $(\mathfrak{x})\,\mathfrak{A}(\mathfrak{x})$, wobei dann für jede Ziffer $\mathfrak{z}$ die Formel $\mathfrak{A}(\mathfrak{z})$ eine wahre pränexe Formel mit $\mathfrak{k}$ voranstehenden Quantoren ist, oder eine solche von der Form $(E\mathfrak{x})\,\mathfrak{A}(\mathfrak{x})$, wobei dann für mindestens eine Ziffer $\mathfrak{z}$ die Formel $\mathfrak{A}(\mathfrak{z})$ eine wahre pränexe Formel mit $\mathfrak{k}$ voranstehenden Quantoren ist.

Diese Definition stellt sich in arithmetischer Formalisierung folgendermaßen dar:

$$(\mathfrak{D})\begin{cases}\mathsf{M}(n,0) \sim \mathfrak{M}_0(n) \\ \mathsf{M}(n,k') \sim \big[n = 50 \cdot \wp_{\lambda(n)}^{\nu(n,\lambda(n))} \,\&\, \lambda(n) \geqq 3 \,\&\, (x)\, \mathsf{M}\big(st(\nu(n,\lambda(n)), \wp_{\lambda(n)}, 2 \cdot 3^x), k\big)\big] \\ \vee \big[n = 100 \cdot \wp_{\lambda(n)}^{\nu(n,\lambda(n))} \,\&\, \lambda(n) \geqq 3 \,\&\, (Ex)\, \mathsf{M}\big(st(\nu(n,\lambda(n)), \wp_{\lambda(n)}, 2 \cdot 3^x), k\big)\big].\end{cases}$$

Mittels der Formel $\mathsf{M}(n, k)$ erhalten wir, nach dem zuvor Bemerkten, für die Formeln $\mathfrak{M}(n)$ und $\mathfrak{M}^*(n)$ die expliziten Definitionen

$$\mathfrak{M}(n) \sim (Ez)\big(z \leqq pr(n) \,\&\, \mathsf{M}(pr(n), z)\big)$$
$$\mathfrak{M}^*(n) \sim \mathfrak{S}(n) \,\&\, (x)\big(St(n, x) \,\&\, \mathfrak{S}_0(x) \rightarrow \mathfrak{M}(x)\big).$$

Hiermit ist die gewünschte Wahrheitsdefinition für den Formalismus (Z) gewonnen. Betrachten wir nun diese Definition im Hinblick auf die beabsichtigte Anwendung des Tarskischen Satzes, so ist zunächst daran zu erinnern, daß im Formalismus (Z_μ) alle rekursiven Funktionen sich explizite definieren lassen, und zwar in solcher Weise, daß auf Grund dieser Definitionen die Rekursionsgleichungen ableitbar werden. Insbesondere läßt sich also in (Z_μ) die rekursive Definition von $pr(n)$ durch eine explizite Definition ersetzen, und ebenso können wir die rekursive Definition von $\mathfrak{M}_0(n)$ durch direkte Aufstellung einer Formel aus (Z_μ), ja sogar einer solchen aus (Z) ersetzen.

Ferner ist zu beachten, daß für jede bestimmte Ziffer $\mathfrak{k}$ aus den Formeln $(\mathfrak{D})$ eine Äquivalenz

$$\mathsf{M}(n, \mathfrak{k}) \sim \mathfrak{H}(n)$$

ableitbar ist, worin $\mathfrak{H}(n)$ eine (von $\mathfrak{k}$ abhängige) Formel aus (Z_μ) ist. Es ist daher auch für eine gegebene Ziffer $\mathfrak{n}$ die Formel $\mathfrak{M}(\mathfrak{n})$ auf Grund der Äquivalenz

$$(Ez)(z \leq pr(\mathfrak{n}) \,\&\, \mathsf{M}(pr(\mathfrak{n}), z)) \\ \sim \mathsf{M}(pr(\mathfrak{n}), 0) \vee \mathsf{M}(pr(\mathfrak{n}), 0') \vee \ldots \vee \mathsf{M}(pr(\mathfrak{n}), \mathfrak{z}),$$

worin $\mathfrak{z}$ den Wert von $pr(\mathfrak{n})$ bezeichnet, in eine Formel aus (Z_μ) überführbar.

Weiter besteht auch die Tatsache, daß die betreffende Formel im Falle, wo $\mathfrak{n}$ die Nummer einer Formel $\mathfrak{A}$ ohne freie Variable aus (Z) ist, in die Formel $\mathfrak{A}$ überführbar ist. Nämlich für eine solche Ziffer ist ja der Wert $\mathfrak{z}$ von $pr(\mathfrak{n})$ die Nummer einer in die Formel $\mathfrak{A}$ überführbaren pränexen Formel $\mathfrak{A}_1$, und die Formel

$$\mathsf{M}(pr(\mathfrak{n}), 0) \vee \ldots \vee \mathsf{M}(pr(\mathfrak{n}), \mathfrak{z}),$$

in welche $\mathfrak{M}(\mathfrak{n})$ überführbar ist, läßt sich ihrerseits überführen in eine solche pränexe Formel $\mathfrak{N}$, worin die gleichen Quantoren voranstehen wie in $\mathfrak{A}_1$ und der auf diese folgende Ausdruck die Gestalt $\mathfrak{M}_0(\mathfrak{g}(\mathfrak{x}_1, \ldots, \mathfrak{x}_\mathfrak{r}))$ hat; hierin sind $\mathfrak{x}_1, \ldots, \mathfrak{x}_\mathfrak{r}$ die verschiedenen in $\mathfrak{A}_1$ vorkommenden gebundenen Variablen, und wenn $\mathfrak{A}_2(\mathfrak{x}_1, \ldots, \mathfrak{x}_\mathfrak{r})$ der Ausdruck ist, der in $\mathfrak{A}_1$ auf die voranstehenden Quantoren folgt, so ist $\mathfrak{g}(a_1, \ldots, a_\mathfrak{r})$ der arithmetische Funktionsausdruck, welcher der Formel $\mathfrak{A}_2(a_1, \ldots, a_\mathfrak{r})$ in bezug auf die Variablen $a_1, \ldots, a_\mathfrak{r}$ zugeordnet ist.

Auf Grund der Definition von $\mathfrak{M}_0(n)$ ist nun, mit Benutzung der ableitbaren Formel

$$vl(2 \cdot 3^a) = a$$

die Äquivalenz

$$\mathfrak{M}_0(\mathfrak{g}(a_1, \ldots, a_\mathfrak{r})) \sim \mathfrak{A}_2(a_1, \ldots, a_\mathfrak{r})$$

ableitbar. Aus dieser aber ergibt sich mittels des Prädikatenkalkuls die Formel

$$\mathfrak{N} \sim \mathfrak{A}_1,$$

welche zusammen mit den ableitbaren Formeln

$$\mathfrak{M}(\mathfrak{n}) \sim \mathfrak{N}, \qquad \mathfrak{A} \sim \mathfrak{A}_1$$

die gewünschte Äquivalenz

$$\mathfrak{M}(\mathfrak{n}) \sim \mathfrak{A}$$

liefert.

Bemerkung. Wenn die Formel $\mathfrak{A}$ keinen Quantor enthält, also eine variablenlose Formel ist, so ergeben sich direkt die Äquivalenzen

$$\mathfrak{M}(\mathfrak{n}) \sim \mathfrak{M}_0(\mathfrak{n}), \qquad \mathfrak{M}_0(\mathfrak{n}) \sim \mathfrak{A}.$$

Wir wollen uns die hier nur kurz geschilderte Überführbarkeit an dem Beispiel der Formel

$$(x)(x \neq 0 \rightarrow (Ey)(x \cdot y = y'))$$

verdeutlichen, welche offensichtlich eine falsche Formel ist. Ist $\mathfrak{n}$ die Nummer dieser Formel, so ist $sp(\mathfrak{n}) = \mathfrak{n}$, und $pr(\mathfrak{n})$ ist die Nummer der Formel

$$(x)\,(Ey)\,(\overline{\overline{x = 0}} \vee x \cdot y = y')\,.$$

Diese Nummer ist

$$50 \cdot 7^{100 \cdot 11^{\left(40 \cdot 7^{(9 \cdot 70 \cdot 11^7 \cdot 13^2)} \cdot 11^{(70 \cdot 11^{(5 \cdot 11^7 \cdot 17^{11})} \cdot 13^{3 \cdot 11})}\right)}};$$

wir bezeichnen sie wieder mit $\mathfrak{z}$.

Die Formel $\mathfrak{M}(\mathfrak{n})$ ist überführbar in die Disjunktion

$$\mathrm{M}(\mathfrak{z}, 0) \vee \ldots \vee \mathrm{M}(\mathfrak{z}, \mathfrak{z})\,.$$

Diese ist mittels der ableitbaren Formeln

$$\mathrm{M}(\mathfrak{z}, 0) \sim \mathfrak{M}_0(\mathfrak{z}), \qquad \overline{\mathfrak{M}_0(\mathfrak{z})}$$

$$\wp_{\lambda(\mathfrak{z})} = 7, \qquad \lambda(\mathfrak{z}) = 3, \qquad \mathfrak{z} = 50 \cdot \wp_{\lambda(\mathfrak{z})}^{\nu(\mathfrak{z}, \lambda(\mathfrak{z}))}$$

überführbar in die Formel

$$(1)\quad (x)\,\mathrm{M}\big(st(\nu(\mathfrak{z}, \lambda(\mathfrak{z})), 7, 2 \cdot 3^x), 0\big) \vee \ldots \vee (x)\,\mathrm{M}\big(st(\nu(\mathfrak{z}, \lambda(\mathfrak{z})), 7, 2 \cdot 3^x), \mathfrak{z} - 1\big)\,.$$

Nun ist

$$\nu(\mathfrak{z}, \lambda(\mathfrak{z})) = 100 \cdot 11^{\left(40 \cdot 7^{(9 \cdot 70 \cdot 11^7 \cdot 13^2)} \cdot 11^{(70 \cdot 11^{(5 \cdot 11^7 \cdot 17^{11})} \cdot 13^{3 \cdot 11})}\right)},$$

und aus der Definition von $st(m, k, l)$ ergibt sich

$$st(\nu(\mathfrak{z}, \lambda(\mathfrak{z})), 7, 2 \cdot 3^a) = 100 \cdot 11^{\left(40 \cdot 7^{(9 \cdot 70 \cdot 11^{2 \cdot 3^a} \cdot 13^2)} \cdot 11^{\left(70 \cdot 11^{(5 \cdot 11^{2 \cdot 3^a} \cdot 17^{11})} \cdot 13^{3 \cdot 11}\right)}\right)}.$$

Der Ausdruck auf der rechten Seite dieser Gleichung werde mit „$\mathfrak{c}(a)$“ bezeichnet.

Aus den rekursiven Definitionen der Funktionen[1] $\wp_n$, $\lambda(n)$, $\nu(n, k)$ sind die Formeln

$$\wp_{\lambda(\mathfrak{c}(a))} = 11, \qquad \lambda(\mathfrak{c}(a)) = 4, \qquad \mathfrak{c}(a) = 100 \cdot \wp_{\lambda(\mathfrak{c}(a))}^{\nu(\mathfrak{c}(a), \lambda(\mathfrak{c}(a)))}$$

ableitbar. Aus diesen erhalten wir zunächst die Formel $\overline{\mathfrak{M}_0(\mathfrak{c}(a))}$ und ferner

$$\mathrm{M}(\mathfrak{c}(a), k') \sim (Ey)\,\mathrm{M}\big(st(\nu(\mathfrak{c}(a), \lambda(\mathfrak{c}(a))), 11, 2 \cdot 3^y)\, k\big)\,.$$

Daher läßt sich die Disjunktion (1), welche zunächst überführbar ist in

$$(x)\,\mathrm{M}(\mathfrak{c}(x), 0) \vee \ldots \vee (x)\,\mathrm{M}(\mathfrak{c}(x), \mathfrak{z} - 1)\,,$$

in die Formel

$$(2)\quad \begin{cases} (x)\,(Ey)\,\mathrm{M}\big(st(\nu(\mathfrak{c}(x), \lambda(\mathfrak{c}(x))), 11, 2 \cdot 3^y), 0\big) \vee \ldots \\ \qquad \ldots \vee (x)\,(Ey)\,\mathrm{M}\big(st(\nu(\mathfrak{c}(x), \lambda(\mathfrak{c}(x))), 11, 2 \cdot 3^y), \mathfrak{z} - 2\big) \end{cases}$$

überführen.

Aus der Definition von $st(m, k, l)$ erhalten wir die Gleichung

$$st(\nu(\mathfrak{c}(a), \lambda(\mathfrak{c}(a))), 11, 2 \cdot 3^b) = 40 \cdot 7^{(9 \cdot 70 \cdot 11^{2 \cdot 3^a} \cdot 13^2)} \cdot 11^{\left(70 \cdot 11^{(5 \cdot 11^{2 \cdot 3^a} \cdot 17^{2 \cdot 3^b})} \cdot 13^{2 \cdot 3^{b'}}\right)},$$

[1] Vgl. S. 221.

worin der Ausdruck auf der rechten Seite mit „$\mathfrak{g}(a, b)$“ bezeichnet werde. Mit Hilfe der ableitbaren Formel $\mathfrak{g}(a, b) \neq 50 \cdot n$ erhalten wir $\overline{\mathsf{M}(\mathfrak{g}(a, b), k')}$ und daraus mittels des Prädikatenkalkuls

$$\overline{(x)}\,(E y)\,\mathsf{M}(\mathfrak{g}(x, y), k').$$

Die Formel (2) ist daher überführbar in

$$(x)\,(E y)\,\mathfrak{M}_0(\mathfrak{g}(x, y)).$$

Um nun die Überführbarkeit dieser Formel in die Formel

$$(x)\,(E y)\,(\overline{\overline{x = 0}} \vee x \cdot y = y')$$

zu erkennen, genügt es, die Ableitbarkeit der Äquivalenz

$$(3) \qquad \mathfrak{M}_0(\mathfrak{g}(a, b)) \sim \overline{\overline{a = 0}} \vee a \cdot b = b'$$

festzustellen. Zu dieser gelangen wir aber leicht in folgender Weise: Durch Anwendung der Definition von $\mathfrak{M}_0(n)$ erhalten wir zunächst mittels der ableitbaren Formeln

$$\mathfrak{g}(a, b) = 40 \cdot 7^{\nu(\mathfrak{g}(a,b),3)} \cdot 11^{\nu(\mathfrak{g}(a,b),4)}, \qquad \mathfrak{S}_1(\mathfrak{g}(a, b))$$

die Äquivalenz

$$(4) \qquad \mathfrak{M}_0(\mathfrak{g}(a, b)) \sim \mathfrak{M}_0(\nu(\mathfrak{g}(a, b), 3)) \vee \mathfrak{M}_0(\nu(\mathfrak{g}(a, b), 4)).$$

Weiter ergeben sich auf Grund der ableitbaren Gleichungen

$$\nu(\mathfrak{g}(a, b), 3) = 9 \cdot 70 \cdot 11^{2 \cdot 3^a} \cdot 13^2$$
$$\nu(\mathfrak{g}(a, b), 4) = 70 \cdot 11^{(5 \cdot 11^{2 \cdot 3^a} \cdot 17^{2 \cdot 3^b})} \cdot 13^{2 \cdot 3^{b'}},$$

wiederum mit Anwendung der Definition von $\mathfrak{M}_0(n)$, die Formeln

$$\mathfrak{M}_0(\nu(\mathfrak{g}(a, b), 3)) \sim \overline{\overline{\mathfrak{T}_0(2 \cdot 3^a) \,\&\, \mathfrak{T}_0(2) \,\&\, vl(2 \cdot 3^a) = vl(2)}}$$
$$\mathfrak{M}_0(\nu(\mathfrak{g}(a, b), 4)) \sim \mathfrak{T}_0(5 \cdot 11^{2 \cdot 3^a} \cdot 17^{2 \cdot 3^b}) \,\&\, \mathfrak{T}_0(2 \cdot 3^{b'})$$
$$\&\, vl(5 \cdot 11^{2 \cdot 3^a} \cdot 17^{2 \cdot 3^b}) = vl(2 \cdot 3^{b'}).$$

Die Formeln auf den rechten Seiten dieser Äquivalenzen sind aber mit Hilfe der Definition von $\mathfrak{T}_0$ und der Definition von vl überführbar in die Formeln

$$\overline{\overline{a = 0}}, \qquad a \cdot b = b',$$

so daß wir aus der Äquivalenz (4) die Formel

$$\mathfrak{M}_0(\mathfrak{g}(a, b)) \sim \overline{\overline{a = 0}} \vee a \cdot b = b',$$

d. h. die gewünschte Äquivalenz (3) erhalten.

Die an diesem Beispiel erläuterte Ableitbarkeit der Formel $\mathfrak{M}(\mathfrak{n}) \sim \mathfrak{A}$ durch den Formalismus (Z_μ) nebst den Formeln $(\mathfrak{D})$, welche stets dann besteht, wenn $\mathfrak{A}$ eine Formel ohne freie Variablen und die Ziffer $\mathfrak{n}$ ihre Nummer ist, gestattet nun auf Grund unserer vorausgegangenen Überlegung die Folgerung, daß es unmöglich ist, eine Formel $\mathfrak{C}(n, k)$ aus dem Formalismus (Z_μ) — sofern wenigstens dieser widerspruchsfrei ist — derart anzugeben, daß bei der Ersetzung des Symbols $\mathsf{M}(n, k)$ durch diese Formel die Äquivalenzen $(\mathfrak{D})$ zu ableitbaren Formeln werden. Denn andernfalls würde ja die Formel

$$(Ez)\big(z \leq pr(n) \,\&\, \mathfrak{C}(pr(n), z)\big)$$

eine solche Formel $\mathfrak{M}^*(n)$ aus dem Formalismus (Z_μ) sein, die der Bedingung genügt, daß für jede Formel $\mathfrak{A}$ ohne freie Variable, wenn $\mathfrak{n}$ ihre Nummer ist, die Äquivalenz $\mathfrak{M}^*(\mathfrak{n}) \sim \mathfrak{A}$ in (Z_μ) ableitbar ist, während doch, wie wir erkannten, die Aufweisbarkeit einer derartigen Formel mit der Widerspruchsfreiheit von (Z_μ) nicht vereinbar ist[1].

Wir erhalten demnach, unter der Voraussetzung der Widerspruchsfreiheit des Formalismus (Z_μ), das Ergebnis, daß die Einführung eines Prädikatensymbols $\mathsf{M}(n, k)$ durch die Formeln $(\mathfrak{D})$ ein über den Formalismus (Z_μ) hinausgehendes Verfahren bildet.

Die Formeln $(\mathfrak{D})$ sind von der Form

$$\mathsf{M}(n, 0) \sim \mathfrak{R}(n)$$

$$\mathsf{M}(n, k') \sim \big(\mathfrak{R}_1(n) \,\&\, (x)\,\mathsf{M}(\mathfrak{f}(n, x), k)\big) \vee \big(\mathfrak{R}_2(n) \,\&\, (Ex)\,\mathsf{M}(\mathfrak{f}(n, x), k)\big).$$

Dabei sind $\mathfrak{R}(n)$, $\mathfrak{R}_1(n)$, $\mathfrak{R}_2(n)$ rekursive Formeln, $\mathfrak{f}(n, m)$ ein rekursiver Term, und es treten in diesen nur die angegebenen Variablen auf.

Ein solches Schema läßt sich demnach nicht in genereller Weise auf explizite Definitionen in (Z_μ) zurückführen. Man beachte andererseits, daß ein Schema der angegebenen Form in analogem Sinn wie das Schema der primitiven Rekursion den Charakter einer Definition hat; nämlich für jede Ziffer $\mathfrak{k}$ liefert es [wie wir es schon von den Formeln $(\mathfrak{D})$ feststellten] eine Äquivalenz

$$\mathsf{M}(n, \mathfrak{k}) \sim \mathfrak{H}(n),$$

worin $\mathfrak{H}(n)$ eine Formel aus (Z_μ) ist.

Andererseits hat das Schema keinen finiten Charakter, d. h. es läßt sich nicht als ein Verfahren interpretieren, um für gegebene Zahlen $\mathfrak{n}$, $\mathfrak{k}$ zu bestimmen, ob $\mathsf{M}(\mathfrak{n}, \mathfrak{k})$ zutrifft oder nicht. Jedenfalls aber bildet dieses Schema bei inhaltlicher Zugrundelegung des „tertium non datur" für die Zahlen die Darstellung einer Art der begrifflichen Festlegung eines zweistelligen Prädikats. Und die Überschreitung des Formalismus (Z_μ) durch ein solches Schema besagt somit, daß *durch den Formalismus* (Z_μ) *der Standpunkt der inhaltlichen Anwendung des „tertium non datur" für ganze Zahlen nicht restlos formalisiert wird.*

Es steht zu vermuten, daß dieser inhaltliche Standpunkt sich überhaupt nicht durch einen der Bedingung[2] b_2) genügenden deduktiven Formalismus erschöpfend formalisieren läßt.

Die Überschreitung des Formalismus (Z_μ) — (seine Widerspruchsfreiheit vorausgesetzt) — durch die Definition $(\mathfrak{D})$ ergibt sich noch auf

---

[1] Vgl. S. 343. [2] Vgl. S. 295.

eine zweite Weise. Mittels des Symbols $M(n, k)$ erhalten wir ja den formalen Ausdruck $\mathfrak{M}^*(n)$ des Prädikats: „n ist die Nummer einer wahren Formel aus (Z)“. Mit Anwendung dieser formalisierten Wahrheitsdefinition können wir nun auch einen *formalen Widerspruchsfreiheitsbeweis* für den Formalismus (Z) herstellen.

In der Tat kann man — was hier nur erwähnt und nicht genauer ausgeführt sei — mit Hilfe der rekursiven Definitionen von $\mathfrak{M}_0(n)$, $pr(n)$, $\mathfrak{S}(n)$, $\mathfrak{S}_0(n)$, $St(n, k)$, welche ja alle in (Z_μ) auf explizite Definitionen zurückführbar sind, ferner der definierenden Äquivalenz

$$\mathfrak{M}^*(n) \sim \mathfrak{S}(n) \mathbin{\&} (x)\big(St(n, x) \mathbin{\&} \mathfrak{S}_0(x) \to (Ez)\big(z \leq pr(x) \mathbin{\&} M(pr(x), z)\big)\big)$$

sowie der Formeln $(\mathfrak{D})$ und im übrigen nur mit Hilfsmitteln des Formalismus (Z_μ) die Formeln

$$(Ex)\, \mathfrak{B}_1(x, n) \to \mathfrak{M}^*(n)$$

und

$$\mathfrak{M}^*(n) \to \overline{\mathfrak{M}^*(3 \cdot n)}$$

ableiten, aus denen man die Formel

$$(Ex)\, \mathfrak{B}_1(x, n) \to \overline{(Ex)}\, \mathfrak{B}_1(x, 3 \cdot n)$$

erhält.

Wäre die Definition $(\mathfrak{D})$ auf eine explizite Definition des Formalismus (Z_μ) zurückführbar, so würde sich eine Ableitung der Formel

$$(Ex)\, \mathfrak{B}_1(x, n) \to \overline{(Ex)}\, \mathfrak{B}_1(x, 3 \cdot n)$$

in (Z_μ) und somit auch, weil die Formel dem Formalismus (Z) angehört, eine Ableitung in (Z) ergeben. Es würde daher, nach dem zweiten Gödelschen Unableitbarkeitstheorem folgen, daß der Formalismus (Z) und folglich erst recht der Formalismus (Z_μ) widerspruchsvoll wäre.

Zugleich erkennt man auf diesem Wege, daß zur Ausführung eines formalen Nachweises der Widerspruchsfreiheit für den Formalismus (Z) nicht die Einführung einer neuen Gattung von gebundenen Variablen erfordert wird.

Auch ist noch zu beachten, daß, zufolge der Vertretbarkeit der rekursiven Funktionen im System (Z), in dem benutzten Definitionsschema der Form

$$M(n, 0) \sim \mathfrak{R}(n)$$

$$M(n, k') \sim \big(\mathfrak{R}_1(n) \mathbin{\&} (x)\, M(\mathfrak{f}(n, x), k)\big) \vee \big(\mathfrak{R}_2(n) \mathbin{\&} (Ex)\, M(\mathfrak{f}(n, x), k)\big)$$

die rekursiven Formeln $\mathfrak{R}(n)$, $\mathfrak{R}_1(n)$, $\mathfrak{R}_2(n)$ durch Formeln $\mathfrak{A}(n)$, $\mathfrak{A}_1(n)$, $\mathfrak{A}_2(n)$ aus (Z) ersetzt werden können und ferner an Stelle der rekursiven Funktion $\mathfrak{f}(n, m)$ eine vertretende Formel $\mathfrak{P}(n, m, l)$ aus (Z) eingeführt werden kann, die innerhalb (Z_μ) in die Gleichung

$$\mathfrak{f}(n, m) = l$$

überführbar ist. Das Schema kann somit in der Form

$$\mathsf{M}(n, 0) \sim \mathfrak{A}(n)$$
$$\mathsf{M}(n, k') \sim \big(\mathfrak{A}_1(n) \mathbin{\&} (x)\,(y)\,(\mathfrak{P}(n, x, y) \to \mathsf{M}(y, k))\big) \vee$$
$$\big(\mathfrak{A}_2(n) \mathbin{\&} (E x)\,(E y)\,(\mathfrak{P}(n, x, y) \mathbin{\&} \mathsf{M}(y, k))\big)$$

gewählt werden, worin auf den rechten Seiten der Äquivalenzen außer dem Symbol M nur Ausdrücke aus (Z) auftreten. Die Hinzufügung eines solchen Definitionsschemas zum Formalismus (Z) ermöglicht somit bereits einen formalen Nachweis der Widerspruchsfreiheit von (Z)[1].

Bemerkung. Das Charakteristische an der Form des zusätzlichen Schemas ist, daß in dem Ausdruck für $\mathsf{M}(n, k')$ das Symbol M mit einer gebundenen Variablen in der ersten Argumentstelle auftritt. Gewisse einfachere Definitionsschemata dieser Art lassen sich noch, wie TH. SKOLEM gefunden hat, auf explizite Definitionen in (Z) zurückführen[2]. —

Durch unsere letzte Betrachtung erhält die Aussage des zweiten Gödelschen Unableitbarkeitstheorems in ihrer Anwendung auf die Formalismen (Z), (Z_μ) ihre positive Ergänzung.

Jedoch wird durch die gewonnene Einsicht betreffend die Möglichkeit eines *formalen* Widerspruchsfreiheitsbeweises für das System (Z) noch nichts darüber ausgemacht, wie es sich mit der Möglichkeit eines *finiten* Nachweises für die Widerspruchsfreiheit dieses Formalismus verhält. Mit dieser Frage wollen wir uns nunmehr befassen.

3. Überschreitung des bisherigen methodischen Standpunkts der Beweistheorie. — Nachweise der Widerspruchsfreiheit für den vollen zahlentheoretischen Formalismus.

a) Betrachtungen zur Frage der Formalisierbarkeit unserer bisherigen beweistheoretischen Überlegungen. Wir haben im Vorangehenden die Anwendbarkeit des zweiten Gödelschen Unableitbarkeitstheorems auf die Formalismen (Z), (Z_μ) festgestellt. Diese besteht, wie wir fanden, in dem verschärften Sinne, daß es jedenfalls nicht einen

[1] Hier ist die Voraussetzung der Widerspruchsfreiheit von (Z) nicht nötig; denn wenn der Formalismus (Z) widerspruchsvoll ist, so genügt er allein schon zur Ableitung der Formel $(E x)\,\mathfrak{B}_1(x, n) \to \overline{(E x)}\,\mathfrak{B}_1(x, 3 \cdot n)$.

[2] Siehe TH. SKOLEM „Über die Zurückführbarkeit einiger durch Rekursionen definierter Relationen auf arithmetische". Acta Sci. Szeged. Bd. 8 (1937) Heft 2—3. Hiernach bildet insbesondere das von BERNAYS in der Abhandlung „Quelques points essentiels de la métamathématique" [L'enseignement Math. 34. Jg. (1935) S. 90] angeführte Rekursionsschema

$$\Psi(k, 0) \sim \mathfrak{B}(k)$$
$$\Psi(k, n') \sim (E x)\,(\Psi(x, n) \mathbin{\&} \mathfrak{B}(k, x, n))$$

noch kein Beispiel einer über den Formalismus (Z_μ) hinaus führenden Rekursion.

solchen Nachweis der Widerspruchsfreiheit für den Formalismus (Z) geben kann, der sich an Hand der Nummernzuordnung, die wir für diesen Formalismus eingeführt haben, innerhalb von (Z_μ) formalisieren läßt. Soll also ein finiter Widerspruchsfreiheitsbeweis für das System (Z) möglich sein, so muß dieser der Bedingung genügen, daß er sich nicht an Hand unserer Nummernzuordnung für den Formalismus (Z) in (Z_μ) formalisieren läßt.

Sehen wir uns andererseits die Beweise für unsere verschiedenen erhaltenen metamathematischen Theoreme in Hinsicht auf ihre Formalisierbarkeit an, so finden wir, daß der größte Teil der darin vorkommenden Begriffsbildungen und Schlüsse bereits im Rahmen der rekursiven Zahlentheorie[1] formalisierbar ist (wenn auch die Durchführung einer solchen Formalisierung für die meisten der Beweise höchst mühsam wäre). Dabei können wir uns mit dem ursprünglichen Formalismus der rekursiven Zahlentheorie begnügen, worin das Induktionsschema das gewöhnliche und das einzige rekursive Schema das der primitiven Rekursion ist; auch braucht dieses Rekursionsschema, wie wir wissen, nur für einstellige und zweistellige Funktionen zugelassen zu werden.

An verschiedenen Stellen ist freilich dieser Formalismus nicht mehr für die gewünschte Formalisierung ausreichend. Doch zeigt sich dann jedesmal die Möglichkeit der Formalisierung in (Z_μ). Gewisse über die rekursive Zahlentheorie (im ursprünglichen Sinne) hinausgehende Verfahren der finiten Mathematik haben wir bereits im § 7 besprochen, nämlich die Einführung von Funktionen durch verschränkte Rekursionen und die allgemeineren Induktionsschemata. Dabei erwähnten wir auch die Formalisierbarkeit dieser Rekursions- und Induktionsschemata im vollen zahlentheoretischen Formalismus[2].

Wir wollen hier noch gewisse andere typische Fälle dieser Art kurz besprechen.

1. Wie wir gezeigt haben, kann der Begriff des Wertes eines zahlbestimmenden Ausdrucks bei allen Formalismen, die gewisse Voraussetzungen erfüllen, nicht mittels einer in dem Formalismus selbst darstellbaren Funktion formalisiert werden[3]. Jene Voraussetzungen lassen sich für den Formalismus der rekursiven Zahlentheorie als erfüllt erweisen, und es ergibt sich so, daß es unmöglich ist, an Hand einer Nummernzuordnung für die rekursive Zahlentheorie den *Wert eines variablenlosen rekursiven Terms* in Abhängigkeit von der Nummer des Terms durch eine rekursive (d. h. durch primitive Rekursionen definierbare) Funktion darzustellen.

Zur Verifikation der erwähnten Voraussetzungen kann die Nummernzuordnung für den Formalismus der rekursiven Zahlentheorie folgender-

[1] Vgl. S. 220ff.

[2] Vgl. Bd. I, S. 348—354 und S. 430—431, sowie in diesem Band S. 49.

[3] Vgl. die Betrachtung auf S. 271—273.

maßen gewählt werden: Für die freien Variablen, für die Symbole des Aussagenkalkuls sowie für die Symbole 0, ', = wird die arithmetische Darstellung ebenso gewählt wie bei unserer Nummernzuordnung für (Z_μ).[1] Nun bleibt noch die Darstellung für die rekursiv eingeführten Funktionszeichen zu bestimmen.

Ist $\mathfrak{f}$ ein einstelliges Funktionszeichen, das durch die Rekursion

$$\mathfrak{f}(0) = \mathfrak{a}, \qquad \mathfrak{f}(n') = \mathfrak{b}(n, \mathfrak{f}(n))$$

eingeführt ist, so werde die Nummer eines Ausdrucks $\mathfrak{f}(\mathfrak{c})$ in Abhängigkeit von der Nummer des Argumentes $\mathfrak{c}$ durch die Funktion $5 \cdot \wp_{\mathfrak{n}}^{a}$ dargestellt, wobei, wenn $\mathfrak{k}, \mathfrak{l}$ die Nummern der Ausdrücke $\mathfrak{a}$, $\mathfrak{b}(a, b)$ sind, für $\mathfrak{n}$ der Wert des Rechenausdrucks $2^{\mathfrak{k}} \cdot 3^{\mathfrak{l}}$ zu nehmen ist.

Entsprechend stellt sich für ein zweistelliges Funktionszeichen $\mathfrak{f}$, das durch die Gleichungen

$$\mathfrak{f}(a, 0) = \mathfrak{a}(a), \qquad \mathfrak{f}(a, n') = \mathfrak{b}(a, n, \mathfrak{f}(a, n))$$

eingeführt ist — (als Parametervariable kann hier stets die Variable a genommen werden) — die Nummer des Ausdrucks $\mathfrak{f}(\mathfrak{c}, \mathfrak{d})$ in Abhängigkeit von den Nummern der Argumente durch die Funktion $5 \cdot \wp_{\mathfrak{n}}^{a} \cdot \wp_{\mathfrak{n}+1}^{b}$ dar, wobei, wenn $\mathfrak{k}, \mathfrak{l}$ die Nummern der Ausdrücke $\mathfrak{a}(a)$, $\mathfrak{b}(a, b, c)$ sind, für $\mathfrak{n}$ der Wert des Rechenausdrucks $2^{\mathfrak{k}} \cdot 3^{\mathfrak{l}}$ zu nehmen ist.

Durch diese Art der Darstellung der rekursiv eingeführten Funktionszeichen wird insbesondere erreicht, daß aus der Nummer eines rekursiven Terms die Gesamtheit aller derjenigen Rekursionsgleichungen zu entnehmen ist, die in dem rekursiven Aufbau des Terms auftreten[2]. Die Nummer der Formelfolge, bestehend aus diesen Rekursionsgleichungen in der Reihenfolge nach der Größe ihrer Nummern, ist in rekursiver Weise von der Nummer des betreffenden Terms abhängig. Es bezeichne $\mathfrak{j}(m)$ eine rekursive Funktion, welche diese Abhängigkeit ausdrückt.

Mit Hilfe dieser Funktion erhalten wir nun eine Darstellung in (Z_μ) für den Begriff „Wert eines variablenlosen rekursiven Terms", indem wir beachten, daß die Wertbestimmung für einen solchen Term sich durch die Ableitung formalisieren läßt, welche aus den Rekursionsgleichungen, die in dem rekursiven Aufbau von $\mathfrak{t}$ auftreten, durch Anwendung des Gleichheitsaxioms (J_2), der Einsetzungsregeln und des Aussagenkalkuls die Gleichung $\mathfrak{t} = \mathfrak{m}$ liefert, worin $\mathfrak{m}$ der Wert des Terms $\mathfrak{t}$ ist.

Nämlich wir können durch eine rekursive Formel $\mathfrak{B}(m, k, n)$ die Aussage darstellen „die Formelreihe mit der Nummer m ist eine Ableitung der Formel mit der Nummer n aus den Formeln der Formelreihe mit der Nummer k, welche mit Hilfe des Gleichheitsaxioms (J_2), der

[1] Vgl. S. 306ff.

[2] Auf die Möglichkeit einer solchen Nummernzuordnung für die rekursiv eingeführten Funktionszeichen, welche die genannte Bedingung erfüllt, ist wohl zuerst von RUDOLF CARNAP hingewiesen worden (vgl. „Logische Syntax der Sprache", Wien 1934, S. 59).

Einsetzungsregeln und des Aussagenkalkuls erfolgt". Und es stellt sich daher der Wert des Terms $\mathfrak{t}$ in Abhängigkeit von der Nummer dieses Terms im Formalismus (Z_μ) durch die Funktion

$$\mu_x (E y)\, \mathfrak{B}(y, \mathfrak{j}(a), 70 \cdot 11^a \cdot 13^{(2 \cdot 3^x)})$$

dar.

2. Bei den Kriterien der Widerlegbarkeit, die wir aus dem Herbrandschen Satz entnommen haben, wurde der Allgemeinbegriff der *berechenbaren Funktion* benutzt[1]. Die Einschränkung der dort zu betrachtenden Funktionen auf berechenbare war zu dem Zweck eingeführt, um der Betrachtung einen finiten Charakter zu geben. Es ist zunächst nicht ersichtlich, wie der an sich ja unscharfe Begriff der Berechenbarkeit der Formalisierung zugänglich gemacht werden soll. Neuerdings ist jedoch eine Verschärfung dieses Begriffes gelungen, aus der sich zugleich die Möglichkeit einer formalen Darstellung im Formalismus (Z_μ) ergibt.

Diese Verschärfung erfolgte durch drei wesentlich voneinander verschiedene Begriffsbildungen, von denen sich nachträglich herausgestellt hat, daß sie den gleichen Funktionenbereich abgrenzen: den von HERBRAND und GÖDEL herrührenden Begriff der „allgemein-rekursiven" Funktion, den von CHURCH und KLEENE stammenden Begriff der „λ-definierbaren" Funktion und den von A. M. TURING und E. L. POST aufgestellten Begriff der „computablen" Funktion. Die Umfangsgleichheit der ersten beiden Begriffe wurde von CHURCH und KLEENE, die Umfangsgleichheit des dritten mit den beiden ersten von TURING, unter Benutzung jener schon gefundenen Umfangsgleichheit festgestellt[2].

Wir wollen an dieser Stelle nur das für den vorliegenden Zusammenhang wesentliche Resultat dieser Untersuchungen angeben. Betreffs der Begründung sei auf das Supplement II verwiesen[3]. Hier sei nur so viel bemerkt, daß diese Begründung sich auf eine Voraussetzung stützt, die, zufolge der Unschärfe des üblichen Begriffs der Berechenbarkeit, nur plausibel gemacht und nachträglich durch die Ergebnisse gerechtfertigt werden kann: nämlich daß jedes Berechnungsverfahren sich in einem geeigneten, zu diesem Zweck konstruierten deduktiven Formalismus als eine Art von Ableitung darstellen läßt, wobei der Formalismus so beschaffen ist, daß — (dieses ist das wesentliche) — auf Grund einer passend gewählten Nummernzuordnung die Nummern der in dem Forma-

[1] Vgl. S. 179, auch S. 172f.

[2] Siehe hierüber ALONZO CHURCH „An unsolvable problem of elementary number theory", Amer. J. Math. Bd. 58 (1936) Nr. 2. — S. C. KLEENE „General recursive functions of natural numbers", Math. Ann. Bd. 112 (1936) Heft 5 und „λ-definability and recursiveness", Duke Math. J. Bd. 2 (1936) Nr. 2. — E. L. POST „Finite combinatory processes", J. Symbol. Logic Bd. 1 (1936) Nr. 2. — A. M. TURING „On computable numbers, with an application to the Entscheidungsproblem", Proc. Lond. math. Soc., Ser. 2 Bd. 42 (1936/37) Appendix und „Computability and λ-definability", J. Symbol. Logic Bd. 2 (1937) Nr. 4.

[3] Siehe S. 406 u. folg.

lismus ableitbaren Ausdrücke mit den Werten einer gewissen rekursiven Funktion übereinstimmen.

Diese bei näherem Besehen höchst plausible Voraussetzung führt in der Verfolgung ihrer Konsequenzen zu dem Ergebnis, daß jede berechenbare Funktion eines Arguments $\mathfrak{f}(n)$ — (die Betrachtung mehrstelliger berechenbarer Funktionen läßt sich leicht auf die von einstelligen berechenbaren Funktionen reduzieren) — sich im Formalismus (Z_μ) in der Form $\mathfrak{h}(\mu_x \mathfrak{R}(\mathfrak{k}, n, x))$ darstellen läßt; dabei ist $\mathfrak{h}(m)$ eine von der Funktion $\mathfrak{f}$ unabhängige rekursive Funktion[1], $\mathfrak{R}(k, l, m)$ eine ebenfalls von $\mathfrak{f}$ unabhängige rekursive Formel, mit k, l, m als einzigen freien Variablen, und $\mathfrak{k}$ eine durch die Funktion $\mathfrak{f}$ bestimmte Ziffer, für welche die Bedingung erfüllt ist, daß für jede Ziffer $\mathfrak{l}$ eine Ziffer $\mathfrak{m}$ so bestimmt werden kann, daß die Beziehung $\mathfrak{R}(\mathfrak{k}, \mathfrak{l}, \mathfrak{m})$ statthat.

Die Darstellung der Funktion $\mathfrak{f}(n)$ durch den genannten Ausdruck besteht in dem Sinne, daß für jede Ziffer $\mathfrak{l}$, wenn $\mathfrak{n}$ der Wert von $\mathfrak{f}(\mathfrak{l})$ ist, die Formel

$$\mathfrak{h}(\mu_x \mathfrak{R}(\mathfrak{k}, \mathfrak{l}, x)) = \mathfrak{n}$$

in (Z_μ) und auch schon in einem gewissen (unabhängig von der Funktion $\mathfrak{f}(n)$ bestimmten) Teilformalismus[2] von (Z_μ) ableitbar ist.

Andererseits erkennt man direkt, daß wenn die Ziffer $\mathfrak{k}$ so beschaffen ist, daß mittels eines gewissen Verfahrens zu jeder Ziffer $\mathfrak{l}$ eine Ziffer $\mathfrak{m}$ bestimmt werden kann, für welche die Beziehung $\mathfrak{R}(\mathfrak{k}, \mathfrak{l}, \mathfrak{m})$ zutrifft, dann durch den Ausdruck $\mathfrak{h}(\mu_x \mathfrak{R}(\mathfrak{k}, n, x))$ eine berechenbare Funktion von n dargestellt wird (in dem eben erklärten Sinn des „Darstellens").

Somit läßt sich die Gesamtheit der berechenbaren Funktionen für die Zwecke der Formalisierung im Formalismus (Z_μ) repräsentieren durch die Gesamtheit derjenigen Zahlen $\mathfrak{k}$, welche die durch die Formel

$$(x)(Ey)\,\mathfrak{R}(\mathfrak{k}, x, y)$$

dargestellte Bedingung erfüllen. Und der Begriff des Wertes einer berechenbaren Funktion für ein gegebenes Argument wird durch den Term

$$\mathfrak{h}(\mu_x \mathfrak{R}(k, l, x))$$

formalisiert, worin die Variable k die Abhängigkeit von der Funktion, die Variable l die Abhängigkeit von dem Argumentwert repräsentiert.

Allerdings ist zu beachten, daß die Darstellung der berechenbaren Funktion in (Z_μ) im allgemeinen nicht eine solche im weiteren Sinn ist, wie sie für die rekursiven Funktionen in (Z_μ) besteht. Es läßt sich vielmehr zeigen[3], daß es Zahlen $\mathfrak{k}$ gibt, für welche sich zu jedem Wert von $\mathfrak{l}$

[1] Unter „rekursiven" Funktionen sollen hier wie bisher, solche Funktionen verstanden werden, die sich durch *primitive* Rekursionen definieren lassen.

[2] Dieser Formalismus bildet auch einen Teilformalismus des am Ende von § 2 (S. 128—129) als widerspruchsfrei erkannten zahlentheoretischen Formalismus.

[3] Dieses folgt aus einem allgemeinen Satz von KLEENE, der in der erwähnten Abhandlung „General recursive functions of natural numbers" (als Satz XIII) bewiesen ist.

ein Wert von $\mathfrak{m}$ bestimmen läßt, für den die Beziehung $\mathfrak{R}(\mathfrak{k}, \mathfrak{l}, \mathfrak{m})$ zutrifft, ohne daß doch die Formel

$$(x)\ (E\,y)\ \mathfrak{R}\,(\mathfrak{k},\, x,\, y)$$

in (Z_μ) ableitbar wäre — unter Voraussetzung wenigstens, daß für eine rekursive Formel $\mathfrak{A}\,(a,\, b)$ aus der Ableitbarkeit der Formel $(x)\,(E\,y)\ \mathfrak{A}\,(x,\, y)$ in (Z_μ) die effektive Möglichkeit entnommen werden kann, zu jeder Ziffer $\mathfrak{m}$ eine Ziffer $\mathfrak{n}$ zu bestimmen, für welche die Beziehung $\mathfrak{A}\,(\mathfrak{m},\, \mathfrak{n})$ besteht.

3. Es wird gelegentlich in unseren Beweisen für Widerspruchsfreiheit eine Form der vollständigen Induktion benutzt, die sich nicht durch das Induktionsschema der rekursiven Zahlentheorie formalisieren läßt.

Diese Art der Überschreitung der rekursiven Zahlentheorie rührt davon her, daß in unseren Formulierungen und Beweisen zuweilen solche Annahmen auftreten, die sich auf die Gültigkeit allgemeiner Sätze beziehen, so z. B. die Voraussetzung der Unableitbarkeit oder Unwiderlegbarkeit einer Formel oder die Voraussetzung der Widerspruchsfreiheit eines Formalismus oder die der Verifizierbarkeit einer Formel, welche ja besagt, daß die Formel bei jeder Ersetzung der freien Variablen durch Ziffern eine wahre Formel ergibt. Eine Aussage, die eine solche Voraussetzung enthält, bietet auch für die finite Auffassung eine Schwierigkeit. Eine finite Annahme bezieht sich ja stets auf eine anschaulich charakterisierte Situation. Das Bestehen eines allgemeinen Satzes kann aber nicht als eine solche gelten. Allerdings kann man an Stelle der Voraussetzung, daß der betreffende allgemeine Satz besteht, die Voraussetzung nehmen, daß der Satz als zutreffend erkannt ist. Wir haben dann die Annahme eines vorliegenden Beweises. Dabei muß aber der Beweis als ein *inhaltlich* gültiger angenommen werden; und die inhaltliche Bündigkeit eines Beweises bildet wiederum kein anschauliches Charakteristikum. Es ist ja gerade die Unanschaulichkeit des inhaltlichen Beweischarakters, welche die Veranlassung gibt zur Formalisierung von Beweisen, durch welche — wenigstens im Rahmen eines bestimmten deduktiven Formalismus — eine anschaulich bestimmte Charakterisierung eines Beweises als solchen möglich wird.

Tatsächlich aber wird auch in den Fällen, wo wir eine Voraussetzung wie diejenige der Verifizierbarkeit einer Formel $\mathfrak{A}$ benutzen, gar nicht auf die Beschaffenheit eines etwaigen inhaltlichen Beweises der Verifizierbarkeit von $\mathfrak{A}$ Bezug genommen; worauf es bei jener Voraussetzung ankommt, ist vielmehr nur, daß wir in der Lage sind, an jeder Stelle der Überlegung, wo von einer aus $\mathfrak{A}$ durch Einsetzung hervorgehenden Formel die Rede ist, davon Gebrauch zu machen, daß die betreffende Formel eine wahre Formel ist.

Demnach erscheint es als sachgemäß, solche Feststellungen, in denen ein allgemeiner Satz als Prämisse auftritt, im Rahmen der finiten Betrachtung nicht als Sätze, sondern als Schlußregeln (Merkregeln) zu fassen, wie wir es ja auch schon bei den Kriterien der Widerlegbarkeit von Formeln des Prädikatenkalkuls getan haben[1].

Solche Schlußregeln können nun insbesondere in Verbindung mit der vollständigen Induktion angewandt werden, in der Weise, daß der Schluß von n auf $n+1$ nicht durch einen Satz, sondern mittels einer Schlußregel erfolgt. Wir können dann die zweite Prämisse des Induktionsschemas im Rahmen der rekursiven Zahlentheorie nicht durch eine Formel

$$\mathfrak{A}(n) \rightarrow \mathfrak{A}(n')$$

darstellen.

Dieser Fall liegt z. B. vor bei der folgenden, an einer früheren Stelle von uns angewendeten Überlegung[2]: Wir betrachteten den zahlentheoretischen Formalismus, der aus dem Prädikatenkalkul durch Hinzunahme der Symbole $0, {}', +, \cdot, =$, der Axiome $a = a$, $a = b \rightarrow (a = c \rightarrow b = c)$, $a = b \sim a' = b'$, $a' \neq 0$ und der Rekursionsgleichungen für Summe und Produkt hervorgeht. Für diesen ergab sich die Widerspruchsfreiheit direkt mittels des Wf.-Theorems, und wir entnahmen aus diesem auch, daß jede durch den genannten Formalismus, eventuell noch unter Hinzunahme verifizierbarer Ausgangsformeln, ableitbare Formel, die keine Formelvariable und keine gebundene Variable enthält, eine verifizierbare Formel ist.

Auf Grund dieser Feststellung folgerten wir nun — unter Hinweis auf eine bereits in § 7 angestellte entsprechende Überlegung[3], daß das beschränkte Induktionsschema (d. h. das Induktionsschema in Anwendung auf Formeln ohne gebundene Variablen) sich noch in den Widerspruchsfreiheitsbeweis einbeziehen läßt. Nämlich es genügt ja hierfür zu zeigen, daß in jeder vorgelegten Ableitung einer numerischen Formel, die durch den betrachteten zahlentheoretischen Formalismus mit Hinzunahme des beschränkten Induktionsschemas erfolgt — wenn aus dieser zunächst die Formelvariablen ausgeschaltet sind —, die Endformeln der Induktionsschemata verifizierbare Formeln sind. Dieses aber ergibt sich mittels einer vollständigen Induktion, indem gezeigt wird: wenn die Endformeln der ersten $\mathfrak{k}$ Induktionsschemata verifizierbare Formeln sind, so ist auch die Endformel des $(\mathfrak{k}+1)$-ten Induktionsschemas — vorausgesetzt, daß noch ein solches in der betreffenden Ableitung auftritt — eine verifizierbare Formel.

Sehen wir nun zu, wie sich dieser Induktionsschluß formal mittels einer Nummernzuordnung für den betrachteten Formalismus darstellen läßt.

Wir wollen den betrachteten, durch Hinzufügung des beschränkten Induktionsschemas erweiterten zahlentheoretischen Formalismus mit

---

[1] Vgl. S. 180. [2] Vgl. § 2, S. 50—51.
[3] Vgl. Bd. I, S. 298—299.

„(Z_1)" bezeichnen. Eine Nummernzuordnung für diesen wird ohne weiteres durch unsere Nummernzuordnung für den Formalismus (Z_μ) geliefert. Es stellt sich nun zunächst die Anzahl der Induktionsschemata einer im Formalismus (Z_1) erfolgenden Ableitung in Abhängigkeit von der Nummer der Formelreihe, welche jene Ableitung bildet, durch eine rekursive Funktion $\mathfrak{g}_1(m)$ dar; sodann läßt sich eine rekursive Funktion $\mathfrak{g}_2(m, k)$ definieren, deren Wert für eine Zahl $\mathfrak{m}$, welche die Nummer einer Ableitung in (Z_1) bildet, und für eine Zahl $\mathfrak{k} < \mathfrak{g}_1(\mathfrak{m})$ die Nummer (im Sinne der Nummernzuordnung) von der Endformel des $(\mathfrak{k}+1)$-ten in der Ableitung vorkommenden Induktionsschemas darstellt, so daß also, wenn $\mathfrak{m}$ Nummer einer Ableitung in (Z_1) mit $\mathfrak{r}$ Induktionsschematen ist, $\mathfrak{g}_2(\mathfrak{m}, 0)$, $\mathfrak{g}_2(\mathfrak{m}, 1), \ldots, \mathfrak{g}_2(\mathfrak{m}, \mathfrak{r}-1)$ die Nummern der Endformeln der Induktionsschemata sind.

Ferner stellt sich durch eine rekursive Formel $\mathfrak{K}(\mathfrak{m})$ die Aussage dar „m ist die Nummer einer Formelreihe, die eine Ableitung in (Z_1) ohne Benutzung von Formelvariablen bildet", und durch eine rekursive Formel $\mathfrak{L}(a, b)$ die Aussage „a, b sind Nummern von Formeln aus (Z_1), und die Formel mit der Nummer b geht aus derjenigen mit der Nummer a hervor, indem jede freie Individuenvariable durch eine Ziffer ersetzt wird". Endlich wird durch eine rekursive Formel $\mathfrak{N}(a)$ die Aussage dargestellt „a ist die Nummer einer variablenlosen Formel, die nach Ausrechnung aller vorkommenden Funktionsausdrücke eine wahre numerische Formel ergibt".

Mittels dieser rekursiven Funktionen und Formeln können wir nun die Aussage „in einer jeden Ableitung im Formalismus (Z_1), welche keine Formelvariablen enthält, ist die Endformel jedes vorkommenden Induktionsschemas eine verifizierbare Formel" durch die Formel

$$\mathfrak{K}(m) \mathbin{\&} k < \mathfrak{g}_1(m) \mathbin{\&} \mathfrak{L}\big(\mathfrak{g}_2(m, k), c\big) \rightarrow \mathfrak{N}(c)$$

darstellen, die in eine rekursive Formel $\mathfrak{H}(m, k, c)$ überführbar ist.

Auch läßt sich die Aussage: „für jede Zahl $k < n$ besteht die Beziehung $\mathfrak{H}(m, k, c)$" durch eine rekursive Formel $\mathfrak{H}_1(m, n, c)$ ausdrücken.

Nun aber handelt es sich zur formalen Ausführung des genannten Induktionsschlusses darum, die Folgerung auszudrücken „wenn in der Ableitung mit der Nummer m alle Induktionsschemata bis zum n-ten verifizierbare Endformeln haben, so haben auch alle Induktionsschemata bis zum $(n+1)$-ten verifizierbare Endformeln", oder mit Hilfe der rekursiven Formel $\mathfrak{H}_1(m, k, c)$ ausgedrückt: „wenn für eine Zahl m und eine Zahl n die Beziehung $\mathfrak{H}_1(m, n, c)$ für alle Zahlen c besteht, so besteht für dieselben Zahlen m, n, auch die Beziehung $\mathfrak{H}_1(m, n', c)$ für alle Zahlen c".

Diese hypothetische Beziehung, welche im Rahmen der finiten Betrachtung als eine Art der Schlußfolgerung, wenn auch nicht als ein finiter Satz zulässig ist, kann im Rahmen der rekursiven Zahlentheorie nicht durch eine Formel dargestellt werden; ohne weiteres aber ist sie im Formalismus (Z_μ) darstellbar, nämlich durch die Formel

$$(x)\, \mathfrak{H}_1(m, n, x) \to (x)\, \mathfrak{H}_1(m, n', x).$$

Es mag dahingestellt sein, ob sich nicht vielleicht jene erwähnte Beweisführung, die wir hier in ziemlich roher Form schematisiert haben, in eine solche Form bringen läßt, daß die Formalisierung mittels eines von den Schematen der erweiterten rekursiven Zahlentheorie gelingt.

Allgemein ist zu bemerken, daß bei den Formalisierungen finiter Überlegungen im System (Z_μ) zumeist das Charakteristische der finiten Argumentation verloren geht. Das erklärt sich daraus, daß dieser Formalismus nicht im Hinblick auf eine Unterscheidung konstruktiver und existenzialer Betrachtungen angelegt ist.

b) Eliminierbarkeit des „tertium non datur" für die Untersuchung der Widerspruchsfreiheit des Systems (Z). Aus den verschiedenen Stichproben, die wir in Hinsicht auf die Möglichkeit der Formalisierung unserer bisher erhaltenen metamathematischen Theoreme und der für sie erbrachten Nachweise ausgeführt haben, entnehmen wir, daß unsere bisher angewandten beweistheoretischen Methoden, wenn sie auch teilweise über das Gebiet der rekursiven Zahlentheorie hinausgehen, doch allem Anschein nach nicht den Bereich derjenigen Begriffsbildungen und Schlußweisen überschreiten, die sich noch im Rahmen des Formalismus (Z_μ) darstellen lassen.

In diesem Umstand können wir auch eine Erklärung dafür erblicken, warum es mit diesen Methoden nicht gelang, die Widerspruchsfreiheit des Formalismus (Z) zu erweisen; denn ein solcher Nachweis erfordert ja, wie wir fanden, jedenfalls irgendeine Schlußweise, die über den Formalismus (Z_μ) hinausführt.

Es stellt sich nun die Frage ein, ob denn überhaupt die finiten Methoden imstande sind, den Bereich der in (Z_μ) formalisierbaren Schlußweisen zu überschreiten.

Diese Frage ist freilich, so wie sie eben formuliert ist, nicht präzise; denn wir haben den Ausdruck „finit" ja nicht als einen scharf abgegrenzten Terminus eingeführt, sondern nur als Bezeichnung einer methodischen Richtlinie, die uns zwar ermöglicht, gewisse Arten der Begriffsbildung und des Schließens mit Bestimmtheit als finit, gewisse andere mit Bestimmtheit als nicht finit zu erkennen, die aber dennoch keine genaue Scheidelinie liefert zwischen solchen, die den Anforderungen der finiten Methode genügen und solchen, die ihnen nicht mehr genügen.

Ein typischer Fall der Unsicherheit in dieser Hinsicht ist uns bei der Frage der Zulassung von Allsätzen als Prämissen begegnet. Hier haben wir die Schwierigkeit durch die Unterscheidung von Sätzen und Schlußregeln vermieden[1].

[1] Vgl. S. 181. Siehe z.B. auch S. 358f.

Diese Unterscheidung ist jedoch in manchen Fällen etwas gezwungen, und es erscheint als angemessen, schlechtweg anzuerkennen, daß man sich veranlaßt sieht, die Schranken der finiten Betrachtung etwas zu lockern. Der ursprüngliche engere Begriff der finiten Aussage kommt im Gebiet der Zahlentheorie darauf hinaus, daß als finite zahlentheoretische Aussagen nur solche Aussagen zugelassen sind, die sich im Formalismus der rekursiven Zahlentheorie, eventuell unter Hinzunahme von Symbolen für gewisse berechenbare zahlentheoretische Funktionen (von einem oder mehreren Argumenten), jedoch ohne Benutzung von Formelvariablen darstellen oder die eine verschärfte Interpretation durch eine Aussage von dieser Form gestatten.

Zu den Aussagen der ersten Art gehören auch solche von der Form: „wenn es eine Zahl x von der Eigenschaft $\mathfrak{A}(x)$ gibt, so ist $\mathfrak{B}$"; denn eine solche Aussage ist ja (wenn in $\mathfrak{B}$ nicht die Variable a vorkommt) darstellbar durch die Formel $\mathfrak{A}(a) \rightarrow \mathfrak{B}$.

Beispiele von Aussagen der zweiten Art sind solche von der Form: „zu jeder Zahl x gibt es eine Zahl y, so daß $\mathfrak{A}(x, y)$", für welche eine verschärfte Deutung durch eine in der Form $\mathfrak{A}(c, \varphi(c))$ darstellbare Aussage zur Verfügung steht, wobei $\varphi(c)$ eine gewisse berechenbare Funktion ist.

Dagegen gehören nicht zu den im angegebenen Sinn finiten Aussagen solche Sätze, worin ein Allsatz als Bedingungssatz steht.

Nun ist es aber für die Formalisierung gewisser allgemeiner Ergebnisse der Beweistheorie wünschenswert, auch Sätze von der eben genannten Art als Theoreme zuzulassen, so z. B. Sätze, in denen die Verifizierbarkeit von Formeln oder die Berechenbarkeit von Funktionen eine Prämisse bildet. Und ein solches Verfahren erscheint auch nicht als ein Verstoß gegen den methodischen Grundgedanken der finiten Beweistheorie.

Hat man aber einmal diesen Schritt getan, so wird man dazu geführt, in der gleichen Richtung noch weiter zu gehen; ein solcher weiterer Schritt, der bereits erwähnt wurde, besteht darin, Feststellungen, in denen Allsätze als Prämissen auftreten, ihrerseits als Prämissen von Induktionsschlüssen zu benutzen.

Es ist nun kein deutlicher Anhaltspunkt dafür gegeben, welche methodischen Erweiterungen in der genannten Richtung noch zulässig sind, wenn wir die Grundtendenzen der Beweistheorie beibehalten wollen.

Jedenfalls besteht die Möglichkeit, mittels derartiger Erweiterungen über die im Formalismus (Z_μ) formalisierbaren Schlußweisen hinauszukommen, ohne doch die typisch nicht finiten Schlüsse anzuwenden. Und es gelingt sogar auf diese Art ein sehr einfacher Nachweis für die Widerspruchsfreiheit des Systems (Z).

Auf diesen Nachweis wird man durch folgende Überlegung geführt: Das Charakteristische der typisch nicht finiten Betrachtungen, soweit sie im Gebiet der Zahlentheorie angewendet werden, besteht in der

Anwendung der Negation im Sinn des kontradiktorischen Gegenteils auf beliebige, mittels der Begriffe „alle“, „es gibt“ und der Aussagenverknüpfungen gebildeten Aussagen.

Bei der Formalisierung zahlentheoretischer Beweisführungen im Formalismus (Z) kommt jene Anwendung der Negation durch den Aussagenkalkul zur Darstellung, während in unseren Grundformeln und Schematen für die Quantoren sowie auch in dem Induktionsaxiom die Negation gar nicht auftritt.

Wir können nun durch eine axiomatische Fassung des Aussagenkalkuls den Formalismus (Z) in solcher Weise einschränken, daß nur noch solche Schlußweisen dargestellt werden, die nicht auf jener Voraussetzung der Existenz eines kontradiktorischen Gegenteils zu jeder Aussage beruhen[1]. Gelingt es, diese Reduktion in solcher Weise auszuführen, daß der eingeschränkte Formalismus dem Formalismus (Z) in Hinsicht auf die Widerspruchsfreiheit gleichwertig ist, so ist damit die Widerspruchsfreiheit des Formalismus (Z) vom Standpunkt jedweder solchen Voraussetzungen erwiesen, die zu einer verifizierenden Deutung des eingeschränkten Formalismus ausreichen.

Eine Reduktion der verlangten Art ist nun, wie wir zeigen wollen, tatsächlich ausführbar.

Zunächst können wir die Disjunktion, das Seinszeichen und auch die Formelvariablen ausschalten. Nämlich die Disjunktion kann ja durch die Konjunktion und Negation ausgedrückt werden, und es geht dabei jede identische Formel des Aussagenkalkuls wieder in eine solche Formel über. Ferner kann jeder Ausdruck

$$(E\mathfrak{x})\,\mathfrak{A}(\mathfrak{x}) \quad \text{durch} \quad \overline{(\mathfrak{x})\,\overline{\mathfrak{A}(\mathfrak{x})}}$$

ersetzt werden, wobei dann die Grundformel (b) und das Schema (β) ableitbar werden. Die Ausschaltung der Formelvariablen können wir — was ja schon mehrfach benutzt wurde — mit Hilfe der Methode der Rückverlegung der Einsetzungen in die Ausgangsformeln bewirken[2]; wir müssen nur dabei den Begriff des Beweises insofern modifizieren, als wir an Stelle derjenigen Ausgangsformeln, die Formelvariablen enthalten, — es sind die identischen Formeln des Aussagenkalkuls, die Formel (a), das Gleichheitsaxiom (J_2) und das Induktionsaxiom — entsprechende *Formelschemata* zu verwenden haben. Das Induktionsaxiom kann ja übri-

[1] Ein nach diesem Gesichtspunkt eingeschränkter Aussagenkalkul ist zuerst von A. HEYTING aufgestellt worden, in der früher schon erwähnten Abhandlung „Die formalen Regeln der intuitionistischen Logik“. Sitzgsber. preuß. Akad. Wiss., Physik.-math. Kl. 1930, II. Betreffs der Möglichkeit einer noch etwas weiter gehenden Einschränkung vgl. J. JOHANSSON, „Der Minimalkalkül ein reduzierter intuitionistischer Formalismus“. Comp. Math. Bd. 4 (1936) Heft 1.

[2] Vgl. S. 402.

gens, wie wir wissen, von vornherein durch das Induktionsschema ersetzt werden.

Nachdem wir diese Verengung des Formalismus ausgeführt haben, beschränken wir nun den Aussagenkalkul weiter dadurch, daß wir für die Implikation und die Konjunktion *nur die Schlußweisen der positiven Logik*[1] zulassen. Zur Formalisierung dieser Schlußweisen genügen die folgenden Formelschemata und Schlußschemata[2]

$$\frac{\mathfrak{A},\ \mathfrak{A} \rightarrow \mathfrak{B}}{\mathfrak{B}} \qquad \frac{\mathfrak{A} \rightarrow \mathfrak{B},\ \mathfrak{A} \rightarrow (\mathfrak{B} \rightarrow \mathfrak{C})}{\mathfrak{A} \rightarrow \mathfrak{C}}$$

$$\mathfrak{A} \,\&\, \mathfrak{B} \rightarrow \mathfrak{A}, \qquad \mathfrak{A} \,\&\, \mathfrak{B} \rightarrow \mathfrak{B}, \qquad \frac{\mathfrak{A} \,\&\, \mathfrak{B} \rightarrow \mathfrak{C}}{\mathfrak{A} \rightarrow (\mathfrak{B} \rightarrow \mathfrak{C})},$$

aus denen sich als ableitbare Schemata insbesondere die folgenden ergeben:

$$\frac{\mathfrak{A}}{\mathfrak{B} \rightarrow \mathfrak{A}}, \quad \frac{\mathfrak{A} \rightarrow (\mathfrak{B} \rightarrow \mathfrak{C})}{\mathfrak{A} \,\&\, \mathfrak{B} \rightarrow \mathfrak{C}}, \quad \frac{\mathfrak{A} \rightarrow \mathfrak{B}}{(\mathfrak{B} \rightarrow \mathfrak{C}) \rightarrow (\mathfrak{A} \rightarrow \mathfrak{C})}, \quad \frac{\mathfrak{A},\ \mathfrak{B}}{\mathfrak{A} \,\&\, \mathfrak{B}}, \quad \frac{\mathfrak{A} \rightarrow \mathfrak{B},\ \mathfrak{A} \rightarrow \mathfrak{C}}{\mathfrak{A} \rightarrow \mathfrak{B} \,\&\, \mathfrak{C}}.$$

Auf Grund der Ausschaltung der Disjunktion bleibt von den Operationen des Aussagenkalkuls außer der Implikation und Konjunktion und der Äquivalenz $\mathfrak{A} \sim \mathfrak{B}$, die wir als Abkürzung für den Ausdruck $(\mathfrak{A} \rightarrow \mathfrak{B}) \,\&\, (\mathfrak{B} \rightarrow \mathfrak{A})$ behandeln, nur noch die Negation. Diese nehmen wir nun nicht mehr als Grundzeichen, sondern führen sie durch die explizite Definition ein:

$$\overline{\mathfrak{A}} \sim (\mathfrak{A} \rightarrow 0' = 0).$$

Auf Grund dieser Definition erhalten wir zunächst aus den Schematen

$$\frac{\mathfrak{A} \rightarrow \mathfrak{B},\ \mathfrak{A} \rightarrow (\mathfrak{B} \rightarrow \mathfrak{C})}{\mathfrak{A} \rightarrow \mathfrak{C}}, \qquad \frac{\mathfrak{A} \,\&\, \mathfrak{B} \rightarrow \mathfrak{C}}{\mathfrak{A} \rightarrow (\mathfrak{B} \rightarrow \mathfrak{C})},$$

indem wir darin für $\mathfrak{C}$ die Formel $0' = 0$ setzen, die Schemata

$$\frac{\mathfrak{A} \rightarrow \mathfrak{B},\ \mathfrak{A} \rightarrow \overline{\mathfrak{B}}}{\overline{\mathfrak{A}}}, \qquad \frac{\overline{\mathfrak{A} \,\&\, \mathfrak{B}}}{\mathfrak{A} \rightarrow \overline{\mathfrak{B}}}.$$

Gleichermaßen erhalten wir aus den ableitbaren Schematen

$$\frac{\mathfrak{A} \rightarrow (\mathfrak{B} \rightarrow \mathfrak{C})}{\mathfrak{A} \,\&\, \mathfrak{B} \rightarrow \mathfrak{C}}, \qquad \frac{\mathfrak{A} \rightarrow \mathfrak{B}}{(\mathfrak{B} \rightarrow \mathfrak{C}) \rightarrow (\mathfrak{A} \rightarrow \mathfrak{C})}, \qquad \frac{\mathfrak{A} \rightarrow (\mathfrak{B} \rightarrow \mathfrak{C})}{\mathfrak{B} \rightarrow (\mathfrak{A} \rightarrow \mathfrak{C})}$$

für die Negation die Schemata

$$\frac{\mathfrak{A} \rightarrow \overline{\mathfrak{B}}}{\overline{\mathfrak{A} \,\&\, \mathfrak{B}}}, \qquad \frac{\mathfrak{A} \rightarrow \mathfrak{B}}{\overline{\mathfrak{B}} \rightarrow \overline{\mathfrak{A}}}, \qquad \frac{\mathfrak{A} \rightarrow \overline{\mathfrak{B}}}{\mathfrak{B} \rightarrow \overline{\mathfrak{A}}}.$$

---

[1] Vgl. Bd. I, S. 67—69; siehe auch Supplement III, S. 438 u. folg.

[2] Genaueres hierüber siehe im Supplement III, insbes. S. 445—452.

Alle diese Schemata würden wir freilich auf die gleiche Art auch dann erhalten, wenn wir, nach Wahl einer beliebigen Formel $\mathfrak{F}$, die Negation durch $\overline{\mathfrak{A}} \sim (\mathfrak{A} \to \mathfrak{F})$ definierten. Die auf diese Weise für die Negation ableitbaren Schemata sind gerade diejenigen, welche in dem „Minimalkalkül" von JOHANSSON[1] gültig sind.

In HEYTINGS Aussagenkalkul tritt dazu noch das Formelschema $\overline{\mathfrak{A}} \to (\mathfrak{A} \to \mathfrak{B})$. Dieses ist nun auf Grund unserer Definition der Negation herleitbar.

Nämlich gemäß dieser Definition geht das Schema hervor aus

$$(\mathfrak{A} \to 0' = 0) \to (\mathfrak{A} \to \mathfrak{B}),$$

und diese Formel ist mittels unserer Schemata ableitbar aus

$$0' = 0 \to \mathfrak{B}.$$

Die Herleitbarkeit dieses Schemas aber ergibt sich, unter Benutzung des Induktionsschemas und des Gleichheitsschemas folgendermaßen.

Man erhält zunächst die Formel

$$0' = 0 \to n' = n$$

durch Induktion nach n, mit Benutzung der ableitbaren Formel

$$a = b \to a' = b'.$$

Mit Hilfe jener Formel erhält man durch Induktion nach a die Formel

$$0' = 0 \to a = 0,$$

aus der man, mit Verwendung der ableitbaren Formel

$$a = 0 \,\&\, b = 0 \to a = b,$$

die Formel

$$0' = 0 \to a = b$$

gewinnt. Durch Einsetzung ist aus dieser jede Formel

$$0' = 0 \to \mathfrak{a} = \mathfrak{b}$$

zu erhalten, worin $\mathfrak{a}$, $\mathfrak{b}$ Terme sind.

Weiter gilt 1. Für jede Formel $\mathfrak{C}$ ergibt sich

$$0' = 0 \to \overline{\mathfrak{C}}$$

auf Grund der Definition der Negation, gemäß dem herleitbaren Schema $\mathfrak{A} \to (\mathfrak{B} \to \mathfrak{A})$;

2. Aus zwei Formeln der Gestalt

$$0' = 0 \to \mathfrak{B}_1, \quad 0' = 0 \to \mathfrak{B}_2$$

[1] Vgl. die Fußnote 1 auf S. 363.

sind mittels unserer Schemata die Formeln

$$0' = 0 \rightarrow \mathfrak{B}_1 \mathbin{\&} \mathfrak{B}_2, \qquad 0' = 0 \rightarrow (\mathfrak{B}_1 \rightarrow \mathfrak{B}_2)$$

ableitbar.

3. Aus einer Formel

$$0' = 0 \rightarrow \mathfrak{C}(a)$$

mit einer freien Variablen a, worin die gebundene Variable $\mathfrak{x}$ nicht vorkommt, erhält man mittels des Schemas (α) die Formel

$$0' = 0 \rightarrow (\mathfrak{x})\, \mathfrak{C}(\mathfrak{x}).$$

Auf Grund dieser Feststellungen ergibt sich die Herleitbarkeit einer jeden Formel

$$0' = 0 \rightarrow \mathfrak{B}$$

durch Verfolgung des logischen Aufbaus der Formel $\mathfrak{B}$ aus Primformeln (d.h. hier aus Gleichungen).

Wir müssen nun jedoch noch die Voraussetzung formalisieren, daß es zu der Gleichheit von natürlichen Zahlen ein kontradiktorisches Gegenteil gibt. Dieses kann auf folgende Art geschehen. Wir führen als Grundzeichen das Symbol der Ungleichheit $\neq$ ein nebst Axiomen der Ungleichheit[1]

$$a \neq b \rightarrow (a = b \rightarrow 0' = 0)$$
$$(a = b \rightarrow 0' = 0) \rightarrow a \neq b$$
$$(a \neq b \rightarrow 0' = 0) \rightarrow a = b.$$

Das dritte von diesen ist eine Verstärkung der als herleitbar erkannten Formel

$$0' = 0 \rightarrow a = b.$$

Aus dem zweiten erhält man die Formel

$$0' = 0 \rightarrow a \neq b,$$

womit sich ergibt, daß für unseren erweiterten Formelbereich die Herleitbarkeit jeder Formel der Gestalt $0' = 0 \rightarrow \mathfrak{B}$ bestehen bleibt.

Mit Benutzung des Negationszeichens ergeben die drei Axiome die Formeln

$$a \neq b \rightarrow \overline{a = b}, \qquad a = b \rightarrow \overline{a \neq b},$$
$$\overline{a = b} \rightarrow a \neq b, \qquad \overline{a \neq b} \rightarrow a = b,$$

und somit

$$a \neq b \sim \overline{a = b}, \qquad a = b \sim \overline{a \neq b},$$
$$\overline{\overline{a = b}} \rightarrow a = b, \qquad \overline{\overline{a \neq b}} \rightarrow a \neq b.$$

[1] Zur Rechtfertigung dieses Ansatzes sei darauf hingewiesen, daß in dem betrachteten Formalismus alle die Terme, die keine freie Variable enthalten, numerisch auswertbar sind, also einen Ziffernwert haben.

So kommen wir im ganzen zu folgender Modifikation des Formalismus (Z): Als Primformeln haben wir nur Ausdrücke der Gestalt $\mathfrak{a} = \mathfrak{b}$, $\mathfrak{a} \neq \mathfrak{b}$, worin $\mathfrak{a}$, $\mathfrak{b}$ Terme sind, und als Formeln solche Ausdrücke, die entweder Primformeln sind oder aus solchen durch Anwendung der Operationen der Konjunktion, der Implikation, der Negation, der Äquivalenz und der Verwandlung einer freien Variablen in eine (vorher in dem Ausdruck nicht auftretende) gebundene Variable, mit Vorsetzen des gleichnamigen Allzeichens, gebildet sind.

Auf solche Formeln sind zunächst die genannten fünf Schemata des Aussagenkalkuls nebst den Definitionen für die Äquivalenz und die Negation anwendbar; für die freien Individuenvariablen gilt die Einsetzungsregel, und für das Allzeichen haben wir das der Grundformel (a) entsprechende Formelschema und das Schema (α).

Hiermit ist der logische Kalkul abgegrenzt. Dazu tritt das Axiom $a = a$ und das Schema

$$a = b \rightarrow (\mathfrak{A}(a) \rightarrow \mathfrak{A}(b))$$

für die Gleichheit. Als zahlentheoretische Axiome haben wir die beiden Peanoschen Axiome

$$\overline{a' = 0}\,, \qquad a' = b' \rightarrow a = b\,,$$

die drei Axiome der Ungleichheit sowie die Rekursionsgleichungen für Summe und Produkt, und als zahlentheoretisches Schema kommt noch das Induktionsschema hinzu.

Von dem so bestimmten zahlentheoretischen Formalismus — wir wollen ihn mit „$(\mathfrak{Z})$" bezeichnen — können wir jetzt zeigen, daß in ihm jede im System (Z) ableitbare Formel, welche keine Formelvariable, keine Disjunktion und kein Seinszeichen enthält, gleichfalls ableitbar ist.

Gehen wir nämlich die Hilfsmittel durch, die uns im Formalismus (Z) nach Ausschaltung der Formelvariablen, der Disjunktion und des Seinszeichens und nach Ersetzung derjenigen Ausgangsformeln, die Formelvariablen enthalten, durch entsprechende Formelschemata und des Induktionsaxioms durch das Induktionsschema zur Verfügung stehen, so sehen wir, daß von diesen Hilfsmitteln nur die folgenden beiden im Formalismus $(\mathfrak{Z})$ nicht unmittelbar zur Hand sind: die den identischen Formeln des Aussagenkalkuls entsprechenden Formelschemata und die Austauschbarkeit der Ausdrücke $\mathfrak{a} \neq \mathfrak{b}$, $\overline{\mathfrak{a} = \mathfrak{b}}$ gegeneinander. Diese letztere aber ergibt sich ja aus der erhaltenen Äquivalenz

$$a \neq b \sim \overline{a = b}\,.$$

Von den Formelschematen, die den identischen Formeln des Aussagenkalkuls entsprechen, kommen nur diejenigen in Betracht, in denen von den Symbolen des Aussagenkalkuls nur Konjunktion, Implikation, Äquivalenz und Negation auftreten.

Es läßt sich nun zeigen — (wir kommen hierauf im Supplement III zu sprechen)[1] —, daß jedes von diesen Formelschematen ableitbar ist aus den im System ($\mathfrak{Z}$) aufgestellten fünf Schematen für Konjunktion und Implikation ferner den Schematen

$$\frac{\mathfrak{A} \to \mathfrak{B},\ \mathfrak{A} \to \overline{\mathfrak{B}}}{\overline{\mathfrak{A}}}, \qquad \frac{\overline{\mathfrak{A} \,\&\, \mathfrak{B}}}{\mathfrak{A} \to \overline{\mathfrak{B}}},$$

die sich aus jenen, wie schon erwähnt, mittels unserer expliziten Definition für die Negation ergeben, der Regel der Ersetzbarkeit von $\mathfrak{A} \sim \mathfrak{B}$ durch $(\mathfrak{A} \to \mathfrak{B}) \,\&\, (\mathfrak{B} \to \mathfrak{A})$ und noch dem Formelschema

$$\overline{\overline{\mathfrak{A}}} \to \mathfrak{A}.$$

Somit wird unsere Behauptung über den Formalismus ($\mathfrak{Z}$) erwiesen sein, wenn wir zeigen können, daß jede Formel von der Gestalt

$$\overline{\overline{\mathfrak{A}}} \to \mathfrak{A}$$

in ($\mathfrak{Z}$) ableitbar ist.

Dabei können wir uns auf solche Formeln $\mathfrak{A}$ beschränken, die keine der explicite definierten Verknüpfungen, also keine Negation und keine Äquivalenz enthalten.

Für Primformeln $\mathfrak{A}$ ergibt sich die Herleitbarkeit von $\overline{\overline{\mathfrak{A}}} \to \mathfrak{A}$ in ($\mathfrak{Z}$) aus den erhaltenen Formeln

$$\overline{\overline{a = b}} \to a = b, \qquad \overline{\overline{a \neq b}} \to a \neq b.$$

Wir brauchen daher, um für jede der in Betracht kommenden Formeln $\mathfrak{A}$ die Implikation

$$\overline{\overline{\mathfrak{A}}} \to \mathfrak{A}$$

als in ($\mathfrak{Z}$) ableitbar zu erkennen, nur noch folgende Feststellungen zu machen:

1. Wenn in ($\mathfrak{Z}$) die Formeln $\overline{\overline{\mathfrak{B}}} \to \mathfrak{B}$ und $\overline{\overline{\mathfrak{C}}} \to \mathfrak{C}$ ableitbar sind, so sind auch die Formeln

$$\overline{\overline{\mathfrak{B} \,\&\, \mathfrak{C}}} \to \mathfrak{B} \,\&\, \mathfrak{C}$$

ableitbar.

2. Wenn $\overline{\overline{\mathfrak{C}}} \to \mathfrak{C}$ ableitbar ist, so ist auch

$$\overline{\overline{\mathfrak{B} \to \mathfrak{C}}} \to (\mathfrak{B} \to \mathfrak{C})$$

ableitbar.

3. Wenn $\mathfrak{B}(c)$ eine Formel ist, welche weder die gebundene Variable $\mathfrak{x}$ noch die Variable a enthält und die Formel $\overline{\overline{\mathfrak{B}(a)}} \to \mathfrak{B}(a)$ ableitbar ist, so ist auch

$$\overline{\overline{(\mathfrak{x})\, \mathfrak{B}(\mathfrak{x})}} \to (\mathfrak{x})\, \mathfrak{B}(\mathfrak{x})$$

ableitbar.

[1] Siehe Supplement III, Teil C, S. 455—463.

Für diese Feststellungen verwenden wir das Schema $\dfrac{\mathfrak{A}\to\mathfrak{B}}{\overline{\overline{\mathfrak{A}}}\to\overline{\overline{\mathfrak{B}}}}$, das sich durch zweimalige Anwendung des ableitbaren Schemas $\dfrac{\mathfrak{A}\to\mathfrak{B}}{\overline{\mathfrak{B}}\to\overline{\mathfrak{A}}}$ ergibt und als Schema der „doppelten Kontraposition" bezeichnet werden kann, sowie auch (für die Feststellung 2.) das ableitbare Formelschema

$$(\mathfrak{A}\to\mathfrak{B})\to(\overline{\overline{\mathfrak{A}}}\to\overline{\overline{\mathfrak{B}}}).$$

Hiermit gelangen wir sehr einfach zu den drei Feststellungen, nämlich:

1. Mittels der doppelten Kontraposition erhalten wir aus den Formelschematen $\mathfrak{B}\,\&\,\mathfrak{C}\to\mathfrak{B}$, $\mathfrak{B}\,\&\,\mathfrak{C}\to\mathfrak{C}$ die Schemata

$$\overline{\overline{\mathfrak{B}\,\&\,\mathfrak{C}}}\to\overline{\overline{\mathfrak{B}}},\qquad \overline{\overline{\mathfrak{B}\,\&\,\mathfrak{C}}}\to\overline{\overline{\mathfrak{C}}}.$$

Mit Hilfe von diesen ergibt sich, wenn $\overline{\overline{\mathfrak{B}}}\to\mathfrak{B}$, $\overline{\overline{\mathfrak{C}}}\to\mathfrak{C}$ ableitbare Formeln sind, die Ableitbarkeit von

$$\overline{\overline{\mathfrak{B}\,\&\,\mathfrak{C}}}\to\mathfrak{B},\qquad \overline{\overline{\mathfrak{B}\,\&\,\mathfrak{C}}}\to\mathfrak{C}$$

und also auch von

$$\overline{\overline{\mathfrak{B}\,\&\,\mathfrak{C}}}\to\mathfrak{B}\,\&\,\mathfrak{C}.$$

2. Das Formelschema

$$(\mathfrak{A}\to\mathfrak{B})\to(\overline{\overline{\mathfrak{A}}}\to\overline{\overline{\mathfrak{B}}})$$

in Verbindung mit dem ableitbaren Schema

$$\mathfrak{B}\to((\mathfrak{B}\to\mathfrak{C})\to\mathfrak{C})$$

ergibt das Schema

$$\mathfrak{B}\to(\overline{\overline{\mathfrak{B}\to\mathfrak{C}}}\to\overline{\overline{\mathfrak{C}}}).$$

Aus diesem erhalten wir für ein Paar von Formeln $\mathfrak{B}$, $\mathfrak{C}$, wenn $\overline{\overline{\mathfrak{C}}}\to\mathfrak{C}$ ableitbar ist, die Formel

$$\mathfrak{B}\to(\overline{\overline{\mathfrak{B}\to\mathfrak{C}}}\to\mathfrak{C})$$

und aus dieser

$$\overline{\overline{\mathfrak{B}\to\mathfrak{C}}}\to(\mathfrak{B}\to\mathfrak{C}).$$

3. Aus dem Formelschema $(\mathfrak{x})\,\mathfrak{B}(\mathfrak{x})\to\mathfrak{B}(a)$ erhalten wir durch doppelte Kontraposition

$$\overline{\overline{(\mathfrak{x})}}\,\mathfrak{B}(\mathfrak{x})\to\overline{\overline{\mathfrak{B}(a)}},$$

also ist für eine Formel $\mathfrak{B}(c)$, für welche $\overline{\overline{\mathfrak{B}(a)}}\to\mathfrak{B}(a)$ ableitbar ist, auch die Formel

$$\overline{\overline{(\mathfrak{x})}}\,\mathfrak{B}(\mathfrak{x})\to\mathfrak{B}(a)$$

ableitbar. Aus dieser aber erhalten wir, wenn $\mathfrak{B}(c)$ und daher auch $\mathfrak{B}(\mathfrak{x})$ die Variable a nicht enthält, durch das Schema (α) die Formel

$$\overline{\overline{(\mathfrak{x})}}\,\mathfrak{B}(\mathfrak{x})\to(\mathfrak{x})\,\mathfrak{B}(\mathfrak{x}).$$

Demnach ist in der Tat für jede Formel $\mathfrak{A}$ aus $(\mathfrak{Z})$ die Formel $\overline{\overline{\mathfrak{A}}}\to\mathfrak{A}$ ableitbar.

Bemerkung. Man beachte, daß diese Feststellung von anderer Art ist als eine solche, durch die ein Formelschema als ein aus den Grundschematen des Formalismus $(\mathfrak{Z})$ ableitbares erkannt wird. Ein ableitbares Formelschema behält seine Anwendbarkeit, wenn wir zu dem Formalismus weitere Symbole hinzufügen, dagegen ist unsere Feststellung betreffs der Ableitbarkeit der Formeln von der Gestalt $\overline{\overline{\mathfrak{A}}} \to \mathfrak{A}$ wesentlich an die Art der Zusammensetzung der in Betracht kommenden Formeln $\mathfrak{A}$ gebunden, und sie verliert ihre Anwendbarkeit, wenn wir z. B. das Symbol der Disjunktion in den Formalismus $(\mathfrak{Z})$ aufnehmen.

Nunmehr ist unsere Behauptung, daß jede von Formelvariablen, Disjunktionen und Seinszeichen freie Formel aus dem System (Z), die in (Z) ableitbar ist, auch im Formalismus $(\mathfrak{Z})$ ableitbar ist, als zutreffend erkannt. Es ergibt sich hiermit, daß für die Formeln ohne Formelvariablen aus (Z) das Ersetzen eines jeden Ausdrucks $\mathfrak{A} \vee \mathfrak{B}$ durch $\overline{\overline{\mathfrak{A}} \,\&\, \overline{\mathfrak{B}}}$ und eines jeden Ausdrucks $(E\mathfrak{x})\mathfrak{A}(\mathfrak{x})$ durch $\overline{(\mathfrak{x})\overline{\mathfrak{A}(\mathfrak{x})}}$ eine solche Art von *Übersetzung* liefert, bei der jeder in (Z) ableitbaren Formel als ihre Übersetzung eine in $(\mathfrak{Z})$ ableitbare Formel entspricht.

Der Formalismus $(\mathfrak{Z})$ bildet — was hier nur erwähnt sei — ein Teilsystem desjenigen Formalismus, den HEYTING als Formalisierung der intuitionistischen Arithmetik aufgestellt hat[1]. Bei diesem tritt allerdings die Negation als Grundoperation auf. Jedoch ist in ihm die Äquivalenz

$$\overline{A} \sim (A \to 1 + 1 = 1)$$

ableitbar, so daß auch hier die Negation durch die Implikation ausgedrückt werden kann.

Die Möglichkeit einer Übersetzung des üblichen zahlentheoretischen Formalismus (bei Beschränkung auf Formeln ohne Formelvariablen) in den Heytingschen in der Weise, daß ableitbare Formeln wiederum in ableitbare Formeln übergehen, wurde von GÖDEL erkannt[2]. Unsere Überlegung stimmt in der Methode mit der Gödelschen überein.

Aus dem erhaltenen Ergebnis folgt insbesondere, daß ein Widerspruch im System (Z) sich auch als ein solcher im System $(\mathfrak{Z})$ geltend machen würde. Denn im Fall der Ableitbarkeit zweier Formeln $\mathfrak{A}$, $\overline{\mathfrak{A}}$ im System (Z) würde in (Z) auch die Formel $0' = 0$ ableitbar sein, und diese müßte daher auch in $(\mathfrak{Z})$ ableitbar sein.

---

[1] A. HEYTING „Die formalen Regeln der intuitionistischen Mathematik". Sitzgsber. preuß. Akad. Wiss., Physik.-math. Kl. 1930 II.

[2] K. GÖDEL „Zur intuitionistischen Arithmetik und Zahlentheorie". Ergebn. eines math. Kolloq., 1932. Die gleiche Entdeckung wurde kurz darauf auch von GENTZEN gemacht. Eine ähnliche Feststellung findet sich bereits in einer Abhandlung aus dem Jahre 1925 von A. KOLMOGOROFF „O principie tertium non datur". Rec. math. Soc. math. Moscou, Bd. 32 (1924—1925). — Im Gebiet des Aussagenkalkuls ergibt sich, wie GÖDEL hervorhebt, die Übersetzbarkeit des üblichen Formalismus in ein Teilgebiet des Heytingschen Formalismus aus einer Bemerkung von V. GLIVENKO „Sur quelques points de la Logique de M. BROUWER". Acad. roy. de Belgique, Bull. Cl. Sci. Sér. 5, Bd. 15 (1929).

Es zeigt sich somit, daß die Schwierigkeit eines finiten Nachweises der Widerspruchsfreiheit für den vollen zahlentheoretischen Formalismus nicht darauf beruht, daß dieser Formalismus den Satz vom ausgeschlossenen Dritten in formalisierter Fassung in sich schließt. Das Hindernis besteht bereits für den finiten Nachweis der Widerspruchsfreiheit von ($\mathfrak{Z}$). In der Tat ist ja die Beweisführung, aus der wir entnommen haben, daß ein Widerspruch in (Z) auch einen solchen in ($\mathfrak{Z}$) zur Folge hat, eine völlig finite.

Stellen wir uns andererseits auf einen inhaltlichen Standpunkt, von dem aus die formalen Ableitungen in ($\mathfrak{Z}$) als Darstellungen richtiger inhaltlicher Überlegungen deutbar sind, so ist für diesen auf Grund der festgestellten Beziehung zwischen den Formalismen (Z) und ($\mathfrak{Z}$) die Widerspruchsfreiheit des Systems (Z) ersichtlich.

Für eine inhaltliche Deutung des Formalismus ($\mathfrak{Z}$) besteht das hauptsächliche Erfordernis in der Deutung der Implikation. Die wohl nächstliegende Interpretation der Implikation $\mathfrak{A} \rightarrow \mathfrak{B}$ durch den hypothetischen Satz „wenn $\mathfrak{A}$, so $\mathfrak{B}$", ist insofern nicht sachgemäß, als ja die in ($\mathfrak{Z}$) vorkommenden Implikationen im allgemeinen gar nicht Abhängigkeiten von variablen Bedingungen ausdrücken; wir haben es ja großenteils mit solchen Implikationen $\mathfrak{A} \rightarrow \mathfrak{B}$ zu tun, in denen $\mathfrak{A}$ keine freien Variablen enthält. Die in der Logistik übliche Deutung „$\mathfrak{A}$ nicht oder $\mathfrak{B}$" kommt für uns hier nicht in Betracht, weil sie nur unter Zugrundelegung des Satzes vom ausgeschlossenen Dritten anwendbar ist. (So würde ja bereits die Deutung der Implikation $\mathfrak{A} \rightarrow \mathfrak{A}$ den Satz „$\mathfrak{A}$ nicht oder $\mathfrak{A}$" ergeben.)

Man könnte versuchen, für die Implikation eine beweistechnische Deutung zu geben, etwa in der Weise, daß man jede Implikation $\mathfrak{A} \rightarrow \mathfrak{B}$ als ein *Beweisschema* auffaßt, durch welches wir uns die Möglichkeit anmerken, aus der Formel $\mathfrak{A}$ die Formel $\mathfrak{B}$ zu gewinnen. Dieses Verfahren hat jedoch mehrere Unzuträglichkeiten. Nämlich erstens ergibt sich bei der Deutung von Formeln der Gestalt $(\mathfrak{A} \rightarrow \mathfrak{B}) \rightarrow \mathfrak{C}$ die Unstimmigkeit, daß doch einerseits das Vorderglied inhaltlich gedeutet werden müßte, während doch andererseits im Sinne der beweistechnischen Deutung das Vorderglied als Formel aufgefaßt werden muß, da wir ja gar keine Regeln haben, aus inhaltlichen Sätzen zu folgern. Zweitens aber müßten wir noch bei dem anhand der Deutung geführten Widerspruchsfreiheitsbeweis unter anderem zeigen, daß das Schlußschema $\dfrac{\mathfrak{S},\ \mathfrak{S} \rightarrow \mathfrak{T}}{\mathfrak{T}}$ von wahren Formeln (im Sinne der Deutung) immer zu wahren Formeln führt. Dazu müßten wir zeigen, daß, wenn $\mathfrak{S}$ wahr ist, und aus $\mathfrak{S}$ nach unseren Regeln $\mathfrak{T}$ ableitbar ist, dann $\mathfrak{T}$ wahr ist. Nimmt man nun für $\mathfrak{S}$ eine wahre Formel, wie $0 = 0$, so kommt das darauf hinaus, zu zeigen, daß jede nach unseren Regeln ableitbare

Formel wahr ist. Das aber ist doch gerade erst die Aufgabe des Widerspruchsfreiheitsbeweises.

Diesen Schwierigkeiten entgeht man, wenn man die Implikation konsequent in einem inhaltlichen Sinn interpretiert, derart, daß $\mathfrak{A} \rightarrow \mathfrak{B}$ die Möglichkeit ausdrückt, unter Zugrundelegung des Inhalts von $\mathfrak{A}$ zur Feststellung des Inhalts von $\mathfrak{B}$ zu gelangen[1].

Diese Auffassung kommt insbesondere auch bei der Brouwerschen Deutung einer Implikation $\mathfrak{A} \rightarrow 0' = 0$ als „Absurdität" zur Anwendung. Mit einer solchen inhaltlichen Interpretation des logischen Formalismus nebst der üblichen Deutung der arithmetischen Symbole erhalten wir für die Axiome und Schemata des Systems $(\mathfrak{Z})$ eine Art von inhaltlicher Verifikation. Jedoch entfernen wir uns mit dem inhaltlichen Folgerungsbegriff total von Hilbert's methodischen Gedanken der Beweistheorie, und es liegt die Frage nahe, ob wir nicht beim Nachweis für die Widerspruchsfreiheit des Systems (Z) diesen inhaltlichen Folgerungsbegriff vermeiden können, wenn wir schon über die finite Betrachtung insofern hinausgehen, als wir allgemeine Sätze als Prämissen (auch in iterierter Form) zulassen.

Außerdem wird man es vom Standpunkt der Beweistheorie als unbefriedigend empfinden, nur einen solchen Widerspruchsfreiheitsbeweis für das System (Z) zu haben, der in der Hauptsache auf einer Deutung eines Formalismus beruht. Wir haben uns auch bei der Betrachtung des Formalismus der rekursiven Zahlentheorie zur Feststellung seiner Widerspruchsfreiheit nicht damit begnügt, auf die Möglichkeit der finiten Deutung dieses Formalismus hinzuweisen, sondern haben uns von der Widerspruchsfreiheit noch eigens mittels der Methode der Rückverlegung der Einsetzungen in die Ausgangsformeln, nebst der zusätzlichen Betrachtung für das Induktionsschema, überzeugt. So wird man sich auch für den Formalismus (Z) einen solchen Widerspruchsfreiheitsbeweis wünschen, der auf der direkten Betrachtung des Formalismus selbst beruht.

Den beiden genannten Gesichtspunkten wird ein Beweis gerecht, den vor nicht langem GERHARD GENTZEN für die Widerspruchsfreiheit des Formalismus (Z) gegeben hat[2]. Wir wollen diesen Beweis hier nicht

[1] Diese Deutung steht derjenigen nahe, die KOLMOGOROFF im Rahmen seiner Interpretation des Heytingschen Aussagenkalkuls als eines Kalkuls der *Aufgaben* für die Implikation $\mathfrak{A} \rightarrow \mathfrak{B}$ gegeben hat: „Vorausgesetzt, daß die Lösung von $\mathfrak{A}$ gegeben ist, $\mathfrak{B}$ lösen", vgl. A. KOLMOGOROFF: „Zur Deutung der intuitionistischen Logik". Math. Z. Bd. 35 (1932) Heft 1.

[2] G. GENTZEN „Die Widerspruchsfreiheit der reinen Zahlentheorie", Math. Ann. Bd. 112 (1936) Heft 4, und „Neue Fassung des Widerspruchsfreiheitsbeweises für die reine Zahlentheorie", Forschungen zur Logik und zur Grundlegung der exakten Wissenschaften, Neue Folge Heft 4 (1938). Die zweite Abhandlung bringt eine methodisch verbesserte und auch elementarere Fassung des Nachweises. Andererseits ist in der ersten Abhandlung das Ergebnis ein weitergehendes, da außer der

in den Einzelheiten darlegen, jedoch auf eine darin wesentliche benutzte Schlußweise aus der CANTORschen Mengenlehre näher eingehen, die auch denjenigen Bestandteil des Beweises bildet, in welchem die Überschreitung des Formalismus (Z_μ) erfolgt.

c) Eine spezielle Form der transfiniten Induktion und ihre Anwendung in dem GENTZENschen Widerspruchsfreiheitsbeweis für das System (Z). Wir haben bisher als Methode der Überschreitung des Formalismus (Z_μ) in Beweisen für Widerspruchsfreiheit nur Wahrheitsdefinitionen kennen gelernt. Auch bei dem zuletzt betrachteten Widerspruchsfreiheitsbeweis für das System (Z), der auf der Deutung des Systems $(\mathfrak{Z})$ beruht, kommt die Überschreitung des Formalismus (Z_μ) dadurch zustande, daß die Formalisierung jener Deutung des Formalismus $(\mathfrak{Z})$ auf eine Wahrheitsdefinition hinausläuft.

Dagegen tritt bei dem GENTZENschen Beweis für die Widerspruchsfreiheit des Formalismus (Z) eine andere Art der Überschreitung des Formalismus (Z_μ) auf. Diese erfolgt anläßlich der Begründung für eine gewisse Verallgemeinerung des Prinzips der vollständigen Induktion.

Es handelt sich dabei um einen Sonderfall der Schlußregel aus der CANTORschen Mengenlehre, welche als „transfinite Induktion" bezeichnet wird, weil sie eine Ausdehnung des gewöhnlichen Induktionsprinzips für die endlichen Zahlen auf die „transfiniten" Ordnungszahlen bildet. In Hinsicht auf unsere methodischen Unterscheidungen ist diese Bezeichnung irreführend. Tatsächlich läßt sich ein beträchtlicher Teil der Theorie der transfiniten Ordnungszahlen noch durchaus nach finiten Methoden behandeln.

So können wir insbesondere dem zu betrachtenden speziellen Fall des Prinzips der transfiniten Induktion die Form eines zahlentheoretischen Schlußprinzips geben.

Um das Prinzip in dieser Form auszusprechen, führen wir zunächst auf rekursive Weise gewisse von einer Ziffer $\mathfrak{n}$ abhängige Ordnungsbeziehungen „$a \underset{\mathfrak{n}}{\prec} b$" ein.

Widerspruchsfreiheit des betrachteten Formalismus noch eine gewisse Eigenschaft der „Reduzierbarkeit" einer jeden ableitbaren Formel dieses Formalismus nachgewiesen wird.

Zusatz bei der zweiten Auflage: Dem in den Math. Ann. publizierten Gentzenschen Widerspruchsfreiheitsbeweise ging noch ein früherer voraus, der seinerzeit aus methodischen Gründen — wie wir heute wohl sagen müssen: unberechtigterweise — abgelehnt und daraufhin von GENTZEN durch den Beweis in den Math. Ann. ersetzt wurde. Dieser frühere Beweis, von dem Druckfahnen erhalten blieben, ist in der demnächst erscheinenden englischen Ausgabe der gesammelten Gentzenschen Arbeiten von MANFRED SZÁBO enthalten. Eine etwas vereinfachte Darstellung dieses Beweises ist in der Abhandlung: P. BERNAYS „On the original GENTZEN consistency proof for number theory" in „Intuitionism and Proof Theory" Proceedings of the Summer Conference at Buffalo N. Y. 1968 (North Holland Publ. Comp. Amsterdam) gegeben.

„$a \underset{0}{\prec} b$“ bedeute die gewöhnliche Ordnungsbeziehung $a < b$.

„$a \underset{\mathfrak{n}+1}{\prec} b$“ bedeute, daß zunächst $b \neq 0$ und daß entweder $a = 0$ ist oder die Zahl b einen Primteiler $\wp_{\mathfrak{k}}$ enthält, der in b zu einer höheren Potenz aufgeht als in a und dessen Nummer $\mathfrak{k}$ in der Ordnung $\underset{\mathfrak{n}}{\prec}$ später ist als die Nummer einer jeden solchen von $\wp_{\mathfrak{k}}$ verschiedenen Primzahl, die in b zu einer anderen Potenz aufgeht als in a.

(Die Beziehung $a \underset{\mathfrak{n}}{\prec} b$ werde in Worten durch „die Zahl a geht in der Ordnung $\underset{\mathfrak{n}}{\prec}$ der Zahl b voraus“, oder „die Zahl a ist in der Ordnung $\underset{\mathfrak{n}}{\prec}$ früher als b“, oder auch „die Zahl b ist in der Ordnung $\underset{\mathfrak{n}}{\prec}$ später als a“ ausgedrückt.)

Die gegebene Definition läßt sich formal, mit variablem n folgendermaßen darstellen:

$$a \underset{0}{\prec} b \sim a < b$$

$$a \underset{n'}{\prec} b \sim b \neq 0 \,\&\, \big(a = 0 \lor (Ex)\,(x \leqq b \,\&\, \nu(a, x) < \nu(b, x)$$
$$\&\, (z)\,(z \leqq \max(a, b) \,\&\, x \underset{n}{\prec} z \to \nu(a, z) = \nu(b, z)))\big).$$

In der letzten Äquivalenz lassen sich nach unseren früheren Feststellungen[1] die Quantoren eliminieren, so daß der Ausdruck auf der rechten Seite der Äquivalenz in ein rekursives Prädikat übergeführt wird. Damit wird ersichtlich, daß die Beziehung $a \underset{n}{\prec} b$ ein rekursives Prädikat von a, b, n bildet. Ferner erkennt man, daß für jede feste Zahl $\mathfrak{n}$ die Beziehung $a \underset{\mathfrak{n}}{\prec} b$ die Eigenschaften einer Ordnungsbeziehung hat, die sich durch die Formeln

$$(1) \qquad \begin{cases} \overline{a \underset{\mathfrak{n}}{\prec} a} \\ a \underset{\mathfrak{n}}{\prec} b \,\&\, b \underset{\mathfrak{n}}{\prec} c \to a \underset{\mathfrak{n}}{\prec} c \end{cases}$$

ausdrücken[2], und daß auch die Alternative gilt:

$$(2) \qquad a = b \lor a \underset{\mathfrak{n}}{\prec} b \lor b \underset{\mathfrak{n}}{\prec} a.$$

Ferner bestehen, wie für die gewöhnliche Ordnung der Zahlen, die Beziehungen

$$c \neq 0 \,\&\, a \underset{\mathfrak{n}}{\prec} b \to a \cdot c \underset{\mathfrak{n}}{\prec} b \cdot c$$

$$a \neq 0 \,\&\, c \neq 0 \,\&\, c \neq 0' \to a \underset{\mathfrak{n}}{\prec} a \cdot c.$$

Andererseits gilt für eine von 0 verschiedene Zahl c, daß, wenn $a \underset{\mathfrak{n}}{\prec} c$, $b \underset{\mathfrak{n}}{\prec} c$ und sowohl a wie b zu c teilerfremd ist, dann auch $a \cdot b \underset{\mathfrak{n}}{\prec} c$.

Außerdem besteht die für den Zusammenhang zwischen den Beziehungen $\underset{\mathfrak{n}}{\prec}$ und $\underset{\mathfrak{n}+1}{\prec}$ charakteristische Beziehung

$$(3) \qquad \wp_k \underset{\mathfrak{n}+1}{\prec} \wp_l \sim k \underset{\mathfrak{n}}{\prec} l.$$

[1] Vgl. S. 222.

[2] Wir benutzen bei der gegenwärtigen Betrachtung die Formeln nur zur vereinfachten Mitteilung inhaltlich gemeinter Feststellungen.

Für jede der Ordnungen $\underset{\mathfrak{n}}{<}$ geht die Zahl 0 allen übrigen voraus und auf sie folgt 1; daher geht auch, gemäß (3), die Primzahl $\wp_0$, d. h. 2, allen anderen Primzahlen voraus, und die auf sie zunächst folgende Primzahl ist 3. Hieraus wiederum ergibt sich, daß in jeder der Ordnungen auf 1 unmittelbar die Zahl 2 folgt.

Nun tritt zu den genannten elementaren Eigenschaften der Beziehungen $a \underset{\mathfrak{n}}{<} b$ noch diejenige Eigenschaft, durch welche diese Ordnungsbeziehungen, nach der Bezeichnungsweise der Mengenlehre, als „Wohlordnungen" charakterisiert sind. Diese Eigenschaft läßt sich, bei Zugrundelegung des „tertium non datur" für die ganzen Zahlen, durch ein verallgemeinertes Prinzip der kleinsten Zahl zum Ausdruck bringen, welches sich, ganz entsprechend wie für die Beziehung $a < b$ durch die Formel

$$A(a) \rightarrow (E x)\big(A(x) \,\&\, (y)(A(y) \rightarrow x = y \vee x \underset{\mathfrak{n}}{<} y)\big)$$

darstellt.

Aus dieser Formel gewinnen wir durch Umformung — mit Benutzung der Alternative (2) — und nachherige Ersetzung der Formelvariablen $A(c)$ durch $\overline{A(c)}$ die ihr deduktionsgleiche Formel:

$$(x)\big((y)(y \underset{\mathfrak{n}}{<} x \rightarrow A(y)) \rightarrow A(x)\big) \rightarrow A(a).$$

Durch diese Formel wird also ein Prinzip dargestellt, welches auf Grund des „tertium non datur" dem Prinzip der kleinsten Zahl gleichwertig ist. Sein Inhalt läßt sich so aussprechen:

„Wenn ein Prädikat auf die Zahl m zutrifft, sofern es auf jede der Zahlen l zutrifft, für welche $l \underset{\mathfrak{n}}{<} m$ gilt, so trifft das Prädikat auf jede Zahl zu." Dabei ist die Bedingung des Zutreffens auf jede Zahl l, für die $l \underset{\mathfrak{n}}{<} m$ gilt, im Fall, daß $m = 0$ ist, als erfüllt anzusehen, so daß in der Voraussetzung des Prinzips die Forderung enthalten ist, daß das Prädikat auf die Zahl 0 zutrifft. Für eine inhaltliche Fassung des Prinzips empfiehlt es sich, diese Voraussetzung eigens zu formulieren.

An Stelle der Darstellung des Prinzips durch eine Formel kann auch die durch das Schema

$$\frac{(x)\big(x \underset{\mathfrak{n}}{<} c \rightarrow \mathfrak{A}(x)\big) \rightarrow \mathfrak{A}(c)}{\mathfrak{A}(a)}$$

treten.

Dieses Schema angewendet für $\mathfrak{n} = 0$, d. h.

$$\frac{(x)\big(x < c \rightarrow \mathfrak{A}(x)\big) \rightarrow \mathfrak{A}(c)}{\mathfrak{A}(a)}$$

ist — auf Grund der Eigenschaften der Beziehung $<$ sowie des Satzes, daß jede Zahl außer 0 einen Vorgänger hat — dem Prinzip der vollständigen

Induktion gleichwertig. Und zwar ergibt sich die Gleichwertigkeit ohne Benutzung des „tertium non datur".

[Die formale Gewinnung des genannten Schemas aus dem Induktionsschema erfolgt mittels der Formeln

$$a < n' \sim (a < n \lor a = n), \qquad \overline{a < 0}, \qquad (J_2), \qquad a < a'$$

durch den Prädikatenkalkul, während der umgekehrte Übergang sich mit Hilfe der Formeln $a < a'$, $a \neq 0 \rightarrow a = (\delta(a))'$ und (J_2) ausführen läßt.]

Die durch das Schema

$$\frac{(x)\left(x \underset{\mathfrak{n}}{\prec} c \rightarrow \mathfrak{A}(x)\right) \rightarrow \mathfrak{A}(c)}{\mathfrak{A}(a)}$$

dargestellte Schlußweise, in ihrer Erstreckung auf beliebige Zahlen $\mathfrak{n}$, bildet nun den zu betrachtenden speziellen Fall der transfiniten Induktion.

Wir wollen uns überlegen, wie diese Schlußweise — die als das für die Ordnungen $\underset{\mathfrak{n}}{\prec}$ verallgemeinerte Induktionsprinzip bezeichnet werde — als gültig einzusehen ist, und zwar auf eine Art, bei der die Abweichung von unserem bisherigen Verfahren der finiten Beweisführung lediglich darin besteht, daß Allsätze als Prämissen von Sätzen zugelassen werden[1].

Dabei kommen — was hier gleich hervorgehoben sei — als Prämissen immer nur solche Allsätze vor, die sich nachträglich auf Grund des Ergebnisses der Überlegung als zutreffend erweisen. So haben wir z. B. schon in der Schlußregel selbst den Allsatz $(x)\left(x \underset{\mathfrak{n}}{\prec} c \rightarrow \mathfrak{A}(x)\right)$ als Prämisse des Satzes, der die Voraussetzung formuliert. In jedem Anwendungsfall für die Schlußregel ergibt sich nun das Zutreffen des Prädikats $\mathfrak{A}$ auf jede beliebige Zahl, somit wird auch jene Prämisse als zutreffend erkannt.

Der Gang unserer Beweisführung ist folgender: für $\mathfrak{n} = 0$ kommt das Schlußprinzip, wie schon gesagt, dem gewöhnlichen Prinzip der vollständigen Induktion gleich. Es genügt daher, wenn wir ein Beweisverfahren haben, um unter Zugrundelegung der Gültigkeit des verallgemeinerten Induktionsprinzips für die Ordnung $\underset{\mathfrak{n}}{\prec}$ die Gültigkeit für die Ordnung $\underset{\mathfrak{n}+1}{\prec}$ zu erkennen.

Setzen wir also voraus, daß die Gültigkeit des verallgemeinerten Induktionsprinzips für die Ordnung $\underset{\mathfrak{n}}{\prec}$ bereits festgestellt sei. Nun sei ein Prädikat $\mathfrak{A}(c)$ gegeben, das zunächst für 0 zutrifft und für welches wir in der Lage sind, aus dem Zutreffen für jede Zahl, die in der Ordnung $\underset{\mathfrak{n}+1}{\prec}$ der Zahl k vorausgeht, das Zutreffen für k selbst zu folgern. Es handelt sich darum zu erkennen, daß dieses Prädikat für jede Zahl zutrifft.

Hierzu betrachten wir zunächst folgendes aus dem Prädikat $\mathfrak{A}(c)$ gebildete Zahlenprädikat $\mathfrak{B}(l)$: „Für jede Zahl m, die keinen Primteiler

[1] Vgl. S. 361.

$\underset{\mathfrak{n}+1}{\prec} \wp_l$ enthält, gilt, daß wenn das Prädikat $\mathfrak{A}(c)$ auf jede Zahl $\underset{\mathfrak{n}+1}{\prec} m$ zutrifft, dann $\mathfrak{A}(c)$ auch auf jede Zahl $\underset{\mathfrak{n}+1}{\prec} m \cdot \wp_l$ zutrifft."

Hierin ist — auf Grund des Bestehens der Äquivalenz (3) — die Bedingung, daß m keinen Primteiler $\underset{\mathfrak{n}+1}{\prec} \wp_l$ enthält, daß also $\wp_l$ der in der Ordnung $\underset{\mathfrak{n}+1}{\prec}$ früheste Primteiler von $m \cdot \wp_l$ ist, gleichbedeutend mit derjenigen, daß für jeden von $\wp_l$ verschiedenen Primteiler $\wp_k$ von m die Beziehung $l \underset{\mathfrak{n}}{\prec} k$ besteht.

Diese Bedingung stellt sich durch die Formel

$$(x)\left(x < m \;\&\; \nu(m, x) \neq 0 \;\&\; x \neq l \rightarrow l \underset{\mathfrak{n}}{\prec} x\right) \& \; m \neq 0$$

dar, die sich, wegen des auftretenden Gliedes $x < m$ in eine rekursive Formel $\mathfrak{C}_{\mathfrak{n}}(m, l)$ überführen läßt, deren Gestalt übrigens von dem Prädikat $\mathfrak{A}(c)$ unabhängig ist.

Wir erhalten somit für das Prädikat $\mathfrak{B}(l)$ eine Darstellung durch eine Formel

$$(x)\left(\mathfrak{C}_{\mathfrak{n}}(x, l) \;\&\; (y)\,(y \underset{\mathfrak{n}+1}{\prec} x \rightarrow \mathfrak{A}(y)) \rightarrow (y)\,(y \underset{\mathfrak{n}+1}{\prec} x \cdot \wp_l \rightarrow \mathfrak{A}(y))\right).$$

Um die Aussage $\mathfrak{B}(l)$ sprachlich kürzer fassen zu können, wollen wir mit Bezug auf das festgehaltene Prädikat $\mathfrak{A}(c)$ und die festgehaltene Ordnung $\underset{\mathfrak{n}+1}{\prec}$ eine Zahl m „erreichbar" nennen, wenn für jede dieser Zahl in der Ordnung $\underset{\mathfrak{n}+1}{\prec}$ vorausgehende Zahl k und somit auch, auf Grund unserer Voraussetzung über $\mathfrak{A}(c)$, für die Zahl m selbst, die Aussage $\mathfrak{A}(k)$ zutrifft. Die Erreichbarkeit von m wird demnach durch die Formel

$$(y)\left(y \underset{\mathfrak{n}+1}{\prec} m \rightarrow \mathfrak{A}(y)\right)$$

oder auch durch die Formel

$$(y)\left(y \underset{\mathfrak{n}+1}{\prec} m \vee y = m \rightarrow \mathfrak{A}(y)\right)$$

ausgedrückt.

Mit Benutzung des Terminus „erreichbar" spricht sich die Aussage $\mathfrak{B}(l)$ folgendermaßen aus: „Für jede Zahl m gilt: wenn m erreichbar ist und die Primzahl $\wp_l$ in der Ordnung $\underset{\mathfrak{n}+1}{\prec}$ der früheste Primteiler von $m \cdot \wp_l$ ist, dann ist auch $m \cdot \wp_l$ erreichbar."

Wir beweisen nun zunächst den folgenden Hilfssatz: Ist die Zahl q aus solchen Primfaktoren $\wp_k$ zusammengesetzt, für welche $\mathfrak{B}(k)$ gilt, ist ferner m eine erreichbare Zahl, die keinen solchen Primfaktor enthält, der einem Primteiler von q in der Ordnung $\underset{\mathfrak{n}+1}{\prec}$ vorausgeht, so ist auch $m \cdot q$ erreichbar.

Ist nämlich $q = \wp_{k_1}, \ldots, \wp_{k_{\mathfrak{j}}}$, wobei die Reihenfolge der Primfaktoren so gewählt sei, daß $\wp_{k_{\mathfrak{i}}}$ für $\mathfrak{i} = 1, \ldots, \mathfrak{j}$ die in der Ordnung $\underset{\mathfrak{n}+1}{\prec}$ späteste von den Primzahlen $\wp_{k_{\mathfrak{i}}}, \wp_{k_{\mathfrak{i}+1}}, \ldots, \wp_{k_{\mathfrak{j}}}$ ist, und setzen wir ferner $m_0 = m$ und, für $\mathfrak{i} = 1, \ldots, \mathfrak{j}$, $m_{\mathfrak{i}} = m_{\mathfrak{i}-1} \cdot \wp_{k_{\mathfrak{i}}}$, dann ist zunächst $m_{\mathfrak{j}} = m \cdot q$, ferner gilt $\mathfrak{B}(k_1), \ldots, \mathfrak{B}(k_{\mathfrak{j}})$, und für $\mathfrak{i} = 1, \ldots, \mathfrak{j}$ ist $\wp_{k_{\mathfrak{i}}}$ der in der Ordnung $\underset{\mathfrak{n}+1}{\prec}$ früheste Primteiler von $m_{\mathfrak{i}}$. Daher folgt für $\mathfrak{i} = 1, \ldots, \mathfrak{j}$: wenn

$m_{\mathfrak{i}-1}$ erreichbar ist, so ist auch $m_{\mathfrak{i}}$ erreichbar. Da nun m_0, d. h. m nach Voraussetzung eine erreichbare Zahl ist, so ergibt sich, daß auch $m_{\mathfrak{j}}$, d. h. $m \cdot q$ erreichbar ist.

Wenden wir diesen Hilfssatz insbesondere auf den Fall an, daß m die Zahl 1 ist, so erhalten wir folgende Konsequenz: Falls das Prädikat $\mathfrak{B}(l)$ auf jede Zahl zutrifft, so ist jede Zahl erreichbar, und es trifft daher auch das Prädikat $\mathfrak{A}(c)$ auf jede Zahl zu.

Es genügt demnach für den gewünschten Nachweis des Zutreffens von $\mathfrak{A}(n)$ für jede Zahl n, daß wir die Gültigkeit der Aussage $\mathfrak{B}(l)$ für jede Zahl l beweisen. Dieses tun wir nun mittels der Anwendung des verallgemeinerten Induktionsprinzips für die Ordnung $\underset{\mathfrak{n}}{\preceq}$, von dem wir ja annehmen, daß es bereits als gültig erwiesen ist. Hierzu haben wir zu zeigen, daß erstens $\mathfrak{B}(0)$ gilt und daß für eine Zahl $l \neq 0$ das Prädikat $\mathfrak{B}(c)$ stets dann zutrifft, falls es auf jede dieser Zahl in der Ordnung $\underset{\mathfrak{n}}{\preceq}$ vorausgehende Zahl zutrifft.

Die Aussage $\mathfrak{B}(0)$ besagt, weil ja $\wp_0$ die Zahl 2 ist, daß für eine von 0 verschiedene erreichbare Zahl m auch $2 \cdot m$ erreichbar ist. Dieses ergibt sich daraus, daß in der Ordnung $\underset{\mathfrak{n}+1}{\preceq}$ die Primzahl 2 allen übrigen Primzahlen vorausgeht und daher, für jede von 0 verschiedene Zahl m, die Zahl $2 \cdot m$ unmittelbar auf m folgt.

Die zweite zu beweisende Behauptung sagt Folgendes aus: Sei l eine von 0 verschiedene Zahl und das Prädikat $\mathfrak{B}(c)$ treffe auf jede der Zahl l in der Ordnung $\underset{\mathfrak{n}}{\preceq}$ vorausgehende Zahl zu; m sei eine solche von 0 verschiedene Zahl, die keinen der Primzahl $\wp_l$ in der Ordnung $\underset{\mathfrak{n}+1}{\preceq}$ vorausgehenden Primteiler besitzt, so daß also $\wp_l$ der in der Ordnung $\underset{\mathfrak{n}+1}{\preceq}$ früheste Primteiler von $m \cdot \wp_l$ ist, und m sei erreichbar; dann ist auch $m \cdot \wp_l$ erreichbar. Dieses erkennen wir so: Sei r eine Zahl, für welche $r \underset{\mathfrak{n}+1}{\preceq} m \cdot \wp_l$ gilt. Wenn diese Zahl mit der Zahl m übereinstimmt oder ihr in der Ordnung $\underset{\mathfrak{n}+1}{\preceq}$ vorausgeht, so trifft, gemäß unserer Annahme die Aussage $\mathfrak{A}(r)$ zu. Wenn aber $m \underset{\mathfrak{n}+1}{\preceq} r$ und $r \underset{\mathfrak{n}+1}{\preceq} m \cdot \wp_l$, so muß auf Grund unserer Annahme über m und der Definition der Ordnung $\underset{\mathfrak{n}+1}{\preceq}$ die Zahl r die Form $m \cdot q$ haben, wobei q eine von 0 und 1 verschiedene Zahl ist, die nur solche Primteiler enthält, die in der Ordnung $\underset{\mathfrak{n}+1}{\preceq}$ der Primzahl $\wp_l$ vorausgehen. Für jeden dieser Primteiler $\wp_k$ gilt daher $\mathfrak{B}(k)$, und die Zahl m enthält keinen Primfaktor, der einem der Primteiler von q in der Ordnung $\underset{\mathfrak{n}+1}{\preceq}$ vorausgeht. Demnach sind die Bedingungen unseres Hilfssatzes erfüllt, und es folgt aus diesem, daß $m \cdot q$, d. h. r eine erreichbare Zahl ist und daß somit die Aussage $\mathfrak{A}(r)$ zutrifft. In allen Fällen also gilt $\mathfrak{A}(r)$, sofern $r \underset{\mathfrak{n}+1}{\preceq} m \cdot \wp_l$. Das heißt die Zahl $m \cdot \wp_l$ ist erreichbar.

Hiermit ist nun die Zurückführung des verallgemeinerten Induktionsprinzips für die Ordnung $\underset{\mathfrak{n}+1}{\preceq}$ auf diejenige für die Ordnung $\underset{\mathfrak{n}}{\preceq}$ geliefert, und damit ergibt sich, wegen der Gültigkeit des Prinzips für die Ordnung $\underset{0}{\preceq}$, die Gültigkeit für eine jede der Ordnungen $\underset{\mathfrak{n}}{\preceq}$.

Sehen wir nun zu, wie es mit der Möglichkeit der Formalisierung dieser Beweisführung im Formalismus (Z_μ) steht. Die Überlegung, welche das Induktionsprinzip für die Ordnung $\underset{\mathfrak{n}+1}{\prec}$ auf diejenige für die Ordnung $\underset{\mathfrak{n}}{\prec}$ zurückführt, läßt sich, wie man ohne Schwierigkeit erkennt, im Formalismus (Z_μ) formalisieren. Man erhält auf diese Weise, wenn eine Ziffer $\mathfrak{n}$ und eine Formel $\mathfrak{A}(c)$ gegeben ist, eine Ableitung in (Z_μ) für die Formel

$$\begin{aligned}&[(x)\big((y)(y \underset{\mathfrak{n}}{\prec} x \to \mathfrak{B}(y)) \to \mathfrak{B}(x)\big) \to (x)\,\mathfrak{B}(x)]\\ &\qquad \to [(x)\big((y)(y \underset{\mathfrak{n}+1}{\prec} x \to \mathfrak{A}(y)) \to \mathfrak{A}(x)\big) \to (x)\,\mathfrak{A}(x)];\end{aligned}$$

dabei ist $\mathfrak{B}(l)$ die Formel

$$(x)\{\mathfrak{C}_\mathfrak{n}(x, l) \,\&\, (y)\big(y \underset{\mathfrak{n}+1}{\prec} x \to \mathfrak{A}(y)\big) \to (y)\big(y \underset{\mathfrak{n}+1}{\prec} x \cdot \wp_l \to \mathfrak{A}(y)\big)\}$$

und $\mathfrak{C}_\mathfrak{n}(m, l)$ die zuvor schon so bezeichnete rekursive, von der Formel $\mathfrak{A}(c)$ unabhängige Formel.

Geben wir den Ausdruck $\mathfrak{B}(l)$ in Abhängigkeit von der Formel $\mathfrak{A}(c)$ und der Ziffer $\mathfrak{n}$ durch „$\mathfrak{B}_x(l, \mathfrak{A}(x), \mathfrak{n})$" und die Formel

$$(x)\big((y)(y \underset{\mathfrak{n}}{\prec} x \to \mathfrak{A}(y)) \to \mathfrak{A}(x)\big) \to (x)\,\mathfrak{A}(x)$$

durch „$\mathrm{Ind}_x(\mathfrak{A}(x), \mathfrak{n})$" an, so stellt sich die genannte ableitbare Formel in der abgekürzten Form

$$\mathrm{Ind}_x\big(\mathfrak{B}_y(x, \mathfrak{A}(y), \mathfrak{n}), \mathfrak{n}\big) \to \mathrm{Ind}_x\big(\mathfrak{A}(x), \mathfrak{n}+1\big)$$

dar. Wählen wir hierin für $\mathfrak{A}(c)$ die Formel $A(c)$, so erhalten wir

$$\mathrm{Ind}_x\big(\mathfrak{B}_y(x, A(y), \mathfrak{n}), \mathfrak{n}\big) \to \mathrm{Ind}_x\big(A(x), \mathfrak{n}+1\big).$$

Mit Hilfe dieser Implikation können wir aus der Formel $\mathrm{Ind}_x(A(x), \mathfrak{n})$ die Formel $\mathrm{Ind}_x(A(x), \mathfrak{n}+1)$ ableiten.

Da außerdem die Formel $\mathrm{Ind}_x(A(x), 0)$ in (Z_μ) ableitbar ist, so ergibt sich für jede Ziffer $\mathfrak{n}$ eine Ableitung der Formel $\mathrm{Ind}_x(A(x), \mathfrak{n})$ im Formalismus (Z_μ).

Hiermit ist jedoch die Behauptung, daß das verallgemeinerte Induktionsprinzip für jede der Ordnungen $\underset{\mathfrak{n}}{\prec}$ gilt, noch nicht formalisiert. Dazu bedarf es einer freien oder gebundenen Zahlenvariablen an Stelle der Ziffer $\mathfrak{n}$.

Nun ist allerdings auch die Formel

$$\mathrm{Ind}_x\big(\mathfrak{B}_y(x, A(y), n), n\big) \to \mathrm{Ind}_x\big(A(x), n'\big),$$

mit der Variablen n, ableitbar. Diese Formel zusammen mit der Formel $\mathrm{Ind}_x(A(x), 0)$ ermöglicht jedoch nicht die Anwendung des Induktionsschemas im Rahmen des Formalismus (Z_μ). Diese Möglichkeit würde gegeben sein, wenn wir gebundene Formelvariablen zur Verfügung hätten. Wir könnten dann die Formel

$$(U)\ \mathrm{Ind}_x\big(U(x), n\big) \to (U)\ \mathrm{Ind}_x\big(U(x), n'\big)$$

ableiten[1].

Ein anderes Verfahren würde darin bestehen, daß wir ein Prädikatensymbol (im weiteren Sinn des Wortes) $\Gamma_z\big(c, A(z), n, k\big)$ durch folgende rekursiven Äquivalenzen einführen:

$$\Gamma_z\big(c, A(z), n, 0\big) \sim A(c)$$
$$\Gamma_z\big(c, A(z), n, k'\big) \sim \mathfrak{B}_y\big(c, \Gamma_z(y, A(z), n, k), \delta(n, k')\big).$$

Aus der zweiten dieser Äquivalenzen ergibt sich die Formel

$$l < n \to \big(\Gamma_z(c, A(z), n, \delta(n, l))$$
$$\sim \mathfrak{B}_y(c, \Gamma_z(y, A(z), n, \delta(n, l')), l)\big),$$

aus der wir mittels der Formel

$$\mathrm{Ind}_x\big(\mathfrak{B}_y(x, A(y), n), n\big) \to \mathrm{Ind}_x\big(A(x), n'\big),$$

worin wir l für n und für die Formelvariable $A(a)$ die Formel

$$\Gamma_z\big(a, A(z), n, \delta(n, l')\big)$$

einsetzen, die Formel

$$l < n \to \big[\mathrm{Ind}_x\big(\Gamma_z(x, A(z), n, \delta(n, l))\, l\big) \to \mathrm{Ind}_x\big(\Gamma_z(x, A(z), n, \delta(n, l')), l'\big)\big]$$

und weiter mittels des Aussagenkalkuls und der Formeln

$$l < n \sim l' \leqq n, \qquad l < n \to l \leqq n$$

die Formel

$$\big[l \leqq n \to \mathrm{Ind}_x\big(\Gamma_z(x, A(z), n, \delta(n, l)), l\big)\big]$$
$$\to \big[l' \leqq n \to \mathrm{Ind}_x\big(\Gamma_z(x, A(z), n, \delta(n, l')), l'\big)\big]$$

erhalten. Nehmen wir zu dieser die Formel

$$0 \leqq n \to \mathrm{Ind}_x\big(\Gamma_z(x, A(z), n, \delta(n, 0)), 0\big)$$

hinzu, die sich aus der Formel $\mathrm{Ind}_x\big(A(x), 0\big)$ ergibt, so können wir nunmehr das Induktionsschema anwenden. Dieses liefert die Formel

$$l \leqq n \to \mathrm{Ind}_x\big(\Gamma_z(x, A(z), n, \delta(n, l))\, l\big),$$

und indem wir hierin n für l einsetzen, erhalten wir mittels der Formeln $n \leqq n$, $\delta(n, n) = 0$, $\Gamma_z\big(c, A(z), n, 0\big) \sim A(c)$ die Formel $\mathrm{Ind}_x\big(A(x), n\big)$, welche das verallgemeinerte Induktionsprinzip, in seiner Gültigkeit für jede Ordnung $\underset{\pi}{\prec}$, zur formalen Darstellung bringt.

---

[1] Dabei könnte die Anwendung der gebundenen Formelvariablen noch in der Weise beschränkt sein, daß zur Einsetzung für freie Formelvariablen nur solche Formeln zugelassen werden, die keine gebundene Formelvariable enthalten.

Dieses Verfahren kann noch etwas elementarer gestaltet werden, wenn wir uns begnügen, anstatt der Formel $\mathrm{Ind}_x(A(x), n)$ mit der Formelvariablen $A(c)$ nur für jede spezielle Formel $\mathfrak{A}(c)$, die keine Formelvariable enthält, die Formel $\mathrm{Ind}_x(\mathfrak{A}(x), n)$ als ableitbare Formel zu erhalten. Wir definieren dann an Stelle des Symbols $\Gamma_z(c, A(z), n, k)$ zu jeder einzelnen Formel $\mathfrak{A}(c)$ (ohne Formelvariable), worin $\mathfrak{a}_1, \ldots, \mathfrak{a}_r$ die etwa auftretenden von c verschiedenen freien Individuenvariablen sind, ein gewisses Prädikatensymbol $\mathfrak{Q}(c, \mathfrak{a}_1, \ldots, \mathfrak{a}_r, n, k)$, welches wir entsprechend wie jenes Symbol durch rekursive Äquivalenzen einführen. Dabei können wir, entsprechend wie bei den rekursiven Definitionen von Funktionen, die Parameter $\mathfrak{a}_1, \ldots, \mathfrak{a}_r$ auf einen einzigen Parameter reduzieren, als welcher die Variable a genommen werde.

Für eine Formel $\mathfrak{A}(c)$, die außer c noch die Variable a, sonst aber keine freie Variable enthält, lauten die rekursiven Äquivalenzen, durch die das zugehörige Prädikatensymbol $\mathfrak{Q}(c, a, n, k)$ mit a als Parameter eingeführt wird:

$$\mathfrak{Q}(c, a, n, 0) \sim \mathfrak{A}(c)$$
$$\mathfrak{Q}(c, a, n, k') \sim \mathfrak{B}_y(c, \mathfrak{Q}(y, a, n, k), \delta(n, k')).$$

[Wenn $\mathfrak{A}(c)$ außer c keine weitere freie Variable enthält, so hat das einzuführende Prädikatensymbol nur drei Argumente c, n, k.]

Hier ist $\mathfrak{B}_y\ (c, A(y), n)$ die Formel

$$(x)\{\mathfrak{C}_n(x, c) \,\&\, (y)(y \underset{n+1}{\leqq} x \to A(y)) \to (y)(y \underset{n+1}{\leqq} x \cdot \wp_c \to A(y))\};$$

es hat daher der Ausdruck $\mathfrak{B}_y(c, \mathfrak{Q}(y, a, n, k), \delta(n, k'))$ die Gestalt

$$(x)\{\mathfrak{R}_1(x, c, n, k) \,\&\, (y)(\mathfrak{R}_2(x, y, n, k) \to \mathfrak{Q}(y, a, n, k))$$
$$\to (y)(\mathfrak{R}_2(x \cdot \wp_c, y, n, k) \to \mathfrak{Q}(y, a, n, k))\},$$

wobei $\mathfrak{R}_1(a, b, n, k)$, $\mathfrak{R}_2(a, b, n, k)$ rekursive Formeln sind, und läßt sich umformen in

$$(x)\{\overline{\mathfrak{R}_1(x, c, n, k)} \lor (Ey)(\mathfrak{R}_2(x, y, n, k) \,\&\, \overline{\mathfrak{Q}(y, a, n, k)})$$
$$\lor (y)(\overline{\mathfrak{R}_2(x \cdot \wp_c, y, n, k)} \lor \mathfrak{Q}(y, a, n, k))\}.$$

Somit hat die rekursive Definition von $\mathfrak{Q}(c, a, n, k)$ eine ähnliche Form wie diejenige, durch die wir bei der Wahrheitsdefinition für den Formalismus (Z) das Symbol $\mathsf{M}(n, k)$ eingeführt haben[1].

Von dieser Einführung des Symbols $\mathsf{M}(n, k)$ erkannten wir, daß sie über den Formalismus (Z) und auch über (Z_μ) hinausführt[2]. Es ist danach schon höchst plausibel, daß das angegebene Definitionsschema für die Prädikatensymbole $\mathfrak{Q}(c, a, n, k)$ ein über den Formalismus (Z_μ) hinausgehendes Verfahren bildet, d. h. nicht allgemein durch explizite Definitionen in (Z_μ) vertreten werden kann.

[1] Vgl. S. 347. [2] Vgl. S. 351.

Daß tatsächlich durch diese Art der Einführung von Prädikatensymbolen und somit auch durch den Beweis des betrachteten Sonderfalles der transfiniten Induktion der Formalismus (Z_μ) überschritten wird, ergibt sich daraus, daß mit Anwendung dieser Schlußweise und sonst nur solcher Schlüsse, die in (Z_μ) formalisierbar sind, der GENTZENsche Widerspruchsfreiheitsbeweis für den Formalismus (Z) gelingt[1].

Wir wollen hier wenigstens in schematischer Form den Gang dieses Beweises — und zwar in seiner neueren Fassung[2] — angeben. Hierzu haben wir zunächst an die Betrachtung über die spezielle transfinite Induktion noch eine ergänzende Überlegung zu knüpfen.

Jede der Ordnungen $\underset{\mathfrak{n}}{\prec}$ stellt, wenn wir von der Beschaffenheit der geordneten Elemente (die ja Zahlen sind) abstrahieren, nach der Bezeichnung von CANTOR einen „Ordnungstypus" dar, und zwar — da ja jede der Ordnungen eine Wohlordnung ist — einen „Wohlordnungstypus". Wir können uns diese Ordnungstypen anschaulich näher bringen, indem wir als Elemente der Ordnungsbeziehung an Stelle der Zahlen gewisse Figuren aus dem Formalismus der CANTORschen Theorie der zweiten Zahlenklasse nehmen.

Diese Figuren gewinnen wir, zugleich mit ihrer Ordnungsbeziehung — die mit den gewöhnlichen Zeichen $<$, $>$ für „kleiner" und „größer" angegeben werde —, durch ein rekursives Verfahren: Die Ausgangsfigur und zugleich die kleinste der Ordnung nach ist das Symbol 0. Sind $\mathfrak{a}_1, \ldots, \mathfrak{a}_\mathfrak{r}$ bereits erhaltene Figuren (in der endlichen Anzahl $\mathfrak{r}$), welche die Bedingung $\mathfrak{a}_1 \geqq \mathfrak{a}_2 \geqq \cdots \geqq \mathfrak{a}_\mathfrak{r}$ erfüllen (das Gleichheitszeichen drückt hier die gestaltliche Übereinstimmung aus), so wird aus ihnen der Ausdruck $\omega^{\mathfrak{a}_1} + \cdots + \omega^{\mathfrak{a}_\mathfrak{r}}$ gebildet. Die Anzahl $\mathfrak{r}$ kann dabei auch gleich 1 sein.

Zwischen zwei solchen Ausdrücken

$$\omega^{\mathfrak{a}_1} + \cdots + \omega^{\mathfrak{a}_\mathfrak{r}}, \quad \omega^{\mathfrak{b}_1} + \cdots + \omega^{\mathfrak{b}_\mathfrak{s}}$$

soll die Ordnungsbeziehung

$$\omega^{\mathfrak{a}_1} + \cdots + \omega^{\mathfrak{a}_\mathfrak{r}} < \omega^{\mathfrak{b}_1} + \cdots + \omega^{\mathfrak{b}_\mathfrak{s}}$$

dadurch bestimmt sein, daß einer der beiden folgenden Fälle vorliegt:

1. $\mathfrak{a}_\mathfrak{j} = \mathfrak{b}_\mathfrak{j}$ für $\mathfrak{j} = 1, \ldots, \mathfrak{r}$, und die Anzahl $\mathfrak{r}$ ist kleiner als $\mathfrak{s}$;

2. für einen Index $\mathfrak{i}$ aus der Reihe $1, \ldots, \mathfrak{r}$ gilt $\mathfrak{a}_\mathfrak{i} < \mathfrak{b}_\mathfrak{i}$, während zugleich, falls $\mathfrak{i} \neq 1$ ist, $\mathfrak{a}_\mathfrak{j} = \mathfrak{b}_\mathfrak{j}$ für $\mathfrak{j} = 1, \ldots, \mathfrak{i} - 1$.

---

[1] Diese Überlegung stützt sich auf das zweite Gödelsche Unableitbarkeitstheorem. GENTZEN hat in einer späteren Abhandlung [„Beweisbarkeit und Unbeweisbarkeit von Anfangsfällen der transfiniten Induktion in der reinen Zahlentheorie", Math. Ann. **119**, 140—161 (1943)] auch gezeigt, daß man, auch ohne sich auf dieses Theorem zu berufen, mit Hilfe einer Modifikation des Widerspruchsfreiheitsbeweises erkennen kann, daß das verallgemeinerte Induktionsprinzip über den zahlentheoretischen Formalismus wesentlich hinausführt.

[2] Vgl. S. 373, Fußnote.

Eine auf die beschriebene Art zu gewinnende Figur möge als eine „0-ω-Figur" bezeichnet werden. Von einer vorgelegten Figur läßt sich stets entscheiden, ob sie eine 0-ω-Figur ist oder nicht, und von je zwei verschiedenen 0-ω-Figuren läßt sich stets entscheiden, welches die kleinere ist. Nämlich eine 0-ω-Figur ist ja entweder das Symbol 0 oder ein Potenzausdruck $\omega^{\mathfrak{a}}$, worin $\mathfrak{a}$ wiederum eine 0-ω-Figur ist, oder sie ist ein aus solchen Potenzen gebildeter Summenausdruck $\omega^{\mathfrak{a}_1} + \cdots + \omega^{\mathfrak{a}_{\mathfrak{r}}}$, für den noch die Bedingung $\mathfrak{a}_1 \geqq \mathfrak{a}_2 \geqq \cdots \geqq \mathfrak{a}_{\mathfrak{r}}$ erfüllt ist. Hiernach ergibt sich für die gewünschten Entscheidungen ein rekursives Verfahren, das von den jeweils zu betrachtenden Figuren auf ihre Bestandteile zurückführt und daher jedenfalls zum Abschluß kommt.

So können wir z. B. feststellen, daß die Figur

$$\omega^{\omega^{\omega^0}} + \omega^{\omega^0 + \omega^0 + \omega^0} + \omega^0,$$

eine 0-ω-Figur ist, nicht dagegen die Figuren

$$\omega^{\omega^0} + 0, \quad \omega^{\omega^0 + \omega^0} + \omega^{\omega^{\omega^0}},$$

ebenso auch, daß von den beiden 0-ω-Figuren

$$\omega^{\omega^{\omega^0}} + \omega^{\omega^0 + \omega^0} + \omega^{\omega^0 + \omega^0}, \quad \omega^{\omega^{\omega^0} + \omega^0} + \omega^{\omega^0}$$

die erstgenannte die kleinere ist.

Bemerkung. Für die Summen- und Potenzausdrücke, die bei den 0-ω-Figuren auftreten, brauchen wir keine Klammern: bei den Summen nicht, weil das Hintereinandersetzen von Ausdrücken als figürlicher Prozeß von selbst assoziativ ist, und bei den Potenzen nicht, weil jeweils nur Potenzen der Form $\omega^{\mathfrak{a}}$ gebildet werden, so daß ein Ausdruck $\omega^{\omega^{\mathfrak{c}}}$ nur als die Potenz von ω mit dem Exponenten $\omega^{\mathfrak{c}}$ aufgefaßt werden kann.

Die Figuren ω^0, ω^{ω^0}, $\omega^{\omega^{\omega^0}}$ wollen wir mit „$\mathfrak{o}_0$", „$\mathfrak{o}_1$", „$\mathfrak{o}_2$" bezeichnen, allgemein mit $\mathfrak{o}_{\mathfrak{n}}$ die aus $\mathfrak{o}_0$ durch $\mathfrak{n}$-malige Anwendung des Überganges von einem Ausdruck $\mathfrak{a}$ zu $\omega^{\mathfrak{a}}$ entstehende 0-ω-Figur[1].

Es besteht nun zwischen den Ordnungen $\underset{\mathfrak{n}}{\prec}$ und der für die 0-ω-Figuren festgesetzten Ordnung folgende Beziehung: Zu jeder Zahl $\mathfrak{n}$ gehört eine Funktion $\zeta_{\mathfrak{n}}(k)$, durch welche die Zahlen auf die 0-ω-Figuren, die $< \mathfrak{o}_{\mathfrak{n}+1}$ sind, in solcher Weise abgebildet werden, daß die Ordnung $\underset{\mathfrak{n}}{\prec}$ der Zahlen in die Ordnung der 0-ω-Figuren übergeht oder mit anderen Worten, daß jeweils der in der Ordnung $\underset{\mathfrak{n}}{\prec}$ früheren von zwei Zahlen die kleinere 0-ω-Figur entspricht.

---

[1] In der CANTORschen Theorie der zweiten Zahlenklasse schreibt man für ω^0 die Ziffer 1, für die $\mathfrak{n}$-gliedrige Summe $\omega^0 + \ldots + \omega^0$ die Ziffer $\mathfrak{n}$ und für ω^1 einfach ω. Hiernach ist $\mathfrak{o}_0 = 1$, $\mathfrak{o}_1 = \omega$, $\mathfrak{o}_2 = \omega^{\omega}$. Die rekursive Definition von $\mathfrak{o}_{\mathfrak{n}}$ stellt sich dar durch

$$\mathfrak{o}_0 = 1, \quad \mathfrak{o}_{\mathfrak{n}+1} = \omega^{\mathfrak{o}_{\mathfrak{n}}}.$$

Der „Limes" der Folge $\mathfrak{o}_0, \mathfrak{o}_1, \ldots$ ist die „erste CANTORsche ε-Zahl", d. h. die kleinste derjenigen Zahlen α der zweiten Zahlenklasse, welche die Bedingung $\alpha = \omega^{\alpha}$ erfüllen. Diese ist zugleich die kleinste nicht mehr durch eine 0-ω-Figur dargestellte Zahl der zweiten Zahlenklasse.

Bemerkung. Daß es für jede Zahl $\mathfrak{n}$ höchstens eine Abbildung von der verlangten Eigenschaft geben kann, läßt sich mit Hilfe des verallgemeinerten Induktionsprinzips für die Ordnungen $\underset{\mathfrak{n}}{\prec}$ erkennen. Wir machen aber hier von dieser Tatsache keinen Gebrauch.

Die Funktionen $\zeta_\mathfrak{n}(k)$ bestimmen sich folgendermaßen: $\zeta_0(0)$ hat den Wert 0; $\zeta_0(\mathfrak{k})$ hat für $\mathfrak{k} \neq 0$ als Wert die $\mathfrak{k}$-gliedrige Summe $\omega^0 + \cdots + \omega^0$. $\zeta_{\mathfrak{n}+1}(k)$ wird mit Hilfe von $\zeta_\mathfrak{n}(k)$ definiert: $\zeta_{\mathfrak{n}+1}(0)$ hat den Wert 0, $\zeta_{\mathfrak{n}+1}(2^\mathfrak{t})$ hat (für $\mathfrak{t} = 0, 1, \ldots$) als Wert die $(\mathfrak{t}+1)$-gliedrige Summe $\omega^0 + \cdots + \omega^0$. Ist $\mathfrak{k}$ weder 0 noch eine Potenz von 2 und ist $\wp_{\mathfrak{r}_1} \cdot \cdots \cdot \wp_{\mathfrak{r}_\mathfrak{s}}$ die Zerlegung von $\mathfrak{k}$ in Primfaktoren, diese (im Falle $\mathfrak{s} > 1$) so geordnet, daß entweder $\mathfrak{r}_{i+1} = \mathfrak{r}_i$ oder $\mathfrak{r}_{i+1} \underset{\mathfrak{n}}{\prec} \mathfrak{r}_i$ für $1 \leqq i < \mathfrak{s}$, dann hat $\zeta_{\mathfrak{n}+1}(\mathfrak{k})$ den Wert $\omega^{\zeta_\mathfrak{n}(\mathfrak{r}_1)} + \cdots + \omega^{\zeta_\mathfrak{n}(\mathfrak{r}_\mathfrak{s})}$.

Man überzeugt sich leicht davon, daß durch die so definierten Funktionen $\zeta_\mathfrak{n}(k)$ Abbildungen von der behaupteten Beschaffenheit geliefert werden, wobei die Tatsache zur Verwendung kommt, daß eine von 0 verschiedene 0-ω-Figur, welche ja die Gestalt $\omega^{\mathfrak{a}_1} + \cdots + \omega^{\mathfrak{a}_\mathfrak{r}}$ hat (wobei $\mathfrak{a}_1 \geqq \cdots \geqq \mathfrak{a}_\mathfrak{r}$), dann und nur dann kleiner als $\mathfrak{o}_{\mathfrak{n}+1}$ ist, wenn $\mathfrak{a}_1 < \mathfrak{o}_\mathfrak{n}$. Aus dieser Tatsache folgt zugleich auch, daß zu jeder 0-ω-Figur $\mathfrak{a}$ sich eine solche Zahl $\mathfrak{n}$ bestimmen läßt, für die $\mathfrak{a} < \mathfrak{o}_\mathfrak{n}$ ist.

Im ganzen erkennen wir so, daß die Ordnung $\underset{\mathfrak{n}}{\prec}$ der Zahlen mit einem Anfangsstück der Ordnung der 0-ω-Figuren dem Ordnungstypus nach — d. h. sofern wir die geordneten Elemente bloß als Stellenzeiger betrachten — übereinstimmt; und zwar findet die Übereinstimmung mit demjenigen Anfangsstück statt, das von den 0-ω-Figuren $< \mathfrak{o}_{\mathfrak{n}+1}$ gebildet wird. Dieses Anfangsstück reicht um so weiter, je größer die Zahl $\mathfrak{n}$ ist, und jede 0-ω-Figur gehört einem solchen Anfangsstück an.

Hieraus aber ergibt sich sofort, daß das verallgemeinerte Induktionsprinzip auch für die 0-ω-Figuren, in der für sie festgesetzten Ordnung, Gültigkeit hat.

Bemerkung 1. Der Nachweis des verallgemeinerten Induktionsprinzips für die Ordnung der 0-ω-Figuren läßt sich natürlich auch direkt durch Betrachtung dieser Figuren erbringen. Das Beweisverfahren ist dabei übrigens von dem für die Ordnungen $\underset{\mathfrak{n}}{\prec}$ angewandten nicht wesentlich verschieden; man schließt von der Gültigkeit des Prinzips für die 0-ω-Figuren $< \mathfrak{o}_\mathfrak{n}$ $(\mathfrak{n} = 1, 2, \ldots)$ auf die Gültigkeit für die 0-ω-Figuren $< \mathfrak{o}_{\mathfrak{n}+1}$. Wir haben hier den Weg über die Ordnungen $\underset{\mathfrak{n}}{\prec}$ deshalb eingeschlagen, weil es uns ja darauf ankam, die Frage der Formalisierbarkeit der Überlegung im Formalismus (Z_μ) zu erörtern. Der bewiesene Satz über die Ordnungen $\underset{\mathfrak{n}}{\prec}$ ist sozusagen die zahlentheoretische Fassung des verallgemeinerten Induktionsprinzips für die 0-ω-Figuren.

Bemerkung 2. An Stelle des Induktionsprinzips für die 0-ω-Figuren genügt auch der Satz, daß jede absteigende Folge von 0-ω-Figuren nach endlich vielen Schritten abbricht (bei Null endet). Ein verhältnismäßig einfacher Beweis dieses Satzes wird im Supplement V gegeben[1].

Mit Benutzung des Induktionsprinzips für die 0-ω-Figuren kann nun nach GENTZEN die Widerspruchsfreiheit des Systems (Z) auf folgende Art erkannt werden.

Zunächst wird der Formalismus (Z) auf einen gewissen anderen Formalismus reduziert[2]. Wir wollen hier über diesen Formalismus — nennen wir ihn „$(\mathfrak{Z}_1)$" — nur so viel sagen, daß bei diesem ein Beweis aus „Sequenzen", d. h. verallgemeinerten Implikationen der Form

$$\mathfrak{A}_1, \ldots, \mathfrak{A}_\mathfrak{r} \to \mathfrak{B}_1, \ldots, \mathfrak{B}_\mathfrak{s}$$

besteht, wobei $\mathfrak{A}_1, \ldots, \mathfrak{A}_\mathfrak{r}$, $\mathfrak{B}_1, \ldots, \mathfrak{B}_\mathfrak{s}$ Formeln sind, die aus Primformeln mittels der Konjunktion, der Disjunktion, der Negation, des Allzeichens und des Seinszeichens gebildet sind. Die Anzahl $\mathfrak{r}$ der „Vorderformeln" wie auch die Anzahl $\mathfrak{s}$ der „Hinterformeln" einer Sequenz kann beliebig, auch gleich 0 sein[3].

---

[1] Siehe S. 533ff.

[2] Daß diese Zurückführung für das Gelingen des Nachweises nicht wesentlich ist, daß vielmehr die Überlegung sich an Hand des Formalismus (Z) bzw. des aus diesem durch die Ausschaltung der Formelvariablen hervorgehenden Formalismus etwas einfacher gestaltet, wurde von L. KALMÁR im Herbst 1938 in einer bisher noch nicht veröffentlichten Abhandlung „Über Gentzens Beweis für die Widerspruchsfreiheit der reinen Zahlentheorie" gezeigt. — Bald danach gelang es W. ACKERMANN, das von dem ursprünglichen HILBERTSCHEN Ansatz ausgehende, im § 2 (S. 92—126) besprochene Beweisverfahren, welches mit finiten Methoden noch nicht das gewünschte Ergebnis liefert, durch Verwendung der Induktion bis zur ersten ε-Zahl zu einem Widerspruchsfreiheitsbeweis für den zahlentheoretischen Formalismus auszugestalten. Siehe die Abhandlung „Zur Widerspruchsfreiheit der Zahlentheorie", Math. Ann. Bd. 117 (1940), S. 162—194. Eine Darstellung dieser Widerspruchsfreiheitsbeweise von KALMÁR und ACKERMANN wird im Supplement V gegeben.

[3] Solche Sequenzen wurden von GENTZEN bereits in der Abhandlung „Untersuchungen über das logische Schließen", Math. Z. Bd. 39 (1934) Heft 2 u. 3, verwendet. Sequenzen der Form

$$\mathfrak{A}_1, \ldots, \mathfrak{A}_\mathfrak{r} \to \mathfrak{B}$$

wurden zuerst von PAUL HERTZ in seinen Untersuchungen über Satzsysteme eingeführt [„Über Axiomensysteme für beliebige Satzsysteme", Math. Ann. Bd. 89 (1923) Heft 1/2 und Bd. 101 (1929) Heft 4]. Die GENTZENschen „Strukturschlußfiguren" knüpfen an den HERTZschen Formalismus der Satzsysteme an.

Für die inhaltliche Deutung ist eine Sequenz

$$\mathfrak{A}_1, \ldots, \mathfrak{A}_\mathfrak{r} \to \mathfrak{B}_1, \ldots, \mathfrak{B}_\mathfrak{s},$$

worin die Anzahlen $\mathfrak{r}$ und $\mathfrak{s}$ von 0 verschieden sind, gleichbedeutend mit der Implikation

$$\mathfrak{A}_1 \,\&\ldots\&\, \mathfrak{A}_\mathfrak{r} \to \mathfrak{B}_1 \vee \ldots \vee \mathfrak{B}_\mathfrak{s},$$

eine Sequenz

$$\to \mathfrak{B}_1, \ldots, \mathfrak{B}_\mathfrak{s}$$

Ein Widerspruch im System (Z) würde für den Formalismus ($\mathfrak{Z}_1$) die Ableitbarkeit der „leeren Sequenz" (der Sequenz ohne Vorderformel und ohne Hinterformel) zur Folge haben. Es genügt daher zum Nachweis der Widerspruchsfreiheit des Systems (Z), wenn gezeigt wird, daß in ($\mathfrak{Z}_1$) die leere Sequenz nicht ableitbar ist.

Hierzu wird nun in elementar-rekursiver Weise jeder Ableitung in ($\mathfrak{Z}_1$) eine 0-ω-Figur als ihre „Ordnungszahl" beigelegt. Ferner wird gezeigt, wie man aus einer Ableitung der leeren Sequenz, gesetzt, daß eine solche vorläge, durch einen „Reduktionsschritt" eine Ableitung von kleinerer Ordnungszahl für die leere Sequenz gewinnen könnte.

Hiernach ergibt sich: Wenn es für jede Ordnungszahl $\mathfrak{n}$, die $< \mathfrak{c}$ ist, zutrifft, daß eine Ableitung in ($\mathfrak{Z}_1$) mit der Ordnungszahl $\mathfrak{n}$ (sofern überhaupt eine solche vorgelegt werden kann) stets eine nicht leere Endsequenz hat, dann muß dieses auch für die Ordnungszahl $\mathfrak{c}$ zutreffen. Gemäß dem Induktionsprinzip für die 0-ω-Figuren folgt hieraus, daß es in ($\mathfrak{Z}_1$) überhaupt keine Ableitung der leeren Sequenz gibt.

Bemerkung. Die bei dieser Beweisführung benutzte indirekte Schlußweise ist insofern vom finiten Standpunkt unproblematisch, als die Annahme einer Ableitung in ($\mathfrak{Z}_1$) mit der Ordnungszahl $\mathfrak{n}$, die als Endsequenz die leere Sequenz hat, anschauliche Bestimmtheit besitzt. — Übrigens ließe sich die indirekte Schlußweise hier vermeiden. In der Tat kann der GENTZENsche Beweis mit Leichtigkeit positiv gewendet werden, z.B. als Beweis des Satzes, daß jede in ($\mathfrak{Z}_1$) ableitbare Sequenz, worin als Vorder- und Hinterformeln nur Gleichungen zwischen Ziffern auftreten, im Sinne der ausgezeichneten Gleichheitswertung mindestens eine wahre Hinterformel oder mindestens eine falsche Vorderformel enthält.

Die Methode des hiermit kurz geschilderten Beweises liefert zugleich noch einige weitergehende Ergebnisse, insbesondere sei im Hinblick auf die Frage der externen Widerspruchsfreiheit[1] das Resultat vermerkt, daß der Formalismus widerspruchsfrei bleibt, wenn verifizierbare Formeln[2] als Ausgangsformeln hinzugenommen werden, ebenso auch, wenn Funktionszeichen für berechenbare Funktionen oder Prädikatensymbole für entscheidbare Zahlenbeziehungen eingeführt werden nebst gewissen

---

gleichbedeutend mit der Formel

$$\mathfrak{B}_1 \vee \ldots \vee \mathfrak{B}_{\mathfrak{s}},$$

eine Sequenz

$$\mathfrak{A}_1, \ldots, \mathfrak{A}_{\mathfrak{r}} \rightarrow$$

mit der Formel

$$\overline{\mathfrak{A}_1 \,\&\, \ldots \,\&\, \mathfrak{A}_{\mathfrak{r}}},$$

und die „leere Sequenz" mit einer falschen Formel.

[1] Vgl. S. 291.

[2] Vgl. S. 35.

sie charakterisierenden Axiomen, die auf Grund der inhaltlichen Deutung jener Symbole entweder selbst verifizierbar oder aus verifizierbaren Formeln ableitbar sind.

Die Methode der GENTZENschen Beweisführung ist nun aber nicht bloß zu dem bisher mit ihr durchgeführten Nachweis der Widerspruchsfreiheit für den zahlentheoretischen Formalismus angelegt, sondern wesentlich auch im Hinblick auf die Möglichkeit der Anwendung auf umfassendere Formalismen, insbesondere diejenigen der Analysis[1]. In der Tat ist der Grundgedanke des GENTZENschen Beweises nicht davon abhängig, daß bei dem zu betrachtenden Formalismus eine Art der Eliminierbarkeit der transfiniten Hilfsmittel besteht, sondern nur davon, daß einerseits die Ableitungen sich in eine Wohlordnung, gewissermaßen nach dem Grade ihrer Komplikation, bringen lassen, und daß für solche Ableitungen, deren Endformel nicht etwas im elementaren Sinne Zutreffendes darstellt, ein Reduktionsschritt definiert werden kann, durch den sozusagen ein Beweisschritt abgebaut wird, wobei die Ordnungszahl der Ableitung sich verkleinert.

Allerdings muß man — das ist eine Konsequenz des GÖDELschen Unableitbarkeitssatzes —, je umfassender der zu betrachtende Formalismus ist, auch um so höhere Ordnungstypen, d. h. um so höhere Formen des verallgemeinerten Induktionsprinzips verwenden, und die methodischen Erfordernisse für den inhaltlichen Beweis jenes höheren Induktionsprinzips geben den Maßstab dafür, was an methodischen Voraussetzungen für die inhaltliche Einstellung zugrunde gelegt werden muß, wenn der Nachweis der Widerspruchsfreiheit für den betreffenden Formalismus gelingen soll.

[1] Die Formalisierung der Analysis kann, so wie die der Zahlentheorie, durch verschiedene gleichwertige deduktive Formalismen erfolgen. Die Mannigfaltigkeit der Möglichkeiten ist hier noch erheblich größer. — Verschiedene Arten der Formalisierung der Analysis werden im Supplement IV behandelt; siehe S. 451 u. folg.

Supplement I.

Zur Orientierung über den Prädikatenkalkul und anschließende Formalismen.

A. Der reine Prädikatenkalkul.

Variablen sind: „freie" und „gebundene" Individuenvariablen, Formelvariablen ohne Argumente, Formelvariablen mit einer oder mehreren Argumentstellen.

Für die Individuenvariablen nehmen wir kleine, für die Formelvariablen große lateinische Buchstaben. Die freien und die gebundenen Individuenvariablen behandeln wir als verschiedene Variablensorten. Wir führen in unseren Betrachtungen die Unterscheidung dieser Variablensorten in der Weise aus, daß wir einige Buchstaben des Alphabets für freie Variablen, andere für gebundene Variablen verwenden; so nehmen wir $a, b, c, k, l, m, n, r, s$ als freie, x, y, z, u, v, w als gebundene Variablen.

Bemerkung. Man wird sich vorbehalten, die Abgrenzung je nach Bedarf zu treffen; es genügt, wenn innerhalb einer jeden zusammenhängenden deduktiven Betrachtung die Abgrenzung festgehalten wird. Von dieser Freiheit haben wir auch mit Bezug auf den Buchstaben t Gebrauch gemacht, indem wir diesen im § 3 als gebundene Variable, im § 4 als freie Variable verwendet haben.

Formelvariablen gelten als verschieden, wenn sie sich entweder durch den Buchstaben oder durch die Anzahl ihrer Argumentstellen unterscheiden.

Symbole sind: die Symbole für die „Operationen des Aussagenkalkuls": Negation, Konjunktion, Disjunktion, Implikation, Äquivalenz und die „Quantoren": Allzeichen und Seinszeichen.

Durch die Negation geht aus einem Ausdruck $\mathfrak{A}$ der Ausdruck $\overline{\mathfrak{A}}$ hervor; aus einem Ausdruck $\mathfrak{A}$ und einem Ausdruck $\mathfrak{B}$ erhalten wir durch die Operationen der Konjunktion, der Disjunktion, der Implikation, der Äquivalenz die Ausdrücke

$$\mathfrak{A} \,\&\, \mathfrak{B}, \quad \mathfrak{A} \vee \mathfrak{B}, \quad \mathfrak{A} \rightarrow \mathfrak{B}, \quad \mathfrak{A} \sim \mathfrak{B}.$$

Das Allzeichen und das Seinszeichen haben je eine gebundene Variable bei sich. Die symbolische Operation des Allzeichens und des Seinszeichens besteht in der Bildung der Ausdrücke

$$(\mathfrak{x})\, \mathfrak{A}(\mathfrak{x}), \quad (E\mathfrak{x})\, \mathfrak{A}(\mathfrak{x})$$

aus einem Ausdruck $\mathfrak{A}(\mathfrak{c})$, worin eine freie Variable $\mathfrak{c}$, dagegen nicht die gebundene Variable $\mathfrak{x}$ auftritt. Dabei bedeutet „$\mathfrak{A}(\mathfrak{x})$" den Ausdruck, der aus $\mathfrak{A}(\mathfrak{c})$ entsteht, indem allenthalben die Variable $\mathfrak{c}$ durch die Variable $\mathfrak{x}$ ersetzt wird.

Wir sagen, daß die Variable $\mathfrak{x}$ in $(\mathfrak{x})\mathfrak{A}(\mathfrak{x})$ bzw. $(E\mathfrak{x})\mathfrak{A}(\mathfrak{x})$ zu dem Quantor $(\mathfrak{x})$ bzw. $(E\mathfrak{x})$ „gehört", daß sie „durch diesen Quantor gebunden" ist, und nennen $\mathfrak{A}(\mathfrak{x})$ den „Bereich" des betreffenden Quantors.

Auch sagen wir von dem Allzeichen $(\mathfrak{x})$ und dem Seinszeichen $(E\mathfrak{x})$, daß sie zu der Variablen $\mathfrak{x}$ gehören. Quantoren, die zu der gleichen gebundenen Variablen gehören, nennen wir „gleichnamig".

Bei der Zusammensetzung der symbolischen Operationen wenden wir in üblicher Weise *Klammern* zur Zusammenfassung von Ausdrücken an. Zur Ersparung von Klammern dienen die folgenden Festsetzungen: Ausdrücke der Form $\overline{\mathfrak{A}}$, $(\mathfrak{x})\ \mathfrak{A}(\mathfrak{x})$, $(E\mathfrak{x})\ \mathfrak{A}(\mathfrak{x})$ werden nicht in Klammern gesetzt; ein zu negierender Ausdruck wird nicht in Klammern gesetzt. Konjunktionen und Disjunktionen als Glieder von Implikationen oder von Äquivalenzen, Disjunktionen als Glieder von Konjunktionen brauchen nicht in Klammern gesetzt zu werden. Eine Konjunktion als erstes Konjunktionsglied, eine Disjunktion als erstes Disjunktionsglied braucht nicht in Klammern gesetzt zu werden, so daß mehrgliedrige Konjunktionen und Disjunktionen ohne Klammern gebildet werden können.

Die Negation von Ausdrücken $(\mathfrak{x})\ \mathfrak{A}(\mathfrak{x})$, $(E\mathfrak{x})\ \mathfrak{A}(\mathfrak{x})$ führen wir symbolisch durch Überstreichen des Quantors $(\mathfrak{x})$ bzw. $(E\mathfrak{x})$ aus.

Unter den Ausdrücken, die sich aus den Variablen und Symbolen des Prädikatenkalkuls bilden lassen, sind die *„Formeln"* in folgender Weise gekennzeichnet:

Eine „Primformel" ist entweder eine Formelvariable ohne Argument oder eine Formelvariable mit freien Variablen als Argumenten. Und eine Formel des Prädikatenkalkuls ist entweder eine Primformel oder ein aus Primformeln durch Anwendung der Symbole des Prädikatenkalkuls gebildeter Ausdruck. Wir erhalten also Formeln gemäß folgender rekursiven Bestimmung:

Eine Primformel ist eine Formel. Wenn $\mathfrak{A}$ eine Formel ist, so ist $\overline{\mathfrak{A}}$ eine Formel. Wenn $\mathfrak{A}$, $\mathfrak{B}$ Formeln sind, so sind auch $\mathfrak{A} \& \mathfrak{B}$, $\mathfrak{A} \vee \mathfrak{B}$, $\mathfrak{A} \rightarrow \mathfrak{B}$, $\mathfrak{A} \sim \mathfrak{B}$ Formeln. Wenn $\mathfrak{A}(\mathfrak{c})$ eine Formel ist, welche die freie Variable $\mathfrak{c}$, dagegen nicht die gebundene Variable $\mathfrak{x}$ enthält, so sind $(\mathfrak{x})\ \mathfrak{A}(\mathfrak{x})$, $(E\mathfrak{x})\ \mathfrak{A}(\mathfrak{x})$ Formeln[1].

Eine Formel des Prädikatenkalkuls, die keine Individuenvariablen enthält, heißt eine Formel des *Aussagenkalkuls*. Unter den Formeln des Aussagenkalkuls sind die „identisch wahren" oder, wie wir auch kurz sagen, die „identischen" Formeln mittels eines Auswertungsverfahrens folgendermaßen gekennzeichnet: Definieren wir die Operationen des

---

[1] Alle diese Bildungen sind so gemeint, daß jeweils die zur Absonderung der Bestandteile nötigen Klammern angebracht werden bzw. die fakultativen Klammern angebracht werden können. So sind z. B., wenn $\mathfrak{A}$, $\mathfrak{B}$, $\mathfrak{C}$ Formeln sind, auch

$$(\mathfrak{A} \sim \mathfrak{B}) \rightarrow \mathfrak{C}, \quad (\mathfrak{A} \& \mathfrak{B}) \rightarrow \mathfrak{C}, \quad \text{wie auch} \quad \mathfrak{A} \& \mathfrak{B} \rightarrow \mathfrak{C}$$

Formeln, nicht dagegen $\mathfrak{A} \sim \mathfrak{B} \rightarrow \mathfrak{C}$.

Aussagenkalkuls als „Wahrheitsfunktionen" — d. h. als Funktionen im Argumentbereich der beiden Werte „wahr", „falsch", die mit den Buchstaben w, f angegeben seien — durch die (in Gleichungen ausgedrückten) Wertbestimmungen

$$\overline{w} = f,\quad \overline{f} = w,\quad w \,\&\, w = w,\quad w \,\&\, f = f,\quad f \,\&\, w = f,\quad f \,\&\, f = f,$$

$$p \vee q = \overline{\overline{p} \,\&\, \overline{q}},\quad p \rightarrow q = \overline{p} \vee q,\quad p \sim q = (p \,\&\, q) \vee (\overline{p} \,\&\, \overline{q})$$

(für beliebige aus den Werten w, f gebildete Wertepaare p, q),

so sind die identisch wahren Formeln des Aussagenkalkuls dadurch charakterisiert, daß sie bei jeder Verteilung von Wahrheitswerten auf die verschiedenen in ihnen vorkommenden Formelvariablen, nach Ausrechnung aller Funktionswerte den Wert „wahr" liefern.

Um nun festzulegen, was eine „*Ableitung*" im Prädikatenkalkul ist, müssen wir zunächst die Prozesse der „Einsetzung" und der „Umbenennung" beschreiben.

Eine in einer Formel $\mathfrak{A}$ vorzunehmende Einsetzung für eine freie Individuenvariable $\mathfrak{a}$ besteht darin, daß diese überall, wo sie in $\mathfrak{A}$ auftritt, durch ein und dieselbe freie Individuenvariable $\mathfrak{b}$ ersetzt wird; wir sagen dann, es wird in $\mathfrak{A}$ für die Variable $\mathfrak{a}$ die Variable $\mathfrak{b}$ eingesetzt.

Die Umbenennung einer gebundenen Variablen $\mathfrak{x}$ in einer Formel besteht darin, daß diese Variable im Bereiche des zu ihr gehörigen Quantors und in dem Quantor selbst durch ein und dieselbe von $\mathfrak{x}$ verschiedene gebundene Variable $\mathfrak{y}$ ersetzt wird, so daß eine Formel oder ein Formelbestandteil $(\mathfrak{x})\,\mathfrak{A}(\mathfrak{x})$ in $(\mathfrak{y})\,\mathfrak{A}(\mathfrak{y})$ bzw. $(E\,\mathfrak{x})\,\mathfrak{A}(\mathfrak{x})$ in $(E\,\mathfrak{y})\,\mathfrak{A}(\mathfrak{y})$ umgewandelt wird. Wir sagen dann, die Variable $\mathfrak{x}$ wird „im Bereiche des zugehörigen Quantors in $\mathfrak{y}$ umbenannt".

Eine Einsetzung für eine Formelvariable $\mathfrak{B}$ ohne Argument in einer Formel $\mathfrak{A}$ besteht darin, daß diese Variable überall, wo sie in $\mathfrak{A}$ auftritt, durch ein und dieselbe Formel $\mathfrak{C}$ ersetzt wird; wir sagen dann, es wird in $\mathfrak{A}$ für die Formelvariable $\mathfrak{B}$ die Formel $\mathfrak{C}$ eingesetzt.

Eine Einsetzung für eine Formelvariable mit einem oder mehreren Argumenten erfolgt mit Hilfe einer *Nennform.* Eine Nennform einer Formelvariablen mit Argumenten ist eine Primformel bestehend aus jener Formelvariablen mit lauter verschiedenen freien Variablen als Argumenten; diese heißen dann „Argumentvariablen" der Nennform.

Als „Derivat" einer Nennform bezeichnen wir einen Ausdruck, der aus der Nennform entsteht, indem für jede Argumentvariable der Nennform eine freie oder eine gebundene Individuenvariable gesetzt wird, und unter einem „Substituenden" für die Nennform verstehen wir eine Formel, in der die Argumentvariablen der Nennform alle vorkommen[1].

[1] Die Termini „Derivat" und „Substituend" haben wir in der anfänglichen Darlegung des Prädikatenkalkuls (§ 4 des ersten Bandes) noch nicht eingeführt, vielmehr erst in diesem Band S. 238.

Die Angabe einer Einsetzung für eine Formelvariable mit Argumenten geschieht nun so, daß für eine Nennform der Formelvariablen ein Substituend angegeben wird und zugleich die Formel genannt wird, in welcher die Einsetzung auszuführen ist. Die Ausführung der Einsetzung besteht dann darin, daß überall wo in der Formel ein Derivat der Nennform auftritt, dieses durch denjenigen Ausdruck ersetzt wird, der aus dem Substituenden vermittels der gleichen Ersetzungen hervorgeht, durch welche das Derivat aus der Nennform hervorgeht.

Bemerkung. Damit eine Einsetzung für eine Formelvariable (ohne oder mit Argumenten) oder eine Umbenennung einer gebundenen Variablen eine Formel wieder in eine Formel überführe, muß insbesondere die Bedingung erfüllt sein, daß in dem entstehenden Ausdruck nirgends ein Quantor im Bereiche eines gleichnamigen Quantors steht, oder — wir wir dafür kurz sagen — es müssen „Kollisionen zwischen gebundenen Variablen" vermieden werden.

Außer den Einsetzungen und Umbenennungen verwenden wir bei den Ableitungen des Prädikatenkalkuls als Prozesse des Übergangs von einer Formel zu einer anderen noch die Schemata „(α)", „(β)".

Das Schema (α) besteht in dem Übergang von einer Formel $\mathfrak{A} \rightarrow \mathfrak{B}(a)$ worin $\mathfrak{B}(a)$ die Variable x nicht enthält, zu der entsprechenden Formel

$$\mathfrak{A} \rightarrow (x)\,\mathfrak{B}(x)\,,$$

das Schema (β) in dem Übergang von einer Formel $\mathfrak{B}(a) \rightarrow \mathfrak{A}$, worin $\mathfrak{B}(a)$ die Variable x nicht enthält, zu der entsprechenden Formel $(E\,x)\,\mathfrak{B}(x) \rightarrow \mathfrak{A}$; dabei gilt für beide Schemata die einschränkende Bedingung, daß die Variable a weder in $\mathfrak{A}$ noch in $\mathfrak{B}(x)$ auftreten darf.

Bemerkung. Die ausgezeichnete Rolle der Variablen a und x in den Schematen (α), (β) läßt sich durch Anwendung der Einsetzungs- und Umbenennungsregeln aufheben, so daß wir an Stelle eines jeden der beiden Schemata (α), (β) ein entsprechendes abgeleitetes Schema erhalten, worin an Stelle der Variablen a eine beliebige freie Variable, und an Stelle der Variablen x eine beliebige gebundene Variable tritt.

Den beiden Schematen (α), (β) für die Quantoren stehen, gewissermaßen als Umkehrungen, die „Grundformeln"

(a) $$(x)\,A(x) \rightarrow A(a)$$

(b) $$A(a) \rightarrow (E\,x)\,A(x)$$

gegenüber.

Endlich haben wir noch als ein Schema des Aussagenkalkuls das „Schlußschema", gemäß welchem wir von zwei Formeln $\mathfrak{S}$, $\mathfrak{S} \rightarrow \mathfrak{T}$ zu der Formel $\mathfrak{T}$ übergehen.

Nunmehr spricht sich die Definition der Ableitung folgendermaßen aus: Unter einer „Ableitung im Prädikatenkalkul" verstehen wir eine vollständig und explizite vorgewiesene (also eo ipso endliche) Aufeinanderfolge von Formeln des Prädikatenkalkuls, bei welcher für jede ihrer Formeln einer der folgenden Fälle vorliegt:

1. Die Formel ist eine identische Formel des Aussagenkalkuls oder eine der beiden Formeln (a), (b);

2. die Formel ist nicht die erste in der Aufeinanderfolge und wird aus der ihr vorangehenden Formel entweder durch eine Einsetzung für eine Individuenvariable oder eine Formelvariable oder durch eine Umbenennung einer gebundenen Variablen oder gemäß einem der beiden Schemata (α), (β) erhalten;

3. die Formel ist weder die erste noch die zweite in der Aufeinanderfolge und sie wird aus den beiden ihr vorangehenden Formeln gemäß dem Schlußschema erhalten;

4. die Formel stimmt mit einer in der Aufeinanderfolge früheren Formel überein.

Eine Ableitung, deren letzte Formel $\mathfrak{N}$ ist, heißt eine „Ableitung der Formel $\mathfrak{N}$".

Diejenigen Formeln einer Ableitung, für welche der Fall 1 vorliegt, nennen wir die „Ausgangsformeln" der Ableitung. Sie sind als solche dadurch gekennzeichnet, daß sie nicht aus einer vorhergehenden Formel der Ableitung — sei es als Wiederholung oder durch eine Einsetzung oder eine Umbenennung oder gemäß einem der Schemata — gewonnen sind. Wir nennen die Formeln, welche Ausgangsformeln einer Ableitung im Prädikatenkalkul bilden können, die Ausgangsformeln des Prädikatenkalkuls.

Hiernach werden die Ausgangsformeln des Prädikatenkalkuls gebildet von den identischen Formeln des Aussagenkalkuls und den Grundformeln (a), (b).

Eine Formel heißt „ableitbar", wenn sie die letzte Formel („Endformel") einer Ableitung ist.

Mit Bezug auf die bei einer Ableitung zulässigen Einsetzungen und Umbenennungen sprechen wir von den „Regeln der Einsetzung und der Umbenennung". Diese Regeln sind demnach: daß in einer Formel eine Einsetzung für eine Individuenvariable oder für eine Formelvariable oder eine Umbenennung einer gebundenen Variablen (gemäß der angegebenen genauen Bedeutung dieser Ausdrücke) ausgeführt werden darf, sofern dadurch aus der Formel wieder eine Formel entsteht, d. h. sofern sich dadurch keine Kollision zwischen gebundenen Variablen ergibt.

Von einer Formel, die aus einer Formel $\mathfrak{A}$ durch eine oder mehrere unmittelbar aufeinanderfolgende Einsetzungen erhalten wird, sagen wir auch kurz, sie gehe aus $\mathfrak{A}$ „durch Einsetzung" hervor.

Eine Formel, die durch Einsetzung aus einer identisch wahren Formel hervorgeht, bezeichnen wir als eine „aussagenlogisch wahre" Formel.

Eine Ableitung, bei der als Ausgangsformeln nur identische Formeln des Aussagenkalkuls und im übrigen als Hilfsmittel nur die Einsetzungsregel für die Formelvariablen ohne Argument und das Schlußschema benutzt werden, nennen wir eine Ableitung „durch den Aussagenkalkul" oder „mittels des Aussagenkalkuls".

Ferner bezeichnen wir denjenigen Teilformalismus, der sich aus dem Prädikatenkalkul durch Weglassung der gebundenen Variablen sowie der auf sie bezüglichen Regeln ergibt, als den „elementaren Kalkul mit freien Variablen".

B. Der Prädikatenkalkul in Anwendung auf formalisierte Axiomensysteme. Die ι-Regel. Zahlentheoretische Formalismen.

Die Formalisierung einer axiomatischen Theorie mittels des Prädikatenkalkuls erfolgt in der Weise, daß der Prädikatenkalkul durch Hinzufügung von Symbolen und Axiomen erweitert wird. Dieses geschieht des Genaueren auf folgende Art:

Zunächst erfährt der Begriff der Formel eine Erweiterung durch die Einführung von außerlogischen Symbolen. Es kommen dreierlei Symbole in Betracht: Individuensymbole, Prädikatensymbole, Funktionszeichen.

Bemerkung. Wir sagen „Funktionszeichen" kurz für „mathematische Funktionszeichen". Das heißt „Symbole für mathematische Funktionen". Dabei verstehen wir unter mathematischen Funktionen allgemein solche, die je einem Ding eines Individuenbereichs bzw., wenn die Funktion $\mathfrak{k}$-stellig ist, einem $\mathfrak{k}$-tupel von solchen Dingen wieder ein Ding dieses Bereichs zuordnen, im Unterschied von den logischen Funktionen, die je einem Ding eines Individuenbereichs bzw. einem $\mathfrak{k}$-tupel von solchen Dingen je einen der Werte „wahr", „falsch" zuordnen.

Aus den freien Individuenvariablen, den Individuensymbolen und Funktionszeichen erhalten wir „*Terme*" gemäß folgender rekursiven Bestimmung: Eine freie Individuenvariable ist ein Term; ein Individuensymbol ist ein Term; ein Funktionszeichen, dessen Argumentstellen durch Terme ausgefüllt sind, ist ein Term.

Mittels des Termbegriffs wird nun der Begriff der *Primformel* folgendermaßen erweitert: Eine Primformel besteht entweder aus einer Formelvariablen ohne Argument oder aus einer Formelvariablen mit Termen als Argumenten oder aus einem Prädikatensymbol mit Termen als Argumenten.

Vom Begriff der Primformel gehen wir in der gleichen Weise wie beim reinen Prädikatenkalkul zu dem allgemeinen Begriff der *Formel* über. Der so gewonnene Begriff der Formel wird nun für die Definition der Ableitung zugrunde gelegt, und es erhalten dadurch die Regeln der Einsetzung für Formelvariablen eine erweiterte Anwendung.

Auch die Einsetzungsregel für die freien Individuenvariablen erfährt eine Erweiterung, indem wir jetzt unter einer Einsetzung für eine freie

Individuenvariable in einer Formel verstehen, daß diese Variable, überall wo sie in der Formel auftritt, durch einen und denselben Term ersetzt wird.

Außerdem aber wird die Definition der Ableitung noch dadurch verändert, daß gewisse Formeln, die als „Axiome" ausgezeichnet werden, zu den Ausgangsformeln des Prädikatenkalkuls hinzugenommen werden.

Wir nennen ein Axiom ein „eigentliches", wenn es keine Formelvariable enthält. Ein System von Axiomen nennen wir ein solches der „ersten Stufe", wenn es aus nur endlich vielen, und zwar eigentlichen Axiomen, nebst eventuell noch dem Gleichheitsaxiom

$$a = b \rightarrow (A(a) \rightarrow A(b))$$

besteht.

Die Hinzufügung des Prädikatensymbols $=$ und der beiden Gleichheitsaxiome

(J_1) $$a = a$$

(J_2) $$a = b \rightarrow (A(a) \rightarrow A(b))$$

zu dem Prädikatenkalkul bildet eine noch zur Formalisierung der allgemeinen Logik gehörige Erweiterung des Prädikatenkalkuls[1].

Eine andere derartige Erweiterung ist die Formalisierung des Begriffs „derjenige, welcher" durch die Hinzunahme des ι-Symbols nebst der *ι-Regel.* Das ι-Symbol hat ebenso wie die Quantoren eine gebundene Variable bei sich. Seine symbolische Anwendung besteht in der Bildung des Ausdrucks $\iota_{\mathfrak{x}}\,\mathfrak{A}(\mathfrak{x})$ aus einer Formel $\mathfrak{A}(\mathfrak{c})$, welche die freie Variable $\mathfrak{c}$, dagegen nicht die gebundene Variable $\mathfrak{x}$ enthält.

Die ι-Regel besagt: Wenn für eine Formel $\mathfrak{A}(\mathfrak{c})$ die „Unitätsformeln"

$$(E\mathfrak{x})\,\mathfrak{A}(\mathfrak{x}), \qquad (\mathfrak{x})\,(\mathfrak{y})\,(\mathfrak{A}(\mathfrak{x})\,\&\,\mathfrak{A}(\mathfrak{y}) \rightarrow \mathfrak{x} = \mathfrak{y})$$

abgeleitet sind, so kann der Ausdruck $\iota_{\mathfrak{x}}\,\mathfrak{A}(\mathfrak{x})$ als „Term" verwendet werden, und eine jede Formel $\mathfrak{A}(\iota_{\mathfrak{x}}\mathfrak{A}^*(\mathfrak{x}))$, worin $\mathfrak{A}^*(\mathfrak{x})$ sich von $\mathfrak{A}(\mathfrak{x})$ höchstens durch die Benennung gebundener Variablen unterscheidet, kann als Ausgangsformel genommen werden[2].

Für die gebundene Variable eines ι-Symbols soll ebenso wie für die eines Quantors die Regel der Umbenennung gelten.

Das Erfordernis der Vermeidung von Kollisionen zwischen gebundenen Variablen für die Bildung von Formeln, für die Einsetzungen und für die Umbenennungen besteht jetzt in dem erweiterten Sinn, daß nirgends ein Quantor $(\mathfrak{x})$ oder $(E\mathfrak{x})$ oder ein Ausdruck $\iota_{\mathfrak{x}}\mathfrak{C}(\mathfrak{x})$ in den Bereich eines der Symbole $(\mathfrak{x})$, $(E\mathfrak{x})$, $\iota_{\mathfrak{x}}$ mit der gleichen Variablen $\mathfrak{x}$ treten darf.

[1] Als Negation einer Gleichung $\mathfrak{a} = \mathfrak{b}$ schreiben wir „$\mathfrak{a} \neq \mathfrak{b}$".

[2] Die hier gegebene Formulierung der ι-Regel unterscheidet sich von derjenigen im Bd. I, § 8, S. 393f. dadurch, daß an Stelle der dort ausgezeichneten Variablen x, y hier beliebige gebundene Variablen $\mathfrak{x}$, $\mathfrak{y}$ zugelassen sind. Daß diese Form der Regel mit jener früheren gleichwertig ist, ergibt sich auf Grund der Regel der Umbenennung gebundener Variablen.

Einen Term von der Gestalt $\iota_{\mathfrak{x}}\mathfrak{A}(\mathfrak{x})$ nennen wir einen „ι-Term".

Es gilt das (im § 8 bewiesene) Theorem der Eliminierbarkeit der ι-Regel, welches aussagt, daß aus einer mit Hilfe der ι-Regel ausgeführten Ableitung einer Formel, die kein ι-Symbol enthält, die Anwendung des ι-Symbols gänzlich ausgeschaltet werden kann[1].

Eine für den Kalkul und für die beweistheoretischen Überlegungen vorteilhafte *erweiterte Fassung der ι-Regel* besteht darin, daß man jeden Ausdruck $\iota_{\mathfrak{x}}\,\mathfrak{A}(\mathfrak{x})$ für eine Formel $\mathfrak{A}(c)$ (welche die freie Variable c aber nicht die gebundene Variable $\mathfrak{x}$ enthält), als Term anerkennt, und als „ι-Axiom" die Formel

$$(E\,x)\,(y)\,(A\,(y) \sim y = x) \rightarrow A\,(\iota_x A\,(x))$$

nimmt. Die vorherige ι-Regel wird dann zu einer ableitbaren Regel. Auch bei dieser erweiterten Regel für das ι-Symbol besteht die Eliminierbarkeit der ι-Symbole aus einer jeden Ableitung, deren außerlogische Ausgangsformeln (eigentliche Axiome) sowie die Endformel kein ι-Symbol enthalten.

Als noch ein ferneres der inhaltlichen Logik nachgebildetes Verfahren einer allerdings nur unerheblichen Erweiterung eines deduktiven Formalismus ist die Hinzunahme einer generellen Regel der Zulassung von „*expliziten Definitionen*" zu nennen, durch welche die Methode der Einführung von Nominaldefinitionen formalisiert wird. Eine explizite Definition ist ein zu einem deduktiven Formalismus hinzugefügtes Axiom, bestehend entweder aus einer Gleichung, durch die ein Individuensymbol oder ein Funktionszeichen neu eingeführt wird, oder aus einer Äquivalenz, durch die ein Prädikatensymbol eingeführt wird. Auf der linken Seite der Gleichung oder der Äquivalenz steht das einzuführende Symbol mit verschiedenen freien Variablen als Argumenten, auf der rechten Seite ein Ausdruck (der „definierende Ausdruck"), worin die freien Variablen die gleichen sind wie auf der linken Seite, worin ferner nur solche Symbole auftreten, die dem vorherigen Formalismus angehören, und welcher im Fall der Gleichung ein Term, im Fall der Äquivalenz eine Formel ist.

Als Argumente des eingeführten Symbols können eventuell auch Formelvariablen auftreten; tritt eine Formelvariable mit Argumenten in einer expliziten Definition als Argument des eingeführten Symbols auf, so werden dessen Argumentstellen in der Definition durch verschiedene gebundene Variablen ausgefüllt, und die betreffenden gebundenen Variablen werden dem einzuführenden Symbol als Indices beigefügt.

Für eine explizite Definition ist charakteristisch, daß aus einer mit Anwendung von ihr ausgeführten Ableitung einer Formel, welche das durch sie eingeführte Symbol nicht enthält, dieses Symbol stets

[1] Handelt es sich um eine Ableitung aus eigentlichen Axiomen, so muß natürlich vorausgesetzt werden, daß auch die Axiome kein ι-Symbol enthalten.

ganz ausgeschaltet werden kann. Nämlich hierzu bedarf es ja nur der folgenden Ersetzungsvorschrift: Man setze allenthalben für das Symbol, wenn es ein Individuensymbol ist, den definierenden Ausdruck, und wenn es ein Symbol mit Argumenten ist, denjenigen Ausdruck, der aus dem definierenden Ausdruck dadurch entsteht, daß die Argumentvariablen des Symbols durch die an der betreffenden Stelle auftretenden Argumente des Symbols ersetzt werden. Eventuell hat man dabei zur Vermeidung von Kollisionen zwischen gebundenen Variablen Umbenennungen auszuführen.

Von den expliziten Definitionen zu unterscheiden sind die *rekursiven Definitionen*, welche in den *zahlentheoretischen Formalismen* auftreten. Die zahlentheoretischen Formalismen sind dadurch charakterisiert, daß sie eine Formalisierung der Zahlenreihe enthalten. Wir nehmen als Individuensymbol für das Ausgangselement der Zahlenreihe das Zeichen 0 und als Funktionszeichen, welches den Übergang von einer Zahl zur nächsten formalisiert, das Strichsymbol. Die aus dem Symbol 0 und dem Strichsymbol gebildeten Terme wie 0, $0'''$ nennen wir „Ziffern". Die Einführung der üblichen Zahlensymbole kann durch explizite Definitionen wie

$$1 = 0', \qquad 3 = 0'''$$

geschehen.

Durch die Struktur der Zahlenreihe wird eine besondere Art der Definition für solche Funktionen ermöglicht, bei denen die in Betracht kommenden Argumentwerte und Funktionswerte Zahlen der (mit 0 beginnenden) Zahlenreihe sind und die wir „zahlentheoretische Funktionen" nennen. Nämlich für eine zahlentheoretische Funktion kann eine Definition in der Weise erfolgen, daß die Wertbestimmung für einen gegebenen Zahlenwert des Arguments bzw. (bei mehrstelligen Funktionen) eines ausgezeichneten Arguments auf Wertbestimmungen für kleinere Werte dieses Arguments zurückgeführt wird, wobei dann außerdem noch der Funktionswert bzw. der Wertverlauf für den Wert 0 jenes Arguments gegeben wird.

Derartige Definitionen nennt man rekursive Definitionen. Die einfachste und hauptsächlichste Form rekursiver Definitionen[1] von zahlentheoretischen Funktionen ist diejenige durch *„primitive Rekursionen"* oder allgemeiner auch durch eine Aufeinanderfolge von primitiven Rekursionen, deren jede ein neues Funktionszeichen mit einem oder mehreren Argumenten einführt. Eine primitive Rekursion besteht aus einem Paar von Rekursionsgleichungen der Gestalt

$$\mathfrak{f}(\mathfrak{c}_1, \ldots, \mathfrak{c}_\mathfrak{l}, 0) = \mathfrak{a}(\mathfrak{c}_1, \ldots, \mathfrak{c}_\mathfrak{l})$$
$$\mathfrak{f}(\mathfrak{c}_1, \ldots, \mathfrak{c}_\mathfrak{l}, n') = \mathfrak{b}(\mathfrak{c}_1, \ldots, \mathfrak{c}_\mathfrak{l}, n, \mathfrak{f}(\mathfrak{c}_1, \ldots, \mathfrak{c}_\mathfrak{l}, n)),$$

[1] Vgl. hierzu Bd. I, S. 287—292 und S. 331 oben.

worin $\mathfrak{f}(\ldots)$ das einzuführende Funktionszeichen ist, $\mathfrak{c}_1, \ldots, \mathfrak{c}_{\mathfrak{l}}$ freie Variablen (die Parameter der Rekursion) sind[1] und

$$\mathfrak{a}(\mathfrak{c}_1, \ldots, \mathfrak{c}_{\mathfrak{l}}), \qquad \mathfrak{b}(\mathfrak{c}_1, \ldots, \mathfrak{c}_{\mathfrak{l}}, n, m)$$

gewisse Terme sind, die außer den angegebenen freien Individuenvariablen (die übrigens nicht alle aufzutreten brauchen), dem Symbol 0 und dem Strichsymbol als Bestandteile nur solche Funktionszeichen enthalten dürfen, die durch vorausgehende primitive Rekursionen eingeführt sind.

Von dieser Form sind insbesondere die Rekursionsgleichungen für Summe und Produkt

$$a + 0 = a \qquad\qquad a \cdot 0 = 0$$
$$a + n' = (a + n)' \qquad a \cdot n' = a \cdot n + a,$$

von denen das erste Paar für sich, das zweite Paar anschließend an das erste eine rekursive Definition liefert.

Eine Funktion, für die eine rekursive Definition durch eine primitive Rekursion oder durch eine Aufeinanderfolge von solchen gegeben ist, nennen wir kurz eine „rekursive Funktion".

Die rekursiven Definitionen lassen sich inhaltlich als ein Berechnungsverfahren interpretieren, und sie liefern auch in Verbindung mit den Gleichheitsaxiomen ein Verfahren der formalisierten Berechnung der Werte der rekursiven Funktionen, derart daß, wenn $\mathfrak{f}(n_1, \ldots, n_{\mathfrak{r}})$ eine rekursive Funktion ist, für jedes System von Ziffern $\mathfrak{n}_1, \ldots, \mathfrak{n}_{\mathfrak{r}}$ die Gleichung

$$\mathfrak{f}(\mathfrak{n}_1, \ldots, \mathfrak{n}_{\mathfrak{r}}) = \mathfrak{n}$$

mit derjenigen Ziffer $\mathfrak{n}$, die den Wert der Funktion für das Argumentsystem $\mathfrak{n}_1, \ldots, \mathfrak{n}_{\mathfrak{r}}$ bildet, aus der rekursiven Definition und den Gleichheitsaxiomen abgeleitet werden kann. Dabei erfordert diese Ableitung nur den elementaren Kalkul mit freien Variablen.

Die Regel der generellen Zulassung von Rekursionsgleichungen primitiver Rekursionen als Ausgangsformeln werde als „Schema der primitiven Rekursion" bezeichnet.

Dem Verfahren der rekursiven Definition als der spezifisch zahlentheoretischen Definitionsweise steht als spezifisch zahlentheoretische Schlußweise die „vollständige Induktion" (der „Schluß von n auf $n+1$") gegenüber. Eine Formalisierung dieses Schlußprinzips wird geliefert durch das „Induktionsschema"

$$\frac{\begin{array}{c}\mathfrak{A}(0)\\ \mathfrak{A}(a) \to \mathfrak{A}(a')\end{array}}{\mathfrak{A}(a)},$$

welches der Bedingung unterliegt, daß in der Formel $\mathfrak{A}(0)$ die Variable a nicht auftritt.

[1] Die Variablen $\mathfrak{c}_1, \ldots, \mathfrak{c}_{\mathfrak{l}}, n$ sollen voneinander verschieden sein.

Die Hinzufügung des Schemas der primitiven Rekursion und des Induktionsschemas nebst den Gleichheitsaxiomen und dem Axiom $0' \neq 0$ zu dem elementaren Kalkul mit freien Variablen ergibt den Formalismus der „rekursiven Zahlentheorie".

Bei Zugrundelegung des vollen Prädikatenkalkuls ist dem Induktionsschema das „Induktionsaxiom"

$$A(0) \,\&\, (x)\big(A(x) \rightarrow A(x')\big) \rightarrow A(a)$$

gleichwertig[1].

Das zahlentheoretische Axiomensystem bestehend aus dem Gleichheitsaxiom (J_2), den Axiomen

(P_1) $$a' \neq 0,$$

(P_2) $$a' = b' \rightarrow a = b,$$

den Rekursionsgleichungen für Summe und Produkt und dem Induktionsaxiom nennen wir das „System (Z)". Und den Formalismus, der aus dem Prädikatenkalkul und den Symbolen und Axiomen des Systems (Z) gebildet ist, bezeichnen wir als den „Formalismus des Systems (Z)" oder auch kurz als den „Formalismus (Z)".

Durch die Axiome (P_1), (P_2) und das Induktionsaxiom werden — auf Grund der Einführung des Symbols 0 und des Strichsymbols — die von Peano in Anlehnung an Dedekind aufgestellten Axiome der Zahlentheorie formalisiert. Wir bezeichnen jene Axiome auch kurz als „Peanosche Axiome".

Für die deduktive Entwicklung der Zahlentheorie mit Hilfe des Formalismus (Z) unter Hinzunahme der ι-Regel ist ein wesentlicher Schritt die Einführung des „μ-Symbols" durch die explizite Definition

$$\mu_x A(x) = \iota_x\{\big((z)\overline{A(z)} \rightarrow x = 0\big) \,\&\, \big((Ez)A(z) \rightarrow A(x) \,\&\, (u)(A(u) \rightarrow x \leq u)\big)\}.$$

Dazu bedarf es zunächst der Einführung des auf der rechten Seite der Gleichung stehenden ι-Terms gemäß der ι-Regel[2]. Die hierfür abzuleitenden Unitätsformeln ergeben sich mit Anwendung der Formel

$$A(a) \rightarrow (Ex)\big(A(x) \,\&\, (y)(A(y) \rightarrow x \leq y)\big),$$

welche das „Prinzip der kleinsten Zahl" formalisiert, d. h. das Prinzip, daß es für jedes Zahlenprädikat, welches auf mindestens eine Zahl zutrifft, eine kleinste Zahl gibt, auf die es zutrifft.

Die genannte Formel ist auf Grund der expliziten Definition[3]

$$a \leq b \sim (Ex)(a + x = b)$$

---

[1] Vgl. Bd. I, S. 265—266.

[2] Vgl. Bd. I, S. 403 unten bis 405.

[3] Im Bd. I haben wir anstatt dieser expliziten Definition die Definitionen

$$a < b \sim (Ex)(x \neq 0 \,\&\, a + x = b), \qquad a \leqq b \sim a = b \vee a < b$$

verwendet (vgl. S. 366 und 293). Aus diesen ergibt sich die hier zur Definition von „$a \leqq b$" verwendete Äquivalenz als ableitbare Formel.

mit Hilfe des Induktionsaxioms und der Axiome

$$(J_2) \qquad a + 0 = a, \quad a + n' = (a + n)', \quad a' = b' \rightarrow a = b$$

ableitbar.

Aus der expliziten Definition von $\mu_x A(x)$ ergeben sich mittels der ι-Regel die Formeln

$$(\mu_1) \qquad (E x)\, A(x) \rightarrow A\big(\mu_x A(x)\big)$$

$$(\mu_2) \qquad A(a) \rightarrow \mu_x A(x) \leqq a$$

$$(\mu_3) \qquad (x)\, \overline{A(x)} \rightarrow \mu_x A(x) = 0.$$

Inhaltlich läßt sich das μ-Symbol so deuten, daß für ein beliebiges Zahlenprädikat $\mathfrak{A}(a)$ durch einen Term $\mu_{\mathfrak{x}} \mathfrak{A}(\mathfrak{x})$ im Falle, daß das Prädikat auf mindestens eine Zahl zutrifft, die kleinste unter diesen Zahlen und anderenfalls die Zahl 0 dargestellt wird.

Die rekursiven Definitionen für Summe und Produkt lassen sich (wie im § 7 des Näheren dargelegt wurde) im Formalismus des Systems (Z) nicht so wie explizite Definitionen durch Ersetzungen eliminieren. Wohl aber lassen sich die weiteren Funktionsdefinitionen durch primitive Rekursionen im Formalismus (Z) bei Hinzunahme des ι-Symbols auf explizite Definitionen zurückführen; d. h. es lassen sich für die rekursiv eingeführten Funktionszeichen anstatt ihrer rekursiven Definitionen solche expliziten Definitionen angeben, mittels deren die Rekursionsgleichungen jener rekursiven Definitionen ableitbar sind[1]. Die Aufstellung dieser expliziten Definition erfolgt mit Anwendung des μ-Symbols.

Aus dieser Zurückführbarkeit der rekursiven Definitionen auf explizite Definitionen ergibt sich auf Grund des Theorems über die Eliminierbarkeit der ι-Regel die folgende „Vertretbarkeit" der rekursiven Definitionen im Formalismus (Z): Es läßt sich jeder rekursiven Funktion $\mathfrak{f}(n_1, \ldots, n_{\mathfrak{r}})$ eine aus den Symbolen des Formalismus (Z) und Individuenvariablen gebildete Formel $\mathfrak{F}(n_1, \ldots, n_{\mathfrak{r}}, n)$, worin $n_1, \ldots, n_{\mathfrak{r}}, n$ die auftretenden freien Variablen sind, derart zuordnen, daß für jedes System von Ziffern $\mathfrak{k}_1, \ldots, \mathfrak{k}_{\mathfrak{r}}, \mathfrak{k}$ die Formel $\mathfrak{F}(\mathfrak{k}_1, \ldots, \mathfrak{k}_{\mathfrak{r}}, \mathfrak{k})$ bzw. ihre Negation im Formalismus (Z) ableitbar ist, je nachdem der Wert der Funktion für das Argumentsystem $\mathfrak{k}_1, \ldots, \mathfrak{k}_{\mathfrak{r}}$ gleich $\mathfrak{k}$ oder von $\mathfrak{k}$ verschieden ist, und daß ferner mittels der Äquivalenz

$$\mathfrak{f}(n_1, \ldots, n_{\mathfrak{r}}) = n \sim \mathfrak{F}(n_1, \ldots, n_{\mathfrak{r}}, n)$$

und der entsprechenden Äquivalenzen für die eventuell noch in der rekursiven Definition von $\mathfrak{f}(n_1, \ldots, n_{\mathfrak{r}})$ auftretenden rekursiven Funktionen — wenn diese Äquivalenzen als Axiome zu dem Formalismus hinzugefügt werden — die Rekursionsgleichungen für $\mathfrak{f}(n_1, \ldots, n_{\mathfrak{r}})$ zu ableitbaren Formeln werden. Des genaueren stellt sich dieses bei einem

[1] Vgl. hierzu Bd. I, S. 421—430.

Paar von Rekursionsgleichungen

$$\varphi(a, 0) = \mathfrak{a}(a)$$

$$\varphi(a, n') = \mathfrak{b}(a, n, \varphi(a, n))$$

folgendermaßen dar. Den Termen $\mathfrak{a}(c)$ und $\mathfrak{b}(c, d, m)$ entsprechen Formeln $\mathfrak{A}(c, k)$ und $\mathfrak{B}(c, d, m, k)$ des Systems (Z), und ebenso der zweistelligen Funktion φ eine Formel $\mathfrak{G}(a, b, k)$ in (Z). Die Entsprechung besteht im Sinne der Äquivalenzen

$$\mathfrak{A}(c, k) \sim \mathfrak{a}(c) = k$$

$$\mathfrak{B}(c, d, m, k) \sim \mathfrak{b}(c, d, m) = k$$

$$\mathfrak{G}(a, b, k) \sim \varphi(a, b) = k,$$

welche beweisbar sind, wenn die rekursiven Definitionen zum System (Z) hinzugenommen werden. Für das System (Z) selbst treten an die Stelle der Rekursionsgleichungen von φ die herleitbaren Formeln:

$$\mathfrak{G}(a, 0, c) \sim \mathfrak{A}(a, c)$$

$$\mathfrak{G}(a, n, b) \rightarrow (\mathfrak{G}(a, n', c) \sim \mathfrak{B}(a, n, b, c)).$$

Wir nennen einen deduktiven Formalismus *widerspruchsfrei*, wenn es nicht möglich ist, mittels dieses Formalismus zwei Formeln $\mathfrak{A}$, $\overline{\mathfrak{A}}$ abzuleiten, von denen eine durch Negation der anderen gebildet ist. Mit Hilfe der identischen Formel $A \rightarrow (\overline{A} \rightarrow B)$ kann aus irgendeinem Paar von Formeln $\mathfrak{A}$, $\overline{\mathfrak{A}}$ jede beliebige Formel des Formalismus abgeleitet werden. Es genügt daher zum Nachweis der Widerspruchsfreiheit eines Formalismus, der unseren Aussagenkalkul in sich schließt, wenn von einer speziell gewählten Formel gezeigt wird, daß sie nicht in dem Formalismus ableitbar ist.

C. Sätze über den Prädikatenkalkul.

Es seien noch einige Begriffe und Tatsachen zusammengestellt[1], die sich auf den Prädikatenkalkul und auf solche deduktive Formalismen beziehen, die aus dem Prädikatenkalkul in der eben (unter B) beschriebenen Weise durch Hinzunahme von Individuensymbolen, Prädikatensymbolen, Funktionszeichen, sowie von Axiomen entstehen[2]. (Die ι-Regel ist hierbei nicht inbegriffen.)

1. Eine Formel $\mathfrak{A}$ heißt in eine Formel $\mathfrak{B}$ „überführbar", wenn die Äquivalenz $\mathfrak{A} \sim \mathfrak{B}$ ableitbar ist oder, was auf das gleiche hinauskommt, wenn die beiden Implikationen $\mathfrak{A} \rightarrow \mathfrak{B}$, $\mathfrak{B} \rightarrow \mathfrak{A}$ ableitbar sind.

[1] Vgl. zu dem folgenden Bd. I, S. 132, 139—142, 148—163, 199, 220—227, 230—232, 382—384.

[2] Die Beschränkung auf diese Formalismen soll in den folgenden Formulierungen nicht jedesmal eigens erwähnt werden.

2. Eine jede Formel ist in eine „pränexe" Formel überführbar, d. h. in eine solche Formel, worin alle vorkommenden Quantoren am Anfang stehen und ihre Bereiche sich bis zum Ende der Formel erstrecken.

3. Eine Formel $\mathfrak{A}$ heißt einer Formel $\mathfrak{B}$ „deduktionsgleich", wenn beim Einbegreifen der Formel $\mathfrak{A}$ unter die Ausgangsformeln die Formel $\mathfrak{B}$ und beim Einbegreifen der Formel $\mathfrak{B}$ unter die Ausgangsformeln die Formel $\mathfrak{A}$ ableitbar ist, oder wie wir kurz dafür sagen: wenn aus $\mathfrak{A}$ die Formel $\mathfrak{B}$, aus $\mathfrak{B}$ die Formel $\mathfrak{A}$ ableitbar ist.

4. Jede Formel ist einer jeden solchen Formel deduktionsgleich, die aus ihr entsteht, indem jede vorkommende freie Individuenvariable durch eine vorher nicht auftretende gebundene Variable ersetzt wird und die zu den eingeführten gebundenen Variablen gehörigen Allzeichen (in irgendeiner Reihenfolge) an den Anfang der Formel gestellt werden (mit Erstreckung ihres Bereichs bis zum Ende der Formel). Diese Art der Umwandlung einer Formel in eine ihr deduktionsgleiche wird als „Austausch der freien Variablen gegen gebundene" bezeichnet; den umgekehrten Prozeß des Wegstreichens voranstehender Allzeichen aus einer Formel und Ersetzung der zugehörigen gebundenen Variablen durch vorher nicht auftretende freie Variablen bezeichnen wir entsprechend als „Austausch der gebundenen Variablen gegen freie".

5. Jede Formel ist einer „Skolemschen Normalform" deduktionsgleich, d. h. einer solchen pränexen Formel, bei welcher unter den voranstehenden Quantoren nirgends ein Allzeichen einem Seinszeichen vorausgeht[1].

6. Es gilt das folgende „Deduktionstheorem": Wenn aus einer Formel $\mathfrak{A}$ eine Formel $\mathfrak{B}$ in solcher Weise ableitbar ist, daß jede in $\mathfrak{A}$ auftretende freie Variable (falls überhaupt eine solche in $\mathfrak{A}$ vorkommt) festgehalten wird, d. h. weder zu einer für sie auszuführenden Einsetzung noch auch als ausgezeichnete Variable eines der Schemata (α), (β) verwendet wird, dann ist die Formel $\mathfrak{A} \rightarrow \mathfrak{B}$ ohne Benutzung der Formel $\mathfrak{A}$ ableitbar.

7. Für die Ableitung von Formeln ohne Formelvariablen kann das Gleichheitsaxiom (J_2), d. h. die Formel

$$a = b \rightarrow \bigl(A(a) \rightarrow A(b)\bigr),$$

ersetzt werden durch eine endliche Reihe von eigentlichen Axiomen der Gestalt

$$a = b \rightarrow \bigl(\mathfrak{P}(a) \rightarrow \mathfrak{P}(b)\bigr)$$
$$a = b \rightarrow \mathfrak{f}(a) = \mathfrak{f}(b),$$

worin $\mathfrak{P}$ ein Prädikatensymbol, $\mathfrak{f}$ ein Funktionszeichen aus dem betreffenden Formalismus ist, welches außer der angegebenen Argument-

[1] Diese Skolemsche Normalform ist als die „beweistheoretische" von der zu ihr dualen (d. h. durch Vertauschung der Rolle der Allzeichen und der Seinszeichen aus ihr hervorgehenden) „erfüllungstheoretischen Skolemschen Normalform" zu unterscheiden (vgl. in diesem Band S. 187).

stelle noch weitere enthalten kann, die durch freie, von a, b und voneinander verschiedene Individuenvariablen ausgefüllt sind.

Eine Formel dieser Art möge als eine der angegebenen Argumentstelle des betreffenden Prädikatensymbols oder Funktionszeichens „entsprechende" (oder ‚zugehörige') „spezielle Gleichheitsformel" bezeichnet werden.

[Durch das Prädikatensymbol bzw. Funktionszeichen und die Argumentstelle ist eine solche Formel bis auf die Benennung der freien Variablen in den (etwa vorhandenen) übrigen Argumentstellen eindeutig bestimmt.]

Unter den Formeln von der Gestalt

$$a = b \rightarrow (\mathfrak{P}(a) \rightarrow \mathfrak{P}(b))$$

ist insbesondere die Formel

$$a = b \rightarrow (a = c \rightarrow b = c)$$

inbegriffen.

8. Eine jede Ableitung läßt sich in „Beweisfäden auflösen". Man erhält die „Auflösungsfigur", indem man, von der Endformel beginnend, über jede Formel, die aus einer vorausgehenden durch Wiederholung, Einsetzung oder Umbenennung oder gemäß einem der beiden Schemata (α), (β) erhalten wird, diese betreffende Formel stellt und über jede Endformel eines Schlußschemas die beiden Formeln stellt, aus denen sie gemäß diesem Schema hervorgeht, derart daß sich die Anordnung

$$\begin{array}{ccc} \mathfrak{A} & & \mathfrak{A} \rightarrow \mathfrak{B} \\ & \diagdown \quad \diagup & \\ & \mathfrak{B} & \end{array}$$

ergibt.

Die Formeln der so entstehenden Figur entsprechen im allgemeinen nicht umkehrbar eindeutig denen der Ableitung, vielmehr kann eine und dieselbe Formel der Ableitung an mehreren Stellen der Auflösungsfigur stehen. Über einer Ausgangsformel steht keine Formel, über der Endformel eines Schlußschemas stehen zwei Formeln (es findet bei ihnen eine Verzweigung nach oben statt), über jeder anderen Formel steht je eine Formel. Eine Aufeinanderfolge von Formeln aus der Auflösungsfigur, die mit einer Ausgangsformel beginnt und worin auf jede Formel, welche nicht die Endformel der Ableitung ist, eine in der Figur unmittelbar unter ihr stehende folgt, heißt ein „Beweisfaden".

9. Mit Hilfe des Verfahrens der Auflösung einer Ableitung in Beweisfäden kann man in jeder vorgelegten Ableitung die Einsetzungen „in die Ausgangsformeln zurückverlegen", d. h. man kann aus der Ableitung eine solche gewinnen, bei welcher Einsetzungen nur auf Ausgangsformeln oder auf solche Formeln ausgeübt werden, die aus Ausgangsformeln durch eine oder mehrere hintereinander folgende Einsetzungen erhalten sind. Dabei muß allerdings zugelassen werden, daß in den Schematen (α), (β) an Stelle der Variablen a eine andere freie Individuenvariable treten kann.

D. Modifizierte Form des Prädikatenkalkuls.

Aus der Rückverlegbarkeit der Einsetzungen in die Ausgangsformeln ergibt sich uns die *Möglichkeit, ohne Einsetzungsregeln auszukommen*, indem wir außer den vorherigen Ausgangsformeln des jeweiligen Formalismus auch solche Formeln als Ausgangsformeln zulassen, die aus jenen durch eine oder mehrere aufeinanderfolgende Einsetzungen hervorgehen, und ferner in den Schematen (α), (β) die Auszeichnung der Variablen a aufheben.

Insbesondere gelingt es auf diese Weise, aus der Ableitung von Formeln, die keine Formelvariable enthalten, die Formelvariablen gänzlich auszuschalten, so daß die formal-deduktive Behandlung axiomatischer Theorien *ganz ohne Formelvariablen* erfolgen kann.

Bei diesem Verfahren wird die Regel, daß identische Formeln des Aussagenkalkuls als Ausgangsformeln zugelassen sind, dahin modifiziert, daß jede aus einer identischen Formel des Aussagenkalkuls durch Einsetzung hervorgehende Formel als Ausgangsformel zugelassen ist. Es treten ferner an die Stelle der Grundformeln (a), (b) die Formelschemata
$$(x)\,\mathfrak{A}(x) \to \mathfrak{A}(\mathfrak{t}) \qquad \mathfrak{A}(\mathfrak{t}) \to (E\,x)\,\mathfrak{A}(x),$$
worin $\mathfrak{t}$ einen Term bedeutet, und an die Stelle der Axiome treten Axiomenschemata, worin die vorherigen freien Individuenvariablen durch Bezeichnungen von willkürlichen Termen und die vorherigen Formelvariablen durch Bezeichnungen willkürlicher Formeln ersetzt sind. So z. B. treten an Stelle der Gleichheitsaxiome die Schemata
$$\mathfrak{t} = \mathfrak{t}$$
$$\mathfrak{r} = \mathfrak{s} \to (\mathfrak{A}(\mathfrak{r}) \to \mathfrak{A}(\mathfrak{s})),$$
worin $\mathfrak{r}$, $\mathfrak{s}$, $\mathfrak{t}$ willkürliche Terme bezeichnen.

Es besteht jedoch hier auch die Möglichkeit, die freien Individuenvariablen in den Axiomen beizubehalten und so insbesondere die Ersetzung der eigentlichen Axiome durch entsprechende Schemata zu vermeiden, ohne eine Regel der Einsetzung hinzufügen zu müssen. Nämlich mit Hilfe des Formelschemas $(x)\,\mathfrak{A}(x) \to \mathfrak{A}(\mathfrak{t})$ und des Schemas (α) in der modifizierten Gestalt
$$\frac{\mathfrak{A} \to \mathfrak{B}(\mathfrak{c})}{\mathfrak{A} \to (x)\,\mathfrak{B}(x)},$$
worin $\mathfrak{c}$ irgendeine in $\mathfrak{A}$ und $\mathfrak{B}(x)$ nicht auftretende freie Individuenvariable ist, erhalten wir die Regel der Einsetzung für die freien Individuenvariablen als eine abgeleitete Regel. Das heißt aus einer Formel $\mathfrak{C}(\mathfrak{a})$ mit einer freien Variablen $\mathfrak{a}$ kann für einen beliebigen Term $\mathfrak{t}$ die Formel $\mathfrak{C}(\mathfrak{t})$ abgeleitet werden. Dieses gelingt auf folgende Weise.

Betrachten wir zunächst den Fall, daß $\mathfrak{C}(\mathfrak{a})$ die Variable x nicht enthält. Wir wählen irgendeine ableitbare Formel $\mathfrak{P}$ (etwa eine solche von der Form $\mathfrak{S} \to \mathfrak{S}$), worin die Variable $\mathfrak{a}$ nicht vorkommt. Die mit dieser gebildete Formel $\mathfrak{C}(\mathfrak{a}) \to (\mathfrak{P} \to \mathfrak{C}(\mathfrak{a}))$ kann als Ausgangsformel genommen werden, da sie durch Einsetzung aus der identischen Formel $A \rightarrow (B \rightarrow A)$ entsteht. Zusammen mit der Formel $\mathfrak{C}(\mathfrak{a})$ liefert sie mittels des Schlußschemas die Formel $\mathfrak{P} \rightarrow \mathfrak{C}(\mathfrak{a})$, aus dieser erhalten wir mittels des Schemas (α) — weil ja $\mathfrak{P}$ die Variable $\mathfrak{a}$ nicht enthält — die Formel $\mathfrak{P} \rightarrow (x)\,\mathfrak{C}(x)$. Andererseits liefert das Formelschema für das Allzeichen die Formel $(x)\,\mathfrak{C}(x) \rightarrow \mathfrak{C}(\mathfrak{t})$. Die beiden erhaltenen Formeln ergeben aber zusammen mit der ableitbaren Formel $\mathfrak{P}$ durch zweimalige Anwendung des Schlußschemas die Formel $\mathfrak{C}(\mathfrak{t})$.

Falls die Formel $\mathfrak{C}(\mathfrak{a})$ die Variable x enthält, so gehen wir zunächst von dieser Formel durch Umbenennung von x in eine innerhalb von $\mathfrak{C}(\mathfrak{a})$ nicht auftretende gebundene Variable zu einer Formel $\mathfrak{C}^*(\mathfrak{a})$ über; aus $\mathfrak{C}^*(\mathfrak{a})$ erhalten wir auf die eben angegebene Art die Formel $\mathfrak{C}^*(\mathfrak{t})$ und aus dieser durch Umbenennung der an die Stelle von x getretenen Variablen die Formel $\mathfrak{C}(\mathfrak{t})$.

Wir können übrigens auch die Regel der Umbenennung gebundener Variablen zu einer ableitbaren Regel machen, indem wir in den Schematen für die Quantoren die Auszeichnung der Variablen x aufheben. Es lauten dann die beiden Formelschemata

$$(\mathfrak{x})\,\mathfrak{A}(\mathfrak{x}) \rightarrow \mathfrak{A}(\mathfrak{t}) \qquad \mathfrak{A}(\mathfrak{t}) \rightarrow (E\,\mathfrak{x})\,\mathfrak{A}(\mathfrak{x})$$

und die modifizierten Schemata (α), (β)

$$\frac{\mathfrak{A} \rightarrow \mathfrak{B}(\mathfrak{c})}{\mathfrak{A} \rightarrow (\mathfrak{x})\,\mathfrak{B}(\mathfrak{x})}, \qquad \frac{\mathfrak{B}(\mathfrak{c}) \rightarrow \mathfrak{A}}{(E\,\mathfrak{x})\,\mathfrak{B}(\mathfrak{x}) \rightarrow \mathfrak{A}},$$

wobei für die freie Variable $\mathfrak{c}$ und die gebundene Variable $\mathfrak{x}$ die Bedingung besteht, daß $\mathfrak{c}$ weder in $\mathfrak{A}$ noch in $\mathfrak{B}(\mathfrak{x})$ und $\mathfrak{x}$ nicht in $\mathfrak{B}(\mathfrak{c})$ auftritt.

Daß in der Tat bei Zugrundelegung dieser Schemata die Regel der Umbenennung zu einer ableitbaren Regel wird, ergibt sich daraus, daß durch diese Schemata jede Formel von der Gestalt

$$(\mathfrak{x})\,\mathfrak{A}(\mathfrak{x}) \rightarrow (\mathfrak{y})\,\mathfrak{A}(\mathfrak{y})$$

sowie jede von der Gestalt

$$(E\,\mathfrak{x})\,\mathfrak{A}(\mathfrak{x}) \rightarrow (E\,\mathfrak{y})\,\mathfrak{A}(\mathfrak{y})$$

abgeleitet werden kann.

Um z. B. eine Formel

$$(E\,\mathfrak{x})\,\mathfrak{A}(\mathfrak{x}) \rightarrow (E\,\mathfrak{y})\,\mathfrak{A}(\mathfrak{y})$$

abzuleiten, nehme man eine in $\mathfrak{A}(\mathfrak{x})$ nicht vorkommende freie Individuenvariable $\mathfrak{c}$. Das Formelschema für das Seinszeichen liefert die Formel

$$\mathfrak{A}(\mathfrak{c}) \rightarrow (E\,\mathfrak{y})\,\mathfrak{A}(\mathfrak{y}),$$

und aus dieser erhalten wir gemäß dem modifizierten Schema (β) die Formel

$$(E\,\mathfrak{x})\,\mathfrak{A}(\mathfrak{x}) \rightarrow (E\,\mathfrak{y})\,\mathfrak{A}(\mathfrak{y}).$$

So gelangen wir zu einer veränderten Fassung des Prädikatenkalkuls, wobei als Ausgangsformeln zugelassen sind:

1. die aus den identischen Formeln des Aussagenkalkuls durch Einsetzung entstehenden Formeln,

2. die aus den beiden Formelschematen für die Quantoren hervorgehenden Formeln,

3. die eigentlichen Axiome und die aus Axiomenschematen hervorgehenden Formeln

und wobei der Übergang von Ausgangsformeln bzw. bereits erhaltenen Formeln zu weiteren Formeln lediglich mittels der modifizierten Schemata (α), (β) und des Schlußschemas erfolgt. —

Es sei schließlich noch auf die Möglichkeit hingewiesen, die *Ausschaltung der Formelvariablen unter Beibehaltung der Einsetzungsregel für die freien Individuenvariablen sowie der Umbenennungsregel für die gebundenen Variablen* zu vollziehen. Es treten dann an die Stelle derjenigen Ausgangsformeln, welche Formelvariablen enthalten, solche Formelschemata, die sich von den entsprechenden Formeln nur dadurch unterscheiden, daß die Formelvariablen durch Buchstaben zur Mitteilung von Formeln ersetzt sind, so insbesondere an Stelle der Grundformeln (a), (b) die Formelschemata

$$(x)\,\mathfrak{A}(x) \to \mathfrak{A}(a), \qquad \mathfrak{A}(a) \to (E\,x)\,\mathfrak{A}(x)$$

und an Stelle des Gleichheitsaxioms (J_2) das Schema

$$a = b \to (\mathfrak{A}(a) \to \mathfrak{A}(b)).$$

Im übrigen aber bleibt der ursprüngliche Formalismus bestehen.

Supplement II.

Eine Präzisierung des Begriffs der berechenbaren Funktion und der Satz von CHURCH über das Entscheidungsproblem.

A. Begriff der regelrecht auswertbaren Funktion. Auswertung im Formalismus (Z^0).

Unter einer zahlentheoretischen Funktion verstehen wir eine solche Funktion, für die der Wertbereich ihrer Argumente die mit 0 beginnende Zahlenreihe ist und ferner auch jeder Funktionswert dieser Zahlenreihe angehört.

Die Betrachtung der $\mathfrak{r}$-stelligen zahlentheoretischen Funktionen läßt sich für eine beliebige Anzahl $\mathfrak{r} > 1$ auf die Betrachtung einstelliger zahlentheoretischer Funktionen zurückführen mittels der (im § 4 dieses Bandes betrachteten[1] rekursiven Funktion $\eta^{(\mathfrak{r})}(n_1, \ldots, n_\mathfrak{r})$ und ihrer rekursiven Umkehrungsfunktionen $\eta_1^{(\mathfrak{r})}(n), \ldots, \eta_\mathfrak{r}^{(\mathfrak{r})}(n)$, durch welche eine umkehrbar eindeutige Zuordnung zwischen den $\mathfrak{r}$-tupeln von Zahlen und den Zahlen selbst vermittelt wird. Nämlich zu einer $\mathfrak{r}$-stelligen Funktion $\mathfrak{f}(n_1, \ldots, n_\mathfrak{r})$ bestimmt sich die einstellige Funktion

$$\mathfrak{f}^*(n) = \mathfrak{f}(\eta_1^{(\mathfrak{r})}(n), \ldots, \eta_\mathfrak{r}^{(\mathfrak{r})}(n)),$$

durch die sich umgekehrt die Funktion $\mathfrak{f}(n_1, \ldots, n_\mathfrak{r})$ in der Form

$$\mathfrak{f}(n_1, \ldots, n_\mathfrak{r}) = \mathfrak{f}^*(\eta^{(\mathfrak{r})}(n_1, \ldots, n_\mathfrak{r}))$$

darstellt.

Da die Funktionen $\eta^{(\mathfrak{r})}, \eta_1^{(\mathfrak{r})}, \ldots, \eta_\mathfrak{r}^{(\mathfrak{r})}$ sich durch primitive Rekursionen definieren lassen, so kommt die Berechnung der Funktionswerte von $\mathfrak{f}$ für gegebene Wertsysteme der Argumente auf die Berechnung der Funktionswerte von $\mathfrak{f}^*$ für gegebene Argumentwerte hinaus, und auch umgekehrt die Berechnung von Funktionswerten von $\mathfrak{f}^*$ auf die Berechnung von Funktionswerten von $\mathfrak{f}$.

Es soll sich nun um eine Präzisierung des Begriffs der „berechenbaren" zahlentheoretischen Funktion handeln, und wir können uns dabei nach dem eben Gesagten auf die Betrachtung *einstelliger* Funktionen beschränken[2].

---

[1] Vgl. S. 244.

[2] Übrigens lassen sich die folgenden für einstellige Funktionen formulierten Begriffsbildungen und Sätze in völlig analoger Weise auch auf mehrstellige Funktionen ausdehnen, und es kann dann nachträglich gezeigt werden, daß die so erhaltene Präzisierung des Begriffs der mehrstelligen berechenbaren Funktion derjenigen im Ergebnis gleichkommt, die man aus der Präzisierung des Begriffs der

Von einem Berechnungsverfahren für eine einstellige zahlentheoretische Funktion können wir voraussetzen, daß es sich in einem geeignet angelegten deduktiven Formalismus, der die Ziffern und das Gleichheitszeichen enthält und in welchem die zu berechnende Funktion durch ein einstelliges Funktionszeichen $\mathfrak{f}(m)$ oder auch durch einen zusammengesetzten Ausdruck $\mathfrak{f}(m)$ mit einer einzigen Argumentvariablen repräsentiert ist, als ein Verfahren der Ableitung der Gleichungen

$$\mathfrak{f}(\mathfrak{m}) = \mathfrak{n}$$

darstellen läßt, worin $\mathfrak{n}$ den Wert der zu berechnenden Funktion für das Argument $\mathfrak{m}$ bedeutet; dabei darf dann für eine von diesem Wert $\mathfrak{n}$ verschiedene Ziffer $\mathfrak{l}$ die Gleichung $\mathfrak{f}(\mathfrak{m}) = \mathfrak{l}$ nicht ableitbar sein.

Wenn diese Bedingung für eine Funktion und einen Formalismus F erfüllt sind, so wollen wir die Funktion „in F auswertbar" nennen. Mit der Verlegung der Berechnung in einen deduktiven Formalismus ist nun noch keine verwertbare Präzisierung des Begriffs der Berechenbarkeit gewonnen, wenn wir nicht die Forderung begrifflich näher fassen, daß das Operieren in dem Formalismus nach scharf abgegrenzten Regeln erfolgt. In diesem Sinn führen wir die Annahme ein, die wir bereits bei den Gödelschen Unableitbarkeitssätzen zugrunde gelegt haben, daß sich eine solche umkehrbar eindeutige Zuordnung von Nummern zu den Ausdrücken des Formalismus festsetzen läßt, bei welcher die Nummern der ableitbaren Formeln die Werte einer rekursiven Funktion[1] $\mathfrak{j}(n)$ bilden.

Bemerkung. Man beachte, daß diese Bedingung, wie wir früher gezeigt haben[2], jedenfalls schon dann erfüllt ist, wenn sich an Hand einer Nummernzuordnung für die Ausdrücke des Formalismus ein rekursives Prädikat $\mathfrak{B}(m, n)$ bestimmen läßt, welches auf ein Zahlenpaar $\mathfrak{m}$, $\mathfrak{n}$ dann und nur dann zutrifft, wenn $\mathfrak{m}$ die Nummer einer Formelreihe ist, welche eine Ableitung für die Formel mit der Nummer $\mathfrak{n}$ bildet.

Zu der genannten Annahme fügen wir nun noch die folgenden beiden nicht wesentlich einschränkenden Voraussetzungen über die Nummernzuordnung: Es läßt sich eine rekursive Formel $\mathfrak{P}(m, n)$ so bestimmen, daß für ein Zahlenpaar $\mathfrak{l}$, $\mathfrak{m}$ die Beziehung $\mathfrak{P}(\mathfrak{l}, \mathfrak{m})$ dann und nur dann besteht, wenn $\mathfrak{l}$ die Nummer einer Gleichung $\mathfrak{f}(\mathfrak{m}) = \mathfrak{r}$ mit einer Ziffer $\mathfrak{r}$ ist; ferner läßt sich eine rekursive Funktion $\mathfrak{c}(m)$ bestimmen, deren Wert für eine Zahl $\mathfrak{k}$, welche die Nummer einer Gleichung $\mathfrak{t} = \mathfrak{n}$ mit einer Ziffer $\mathfrak{n}$ bildet, gleich dieser Ziffer ist.

einstelligen berechenbaren Funktion mittels der eben angegebenen Zurückführung der mehrstelligen Funktionen auf einstellige mit Hilfe der Funktion $\eta^{(\mathfrak{r})}(n_1, \ldots, n_\mathfrak{r})$ und ihrer Umkehrungsfunktionen gewinnt.

[1] Den Terminus „rekursiv" verwenden wir hier stets im gleichen Sinn wie in der rekursiven Zahlentheorie; wir verstehen demnach unter einer rekursiven Funktion eine solche, die sich durch *primitive* Rekursionen definieren läßt. Vgl. S. 220.

[2] Vgl. S. 286 unten bis 287.

So werden wir auf folgende Begriffsbildung geführt; wir nennen eine einstellige zahlentheoretische Funktion „regelrecht auswertbar", wenn sie in einem solchen deduktiven Formalismus F auswertbar ist, für dessen Ausdrücke sich eine Nummernzuordnung so bestimmen läßt, daß die eben aufgezählten Voraussetzungen erfüllt sind — die wir zusammen kurz als die drei „Rekursivitätsbedingungen" bezeichnen wollen.

An dieser Begriffsbestimmung ist wesentlich, daß der Formalismus F für jede einzeln zu berechnende Funktion gesondert wählbar gelassen wird. Der Formalismus bildet demnach die Darstellung des jeweiligen Berechnungsverfahrens, das zwar eine gewisse Art von Normierung erfährt, jedoch weitgehend frei bestimmbar bleibt.

Nun läßt sich jedoch ein Formalismus vorweisen, der die Eigenschaft hat, daß jede regelrecht auswertbare Funktion auch in ihm auswertbar ist. Und zwar läßt sich dieser Formalismus als ein ziemlich eng umgrenzter wählen. Nämlich es genügt der folgende Formalismus „(Z^0)":

Jede Formel ist eine Gleichung zwischen „Termen". Als Terme sind zunächst diejenigen der rekursiven Zahlentheorie („rekursive Terme") zugelassen, jedoch mit der Beschränkung, daß nur einstellige und zweistellige Funktionszeichen verwendet werden. Sodann gelten als Terme die Ausdrücke $\tilde{\mu}_x\, \mathfrak{s}(x)$ und $\tilde{\mu}_x\,(\mathfrak{s}(x), \mathfrak{t})$, wobei $\mathfrak{s}(c)$ ein rekursiver Term ist, ferner die Ausdrücke, bestehend aus einem durch eine explizite Definition eingeführten Funktionszeichen mit Termen als Argumenten; endlich soll auch jeder solche Ausdruck als Term gelten, der aus einem Term hervorgeht, indem eine oder mehrere freie Individuenvariablen durch Terme ersetzt werden[1].

Für die Ableitungen sind als Ausgangsformeln zugelassen:

1. Rekursionsgleichungen, die nach dem Schema der primitiven Rekursion gebildet sind; so insbesondere die Rekursionsgleichungen für Summe und Produkt und diejenigen für die Funktionen $\alpha(n)$, $\beta(n)$:

$$\alpha(0) = 0, \qquad \alpha(n') = 0'$$
$$\beta(0) = 0', \qquad \beta(n') = 0.$$

2. Explizite Definitionen der Gestalt

$$\mathfrak{f}(n_1, \ldots, n_\mathfrak{r}) = \mathfrak{t}(n_1, \ldots, n_\mathfrak{r}),$$

[1] In Abweichung von den sonst von uns für das Operieren mit gebundenen Variablen festgesetzten Regeln soll hier die einschränkende Bedingung der Vermeidung von „Kollisionen zwischen gebundenen Variablen" (vgl. z. B. S. 13) wegfallen. Diese Einschränkung ist bei dem vorliegenden Formalismus in der Tat nicht erforderlich, weil die Anwendung des $\tilde{\mu}$-Symbols auf einen Term, der seinerseits ein $\tilde{\mu}$-Symbol enthält, nicht als Bildungsprozeß für einen Term zugelassen ist und daher ein Term von der Gestalt $\tilde{\mu}_x \mathfrak{k}(x, \tilde{\mu}_x \mathfrak{l}(x, x))$ nur mittels der Ersetzung einer Individuenvariablen durch den Term $\tilde{\mu}_x \mathfrak{l}(x, x)$ zustande kommen kann. Dieser Umstand ermöglicht es uns, hier mit der Variablen x als einziger gebundener Variablen auszukommen.

worin $\mathfrak{f}$ ein $\mathfrak{r}$-stelliges (vorher nicht verwendetes) Funktionszeichen und $\mathfrak{t}(n_1, \ldots, n_\mathfrak{r})$ ein Term mit $n_1, \ldots, n_\mathfrak{r}$ als einzigen freien Variablen ist.

3. Formeln der Gestalt

[Formelschema „($\tilde{\mu}$)“] $\tilde{\mu}_x(\mathfrak{t}(x), a) = \alpha(\mathfrak{t}(a)) \cdot \tilde{\mu}_x(\mathfrak{t}(x), a') + \beta(\mathfrak{t}(a)) \cdot a.$

$$\tilde{\mu}_x \mathfrak{t}(x) = \tilde{\mu}_x(\mathfrak{t}(x), 0),$$

worin $\mathfrak{t}(a)$ ein rekursiver Term ist.

Die Verfahren des Übergangs von Formeln zu weiteren Formeln sind:

1. Die Einsetzung eines Terms für eine freie Individuenvariable, welche innerhalb der Formel, in der sie erfolgt, an allen den Stellen vorzunehmen ist, wo die Variable auftritt.

2. Das „Ersetzungsschema“

$$\frac{\mathfrak{a} = \mathfrak{b},\ \mathfrak{A}(\mathfrak{a})}{\mathfrak{A}(\mathfrak{b})},$$

worin $\mathfrak{A}(\mathfrak{a})$ eine Formel bedeutet, die aus einem Ausdruck $\mathfrak{A}(y)$ entsteht, indem der Buchstabe (die „Nennvariable“) y allenthalben durch den Term $\mathfrak{a}$ ersetzt wird, während $\mathfrak{A}(\mathfrak{b})$ aus $\mathfrak{A}(y)$ entsteht, indem die Nennvariable y allenthalben durch den Term $\mathfrak{b}$ ersetzt wird.

Bemerkung. Die Nennvariable soll hier nicht zu den (als Terme geltenden) freien Individuenvariablen gerechnet werden, vielmehr nur als Hilfsmittel zur Handhabung des Ersetzungsschemas dienen.

Der beschriebene Formalismus (Z^0) enthält weder logische Symbole noch Formelvariablen. Als einzige gebundene Variable tritt darin die zu den $\tilde{\mu}$-Symbolen gehörige Variable x auf.

Das Ersetzungsschema liefert zunächst durch Anwendung auf die Formel $a + 0 = a$ [indem man für $\mathfrak{A}(y)$ den Ausdruck $y = a$ nimmt] die Formel $a = a$. Mit Hilfe dieser Formel und des Ersetzungsschemas können wir von einer Gleichung $\mathfrak{a} = \mathfrak{b}$ zu der Gleichung $\mathfrak{b} = \mathfrak{a}$ übergehen. In Verbindung mit diesem Übergang erlaubt uns nun das Ersetzungsschema, für jede einstellige rekursive Funktion $\mathfrak{g}$ und jede Ziffer $\mathfrak{k}$, wenn $\mathfrak{n}$ der Wert von $\mathfrak{g}(\mathfrak{k})$ ist, aus den Rekursionsgleichungen, welche die rekursive Definition von $\mathfrak{g}$ bilden, die Gleichung $\mathfrak{g}(\mathfrak{k}) = \mathfrak{n}$ abzuleiten.

Zur Erläuterung des Formelschemas ($\tilde{\mu}$) sei bemerkt, daß mit Hilfe dieses Schemas für einen rekursiven Term und eine Ziffer $\mathfrak{n}$ die Gleichung

$$\tilde{\mu}_x(\mathfrak{t}(x), \mathfrak{n}) = \mathfrak{n}$$

oder die Gleichung

$$\tilde{\mu}_x(\mathfrak{t}(x), \mathfrak{n}) = \tilde{\mu}(\mathfrak{t}(x), \mathfrak{n}')$$

erhalten wird, je nachdem der Term $\mathfrak{t}(\mathfrak{n})$ den Wert 0 oder einen von 0 verschiedenen Wert hat.

Ist $\mathfrak{l}$ eine Ziffer $\geqq \mathfrak{n}$, für welche $\mathfrak{t}(\mathfrak{l})$ den Wert 0 hat, und ist $\mathfrak{t}(\mathfrak{k})$ der erste unter den Termen $\mathfrak{t}(\mathfrak{n}), \mathfrak{t}(\mathfrak{n}'), \ldots, \mathfrak{t}(\mathfrak{l})$, der den Wert 0 hat, so ergeben sich mittels des Formelschemas $(\tilde{\mu})$ die Gleichungen

$$\begin{aligned} &\tilde{\mu}_x(\mathfrak{t}(x), \mathfrak{n}) = \tilde{\mu}_x(\mathfrak{t}(x), \mathfrak{n}') \\ &\tilde{\mu}_x(\mathfrak{t}(x), \mathfrak{n}') = \tilde{\mu}_x(\mathfrak{t}(x), \mathfrak{n}'') \\ &\vdots \\ &\tilde{\mu}_x(\mathfrak{t}(x), \mathfrak{k}-1) = \tilde{\mu}_x(\mathfrak{t}(x), \mathfrak{k}) \\ &\tilde{\mu}_x(\mathfrak{t}(x), \mathfrak{k}) = \mathfrak{k} \end{aligned}$$

und aus diesen die Gleichung

$$\tilde{\mu}_x(\mathfrak{t}(x), \mathfrak{n}) = \mathfrak{k}.$$

Durch den Term $\tilde{\mu}_x(\mathfrak{t}(x), n)$ wird demnach (für einen gegebenen rekursiven Term $\mathfrak{t}(a)$ auf Grund des Formelschemas (μ) eine solche Funktion von n formal repräsentiert, deren Wert für eine Zahl $\mathfrak{n}$, zu der sich eine Zahl $\mathfrak{l} \geqq \mathfrak{n}$ so bestimmen läßt, daß $\mathfrak{t}(\mathfrak{l}) = 0$ ist, gleich der kleinsten unter diesen Zahlen ist, und welche im Fall, daß für jede Zahl $\mathfrak{l} \geqq \mathfrak{n}$ der Term $\mathfrak{t}(\mathfrak{l})$ einen von 0 verschiedenen Wert hat, nur insoweit bestimmt ist, daß ihre Werte für alle Zahlen $\geqq \mathfrak{n}$ übereinstimmen[1].

Das Formelschema

$$\tilde{\mu}_x \mathfrak{t}(x) = \tilde{\mu}_x(\mathfrak{t}(x), 0)$$

bildet eine explizite Definition des Symbols $\tilde{\mu}_x \mathfrak{t}(x)$. Mittels dieser expliziten Definition in Verbindung mit dem Formelschema $(\tilde{\mu})$ läßt sich für einen rekursiven Term $\mathfrak{t}(a)$ im Fall, daß zu ihm eine Ziffer $\mathfrak{n}$ bestimmt werden kann, für welche die Gleichung $\mathfrak{t}(\mathfrak{n}) = 0$ besteht, und $\mathfrak{k}$ die kleinste unter diesen Ziffern ist — die man ja nach Auffindung der Ziffer $\mathfrak{n}$ durch Auswerten der Terme $\mathfrak{t}(0), \mathfrak{t}(0'), \ldots, \mathfrak{t}(\mathfrak{n}-1)$ bestimmen kann —, die Gleichung

$$\tilde{\mu}_x \mathfrak{t}(x) = \mathfrak{k}$$

ableiten.

Im Fall, daß für jede Ziffer $\mathfrak{n}$ der Wert des Terms $\mathfrak{t}(n)$ von 0 verschieden ist, wird durch die Definitionsgleichung für $\tilde{\mu}_x \mathfrak{t}(x)$ und das Formelschema $(\tilde{\mu})$ keine formale Auswertung des Terms $\tilde{\mu}_x \mathfrak{t}(x)$ ermöglicht[2].

Was nun die Frage der Widerspruchsfreiheit betrifft, so ist für den Formalismus (Z^0) die Widerspruchsfreiheit in dem Sinn, daß nicht eine Formel sowie ihre Negation beide ableitbar sein können, in trivialer Weise

[1] S. C. KLEENE hat in seiner Dissertation „A theory of positive integers in formal logic" [Amer. J. Math. Bd. 57 (1933) Nr. 1 u. 2] gezeigt, daß sich eine solche Funktion in dem von A. CHURCH aufgestellten Formalismus der „conversions" explizite definieren läßt.

[2] In dieser Beziehung besteht also ein Unterschied zwischen der Rolle des Terms $\tilde{\mu}_x \mathfrak{t}(x)$ im Formalismus (Z^0) und derjenigen des Terms $\mu_x(\mathfrak{t}(x) = 0)$ in dem (im § 5 betrachteten) Formalismus (Z_μ). In (Z_μ) ist ja im Falle der Ableitbarkeit der Formel $(x)(\mathfrak{t}(x) \neq 0)$ mit Hilfe des Axioms (μ_3') die Gleichung

$$\mu_x(\mathfrak{t}(x) = 0) = 0$$

ableitbar.

erfüllt, da ja der Formalismus gar keine Negation enthält. Aus diesem Umstand folgt aber hier nicht — was bei den bisher betrachteten arithmetischen Formalismen eine Konsequenz der Widerspruchsfreiheit ist —, daß jede ableitbare numerische Gleichung zutreffend ist, daß also nicht eine Gleichung zwischen verschiedenen Ziffern abgeleitet werden kann. Wir wollen diese Bedingung die der „numerischen Widerspruchsfreiheit" nennen.

Daß der Formalismus (Z^0) dieser Bedingung genügt, können wir vermittels der Betrachtung desjenigen Formalismus „(Z^1)" erkennen, der aus der rekursiven Zahlentheorie durch die Hinzunahme des μ-Symbols nebst den Formeln[1]

$$(\mu_1') \qquad A(a) \rightarrow A(\mu_x A(x))$$

$$(\mu_2) \qquad A(a) \rightarrow \mu_x A(x) \leq a$$

$$(\mu_3') \qquad \overline{A(\mu_x A(x))} \rightarrow \mu_x A(x) = 0$$

im Sinne der folgenden genaueren Festsetzungen hervorgeht:

Wenn $\mathfrak{A}(\mathfrak{c})$ eine Formel ist, welche die gebundene Variable $\mathfrak{x}$ nicht enthält, so ist $\mu_{\mathfrak{x}} \mathfrak{A}(\mathfrak{x})$ ein Term. Die zu einem μ-Symbol $\mu_{\mathfrak{x}} \mathfrak{A}(\mathfrak{x})$ gehörige gebundene Variable $\mathfrak{x}$ kann in eine andere gebundene Variable umbenannt werden; die Umbenennung erfolgt im ganzen Bereich des betreffenden μ-Symbols. Die Einsetzungen für freie Variablen sowie die Umbenennungen gebundener Variablen unterliegen der einschränkenden Bedingung, daß nirgends durch sie ein μ-Symbol in den Bereich eines mit der gleichen gebundenen Variablen versehenen μ-Symbols tritt (Vermeidung von „Kollisionen" zwischen gebundenen Variablen).

Die Anwendung der Formeln (μ_1'), (μ_2), (μ_3') als Ausgangsformeln soll durch die Bedingung beschränkt sein, daß in keiner der Formeln, die bei einer Rückverlegung der Einsetzungen in die Ausgangsformeln für die Nennform $A(\mathfrak{c})$ in (μ_1'), (μ_2), (μ_3') einzusetzen sind, die Variable $\mathfrak{c}$ im Bereiche eines μ-Symbols steht[2].

Bemerkung. Auf Grund der eben genannten Bedingung ließe sich beim Formalismus (Z^1) — so wie es bei der Festlegung des Formalismus (Z^0) möglich war —, die Regel der Vermeidung von Kollisionen zwischen gebundenen Variablen ersparen, und wir könnten wiederum mit einer einzigen gebundenen Variablen auskommen. Wir behalten jedoch hier das kompliziertere Operieren mit den gebundenen Variablen im Hinblick darauf bei, daß auf Grund der so bestimmten Abgrenzung

[1] Die Bezeichnung der Formeln ist in Übereinstimmung mit derjenigen auf S. 128 gewählt.

[2] Diese Bedingung kommt darauf hinaus, daß bei einer Ersetzung der Formeln (μ_1'), (μ_2), (μ_3') durch entsprechende Formelschemata in den Anwendungen dieser Schemata keine Überordnungen von μ-Symbolen der Form $\mu_{\mathfrak{x}} \mathfrak{A}(\mu_{\mathfrak{z}} \mathfrak{B}(\mathfrak{x}, \mathfrak{z}))$ bzw. $\mu_{\mathfrak{x}} \mathfrak{A}(\mu_{\mathfrak{z}} \mathfrak{B}(\mathfrak{x}, \mathfrak{z}), \mathfrak{x})$ auftreten dürfen.

der Formalismus (Z^1) einen *Teilformalismus des im § 5 betrachteten Formalismus* (Z_μ) bildet, womit wir den Vorteil gewinnen, daß jede Feststellung einer Ableitbarkeit im Formalismus (Z^1) ohne weiteres auch für den Formalismus (Z_μ) Gültigkeit hat.

Die Widerspruchsfreiheit des Formalismus (Z^1) und zugleich damit auch seine numerische Widerspruchsfreiheit ergibt sich aus unseren Überlegungen zu Ende des § 2.[1]

Andererseits können wir zeigen, daß jede in (Z^0) ableitbare numerische Gleichung auch in (Z^1) ableitbar ist.

Nämlich der Formalismus (Z^0) enthält an deduktiven Mitteln außer solchen, welche direkt in (Z^1) enthalten sind, nur die nichtrekursiven expliziten Definitionen von Funktionszeichen, die explizite Definition von $\tilde{\mu}_x \mathfrak{t}(x)$, das Ersetzungsschema und das Formelschema $(\tilde{\mu})$.

Die expliziten Definitionen lassen sich bei Ableitungen numerischer Gleichungen ohne weiteres eliminieren. Das Ersetzungsschema ist im Formalismus (Z^1) auf Grund des Axioms (J_2), der Einsetzungsregeln und des Schlußschemas ein ableitbares Schema. Und das Formelschema $(\tilde{\mu})$ kann in (Z^1) vermittels einer expliziten Definition des Symbols $\tilde{\mu}_x(\mathfrak{t}(x), n)$ als abgeleitetes Schema gewonnen werden, was folgendermaßen geschieht: Wir führen zunächst das Symbol $\mu_x(A(x), n)$ durch die Definitionsgleichung

$$(1) \qquad \mu_x(A(x), n) = \mu_x(n \leq x \,\&\, A(x))$$

ein. Auf Grund dieser Gleichung ergeben sich mit Hilfe der Formeln (μ_1'), (μ_2), (μ_3') die Formeln

$$(2) \qquad \left\{ \begin{array}{rcl} a \leq b \,\&\, A(b) & \to & A(\mu_x(A(x), a)) \\ a \leq b \,\&\, A(b) & \to & a \leq \mu_x(A(x), a) \\ a \leq b \,\&\, A(b) & \to & \mu_x(A(x), a) \leq b \\ \mu_x(A(x), a) \neq 0 & \to & A(\mu_x(A(x), a)) \\ \mu_x(A(x), a) \neq 0 & \to & a \leq \mu_x(A(x), a) \end{array} \right.$$

und weiter mit Hilfe der Formeln

$$a \leq a, \quad a \leq b \,\&\, b \leq a \to a = b, \quad a \neq 0 \,\&\, a \leq b \to b \neq 0,$$
$$a \leq b \,\&\, a \neq b \to a' \leq b, \quad a' \leq b \to a \leq b, \quad a' \leq b \to b \neq 0,$$

[1] Vgl. S. 128—129. Gegenüber dem dort als widerspruchsfrei festgestellten Formalismus ist der Formalismus (Z^1) erheblich eingeschränkt, da ja in (Z^1) keine Quantoren auftreten und ferner die beschränkende Bedingung, die bei jenem Formalismus nur für die Anwendung der Formel (μ_2) gestellt wurde, in (Z^1) auf die beiden Formeln (μ_1'), (μ_3') ausgedehnt ist.

Diese engere Abgrenzung des Formalismus (Z^1) hat zur Folge, daß wir zum Nachweis seiner Widerspruchsfreiheit die Methode der Bildung von Gesamtersetzungen und der Gewinnung einer Resolvente nur für den Fall anzuwenden brauchen, daß alle kritischen Formeln (und übrigens auch die Formeln der ε-Gleichheit) vom Rang 1 sind, so daß wir hier das Verfahren der Funktionsersetzungen entbehren können und mit bloßen Ziffernersetzungen auskommen.

des Gleichheitsaxioms (J_2) und des Aussagenkalkuls die Formeln

$$(3)\quad \begin{cases} A(a) \rightarrow \mu_x(A(x), a) = a \\ \overline{A(a)} \rightarrow \mu_x(A(x), a) = \mu_x(A(x), a'), \end{cases}$$

wobei zur Ableitung der zweiten dieser Formeln die Disjunktion

$$\mu_x(A(x), a) = 0 \vee \mu_x(A(x), a) \neq 0$$

zu benutzen ist. Nehmen wir nun noch das Definitionsschema

$$\tilde{\mu}_x(\mathfrak{t}(x), n) = \mu_x(\mathfrak{t}(x) = 0, n)$$

hinzu, dessen Anwendung auf rekursive Terme $\mathfrak{t}(a)$ beschränkt sein soll, so erhalten wir, indem wir in (3) für die Nennform $A(c)$ der Formelvariablen eine rekursive Formel $\mathfrak{t}(c) = 0$ einsetzen, mit Benutzung dieses Definitionsschemas die Formeln

$$(4)\quad \begin{cases} \mathfrak{t}(a) = 0 \rightarrow \tilde{\mu}_x(\mathfrak{t}(x), a) = a \\ \mathfrak{t}(a) \neq 0 \rightarrow \tilde{\mu}_x(\mathfrak{t}(x), a) = \tilde{\mu}_x(\mathfrak{t}(x), a'), \end{cases}$$

aus denen sich weiter mit Hilfe der Formeln

$$b = 0 \rightarrow \alpha(b) \cdot c + \beta(b) \cdot a = a$$
$$b \neq 0 \rightarrow \alpha(b) \cdot c + \beta(b) \cdot a = c$$
$$b = 0 \vee b \neq 0$$

die Formel

$$(5)\quad \tilde{\mu}_x(\mathfrak{t}(x), a) = \alpha(\mathfrak{t}(a)) \cdot \tilde{\mu}_x(\mathfrak{t}(x), a') + \beta(\mathfrak{t}(a)) \cdot a$$

ergibt.

Auf diese Weise können wir eine jede der aus dem Formelschema ($\tilde{\mu}$) zu entnehmenden Formeln aus den Formeln (μ_1'), (μ_2), (μ_3') mit den Hilfsmitteln der rekursiven Zahlentheorie, unter Hinzuziehung nur noch von expliziten Definitionen ableiten.

Dabei ist die Anwendung der Formeln (μ_1'), (μ_2), (μ_3') eine solche, wie sie im Formalismus (Z^1) zulässig ist. Nämlich für die Nennform $A(\mathfrak{c})$ der in diesen Formeln auftretenden Formelvariablen hat man zur Ableitung der Formeln (2) die Formel $a \leq \mathfrak{c} \,\&\, A(\mathfrak{c})$, und hernach dann für die hierin auftretende Formelvariable $A(\mathfrak{c})$ zur Gewinnung der Formeln (4) die rekursive Formel $\mathfrak{t}(\mathfrak{c}) = 0$ einzusetzen. Im übrigen finden bei der Ableitung der betreffenden Formel (5) Einsetzungen nur für Individuenvariablen statt. Da ferner diese Formel keine Formelvariable enthält, so können bei ihrer Anwendung zur Ableitung einer numerischen Formel, wenn auf diese Ableitung nachträglich der Prozeß der Rückverlegung der Einsetzungen in die Ausgangsformeln ausgeführt wird, die in der Formel (5) einzutragenden Einsetzungen nur solche für Individuenvariablen sein.

Somit ergeben sich insgesamt bei der Rückverlegung aller Einsetzungen in die Ausgangsformeln nur solche Einsetzungen für die Nennform $A(\mathfrak{c})$ der Formelvariablen in den Formeln (μ_1'), (μ_2), (μ_3'), bei denen die einzusetzende Formel aus einer Formel

$$a \leq \mathfrak{c} \,\&\, \mathfrak{t}(\mathfrak{c}) = 0$$

mit einem rekursiven Term $\mathfrak{t}(\mathfrak{c})$ durch gewisse Einsetzungen für Individuenvariablen hervorgeht. Was diese Einsetzungen für die Individuenvariablen betrifft, so sind dabei die einzusetzenden Terme unabhängig von der Wahl der Variablen $\mathfrak{c}$ der Nennform $A(\mathfrak{c})$ bestimmt, und wir können daher diese Wahl so treffen, daß die Variable $\mathfrak{c}$ nicht in jenen Termen vorkommt. Dadurch wird dann bewirkt, daß in jenen für die Formelvariable $A(\mathfrak{c})$ der Formeln (μ_1'), (μ_2), (μ_3') einzusetzenden Formeln, die aus solchen der Gestalt

$$a \leq \mathfrak{c} \,\&\, \mathfrak{t}(\mathfrak{c}) = 0$$

durch Einsetzungen für Individuenvariablen hervorgehen, die Variable $\mathfrak{c}$ jedenfalls nicht im Bereich eines μ-Symbols steht.

Somit läßt sich in der Tat aus einer in (Z^0) ausgeführten Ableitung einer numerischen Gleichung eine Ableitung dieser Gleichung im Formalismus (Z^1) gewinnen; und da dieser numerisch widerspruchsfrei ist, so ergibt sich die numerische Widerspruchsfreiheit des Formalismus (Z^0).

Wir zeigen nun, daß *jede regelrecht auswertbare einstellige zahlentheoretische Funktion in* (Z^0) *auswertbar ist.* Denken wir uns eine bestimmte solche Funktion fixiert. Diese ist ja als auswertbar dadurch gekennzeichnet, daß sich ein Formalismus F angeben läßt, in welchem sie durch ein einstelliges Funktionszeichen $\mathfrak{f}(m)$ bzw. einen Ausdruck $\mathfrak{f}(m)$ mit nur einer Argumentvariablen derart repräsentiert ist, daß, wenn $\mathfrak{n}$ der Wert der Funktion für den Argumentwert $\mathfrak{m}$ ist, dann die Gleichung

$$\mathfrak{f}(\mathfrak{m}) = \mathfrak{n}$$

in F ableitbar ist, während für eine von $\mathfrak{n}$ verschiedene Ziffer $\mathfrak{l}$ die Gleichung $\mathfrak{f}(\mathfrak{m}) = \mathfrak{l}$ nicht in F ableitbar ist. Außerdem muß sich für den Formalismus eine Nummernzuordnung so festsetzen lassen, daß mit Bezug auf diese die drei Rekursivitätsbedingungen erfüllt sind. Eine Nummernzuordnung von dieser Eigenschaft denken wir uns festgelegt und wollen jetzt der Reihe nach die drei Rekursivitätsbedingungen verwerten.

Die erste von ihnen ist, daß die Nummern der in F ableitbaren Formeln die Werte einer rekursiven Funktion $\mathfrak{j}(n)$ bilden. Sei $\mathfrak{m}$ irgendeine Ziffer und $\mathfrak{n}$ der Wert der betrachteten Funktion für das Argument $\mathfrak{m}$, so ist wegen der Ableitbarkeit der Gleichung $\mathfrak{f}(\mathfrak{m}) = \mathfrak{n}$ die Nummer dieser Gleichung ein Wert der Funktion $\mathfrak{j}(n)$, d. h. es läßt sich eine Ziffer $\mathfrak{z}$ so bestimmen, daß der Wert von $\mathfrak{j}(\mathfrak{z})$ die Nummer jener Gleichung ist. Ist $\mathfrak{e}$ die kleinste unter den Ziffern, für welche, als Argument von $\mathfrak{j}$, der Funktionswert die Nummer einer Gleichung $\mathfrak{f}(\mathfrak{m}) = \mathfrak{r}$ mit einer Ziffer $\mathfrak{r}$ bildet, so ist $\mathfrak{j}(\mathfrak{e})$ die Nummer einer in F ableitbaren solchen Gleichung $\mathfrak{f}(\mathfrak{m}) = \mathfrak{r}$, und da in F außer der Gleichung $\mathfrak{f}(\mathfrak{m}) = \mathfrak{n}$ nicht noch eine andere Gleichung $\mathfrak{f}(\mathfrak{m}) = \mathfrak{r}$ mit einer Ziffer $\mathfrak{r}$ ableitbar ist, so muß $\mathfrak{r}$ mit $\mathfrak{n}$, also auch der Wert von $\mathfrak{j}(\mathfrak{e})$ mit dem von $\mathfrak{j}(\mathfrak{z})$ übereinstimmen.

Die zweite der Rekursivitätsbedingungen besagt, daß eine rekursive Formel $\mathfrak{P}(m, n)$ derart angegeben werden kann, daß für ein Ziffernpaar $\mathfrak{l}$, $\mathfrak{m}$, die Beziehung $\mathfrak{P}(\mathfrak{l}, \mathfrak{m})$ dann und nur dann besteht, wenn $\mathfrak{l}$ die Nummer einer Gleichung $\mathfrak{f}(\mathfrak{m}) = \mathfrak{r}$ mit einer Ziffer $\mathfrak{r}$ ist. Gemäß dem eben Festgestellten besteht die Beziehung $\mathfrak{P}(\mathfrak{j}(\mathfrak{e}), \mathfrak{m})$, während für keine Ziffer $\mathfrak{k}$, die kleiner als $\mathfrak{e}$ ist, die Beziehung $\mathfrak{P}(\mathfrak{j}(\mathfrak{k}), \mathfrak{m})$ besteht. Dabei hat die Formel $\mathfrak{P}(m, n)$ als rekursive Formel die Gestalt

$$\mathfrak{p}(m, n) = 0,$$

worin $\mathfrak{p}(m, n)$ ein rekursiver Term ist. Desgleichen ist der Ausdruck $\mathfrak{p}(\mathfrak{j}(l), \mathfrak{m})$ ein rekursiver Term, und die Ziffer $\mathfrak{e}$ ist die kleinste unter denjenigen Ziffern $\mathfrak{z}$, für welche die Gleichung $\mathfrak{p}(\mathfrak{j}(\mathfrak{z}), \mathfrak{m}) = 0$ besteht. Demgemäß ist im Formalismus (Z^0) die Gleichung

$$\tilde{\mu}_x \mathfrak{p}(\mathfrak{j}(x), \mathfrak{m}) = \mathfrak{e}$$

und daher auch die Gleichung

$$\mathfrak{e} = \tilde{\mu}_x \mathfrak{p}(\mathfrak{j}(x), \mathfrak{m})$$

ableitbar.

Gemäß der dritten Rekursivitätsbedingung läßt sich ein rekursiver Term $\mathfrak{c}(n)$ so angeben, daß für eine Ziffer $\mathfrak{k}$, welche die Nummer einer Gleichung $\mathfrak{t} = \mathfrak{r}$ mit einer Ziffer $\mathfrak{r}$ ist, der Wert des variablenlosen rekursiven Terms $\mathfrak{c}(\mathfrak{k})$ gleich $\mathfrak{r}$ ist und somit auch die Gleichung

$$\mathfrak{c}(\mathfrak{k}) = \mathfrak{r}$$

im Formalismus (Z^0) ableitbar ist. Hiernach ist insbesondere — da ja der Wert von $\mathfrak{j}(\mathfrak{e})$ die Nummer der Gleichung $\mathfrak{f}(\mathfrak{m}) = \mathfrak{n}$ ist — die Gleichung

$$\mathfrak{c}(\mathfrak{j}(\mathfrak{e})) = \mathfrak{n}$$

in (Z^0) ableitbar. Diese aber ergibt zusammen mit der Formel

$$\mathfrak{e} = \tilde{\mu}_x \mathfrak{p}(\mathfrak{j}(x), \mathfrak{m})$$

mittels des Ersetzungsschemas die Gleichung

$$\mathfrak{c}(\mathfrak{j}(\tilde{\mu}_x \mathfrak{p}(\mathfrak{j}(x), \mathfrak{m}))) = \mathfrak{n}.$$

Im ganzen ergibt sich demnach, daß — zufolge der Erfüllung der drei Rekursivitätsbedingungen durch die für den Formalismus F gebildete Nummernzuordnung — für jede Ziffer $\mathfrak{m}$ im Formalismus (Z^0) die Gleichung

$$\mathfrak{c}(\mathfrak{j}(\tilde{\mu}_x \mathfrak{p}(\mathfrak{j}(x), \mathfrak{m}))) = \mathfrak{n}$$

ableitbar ist, worin $\mathfrak{n}$ den Wert der betrachteten [in F durch das Symbol $\mathfrak{f}(\mathfrak{m})$ bzw. den Ausdruck $\mathfrak{f}(\mathfrak{m})$ repräsentierten] Funktion für den Argumentwert $\mathfrak{m}$ bedeutet. Wird also ein einstelliges Funktionszeichen $\mathfrak{q}(n)$ durch die Definitionsgleichung

$$\mathfrak{q}(n) = \mathfrak{c}(\mathfrak{j}(\tilde{\mu}_x \mathfrak{p}(\mathfrak{j}(x), n)))$$

eingeführt, was ja im Formalismus (Z^0) zulässig ist, so erhalten wir für jede Ziffer $\mathfrak{m}$, wenn $\mathfrak{n}$ der Wert der betrachteten Funktion für das Argument $\mathfrak{m}$ ist, in (Z^0) die Gleichung

$$\mathfrak{q}(\mathfrak{m}) = \mathfrak{n}$$

als ableitbare Formel. Andererseits kann für keine von $\mathfrak{n}$ verschiedene Ziffer $\mathfrak{r}$ die Gleichung

$$\mathfrak{q}(\mathfrak{m}) = \mathfrak{r}$$

ableitbar sein, weil ja sonst in (Z^0) auch die falsche Gleichung

$$\mathfrak{n} = \mathfrak{r}$$

ableitbar wäre, während doch, wie wir festgestellt haben, der Formalismus (Z^0) numerisch widerspruchsfrei ist.

Demnach ist in der Tat die betrachtete in F auswertbare Funktion auch in (Z^0) auswertbar; und zwar stellt sie sich in (Z^0) durch einen Term

$$\mathfrak{a}(\tilde{\mu}_x \mathfrak{b}(n, x))$$

dar, worin $\mathfrak{a}(n)$ und $\mathfrak{b}(n, m)$ die rekursiven Terme $\mathfrak{c}(\mathfrak{j}(n))$ und $\mathfrak{p}(\mathfrak{j}(m), n)$ sind. Dabei hat der Term $\mathfrak{b}(n, m)$ die Eigenschaft, daß sich zu jeder Ziffer $\mathfrak{m}$ eine Ziffer $\mathfrak{k}$ so bestimmen läßt, daß die Beziehung $\mathfrak{b}(\mathfrak{m}, \mathfrak{k}) = 0$ besteht. Denn für jede Ziffer $\mathfrak{m}$ ist ja in F eine Formel $\mathfrak{f}(\mathfrak{m}) = \mathfrak{r}$ mit einer Ziffer $\mathfrak{r}$ ableitbar, und zu dieser Formel läßt sich eine Ziffer $\mathfrak{k}$ so bestimmen, daß der Wert von $\mathfrak{j}(\mathfrak{k})$ die Nummer der Formel ist; es besteht dann die Beziehung $\mathfrak{P}(\mathfrak{j}(\mathfrak{k}), \mathfrak{m})$, d. h. $\mathfrak{b}(\mathfrak{m}, \mathfrak{k}) = 0$.

Wir erhalten als das Ergebnis, daß jede regelrecht auswertbare einstellige zahlentheoretische Funktion auch in (Z^0) auswertbar ist und sich in der Form $\mathfrak{a}(\tilde{\mu}_x \mathfrak{b}(n, x))$ darstellt, wobei $\mathfrak{a}(n)$ und $\mathfrak{b}(m, n)$ rekursive Terme sind, die nur die angegebenen Variablen enthalten, und der Term $\mathfrak{b}(m, n)$ die Eigenschaft hat, daß zu jeder Ziffer $\mathfrak{m}$ eine Ziffer $\mathfrak{k}$ bestimmt werden kann, für welche die Gleichung $\mathfrak{b}(\mathfrak{m}, \mathfrak{k}) = 0$ besteht.

Umgekehrt gilt: Wenn $\mathfrak{b}(m, n)$ ein rekursiver Term von der eben genannten Eigenschaft (mit m, n als einzigen Variablen) ist, und $\mathfrak{a}(n)$ irgendein rekursiver Term mit der einzigen Variablen n ist, so stellt der Term $\mathfrak{a}(\tilde{\mu}_x \mathfrak{b}(n, x))$ eine in (Z^0) auswertbare Funktion dar. Nämlich zu jeder Ziffer $\mathfrak{m}$ erhält man nach Bestimmung einer Ziffer $\mathfrak{k}$, für welche die Gleichung $\mathfrak{b}(\mathfrak{m}, \mathfrak{k}) = 0$ besteht, mittels des Durchprobierens der Ziffern von 0 bis $\mathfrak{k}$ die kleinste unter den Ziffern $\mathfrak{r}$, für welche die Gleichung $\mathfrak{b}(\mathfrak{m}, \mathfrak{r}) = 0$ besteht. Ist $\mathfrak{e}$ diese kleinste Ziffer, so ist in (Z^0) die Gleichung

$$\tilde{\mu}_x \mathfrak{b}(\mathfrak{m}, x) = \mathfrak{e}$$

und ferner auch, wenn $\mathfrak{n}$ der Wert des variablenlosen rekursiven Terms $\mathfrak{a}(\mathfrak{e})$ ist, die Gleichung

$$\mathfrak{a}(\tilde{\mu}_x \mathfrak{b}(\mathfrak{m}, x)) = \mathfrak{n}$$

ableitbar, während zufolge der numerischen Widerspruchsfreiheit von (Z^0) für keine von $\mathfrak{n}$ verschiedene Ziffer $\mathfrak{r}$ die Gleichung $\mathfrak{a}(\tilde{\mu}_x \mathfrak{b}(\mathfrak{m}, x)) = \mathfrak{r}$ in (Z^0)

ableitbar ist. Die Funktion $\mathfrak{a}(\tilde{\mu}_x \mathfrak{b}(n, x))$ ist also tatsächlich in (Z^0) auswertbar.

Hier schließt sich noch folgende Betrachtung an: Wenn eine rekursive Formel $\mathfrak{b}(m, n)$ die Bedingung erfüllt, daß sich zu jeder Ziffer $\mathfrak{m}$ eine Ziffer $\mathfrak{n}$ so bestimmen läßt, daß die Gleichung $\mathfrak{b}(\mathfrak{m}, \mathfrak{n}) = 0$ besteht, so ist die Beziehung

$$\tilde{\mu}_x \mathfrak{b}(n, x) = l,$$

wie sich aus der eben angestellten Überlegung ergibt, demjenigen rekursiven Prädikat gleichwertig, welches durch die Aussage formuliert wird: „Es gilt $\mathfrak{b}(n, l) = 0$; dagegen ist für keine Zahl z, die $< l$ ist, $\mathfrak{b}(n, z) = 0$." Wird dieses Prädikat mit „$\mathfrak{C}(n, l)$" bezeichnet, so ist also eine Zahl $\mathfrak{l}$ dann und nur dann ein Funktionswert der durch den Term $\tilde{\mu}_x \mathfrak{b}(n, x)$ dargestellten Funktion, wenn sich eine Zahl $\mathfrak{n}$ so bestimmen läßt, daß die Beziehung $\mathfrak{C}(\mathfrak{n}, \mathfrak{l})$ besteht. Hieraus aber folgt gemäß einer vorher schon benutzten Bemerkung von KLEENE[1], daß der Wertevorrat der durch den Term $\tilde{\mu}_x \mathfrak{b}(n, x)$ dargestellten Funktion mit dem Wertevorrat einer rekursiven Funktion übereinstimmt. Das gleiche gilt daher auch von einer jeden in der Form $\mathfrak{a}(\mu_x \mathfrak{b}(n, x))$ mittels einer rekursiven Funktion $\mathfrak{a}(n)$ darstellbaren Funktion.

Somit folgt auf Grund unseres erhaltenen Ergebnisses über die Darstellung der regelrecht auswertbaren Funktionen in (Z^0), daß jede regelrecht auswertbare Funktion in ihrem Wertevorrat mit einer rekursiven Funktion übereinstimmt. Mit Anwendung des Seinszeichens läßt sich dieses auch so aussprechen: Eine jede Aussage der Form $(E x)$ $(\mathfrak{f}(x) = 0)$, worin $\mathfrak{f}$ eine regelrecht auswertbare Funktion ist, ist gleichwertig einer Aussage $(E x)$ $(\mathfrak{g}(x) = 0)$, worin $\mathfrak{g}$ eine rekursive Funktion ist.

B. Quasirekursive und regelrecht auswertbare Funktionen. Normaldarstellung. Auswertung im Formalismus (Z_{00}). Anwendung des Cantorschen Diagonalverfahrens.

Unser erhaltenes Ergebnis betreffend die Darstellung einer jeden regelrecht auswertbaren einstelligen zahlentheoretischen Funktion durch einen Term $\mathfrak{a}(\tilde{\mu}_x \mathfrak{b}(n, x))$ aus dem Formalismus (Z^0) kann den Verdacht erwecken, daß wir den Begriff der regelrecht auswertbaren Funktion zu eng abgegrenzt haben.

Um gegenüber einem solchen Verdacht die Allgemeinheit unserer Begriffsbildung hervortreten zu lassen, wollen wir diese in Vergleich setzen mit einer anderen Art der Präzisierung des Begriffs der berechenbaren Funktion, die in einer Verallgemeinerung des Begriffs der rekursiven Funktion besteht. Eine zahlentheoretische Funktion heißt hiernach „allgemein-rekursiv" oder wie wir kurz sagen wollen „quasirekursiv", wenn sich zu ihrer Berechnung ein System $\mathfrak{S}$ von endlich vielen

[1] Vgl. S. 287.

Gleichungen folgender Art angeben läßt: Die Ausdrücke auf beiden Seiten einer jeden der Gleichungen sind aus freien Individuenvariablen, dem Symbol 0, dem Strichsymbol und Funktionszeichen gebildet; unter den Funktionszeichen ist ein solches, $\mathfrak{q}(n_1, \ldots, n_r)$, das die betrachtete zahlentheoretische Funktion in dem Sinn repräsentiert, daß für jedes Wertsystem $\mathfrak{n}_1, \ldots, \mathfrak{n}_r$ der Argumente, wenn $\mathfrak{k}$ der zugehörige Funktionswert ist, die Gleichung

$$\mathfrak{q}(\mathfrak{n}_1, \ldots, \mathfrak{n}_r) = \mathfrak{k},$$

dagegen für keine von $\mathfrak{k}$ verschiedene Ziffer $\mathfrak{l}$ die Gleichung

$$\mathfrak{q}(\mathfrak{n}_1, \ldots, \mathfrak{n}_r) = \mathfrak{l}$$

aus dem Gleichungssystem abgeleitet werden kann. Dabei soll die „Ableitung" lediglich aus den folgenden Prozessen bestehen: 1. der Einsetzung eines „Terms" für eine Individuenvariable, d. h. eines von den Ausdrücken, die sich aus dem Symbol 0, dem Strichsymbol und den Funktionszeichen und Variablen des Gleichungssystems bilden lassen; 2. der Anwendung des Ersetzungsschemas

$$\frac{\mathfrak{a} = \mathfrak{b},\ \mathfrak{A}(\mathfrak{a})}{\mathfrak{A}(\mathfrak{b})},$$

welches ebenso wie bei dem Formalismus (Z^0) mittels der (nicht zu den Termen zählenden) Nennvariablen y erfolgt; 3. der Anwendung des „Vertauschungsschemas"

$$\frac{\mathfrak{a} = \mathfrak{b}}{\mathfrak{b} = \mathfrak{a}}.$$

Bemerkung. Die angegebenen Prozesse, aus denen sich die Ableitungen zusammensetzen, sind so beschaffen, daß sie von einer Gleichung zwischen Termen stets wieder zu einer solchen Gleichung führen.

Von dem betreffenden Gleichungssystem $\mathfrak{S}$ wollen wir unter den genannten Bedingungen sagen, daß es für die durch das Funktionszeichen $\mathfrak{q}(n_1, \ldots, n_r)$ repräsentierte Funktion eine „quasirekursive Definition" bildet. Gemäß dieser im Anschluß an S. C. KLEENE gegebenen Begriffsbestimmung[1] ist zunächst, wie man sofort erkennt,

[1] Siehe „General recursive functions of natural numbers" [Math. Ann. Bd. 112 (1936) Heft 5]. — Zwei Abweichungen unserer Definition von der Kleeneschen sind, daß wir Einsetzungen nicht nur von Ziffern, sondern generell von Termen zulassen, und daß das Schema $\frac{\mathfrak{a} = \mathfrak{b}}{\mathfrak{b} = \mathfrak{a}}$ hinzugefügt ist. Durch die weitere Fassung der Einsetzungsregel wird die Feststellung der Quasirekursivität einer Funktion erleichtert. Freilich wird andererseits dadurch die Formalisierung der Metamathematik des Auswertungsformalismus etwas komplizierter; doch können wir für die hierdurch hinzutretenden Überlegungen unsere früheren Betrachtungen übernehmen. Die Hinzufügung des Vertauschungsschemas enthebt uns bei der Aufstellung der definierenden Gleichungssysteme für quasirekursive Funktionen des Erfordernisses, wie es auf Grund der Kleeneschen Definition im allgemeinen besteht, zu einer

jede rekursive, d. h. durch primitive Rekursionen definierte Funktion quasirekursiv.

Aber auch jede regelrecht auswertbare Funktion ist quasirekursiv. Nämlich eine solche Funktion stellt sich ja, wie wir wissen, im System (Z^0) durch einen Term

$$\mathfrak{a}(\tilde{\mu}_x \mathfrak{b}(n, x))$$

dar, wobei $\mathfrak{a}(n)$ und $\mathfrak{b}(n, m)$ rekursive Terme sind, die nur die angegebenen Variablen enthalten, und zu jeder Ziffer $\mathfrak{m}$ eine Ziffer $\mathfrak{k}$ bestimmt werden kann, für welche die Gleichung $\mathfrak{b}(\mathfrak{m}, \mathfrak{k}) = 0$ besteht. Wir erhalten nun eine quasirekursive Definition für jene Funktion, indem wir zunächst die rekursiven Definitionen für alle in $\mathfrak{a}(n)$ und $\mathfrak{b}(n, m)$ vorkommenden Funktionszeichen zusammenstellen, ferner die Rekursionsgleichungen für die Funktionen $\alpha(n)$, $\beta(n)$, $a + b$, $a \cdot b$, soweit sie nicht bereits unter den aufgestellten enthalten sind, hinzunehmen, sodann noch ein zweistelliges Funktionszeichen $\mathfrak{q}(n, m)$ und ein einstelliges $\mathfrak{f}(n)$ einführen und für diese die Gleichungen hinzufügen:

$$\mathfrak{q}(n, a) = \alpha(\mathfrak{b}(n, a)) \cdot \mathfrak{q}(n, a') + \beta(\mathfrak{b}(n, a)) \cdot a,$$
$$\mathfrak{f}(n) = \mathfrak{a}(\mathfrak{q}(n, 0)).$$

Dabei ist $\mathfrak{q}(n, a)$ die (nicht notwendig quasirekursive) Funktion, die im Formalismus (Z^0) durch den Term $\tilde{\mu}_x(\mathfrak{b}(n, x), a)$ dargestellt wird, und $\mathfrak{f}(n)$ ist die betrachtete in (Z^0) durch den Term $\mathfrak{a}(\tilde{\mu}_x \mathfrak{b}(n, x))$ dargestellte Funktion.

Die Überlegung, durch die wir die Auswertbarkeit dieser Funktion im Formalismus (Z^0) erkannt haben, zeigt uns auch, daß das aufgestellte Gleichungssystem eine quasirekursive Definition für diese Funktion bildet.

Auf diese Weise ersehen wir, daß jede regelrecht auswertbare einstellige zahlentheoretische Funktion eine quasirekursive Funktion ist.

Nun kommt es uns vor allem darauf an, die Umkehrung von diesem Satz als gültig zu erkennen, welche besagt, daß jede quasirekursive einstellige zahlentheoretische Funktion regelrecht auswertbar ist.

Für jede quasirekursive einstellige Funktion bildet das definierende Gleichungssystem zusammen mit der Einsetzungsregel, dem Ersetzungsschema und dem Vertauschungsschema einen solchen deduktiven Formalismus, in dem die Funktion auswertbar ist. Um die Funktion als regelrecht auswertbar zu erweisen, genügt es daher, wenn wir zeigen, daß

Gleichung $\mathfrak{k} = \mathfrak{l}$ noch die Gleichung $\mathfrak{l} = \mathfrak{k}$ hinzuzunehmen. — Die Kleenesche Bestimmung des Begriffs der allgemeinen rekursiven Funktion ist eine Modifikation einer von K. GÖDEL in einer Princetoner Vorlesung (1934) aufgestellten Definition, die wiederum auf eine ähnliche, doch in einem Punkt weniger bestimmt gefaßte Begriffsbildung von J. HERBRAND zurückgeht [s. „Sur la non-contradiction de l'Arithmétique". J. reine angew. Math. Bd. 166 (1931) Heft 1, § 2, Groupe C]. — Daß die Definitionen von GÖDEL und von KLEENE denselben Funktionenbereich abgrenzen, ist in der genannten Kleeneschen Untersuchung gezeigt. Aus dieser ist auch zu entnehmen, daß durch unsere Definition der gleiche Funktionenbereich abgegrenzt wird.

zu jenem Formalismus eine Nummernzuordnung so gewählt werden kann, daß die drei Rekursivitätsbedingungen erfüllt werden.

Wir wollen diese Betrachtung im Hinblick auf eine zu gewinnende Verschärfung des Ergebnisses ein wenig dadurch modifizieren, daß wir an dem jeweils zu betrachtenden Formalismus folgende Erweiterung vornehmen: Wir denken uns gemeinsam für alle quasirekursiven Definitionen einen unbegrenzten Vorrat an Individuenvariablen und, für jede Anzahl $\mathfrak{r}$, an $\mathfrak{r}$-stelligen Funktionszeichen zugrunde gelegt, aus dem die Variablen und Funktionszeichen der Gleichungssysteme entnommen werden sollen, und wir definieren als „Terme" die Ausdrücke, die sich aus dem Symbol 0, dem Strichsymbol und den Variablen und Funktionszeichen jenes Vorrats bilden lassen. Dieser von dem jeweiligen Gleichungssystem unabhängige Begriff des Terms soll für die Einsetzungsregel maßgebend sein.

Hiermit erhält die Einsetzungsregel eine gewisse Erweiterung, jedoch ist dieses ohne Einfluß auf die Ableitbarkeit von Gleichungen

$$\mathfrak{q}(\mathfrak{m}) = \mathfrak{n}$$

mit Ziffern $\mathfrak{m}$, $\mathfrak{n}$, worin $\mathfrak{q}$ das Symbol einer mittels eines definierenden Gleichungssystems auszuwertenden Funktion ist[1]. Denn aus einer Ableitung einer solchen Gleichung auf Grund des erweiterten Termbegriffs können wir zunächst mittels des Verfahrens der Rückverlegung der Einsetzungen[2] eine solche Ableitung gewinnen, worin jeder für eine Variable eingesetzte Term ein variablenloser Term ist und worin daher nur solche Variablen auftreten, die in dem definierenden Gleichungssystem vorkommen. Ferner können wir dann auch alle in dieser Ableitung benutzten Funktionszeichen, die nicht in dem definierenden Gleichungssystem auftreten (das Funktionszeichen $\mathfrak{q}$ tritt in diesem Gleichungssystem auf), eliminieren, indem wir jeden Term bestehend aus einem nicht in dem Gleichungssystem vorkommenden Funktionszeichen mit irgendwelchen Termen als Argumenten durch die Ziffer 0 ersetzen. In der Tat tritt ja auf Grund dieser Ersetzungen an die Stelle einer Einsetzung stets wieder eine zulässige Einsetzung, und die Anwendungen der beiden Schemata gehen wieder in solche Anwendungen über, eventuell auch in triviale Anwendungen der Form

$$\frac{\mathfrak{a} = \mathfrak{a}, \mathfrak{A}(\mathfrak{a})}{\mathfrak{A}(\mathfrak{a})}, \qquad \frac{\mathfrak{a} = \mathfrak{a}}{\mathfrak{a} = \mathfrak{a}},$$

die dann weggelassen werden können.

Demnach ist jede quasirekursive einstellige Funktion auswertbar in einem Formalismus, der — unter Zugrundelegung des erweiterten Term-

[1] Diese Überlegung ist notwendig, weil ja der Begriff der Auswertbarkeit in einem Formalismus nicht nur Bedingungen der Ableitbarkeit, sondern auch solche der Unableitbarkeit in sich schließt.

[2] Vgl. Supplement I, S. 402 unten bis 403.

begriffs — bestimmt ist durch die Festsetzung gewisser Gleichungen zwischen Termen als Ausgangsformeln und unsere drei Regeln des deduktiven Operierens: die Regel der Einsetzung eines Terms für eine Individuenvariable, das Ersetzungsschema und das Vertauschungsschema. Wir geben nun für alle solchen Formalismen gemeinsam eine Nummernzuordnung an, auf Grund deren für jeden derartigen Formalismus die drei Rekursivitätsbedingungen erfüllt sind[1].

Die Festsetzungen für diese sind folgende: Den Individuenvariablen ordnen wir als Nummern die Primzahlen $\geqq 11$, der (von diesen unterschiedenen) Nennvariablen y die Nummer 7, dem Symbol 0 die Nummer 8 zu. Der Anfügung des Strichsymbols soll die Multiplikation mit 3, den $\mathfrak{r}$-stelligen Funktionszeichen sollen die Funktionen $5 \cdot \mathfrak{p}_1^{n_1} \cdot \cdots \cdot \mathfrak{p}_{\mathfrak{r}}^{n_{\mathfrak{r}}}$ entsprechen, wobei $\mathfrak{p}_1, \ldots, \mathfrak{p}_{\mathfrak{r}}$ verschiedene Primzahlen $\geqq 7$ sind, nach wachsender Größe geordnet; diese Zuordnung ist so gemeint, daß der Ausdruck, der entsteht, indem die Argumentstellen des betreffenden Funktionszeichens der Reihe nach durch Ausdrücke mit den Nummern $\mathfrak{n}_1, \ldots, \mathfrak{n}_{\mathfrak{r}}$ ausgefüllt werden, als Nummer die Zahl

$$5 \cdot \mathfrak{p}_1^{\mathfrak{n}_1} \cdot \cdots \cdot \mathfrak{p}_{\mathfrak{r}}^{\mathfrak{n}_{\mathfrak{r}}}$$

erhält; endlich ordnen wir einer Gleichung, in welcher die Ausdrücke auf der linken und rechten Seite die Nummern $\mathfrak{m}$ und $\mathfrak{n}$ haben, die Nummer $10 \cdot 7^{\mathfrak{m}} \cdot 11^{\mathfrak{n}}$ zu.

Eine Gleichung zwischen Termen soll eine „Formel", eine endliche Aufeinanderfolge solcher Gleichungen eine „Formelreihe" genannt werden. Als Nummer für eine Formelreihe, bestehend aus den Formeln mit den Nummern $\mathfrak{m}_1, \ldots, \mathfrak{m}_{\mathfrak{s}}$ nehmen wir, entsprechend wie bei den früher betrachteten Nummernzuordnungen die Zahl $\mathfrak{P}_0^{\mathfrak{m}_1} \cdot \cdots \cdot \mathfrak{P}_{\mathfrak{s}-1}^{\mathfrak{m}_{\mathfrak{s}}}$.

Für diese Nummernzuordnung lassen sich zunächst die zweite und dritte Rekursivitätsbedingung als erfüllt erkennen. Eine rekursive Funktion $\mathfrak{c}(n)$, die — wie es die dritte Rekursivitätsbedingung verlangt — der Nummer einer Gleichung, auf deren rechter Seite eine Ziffer steht, diese Ziffer zuordnet, ist die Funktion $\nu(\nu(n, 4), 1)$, die wir kurz mit „$\mathfrak{c}_0(n)$" bezeichnen wollen.

Für den Nachweis der Erfüllung der zweiten Rekursivitätsbedingung handelt es sich um die Angabe einer rekursiven Formel $\mathfrak{P}(l, m)$, die mit Bezug auf das Funktionszeichen $\mathfrak{f}$ für eine auszuwertende quasirekursive Funktion die Eigenschaft hat, daß die Beziehung $\mathfrak{P}(\mathfrak{l}, \mathfrak{m})$ für die Zahlen $\mathfrak{l}$, $\mathfrak{m}$ dann und nur dann besteht, wenn $\mathfrak{l}$ die Nummer einer Gleichung $\mathfrak{f}(\mathfrak{m}) = \mathfrak{r}$ mit einer Ziffer $\mathfrak{r}$ ist. Diese Bedingung läßt sich nun, wenn dem Funktionszeichen $\mathfrak{f}$ gemäß unserer Nummernzuordnung die Funktion $5 \cdot \mathfrak{p}^n$ (mit einer gewissen Primzahl $\mathfrak{p}$) entspricht, in Abhängigkeit

[1] Für die folgende Betrachtung vgl. die Zusammenstellung von rekursiven Funktionen sowie von Begriffsbildungen und Tatsachen der rekursiven Zahlentheorie S. 220—224.

von $\mathfrak{l}$ und $\mathfrak{m}$ folgendermaßen arithmetisch formulieren: „Die Zahl l hat die Form $10 \cdot 7^a \cdot 11^b$, wobei $a = 5 \cdot \mathfrak{p}^{8 \cdot 3^m}$ und b von der Form $8 \cdot 3^c$ ist." Diese Aussage ist ein rekursives Prädikat von l und m und läßt sich daher durch eine rekursive Formel darstellen, die wir, unter Hervorhebung der in ihr als Parameter auftretenden Primzahl $\mathfrak{p}$, mit „$\mathfrak{P}_0(l, m, \mathfrak{p})$" bezeichnen wollen.

Die Abhängigkeit von dem Parameter $\mathfrak{p}$ können wir hier beseitigen, indem wir für die an sich willkürliche Benennung der Funktionszeichen in den quasirekursiven Definitionen einstelliger Funktionen die Bedingung einführen, daß als Funktionszeichen für die zu definierende Funktion dasjenige genommen wird, welchem gemäß unserer Nummernzuordnung die Funktion $5 \cdot 7^n$ entspricht. Bei Beschränkung auf solche „*normierte*" quasirekursive Definitionen hat die Formel $\mathfrak{P}_0(l, m, \mathfrak{p})$ die spezielle Gestalt $\mathfrak{P}_0(l, m, 7)$; diese rekursive Formel werde kürzer mit „$\mathfrak{P}_0(l, m)$" angegeben.

Nun bleibt noch die erste Rekursivitätsbedingung zu betrachten. Diese ist für einen der deduktiven Formalismen, die aus einer quasirekursiven Definition einer einstelligen Funktion und unseren drei Regeln zur Anwendung der Definitionsgleichungen bestehen, jedenfalls dann erfüllt, wenn mit Bezug auf diesen Formalismus und unsere Nummernzuordnung die Aussage „m ist die Nummer einer Formelreihe, welche eine Ableitung der Formel mit der Nummer n bildet" ein rekursives Prädikat ist.

Wir wollen hier noch etwas mehr zeigen, nämlich, daß sich eine rekursive Formel $\mathfrak{B}(l, m, n)$ mit l, m, n als einzigen Variablen von der Eigenschaft angeben läßt, daß für drei Ziffern $\mathfrak{l}, \mathfrak{m}, \mathfrak{n}$ die Beziehung $\mathfrak{B}(\mathfrak{l}, \mathfrak{m}, \mathfrak{n})$ dann und nur dann besteht, wenn auf Grund unserer Nummernzuordnung $\mathfrak{l}, \mathfrak{m}$ Nummern von Formelreihen sind, $\mathfrak{n}$ die Nummer einer Gleichung $\mathfrak{G}$ ist und die Formelreihe mit der Nummer $\mathfrak{m}$ eine mittels unserer Einsetzungsregel, des Ersetzungsschemas und des Vertauschungsschemas erfolgende Ableitung von $\mathfrak{G}$ aus den Gleichungen der Formelreihe mit der Nummer $\mathfrak{l}$ bildet.

Zur Aufstellung einer solchen rekursiven Formel $\mathfrak{B}(l, m, n)$ gehen wir zunächst auf eine rekursive Darstellung des Prädikats „n ist die Nummer eines Terms" aus. Eine solche Darstellung wird auf Grund unserer Nummernzuordnung durch folgende der darzustellenden Aussage gleichwertige Alternative geliefert: „$n = 8$ oder n ist eine Primzahl ≥ 11 oder $n = 3 \cdot m$, wobei $m \neq 0$ und m die Nummer eines Terms ist, oder n hat die Form $5 \cdot p_1^{n_1} \cdot \cdots \cdot p_r^{n_r}$, wobei $p_1, \ldots, p_r$ verschiedene Primzahlen ≥ 7 und $n_1, \ldots, n_r$ Nummern von Termen sind."

Aus dieser Alternative können wir in der Tat auf ganz entsprechende Art, wie wir es im § 4 anläßlich der analogen Aufgabe für den dort betrachteten Formalismus ausgeführt haben[1], eine rekursive Definition

[1] Vgl. S. 227–228.

einer Funktion $\mathfrak{t}(n)$ entnehmen, mittels deren sich die Aussage, „n ist die Nummer eines Terms" durch die Gleichung $\mathfrak{t}(n) = 0$ darstellt.

Anschließend hieran ergibt sich sogleich eine rekursive Darstellung des Prädikats „n ist die Nummer einer Gleichung zwischen Termen", da ja dieses Prädikat sich so formulieren läßt: „n ist eine Zahl von der Form $10 \cdot 7^a \cdot 11^b$, wobei a und b Nummern von Termen sind."

Hieraus gewinnen wir weiter die Darstellung des Prädikats „n ist die Nummer einer Formelreihe" durch eine rekursive Formel $\mathfrak{Q}(n)$; nämlich dieses Prädikat ist ja der folgenden arithmetischen Aussage gleichwertig: „für jede Zahl $x \leq \lambda(n)$ ist $\nu(n, x)$ die Nummer einer Gleichung zwischen Termen".

Auch können wir jetzt rekursiv die Aussage darstellen: „m, n sind die Nummern von Gleichungen, deren zweite aus der ersten durch Anwendung des Vertauschungsschemas erhalten wird." Denn diese Aussage ist ja gleichbedeutend mit der folgenden: „es gibt zwei Zahlen x, y die $< m$ sind und für welche $m = 10 \cdot 7^x \cdot 11^y$, $n = 10 \cdot 7^y \cdot 11^x$ ist"; und diese ist in eine rekursive Formel $\mathfrak{Q}_1(m, n)$ übersetzbar.

Zur rekursiven Formulierung der Einsetzungsregel und des Ersetzungsschemas führen wir eine rekursive Funktion „$st(m, k, l)$" ein, deren rekursive Definition aus folgender Alternative entnommen wird[1]:

„Wenn $m = 3^a \cdot k$ und k eine Primzahl ≥ 7 ist, so ist

$$st(m, k, l) = 3^a \cdot l;$$

wenn $m = 2^a \cdot 3^b \cdot 5^c \cdot n$, $c > 0$ und n durch keine der Zahlen 2, 3, 5 teilbar ist, so ist

$$st(m, k, l) = 2^a \cdot 3^b \cdot 5^c \prod_{x < m} \wp_x^{st(\nu(n, x), k, l)};$$

wenn keiner der beiden genannten Fälle vorliegt, so ist

$$st(m, k, l) = m."$$

Mit Hilfe dieser Funktion läßt sich für eine Zahl $\mathfrak{m}$, welche die Nummer einer Formel ist, die Bedingung dafür, daß aus dieser Formel eine Formel mit der Nummer $\mathfrak{n}$ durch Einsetzung hervorgeht, durch das Zutreffen des folgenden rekursiven Prädikats von m und n auf die Zahlen $\mathfrak{m}$, $\mathfrak{n}$ ausdrücken: „für eine Zahl $x < m$, welche eine Primzahl ≥ 11 ist und eine Zahl $y < n$, welche die Nummer eines Terms ist, besteht die Beziehung $st(m, x, y) = n$".

Und für zwei Zahlen $\mathfrak{l}$, $\mathfrak{m}$, welche Nummern von Formeln sind, läßt sich die Bedingung dafür, daß aus den beiden Formeln eine Formel mit der Nummer $\mathfrak{n}$ gemäß dem Ersetzungsschema erhalten wird, durch das Zutreffen des folgenden rekursiven Prädikats von l, m, n auf die

[1] Der Übergang von einer ganz analogen Alternative zu einer rekursiven Definition ist im § 4, auf S. 229 durchgeführt.

Zahlen $\mathfrak{l}, \mathfrak{m}, \mathfrak{n}$ ausdrücken[1]: „es gibt eine Zahl $x < m$ von der Eigenschaft, daß $st(x, 7, \nu(l, 3)) = m$ und $st(x, 7, \nu(l, 4)) = n$ ist".

Die beiden genannten rekursiven Prädikate können wiederum durch rekursive Formeln dargestellt werden, die wir mit „$\mathfrak{Q}_2(m, n)$" und „$\mathfrak{Q}_3(l, m, n)$" angeben wollen.

Nachdem auf diese Weise für alle in dem Begriff der Ableitung einer Formel aus einer Formelreihe enthaltenen Termini und Beziehungen rekursive Darstellungen gewonnen sind, erhalten wir die gewünschte rekursive Formel $\mathfrak{B}(l, m, n)$ durch die rekursive Übersetzung der folgenden arithmetischen Aussage: „Es gilt $\mathfrak{Q}(l)$ und $\nu(m, \lambda(m)) = n$, und für jede Zahl $x \leqq \lambda(m)$ besteht die Alternative: entweder gibt es eine Zahl $y \leqq \lambda(l)$, für welche $\nu(m, x) = \nu(l, y)$, oder es gibt eine Zahl $y < x$, für welche $\mathfrak{Q}_1(\nu(m, y), \nu(m, x))$ oder $\mathfrak{Q}_2(\nu(m, y), \nu(m, x))$ gilt, oder es gibt eine Zahl $y < x$ und eine Zahl $z < x$, für welche $\mathfrak{Q}_3(\nu(m, y), \nu(m, z), \nu(m, x))$ gilt."

Hiermit ist nun der Nachweis erbracht, daß jede quasirekursive einstellige Funktion in einem Formalismus auswertbar ist, für dessen Ausdrücke sich eine den drei Rekursivitätsbedingungen genügende Nummernzuordnung festsetzen läßt, oder kurz gesagt: daß *jede quasirekursive einstellige Funktion regelrecht auswertbar* ist.

Dieses Ergebnis zusammen mit unserer früheren Feststellung der Quasirekursivität einer jeden regelrecht auswertbaren einstelligen Funktion besagt, daß der Bereich der regelrecht auswertbaren einstelligen zahlentheoretischen Funktionen mit dem der quasirekursiven einstelligen Funktionen zusammenfällt.

Unsere ausgeführte Überlegung liefert aber noch ein weiteres Resultat. Sei nämlich $\mathfrak{f}(n)$ irgendeine quasirekursive einstellige Funktion und $\mathfrak{l}$ die Nummer einer Formelreihe unseres soeben betrachteten Formalismus, welche eine normierte quasirekursive Definition für die Funktion $\mathfrak{f}$ bildet, oder wie wir es kürzer ausdrücken können: die Nummer einer normierten quasirekursiven Definition von $\mathfrak{f}$; $\mathfrak{n}$ sei eine Ziffer, $\mathfrak{k}$ der Wert von $\mathfrak{f}(\mathfrak{n})$ und $\mathfrak{q}$ das Funktionszeichen, welches in der quasirekursiven Definition die Funktion $\mathfrak{f}$ repräsentiert. Dann ist zunächst die Nummer der Formel $\mathfrak{q}(\mathfrak{n}) = \mathfrak{k}$ gleich

$$10 \cdot 7^{5 \cdot 7^{8 \cdot 3^{\mathfrak{n}}}} \cdot 11^{8 \cdot 3^{\mathfrak{k}}}.$$

Ferner läßt sich eine Ziffer $\mathfrak{m}$ angeben, welche die Nummer einer Formelreihe ist, die eine Ableitung der Formel $\mathfrak{q}(\mathfrak{n}) = \mathfrak{k}$ aus den Formeln der Formelreihe mit der Nummer $\mathfrak{l}$ — und zwar mittels der Einsetzungsregel, des Ersetzungsschemas und des Vertauschungsschemas — bildet,

[1] Bei dieser arithmetischen Formulierung der genannten Bedingung kommt der Umstand zur Geltung, daß die Nummer 7 der Nennvariablen y kleiner ist als die Nummer einer jeden als Term zugelassenen Individuenvariablen sowie auch kleiner als die Nummer des Symbols 0.

und es besteht die Beziehung

$$\mathfrak{B}\left(\mathfrak{l}, \mathfrak{m}, 10 \cdot 7^{5 \cdot 7^{8 \cdot 3^{\mathfrak{n}}}} \cdot 11^{8 \cdot 3^{\mathfrak{k}}}\right).$$

Ist $\mathfrak{r}$ die Zahl $2^{\mathfrak{k}} \cdot 3^{\mathfrak{m}}$, so ist $\mathfrak{k} = \nu(\mathfrak{r}, 0)$, $\mathfrak{m} = \nu(\mathfrak{r}, 1)$; es gilt also

$$\mathfrak{B}\left(\mathfrak{l}, \nu(\mathfrak{r}, 1), 10 \cdot 7^{5 \cdot 7^{8 \cdot 3^{\mathfrak{n}}}} \cdot 11^{8 \cdot 3^{\nu(\mathfrak{r}, 0)}}\right).$$

Dabei ist die Formel

$$\mathfrak{B}\left(l, \nu(r, 1), 10 \cdot 7^{5 \cdot 7^{8 \cdot 3^{n}}} \cdot 11^{8 \cdot 3^{\nu(r, 0)}}\right)$$

eine rekursive Formel mit l, n, r als einzigen Variablen, sie hat also die Gestalt einer Gleichung

$$\mathfrak{h}(l, n, r) = 0,$$

worin $\mathfrak{h}(l, n, r)$ ein rekursiver Term mit l, n, r als einzigen Variablen ist. Die gefundene Beziehung

$$\mathfrak{h}(\mathfrak{l}, \mathfrak{n}, \mathfrak{r}) = 0$$

besteht, wenn $\mathfrak{l}$ die Nummer einer normierten quasirekursiven Definition einer einstelligen Funktion ist, bei beliebiger Wahl der Ziffer $\mathfrak{n}$ für eine geeignet gewählte Ziffer $\mathfrak{r}$. Zugleich ist dann für jede Ziffer $\mathfrak{r}$, für welche die Beziehung $\mathfrak{h}(\mathfrak{l}, \mathfrak{n}, \mathfrak{r}) = 0$ besteht, $\nu(\mathfrak{r}, 0)$ gleich dem Wert der betreffenden durch die quasirekursive Definition bestimmten Funktion für das Argument $\mathfrak{n}$.

Wir wollen für die hierbei auftretende rekursive Funktion $\nu(m, 0)$ das Funktionszeichen $\nu_0(m)$ verwenden.

Vereinigen wir nun das erhaltene Ergebnis mit unserer Feststellung über die Ableitungen im Formalismus (Z^0), so ergibt sich, daß für eine Ziffer $\mathfrak{l}$, welche die Nummer einer normierten quasirekursiven Definition ist, und für eine beliebige Ziffer $\mathfrak{n}$ im Formalismus (Z^0) die Gleichung

$$\tilde{\mu}_x \mathfrak{h}(\mathfrak{l}, \mathfrak{n}, x) = \mathfrak{e}$$

ableitbar ist, worin $\mathfrak{e}$ die kleinste der Ziffern $\mathfrak{r}$ ist, für welche $\mathfrak{h}(\mathfrak{l}, \mathfrak{n}, \mathfrak{r})$ den Wert 0 hat; aus dieser Gleichung ist weiter in (Z^0) die Gleichung

$$\nu_0(\tilde{\mu}_x \mathfrak{h}(\mathfrak{l}, \mathfrak{n}, x)) = \mathfrak{k}$$

ableitbar, worin $\mathfrak{k}$ die Ziffer ist, welche den Wert der durch das Gleichungssystem mit der Nummer $\mathfrak{l}$ definierten quasirekursiven Funktion für das Argument $\mathfrak{n}$ bildet. Andererseits kann wegen der numerischen Widerspruchsfreiheit des Formalismus (Z^0) für keine von $\mathfrak{k}$ verschiedene Ziffer $\mathfrak{s}$ die Gleichung

$$\nu_0(\tilde{\mu}_x \mathfrak{h}(\mathfrak{l}, \mathfrak{n}, x)) = \mathfrak{s}$$

in (Z^0) ableitbar sein.

Somit erhalten wir im Formalismus (Z^0) für jede quasirekursive, also für jede regelrecht auswertbare einstellige Funktion eine Art von

Normaldarstellung in der Form

$$\nu_0\left(\tilde{\mu}_x \mathfrak{h}(\mathfrak{l}, n, x)\right).$$

Dabei ist die einzelne regelrecht auswertbare Funktion durch die Ziffer $\mathfrak{l}$ charakterisiert, während die rekursive Funktion $\mathfrak{h}(l, n, a)$ unabhängig von der darzustellenden Funktion bestimmt ist.

Übrigens wird nicht nur für jede Ziffer $\mathfrak{l}$, welche die Nummer einer normierten quasirekursiven Definition ist, durch den Term $\nu_0\left(\tilde{\mu}_x \mathfrak{h}(\mathfrak{l}, n, x)\right)$ eine quasirekursive und somit regelrecht auswertbare Funktion dargestellt, vielmehr ist dieses für eine Ziffer $\mathfrak{l}$ stets schon dann der Fall, wenn sich zu jeder Ziffer $\mathfrak{n}$ eine Ziffer $\mathfrak{r}$ so bestimmen läßt, daß die Gleichung $\mathfrak{h}(\mathfrak{l}, \mathfrak{n}, \mathfrak{r}) = 0$ besteht.

In der Tat haben wir ja am Ende des Abschnitts A gezeigt, daß ein Term aus (Z^0) von der Gestalt $\mathfrak{a}\left(\tilde{\mu}_x \mathfrak{b}(n, x)\right)$, wenn darin $\mathfrak{a}(n)$ und $\mathfrak{b}(n, m)$ rekursive Terme sind, die nur die angegebenen Variablen enthalten, und zu jeder Ziffer $\mathfrak{n}$ eine Ziffer $\mathfrak{r}$ bestimmt werden kann, für welche die Gleichung $\mathfrak{b}(\mathfrak{n}, \mathfrak{r}) = 0$ besteht, stets eine regelrecht auswertbare Funktion darstellt; dieses gilt also insbesondere von dem Term

$$\nu_0\left(\tilde{\mu}_{\mathfrak{x}} \mathfrak{h}(\mathfrak{l}, n, x)\right),$$

sofern die Ziffer $\mathfrak{l}$ die genannte Bedingung erfüllt.

Im Formalismus (Z^1) tritt an die Stelle des Terms $\nu_0\left(\tilde{\mu}_x \mathfrak{h}(l, n, x)\right)$ der Term

$$\nu_0\left(\mu_x(\mathfrak{h}(l, n, x) = 0)\right),$$

also ein Term der Gestalt

$$\nu_0\left(\mu_x \mathfrak{R}(l, n, x)\right)$$

mit einer rekursiven Formel $\mathfrak{R}(l, n, m)$. Durch diesen stellt sich wiederum jede regelrecht auswertbare einstellige zahlentheoretische Funktion in der Form $\nu_0\left(\mu_x \mathfrak{R}(\mathfrak{l}, n, x)\right)$, d.h. im Sinne der Ableitbarkeit der Wertgleichungen $\nu_0\left(\mu_x \mathfrak{R}(\mathfrak{l}, n, x)\right) = \mathfrak{k}$ dar, und zwar mit einer Ziffer $\mathfrak{l}$, welche die Nummer einer normierten quasirekursiven Definition dieser Funktion ist; andererseits stellt in diesem Sinne der Term $\nu_0\left(\mu_{\mathfrak{x}} \mathfrak{R}(\mathfrak{l}, n, x)\right)$ stets schon dann eine regelrecht auswertbare Funktion dar, wenn sich zu jeder Ziffer $\mathfrak{n}$ eine Ziffer $\mathfrak{r}$ bestimmen läßt, für welche die Beziehung $\mathfrak{R}(\mathfrak{l}, \mathfrak{n}, \mathfrak{r})$ besteht.

Gehen wir vom Formalismus (Z^1) zum Formalismus (Z) über, zunächst unter Hinzunahme der ι-Symbole, so können wir die früher festgestellte Vertretbarkeit der rekursiven Funktionen[1] in (Z) verwenden, ferner die explizite Definierbarkeit des μ-Symbols durch das ι-Symbol[2], und

[1] Vgl. Bd. I, S. 451 und die Definition der Vertretbarkeit einer Funktion Bd. I, S. 361f.

[2] Vgl. Bd. I, S. 403–405.

schließlich die Eliminierbarkeit der ι-Symbole. Im Ganzen ergibt sich damit die Vertretbarkeit der quasirekursiven einstelligen Funktionen in (Z). Hier wie auch bei unseren vorherigen Ergebnissen über die quasirekursiven Funktionen läßt sich, wie schon anfangs bemerkt[1], die Beschränkung auf einstellige Funktionen ohne weiteres aufheben. Es hat ja das Argument einer quasirekursiven einstelligen Funktion in der quasirekursiven Definition die Rolle eines Parameters; der Übergang zu mehreren Parametern stellt daher insofern keine grundsätzliche Erweiterung dar, als ja mit Hilfe der rekursiven Abzählungen der Zahlenpaare, der Zahlentripel usw. mehrere Parameter sich stets in einen Parameter zusammenziehen lassen[2].

Außerdem ist zu vermerken, daß die Vertretbarkeit der quasirekursiven Funktionen in den Formalismen (Z^1) und (Z), entsprechend wie die Vertretbarkeit der rekursiven Funktionen in (Z), im *erweiterten* Sinne besteht[3]. Dieses ergibt sich aufgrund der Darstellung der quasirekursiven Funktionen in der Form $\nu_0(\tilde{\mu}_x \mathfrak{h}(\mathfrak{l}, n, x))$ aus dem Umstande, daß ja mittels der Formeln für das μ-Symbol die Formeln ableitbar sind, die man durch Anwendung des Formelschemas $(\tilde{\mu})$ gewinnt[4], wenn man jeweils darin $\tilde{\mu}_x(\mathfrak{t}(x), a)$ ersetzt durch $\mu_x(\mathfrak{t}(x)=0 \mathbin{\&} a \leqq x)$, sowie $\tilde{\mu}_x \mathfrak{t}(x)$ durch $\mu_x(\mathfrak{t}(x)=0)$.

Mit der Feststellung der Vertretbarkeit der quasirekursiven Funktionen im System (Z) erhalten wir insbesondere einen Beweis unter allgemeinerem Gesichtspunkt für die anderweitig festgestellte[5] Tatsache, daß die durch verschränkte (mehrfache) Rekursionen eingeführten Funktionen sich im System (Z) bei Hinzunahme von Kennzeichnungen (ι-Symbolen) explicite definieren lassen.

Eine Konsequenz der erhaltenen Normaldarstellung für die regelrecht auswertbaren Funktionen ist, daß jede dieser Funktionen nicht nur im Formalismus (Z^0), sondern noch in einem engeren Formalismus auswertbar ist. Nämlich wir brauchen ja, um für jede gegebene Ziffer $\mathfrak{l}$, welche die Nummer einer normierten quasirekursiven Definition ist, die Funktion $\nu_0(\tilde{\mu}_x \mathfrak{h}(\mathfrak{l}, n, x))$ auswerten zu können, keineswegs den vollen Formalismus (Z^0), vielmehr genügen anstatt des allgemeinen Schemas der primitiven Rekursion die endlich vielen Rekursionsgleichungen, welche in den rekursiven Definitionen für die in $\mathfrak{h}$ (l, n, r) vorkommenden Funktionszeichen auftreten, anstatt des Formelschemas $(\tilde{\mu})$ und der daran sich schließenden expliziten Definition des Symbols $\tilde{\mu}_x \mathfrak{t}(x)$ genügen

---

[1] Vgl. S. 406, Fußnote 2.

[2] Vgl. die Überlegung betreffend Parameter in rekursiven Definitionen Bd. I, S. 329.

[3] Vgl. Bd. I, S. 452ff.

[4] Vgl. S. 409 und 413.

[5] Vgl. hierzu Bd. I, S. 430—431.

die Formeln

$$(\vartheta) \qquad \begin{cases} \vartheta(l, n, a) = \alpha(\mathfrak{h}(l, n, a)) \cdot \vartheta(l, n, a') + \beta(\mathfrak{h}(l, n, a)) \cdot a \\ \vartheta^*(l, n) = \nu_0(\vartheta(l, n, 0)), \end{cases}$$

durch welche die Funktionszeichen $\vartheta(l, n, a)$, $\vartheta^*(l, n)$ eingeführt werden, nebst den rekursiven Definitionen für die in diesen Gleichungen auftretenden Funktionszeichen α, β, $+$, $\cdot$, ν_0; und das Schema der expliziten Definition kann weggelassen werden.

Auf diese Weise gelangen wir zu einem Formalismus „(Z_{00})" von folgenden Eigenschaften:

1. Er läßt sich durch Einschränkung des Formalismus (Z^0) gewinnen. [Die hinzugefügten Ausgangsgleichungen (ϑ) sind ja in (Z^0) mittels expliziter Definitionen für die Symbole $\vartheta(l, n, a)$ und $\vartheta^*(l, n)$ ableitbar.] Demgemäß folgt aus der numerischen Widerspruchsfreiheit von (Z^0) diejenige von (Z_{00}).

2. Er ist vom Charakter derjenigen zuvor betrachteten Formalismen, in denen sich die Auswertung einer quasirekursiven Funktion auf Grund ihres definierenden Gleichungssystems vollzieht. Nämlich jede Formel ist eine Gleichung zwischen Termen, die Terme sind aus dem Symbol 0, dem Strichsymbol, Individuenvariablen und Funktionszeichen gebildet; es ist eine endliche Anzahl von Ausgangsgleichungen gegeben, und die Ableitungen erfolgen mittels der Einsetzungsregel und des Ersetzungsschemas[1]. Wir können daher die bei der Betrachtung der quasirekursiven Definitionen aufgestellte Nummernzuordnung und die mit Bezug auf diese Zuordnungen bestimmten rekursiven Darstellungen für den Formalismus (Z_{00}) verwenden.

3. Jede regelrecht auswertbare einstellige Funktion ist in (Z_{00}) auswertbar. Denn jede solche Funktion ist ja quasirekursiv, und wenn $\mathfrak{l}$ die Nummer einer normierten quasirekursiven Definition für sie ist, so stellt sie sich in (Z_{00}) durch den Term $\vartheta^*(\mathfrak{l}, n)$ in der Weise dar, daß für jede Ziffer $\mathfrak{n}$ eine Ziffer $\mathfrak{r}$, und zwar wegen der numerischen Widerspruchsfreiheit von (Z_{00}) nur eine solche Ziffer, so bestimmt werden kann, daß die Gleichung

$$\vartheta^*(\mathfrak{l}, \mathfrak{n}) = \mathfrak{r}$$

in (Z_{00}) ableitbar ist.

Aus der Eigenschaft 2. des Formalismus (Z_{00}) können wir nun noch die Umkehrung der Feststellung 3. entnehmen: daß *jede in (Z_{00}) auswertbare einstellige Funktion regelrecht auswertbar* ist. Zum Nachweis hierfür zeigen wir, daß bei jeder Auswertung einer Funktion in (Z_{00}) die drei Rekursivitätsbedingungen mit Bezug auf die unter 2. genannte Nummernzuordnung erfüllt sind.

Die Erfüllung der ersten dieser Bedingungen ergibt sich folgendermaßen: Werden die endlich vielen Ausgangsgleichungen von (Z_{00}) in eine Reihe geordnet, und ist $\mathfrak{z}$ die Nummer dieser Formelreihe, so stellt

[1] Das Vertauschungsschema ist in (Z_{00}) so wie in (Z^0) ableitbar.

sich die notwendige und hinreichende Bedingung dafür, daß die Formelreihe mit der Nummer $\mathfrak{m}$ eine Ableitung in (Z_{00}) für die Gleichung mit der Nummer $\mathfrak{n}$ bildet, in Abhängigkeit von $\mathfrak{m}$ und $\mathfrak{n}$, durch diejenige rekursive Formel $\mathfrak{B}_0(\mathfrak{z}, m, n)$ dar, die aus der vorhin so bezeichneten Formel $\mathfrak{B}(l, m, n)$ durch Weglassen des auf das Vertauschungsschema bezüglichen Gliedes $\mathfrak{Q}_1(\nu(m, y), \nu(m, x))$ und Ersetzung der Variablen l durch die Ziffer $\mathfrak{z}$ hervorgeht.

Hieraus aber folgt, wie wir wissen, daß die Nummern der in (Z_{00}) ableitbaren Formeln den Wertvorrat einer rekursiven Funktion $\mathfrak{j}_0(n)$ bilden. Wir können die Funktion $\mathfrak{j}_0(n)$ z. B. folgendermaßen bestimmen: Die Formel $\mathfrak{B}_0(\mathfrak{z}, m, n)$ hat die Gestalt einer Gleichung $\mathfrak{b}_0(m, n) = 0$ mit einem rekursiven Term $\mathfrak{b}_0(m, n)$. Setzen wir

$$\mathfrak{j}_0(n) = \alpha\left(\mathfrak{b}_0(\nu(n, 0), \nu(n, 1))\right) \cdot \nu(\mathfrak{z}, 0) + \beta\left(\mathfrak{b}_0(\nu(n, 0), \nu(n, 1))\right) \cdot \nu(n, 1),$$

so ist für eine Ziffer $\mathfrak{n}$, falls der Wert von $\nu(\mathfrak{n}, 0)$ die Nummer einer Formelreihe in (Z_{00}) ist, die eine Ableitung der Formel mit der Nummer $\nu(\mathfrak{n}, 1)$ bildet, $\mathfrak{j}_0(\mathfrak{n}) = \nu(\mathfrak{n}, 1)$, andernfalls ist $\mathfrak{j}_0(\mathfrak{n}) = \nu(\mathfrak{z}, 0)$. In beiden Fällen ist der Wert von $\mathfrak{j}_0(\mathfrak{n})$ die Nummer einer in (Z_{00}) ableitbaren Formel; nämlich $\nu(\mathfrak{z}, 0)$ ist ja gleich der Nummer der ersten Formel in der Reihe der Ausgangsformeln von (Z_{00}). Ist andererseits $\mathfrak{r}$ die Nummer irgendeiner in (Z_{00}) ableitbaren Formel und $\mathfrak{m}$ die Nummer einer Formelreihe, die eine Ableitung in (Z_{00}) für jene Formel bildet, so ist

$$\mathfrak{b}_0(\mathfrak{m}, \mathfrak{r}) = 0$$

$$\alpha(\mathfrak{b}_0(\mathfrak{m}, \mathfrak{r})) = 0, \qquad \beta(\mathfrak{b}_0(\mathfrak{m}, \mathfrak{r})) = 1$$

$$\nu(2^{\mathfrak{m}} \cdot 3^{\mathfrak{r}}, 0) = \mathfrak{m}, \qquad \nu(2^{\mathfrak{m}} \cdot 3^{\mathfrak{r}}, 1) = \mathfrak{r}$$

und daher

$$\mathfrak{j}_0(2^{\mathfrak{m}} \cdot 3^{\mathfrak{r}}) = \mathfrak{r}.$$

Somit kommt unter den Werten von $\mathfrak{j}_0(\mathfrak{n})$ jede Nummer einer in (Z_{00}) ableitbaren Formel, aber auch keine andere Zahl vor.

Was die zweite Rekursivitätsbedingung betrifft, so ist diese folgendermaßen als erfüllt zu erkennen: sei eine in (Z_{00}) auswertbare Funktion in diesem Formalismus durch den Term $\mathfrak{t}(n)$ repräsentiert; sei $\mathfrak{s}$ die Nummer dieses Terms und $\mathfrak{p}$ die Nummer der Variablen n; dann läßt sich mit Hilfe der rekursiven Funktion $st(m, k, l)$, die wir anläßlich der Bildung der Formel $\mathfrak{B}(l, m, n)$ definiert haben, das Prädikat „m ist die Nummer einer Gleichung $\mathfrak{t}(k) = r$ mit der Ziffer k und einer Ziffer r" in das folgende rekursive Prädikat von m und k übersetzen: „es gibt eine Zahl $x < m$, für welche

$$m = 10 \cdot 7^{st(\mathfrak{s}, \mathfrak{p}, 8 \cdot 3^{k})} \cdot 11^{8 \cdot 3^{x}}\text{"}.$$

Endlich ist die Erfüllung der dritten Rekursivitätsbedingung ganz ebenso wie bei der Betrachtung der quasirekursiven Definitionen direkt zu ersehen.

Hiermit ist nun unsere Behauptung, daß jede in (Z_{00}) auswertbare einstellige Funktion regelrecht auswertbar ist, als zutreffend erkannt, und auf Grund der Feststellung 3. über den Formalismus (Z_{00}) ergibt sich daher, daß der Bereich der in (Z_{00}) auswertbaren mit dem der regelrecht auswertbaren einstelligen Funktion zusammenfällt, der ja wiederum, wie wir wissen, mit dem Bereich der quasirekursiven einstelligen Funktionen übereinstimmt.

Bemerkung. Auch für den Formalismus (Z^0) läßt sich zeigen, daß jede in ihm auswertbare einstellige Funktion regelrecht auswertbar ist. Der Nachweis hierfür ist aber mühsamer als bei dem Formalismus (Z_{00}).

Unter den Folgerungen, die sich aus den erhaltenen Ergebnissen entnehmen lassen, sind insbesondere solche, die auf dem CANTORschen Diagonalverfahren beruhen. Die Anwendung dieses Verfahrens wird hier durch den Umstand gewissermaßen herausgefordert, daß in der Darstellung der quasirekursiven einstelligen Funktionen durch den Term $\vartheta^*(\mathfrak{l}, n)$ eine umkehrbar eindeutige Abbildung — in der Ausdrucksweise der Mengenlehre gesprochen — der Gesamtheit jener Funktionen auf eine Teilgesamtheit der Zahlenreihe vorliegt.

Auf diesem Wege ergibt sich insbesondere der folgende von KLEENE[1] bewiesene Satz:

Es kann keine solche regelrecht auswertbare Funktion geben, die als inhaltliche Deutung des Terms $\mu_x(\mathfrak{h}(n, n, x) = 0)$ aus dem Formalismus (Z^1) dienen könnte; vielmehr läßt sich zu jeder regelrecht auswertbaren einstelligen Funktion $\mathfrak{f}(n)$ eine Ziffer $\mathfrak{l}$ angeben, für welche die Formel
$$\mu_x(\mathfrak{h}(\mathfrak{l}, \mathfrak{l}, x) = 0) \neq \mathfrak{n}$$
mit derjenigen Ziffer $\mathfrak{n}$, die den Wert von $\mathfrak{f}(\mathfrak{l})$ bildet, im Formalismus (Z^1) ableitbar ist.

Denn jede regelrecht auswertbare einstellige Funktion $\mathfrak{f}(n)$ ist ja in (Z_{00}) auswertbar, und das gleiche gilt daher von der Funktion $\nu_0(\mathfrak{f}(n)) + 1$. Diese ist daher auch quasirekursiv, und es läßt sich für sie eine normierte quasirekursive Definition bestimmen. Sei $\mathfrak{l}$ die Nummer dieser quasirekursiven Definition, so wird die Funktion $\nu_0(\mathfrak{f}(n)) + 1$ in (Z_{00}) durch den Term $\vartheta^*(\mathfrak{l}, n)$ dargestellt, und es ist daher insbesondere, wenn $\mathfrak{n}$ der Wert von $\mathfrak{f}(\mathfrak{l})$ ist, die Gleichung
$$\vartheta^*(\mathfrak{l}, \mathfrak{l}) = \nu_0(\mathfrak{n}) + 1$$
sowie auch die Gleichung
$$\nu_0(\vartheta(\mathfrak{l}, \mathfrak{l}, 0)) = \nu_0(\mathfrak{n}) + 1$$
in (Z_{00}) ableitbar. Entsprechend ist im Formalismus (Z^0) die Gleichung
$$\nu_0(\tilde{\mu}_x \mathfrak{h}(\mathfrak{l}, \mathfrak{l}, x)) = \nu_0(\mathfrak{n}) + 1$$
und in (Z^1) die Gleichung
$$\nu_0(\mu_x(\mathfrak{h}(\mathfrak{l}, \mathfrak{l}, x) = 0)) = \nu_0(\mathfrak{n}) + 1$$

[1] In der vorhin zitierten Abhandlung „General recursive functions of natural numbers", Satz XIV.

ableitbar. Aus dieser Gleichung aber ergibt sich im Formalismus (Z^1) mit Hilfe der in der rekursiven Zahlentheorie, also erst recht in (Z^1) ableitbaren Formel

$$\nu_0(a) = \nu_0(b) + 1 \rightarrow a \neq b$$

die Formel

$$\mu_x(\mathfrak{h}(\mathfrak{l}, \mathfrak{l}, x) = 0) \neq \mathfrak{n}.$$

Auf Grund der Widerspruchsfreiheit des Formalismus (Z^1) folgt zugleich, daß die Formel

$$\mu_x(\mathfrak{h}(\mathfrak{l}, \mathfrak{l}, x) = 0) = \mathfrak{n}$$

in (Z^1) nicht ableitbar sein kann.

Durch den hiermit bewiesenen Satz wird ein Beispiel einer im Sinn der üblichen Mathematik, d. h. der inhaltlichen Anwendung des „tertium non datur“ für die ganzen Zahlen, eindeutig definierten einstelligen zahlentheoretischen Funktion geliefert, welche sich von jeder regelrecht auswertbaren Funktion in mindesten einem der Funktionswerte unterscheidet. Diese Funktion hat übrigens die Form $\mu_x \mathfrak{R}(n, x)$, wobei $\mathfrak{R}(n, a)$ eine rekursive Formel ist, und sie wird bei Anwendung des „tertium non datur“ inhaltlich definiert als diejenige Funktion, die einer Zahl $\mathfrak{n}$, welche zu mindestens einer Zahl $\mathfrak{r}$ in der Beziehung $\mathfrak{R}(\mathfrak{n}, \mathfrak{r})$ steht, die kleinste unter den Zahlen $\mathfrak{r}$ von dieser Eigenschaft, jeder anderen Zahl aber den Wert 0 zuordnet.

Es gelten nun noch mannigfache weitere Sätze betreffend die Unmöglichkeit, gewisse Zuordnungen durch regelrecht auswertbare Funktionen zu verwirklichen. Als ein besonders prägnantes Ergebnis dieser Art wollen wir hier noch einen Satz von Alonzo Church über das Entscheidungsproblem des Prädikatenkalkuls besprechen.

C. Die Unmöglichkeit einer allgemeinen Lösung des Entscheidungsproblems für den Prädikatenkalkul.

Das Entscheidungsproblem des Prädikatenkalkuls in seiner beweistheoretischen Fassung — wir wollen diese für das folgende zugrunde legen — betrifft die Untersuchung von Formeln des Prädikatenkalkuls auf ihre Ableitbarkeit. Eine allgemeine Lösung dieses Entscheidungsproblems würde in der Angabe eines Verfahrens bestehen, an Hand dessen wir von einer beliebig vorgelegten Formel des Prädikatenkalkuls entscheiden können, ob sie ableitbar ist oder nicht.

Nun ist der Begriff eines Entscheidungsverfahrens unscharf. Die Klärung des Begriffs der „Entscheidbarkeit einer mathematischen Frage durch eine endliche Anzahl von Operationen“ ist eine der Aufgaben, die von Hilbert in seinem Vortrag „axiomatisches Denken“[1] für eine Theorie des mathematischen Beweises gestellt wurde.

[1] Gehalten in Zürich 1917, veröffentlicht in den Math. Ann. Bd. 78, Heft 3/4.

Im vorliegenden Fall, wie auch in analogen Fällen, läßt sich die Charakterisierung eines Entscheidungsverfahrens auf die eines Berechnungsverfahrens für eine zahlentheoretische Funktion zurückführen. Nämlich vermöge unserer Nummernzuordnung für den Prädikatenkalkul ist ja jede Formel des Prädikatenkalkuls durch ihre Nummer gekennzeichnet, die man aus der vorgelegten Formel leicht bestimmen kann und aus der auch umgekehrt die Formel zu entnehmen ist.

Auch können wir von einer Zahl sofort erkennen, ob sie die Nummer einer Formel des Prädikatenkalkuls ist oder nicht. Das Verfahren dieser Feststellung haben wir früher, im § 4, in die Form einer rekursiven Definition des Begriffs „Formel des Prädikatenkalkuls" gebracht.

Nehmen wir nun an, es stehe uns ein Verfahren zur Entscheidung über die Ableitbarkeit einer beliebig vorgelegten Formel des Prädikatenkalkuls zur Verfügung, so könnten wir von einer gegebenen Zahl zunächst entscheiden, ob sie überhaupt Nummer einer Formel ist. Wenn dieses zutrifft, so könnten wir die betreffende Formel herstellen und von ihr entscheiden, ob sie ableitbar ist. Im Fall der Ableitbarkeit der Formel könnte dann jener Zahl der Wert 0, in den übrigen Fällen der Wert 1 zugeordnet werden. Damit würde ein Berechnungsverfahren für eine einstellige zahlentheoretische Funktion gegeben sein, die jeder Zahl, welche die Nummer einer ableitbaren Formel des Prädikatenkalkuls ist, den Wert 0, jeder anderen Zahl den Wert 1 zuordnet. Umgekehrt würde, sofern ein Berechnungsverfahren für eine derartige zahlentheoretische Funktion bekannt wäre, damit ein Verfahren zur Entscheidung über die Ableitbarkeit einer beliebig vorgelegten Formel des Prädikatenkalkuls gegeben sein.

Wir wollen allgemein eine einstellige zahlentheoretische Funktion, die mit Bezug auf einen deduktiven Formalismus F und eine Nummernzuordnung für die Ausdrücke von F die Eigenschaft besitzt, daß ihr Wert für eine Zahl, welche die Nummer einer ableitbaren Formel aus F ist, gleich 0 und für jede andere Zahl gleich 1 ist, eine (zu der betreffenden Nummernzuordnung gehörige) „Entscheidungsfunktion für F" nennen.

Mit dieser Bezeichnung spricht sich das Ergebnis der eben angestellten Erwägung dahin aus: Eine allgemeine Lösung des Entscheidungsproblems für den Prädikatenkalkul kommt der Auffindung eines Verfahrens zur Berechnung der Werte einer Entscheidungsfunktion für den Prädikatenkalkul (mit Bezug auf unsere Nummernzuordnung für diesen) gleich.

Hier können wir nun unsere Verschärfung des Begriffs der berechenbaren zu dem der regelrecht auswertbaren einstelligen zahlentheoretischen Funktion anwenden. Dadurch erhält die Frage der allgemeinen Lösbarkeit des Entscheidungsproblems für den Prädikatenkalkul die schärfere Fassung: Läßt sich für den Prädikatenkalkul und unsere für ihn festgesetzte Nummernzuordnung eine regelrecht auswertbare Entscheidungsfunktion angeben?

Diese Frage beantwortet sich, wie CHURCH gezeigt hat[1], im verneinenden Sinn. Wir wollen hier den Nachweis in einer etwas veränderten Form erbringen.

Dazu verwenden wir den folgenden *Hilfssatz:* Es gibt für den Formalismus (Z_{00}) und unsere für ihn festgesetzte Nummernzuordnung keine regelrecht auswertbare Entscheidungsfunktion.

Dieses läßt sich mittels einer Argumentation von ROSSER[2], welche der GÖDELschen Verschärfung der Antinomie des Lügners nachgebildet ist, folgendermaßen zeigen: Eine regelrecht auswertbare Entscheidungsfunktion für (Z_{00}) müßte sich in (Z_{00}) durch einen Term $\mathfrak{t}(n)$ darstellen.

Die rekursive Funktion $st(k, \mathfrak{p}, 8\cdot 3^k)$, worin $\mathfrak{p}$ die Nummer der Variablen a sei, stellt sich in (Z_{00}) durch einen Term $\mathfrak{s}(k)$ dar[3]. Wenn $\mathfrak{k}$ die Nummer eines Ausdrucks $\mathfrak{A}$ aus (Z_{00}) ist, so ist der Wert von $\mathfrak{s}(\mathfrak{k})$ die Nummer desjenigen Ausdrucks, der aus $\mathfrak{A}$ entsteht, indem die Variable a, wo sie in $\mathfrak{A}$ vorkommt, durch die Ziffer $\mathfrak{k}$ ersetzt wird. $\mathfrak{l}$ sei die Nummer der Formel

$$\mathfrak{t}(\mathfrak{s}(a)) = 0'$$

und $\mathfrak{m}$ die Nummer der Formel

$$\mathfrak{t}(\mathfrak{s}(\mathfrak{l})) = 0';$$

dann hat $\mathfrak{s}(\mathfrak{l})$ den Wert $\mathfrak{m}$, und die Gleichung $\mathfrak{s}(\mathfrak{l}) = \mathfrak{m}$ ist in (Z_{00}) ableitbar.

Betrachten wir nun den Wert von $\mathfrak{t}(\mathfrak{m})$. Nach unserer Annahme, daß $\mathfrak{t}(n)$ eine Entscheidungsfunktion für (Z_{00}) ist, müßte dieser Wert gleich 0 oder 1 sein, je nachdem die Formel mit der Nummer $\mathfrak{m}$, d. h. die Formel

$$\mathfrak{t}(\mathfrak{s}(\mathfrak{l})) = 0'$$

in (Z_{00}) ableitbar ist oder nicht. Es kann jedoch keiner der beiden Fälle vorliegen. Nämlich, wenn $\mathfrak{t}(\mathfrak{m})$ den Wert 0 hätte, so müßte einerseits, weil ja die Funktion $\mathfrak{t}(n)$ in (Z_{00}) auswertbar ist, die Gleichung

$$\mathfrak{t}(\mathfrak{m}) = 0$$

---

[1] Siehe A. CHURCH: „A note on the Entscheidungsproblem." J. of symb. logic Bd. 1 (1936) Nr. 1 und die Berichtigung dazu Bd. 1 (1936) Nr. 3. Ein anderer kurz nach der Abhandlung von CHURCH erschienener Beweis stammt von A. M. TURING, der sich auf seine Theorie der nach ihm benannten Maschinen stützt. Vgl. „On Computable Numbers, with an Application to the Entscheidungsproblem". Proc. Lond. Math. Soc. Serie 2, Bd. 42, 1937; siehe insbes. S. 259—265).

[2] Siehe J. B. ROSSER: „Extensions of some theorems of GÖDEL and CHURCH." J. of symb. logic Bd. 1 (1936) Nr. 3, Theorem III.

[3] Der Term $\mathfrak{s}(\mathfrak{k})$ kann in (Z_{00}) sogar als ein rekursiver gewählt werden, da ja die rekursive Definition der Funktion $st(m, k, l)$ in derjenigen der Funktion $\mathfrak{h}(l, n, r)$ auftritt und somit in den Ausgangsformeln des Formalismus (Z_{00}) enthalten ist.

in (Z_{00}) ableitbar sein, andererseits, da $\mathfrak{t}(n)$ eine Entscheidungsfunktion für (Z_{00}) ist, die Formel

$$\mathfrak{t}(\mathfrak{s}(\mathfrak{l})) = 0'$$

und daher auch die Formel

$$\mathfrak{t}(\mathfrak{m}) = 0'$$

in (Z_{00}) ableitbar sein. Dann aber wäre die Gleichung $0 = 0'$ in (Z_{00}) ableitbar, während doch dieser Formalismus numerisch widerspruchsfrei ist.

Wenn aber $\mathfrak{t}(\mathfrak{m})$ den Wert 1 hätte, so müßte wegen der Auswertbarkeit von $\mathfrak{t}(n)$ in (Z_{00}) die Gleichung

$$\mathfrak{t}(\mathfrak{m}) = 0'$$

in (Z_{00}) ableitbar sein, und mit Hilfe von dieser auch die Formel

$$\mathfrak{t}(\mathfrak{s}(\mathfrak{l})) = 0';$$

dann aber müßte, gemäß der Eigenschaft der Funktion $\mathfrak{t}(n)$ als Entscheidungsfunktion für (Z_{00}), $\mathfrak{t}(\mathfrak{m})$ den Wert 0 haben, was der gemachten Annahme widerstreitet.

Bemerkung. Bei dieser Beweisführung werden von dem Formalismus (Z_{00}) nur wenige Eigenschaften benutzt. In der Tat läßt sich das Ergebnis wesentlich allgemeiner als durch den aufgestellten Hilfssatz folgendermaßen formulieren: Es sei F ein widerspruchsfreier deduktiver Formalismus, in welchem das Ersetzungsschema sowie das Vertauschungsschema als Grundschema oder als ableitbares Schema enthalten ist und in welchem eine solche einstellige zahlentheoretische Funktion auswertbar ist, die, mit Bezug auf eine gewisse umkehrbar eindeutige Nummernzuordnung für die Ausdrücke von F und eine bestimmte Zahlenvariable $\mathfrak{a}$, einer Zahl $\mathfrak{k}$, welche die Nummer eines Ausdrucks $\mathfrak{K}$ aus F bildet, die Nummer desjenigen Ausdrucks zuordnet, der aus $\mathfrak{K}$ entsteht, indem die Variable $\mathfrak{a}$, wo sie in $\mathfrak{K}$ auftritt, durch die Ziffer $\mathfrak{k}$ ersetzt wird; dann kann es für den Formalismus F und jene Nummernzuordnung für F keine in F auswertbare Entscheidungsfunktion geben[1]. (Hierbei ist von dem Formalismus F nicht vorausgesetzt, daß die Nummern der in ihm ableitbaren Formeln auf Grund einer Nummernzuordnung die Werte einer rekursiven Funktion bilden.)

Aus der erwiesenen Unmöglichkeit der Aufzeigung einer regelrecht auswertbaren Entscheidungsfunktion für den Formalismus (Z_{00}) soll nun gefolgert werden, daß es auch für den Formalismus des Prädikatenkalkuls keine regelrecht auswertbare Entscheidungsfunktion geben kann[2].

---

[1] Diese Feststellung steht in naher Beziehung zu dem Theorem 1 in Teil II der Monographie „Undecidable Theories" von ANDRZEJ MOSTOWSKI, RAPHAEL M. ROBINSON und ALFRED TARSKI (Studies in Logic, Amsterdam 1953), S. 46.

[2] Die folgende Überlegung ist der Beweisführung von CHURCH entnommen.

Dazu machen wir Gebrauch von der Tatsache, daß auf Grund unserer Nummernzuordnung für den Formalismus (Z_{00}) die Nummern der in (Z_{00}) ableitbaren Formeln die Werte einer rekursiven Funktion $\mathfrak{j}_0(n)$ bilden.

Hiernach ist eine Zahl $\mathfrak{n}$ dann und nur dann die Nummer einer in (Z_{00}) ableitbaren Formel, wenn sich eine Zahl $\mathfrak{m}$ bestimmen läßt, für welche die Gleichung

$$\mathfrak{j}_0(\mathfrak{m}) = \mathfrak{n}$$

gilt. Dieses aber ist dann und nur dann der Fall, wenn die Formel

$$(E\,x)\left(\mathfrak{j}_0(x) = \mathfrak{n}\right)$$

in demjenigen Formalismus „G" ableitbar ist, der aus dem Prädikatenkalkul durch Hinzunahme der bei der Definition von $\mathfrak{j}_0(n)$ benutzten Rekursionsgleichungen und der Gleichheitsaxiome

$$a = a\,, \qquad a = b \rightarrow \left(A\,(a) \rightarrow A\,(b)\right)$$

hervorgeht.

Nämlich im Fall des Bestehens der Gleichung $\mathfrak{j}_0(\mathfrak{m}) = \mathfrak{n}$ ist ja diese Gleichung und somit auch die Formel $(E\,x)\left(\mathfrak{j}_0(x) = \mathfrak{n}\right)$ in G ableitbar. Umgekehrt folgt im Fall der Ableitbarkeit dieser Formel G auf Grund des im § 1 bewiesenen Wf.-Theorems[1], daß sich eine Zahl $\mathfrak{m}$ bestimmen läßt, für welche die Gleichung $\mathfrak{j}_0(\mathfrak{m}) = \mathfrak{n}$ besteht.

Nun ist ferner, gemäß unseren früheren Feststellungen über die Möglichkeit der Ausschaltung der Funktionszeichen bei der Untersuchung der Ableitbarkeiten[2], die Ableitbarkeit der Formel $(E\,x)\left(\mathfrak{j}_0(x) = \mathfrak{n}\right)$ in G gleichbedeutend mit der Ableitbarkeit einer gewissen von Funktionszeichen freien Formel $\mathfrak{K}$ in einem Formalismus G_1, den wir aus G erhalten, indem wir zunächst das Strichsymbol sowie die übrigen Funktionszeichen ausschalten und an ihrer Stelle entsprechende Prädikatensymbole mit je einer zusätzlichen Argumentstelle einführen, ferner für jedes an Stelle eines Funktionszeichens $\mathfrak{f}(\mathfrak{a}_1, \ldots, \mathfrak{a}_\mathfrak{r})$ eingeführte Prädikatensymbol $\mathfrak{P}(\mathfrak{a}_1, \ldots, \mathfrak{a}_\mathfrak{r}, \mathfrak{a})$ mit dem zusätzlichen Argument $\mathfrak{a}$ die „Unitätsformeln"

$$(E\,x)\;\mathfrak{P}(\mathfrak{a}_1, \ldots, \mathfrak{a}_\mathfrak{r}, x)$$

$$(x)\,(y)\left(\mathfrak{P}(\mathfrak{a}_1, \ldots, \mathfrak{a}_\mathfrak{r}, x)\,\&\,\mathfrak{P}(\mathfrak{a}_1, \ldots, \mathfrak{a}_\mathfrak{r}, y) \rightarrow x = y\right)$$

als Axiome nehmen und die Rekursionsgleichungen durch solche von Funktionszeichen freie Axiome ersetzen, in die jene Gleichungen überführbar sind, wenn für jedes der zu eliminierenden Funktionszeichen die entsprechende Äquivalenz

$$A\left(\mathfrak{f}(\mathfrak{a}_1, \ldots, \mathfrak{a}_\mathfrak{r})\right) \sim (x)\left(\mathfrak{P}(\mathfrak{a}_1, \ldots, \mathfrak{a}_\mathfrak{r}, x) \rightarrow A\,(x)\right)$$

verwendet wird.

---

[1] Vgl. die Anwendung des Wf.-Theorems auf zahlentheoretische Formalismen § 2, Teil 1, insbes. S. 55 unten bis 56.

[2] Vgl. S. 144—146 bzw. Bd. I, S. 455—461.

Die betreffende Formel $\mathfrak{K}$ in G_1 ist dabei eine solche, die durch Anwendung der eben genannten Äquivalenzen in die Formel $(E\,x)\,(\mathfrak{j}_0(x) = \mathfrak{n})$ überführbar ist. Ist „$Sq(a, b)$“ das an Stelle des Strichsymbols eingeführte Prädikatensymbol, so kann die Formel $\mathfrak{K}$ in der Gestalt

$$(\mathfrak{x}_1) \cdots (\mathfrak{x}_{\mathfrak{n}-1})\,(x)\,(Sq(0, \mathfrak{x}_1)\;\&\; Sq(\mathfrak{x}_1, \mathfrak{x}_2)\;\&\cdots\&\; Sq(\mathfrak{x}_{\mathfrak{i}}, \mathfrak{x}_{\mathfrak{i}+1}) \cdots \\ \&\; Sq(\mathfrak{x}_{\mathfrak{n}-2}, \mathfrak{x}_{\mathfrak{n}-1})\;\&\; Sq(\mathfrak{x}_{\mathfrak{n}-1}, x) \rightarrow \mathfrak{C}(x))$$

gewählt werden. Dabei sind $\mathfrak{x}_1, \ldots, \mathfrak{x}_{\mathfrak{n}-1}$ voneinander und von x verschiedene gebundene Variablen, und der Ausdruck $\mathfrak{C}(x)$ ist von der Zahl $\mathfrak{n}$ unabhängig, also schon durch die rekursive Definition der Funktion $\mathfrak{j}_0(n)$ bestimmt. Die Formel $\mathfrak{K}$ enthält übrigens keine freie Variable.

Schließlich können wir hier noch — auf Grund des Satzes über die Vertretbarkeit des allgemeinen Gleichheitsaxioms (J_2) durch eigentliche Axiome[1] — an Stelle des Formalismus G_1 denjenigen Formalismus „G_2“ setzen, der aus G_1 hervorgeht, indem anstatt der Formel $a = b \rightarrow (A(a) \rightarrow A(b))$ die zu den Prädikatensymbolen aus G_1 bzw. ihren verschiedenen Argumentstellen gehörigen speziellen Gleichheitsformeln, einschließlich der Formel $a = b \rightarrow (a = c \rightarrow b = c)$, als Ausgangsformeln genommen werden. Das heißt, die Formel $\mathfrak{K}$ ist dann und nur dann in G_1 ableitbar, wenn sie in G_2 ableitbar ist.

Die Ableitbarkeit von $\mathfrak{K}$ in dem Formalismus G_2, der ja aus dem Prädikatenkalkul durch die Hinzunahme von Prädikatensymbolen und des Symbols 0 sowie von eigentlichen Axiomen hervorgeht, ist aber — nach einem früher bewiesenen Satz[2] — gleichbedeutend mit der Ableitbarkeit einer gewissen Formel $\mathfrak{L}$ im Prädikatenkalkul. Und zwar erhält man diese Formel $\mathfrak{L}$ aus $\mathfrak{K}$, indem man zunächst in allen Axiomen von G_2 die freien Variablen gegen gebundene (d. h. durch Allzeichen gebundene) austauscht, mit den so modifizierten Axiomen $\mathfrak{A}_1, \ldots, \mathfrak{A}_{\mathfrak{s}}$ die Formel

$$\mathfrak{A}_1\;\&\cdots\&\;\mathfrak{A}_{\mathfrak{s}} \rightarrow \mathfrak{K}$$

bildet und hierin das Symbol 0 durch die Variable a und die verschiedenen Prädikatensymbole durch verschiedene Formelvariablen ersetzt, wobei man für jedes Prädikatensymbol eine Formelvariable mit der gleichen Anzahl von Argumenten zu nehmen hat.

Beachten wir nun, daß die rekursive Definition von $\mathfrak{j}_0$ sich explizite angeben läßt, und daß sich an Hand von dieser die Axiome von G sowie auch die von G_2 und daher auch die Formeln $\mathfrak{A}_1, \ldots, \mathfrak{A}_{\mathfrak{s}}$ explizite aufstellen lassen und daß ebenso auch der Ausdruck $\mathfrak{C}(x)$ sich an Hand jener Definition ermitteln läßt, so wird ersichtlich, daß die Nummer, welche der Formel $\mathfrak{L}$ auf Grund unserer Nummernzuordnung für den Prädikatenkalkul zukommt, in Abhängigkeit von der Zahl $\mathfrak{n}$ durch eine rekursive (sogar eine ziemlich einfache) Funktion $\mathfrak{b}(\mathfrak{n})$ bestimmt ist.

---

[1] Vgl. Bd. I, S. 382—384 bzw. in diesem Band Supplement I, S. 401—402.

[2] Vgl. S. 148.

Diese Funktion hat demnach die Eigenschaft, daß ihr Wert $\mathfrak{b}(\mathfrak{n})$ für eine Zahl $\mathfrak{n}$ die Nummer einer solchen Formel des Prädikatenkalkuls bildet, die dann und nur dann ableitbar ist, wenn $\mathfrak{n}$ die Nummer einer in (Z_{00}) ableitbaren Formel ist.

Angenommen nun, es ließe sich eine regelrecht auswertbare Entscheidungsfunktion $\mathfrak{f}$ für den Prädikatenkalkul angeben, so würde die Funktion $\mathfrak{f}(\mathfrak{b}(m))$ eine solche sein, die einer jeden Zahl, welche auf Grund unserer Nummernzuordnung für (Z_{00}) die Nummer einer in (Z_{00}) ableitbaren Formel ist, den Wert 0 und jeder anderen Zahl den Wert 1 zuordnet. Außerdem wäre diese Funktion ebenso wie $\mathfrak{f}$ regelrecht auswertbar. Somit hätten wir eine regelrecht auswertbare Entscheidungsfunktion für (Z_{00}), was jedoch als unmöglich erkannt ist.

Supplement III.

Über gewisse Bereiche des Aussagenkalkuls und ihre deduktive Abgrenzung mit Hilfe von Schematen.

A. Die positiv identischen Implikationsformeln.

Wir haben im § 3 des ersten Bandes bei der Betrachtung des Aussagenkalkuls von dem gesamten Gebiet der Aussagenlogik als „positive Logik" — zunächst im Sinne einer heuristischen Charakterisierung — den Bereich derjenigen Schlußweisen ausgesondert, die unabhängig sind von der Voraussetzung, daß zu jeder Aussage ein Gegenteil existiert.

Diese Absonderung haben wir dann für die Implikationslogik formal präzisiert durch den Begriff der „positiv identischen Implikationsformel"[1], den wir mittels folgender Definitionen festlegten:

Unter einer Implikationsformel verstehen wir eine solche Formel, die sich aus den Variablen des Aussagenkalkuls (Formelvariablen ohne Argument) allein mit Hilfe des Symbols der Implikation bilden läßt. Eine Implikationsformel heißt *„regulär"*, wenn sie die Gestalt

$$\mathfrak{A}_1 \rightarrow (\mathfrak{A}_2 \rightarrow \cdots \rightarrow (\mathfrak{A}_n \rightarrow \mathfrak{B}) \ldots)$$

hat, wobei in den Formeln $\mathfrak{A}_1, \ldots, \mathfrak{A}_n, \mathfrak{B}$ jedes vorkommende Vorderglied eine Variable ist und die Formel $\mathfrak{B}$ mit einer der Formeln $\mathfrak{A}_1, \ldots, \mathfrak{A}_n$ übereinstimmt oder aus diesen Formeln allein mittels des Schlußschemas

$$\frac{\mathfrak{S},\ \mathfrak{S} \rightarrow \mathfrak{T}}{\mathfrak{T}}$$

ableitbar ist.

Eine Implikationsformel heißt *„positiv identisch"*, wenn sie entweder eine reguläre oder eine aus einer regulären Formel durch Einsetzung entstehende Formel ist oder aus solchen Formeln mittels des Schlußschemas ableitbar ist.

Gemäß dieser Begriffsbestimmung fällt der Bereich der positiv identischen Formeln mit dem Bereich derjenigen Formeln zusammen, die sich aus regulären Formeln durch Einsetzungen und Schlußschemata ableiten lassen. Dieses nämlich folgt aus dem Umstand, daß in einer Ableitung durch Einsetzungen und Schlußschemata die Einsetzungen in die Ausgangsformeln zurückverlegt werden können[2].

Verstehen wir daher unter einer „Ableitung" eine solche mit Hilfe von Einsetzungen und des Schlußschemas, so wird ein System von Aus-

[1] Vgl. Bd. I, S. 67–68. [2] Vgl. Supplement I, S. 402 unten.

gangsformeln (Axiomen) zur Ableitung aller positiv identischen Implikationsformeln und auch nur dieser durch jedes solche System von regulären Implikationsformeln gebildet, aus dem jede reguläre Implikationsformel ableitbar ist.

Als ein solches Axiomensystem haben wir dasjenige bestehend aus den drei regulären Formeln

$$A \to (B \to A)$$
$$\bigl(A \to (A \to B)\bigr) \to (A \to B)$$
$$(A \to B) \to \bigl((B \to C) \to (A \to C)\bigr)$$

— d. h. den Formeln I 1) bis 3) des im §3 aufgestellten Axiomensystems für den deduktiven Aussagenkalkul[1] — sowie dasjenige bestehend aus den zwei Formeln

$$\text{I*} \quad \begin{cases} A \to (B \to A) \\ \bigl(A \to (B \to C)\bigr) \to \bigl((A \to B) \to (A \to C)\bigr) \end{cases}$$

angegeben.

Wir wollen nun hier jene Ausführungen nach verschiedenen Richtungen ergänzen, indem wir erstens eine einfachere Charakterisierung der positiv identischen Implikationsformeln geben, zweitens den Beweis dafür nachtragen, daß die beiden eben genannten Formelsysteme tatsächlich zur Ableitung aller regulären und somit auch aller positiv identischen Formeln ausreichen, und drittens den Begriff „positiv identisch" auf solche Formeln des Aussagenkalkuls ausdehnen, die mittels der Implikation und der Konjunktion gebildet sind.

Als gemeinsames Hilfsmittel für diese Betrachtungen dient uns ein allgemeines Theorem, das eine Art der Verallgemeinerung des im § 4 bewiesenen Deduktionstheorems bildet[2] und dessen Anwendungsmöglichkeiten übrigens keineswegs auf die hier angestellten Überlegungen (und überhaupt nicht auf den Aussagenkalkul) beschränkt sind.

Dieses „*Prämissentheorem*", wie wir es nennen wollen, bezieht sich ganz allgemein auf deduktive Formalismen, für die der Begriff der „Formel" abgegrenzt ist und worin „Ableitungen" mittels gewisser Ausgangsformeln, gewisser Schemata für Ausgangsformeln und gewisser zwei- oder mehrgliedriger Schemata

$$\frac{\{\mathfrak{M}_1\}, \ldots, \{\mathfrak{M}_r\}}{\{\mathfrak{N}\}}$$

erfolgen. Dabei sind unter „$\{\mathfrak{M}_1\}$", ..., „$\{\mathfrak{M}_r\}$", „$\{\mathfrak{N}\}$" Angaben von Formelgestalten zu verstehen, in denen gewisse übereinstimmende Bestandteile der Formelgestalten als solche durch gleiche Benennung gekennzeichnet sind.

[1] Vgl. Bd. I, S. 66.

[2] Vgl. Bd. I, S. 150–154 bzw. Supplement I, S. 401. — In gewisser Hinsicht ist freilich das anzugebende Theorem spezieller als das Deduktionstheorem.

Außer den Schematen, die zu den ursprünglichen Regeln eines deduktiven Formalismus Q gehören und die wir „Grundschemata" dieses Formalismus nennen, betrachten wir auch „abgeleitete" Schemata. Ein Formelschema heiße in Q ableitbar, wenn jede Formel von der durch das Schema angegebenen Gestalt in dem Formalismus Q ableitbar ist, und ein $(\mathfrak{r}+1)$-gliedriges Schema $\frac{\{\mathfrak{M}_1\},\ldots,\{\mathfrak{M}_\mathfrak{r}\}}{\{\mathfrak{N}\}}$ heiße in Q ableitbar, wenn mit Hilfe des Formalismus Q eine Formel $\mathfrak{B}$ aus den Formeln $\mathfrak{A}_1,\ldots,\mathfrak{A}_\mathfrak{r}$ stets dann ableitbar ist, wenn die Formeln $\mathfrak{A}_1,\ldots,\mathfrak{A}_\mathfrak{r}, \mathfrak{B}$ die durch die Formelangaben $\{\mathfrak{M}_1\},\ldots,\{\mathfrak{M}_\mathfrak{r}\}, \{\mathfrak{N}\}$ ausgedrückten Gestaltsbeziehungen haben.

Die Behauptung des Prämissentheorems spricht sich nun folgendermaßen aus: Ist Q ein deduktiver Formalismus von der eben genannten Art, der die Implikation (als eine Verknüpfung von Formeln $\mathfrak{A}$, $\mathfrak{B}$ zu einer Formel $\mathfrak{A}\rightarrow\mathfrak{B}$) enthält, und ist in Q erstens das Formelschema $\mathfrak{A}\rightarrow\mathfrak{A}$, zweitens das Schema $\frac{\mathfrak{A}}{\mathfrak{B}\rightarrow\mathfrak{A}}$ und ferner für jedes $(\mathfrak{r}+1)$-gliedrige Grundschema

$$\frac{\{\mathfrak{M}_1\},\ldots,\{\mathfrak{M}_\mathfrak{r}\}}{\{\mathfrak{N}\}}$$

bei Wahl eines beliebigen, nicht in $\mathfrak{M}_1,\ldots,\mathfrak{M}_\mathfrak{r}, \mathfrak{N}$ auftretenden Mitteilungsbuchstabens, etwa $\mathfrak{P}$, das entsprechende Schema

$$\frac{\mathfrak{P}\rightarrow\{\mathfrak{M}_1\},\ldots,\mathfrak{P}\rightarrow\{\mathfrak{M}_\mathfrak{r}\}}{\mathfrak{P}\rightarrow\{\mathfrak{N}\}}$$

ein Grundschema von Q oder ein in Q ableitbares Schema, dann ist eine Formel aus Q von der Gestalt

$$\mathfrak{A}_1\rightarrow(\mathfrak{A}_2\rightarrow\cdots\rightarrow(\mathfrak{A}_\mathfrak{n}\rightarrow\mathfrak{B})\ldots)$$

stets dann in Q ableitbar, wenn mit Hilfe des Formalismus Q die Formel $\mathfrak{B}$ aus $\mathfrak{A}_1,\ldots,\mathfrak{A}_\mathfrak{n}$ ableitbar ist.

Der Nachweis für diese Behauptung ist sehr einfach. Betrachten wir zunächst den Fall, daß $\mathfrak{A}$, $\mathfrak{B}$ Formeln aus Q seien und eine Ableitung von $\mathfrak{B}$ aus $\mathfrak{A}$ nach den Regeln des Formalismus vorgelegt sei. Fügen wir dann in jeder Formel dieser Ableitung das Implikationsvorderglied $\mathfrak{A}$ hinzu, so tritt an Stelle der Formel $\mathfrak{A}$, wo sie als Ausgangsformel benutzt ist, die ableitbare Formel $\mathfrak{A}\rightarrow\mathfrak{A}$, an Stelle einer Ausgangsformel $\mathfrak{C}$ von Q die aus dieser ableitbare Formel $\mathfrak{A}\rightarrow\mathfrak{C}$ und an Stelle der Anwendung eines der Grundschemata von Q die Anwendung eines in Q ableitbaren Schemas; die Endformel $\mathfrak{B}$ geht dabei über in die Formel $\mathfrak{A}\rightarrow\mathfrak{B}$. Diese Formel ist daher in Q ableitbar.

Nun können wir die allgemeine Behauptung des Prämissentheorems leicht auf diesen Spezialfall zurückführen. Nämlich ist Q_1 der Formalismus, der aus Q hervorgeht, indem die Formeln $\mathfrak{A}_1, \ldots, \mathfrak{A}_{n-1}$ zu den Ausgangsformeln hinzugefügt werden, dann erfüllt der Formalismus Q_1 wiederum die Voraussetzungen des Theorems, ferner ist die Formel $\mathfrak{B}$ mit Hilfe des Formalismus Q_1 aus der Formel $\mathfrak{A}_n$ ableitbar. Somit ist gemäß der eben ausgeführten Überlegung die Formel $\mathfrak{A}_n \rightarrow \mathfrak{B}$ in Q_1 ableitbar. Auf dieselbe Weise erkennen wir, daß in dem Formalismus Q_2, der aus Q durch Hinzufügung der Formeln $\mathfrak{A}_1, \ldots, \mathfrak{A}_{n-2}$ zu den Ausgangsformeln hervorgeht, die Formel $\mathfrak{A}_{n-1} \rightarrow (\mathfrak{A}_n \rightarrow \mathfrak{B})$ ableitbar ist, und indem wir auf diese Art weiter folgern, gelangen wir nach n Schritten zu dem Ergebnis, daß die Formel $\mathfrak{A}_1 \rightarrow (\mathfrak{A}_2 \rightarrow \cdots \rightarrow (\mathfrak{A}_n \rightarrow \mathfrak{B}) \ldots)$ in Q ableitbar ist.

Das so gewonnene Prämissentheorem können wir nun in mannigfacher Weise verwenden. Eine erste Anwendung erhalten wir, indem wir den Formalismus betrachten, dessen Formeln die Implikationsformeln des Aussagenkalkuls sind und dessen Mittel der Ableitung die Formelschemata

$$\mathfrak{A} \rightarrow (\mathfrak{B} \rightarrow \mathfrak{A})$$

$$\big(\mathfrak{A} \rightarrow (\mathfrak{B} \rightarrow \mathfrak{C})\big) \rightarrow \big((\mathfrak{A} \rightarrow \mathfrak{B}) \rightarrow (\mathfrak{A} \rightarrow \mathfrak{C})\big)$$

und das Schlußschema $\dfrac{\mathfrak{S},\ \mathfrak{S} \rightarrow \mathfrak{T}}{\mathfrak{T}}$ bilden.

Für diesen sind die Voraussetzungen des Prämissentheorems erfüllt. Nämlich das Schema $\dfrac{\mathfrak{A}}{\mathfrak{B} \rightarrow \mathfrak{A}}$ ist direkt mittels des ersten Formelschemas und des Schlußschemas, das Schema

$$\frac{\mathfrak{P} \rightarrow \mathfrak{S},\ \mathfrak{P} \rightarrow (\mathfrak{S} \rightarrow \mathfrak{T})}{\mathfrak{P} \rightarrow \mathfrak{T}}$$

mittels des zweiten Formelschemas und des Schlußschemas ableitbar, und eine jede Formel der Gestalt $\mathfrak{A} \rightarrow \mathfrak{A}$ kann auf folgende Weise abgeleitet werden:

$$\cfrac{\cfrac{\mathfrak{A} \rightarrow \big((\mathfrak{A} \rightarrow \mathfrak{A}) \rightarrow \mathfrak{A}\big),\ \big(\mathfrak{A} \rightarrow ((\mathfrak{A} \rightarrow \mathfrak{A}) \rightarrow \mathfrak{A})\big) \rightarrow \big((\mathfrak{A} \rightarrow (\mathfrak{A} \rightarrow \mathfrak{A})) \rightarrow (\mathfrak{A} \rightarrow \mathfrak{A})\big)}{\big(\mathfrak{A} \rightarrow (\mathfrak{A} \rightarrow \mathfrak{A})\big) \rightarrow (\mathfrak{A} \rightarrow \mathfrak{A})}}{\cfrac{\mathfrak{A} \rightarrow (\mathfrak{A} \rightarrow \mathfrak{A}),\ \big(\mathfrak{A} \rightarrow (\mathfrak{A} \rightarrow \mathfrak{A})\big) \rightarrow (\mathfrak{A} \rightarrow \mathfrak{A})}{\mathfrak{A} \rightarrow \mathfrak{A}}},$$

wobei die Ausgangsformeln aus den Formelschematen — zwei aus dem ersten, eine aus dem zweiten Formelschema — entnommen werden und zweimal das Schlußschema angewandt wird.

Gemäß dem Prämissentheorem ist daher eine Implikationsformel

$$\mathfrak{A}_1 \rightarrow (\mathfrak{A}_2 \rightarrow \cdots \rightarrow (\mathfrak{A}_n \rightarrow \mathfrak{B}) \ldots)$$

stets dann in dem betrachteten Formalismus ableitbar, wenn die Formel $\mathfrak{B}$ aus $\mathfrak{A}_1, \ldots, \mathfrak{A}_n$ mit Hilfe dieses Formalismus ableitbar ist, insbesondere also dann, wenn die Formel $\mathfrak{B}$ aus den Formeln $\mathfrak{A}_1, \ldots, \mathfrak{A}_n$ allein schon mittels des Schlußschemas ableitbar ist oder mit einer dieser Formeln übereinstimmt.

Wir wollen allgemein eine Formel des Aussagenkalkuls, und insbesondere eine Implikationsformel, eine *„direkt identische"* nennen, wenn sie die Gestalt

$$\mathfrak{A}_1 \rightarrow (\mathfrak{A}_2 \rightarrow \cdots \rightarrow (\mathfrak{A}_n \rightarrow \mathfrak{B}) \ldots)$$

hat, wobei die Formel $\mathfrak{B}$ mit einer der Formeln $\mathfrak{A}_1, \ldots, \mathfrak{A}_n$ übereinstimmt oder aus diesen Formeln allein mittels des Schlußschemas abgeleitet werden kann.

Zur Rechtfertigung dieses Terminus sei zunächst darauf hingewiesen, daß gemäß der gegebenen Definition jede direkt identische Formel des Aussagenkalkuls identisch wahr, oder wie wir sagen: eine identische Formel ist. Werden nämlich in einer solchen Formel

$$\mathfrak{A}_1 \rightarrow (\mathfrak{A}_2 \rightarrow \cdots \rightarrow (\mathfrak{A}_n \rightarrow \mathfrak{B}) \ldots)$$

auf die vorkommenden Variablen die Werte w, f („wahr", „falsch") in beliebiger Weise verteilt, so erhält gemäß der Deutung der Operationen des Aussagenkalkuls als Wahrheitsfunktionen entweder eine der Formeln $\mathfrak{A}_1, \ldots, \mathfrak{A}_n$ den Wert f, und die ganze Formel erhält dann den Wert w; oder jede dieser Formeln erhält den Wert w; dann erhält auch die Formel $\mathfrak{B}$, da sie ja aus ihnen durch Anwendung des Schlußschemas ableitbar oder mit einer von ihnen gleichlautend ist, den Wert w, und somit erhält wiederum die ganze Formel den Wert w.

Unmittelbar aus der Definition der direkt identischen Formel ist zu entnehmen, daß jede reguläre Implikationsformel direkt identisch ist. Ferner ist ersichtlich, daß aus einer direkt identischen Formel durch Einsetzungen stets wieder eine direkt identische Formel erhalten wird; wir brauchen dazu nur zu berücksichtigen, daß ja ein Schlußschema stets wieder in ein Schlußschema übergeht, wenn darin eine Formelvariable an allen Stellen, wo sie auftritt, durch die gleiche Formel ersetzt wird.

Hiernach ist insbesondere jede aus einer regulären Implikationsformel durch Einsetzung entstehende Formel direkt identisch, und jede positiv identische Implikationsformel ist daher aus direkt identischen Implikationsformeln allein mittels des Schlußschemas ableitbar.

Es ist aber noch nicht unmittelbar ersichtlich, daß jede direkt identische Implikationsformel positiv identisch ist. Auch gilt nicht etwa der Satz, daß jede direkt identische Implikationsformel aus einer regulären Implikationsformel durch Einsetzung hervorgeht. Zum Beispiel ist die Implikationsformel

$$((A \rightarrow B) \rightarrow (B \rightarrow C)) \rightarrow ((A \rightarrow B) \rightarrow (A \rightarrow C))$$

zwar direkt identisch, da ja die Formel C aus den Formeln

$$(A \rightarrow B) \rightarrow (B \rightarrow C), \ A \rightarrow B, \ A$$

mittels dreier Schlußschemata abgeleitet werden kann; dagegen ist sie nicht regulär und sie läßt sich auch nicht, wie eine Diskussion der in Betracht kommenden Fälle zeigt, durch Einsetzung aus einer regulären Implikationsformel gewinnen.

Wir können jedoch den Satz, daß jede direkt identische Implikationsformel positiv identisch ist, aus unserem vorhin mittels des Prämissentheorems erhaltenen Ergebnis entnehmen. Nämlich dieses Ergebnis besagt ja, daß jede direkt identische Implikationsformel aus den Formelschematen

$$\mathfrak{A} \rightarrow (\mathfrak{B} \rightarrow \mathfrak{A}), \quad (\mathfrak{A} \rightarrow (\mathfrak{B} \rightarrow \mathfrak{C})) \rightarrow ((\mathfrak{A} \rightarrow \mathfrak{B}) \rightarrow (\mathfrak{A} \rightarrow \mathfrak{C}))$$

mit Hilfe des Schlusschemas, und somit aus den Formeln

$$(A \rightarrow (B \rightarrow A)), \quad (A \rightarrow (B \rightarrow C)) \rightarrow ((A \rightarrow B) \rightarrow (A \rightarrow C)),$$

d. h. aus den Formeln I*, mit Hilfe von Einsetzungen und des Schlußschemas ableitbar ist. Die Formeln I* sind aber reguläre Formeln, und somit ist jede aus ihnen durch Einsetzungen und Schlußschemata ableitbare Formel positiv identisch.

Hiernach folgt nun in der Tat, daß jede direkt identische Implikationsformel und somit auch jede aus solchen Formeln mittels des Schlußschemas ableitbare Formel positiv identisch ist, während wir andererseits vorhin feststellten, daß jede positiv identische Formel aus direkt identischen Formeln mittels des Schlußschemas ableitbar ist. Es lassen sich somit die positiv identischen Formeln als diejenigen Implikationsformeln charakterisieren, die entweder direkt identische Formeln oder aus solchen mittels des Schlußschemas ableitbar sind[1].

Diese Charakterisierung ist in zweifacher Hinsicht einfacher als unsere ursprüngliche Definition der positiv identischen Implikationsformel: erstens ist darin nicht mehr von Einsetzungen die Rede, und zweitens fällt bei der Definition der direkt identischen gegenüber derjenigen der regulären Implikationsformel die einschränkende Strukturbedingung weg.

Außer dieser vereinfachten Charakterisierung der positiv identischen Implikationsformeln liefert uns der erhaltene Satz, daß jede direkt identische Implikationsformel aus den Formeln I* durch Einsetzungen und Schlußschemata ableitbar ist, noch ein weiteres Ergebnis, nämlich, daß die Formeln I* ein ausreichendes Axiomensystem zur Ableitung aller positiv identischen Formeln (mit Hilfe von Einsetzungen und des Schlußschemas) bilden — was wir ja nachweisen wollten.

Um nach der gleichen Methode das System der Formeln I 1), 2), 3) als ein ausreichendes Axiomensystem zur Ableitung aller positiv identischen Formeln zu erkennen, brauchen wir nur zu zeigen, daß der

[1] Die gesonderte Erwähnung der ersten Möglichkeit wäre hier entbehrlich. Denn eine direkt identische Implikationsformel $\mathfrak{A}$ ist ja aus den direkt identischen Implikationsformeln $\mathfrak{A}$, $\mathfrak{A} \rightarrow \mathfrak{A}$ mittels des Schlußschemas ableitbar.

Formalismus, dessen Formeln die Implikationsformeln des Aussagenkalkuls sind und für welchen die Hilfsmittel der Ableitung in dem Schlußschema und den drei [den Formeln I 1), 2), 3) entsprechenden] Formelschematen

$$(1)\qquad \mathfrak{A} \to (\mathfrak{B} \to \mathfrak{A})$$

$$(2)\qquad (\mathfrak{A} \to (\mathfrak{A} \to \mathfrak{B})) \to (\mathfrak{A} \to \mathfrak{B})$$

$$(3)\qquad (\mathfrak{A} \to \mathfrak{B}) \to ((\mathfrak{B} \to \mathfrak{C}) \to (\mathfrak{A} \to \mathfrak{C}))$$

bestehen, die Voraussetzungen des Prämissentheorems erfüllt; d. h. wir haben das Formelschema $\mathfrak{A} \to \mathfrak{A}$, das Schema $\dfrac{\mathfrak{A}}{\mathfrak{B} \to \mathfrak{A}}$ und das Schema $\dfrac{\mathfrak{P} \to \mathfrak{S},\ \mathfrak{P} \to (\mathfrak{S} \to \mathfrak{T})}{\mathfrak{P} \to \mathfrak{T}}$ für diesen Formalismus als ableitbare Schemata zu erweisen.

Dieses gelingt nun ohne Mühe: Nämlich das Schema $\dfrac{\mathfrak{A}}{\mathfrak{B} \to \mathfrak{A}}$ erhalten wir aus dem Formelschema (1) und dem Schlußschema; für eine beliebige Formel der Gestalt $\mathfrak{A} \to \mathfrak{A}$ haben wir eine Ableitung durch die Formelschemata (1) und (2) und das Schlußschema:

$$\frac{\mathfrak{A} \to (\mathfrak{A} \to \mathfrak{A}),\ (\mathfrak{A} \to (\mathfrak{A} \to \mathfrak{A})) \to (\mathfrak{A} \to \mathfrak{A})}{\mathfrak{A} \to \mathfrak{A}};$$

und aus zwei Formeln $\mathfrak{P} \to \mathfrak{S}$, $\mathfrak{P} \to (\mathfrak{S} \to \mathfrak{T})$ kann mittels der Formelschemata (2) und (3) und des Schlußschemas die Formel $\mathfrak{P} \to \mathfrak{T}$ folgendermaßen abgeleitet werden:

$$\frac{\mathfrak{P} \to \mathfrak{S},\ (\mathfrak{P} \to \mathfrak{S}) \to ((\mathfrak{S} \to \mathfrak{T}) \to (\mathfrak{P} \to \mathfrak{T}))}{(\mathfrak{S} \to \mathfrak{T}) \to (\mathfrak{P} \to \mathfrak{T})}$$

$$\frac{\mathfrak{P} \to (\mathfrak{S} \to \mathfrak{T}),\ (\mathfrak{P} \to (\mathfrak{S} \to \mathfrak{T})) \to [((\mathfrak{S} \to \mathfrak{T}) \to (\mathfrak{P} \to \mathfrak{T})) \to (\mathfrak{P} \to (\mathfrak{P} \to \mathfrak{T}))]}{((\mathfrak{S} \to \mathfrak{T}) \to (\mathfrak{P} \to \mathfrak{T})) \to (\mathfrak{P} \to (\mathfrak{P} \to \mathfrak{T}))}$$

$$\frac{((\mathfrak{S} \to \mathfrak{T}) \to (\mathfrak{P} \to \mathfrak{T})),\ ((\mathfrak{S} \to \mathfrak{T}) \to (\mathfrak{P} \to \mathfrak{T})) \to (\mathfrak{P} \to (\mathfrak{P} \to \mathfrak{T}))}{\mathfrak{P} \to (\mathfrak{P} \to \mathfrak{T})}$$

$$\frac{\mathfrak{P} \to (\mathfrak{P} \to \mathfrak{T}),\ (\mathfrak{P} \to (\mathfrak{P} \to \mathfrak{T})) \to (\mathfrak{P} \to \mathfrak{T})}{\mathfrak{P} \to \mathfrak{T}}.$$

Bemerkungen. Daß wir hier so einfache Vollständigkeitsbeweise erhalten, erklärt sich aus dem Umstand, daß der Begriff der positiv identischen Implikationsformel durch Ableitbarkeitsbedingungen bestimmt ist.

Noch eine andere Kennzeichnung des Bereichs der positiv identischen Implikationsformeln läßt sich — was hier nur erwähnt sei — aus dem

Annahmenkalkul gewinnen, den unabhängig voneinander G. GENTZEN und ST. JAŚKOWSKI entwickelt haben[1].

B. Die positiv identischen I-K-Formeln.

Für eine Formalisierung einer reinen Folgerungslogik durch einen Aussagenkalkul ist die Beschränkung auf Implikationsformeln ungeeignet, weil hierbei nicht die Möglichkeit gegeben ist, mehrere Prämissen einer Folgerung nebeneinander zu stellen. Diesem Mangel wird abgeholfen durch den Sequenzenkalkul, wie er von P. HERTZ entwickelt und von GENTZEN weitergeführt worden ist[2].

Hier werden „Sequenzen" mit mehreren Vordergliedern

$$\mathfrak{A}_1, \ldots, \mathfrak{A}_n \rightarrow \mathfrak{B}$$

eingeführt.

Eine andere sich bietende Möglichkeit besteht in der Anwendung der Konjunktion, mittels deren eine Zusammensetzung von Implikationen in der Form

$$\mathfrak{A}_1 \rightarrow (\mathfrak{A}_2 \rightarrow \cdots \rightarrow (\mathfrak{A}_n \rightarrow \mathfrak{B}) \ldots)$$

sich in *eine* Implikation

$$\mathfrak{A}_1 \,\&\, \ldots \,\&\, \mathfrak{A}_n \rightarrow \mathfrak{B}$$

umformen läßt.

Wir wollen eine Formel des Aussagenkalkuls, die sich aus den Formelvariablen allein mit Hilfe der Symbole der Implikation und der Konjunktion bilden läßt, eine „I-K-Formel" nennen.

Betreffs der Schreibweise der I-K-Formeln sei an unsere Vereinbarungen über die Ersparung von Klammern erinnert, wonach eine Konjunktion als Glied einer Implikation sowie als erstes Konjunktionsglied nicht in Klammern gesetzt zu werden braucht[3]. Hiernach ist z. B. „$\mathfrak{A} \,\&\, \mathfrak{B} \,\&\, \mathfrak{C} \rightarrow \mathfrak{K} \,\&\, \mathfrak{L}$" eine kürzere Schreibweise für den Ausdruck $((\mathfrak{A} \,\&\, \mathfrak{B}) \,\&\, \mathfrak{C}) \rightarrow (\mathfrak{K} \,\&\, \mathfrak{L})$.

Es kommt nun darauf an, eine sachgemäße Erweiterung des Begriffs der positiv identischen Implikationsformel für den Bereich der I-K-Formeln zu gewinnen.

Als Direktive hierfür nehmen wir, daß ein Ausdruck

$$\mathfrak{A}_1 \,\&\, \mathfrak{A}_2 \,\&\, \ldots \,\&\, \mathfrak{A}_n \rightarrow \mathfrak{B}$$

---

[1] G. GENTZEN: „Untersuchungen über das logische Schließen." Math. Z. Bd. 39 (1934) Heft 2 u. 3. — ST. JAŚKOWSKI: „On the rules of suppositions in formal logic". Studia logica. Warschau 1934. JAŚKOWSKI wurde zu dieser Untersuchung durch J. ŁUKASIEWICZ angeregt.

[2] P. HERTZ: „Über Axiomensysteme für beliebige Satzsysteme." Math. Ann. Bd. 89 (1923) Heft 1/2 und Bd. 101 (1929) Heft 4. — G. GENTZEN: „Über die Existenz unabhängiger Axiomensysteme zu unendlichen Satzsystemen." Math. Ann. Bd. 107 (1932) Heft 3 sowie „Untersuchungen über das logische Schließen." Math. Z. Bd. 39 (1934).

[3] Vgl. Supplement I, S. 389.

als gleichwertig mit dem Ausdruck

$$\mathfrak{A}_1 \to (\mathfrak{A}_2 \to \cdots \to (\mathfrak{A}_n \to \mathfrak{B}) \ldots),$$

ein Ausdruck

$$\mathfrak{A} \to \mathfrak{B}_1 \mathbin{\&} \ldots \mathbin{\&} \mathfrak{B}_n$$

als gleichwertig mit der Konjunktion

$$(\mathfrak{A} \to \mathfrak{B}_1) \mathbin{\&} \ldots \mathbin{\&} (\mathfrak{A} \to \mathfrak{B}_n)$$

und ein Ausdruck

$$\mathfrak{A} \mathbin{\&} (\mathfrak{B} \mathbin{\&} \mathfrak{C})$$

als gleichwertig mit

$$(\mathfrak{A} \mathbin{\&} \mathfrak{B}) \mathbin{\&} \mathfrak{C}$$

zu behandeln ist.

Hierdurch werden wir auf ein Verfahren der *Herstellung einer „Transformierten“* zu einer beliebigen vorgelegten I-K-Formel geführt. Dieser Prozeß besteht in Folgendem:

Zunächst werden solche (etwa vorhandenen) Klammern, die eine Konjunktion umgrenzen, weggestrichen. Sodann werden unter den „nicht konjunktionsfreien“ Implikationen, d. h. denjenigen, bei denen im Vorderglied oder Hinterglied eine Konjunktion vorkommt, die „innersten“ aufgesucht, d. h. diejenigen, worin jede im Vorderglied oder Hinterglied auftretende Implikation konjunktionsfrei ist. Eine solche innerste nicht konjunktionsfreie Implikation hat (auf Grund des ersten ausgeführten Schrittes) die Gestalt

$$\mathfrak{A}_1 \mathbin{\&} \ldots \mathbin{\&} \mathfrak{A}_m \to \mathfrak{B}_1 \mathbin{\&} \ldots \mathbin{\&} \mathfrak{B}_n,$$

wobei eine der Anzahlen $\mathfrak{m}$, $\mathfrak{n}$ auch 1 sein kann, aber nicht beide; und die Formeln $\mathfrak{A}_1, \ldots, \mathfrak{A}_m, \mathfrak{B}_1, \ldots, \mathfrak{B}_n$ sind konjunktionsfrei. Man ersetzt nun eine jede dieser Implikationen durch die entsprechende Formel

$$\begin{aligned} &[\mathfrak{A}_1 \to (\mathfrak{A}_2 \to \cdots \to (\mathfrak{A}_m \to \mathfrak{B}_1) \ldots)] \\ \mathbin{\&}\ &[\mathfrak{A}_1 \to (\mathfrak{A}_2 \to \cdots \to (\mathfrak{A}_m \to \mathfrak{B}_2) \ldots)] \\ &\vdots \\ \mathbin{\&}\ &[\mathfrak{A}_1 \to (\mathfrak{A}_2 \to \cdots \to (\mathfrak{A}_m \to \mathfrak{B}_n) \ldots)]. \end{aligned}$$

Hierdurch wird in der Gesamtformel die Anzahl der nicht konjunktionsfreien Implikationen vermindert. Dieses (in den zwei angegebenen Schritten sich vollziehende) Verfahren wird nun so oft wiederholt, bis in der Formel alle Implikationen konjunktionsfrei sind, so daß dann die Formel entweder selbst eine Implikationsformel oder eine Konjunktion aus Implikationsformeln ist. Schließlich werden noch die Klammern, welche Konjunktionen umgrenzen, weggestrichen.

Die so entstehende Formel soll die „Transformierte“ der gegebenen Formel heißen. Zum Beispiel ist die Transformierte der Formel

$$(A \to B \mathbin{\&} C) \to A \mathbin{\&} (B \mathbin{\&} D)$$

die Formel

$$\big((A \to B) \to ((A \to C) \to A)\big) \mathbin{\&} \big((A \to B) \to ((A \to C) \to B)\big)$$
$$\mathbin{\&} \big((A \to B) \to ((A \to C) \to D)\big).$$

Eine Implikationsformel ist ihre eigene Transformierte. Die Transformierte einer Konjunktion $\mathfrak{A} \mathbin{\&} \mathfrak{B}$ ist die Konjunktion aus den Transformierten von $\mathfrak{A}$ und von $\mathfrak{B}$, oder sie wird aus dieser Konjunktion durch Weglassen einer oder zweier Einklammerungen von Konjunktionen erhalten; die Transformierte einer Implikation $\mathfrak{A} \to \mathfrak{B}$ stimmt überein mit der Transformierten der Implikation $\mathfrak{A}_1 \to \mathfrak{B}_1$, worin $\mathfrak{A}_1$ die Transformierte von $\mathfrak{A}$, $\mathfrak{B}_1$ die Transformierte von $\mathfrak{B}$ ist.

Wir definieren nun den Begriff „positiv identisch“ für I-K-Formeln, indem wir eine I-K-Formel als positiv identisch erklären, wenn ihre Transformierte eine positiv identische Implikationsformel oder eine Konjunktion aus solchen ist.

Hiernach ist zunächst jede positiv identische I-K-Formel identisch wahr. Denn jede positiv identische Implikationsformel und daher auch jede Konjunktion aus solchen ist identisch wahr, es ist also die Transformierte jeder positiv identischen I-K-Formel identisch wahr; und ferner sind die Prozesse, aus denen der Übergang von einer Formel zu einer Transformierten besteht, lauter solche, die bei beliebiger Verteilung von Wahrheitswerten auf die Variablen den Wahrheitswert der Gesamtformel unverändert lassen.

Für Implikationsformeln fällt der neue Begriff „positiv identisch“ mit unserem bisherigen zusammen. Außerdem kommt die Analogie des neuen Begriffs mit dem der positiv identischen Implikationsformel durch das Bestehen der folgenden Sätze zur Geltung:

Jede direkt identische I-K-Formel ist positiv identisch. Jede aus positiv identischen I-K-Formeln mit Hilfe von Einsetzungen und des Schlußschemas ableitbare Formel ist positiv identisch.

Diese Sätze ergeben sich als Konsequenzen aus der folgenden deduktiven Charakterisierung des Bereichs der positiv identischen I-K-Formeln:

Der Bereich der positiv identischen I-K-Formeln stimmt überein mit dem Bereich derjenigen Formeln, die sich aus den fünf Schematen „S_1“, . . ., „S_5“:

$$\mathfrak{A} \mathbin{\&} \mathfrak{B} \to \mathfrak{A}, \qquad \mathfrak{A} \mathbin{\&} \mathfrak{B} \to \mathfrak{B} \qquad \frac{\mathfrak{A} \mathbin{\&} \mathfrak{B} \to \mathfrak{C}}{\mathfrak{A} \to (\mathfrak{B} \to \mathfrak{C})}$$

$$\frac{\mathfrak{A},\ \mathfrak{A} \to \mathfrak{B}}{\mathfrak{B}} \qquad \frac{\mathfrak{A} \to \mathfrak{B},\ \mathfrak{A} \to (\mathfrak{B} \to \mathfrak{C})}{\mathfrak{A} \to \mathfrak{C}}$$

gewinnen lassen, wenn deren Anwendung auf I-K-Formeln beschränkt wird.

Der Nachweis hierfür erfordert zweierlei: Wir haben einerseits zu zeigen, daß jede im Bereich der I-K-Formeln mittels der Schemata

$S_1 - S_5$ zu gewinnende Formel positiv identisch ist, andererseits, daß jede positiv identische I-K-Formel durch Anwendung der Schemata $S_1 - S_5$ auf I-K-Formeln erhalten werden kann.

Der erste Teil des Nachweises ergibt sich aus folgenden Feststellungen:

1. Die Transformierte einer I-K-Formel von einer der beiden Gestalten $\mathfrak{A} \& \mathfrak{B} \rightarrow \mathfrak{A}$, $\mathfrak{A} \& \mathfrak{B} \rightarrow \mathfrak{B}$ ist entweder selbst eine direkt identische Implikationsformel oder eine Konjunktion aus solchen.

2. Die Transformierte einer I-K-Formel $\mathfrak{A} \& \mathfrak{B} \rightarrow \mathfrak{C}$ stimmt mit derjenigen der entsprechenden Formel $\mathfrak{A} \rightarrow (\mathfrak{B} \rightarrow \mathfrak{C})$ überein.

3. Sind $\mathfrak{A}$ und $\mathfrak{A} \rightarrow \mathfrak{B}$ positiv identische I-K-Formeln, so ist jedes Konjunktionsglied der Transformierten von $\mathfrak{B}$, bzw. diese Transformierte selbst, aus positiv identischen Implikationsformeln mit Hilfe des Schlußschemas ableitbar und somit selbst eine positiv identische Implikationsformel.

4. Sind $\mathfrak{A} \rightarrow \mathfrak{B}$ und $\mathfrak{A} \rightarrow (\mathfrak{B} \rightarrow \mathfrak{C})$ positiv identische I-K-Formeln, so ist jedes Konjunktionsglied der Transformierten von $\mathfrak{A} \rightarrow \mathfrak{C}$ bzw. diese Transformierte selbst, eine positiv identische Implikationsformel.

Die Feststellungen 1., 2., 3. erhält man unmittelbar auf Grund der Definitionen der positiv identischen I-K-Formeln und der Transformierten. Zu der Feststellung 4. gelangt man mittels des folgenden Hilfssatzes: Ist eine Implikationsformel $\mathfrak{T}$ aus Implikationsformeln $\mathfrak{S}_1, \ldots, \mathfrak{S}_\mathfrak{k}$ sowie noch gewissen positiv identischen Implikationsformeln allein mittels des Schlußschemas ableitbar, so ist die Implikationsformel

$$\mathfrak{S}_1 \rightarrow (\mathfrak{S}_2 \rightarrow \cdots \rightarrow (\mathfrak{S}_\mathfrak{k} \rightarrow \mathfrak{T}) \ldots)$$

positiv identisch.

Diesen Satz wiederum entnimmt man aus unseren früheren Ergebnissen, daß die Gesamtheit der positiv identischen Implikationsformeln übereinstimmt mit der Gesamtheit der Formeln, die durch die Anwendung der Formelschemata

$$\mathfrak{A} \rightarrow (\mathfrak{B} \rightarrow \mathfrak{A}), \quad (\mathfrak{A} \rightarrow (\mathfrak{B} \rightarrow \mathfrak{C})) \rightarrow ((\mathfrak{A} \rightarrow \mathfrak{B}) \rightarrow (\mathfrak{A} \rightarrow \mathfrak{C}))$$

und des Schlußschemas auf Implikationsformeln erhalten werden, und daß für die Ableitungen mittels dieser Schemata das Prämissentheorem gilt.

Nachdem auf diese Weise erkannt ist, daß die Schemata in Anwendung auf I-K-Formeln nur positiv identische I-K-Formeln liefern, bleibt nun noch zu zeigen, daß auch jede positiv identische I-K-Formel durch die Anwendung jener Schemata auf I-K-Formeln gewonnen werden kann.

Als Vorbereitung hierfür dienen die folgenden Hilfsfeststellungen:

1) Aus den Schematen S_1, S_3 ergibt sich als abgeleitetes Schema das Formelschema

$$\mathfrak{A} \rightarrow (\mathfrak{B} \rightarrow \mathfrak{A})$$

und aus diesem mittels des Schlußschemas S_4 das Schema

$$\frac{\mathfrak{A}}{\mathfrak{B} \rightarrow \mathfrak{A}}$$

und mit Hilfe von diesem und dem Schema S_5 ergibt sich der „Kettenschluß“

$$\frac{\mathfrak{A} \rightarrow \mathfrak{B}, \ \mathfrak{B} \rightarrow \mathfrak{C}}{\mathfrak{A} \rightarrow \mathfrak{C}}$$

als ableitbares Schema.

Aus dem Kettenschluß in Verbindung mit dem Schema S_5 ergibt sich das Schema

$$\frac{\mathfrak{P} \rightarrow \mathfrak{A}, \ \mathfrak{P} \rightarrow \mathfrak{B}, \ \mathfrak{A} \rightarrow (\mathfrak{B} \rightarrow \mathfrak{C})}{\mathfrak{P} \rightarrow \mathfrak{C}}$$

als ableitbares Schema; dieses möge kurz als „Schema der zweifachen Elimination“ bezeichnet werden.

Setzen wir in diesem Schema für $\mathfrak{P}$ den Ausdruck $\mathfrak{A} \& \mathfrak{B}$, so erhalten wir auf Grund der Formelschemata S_1, S_2 das Schema

$$\frac{\mathfrak{A} \rightarrow (\mathfrak{B} \rightarrow \mathfrak{C})}{\mathfrak{A} \& \mathfrak{B} \rightarrow \mathfrak{C}},$$

welches die Umkehrung des Schemas S_3 ist. Das Schema S_3 kann in Anlehnung an eine im Aussagenkalkul gebräuchliche Bezeichnung[1] „Schema der Exportation“, seine (als ableitbares Schema erwiesene) Umkehrung „Schema der Importation“ genannt werden.

2) Aus den Schematen S_2, S_3 erhalten wir das Formelschema

$$\mathfrak{B} \rightarrow (\mathfrak{A} \rightarrow \mathfrak{A}),$$

aus diesem in Verbindung mit dem Schlußschema S_4 das Formelschema

$$\mathfrak{A} \rightarrow \mathfrak{A}.$$

Setzen wir hierin für $\mathfrak{A}$ den Ausdruck $\mathfrak{A} \& \mathfrak{B}$, so erhalten wir mittels des Schemas der Exportation das Formelschema

$$\mathfrak{A} \rightarrow (\mathfrak{B} \rightarrow \mathfrak{A} \& \mathfrak{B}).$$

Dieses liefert einerseits in Verbindung mit dem Schlußschema S_4 das Schema

$$\frac{\mathfrak{A}, \ \mathfrak{B}}{\mathfrak{A} \& \mathfrak{B}},$$

andererseits in Verbindung mit dem Schema der zweifachen Elimination das Schema

$$\frac{\mathfrak{A} \rightarrow \mathfrak{B}, \ \mathfrak{A} \rightarrow \mathfrak{C}}{\mathfrak{A} \rightarrow \mathfrak{B} \& \mathfrak{C}}.$$

Aus dem letztgenannten Schema in Verbindung mit S_1 und S_2 erhalten wir das Formelschema

$$\mathfrak{A} \& \mathfrak{B} \rightarrow \mathfrak{B} \& \mathfrak{A}$$

[1] Vgl. Bd. I, S. 82.

sowie ferner, unter Hinzuziehung des Kettenschlusses, die Formelschemata

$$(\mathfrak{A} \,\&\, \mathfrak{B}) \,\&\, \mathfrak{C} \rightarrow \mathfrak{A} \,\&\, (\mathfrak{B} \,\&\, \mathfrak{C})$$

$$\mathfrak{A} \,\&\, (\mathfrak{B} \,\&\, \mathfrak{C}) \rightarrow (\mathfrak{A} \,\&\, \mathfrak{B}) \,\&\, \mathfrak{C}.$$

Auf Grund der Feststellungen 1), 2) ergibt sich zunächst, daß für einen deduktiven Formalismus bestehend in der Anwendung der Schemata S_1—S_5 auf irgendeinen abgegrenzten Formelbereich, der die Implikation und die Konjunktion (als zweigliedrige Verknüpfungen von Formeln zu einer Formel) enthält, die Voraussetzungen des Prämissentheorems erfüllt sind. Nämlich das Formelschema $\mathfrak{A} \rightarrow \mathfrak{A}$ und das Schema $\dfrac{\mathfrak{A}}{\mathfrak{B} \rightarrow \mathfrak{A}}$ sind ja als ableitbar durch die Schemata S_1—S_5 erkannt. Nun bleibt noch die Erfüllung der Bedingung für die zwei- und dreigliedrigen Schemata S_3, S_4, S_5 zu prüfen. Für das Schlußschema S_4 ergibt sich die Erfüllung unmittelbar, weil ja das Schema S_5 zur Verfügung steht. Für die Schemata S_5 und S_3 besteht die Bedingung in der Ableitbarkeit der Schemata

$$\frac{\mathfrak{P} \rightarrow (\mathfrak{A} \rightarrow \mathfrak{B}), \quad \mathfrak{P} \rightarrow (\mathfrak{A} \rightarrow (\mathfrak{B} \rightarrow \mathfrak{C}))}{\mathfrak{P} \rightarrow (\mathfrak{A} \rightarrow \mathfrak{C})},$$

$$\frac{\mathfrak{P} \rightarrow (\mathfrak{A} \,\&\, \mathfrak{B} \rightarrow \mathfrak{C})}{\mathfrak{P} \rightarrow (\mathfrak{A} \rightarrow (\mathfrak{B} \rightarrow \mathfrak{C}))}.$$

Von diesen wird das erste aus dem Schema S_5 in Verbindung mit den Schematen der Importation und der Exportation erhalten, das zweite wiederum mit Hilfe der Schemata der Importation und der Exportation in Verbindung mit dem Formelschema

$$(\mathfrak{A} \,\&\, \mathfrak{B}) \,\&\, \mathfrak{C} \rightarrow \mathfrak{A} \,\&\, (\mathfrak{B} \,\&\, \mathfrak{C})$$

und dem Kettenschluß.

Es gilt somit für die Ableitungen mittels der Schemata S_1—S_5 innerhalb eines irgendwie abgegrenzten Formelbereichs, der die Implikation und die Konjunktion enthält, das Prämissentheorem. Mit Benutzung dieser Tatsache gelingt nun ziemlich einfach der Nachweis dafür, daß mittels der Anwendung der Schemata S_1—S_5 auf den Bereich der I-K-Formeln jede positiv identische I-K-Formel ableitbar ist. Die Überlegung gliedert sich in drei Abschnitte.

1)) Zufolge des Prämissentheorems ist jede I-K-Formel der Gestalt

$$(\mathfrak{A} \rightarrow (\mathfrak{B} \rightarrow \mathfrak{C})) \rightarrow ((\mathfrak{A} \rightarrow \mathfrak{B}) \rightarrow (\mathfrak{A} \rightarrow \mathfrak{C}))$$

ableitbar.

(„Ableitbar" soll innerhalb dieser Überlegung stets bedeuten „ableitbar durch Anwendung der Schemata S_1—S_5 auf I-K-Formeln".)

Andererseits ist, wie wir wissen, das Formelschema

$$\mathfrak{A} \rightarrow (\mathfrak{B} \rightarrow \mathfrak{A})$$

ableitbar, und wir haben das Schlußschema zur Verfügung.

Somit ist, gemäß unserer im Teil A erhaltenen deduktiven Charakterisierung des Bereichs der positiv identischen Implikationsformeln, jede positiv identische Implikationsformel durch unsere Schemata S_1—S_5 ableitbar, und ferner auch, wegen der Ableitbarkeit des Schemas $\frac{\mathfrak{A},\ \mathfrak{B}}{\mathfrak{A}\ \&\ \mathfrak{B}}$, jede Konjunktion aus positiv identischen Implikationsformeln.

Demnach ist die Transformierte einer jeden positiv identischen I-K-Formel ableitbar. Es reduziert sich daher die Aufgabe unseres Nachweises darauf, zu zeigen, daß eine I-K-Formel stets dann ableitbar ist, wenn ihre Transformierte ableitbar ist. Wir zeigen nun, daß überhaupt jede I-K-Formel ihrer Transformierten deduktionsgleich ist. Dabei nennen wir hier zwei I-K-Formeln deduktionsgleich, wenn jede von ihnen aus der anderen mittels der Schemata S_1—S_5 (angewandt auf I-K-Formeln) ableitbar ist.

2)) Aus dem Prämissentheorem folgt: Wenn die I-K-Formeln $\mathfrak{A}$, $\mathfrak{B}$ deduktionsgleich sind, so sind die Implikationen $\mathfrak{A} \rightarrow \mathfrak{B}$, $\mathfrak{B} \rightarrow \mathfrak{A}$ ableitbar[1].

Hieraus ergibt sich weiter: Wenn die I-K-Formeln $\mathfrak{A}$, $\mathfrak{B}$ deduktionsgleich sind, so ist, für eine beliebige I-K-Formel $\mathfrak{C}$, die Formel $\mathfrak{C} \rightarrow \mathfrak{A}$ der Formel $\mathfrak{C} \rightarrow \mathfrak{B}$, die Formel $\mathfrak{A} \rightarrow \mathfrak{C}$ der Formel $\mathfrak{B} \rightarrow \mathfrak{C}$, die Formel $\mathfrak{A}\ \&\ \mathfrak{C}$ der Formel $\mathfrak{B}\ \&\ \mathfrak{C}$, die Formel $\mathfrak{C}\ \&\ \mathfrak{A}$ der Formel $\mathfrak{C}\ \&\ \mathfrak{B}$ deduktionsgleich.

Da zwei Formeln, die einer dritten deduktionsgleich sind, auch einander deduktionsgleich sind, so entnimmt man aus den eben genannten Beziehungen, daß allgemein eine I-K-Formel in eine ihr deduktionsgleiche Formel übergeht, wenn eine darin als Bestandteil auftretende Formel durch eine ihr deduktionsgleiche ersetzt wird.

Somit brauchen wir zum Nachweis dafür, daß jede I-K-Formel ihrer Transformierten deduktionsgleich ist, nur zu zeigen, daß der Prozeß der Gewinnung der Transformierten zu einer I-K-Formel sich in solche Elementarprozesse zerlegen läßt, die in der Ersetzung einer (für sich stehenden oder als Formelbestandteil auftretenden) I-K-Formel durch eine ihr deduktionsgleiche bestehen.

3)) Der Prozeß der Herstellung der Transformierten zu einer I-K-Formel läßt sich in Elementarprozesse folgender Art zerlegen: 1. Ersetzung einer Formel $\mathfrak{A}\ \&\ (\mathfrak{B}\ \&\ \mathfrak{C})$ durch die entsprechende Formel $(\mathfrak{A}\ \&\ \mathfrak{B})\ \&\ \mathfrak{C}$, für die auch kürzer $\mathfrak{A}\ \&\ \mathfrak{B}\ \&\ \mathfrak{C}$ geschrieben werden kann; 2. Ersetzung einer Formel $\mathfrak{A}\ \&\ \mathfrak{B} \rightarrow \mathfrak{C}$ durch $\mathfrak{A} \rightarrow (\mathfrak{B} \rightarrow \mathfrak{C})$; 3. Ersetzung einer Formel $\mathfrak{A} \rightarrow \mathfrak{B}\ \&\ \mathfrak{C}$ durch $(\mathfrak{A} \rightarrow \mathfrak{B})\ \&\ (\mathfrak{A} \rightarrow \mathfrak{C})$. In jedem der drei Fälle ersieht man ohne weiteres aus unseren zuvor festgestellten Ableitbarkeiten, daß die Ersetzung eine solche der betreffenden Formel durch eine ihr deduktionsgleiche Formel ist.

[1] Daß dieser für den üblichen deduktiven Aussagenkalkul unzutreffende Satz hier gültig ist, beruht darauf, daß wir in dem hier betrachteten deduktiven Formalismus keine Einsetzungsregel haben.

Hiermit ist nun der gewünschte Nachweis zum Abschluß gebracht und dadurch unsere Behauptung gerechtfertigt, daß der Bereich der positiv identischen I-K-Formeln zusammenfällt mit dem Bereich derjenigen Formeln, die sich durch Anwendung der Schemata S_1—S_5 auf I-K-Formeln ableiten lassen. Zugleich liefert unsere Beweisführung das Ergebnis, daß für die Ableitungen, die durch Anwendung der Schemata S_1—S_5 auf irgendeinen, die Implikation und die Konjunktion enthaltenden Formelbereich erfolgen, das Prämissentheorem gilt.

Wir können nun hieraus insbesondere die zwei beabsichtigten Folgerungen entnehmen. In der Tat ergibt sich auf Grund der Gültigkeit des Prämissentheorems für die Ableitungen mittels der Schemata S_1—S_5 unter Berücksichtigung der Tatsache, daß das Schlußschema unter den fünf Schematen vorkommt, daß jede direkt identische I-K-Formel mittels der Schemata S_1—S_5 (in Anwendung auf I-K-Formeln) ableitbar ist, und daraus wiederum folgt, daß jede solche Formel positiv identisch ist.

Beachten wir ferner, daß aus einer Ableitung einer I-K-Formel mittels der Schemata S_1—S_5 wieder eine mittels dieser Schemata erfolgende Ableitung entsteht, wenn eine in jener vorkommende Formelvariable überall durch ein und dieselbe I-K-Formel ersetzt wird, so erhalten wir den Satz, daß aus positiv identischen I-K-Formeln durch Einsetzungen, und somit auch durch Einsetzungen und Schlußschemata stets wieder positiv identische I-K-Formeln hervorgehen.

Wir schließen hier noch einige ergänzende Feststellungen an. Die erste betrifft die *Unabhängigkeit der Schemata* S_1—S_5.

Zunächst kann die Unabhängigkeit des Schlußschemas S_4 von den übrigen Schematen daraus entnommen werden, daß durch Anwendungen dieser übrigen vier Schemata nur solche Formeln ableitbar sind, welche die Gestalt einer Implikation haben. Daher kann z. B. die Formel

$$(\mathfrak{A} \rightarrow \mathfrak{A}) \mathbin{\&} (\mathfrak{A} \rightarrow \mathfrak{A}),$$

die ja positiv identisch und demnach mit Hilfe der fünf Schemata ableitbar ist, nicht ohne Benutzung des Schlußschemas gewonnen werden.

Daß auch keines der Schemata S_1, S_2, S_3, S_5 entbehrlich ist, kann man daraus entnehmen, daß für die Ableitungen mit Hilfe von Einsetzungen und des Schlußschemas die jenen Schematen entsprechenden Formeln

$$A \mathbin{\&} B \rightarrow A, \quad A \mathbin{\&} B \rightarrow B$$
$$(A \mathbin{\&} B \rightarrow C) \rightarrow (A \rightarrow (B \rightarrow C))$$
$$(A \rightarrow (B \rightarrow C)) \rightarrow ((A \rightarrow B) \rightarrow (A \rightarrow C))$$

voneinander unabhängig sind.

Der Nachweis dieser Unabhängigkeiten ergibt sich gemäß der im § 3 des ersten Bandes auseinandergesetzten Wertungsmethode[1]. Und zwar

[1] Vgl. Bd. I, S. 71f.

genügen zum Nachweis für die Unabhängigkeit der ersten drei Formeln diejenigen Wertungen, mittels deren wir dort die Unabhängigkeit der drei Formeln II 1), 2), 3) im Rahmen des Systems der Formeln I bis V nachwiesen[1]. Dabei kommen von diesen Wertungen hier natürlich nur die Wertbestimmungen für die Implikation und die Konjunktion in Betracht. Die Unabhängigkeit der Formel

$$(A \to (B \to C)) \to ((A \to B) \to (A \to C))$$

läßt sich mit Hilfe der folgenden Wertung mit drei Werten α, β, γ erkennen: Es gelten zunächst die „Grundgleichungen"[2]

$$\left.\begin{matrix} A \to A = \alpha, & A \to \alpha = \alpha, & \beta \to A = \alpha \\ A \,\&\, A = A, & A \,\&\, \alpha = A, & A \,\&\, \beta = \beta \end{matrix}\right\} \text{für jeden Wert von } A,$$

$$A \,\&\, B = B \,\&\, A \text{ für jeden Wert von } A \text{ und von } B$$

und außerdem noch die Gleichungen

$$\alpha \to \beta = \beta, \quad \alpha \to \gamma = \gamma, \quad \gamma \to \beta = \gamma.$$

Bei dieser Wertung erhalten die ersten drei der betrachteten Formeln, sowie jede aus ihnen durch Einsetzungen und das Schlußschema ableitbare Formel, stets den Wert α, nicht dagegen die vierte, nämlich

$$\begin{aligned}(\gamma \to (\gamma \to \beta)) \to ((\gamma \to \gamma) \to (\gamma \to \beta)) &= (\gamma \to \gamma) \to (\alpha \to \gamma) \\ &= \alpha \to \gamma = \gamma.\end{aligned}$$

Zugleich führt uns die angestellte Betrachtung auf die Bemerkung, daß für die Ableitungen mit Hilfe von Einsetzungen und des Schlußschemas die genannten vier Formeln ein hinlängliches Axiomensystem zur Gewinnung aller positiv identischen I-K-Formeln bilden.

Ein solches Axiomensystem für die positiv identischen I-K-Formeln wird auch gebildet von den Formeln I 1) bis 3), II 1) bis 3) aus dem soeben erwähnten, im Band I angegebenen Axiomensystem für den deduktiven Aussagenkalkul, d. h. von den Formeln

$$A \to (B \to A), \quad (A \to (A \to B)) \to (A \to B)$$
$$(A \to B) \to ((B \to C) \to (A \to C))$$
$$A \,\&\, B \to A, \quad A \,\&\, B \to B, \quad (A \to B) \to ((A \to C) \to (A \to B \,\&\, C)).$$

Um die Zulänglichkeit dieses Systems zur Ableitung aller positiv identischen I-K-Formeln zu erkennen, brauchen wir uns nur davon zu überzeugen, daß für dieses System (bei Benutzung von Einsetzungen und des Schlußschemas) die Schemata S_1, S_2, S_3, S_5, in ihrer Anwendung auf I-K-Formeln, ableitbare Schemata bilden. Für die Schemata S_1, S_2 ist dieses ersichtlich, für das Schema S_5 haben wir es im Teil A gezeigt, auch haben wir dort bereits festgestellt, daß aus den Formeln I 1), 2), 3) mit Hilfe von Einsetzungen und des Schlußschemas jede positiv

[1] Vgl. Bd. I, S. 65 u. 75. [2] Vgl. Bd. I, S. 76.

identische Implikationsformel ableitbar ist. Mit Hilfe von positiv identischen Implikationsformeln und der Formel

$$(A \to B) \to \big((A \to C) \to (A \to B \,\&\, C)\big)$$

leitet man aber leicht aus einer I-K-Formel $\mathfrak{A} \,\&\, \mathfrak{B} \to \mathfrak{C}$ die Formel $\mathfrak{A} \to (\mathfrak{B} \to \mathfrak{C})$ ab, so daß auch das Schema S_3 sich als ableitbares Schema erweist.

Anstatt des Systems der Formeln I, 1) bis 3); II 1) bis 3) genügt auch das System bestehend aus den Formeln I 2), 3), II 1), 2) und der Formel

$$A \to (B \to A \,\&\, B)\,.$$

Nämlich für dieses sind zunächst wiederum die Schemata S_1, S_2 und S_5 (letzteres gemäß unserem Nachweis im Teil A) ableitbare Schemata, ebenso auch das Schema des Kettenschlusses.

Nun bleibt noch zu zeigen, daß auch das Schema S_3, d. h.

$$\frac{\mathfrak{A} \,\&\, \mathfrak{B} \to \mathfrak{C}}{\mathfrak{A} \to (\mathfrak{B} \to \mathfrak{C})}$$

ableitbar ist. Dieses ergibt sich so: Die Formel

$$A \to (B \to A \,\&\, B)$$

liefert das Formelschema

$$\mathfrak{A} \to (\mathfrak{B} \to \mathfrak{A} \,\&\, \mathfrak{B})$$

und somit auch das Schema

$$\frac{\mathfrak{B}}{\mathfrak{A} \to \mathfrak{B} \,\&\, \mathfrak{A}}\,.$$

Andererseits erhalten wir aus den Schematen S_1, S_2, S_5 und dem Kettenschluß das Schema

$$\frac{\mathfrak{A} \to (\mathfrak{B} \to \mathfrak{C})}{\mathfrak{B} \,\&\, \mathfrak{A} \to \mathfrak{C}}\,,$$

so daß sich im ganzen, mit nochmaliger Verwendung des Kettenschlusses, das Schema

$$\frac{\mathfrak{A} \to (\mathfrak{B} \to \mathfrak{C}),\ \mathfrak{B}}{\mathfrak{A} \to \mathfrak{C}}$$

ergibt.

Aus diesem Schema in Verbindung mit dem durch I 3) gelieferten Formelschema

$$(\mathfrak{A} \to \mathfrak{B}) \to \big((\mathfrak{B} \to \mathfrak{C}) \to (\mathfrak{A} \to \mathfrak{C})\big)$$

gewinnen wir das Schema

$$\frac{\mathfrak{B} \to \mathfrak{C}}{(\mathfrak{A} \to \mathfrak{B}) \to (\mathfrak{A} \to \mathfrak{C})}\,.$$

Die zweimalige Anwendung dieses Schemas auf eine Formel $\mathfrak{A} \& \mathfrak{B} \rightarrow \mathfrak{C}$ liefert nun die Formel

$$(\mathfrak{A} \rightarrow (\mathfrak{B} \rightarrow \mathfrak{A} \& \mathfrak{B})) \rightarrow (\mathfrak{A} \rightarrow (\mathfrak{B} \rightarrow \mathfrak{C}))$$

und daher auch auf Grund der Ableitbarkeit der Formel $\mathfrak{A} \rightarrow (\mathfrak{B} \rightarrow \mathfrak{A} \& \mathfrak{B})$ die Formel $\mathfrak{A} \rightarrow (\mathfrak{B} \rightarrow \mathfrak{C})$.

Es sei ferner noch auf eine modifizierte Fassung hingewiesen, die wir unserem erhaltenen Satz geben können, durch den die positiv identischen I-K-Formeln als die mittels der Anwendung der Schemata S_1—S_5 auf I-K-Formeln ableitbaren Formeln charakterisiert werden. Beachten wir, daß die mittels der Schemata S_1—S_5 im Bereich der I-K-Formeln erfolgenden Ableitungen völlig parallel gehen mit den Ableitungen von Formelschematen, die mittels jener fünf Schemata ohne Bezugnahme auf irgendeinen Formelbereich, lediglich durch das Operieren mit den (durch die Implikation und die Konjunktion verknüpften) Mitteilungszeichen für Formeln ausgeführt werden können, so gewinnen wir den folgenden Satz: Die aus den Schematen S_1—S_5 ohne Bezugnahme auf einen bestimmten Formelbereich ableitbaren Formelschemata stimmen überein mit denjenigen, die aus positiv identischen I-K-Formeln mittels der Ersetzung der Formelvariablen durch Mitteilungsbuchstaben hervorgehen.

C. Die identischen I-K-N-Formeln.

Für unsere im Abschnitt 5, Teil b, des § 5 angestellten Überlegungen steht noch der Nachweis der Behauptung aus[1], daß jedes der Formelschemata, die den identischen Formeln des Aussagenkalkuls entsprechen und worin keine Disjunktion auftritt, ableitbar ist mit Hilfe der Schemata S_1—S_5, ferner der Schemata

$$\frac{\mathfrak{A} \rightarrow \mathfrak{B},\ \mathfrak{A} \rightarrow \overline{\mathfrak{B}}}{\overline{\mathfrak{A}}}, \qquad \frac{\overline{\mathfrak{A} \& \mathfrak{B}}}{\mathfrak{A} \rightarrow \overline{\mathfrak{B}}},$$

des Formelschemas

$$\overline{\overline{\mathfrak{A}}} \rightarrow \mathfrak{A}$$

und der Regel der Ersetzbarkeit einer Äquivalenz $\mathfrak{A} \sim \mathfrak{B}$ durch den entsprechenden Ausdruck $(\mathfrak{A} \rightarrow \mathfrak{B}) \& (\mathfrak{B} \rightarrow \mathfrak{A})$ (sowie auch dieses Ausdrucks durch jene Äquivalenz).

In dieser Behauptung können wir zunächst die den identischen Formeln entsprechenden Formelschemata durch die identischen Formeln selbst ersetzen, indem wir die Anwendung der für die Ableitung zugelassenen Schemata auf den Formelbereich der disjunktionsfreien Formeln des Aussagenkalkuls erstrecken. Dieses ergibt sich aus der zu Ende des vorigen Abschnitts erwähnten Tatsache, daß die Ableitungen, die mit Hilfe von Schematen an Formeln des Aussagenkalkuls vollzogen werden,

[1] Vgl. S. 367—368.

völlig solchen an Formelschematen vollzogenen Ableitungen parallel gehen, die man aus jenen Ableitungen mittels der Ersetzung der Formelvariablen durch Mitteilungsbuchstaben erhält.

Ferner können wir für die Ausführung des Nachweises von der Äquivalenz absehen, da ja jede identische Formel des Aussagenkalkuls wieder in eine solche übergeht, wenn darin jeder Bestandteil $\mathfrak{A} \sim \mathfrak{B}$ durch den entsprechenden Ausdruck $(\mathfrak{A} \to \mathfrak{B}) \,\&\, (\mathfrak{B} \to \mathfrak{A})$ ersetzt wird, und daher jede disjunktionsfreie identische Formel aus einer von der Disjunktion und von der Äquivalenz freien identischen Formel mittels der Ersetzungsregel für die Äquivalenz gewonnen werden kann.

Wir können somit unsere Betrachtung auf solche Formeln des Aussagenkalkuls beschränken, die als Symbole nur die der Implikation, der Konjunktion und der Negation enthalten. Solche Formeln wollen wir kurz „I-K-N-Formeln“ nennen.

Ferner wollen wir die drei neben den Schematen S_1—S_5 zu betrachtenden Schemata

$$\frac{\mathfrak{A} \to \mathfrak{B},\ \mathfrak{A} \to \overline{\mathfrak{B}}}{\overline{\mathfrak{A}}}, \qquad \frac{\overline{\mathfrak{A} \,\&\, \mathfrak{B}}}{\mathfrak{A} \to \overline{\mathfrak{B}}}, \qquad \overline{\overline{\mathfrak{A}}} \to \mathfrak{A}$$

der Reihe nach mit „S_6“, „S_7“, „S_8“ bezeichnen.

Man erkennt ohne Mühe, indem man die Schemata S_1—S_8 durchgeht, daß mittels der Anwendung dieser Schemata auf Formeln des Aussagenkalkuls nur identisch wahre Formeln gewonnen werden können.

Wir haben nun für den Bereich der I-K-N-Formeln die Umkehrung hiervon als gültig zu erweisen: daß jede identisch wahre I-K-N-Formel durch Anwendung der Schemata S_1—S_8 auf I-K-N-Formeln ableitbar ist.

Hierzu verwenden wir eine Modifikation der konjunktiven Normalform[1] des gewöhnlichen Aussagenkalkuls[2].

Wie wir wissen, ist mit Bezug auf die Wertung der Formeln des Aussagenkalkuls, die sich aus der Deutung der Operationen des Aussagenkalkuls als Wahrheitsfunktionen ergibt, jede Formel gleichwertig einer Konjunktion, deren Glieder entweder Formelvariablen oder negierte

[1] Vgl. Bd. I, S. 53—55, 65—66.

[2] Als eine Modifikation der durch die konjunktive Normalform gelieferten Methode von Vollständigkeitsbeweisen für Systeme des deduktiven Aussagenkalkuls läßt sich auch der Gedankengang des Nachweises interpretieren, den neuerdings H. Hermes und H. Scholz für die zuerst von J. Łukasiewicz aufgedeckte Tatsache geliefert haben, daß die Formeln I* nebst der Formel $(\overline{A} \to \overline{B}) \to (B \to A)$ bei Anwendung von Einsetzungen und des Schlußschemas ausreichend sind zur Ableitung aller nur mit der Implikation und der Negation gebildeten identischen Formeln des Aussagenkalkuls. Siehe die Abh. „Ein neuer Vollständigkeitsbeweis für das reduzierte Fregesche Axiomensystem des Aussagenkalküls“. Forschungen zur Logik und zur Grundlegung der exakten Wissenschaften, Heft 1 (1937). Als Analogon der Konjunktionen aus speziellen („einfachen“) Disjunktionen bei der konjunktiven Normalform treten hier endliche Mengen von speziellen Implikationen auf.

Formelvariablen — wir wollen hier diese beiden Arten von Ausdrücken gemeinsam als „Primärausdrücke bezeichnen[1] — oder zwei- oder mehrgliedrige Disjunktionen aus Primärausdrücken sind. Dabei besteht die Gleichwertigkeit in dem Sinne, daß die betreffende Konjunktion dieselbe Wahrheitsfunktion darstellt, wie die gegebene Formel.

Nun stellt eine Disjunktion aus Primärausdrücken

$$\mathfrak{P}_1 \vee \ldots \vee \mathfrak{P}_{\mathfrak{k}}$$

dieselbe Wahrheitsfunktion dar wie die Negation einer Konjunktion aus Primärausdrücken. Somit ist jede Formel des Aussagenkalkuls in dem genannten Sinne einer solchen Konjunktion gleichwertig, worin jedes Glied ein Primärausdruck oder die Negation einer Konjunktion aus Primärausdrücken ist. Eine Formel von dieser Gestalt wollen wir für die vorliegende Überlegung als „*Konjunktionsnormierte*" bezeichnen, und eine Konjunktionsnormierte, die einer Formel $\mathfrak{A}$ des Aussagenkalkuls gleichwertig ist, möge eine zu $\mathfrak{A}$ gehörige Konjunktionsnormierte heißen.

Von einer Konjunktionsnormierten läßt sich unmittelbar feststellen, ob sie identisch wahr ist; dieses nämlich ist ja, wie man sofort erkennt, dann und nur dann der Fall, wenn jedes Konjunktionsglied die Negation einer solchen Konjunktion ist, worin zwei Glieder auftreten, von denen eines die Negation des anderen ist.

Aus dieser Beschaffenheit einer identisch wahren Konjunktionsnormierten geht hervor, daß jede derartige Formel mittels der Schemata S_1—S_6 (in Anwendung auf I-K-N-Formeln) ableitbar ist. Wenn nämlich $\mathfrak{K}$ eine Konjunktion aus Primärausdrücken ist, unter denen ein Ausdruck $\mathfrak{U}$ sowie seine Negation auftritt, so sind mit Hilfe der Schemata S_1—S_5 die Formeln

$$\mathfrak{K} \rightarrow \mathfrak{U}, \quad \mathfrak{K} \rightarrow \overline{\mathfrak{U}}$$

ableitbar[2]; aus diesen aber erhalten wir mittels des Schemas S_6 die Formel $\overline{\mathfrak{K}}$. Demnach ist eine identisch wahre Konjunktionsnormierte eine Konjunktion aus Formeln, die mittels der Schemata S_1—S_6 ableitbar sind, und aus diesen Formeln wird die Konjunktionsnormierte selbst mittels der Schemata S_1—S_5 erhalten.

Beachten wir nun, daß für eine identisch wahre Formel eine zugehörige Konjunktionsnormierte ebenfalls identisch wahr ist, so ergibt sich nach dem eben Festgestellten, daß es zum Nachweis für unsere

---

[1] Dieser Begriff des Primärausdrucks steht nicht in Beziehung zu dem im Bd. I (S. 145 und 178) eingeführten Begriff der „Primärformel".

[2] Für das deduktive Operieren mit Konjunktionen haben wir wieder zu berücksichtigen, daß nach unseren Vereinbarungen eine klammernfreie Konjunktion $\mathfrak{A}_1 \,\&\ldots\&\, \mathfrak{A}_{\mathfrak{n}}$ eine Abkürzung bildet für den Ausdruck

$$(\ldots(\mathfrak{A}_1 \,\&\, \mathfrak{A}_2) \,\&\ldots\&\, \mathfrak{A}_{\mathfrak{n}-1}) \,\&\, \mathfrak{A}_{\mathfrak{n}}\,.$$

Behauptung der Ableitbarkeit jeder identisch wahren I-K-N-Formel mittels der Anwendung der Schemata S_1—S_8 auf I-K-N-Formeln ausreichend ist, wenn wir zeigen, daß sich zu jeder I-K-N-Formel eine solche zugehörige Konjunktionsnormierte angeben läßt, der sie mit Bezug auf die Schemata S_1—S_8 (in Anwendung auf I-K-N-Formeln) deduktionsgleich ist.

Dieses führen wir in der Weise aus, daß wir zunächst ein Umformungsverfahren angeben, das zu jeder I-K-N-Formel eine zugehörige Konjunktionsnormierte liefert, und sodann nachweisen, daß eine Konjunktionsnormierte, die durch dieses Verfahren zu einer I-K-N-Formel geliefert wird, dieser Formel in bezug auf die Schemata S_1—S_8 deduktionsgleich ist.

Zur Darlegung des Umformungsverfahrens benutzen wir eine Klassifizierung der mittels der Konjunktion und Negation aus Formelvariablen klammernfrei gebildeten Formeln, oder wie wir sie kurz nennen wollen: der „K-N-Formeln". Einer jeden solchen Formel schreiben wir eine „Ordnung" in folgender Weise zu: Es werde eine Negation als „primär" bezeichnet, wenn sie Bestandteil eines Primärausdrucks ist; ferner mögen in einer K-N-Formel zwei oder mehrere Negationen „übereinanderstehend" heißen, wenn mindestens eine Formelvariable gemeinsam dem Bereich einer jeden von ihnen angehört. Dann bestimmt sich die Ordnung einer K-N-Formel als die maximale in ihr vorkommende Anzahl übereinanderstehender nicht primärer Negationen.

Hiernach ist ein Primärausdruck stets von 0-ter Ordnung, die Negation einer nicht bloß aus einer Formelvariablen bestehenden K-N-Formel $\mathfrak{n}$-ter Ordnung ist von $(\mathfrak{n}+1)$-ter Ordnung, und die Ordnung einer Konjunktion aus K-N-Formeln ist gleich der maximalen unter den Ordnungen ihrer Glieder. Eine K-N-Formel ist eine Konjunktionsnormierte dann und nur dann, wenn sie von 0-ter oder 1-ter Ordnung ist. Ferner entnimmt man aus der Bestimmung der Ordnung folgende beiden Sätze: 1. Eine K-N-Formel von höherer als erster Ordnung enthält mindestens eine Negation einer Formel von erster Ordnung als Bestandteil. 2. Wird in einer K-N-Formel von höherer als erster Ordnung jede vorkommende Negation einer Formel erster Ordnung je durch eine Konjunktionsnormierte ersetzt, so hat die entstehende Formel eine niedrigere Ordnung als die ursprüngliche Formel.

Nach dieser Vorbereitung geben wir nun ein Verfahren an zur Umformung einer beliebigen vorgelegten I-K-N-Formel in eine zugehörige Konjunktionsnormierte: Es werden zunächst die Implikationen ausgeschaltet, indem man, von innen her beginnend, jeden Ausdruck $\mathfrak{A} \rightarrow \mathfrak{B}$ durch den entsprechenden Ausdruck $\overline{\mathfrak{A}\,\&\,\overline{\mathfrak{B}}}$ ersetzt. Sodann werden alle vorhandenen Klammern weggestrichen. Die hierdurch entstehende K-N-Formel — bezeichnen wir sie mit „$\mathfrak{S}$" — ist entweder eine Konjunktionsnormierte; dann ist das Verfahren bereits abgeschlossen. Oder sie enthält mindestens einen Bestandteil der Form $\overline{\mathfrak{C}}$, worin $\mathfrak{C}$ von erster Ordnung ist. Für jeden solchen Bestandteil $\overline{\mathfrak{C}}$ gewinnen wir nun eine Ersetzung durch eine Konjunktionsnormierte auf folgende Weise.

Als Formel erster Ordnung enthält $\mathfrak{C}$ mindestens ein Konjunktionsglied $\overline{\mathfrak{K}}$ von erster Ordnung, d. h. $\mathfrak{C}$ besteht entweder überhaupt nur aus einer solchen Formel $\overline{\mathfrak{K}}$, oder $\mathfrak{C}$ hat die Gestalt $\mathfrak{A} \,\&\, \overline{\mathfrak{K}}$ bzw. $\mathfrak{C}$ geht in diese Gestalt über, indem das hinterste Konjunktionsglied erster Ordnung hinter die ihm nachfolgenden Konjunktionsglieder 0-ter Ordnung gestellt wird.

Im ersten Fall hat $\overline{\mathfrak{C}}$ die Form $\overline{\overline{\mathfrak{K}}}$; wir streichen dann die doppelte Negation weg und erhalten dadurch eine Formel 0-ter Ordnung, also eine Konjunktionsnormierte.

Im zweiten Fall hat entweder $\overline{\mathfrak{C}}$ unmittelbar oder erhält $\overline{\mathfrak{C}}$ nach einer Umstellung von Konjunktionsgliedern in $\mathfrak{C}$ die Gestalt

$$\overline{\mathfrak{A} \,\&\, \overline{\mathfrak{K}}}$$

bzw. in genauerer Angabe

$$\overline{\mathfrak{A} \,\&\, \overline{\mathfrak{P}_1 \,\&\, \ldots \,\&\, \mathfrak{P}_r}},$$

wobei $\mathfrak{P}_1, \ldots, \mathfrak{P}_r$ Primärausdrücke sind.

Wir ersetzen dann diesen Ausdruck zunächst durch

$$\overline{\mathfrak{A} \,\&\, \overline{\mathfrak{P}_1}} \,\&\, \overline{\mathfrak{A} \,\&\, \overline{\mathfrak{P}_2}} \,\&\, \ldots \,\&\, \overline{\mathfrak{A} \,\&\, \overline{\mathfrak{P}_r}}$$

und weiter durch

$$\overline{\mathfrak{A} \,\&\, \mathfrak{Q}_1} \,\&\, \overline{\mathfrak{A} \,\&\, \mathfrak{Q}_2} \,\&\, \ldots \,\&\, \overline{\mathfrak{A} \,\&\, \mathfrak{Q}_r},$$

wobei (für $i = 1, \ldots, r$) $\mathfrak{Q}_i$ im Falle, daß $\mathfrak{P}_i$ eine Formelvariable ist, der Primärausdruck $\overline{\mathfrak{P}_i}$ und im Falle, daß $\mathfrak{P}_i$ die Negation einer Formelvariablen ist, eben diese Formelvariable, in jedem Fall also ein Primärausdruck ist.

Hiermit ist $\overline{\mathfrak{C}}$ ersetzt durch eine Konjunktion

$$\overline{\mathfrak{C}_1} \,\&\, \overline{\mathfrak{C}_2} \,\&\, \ldots \,\&\, \overline{\mathfrak{C}_r},$$

worin jede der Formeln $\mathfrak{C}_1, \ldots, \mathfrak{C}_r$ in ihrer konjunktiven Zusammensetzung ein Konjunktionsglied erster Ordnung weniger enthält als $\mathfrak{C}$; es tritt ja in $\mathfrak{C}_i$ an Stelle des Konjunktionsgliedes $\overline{\mathfrak{K}}$ von $\mathfrak{C}$, das von erster Ordnung ist, der Primärausdruck $\mathfrak{Q}_i$.

Die wiederholte Anwendung dieses Verfahrens führt zur Ersetzung von $\overline{\mathfrak{C}}$ durch eine Konjunktion

$$\overline{\mathfrak{C}_1^*} \,\&\, \overline{\mathfrak{C}_2^*} \,\&\, \ldots \,\&\, \overline{\mathfrak{C}_n^*},$$

worin die Formeln $\mathfrak{C}_1^*, \ldots, \mathfrak{C}_n^*$ überhaupt kein Konjunktionsglied erster Ordnung enthalten, also von 0-ter Ordnung sind, so daß die Konjunktion

$$\overline{\mathfrak{C}_1^*} \mathbin{\&} \ldots \mathbin{\&} \overline{\mathfrak{C}_n^*}$$

von erster Ordnung und somit eine Konjunktionsnormierte ist.

Indem wir gemäß dieser Anweisung jeden Bestandteil zweiter Ordnung von der Gestalt $\overline{\mathfrak{C}}$ in der Formel $\mathfrak{S}$ durch eine Konjunktionsnormierte ersetzen, erhalten wir im ganzen an Stelle von $\mathfrak{S}$ eine K-N-Formel, die eine niedrigere Ordnung hat als $\mathfrak{S}$. Diesen Prozeß wiederum können wir so oft wiederholen, bis wir zu einer K-N-Formel von höchstens erster Ordnung, d. h. zu einer Konjunktionsnormierten gelangen.

Daß nun die so gewonnene Konjunktionsnormierte eine zu der I-K-N-Formel, von der man ausgegangen ist, zugehörige Konjunktionsnormierte ist, d. h. eine solche, welche dieselbe Wahrheitsfunktion darstellt wie jene, ergibt sich daraus, daß das beschriebene Umformungsverfahren sich aus Teilschritten folgender Art (abgesehen von solchen Veränderungen, die nur die Schreibweise betreffen) zusammensetzen läßt:

1. Ersetzung eines Ausdrucks $\mathfrak{A} \rightarrow \mathfrak{B}$ durch $\overline{\mathfrak{A} \mathbin{\&} \overline{\mathfrak{B}}}$,
2. Ersetzung eines Ausdrucks $\mathfrak{A} \mathbin{\&} (\mathfrak{B} \mathbin{\&} \mathfrak{C})$ durch $\mathfrak{A} \mathbin{\&} \mathfrak{B} \mathbin{\&} \mathfrak{C}$,
3. Ersetzung eines Ausdrucks $\mathfrak{A} \mathbin{\&} \mathfrak{B}$ durch $\mathfrak{B} \mathbin{\&} \mathfrak{A}$,
4. Ersetzung eines Ausdrucks $\overline{\overline{\mathfrak{A}}}$ durch $\mathfrak{A}$,
5. Ersetzung eines Ausdrucks $\overline{\mathfrak{A} \mathbin{\&} \overline{\mathfrak{B} \mathbin{\&} \mathfrak{C}}}$ durch $\overline{\mathfrak{A} \mathbin{\&} \overline{\mathfrak{B}}} \mathbin{\&} \overline{\mathfrak{A} \mathbin{\&} \overline{\mathfrak{C}}}$.

(Durch Teilschritte der letztgenannten Art läßt sich der Übergang von einem Ausdruck

$$\overline{\mathfrak{A} \mathbin{\&} \overline{\mathfrak{P}_1 \mathbin{\&} \ldots \mathbin{\&} \mathfrak{P}_r}}$$

zu der Konjunktion

$$\overline{\mathfrak{A} \mathbin{\&} \overline{\mathfrak{P}_1}} \mathbin{\&} \ldots \mathbin{\&} \overline{\mathfrak{A} \mathbin{\&} \overline{\mathfrak{P}_r}}$$

bewirken.)

In der Tat läßt ja jede dieser fünf Ersetzungen den Wert eines Ausdrucks, wie er sich, auf Grund der Deutung der Implikation, der Konjunktion und der Negation als Wahrheitsfunktionen, für irgendwelche Wahrheitswerte der Formelvariablen ergibt, unverändert.

Jetzt haben wir noch nachzuweisen, daß eine I-K-N-Formel stets derjenigen Konjunktionsnormierten, die wir zu ihr durch das beschriebene Umformungsverfahren gewinnen, in bezug auf die Schemata S_1—S_8 deduktionsgleich ist. Für diesen Nachweis können wir die Feststellungen verwerten, die wir im Abschnitt B über Ableitbarkeiten mittels der Schemata S_1—S_5, unabhängig von dem zugrunde gelegten Formelbereich gemacht haben. So gilt auch für die Anwendung der Schemata S_1—S_5 auf I-K-N-Formeln, daß das Schema des Kettenschlusses und das der Importation sowie das Schema $\dfrac{\mathfrak{A},\ \mathfrak{B}}{\mathfrak{A} \mathbin{\&} \mathfrak{B}}$ ableitbare Schemata sind, daß ferner die Formelschemata

$$\mathfrak{A} \,\&\, \mathfrak{B} \rightarrow \mathfrak{B} \,\&\, \mathfrak{A}\,,$$

$$\mathfrak{A} \,\&\, (\mathfrak{B} \,\&\, \mathfrak{C}) \rightarrow (\mathfrak{A} \,\&\, \mathfrak{B}) \,\&\, \mathfrak{C}, \qquad (\mathfrak{A} \,\&\, \mathfrak{B}) \,\&\, \mathfrak{C} \rightarrow \mathfrak{A} \,\&\, (\mathfrak{B} \,\&\, \mathfrak{C})$$

ableitbar sind und daß eine Formel $\mathfrak{A} \rightarrow \mathfrak{B} \,\&\, \mathfrak{C}$ der Formel $(\mathfrak{A} \rightarrow \mathfrak{B}) \,\&\, (\mathfrak{A} \rightarrow \mathfrak{C})$ deduktionsgleich ist.

Als Konsequenz aus der Ableitbarkeit des Schemas $\dfrac{\mathfrak{A},\ \mathfrak{B}}{\mathfrak{A} \,\&\, \mathfrak{B}}$ — dessen Umkehrungen $\dfrac{\mathfrak{A} \,\&\, \mathfrak{B}}{\mathfrak{A}}$, $\dfrac{\mathfrak{A} \,\&\, \mathfrak{B}}{\mathfrak{B}}$ ja unmittelbar durch S_1, S_2, S_4 geliefert werden — sei angemerkt, daß, wenn eine Formel $\mathfrak{M}$ der Formel $\mathfrak{M}_1$, $\mathfrak{N}$ der Formel $\mathfrak{N}_1$ auf Grund der Schemata S_1—S_5 deduktionsgleich ist, dann auch die Formel $\mathfrak{M} \,\&\, \mathfrak{N}$ der Formel $\mathfrak{M}_1 \,\&\, \mathfrak{N}_1$ in bezug auf diese Schemata deduktionsgleich ist.

Wir fügen nun folgende auf die Ableitungen mittels der Schemata S_1—S_8 bezüglichen Feststellungen hinzu:

Mit Hilfe der Schemata S_1, S_2, S_6 ergibt sich das Formelschema

$$\overline{\mathfrak{A} \,\&\, \overline{\mathfrak{A}}}$$

und aus diesem mit Hilfe von S_7 das Formelschema

$$\mathfrak{A} \rightarrow \overline{\overline{\mathfrak{A}}};$$

auf Grund dieses Formelschemas und des Schemas S_8 ist jede Formel $\mathfrak{A}$ der Formel $\overline{\overline{\mathfrak{A}}}$ deduktionsgleich. Mit Hilfe der Schemata S_1, S_2, S_6, S_7 und des Kettenschlusses ergibt sich (auf dem Wege über das ableitbare Schema $\dfrac{\mathfrak{A} \rightarrow \mathfrak{B}}{\overline{\overline{\mathfrak{B}} \,\&\, \mathfrak{A}}}$) das Schema der „Kontraposition"

$$\frac{\mathfrak{A} \rightarrow \mathfrak{B}}{\overline{\mathfrak{B}} \rightarrow \overline{\mathfrak{A}}}.$$

Mit Hilfe der Schemata S_1, S_2, S_6 und des Kettenschlusses erhält man das Schema

$$\frac{\mathfrak{A} \rightarrow \overline{\mathfrak{B}}}{\overline{\mathfrak{A} \,\&\, \mathfrak{B}}},$$

welches die Umkehrung des Schemas S_7 bildet, sowie auch das Schema

$$\frac{\mathfrak{A} \rightarrow \mathfrak{B}}{\overline{\mathfrak{A} \,\&\, \overline{\mathfrak{B}}}}.$$

Die Umkehrung dieses letzteren Schemas ist durch die Schemata S_7, S_8 und den Kettenschluß ableitbar.

Hiernach ist eine Formel $\mathfrak{A} \rightarrow \overline{\mathfrak{B}}$ der Formel $\overline{\mathfrak{A} \,\&\, \mathfrak{B}}$, eine Formel $\mathfrak{A} \rightarrow \mathfrak{B}$ der Formel $\overline{\mathfrak{A} \,\&\, \overline{\mathfrak{B}}}$ deduktionsgleich. Machen wir hiervon Anwendung auf Formeln der Gestalt $\overline{\mathfrak{A} \,\&\, \overline{\mathfrak{B} \,\&\, \mathfrak{C}}}$. Eine solche ist nach dem eben Gesagten deduktionsgleich der Formel $\mathfrak{A} \to \mathfrak{B} \& \mathfrak{C}$; diese wiederum ist, wie vorhin erwähnt, der Formel $(\mathfrak{A} \to \mathfrak{B}) \& (\mathfrak{A} \to \mathfrak{C})$ deduktionsgleich. In dieser Konjunktion aber sind die Glieder den Formeln $\overline{\mathfrak{A} \& \overline{\mathfrak{B}}}$, $\overline{\mathfrak{A} \& \overline{\mathfrak{C}}}$ deduktionsgleich, und daraus ergibt sich nach dem vorhin vermerkten Satz über Deduktionsgleichheit, daß die Formel $(\mathfrak{A} \to \mathfrak{B}) \& (\mathfrak{A} \to \mathfrak{C})$ der Formel $\overline{\mathfrak{A} \& \overline{\mathfrak{B}}} \& \overline{\mathfrak{A} \& \overline{\mathfrak{C}}}$ deduktionsgleich ist. Diese Formel ist daher auch der Formel $\overline{\mathfrak{A} \& \overline{\mathfrak{B} \& \mathfrak{C}}}$ deduktionsgleich.

Aus den erhaltenen Feststellungen ist nun bereits ersichtlich, daß die Ersetzungsprozesse 1.—5., in welche sich das von uns betrachtete Verfahren des Übergangs von einer I-K-N-Formel zu einer zugehörigen Konjunktionsnormierten zerlegen läßt, alle von der Art sind, daß dabei ein Ausdruck durch einen (auf Grund der Schemata S_1—S_8) ihm deduktionsgleichen Ausdruck ersetzt wird.

Wir brauchen jetzt nur noch für die Deduktionsgleichheit in bezug auf die Schemata S_1—S_8 den Satz als gültig zu erkennen, daß eine I-K-N-Formel in eine ihr deduktionsgleiche Formel übergeht, wenn ein darin als Bestandteil auftretender Ausdruck durch einen ihm deduktionsgleichen ersetzt wird.

Hierfür wiederum genügt es, auf Grund der Bildungsweise der I-K-N-Formeln, wenn wir in bezug auf die Ableitungen durch die Schemata S_1—S_8 folgendes zeigen: Sind die I-K-N-Formeln $\mathfrak{A}$, $\mathfrak{B}$ deduktionsgleich, so ist für jede I-K-N-Formel $\mathfrak{C}$ die Formel $\mathfrak{C} \to \mathfrak{A}$ der Formel $\mathfrak{C} \to \mathfrak{B}$, die Formel $\mathfrak{A} \to \mathfrak{C}$ der Formel $\mathfrak{B} \to \mathfrak{C}$, die Formel $\mathfrak{A} \& \mathfrak{C}$ der Formel $\mathfrak{B} \& \mathfrak{C}$, die Formel $\mathfrak{C} \& \mathfrak{A}$ der Formel $\mathfrak{C} \& \mathfrak{B}$ und die Formel $\overline{\mathfrak{A}}$ der Formel $\overline{\mathfrak{B}}$ deduktionsgleich.

Dieser Nachweis gelingt auf die gleiche Art, wie der im Abschnitt B gegebene Nachweis für die entsprechende Behauptung über die Schemata S_1—S_5 und die I-K-Formeln: die im Falle der Deduktionsgleichheit von $\mathfrak{A}$ und $\mathfrak{B}$ behaupteten Deduktionsgleichheiten ergeben sich aus unseren Feststellungen über die Ableitbarkeiten durch die Schemata S_1—S_8, sofern wir noch zeigen können, daß im Falle der Deduktionsgleichheit zweier I-K-N-Formeln mit Bezug auf die Schemata S_1—S_8 die Implikationen $\mathfrak{A} \to \mathfrak{B}$ und $\mathfrak{B} \to \mathfrak{A}$ durch Anwendung dieser Schemata auf I-K-N-Formeln ableitbar sind.

Dieses aber können wir aus dem Prämissentheorem entnehmen. In der Tat sind die Voraussetzungen des Prämissentheorems für die Ableitungen mittels der Schemata S_1—S_8, sogar unter Zugrundelegung eines beliebigen (die Implikation, die Konjunktion und die Negation als formelbildende Operationen enthaltenden) Formelbereichs, erfüllt.

Nämlich die Erfüllung der Voraussetzungen für die Ableitungen durch die Schemata S_1—S_5 haben wir ja im Abschnitt B festgestellt. Durch die Hinzufügung der Schemata S_6, S_7, S_8 treten nur die zwei weiteren

Voraussetzungen hinzu, daß die Schemata

$$\frac{\mathfrak{P} \to (\mathfrak{A} \to \mathfrak{B}),\ \mathfrak{P} \to (\mathfrak{A} \to \overline{\mathfrak{B}})}{\mathfrak{P} \to \overline{\mathfrak{A}}}, \qquad \frac{\mathfrak{P} \to \overline{\mathfrak{A} \,\&\, \mathfrak{B}}}{\mathfrak{P} \to (\mathfrak{A} \to \overline{\mathfrak{B}})}$$

aus S_1—S_8 ableitbar sind.

Dieses aber ist leicht folgendermaßen zu erkennen: Aus zwei Formeln $\mathfrak{P} \to (\mathfrak{A} \to \mathfrak{B})$, $\mathfrak{P} \to (\mathfrak{A} \to \overline{\mathfrak{B}})$ erhalten wir mittels des ableitbaren Schemas der Importation die Formeln $\mathfrak{P} \,\&\, \mathfrak{A} \to \mathfrak{B}$, $\mathfrak{P} \,\&\, \mathfrak{A} \to \overline{\mathfrak{B}}$; diese ergeben mittels des Schemas S_6 die Formel $\overline{\mathfrak{P} \,\&\, \mathfrak{A}}$, und aus dieser erhalten wir durch das Schema S_7 die Formel $\mathfrak{P} \to \overline{\mathfrak{A}}$.

Aus einer Formel $\mathfrak{P} \to \overline{\mathfrak{A} \,\&\, \mathfrak{B}}$ erhalten wir mittels der ableitbaren Umkehrung des Schemas S_7 die Formel $\overline{\mathfrak{P} \,\&\, (\mathfrak{A} \,\&\, \mathfrak{B})}$; andererseits erhalten wir aus der ableitbaren Formel

$$(\mathfrak{P} \,\&\, \mathfrak{A}) \,\&\, \mathfrak{B} \to \mathfrak{P} \,\&\, (\mathfrak{A} \,\&\, \mathfrak{B})$$

mittels des ableitbaren Schemas der Kontraposition die Formel

$$\overline{\mathfrak{P} \,\&\, (\mathfrak{A} \,\&\, \mathfrak{B})} \to \overline{(\mathfrak{P} \,\&\, \mathfrak{A}) \,\&\, \mathfrak{B}}.$$

Die beiden erhaltenen Formeln ergeben mittels des Schlußschemas S_4 die Formel

$$\overline{(\mathfrak{P} \,\&\, \mathfrak{A}) \,\&\, \mathfrak{B}},$$

und aus dieser erhalten wir mittels der Schemata S_7 und S_3 die Formel

$$\mathfrak{P} \to (\mathfrak{A} \to \overline{\mathfrak{B}}).$$

Man beachte, daß bei diesen eben angegebenen Ableitungen das Formelschema S_8 nicht benutzt wird. Aus diesem Umstande folgt, daß das Prämissentheorem ebenso wie auf den Formalismus der Schemata S_1—S_8 auch auf denjenigen der Schemata S_1—S_7 anwendbar ist.

Hiermit ist nun der Nachweis für die Ableitbarkeit aller identisch wahren I-K-N-Formeln durch die Schemata S_1—S_8 zu Ende geführt.

Was die Frage der *Unabhängigkeit der Schemata* S_1—S_8 betrifft, so läßt sich zunächst die Unabhängigkeit des Schlußschemas S_4 daraus erkennen, daß mittels der übrigen Schemata keine Formel von der Gestalt $\mathfrak{A} \,\&\, \mathfrak{B}$ abgeleitet werden kann.

Für die Schemata S_1, S_2, S_5, S_6, S_8 ergibt sich die Unabhängigkeit mittels derjenigen Wertungen, durch die wir im § 3 des Bd. I die Unabhängigkeit einer jeden der Formeln II 1), 2), I 3), V 1), 3) im System der (mit Hilfe von Einsetzungen und des Schlußschemas anzuwendenden) Formeln I bis V erkannt haben[1]. Dabei sind von diesen Wertungen hier nur die Wertbestimmungen für die Implikation, die Konjunktion und die Negation in Betracht zu ziehen; und der Nachweis der Unabhängigkeit für eines unserer Schemata S_i mit Hilfe einer solchen

[1] Vgl. Bd. I, S. 75 und 77 unten bis 78 oben.

Wertung besteht in folgender Argumentation: Man zeigt zunächst für jedes von S_i verschiedene Schema aus der Reihe S_1—S_8, welches ein Formelschema ist, daß jede gemäß diesem Formelschema gebildete I-K-N-Formel (auf Grund der betreffenden Wertung) für beliebige Werte der Variablen nur gewisse „ausgezeichnete" Werte annimmt; ferner zeigt man für jedes zwei- oder mehrgliedrige jener von S_i verschiedenen Schemata, daß es von Formeln, die stets einen ausgezeichneten Wert ergeben, wieder zu solchen Formeln führt. Daraus folgt dann, daß jede durch die von S_i verschiedenen Schemata ableitbare I-K-N-Formel für beliebige Werte der Formelvariablen einen ausgezeichneten Wert annimmt. Andererseits wird eine identisch wahre I-K-N-Formel angegeben, die für gewisse Werte der Formelvariablen einen nicht ausgezeichneten Wert erhält. Diese Formel, die ja, wie wir gezeigt haben, mittels der Schemata S_1—S_8 ableitbar ist, kann dann jedenfalls nicht ohne Benutzung von S_i ableitbar sein. Bei den Unabhängigkeitsbeweisen mittels der genannten fünf Wertungen wird als ausgezeichneter Wert nur der Wert α genommen.

Die Unabhängigkeit des Schemas S_3 ergibt sich aus einer Wertung mit vier Werten α, β, γ, δ, die folgendermaßen bestimmt wird:

$A \to A = \alpha$, $\beta \to A = \alpha$ für jeden Wert von A;
für $A \neq B$, $A \neq \beta$ ist $A \to B = B$.
$A \mathbin{\&} A = A$, $A \mathbin{\&} \alpha = A$, $A \mathbin{\&} \beta = \beta$ für jeden Wert von A;
$A \mathbin{\&} B = B \mathbin{\&} A$ für jeden Wert von A und von B;

$$\gamma \mathbin{\&} \delta = \beta.$$
$$\overline{\alpha} = \beta, \quad \overline{\beta} = \alpha, \quad \overline{\gamma} = \delta, \quad \overline{\delta} = \gamma.$$

Auf Grund dieser Wertung erhalten die durch S_1, S_2, S_4—S_8 ableitbaren I-K-N-Formeln stets den Wert α; dagegen erhält die identische Formel $A \to (B \to A \mathbin{\&} B)$ für $A = \gamma$, $B = \delta$ den Wert β.

Der Nachweis für die Unabhängigkeit des Schemas S_7 gelingt mittels derjenigen Wertung, die sich von der eben angegebenen nur durch die Gleichungen

$$\gamma \mathbin{\&} \delta = \delta, \quad \delta \mathbin{\&} \gamma = \delta, \quad \overline{\gamma} = \beta, \quad \overline{\delta} = \alpha$$

unterscheidet. Dabei haben wir neben α noch γ als ausgezeichneten Wert zu nehmen. In der Tat zeigt sich, daß mittels der Schemata S_1—S_6, S_8 nur solche I-K-N-Formeln ableitbar sind, die auf Grund der genannten Wertung stets einen der Werte α, γ ergeben; andererseits erhält die identische Formel $(A \to B) \to (\overline{B} \to \overline{A})$ für $A = \gamma$, $B = \delta$ den Wert β.

Bemerkung. Das von uns zum Nachweis der Unabhängigkeit der Schemata S_1—S_5 angewandte Verfahren des Übergangs von den Schematen zu entsprechenden Formeln — wobei nur das Schlußschema als

Schema beibehalten und die Einsetzungsregel hinzugenommen wird — führt im Falle der Schemata S_1—S_8 nicht völlig zum Ziel, weil hier die dem Schema S_7 entsprechende Formel

$$\overline{A \& B} \rightarrow (A \rightarrow \overline{B})$$

von den Formeln, die den Schematen S_1—S_3, S_5, S_6, S_8 entsprechen, gar nicht unabhängig ist.

Übrigens ist die Diskussion der Schemata in bezug auf die Wertungen einfacher als die der entsprechenden Formeln. —

Zum Abschluß dieser Betrachtungen seien hier noch einige einschlägige Tatsachen kurz erwähnt. Betreffs der Ableitungen von I-K-N-Formeln durch die Schemata S_1—S_7 gilt, daß eine Formel dann und nur dann durch Anwendung dieser Schemata auf I-K-N-Formeln ableitbar ist, wenn sie entweder eine positiv identische I-K-Formel ist oder, falls sie die Negation enthält, in eine positiv identische I-K-Formel übergeht, wenn nach Wahl einer in ihr nicht vorkommenden Formelvariablen $\mathfrak{B}$ jeder vorkommende Ausdruck $\overline{\mathfrak{A}}$ durch die Implikation $\mathfrak{A} \rightarrow \mathfrak{B}$ ersetzt wird[1].

Dieser Satz ergibt sich aus den Betrachtungen von JOHANSSON über den Minimalkalkul[2].

Ein Verfahren zur Entscheidung darüber, ob eine vorgelegte I-K-Formel eine positiv identische ist, wurde von G. GENTZEN in der Abhandlung „Untersuchung über das logische Schließen"[3] als Anwendung seines „Teilformelsatzes" angegeben. Ein anderes Entscheidungsverfahren rührt von M. WAJSBERG her[4].

Die genannten Untersuchungen von GENTZEN und von WAJSBERG liefern darüber hinaus noch Entscheidungsverfahren für die Ableitbarkeit einer Formel durch den HEYTINGschen Aussagenkalkul[5]. Der HEYTINGsche Kalkul ist deduktiv gleichwertig dem Formalismus, den wir erhalten, indem wir auf den Bereich der Formeln, die mit den vier Operationen der Implikation, der Konjunktion, der Negation und der

---

[1] Diese Formulierung schließt sich an diejenige eines etwas engeren, von M. WAJSBERG in der Abhandlung „Untersuchungen über den Aussagenkalkül" [Wiadomości Matem. Bd. 46 (1938)] aufgestellten und bewiesenen Satzes an.

[2] I. JOHANSSON: „Der Minimalkalkul, ein reduzierter intuitionistischer Formalismus." Compositio Math. Bd. 4 (1936) Heft 1. — Eine Präzisierung der intuitionistischen Aussagenlogik im Sinne des Minimalkalkuls wurde bereits von A. KOLMOGOROFF in der (auf russisch verfaßten) Abhandlung „O principie tertium non datur", Rec. math. Soc. math. Moscou Bd. 32 (1924—1925) ausgeführt.

[3] Math. Z. Bd. 39 (1934).

[4] Siehe die soeben zitierte Abhandlung „Untersuchungen über den Aussagenkalkül".

[5] Siehe A. HEYTING: „Die formalen Regeln der intuitionistischen Logik." Sitzgsber. Preuß. Akad. Wiss., Phys.-math. Kl. 1930, II.

Disjunktion gebildet sind, die Schemata S_1—S_7 und ferner noch das Schema

$$\frac{\overline{\mathfrak{A}}}{\mathfrak{A} \rightarrow \mathfrak{B}}$$

für die Negation sowie die Schemata für die Disjunktion

$$\mathfrak{A} \rightarrow \mathfrak{A} \vee \mathfrak{B}, \qquad \mathfrak{B} \rightarrow \mathfrak{A} \vee \mathfrak{B}, \qquad \frac{\mathfrak{A} \rightarrow \mathfrak{C},\ \mathfrak{B} \rightarrow \mathfrak{C}}{\mathfrak{A} \vee \mathfrak{B} \rightarrow \mathfrak{C}}$$

anwenden.

Lassen wir hier das Schema $\frac{\overline{\mathfrak{A}}}{\mathfrak{A} \rightarrow \mathfrak{B}}$ weg, so erhalten wir den Formalismus des Minimalkalkuls.

Auf Grund der Ergebnisse von GENTZEN und von WAJSBERG ist jede im HEYTINGschen Aussagenkalkul ableitbare I-K-Formel positiv identisch, und die im HEYTINGschen Kalkul ableitbaren negationsfreien Formeln sind ohne Benutzung der Negation mittels der Schemata S_1—S_5 und der drei angegebenen Schemata für die Disjunktion ableitbar.

Für die Ableitungen mit Hilfe von Einsetzungen und des Schlußschemas bilden von dem im § 3 des ersten Bandes aufgestellten[1] System der Formeln I bis V die Formeln

I 1) bis 3), II 1) bis 3), III 1) bis 3), V 1), 2)

ein Axiomensystem des Minimalkalkuls. Hierbei können die Formel I 1) bis 3) durch die Formeln I*, die Formel II 3) durch die einfachere Formel $(A \rightarrow B) \rightarrow (A \rightarrow A \,\&\, B)$ ersetzt werden; oder es können auch die sechs Formeln I, II durch die im Abschnitt B angegebenen ihnen gleichwertigen vier bzw. fünf Formeln[2] ersetzt werden. Ferner kann an Stelle der beiden Formeln V 1), 2)

$$(A \rightarrow B) \rightarrow (\overline{B} \rightarrow \overline{A}), \quad A \rightarrow \overline{\overline{A}}$$

die eine Formel

$$(A \rightarrow B) \rightarrow \big((A \rightarrow \overline{B}) \rightarrow \overline{A}\big)$$

oder auch anstatt deren die Formel

$$(A \rightarrow \overline{B}) \rightarrow (B \rightarrow \overline{A})$$

genommen werden.

Ein Axiomensystem für den HEYTINGschen Kalkul erhält man, indem man die Formeln V 1), 2) durch die beiden Formeln

$$(A \rightarrow \overline{A}) \rightarrow \overline{A}, \quad \overline{A} \rightarrow (A \rightarrow B)$$

ersetzt.

In jedem der genannten Axiomensysteme ist jede der Formeln von den übrigen unabhängig.

---

[1] Vgl. Bd. I, S. 65. [2] Vgl. S. 452, 454.

Supplement IV.

Formalismen zur deduktiven Entwicklung der Analysis.

A. Aufstellung eines Formalismus.

Es sei hier ein Formalismus für die deduktive Behandlung der Analysis dargelegt, wie er — bis auf unwesentliche Unterschiede — in den HILBERTschen Vorlesungen über die Beweistheorie aufgestellt wurde und wie er ähnlich auch in der ACKERMANNschen Dissertation[1] beschrieben ist.

Wir wollen diesen Formalismus zuerst ohne Einbeziehung der expliziten Definitionen angeben.

Als *Variablen* haben wir: 1. freie und gebundene Individuenvariablen, 2. freie und gebundene Funktionsvariablen, und zwar ausschließlich solche mit nur einem Argument, 3. freie Formelvariablen ohne Argument und solche mit Argumenten.

Die Schreibweise der Individuenvariablen und der Formelvariablen soll die bisher von uns angewendete sein; die freien und gebundenen Funktionsvariablen unterscheiden wir von den Individuenvariablen lediglich durch einen jeweils über den Buchstaben gesetzten Punkt.

Bemerkung. Die Funktionsvariablen haben die Rolle von Variablen für *mathematische* Funktionen. Gebundene Formelvariablen führen wir hier nicht ein.

Als *Symbole* haben wir das Individuensymbol 0, das Strichsymbol, das einstellige Funktionszeichen δ, das Gleichheitszeichen, die Symbole des Aussagenkalkuls und das ε-Symbol, bei welchem die „zugehörige" gebundene Variable eine Individuenvariable oder eine Funktionsvariable sein kann.

Der Begriff der „Formel" bestimmt sich in rekursiver Weise gemeinsam mit den Begriffen des „Terms" und des „Funktionals"[2]. Die Intention bei der Festlegung dieser Begriffe ist, daß ein Term die Formalisierung einer Zahlbestimmung, ein Funktional die Formalisierung einer zahlentheoretischen Funktion und eine Formel die Formalisierung einer Aussage bilden soll.

Als *Terme* gelten zunächst die freien Individuenvariablen, das Symbol 0 und die Ausdrücke von der Gestalt $\mathfrak{a}'$, $\delta(\mathfrak{a})$, wo $\mathfrak{a}$ ein Term ist;

[1] ACKERMANN, W.: „Begründung des ‚tertium non datur' mittels der Hilbertschen Theorie der Widerspruchsfreiheit." Math. Ann. Bd. 93 (1924) Heft 1/2.

[2] Der Terminus „Funktional" wurde in den ersten Hilbertschen Publikationen zur Beweistheorie und auch in Ackermanns Dissertation in dem Sinne gebraucht, in dem wir hier von einem „Term" sprechen.

als *Funktionale* gelten zunächst die Funktionsvariablen, für sich stehend, d. h. ohne Zufügung eines Arguments.

Ferner gilt als Term ein Ausdruck von der Form $\mathfrak{a}(\mathfrak{b})$ bzw. $(\mathfrak{a})(\mathfrak{b})$, worin $\mathfrak{a}$ ein Funktional und $\mathfrak{b}$ ein Term ist. (Die Klammer um $\mathfrak{a}$ ist erforderlich, wenn $\mathfrak{a}$ ein zusammengesetzter Ausdruck ist.)

Als „Primformeln" gelten Formelvariablen ohne Argument, Formelvariablen mit Argumenten, deren jedes ein Term oder ein Funktional ist, und Gleichungen zwischen Termen; und als *Formeln* gelten die Ausdrücke, die entweder Primformeln sind oder aus Primformeln mittels der Operationen des Aussagenkalkuls gebildet sind.

Schließlich sind noch als Terme die Ausdrücke $\varepsilon_{\mathfrak{x}}\,\mathfrak{A}(\mathfrak{x})$ zugelassen, worin $\mathfrak{A}(\mathfrak{x})$ aus einer Formel $\mathfrak{A}(\mathfrak{c})$, welche die freie Individuenvariable $\mathfrak{c}$, dagegen nicht die gebundene Variable $\mathfrak{x}$ enthält, mittels der Ersetzung von $\mathfrak{c}$ durch $\mathfrak{x}$ hervorgeht; entsprechend sind als Funktionale die Ausdrücke $\varepsilon_{\dot{\mathfrak{x}}}\,\mathfrak{A}(\dot{\mathfrak{x}})$ zugelassen, worin $\mathfrak{A}(\dot{\mathfrak{x}})$ aus einer Formel $\mathfrak{A}(\dot{\mathfrak{c}})$, welche die freie Funktionsvariable $\dot{\mathfrak{c}}$, dagegen nicht die gebundene Variable $\dot{\mathfrak{x}}$ enthält, mittels der Ersetzung von $\dot{\mathfrak{c}}$ durch $\dot{\mathfrak{x}}$ hervorgeht.

Die *Ausgangsformeln* des Formalismus sind:

1. die identischen Formeln des Aussagenkalkuls,
2. die Formeln

$$A(a) \to A(\varepsilon_x A(x))$$
$$A(a) \to \varepsilon_x A(x) \neq a'$$
$$A(\dot{a}) \to A(\varepsilon_{\dot{x}} A(\dot{x})),$$

die als „erste, zweite, dritte ε-Formel" bezeichnet werden mögen,

3. die Gleichheitsaxiome (J_1), (J_2),
4. die Zahlenaxiome

$$a' = b' \to a = b$$
$$a' \neq 0, \qquad a \neq 0 \to (\delta(a))' = a.$$

Die *Prozesse der Ableitung* sind: Einsetzungen für freie Variablen, Umbenennungen gebundener Variablen, Wiederholungen von Formeln und das Schlußschema.

Die Umbenennung einer gebundenen Individuenvariablen wird wie früher erklärt; die Umbenennung einer gebundenen Funktionsvariablen besteht entsprechend in der Ersetzung eines Ausdrucks $\varepsilon_{\dot{\mathfrak{x}}}\,\mathfrak{A}(\dot{\mathfrak{x}})$ durch $\varepsilon_{\dot{\mathfrak{y}}}\,\mathfrak{A}(\dot{\mathfrak{y}})$, wobei $\dot{\mathfrak{y}}$ eine von $\dot{\mathfrak{x}}$ verschiedene gebundene Funktionsvariable ist. Die Einsetzung für freie Individuenvariablen und für Formelvariablen ohne Argument wird wie bisher erklärt.

Bei den *Einsetzungen für Formelvariablen mit Argumenten* haben wir auf die verschiedenen möglichen Arten der Ausfüllung von Argumentstellen zu achten. Wir führen hierfür folgende Begriffe ein: Eine freie und eine gebundene Variable sollen „gleichartig" heißen, wenn sie beide Individuenvariablen oder beide Funktionsvariablen sind. Ein Ausdruck heiße „termartig", wenn er entweder ein Term ist oder aus einem solchen durch Umwandlung einer oder mehrerer freier Variablen in je eine gleichartige, in dem Term nicht vorkommende gebundene Variable entsteht. Ein Ausdruck heiße „funktionsartig", wenn er entweder ein Funktional ist oder aus einem solchen durch Umwandlung einer oder mehrerer freier Variablen in je eine gleichartige, in dem Funktional nicht vorkommende gebundene Variable entsteht.

Wie man leicht erkennt, können innerhalb einer Formel als Argumente einer Formelvariablen nur termartige oder funktionsartige Argumente auftreten.

Eine „Nennform" für eine Formelvariable mit Argumenten besteht aus einer Formelvariablen, worin die Argumente lauter voneinander verschiedene freie Individuen- oder Funktionsvariablen sind. Ein Derivat einer Nennform ist ein Ausdruck, der aus der Nennform hervorgeht, indem für jede Individuenvariable der Nennform ein termartiger, für jede Funktionsvariable der Nennform ein funktionsartiger Ausdruck gesetzt wird. Ein Substituend für eine Nennform ist eine Formel, die sämtliche Argumentvariablen der Nennform enthält.

Eine Einsetzung für eine Formelvariable mit Argumenten in einer Formel $\mathfrak{F}$ erfolgt an Hand einer Nennform, für die ein Substituend angegeben wird; ihre Ausführung besteht darin, daß für ein jedes in $\mathfrak{F}$ auftretende Derivat der Nennform derjenige Ausdruck gesetzt wird, der aus dem Substituenden mittels der gleichen Ersetzungen hervorgeht, durch welche das Derivat aus der Nennform hervorgeht. Ist $\mathfrak{N}$ die Nennform und $\mathfrak{S}$ der Substituend, so sagen wir, es werde in $\mathfrak{F}$ für die Nennform $\mathfrak{N}$ die Formel $\mathfrak{S}$ eingesetzt.

Für die Funktionsvariablen lassen wir *zwei Arten der Einsetzung* zu: Die Einsetzung erster Art für eine Funktionsvariable in einer Formel besteht in der Ersetzung dieser Variablen an allen Stellen, wo sie in der Formel auftritt, durch ein und dasselbe Funktional („Funktionaleinsetzung"). Die Einsetzung zweiter Art („Funktionseinsetzung") entspricht der Einsetzung für eine Formelvariable mit einem termartigen Argument: Ist $\dot{\mathfrak{a}}$ die betreffende Funktionsvariable, so wird für eine „Nennform" $\dot{\mathfrak{a}}(\mathfrak{c})$ mit einer freien Individuenvariablen $\mathfrak{c}$ ein Term $\mathfrak{t}(\mathfrak{c})$ als Substituend angegeben, und es wird dann in der Formel, in welcher die Einsetzung erfolgen soll, für jeden vorkommenden Ausdruck $\dot{\mathfrak{a}}(\mathfrak{r})$ der entsprechende Ausdruck $\mathfrak{t}(\mathfrak{r})$ gesetzt. Vorbedingung ist dabei, daß die Funktionsvariable $\dot{\mathfrak{a}}$ in der betreffenden Formel *nirgends für sich*, sondern stets mit einem Argument versehen vorkommt.

Bemerkung. Wir könnten die Funktionseinsetzung entbehrlich machen, indem wir statt ihrer das Formelschema

$$(E\dot{x})(z)\left(\dot{x}(z) = \mathfrak{t}(z)\right)$$

einführten, das auf jeden solchen die Variable z enthaltenden termartigen Ausdruck $\mathfrak{t}(z)$ anwendbar ist, für welchen $\mathfrak{t}(c)$ ein Term ist[1].

Andererseits könnten wir grundsätzlich mit der Funktionseinsetzung allein auskommen; nur würden wir dadurch gewisse bequeme Darstellungsmöglichkeiten einbüßen.

Die Zulässigkeit von Einsetzungen und Umbenennungen ist an die Bedingung geknüpft, daß keine Kollisionen zwischen gebundenen Variablen entstehen, daß also nirgends innerhalb eines Ausdrucks $\varepsilon_{\mathfrak{x}}\,\mathfrak{A}(\mathfrak{x})$ oder $\varepsilon_{\dot{\mathfrak{x}}}\,\mathfrak{A}(\dot{\mathfrak{x}})$ als Bestandteil noch ein solches ε-Symbol auftritt, das zu der gleichen gebundenen Variablen $\mathfrak{x}$ bzw. $\dot{\mathfrak{x}}$ gehört.

Eine Einsetzung in eine der ε-Formeln darf zwecks der Vermeidung von Kollisionen zwischen gebundenen Variablen unmittelbar zusammen mit Umbenennungen gebundener Variablen ausgeführt werden.

Der hiermit abgegrenzte Formalismus „H_0" bedarf nun zu einer zweckmäßigen deduktiven Handhabung noch der Hinzunahme des Schemas der *expliziten Definition.*

Eine explizite Definition ist eine Formel von einer der drei Formen:

$$\mathfrak{s} = \mathfrak{t}$$
$$\mathfrak{f}(\mathfrak{c}) = \mathfrak{g}(\mathfrak{c})$$
$$\mathfrak{S} \sim \mathfrak{T},$$

wobei $\mathfrak{t}$ ein Term, $\mathfrak{g}$ ein Funktional, $\mathfrak{c}$ eine freie Individuenvariable und $\mathfrak{T}$ eine Formel bedeutet, ferner $\mathfrak{s}$ bzw. $\mathfrak{f}$ bzw. $\mathfrak{S}$ der Ausdruck bestehend aus dem neu einzuführenden Symbol mit seinen Argumenten ist, und im übrigen die folgenden Bedingungen erfüllt sind: Auf beiden Seiten der Gleichung oder der Äquivalenz sind die vorkommenden freien Variablen die gleichen. Bei den als Argumente des neuen Symbols auftretenden Formelvariablen sind die Argumentstellen mittels der Ausfüllung durch gebundene Individuen- bzw. Funktionsvariablen angegeben; bei einer als Argument auftretenden Funktionsvariablen $\dot{\mathfrak{a}}$ ist die Argumentstelle von $\dot{\mathfrak{a}}$ innerhalb des neuen Symbols nur dann angegeben, wenn auf der rechten Seite der Definition die Variable $\dot{\mathfrak{a}}$ nirgends für sich steht, aber auch in diesem Fall braucht jene Argumentstelle nicht angegeben zu sein. Die zur Angabe von Argumentstellen der Argumente des neuen Symbols verwendeten gebundenen Variablen sind alle voneinander verschieden; sie sind noch außerhalb der betreffenden Argumentstellen an dem Symbol selbst als Indices oder in anderer Weise angebracht.

Das „Schema der expliziten Definition" besteht in der Regel, daß eine explizite Definition als Ausgangsformel zu dem Formalismus hinzugefügt werden kann, wobei zugleich der Ausdruck bestehend aus dem eingeführten Symbol mit seinen Argumenten sowie jeder aus diesem

[1] Dieses Formelschema wurde von J. VON NEUMANN in der Abhandlung „Zur Hilbertschen Beweistheorie" (Math. Z. Bd. 26, S. 18) aufgestellt.

durch Einsetzungen für die freien Variablen (unter Vermeidung von Kollisionen zwischen gebundenen Variablen) zu gewinnende Ausdruck als Term bzw. als Funktional bzw. als Formel zugelassen wird, je nachdem die explizite Definition die erste, zweite oder dritte der drei angegebenen Gestalten besitzt, und wobei ferner die Regel der Umbenennung gebundener Variablen auf die zu dem neuen Symbol gehörigen gebundenen Variablen ausgedehnt wird.

Die Hinzufügung dieses Schemas der expliziten Definition zu dem Formalismus H_0 ergibt einen Formalismus „H“.

Für die Untersuchung der Widerspruchsfreiheit kann dieser Formalismus mittels des generellen Verfahrens der Ausschaltung expliziter Definitionen auf H_0 zurückgeführt werden. In der Tat sind unsere Festsetzungen über die Gestalt der expliziten Definitionen so getroffen, daß dieses Verfahren der Ausschaltung anwendbar bleibt[1].

B. Gewinnung der Zahlentheorie.

Es soll nun kurz dargelegt werden, wie sich aus dem Formalismus H der Prädikatenkalkul, die Zahlentheorie und die Analysis gewinnen lassen.

Zunächst können die Quantoren mittels der expliziten Definitionen

$$(x)\,A(x) \sim A(\varepsilon_x \overline{A(x)})$$
$$(E\,x)\,A(x) \sim A(\varepsilon_x A(x))$$
$$(\dot{x})\,A(\dot{x}) \sim A(\varepsilon_{\dot{x}} \overline{A(\dot{x})})$$
$$(E\,\dot{x})\,A(\dot{x}) \sim A(\varepsilon_{\dot{x}} A(\dot{x}))$$

eingeführt werden, und es ergeben sich aus diesen in Verbindung mit der ersten und dritten ε-Formel die Grundformeln (a) (b) des Prädikatenkalkuls als ableitbare Formeln sowie die Schemata (α) (β) als ableitbare Regeln[2], und zwar gesondert für die Individuenvariablen und die Funktionsvariablen.

Mit Hilfe der ersten und der zweiten ε-Formel, des Gleichheitsaxioms (J_2), des dritten Zahlenaxioms und des Aussagenkalkuls kann, wie wir wissen, das Induktionsschema als abgeleitete Regel erhalten werden[3], und durch Anwendung des Induktionsschemas in Verbindung mit der Formel (a) und dem Aussagenkalkul gewinnen wir das Induktionsaxiom als ableitbare Formel[4]. Durch explizite Definitionen können auch die üblichen Zahlensymbole eingeführt werden.

Um nun den vollen Formalismus der Zahlentheorie zu gewinnen, kommt es noch darauf an, das Schema der rekursiven Definition als ableitbares Schema zu erhalten.

Tatsächlich lassen sich im Formalismus H die primitiven Rekursionen (und übrigens auch die allgemeineren Rekursionsschemata) völlig auf

[1] Man überlege sich insbesondere den Fall, daß das neu eingeführte Symbol eine oder mehrere Funktionsvariablen als Argumente hat.

[2] Vgl. S. 15—16. [3] Vgl. S. 86—87. [4] Vgl. Bd. I, S. 266.

explizite Definitionen zurückführen. Und zwar gelingt dieses in einer einheitlichen Weise durch *Aufstellung einer allgemeinen Rekursionsfunktion,* aus der die einzelnen rekursiven Funktionen durch Einsetzungen hervorgehen.

Das Verfahren der Gewinnung dieser Funktion würde sich etwas einfacher gestalten, wenn wir in unserem Formalismus Funktionsvariablen mit zwei Argumenten zur Verfügung hätten. Da wir solche in H nicht eingeführt haben, so müssen wir zunächst die Abbildung der Zahlenpaare auf die Zahlen formal herstellen. Die hierfür benötigten rekursiven Funktionen können wir auf folgende Art mittels expliziter Definitionen gewinnen: Wir definieren zunächst die Summe durch die Gleichung

$$a + b = \left(\varepsilon_{\dot{x}}\{\dot{x}(0) = a \,\&\, (z)\left(\dot{x}(z') = (\dot{x}(z))'\right)\}\right)(b).$$

Aus dieser ergeben sich die Rekursionsgleichungen

$$a + 0 = a, \qquad a + b' = (a + b)'$$

mit Hilfe der Formel

$$(E\dot{x})\{\dot{x}(0) = a \,\&\, (z)\left(\dot{x}(z') = (\dot{x}(z))\right)'\},$$

welche durch Anwendung des Induktionsschemas in bezug auf die Variable a (durch „Induktion nach a") erhalten wird. Die Ableitung der beiden Formeln $\mathfrak{A}(0)$, $\mathfrak{A}(a) \rightarrow \mathfrak{A}(a')$ des Induktionsschemas gelingt hierbei mittels der Formeln

$$(E\dot{x})\,(z)\left(\dot{x}(z) = z\right), \qquad (E\dot{x})\,(z)\left(\dot{x}(z) = (\dot{c}(z))'\right),$$

die sich mit Hilfe der ableitbaren Formeln

$$(z)\,(z = z), \qquad A(\dot{a}) \rightarrow (E\dot{x})\,A(\dot{x})$$

und der Regel der Funktionseinsetzung ergeben[1].

Aus den Rekursionsgleichungen für $a + b$ erhalten wir mittels des Induktionsschemas die Formeln, welche die Rechengesetze für die Summe darstellen.

Mit Hilfe der Summe lassen sich die Prädikatensymbole „$<$", „$\leq$" durch die expliziten Definitionen

$$a < b \sim (x)\,(a \neq b + x), \qquad a \leq b \sim (Ex)\,(a + x = b)$$

einführen, und es ergeben sich aus diesen die Formeln

$$\overline{a < a}, \qquad a < b \,\&\, b < c \rightarrow a < c, \qquad a \leq b \vee b < a$$
$$a \leq b \sim a = b \vee a < b$$
$$a < a', \qquad a < b' \sim a \leq b.$$

[1] Diese Möglichkeit der Einführung der Summe und die entsprechende sogleich zu erwähnende für das Produkt wurde zuerst von L. KALMÁR erkannt. Das Wesentliche bei diesem Verfahren, welches sich ohne weiteres auch vom inhaltlichen Standpunkt interpretieren läßt, besteht darin, daß der Induktionsschluß, aus dem sich die Lösbarkeit der Rekursionsgleichungen durch eine zweistellige Funktion ergibt, nicht nach derjenigen Variablen erfolgt, nach der die Rekursion fortschreitet, sondern vielmehr nach dem Parameter der Rekursion.

Entsprechend der Summe definieren wir das Produkt durch die Gleichung

$$a \cdot b = \left(\varepsilon_{\dot{x}}\{\dot{x}(0) = 0 \,\&\, (z)\,(\dot{x}(z') = x(z) + a)\}\right)(b).$$

Aus dieser werden die Rekursionsgleichungen

$$a \cdot 0 = 0, \qquad a \cdot b' = a \cdot b + a$$

mit Hilfe der Formel

$$(E\dot{x})\left(\dot{x}(0) = 0 \,\&\, (z)\,(\dot{x}(z') = x(z) + a)\right)$$

erhalten, die sich wiederum durch Induktion nach a ableiten läßt, unter Benutzung der ableitbaren Formeln[1]

$$(E\dot{x})\,(z)\left(\dot{x}(z) = 0\right), \qquad \dot{c}(0) = 0 \,\&\, (z)\left(\dot{c}(z') = \dot{c}(z) + a\right) \rightarrow$$
$$\dot{c}(0) + 0 = 0 \,\&\, (z)\left(\dot{c}(z') + z' = (\dot{c}(z) + z) + a'\right).$$

Aus den Rekursionsgleichungen für $a \cdot b$ ergeben sich die Formeln, welche die Rechengesetze der Multiplikation ausdrücken, sowie auch die Formel

$$a \cdot (b + c) = a \cdot b + a \cdot c.$$

Nun werde weiter die Funktion

$$\xi(n) = \varepsilon_x(x + x = n \cdot n')$$

eingeführt.

Durch Induktion nach n erhält man die Formel

$$(E x)\,(x + x = n \cdot n'),$$

aus der man zunächst die Gleichung

$$\xi(n) + \xi(n) = n \cdot n'$$

und weiter die Formeln

$$\xi(0) = 0, \qquad \xi(n') = \xi(n) + n'$$

gewinnt, die zusammen mit den Rekursionsgleichungen der Summe eine rekursive Definition von $\xi(n)$ bilden.

Führen wir ferner die Funktion $\tau(a, b)$ durch die Gleichung

$$\tau(a, b) = \xi(a + b) + a$$

ein, so lassen sich für diese die Gleichungen

$$\tau(0, 0) = 0$$
$$\tau(0, a') = \left(\tau(a, 0)\right)'$$
$$\tau(a', b) = \left(\tau(a, b')\right)'$$

ableiten, aus denen durch Induktion nach n die Formel

$$(E x)\,(E y)\left(\tau(x, y) = n\right)$$

---

[1] Die Ableitung der ersten dieser beiden Formeln kann z. B. auf dem Wege über die Gleichung

$$\varepsilon_z(n = n \,\&\, z = 0) = 0$$

erfolgen.

erhalten wird; außerdem ergibt sich die Formel

$$a + b < c + d \rightarrow \tau(a, b) < \tau(c, d)$$

und mit Hilfe von dieser weiter die Formel

$$\tau(a, b) = \tau(c, d) \rightarrow a = c \,\&\, b = d.$$

Werden jetzt noch die Funktionen

$$\tau_1(n), \tau_2(n)$$

durch die expliziten Definitionen

$$\tau_1(n) = \varepsilon_x (E y)\bigl(\tau(x, y) = n\bigr),$$
$$\tau_2(n) = \varepsilon_y (E x)\bigl(\tau(x, y) = n\bigr)$$

eingeführt, so ergeben sich mittels der erhaltenen Formeln die Gleichungen

$$\tau\bigl(\tau_1(n), \tau_2(n)\bigr) = n, \qquad \tau_1\bigl(\tau(a, b)\bigr) = a, \qquad \tau_2\bigl(\tau(a, b)\bigr) = b.$$

Hiermit ist die Formalisierung einer umkehrbar eindeutigen Abbildung der Zahlenpaare auf die Zahlen gewonnen.

Nunmehr sind wir soweit, daß wir die allgemeine Rekursionsfunktion aufstellen können. Die explizite Definition dieser Funktion lautet:

$$\varrho_x\bigl(a, \dot{b}(x), n\bigr) = \bigl[\varepsilon_{\dot{x}}\{\dot{x}(0) = a \,\&\, (z)\,[\dot{x}(z') = \dot{b}(\tau(z, \dot{x}(z)))]\}\bigr](n).$$

Um aus dieser die charakterisierenden Gleichungen für die Funktion zu gewinnen, haben wir die Formel

$$(1) \qquad (E\dot{x})\,\{\dot{x}(0) = a \,\&\, (z)\,[\dot{x}(z') = \dot{b}(\tau(z, \dot{x}(z)))]\}$$

abzuleiten. Es sei kurz der Gang dieser Ableitung angegeben[1]. Wir führen zunächst die Funktionen $\alpha(a, b)$, $\beta(a, b)$ durch die expliziten Definitionen

$$\alpha(a, b) = \varepsilon_x\bigl((a = b \rightarrow x = 0) \,\&\, (a \neq b \rightarrow x = 0')\bigr)$$
$$\beta(a, b) = \varepsilon_x\bigl((a \neq b \rightarrow x = 0) \,\&\, (a = b \rightarrow x = 0')\bigr)$$

ein, aus denen sich leicht die Formeln

$$a = b \rightarrow \alpha(a, b) = 0, \qquad a \neq b \rightarrow \alpha(a, b) = 0'$$
$$a \neq b \rightarrow \beta(a, b) = 0, \qquad a = b \rightarrow \beta(a, b) = 0'$$

ableiten lassen. Mit Verwendung dieser Formeln erhalten wir:

$$(2) \qquad \dot{c}(0) = a \,\&\, (z)\,[z < n \rightarrow \dot{c}(z') = \dot{b}(\tau(z, \dot{c}(z)))]$$
$$\&\, (z)\,\bigl(\dot{g}(z) = \dot{c}(z)\cdot\alpha(z, n') + \dot{b}(\tau(n, \dot{c}(n)))\cdot\beta(z, n')\bigr)$$
$$\rightarrow \dot{g}(0) = a \,\&\, (z)\,[z < n' \rightarrow \dot{g}(z') = \dot{b}(\tau(z, \dot{g}(z)))],$$

und mit Hilfe von dieser Formel nebst der leicht ableitbaren Formel

$$(E\dot{x})\,\bigl(\dot{x}(0) = a\bigr)$$

[1] Die Methode dieser Ableitung stammt von DEDEKIND. Siehe RICHARD DEDEKIND „Was sind und was sollen die Zahlen?" (Braunschweig 1887), § 9.

erhalten wir durch Induktion nach n die Formel

$$(E\dot{x})\{\dot{x}(0) = a \,\&\, (z)\,[z < n \rightarrow \dot{x}(z') = \dot{b}(\tau(z,\, \dot{x}(z)))]\}$$

und aus dieser weiter diejenige Formel

$$(3) \qquad (\mathfrak{e}(n))(0) = a \,\&\, (z)\,[z < n \rightarrow (\mathfrak{e}(n))\,(z') = \dot{b}(\tau(z,\, (\mathfrak{e}(n))\,(z)))],$$

worin $\mathfrak{e}(n)$ das Funktional

$$\varepsilon_{\dot{x}}\{\dot{x}(0) = a \,\&\, (z)\,[z < n \rightarrow \dot{x}(z') = \dot{b}(\tau(z,\, \dot{x}(z)))]\}$$

ist. Aus (3) aber ergibt sich, mit Anwendung der Formel

$$k \leqq n \rightarrow (\mathfrak{e}(n'))\,(k) = (\mathfrak{e}(n))\,(k),$$

die durch Induktion nach k ableitbar ist, die Formel

$$(\mathfrak{e}(0))\,(0) = a \,\&\, (\mathfrak{e}(n'))\,(n') = \dot{b}(\tau(n,\, (\mathfrak{e}(n))\,(n)))$$

und aus dieser die Formel (1).

Nachdem die Formel (1) abgeleitet ist, gewinnen wir aus der expliziten Definition von $\varrho_x(a,\, b(x),\, n)$ die Gleichungen

$$\varrho_x(a,\, \dot{b}(x),\, 0) = a$$
$$\varrho_x(a,\, \dot{b}(x),\, n') = \dot{b}(\tau(n,\, \varrho_x(a,\, \dot{b}(x),\, n))).$$

Auf Grund dieser Gleichungen läßt sich jede Einführung einer Funktion durch eine primitive Rekursion

$$\mathfrak{f}(a_1, \ldots, a_{\mathfrak{r}}, 0) = \mathfrak{a}(a_1, \ldots, a_{\mathfrak{r}})$$
$$\mathfrak{f}(a_1, \ldots, a_{\mathfrak{r}}, n') = \mathfrak{b}(a_1, \ldots, a_{\mathfrak{r}}, n, \mathfrak{f}(a_1, \ldots, a_{\mathfrak{r}}, n))$$

auf eine Einsetzung in die Funktion $\varrho_x(a,\, \dot{b}(x),\, n)$ zurückführen. Nämlich es genügt ja, die explizite Definition

$$\mathfrak{f}(a_1, \ldots, a_{\mathfrak{r}}, n) = \varrho_x(\mathfrak{a}(a_1, \ldots, a_{\mathfrak{r}}),\, \mathfrak{b}(a_1, \ldots, a_{\mathfrak{r}}, \tau_1(x), \tau_2(x)),\, n)$$

aufzustellen; dann ergeben sich die beiden Rekursionsgleichungen als ableitbare Formeln.

Es ist demnach jede rekursive (d. h. durch primitive Rekursionen definierbare) Funktion durch einen Ausdruck darstellbar, in dem keine anderen Symbole auftreten als das Symbol 0, das Strichsymbol, die Funktionszeichen $\tau_1(n)$, $\tau_2(n)$ und das Symbol der allgemeinen Rekursionsfunktion $\varrho_x(a,\, \dot{b}(x),\, n)$.

So bestehen z. B. die Darstellungen

$$a + b = \varrho_x(a,\, (\tau_2(x))',\, b)$$
$$a \cdot b = \varrho_x(0,\, \varrho_y(\tau_2(x),\, (\tau_2(y))',\, a),\, b)$$
$$a^b = \varrho_x(0',\, \varrho_y(0,\, \varrho_z(\tau_2(y),\, (\tau_2(z))',\, \tau_2(x)),\, a)\, b)$$
$$\delta(n) = \varrho_x(0,\, \tau_1(x),\, n)$$

$$\begin{aligned}
&\delta(a, b) = \varrho_x(a, \varrho_y(0, \tau_1(y), \tau_2(x)), b)\\
&c = \varrho_x(c, \tau_2(x), n)\\
&\beta(n) = \varrho_x(0', \varrho_y(0, \tau_2(y), x), n)\\
&\xi(n) = \varrho_x(0, \varrho_y((\tau_1(x))', (\tau_2(y))', \tau_2(x)), n).
\end{aligned}$$

Das μ-Symbol können wir definieren durch die Gleichung

$$\mu_x A(x) = \varepsilon_x\{(A(x) \& (y)(A(y) \rightarrow x \leq y)) \vee (x = 0 \& (y)\overline{A(y)})\},$$

und es ergeben sich aus dieser Definition mit Hilfe der ableitbaren Formel des Prinzips der kleinsten Zahl die Formeln (μ_1), (μ_2), (μ_3)[1].

Damit haben wir alle Hilfsmittel des vollen zahlentheoretischen Formalismus zur Verfügung; zugleich ist gegenüber dem Formalismus (Z_μ) ein ersichtlicher Gewinn an Systematik erreicht.

C. Theorie der Maßzahlen.

Um nun zur Analysis überzugehen, so wollen wir uns hier zunächst auf die Analysis der *positiven* Größen beschränken, die ja bereits alle charakteristischen Methoden der Grenzwertbildung enthält.

Es kommt darauf an, die zu betrachtenden Größen als Folgen von ganzen Zahlen ≥ 0 zu charakterisieren. Dazu knüpfen wir heuristisch an die Darstellung der positiven reellen Zahlen durch unendliche Dualbrüche an. Diese Darstellung ist gleichbedeutend mit der Darstellung durch eine Folge von Brüchen

$$\frac{a_0}{2^0}, \quad \frac{a_1}{2^1}, \quad \frac{a_2}{2^2}, \ldots$$

und daher auch durch eine Folge von ganzen Zahlen $a_0, a_1, a_2, \ldots$, worin $0 \leq a_0$ und allgemein $a_{n+1} = 2 \cdot a_n$ oder $a_{n+1} = 2 \cdot a_n + 1$ ist. Die Darstellung wird umkehrbar eindeutig, wenn wir noch die Bedingung hinzufügen, daß der Dualbruch nicht von einer Stelle an lauter Nullen enthält, daß also nicht von einer Stelle an stets $a_{n+1} = 2 \cdot a_n$ ist. So werden wir darauf geführt, die kennzeichnende Bedingung für die Zahlenfolgen, die wir als Darstellungen von positiven reellen Zahlen („Maßzahlen") nehmen, durch folgende Definition eines Prädikatensymbols „$\Theta(\dot{a})$" formal festzulegen[2]:

$$\begin{aligned}
\Theta(\dot{a}) \sim (x)(\dot{a}(x') = 2 \cdot \dot{a}(x) \vee \dot{a}(x') = 2 \cdot \dot{a}(x) + 1)\\
\& (x)(Ey)(x < y \& \dot{a}(y') = 2 \cdot \dot{a}(y) + 1).
\end{aligned}$$

Auf Grund dieser Formalisierung des Begriffs der Maßzahl kann nun die Größenvergleichung für die Maßzahlen durch folgende Definitionen

[1] Vgl. Bd. I, S. 283 unten bis 285 und S. 403—405, oder auch in diesem Band Supplement I, S. 399.

[2] Die Darstellung durch die Folge der Zähler der aufeinanderfolgenden endlichen Dualbrüche hat gegenüber derjenigen durch die Folge der Ziffern des unendlichen Dualbruchs den Vorteil, daß sie uns bei verschiedenen Begriffsbildungen der Notwendigkeit einer rekursiven Bestimmung enthebt.

eingeführt werden:

$$\dot{a} \doteq \dot{b} \sim (x)(\dot{a}(x) = \dot{b}(x))$$
$$\dot{a} \mathrel{\dot{\neq}} \dot{b} \sim \overline{\dot{a} \doteq \dot{b}}$$
$$\dot{a} \mathrel{\dot{\leqq}} \dot{b} \sim (x)(\dot{a}(x) \leqq \dot{b}(x))$$
$$\dot{a} \mathrel{\dot{<}} \dot{b} \sim \dot{a} \mathrel{\dot{\leqq}} \dot{b} \mathbin{\&} \dot{a} \mathrel{\dot{\neq}} \dot{b}.$$

Aus diesen Definitionen lassen sich die folgenden Formeln ableiten:

$$\dot{a} \doteq \dot{a}, \quad \dot{a} \doteq \dot{b} \to \dot{b} \doteq \dot{a}$$
$$\dot{a} \doteq \dot{b} \to (\dot{a} \doteq \dot{c} \to \dot{b} \doteq \dot{c})$$
$$\dot{a} \doteq \dot{b} \to (\dot{a} \mathrel{\dot{\leqq}} \dot{c} \to \dot{b} \mathrel{\dot{\leqq}} \dot{c})$$
$$\dot{a} \doteq \dot{b} \to (\dot{c} \mathrel{\dot{\leqq}} \dot{a} \to \dot{c} \mathrel{\dot{\leqq}} \dot{b})$$

sowie die entsprechenden Formeln für $\dot{<}$ anstatt $\dot{\leqq}$; ferner erhalten wir:

$$\dot{a} \doteq \dot{b} \to (\Theta(\dot{a}) \to \Theta(\dot{b}))$$
$$\dot{a} \mathrel{\dot{\leqq}} \dot{b} \mathbin{\&} \dot{b} \mathrel{\dot{\leqq}} \dot{c} \to \dot{a} \mathrel{\dot{\leqq}} \dot{c}$$
$$\dot{a} \mathrel{\dot{\leqq}} \dot{b} \mathbin{\&} \dot{b} \mathrel{\dot{\leqq}} \dot{a} \to \dot{a} \doteq \dot{b}$$
$$\dot{a} \mathrel{\dot{<}} \dot{b} \mathbin{\&} \dot{b} \mathrel{\dot{<}} \dot{c} \to \dot{a} \mathrel{\dot{<}} \dot{c}$$
$$\Theta(\dot{a}) \mathbin{\&} \Theta(\dot{b}) \to (\dot{a} \mathrel{\dot{<}} \dot{b} \sim \overline{\dot{b} \mathrel{\dot{\leqq}} \dot{a}})$$
$$\Theta(\dot{a}) \to (E\dot{x})(\Theta(\dot{x}) \mathbin{\&} \dot{a} \mathrel{\dot{<}} \dot{x}) \mathbin{\&} (E\dot{x})(\Theta(\dot{x}) \mathbin{\&} \dot{x} \mathrel{\dot{<}} \dot{a})$$
$$\Theta(\dot{a}) \mathbin{\&} \Theta(\dot{b}) \mathbin{\&} \dot{a} \mathrel{\dot{<}} \dot{b} \to (E\dot{x})(\Theta(\dot{x}) \mathbin{\&} \dot{a} \mathrel{\dot{<}} \dot{x} \mathbin{\&} \dot{x} \mathrel{\dot{<}} \dot{b}).$$

Bemerkung. Wir sind nicht imstande, jede Formel von der Gestalt

$$\dot{a} \doteq \dot{b} \to (\mathfrak{A}(\dot{a}) \to \mathfrak{A}(\dot{b}))$$

abzuleiten, z. B. nicht die Formel

$$\dot{a} \doteq \dot{b} \to (\varepsilon_x(\dot{a}(x) = 0) = 0' \to \varepsilon_x(\dot{b}(x) = 0) = 0').$$

Für die Anwendung von Einsetzungen für Funktionsvariablen, welche für sich stehend in Formeln auftreten (diese Einsetzungen können nur Funktionaleinsetzungen sein), kommt es darauf an, ein Verfahren zu haben, um zu einem beliebigen Term $\mathfrak{t}(\mathfrak{c})$ mit einer freien Individuenvariablen $\mathfrak{c}$ ein Funktional $\mathfrak{f}$ zu bestimmen, für welches die Gleichung

$$\mathfrak{f}(\mathfrak{c}) = \mathfrak{t}(\mathfrak{c})$$

ableitbar ist. Dieses gelingt folgendermaßen:

Es werde mit $\mathfrak{e}$ das Funktional $\varepsilon_{\dot{x}}(y)(\dot{x}(y) = \dot{b}(y))$ bezeichnet. Aus der dritten ε-Formel erhalten wir durch Einsetzung der Formel $(z)(\dot{c}(z) = \dot{b}(z))$ für die Nennform $A(\dot{c})$ der Formelvariablen, in Verbindung mit der Umbenennung der Variablen z in y innerhalb des Ausdrucks $\varepsilon_{\dot{x}}(z)(\dot{x}(z) = \dot{b}(z))$, die Formel

$$(z)(\dot{a}(z) = \dot{b}(z)) \to (z)(\mathfrak{e}(z) = \dot{b}(z)).$$

Setzen wir hierin für die Nennform $\dot{a}(c)$ den Term $\dot{b}(c)$ ein, so ergibt sich, mit Benutzung der aus (J_1) ableitbaren Formel

$$(z)\left(\dot{b}(z) = \dot{b}(z)\right)$$

die Formel

$$(z)\left(\mathfrak{e}(z) = \dot{b}(z)\right)$$

und somit auch

$$\mathfrak{e}(c) = \dot{b}(c),$$

d. h. die Formel

$$\{\varepsilon_{\dot{x}}(y)\left(\dot{x}(y) = \dot{b}(y)\right)\}(c) = \dot{b}(c).$$

Aus dieser Formel aber erhalten wir, wenn $\mathfrak{t}(\mathfrak{c})$ ein beliebiger, die freie Variable $\mathfrak{c}$ enthaltender Term ist, worin die gebundenen Variablen $\dot{\mathfrak{x}}$, $\mathfrak{y}$ nicht vorkommen, durch Funktionseinsetzung für die Variable $\dot{b}$, eventuell nebst Umbenennung, die Gleichung

$$\{\varepsilon_{\dot{\mathfrak{x}}}(\mathfrak{y})\left(\dot{\mathfrak{x}}(\mathfrak{y}) = \mathfrak{t}(\mathfrak{y})\right)\}(\mathfrak{c}) = \mathfrak{t}(\mathfrak{c}).$$

Zur Vereinfachung können wir noch das Symbol $\lambda_x \dot{a}(x)$ durch die explizite Definition

$$\left(\lambda_x \dot{a}(x)\right)(c) = \{\varepsilon_{\dot{x}}(y)\left(\dot{x}(y) = \dot{a}(y)\right)\}(c)$$

einführen[1]. Diese ergibt mittels der abgeleiteten Formel

$$\{\varepsilon_{\dot{x}}(y)\left(\dot{x}(y) = \dot{b}(y)\right)\}(c) = \dot{b}(c)$$

die Gleichung

$$(4) \qquad \left(\lambda_x \dot{a}(x)\right)(c) = \dot{a}(c).$$

Mit Hilfe dieser Gleichung können wir z. B. aus der Formel

$$\dot{a} \doteq \dot{b} \sim (x)\left(\dot{a}(x) = \dot{b}(x)\right)$$

für beliebige Terme $\mathfrak{s}(\mathfrak{c})$, $\mathfrak{t}(\mathfrak{c})$, worin die Variable $\mathfrak{x}$ nicht vorkommt, die Formel

$$\lambda_{\mathfrak{x}}\, \mathfrak{s}(\mathfrak{x}) \doteq \lambda_{\mathfrak{x}}\, \mathfrak{t}(\mathfrak{x}) \sim (\mathfrak{x})\left(\mathfrak{s}(\mathfrak{x}) = \mathfrak{t}(\mathfrak{x})\right)$$

ableiten, indem wir zunächst von der gegebenen Formel durch Einsetzung (eventuell mit Umbenennung) zu einer Formel

$$\lambda_{\mathfrak{x}}\, \mathfrak{s}(\mathfrak{x}) \doteq \lambda_{\mathfrak{x}}\, \mathfrak{t}(\mathfrak{x}) \sim (\mathfrak{y})\left((\lambda_{\mathfrak{x}}\, \mathfrak{s}(\mathfrak{x}))(\mathfrak{y}) = (\lambda_{\mathfrak{x}}\, \mathfrak{t}(\mathfrak{x}))(\mathfrak{y})\right)$$

übergehen und zu dieser dann die beiden aus der Gleichung (4) durch Einsetzungen (eventuell mit Umbenennung) hervorgehenden Gleichungen

$$\left(\lambda_{\mathfrak{x}}\, \mathfrak{s}(\mathfrak{x})\right)(\mathfrak{c}) = \mathfrak{s}(\mathfrak{c}), \qquad \left(\lambda_{\mathfrak{x}}\, \mathfrak{t}(\mathfrak{x})\right)(\mathfrak{c}) = \mathfrak{t}(\mathfrak{c})$$

hinzunehmen, welche zusammen mit der zuvor erhaltenen Formel mittels der Anwendung des Axioms (J_2) die gewünschte Formel ergeben.

[1] Der Buchstabe λ ist hier in Anlehnung an CHURCH gewählt. Siehe die Einführung des Operators λ in der Abhandlung von CHURCH „A set of postulates for the foundation of logic". Ann. of Math. Bd. 33, Nr. 2 (1932), S. 351—356.

Auch können wir die Gleichung (4) verwenden, um eine Erweiterung unseres Definitionsschemas für Funktionale als abgeleitetes Schema zu gewinnen. Nämlich bei dem Schema einer expliziten Definition zur Einführung eines Funktionals

$$\mathfrak{f}(\mathfrak{c}) = \mathfrak{g}(\mathfrak{c})$$

besteht ja die Bedingung, daß $\mathfrak{g}$ ein Funktional ist. Diese Bedingung können wir nun durch die schwächere ersetzen, daß $\mathfrak{g}(\mathfrak{c})$ ein Term ist; denn, wenn diese Bedingung erfüllt ist, und $\mathfrak{x}$ eine nicht in $\mathfrak{g}(\mathfrak{c})$ vorkommende gebundene Variable ist, so ist ja $\lambda_{\mathfrak{x}}\, \mathfrak{g}(\mathfrak{x})$ ein Funktional; wir können also ein Symbol $\mathfrak{f}$ für ein Funktional durch die Gleichung

$$\mathfrak{f}(\mathfrak{c}) = \left(\lambda_{\mathfrak{x}}\, \mathfrak{g}(\mathfrak{x})\right)(\mathfrak{c})$$

einführen. Aus dieser Gleichung ist aber die Gleichung

$$\mathfrak{f}(\mathfrak{c}) = \mathfrak{g}(\mathfrak{c})$$

mit Hilfe der Formel (4), durch Anwendung einer Funktionseinsetzung für die Variable $\dot{a}$, ableitbar.

Als noch ein anderes ableitbares Definitionsschema für Funktionale sei das Schema

$$\mathfrak{f} \doteq \mathfrak{g}$$

erwähnt, worin $\mathfrak{f}$ das einzuführende Symbol für ein Funktional und $\mathfrak{g}$ ein Funktional ist. In der Tat ist ja eine Formel von dieser Gestalt, wenn die freie Individuenvariable $\mathfrak{c}$ nicht darin auftritt, der Formel

$$\mathfrak{f}(\mathfrak{c}) = \mathfrak{g}(\mathfrak{c})$$

deduktionsgleich.

Wir werden uns im folgenden bei der Angabe expliziter Definitionen für Funktionale der beiden genannten abgeleiteten Definitionsschemata bedienen.

Nach dieser eingeschalteten Bemerkung wenden wir uns nun zu dem fundamentalen Satz, welcher die *Existenz einer oberen Grenze* für jede nicht leere und „nach oben beschränkte" (d. h. eine obere Schranke besitzende) Menge von Maßzahlen behauptet.

Dieser läßt sich in unserem Formalismus, auf Grund der gewählten Definition der Maßzahl, durch folgende Formel darstellen:

$$(5)\quad \left\{\begin{array}{l} (\dot{x})\left(A(\dot{x}) \rightarrow \Theta(\dot{x})\right) \,\&\, (E\dot{x})\, A(\dot{x}) \,\&\, (E y)(\dot{x})\left(A(\dot{x}) \rightarrow \dot{x}(0) < y\right) \\ \rightarrow (E\dot{z})\left\{\Theta(\dot{z}) \,\&\, (\dot{x})\left(A(\dot{x}) \rightarrow \dot{x} \leqq \dot{z}\right) \,\&\, (\dot{y})\left((\dot{x})\left(A(\dot{x}) \rightarrow \dot{x} \leqq \dot{y}\right) \rightarrow \dot{z} \leqq \dot{y}\right)\right\}. \end{array}\right.$$

Die Ableitung dieser Formel gelingt mittels der Einführung eines Funktionals „$\nu_{\dot{x}}\, A(\dot{x})$" durch die Definitionsgleichung

$$\left(\nu_{\dot{x}}\, A(\dot{x})\right)(n) = \mu_z\, (\dot{x})\left(A(\dot{x}) \rightarrow \dot{x}(n) \leqq z\right).$$

Aus dieser nämlich erhalten wir zunächst durch Anwendung der Formeln (μ_1), (μ_2) für das μ-Symbol die Formel

$$(5\text{a})\quad \begin{cases} (u)(E\,y)(\dot{x})\big(A(\dot{x}) \to \dot{x}(u) \leqq y\big) \\ \qquad \to (\dot{x})\big(A(\dot{x}) \to \dot{x}(n) \leqq (\nu_{\dot{z}}\,A(\dot{z}))\,(n)\big) \\ \qquad \& \big((\dot{x})(A(\dot{x}) \to \dot{x}(n) \leqq a) \to (\nu_{\dot{z}}\,A(\dot{z}))\,(n) \leqq a\big) \end{cases}$$

und hieraus weiter, mit Hilfe der ableitbaren Formel

$$\Theta(\dot{a})\,\&\,\dot{a}(0) < b \to (x)\big(\dot{a}(x) < b \cdot 2^x\big)$$

und mit Benutzung der Definition von Θ die Formel

$$(5\text{b})\quad \begin{cases} (\dot{x})\big(A(\dot{x}) \to \Theta(\dot{x})\big)\,\&\,(E\,\dot{x})\,A(\dot{x})\,\&\,(E\,y)\,(\dot{x})\big(A(\dot{x}) \to \dot{x}(0) < y\big) \\ \qquad \to \Theta\big(\nu_{\dot{z}}\,A(\dot{z})\big)\,\&\,(\dot{x})\big(A(\dot{x}) \to \dot{x} \leqq \nu_{\dot{z}}\,A(\dot{z})\big) \\ \qquad \& \big((\dot{x})\,(A(\dot{x}) \to \dot{x} \leqq \dot{c}) \to \nu_{\dot{z}}\,A(\dot{z}) \leqq \dot{c}\big), \end{cases}$$

aus der sich sofort mittels des Prädikatenkalkuls die gewünschte Formel (5) ergibt.

Der Leitgedanke dieser Ableitung ist, daß die obere Grenze einer nach oben beschränkten Menge von Maßzahlen durch diejenige Zahlenfolge $a_0, a_1, \ldots$ gebildet wird, worin a_n (für $n = 0, 1, 2, \ldots$) die größte unter den Zahlen ist, die in einer der Menge angehörigen Zahlenfolge (Maßzahl) als Glied mit der Nummer n auftreten.

An unsere Definition von $\nu_{\dot{x}}\,A(\dot{x})$ läßt sich noch folgende Bemerkung knüpfen. Definieren wir

$$\dot{0} \doteq \lambda_x(0 \cdot x),$$

so ist mit Hilfe der Formel (5a) die Formel

$$(\dot{x})\,\overline{A(\dot{x})} \to \nu_{\dot{x}}\,A(\dot{x}) \doteq \dot{0}$$

ableitbar. Diese Formel zusammen mit (5b) und der leicht ableitbaren Formel $\dot{0} \leqq \dot{a}$ liefert die Formel

$$(5\text{c})\quad \begin{cases} (\dot{x})\big(A(\dot{x}) \to \Theta(\dot{x})\big)\,\&\,(E\,y)\,(\dot{x})\big(A(\dot{x}) \to \dot{x}(0) < y\big) \\ \qquad \to \big(\Theta(\nu_{\dot{z}}\,A(\dot{z})) \vee \nu_{\dot{z}}\,A(\dot{z}) \doteq \dot{0}\big)\,\&\,(\dot{x})\big(A(\dot{x}) \to \dot{x} \leqq \nu_{\dot{z}}\,A(\dot{z})\big) \\ \qquad \& (\dot{y})\big((\dot{x})\,(A(\dot{x}) \to \dot{x} \leqq \dot{y}) \to \nu_{\dot{z}}\,A(\dot{z}) \leqq \dot{y}\big). \end{cases}$$

Bemerkung. Obwohl das eingeführte Funktional $\dot{0}$ keine Maßzahl darstellt — es läßt sich leicht die Formel $\overline{\Theta(\dot{0})}$ ableiten —, ist doch für unsere Formalisierung der Theorie der Maßzahlen die Anwendung dieses Funktionals nützlich.

Um nun die *Addition und die Multiplikation der Maßzahlen* einzuführen, definieren wir zunächst die Funktion $\pi(a, b)$ durch die Gleichung

$$\pi(a, b) = \mu_x(E\,y)\,(a = b \cdot x + y\,\&\,y < b),$$

aus der sich die Formel

$$b \neq 0 \rightarrow b \cdot \pi(a, b) \leq a \;\&\; a < b \cdot \pi(a, b) + b$$

ableiten läßt.

Mit Hilfe der Funktion $\pi(a, b)$ können wir die Summe und das Produkt zweier Maßzahlen folgendermaßen definieren:

$$(\dot{a} \# \dot{b})(n) = \mu_x(z)\big(\pi(\dot{a}(n+z) + \dot{b}(n+z), 2^z) \leq x\big),$$
$$(\dot{a} \times \dot{b})(n) = \mu_x(z)\big(\pi(\dot{a}(n+z) \cdot \dot{b}(n+z), 2^{n+2\cdot z}) \leq x\big).$$

Aus diesen Gleichungen ist zunächst die Formel

$$\Theta(\dot{a}) \;\&\; \Theta(\dot{b}) \rightarrow \Theta(\dot{a} \# \dot{b}) \;\&\; \Theta(\dot{a} \times \dot{b})$$

ableitbar.

Ferner ergeben sich die Rechengesetze in der Gestalt ableitbarer Formeln wie z. B.:

$$\dot{a} \# \dot{b} \doteq \dot{b} \# \dot{a},$$
$$\Theta(\dot{a}) \;\&\; \Theta(\dot{b}) \;\&\; \Theta(\dot{c}) \rightarrow \dot{a} \times (\dot{b} \# \dot{c}) \doteq (\dot{a} \times \dot{b}) \# (\dot{a} \times \dot{c}).$$

Auch erhalten wir die Formel

$$\Theta(\dot{a}) \;\&\; \Theta(\dot{b}) \rightarrow \big(\dot{a} < \dot{b} \sim (E\dot{x})(\dot{a} \# \dot{x} \doteq \dot{b})\big).$$

Definieren wir noch die Multiplikation einer Maßzahl mit einer ganzen Zahl durch die Gleichung

$$(k \circ \dot{a})(n) = \mu_x(z)\big(\pi(k \cdot \dot{a}(n+z), 2^z) \leq x\big),$$

so ergeben sich die Formeln

$$\Theta(\dot{a}) \;\&\; k \neq 0 \rightarrow \Theta(k \circ \dot{a})$$
$$0 \circ \dot{a} \doteq \dot{0}, \qquad n' \circ \dot{a} \doteq (n \circ \dot{a}) \# \dot{a}$$
$$\Theta(\dot{a}) \;\&\; \Theta(\dot{b}) \rightarrow (E x)(\dot{b} < x \circ \dot{a}).$$

Die letztgenannte Formel bringt die Gültigkeit des Archimedischen Axioms für Maßzahlen zum formalen Ausdruck.

Die Subtraktion und Division für Maßzahlen läßt sich mittels folgender Definitionen formalisieren:

$$\dot{a} \mathbin{\dot{-}} \dot{b} \doteq \nu_{\dot{x}}(\Theta(\dot{x}) \;\&\; \dot{x} \# \dot{b} \leqq \dot{a})$$
$$\frac{\dot{a}}{\dot{b}} \doteq \nu_{\dot{x}}\big(\Theta(\dot{x}) \;\&\; \dot{x} \times \dot{b} \leqq \dot{a}\big),$$

aus denen die Formeln

$$\dot{a} \leqq \dot{b} \rightarrow \dot{a} \mathbin{\dot{-}} \dot{b} \doteq \dot{0}$$
$$\Theta(\dot{a}) \;\&\; \Theta(\dot{b}) \rightarrow (\dot{a} \# \dot{b}) \mathbin{\dot{-}} \dot{b} \doteq \dot{a},$$
$$\Theta(\dot{a}) \;\&\; \Theta(\dot{b}) \;\&\; \dot{b} < \dot{a} \rightarrow \Theta(\dot{a} \mathbin{\dot{-}} \dot{b}) \;\&\; (\dot{a} \mathbin{\dot{-}} \dot{b}) \# \dot{b} \doteq \dot{a},$$
$$\Theta(\dot{a}) \;\&\; \Theta(\dot{b}) \rightarrow \Theta\left(\frac{\dot{a}}{\dot{b}}\right) \;\&\; \frac{\dot{a}}{\dot{b}} \times \dot{b} \doteq \dot{a}$$

ableitbar sind.

Definieren wir noch

$$|\dot{a} - \dot{b}| \doteq (\dot{a} \dot{-} \dot{b}) \# (\dot{b} \dot{-} \dot{a}),$$

so ergeben sich die Formeln

$$|\dot{a} - \dot{a}| = \dot{0}, \quad \Theta(\dot{a}) \to |\dot{a} - \dot{0}| \doteq \dot{a}, \quad \Theta(\dot{a}) \,\&\, \Theta(\dot{b}) \,\&\, \dot{a} \mathrel{\dot{\neq}} \dot{b} \to \Theta(|\dot{a} - \dot{b}|),$$
$$|\dot{a} - \dot{b}| \doteq |\dot{b} - \dot{a}|, \quad \Theta(\dot{a}) \,\&\, \Theta(\dot{b}) \,\&\, \dot{b} \mathrel{\dot{<}} \dot{a} \to |\dot{a} - \dot{b}| \doteq \dot{a} \dot{-} \dot{b},$$

aus denen ersichtlich ist, daß das Funktional $|\dot{a} - \dot{b}|$ den Begriff des Unterschiedes zwischen zwei Maßzahlen d. h., nach der üblichen mathematischen Ausdrucksweise, des Betrages ihrer Differenz formalisiert.

Hiermit sind nun die algebraischen Rechenoperationen für die Maßzahlen zur Darstellung gebracht.

Für die Analysis der positiven Größen brauchen wir als grundlegenden Begriff noch denjenigen einer *Folge von Maßzahlen* sowie verschiedene auf die Folgen von Maßzahlen bezügliche Begriffe, so insbesondere den der Konvergenz einer Folge von Maßzahlen gegen einen Grenzwert.

Wie der Begriff der Maßzahl durch das Prädikatensymbol $\Theta(\dot{a})$ formalisiert wird, so läßt sich der Begriff einer Folge von Maßzahlen durch ein Symbol „$\Theta_1(\dot{a})$" formalisieren, das durch folgende Definition eingeführt wird:

$$\Theta_1(\dot{a}) \sim (x)\, \Theta\big(\lambda_z \dot{a}(\tau(x, z))\big).$$

Bemerkung. Die Möglichkeit, die Folgen von Maßzahlen durch Funktionale zu repräsentieren, beruht auf der Möglichkeit der umkehrbar eindeutigen Abbildung der Folgen von zahlentheoretischen Funktionen auf die Funktionen selbst; diese Abbildung wiederum kommt zustande auf Grund der umkehrbar eindeutigen Abbildbarkeit der Zahlenpaare auf die Zahlen; wir benutzen hier diejenige Abbildung der Zahlenpaare auf die Zahlen, die durch die Funktion $\tau(a, b)$ vermittelt wird.

An die Darstellung einer Folge von zahlentheoretischen Funktionen mittels eines Funktionals $\mathfrak{a}$ in der Form $\lambda_z\, \mathfrak{a}\big(\tau(n, z)\big)$ knüpfen sich die Formalisierungen der Begriffe „Element einer Folge" und „Teilfolge" durch die Definitionen

$$El(\dot{a}, \dot{b}) \sim (E x)\big(\dot{a} \doteq \lambda_z \dot{b}(\tau(x, z))\big)$$
$$\dot{a} \subset \dot{b} \sim (x)(E y)(z)\big(\dot{a}(\tau(x, z)) = \dot{b}(\tau(y, z))\big),$$

aus denen sich die Formeln

$$\dot{a} \subset \dot{b} \sim (\dot{x})\big(El(\dot{x}, \dot{a}) \to El(\dot{x}, \dot{b})\big)$$
$$\dot{a} \subset \dot{b} \,\&\, \Theta_1(\dot{b}) \to \Theta_1(\dot{a})$$

ableiten lassen.

Der Begriff der *Konvergenz einer Folge von Maßzahlen gegen einen Grenzwert* wird durch folgende Definition formalisiert:

$$Cv(\dot{a}, \dot{b}) \sim \Theta_1(\dot{a}) \mathbin{\&} (\Theta(\dot{b}) \lor \dot{b} \doteq \dot{0}) \mathbin{\&}$$
$$\mathbin{\&} (x)(Ey)(z)\big(y \leqq z \to |\lambda_u \dot{a}(\tau(z, u)) - \dot{b}|(x) = 0\big).$$[1]

Der Begriff einer *unendlichen Menge von Maßzahlen* läßt sich, mit Anwendung des Symbols „$Inf_{\dot{x}} A(\dot{x})$", das wir durch die Definition

$$Inf_{\dot{x}} A(\dot{x}) \sim (\dot{x})(y)(E\dot{z})\big[A(\dot{z}) \mathbin{\&} (u)\big(u \leqq y \to \dot{z} \mathrel{\mp} \lambda_v \dot{x}(\tau(u, v))\big)\big]$$

einführen, mittels der Definition

$$\Gamma_{\dot{x}} A(\dot{x}) \sim (\dot{x})\big(A(\dot{x}) \to \Theta(\dot{x})\big) \mathbin{\&} Inf_{\dot{x}} A(\dot{x})$$

formalisieren.

Der Satz, daß *jede nach oben beschränkte unendliche Menge von Maßzahlen eine Häufungsstelle besitzt,* stellt sich mit Anwendung der Definitionen

$$\Gamma^*_{\dot{x}} A(\dot{x}) \sim \Gamma_{\dot{x}} A(\dot{x}) \mathbin{\&} (Ey)(\dot{x})\big(A(\dot{x}) \to \dot{x}(0) < y\big)$$
$$Cm_{\dot{x}}\big(A(\dot{x}), \dot{b}\big) \sim (u)(E\dot{x})\big(A(\dot{x}) \mathbin{\&} \dot{x} \mathrel{\mp} \dot{b} \mathbin{\&} |\dot{x} - \dot{b}|(u) = 0\big)$$

durch die Formel dar:

(6) $$\Gamma^*_{\dot{x}} A(\dot{x}) \to (E\dot{y})\big((\Theta(\dot{y}) \lor \dot{y} \doteq \dot{0}) \mathbin{\&} Cm_{\dot{x}}(A(\dot{x}), \dot{y})\big).$$

Die Ableitung dieser Formel gelingt durch Anwendung der Formel (5c) mittels der Formalisierung des Begriffes „*limes superior*" (d. h. des Begriffes der größten Häufungsstelle), welche durch die Definition

$$\tilde{\nu}_{\dot{x}} A(\dot{x}) \doteq \nu_{\dot{x}} \{\Theta(\dot{x}) \mathbin{\&} (\dot{y})\big(\Theta(\dot{y}) \mathbin{\&} \dot{y} < \dot{x} \to Inf_{\dot{z}}(A(\dot{z}) \mathbin{\&} \dot{y} < \dot{z})\big)\}$$

geliefert wird. Auf Grund dieser Definition ergibt sich aus der Formel (5c) die Formel

$$\Gamma^*_{\dot{x}} A(\dot{x}) \to \big(\Theta(\tilde{\nu}_{\dot{x}} A(\dot{x})) \lor \tilde{\nu}_{\dot{x}} A(\dot{x}) = 0\big)$$
$$\mathbin{\&} (\dot{y})\big(\Theta(\dot{y}) \mathbin{\&} \dot{y} < \tilde{\nu}_{\dot{x}} A(\dot{x}) \to Inf_{\dot{z}}(A(\dot{z}) \mathbin{\&} \dot{y} < \dot{z})\big)$$
$$\mathbin{\&} (\dot{y})\big(\Theta(\dot{y}) \mathbin{\&} \tilde{\nu}_{\dot{x}} A(\dot{x}) < \dot{y} \to \overline{Inf_{\dot{z}}(A(\dot{z}) \mathbin{\&} \dot{y} < \dot{z})}\big),$$

und aus dieser erhält man die gewünschte Formel (6) durch Benutzung der Definition von $Inf_{\dot{x}} A(\dot{x})$ sowie der ableitbaren Formeln

$$(u)(E\dot{x})\big(\Theta(\dot{x}) \mathbin{\&} (\dot{z})(\Theta(\dot{z}) \mathbin{\&} \dot{z} \leqq \dot{x} \to \dot{z}(u) = 0)\big),$$
$$\Theta(\dot{a}) \to (u)(E\dot{x})(E\dot{y})\big(\Theta(\dot{x}) \mathbin{\&} \Theta(\dot{y}) \mathbin{\&} \dot{x} < \dot{a} \mathbin{\&} \dot{a} < \dot{y}$$
$$\mathbin{\&} (\dot{z})(\Theta(\dot{z}) \mathbin{\&} \dot{x} \leqq \dot{z} \mathbin{\&} \dot{z} \leqq \dot{y} \to |\dot{z} - \dot{a}|(u) = 0)\big).$$

Es bedarf nun noch ein grundsätzlicher Punkt in der Theorie der Maßzahlen der Erwähnung, nämlich die *spezielle Form des Auswahlprinzips,* die hier Anwendung findet. Dieses spezielle Auswahlprinzip besagt: Wenn es zu jeder Zahl n der Zahlenreihe eine Maßzahl c gibt,

[1] Anstatt „$(|\mathfrak{a} - \mathfrak{b}|)(\mathfrak{c})$" schreiben wir kürzer „$|\mathfrak{a} - \mathfrak{b}|(\mathfrak{c})$".

die mit ihr in der Beziehung $\mathfrak{B}(n, c)$ steht, so gibt es eine Folge von Maßzahlen $c_0, c_1, \ldots$ von der Eigenschaft, daß für jede Zahl n der Zahlenreihe die Beziehung $\mathfrak{B}(n, c_n)$ besteht[1].

Die Übersetzung dieser Aussage in unseren Formalismus führt uns auf die Formel

$$(7)\quad (x)\,(E\dot{y})\,\bigl(\Theta(\dot{y})\ \&\ A(x, \dot{y})\bigr) \rightarrow (E\dot{y})\,\bigl[\Theta_1(\dot{y})\ \&\ (x)\,A\bigl(x, \lambda_z\,\dot{y}(\tau(x, z))\bigr)\bigr].$$

Diese Formel können wir nun freilich nicht im Formalismus H ableiten, weil wir hier nicht die Formel

$$\dot{a} \doteq \dot{b} \rightarrow \bigl(A(\dot{a}) \rightarrow A(\dot{b})\bigr)$$

zur Verfügung haben. Jedoch rührt diese Schwierigkeit nur davon her, daß bei der Darstellung des speziellen Auswahlprinzips durch die Formel (7) die Formalisierung des Begriffs einer willkürlichen Beziehung zwischen einer Zahl n der Zahlenreihe und einer Maßzahl, wie sie mittels der Formelvariablen $A(n, \dot{a})$ erfolgt, eine unnötige Allgemeinheit der möglichen Einsetzungen mit sich bringt.

Tatsächlich ist für jede der Formeln $\mathfrak{A}(\dot{c})$, die eine mathematische Aussage über eine Maßzahl formalisieren, die Formel

$$\dot{a} \doteq \dot{b} \rightarrow \bigl(\mathfrak{A}(\dot{a}) \rightarrow \mathfrak{A}(\dot{b})\bigr)$$

in unserem Formalismus H ableitbar.

Dieser Umstand ermöglicht uns folgendes Verfahren: Wir definieren das Symbol „$Ext_{\dot{x}}\ A(\dot{x})$" durch die Äquivalenz

$$Ext_{\dot{x}} A(\dot{x}) \sim (\dot{x})\,(\dot{y})\,\bigl(\dot{x} \doteq \dot{y} \rightarrow (A(\dot{x}) \rightarrow A(\dot{y}))\bigr)$$

und fügen im Vorderglied der Formel (7) die Formel $(x)\ Ext_{\dot{y}}\ A(x, \dot{y})$ als Konjunktionsglied hinzu. Die auf diese Weise entstehende Formel

$$(7\text{a})\quad \begin{cases} (x)\,Ext_{\dot{y}}\,A(x, \dot{y})\ \&\ (x)\,(E\dot{y})\,\bigl(\Theta(\dot{y})\ \&\ A(x, \dot{y})\bigr) \\ \qquad \rightarrow (E\dot{y})\,\bigl[\Theta_1(\dot{y})\ \&\ (x)\,A\bigl(x, \lambda_z\dot{y}(\tau(x, z))\bigr)\bigr] \end{cases}$$

bildet eine hinlängliche Formalisierung des betrachteten speziellen Auswahlprinzips; andererseits ist diese Formel in unserem Formalismus ableitbar.

Nämlich wir können zunächst die Formel

$$(7\text{b})\quad \begin{cases} (x)\,Ext_{\dot{y}}\,A(x, \dot{y})\ \&\ (x)\,(E\dot{y})\,A(x, \dot{y}) \\ \qquad \rightarrow (E\dot{y})\,(x)\,A\bigl(x, \lambda_z\,\dot{y}(\tau(x, z))\bigr) \end{cases}$$

folgendermaßen gewinnen. Wird mit $\mathfrak{c}$ das Funktional

$$\lambda_y\,\bigl[\{\varepsilon_{\dot{z}}\,A(\tau_1(y), \dot{z})\}\,(\tau_2(y))\bigr]$$

bezeichnet, so ist mittels der Formel $\{\lambda_x\,\dot{a}(x)\}(c) = \dot{a}(c)$ die Formel

$$\bigl(\varepsilon_{\dot{z}}\,A(a, \dot{z})\bigr)(b) = \{\lambda_z\,\mathfrak{c}(\tau(a, z))\}\,(b)$$

[1] Vgl. hierzu Bd. I, S. 40—41.

und somit auch
$$\varepsilon_{\dot z} A(a, \dot z) \doteq \lambda_z \mathfrak{c}(\tau(a, z))$$
ableitbar. Aus dieser Formel ergibt sich
$$Ext_{\dot y} A(a, \dot y) \rightarrow \big(A(a, \varepsilon_{\dot z} A(a, \dot z)) \rightarrow A(a, \lambda_z \mathfrak{c}(\tau(a, z)))\big).$$
Andererseits ergibt sich mit Hilfe der dritten ε-Formel:
$$(E\dot y)\, A(a, \dot y) \rightarrow A(a, \varepsilon_{\dot z} A(a, \dot z)).$$
Die beiden erhaltenen Formeln zusammen liefern
$$Ext_{\dot y} A(a, \dot y) \,\&\, (E\dot y)\, A(a, \dot y) \rightarrow A(a, \lambda_z \mathfrak{c}(\tau(a, z)))$$
sowie auch
$$(x)\, Ext_{\dot y} A(x, \dot y) \,\&\, (x)(E\dot y)\, A(x, \dot y) \rightarrow (x)\, A(x, \lambda_z \mathfrak{c}(\tau(x, z))),$$
und aus dieser Formel erhalten wir durch Anwendung der Formel $A(\mathfrak{c}) \rightarrow (E\dot y)\, A(\dot y)$ die gewünschte Formel (7b).

Aus (7b) aber erhalten wir (7a), indem wir für die Nennform $A(a, \dot c)$ die Formel $\Theta(\dot c) \,\&\, A(a, \dot c)$ einsetzen und die ableitbaren Formeln
$$Ext_{\dot y} A(a, \dot y) \rightarrow Ext_{\dot y}(\Theta(\dot y) \,\&\, A(a, \dot y)),$$
$$(x)\, \Theta(\lambda_z \dot b(\tau(x, z))) \rightarrow \Theta_1(\dot b)$$
benutzen.

Mit Hilfe der Formel (7a) läßt sich insbesondere die Formel

$$(8)\quad \left\{\begin{array}{l} (\dot x)(A(\dot x) \rightarrow \Theta(\dot x)) \,\&\, Ext_{\dot x} A(\dot x) \,\&\, Cm_{\dot x}(A(\dot x), \dot b) \\ \qquad \rightarrow (E\dot x)\big[\Theta_1(\dot x) \,\&\, (u)\big(A(\lambda_z \dot x(\tau(u, z))) \,\&\, \lambda_z \dot x(\tau(u, z)) \mathrel{\dot{\neq}} \dot b \\ \qquad\qquad \&\, |\lambda_z \dot x(\tau(u, z)) - \dot b|\,(u) = 0\big)\big] \end{array}\right.$$

ableiten, welche die Formalisierung des Satzes liefert, daß aus einer Menge von Maßzahlen, die eine Häufungsstelle besitzt, eine gegen diese Häufungsstelle konvergierende Folge ausgewählt werden kann.

Die Formel (8) zusammen mit der Formel (6) ergibt die Formel

$$(9)\quad \left\{\begin{array}{l} \Gamma^*_{\dot x} A(\dot x) \,\&\, Ext_{\dot x} A(\dot x) \\ \qquad \rightarrow (E\dot x)(E\dot y)\big[\Theta_1(\dot x) \,\&\, (\Theta(\dot y) \vee \dot y \doteq \dot 0) \,\&\, (u)\big(A(\lambda_z \dot x(\tau(u, z))) \\ \qquad\qquad \&\, \lambda_z \dot x(\tau(u, z)) \mathrel{\dot{\neq}} \dot y \,\&\, |\lambda_z \dot x(\tau(u, z)) - \dot y|\,(u) = 0\big)\big], \end{array}\right.$$

und diese läßt sich noch verschärfen zu der Formel

$$(10)\quad \left\{\begin{array}{l} \Gamma^*_{\dot x} A(\dot x) \,\&\, Ext_{\dot x} A(\dot x) \\ \rightarrow (E\dot x)(E\dot y)\big[\Theta_1(\dot x) \,\&\, (\Theta(\dot y) \vee \dot y \doteq \dot 0) \,\&\, (u)\big(A(\lambda_z \dot x(\tau(u, z))) \\ \&\, |\lambda_z \dot x(\tau(u,z)) - \dot y|\,(u) = 0 \,\&\, |\lambda_z \dot x(\tau(u',z)) - \dot y| \mathrel{\dot<} |\lambda_z \dot x(\tau(u,z)) - \dot y|\big)\big], \end{array}\right.$$

welche den Satz darstellt, daß sich *aus jeder nach oben beschränkten unendlichen Menge von Maßzahlen eine Folge von Maßzahlen auswählen läßt, die in schrittweise zunehmender Annäherung gegen eine Maßzahl oder „gegen Null" konvergiert.*

Der Übergang von (9) zu (10) läßt sich mittels der Formel

$$(11)\quad \begin{cases} \Theta_1(\dot{a}) \,\&\, (u)\left(\dot{a}(\tau(u,u)) = 0\right) \rightarrow (E\dot{x})\left[\dot{x} \subset \dot{a}\right. \\ \qquad \& \,(u)\left(\dot{x}(\tau(u,u)) = 0 \,\&\, \lambda_z \dot{x}(\tau(u',z)) < \lambda_z \dot{x}(\tau(u,z))\right)\left.\right] \end{cases}$$

vollziehen, die ihrerseits auf folgende Weise gewonnen wird: Wir können zunächst aus den Definitionen von Θ und Θ_1 die Formel

$$\Theta_1(\dot{a}) \rightarrow (Ev)\left(n < v \,\&\, \dot{a}(\tau(n,v)) \neq 0\right)$$

ableiten. Definieren wir nun

$$\varkappa_1(\dot{a}, n) = \mu_v\left(n < v \,\&\, \dot{a}(\tau(n,v)) \neq 0\right),$$

ferner

$$\varkappa_2(\dot{a}, n) = \varrho_x\left(0, \varkappa_1(\dot{a}, \tau_2(x)), n\right),$$

$$\varkappa_3(\dot{a}) \doteq \lambda_x\, \dot{a}\left(\tau\left(\varkappa_2(\dot{a}, \tau_1(x)), \tau_2(x)\right)\right),$$

so ergibt sich mit Benutzung der Definitionen von $\mu_x A(x)$ und von $\varrho_x(a, \dot{b}(x), n)$ sowie der Formel

$$\Theta_1(\dot{a}) \,\&\, \dot{a}\left(\tau(n,n)\right) = 0 \rightarrow \left(c \leq n \rightarrow \dot{a}(\tau(n,c)) = 0\right)$$

die Formel

$$\Theta_1(\dot{a}) \,\&\, (u)\left(\dot{a}(\tau(u,u)) = 0\right) \rightarrow \varkappa_3(\dot{a}) \subset \dot{a} \,\&\, \left(\varkappa_3(\dot{a})\right)\left(\tau(n,n)\right) = 0$$
$$\&\, \lambda_z\left(\varkappa_3(\dot{a})\right)\left(\tau(n',z)\right) < \lambda_z\left(\varkappa_3(\dot{a})\right)\left(\tau(n,z)\right),$$

aus der wir sofort die Formel (11) erhalten.

Bemerkung. Bei gewissen Überlegungen in der Theorie der Punktmengen wird eine stärkere Form des Auswahlprinzips als die soeben betrachtete erfordert. Um dieses stärkere Auswahlprinzip in unseren Formalismus einzubeziehen, genügt es, zu den Ausgangsformeln von H die Formel

$$(\dot{x})\left(A(\dot{x}) \sim B(\dot{x})\right) \rightarrow (z)\left((\varepsilon_{\dot{x}}\, A(\dot{x}))(z) = (\varepsilon_{\dot{x}}\, B(\dot{x}))(z)\right)$$

hinzuzunehmen.

D. Theorie der reellen Zahlen.
Bemerkungen über die weitere Formalisierung der Analysis.

Wir haben nunmehr die wesentlichen Hilfsmittel zur deduktiven Entwicklung der Theorie der Maßzahlen gewonnen. Von der Theorie der Maßzahlen können wir zur Theorie der „reellen Zahlen" auf verschiedene Arten übergehen.

Eine Möglichkeit ist, daß man die reellen Zahlen als Paare von Maßzahlen definiert. Diese Darstellung der reellen Zahlen hat den Vorteil, daß man bei der Einführung der Rechenoperationen für die reellen Zahlen keine Fallunterscheidungen braucht; andererseits aber ist sie mit einer unbequemen Vieldeutigkeit behaftet, und im Rahmen unseres Formalismus gestaltet sich ihre Durchführung etwas schwerfällig. Wir wählen deshalb das gebräuchlichere Verfahren des Übergangs zu den reellen Zahlen, das in der Hinzufügung der Zahl 0 und der negativen Zahlen zu den Maßzahlen besteht. Diese „Hinzufügung“ läßt sich folgendermaßen ausführen: Wir definieren[1]

$$\begin{aligned} \Theta\ (\dot{a}) &\sim \dot{a}(0) \neq 0 \mathbin{\&} \Theta(\lambda_x \delta(\dot{a}(x), \beta(x))) \\ \Theta^*(\dot{a}) &\sim \Theta(\dot{a}) \vee \dot{a} \doteq \dot{0} \vee \Theta^-(\dot{a}). \end{aligned}$$

Das Symbol $\dot{0}$, welches ein Funktional ist, nehmen wir als Darstellung der reellen Zahl Null und die Symbole $\Theta^-(\dot{a})$, $\Theta^*(\dot{a})$ als Darstellungen der Aussagen „$\dot{a}$ ist eine negative reelle Zahl“, „$\dot{a}$ ist eine reelle Zahl“.

Die Interpretation der Definition von $\Theta^-(\dot{a})$ ist ersichtlich aus der Ableitbarkeit der Formel

$$\Theta^-(\dot{a}) \sim (E\dot{x})\,[\Theta(\dot{x}) \mathbin{\&} \dot{a}(0) = (\dot{x}(0))' \mathbin{\&} (z)\,(z \neq 0 \to \dot{a}(z) = \dot{x}(z))],$$

aus der auch die Formel

$$\Theta^-(\dot{a}) \to \dot{a} \mathrel{\dot{\neq}} \dot{0} \mathbin{\&} \overline{\Theta(\dot{a})}$$

ableitbar ist.

Ein Vorteil bei dieser Einführung des Begriffs der reellen Zahl ist, daß wir keine neue Gleichheitsdefinition brauchen, da die Gleichheitsbeziehung $\doteq$ für die Funktionale unmittelbar auch diejenige für die reellen Zahlen bildet, und daß ferner die positiven reellen Zahlen mit den Maßzahlen direkt übereinstimmen.

Zur Definition der Rechenoperationen empfiehlt es sich, zunächst die Funktionen „$|\dot{a}|$“ („Betrag von $\dot{a}$“), „$-\dot{a}$“ und „$sg(\dot{a})$“ („signum von $\dot{a}$“) einzuführen. Wir definieren:

$$\begin{aligned} |\dot{a}| &\doteq \varepsilon_{\dot{x}}\{(\overline{\Theta^-(\dot{a})} \mathbin{\&} \dot{x} \doteq \dot{a}) \vee (\Theta^-(\dot{a}) \mathbin{\&} \dot{x} \doteq \lambda_z \delta(\dot{a}(z), \beta(z)))\} \\ -\dot{a} &\doteq \varepsilon_{\dot{x}}\{(\overline{\Theta(\dot{a})} \mathbin{\&} \dot{x} \doteq |\dot{a}|) \vee (\Theta(\dot{a}) \mathbin{\&} \dot{x} = \lambda_z(\dot{a}(z) + \beta(z)))\} \\ sg(\dot{a}) &\doteq \varepsilon_{\dot{x}}\{(\overline{\Theta(\dot{a})} \mathbin{\&} \overline{\Theta^-(\dot{a})} \mathbin{\&} \dot{x} \doteq \dot{0}) \vee (\Theta(\dot{a}) \mathbin{\&} \dot{x} \doteq \lambda_z \delta(2^z)) \vee \\ &\qquad \vee (\Theta^-(\dot{a}) \mathbin{\&} \dot{x} \doteq \lambda_z(\delta(2^z) + \beta(z)))\}. \end{aligned}$$

Aus diesen Definitionen ergeben sich insbesondere die Formeln

$$\begin{gathered} |\dot{0}| \doteq \dot{0}, \qquad -\dot{0} \doteq \dot{0}, \qquad sg(\dot{0}) \doteq \dot{0} \\ \Theta(\dot{a}) \to |\dot{a}| \doteq \dot{a}, \qquad \Theta^-(\dot{a}) \to |\dot{a}| \doteq -\dot{a}, \qquad -(-\dot{a}) \doteq \dot{a}. \end{gathered}$$

Definieren wir noch

$$\dot{1} \doteq \lambda_z \delta(2^z),$$

so erhalten wir

$$\Theta(\dot{a}) \to sg(\dot{a}) \doteq \dot{1}, \qquad \Theta^-(\dot{a}) \to sg(\dot{a}) \doteq -\dot{1}.$$

Bemerkung. Das Funktional $\dot{1}$ hat für die Multiplikation der Maßzahlen die Rolle der Einheit, in der Tat ist die Formel

$$\dot{a} \times \dot{1} \doteq \dot{a}$$

ableitbar.

Nunmehr können wir die Addition der reellen Zahlen folgendermaßen definieren:

[1] Vgl. hierzu die Definitionen von $\delta(a, b)$ und von $\beta(n)$ auf S. 476.

$$\dot{a} \oplus \dot{b} \doteq \varepsilon_{\dot{x}} \{ (\dot{a} \doteq 0 \,\&\, \dot{x} \doteq \dot{b}) \vee (\dot{b} \doteq 0 \,\&\, \dot{x} \doteq \dot{a}) \vee (\Theta(\dot{a}) \,\&\, \Theta(\dot{b}) \,\&\, \dot{x} \doteq \dot{a} \# \dot{b})$$
$$\vee (\Theta^{-}(\dot{a}) \,\&\, \Theta^{-}(\dot{b}) \,\&\, \dot{x} \doteq -(|\dot{a}| \# |\dot{b}|)) \vee (\dot{a} \doteq -\dot{b} \,\&\, \dot{x} \doteq \dot{0})$$
$$\vee (sg(\dot{a}) \doteq -sg(\dot{b}) \,\&\, |\dot{x}| \doteq ||\dot{a}| - |\dot{b}|| \,\&\, (|\dot{b}| < |\dot{a}| \rightarrow sg(\dot{x}) \doteq sg(\dot{a}))$$
$$\&\, (|\dot{a}| < |\dot{b}| \rightarrow sg(\dot{x}) \doteq sg(\dot{b})))\}.$$

Aus der Addition erhalten wir die Subtraktion durch die Definition

$$\dot{a} \ominus \dot{b} \doteq \dot{a} \oplus (-\dot{b})$$

sowie die Größenbeziehung der reellen Zahlen auf Grund der Definition

$$\dot{a} \lessdot \dot{b} \sim \Theta(\dot{b} \ominus \dot{a}).$$

Aus der Definition der Subtraktion läßt sich die Formel

$$\Theta(\dot{a}) \,\&\, \Theta(\dot{b}) \rightarrow |\dot{a} \ominus \dot{b}| \doteq |\dot{a} - \dot{b}|$$

ableiten.

Das Produkt reeller Zahlen $\dot{a}$, $\dot{b}$ läßt sich definieren durch:

$$\dot{a} \otimes \dot{b} \doteq \varepsilon_{\dot{x}} \{ ((\dot{a} \doteq \dot{0} \vee \dot{b} \doteq 0) \,\&\, \dot{x} \doteq \dot{0}) \vee (sg(\dot{a}) \doteq sg(\dot{b}) \,\&\, \dot{x} \doteq |\dot{a}| \times |\dot{b}|)$$
$$\vee (sg(\dot{a}) \doteq -sg(\dot{b}) \,\&\, \dot{x} \doteq -(|\dot{a}| \times |\dot{b}|))\}.$$

Schließlich können wir die Division durch die Definition

$$\dot{a} : \dot{b} \doteq \varepsilon_{\dot{x}} (\Theta^{*}(\dot{x}) \,\&\, \dot{b} \otimes \dot{x} \doteq \dot{a})$$

einführen. Aus den aufgestellten Definitionen ergibt sich die Formel

$$\Theta^{*}(\dot{a}) \,\&\, \Theta^{*}(\dot{b}) \rightarrow \Theta^{*}(\dot{a} \oplus \dot{b}) \,\&\, \Theta^{*}(\dot{a} \ominus \dot{b}) \,\&\, \Theta^{*}(\dot{a} \otimes \dot{b}) \,\&\, (\dot{b} \neq \dot{0} \rightarrow \Theta^{*}(\dot{a} : \dot{b})).$$

Ferner erhalten wir die Formeln, welche die Rechengesetze für die vier Operationen zur Darstellung bringen.

Weiter läßt sich nun der Begriff einer Folge von reellen Zahlen, ganz entsprechend wie derjenige einer Folge von Maßzahlen, durch die Definition eines Prädikates „$\Theta_1^{*}(\dot{a})$“ formalisieren, und wir gelangen in entsprechender Weise wie bei der Theorie der Maßzahlen zur formalen Darstellung der Grenzbegriffe und der grundlegenden Grenzwertsätze.

Für die Theorie der unendlichen Summen und Produkte brauchen wir, um zunächst die endlichen Summen und Produkte reeller Zahlen einzuführen, rekursive Definitionen, die sich ganz entsprechend wie die primitiven Rekursionen für zahlentheoretische Funktionen auf explizite Definitionen zurückführen lassen. Wir geben hier die Definition an für die Summe der ersten $n+1$ Glieder einer Folge reeller Zahlen:

$$\sigma(\dot{a}, n) \doteq \varepsilon_{\dot{x}} (E\dot{y}) [(u) (\dot{y}(\tau(0, u)) = \dot{a}(\tau(0, u)))$$
$$\&\, (z) (z < n \rightarrow \lambda_u \dot{y}(\tau(z', u)) \doteq \lambda_u \dot{y}(\tau(z, u)) \oplus \lambda_u \dot{a}(\tau(z', u)))$$
$$\&\, (u) (\dot{x}(u) = \dot{y}(\tau(n, u)))].$$

(Der Parameter $\dot{a}$ repräsentiert hier eine Folge reeller Zahlen, aus der die aufeinanderfolgenden Summenglieder entnommen werden.) Durch

Induktion nach n erhält man die Formel

$$\Theta_1^*(\dot{a}) \to \Theta^*(\sigma(\dot{a}, n))$$

und aus dieser weiter

$$\Theta_1^*(\dot{a}) \to \Theta_1^*(\lambda_x[(\sigma(\dot{a}, \tau_1(x)))(\tau_2(x))]).$$

Was die Theorie der Funktionen betrifft, so erhalten wir im Rahmen unseres Formalismus H eine Formalisierung des Begriffs einer stetigen, im Intervall von 0 bis 1 definierten Funktion, indem wir benutzen, daß eine solche Funktion eindeutig bestimmt ist durch die Folge der Werte, die sie für die Argumentwerte

$$0,\ 1,\ \tfrac{1}{2},\ \tfrac{1}{4},\ \tfrac{3}{4},\ \tfrac{1}{8},\ \tfrac{3}{8},\ \tfrac{5}{8},\ \tfrac{7}{8},\ \tfrac{1}{16},\ \tfrac{3}{16},\ \ldots$$

annimmt, d. h. für die nicht kürzbaren Brüche ≤ 1 von der Form $m/2^n$, geordnet in erster Linie nach der Größe des Nenners und bei gleichem Nenner nach der Größe des Zählers.

Einer jeden stetigen Funktion im Intervall von 0 bis 1 entspricht hiernach eine gewisse Folge von reellen Zahlen, und es stellt sich demnach der allgemeine Begriff einer solchen Funktion in H durch eine Formel

$$\Theta_1^*(\dot{a}) \mathbin{\&} \Xi(\dot{a})$$

dar, worin $\Xi(\dot{a})$ die Bedingung formalisiert, daß innerhalb der durch das Funktional $\dot{a}$ repräsentierten Folge reeller Zahlen, welche eine Folge von Funktionswerten für die Argumentwerte $m/2^n$ (in der genannten Reihenfolge) bilden soll, jeder konvergenten Folge von Brüchen $m/2^n$ eine konvergente Folge von Funktionswerten entspricht.

Es läßt sich ein Funktional $\mathfrak{f}(\dot{a}, \dot{b})$ aufstellen, für welches die Formel

$$\Theta_1^*(\dot{a}) \mathbin{\&} \Xi(\dot{a}) \mathbin{\&} (\Theta(\dot{b}) \lor \dot{b} \doteq \dot{0}) \mathbin{\&} \dot{b} \leq \dot{1} \to \Theta^*(\mathfrak{f}(\dot{a}, \dot{b}))$$

ableitbar ist und welches den Begriff „Wert einer durch ein Funktional $\dot{a}$ dargestellten im Intervall von 0 bis 1 definierten stetigen Funktion für den durch $\dot{b}$ dargestellten Argumentwert" repräsentiert.

Mit Hilfe dieses Funktionals $\mathfrak{f}(\dot{a}, \dot{b})$ lassen sich auch die Begriffe der Differenzierbarkeit und des Differentialquotienten formalisieren.

Die Integration kann noch ohne Benutzung des Funktionals $\mathfrak{f}(\dot{a}, \dot{b})$ eingeführt werden. So stellt sich insbesondere das Integral einer im Intervall von 0 bis 1 stetigen Funktion, erstreckt über dieses Intervall, in Abhängigkeit von dem Funktional, welches die Funktion repräsentiert, als Grenzwert derjenigen Folge reeller Zahlen dar, worin das Element mit der Nummer n dargestellt wird durch das Funktional

$$(\sigma(\dot{a}, 2^{n'}) \ominus \sigma(\dot{a}, 2^n)) : (2^n \circ \dot{1}).$$

Auf entsprechende Weise wie die Theorie der von 0 bis 1 stetigen Funktionen läßt sich auch die Theorie anderer Funktionengattungen formalisieren, so z. B. die der stetigen Funktionen zweier Variablen, die in einem bestimmten Rechteck bzw. in einem bestimmten Kreise definiert sind, oder die Theorie der in einem Intervall definierten Funktionen von beschränkter Schwankung.

Zur Darstellung des allgemeinen Begriffs einer Menge von reellen Zahlen sowie desjenigen einer reellwertigen Funktion einer oder mehrerer reeller Variablen (kurz einer „reellen Funktion") können wir die Formelvariablen verwenden. Dabei ist die Darstellung einer Menge reeller Zahlen ganz entsprechend wie die bereits betrachtete Darstellung einer Menge von Maßzahlen.

Die Formalisierung des Begriffs einer einstelligen reellen Funktion kann mit Hilfe der Formelvariablen durch folgende explizite Definition erfolgen:

$$\begin{aligned}&\Psi_{\dot{x},\dot{y},\dot{z}}(A(\dot{x},\dot{y}),\ \ B(\dot{z}))\\ &\quad\sim(\dot{x})(\dot{y})\big(A(\dot{x},\dot{y})\to\Theta^*(\dot{x})\,\&\,\Theta^*(\dot{y})\,\&\,B(\dot{x})\big)\,\&\,(\dot{y})\,Ext_{\dot{x}}\,A(\dot{x},\dot{y})\\ &\qquad\&\,(\dot{x})\big(\Theta^*(\dot{x})\,\&\,B(\dot{x})\to(E\dot{y})\,[\Theta^*(\dot{y})\,\&\,(\dot{z})\,(\dot{z}\doteq\dot{y}\sim A(\dot{x},\dot{z}))]\big).\end{aligned}$$

Die Variable $A(\dot{a},\dot{b})$ repräsentiert hier die Beziehung zwischen dem Argumentwert und dem Funktionswert, während die Variable $B(\dot{c})$ die Bedingung dafür repräsentiert, daß $\dot{c}$ dem Definitionsbereich der Funktion angehört.

Hiernach wird insbesondere die Aussage: „Das Prädikat $A(\dot{a},\dot{b})$ drückt die Beziehung aus zwischen dem Argument und dem Funktionswert einer im Intervall von 0 bis 1 definierten einstelligen reellen Funktion" [oder auch „das Prädikat $A(\dot{a},\dot{b})$ ist für eine gewisse im Intervall von 0 bis 1 definierte einstellige Funktion gleichbedeutend mit der Aussage, daß $\dot{b}$ der Funktionswert für den Argumentwert $\dot{a}$ ist"] dargestellt durch die Formel

$$\Psi_{\dot{x},\dot{y},\dot{z}}\big(A(\dot{x},\dot{y}),\ \ \dot{0}\leqq\dot{z}\,\&\,\dot{z}\leqq\dot{1}\big).$$

Auf entsprechende Art läßt sich auch der Begriff einer mehrstelligen reellen Funktion formalisieren.

Die Begriffe des Lebesgueschen Maßes und des Lebesgueschen Integrals lassen sich in H durch explizite Definitionen zur Darstellung bringen[1].

Ausgehend von diesen hier angedeuteten Anfängen können nun die Theorien der Analysis: die Theorie der analytischen Funktionen, die Differentialgeometrie, die Theorie der Differentialgleichungen, die Variationsrechnung, die Theorie der Fourierschen Reihen, die Theorie der Integralgleichungen und der unendlich vielen Variablen und auch

[1] Für die Aufstellung dieser Definitionen ergibt sich eine Vereinfachung aus dem Umstand, daß man zur Gewinnung des äußeren Lebesgueschen Maßes für eine lineare Punktmenge nur solche Bedeckungsintervalle zu berücksichtigen braucht, deren Endpunkte rational sind, und ebenso für eine Punktmenge in der Ebene als bedeckende Polygone nur solche Quadrate zuzulassen braucht, deren Ecken rationale Koordinaten haben und deren Seiten zu den Koordinatenachsen parallel sind.

große Teile der Analysis situs (Topologie) im Rahmen des Formalismus H entwickelt werden[1].

E. Theorie der Wohlordnungen der Mengen von ganzen Zahlen.

Auch die *Cantorsche Theorie der Zahlen der zweiten Zahlenklasse* läßt sich im Formalismus H behandeln, indem man die Darstellung der Zahlen der zweiten Zahlenklasse durch Wohlordnungen der Zahlenreihe benutzt. Für die genaue Durchführung einer solchen Formalisierung jener Theorie bestehen verschiedene Möglichkeiten. Wir wollen hier eine Art der Formalisierung besprechen.

Dazu gehen wir aus von folgender Hilfsüberlegung. Eine Menge von Zahlen verbunden mit einer Ordnungsbeziehung („früher-später"), oder wie wir kurz dafür sagen: eine geordnete Zahlenmenge, bestimmt die Gesamtheit derjenigen Paare (a, b), worin a, b Zahlen der Menge sind und a in der Ordnung nicht später als b ist. Umgekehrt wird auch durch die Gesamtheit dieser Paare die Menge nebst ihrer Ordnung eindeutig bestimmt. Handelt es sich insbesondere um eine geordnete Menge von ganzen Zahlen $\geqq 0$, so läßt sich die zugehörige Gesamtheit von Zahlenpaaren auch repräsentieren durch diejenige zahlentheoretische Funktion $\mathfrak{f}(n)$, für welche $\mathfrak{f}(\tau(a, b)) = 1$ oder $\mathfrak{f}(\tau(a, b)) = 0$ ist, je nachdem das Paar (a, b) in der Gesamtheit vorkommt oder nicht, d. h. durch diejenige Funktion, die für eine Zahl n den Wert 1 oder den Wert 0 hat, je nachdem das Paar $(\tau_1(n), \tau_2(n))$ in der Gesamtheit vorkommt oder nicht.

Gehen wir umgekehrt von einer zahlentheoretischen Funktion aus, so müssen, damit diese Funktion in dem eben angegebenen Sinne eine geordnete Menge von ganzen Zahlen $\geqq 0$ repräsentiert, gewisse Bedingungen erfüllt sein. Die formale Darstellung dieser Bedingungen und ihre Zusammenfassung mittels eines Prädikatensymbols geschieht durch folgende Definition:

$$\begin{aligned} Od(\dot{a}) \sim\ & (x)\big(\dot{a}(x) = 0 \vee \dot{a}(x) = 1\big) \\ & \& (x)(y)\big(\dot{a}(\tau(x, y)) = 1 \vee \dot{a}(\tau(y, x)) = 1 \ \sim\ \dot{a}(\tau(x, x)) = 1 \ \&\ \dot{a}(\tau(y, y)) = 1\big) \\ & \& (x)(y)\big(x \neq y \ \rightarrow\ \dot{a}(\tau(x, y)) = 0 \vee \dot{a}(\tau(y, x)) = 0\big) \\ & \& (x)(y)(z)\big(\dot{a}(\tau(x, y)) = 1 \ \&\ \dot{a}(\tau(y, z)) = 1 \ \rightarrow\ \dot{a}(\tau(x, z)) = 1\big). \end{aligned}$$

An diese Definition knüpfen sich sogleich die folgenden weiteren Definitionen:

$$c\,\varepsilon\,\dot{a} \sim Od(\dot{a})\ \&\ \dot{a}(\tau(c, c)) = 1\,,$$

$$\leqq (a, b; \dot{c}) \ \sim\ Od(\dot{c})\ \&\ \dot{c}(\tau(a, b)) = 1\,,$$

$$< (a, b; \dot{c}) \sim a \neq b\ \&\ \leqq (a, b; \dot{c})\,,$$

[1] Vgl. übrigens die Bemerkung am Ende von Teil C, S. 486.

aus denen man ohne weiteres die Formeln

$$a \varepsilon \dot{c} \,\&\, b \varepsilon \dot{c} \sim \le (a, b; \dot{c}) \vee < (b, a; \dot{c})$$

$$\overline{< (a, a; \dot{c})}$$

$$< (a, b; \dot{d}) \,\&\, < (b, c; \dot{d}) \rightarrow < (a, c; \dot{d})$$

erhält.

Von den Begriffsbildungen, die sich auf die geordneten Mengen beziehen, verwenden wir insbesondere die des „Anfangsstückes", des „Abschnitts" und der „Ordnungsgleichheit". Diese lassen sich für die geordneten Mengen von Zahlen ≥ 0 folgendermaßen formal einführen:

$$In(\dot{a}, \dot{b}) \sim Od(\dot{a}) \,\&\, Od(\dot{b}) \,\&\, (x)\,(x \varepsilon \dot{a} \rightarrow x \varepsilon \dot{b})$$
$$\&\, (x)\,(y)\,\big(y \varepsilon \dot{a} \,\&\, < (x, y; \dot{b}) \rightarrow < (x, y; \dot{a})\big),$$
$$Sc(\dot{a}, \dot{b}, c) \sim In\,(\dot{a}, \dot{b}) \,\&\, c \varepsilon \dot{b} \,\&\, (x)\,\big(x \varepsilon \dot{a} \sim < (x, c; \dot{b})\big).$$

[Der Formel $In(\dot{a}, \dot{b})$ entspricht die Aussage „$\dot{a}$ ist ein Anfangsstück der geordneten Menge $\dot{b}$ von ganzen Zahlen ≥ 0", der Formel $Sc(\dot{a}, \dot{b}, c)$ die Aussage „$\dot{a}$ ist der durch das Element c in der geordneten Menge $\dot{b}$ von ganzen Zahlen ≥ 0 bestimmte Abschnitt".]

$$\dot{a} \simeq \dot{b} \sim Od(\dot{a}) \,\&\, Od(\dot{b}) \,\&\, \big((Ez)\,(z \varepsilon \dot{a} \vee z \varepsilon \dot{b}) \rightarrow$$
$$(E\dot{x})\,\{(y)\,[y \varepsilon \dot{a} \rightarrow (Ez)\,(\tau_1(\dot{x}(z)) = y)]$$
$$\&\, (y)\,[y \varepsilon \dot{b} \rightarrow (Ez)\,(\tau_2(\dot{x}(z)) = y)]$$
$$\&\, (z)\,(\tau_1(\dot{x}(z))\, \varepsilon\, \dot{a} \,\&\, \tau_2(\dot{x}(z))\, \varepsilon\, \dot{b})$$
$$\&\, (u)\,(v)\,[< (\tau_1(\dot{x}(u)), \tau_1(\dot{x}(v)); \dot{a}) \sim < (\tau_2(\dot{x}(u)), \tau_2(\dot{x}(v)); \dot{b})]\}\big).$$

[Die in dieser Formel ausgedrückte definierende Bedingung der Ordnungsgleichheit besteht darin, daß $\dot{a}$, $\dot{b}$ geordnete Mengen von ganzen Zahlen ≥ 0 sind und daß es, falls nicht $\dot{a}$, $\dot{b}$ leere Mengen sind, eine Folge von Zahlenpaaren gibt, die eine umkehrbar eindeutige und ordnungstreue Abbildung von $\dot{a}$ auf $\dot{b}$ darstellt.]

Aus dieser Definition von $\simeq$ („ordnungsgleich") lassen sich die Formeln

$$Od(\dot{a}) \rightarrow \dot{a} \simeq \dot{a}$$
$$\dot{a} \simeq \dot{b} \rightarrow (\dot{a} \simeq \dot{c} \rightarrow \dot{b} \simeq \dot{c})$$

ableiten.

Den Übergang von den geordneten zu den wohlgeordneten Mengen ganzer Zahlen ≤ 0 vollziehen wir durch die Definition

$$\mathsf{N}(\dot{a}) \sim Od(\dot{a}) \,\&\, \overline{(E\dot{x})}\,(y) < (\dot{x}(y'), \dot{x}(y); \dot{a}).$$

Aus dieser Definition ergibt sich zunächst:

$$In(\dot{a}, \dot{b}) \,\&\, \mathsf{N}(\dot{b}) \rightarrow \mathsf{N}(\dot{a}), \quad N(\dot{a}) \,\&\, \dot{a} \simeq \dot{b} \rightarrow N(\dot{b});$$

ferner erhält man durch Verwendung der ableitbaren Formel

$$(x)\,\big(B(x) \rightarrow (Ey)\,(B(y)\,\&\, C(x, y))\big) \rightarrow \big(B(a) \rightarrow (E\dot{x})\,(z)\,C(\dot{x}(z), \dot{x}(z'))\big)$$

die Formel

$$((1))\quad \begin{cases} \mathsf{N}(\dot{c}) \,\&\, a\,\varepsilon\,\dot{c} \,\&\, A(a) \\ \qquad \rightarrow (E\,x)\bigl(x\,\varepsilon\,\dot{c} \,\&\, A(x) \,\&\, (y)\,(y\,\varepsilon\,\dot{c} \,\&\, A(y) \rightarrow \leqq (x, y; \dot{c}))\bigr). \end{cases}$$

Und mit Hilfe von dieser lassen sich die Formeln

$$In(\dot{a}, \dot{b}) \,\&\, \mathsf{N}(\dot{b}) \,\&\, \dot{a} \neq \dot{b} \rightarrow (E\,x)\; Sc(\dot{a}, \dot{b}, x)$$
$$\mathsf{N}(\dot{a}) \,\&\, \mathsf{N}(\dot{b}) \rightarrow (E\,\dot{x})\bigl(\dot{x} \simeq \dot{a} \,\&\, In(\dot{x}, \dot{b})\bigr) \vee (E\,\dot{x})\bigl(\dot{x} \simeq \dot{b} \,\&\, In(\dot{x}, \dot{a})\bigr)$$

ableiten.

Definieren wir nun

$$\preceq(\dot{a}, \dot{b}) \sim (E\,\dot{x})\bigl(\dot{x} \simeq \dot{a} \,\&\, In(\dot{x}, \dot{b})\bigr)$$
$$\prec(\dot{a}, \dot{b}) \sim (E\,\dot{x})\,(E\,y)\,\bigl(\dot{x} \simeq \dot{a} \,\&\, Sc(\dot{x}, \dot{b}, y)\bigr),$$

so ergeben sich die Formeln

$$((2))\quad \begin{cases} \mathsf{N}(\dot{a}) \,\&\, \mathsf{N}(\dot{b}) \;\rightarrow\; \bigl(\preceq(\dot{a}, \dot{b}) \sim \dot{a} \simeq \dot{b} \vee \prec(\dot{a}, \dot{b})\bigr) \\ \mathsf{N}(\dot{a}) \,\&\, \mathsf{N}(\dot{b}) \;\rightarrow\; \preceq(\dot{a}, \dot{b}) \vee \prec(\dot{b}, \dot{a}) \\ \mathsf{N}(\dot{a}) \rightarrow \overline{\prec(\dot{a}, \dot{a})} \\ \prec(\dot{a}, \dot{b}) \,\&\, \prec(\dot{b}, \dot{c}) \rightarrow \prec(\dot{a}, \dot{c}) \\ \mathsf{N}(\dot{c}) \,\&\, Sc(\dot{a}, \dot{c}, r) \,\&\, Sc(\dot{b}, \dot{c}, s) \,\&\, < (r, s; \dot{c}) \rightarrow \prec(\dot{a}, \dot{b}). \end{cases}$$

Die inhaltliche Deutung ist für die ersten vier der Formeln ((2)) ersichtlich, für die letzte dieser Formeln kommt sie auf den Satz hinaus, daß die Ordnung der wohlgeordneten Mengen ganzer Zahlen $\geqq 0$ nach der Größenbeziehung $\prec$, wobei ordnungsgleiche Mengen, d. h. solche in der Beziehung $\simeq$, als nicht verschieden betrachtet werden, oder mit anderen Worten: die Ordnung der „Wohlordnungstypen" der betrachteten Mengen nach der Größe, für diejenigen Typen, die kleiner sind als irgend ein bestimmter Wohlordnungstypus $\mathfrak{c}$, eine isomorphe Ordnung zu derjenigen ergibt, welche für die Elemente einer nach dem Typus $\mathfrak{c}$ wohlgeordneten Menge besteht.

Daß die Ordnung nach der Größenbeziehung $\prec$ die Eigenschaft einer Wohlordnung hat, drückt sich formal aus durch die mit Hilfe von ((1)) und ((2)) ableitbare Formel

$$((3))\quad \begin{cases} \mathsf{N}(\dot{a}) \,\&\, A(\dot{a}) \rightarrow (E\dot{x})\bigl\{\mathsf{N}(\dot{x}) \,\&\, A(\dot{x}) \\ \qquad\qquad \&\, (\dot{y})\bigl(\mathsf{N}(\dot{y}) \,\&\, A(\dot{y}) \rightarrow \preceq(\dot{x}, \dot{y})\bigr)\bigr\}, \end{cases}$$

welche das Analogon der Formel des Prinzips der kleinsten Zahl bildet. Aus dieser ergibt sich weiter die Formel

$$((4))\quad (\dot{x})\bigl(\mathsf{N}(\dot{x}) \,\&\, (\dot{y})\,(\prec(\dot{y}, \dot{x}) \rightarrow A(\dot{y})) \rightarrow A(\dot{x})\bigr) \rightarrow \bigl(\mathsf{N}(\dot{a}) \rightarrow A(\dot{a})\bigr),$$

durch die das Prinzip der transfiniten Induktion dargestellt wird.

Zu der formalen Charakterisierung der Beziehung $\prec$ kommt nun noch die Formalisierung der Erzeugungsprozesse, durch die sich der zur Zahlentheorie analoge Aufbau der Theorie der ersten und zweiten Cantorschen Zahlenklasse — (die Typen wohlgeordneter endlicher Mengen bilden die Elemente der ersten, die Typen wohlgeordneter abzählbarer Mengen die Elemente der zweiten Zahlenklasse) — ergibt.

Zunächst lassen sich die Formeln

$$\mathsf{N}(\dot{0}), \qquad \mathsf{N}(\dot{a}) \to \preceq(\dot{0}, \dot{a})$$

ableiten. Ferner läßt sich ein Symbol „$\dot{a}^+$" so definieren, daß die Formeln

$$\mathsf{N}(\dot{a}) \to \mathsf{N}(\dot{a}^+)$$
$$\mathsf{N}(\dot{a}) \to \prec(\dot{a}, \dot{a}^+)$$
$$\prec(\dot{a}, \dot{b}) \to \preceq(\dot{a}^+, \dot{b})$$

ableitbar werden. Z. B. wird dieses durch folgende Definition[1] erreicht:

$$\dot{a}^+ \doteq \lambda_x \big[\alpha\big(\tau_1(x)\cdot\tau_2(x)\big)\cdot\dot{a}\big(\tau\big(\delta(\tau_1(x)),\ \delta(\tau_2(x))\big)\big) + \alpha\big(\tau_1(x)\big)\cdot\beta\big(\tau_2(x)\big)\cdot\dot{a}\big(\tau\big(\delta(\tau_1(x)),\ \dot{\delta}(\tau_1(x))\big)\big) + \beta(x)\big].$$

Diese Definition ist so gewählt, daß, wenn ein Funktional $\mathfrak{a}$ eine geordnete Menge M von Zahlen $\geqq 0$ darstellt, dann $\mathfrak{a}^+$ diejenige geordnete Menge darstellt, die man aus M erhält, indem man unter Erhaltung der Ordnung jede Zahl aus M um 1 erhöht und dann die Zahl 0 als letztes Element hinzufügt.

Auf Grund der für $\dot{0}$ und $\dot{a}^+$ ableitbaren Formeln ist die Rolle dieser Funktionale analog derjenigen der Terme 0 und a' im zahlentheoretischen Formalismus; das Funktional $\dot{0}$, das die leere Menge darstellt, repräsentiert den kleinsten Wohlordnungstypus, das Symbol $\dot{a}^+$ den Übergang von einem Wohlordnungstypus zu einem nächstgrößeren. Als noch ein weiterer Fortschreitungsprozeß tritt dazu der Limesprozeß, der zu einer aufsteigenden abzählbaren Folge von Wohlordnungstypen den nächstgrößeren liefert.

Der Begriff einer aufsteigenden Folge von wohlgeordneten Mengen ganzer Zahlen $\geqq 0$ wird formalisiert durch die Definition

$$\mathsf{N}_1(\dot{a}) \sim (x)\big[\mathsf{N}\big(\lambda_z\,\dot{a}(\tau(x,z))\big) \,\&\, \prec\big(\lambda_z\,\dot{a}(\tau(x,z)),\ \lambda_z\,\dot{a}(\tau(x',z))\big)\big],$$

und es läßt sich durch eine explizite Definition ein Symbol „$\lim(\dot{a})$" einführen, für welches die Formel

$$\mathsf{N}_1(\dot{a}) \to \mathsf{N}\big(\lim(\dot{a})\big) \,\&\, (x) \prec\big(\lambda_z\,\dot{a}(\tau(x,z)),\ \lim(\dot{a})\big) \,\&\, \big[\mathsf{N}(\dot{b}) \,\&\, (x) \prec\big(\lambda_z\,\dot{a}(\tau(x,z)),\ \dot{b}\big) \to \preceq\big(\lim(\dot{a}),\ \dot{b}\big)\big]$$

ableitbar ist.

---

[1] Die hier benutzte Funktion $\alpha(n)$ kann mittels der Funktion $\alpha(a, b)$ (vgl. die Definition auf S. 474 durch die Gleichung

$$\alpha(n) = \alpha(n, 0)$$

definiert werden.

Als Analogon der zahlentheoretischen Formel $a = 0 \vee (E\,x)\,(x' = a)$ läßt sich ferner die Formel

$$((5))\qquad \left\{\begin{array}{l} \mathsf{N}(\dot{a}) \rightarrow \dot{a} \simeq \dot{0} \vee (E\,\dot{x})\,\bigl(\mathsf{N}(\dot{x})\,\&\,\dot{x}^{+} \simeq \dot{a}\bigr) \\ \qquad\qquad\qquad \vee\,(E\,\dot{x})\,\bigl(\mathsf{N}_1(\dot{x})\,\&\,\lim(\dot{x}) \simeq \dot{a}\bigr) \end{array}\right.$$

ableiten.

Endlich kann auch das Verfahren der „transfiniten Rekursion", welches in der Theorie der ersten und zweiten Zahlenklasse dem Verfahren der primitiven Rekursion in der Zahlentheorie entspricht, innerhalb unseres Formalismus auf explizite Definitionen zurückgeführt werden, und zwar in folgendem Sinne: Ist $\mathfrak{a}$ ein Funktional, das die Variablen $\dot{a}$, $\dot{c}$ nicht enthält und für das die Formel $\mathsf{N}(\mathfrak{a})$ ableitbar ist, ferner $\mathfrak{b}(\dot{a}, \dot{c})$ ein Funktional, für das die Formel

$$\mathsf{N}(\dot{a})\,\&\,\mathsf{N}(\dot{c}) \rightarrow \mathsf{N}\bigl(\mathfrak{b}(\dot{a}, \dot{c})\bigr)\,\&\,\prec\bigl(\dot{c}, \mathfrak{b}(\dot{a}, \dot{c})\bigr)$$

ableitbar ist und $\mathfrak{b}(\dot{0}, \dot{0})$ die Variablen $\dot{a}$, $\dot{c}$ nicht enthält, so läßt sich ein Funktional $\mathfrak{f}(\dot{a})$ aufstellen, für welches die Formeln

$$((6))\qquad \left\{\begin{array}{l} \mathsf{N}(\dot{a}) \rightarrow \mathsf{N}\bigl(\mathfrak{f}(\dot{a})\bigr)\,\&\,(\dot{x})\bigl(\dot{x} \simeq \dot{a} \rightarrow \mathfrak{f}(\dot{x}) \simeq \mathfrak{f}(\dot{a})\bigr) \\ \mathfrak{f}(\dot{0}) \simeq \mathfrak{a} \\ \mathsf{N}(\dot{a}) \rightarrow \bigl(\mathfrak{f}(\dot{a}^{+}) \simeq \mathfrak{b}(\dot{a}, \mathfrak{f}(\dot{a}))\bigr) \\ \mathsf{N}_1(\dot{c}) \rightarrow \Bigl[\mathfrak{f}\bigl(\lim(\dot{c})\bigr) \simeq \lim\Bigl(\lambda_x\,\bigl[\mathfrak{f}\bigl(\lambda_z \dot{c}(\tau(\tau_1(x), z))\bigr)(\tau_2(x))\bigr]\Bigr)\Bigr] \end{array}\right.$$

ableitbar sind.

Der Weg hierzu sei angedeutet: Es läßt sich zunächst die Formel ableiten

$$\begin{aligned} \mathsf{N}_1(\dot{g})\,\&\,\mathsf{N}(\dot{c})\,\&\,\preceq(\dot{a}, \dot{c}) \rightarrow (\underset{\cdot}{E}\,\dot{x})\,\bigl[\mathsf{N}(\dot{x})\,\&\,(E\,\dot{z})\,(E\,y)\,\bigl(\dot{a} \simeq \dot{z} \\ \&\,S\,c\,(\dot{z}, \dot{c}^{+}, y)\,\&\,\lambda_u\,\dot{g}\,(\tau(y, u)) \doteq \dot{x}\bigr)\bigr]. \end{aligned}$$

Führen wir ferner das Symbol $\xi(\dot{g}, \dot{c}, \dot{a})$ durch die Definition

$$\xi(\dot{g}, \dot{c}, \dot{a}) \doteq \varepsilon_{\dot{x}}\,\bigl[\mathsf{N}(\dot{x})\,\&\,(E\,\dot{z})\,(E\,y)\,\bigl(\dot{a} \simeq \dot{z}\,\&\,S\,c\,(\dot{z}, \dot{c}^{+}, y)\,\&\,\lambda_u\,\dot{g}\,(\tau(y, u)) \doteq \dot{x}\bigr)\bigr]$$

ein, so läßt sich mit Hilfe der Formeln ((4)), ((5)) die Formel ableiten:

$$\begin{aligned} \mathsf{N}(\dot{c}) \rightarrow (E\,\dot{v})\,\Bigl\{&\mathsf{N}_1(\dot{v})\,\&\,\xi(\dot{v}, \dot{c}, \dot{0}) \simeq \mathfrak{a} \\ &\&\,(\dot{u})\,\bigl(\mathsf{N}(\dot{u})\,\&\,\prec(\dot{u}, \dot{c}) \rightarrow \xi(\dot{v}, \dot{c}, \dot{u}^{+}) \simeq \mathfrak{b}(\dot{u}, \xi(\dot{v}, \dot{c}, \dot{u}))\bigr) \\ &\&\,(\dot{u})\,\Bigl[\mathsf{N}_1(\dot{u})\,\&\,\preceq(\lim(\dot{u}), \dot{c}) \\ &\qquad \rightarrow \xi\bigl(\dot{v}, \dot{c}, \lim(\dot{u})\bigr) \simeq \lim\Bigl(\lambda_x\,\bigl[\xi\bigl(\dot{v}, \dot{c}, \lambda_z\,\dot{u}\,(\tau(\tau_1(x), z))\bigr)\,(\tau_2(x))\bigr]\Bigr)\Bigr]\Bigr\}. \end{aligned}$$

Bilden wir nun aus dem Hinterglied dieser Formel, welches ja die Gestalt hat

$$(E\,\dot{v})\,\mathfrak{A}(\dot{v}, \dot{c}),$$

den Ausdruck

$$\xi\bigl(\varepsilon_{\dot{v}}\,\mathfrak{A}(\dot{v}, \dot{a}), \dot{a}, \dot{a}\bigr),$$

so ist dieser ein Funktional $\mathfrak{f}(\dot{a})$, für welches die Formeln ((6)) abgeleitet werden können.

Hiermit sind nun die Grundlagen für die Theorie der Zahlen der ersten und zweiten Zahlenklasse gewonnen.

Die dargelegte Methode der formalen Behandlung dieser Theorie entspricht dem CANTORschen Verfahren der Interpretation der Zahlen der ersten und zweiten Zahlenklasse als Wohlordnungstypen von Mengen ganzer Zahlen. Die Theorie kann auch losgelöst von dieser Interpretation auf independente Art entwickelt werden, und zwar einerseits axiomatisch, in Analogie zur axiomatischen Zahlentheorie, andererseits im konstruktiven Sinne, analog der finiten Zahlentheorie. Für eine axiomatische Gestaltung der Theorie liefert die hier besprochene Formalisierung eine Methode der „Zurückführung" auf den Formalismus der Analysis, in dem Sinne, daß der axiomatische Formalismus als widerspruchsfrei erkannt wird, sofern sich der Formalismus H als widerspruchsfrei erweisen läßt.

F. Modifikationen des Formalismus. Vermeidung des ε-Symbols.

Der Formalismus H ist beherrscht von der Methode der Anwendung des ε-Symbols. Durch diese erhält das System der Axiome und Regeln von H seine verhältnismäßig große Einfachheit. Es ist freilich keineswegs ausgemacht, ob diese Anordnung für die beweistheoretische Untersuchung eine besonders günstige ist. Und jedenfalls hat sie vom axiomatischen Standpunkt den Nachteil, daß sie keine hinlängliche Absonderung der verschiedenen in der Methode der Analysis enthaltenen Voraussetzungen ermöglicht. Überhaupt wird man vom Standpunkt der logischen Systematik einen Formalismus bevorzugen, der ohne das Hilfsmittel der ε-Symbole und der ε-Formeln auskommt[1].

Wir wollen nunmehr einen Formalismus betrachten, der ähnlich wie der Formalismus H konstruiert ist, sich aber enger als dieser an die übliche Systematik anschließt; und zwar soll dabei zunächst das Auswahlprinzip nicht einbegriffen werden. Die Festsetzungen für diesen modifizierten Formalismus „K" sollen die folgenden sein.

Die *Variablenarten* sind in K die gleichen wie in H. Die ursprünglichen *Symbole* des Formalismus sind: Das Individuensymbol 0, das Strichsymbol, das Gleichheitszeichen, die Symbole des Aussagenkalkuls, die Quantoren, und zwar solche mit zugehörigen (gebundenen) Individuenvariablen und solche mit zugehörigen Funktionsvariablen, das ι-Symbol und das λ-Symbol, beide je mit einer zugehörigen gebundenen Individuenvariablen.

Als *Terme* gelten zunächst die freien Individuenvariablen, das Symbol 0 und jeder aus einem Term $\mathfrak{a}$ gebildete Ausdruck $\mathfrak{a}'$, als *Funktionale* zunächst die für sich stehenden freien Funktionsvariablen.

Sodann gilt als Term ein Ausdruck $\mathfrak{a}(\mathfrak{b})$ bzw., wenn $\mathfrak{a}$ ein zusammengesetzter Ausdruck ist, $(\mathfrak{a})(\mathfrak{b})$, worin $\mathfrak{a}$ ein Funktional und $\mathfrak{b}$ ein Term

[1] Vgl. die Erwägung S. 12—13.

ist; als Funktional gilt jeder Ausdruck $\lambda_{\mathfrak{x}}\, \mathfrak{t}(\mathfrak{x})$, worin $\mathfrak{t}(\mathfrak{x})$ aus einem Term $\mathfrak{t}(\mathfrak{c})$, der eine freie Individuenvariable $\mathfrak{c}$ dagegen nicht die gebundene Individuenvariable $\mathfrak{x}$ enthält, mittels der Ersetzung von $\mathfrak{c}$ durch $\mathfrak{x}$ hervorgeht.

Als *Primformeln* gelten Formelvariablen ohne Argument, Formelvariablen mit Argumenten, deren jedes ein Term oder ein Funktional ist, und Gleichungen zwischen Termen; als *Formeln* gelten die Ausdrücke, die entweder Primformeln sind oder sich aus Primformeln mittels der Operationen des Aussagenkalkuls und der Quantoren bilden lassen, wobei die Bildung von Formeln mittels der Quantoren gemäß der Festsetzung erfolgt, daß wenn $\mathfrak{A}(\mathfrak{c})$ eine Formel ist, welche die freie Individuenvariable $\mathfrak{c}$, dagegen nicht die gebundene Individuenvariable $\mathfrak{x}$ enthält, und wenn $\mathfrak{B}(\dot{\mathfrak{c}})$ eine Formel ist, welche die freie Funktionsvariable $\dot{\mathfrak{c}}$, dagegen nicht die gebundene Funktionsvariable $\dot{\mathfrak{x}}$ enthält, dann die Ausdrücke

$$(\mathfrak{x})\,\mathfrak{A}(\mathfrak{x}), \quad (E\mathfrak{x})\,\mathfrak{A}(\mathfrak{x}), \quad (\dot{\mathfrak{x}})\,\mathfrak{B}(\dot{\mathfrak{x}}), \quad (E\dot{\mathfrak{x}})\,\mathfrak{B}(\dot{\mathfrak{x}})$$

Formeln sind.

Endlich sind als Terme („ι-Terme") noch Ausdrücke der Gestalt $\iota_{\mathfrak{x}}\,\mathfrak{A}(\mathfrak{x})$ gemäß den Bedingungen der ι-Regel zugelassen, d. h. im Falle der Ableitbarkeit der zu der Formel $\mathfrak{A}(\mathfrak{c})$ gehörigen „Unitätsformeln"

$$(E\mathfrak{x})\,\mathfrak{A}(\mathfrak{x}), \quad (\mathfrak{x})\,(\mathfrak{y})\,(\mathfrak{A}(\mathfrak{x})\,\&\,\mathfrak{A}(\mathfrak{y}) \rightarrow \mathfrak{x} = \mathfrak{y})$$

(mit gebundenen Individuenvariablen $\mathfrak{x}$, $\mathfrak{y}$).

Als *Ausgangsformeln* haben wir die identischen Formeln des Aussagenkalkuls, die Formeln

$$(x)\,A(x) \rightarrow A(a), \qquad A(a) \rightarrow (Ex)\,A(x),$$
$$(\dot{x})\,A(\dot{x}) \rightarrow A(\dot{a}), \qquad A(\dot{a}) \rightarrow (E\dot{x})\,A(\dot{x}),$$

ferner die Gleichheitsaxiome (J_1), (J_2), die Zahlenaxiome (P_1), (P_2) und das Induktionsaxiom, also die Axiome des Systems (Z) mit Ausnahme der Rekursionsgleichungen für Summe und Produkt[1].

Als *Schemata* haben wir das Schlußschema, ferner die Schemata für die Quantoren:

$$\frac{\mathfrak{A} \rightarrow \mathfrak{B}(\mathfrak{a})}{\mathfrak{A} \rightarrow (\mathfrak{x})\,\mathfrak{B}(\mathfrak{x})}, \qquad \frac{\mathfrak{A} \rightarrow \mathfrak{B}(\dot{\mathfrak{a}})}{\mathfrak{A} \rightarrow (\dot{\mathfrak{x}})\,\mathfrak{B}(\dot{\mathfrak{x}})}, \qquad \frac{\mathfrak{B}(\mathfrak{a}) \rightarrow \mathfrak{A}}{(E\mathfrak{x})\,\mathfrak{B}(\mathfrak{x}) \rightarrow \mathfrak{A}}, \qquad \frac{\mathfrak{B}(\dot{\mathfrak{a}}) \rightarrow \mathfrak{A}}{(E\dot{\mathfrak{x}})\,\mathfrak{B}(\dot{\mathfrak{x}}) \rightarrow \mathfrak{A}},$$

worin jeweils $\mathfrak{a}$ eine freie, $\mathfrak{x}$ eine gebundene Individuenvariable, $\dot{\mathfrak{a}}$ eine freie, $\dot{\mathfrak{x}}$ eine gebundene Funktionsvariable bedeutet und für welche die Bedingung besteht, daß $\mathfrak{a}$ weder in $\mathfrak{A}$ noch in $\mathfrak{B}(\mathfrak{x})$, $\mathfrak{a}$ weder in $\mathfrak{A}$ noch in $\mathfrak{B}(\dot{\mathfrak{x}})$, $\mathfrak{x}$ nicht in $\mathfrak{B}(\mathfrak{a})$, $\dot{\mathfrak{x}}$ nicht in $\mathfrak{B}(\dot{\mathfrak{a}})$ vorkommt.

Dazu tritt noch das Formelschema

$$(\lambda_{\mathfrak{x}}\,\mathfrak{t}(\mathfrak{x}))\,(c) = \mathfrak{t}(c),$$

[1] Vgl. Supplement I, S. 398.

worin $\mathfrak{t}(c)$ ein Term ist, der die Variable c, dagegen nicht die gebundene Variable $\mathfrak{x}$ enthält, sowie das Schema der ι-Regel

$$\frac{(E\mathfrak{x})\,\mathfrak{A}(\mathfrak{x}), \qquad (\mathfrak{x})\,(\mathfrak{y})\,(\mathfrak{A}(\mathfrak{x})\,\&\,\mathfrak{A}(\mathfrak{y}) \to \mathfrak{x} = \mathfrak{y})}{\mathfrak{A}(\iota_{\mathfrak{x}}\,\mathfrak{A}^*(\mathfrak{x}))},$$

worin $\mathfrak{A}^*(\mathfrak{x})$ einen Ausdruck bedeutet, der sich von $\mathfrak{A}(\mathfrak{x})$ höchstens durch die Benennung gebundener Variablen unterscheidet, wobei diese Benennungen so zu wählen sind, daß der Ausdruck $\mathfrak{A}(\iota_{\mathfrak{x}}\,\mathfrak{A}^*(\mathfrak{x}))$ eine Formel ist.

Die *Einsetzungsregel* für die freien Individuenvariablen und für die Formelvariablen ist die gleiche wie beim Formalismus H. Für die Funktionsvariablen haben wir hier nur die Einsetzungsregel, daß für eine freie Funktionsvariable ein Funktional eingesetzt werden kann.

Es gilt die Regel der *Umbenennung* für die zu den Quantoren, dem ι-Symbol und dem λ-Symbol gehörigen gebundenen Variablen. Bei den Einsetzungen und den Umbenennungen ist darauf zu achten, daß Kollisionen zwischen gebundenen Variablen vermieden werden.

Die Regel der Einführung von neuen Symbolen durch *explizite Definitionen* unterscheidet sich von derjenigen beim Formalismus H nur durch die Festsetzung, daß eine als Argument des neuen Symbols in einer expliziten Definition auftretende Funktionsvariable innerhalb dieses Symbols für sich stehen, d. h. nicht mit einem Argument versehen sein soll.

Hiermit ist nun der Formalismus K beschrieben. Vergleichen wir diesen mit dem Formalismus H in Hinsicht auf die Möglichkeit, die in H als ausführbar erkannten deduktiven Entwicklungen in K nachzubilden, so sind als deduktive Hilfsmittel, die der Formalismus H gegenüber dem Formalismus K voraus hat, die folgenden zu nennen: Die ε-Symbole nebst den drei ε-Formeln, die Funktionseinsetzung für die freien Funktionsvariablen und bei den expliziten Definitionen die Zulassung der Beifügung einer Argumentvariablen zu einer Funktionsvariablen, die in dem einzuführenden Symbol als Argument auftritt (unter der Voraussetzung wenigstens, daß die betreffende Funktionsvariable auf der rechten Seite der Definitionsformel nirgends für sich steht).

Was die letzten beiden im Formalismus H gegebenen Möglichkeiten betrifft, so werden diese in K durch das Schema für das λ-Symbol aufgewogen. Nämlich anstatt von einer Formel $\mathfrak{A}(\dot{c}(\mathfrak{a}_1), \ldots, \dot{c}(\mathfrak{a}_r))$ durch eine Funktionseinsetzung für eine Nennform $\dot{c}(\mathfrak{a})$ zu einer Formel $\mathfrak{A}(\mathfrak{t}(\mathfrak{a}_1), \ldots, \mathfrak{t}(\mathfrak{a}_r))$ überzugehen, können wir in K zunächst für $\dot{c}$ ein Funktional $\lambda_{\mathfrak{x}}\,\mathfrak{t}(\mathfrak{x})$ einsetzen, und aus der Formel

$$\mathfrak{A}((\lambda_{\mathfrak{x}}\,\mathfrak{t}(\mathfrak{x}))\,(\mathfrak{a}_1), \ldots, (\lambda_{\mathfrak{x}}\,\mathfrak{t}(\mathfrak{x}))\,(\mathfrak{a}_r))$$

erhalten wir mittels des Formelschemas für das λ-Symbol und des Gleichheitsaxioms (J_2) die Formel $\mathfrak{A}(\mathfrak{t}(\mathfrak{a}_1), \ldots, \mathfrak{t}(\mathfrak{a}_r))$. Und jene erwähnte

Freiheit bei den expliziten Definitionen in H kommt ja nur für die Funktionseinsetzungen zur Geltung.

Ferner die Bildung von Termen $\varepsilon_{\mathfrak{x}}\, \mathfrak{A}(\dot{\mathfrak{x}})$ und die Anwendung der dritten ε-Formel mittels der Einsetzung einer Formel $\mathfrak{A}(\dot{\mathfrak{c}})$ für die Formelvariable $A(\dot{\mathfrak{c}})$ läßt sich im Formalismus K bei allen solchen Formeln $\mathfrak{A}(\dot{\mathfrak{c}})$, für die eine Formel

$$(E\dot{\mathfrak{x}})(\dot{\mathfrak{y}})\big((\mathfrak{z})(\dot{\mathfrak{x}}(\mathfrak{z}) = \dot{\mathfrak{y}}(\mathfrak{z})) \sim \mathfrak{A}(\dot{\mathfrak{y}})\big)$$

ableitbar ist, durch die (mittels der ι-Regel erfolgende) Einführung eines Terms

$$\iota_{\mathfrak{u}}(E\dot{\mathfrak{x}})\big(\mathfrak{A}(\dot{\mathfrak{x}})\ \&\ \dot{\mathfrak{x}}(\mathfrak{a}) = \mathfrak{u}\big)$$

(mit einer nicht in $\mathfrak{A}(\dot{\mathfrak{c}})$ vorkommenden freien Individuenvariablen $\mathfrak{a}$) nebst der Anwendung des Schemas der ι-Regel und des Formalschemas für das λ-Symbol ersetzen.

Wird nämlich der Ausdruck $(E\dot{\mathfrak{x}})\big(\mathfrak{A}(\dot{\mathfrak{x}})\ \&\ \dot{\mathfrak{x}}(\mathfrak{a}) = \mathfrak{u}\big)$ abgekürzt mit „$\mathfrak{B}(\mathfrak{u}, \mathfrak{a})$" angegeben, so sind mit Hilfe der als ableitbar angenommenen Formel die Unitätsformeln

$$(E\mathfrak{u})\,\mathfrak{B}(\mathfrak{u}, \mathfrak{a}), \qquad (\mathfrak{u})(\mathfrak{v})\big(\mathfrak{B}(\mathfrak{u}, \mathfrak{a})\ \&\ \mathfrak{B}(\mathfrak{v}, \mathfrak{a}) \rightarrow \mathfrak{u} = \mathfrak{v}\big)$$

(mit einer geeigneten gebundenen Variablen $\mathfrak{v}$) ableitbar. Es kann daher der Ausdruck $\iota_{\mathfrak{u}}\, \mathfrak{B}(\mathfrak{u}, \mathfrak{a})$ als Term eingeführt werden, und gemäß dem Schema der ι-Regel erhalten wir eine Formel $\mathfrak{B}(\mathfrak{e}(\mathfrak{a}), \mathfrak{a})$, worin $\mathfrak{e}(\mathfrak{a})$ ein Term ist, der sich von $\iota_{\mathfrak{u}}\, \mathfrak{B}(\mathfrak{u}, \mathfrak{a})$ höchstens durch die Benennung gebundener Variablen unterscheidet. Die Formel $\mathfrak{B}(\mathfrak{e}(\mathfrak{a}), \mathfrak{a})$ hat die Gestalt

$$(E\dot{\mathfrak{x}})\big(\mathfrak{A}(\dot{\mathfrak{x}})\ \&\ \dot{\mathfrak{x}}(\mathfrak{a}) = \mathfrak{e}(\mathfrak{a})\big).$$

Sei nun $\mathfrak{v}$ eine nicht in $\mathfrak{e}(\mathfrak{a})$ vorkommende gebundene Individuenvariable und seien $\dot{\mathfrak{b}}, \dot{\mathfrak{c}}$ freie, nicht in $\mathfrak{A}(\dot{\mathfrak{x}})$ vorkommende Funktionsvariablen. Es ist dann zunächst die Gleichung

$$\big(\lambda_{\mathfrak{v}}\, \mathfrak{e}(\mathfrak{v})\big)(\mathfrak{a}) = \mathfrak{e}(\mathfrak{a})$$

und daher auch

$$(E\dot{\mathfrak{x}})\big(\mathfrak{A}(\dot{\mathfrak{x}})\ \&\ \dot{\mathfrak{x}}(\mathfrak{a}) = (\lambda_{\mathfrak{v}}\mathfrak{e}(\mathfrak{v}))(\mathfrak{a})\big)$$

ableitbar. Aus dieser Formel in Verbindung mit der in K leicht ableitbaren Formel

$$(\dot{\mathfrak{y}})\big((\mathfrak{z})(\dot{\mathfrak{c}}(\mathfrak{z}) = \dot{\mathfrak{y}}(\mathfrak{z})) \sim \mathfrak{A}(\dot{\mathfrak{y}})\big)\ \&\ \mathfrak{A}(\dot{\mathfrak{b}})\ \&\ \dot{\mathfrak{b}}(\mathfrak{a}) = \big(\lambda_{\mathfrak{v}}\, \mathfrak{e}(\mathfrak{v})\big)(\mathfrak{a})$$
$$\rightarrow \dot{\mathfrak{c}}(\mathfrak{a}) = \big(\lambda_{\mathfrak{v}}\, \mathfrak{e}(\mathfrak{v})\big)(\mathfrak{a})$$

erhalten wir

$$(\dot{\mathfrak{y}})\big((\mathfrak{z})(\dot{\mathfrak{c}}(\mathfrak{z}) = \dot{\mathfrak{y}}(\mathfrak{z})) \sim \mathfrak{A}(\dot{\mathfrak{y}})\big) \rightarrow \dot{\mathfrak{c}}(\mathfrak{a}) = \big(\lambda_{\mathfrak{v}}\, \mathfrak{e}(\mathfrak{v})(\mathfrak{a})\big)$$

und weiter

$$(\dot{\mathfrak{y}})\big((\mathfrak{z})(\dot{\mathfrak{c}}(\mathfrak{z}) = \dot{\mathfrak{y}}(\mathfrak{z})) \sim \mathfrak{A}(\dot{\mathfrak{y}})\big) \rightarrow (\mathfrak{z})\big(\dot{\mathfrak{c}}(\mathfrak{z}) = (\lambda_{\mathfrak{v}}\, \mathfrak{e}(\mathfrak{v}))(\mathfrak{z})\big)$$

sowie auch

$$(\dot{\mathfrak{y}})\big((\mathfrak{z})(\dot{\mathfrak{c}}(\mathfrak{z}) = \dot{\mathfrak{y}}(\mathfrak{z})) \sim \mathfrak{A}(\dot{\mathfrak{y}})\big) \rightarrow \mathfrak{A}\big(\lambda_{\mathfrak{v}}\, \mathfrak{e}(\mathfrak{v})\big).$$

Diese Formel aber ergibt zusammen mit der als ableitbar vorausgesetzten Formel die Formel

$$\mathfrak{A}(\lambda_{\mathfrak{v}}\, \mathfrak{e}(\mathfrak{v})).$$

Es kann somit das Funktional $\lambda_{\mathfrak{v}} \mathfrak{e}(\mathfrak{v})$ im Formalismus K die Rolle übernehmen, die in H das Funktional $\varepsilon_{\mathfrak{x}}\, \mathfrak{A}(\mathfrak{x})$ für die betreffende Formel $\mathfrak{A}(\dot{\mathfrak{c}})$ hat.

Nach dieser Methode kann die in H verwendete explizite Definition von $a+b$ im Formalismus K ersetzt werden durch die Definition

$$a + b = \iota_u (E\,\dot{x}) \{\dot{x}(0) = a \,\&\, (z)\big(\dot{x}(z') = (\dot{x}(z))'\big) \,\&\, \dot{x}(b) = u\},$$

welcher die Einführung des auf der rechten Seite der Definitionsgleichung stehenden ι-Terms durch die ι-Regel vorhergeht. Dabei haben wir das Induktionsaxiom, die Gleichheitsaxiome und das Schema für das λ-Symbol anzuwenden; und zwar wird die erste der beiden abzuleitenden Unitätsformeln durch Induktion nach a, die zweite durch Induktion nach b erhalten.

Entsprechend kann das Produkt explizite definiert werden durch die Gleichung

$$a \cdot b = \iota_u (E\,\dot{x}) \{\dot{x}(0) = 0 \,\&\, (z)\big(\dot{x}(z') = \dot{x}(z) + a\big) \,\&\, \dot{x}(b) = u\},$$

wobei die Formel

$$(E\,\dot{x})\,(z)\big(\dot{x}(z) = 0\big),$$

die zur Gewinnung der ersten von den beiden zum Zweck der Anwendung der ι-Regel abzuleitenden Unitätsformeln gebraucht wird, mit Hilfe der Formel

$$\iota_z (n = n \,\&\, z = 0) = 0$$

erhalten werden kann.

Im Anschluß an die Definition von $a+b$ können wir die Definition von „$\leqq$“ wie in H einführen, und es kann dann für das μ-Symbol die explizite Definition aufgestellt werden, aus der sich die Formeln (μ_1), (μ_2), (μ_3) als ableitbare Formeln ergeben[1]. Das μ-Symbol kann nunmehr allenthalben die Rolle übernehmen, die das ε-Symbol im Formalismus H hat, da ja bei Ersetzung des ε-Symbols durch das μ-Symbol die an die Stelle der beiden ersten ε-Formeln tretenden Formeln aus den Formeln (μ_1), (μ_2) ableitbar sind.

Jetzt können auch die Funktionen $\tau(a, b)$, $\tau_1(n)$, $\tau_2(n)$ entsprechend wie in H eingeführt werden, und die Definition der allgemeinen Rekursionsfunktion kann in folgender Weise gegeben werden[2]:

$$\varrho(a, \dot{b}, n) = \iota_u (E\,\dot{x}) \{\dot{x}(0) = a \,\&\, (z)\,[z < n \rightarrow \dot{x}(z') = \dot{b}(\tau(z, \dot{x}(z)))] \,\&\, x(n) = u\}.$$

[1] Vgl. Supplement I, S. 399.

[2] Man beachte, daß die Schreibweise $\varrho_x(a, \dot{b}(x), n)$ auf Grund unserer Vereinbarungen über die expliziten Definitionen im Formalismus K nicht zugelassen ist.

Aus dieser Definition lassen sich die Gleichungen

$$\varrho(a, \dot{b}, 0) = a, \qquad \varrho(a, \dot{b}, n') = \dot{b}\big(\tau(n, \varrho(a, \dot{b}, n))\big)$$

ableiten. Die Darstellungen der rekursiven Funktionen durch diese allgemeine Rekursionsfunktion erfolgt mit Benutzung des λ-Symbols. Z. B. stellt sich die Funktion $\delta(n)$ dar in der Form

$$\delta(n) = \varrho\big(0, \lambda_x \tau_1(x), n\big),$$

die Funktion $\binom{n}{2}$ in der Form

$$\binom{n}{2} = \varrho\big(0, \lambda_x \varrho(\tau_1(x), \lambda_z(\tau_2(z))', \tau_2(x)), n\big).$$

Das Verfahren der Ersetzung eines Funktionals $\varepsilon_{\dot{\mathfrak{x}}}\, \mathfrak{A}(\dot{\mathfrak{x}})$ durch ein entsprechendes Funktional

$$\lambda_{\mathfrak{v}}\, \iota_{\mathfrak{u}}(E\dot{\mathfrak{x}})\big(\mathfrak{A}(\dot{\mathfrak{x}})\ \&\ \dot{\mathfrak{x}}(\mathfrak{v}) = \mathfrak{u}\big),$$

wie wir es im Falle der Ableitbarkeit einer Formel

$$(E\dot{\mathfrak{x}})(\dot{\mathfrak{y}})\big((\mathfrak{z})(\dot{\mathfrak{x}}(\mathfrak{z}) = \dot{\mathfrak{y}}(\mathfrak{z})) \sim \mathfrak{A}(\dot{\mathfrak{y}})\big)$$

als anwendbar erkannt haben, gestattet noch eine Ausdehnung auf gewisse allgemeinere Fälle, die im deduktiven Gebrauch häufig auftreten. Seien $\mathfrak{a}_1, \ldots, \mathfrak{a}_r$ freie Individuen- oder Funktionsvariablen und sei die Formel

$$\mathfrak{P}(\mathfrak{a}_1, \ldots, \mathfrak{a}_r) \to (E\dot{\mathfrak{x}})(\dot{\mathfrak{y}})\big((\mathfrak{z})(\dot{\mathfrak{x}}(\mathfrak{z}) = \dot{\mathfrak{y}}(\mathfrak{z})) \sim \mathfrak{A}(\dot{\mathfrak{y}}, \mathfrak{a}_1, \ldots, \mathfrak{a}_r)\big)$$

ableitbar. Bezeichnen wir dann mit „$\mathfrak{A}^*(\dot{\mathfrak{c}}, \mathfrak{a}_1, \ldots, \mathfrak{a}_r)$" die Formel

$$\big(\mathfrak{P}(\mathfrak{a}_1, \ldots, \mathfrak{a}_r)\ \&\ \mathfrak{A}(\dot{\mathfrak{c}}, \mathfrak{a}_1, \ldots, \mathfrak{a}_r)\big) \vee \big(\overline{\mathfrak{P}(\mathfrak{a}_1, \ldots, \mathfrak{a}_r)}\ \&\ (\mathfrak{z})(\dot{\mathfrak{c}}(\mathfrak{z}) = 0)\big)$$

(wobei $\dot{\mathfrak{c}}$ irgendeine nicht in $\mathfrak{A}(\dot{\mathfrak{y}}, \mathfrak{a}_1, \ldots, \mathfrak{a}_r)$ vorkommende freie Funktionsvariable sei), so sind die Formeln

$$(E\dot{\mathfrak{x}})(\dot{\mathfrak{y}})\big((\mathfrak{z})(\dot{\mathfrak{x}}(\mathfrak{z}) = \dot{\mathfrak{y}}(\mathfrak{z})) \sim \mathfrak{A}^*(\dot{\mathfrak{y}}, \mathfrak{a}_1, \ldots, \mathfrak{a}_r)\big),$$
$$\mathfrak{P}(\mathfrak{a}_1, \ldots, \mathfrak{a}_r) \to \big(\mathfrak{A}^*(\dot{\mathfrak{c}}, \mathfrak{a}_1, \ldots, \mathfrak{a}_r) \sim \mathfrak{A}(\dot{\mathfrak{c}}, \mathfrak{a}_1, \ldots, \mathfrak{a}_r)\big)$$

ableitbar. Es kann nun, wenn die freie Individuenvariable $\mathfrak{a}$ und die gebundene Individuenvariable $\mathfrak{u}$ nicht in $\mathfrak{A}(\dot{\mathfrak{y}}, \mathfrak{a}_1, \ldots, \mathfrak{a}_r)$ vorkommen, der Ausdruck

$$\iota_{\mathfrak{u}}(E\dot{\mathfrak{y}})\big(\mathfrak{A}^*(\dot{\mathfrak{y}}, \mathfrak{a}_1, \ldots, \mathfrak{a}_r)\ \&\ \dot{\mathfrak{y}}(\mathfrak{a}) = \mathfrak{u}\big)$$

als ι-Term eingeführt werden. Ist ferner $\mathfrak{e}(\mathfrak{a})$ dieser bzw. ein aus diesem Term durch Umbenennung gebundener Variablen gebildeter Term, der keine in $\mathfrak{A}^*(\dot{\mathfrak{c}}, \mathfrak{a}_1, \ldots, \mathfrak{a}_r)$ vorkommende gebundene Variable enthält, und $\mathfrak{v}$ eine nicht in diesem noch auch in $\mathfrak{A}^*(\dot{\mathfrak{y}}, \mathfrak{a}_1, \ldots, \mathfrak{a}_r)$ vorkommende gebundene Individuenvariable, so ist nach dem vorhin angegebenen Verfahren die Formel

$$\mathfrak{A}^*\big(\lambda_{\mathfrak{v}}\, \mathfrak{e}(\mathfrak{v}), \mathfrak{a}_1, \ldots, \mathfrak{a}_r\big)$$

und daher auch die Formel

$$\mathfrak{P}(\mathfrak{a}_1, \ldots, \mathfrak{a}_{\mathfrak{r}}) \rightarrow \mathfrak{A}(\lambda_{\mathfrak{v}}\, \mathfrak{e}(\mathfrak{v}), \mathfrak{a}_1, \ldots, \mathfrak{a}_{\mathfrak{r}})$$

ableitbar.

Gemäß diesem Verfahren können wir z. B. die Definition von $\dot{a} : \dot{b}$ in H, welche

$$\dot{a} : \dot{b} \doteq \varepsilon_{\dot{x}}(\Theta^*(\dot{x}) \,\&\, \dot{b} \otimes \dot{x} \doteq \dot{a})$$

lautet[1], im Formalismus K nach erfolgter Einführung der Symbole $\doteq$, $\dot{\neq}$, $\dot{0}$, Θ^*, $\otimes$ durch die Definition

$$\dot{a} : \dot{b} \doteq \lambda_z\, \iota_x (E\dot{y}) \{[(\Theta^*(\dot{a}) \,\&\, \Theta^*(\dot{b}) \,\&\, \dot{b} \dot{\neq} \dot{0} \,\&\, \dot{b} \otimes \dot{y} \doteq \dot{a}) \\ \vee ((\overline{\Theta^*(\dot{a})} \vee \overline{\Theta^*(\dot{b})} \vee \dot{b} \doteq \dot{0}) \,\&\, \dot{y} \doteq \dot{0})] \,\&\, \dot{y}(z) = x\}$$

ersetzen, auf Grund deren die Formel

$$\Theta^*(\dot{a}) \,\&\, \Theta^*(\dot{b}) \,\&\, \dot{b} \dot{\neq} \dot{0} \rightarrow \Theta^*(\dot{a} : \dot{b}) \,\&\, \dot{b} \otimes (\dot{a} : \dot{b}) \doteq \dot{a}$$

ableitbar ist.

Auch die bei der Formalisierung der transfiniten Rekursion im Formalismus H benutzte[2] explizite Definition von $\xi(\dot{g}, \dot{c}, \dot{a})$ kann nach dieser Methode durch eine Definition in K ersetzt werden. Dagegen trifft dieses nicht mehr zu für die sich anschließende Einführung des (dort so bezeichneten) Ausdrucks $\varepsilon_{\dot{v}}\, \mathfrak{A}(\dot{v}, \dot{a})$, mittels dessen die Bildung des Funktionals $\mathfrak{f}(\dot{a})$ erfolgt.

Wir können uns aber für die Formalisierung der Theorie der ersten und zweiten Zahlenklasse in K mit einer *Vertretbarkeit* der durch transfinite Rekursion definierten Funktionen behelfen, analog der Vertretbarkeit, wie sie für die rekursiven Funktionen der Zahlentheorie im Formalismus (Z) besteht: Anstatt des Funktionals $\mathfrak{f}(\dot{a})$, für welches die Formeln ((6)) ableitbar sind, läßt sich in K eine Formel $\mathfrak{G}(\dot{a}, \dot{c})$ aufstellen, welche die in H durch die Formel $\mathfrak{f}(\dot{a}) \sim \dot{c}$ dargestellte Beziehung formalisiert.

Sieht man im ganzen zu, wie weit sich mit den angegebenen Methoden die durch den Formalismus H gelieferte deduktive Entwicklung der Analysis und der Theorie der Wohlordnungen der Zahlenreihe im Formalismus K nachbilden läßt, so zeigt sich, daß dieses fast in vollem Umfange gelingt, nämlich mit Ausnahme nur der in einer Anwendung des Auswahlprinzips bestehenden Schlußweisen, die durch die Formel (7a) bzw. (7b) ihre Formalisierung erhalten.

Will man bei Zugrundelegung des Formalismus K auch diese Schlußweisen zur Darstellung bringen, so kann dieses in der Weise geschehen, daß man die Formel

$$(x)(E\dot{y})\, A(x, \dot{y}) \rightarrow (E\dot{y})(x)\, A(x, \lambda_z\, \dot{y}(\tau(x, z)))$$

als Axiom hinzufügt, wobei man dann auch, um bei diesem Axiom nicht auf die Definition von $\tau(a, b)$ Bezug nehmen zu müssen, die Funk-

[1] Vgl. S. 488.
[2] Vgl. S. 495.

tionszeichen τ, τ_1, τ_2 als Grundzeichen und die Formeln

$$\tau\left(\tau_1(n), \tau_2(n)\right) = n, \qquad \tau_1\left(\tau(a, b)\right) = a, \qquad \tau_2\left(\tau(a, b)\right) = b$$

als Axiome einführen wird.

Für die Untersuchung der Widerspruchsfreiheit wird man zunächst den bloßen Formalismus K in Betracht ziehen. Dabei sind noch folgende Reduktionen anwendbar: Die Regel der Einführung expliziter Definitionen kann weggelassen werden, da ein jedes durch eine explizite Definition eingeführte Symbol in K ebenso wie in H aus der Ableitung einer Formel, welche das Symbol nicht enthält, insbesondere also aus der Ableitung einer numerischen Formel eliminierbar ist.

Ferner besteht ebenso wie bei den früher betrachteten Formalismen auch beim Formalismus K auf Grund der Rückverlegbarkeit der Einsetzungen in die Ausgangsformeln die *Möglichkeit*, durch Anwendung von Formelschematen *die Formelvariablen auszuschalten* und die Einsetzungsregeln entbehrlich zu machen. Insbesondere treten dann an die Stelle der Ausgangsformeln für die Quantoren die Formelschemata

$$(\mathfrak{x})\,\mathfrak{A}(\mathfrak{x}) \to \mathfrak{A}(\mathfrak{t}), \qquad \mathfrak{A}(\mathfrak{t}) \to (E\,\mathfrak{x})\,\mathfrak{A}(\mathfrak{x})$$
$$(\dot{\mathfrak{x}})\,\mathfrak{A}(\dot{\mathfrak{x}}) \to \mathfrak{A}(\mathfrak{f}), \qquad \mathfrak{A}(\mathfrak{f}) \to (E\,\dot{\mathfrak{x}})\,\mathfrak{A}(\dot{\mathfrak{x}}),$$

wobei in den ersten beiden Schematen für $\mathfrak{x}$ eine gebundene Individuenvariable und für $\mathfrak{t}$ ein Term, in den folgenden beiden für $\dot{\mathfrak{x}}$ eine gebundene Funktionsvariable und für $\mathfrak{f}$ ein Funktional zu setzen ist; und in den Schematen für die Quantoren wird die Auszeichnung der Variablen a und x, $\dot{a}$ und $\dot{x}$ aufgehoben.

Es werden dann die Einsetzungsregeln für die freien Individuen- und Funktionsvariablen sowie die Regeln der Umbenennung zu ableitbaren Regeln.

Abgesehen von dieser möglichen Reduktion des Formalismus K kommen auch anderweitige Modifikationen in Betracht. So kann z. B. die durch die ι-Regel verursachte Komplikation des Termbegriffs aufgehoben werden, indem wir allgemein festsetzen, daß ein Ausdruck von der Gestalt $\iota_{\mathfrak{x}}\,\mathfrak{A}(\mathfrak{x})$ stets dann als Term gelten soll, wenn $\mathfrak{A}(\mathfrak{c})$ eine Formel ist, welche die freie Individuenvariable $\mathfrak{c}$, dagegen nicht die gebundene Individuenvariable $\mathfrak{x}$ enthält, und indem wir ferner die Formel

$$(E\,x)\,A(x)\;\&\;(x)\,(y)\left(A(x)\;\&\;A(y) \to x = y\right) \to A\left(\iota_x A(x)\right)$$

als Ausgangsformel nehmen[1]. Das Schema der ι-Regel wird auf diese Weise zu einem ableitbaren Schema.

Es kann dann freilich das ι-Symbol nicht mehr in allen Fällen als Formalisierung des Begriffs „derjenige welcher" interpretiert werden.

[1] Für die Anwendung dieser Formel muß entsprechend wie bei den ε-Formeln zugelassen werden, daß eine Einsetzung für die Formelvariable zwecks der Vermeidung von Kollisionen zwischen gebundenen Variablen unmittelbar in Verbindung mit einer oder mehreren Umbenennungen erfolgt.

Jedenfalls aber wird durch diese Modifikation des Formalismus K keine von dem ι-Symbol freie Formel ableitbar, die nicht bereits im Formalismus K ableitbar ist. Dieses nämlich ergibt sich daraus, daß — wie man sich leicht überlegt — jede in dem modifizierten Formalismus ableitbare Formel in eine in dem Formalismus K ableitbare Formel übergeht, indem wir jeden Ausdruck $\iota_{\mathfrak{x}}\,\mathfrak{A}(\mathfrak{x})$ durch den entsprechenden Ausdruck $\mu_{\mathfrak{x}}\,\mathfrak{A}(\mathfrak{x})$ ersetzen.

Was die Möglichkeit der Elimination der ι-Symbole betrifft, so besteht diese beim Formalismus K vermutlich nicht. Nämlich wir können in K mit Hilfe der ableitbaren Formeln

$$(x)\,(Ey)\,A(x, y) \rightarrow (x)\,A\bigl(x, \mu_y A(x, y)\bigr)$$
$$(x)\,A\bigl(x, \mu_y A(x, y)\bigr) \rightarrow (x)\,A\bigl(x, \{\lambda_z \mu_y A(z, y)\}(x)\bigr)$$

die Formel

$$(x)\,(Ey)\,A(x, y) \rightarrow (E\dot{y})\,(x)\,A\bigl(x, \dot{y}(x)\bigr)$$

ableiten. Dabei wird das μ-Symbol benutzt, das ja mit Hilfe der ι-Regel eingeführt ist. Es ist nun sehr plausibel, daß bei Weglassung der ι-Regel die eben genannte Formel nicht mehr ableitbar ist. Ob durch Hinzunahme dieser Formel zu den Ausgangsformeln von K die ι-Regel eliminierbar wird, d. h. entbehrlich bei der Ableitung solcher Formeln, die kein mit Hilfe der ι-Regel eingeführtes Symbol enthalten, mag als Frage aufgeworfen werden.

G. Verwendung gebundener Formelvariablen.

Noch ein anderer Gesichtspunkt für die Modifikation des Formalismus sei hier erörtert: Wir können die Funktionsvariablen und den Begriff des Funktionals entbehrlich machen, indem wir gebundene Formelvariablen und zugehörige Quantoren einführen. Dabei können wir auch ohne die Anwendung des ι-Symbols und des λ-Symbols auskommen, sofern wir nicht verlangen, daß die Gegenstände der Zahlentheorie und der Analysis (Zahlen, Funktionen) direkt formal repräsentiert werden, vielmehr uns mit einer Darstellung der Aussagen dieser Theorien begnügen.

Ein nach dieser Direktive gebildeter Formalismus ist z. B. der folgende Formalismus „L".

Die Arten der *Variablen* sind: Freie und gebundene Individuenvariablen, freie und gebundene Formelvariablen, und zwar *Formelvariablen mit einem, zwei oder drei Argumenten.* Formelvariablen gelten, so wie bisher, als verschieden, wenn sie sich entweder durch den Buchstaben oder durch die Anzahl ihrer Argumentstellen unterscheiden. Die Unterscheidung der gebundenen von den freien Variablen erfolgt bei den Formelvariablen entsprechend wie bei den Individuenvariablen; so werden etwa die Buchstaben U, V, W, X, Y, Z nur für gebundene Formelvariablen benutzt. Bei den Quantoren, die zu Formelvariablen gehören, soll die Stellenzahl der Formelvariablen durch die gleiche Zahl von Punkten über dem großen lateinischen Buchstaben kenntlich gemacht werden.

Die ursprünglichen *Symbole* sind: Das Individuensymbol 0, das Strichsymbol, das Gleichheitszeichen, die Symbole des Aussagenkalkuls und die Quantoren mit zugehörigen Individuen- oder Formelvariablen.

Als *Terme* gelten die freien Individuenvariablen, das Symbol 0 und jeder aus einem Term $\mathfrak{a}$ gebildete Ausdruck $\mathfrak{a}'$. Als *Primformeln* gelten Formelvariablen mit Termen als Argumenten und Gleichungen zwischen Termen; als *Formeln* gelten die Ausdrücke, die entweder Primformeln sind oder sich aus solchen mittels der Operationen des Aussagenkalkuls und der Quantoren bilden lassen.

Dabei ist die Bildung einer Formel durch Anwendung eines Quantors für die verschiedenen Arten der zugehörigen gebundenen Variablen ganz entsprechend. Z. B. kann aus einer Formel $\mathfrak{C}_{xy}(A(x, y))$, welche die freie zweistellige Formelvariable A, dagegen nicht die gebundene zweistellige Formelvariable Z enthält, die Formel $(\ddot{Z})\,\mathfrak{C}_{xy}(Z(x, y))$ sowie auch die Formel $(E\ddot{Z})\,\mathfrak{C}_{xy}(Z(x, y))$ gebildet werden.

Bemerkung. In der Formelangabe $\mathfrak{C}_{xy}(A(x, y))$ dienen die Variablen x, y nur dazu, die Argumentstellen der Formelvariablen A kenntlich zu machen; es ist nicht gemeint, daß die Formelvariable A in der betreffenden Formel stets oder auch nur mindestens einmal gerade mit den Argumenten x, y auftritt. Um diese Art der Verwendung der Variablen anzudeuten, fügen wir diese Variablen als Indices an den Mitteilungsbuchstaben $\mathfrak{C}$ an.

Der Bereich der Terme und Formeln wird hernach noch durch die Hinzufügung expliziter Definitionen erweitert.

Als *Ausgangsformeln* haben wir zunächst die Formeln, die aus identischen Formeln des Aussagenkalkuls erhalten werden, indem jede der vorkommenden Formelvariablen, überall wo sie auftritt, durch ein und dieselbe Formel ersetzt wird; weiter die Formeln

$$(x)\,A(x) \rightarrow A(a), \qquad A(a) \rightarrow (Ex)\,A(x)$$

und die gemäß einem der Formelschemata

$$(\dot{X})\,\mathfrak{A}_z(X(z)) \rightarrow \mathfrak{A}_z(A(z)), \qquad \mathfrak{A}_z(A(z)) \rightarrow (E\dot{X})\,\mathfrak{A}_z(X(z))$$

bzw. einem der entsprechenden Schemata für zweistellige und dreistellige Formelvariablen gebildeten Formeln, ferner die Gleichheitsdefinition von Russell und Whitehead:

$$a = b \sim (\dot{X})\,(X(a) \rightarrow X(b))$$

und die Peanoschen Axiome

$$a' \neq 0, \qquad a' = b' \rightarrow a = b$$
$$A(0)\ \&\ (x)\,(A(x) \rightarrow A(x')) \rightarrow A(a).$$

Als *Schemata* haben wir das Schlußschema und die Schemata für die Quantoren, welche für die zu den verschiedenen Variablenarten gehörenden Quantoren ganz analoge sind, z. B. die Schemata für Quantoren mit einstelligen Formelvariablen:

$$\frac{\mathfrak{A} \to \mathfrak{B}_z(A(z))}{\mathfrak{A} \to (\dot{X})\, \mathfrak{B}_z(X(z))}, \qquad \frac{\mathfrak{B}_z(A(z)) \to \mathfrak{A}}{(E\dot{X})\, \mathfrak{B}_z(X(z)) \to \mathfrak{A}},$$

wobei die Bedingung besteht, daß die einstellige Formelvariable A weder in $\mathfrak{A}$ noch in $\mathfrak{B}_z(X(z))$ und die einstellige Formelvariable $X(z)$ nicht in $\mathfrak{B}_z(A(z))$ vorkommt.

Die *Einsetzungsregel* für die freien Variablen ist ganz entsprechend wie bei dem Formalismus (Z). Für die gebundenen Variablen gilt die *Regel der Umbenennung*, wobei natürlich eine Formelvariable stets nur in eine solche mit der gleichen Anzahl von Argumenten umbenannt werden darf.

Bei den Einsetzungen und Umbenennungen hat man auf die Vermeidung von Kollisionen zwischen gebundenen Variablen zu achten. Die Regel der Hinzufügung *expliziter Definitionen* ist entsprechend wie bei dem Formalismus H, jedoch mit der Vereinfachung, daß alle auf Funktionale und auf Funktionsvariablen bezüglichen Festsetzungen wegfallen.

Für die Anwendung dieses Formalismus zur Formalisierung mathematischer Theorien seien hier einige kurze Hinweise gegeben. Aus dem Definitionsaxiom für $a = b$ sind die Formeln

$$a = a, \qquad a = b \to (A(a) \to A(b))$$

ableitbar. Aus dem Induktionsaxiom erhalten wir das Induktionsschema als abgeleitete Regel. Die Formeln

$$a \neq 0 \to (Ex)(x' = a), \qquad a' \neq a$$

ergeben sich durch Induktion nach a.

Durch Anwendung des Formelschemas für das Seinszeichen $(E\dot{X})$ erhält man insbesondere:

$$(z)\,(A(z) \sim \mathfrak{A}(z)) \to (E\dot{X})\,(z)\,(X(z) \sim \mathfrak{A}(z)).$$

Setzt man hier für die Nennform $A(c)$ die Formel $\mathfrak{A}(c)$ ein, so geht das Vorderglied über in die herleitbare Formel

$$(z)\,(\mathfrak{A}(z) \sim \mathfrak{A}(z)),$$

während das Hinterglied unverändert bleibt. Somit liefert das Schlußschema:

$$(E\dot{X})\,(z)\,(X(z) \sim \mathfrak{A}(z)).$$

Dieses Formelschema wird in den meisten formalen Systemen, in denen man gebundene Prädikatenvariablen hat, in denen aber unsere Einsetzungsregel nicht zur Verfügung steht, als Axiomenschema („Komprehensionsaxiom") aufgestellt.

Das entsprechende Formelschema für zweistellige Prädikate ergibt sich auf die gleiche Weise.

Die Symbole $\leq$, $<$ können durch die Definitionen

$$a \leq b \sim (\dot{X})\big(X(a) \,\&\, (z)\,(X(z) \rightarrow X(z')) \rightarrow X(b)\big)$$
$$a < b \sim a' \leq b$$

eingeführt werden. Aus diesen erhält man zunächst

$$a \leq a, \quad a \leq a', \quad a \leq b \,\&\, b \leq c \rightarrow a \leq c, \quad a < a', \quad a < b \,\&\, b < c \rightarrow a < c.$$

Die Formel des Induktionsaxioms liefert unmittelbar

$$0 \leq a.$$

Weiter ergeben sich die Formeln

$$a \leq b \rightarrow a' \leq b', \qquad a' \leq b' \rightarrow a \leq b, \qquad \overline{0' \leq 0}$$

und mittels des Induktionsschemas

$$\overline{a' \leq a},$$

also auch

$$\overline{a < a}, \qquad a \leq b \rightarrow \overline{b < a}.$$

Weiter gewinnt man durch Anwendung der Definition von $\leq$ die Formel

$$a \leq b \rightarrow a' \leq b \lor a = b.$$

Hieraus erhält man einerseits, mit Hilfe der Formel $a' \leq b' \rightarrow a \leq b$,

$$a \leq b' \rightarrow a \leq b \lor a = b',$$

andererseits durch Induktion nach a die Formel

$$a \leq b \lor b < a,$$

also auch

$$\overline{b < a} \rightarrow a \leq b.$$

Die *rekursive Definition* kann im Formalismus L durch ein allgemeines Rekursionsprädikat formalisiert werden, welches der allgemeinen Rekursionsfunktion in den Formalismen H und K entspricht. Der Funktion $\mathfrak{f}(\mathfrak{n})$ in dem Schema der primitiven Rekursion[1]

$$\mathfrak{f}(0) = a, \qquad \mathfrak{f}(n') = \mathfrak{b}(n, \mathfrak{f}(n))$$

lassen wir (im Sinne der Vertretung von Funktionen durch Prädikate[2]) ein zweistelliges Prädikat $C(n, k)$ und der Funktion $\mathfrak{b}(n, m)$ ein dreistelliges Prädikat $B(n, m, l)$ entsprechen. Mit diesen beiden Prädikaten

[1] Vgl. Bd. I, S. 422.
[2] Vgl. Bd. I, S. 455—458.

drücken sich die Rekursionsbedingungen aus durch die Formel

$$C(0, a) \mathbin{\&} (u)(v)(w)\big(C(u, v) \mathbin{\&} B(u, v, w) \rightarrow C(u', w)\big),$$

die wir abgekürzt durch $\mathfrak{P}(C, a, B)$ angeben wollen.

Damit das Prädikat $B(n, m, l)$ einer Funktionsbeziehung $\mathfrak{b}(n,m) = l$ entspricht, müssen die Unitätsformeln[1] in bezug auf das dritte Argument erfüllt sein; d.h. es muß gelten

$$(x)(y)(Ez)\,B(x, y, z),$$

$$(x)(y)(u)(v)\big(B(x, y, u) \mathbin{\&} B(x, y, v) \rightarrow u = v\big),$$

oder, anstatt der letzteren Formel die gleichwertige

$$(x)(y)(Ez)(u)\big(B(x, y, u) \rightarrow u = z\big).$$

Die explizite Definition des allgemeinen Rekursionsprädikates

$$Rc_{xyz}\big(a, B(x, y, z), n, k\big)$$

lautet nun:

$$Rc_{xyz}\big(a, B(x, y, z), n, k\big)$$
$$\sim (\ddot{Z})\{Z(0, a) \mathbin{\&} (u)(v)(w)\big(Z(u, v) \mathbin{\&} B(u, v, w) \rightarrow Z(u', w)\big) \rightarrow Z(n, k)\},$$

oder abgekürzt

$$Rc_{xyz}\big(a, B(x, y, z), n, k\big) \sim (\ddot{Z})\,\big(\mathfrak{P}(Z, a, B) \rightarrow Z(n, k)\big).$$

Aus dieser Definition erhalten wir zunächst die Formeln

[1]
$$Rc_{xyz}\big(a, B(x, y, z), 0, a\big)$$
$$Rc_{xyz}\big(a, B(x, y, z), n, k\big) \mathbin{\&} B(n, k, l) \rightarrow Rc_{xyz}\big(a, B(x, y, z), n', l\big)$$

und aus diesen auch durch Induktion nach n die Formel

[2]
$$(x)(y)(Ez)\,B(x, y, z) \rightarrow (Eu)\,Rc_{xyz}\big(a, B(x, y, z), n, u\big).$$

Ferner erhalten wir durch Induktion nach n die Formel[2]

$$(x)(y)(Ez)(u)\big(B(x, y, u) \rightarrow u = z\big)$$
$$\rightarrow (E\ddot{Z})\,\big(\mathfrak{P}(Z, a, B) \mathbin{\&} (Ex)(v)\,(Z(n, v) \rightarrow v = x)\big).$$

---

[1] Vgl. Suppl. I, S. 394, sowie Bd. I, S. 393.

[2] In der ersten Auflage unseres Buches stand bei dieser Formel anstelle des letzten Bestandteils $(Ex)(v)\big(Z(n, v) \rightarrow v = x\big)$ der Ausdruck

$$(u)\,\big(u \leqq n \rightarrow (Ex)\,(v)\,(Z(u, v) \rightarrow v = x)\big).$$

Dadurch war die Ableitung — entsprechend wie DEDEKINDS Beweis für die Erfüllbarkeit der Rekursionsgleichungen (vgl. Bd. I, S. 422) —, an die Betrachtung der

Nämlich definieren wir

$$Z_0(m, l) \sim (m = 0 \rightarrow l = a),$$

so haben wir

$$\mathfrak{P}(Z_0, a, B) \,\&\, (v)\big(Z_0(0, v) \rightarrow v = a\big),$$

also, wenn das Hinterglied der abzuleitenden Formel mit

$$(E\ddot{Z})\, \mathfrak{Q}_{uv}\big(Z(u, v), a, B, n\big)$$

angegeben wird, zunächst

$$\mathfrak{Q}_{uv}(Z_0(u, v), a, B, 0);$$

wird ferner noch die Formel

$$A(m, l) \,\&\, \big(m = n' \rightarrow (z)(w)(A(n, z) \,\&\, B(n, z, w) \rightarrow l = w)\big)$$

kurz mit $\mathfrak{S}(A, m, l, n)$ angegeben, so erhalten wir

$$(x)(y)(Ez)(u)\big(B(x, y, u) \rightarrow u = z\big)$$
$$\rightarrow \big[\mathfrak{Q}_{uv}\big(A(u, v), a, B, n\big) \rightarrow \mathfrak{Q}_{uv}\big(\mathfrak{S}(A, u, v, n), a, B, n'\big)\big].$$

Aus den hiermit sich ergebenden Formeln

$$\mathfrak{Q}_{uv}\big(Z_0(u, v), a, B, 0\big),$$
$$(x)(y)(Ez)(u)\big(B(x, y, u) \rightarrow u = z\big)$$
$$\rightarrow [(E\ddot{Z})\, \mathfrak{Q}_{uv}(Z, a, B, n) \rightarrow (E\ddot{Z})\, \mathfrak{Q}_{uv}(Z, a, B, n')]$$

gewinnen wir durch vollständige Induktion die gewünschte Formel

$$(x)(y)(Ez)(u)\big(B(x, y, u) \rightarrow u = z\big) \rightarrow (E\ddot{Z})\, \mathfrak{Q}_{uv}(Z, a, B, n).$$

Aus dieser erhalten wir ohne Schwierigkeit die Formel

[3] $$(x)(y)(u)(v)\big(B(x, y, u) \,\&\, B(x, y, v) \rightarrow u = v\big)$$
$$\rightarrow \big(Rc_{xyz}(a, B(x, y, z), n, k) \,\&\, Rc_{xyz}(a, B(x, y, z), n, l) \rightarrow k = l\big).$$

Die Formeln [2], [3] bringen zur Darstellung, daß durch das definierte Rekursionsprädikat jeder Zahl n eindeutig eine Zahl k zugeordnet wird, — vorausgesetzt, daß für $B(l, m, r)$ eine Formel genommen wird, die in bezug auf das dritte Argument den Unitätsformeln genügt —, und die Formeln [1] drücken aus, daß hierbei die durch die Argumente a, B bestimmten Rekursionsbedingungen erfüllt werden.

Ordnungsbeziehung $\leq$ gebunden. Daß man hier ohne die Heranziehung der Ordnungsbeziehung auskommt, wurde von PAUL LORENZEN in seiner Abhandlung „Die Definition durch vollständige Induktion" (Monatsh. f. Math. u. Phys. Bd. 47, 1938/39, S. 356—358) gezeigt. Die im obigen Text gegebene Ableitung entspricht ganz der LORENZENschen Überlegung. — Ein anderer auch ohne Benutzung der Ordnungsbeziehung erfolgender Beweis der Erfüllbarkeit der Rekursionsgleichungen wurde von L. KALMÁR gegeben. Siehe „On the possibility of definition by recursion" (Acta litt. ac scient. Reg. Univ. Hungaricae ..., Sectio scient. math. Bd. 9, No. 4, 1940, S. 227—232).

Mit Hilfe des Symbols $Rc_{xyz}(a, B(x, y, z), n, k)$ gewinnen wir durch Einsetzungen Formeln zur Vertretung der rekursiven Funktionen, d.h. für eine $\mathfrak{r}$-stellige rekursive Funktion $\mathfrak{f}(n_1, \ldots, n_\mathfrak{r})$ eine Formel, welche die Gleichung $\mathfrak{f}(n_1, \ldots, n_\mathfrak{r}) = k$ vertritt.

So können wir z. B. für die Funktion $a+b$ eine vertretende Formel „$Ad(a, b, c)$" durch die Definition

$$Ad(a, b, c) \sim Rc_{xyz}(a, x = x \,\&\, y' = z, b, c)$$

einführen, aus der sich die Formeln

$$Ad(a, 0, a), \qquad Ad(a, b, c) \rightarrow Ad(a, b', c')$$
$$Ad(a, b, k) \,\&\, Ad(a, b, l) \rightarrow k = l$$

ergeben. Für das Produkt $a \cdot b$ erhalten wir eine vertretende Formel „$Mp(a, b, c)$" durch die Definition

$$Mp(a, b, c) \sim Rc_{xyz}\big(0, x = x \,\&\, Ad(y, a, z), b, c\big).$$

Die vertretende Formel für die Funktion $\binom{n}{2}$ wird geliefert durch den Ausdruck

$$Rc_{xyz}\big(0, Ad(x, y, z), n, k\big).$$

Wir erhalten daher für die Funktion[1] $\tau(a, b)$ eine vertretende Formel „$\mathsf{T}(a, b, c)$" durch die Definition

$$\mathsf{T}(a, b, c) \sim (Eu)(Ev)\big(Ad(a, b, u) \,\&\, Rc_{xyz}(0, Ad(x, y, z), u', v)$$
$$\&\, Ad(v, a, c)\big).$$

Aus dieser Definition sind die Formeln

$$(Ex)\,\mathsf{T}(a, b, x), \qquad (Ex)(Ey)\,\mathsf{T}(x, y, c),$$
$$\mathsf{T}(a, b, c) \,\&\, \mathsf{T}(a, b, d) \rightarrow c = d, \qquad \mathsf{T}(a, b, k) \,\&\, \mathsf{T}(c, d, k) \rightarrow a = c \,\&\, b = d$$

ableitbar.

Für die *Theorie der Maßzahlen* empfiehlt es sich, die Darstellung der Maßzahlen durch Schnitte zu benutzen; diese Darstellung läßt sich formalisieren durch die Definition

$$\Theta_{xy}\big(A(x, y)\big) \sim (x)(y)\big(A(x, y) \rightarrow x \neq 0 \,\&\, y \neq 0\big)$$
$$\&\,(Ex)(Ey)\,A(x, y) \,\&\, (Ex)(Ey)\,\big(x \neq 0 \,\&\, y \neq 0 \,\&\, \overline{A(x, y)}\big)$$
$$\&\,(x)(y)(u)(v)\,\big(x \neq 0 \,\&\, (z)(w)\,(Mp(x, v, z) \,\&\, Mp(y, u, w)$$
$$\rightarrow z \leq w) \,\&\, A(u, v) \rightarrow A(x, y)\big)$$
$$\&\,(x)(y)\,\big(A(x, y) \rightarrow (Eu)(Ev)(Ez)(Ew)\,(Mp(x, v, z)$$
$$\&\, Mp(y, u, w) \,\&\, z < w \,\&\, A(u, v))\big),$$

---

[1] Es ist $\tau(a, b) = \binom{a+b+1}{2} + a$, vgl. S. 468.

welche an die Stelle der Definition von $\Theta(\dot{a})$ im Formalismus H bzw. K tritt. Die Größenvergleichung der Maßzahlen wird dann mittels der Definition

$$\leqq_{xyuv}\big(A(x, y), B(u, v)\big) \sim (x)(y)\big(A(x, y) \rightarrow B(x, y)\big)$$

formalisiert.

Die Rechenoperationen für die Maßzahlen lassen sich durch Prädikatensymbole von der Form

$$\mathfrak{P}_{xyuv}\big(A(x, y), B(u, v), a, b\big)$$

zur Darstellung bringen, wobei auf Grund der Definition des betreffenden Symbols die Formel

$$\Theta_{xy}\big(A(x, y)\big) \,\&\, \Theta_{xy}\big(B(x, y)\big) \rightarrow \Theta_{xy}\big(\mathfrak{P}_{uvwz}(A(u, v), B(w, z), x, y)\big)$$

ableitbar ist.

So wird z. B. die Darstellung des Produktes zweier Maßzahlen durch folgende Definition eines Prädikatensymbols „$\times_{xyuv}(A(x,y), B(u,v), a, b)$“ geliefert:

$$\begin{aligned}
&\times_{xyuv}\big(A(x, y), B(u, v), a, b\big)\\
&\quad\sim (Et)(Eu)(Ev)(Ew)\big[A(t, u) \,\&\, B(v, w)\\
&\qquad\&\, (Ex)(Ey)(Ez)\big(Mp(t, v, x) \,\&\, Mp(u, w, y)\\
&\qquad\quad\&\, Mp(x, b, z) \,\&\, Mp(y, a, z)\big)\big].
\end{aligned}$$

Die Darstellung der 0 und der negativen Zahlen kann durch folgende Definitionen erfolgen:

$$\begin{aligned}
&0_{xy}\big(A(x, y)\big) \sim (x)(y)\big(A(x, y) \sim x = 0 \,\&\, y \neq 0\big)\\
&\Theta^{-}_{xy}\big(A(x, y)\big) \sim (E\ddot{U})(E\ddot{V})\{\Theta_{xy} U(x, y) \,\&\, 0_{xy}\big(V(x, y)\big)\\
&\qquad\qquad\&\, (x)(y)\big(A(x, y) \sim U(x, y) \vee V(x, y)\big)\}.
\end{aligned}$$

Anschließend hieran wird der Begriff der *reellen Zahl* formalisiert durch die Definition

$$\Theta^{*}_{xy}\big(A(x, y)\big) \sim \Theta_{xy}\big(A(x, y)\big) \vee 0_{xy}\big(A(x, y)\big) \vee \Theta^{-}_{xy}\big(A(x, y)\big),$$

mit der sich die Gleichheitsdefinition

$$=_{xyuv}\big(A(x, y), B(u, v)\big) \sim (x)(y)\big(A(x, y) \sim B(x, y)\big)$$

verbindet.

Die Rechenoperationen für die reellen Zahlen stellen sich auf entsprechende Art dar wie diejenigen für die Maßzahlen.

Der Begriff einer *Folge von reellen Zahlen* wird formalisiert durch die Definition

$$\Theta^{*1}_{xyz}\big(A(x, y, z)\big) \sim (x)\,\Theta^{*}_{yz}\big(A(x, y, z)\big).$$

Die Formalisierung des Begriffs einer *geordneten Zahlenmenge* wird geliefert durch die Definition

$$\begin{aligned} Od_{xy}(A(x, y)) \sim (x)(y)\big(A(x, y) \vee A(y, x) \sim A(x, x) \,\&\, A(y, y)\big) \\ \&\, (x)(y)\big(A(x, y) \,\&\, A(y, x) \rightarrow x = y\big) \\ \&\, (x)(y)(z)\big(A(x, y) \,\&\, A(y, z) \rightarrow A(x, z)\big). \end{aligned}$$

Mittels dieser erhalten wir die Formalisierung des Begriffs einer *wohlgeordneten Zahlenmenge* durch die Definition

$$\begin{aligned} \mathsf{N}_{xy}(A(x, y)) \sim Od_{xy}(A(x, y)) \,\&\, (\dot{X})\{(Ez)\,X(z) \\ \rightarrow (Ey)\big(X(y) \,\&\, (z)\,(X(z) \,\&\, A(z, z) \rightarrow A(y, z))\big)\}. \end{aligned}$$

Die allgemeinen *Sätze über Mengen von reellen Zahlen,* wie z. B. der Satz von der oberen Grenze, lassen sich beim Formalismus L nicht durch Formeln, sondern nur *durch Formelschemata* zur Darstellung bringen.

Wollen wir das besprochene *spezielle Auswahlprinzip* in den Formalismus L einbeziehen, so würde auch dieses durch die Hinzufügung eines Formelschemas zu geschehen haben. Das einfachste hierfür in Betracht kommende Formelschema ist das folgende:

$$(x)\,(E\,Y)\,\mathfrak{A}_z(x, Y(z)) \rightarrow (E\,\ddot{Y})\,(x)\,\mathfrak{A}_z(x, Y(x, z)).$$

Aus diesem läßt sich, mit Anwendung der Formeln für $\mathsf{T}(a, b, c)$, das Formelschema

$$(x)\,(E\,\ddot{Y})\,\mathfrak{A}_{uv}(x, Y(u, v)) \rightarrow (E\,\dddot{Y})\,(x)\,\mathfrak{A}_{uv}(x, Y(x, u, v))$$

als abgeleitetes Schema gewinnen.

Supplement V.

Widerspruchsfreiheitsbeweise für den zahlentheoretischen Formalismus.

A. Der Kalmársche Widerspruchsfreiheitsbeweis.[1]

Der zahlentheoretische Formalismus, dessen Widerspruchsfreiheit bewiesen werden soll, ist das System (Z). Mit einem Nachweis der Widerspruchsfreiheit von (Z) wird auch die Widerspruchsfreiheit von (Z_μ) erwiesen; das ergibt sich aus der Beziehung der beiden formalen Systeme auf Grund der Definierbarkeit des Symbols $\mu_x A(x)$ durch einen ι-Term und des Theorems über die Eliminierbarkeit der Kennzeichnungen[2].

Im System (Z_μ) können, wie wir wissen, die primitiv rekursiven Funktionen und, in einem schwächeren Sinne, auch die quasi-rekursiven Funktionen explicite definiert werden[3]. Andrerseits bedeutet es für den auszuführenden Beweis keine Erschwerung, wenn wir von vornherein den Formalismus (Z) dadurch erweitern, daß wir die Einführung von Symbolen für berechenbare Funktionen einer oder mehrerer Zahlenvariablen zulassen, d.h. von Funktionen, für welche ein Verfahren der Berechnung ihrer Werte für Ziffernwerte der Argumente gegeben ist.

An den Begriff der Berechenbarkeit knüpfen sich die Begriffe der „wahren" und der „falschen" sowie der „verifizierbaren" Formel. Eine Formel sowie ein Term heiße „*numerisch*", wenn darin keine Variable auftritt[4]. Eine numerische Gleichung heißt „*wahr*", wenn auf Grund der Berechnung der auftretenden Funktionen sich beiderseits der gleiche Ziffernwert ergibt; andernfalls heißt sie „*falsch*". Einer wahren Gleichung wird der Wert „wahr", einer falschen Gleichung der Wert „falsch" zugeschrieben.

---

[1] Der im folgenden dargestellte Beweis von László Kalmár ist bisher nicht publiziert worden. Er wurde im September 1938 in einem ausführlichen Manuskript vorgelegt.

[2] Vgl. die Feststellungen im Band II, S. 338 (Zeile 26—32). Das System (Z) wurde im Band I, S. 381 eingeführt, das Symbol $\mu_x A(x)$ im Band I, S. 405 und das System (Z_μ) im Band II, S. 306. Das Theorem über die Eliminierbarkeit der Kennzeichnungen wurde im Band I, § 8 bewiesen.

[3] Vgl. Band I, S. 421—430 und Band II, Suppl. II, S. 412—413

[4] Dieser Gebrauch der Terminus „numerisch" bedeutet eine Erweiterung gegenüber unserer früheren Definition im Band I, S. 228 und Band II, S. 34, wonach eine variablenlose Formel nur dann „numerisch" genannt wurde, wenn alle darin vorkommenden Terme Ziffern sind.

Da im Formalismus (Z), auch nach der Hinzunahme berechenbarer Funktionen, alle Primformeln Gleichungen sind[1], so haben wir nur solche numerische Formeln zu betrachten, die aus numerischen Gleichungen aussagenlogisch zusammengesetzt sind. Für diese ergibt sich aus den Wahrheitswerten der Primformeln auf Grund der Deutung der aussagenlogischen Verknüpfungen als Wahrheitsfunktionen eindeutig jeweils ein Wahrheitswert. Entsprechend wie früher[2] nennen wir eine Formel ohne gebundene Variablen und ohne Formelvariablen „*verifizierbar*“, wenn sie bei beliebigen Einsetzungen von Ziffern für die verschiedenen vorkommenden freien Individuenvariablen stets in eine *wahre* numerische Formel übergeht.

Hiernach sind die eigentlichen Axiome des Systems (Z), d.h. die Formeln $a' \neq 0$, $a' = b' \rightarrow a = b$ und die Rekursionsgleichungen für Summe und Produkt, alle verifizierbar, und wir werden in dem Nachweis der Widerspruchsfreiheit auch nur diese Eigenschaft von ihnen benutzen. Das ermöglicht uns, von vornherein neben den genannten eigentlichen Axiomen auch noch irgendwelche andere verifizierbare eigentliche Axiome zuzulassen, insbesondere Rekursionsgleichungen für primitiv rekursive Funktionen sowie solche Gleichungen, welche die formale Berechnung einer quasi-rekursiven Funktion liefern. Noch weitergehend können wir zulassen, daß zur Abkürzung von Herleitungen Gleichungen der Gestalt $\mathfrak{t} = \mathfrak{z}$, bzw. $\mathfrak{z} = \mathfrak{t}$ als Ausgangsformeln benutzt werden, worin $\mathfrak{t}$ ein numerischer Term und $\mathfrak{z}$ sein Ziffernwert ist. Solche Gleichungen mögen als „Wertgleichungen“ bezeichnet werden; sie sind nach unserer Erklärung wahre Formeln, also jedenfalls verifizierbar.

Der formale Rahmen, den wir so erhalten, entsteht aus dem Prädikatenkalkul, indem wir zunächst das Gleichheitszeichen, das Individuensymbol 0 und das Strichsymbol sowie das Gleichheitsaxiom (J_2) und das Induktionsaxiom hinzufügen und ferner Symbole für berechenbare Funktionen einführen sowie die Regel, daß verifizierbare Formeln als Ausgangsformeln genommen werden können.

Der Nachweis für die Widerspruchsfreiheit dieses deduktiven Formalismus wird geliefert sein, wenn wir zeigen können, daß jede durch ihn herleitbare numerische Formel wahr ist. Wir beginnen mit einigen vorbereitenden Überlegungen, die wir bereits früher angestellt haben. Sie beziehen sich darauf, daß der Formalismus sich vereinfachen läßt, ohne daß der Bereich der herleitbaren numerischen Formeln eine Veränderung erfährt:

---

[1] Wir könnten, wie es KALMÁR tut, auch entscheidbare Prädikate als Grundprädikate zulassen. Doch bedeutet dieses mathematisch insofern keine Erweiterung, als ja jedes entscheidbare Prädikat durch eine Gleichung $\mathfrak{t} = 0$ dargestellt werden kann, worin $\mathfrak{t}$ ein mit berechenbaren Funktionen gebildeter Term ist.

[2] Vgl. Band I, S. 237, 295, 297; Band II, S. 35—36.

1. Das Induktionsaxiom kann durch das Induktionsschema ersetzt werden[1].

2. Das Allzeichen, nebst der Grundformel a) und dem Schema (α), kann eliminiert werden, indem man jeden Ausdruck $(\mathfrak{x})\,\mathfrak{A}(\mathfrak{x})$ durch $\overline{(E\mathfrak{x})\,\overline{\mathfrak{A}(\mathfrak{x})}}$ ersetzt[2].

3. Mittels der *Auflösung* der Herleitungen *in Beweisfäden* können wir jeweils alle *Einsetzungen zurückverlegen* und daran anschließend die *Ausschaltung der Formelvariablen* bewirken[3].

4. Die Regel der Umbenennung gebundener Variablen kann erspart werden, indem wir die Auszeichnung der Variablen x in der Grundformel (b) und dem Schema (β) fallen lassen[4].

Durch Anwendung dieser Modifikationen des Formalismus gelangen wir zu folgenden Regeln der Deduktion:

Alle Formeln sind aus Primformeln mittels der aussagenlogischen Verknüpfungen und des Seinszeichens gebildet. Die Primformeln sind Gleichungen zwischen Termen. Die Terme sind entweder Grundterme, d.h. 0 oder freie Individuenvariablen, oder sie sind aus Grundtermen mittels des Strichsymbols und der Symbole für berechenbare Funktionen gebildet.

Als *Ausgangsformeln* haben wir:

a) Aussagenlogisch wahre Formeln, d.h. Formeln, die durch Einsetzungen aus identisch wahren Formeln entstehen,

b) Formeln, die nach dem Formelschema des Seinszeichens

$$\mathfrak{A}(\mathfrak{t}) \rightarrow (E\mathfrak{x})\,\mathfrak{A}(\mathfrak{x})$$

(mit einem Term $\mathfrak{t}$) gebildet sind, kurz: „*Seinsaxiom-Formeln*“,

c) Formeln, die gemäß dem Gleichheitsschema

$$\mathfrak{r} = \mathfrak{s} \rightarrow (\mathfrak{A}(\mathfrak{r}) \rightarrow \mathfrak{A}(\mathfrak{s}))$$

(mit Termen $\mathfrak{r}$, $\mathfrak{s}$) gebildet sind, kurz: „*Gleichheitsformeln*“,

d) Verifizierbare Formeln.

Die Schemata des Schließens sind:

a) Das aussagenlogische Schema der „*Abtrennung*“

$$\frac{\mathfrak{S},\ \mathfrak{S} \rightarrow \mathfrak{T}}{\mathfrak{T}},$$

[1] Vgl. Band I, S. 264–266.
[2] Vgl. Band I, S. 233–234.
[3] Vgl. Band I, S. 220–227 und 230–232 sowie S. 267.
[4] Vgl. Band II, Suppl. I, S. 404–405.

b) Das Schema des „*Seinszeichen-Schlusses*"

$$\frac{\mathfrak{B}(\mathfrak{c}) \rightarrow \mathfrak{A}}{(E\mathfrak{x})\,\mathfrak{B}(\mathfrak{x}) \rightarrow \mathfrak{A}}$$

mit einer freien Variablen $\mathfrak{c}$, die nicht in $\mathfrak{A}$ und nicht in $\mathfrak{B}(\mathfrak{x})$ vorkommt,

c) Das Induktionsschema (Schema des „*Induktions-Schlusses*")

$$\frac{\mathfrak{A}(0),\ \mathfrak{A}(\mathfrak{c}) \rightarrow \mathfrak{A}(\mathfrak{c}')}{\mathfrak{A}(\mathfrak{t})}$$

mit einer freien Variablen $\mathfrak{c}$, die nicht in $\mathfrak{A}(0)$ auftritt, und irgendeinem Term $\mathfrak{t}$.

Die resultierende Formel eines der Schemata des Schließens möge als „*Unterformel*", die anderen Formeln des Schemas als „*Oberformeln*" (bzw. die Oberformel) bezeichnet werden. Von zwei Formeln, die in einem Schluß als Oberformeln auftreten, sagen wir, daß sie *nebeneinander* stehen. Die mit „$\mathfrak{c}$" angegebene Variable eines Seinszeichen-Schlusses oder eines Induktions-Schlusses werde als die „*Eigenvariable*" dieses Schlusses bezeichnet.

Da wir in den Schemata keine Variable auszeichnen, so können wir Vorsorge treffen, daß freie Individuenvariablen nur dann gleich benannt werden, wenn dieses für den Beweiszusammenhang erforderlich ist. Nach dieser „*Trennung der freien Variablen*" können wir ferner jede derjenigen Variablen, die in keiner der Formeln, wo sie auftritt, die Rolle der Eigenvariablen eines Schlusses hat, überall durch die Ziffer 0 ersetzen. (Hierdurch wird ja keine Übereinstimmung zerstört, und im übrigen wird ja von einer solchen Variablen für den Beweiszusammenhang nur die Term-Eigenschaft benutzt.) Dieser Prozeß werde „*Ausschaltung der entbehrlichen freien Variablen*" genannt. In der Herleitung einer numerischen Formel tritt nach der Trennung der freien Variablen und der Ausschaltung der entbehrlichen freien Variablen jede freie Variable einmal als Eigenvariable eines Schlusses und danach nicht mehr auf.

Betrachten wir nun eine nach den angegebenen Regeln erfolgende und nachträglich in Beweisfäden aufgelöste Herleitung einer numerischen Formel, auf die auch die Variablentrennung und die Ausschaltung der entbehrlichen freien Variablen angewandt sei. Es werde von der Endformel aus jeder Beweisfaden rückläufig soweit verfolgt, bis man entweder zu einer Ausgangsformel oder zu einer Unterformel eines Seinszeichen-Schlusses oder eines Induktions-Schlusses gelangt. Die betreffende erreichte Ausgangsformel oder Unterformel soll noch mit inbegriffen werden. Der Teil der Beweisfigur, der sich so ergibt, möge das „*Endstück*" der Herleitung, der übrige Teil das „*Anfangsstück*" der Herleitung heißen. Auf Grund der Ausschaltung der entbehrlichen freien Variablen kommen in dem Endstück überhaupt keine freien Variablen vor. Ferner haben wir im Endstück keine anderen Schlüsse als nur die Abtrennungen.

Falls in der Herleitung kein Seinszeichen auftritt, so ergibt sich in entsprechender Weise, wie wir es bei der Betrachtung der rekursiven Zahlentheorie überlegten[1], daß die Endformel verifizierbar, also als numerische Formel eine wahre Formel ist. Damit ist in diesem Spezialfall unser Beweis schon geführt.

Die Überlegungen, die für diesen Spezialfall angewendet werden, kommen auch bei der Behandlung des allgemeinen Falles zur Verwendung. Wir machen uns zunächst klar, daß ein an das Endstück angrenzender Induktions-Schluß $\frac{\mathfrak{A}(0),\ \mathfrak{A}(\mathfrak{c}) \to \mathfrak{A}(\mathfrak{c}')}{\mathfrak{A}(\mathfrak{t})}$, d.h. ein solcher, dessen Unterformel $\mathfrak{A}(\mathfrak{t})$ eine Ausgangsformel des Endstückes bildet, eliminiert werden kann. In der Tat muß ja der Term $\mathfrak{t}$ hier ein numerischer sein. Sei $\mathfrak{z}$ sein Ziffernwert. Dann ist entweder $\mathfrak{z}$ die Ziffer 0 oder ist Nachfolger einer Ziffer $\mathfrak{n}$. Im ersten Fall ist $0 = \mathfrak{t}$ eine wahre Formel, die wir als Ausgangsformel nehmen können. Aus dieser zusammen mit der Formel $\mathfrak{A}(0)$ und der Gleichheits-Formel $0 = \mathfrak{t} \to (\mathfrak{A}(0) \to \mathfrak{A}(\mathfrak{t}))$ erhalten wir durch zwei Abtrennungen $\mathfrak{A}(\mathfrak{t})$. Dabei wird die Oberformel $\mathfrak{A}(\mathfrak{c}) \to \mathfrak{A}(\mathfrak{c}')$ gar nicht gebraucht; sie kann samt ihrer Herleitung gestrichen werden.

Im anderen Fall, wo $\mathfrak{z}$ eine Ziffer $\mathfrak{n}'$ ist, wenden wir die Herleitung der Formel $\mathfrak{A}(\mathfrak{c}) \to \mathfrak{A}(\mathfrak{c}')$ in der Weise an, daß wir aus ihr $\mathfrak{z}$ verschiedene Herleitungen bilden, deren jede dadurch erhalten wird, daß wir die Variable $\mathfrak{c}$ allenthalben durch eine Ziffer $\mathfrak{m}$ ersetzen, wobei wir für $\mathfrak{m}$ nacheinander die Ziffern der Reihe von 0 bis $\mathfrak{n}$ nehmen. Die Endformeln der so gewonnenen Herleitungen sind

$$\mathfrak{A}(0) \to \mathfrak{A}(0'),\ \mathfrak{A}(0') \to \mathfrak{A}(0''),\ \ldots,\ \mathfrak{A}(\mathfrak{n}) \to \mathfrak{A}(\mathfrak{n}').$$

Aus diesen Formeln zusammen mit $\mathfrak{A}(0)$ erhalten wir durch mehrmalige Abtrennungen $\mathfrak{A}(\mathfrak{n}')$, d.h. $\mathfrak{A}(\mathfrak{z})$. Und diese Formel zusammen mit der wahren Formel $\mathfrak{z} = \mathfrak{t}$ und der Gleichheits-Formel

$$\mathfrak{z} = \mathfrak{t} \to (\mathfrak{A}(\mathfrak{z}) \to \mathfrak{A}(\mathfrak{t}))$$

liefert durch zweimalige Abtrennung die Formel $\mathfrak{A}(\mathfrak{t})$.

Diesen Prozeß der Ausschaltung eines Induktions-Schlusses bezeichnen wir als „*Induktions-Reduktion*". Daß er tatsächlich stets eine Reduktion in bestimmter Hinsicht bewirkt, das ist von vornherein noch nicht ersichtlich; es wird erst noch zu zeigen sein. Wir können übrigens abmachen, daß von den an das Endstück sich anschließenden Induktions-

[1] Vgl. Band I, S. 295—299.

schlüssen jeweils derjenige zuerst zur Ausschaltung genommen wird, der in der betrachteten, in Fäden aufgelösten Herleitungsfigur am weitesten links steht. Dadurch wird das Verfahren der Induktionsreduktion eindeutig. Vermerkt sei, daß durch eine Induktionsreduktion das Endstück der betrachteten Herleitung erweitert wird.

Für den Fall, daß kein Induktions-Schluß sich an das Endstück anschließt, soll nunmehr (unter einer noch anzugebenden Bedingung) eine „*Seinszeichen-Reduktion*" erklärt werden. Hierzu führen wir zunächst einige Begriffe und Termini ein.

Eine Formel von der Gestalt $(E\mathfrak{x})\,\mathfrak{A}(\mathfrak{x})$ möge eine „*Existenz-Formel*" heißen, und von einer Seinsaxiom-Formel $\mathfrak{A}(\mathfrak{t}) \rightarrow (E\mathfrak{x})\,\mathfrak{A}(\mathfrak{x})$ sowie auch von einem Seinszeichen-Schluß mit einer Unterformel $(E\mathfrak{x})\,\mathfrak{A}(\mathfrak{x}) \rightarrow \mathfrak{C}$ sagen wir, daß sie „*zu der Existenz-Formel* $(E\mathfrak{x})\,\mathfrak{A}(\mathfrak{x})$ *gehören*".

Die maximale Zahl von verschiedenen in einer Formel einander überlagerten Seinszeichen soll der „*Grad*" der Formel heißen. D.h.: eine Formel ohne Seinszeichen hat den Grad 0; die Negation einer Formel hat den gleichen Grad wie diese, und eine aussagenlogische Verknüpfung zweier Formeln $\mathfrak{S}$, $\mathfrak{T}$ hat als Grad das Maximum der Grade von $\mathfrak{S}$ und $\mathfrak{T}$; eine Formel $(E\mathfrak{x})\,\mathfrak{A}(\mathfrak{x})$ hat einen um 1 höheren Grad als die Formel $\mathfrak{A}(\mathfrak{t})$ (mit einem Term $\mathfrak{t}$)[1]. Ferner erklären wir für eine Formel $\mathfrak{F}$ in unserer Herleitung als ihre „*Höhe*" den maximalen Grad in derjenigen Formelgesamtheit, die zustande kommt, indem man ausgehend von $\mathfrak{F}$ sukzessive zu jeder Formel jede neben ihr und jede direkt unter ihr stehende Formel hinzunimmt. Die numerische Endformel hat den Grad 0 und die Höhe 0.

Eine jede Formel unserer betrachteten Herleitung ist entweder eine Gleichung oder eine Existenz-Formel, oder sie ist aussagenlogisch zusammengesetzt aus Gleichungen und Existenz-Formeln. Diese Bestandteile in der aussagenlogischen Zusammensetzung mögen, nach dem Vorschlag von Kalmár, die „*Moleküle*" der Formel heißen. Man beachte, daß eine in einer Formel als Bestandteil auftretende Existenz-Formel nur dann ein Molekül jener Formel ist, wenn sie nicht Teil einer umfassenderen Existenzformel ist.

Nun bedarf es noch eines Vorbereitungsschrittes: der *Auswertung der Terme im Endstück*. Wie wir wissen, sind im Endstück alle Terme numerisch. Die Auswertung besteht nun darin, daß in jeder Formel des Endstücks jeder maximale Term, d.h. jeder Term, der nicht als Teil eines anderen Terms steht[2], durch seinen Ziffernwert ersetzt wird. Überlegen wir, wie hierdurch der Charakter der Herleitung beeinflußt wird.

---

[1] Dieser Begriff des Grades entspricht insofern nicht dem Begriff des Grades von ε-Termen (vgl. S. 25), als wir hier bei den Seinszeichen nicht zwischen Einlagerung und Überordnung unterscheiden.

[2] Ein solcher Term kann gleichwohl Bestandteil eines Funktionsausdruckes, wie z.B. $2 \cdot 2 + x$, sein.

Die aussagenlogisch wahren und die wahren numerischen Ausgangsformeln behalten ihre Eigenschaft, desgleichen die Abtrennungen. Eine Gleichheitsformel

$$\mathfrak{r} = \mathfrak{s} \rightarrow (\mathfrak{A}(\mathfrak{r}) \rightarrow \mathfrak{A}(\mathfrak{s}))$$

geht in eine Formel

$$\mathfrak{m} = \mathfrak{n} \rightarrow (\mathfrak{B} \rightarrow \mathfrak{C})$$

über, wobei $\mathfrak{B}$ durch Auswertung von $\mathfrak{A}(\mathfrak{m})$, $\mathfrak{C}$ durch Auswertung von $\mathfrak{A}(\mathfrak{n})$ erhalten wird. Wenn $\mathfrak{m}$ mit $\mathfrak{n}$ übereinstimmt, so stimmt auch $\mathfrak{B}$ mit $\mathfrak{C}$ überein; die erhaltene Formel ist dann aussagenlogisch wahr. Wenn aber $\mathfrak{m}$ und $\mathfrak{n}$ verschiedene Ziffern sind, so ist $\mathfrak{m} \neq \mathfrak{n}$ eine wahre Formel, und aus dieser zusammen mit der aussagenlogisch wahren Formel

$$\mathfrak{m} \neq \mathfrak{n} \rightarrow (\mathfrak{m} = \mathfrak{n} \rightarrow (\mathfrak{B} \rightarrow \mathfrak{C}))$$

wird $\mathfrak{m} = \mathfrak{n} \rightarrow (\mathfrak{B} \rightarrow \mathfrak{C})$ durch eine Abtrennung erhalten. In beiden Fällen wird die Anwendung der betrachteten Gleichheitsformel als Ausgangsformel entbehrlich.

Wir werden aber Gleichheitsformeln als Ausgangsformeln zu verwenden haben, um den Übergang von gewissen Formeln unserer Herleitung zu Formeln mit ausgewerteten numerischen Termen deduktiv zu vollziehen. Eine jede Ersetzung eines numerischen Termes $\mathfrak{r}$ in einer Formel $\mathfrak{F}(\mathfrak{r})$ durch seinen Ziffernwert $\mathfrak{n}$ kann ja formal durch die Herleitung

$$\cfrac{\cfrac{\mathfrak{r} = \mathfrak{n}, \quad \mathfrak{r} = \mathfrak{n} \rightarrow (\mathfrak{F}(\mathfrak{r}) \rightarrow \mathfrak{F}(\mathfrak{n}))}{\mathfrak{F}(\mathfrak{r}), \quad \mathfrak{F}(\mathfrak{r}) \rightarrow \mathfrak{F}(\mathfrak{n})}}{\mathfrak{F}(\mathfrak{n})}$$

bewirkt werden, worin außer der Formel $\mathfrak{F}(\mathfrak{r})$ die Wertgleichung $\mathfrak{r} = \mathfrak{n}$ und eine Gleichheitsformel als Ausgangsformeln verwendet werden. Durch eine Reihe solcher Herleitungen gelangen wir also von einer Formel $\mathfrak{B}$ zu der entsprechenden Formel $\mathfrak{B}^*$ mit ausgewerteten numerischen Termen. Dieser Prozeß möge kurz als „*formalisierte Auswertung*" bezeichnet werden. Wir haben ihn anzuwenden bei den an das Endstück angrenzenden Seinszeichen-Schlüssen und bei den Seinsaxiom-Formeln, welche Ausgangsformeln des Endstücks sind.

Ein Seinszeichen-Schluß behält bei der Ersetzung der numerischen Terme durch ihre Ziffernwerte seine Form. Aber um die Oberformel eines solchen an das Endstück angrenzenden Schlusses, welche ja noch zum Anfangsstück gehört, mit dem übrigen Anfangsstück im Herleitungszusammenhang zu behalten, müssen wir von der ursprünglichen Oberformel zu der neuen Oberformel übergehen, was durch formalisierte Auswertung der (in der ursprünglichen Oberformel auftretenden) numerischen Terme geschieht. Dieser Prozeß findet allerdings nicht im Endstück, sondern im Anfangsstück der betrachteten Herleitung statt.

Etwas anders verhält es sich bei den Seinsaxiom-Formeln. In einer solchen Formel $\mathfrak{A}(\mathfrak{t}) \rightarrow (E\mathfrak{x})\,\mathfrak{A}(\mathfrak{x})$, die im Endstück als Ausgangsformel auftritt, ist $\mathfrak{t}$ ein numerischer Term; sein Ziffernwert sei $\mathfrak{z}$. Durch die Auswertung geht die Formel über in eine Formel $\mathfrak{P} \rightarrow (E\mathfrak{x})\,\mathfrak{A}^*(\mathfrak{x})$, wobei das Vorderglied aus der Formel $\mathfrak{A}^*(\mathfrak{z})$ durch Auswertung derjenigen (eventuell vorhandenen) Terme entsteht, in denen $\mathfrak{z}$ als Argument einer Funktion auftritt. $\mathfrak{P}$ ist also entweder mit $\mathfrak{A}^*(\mathfrak{z})$ identisch oder geht aus $\mathfrak{A}^*(\mathfrak{z})$ hervor, indem ein oder mehrere numerische Terme durch ihre Ziffernwerte ersetzt werden. Wir verfahren hier nun so, daß wir anstelle der Seinsaxiom-Formel $\mathfrak{A}(\mathfrak{t}) \rightarrow (E\mathfrak{x})\,\mathfrak{A}(\mathfrak{x})$ die Formel $\mathfrak{A}^*(\mathfrak{z}) \rightarrow (E\mathfrak{x})\,\mathfrak{A}^*(\mathfrak{x})$, die ja wiederum eine Seinsaxiom-Formel ist, als Ausgangsformel nehmen; von dieser gehen wir dann durch die formalisierte Auswertung der noch in $\mathfrak{A}^*(\mathfrak{z})$ verbleibenden numerischen Terme zu der „*Vollausgewerteten*" $\mathfrak{P} \rightarrow (E\mathfrak{x})\,\mathfrak{A}^*(\mathfrak{x})$ über.

In der formalisierten Auswertung haben die Gleichheitsformeln alle den gleichen Grad wie die Existenz-Formel $(E\mathfrak{x})\,\mathfrak{A}^*(\mathfrak{x})$, während ja die numerischen Gleichungen den Grad 0 haben. Hieraus ergibt sich, daß in der umgewandelten Herleitung die Seinsaxiom-Formel $\mathfrak{A}^*(\mathfrak{z}) \rightarrow (E\mathfrak{x})\,\mathfrak{A}^*(\mathfrak{x})$ die gleiche Höhe besitzt, wie ihre Vollausgewertete.

Unterformeln von Induktions-Schlüssen brauchen wir hier nicht zu betrachten, da wir den Prozeß der Auswertung der Terme nur auf solche Herleitungen anwenden, bei denen sich kein Induktionsschluß an das Endstück anschließt.

Im Ganzen ergibt sich durch die Auswertung der numerischen Terme folgendes: Die betrachtete Herleitung geht wieder in eine Herleitung in dem festgelegten deduktiven Rahmen über. Das Endstück behält seine Eigenschaften. Dazu kommt jetzt noch, daß alle im Endstück auftretenden numerischen Terme Ziffern sind, mit Ausnahme eventuell solcher Terme, die in den Übergängen von Seinsaxiom-Formeln zu ihren Vollausgewerteten vorkommen. In den Seinsaxiom-Formeln $\mathfrak{A}(\mathfrak{z}) \rightarrow (E\mathfrak{x})\,\mathfrak{A}(\mathfrak{x})$, die zum Endstück gehören, ist $\mathfrak{z}$ eine Ziffer, und die Existenz-Formel enthält keine anderen numerischen Terme als Ziffern. Die restliche Auswertung, die sich immer sogleich an die Seinsaxiom-Formel anschließt, bezieht sich nur auf das Vorderglied $\mathfrak{A}(\mathfrak{z})$. Die Formalisierung dieser Auswertung erfolgt mit Verwendung von Gleichheitsformeln. Dagegen treten außerhalb dieser formalisierten Auswertung keine Gleichheitsformeln mehr im Endstück als Ausgangsformeln auf. Die Vollausgewertete einer Seinsaxiom-Formel hat jeweils die gleiche Höhe wie diese.

An die Auswertung der numerischen Terme schließen wir endlich noch eine Maßnahme an, welche ganz analog derjenigen der Trennung der freien Variablen ist. Hier handelt es sich um eine Trennung von gebundenen Variablen. Es soll vermieden werden, daß in unserer Herleitung gestaltliche Übereinstimmungen zwischen Existenz-Formeln bestehen, die für den Beweiszusammenhang nicht verwendet werden. Wir können das am einfachsten dadurch erreichen, daß wir bei je zwei Existenz-Formeln, die nicht miteinander im Beweiszusammenhang stehen (d. h. für die der Beweiszusammenhang nicht die Übereinstimmung erfordert), die Seinszeichen mit verschiedenen gebundenen Variablen versehen. Diese Maßnahme werde kurz als „*Trennung der gebundenen Variablen*“ bezeichnet. Man beachte, daß die Wirkung dieser Maßnahme entgegengesetzt gerichtet ist zu derjenigen der Auswertung der numerischen Terme: während durch diese Auswertung gestaltlich verschiedene Formeln eventuell zur Übereinstimmung gebracht werden, bewirkt die Trennung der gebundenen Variablen, daß vorher gleichlautende Formeln eventuell gestaltlich unterschieden werden.

Nun sind wir soweit, daß wir die Bedingung für die Anwendung der *Seinszeichen-Reduktion* angeben können. Dabei soll es sich um eine Herleitung handeln, bei welcher kein Induktions-Schluß sich an das Endstück anschließt und bei der die Auswertung der numerischen Terme und die Trennung der gebundenen Variablen vollzogen ist. Die Bedingung besteht darin, daß im Endstück eine Existenzformel $(E\mathfrak{x})\,\mathfrak{F}(\mathfrak{x})$, zu der eine Seinsaxiom-Formel gehört, mit einer solchen gleichlautet, zu der ein Seinszeichenschluß gehört. Auf Grund der Trennung der gebundenen Variablen kann dieses nur dann der Fall sein, wenn die beiden Existenz-Formeln im Beweiszusammenhang stehen. Es muß dann in folgendem Sinne eine „*Gabelung*“ vorliegen: ein von der Seinsaxiom-Formel (in Richtung auf die Endformel) ausgehender Beweisfaden muß mit einem solchen, der von der Unterformel des Seinszeichen-Schlusses nach der Endformel führt, in einer Abtrennung zusammenlaufen. In den Oberformeln dieser Abtrennung muß die Existenz-Formel als Molekül auftreten, während sie in der Unterformel nicht vorzukommen braucht. Jedenfalls muß sie aber in dem von der Unterformel der Abtrennung zur Endformel führenden Beweisfaden einmal ausgeschaltet werden, und da ja die Endformel die Höhe 0 hat, so muß es in diesem Beweisfaden eine erste Formel $\mathfrak{K}$ geben, deren Höhe geringer ist als der Grad g der Formel $(E\mathfrak{x})\,\mathfrak{F}(\mathfrak{x})$, welcher ja mindestens 1 ist. Die Formel $\mathfrak{K}$ ist Unterformel einer Abtrennung $\dfrac{\mathfrak{L},\ \mathfrak{L}\to\mathfrak{K}}{\mathfrak{K}}$, deren Oberformeln eine Höhe haben, die mindestens gleich g ist.

Es liege nun dieser Fall einer Gabelung vor; die zu der Formel $(E\mathfrak{x})\,\mathfrak{F}(\mathfrak{x})$ gehörige Seinsaxiom-Formel sei $\mathfrak{F}(\mathfrak{z})\to(E\mathfrak{x})\,\mathfrak{F}(\mathfrak{x})$, und der zu $(E\mathfrak{x})\,\mathfrak{F}(\mathfrak{x})$ gehörige Seinszeichen-Schluß laute $\dfrac{\mathfrak{F}(\mathfrak{a})\to\mathfrak{G}}{(E\mathfrak{x})\,\mathfrak{F}(\mathfrak{x})\to\mathfrak{G}}$. Die Seinszeichen-Reduktion besteht nun darin, daß die Herleitung der Formel $\mathfrak{K}$ ersetzt wird durch eine veränderte Herleitung; diese wird gebildet von zwei „Teilbeweisen", von denen der eine die Formel $\mathfrak{F}(\mathfrak{z}) \rightarrow \mathfrak{K}$, der andere $\overline{\mathfrak{F}(\mathfrak{z})} \rightarrow \mathfrak{K}$ liefert, und dazu noch der Herleitung der Formel $\mathfrak{K}$ aus jenen beiden Formeln, welche mittels der aussagenlogisch wahren Formel

$$(\mathfrak{F}(\mathfrak{z}) \rightarrow \mathfrak{K}) \rightarrow ((\overline{\mathfrak{F}(\mathfrak{z})} \rightarrow \mathfrak{K}) \rightarrow \mathfrak{K})$$

durch zwei Abtrennungen erfolgt.

Der erste Teilbeweis wird so erhalten, daß wir in der Herleitung der Oberformel des Seinszeichen-Schlusses die Variable $\mathfrak{a}$ allenthalben durch die Ziffer $\mathfrak{z}$ ersetzen. Dadurch ergibt sich eine Herleitung der Formel $\mathfrak{F}(\mathfrak{z}) \rightarrow \mathfrak{G}$, aus der wir aussagenlogisch die Formel $\mathfrak{F}(\mathfrak{z}) \rightarrow ((E\,\mathfrak{x})\,\mathfrak{F}(\mathfrak{x}) \rightarrow \mathfrak{G})$ gewinnen, die dann an die Stelle der vorherigen Formel $(E\,\mathfrak{x})\,\mathfrak{F}(\mathfrak{x}) \rightarrow \mathfrak{G}$ tritt. Damit wird hier eine Anwendung des Seinszeichen-Schlusses erspart. Die Hinzufügung des Vordergliedes $\mathfrak{F}(\mathfrak{z})$ zu der Formel $(E\,\mathfrak{x})\,\mathfrak{F}(\mathfrak{x}) \rightarrow \mathfrak{G}$, welche ja in der gegebenen Beweisfigur eine Ausgangsformel des Endstücks ist, pflanzt sich nun durch die Abtrennungen fort. Denn aus einer Abtrennung $\dfrac{\mathfrak{S},\ \mathfrak{S} \rightarrow \mathfrak{T}}{\mathfrak{T}}$ entsteht ja, wenn in einer der Oberformeln sowie in der Unterformel das gleiche Implikationsvorderglied $\mathfrak{V}$ vorgesetzt wird, je eine der Schlußfiguren

$$\frac{\mathfrak{V} \rightarrow \mathfrak{S},\ \mathfrak{S} \rightarrow \mathfrak{T}}{\mathfrak{V} \rightarrow \mathfrak{T},}\,, \qquad \frac{\mathfrak{S},\ \mathfrak{V} \rightarrow (\mathfrak{S} \rightarrow \mathfrak{T})}{\mathfrak{V} \rightarrow \mathfrak{T}}\,,$$

und diese lassen sich mittels der aussagenlogisch wahren Formeln

$$(\mathfrak{V} \rightarrow \mathfrak{S}) \rightarrow ((\mathfrak{S} \rightarrow \mathfrak{T}) \rightarrow (\mathfrak{V} \rightarrow \mathfrak{T})), \qquad (\mathfrak{V} \rightarrow (\mathfrak{S} \rightarrow \mathfrak{T})) \rightarrow (\mathfrak{S} \rightarrow (\mathfrak{V} \rightarrow \mathfrak{T}))$$

wiederum auf Abtrennungen zurückzuführen[1]. So gelangt man zu einer Herleitung der Formel $\mathfrak{F}(\mathfrak{z}) \rightarrow \mathfrak{K}$.

Den zweiten Teilbeweis erhalten wir aus der vorliegenden Herleitung von $\mathfrak{K}$, indem wir zu der Seinsaxiom-Formel $\mathfrak{F}(\mathfrak{z}) \rightarrow (E\,\mathfrak{x})\,\mathfrak{F}(\mathfrak{x})$ das Vorderglied $\overline{\mathfrak{F}(\mathfrak{z})}$ hinzufügen. Da die so entstehende Formel aussagenlogisch wahr ist, so wird hiermit eine Anwendung einer Seinsaxiom-Formel als Ausgangsformel erspart. Das hinzugefügte Vorderglied $\overline{\mathfrak{F}(\mathfrak{z})}$ pflanzt sich nun wiederum durch die Abtrennungen fort, und wir erhalten so eine Herleitung der Formel $\overline{\mathfrak{F}(\mathfrak{z})} \rightarrow \mathfrak{K}$. Die Gewinnung der Formel $\mathfrak{K}$ aus den erhaltenen Formeln $\mathfrak{F}(\mathfrak{z}) \rightarrow \mathfrak{K}$, $\overline{\mathfrak{F}(\mathfrak{z})} \rightarrow \mathfrak{K}$ erfolgt, wie schon gesagt, mittels

---

[1] Diese Überlegung entspricht dem aussagenlogischen Teil des Nachweises für das Deduktionstheorem; vgl. Band I, S. 150—151. Sie ist aber insofern etwas anders, als hier das zusätzliche Vorderglied nicht überall, sondern jeweils nur in einem gewissen, zu der zu beweisenden Formel führenden Beweisfaden hinzugefügt wird.

einer aussagenlogisch wahren Formel. Damit ist die Seinszeichen-Reduktion beschrieben.

Im Ganzen wird durch diese eine Gabelung beseitigt: im ersten Teilbeweis wird der zu $(E\mathfrak{x})\,\mathfrak{F}(\mathfrak{x})$ gehörige Seinszeichen-Schluß ausgeschaltet, im zweiten wird die zu $(E\mathfrak{x})\,\mathfrak{F}(\mathfrak{x})$ gehörige Seinsaxiom-Formel (in ihrer Eigenschaft als Ausgangsformel) ausgeschaltet[1], und bei der Zusammenfassung der Endformeln der beiden Teilbeweise tritt die Existenzformel $(E\mathfrak{x})\,\mathfrak{F}(\mathfrak{x})$ gar nicht mehr auf; denn der Grad von $\mathfrak{K}$, und somit auch derjenige jener Endformeln, ist ja kleiner als der Grad g von $(E\mathfrak{x})\,\mathfrak{F}(\mathfrak{x})$.

Ebenso wie bei der Induktions-Reduktion ist es auch bei der Seinszeichen-Reduktion nicht direkt ersichtlich, und wird vielmehr erst noch nachzuweisen sein, daß durch sie tatsächlich eine Reduktion bewirkt wird. Die Beweisfigur wird jedenfalls durch die Seinszeichen-Reduktion komplizierter. Auch muß nach ihrer Ausführung das Endstück von neuem abgegrenzt werden.

Entsprechend wie für die Induktions-Reduktion können wir auch für die Seinszeichen-Reduktion eine Verabredung treffen, durch welche festgelegt wird, welche Gabelung zuerst zur Reduktion an die Reihe kommt. Zu jeder Gabelung gehört ja eine Abtrennung, in der zwei Beweisfäden zusammenkommen, der eine von einer Seinsaxiom-Formel, der andere von einer Unterformel eines Seinszeichen-Schlusses. Von der Unterformel dieser Abtrennung führt dann eindeutig ein Beweisfaden zur Endformel der gesamten Herleitung. Wir können nun verabreden, daß wir jeweils diejenige Gabelung für die Reduktion an die Reihe nehmen, bei welcher jener von der Unterformel der Abtrennung zur Endformel führende Beweisfaden in dem betrachteten Endstück am weitesten links gelegen ist; und sofern mehrere Gabelungen auf den gleichen Beweisfaden führen, so nehmen wir unter ihnen diejenige, bei welcher die Unterformel jener Abtrennung am weitesten von der Endformel entfernt liegt.

Ehe wir nun daran gehen, die Induktions-Reduktion und die Seinszeichen-Reduktion als wirkliche Reduktionen in bestimmter Hinsicht zu erweisen, müssen wir noch den Fall betrachten, daß weder ein Induktions-Schluß sich an das Endstück anschließt, noch auch die Vorbedingung für die Seinszeichen-Reduktion erfüllt ist. Wir haben dann eine Beweisfigur, bei der kein Induktions-Schluß sich dem Endstück anschließt, bei dem ferner im Endstück, nach vollzogener Auswertung der numerischen Terme sowie der Trennung der gebundenen Variablen, eine Existenz-Formel, zu der eine Seinsaxiom-Formel gehört, niemals mit einer Existenz-Formel gleichlautet, zu der ein (an das Endstück angrenzender) Seinszeichen-Schluß gehört. Beachten wir auch, daß im Sinne unserer Festsetzung

[1] Genauer gesagt: es wird ein Exemplar des betreffenden Seinszeichen-Schlusses, bzw. der betreffenden Seinsaxiom-Formel ausgeschaltet.

über die Trennung der gebundenen Variablen durch diesen Prozeß nur solche Formeln unterschieden werden, die im Beweiszusammenhang (d.h. in den aussagenlogisch wahren Formeln und in den Abtrennungen) des Endstückes nirgends als das gleiche Molekül fungieren. Es ergibt sich so die Möglichkeit, eine eindeutige Bewertung aller Moleküle von Formeln des Endstücks als „wahr" oder als „falsch" durch folgende Bedingungen zu definieren: Für die numerischen Gleichungen soll der Wahrheitswert der bisherige sein. Eine Existenz-Formel, zu der eine Seinsaxiom-Formel gehört, werde als wahr, eine solche, zu der ein an das Endstück angrenzender Seinszeichen-Schluß gehört, als falsch erklärt. Für jede sonstige Existenz-Formel werde der Wahrheitswert nach Belieben festgesetzt, etwa allenthalben als „wahr". Die Deutung der aussagenlogischen Verknüpfungen als Wahrheitsfunktionen behalten wir bei. Auf Grund dieser Festsetzungen ergibt sich: 1. Die numerischen Formeln werden wie bisher bewertet; 2. die aussagenlogisch wahren Formeln sind auch nach der neuen Definition wahre Formeln; 3. jede Seinsaxiom-Formel im Endstück, sowie auch ihre Vollausgewertete, ist wahr; 4. jede Unterformel eines an das Endstück angrenzenden Seinszeichen-Schlusses ist wahr; 5. eine Abtrennung mit wahren Oberformeln hat auch eine wahre Unterformel.

Verkürzen wir nun das Endstück, indem wir anstelle der Seinsaxiom-Formeln ihre Vollausgewerteten als Ausgangsformeln nehmen (also die über ihnen stehenden Formeln weglassen), so erhalten wir eine Beweisfigur, in der alle Ausgangsformeln wahre Formeln sind (Gleichheitsformeln kommen hier nicht als Ausgangsformeln vor!), und mittels der Abtrennungen erhalten wir immer nur wieder wahre Formeln. Demnach muß die Endformel im Sinne unserer neuen Definition wahr sein; dann aber ist sie auch, da sie ja eine numerische Formel ist, im früheren Sinne wahr. Somit ist für diesen Fall das Ziel unseres Nachweises erreicht.

Man beachte, daß bei der Bewertung der Moleküle, die wir hier verwendet haben, die Wahrheitswerte nur für solche Moleküle, welche Existenz-Formeln sind, neu festgesetzt werden, während im übrigen die vorherigen Bestimmungen über die Wahrheitswerte übernommen werden.

Im allgemeinen Falle kommt es nun darauf an zu zeigen, daß man bei einer beliebigen nach unseren Regeln gebildeten Herleitung durch eine endliche Folge von Induktions-Reduktionen und Seinszeichen-Reduktionen zu einer Herleitung gelangt, bei der sich weder ein Induktions-Schluß an das Endstück anschließt noch auch im Endstück — nach erfolgter Auswertung der numerischen Terme und der Trennung der gebundenen Variablen — eine Gabelung vorfindet. Für eine solche „*ausreduzierte*" Herleitung können wir mittels der angestellten Überlegung, durch eine Bewertung derjenigen Moleküle im Endstück, welche Existenz-Formeln sind, erkennen, daß die numerische Endformel wahr ist. Damit ergibt sich dann, daß auch die Endformel der ursprünglichen

Herleitung wahr ist; denn bei einer Induktions-Reduktion wie auch bei einer Seinszeichen-Reduktion wird ja die Endformel überhaupt nicht verändert, und bei der Auswertung der numerischen Terme in dem jeweiligen Endstück kann sie zwar verändert werden, aber ihr Wahrheitswert bleibt doch der gleiche.

Unser Nachweis für die Widerspruchsfreiheit des Systems (Z) wird demnach geführt sein, wenn wir zeigen können, daß eine Folge von Induktions-Reduktionen und Seinszeichen-Reduktionen, die auf eine nach unseren Regeln gebildete Herleitung gemäß unseren Vereinbarungen angewendet werden, nach endlich vielen Schritten zum Abschluß, d.h. zu einer ausreduzierten Herleitung führen muß.

Zu diesem Zweck bedienen wir uns der im § 5 eingeführten 0-ω-Figuren[1] und einer Zuordnung solcher Figuren zu den Formeln einer Herleitung. Es soll hier die Definition dieser Figuren und ihrer Größenvergleichung rekapituliert werden, wobei wir zugleich eine Sonderung der Figuren in Stufen anbringen.

Als Figur der nullten Stufe haben wir nur das Symbol 0; Figuren der ersten Stufe sind Summenausdrücke der Gestalt $\omega^0 + \omega^0 + \cdots + \omega^0$ (mit mindestens einem Glied); die Größenvergleichung erfolgt nach der Gliederzahl, und 0 ist kleiner als jede Figur der ersten Stufe. Für ω^0 werde zur Abkürzung auch 1 geschrieben. Es seien nun die 0-ω-Figuren bis einschließlich zur k-ten Stufe samt ihrer Größenvergleichung eingeführt, und zwar so, daß die Figuren einer jeden dieser Stufen größer sind als die der vorherigen Stufen. Als Figuren $(k+1)$-ter Stufe werden nun solche Ausdrücke

$$\omega^{\mathfrak{a}_1} + \omega^{\mathfrak{a}_2} + \cdots + \omega^{\mathfrak{a}_\mathfrak{r}} \qquad (\mathfrak{r} \neq 0)$$

genommen, worin die formalen Exponenten $\mathfrak{a}_1, \ldots, \mathfrak{a}_\mathfrak{r}$ 0-ω-Figuren von höchstens k-ter Stufe sind, insbesondere $\mathfrak{a}_1$ von genau k-ter Stufe ist und wobei, im Sinne der Größenvergleichung (und der üblichen Bezeichnung) $\mathfrak{a}_1 \geqq \mathfrak{a}_2 \geqq \cdots \geqq \mathfrak{a}_\mathfrak{r}$ ist. Die Größenvergleichung für die Figuren $(k+1)$-ter Stufe erfolgt so, daß von zwei verschiedenen solchen Figuren $\mathfrak{a}$ und $\mathfrak{b}$ die Figur $\mathfrak{a}$ die größere ist, wenn bei dem ersten Glied in dem sich die Figuren unterscheiden, der Exponent bei $\mathfrak{a}$ der größere ist, oder wenn $\mathfrak{a}$ aus $\mathfrak{b}$ durch Hinzufügung von einem oder mehreren Gliedern hervorgeht. Ferner werden alle Figuren der $(k+1)$-ten Stufe als größer erklärt als die der vorhergehenden Stufen.

---

[1] Vgl. S. 382–383. Diese Art der figürlichen Einführung der Cantorschen Ordnungszahlen unterhalb der ersten Cantorschen ε-Zahl stammt von G. GENTZEN. Siehe seine Abhandlung „Neue Fassung des Widerspruchsfreiheitsbeweises für die reine Zahlentheorie", Forschungen zur Logik und zur Grundlegung der exakten Wissenschaften, Neue Folge, Heft 4 (1938), S. 38–39.

Nachdem so auf rekursive Weise die 0-ω-Figuren und ihre Größenbeziehungen erklärt sind, ergibt sich, wie man sogleich ersieht, daß die Bestimmung für die Größenvergleichung zweier Figuren der gleichen Stufe auch für Figuren verschiedener Stufen angewendet werden kann, da ja bei einer Figur $(k+1)$-ter Stufe das erste Glied einen größeren Exponenten hat als bei einer Figur niedrigerer (mindestens 1-ter) Stufe. Die Figur 0 ist kleiner als alle anderen 0-ω-Figuren.

Man bestätigt ohne Schwierigkeit, daß die definierte Größenbeziehung der 0-ω-Figuren die Eigenschaft der Transitivität besitzt. Ferner ergibt sich: Wenn $\mathfrak{a}$ eine 0-ω-Figur ist, so ist auch $\omega^{\mathfrak{a}}$ eine solche, und wenn $\mathfrak{a}$, $\mathfrak{b}$ 0-ω-Figuren sind und $\mathfrak{a} < \mathfrak{b}$ so ist auch $\omega^{\mathfrak{a}} < \omega^{\mathfrak{b}}$. Die Zuordnung von $\omega^{\mathfrak{a}}$ zu $\mathfrak{a}$ (die „Potenzfunktion") ist also (nach der üblichen Ausdrucksweise) „streng monoton". Außerdem ist stets $\omega^{\mathfrak{a}}$ größer als $\mathfrak{a}$. Bei Iterationen der Potenzfunktion brauchen wir keine Klammern anzuwenden. Ein Ausdruck wie zum Beispiel $\omega^{\omega^{\omega^{\mathfrak{c}}}}$ kann ja nur so gedeutet werden, daß $\omega^{\omega^{\mathfrak{c}}}$ der Exponent und darin $\omega^{\mathfrak{c}}$ der Exponent ist.

Die *„natürliche Summe"* $\mathfrak{a} \# \mathfrak{b}$ werde als zweistellige Funktion im Bereich der 0-ω-Figuren so erklärt: Es ist (im Sinne der Definitionsgleichheit) $\mathfrak{a} \# 0 = \mathfrak{a}$, $0 \# \mathfrak{a} = \mathfrak{a}$; sind $\mathfrak{a}$ und $\mathfrak{b}$ von 0 verschieden, so ist $\mathfrak{a} \# \mathfrak{b}$ gleich derjenigen 0-ω-Figur, die man erhält, indem man alle Summenglieder von $\mathfrak{a}$ und von $\mathfrak{b}$ in ihrer Vielfachheit nimmt und sie so ordnet, daß nirgends ein Glied mit kleinerem Exponenten vor einem solchen mit größerem Exponenten steht[1].

Aus dieser Definition entnimmt man ohne Mühe, daß stets (im Sinne der Wertgleichheit)

$$\mathfrak{a} \# \mathfrak{b} = \mathfrak{b} \# \mathfrak{a}, \qquad \mathfrak{a} \# (\mathfrak{b} \# \mathfrak{c}) = (\mathfrak{a} \# \mathfrak{b}) \# \mathfrak{c}$$

ist. Wir können daher mehrgliedrige natürliche Summen (ohne Klammern) bilden und brauchen nicht auf die Reihenfolge der Glieder zu achten. Ferner ergibt sich: wenn in einer zwei- oder mehrgliedrigen natürlichen Summe ein oder mehrere Summanden vergrößert werden, so vergrößert sich der Summenwert. Die natürliche Summe ist also, ebenso wie die Potenzfunktion, streng monoton.

Es werden nun den Formeln unserer betrachteten Herleitung 0-ω-Figuren als ihre „Ordnungszahlen" gemäß folgenden Festsetzungen zugeordnet: Die Ausgangsformeln mit Ausnahme der Seinsaxiom-Formeln erhalten die Ordnungszahl 0, die Seinsaxiom-Formeln die Ordnungszahl 1. Eine Unterformel eines Seinszeichen-Schlusses, dessen Ober-

[1] Diese Erklärung der natürlichen Summe ist ein Spezialfall der allgemeineren von GERHARD HESSENBERG stammenden Definition der natürlichen Summe für beliebige Ordnungszahlen. Siehe G. HESSENBERG, „Grundbegriffe der Mengenlehre", Abh. d. Friesschen Schule, Neue Folge, Band I, S. 479—706, Göttingen 1906.

formel die Ordnungszahl $\mathfrak{a}$ hat, erhält die Ordnungszahl $\mathfrak{a} \# 1$. Die Unterformel einer Abtrennung, deren Oberformeln die Ordnungszahlen $\mathfrak{a}$, $\mathfrak{b}$ haben, erhält die Ordnungszahl $\mathfrak{a} \# \mathfrak{b}$, sofern die Höhe der Oberformeln die gleiche ist wie diejenige der Unterformel; wenn die Höhe der Oberformeln um k mehr beträgt als diejenige der Unterformel, dann wird die Ordnungszahl der Unterformel aus $\mathfrak{a} \# \mathfrak{b}$ durch k-malige Potenzbildung $\omega^{\omega^{\cdot^{\cdot^{\cdot^{\omega^{\mathfrak{a} \# \mathfrak{b}}}}}}}$ erhalten. Die Unterformel eines Induktions-Schlusses, dessen Oberformeln die Ordnungszahlen $\mathfrak{a}$, $\mathfrak{b}$ haben, hat im Falle, wo $\mathfrak{b}$ die Figur 0 ist, die Ordnungszahl $\mathfrak{a} \# 1$; im Falle wo $\mathfrak{b}$ von 0 verschieden und $\omega^{\mathfrak{c}}$ das erste (bzw. einzige) Glied von $\mathfrak{b}$ ist, hat die Unterformel die Ordnungszahl $\mathfrak{a} \# \omega^{\mathfrak{c} \# 1}$. Jedenfalls ist hiernach die Ordnungszahl der Unterformel größer als jede der natürlichen Summen $\mathfrak{a} \# \mathfrak{b} \# \mathfrak{b} \# \cdots \# \mathfrak{b}$ (mit einem Summanden $\mathfrak{a}$ und endlich vielen Summanden $\mathfrak{b}$), und insbesondere größer als $\mathfrak{a}$.

Durch diese Festsetzung wird jeder Formel einer in unserem betrachteten formalen Rahmen erfolgenden Herleitung eindeutig eine Ordnungszahl zugeteilt. Die Ordnungszahl der Endformel wird zugleich als Ordnungszahl der ganzen Herleitung erklärt.

Man beachte, daß für die Bestimmung der Ordnungszahlen der Herleitungsformeln die Höhen der Formeln zu berücksichtigen sind, insofern als ja die Ordnungszahl der Unterformel einer Abtrennung von der Höhen-Differenz zwischen ihren Oberformeln und der Unterformel abhängt. Diese Differenz kann bei einer Abtrennung nur dann von 0 verschieden sein, wenn die Oberformeln einen höheren Grad haben als die Unterformel. Während die Höhen sich von der Endformel aus rückschreitend bestimmen, ergeben sich die Ordnungszahlen fortschreitend von den Ausgangsformeln aus.

Auch noch folgendes sei vermerkt: Beim formalen Übergang von einer Formel $\mathfrak{A}(\mathfrak{r})$ zu $\mathfrak{A}(\mathfrak{s})$, welcher mittels einer wahren numerischen Formel $\mathfrak{r} = \mathfrak{s}$ und einer Gleichheitsformel durch zwei Abtrennungen

$$\cfrac{\cfrac{\mathfrak{r} = \mathfrak{s}, \qquad \mathfrak{r} = \mathfrak{s} \to (\mathfrak{A}(\mathfrak{r}) \to \mathfrak{A}(\mathfrak{s}))}{\mathfrak{A}(\mathfrak{r}), \qquad \mathfrak{A}(\mathfrak{r}) \to \mathfrak{A}(\mathfrak{s})}}{\mathfrak{A}(\mathfrak{s})}$$

erfolgt, sind alle Formeln, abgesehen von höchstens der Gleichung $\mathfrak{r} = \mathfrak{s}$ (welche ja den Grad 0 hat), von gleichem Grade; es besteht also bei den Abtrennungen keine Höhendifferenz zwischen den Oberformeln und der Unterformel. Die Formel $\mathfrak{r} = \mathfrak{s}$ und die Gleichheitsformel haben die Ordnungszahl 0. Daher erhält auch die Formel $\mathfrak{A}(\mathfrak{r}) \to \mathfrak{A}(\mathfrak{s})$ die Ordnungszahl 0, und $\mathfrak{A}(\mathfrak{s})$ erhält die gleiche Ordnungszahl wie $\mathfrak{A}(\mathfrak{r})$. Es wird also durch jenen Übergang keine Änderung der Ordnungszahl bewirkt. Und das gleiche gilt deshalb auch für eine Aufeinanderfolge von solchen Übergängen, insbesondere bei der formalisierten Auswertung der numerischen Terme einer Formel.

Wir gehen nun daran zu zeigen, daß sowohl durch eine Induktions-Reduktion wie auch durch eine Seinszeichen-Reduktion die Ordnungszahl der Herleitung verkleinert wird.

Bei der Induktions-Reduktion haben wir es mit einem an das Endstück angrenzenden Induktions-Schluß $\frac{\mathfrak{A}(0),\ \mathfrak{A}(\mathfrak{c}) \rightarrow \mathfrak{A}(\mathfrak{c}')}{\mathfrak{A}(\mathfrak{t})}$ zu tun, worin $\mathfrak{c}$ eine freie Variable und $\mathfrak{t}$ ein numerischer Term ist. Die drei Formeln des Schlusses haben den gleichen Grad und daher auch die gleiche Höhe. Die Ordnungszahlen der Oberformeln seien $\mathfrak{a}$, $\mathfrak{b}$. Wenn $\mathfrak{t}$ den Wert 0 hat, so wird der Induktions-Schluß ersetzt durch den formalen Übergang von $\mathfrak{A}(0)$ zu $\mathfrak{A}(\mathfrak{t})$ mittels der Wertgleichung $0 = \mathfrak{t}$. Bei diesem wird (nach unserer obigen Überlegung) die Ordnungszahl nicht geändert, $\mathfrak{A}(\mathfrak{t})$ erhält also ebenso wie $\mathfrak{A}(0)$ die Ordnungszahl $\mathfrak{a}$, während bei dem ursprünglichen Induktions-Schluß die Ordnungszahl der Unterformel $\mathfrak{A}(\mathfrak{t})$ größer als $\mathfrak{a}$ ist.

Wenn $\mathfrak{t}$ einen von 0 verschiedenen Ziffernwert $\mathfrak{z}'$ hat, dann wird bei der Induktions-Reduktion die Herleitung der Formel $\mathfrak{A}(\mathfrak{c}) \rightarrow \mathfrak{A}(\mathfrak{c}')$ ersetzt durch entsprechende Herleitungen der Formeln

$$\mathfrak{A}(0) \rightarrow \mathfrak{A}(0'), \quad \mathfrak{A}(0') \rightarrow \mathfrak{A}(0''), \ldots, \mathfrak{A}(\mathfrak{z}) \rightarrow \mathfrak{A}(\mathfrak{z}'),$$

die man erhält, indem man allenthalben anstelle der Variablen $\mathfrak{c}$ die Ziffer 0, bzw. $0'$, ... bzw. $\mathfrak{z}$ setzt. Aus den Endformeln dieser $\mathfrak{z}'$ Teil-Herleitungen und der Formel $\mathfrak{A}(0)$ wird dann durch eine Reihe von Abtrennungen die Formel $\mathfrak{A}(\mathfrak{z}')$ gewonnen, von der man mittels der Wortgleichung $\mathfrak{z}' = \mathfrak{t}$ zu der Formel $\mathfrak{A}(\mathfrak{t})$ übergeht.

Bei dieser Gewinnung der Formel $\mathfrak{A}(\mathfrak{t})$ aus den Formeln $\mathfrak{A}(\mathfrak{n}) \rightarrow \mathfrak{A}(\mathfrak{n}')$ $(\mathfrak{n} = 0, 0', \ldots, \mathfrak{z})$ und der Gleichung $\mathfrak{z}' = \mathfrak{t}$ (mittels einer Gleichheitsformel und einer Abtrennung) haben alle Formeln, abgesehen eventuell von der Gleichung $\mathfrak{z}' = \mathfrak{t}$, den gleichen Grad. Daher haben in der umgewandelten Herleitung die Formeln $\mathfrak{A}(\mathfrak{n}) \rightarrow \mathfrak{A}(\mathfrak{n}')$ alle die gleiche Höhe wie die Formel $\mathfrak{A}(\mathfrak{t})$ und somit auch die gleiche Höhe, wie sie die Formeln $\mathfrak{A}(\mathfrak{t})$ und $\mathfrak{A}(\mathfrak{c}) \rightarrow \mathfrak{A}(\mathfrak{c}')$ in der ursprünglichen Herleitung haben.

Hieraus ergibt sich zunächst, daß bei der Ersetzung der Herleitung von $\mathfrak{A}(\mathfrak{c}) \rightarrow \mathfrak{A}(\mathfrak{c}')$ durch die Herleitungen der Formeln $\mathfrak{A}(\mathfrak{n}) \rightarrow \mathfrak{A}(\mathfrak{n}')$ $(\mathfrak{n} = 0, 0', \ldots, \mathfrak{z})$ diese Formeln $\mathfrak{A}(\mathfrak{n}) \rightarrow \mathfrak{A}(\mathfrak{n}')$ die gleiche Ordnungszahl $\mathfrak{b}$ erhalten wie ursprünglich die Formel $\mathfrak{A}(\mathfrak{c}) \rightarrow \mathfrak{A}(\mathfrak{c}')$, und weiter, daß bei den Abtrennungen $\frac{\mathfrak{A}(\mathfrak{n}),\ \mathfrak{A}(\mathfrak{n}) \rightarrow \mathfrak{A}(\mathfrak{n}')}{\mathfrak{A}(\mathfrak{n}')}$ $(\mathfrak{n} = 0, 0', \ldots \mathfrak{z})$ jeweils die Ordnungszahl der Unterformel $\mathfrak{A}(\mathfrak{n}')$ gleich der natürlichen Summe von $\mathfrak{b}$

und der Ordnungszahl von $\mathfrak{A}(\mathfrak{n})$ ist, so daß die Formel $\mathfrak{A}(\mathfrak{z}')$, die am Ende jener $\mathfrak{z}'$ aufeinanderfolgenden Abtrennungen gewonnen wird, die Ordnungszahl $\mathfrak{a} \# \mathfrak{b} \# \cdots \# \mathfrak{b}$ mit $\mathfrak{z}'$ Summanden $\mathfrak{b}$ erhält. Und diese Ordnungszahl wird auch bei dem formalen Übergang von $\mathfrak{A}(\mathfrak{z}')$ zu $\mathfrak{A}(\mathfrak{t})$ nicht verändert. Somit erhält auch die Formel $\mathfrak{A}(\mathfrak{t})$ die Ordnungszahl $\mathfrak{a} \# \mathfrak{b} \# \cdots \# \mathfrak{b}$, und diese ist, wie wir feststellten, kleiner als die Ordnungszahl, welche der Unterformel $\mathfrak{A}(\mathfrak{t})$ des ursprünglichen Induktions-Schlusses zukommt. Durch die Induktions-Reduktion wird also die Ordnungszahl dieser Formel, welche ja eine Ausgangsformel des Endstückes bildet, verkleinert. Und diese Verkleinerung pflanzt sich in dem von der Formel $\mathfrak{A}(\mathfrak{t})$ im Endstück zu der Endformel der Gesamtherleitung führenden Beweisfaden durch die aufeinanderfolgenden Abtrennungen (andere Schlüsse finden ja im Endstück nicht statt!) bis zur Endformel fort; denn die Ordnungszahl einer Unterformel einer Abtrennung wird ja aus denen der Oberformeln mittels der natürlichen Summe und evtl. der Potenzfunktion erhalten, und sowohl die natürliche Summe wie die Potenzfunktion ist ja streng monoton. Somit wird im Ganzen durch die Induktions-Reduktion die Ordnungszahl der Endformel, also die der Herleitung, verkleinert.

Bevor wir uns nun der Seinszeichen-Reduktion zuwenden, sei noch daran erinnert, daß (nach unseren vorausgehenden Überlegungen) durch den vorbereitenden Prozeß der Auswertung der numerischen Terme im Endstück keine Veränderung in den Ordnungszahlen der Formeln bewirkt wird.

Betrachten wir nunmehr den Einfluß der Seinszeichen-Reduktion auf die Ordnungszahl einer Herleitung, an welcher zuvor die vorbereitenden Prozesse der Trennung der freien Variablen, der Ausschaltung der entbehrlichen freien Variablen, der Auswertung der numerischen Terme im Endstück und der Trennung der gebundenen Variablen vollzogen sind, und bei der dann die Vorbedingungen für die Anwendung der Seinszeichen-Reduktion erfüllt sind: daß kein Induktionsschluß an das Endstück angrenzt, und daß im Endstück eine Gabelung vorliegt. Unter mehreren evtl. vorliegenden Gabelungen sei gemäß unserer Vereinbarung eine als die zuerst zu behandelnde bestimmt. Bei dieser sei $(E\mathfrak{x})\,\mathfrak{F}(\mathfrak{x})$ die Existenz-Formel, zu welcher sowohl die Unterformel eines (an das Endstück grenzenden) Seinszeichen-Schlusses $\dfrac{\mathfrak{F}(\mathfrak{a}) \to \mathfrak{G}}{(E\mathfrak{x})\,\mathfrak{F}(\mathfrak{x}) \to \mathfrak{G}}$ sowie auch eine (als Ausgangsformel des Endstücks stehende) Seinsaxiom-Formel $\mathfrak{F}(\mathfrak{z}) \to (E\mathfrak{x})\,\mathfrak{F}(\mathfrak{x})$ (mit einer Ziffer $\mathfrak{z}$) gehört, von denen aus die nach der Endformel führenden Beweisfäden in einer Abtrennung $\dfrac{\mathfrak{S},\ \mathfrak{S} \to \mathfrak{T}}{\mathfrak{T}}$ zusammenlaufen, in der Weise, daß die Existenz-Formel

$(E\mathfrak{x})\,\mathfrak{F}(\mathfrak{x})$ in den Oberformeln $\mathfrak{S}$, $\mathfrak{S}\to\mathfrak{T}$ als Molekül auftritt. In dem von der Unterformel $\mathfrak{T}$ zu der Endformel der Gesamtherleitung führenden Beweisfaden sei $\mathfrak{R}$ die erste Formel (in der Fortschreitungsrichtung nach der Endformel), deren Höhe h kleiner ist als der Grad g der Formel $(E\mathfrak{x})\,\mathfrak{F}(\mathfrak{x})$. Da im Endstück jeder Schluß eine Abtrennung ist, so ist $\mathfrak{R}$ die Unterformel einer Abtrennung $\dfrac{\mathfrak{L},\ \mathfrak{L}\to\mathfrak{R}}{\mathfrak{R}}$. (Diese kann evtl. mit der Abtrennung $\dfrac{\mathfrak{S},\ \mathfrak{S}\to\mathfrak{T}}{\mathfrak{T}}$ zusammenfallen.) Gemäß der Bestimmung von $\mathfrak{R}$ muß die Höhe der Formeln $\mathfrak{L}$, $\mathfrak{L}\to\mathfrak{R}$ mindestens gleich g, also größer als h sein; diese Höhe muß daher mit dem Grade l der Formel $\mathfrak{L}$ übereinstimmen. Die Höhendifferenz bei der Abtrennung $\dfrac{\mathfrak{L},\ \mathfrak{L}\to\mathfrak{R}}{\mathfrak{R}}$ ist hiernach $l-h$. Seien die Ordnungszahlen der Oberformeln dieser Abtrennung $\mathfrak{p}$, $\mathfrak{q}$. Die Ordnungszahl von $\mathfrak{R}$ wird dann aus der natürlichen Summe $\mathfrak{p}\,\#\,\mathfrak{q}$ durch $(l-h)$-malige Anwendung der Potenzfunktion erhalten.

Es möge die k-malige Anwendung der Potenzfunktion auf eine 0-ω-Figur $\mathfrak{c}$ mit $\exp_k(\mathfrak{c})$ bezeichnet werden, so daß also gilt

$$\exp_0(\mathfrak{c})=\mathfrak{c}, \qquad \exp_{k+1}(\mathfrak{c})=\omega^{\exp_k(\mathfrak{c})}.$$

Hiernach stellt sich die Ordnungszahl von $\mathfrak{R}$ in der gegebenen Herleitung durch $\exp_{l-h}(\mathfrak{p}\,\#\,\mathfrak{q})$ dar.

Die Seinszeichen-Reduktion besteht ja nun darin, daß zuerst zwei Teilbeweise hergestellt werden, welche die Formeln $\mathfrak{F}(\mathfrak{z})\to\mathfrak{R}$ und $\overline{\mathfrak{F}(\mathfrak{z})}\to\mathfrak{R}$ liefern, und aus diesen dann aussagenlogisch die Formel $\mathfrak{R}$ gewonnen wird, von der aus die Herleitung wie vorher verläuft. Überlegen wir zunächst, welches die Höhen der Formeln $\mathfrak{F}(\mathfrak{z})\to\mathfrak{R}$, $\overline{\mathfrak{F}(\mathfrak{z})}\to\mathfrak{R}$ in der veränderten Herleitung sind. Bei der aussagenlogischen Gewinnung von $\mathfrak{R}$ aus diesen beiden Formeln durch zwei Abtrennungen haben alle Formeln, bis eventuell auf $\mathfrak{R}$ selbst, die Höhe $g-1$, welche ja der Grad von $\mathfrak{F}(\mathfrak{z})$ ist. (Die Höhe h von $\mathfrak{R}$ ist ja höchstens gleich $g-1$.) Es findet daher höchstens in der zweiten Abtrennung eine Höhendifferenz statt, und zwar im Betrage $d=g-1-h$ $(d\geqq 0)$.

Sehen wir weiter zu, welche Ordnungszahlen die Endformeln der beiden Teilbeweise erhalten. Dazu müssen wir uns zuerst über die Höhen der Beweisformeln orientieren.

Im ersten Teilbeweis wird zunächst die Formel $\mathfrak{F}(\mathfrak{z})\to\mathfrak{R}$ gewonnen, indem in der ursprünglichen Herleitung von $\mathfrak{F}(\mathfrak{a})\to\mathfrak{G}$ die Variable $\mathfrak{a}$ überall durch die Ziffer $\mathfrak{z}$ ersetzt wird. Weiter wird dann von der Formel $\mathfrak{F}(\mathfrak{z})\to\mathfrak{G}$ aussagenlogisch zu der Formel $\mathfrak{F}(\mathfrak{z})\to((E\mathfrak{x})\,\mathfrak{F}(\mathfrak{x})\to\mathfrak{G})$ übergegangen. Auf diese Weise kommt zu der Formel $(E\mathfrak{x})\,\mathfrak{F}(\mathfrak{x})\to\mathfrak{G}$ der ursprünglichen Herleitung das Vorderglied $\mathfrak{F}(\mathfrak{z})$ hinzu, und dieses wird in dem von jener Formel zu der Formel $\mathfrak{K}$ verlaufenden Beweisfaden weitergeführt, was, wie wir angaben, durch geeignete Modifikation der Abtrennungen geschieht. Jede Abtrennung wird dabei durch zwei sich aneinanderschließende Abtrennungen, unter Hinzuziehung einer aussagenlogisch wahren Formel, ersetzt. Insbesondere treten so an die Stelle der Abtrennung $\dfrac{\mathfrak{L},\ \mathfrak{L}\to\mathfrak{K}}{\mathfrak{K}}$ der ursprünglichen Herleitung, je nachdem der betrachtete Beweisfaden über die Formel $\mathfrak{L}$ oder über die Formel $\mathfrak{L}\to\mathfrak{K}$ führt, die Abtrennungen

$$\begin{array}{c} \mathfrak{F}(\mathfrak{z})\to\mathfrak{L},\ (\mathfrak{F}(\mathfrak{z})\to\mathfrak{L})\to((\mathfrak{L}\to\mathfrak{K})\to(\mathfrak{F}(\mathfrak{z})\to\mathfrak{K})) \\ \hline \mathfrak{L}\to\mathfrak{K},\ (\mathfrak{L}\to\mathfrak{K})\to(\mathfrak{F}(\mathfrak{z})\to\mathfrak{K}) \\ \hline \mathfrak{F}(\mathfrak{z})\to\mathfrak{K} \end{array}$$

oder

$$\begin{array}{c} \mathfrak{F}(\mathfrak{z})\to(\mathfrak{L}\to\mathfrak{K}),\ (\mathfrak{F}(\mathfrak{z})\to(\mathfrak{L}\to\mathfrak{K}))\to(\mathfrak{L}\to(\mathfrak{F}(\mathfrak{z})\to\mathfrak{K})) \\ \hline \mathfrak{L},\ \mathfrak{L}\to(\mathfrak{F}(\mathfrak{z})\to\mathfrak{K}) \\ \hline \mathfrak{F}(\mathfrak{z})\to\mathfrak{K} \end{array}.$$

Hier hat in beiden Fällen die Unterformel die Höhe $g-l$, während die übrigen Formeln als ihre Höhe den Grad l der Formel $\mathfrak{L}$ haben, welcher ja mindestens gleich g ist. Dieses gilt insbesondere von der Formel $\mathfrak{F}(\mathfrak{z})\to\mathfrak{L}$, bzw. der Formel $\mathfrak{F}(\mathfrak{z})\to(\mathfrak{L}\to\mathfrak{K})$. Diese Formel hat also in der veränderten Herleitung die gleiche Höhe wie die entsprechende Formel $\mathfrak{L}$, bzw. $\mathfrak{L}\to\mathfrak{K}$ der ursprünglichen Herleitung. Hieraus ergibt sich weiter, daß beim Rückgang von dieser Formel zu der Formel $\mathfrak{F}(\mathfrak{z})\to((E\mathfrak{x})\,\mathfrak{F}(\mathfrak{x})\to\mathfrak{G})$ die einander entsprechenden Formeln der modifizierten und der ursprünglichen Herleitung die gleiche Höhe haben. Und ferner folgt, daß auch bei der Gewinnung der Formel $\mathfrak{F}(\mathfrak{z})\to\mathfrak{G}$ in der modifizierten Herleitung die Formeln die gleiche Höhe haben wie die entsprechenden Formeln bei der ursprünglichen Gewinnung der Formel $\mathfrak{F}(\mathfrak{a})\to\mathfrak{G}$.

Somit erhält auch die Formel $\mathfrak{F}(\mathfrak{z})\to\mathfrak{G}$ in der modifizierten Herleitung dieselbe Ordnungszahl wie ursprünglich die Formel $\mathfrak{F}(\mathfrak{a})\to\mathfrak{G}$. Bei dem aussagenlogischen Übergang von der Formel $\mathfrak{F}(\mathfrak{z})\to\mathfrak{G}$ zu der Formel $\mathfrak{F}(\mathfrak{z})\to((E\mathfrak{x})\,\mathfrak{F}(\mathfrak{x})\to\mathfrak{G})$ durch eine Abtrennung, welche ohne Höhendifferenz erfolgt, erhält diese Formel die gleiche Ordnungszahl wie $\mathfrak{F}(\mathfrak{z})\to\mathfrak{G}$, d.h. wie ursprünglich $\mathfrak{F}(\mathfrak{a})\to\mathfrak{G}$, während die Unterformel des Seinszeichen-Schlusses $(E\mathfrak{x})\,\mathfrak{F}(\mathfrak{x})\to\mathfrak{G}$ eine um eins höhere Ordnungszahl erhält. Hier findet also in der veränderten Herleitung gegenüber der ursprünglichen eine Verminderung der Ordnungszahl statt. Diese Verminderung bleibt nun bei der Ersetzung des ursprünglichen, von der

Formel $(E\mathfrak{x})\,\mathfrak{F}(\mathfrak{x})\rightarrow\mathfrak{G}$ zu der Formel $\mathfrak{K}$ führenden Beweisfadens durch den entsprechenden von der Formel $\mathfrak{F}(\mathfrak{z})\rightarrow((E\mathfrak{x})\,\mathfrak{F}(\mathfrak{x})\rightarrow\mathfrak{G})$ zu $\mathfrak{F}(\mathfrak{z})\rightarrow\mathfrak{K}$ führenden Beweisfaden erhalten, bzw. sie kann sich nur verstärken. Dieses ergibt sich einerseits aus der Monotonität der natürlichen Summe und der Potenzfunktion, und andrerseits daraus, daß bei den aussagenlogischen Übergängen, welche an die Stelle der ursprünglichen Abtrennungen wegen des (in jeweils einer der beiden Oberformeln) hinzukommenden Vordergliedes $\mathfrak{F}(\mathfrak{z})$ treten, die Höhendifferenzen sich höchstens vermindern können. Der betrachtete ursprüngliche Beweisfaden führt über eine der Formeln $\mathfrak{L}$, $\mathfrak{L}\rightarrow\mathfrak{K}$. In der entsprechenden Formel des ersten Teilbeweises tritt zu dieser Formel das Vorderglied $\mathfrak{F}(\mathfrak{z})$ hinzu; ferner ist ihre Ordnungszahl verkleinert. Sind daher $\mathfrak{p}'$ und $\mathfrak{q}'$ die Ordnungszahlen der Formeln, welche hier an die Stelle von $\mathfrak{L}$ und $\mathfrak{L}\rightarrow\mathfrak{K}$ treten, so ist $\mathfrak{p}'\,\#\,\mathfrak{q}'<\mathfrak{p}\,\#\,\mathfrak{q}$. An die Stelle der Abtrennung $\dfrac{\mathfrak{L},\ \mathfrak{L}\rightarrow\mathfrak{K}}{\mathfrak{K}}$ treten zwei Abtrennungen, welche (je nach dem vorliegenden Falle) die vorhin angegebenen Gestalten haben. In beiden Fällen findet in der ersten Abtrennung keine Höhendifferenz statt, und die Unterformel dieser Abtrennung hat dieselbe Ordnungszahl wie ihre linke Oberformel. Bei der zweiten Abtrennung ist die Höhendifferenz die positive Zahl $j=l-g+1$, und die Ordnungszahlen der beiden Oberformeln sind, abgesehen evtl. von der Reihenfolge, $\mathfrak{p}'$ und $\mathfrak{q}'$. Somit hat die Endformel des Teilbeweises die Ordnungszahl $\exp_j(\mathfrak{p}'\,\#\,\mathfrak{q}')$.

Wenden wir uns nun zu dem zweiten Teilbeweis. Hier erfolgt die Gewinnung der Formel $\overline{\mathfrak{F}(\mathfrak{z})}\rightarrow\mathfrak{K}$ in der Weise, daß in der Seinsaxiom-Formel $\mathfrak{F}(\mathfrak{z})\rightarrow(E\mathfrak{x})\,\mathfrak{F}(\mathfrak{x})$ das Vorderglied $\overline{\mathfrak{F}(\mathfrak{z})}$ vorgesetzt wird. Dadurch tritt anstelle jener Seinsaxiom-Formel, welche die Ordnungszahl 1 hat, eine aussagenlogisch wahre Formel mit der Ordnungszahl 0. Diese Verminderung der Ordnungszahl bleibt nun wiederum bei der Ersetzung des ursprünglichen, von der Seinsaxiom-Formel zu der Formel $\mathfrak{K}$ führenden Beweisfadens durch den entsprechenden zu der Formel $\overline{\mathfrak{F}(\mathfrak{z})}\rightarrow\mathfrak{K}$ führenden Beweisfaden bestehen. Von den vorherigen Formeln $\mathfrak{L}$, $\mathfrak{L}\rightarrow\mathfrak{K}$ erhält eine das Vorderglied $\overline{\mathfrak{F}(\mathfrak{z})}$, und ihre Ordnungszahl ist verkleinert. Sind also $\mathfrak{p}''$ und $\mathfrak{q}''$ die Ordnungszahlen der entsprechenden beiden Formeln, so ist $\mathfrak{p}''\,\#\,\mathfrak{q}''<\mathfrak{p}\,\#\,\mathfrak{q}$. Ganz analog wie beim ersten Teilbeweis ergibt sich nun, daß die Endformel des zweiten Teilbeweises $\overline{\mathfrak{F}(\mathfrak{z})}\rightarrow\mathfrak{K}$ die Ordnungszahl $\exp_j(\mathfrak{p}''\,\#\,\mathfrak{q}'')$ erhält.

Bei dem aussagenlogischen Übergang von den Endformeln der beiden Teilbeweise zu der Formel $\mathfrak{K}$ durch zwei Abtrennungen findet, wie wir ja schon feststellten, höchstens bei der zweiten eine Höhendifferenz statt; die Höhendifferenz ist hier $d=g-1-h$. Hiernach ergibt sich aufgrund unserer Bestimmung der Ordnungszahlen für die Endformeln der beiden

Teilbeweise, daß in der veränderten Herleitung die Ordnungszahl von $\mathfrak{R}$

$$\exp_d(\exp_j(\mathfrak{p}' \# \mathfrak{q}') \# \exp_j(\mathfrak{p}'' \# \mathfrak{q}''))$$

beträgt.

Für die Ordnungszahl der Formel $\mathfrak{R}$ in der ursprünglichen Herleitung fanden wir $\exp_{l-h}(\mathfrak{p} \# \mathfrak{q})$. Es ist aber

$$l - h = (l - g + 1) + (g - 1 - h) = j + d,$$

und

$$j > 0, \quad d \geqq 0, \quad \mathfrak{p}' \# \mathfrak{q}' < \mathfrak{p} \# \mathfrak{q}, \quad \mathfrak{p}'' \# \mathfrak{q}'' < \mathfrak{p} \# \mathfrak{q};$$

und auf Grund der Ordnungsbeziehung der 0-ω-Figuren und der Monotonität der Potenzfunktion gilt für $\mathfrak{c}' < \mathfrak{c}$, $\mathfrak{c}'' < \mathfrak{c}$, $j > 0$, $d \geqq 0$:

$$\exp_d(\exp_j(\mathfrak{c}') \# \exp_j(\mathfrak{c}'')) < \exp_{d+j}(\mathfrak{c}).$$

Somit wird durch die Seinszeichen-Reduktion die Ordnungszahl der Formel $\mathfrak{R}$ verkleinert, und diese Verkleinerung setzt sich bis zur Endformel der Gesamtherleitung fort. Also wird auch die Ordnungszahl der Gesamtherleitung durch die Seinszeichenreduktion verkleinert.

Durch unsere hiermit gewonnene Feststellung, daß sowohl die auf eine Herleitung angewandte Induktionsreduktion wie auch die Seinszeichenreduktion die Ordnungszahl dieser Herleitung verkleinert, wird nun unser angestrebter Nachweis, daß eine Folge von Induktions- und Seinszeichenreduktionen nach endlich vielen Schritten zum Abschluß kommen muß, zurückgeführt auf den Nachweis, daß eine absteigende Folge von 0-ω-Figuren nach endlich vielen Schritten zum Abschluß, d.h. zu der Figur 0, führt. Diesen Nachweis müssen wir nun noch liefern[1].

Für 0-ω-Figuren der nullten und der ersten Stufe ist das Zutreffen der Behauptung elementar ersichtlich. Wir wollen nun zeigen, wie man aus der Gültigkeit der Behauptung für 0-ω-Figuren bis zur k-ten Stufe die Gültigkeit auch bis zur $(k+1)$-ten Stufe entnehmen kann. Um uns

---

[1] Kalmár stützt sich hierfür auf die Überlegung, durch welche Gentzen in seiner Abhandlung „Die Widerspruchsfreiheit der reinen Zahlentheorie" (Math. Ann. Bd. 112 (1930), S. 555f.) die Gültigkeit der transfiniten Induktion für Ordnungszahlen unterhalb der ersten Cantorschen ε-Zahl beweist. Auch Gentzen selbst beruft sich auf diese Überlegung bei seinem späteren Widerspruchsfreiheitsbeweis, erklärt jedoch diese Begründungsweise hier als nur vorläufig, mit der Absicht, auf die Frage noch einmal zurückzukommen. (Vgl. „Neue Fassung des Widerspruchsfreiheitsbeweises für die reine Zahlentheorie", Forschungen zur Logik und zur Grundlegung der exakten Wissenschaften, Neue Folge, Heft 4 (1938), S. 44.) Wir wollen hier im folgenden eine Überlegung verwenden, welche sich einerseits — im Unterschied von der erwähnten Überlegung bei Gentzen und auch von dem in § 5, 3 c) gegebenen Beweis für die spezielle transfinite Induktion — direkt auf die 0-ω-Figuren bezieht und andererseits den Weg über die spezielle transfinite Induktion überhaupt vermeidet.

kürzer auszudrücken, wollen wir eine 0-ω-Figur „abstiegsendlich“ nennen, wenn sich einsehen läßt, daß jeder Abstieg von dieser Zahl aus nach endlich vielen Schritten zum Abschluß kommt[1]. Damit spricht sich unsere Aufgabe so aus: Es sei eingesehen, daß jede 0-ω-Figur von höchstens k-ter Stufe ($k \geqq 1$) abstiegsendlich ist; es soll gezeigt werden, daß auch jede 0-ω-Figur ($k+1$)-ter Stufe abstiegsendlich ist.

Man bemerkt zunächst, daß es genügt, den Nachweis für eine Figur $\omega^{\mathfrak{a}}$ zu führen; denn, hat man eine Figur $\mathfrak{c}$ (der ($k+1$)-ten Stufe) von der Gestalt $\omega^{\mathfrak{a}_1} + \cdots + \omega^{\mathfrak{a}_r}$ mit $\mathfrak{a}_1 \geqq \mathfrak{a}_2 \geqq \cdots \geqq \mathfrak{a}_r$, so ist ja $\omega^{\mathfrak{a}_1+1}$ größer als diese, und auch von der ($k+1$)-ten Stufe, und jedem Abstieg von $\mathfrak{c}$ aus entspricht ein Abstieg von $\omega^{\mathfrak{a}_1+1}$, der sich einfach dadurch ergibt, daß man zuerst von $\omega^{\mathfrak{a}_1+1}$ zu $\mathfrak{c}$ geht und dann den betrachteten von $\mathfrak{c}$ beginnenden Abstieg anschließt.

Eine andere Hilfsbemerkung ist die folgende: haben wir eine Potenz $\omega^{\mathfrak{a}}$ als abstiegsendlich erkannt, so ergibt sich damit, daß auch jede Summe $\omega^{\mathfrak{a}} + \omega^{\mathfrak{a}} + \cdots + \omega^{\mathfrak{a}}$ abstiegsendlich ist. Nämlich bezeichnen wir eine solche Summe, bestehend aus $m+1$ Gliedern, üblicherweise mit $\omega^{\mathfrak{a}} \cdot (m+1)$, so bleiben ja bei einem Abstieg von $\omega^{\mathfrak{a}} \cdot (m+1)$ die ersten m Summenglieder ungeändert, solange man nicht zu einer Figur kommt, die kleiner als $\omega^{\mathfrak{a}} \cdot m$ ist. Sehen wir von diesen übereinstimmenden m Summengliedern ab, so bleibt eine von $\omega^{\mathfrak{a}}$ ausgehende Abstiegsreihe, und diese muß gemäß unserer Annahme nach endlich vielen Schritten zum Abschluß führen. Wir gelangen also in endlich vielen Schritten von $\omega^{\mathfrak{a}} \cdot (m+1)$ zu $\omega^{\mathfrak{a}} \cdot m$ oder einer kleineren Figur. Wir können sogar jedenfalls annehmen, daß wir zu $\omega^{\mathfrak{a}} \cdot m$ gelangen, da wir ja andernfalls diese Figur einschalten können, wodurch der Abstieg nur verlängert wird. Ebenso aber, wie wir in endlich vielen Schritten von $\omega^{\mathfrak{a}} \cdot (m+1)$ zu $\omega^{\mathfrak{a}} \cdot m$ kommen, gelangen wir auch von $\omega^{\mathfrak{a}} \cdot m$ zu $\omega^{\mathfrak{a}} \cdot (m-1)$ usw., so daß im ganzen der Abstieg von $\omega^{\mathfrak{a}} \cdot (m+1)$ in endlich vielen Schritten zu 0 führt.

Betrachten wir nunmehr einen Abstieg von einer Potenz $\omega^{\mathfrak{a}}$. Der erste Schritt führt zu einer Figur $\omega^{\mathfrak{a}_1} + \cdots + \omega^{\mathfrak{a}_r}$ ($\mathfrak{a}_1 \geqq \cdots \geqq \mathfrak{a}_r$), worin $\mathfrak{a} > \mathfrak{a}_1$ ist. Diese Figur ist höchstens gleich $\omega^{\mathfrak{a}_1} \cdot r$. Der Abstieg wird also höchstens verlängert, wenn wir (im Fall der Ungleichheit) zwischen $\omega^{\mathfrak{a}}$ und der genannten Figur noch $\omega^{\mathfrak{a}_1} \cdot r$ einschalten. Die Frage der Abstiegsendlichkeit von $\omega^{\mathfrak{a}}$ kommt damit auf diejenige von $\omega^{\mathfrak{a}_1} \cdot r$ und, auf Grund unserer Hilfsüberlegung, auf die Frage der Abstiegsendlichkeit von $\omega^{\mathfrak{a}_1}$ hinaus. Für $\omega^{\mathfrak{a}_1}$ wiederholt sich das gleiche, d.h. die Frage der Abstiegsendlichkeit von $\omega^{\mathfrak{a}_1}$ reduziert sich durch den ersten Abstiegs-

[1] Durch den Ausdruck „abstiegsendlich“ soll nicht etwa die Vorstellung suggeriert werden, als ob es sich um eine elementar entscheidbare Eigenschaft einer 0-ω-Figur handelt; die möglichen Abstiege sind ja bei einer Figur von mindestens 2ter Stufe unendlich viele und können nicht alle durchprobiert werden.

schritt (in der erläuterten Weise) auf die der Abstiegsendlichkeit einer Potenz $\omega^{\mathfrak{a}_2}$, bei welcher $\mathfrak{a}_2$ kleiner ist als $\mathfrak{a}_1$.

Wenn wir in der gleichen Weise fortfahren, ergibt sich eine absteigende Reihe von Exponenten $\mathfrak{a} > \mathfrak{a}_1 > \mathfrak{a}_2 > \cdots$. Diese muß aber, da ja $\mathfrak{a}$ eine Figur höchstens k-ter Stufe ist, in endlich vielen Schritten zum Abschluß kommen; und beim Exponenten 0 haben wir die abstiegsendliche Potenz ω^0. Damit aber gelangt das gesamte Abstiegsverfahren nach endlich vielen Schritten zum Abschluß.

Bemerkung: Man beachte, daß bei dem Übergang von der Abstiegsendlichkeit der Figur $\omega^{\mathfrak{a}}$ zu derjenigen von $\omega^{\mathfrak{a}_1}$ nicht etwa ein *Satz* des Inhalts behauptet wird, „wenn $\omega^{\mathfrak{a}_1}$ abstiegsendlich ist, so auch $\omega^{\mathfrak{a}}$". Die Zurückführung der Feststellung der Abstiegsendlichkeit von $\omega^{\mathfrak{a}}$ auf die Feststellung derjenigen von $\omega^{\mathfrak{a}_1}$ erfolgt nicht durch einen solchen Satz, sondern auf Grund des *ersten Abstiegsschrittes* von $\omega^{\mathfrak{a}}$ aus[1].

B. Der Ackermannsche Widerspruchsfreiheitsbeweis.

Der hier zu führende Beweis der Widerspruchsfreiheit („Wf.-Beweis") bezieht sich auf den Formalismus, der sich aus dem zahlentheoretischen Formalismus (Z) durch Hinzunahme der ε-Formel

$$A(a) \rightarrow A(\varepsilon_x A(x))$$

ergibt. Er knüpft sich an den ursprünglichen Hilbertschen Ansatz zur Ausschaltung der ε-Symbole und an die weitere Verfolgung dieses Ansatzes durch Ackermann, wie sie im Abschnitt 4 des § 2 ausführlich besprochen wurde. Diese Methode führte freilich im allgemeinsten Falle nicht zu dem gewünschten Ergebnis.

Als jedoch Gentzen gezeigt hatte, daß man durch eine Erweiterung der beweistheoretischen Methoden, nämlich durch Verwendung der verallgemeinerten Induktion bis zur ersten ε-Zahl, zu einem Wf.-Beweis für den zahlentheoretischen Formalismus gelangt, fand Ackermann, daß sich auch das an den Hilbertschen Ansatz knüpfende Verfahren mittels der gleichen Erweiterung der beweistheoretischen Methoden zu einem vollen Wf.-Beweis ergänzen läßt.

Für die Darstellung dieses Beweises sollen hier die vorbereitenden Schritte, die im § 2 ausführlich besprochen wurden[2], nicht nochmals im einzelnen wiederholt werden; wir zählen nur die verschiedenen Punkte auf:

1. Das zu betrachtende formale System wird vereinfacht, indem das Induktionsaxiom ersetzt wird durch die Formel

$$A(a) \rightarrow \varepsilon_x A(x) \neq a',$$

[1] Wir haben hier etwas Analoges wie bei einem Zugzwang im Schachspiel.

[2] Vgl. S. 85—87 und S. 90—115.

nebst dem elementaren Axiom

$$a \neq 0 \rightarrow (\delta(a))' = a,$$

wobei die einstellige Funktion δ zu den Grundfunktionen (Strichfunktion, Summe und Produkt) hinzugenommen wird.

2. Es wird bemerkt, daß es zum Nachweis der Widerspruchsfreiheit genügt, zu zeigen, daß jede variablenlose ableitbare Formel aufgrund der Wertbestimmungen für die Wahrheitsfunktionen und die arithmetischen Funktionen und der gewöhnlichen Bewertung von Gleichungen zwischen Ziffern eine wahre Formel ist.

Vermerkt sei hierzu, daß in dem zu betrachtenden zahlentheoretischen Formalismus die *zugelassenen arithmetischen Funktionen nur insoweit beschränkt* zu werden brauchen, als für jede von ihnen ein *Verfahren der effektiven Berechnung* ihrer Werte für Ziffernargumente vorausgesetzt wird. Für solche Funktionen können auch Axiome aufgestellt sein, von denen nur verlangt wird, daß sie erstens keine gebundene Variable und keine Formelvariable enthalten, genauer gesagt, daß sie entweder Gleichungen sind oder aus solchen mittels aussagenlogischer Verknüpfungen gebildet sind, zweitens, daß sie bei einer jeden Ersetzung der freien Variablen durch Ziffern wahre Formeln ergeben, daß sie also verifizierbar[1] sind.

Eine verifizierbare Formel ist auch das Axiom

$$a \neq 0 \rightarrow (\delta(a))' = a$$

aufgrund der Berechnung der Funktion δ durch die Rekursionsgleichungen $\delta(0) = 0$, $\delta(n') = n$.

Neben den Gleichungen könnten wir auch andere zahlentheoretische Primformeln zulassen, doch wäre diese Erweiterung unerheblich, da sich ja die elementaren zahlentheoretischen Beziehungen, wie z. B. $a < b$, a ist Teiler von b, mittels berechenbarer, sogar primitiv rekursiver Funktionen durch Gleichungen ausdrücken lassen.

3. Auf eine Herleitung einer variablenlosen Formel können die Prozesse der Ausschaltung der Quantoren mittels der ε-Formel[2], ferner der Rückverlegung der Einsetzungen in die Ausgangsformeln und der Ausschaltung der freien Variablen angewendet werden. Nachdem diese Prozesse vollzogen sind, findet der Beweiszusammenhang nur noch durch Schlußschemata und Umbenennungen gebundener Variablen statt, und für eine jede Ausgangsformel besteht folgende Alternative: sie geht durch Einsetzung hervor aus einer identisch wahren Formel oder aus einer

[1] Vgl. S. 35.

[2] Vgl. S. 15–16.

verifizierbaren Formel, oder sie ist nach dem „Gleichheitsschema“

$$\mathfrak{a} = \mathfrak{b} \to (\mathfrak{A}(\mathfrak{a}) \to \mathfrak{A}(\mathfrak{b}))$$

gebildet, oder nach einem der beiden Schemata

$$\mathfrak{A}(\mathfrak{k}) \to \mathfrak{A}(\varepsilon_{\mathfrak{x}} \mathfrak{A}(\mathfrak{x})), \quad \mathfrak{A}(\mathfrak{k}) \to \varepsilon_{\mathfrak{x}} \mathfrak{A}(\mathfrak{x}) \neq \mathfrak{k}',$$

wobei die Terme $\mathfrak{a}$, $\mathfrak{b}$, $\mathfrak{k}$ keine freie Variable enthalten. Die Ausgangsformeln der beiden letztgenannten Gestalten bezeichnen wir als „kritische Formeln“ „erster“ bzw. „zweiter Art“ und sagen, daß sie zu dem ε-Term $\varepsilon_{\mathfrak{x}} \mathfrak{A}(\mathfrak{x})$ „gehören“. Eine Beweisfigur mit den genannten Eigenschaften nennen wir einen „normierten Beweis“.

4. Können wir in einem normierten Beweis einer variablenlosen Formel den vorkommenden ε-Termen Ziffernwerte in solcher Weise zuordnen, daß gleichgestaltete ε-Terme gleiche Werte erhalten, und daß, aufgrund der Wertbestimmung für die ε-Terme, ferner der Berechnungsverfahren für die arithmetischen Funktionen sowie der gewöhnlichen Bewertung von numerischen Gleichungen und der Wertbestimmung für die Wahrheitsfunktionen, jede der Ausgangsformeln den Wert „wahr“ erhält, so muß auch die Endformel den Wert „wahr“ erhalten, denn die Schlußschemata führen ja von wahren Formeln stets zu wahren Formeln. Hiernach ist unser gewünschter Widerspruchsfreiheitsbeweis geliefert, wenn sich zeigen läßt, daß wir zu jedem normierten Beweis eine Wertbestimmung für die ε-Terme gewinnen können, bei welcher die genannten Bedingungen erfüllt sind. Von den Ausgangsformeln erhalten diejenigen, welche durch Einsetzungen aus identisch wahren oder aus verifizierbaren Formeln hervorgehen, bei jeder eindeutigen Bewertung der vorkommenden ε-Terme den Wert „wahr“. Wir brauchen uns also nur um die nach dem Gleichheitsschema gebildeten Ausgangsformeln und die kritischen Formeln erster und zweiter Art zu kümmern.

5. Für die Ausführung der Wertbestimmung der ε-Terme haben wir die Formen der Zusammensetzung von ε-Termen zu berücksichtigen, an welche sich die Begriffe der *Einlagerung* und der *Überordnung* von ε-Termen bzw. ε-Ausdrücken, sowie die des *Grades* eines ε-Termes und des *Ranges* eines ε-Ausdrucks knüpfen[1]. Ferner verwenden wir den Begriff des *Grundtypus*: Wir sprechen vom „Grundtypus eines ε-Terms“, aber auch schlechtweg von einem Grundtypus. Die Grundtypen sind unter den ε-Termen dadurch ausgezeichnet, daß jeder in ihnen als echter Bestandteil auftretende Term eine freie Variable ist und daß keine dieser Variablen mehrfach auftritt. Zu jedem ε-Term gehört eindeutig, abgesehen von der Benennung der freien Variablen, ein Grundtypus, aus dem er durch Einsetzung von Termen für freie Variablen hervorgeht (sofern

[1] Vgl. S. 23—25.

er nicht überhaupt mit ihm identisch ist). Wir nennen diesen (wo kein Mißverständnis zu befürchten ist), schlechtweg „den Grundtypus jenes ε-Terms". Bei einem Grundtypus bleibt noch die Benennung der freien Variablen (der „Argumentvariablen") verfügbar.

Von dem Grundtypus eines ε-Terms, zu dem eine kritische Formel gehört, wollen wir auch sagen, daß diese kritische Formel zu diesem Grundtypus gehört.

Bemerkung: Was die gebundenen Variablen der ε-Terme betrifft, so werden wir für die Wertbestimmungen je zwei ε-Terme, die sich nur durch die Benennung gebundener Variablen unterscheiden, als gleichgestaltige ε-Terme behandeln, ohne daß dieses jeweils besonders hervorgehoben werden soll[1].

Der Grundtypus eines ε-Terms möge zugleich auch Grundtypus eines jeden derjenigen ε-Ausdrücke genannt werden, die aus dem ε-Term durch Verwandlung freier Variablen in gebundene entstehen.

6. Es erweist sich als zweckmäßig, die Wertbestimmungen für die ε-Terme mittels der Grundtypen vorzunehmen. Die in einem normierten Beweis auftretenden ε-Terme enthalten keine freien Variablen. Ein solcher ε-Term stimmt entweder mit seinem Grundtypus überein, dieser Grundtypus hat dann keine Argumentvariable und als Wertbestimmung wird für ihn eine Ziffer genommen; oder andernfalls entsteht der ε-Term aus seinem Grundtypus

$$\varepsilon_{\mathfrak{x}} \mathfrak{A}(\mathfrak{x}, \mathfrak{v}_1, \ldots, \mathfrak{v}_n)$$

mit den Argumentvariablen $\mathfrak{v}_1, \ldots, \mathfrak{v}_n$, indem diese durch Terme $\mathfrak{t}_1, \ldots, \mathfrak{t}_n$ ersetzt werden. Für diesen Grundtypus wird bei der Wertbestimmung eine Funktion der Variablen $\mathfrak{v}_1, \ldots, \mathfrak{v}_n$ gesetzt, die als Argumentwerte und als Funktionswerte Ziffern hat, wobei der Funktionswert nur für endlich viele aufzuzählende Wertsysteme der Argumente von 0 verschieden ist. Sei $\varphi(\mathfrak{v}_1, \ldots, \mathfrak{v}_n)$ die Funktion, die an die Stelle des Grundtypus $\varepsilon_{\mathfrak{x}} \mathfrak{A}(\mathfrak{x}, \mathfrak{v}_1, \ldots, \mathfrak{v}_n)$ tritt, so kommt die Wertbestimmung des ε-Terms $\varepsilon_{\mathfrak{x}} \mathfrak{A}(\mathfrak{x}, \mathfrak{t}_1, \ldots, \mathfrak{t}_n)$ auf die Bestimmung des Funktionswertes $\varphi(\mathfrak{t}_1, \ldots, \mathfrak{t}_n)$ und damit auf die Wertbestimmung für die Terme $\mathfrak{t}_1, \ldots, \mathfrak{t}_n$ hinaus. Jeder dieser Terme ist entweder eine Ziffer oder aus Ziffern und berechenbaren Funktionen aufgebaut, so daß für ihn der Ziffernwert sich durch Berechnung ergibt, oder er ist wiederum ein ε-Term oder enthält einen oder mehrere ε-Terme als Bestandteile. Für diese ε-Terme muß dann wiederum die Wertbestimmung erfolgen; doch gelangt das Verfahren zum Abschluß, da ja ein jeder in dem Term $\varepsilon_{\mathfrak{x}} \mathfrak{A}(\mathfrak{x}, \mathfrak{t}_1, \ldots, \mathfrak{t}_n)$ als Bestandteil auftretende ε-Term von niedrigerem Grade als dieser ist. Bei dieser Auswertung der ε-Terme entspricht der Ineinanderlagerung von ε-Termen die Ineinanderschaltung der arithmetischen Funktionen, die den Grundtypen der ver-

[1] Vgl. die entsprechende Bemerkung auf S. 14.

schiedenen ε-Terme zugeordnet sind; nur denjenigen ε-Termen, die keinen anderen Term als Bestandteil enthalten, entspricht nicht eine Funktion, sondern ein Zahlwert.

Das Verfahren der Bewertung der ε-Terme mittels der Grundtypen dient vor allem zur Vermeidung einer Zirkelhaftigkeit in dem Bewertungsprozeß, die sich einstellen würde, wenn wir die Bewertungen direkt für die ε-Terme ausführen wollten. Es würde dann nämlich die Gesamtheit der zu bewertenden ε-Terme ihrerseits von den Bewertungen abhängig sein. Das zeigt sich z.B. beim Fall einer zu einem ε-Term

$$\varepsilon_x \mathfrak{A}\left(x, \varepsilon_y \mathfrak{B}(x, y)\right)$$

gehörigen kritischen Formel erster Art. Wird der genannte ε-Term kurz mit $\mathfrak{e}$ bezeichnet, so hat eine solche kritische Formel die Gestalt

$$\mathfrak{A}(\mathfrak{k}, \varepsilon_y \mathfrak{B}(\mathfrak{k}, y) \rightarrow \mathfrak{A}\left(\mathfrak{e}, \varepsilon_y \mathfrak{B}(\mathfrak{e}, y)\right).$$

Zur Auswertung des Hintergliedes dieser Implikation wird die Wertbestimmung des Termes $\varepsilon_y \mathfrak{B}(\mathfrak{e}, \mathfrak{y})$ erfordert. Je nach dem Ziffernwert $\mathfrak{z}$, welcher dem ε-Term $\mathfrak{e}$ beigelegt wird, hat man nun einen andern ε-Term $\varepsilon_y \mathfrak{B}(\mathfrak{z}, \mathfrak{y})$ zu bewerten.

Eine solche Komplikation tritt bei dem Bewertungsverfahren mittels der Grundtypen nicht auf; denn hier ist ja die Gesamtheit der Grundtypen, denen man arithmetische Funktionen zuzuordnen hat, durch die Gesamtheit der ε-Terme, die in dem zu betrachtenden normierten Beweis auftreten, von vornherein bestimmt.

Außerdem gewinnen wir bei dem beschriebenen Verfahren den Vorteil, daß die nach dem Gleichheitsschema gebildeten Formeln ohne eine zusätzliche Vorkehrung stets den Wert „wahr" erhalten. Eine solche Formel hat ja die Gestalt

$$\mathfrak{a} = \mathfrak{b} \rightarrow \left(\mathfrak{A}(\mathfrak{a}) \rightarrow \mathfrak{A}(\mathfrak{b})\right).$$

Wenn nun bei einer Bewertung die Terme $\mathfrak{a}$, $\mathfrak{b}$ verschiedene Ziffernwerte $\mathfrak{m}$, $\mathfrak{n}$ erhalten, dann erhält das Vorderglied der äußeren Implikation den Wert „falsch", und damit die gesamte Formel den Wert „wahr". Erhalten aber beide Terme den gleichen Ziffernwert, so ist aus unserem Verfahren der Bewertung ersichtlich, daß in allen Fällen die Formel $\mathfrak{A}(\mathfrak{a})$ den gleichen Wahrheitswert erhält wie die Formel $\mathfrak{A}(\mathfrak{b})$, da ja jedem Term in $\mathfrak{A}(\mathfrak{a})$, welcher $\mathfrak{a}$ als Bestandteil enthält, ein in gleicher Weise mit $\mathfrak{b}$ gebildeter Term in $\mathfrak{A}(\mathfrak{b})$ entspricht. Und damit ergibt sich wiederum für die gesamte Formel der Wert „wahr".

Somit reduziert sich die Aufgabe unseres Widerspruchsfreiheitsbeweises darauf, die kritischen Formeln erster und zweiter Art, welche in einem normierten Beweise als Ausgangsformeln auftreten können, durch geeignete Bewertungen der ε-Terme zu wahren Formeln zu machen.

Zu diesem Zweck stellen wir zuerst die Grundtypen der in den kritischen Formeln vorkommenden ε-Terme in einer Reihenfolge zusammen; diese sei insbesondere so gewählt, daß die Grundtypen niedrigeren Ranges denen höheren Ranges vorausgehen.

Eine Zuordnung von arithmetischen Funktionen zu diesen Grundtypen nennen wir eine „Gesamtersetzung"[1]. Durch eine Gesamtersetzung bestimmen sich eindeutig die Werte für die in den kritischen Formeln vorkommenden ε-Terme sowie auch für alle diejenigen ε-Terme, welche aus einem der vorkommenden ε-Terme erhalten werden, indem einer oder mehrere darin vorkommende Termbestandteile durch irgendwelche Ziffern ersetzt werden.

Von einem Term, der durch eine Gesamtersetzung eine Ziffer $\mathfrak{z}$ als Wert erhält, wollen wir auch sagen, daß er sich bei dieser Gesamtersetzung „auf die Ziffer $\mathfrak{z}$ reduziert". Im entsprechenden Sinne wollen wir von einer Formel sagen, daß sie sich bei einer Gesamtersetzung auf „wahr" oder „falsch" reduziert. Auch sagen wir, daß eine Formel $\mathfrak{F}$ sich bei einer Gesamtersetzung $\mathfrak{G}$ auf eine Formel $\mathfrak{F}_1$ reduziert, wenn $\mathfrak{F}_1$ aus $\mathfrak{F}$ entsteht, indem die Terme, die in $\mathfrak{F}$ auftreten, durch die Ziffern ersetzt werden, auf die sie sich bei $\mathfrak{G}$ reduzieren.

Im Sinne des ursprünglichen HILBERTschen Ansatzes zur Elimination der ε-Symbole[2] wird nun eine Aufeinanderfolge von Gesamtersetzungen gebildet, von der dann gezeigt werden soll, daß sie nach endlich vielen Schritten zu einer solchen führt, bei der alle kritischen Formeln den Wert „wahr" erhalten.

Der Leitgedanke dabei ist, daß man aus einer kritischen Formel erster Art

$$\mathfrak{A}(\mathfrak{k}) \rightarrow \mathfrak{A}(\varepsilon_{\mathfrak{x}} \mathfrak{A}(\mathfrak{x})),$$

die bei einer Gesamtersetzung $\mathfrak{G}$ den Wert „falsch" erhält, eine Ziffer $\mathfrak{z}$ findet, für welche die Formel $\mathfrak{A}(\mathfrak{z})$ durch diese Gesamtersetzung den Wert „wahr" erhält. Nämlich, wenn der Term $\mathfrak{k}$ sich bei $\mathfrak{G}$ auf die Ziffer $\mathfrak{z}$ reduziert, so muß ja, damit die genannte kritische Formel falsch wird, das Vorderglied $\mathfrak{A}(\mathfrak{k})$ und somit $\mathfrak{A}(\mathfrak{z})$ durch $\mathfrak{G}$ den Wert „wahr" erhalten. Von der Ziffer $\mathfrak{z}$ kann man ferner zu der kleinsten der Ziffern $\mathfrak{n}$ aus der Reihe von 0 bis $\mathfrak{z}$ übergehen, für welche die Formel $\mathfrak{A}(\mathfrak{n})$ sich bei $\mathfrak{G}$ auf „wahr" reduziert. Ist $\mathfrak{z}_0$ diese Ziffer, so reduziert sich jede zu dem Term $\varepsilon_{\mathfrak{x}} \mathfrak{A}(\mathfrak{x})$ gehörige kritische Formel erster und zweiter Art, wenn darin $\varepsilon_{\mathfrak{x}} \mathfrak{A}(\mathfrak{x})$ durch $\mathfrak{z}_0$ ersetzt wird, durch $\mathfrak{G}$ auf „wahr". Für die kritischen Formeln zweiter Art

$$\mathfrak{A}(\mathfrak{l}) \rightarrow \varepsilon_{\mathfrak{x}} \mathfrak{A}(\mathfrak{x}) \neq \mathfrak{l}'$$

---

[1] Diese Verwendung des Terminus „Gesamtersetzung" wurde im § 2, S. 105, als Modifikation eines vorherigen andern Gebrauchs (vgl. S. 96) eingeführt.

[2] Vgl. S. 92 und folgende.

trifft dieses gleichfalls zu, weil für die Ziffer $\mathfrak{m}$, auf die sich der Term $\mathfrak{l}$ bei $\mathfrak{G}$ reduziert, entweder die Formel $\mathfrak{z}_0 \neq \mathfrak{m}'$ wahr ist, oder sonst $\mathfrak{m}$ kleiner als $\mathfrak{z}_0$ ist und daher $\mathfrak{A}(\mathfrak{m})$ und somit auch $\mathfrak{A}(\mathfrak{l})$ sich bei $\mathfrak{G}$ auf „falsch" reduziert.

Jedoch für die Verwertung dieses Sachverhaltes zur Bildung einer nachfolgenden Gesamtersetzung ergeben sich Schwierigkeiten durch die mannigfaltigen Möglichkeiten der Einlagerung und der Überordnung von ε-Termen, und es bedarf noch einer zusätzlichen Direktive, damit in der Bildung von Gesamtersetzungen ein Fortschreiten bewirkt wird. Diese von ACKERMANN gegebene Direktive besteht darin, daß man es so einrichtet, daß bei jeder Gesamtersetzung $\mathfrak{G}$ folgende *Bedingung* erfüllt wird: Ist $\varepsilon_{\mathfrak{x}}\mathfrak{A}(\mathfrak{x}, c_1, \ldots, c_r)$ ein Grundtypus aus unserer Reihe von Grundtypen, und sind $\mathfrak{z}_1, \ldots, \mathfrak{z}_r$ *irgendwelche* Ziffern, ist ferner $\mathfrak{z}$ die Ziffer, auf die sich der Term $\varepsilon_{\mathfrak{x}}\mathfrak{A}(\mathfrak{x}, \mathfrak{z}_1, \ldots, \mathfrak{z}_r)$ bei $\mathfrak{G}$ reduziert, so ist entweder $\mathfrak{z}$ die Ziffer 0, oder die Formel $\mathfrak{A}(\mathfrak{z}, \mathfrak{z}_1, \ldots, \mathfrak{z}_r)$ reduziert sich bei $\mathfrak{G}$ auf „wahr", während für jede kleinere Ziffer $\mathfrak{p}$ die Formel $\mathfrak{A}(\mathfrak{p}, \mathfrak{z}_1, \ldots, \mathfrak{z}_r)$ sich bei $\mathfrak{G}$ auf „falsch" reduziert.

Eine Gesamtersetzung, welche diese Bedingung erfüllt, möge als eine „*zulässige*" Gesamtersetzung bezeichnet werden.

Ein Beispiel einer zulässigen Gesamtersetzung ist jedenfalls die „*Nullersetzung*", bei welcher jedem Grundtypus ohne Argument die Ziffer 0 und jedem Grundtypus mit Argumenten die Funktion mit einer gleichen Anzahl von Argumenten zugeordnet ist, die immer den Wert 0 hat.

In der Reihe der auszuführenden Gesamtersetzungen soll die Nullersetzung jeweils die Ausgangsersetzung sein.

Wir bemerken ferner, daß bei einer zulässigen Gesamtersetzung $\mathfrak{G}$ jede kritische Formel zweiter Art sich auf „wahr" reduziert. Nämlich eine solche kritische Formel, die zu einem Grundtypus

$$\varepsilon_{\mathfrak{x}}\mathfrak{A}(\mathfrak{x}, a_1, \ldots, a_r)$$

gehört, hat ja die Gestalt

$$\mathfrak{A}(\mathfrak{k}, \mathfrak{a}_1, \ldots, \mathfrak{a}_r) \to \varepsilon_{\mathfrak{x}}\mathfrak{A}(\mathfrak{x}, \mathfrak{a}_1, \ldots, \mathfrak{a}_r) \neq \mathfrak{k}',$$

und wenn sich bei der Gesamtersetzung $\mathfrak{G}$ die Terme $\mathfrak{k}, \mathfrak{a}_1, \ldots, \mathfrak{a}_r$ auf die Ziffern $\mathfrak{n}, \mathfrak{z}_1, \ldots, \mathfrak{z}_r$ reduzieren und der Term $\varepsilon_{\mathfrak{x}}\mathfrak{A}(\mathfrak{x}, \mathfrak{z}_1, \ldots, \mathfrak{z}_r)$ auf $\mathfrak{z}$, so reduziert sich die kritische Formel zunächst auf

$$\mathfrak{A}(\mathfrak{n}, \mathfrak{z}_1, \ldots, \mathfrak{z}_r) \to \mathfrak{z} \neq \mathfrak{n}'.$$

Hier ist nun entweder das Hinterglied eine wahre Formel oder $\mathfrak{n}'$ und $\mathfrak{z}$ stimmen überein, also ist $\mathfrak{n}$ kleiner als $\mathfrak{z}$, und daher reduziert sich bei $\mathfrak{G}$ das Vorderglied, gemäß der Eigenschaft der zulässigen Gesamtersetzung, auf „falsch".

Wir brauchen demnach, soweit wir es mit zulässigen Gesamtersetzungen zu tun haben, die kritischen Formeln zweiter Art gar nicht mehr zu betrachten.

Weiter ergibt sich aus der Eigenschaft einer zulässigen Gesamtersetzung, daß sich bei einer solchen Gesamtersetzung $\mathfrak{G}$ eine kritische Formel erster Art stets dann auf „wahr" reduziert, wenn der ε-Term, zu dem sie gehört, sich bei $\mathfrak{G}$ auf eine von 0 verschiedene Ziffer reduziert. Nämlich eine solche Formel

$$\mathfrak{A}(\mathfrak{k}, \mathfrak{a}_1, \ldots, \mathfrak{a}_r) \to \mathfrak{A}(\varepsilon_{\mathfrak{x}} \mathfrak{A}(\mathfrak{x}, \mathfrak{a}_1, \ldots, \mathfrak{a}_r), \mathfrak{a}_1, \ldots, \mathfrak{a}_r)$$

reduziert sich ja bei $\mathfrak{G}$ zunächst auf eine Formel

$$\mathfrak{A}(\mathfrak{n}, \mathfrak{z}_1, \ldots, \mathfrak{z}_r) \to \mathfrak{A}(\mathfrak{z}, \mathfrak{z}_1, \ldots, \mathfrak{z}_r),$$

wobei $\mathfrak{n}, \mathfrak{z}_1, \ldots, \mathfrak{z}_r$ die Ziffern sind, auf die sich die Terme $\mathfrak{k}, \mathfrak{a}_1, \ldots, \mathfrak{a}_r$ bei $\mathfrak{G}$ reduzieren, und $\mathfrak{z}$ der Wert der bei $\mathfrak{G}$ dem Grundtypus

$$\varepsilon_{\mathfrak{x}} \mathfrak{A}(\mathfrak{x}, a_1, \ldots, a_r)$$

zugeordneten Funktion für das Argument-Tupel $\mathfrak{z}_1, \ldots, \mathfrak{z}_r$. Wenn nun $\mathfrak{z}$ von 0 verschieden ist, so reduziert sich die Formel $\mathfrak{A}(\mathfrak{z}, \mathfrak{z}_1, \ldots, \mathfrak{z}_r)$ bei der zulässigen Gesamtersetzung $\mathfrak{G}$ auf „wahr", und daher reduziert sich auch die betrachtete kritische Formel auf „wahr".

Überdies aber können wir ein Verfahren angeben, um aus einer zulässigen Gesamtersetzung $\mathfrak{G}$, bei welcher mindestens eine kritische Formel erster Art sich auf „falsch" reduziert, eine neue zulässige Gesamtersetzung zu gewinnen: Wir betrachten die ε-Terme, zu denen die kritischen Formeln gehören, die sich bei $\mathfrak{G}$ auf „falsch" reduzieren. Unter den Grundtypen dieser ε-Terme nehmen wir denjenigen, der in unserer gewählten Reihenfolge der Grundtypen zuerst kommt. Sei $\varepsilon_{\mathfrak{x}} \mathfrak{A}(\mathfrak{x}, a_1, \ldots, a_r)$ dieser Grundtypus, und seien $\mathfrak{F}_1, \ldots, \mathfrak{F}_n$ die kritischen Formeln, welche zu einem ε-Term von diesem Grundtypus gehören und die sich bei $\mathfrak{G}$ auf „falsch" reduzieren. Der ε-Term, zu dem eine solche Formel gehört, hat die Gestalt $\varepsilon_{\mathfrak{x}} \mathfrak{A}(\mathfrak{x}, \mathfrak{a}_1, \ldots, \mathfrak{a}_r)$. Bei der Gesamtersetzung $\mathfrak{G}$ reduzieren sich die Terme $\mathfrak{a}_1, \ldots, \mathfrak{a}_r$ auf gewisse Ziffern $\mathfrak{z}_1, \ldots, \mathfrak{z}_r$, und der Term $\varepsilon_{\mathfrak{x}} \mathfrak{A}(\mathfrak{x}, \mathfrak{z}_1, \ldots, \mathfrak{z}_r)$ reduziert sich, wegen der Eigenschaft der zulässigen Gesamtersetzung, auf 0, da ja zu dem Term $\varepsilon_{\mathfrak{x}} \mathfrak{A}(\mathfrak{x}, \mathfrak{a}_1, \ldots, \mathfrak{a}_r)$ eine sich auf „falsch" reduzierende kritische Formel gehört. Unter den r-tupeln von Ziffern, welche in dieser Weise auftreten, nehmen wir dasjenige, welches in einer Numerierung der r-tupel die kleinste Nummer hat. (Die Numerierung mag etwa in erster Linie nach der maximalen Ziffer und bei gleicher maximaler Ziffer lexikographisch erfolgen[1].) Sei $\mathfrak{n}_1, \ldots, \mathfrak{n}_r$ dieses r-tupel. Diejenigen unter den Formeln $\mathfrak{F}_1, \ldots, \mathfrak{F}_n$, bei denen sich die Argumentterme des zugehörigen ε-Terms auf die Ziffern $\mathfrak{n}_1, \ldots, \mathfrak{n}_r$ reduzieren, haben Vorderglieder der Gestalt $\mathfrak{A}(\mathfrak{k}, \mathfrak{a}_1, \ldots, \mathfrak{a}_r)$. Jedes dieser Vorderglieder muß sich bei $\mathfrak{G}$ auf „wahr" reduzieren, während die Terme $\mathfrak{a}_1, \ldots, \mathfrak{a}_r$ sich auf

[1] Die gleiche Numerierung haben wir schon früher benutzt, vgl. S. 171.

$\mathfrak{n}_1, \ldots, \mathfrak{n}_r$ reduzieren und $\mathfrak{k}$ sich jeweils auf eine Ziffer reduziert. Unter den Ziffern, auf welche sich die Terme $\mathfrak{k}$ reduzieren, sei $\mathfrak{z}_0$ die kleinste; ferner sei $\mathfrak{z}^*$ die kleinste derjenigen Ziffern $\mathfrak{n}$ aus der Reihe $0', 0'', \ldots, \mathfrak{z}_0$, für welche sich die Formel $\mathfrak{A}(\mathfrak{n}, \mathfrak{n}_1, \ldots, \mathfrak{n}_r)$ auf „wahr“ reduziert. (0 kommt nicht in Betracht, weil sich ja $\mathfrak{A}(0, \mathfrak{n}_1, \ldots, \mathfrak{n}_r)$ auf „falsch“ reduziert.) Nun wird die dem Grundtypus $\varepsilon_{\mathfrak{x}}\mathfrak{A}(\mathfrak{x}, a_1, \ldots, a_r)$ bei $\mathfrak{G}$ zugeordnete Funktion in der Weise abgeändert, daß sie für das Argumenttupel $\mathfrak{n}_1, \ldots, \mathfrak{n}_r$ den Wert $\mathfrak{z}^*$ hat, während für alle übrigen r-tupel der frühere Wert beibehalten wird. Für die Grundtypen, welche in unserer gewählten Reihenfolge dem Grundtypus $\varepsilon_{\mathfrak{x}}\mathfrak{A}(\mathfrak{x}, a_1, \ldots, a_r)$ vorausgehen, lassen wir die zugeordneten Funktionen ungeändert; dagegen bei den ihm folgenden Grundtypen gehen wir auf die Nullersetzung zurück.

Von der so aus $\mathfrak{G}$ gewonnenen Gesamtersetzung $\mathfrak{G}'$ wollen wir nun zeigen, daß sie wiederum eine *zulässige* Gesamtersetzung ist.

Hierfür handelt es sich darum, einzusehen, daß für jeden Grundtypus $\varepsilon_{\mathfrak{y}}\mathfrak{C}(\mathfrak{y}, c_1, \ldots, c_n)$ aus unserer Grundtypenreihe die Bedingung erfüllt ist, daß für jedes n-tupel von Ziffern $\mathfrak{z}_1, \ldots, \mathfrak{z}_n$, bei welchem sich der Term $\varepsilon_{\mathfrak{x}}\mathfrak{C}(\mathfrak{x}, \mathfrak{z}_1, \ldots, \mathfrak{z}_n)$ bei $\mathfrak{G}'$ auf eine von 0 verschiedene Ziffer $\mathfrak{z}$ reduziert, die Formel $\mathfrak{C}(\mathfrak{z}, \mathfrak{z}_1, \ldots, \mathfrak{z}_n)$ sich auf „wahr“ reduziert, während für jede Ziffer $\mathfrak{p}$, die kleiner als $\mathfrak{z}$ ist, $\mathfrak{C}(\mathfrak{p}, \mathfrak{z}_1, \ldots, \mathfrak{z}_n)$ den Wert „falsch“ erhält. Dabei haben wir dem Umstande Rechnung zu tragen, daß im Falle, wo dem Grundtypus $\varepsilon_{\mathfrak{y}}\mathfrak{C}(\mathfrak{y}, c_1, \ldots, c_n)$ andere ε-Ausdrücke untergeordnet sind, in einer Formel $\mathfrak{C}(\mathfrak{z}, \mathfrak{z}_1, \ldots, \mathfrak{z}_n)$ bzw. $\mathfrak{C}(\mathfrak{p}, \mathfrak{z}_1, \ldots, \mathfrak{z}_n)$ entsprechende ε-Terme als Bestandteile auftreten.

Lautet z.B. ein Grundtypus $\varepsilon_x\mathfrak{C}(x, c)$ ausführlich geschrieben $\varepsilon_x\mathfrak{B}(x, c, \varepsilon_y\mathfrak{H}(x, y, c))$, so hat die entsprechende Formel $\mathfrak{C}(\mathfrak{z}, \mathfrak{z}_1)$ die Gestalt $\mathfrak{B}(\mathfrak{z}, \mathfrak{z}_1, \varepsilon_y\mathfrak{H}(\mathfrak{z}, y, \mathfrak{z}_1))$, und entsprechend hat $\mathfrak{C}(\mathfrak{p}, \mathfrak{z}_1)$ die Gestalt $\mathfrak{B}(\mathfrak{p}, \mathfrak{z}_1, \varepsilon_y\mathfrak{H}(\mathfrak{p}, y, \mathfrak{z}_1))$.

Die auf solche Weise in den Formeln $\mathfrak{C}(\mathfrak{z}, \mathfrak{z}_1, \ldots, \mathfrak{z}_n)$ und $\mathfrak{C}(\mathfrak{p}, \mathfrak{z}_1, \ldots, \mathfrak{z}_n)$ auftretenden ε-Terme sind jedoch stets von niedrigerem Range als der ε-Term (Grundtypus) $\varepsilon_{\mathfrak{y}}\mathfrak{C}(\mathfrak{y}, c_1, \ldots, c_n)$. Wenn nun der Grundtypus $\varepsilon_{\mathfrak{y}}\mathfrak{C}(\mathfrak{y}, c_1, \ldots, c_n)$ dem für die Bildung von $\mathfrak{G}'$ maßgeblichen Grundtypus $\varepsilon_{\mathfrak{x}}\mathfrak{A}(\mathfrak{x}, a_1, \ldots, a_r)$, der kurz mit $\mathfrak{e}$ angegeben werde, in der Reihe unserer Grundtypen vorausgeht, so geht erst recht der Grundtypus jedes ε-Terms von niedrigerem Range dem Grundtypus $\mathfrak{e}$ voraus und erhält daher bei $\mathfrak{G}'$ die gleiche zugeordnete Funktion wie bei $\mathfrak{G}$. Die Bedingung für eine zulässige Gesamtersetzung ist also für die Grundtypen, welche $\mathfrak{e}$ in der Grundtypenreihe vorausgehen, bei $\mathfrak{G}'$ ebenso erfüllt wie bei $\mathfrak{G}$. Andererseits ist diese Bedingung für die Grundtypen, welche hinter $\mathfrak{e}$ stehen, bei $\mathfrak{G}'$ in trivialer Weise erfüllt, weil ja für diese Grundtypen die Nullersetzung festgelegt ist. Es bleibt der Grundtypus $\mathfrak{e}$, d.h. $\varepsilon_{\mathfrak{x}}\mathfrak{A}(\mathfrak{x}, a_1, \ldots, a_r)$ zu betrachten. Für diesen haben wir es so eingerichtet, daß für jedes r-tupel von Ziffern $\mathfrak{z}_1, \ldots, \mathfrak{z}_r$, welches von dem r-tupel $\mathfrak{n}_1, \ldots, \mathfrak{n}_r$ verschieden ist, der Term $\varepsilon_{\mathfrak{x}}\mathfrak{A}(\mathfrak{x}, \mathfrak{z}_1, \ldots, \mathfrak{z}_n)$ sich bei $\mathfrak{G}'$ ebenso reduziert wie bei $\mathfrak{G}$ und daß auch, für jede Ziffer $\mathfrak{z}$, die Formel $\mathfrak{A}(\mathfrak{z}, \mathfrak{z}_1, \ldots, \mathfrak{z}_r)$ — die ja nur ε-Terme von niedrigerem Range als $\mathfrak{e}$ enthalten kann — sich bei $\mathfrak{G}'$ ebenso reduziert wie bei $\mathfrak{G}$. Und was das r-tupel $\mathfrak{n}_1, \ldots, \mathfrak{n}_r$ betrifft, so reduziert sich der Term $\varepsilon_{\mathfrak{x}}\mathfrak{A}(\mathfrak{x}, \mathfrak{n}_1, \ldots, \mathfrak{n}_r)$ bei $\mathfrak{G}'$ auf die Ziffer $\mathfrak{z}^*$, und die Formel $\mathfrak{A}(\mathfrak{z}^*, \mathfrak{n}_1, \ldots, \mathfrak{n}_r)$ reduziert sich bei $\mathfrak{G}$ und daher auch bei $\mathfrak{G}'$ auf „wahr", während sich $\mathfrak{A}(\mathfrak{p}, \mathfrak{n}_1, \ldots, \mathfrak{n}_r)$ für jede Ziffer $\mathfrak{p}$, die kleiner als $\mathfrak{z}^*$ ist, bei $\mathfrak{G}$ und $\mathfrak{G}'$ auf „falsch" reduziert.

Somit sind wir nun in der Lage, ausgehend von der Nullersetzung, eine Aufeinanderfolge von zulässigen Gesamtersetzungen zu bilden, bei der auf jede Gesamtersetzung, durch welche nicht alle kritischen Formeln — es handelt sich jetzt nur noch um die kritischen Formeln erster Art — sich auf „wahr" reduzieren, eine neue Gesamtersetzung folgt, die sich von der vorherigen in einem Funktionswerte der einem gewissen Grundtypus zugeordneten Funktion, (bzw. im einfachsten Falle in dem diesem Grundtypus zugeordneten Zahlwert) unterscheidet.

Es kommt jetzt noch darauf an, zu erkennen, daß diese Aufeinanderfolge zulässiger Gesamtersetzungen zu einem Abschluß kommen muß.

Zu diesem Nachweis führen wir, dem Verfahren von ACKERMANN folgend, verschiedene Begriffsbildungen ein.

Eine Zuweisung eines von 0 verschiedenen Funktionswertes für einen Grundtypus an einer Argumentstelle (bzw. eines von 0 verschiedenen Ziffernwertes für einen Grundtypus ohne Argument) möge eine „Beispielsersetzung" genannt werden[1]. Bei jeder Gesamtersetzung mit Ausnahme der anfänglichen Nullersetzung gibt es unter den Grundtypen einen ersten, für den sich die Bewertung durch eine Funktion bzw. Ziffer gegenüber der vorhergehenden Gesamtersetzung unterscheidet. Die Nummer dieses Grundtypus in der Reihe der Grundtypen heiße die „charakteristische Grundtypen-Nummer" der Gesamtersetzung, und die Anzahl der Grundtypen, von diesem an gerechnet, heiße die „charakteristische Zahl" der Gesamtersetzung.

Die Gesamtersetzungen mögen nach der Reihenfolge ihrer Bildung als $\mathfrak{G}_0, \mathfrak{G}_1, \ldots$ aufgezählt werden. Eine Gesamtersetzung $\mathfrak{G}_k$ heiße gegenüber einer ihr vorausgehenden Gesamtersetzung $\mathfrak{G}_i$ „progressiv", wenn alle Beispielsersetzungen aus $\mathfrak{G}_i$ in $\mathfrak{G}_k$ beibehalten sind.

Allgemein enthält für $i < k$ die Gesamtersetzung $\mathfrak{G}_k$ eine Beispielsersetzung, welche bei $\mathfrak{G}_i$ nicht auftritt. Denn sei $\mathfrak{G}_j$ unter den Gesamtersetzungen $\mathfrak{G}_{i+1}, \ldots, \mathfrak{G}_k$ eine solche mit minimaler charakteristischer

[1] Mit dieser Bezeichnung wird Bezug darauf genommen, daß der betreffende von 0 verschiedene, einem Grundtypus $\varepsilon_{\mathfrak{x}}\mathfrak{B}(\mathfrak{x}, a_1, \ldots, a_r)$ für die Argumentstelle $\mathfrak{z}_1, \ldots, \mathfrak{z}_r$ durch eine Gesamtersetzung neu zugewiesene Funktionswert (bzw. Ziffernwert) ein Beispiel einer Ziffer $\mathfrak{z}$ bildet, für welche sich die Formel $\mathfrak{B}(\mathfrak{z}, \mathfrak{z}_1, \ldots, \mathfrak{z}_r)$ bei dieser Gesamtersetzung auf „wahr" reduziert.

Grundtypen-Nummer; dann wird durch $\mathfrak{G}_j$ eine bei $\mathfrak{G}_i$ nicht auftretende Beispielsersetzung eingeführt, und diese wird bei den eventuell noch folgenden Gesamtersetzungen (gemäß unserem Verfahren zur Bildung der Gesamtersetzungen) beibehalten.

Es sei $\mathfrak{a}_0, \mathfrak{a}_1, \ldots, \mathfrak{a}_h$ eine Reihe von ε-Termen, von denen jeder einen Grundtypus hat, der in unserer Grundtypenreihe auftritt, und worin mit jedem auftretenden ε-Term auch jeder in diesem eingelagerte ε-Term, und zwar an früherer Stelle, vorkommt. Um die zuletzt genannte Bedingung für die Reihenfolge bei einer endlichen Gesamtheit von ε-Termen zu erfüllen, können wir generell so verfahren, daß wir eine Nummernzuordnung für die ε-Terme einführen, die nur die Eigenschaften zu haben braucht, daß verschiedene ε-Terme verschiedene Nummern erhalten und daß ein ε-Term, der echter Bestandteil eines anderen ist, eine kleinere Nummer als dieser erhält[1]. Die Reihenfolge für die ε-Terme einer Gesamtheit bestimmt sich dann so, daß diese Terme nach steigender Größe der zugeordneten Nummern aufeinander folgen. Irgend eine solche Festlegung der Reihenfolge für ε-Terme denken wir uns gewählt, und wir nennen eine Reihe von ε-Termen, welche die genannte Bedingung erfüllt, eine „normale" Reihe von ε-Termen.

Unter der „Reduktionszahl" einer Gesamtersetzung $\mathfrak{G}$ in bezug auf eine normale Reihe von ε-Termen $\mathfrak{a}_0, \mathfrak{a}_1, \ldots, \mathfrak{a}_h$ verstehen wir den Wert des Ausdruckes

$$n_0 \cdot 2^h + n_1 \cdot 2^{h-1} + \cdots + n_{h-1} \cdot 2 + n_h,$$

wobei n_j $(j = 0, \ldots, h)$ den Wert 1 oder 0 hat, je nachdem sich der ε-Term $\mathfrak{a}_j$ bei der Gesamtersetzung $\mathfrak{G}$ auf 0 oder auf eine von 0 verschiedene Ziffer reduziert.

Wir betrachten die Reduktionszahl einer Gesamtersetzung $\mathfrak{G}_i$ insbesondere in bezug auf zwei normale Reihen von ε-Termen, erstens: in bezug auf die (in der festgesetzten Reihenfolge geordnete) Reihe aller in den betrachteten kritischen Formeln erster Art vorkommenden ε-Terme, zweitens: in bezug auf die (wiederum nach der festgesetzten Reihenfolge geordnete) Reihe derjenigen ε-Terme, welche in den Formeln

$$\mathfrak{A}(0, \mathfrak{n}_1, \ldots, \mathfrak{n}_r), \mathfrak{A}(0', \mathfrak{n}_1, \ldots, \mathfrak{n}_r), \ldots, \mathfrak{A}(\mathfrak{z}_0, \mathfrak{n}_1, \ldots, \mathfrak{n}_r)$$

vorkommen, anhand deren bei $\mathfrak{G}_i$ die Ziffer $\mathfrak{z}^*$ für die nächste Gesamtersetzung gefunden wird. Die Reduktionszahl von $\mathfrak{G}_i$ in bezug auf die erstgenannte Reihe von ε-Termen werde kurz als die „erste Reduktions-

[1] Hierzu genügt jedenfalls diejenige Nummernzuordnung, die wir aus der in § 5, S. 306—309 für den Formalismus (Z_μ) eingeführten Nummernzuordnung gewinnen, indem wir jedem ε-Term $\mathfrak{e}$ die Nummer zuweisen, welche bei jener Nummernzuordnung derjenige Term $\mathfrak{t}$ erhält, der aus $\mathfrak{e}$ entsteht, indem jedes in $\mathfrak{e}$ vorkommende ε-Symbol durch das entsprechende μ-Symbol ersetzt wird.

zahl" von $\mathfrak{G}_i$, diejenige in bezug auf die zweite Reihe als die „zweite Reduktionszahl" von $\mathfrak{G}_i$ bezeichnet.

Bezüglich dieser Reduktionszahlen von Gesamtersetzungen brauchen wir einige Feststellungen.

Hilfssatz 1. Eine Gesamtersetzung $\mathfrak{G}_i$ kann nicht mit ihrer nachfolgenden hinsichtlich ihrer ersten Reduktionszahl übereinstimmen.

Denn beim Übergang von $\mathfrak{G}_i$ zu $\mathfrak{G}_{i+1}$ erhält ja genau ein Grundtypus $\varepsilon_{\mathfrak{x}}\mathfrak{A}(\mathfrak{x}, a_1, \ldots, a_r)$ eine zusätzliche Beispielsersetzung für ein Argumenttupel $(\mathfrak{n}_1, \ldots, \mathfrak{n}_r)$. Dabei werden die Ziffern $\mathfrak{n}_1, \ldots, \mathfrak{n}_r$ aus einem ε-Term $\varepsilon_{\mathfrak{x}}\mathfrak{A}(\mathfrak{x}, \mathfrak{a}_1, \ldots, \mathfrak{a}_r)$ erhalten, zu dem eine der kritischen Formeln gehört, die sich bei $\mathfrak{G}_i$ auf „falsch" reduziert. Die Terme $\mathfrak{a}_1, \ldots, \mathfrak{a}_r$ reduzieren sich bei $\mathfrak{G}_i$ auf $\mathfrak{n}_1, \ldots, \mathfrak{n}_r$, der Term $\varepsilon_{\mathfrak{x}}\mathfrak{A}(\mathfrak{x}, \mathfrak{a}_1, \ldots, \mathfrak{a}_r)$ auf 0. Entweder nun reduzieren sich die in den Termen $\mathfrak{a}_1, \ldots, \mathfrak{a}_r$ auftretenden ε-Terme bei $\mathfrak{G}_{i+1}$ in gleicher Weise wie bei $\mathfrak{G}_i$, dann reduzieren sich jene Terme bei $\mathfrak{G}_{i+1}$ wiederum auf die Ziffern $\mathfrak{n}_1, \ldots, \mathfrak{n}_r$; der Term $\varepsilon_{\mathfrak{x}}\mathfrak{A}(\mathfrak{x}, \mathfrak{n}_1, \ldots, \mathfrak{n}_r)$ reduziert sich aber bei $\mathfrak{G}_{i+1}$ auf eine von 0 verschiedene Ziffer, und somit reduziert sich $\varepsilon_{\mathfrak{x}}\mathfrak{A}(\mathfrak{x}, \mathfrak{a}_1, \ldots, \mathfrak{a}_r)$ bei $\mathfrak{G}_{i+1}$ anders als bei $\mathfrak{G}_i$. (Und dieses gilt natürlich auch, falls die Anzahl r der Argumentterme $\mathfrak{a}_i$ Null ist.) Andernfalls reduziert sich mindestens einer der in den Termen $\mathfrak{a}_1, \ldots, \mathfrak{a}_r$ auftretenden ε-Terme bei $\mathfrak{G}_{i+1}$ anders als bei $\mathfrak{G}_i$, und ein solcher ε-Term gehört auch zur Reihe der ε-Terme, die in unseren kritischen Formeln erster Art auftreten. Jedenfalls also gibt es in dieser Reihe mindestens einen Term, der sich bei $\mathfrak{G}_{i+1}$ anders reduziert als bei $\mathfrak{G}_i$. Dieser Unterschied kann aber nur darin bestehen, daß bei einer der beiden Gesamtersetzungen der ε-Term sich auf 0, bei der anderen auf eine von 0 verschiedene Ziffer reduziert; denn die Änderung der Wertbestimmungen für die Grundtypen beim Übergang von $\mathfrak{G}_i$ zu $\mathfrak{G}_{i+1}$ besteht ja ausschließlich darin, daß einerseits anstelle eines Funktionswertes 0 ein von 0 verschiedener Funktionswert tritt, andererseits eventuell bei gewissen Grundtypen auf die Nullersetzung zurückgegangen wird. Demnach wird in dem Ausdruck

$$n_0 \cdot 2^h + n_1 \cdot 2^{h-1} + \cdots + n_{h-1} \cdot 2 + n_h,$$

welcher die erste Reduktionszahl bestimmt, beim Übergang von $\mathfrak{G}_i$ zu $\mathfrak{G}_{i+1}$ mindestens eine der Zahlen $n_0, \ldots, n_h$ verändert; damit verändert sich aber auch der Wert des Ausdrucks.

Hilfssatz 2. Ist die Gesamtersetzung $\mathfrak{G}_k$ gegenüber $\mathfrak{G}_i$ progressiv, so reduzieren sich die ε-Terme einer normalen Reihe von ε-Termen entweder bei $\mathfrak{G}_i$ und $\mathfrak{G}_k$ in gleicher Weise, oder die Reduktionszahl von $\mathfrak{G}_k$ in bezug auf jene Reihe ist kleiner als diejenige von $\mathfrak{G}_i$.

Nämlich, wenn der erste Fall nicht vorliegt, so sei $\mathfrak{a}_j$ der erste der ε-Terme aus jener Reihe, die sich bei $\mathfrak{G}_k$ anders reduzieren als bei $\mathfrak{G}_i$, und entstehe dieser Term aus seinem Grundtypus $\varepsilon_{\mathfrak{x}} \mathfrak{B}(\mathfrak{x}, c_1, \ldots, c_r)$, indem für die Argumentvariablen $c_1, \ldots, c_r$ die Terme $\mathfrak{r}_1, \ldots, \mathfrak{r}_r$ gesetzt werden. Jeder in $\mathfrak{r}_1, \ldots, \mathfrak{r}_r$ auftretende ε-Term kommt dann jedenfalls in der betrachteten normalen Reihe vor, und zwar an früherer Stelle als $\mathfrak{a}_j$. Ein solcher Term reduziert sich also bei $\mathfrak{G}_k$ ebenso wie bei $\mathfrak{G}_i$. Somit reduzieren sich die Terme $\mathfrak{r}_1, \ldots, \mathfrak{r}_r$ bei $\mathfrak{G}_k$ in gleicher Weise wie bei $\mathfrak{G}_i$. Sind nun $\mathfrak{z}_1, \ldots, \mathfrak{z}_r$ die Ziffern, auf die sich jene Terme bei den beiden Gesamtersetzungen reduzieren, so erhält der Grundtypus $\varepsilon_{\mathfrak{x}} \mathfrak{B}(\mathfrak{x}, c_1, \ldots, c_r)$ an der Stelle $\mathfrak{z}_1, \ldots, \mathfrak{z}_r$ bei $\mathfrak{G}_k$ eine andere Ersetzung als bei $\mathfrak{G}_i$, und da $\mathfrak{G}_k$ gegenüber $\mathfrak{G}_i$ progressiv ist, so muß die Änderung in dem Übergang von der Nullersetzung zu einer Beispielsersetzung bestehen. In dem Ausdruck

$$n_0 \cdot 2^h + n_1 \cdot 2^{h-1} + \cdots + n_{h-1} \cdot 2 + n_h,$$

welcher die Reduktionszahlen der Gesamtersetzungen in bezug auf die betreffende normale Reihe von ε-Termen bestimmt, sind daher die Werte von $n_0, \ldots, n_{j-1}$ für $\mathfrak{G}_i$ und $\mathfrak{G}_k$ die gleichen, dagegen hat n_j bei $\mathfrak{G}_i$ den Wert 1, bei $\mathfrak{G}_k$ den Wert 0.

Hilfssatz 3. Wenn die Gesamtersetzung $\mathfrak{G}_k$ gegenüber $\mathfrak{G}_i$ progressiv ist, so ist entweder die erste Reduktionszahl für $\mathfrak{G}_k$ kleiner als für $\mathfrak{G}_i$, oder diese Reduktionszahlen sind gleich und die zweite Reduktionszahl ist für $\mathfrak{G}_k$ kleiner als für $\mathfrak{G}_i$; oder aber die beiden Reduktionszahlen sind für $\mathfrak{G}_i$ und $\mathfrak{G}_k$ die gleichen, und es schließt sich dann an $\mathfrak{G}_k$ eine Gesamtersetzung $\mathfrak{G}_{k+1}$ an, die wiederum gegenüber $\mathfrak{G}_{i+1}$ progressiv ist und die gleiche charakteristische Zahl hat wie $\mathfrak{G}_{i+1}$; außerdem ist dann die neue Beispielsersetzung beim Übergang von $\mathfrak{G}_k$ zu $\mathfrak{G}_{k+1}$ die gleiche wie beim Übergang von $\mathfrak{G}_i$ zu $\mathfrak{G}_{i+1}$.

Denn wenden wir zunächst den Hilfssatz 2 auf diejenige Reihe von ε-Termen an, welche die erste Reduktionszahl bestimmt, so ergibt sich, daß entweder diese Reduktionszahl für $\mathfrak{G}_k$ kleiner als für $\mathfrak{G}_i$ ist oder daß sich alle in den betrachteten kritischen Formeln erster Art vorkommenden ε-Terme bei $\mathfrak{G}_i$ und bei $\mathfrak{G}_k$ in gleicher Weise reduzieren. Die Auffindung einer neuen Beispielsersetzung knüpft sich dann für $\mathfrak{G}_i$ und für $\mathfrak{G}_k$ an die gleiche kritische Formel; an $\mathfrak{G}_k$ schließt sich ebenso wie an $\mathfrak{G}_i$ eine nachfolgende Gesamtersetzung $\mathfrak{G}_{k+1}$, und die charakteristische Grundtypennummer l von $\mathfrak{G}_{k+1}$ ist die gleiche wie die von $\mathfrak{G}_{i+1}$. Ferner bezieht sich die zweite Reduktionszahl für $\mathfrak{G}_i$ und $\mathfrak{G}_k$ auf die gleiche Gesamtheit von ε-Termen. Nun gilt wiederum nach dem Hilfssatz 2, daß die Reduktionszahl in bezug auf diese Gesamtheit, d.h. die zweite Reduktionszahl, für $\mathfrak{G}_k$ kleiner ist als für $\mathfrak{G}_i$ oder daß alle ε-Terme jener Gesamtheit sich bei $\mathfrak{G}_k$ ebenso reduzieren wie bei $\mathfrak{G}_i$. Daraus folgt aber, daß die bei $\mathfrak{G}_{k+1}$ hinzutretende Beispielsersetzung dieselbe ist wie bei $\mathfrak{G}_{i+1}$. Weiter ergibt sich, daß alle Beispielsersetzungen von $\mathfrak{G}_{i+1}$ auch bei $\mathfrak{G}_{k+1}$ auftreten. Nämlich die Beispielsersetzungen von $\mathfrak{G}_{i+1}$ bestehen ja aus denjenigen von $\mathfrak{G}_i$, welche die Wertbestimmung von Grundtypen mit Nummern $\leqq l$ betreffen, und außerdem noch der bei $\mathfrak{G}_{i+1}$ hinzukommenden Beispielsersetzung. Die Beispielsersetzungen von $\mathfrak{G}_i$ sind aber alle auch bei $\mathfrak{G}_k$ vorhanden, da ja $\mathfrak{G}_k$ gegenüber $\mathfrak{G}_i$ progressiv ist, und soweit sich diese Beispielsersetzungen auf Grundtypen mit einer Nummer $\leqq l$ beziehen, bleiben sie beim Übergang von $\mathfrak{G}_k$ zu $\mathfrak{G}_{k+1}$ erhalten; auch kommt ja bei diesem Übergang die gleiche Beispielsersetzung hinzu wie bei demjenigen von $\mathfrak{G}_i$ zu $\mathfrak{G}_{i+1}$. Also ist die Gesamtersetzung $\mathfrak{G}_{k+1}$ gegenüber $\mathfrak{G}_{i+1}$ progressiv.

Wir führen nunmehr noch die Begriffe einer „$\mathfrak{m}$-Reihe von Gesamtersetzungen“ und des „Index einer $\mathfrak{m}$-Reihe“ ein: Eine Aufeinanderfolge von Gesamtersetzungen $\mathfrak{G}_i, \mathfrak{G}_{i+1}, \ldots, \mathfrak{G}_{i+p}$ heiße eine 1-Reihe, wenn $p=0$ ist, wenn also die Aufeinanderfolge nur aus einer einzigen Gesamtersetzung besteht. Sie heiße eine $\mathfrak{m}$-Reihe, für $\mathfrak{m} > 1$, wenn die charakteristischen Zahlen von $\mathfrak{G}_{i+1}, \ldots, \mathfrak{G}_{i+p}$ alle kleiner als $\mathfrak{m}$ sind, während $\mathfrak{G}_i$ entweder die Nullersetzung $\mathfrak{G}_0$ ist oder eine charakteristische Zahl $\geqq \mathfrak{m}$ hat und ferner, falls nicht $\mathfrak{G}_{i+p}$ die letzte Gesamtersetzung überhaupt ist, $\mathfrak{G}_{i+p+1}$ eine charakteristische Zahl $\geqq \mathfrak{m}$ hat. Es ist also bei einer $\mathfrak{m}$-Reihe $\mathfrak{G}_i, \mathfrak{G}_{i+1}, \ldots, \mathfrak{G}_{i+p}$ die Aufeinanderfolge $\mathfrak{G}_{i+1}, \ldots, \mathfrak{G}_{i+p}$ eine beiderseits nicht erweiterbare Folge von Gesamtersetzungen mit charakteristischen Zahlen $< \mathfrak{m}$. Gemäß dieser Definition kann eine $(\mathfrak{m}+1)$-Reihe zugleich eine $\mathfrak{m}$-Reihe sein, im allgemeinen aber besteht sie aus mehreren $\mathfrak{m}$-Reihen, bei welchen, von der zweiten Teilreihe an, das Anfangsglied die charakteristische Zahl $\mathfrak{m}$ hat.

Ferner ist ersichtlich, daß bei den Gesamtersetzungen einer $(\mathfrak{m}+1)$-Reihe die Wertbestimmungen für alle Grundtypen mit Ausnahme der $\mathfrak{m}$ letzten, übereinstimmen.

Als den Index einer 1-Reihe, die ja nur aus einer Gesamtersetzung $\mathfrak{G}$ besteht, erklären wir die 0-ω-Figur $\omega^1 \cdot r + \omega^0 \cdot s$, oder kurz $\omega \cdot r + s$, worin r die erste, s die zweite Reduktionszahl von $\mathfrak{G}$ ist. Als Index einer $(\mathfrak{m}+1)$-Reihe, in der die aufeinanderfolgenden $\mathfrak{m}$-Reihen, aus denen sie besteht, die Indices $\alpha_1, \ldots, \alpha_h$ haben, erklären wir die Figur $\omega^{\alpha_1} + \cdots + \omega^{\alpha_h}$. Daß die so definierten Indices von $\mathfrak{m}$-Reihen auch für $\mathfrak{m} > 1$ 0-ω-Figuren sind, wird sich durch einen Schluß von $\mathfrak{m}$ auf $\mathfrak{m}+1$ ergeben, indem wir zeigen werden, daß die Indices der aufeinanderfolgenden $\mathfrak{m}$-Reihen in einer $(\mathfrak{m}+1)$-Reihe jeweils eine absteigende Folge von 0-ω-Figuren bilden.

Mit diesem Nachweis wird zugleich auch unser Ziel erreicht werden: zu zeigen, daß die Aufeinanderfolge der Gesamtersetzungen zum Abschluß kommt, womit ja dann eine Gesamtersetzung erreicht wird, durch welche sich alle kritischen Formeln auf „wahr“ reduzieren.

Nämlich, eine absteigende Folge von 0-ω-Figuren führt ja nach endlich vielen Schritten zum Abschluß. Wenn daher die Indices der aufeinanderfolgenden $\mathfrak{m}$-Reihen in einer $(\mathfrak{m}+1)$-Reihe eine absteigende Folge von 0-ω-Figuren bilden, so können in jeder $(\mathfrak{m}+1)$-Reihe nur endlich viele $\mathfrak{m}$-Reihen aufeinanderfolgen. Demnach ergibt sich zunächst, daß eine 2-Reihe nur endlich viele 1-Reihen, d.h. nur endlich viele Gesamtersetzungen enthalten kann, und weiter durch Schluß von $\mathfrak{m}$ auf $\mathfrak{m}+1$, daß jede $\mathfrak{m}$-Reihe nur endlich viele Gesamtersetzungen enthält.

Ist aber g die Anzahl der Grundtypen in unserer Grundtypenreihe, so bildet unsere Aufeinanderfolge von Gesamtersetzungen in jedem Stadium ein Anfangsstück einer $(g+1)$-Reihe, da ja die charakteristische Zahl einer Gesamtersetzung höchstens g sein kann. Und somit muß diese Aufeinanderfolge nach endlich vielen Gesamtersetzungen ihren Abschluß erreichen. Es bleibt also tatsächlich nur noch zu zeigen, daß die Indices der aufeinanderfolgenden $\mathfrak{m}$-Reihen in einer $(\mathfrak{m}+1)$-Reihe absteigend sind.

Hierfür entnehmen wir zunächst aus unserem Hilfssatz 3 die Folgerung: Wenn eine Gesamtersetzung $\mathfrak{G}_k$ gegenüber einer anderen $\mathfrak{G}_i$ progressiv ist, so ist entweder der Index von $\mathfrak{G}_k$ kleiner als derjenige von $\mathfrak{G}_i$, oder beide Gesamtersetzungen haben gleichen Index, und es schließt sich an $\mathfrak{G}_k$ eine Gesamtersetzung $\mathfrak{G}_{k+1}$ an, welche gegenüber $\mathfrak{G}_{i+1}$ progressiv ist und welche die gleiche charakteristische Zahl und die gleiche neue Beispielsersetzung wie $\mathfrak{G}_{i+1}$ hat.

Die Behauptung für den ersten Fall ergibt sich gemäß den ersten beiden Fällen des Hilfssatzes 3 daraus, daß der Index $\omega \cdot r + s$ einer Gesamtersetzung sich verkleinert, wenn ihre erste Reduktionszahl r sich verkleinert, wie auch, wenn die erste Reduktionszahl gleich bleibt und die zweite Reduktionszahl sich verkleinert. Und anderenfalls folgt die Behauptung unmittelbar gemäß dem dritten Fall des Hilfssatzes 3.

Mit Hinzunahme des Hilfssatzes 1 folgt noch: wenn die Gesamtersetzung $\mathfrak{G}_{i+1}$ gegenüber $\mathfrak{G}_i$ progressiv ist, dann ist der Index von $\mathfrak{G}_{i+1}$ kleiner als der von $\mathfrak{G}_i$.

Aus diesem Satz folgt nun sogleich, daß die Gesamtersetzungen, aus denen eine 2-Reihe besteht, absteigende Indices haben. Denn diese Gesamtersetzungen haben ja, abgesehen von der ersten alle die charakteristische Zahl 1, also die charakteristische Grundtypennummer g. Es werden also bei jeder dieser Gesamtersetzungen alle Beispielsersetzungen beibehalten. Das heißt, jede von diesen Gesamtersetzungen (abgesehen wieder von der ersten) ist gegenüber der vorhergehenden progressiv; und somit ist die eben formulierte Folgerung aus dem ersten Hilfssatz anwendbar. Aus der Abnahme der Indices der Gesamtersetzungen in einer 2-Reihe ergibt sich nun erstens, daß eine solche 2-Reihe nach endlich vielen Schritten zum Abschluß kommt, und weiter, daß wenn $\alpha_1, \ldots, \alpha_n$ die Indices der sukzessiven Gesamtersetzungen sind, dann die Figur $\omega^{\alpha_1} + \cdots + \omega^{\alpha_n}$, die wir ja als Index der 2-Reihe erklärt haben, eine 0-ω-Figur bildet.

Zugleich folgt damit, daß, wenn bei zwei 2-Reihen (die nicht unmittelbar aufeinander zu folgen brauchen) der Index der ersten Gesamtersetzung in der einen Reihe größer ist als derjenige der ersten Gesamtersetzung in der anderen Reihe, dann auch der Index der einen Reihe größer ist als derjenige der anderen Reihe. Außerdem gilt noch folgendes: Wenn zwei 2-Reihen

$$\mathfrak{G}_i,\ \mathfrak{G}_{i+1},\ \ldots$$

$$\mathfrak{G}_{i+p},\ \mathfrak{G}_{i+p+1},\ \ldots$$

(die nicht unmittelbar aufeinander zu folgen brauchen) bis zu $\mathfrak{G}_{i+r}$, $\mathfrak{G}_{i+p+r}$ *exklusive*, in den Indices der Gesamtersetzungen übereinstimmen, während $\mathfrak{G}_{i+r}$ einen größeren Index hat als $\mathfrak{G}_{i+p+r}$, so ist auch der Index der ersten 2-Reihe größer als derjenige der zweiten.

Es kommt nun darauf an, das, was hier für 2-Reihen festgestellt ist, allgemein für $\mathfrak{m}$-Reihen mit $\mathfrak{m} \geqq 2$ als gültig zu erweisen. Die Behauptungen lauten:

(1) Für jede in Betracht kommende Zahl $\mathfrak{m}$ sind die Figuren, welche die Indices der $(\mathfrak{m}-1)$-Reihen darstellen, 0-ω-Figuren.

(2) Die Indices der aufeinanderfolgenden $(\mathfrak{m}-1)$-Reihen in einer $\mathfrak{m}$-Reihe sind absteigend.

(3) Haben wir zwei $\mathfrak{m}$-Reihen, die mit $\mathfrak{G}_i$ und $\mathfrak{G}_{i+p}$ beginnen (sie brauchen nicht unmittelbar aufeinander zu folgen), und hat $\mathfrak{G}_i$ größeren Index als $\mathfrak{G}_{i+p}$, so hat die erste der beiden $\mathfrak{m}$-Reihen größeren Index als die andere. Das gleiche findet statt, wenn die beiden $\mathfrak{m}$-Reihen beziehungsweise mit

$$\mathfrak{G}_i,\ \mathfrak{G}_{i+1},\ \ldots,\ \mathfrak{G}_{i+r},$$

$$\mathfrak{G}_{i+p},\ \mathfrak{G}_{i+p+1},\ \ldots,\ \mathfrak{G}_{i+p+r},$$

beginnen, wobei $\mathfrak{G}_{i+r}$ größeren Index hat als $\mathfrak{G}_{i+p+r}$, während für $0 \leqq j < r$ $\mathfrak{G}_{i+j}$ gleichen Index hat wie $\mathfrak{G}_{i+p+j}$ und für $1 \leqq j \leqq r$ $\mathfrak{G}_{i+j}$ die gleiche charakteristische Zahl hat wie $\mathfrak{G}_{i+p+j}$.

Diese Behauptungen sollen nun durch Schluß von $\mathfrak{m}$ auf $\mathfrak{m}+1$ erwiesen werden; d.h., wir nehmen an, sie seien schon bis zu $\mathfrak{m}$ einschließlich als gültig erkannt und wir wollen sie für $\mathfrak{m}+1$ als gültig erkennen.

Hierfür beachten wir zunächst, daß aus den Aussagen (1) und (2) über die $(\mathfrak{m}-1)$-Reihen, aus denen eine $\mathfrak{m}$-Reihe besteht, sogleich die Behauptung (1) für die $\mathfrak{m}$-Reihe folgt. Davon machen wir bei der Behauptung (3) implizite Gebrauch, indem wir mit Bezug auf die Indices zweier $\mathfrak{m}$-Reihen von „größer" sprechen.

Nun kommt es weiter darauf an, die Behauptung (2) für die aufeinanderfolgenden $\mathfrak{m}$-Reihen einer $(\mathfrak{m}+1)$-Reihe als zutreffend zu erweisen. Dabei werden wir die Gültigkeit von (3) für $\mathfrak{m}$-Reihen benutzen.

Betrachten wir also zwei aufeinanderfolgende $\mathfrak{m}$-Reihen in einer $(\mathfrak{m}+1)$-Reihe. Die erste dieser $\mathfrak{m}$-Reihen laute

$$\mathfrak{G}_i, \mathfrak{G}_{i+1}, \ldots, \mathfrak{G}_{i+p-1} \quad (p \geqq 1),$$

die zweite beginnt dann mit $\mathfrak{G}_{i+p}$. $\mathfrak{G}_i$ ist entweder $\mathfrak{G}_0$ oder hat eine charakteristische Zahl $\geqq \mathfrak{m}$; $\mathfrak{G}_{i+p}$ hat die charakteristische Zahl $\mathfrak{m}$, während $\mathfrak{G}_{i+1}, \ldots, \mathfrak{G}_{i+p-1}$ kleinere charakteristische Zahlen haben. Hieraus folgt, daß keine der bei $\mathfrak{G}_i$ vorliegenden Beispielsersetzungen durch eine der Gesamtersetzungen $\mathfrak{G}_{i+1}, \ldots, \mathfrak{G}_{i+p}$ aufgehoben wird. Somit ist $\mathfrak{G}_{i+p}$ jedenfalls gegenüber $\mathfrak{G}_i$ progressiv. Daher hat nach Hilfssatz 3 entweder $\mathfrak{G}_{i+p}$ einen kleineren Index als $\mathfrak{G}_i$, oder beide haben gleichen Index, und es schließt sich an $\mathfrak{G}_{i+p}$ eine Gesamtersetzung $\mathfrak{G}_{i+p+1}$ an, welche gegenüber $\mathfrak{G}_{i+1}$ progressiv ist und dieselbe charakteristische Zahl wie $\mathfrak{G}_{i+1}$ hat. (Man beachte, daß in diesem zweiten Falle nicht $p=1$ sein kann, weil sonst $\mathfrak{G}_{i+p}$ die auf $\mathfrak{G}_i$ unmittelbar folgende Gesamtersetzung wäre, und da sie gegenüber $\mathfrak{G}_i$ progressiv ist, kleineren Index als $\mathfrak{G}_i$ haben müßte.) $\mathfrak{G}_{i+p+1}$ gehört dann der mit $\mathfrak{G}_{i+p}$ beginnenden $\mathfrak{m}$-Reihe an.

Verfolgen wir nun diesen zweiten Fall weiter. Die Gesamtersetzung $\mathfrak{G}_{i+p+1}$, die ja gegenüber $\mathfrak{G}_{i+1}$ progressiv ist, hat entweder kleineren Index als $\mathfrak{G}_{i+1}$, oder beide haben den gleichen Index, und es schließt sich an $\mathfrak{G}_{i+p+1}$ eine Gesamtersetzung $\mathfrak{G}_{i+p+2}$ an, welche wiederum gegenüber $\mathfrak{G}_{i+2}$ progressiv ist und die gleiche charakteristische Zahl sowie die gleiche neue Beispielsersetzung hat wie $\mathfrak{G}_{i+2}$. Hierbei kann nun $\mathfrak{G}_{i+2}$ nicht etwa die Gesamtersetzung $\mathfrak{G}_{i+p}$ sein; denn sonst müßte die neue Beispielsersetzung von $\mathfrak{G}_{i+p+2}$ dieselbe sein wie die bei $\mathfrak{G}_{i+p}$. Diese ist ja aber durch $\mathfrak{G}_{i+p+1}$ nicht aufgehoben worden (weil ja diese Gesamtersetzung keine größere, sogar eine kleinere charakteristische Zahl hat als $\mathfrak{G}_{i+p}$), sie kann also bei $\mathfrak{G}_{i+p+2}$ nicht als neue Beispielsersetzung auftreten. Somit ist $p>2$, und es gehört $\mathfrak{G}_{i+2}$ noch der ersten $\mathfrak{m}$-Reihe und $\mathfrak{G}_{i+p+2}$ der zweiten $\mathfrak{m}$-Reihe an. Da in dem letztbetrachteten Fall $\mathfrak{G}_{i+p+2}$ gegenüber $\mathfrak{G}_{i+2}$ progressiv ist, können wir in der gleichen Weise wie vorher weiterfolgern. Somit findet zwischen den beiden $\mathfrak{m}$-Reihen

$$\mathfrak{G}_i, \mathfrak{G}_{i+1}, \ldots$$

$$\mathfrak{G}_{i+p}, \mathfrak{G}_{i+p+1}, \ldots$$

solange eine Übereinstimmung zwischen $\mathfrak{G}_{i+j}$ und $\mathfrak{G}_{i+p+j}$ hinsichtlich des Index und der charakteristischen Zahl sowie der anhand der Gesamtersetzung aufgefundenen neuen Beispielsersetzung statt, bis wir einmal zu einer Gesamtersetzung $\mathfrak{G}_{i+r}$ gelangen, welcher in der zweiten $\mathfrak{m}$-Reihe eine Gesamtersetzung $\mathfrak{G}_{i+p+r}$ von kleinerem Index entspricht. Dieser Fall muß spätestens bei $\mathfrak{G}_{i+p-1}$ eintreten, d.h., es kann nicht $\mathfrak{G}_{i+r}$ die Gesamtersetzung $\mathfrak{G}_{i+p}$ sein; denn dieser Gesamtersetzung kann ja nicht eine solche $\mathfrak{G}_{i+2p}$ entsprechen, bei welcher die von $\mathfrak{G}_{i+p-1}$ zu $\mathfrak{G}_{i+p}$ führende neue Beispielsersetzung wiederum als neue eingeführt wird, da ja diese Beispielsersetzung in der zweiten $\mathfrak{m}$-Reihe dauernd beibehalten wird. Somit ergibt sich folgende Alternative: Entweder $\mathfrak{G}_i$ hat größeren Index als $\mathfrak{G}_{i+p}$, oder die beiden aufeinanderfolgenden $\mathfrak{m}$-Reihen beginnen entsprechend mit

$$\mathfrak{G}_i, \mathfrak{G}_{i+1}, \ldots, \mathfrak{G}_{i+r}$$

$$\mathfrak{G}_{i+p}, \mathfrak{G}_{i+p+1}, \ldots, \mathfrak{G}_{i+p+r},$$

wobei $\mathfrak{G}_{i+r}$ größeren Index hat als $\mathfrak{G}_{i+p+r}$ und $r<p$, während für $0 \leqq j < r$ der Index von $\mathfrak{G}_{i+j}$ mit dem von $\mathfrak{G}_{i+p+j}$, sowie für $1 \leqq j \leqq r$ die charakteristische Zahl von $\mathfrak{G}_{i+j}$ mit der von $\mathfrak{G}_{i+p+j}$ übereinstimmt.

Aufgrund der Gültigkeit der Behauptung (3) für $\mathfrak{m}$ hat hiernach in jedem der beiden Fälle die erste der beiden aufeinanderfolgenden $\mathfrak{m}$-Reihen einen größeren Index als die zweite, und es ist somit die Gültigkeit der Behauptung (2) für $\mathfrak{m}+1$ festgestellt. Zugleich damit ergibt sich, daß die darstellenden Figuren für die Indices der $(\mathfrak{m}+1)$-Reihen 0-ω-Figuren sind.

Es bleibt nun noch die Behauptung (3) für $\mathfrak{m}+1$ als zutreffend zu erweisen. Dieses gelingt, indem wir die Zerlegung der beiden $(\mathfrak{m}+1)$-Reihen in $\mathfrak{m}$-Reihen betrachten. Nämlich im Falle, wo $\mathfrak{G}_i$ größeren Index hat[1] als $\mathfrak{G}_{i+p}$, folgt aufgrund der Gültigkeit von (3) für $\mathfrak{m}$, daß die erste der $\mathfrak{m}$-Reihen bei der Zerlegung der ersten $(\mathfrak{m}+1)$-Reihe einen größeren Index hat als diejenige bei der Zerlegung der zweiten $(\mathfrak{m}+1)$-Reihe. Im anderen Fall folgt aus der Übereinstimmung der charakteristischen Zahlen von $\mathfrak{G}_{i+j}$ und $\mathfrak{G}_{i+p+j}$ (für $1 \leqq j \leqq r$), daß die Zerlegungen der beiden $(\mathfrak{m}+1)$-Reihen in $\mathfrak{m}$-Reihen sich bis zu $\mathfrak{G}_{i+r}$, bzw. $\mathfrak{G}_{i+p+r}$, genau entsprechen. Ferner folgt aus den Annahmen über die Indices der Gesamtersetzungen, aufgrund der Gültigkeit von (3) für $\mathfrak{m}$-Reihen, daß diejenige $\mathfrak{m}$-Reihe in der ersten $(\mathfrak{m}+1)$-Reihe, welche die Gesamtersetzung $\mathfrak{G}_{i+r}$ enthält, einen größeren Index hat als die $\mathfrak{m}$-Reihe in der anderen $(\mathfrak{m}+1)$-Reihe, welche $\mathfrak{G}_{i+p+r}$ enthält. Und aus der Bildungsweise der Indices ergibt sich, daß die für die beiden $(m+1)$-Reihen einander entsprechenden unter den vorangehenden $\mathfrak{m}$-Reihen je gleiche Indices haben. Daraus aber folgt, daß der Index der ersten $(\mathfrak{m}+1)$-Reihe größer ist als derjenige der anderen.

Hiermit sind nun die Behauptungen (1), (2), (3) für alle in Betracht kommenden $\mathfrak{m}$ als zutreffend erkannt, und insbesondere folgt, daß in jeder $(\mathfrak{m}+1)$-Reihe die Indices der aufeinanderfolgenden $\mathfrak{m}$-Reihen eine absteigende Folge von 0-ω-Figuren bilden, und daß somit jede $(\mathfrak{m}+1)$-Reihe nur endlich viele $\mathfrak{m}$-Reihen enthalten kann.

---

[1] Wir beziehen uns jetzt auf die Bezeichnungen in der Formulierung der Behauptung (3), angewandt auf $(\mathfrak{m}+1)$-Reihen.

Die sukzessive Bildung von Gesamtersetzungen muß daher, wie wir zuvor überlegten, nach endlich vielen Schritten zum Abschluß kommen, d.h. zu einer Gesamtersetzung führen, bei welcher alle kritischen Formeln sich auf „wahr" reduzieren.

Bemerkung. ACKERMANN hat das Ergebnis seines hier dargestellten Wf.-Beweises noch dadurch verschärft, daß er eine Abschätzung für die Anzahl der erforderlichen Gesamtersetzungen bewies. Die Abschätzung erfolgt in Abhängigkeit von drei Parametern: der Anzahl g der Grundtypen, der Anzahl $\mathfrak{e}$ der verschiedenen ε-Terme, die in den kritischen Formeln auftreten, und der maximalen „Gradzahl" $\mathfrak{m}$ der vorkommenden Terme, wobei die Gradzahl eines Termes rekursiv so definiert wird, daß die Ziffer 0 und die ε-Terme die Gradzahl 0 haben, $\mathfrak{a}'$ und $\delta(\mathfrak{a})$ einen um eins höheren Grad als $\mathfrak{a}$, und $\mathfrak{a}+\mathfrak{b}$ sowie $\mathfrak{a}\cdot\mathfrak{b}$ einen um eins höheren Grad als den maximalen Grad von $\mathfrak{a}$ und $\mathfrak{b}$.

Die Abschätzungsfunktion setzt sich zusammen aus primitiv-rekursiven Funktionen und einer Art von quasi-rekursiver Funktion, wobei die allgemeinere Art von Rekursion („ordinale Rekursion") darin besteht, daß beim Rückgang in den Argumentwerten nicht die gewöhnliche Ordnung der natürlichen Zahlen verwendet wird, sondern eine von dem Werte $\mathfrak{p}$ eines Argumentes der Funktion abhängige Ordnung[1], gemäß welcher sich die natürlichen Zahlen auf die 0-ω-Figuren unterhalb einer gewissen, von $\mathfrak{p}$ abhängigen unter ihnen ordnungstreu abbilden lassen. Daß man bei dieser Abschätzung nicht mit primitiv-rekursiven Funktionen auskommen kann, geht aus dem zweiten GÖDELschen Unableitbarkeitstheorem hervor. Denn andernfalls ließe sich ja der Wf.-Beweis für das System (Z) im Rahmen der rekursiven Zahlentheorie und somit auch im System (Z) selbst formalisieren.

Zu vermerken ist hier noch, daß die ACKERMANNsche Abschätzung einer Modifikation bedarf für den Fall, daß zu den Grundfunktionen des Systems (Z) noch weitere berechenbare Funktionen, nebst verifizierbaren Axiomen für sie, hinzugenommen werden. Bezüglich einer solchen Erweiterung des formalen Systems war ja am Eingang des dargestellten Wf.-Beweises[2] ausdrücklich erwähnt worden, daß sie die Anwendbarkeit dieses Wf.-Beweises nicht behindere. Die Anpassung der Abschätzung an eine solche Erweiterung bietet keine grundsätzliche Schwierigkeit, es treten aber die jeweils hinzugefügten Grundfunktionen (oder wenigstens die am stärksten ansteigende unter ihnen) in der rekursiven Definition der Abschätzungsfunktion auf, und die Definition der maximalen Gradzahl eines Termes muß sinngemäß abgeändert werden.

---

[1] Die Definition dieser Ordnung benutzt nicht wie diejenige der Ordnungen $\underset{\mathfrak{n}}{<}$ (vgl. S. 373f.) die Primfaktorenzerlegung der natürlichen Zahlen, sondern statt dessen ihre duadische Darstellung.

[2] Vgl. S. 536.

Bezüglich des Ergebnisses, das der Ackermannsche Widerspruchsfreiheitsbeweis für den betrachteten Formalismus liefert, sei noch hervorgehoben, daß hier alle die Folgerungen gelten, die wir im § 2 aus dem erweiterten ε-Theorem für die Zahlentheorie entnommen haben (dort jedoch für einen Formalismus mit nur beschränkter Anwendung des Induktionsschemas)[1].

Es seien hier nochmals die betreffenden Sätze aufgezählt nebst kurzer Angabe der Überlegungen, durch die sie aus dem Ackermannschen Beweise folgen.

Unmittelbar liefert dieser Beweis das Ergebnis:

1) Jede herleitbare variablenlose Formel ist (aufgrund der Wertbestimmungen für die arithmetischen Funktionen, für die Gleichungen zwischen Ziffern und für die Wahrheitsfunktionen) eine wahre Formel.

Hieraus folgt weiter:

2) Jede herleitbare Formel ohne gebundene Variablen und ohne Formelvariablen, aber mit freien Individuenvariablen, ist verifizierbar.

Denn jede aus einer solchen durch Ersetzung der Individuenvariablen durch Ziffern entstehende Formel ist ja ebenfalls herleitbar, also nach 1) eine wahre Formel.

3) Für jede herleitbare Formel der Gestalt

$$(E\mathfrak{x}_1)\ldots(E\mathfrak{x}_\mathfrak{r})\,\mathfrak{A}(\mathfrak{x}_1,\ldots,\mathfrak{x}_\mathfrak{r}),$$

worin $\mathfrak{x}_1,\ldots,\mathfrak{x}_\mathfrak{r}$ die einzigen auftretenden Variablen sind, lassen sich Ziffern $\mathfrak{z}_1,\ldots,\mathfrak{z}_\mathfrak{r}$ so bestimmen, daß $\mathfrak{A}(\mathfrak{z}_1,\ldots,\mathfrak{z}_\mathfrak{r})$ eine wahre Formel ist.

Nämlich die betrachtete Formel läßt sich ja mit Anwendung der ε-Formel überführen[2] in eine Formel $\mathfrak{A}(\mathfrak{t}_1,\ldots,\mathfrak{t}_\mathfrak{r})$, worin $\mathfrak{t}_1,\ldots,\mathfrak{t}_\mathfrak{r}$ gewisse ε-Terme sind. Für die Formel erhalten wir also auch eine Herleitung im Rahmen des betrachteten Formalismus, und aus dieser durch die vorbereitenden Prozesse der Ackermannschen Beweisführung einen normierten Beweis. Wird auf diesen die Methode der Bildung der Gesamtersetzungen angewendet, so treten bei jeder Gesamtersetzung an die Stelle der Terme $\mathfrak{t}_1,\ldots,\mathfrak{t}_\mathfrak{r}$ bestimmte Ziffern. Bei der endgültigen Gesamtersetzung mögen die Terme durch die Ziffern $\mathfrak{z}_1,\ldots,\mathfrak{z}_\mathfrak{r}$ ersetzt werden. Da bei dieser alle kritischen Formeln in wahre Formeln übergehen, so erhalten wir eine Herleitung der Formel $\mathfrak{A}(\mathfrak{z}_1,\ldots,\mathfrak{z}_\mathfrak{r})$ aus wahren Formeln mit Hilfe von Schlußschemata. Die Formel $\mathfrak{A}(\mathfrak{z}_1,\ldots,\mathfrak{z}_\mathfrak{r})$ ist daher ebenfalls wahr.

4) Ist eine Formel

$$(\mathfrak{x}_1)\ldots(\mathfrak{x}_\mathfrak{r})\,(E\,\mathfrak{y}_1)\ldots(E\,\mathfrak{y}_\mathfrak{s})\,\mathfrak{A}(\mathfrak{x}_1\ldots\mathfrak{x}_\mathfrak{r},\mathfrak{y}_1,\ldots,\mathfrak{y}_\mathfrak{s}),$$

---

[1] Vgl. S. 54–55.

[2] Vgl. S. 24–25.

in der $\mathfrak{x}_1, \ldots, \mathfrak{x}_\mathfrak{r}, \mathfrak{y}_1, \ldots, \mathfrak{y}_\mathfrak{s}$ die einzigen vorkommenden Variablen sind, herleitbar, so bestimmen sich für jedwede Ziffern $\mathfrak{k}_1, \ldots, \mathfrak{k}_\mathfrak{r}$ (die anstelle der Variablen $\mathfrak{x}_1, \ldots, \mathfrak{x}_\mathfrak{r}$ gesetzt werden) solche Ziffern $\mathfrak{n}_1, \ldots, \mathfrak{n}_\mathfrak{s}$, für welche $\mathfrak{A}(\mathfrak{k}_1, \ldots, \mathfrak{k}_\mathfrak{r}, \mathfrak{n}_1, \ldots, \mathfrak{n}_\mathfrak{s})$ eine wahre Formel ist.

Dieses ergibt sich aus dem Satz 3), da wir ja aus der Herleitung der betrachteten Formel für jedes $\mathfrak{r}$-tupel von Ziffern $\mathfrak{k}_1, \ldots, \mathfrak{k}_\mathfrak{r}$ eine Herleitung der Formel $(E\,\mathfrak{y}_1) \ldots (E\,\mathfrak{y}_\mathfrak{s})\,\mathfrak{A}(\mathfrak{k}_1, \ldots, \mathfrak{k}_\mathfrak{r}, \mathfrak{y}_1, \ldots, \mathfrak{y}_\mathfrak{s})$ erhalten.

Die in 3) und 4) genannten herleitbaren Existenzsätze sind also im effektiven Sinne zutreffend.

Alle diese Feststellungen gelten zunächst für den Formalismus (Z) mit Hinzunahme des ε-Axioms, daher auch für (Z) mit Hinzunahme der ι-Regel sowie für den Formalismus (Z_μ), desgleichen für (Z) mit Hinzunahme der rekursiven Definitionen, — und zwar jeweils ohne daß man das Theorem über die Eliminierbarkeit der Kennzeichnungen[1] zu benutzen braucht. Auch bei der Hinzunahme verifizierbarer Formeln als Ausgangsformeln, eventuell in Verbindung mit der Einführung berechenbarer Funktionen, bleiben die Feststellungen gültig.

Von der Folgerung 3) sei insbesondere noch folgende Anwendung erwähnt: Ist $\mathfrak{A}(m)$ eine rekursive Formel mit m als einziger Variablen und ist für jede Ziffer $\mathfrak{z}$ die Formel $\mathfrak{A}(\mathfrak{z})$ herleitbar, so kann nicht auch die Formel $(E\,x)\,\overline{\mathfrak{A}(x)}$ und daher gleichfalls nicht die Formel $\overline{(x)\,\mathfrak{A}(x)}$ herleitbar sein.

Denn andernfalls ließe sich nach Folgerung 3) eine Ziffer $\mathfrak{z}_1$ so bestimmen, daß $\overline{\mathfrak{A}(\mathfrak{z}_1)}$ eine wahre und somit $\mathfrak{A}(\mathfrak{z}_1)$ eine falsche Formel ist, während andrerseits gemäß Folgerung 1) die Formel $\mathfrak{A}(\mathfrak{z}_1)$ eine wahre Formel sein müßte.

Es besteht daher für die betrachteten Formalismen die ω-Widerspruchsfreiheit zumindest in bezug auf rekursive Formeln. Wird daher für einen solchen Formalismus die entsprechende Formel $\overline{\mathfrak{B}(m, \mathfrak{q})}$ des ersten GÖDELschen Unableitbarkeitstheorems[2] gebildet, welche ja eine rekursive Formel ist, die nicht in dem Formalismus herleitbar ist, während für jede Ziffer $\mathfrak{z}$ die Formel $\overline{\mathfrak{B}(\mathfrak{z}, \mathfrak{q})}$ herleitbar ist, so ergibt sich, daß weder die Formel $(x)\,\overline{\mathfrak{B}(x, \mathfrak{q})}$ noch auch ihre Negation in dem Formalismus herleitbar ist. Es gibt somit in jedem der betrachteten Formalismen formal unentscheidbare Formeln.

---

[1] Siehe Band I, S. 431—432.

[2] Vgl. S. 282f..

Namenverzeichnis.

Sachverzeichnis.

Die Grundlehren der mathematischen Wissenschaften in Einzeldarstellungen mit besonderer Berücksichtigung der Anwendungsgebiete

---

77. Behnke/Sommer: Theorie der analytischen Funktionen einer komplexen Veränderlichen. DM 79,– ; US $ 21.80
78. Lorenzen: Einführung in die operative Logik und Mathematik. DM 54,– ; US $ 14.90
80. Pickert: Projektive Ebenen. DM 48,60; US $ 13.40
81. Schneider: Einführung in die transzendenten Zahlen. DM 24,80; US $ 6.90
82. Specht: Gruppentheorie. DM 69,60; US $ 19.20
84. Conforto: Abelsche Funktionen und algebraische Geometrie. DM 41,80; US $ 11.50
86. Richter: Wahrscheinlichkeitstheorie. DM 68,– ; US $ 18.70
88. Müller: Grundprobleme der mathematischen Theorie elektromagnetischer Schwingungen. DM 52,80; US $ 14.60
89. Pfluger: Theorie der Riemannschen Flächen. DM 39,20; US $ 10.80
90. Oberhettinger: Tabellen zur Fourier Transformation. DM 39,50; US $ 10.90
91. Prachar: Primzahlverteilung. DM 58,– ; US $ 16.00
93. Hadwiger: Vorlesungen über Inhalt, Oberfläche und Isoperimetrie. DM 49,80; US $ 13.70
94. Funk: Variationsrechnung und ihre Anwendung in Physik und Technik. DM 120,– ; US $ 33.00
95. Maeda: Kontinuierliche Geometrien. DM 39,– ; US $ 10.80
97. Greub: Linear Algebra. DM 39,20; US $ 9,80
98. Saxer: Versicherungsmathematik. 2. Teil. DM 48,60; US $ 13.40
99. Cassels: An Introduction to the Geometry of Numbers. DM 69,– ; US $ 19.00
100. Koppenfels/Stallmann: Praxis der konformen Abbildung. DM 69,– ; US $ 19.00
101. Rund: The Differential Geometry of Finsler Spaces. DM 59,60; US $ 16.40
103. Schütte: Beweistheorie. DM 48,– ; US $ 13.20
104. Chung: Markov Chains with Stationary Transition Probabilities. DM 56,– ; US $ 14.00
105. Rinow: Die innere Geometrie der metrischen Räume. DM 83,– ; US $ 22.90
106. Scholz/Hasenjaeger: Grundzüge der mathematischen Logik. DM 98,– ; US $ 27.00
107. Köthe: Topologische lineare Räume I. DM 78,– ; US $ 21.50
108. Dynkin: Die Grundlagen der Theorie der Markoffschen Prozesse. DM 33,80; US $ 9.30
109. Hermes: Aufzählbarkeit, Entscheidbarkeit, Berechenbarkeit. 2. Aufl. in Vorbereitung
110. Dinghas: Vorlesungen über Funktionentheorie. DM 69,– ; US $ 19.00
112. Morgenstern/Szabó: Vorlesungen über theoretische Mechanik. DM 69,– ; US $ 19.00
113. Meschkowski: Hilbertsche Räume mit Kernfunktion. DM 58,– ; US $ 16.00
114. MacLane: Homology. DM 62,– ; US $ 15.50
115. Hewitt/Ross: Abstract Harmonic Analysis. Vol. 1: Structure of Topological Groups, Integration Theory, Group Representations. DM 76,– ; US $ 20.90
116. Hörmander: Linear Partial Differential Operators. DM 42,– ; US $ 10.50
117. O'Meara: Introduction to Quadratic Forms. DM 48,– ; US $ 13.20
118. Schäfke: Einführung in die Theorie der speziellen Funktionen der mathematischen Physik. DM 49,40; US $ 13.60
119. Harris: The Theory of Branching Processes. DM 36,– ; US $ 9.90
120. Collatz: Funktionalanalysis und numerische Mathematik. DM 58,– ; US $ 16.00
121./122. Dynkin: Markov Processes. DM 96,– ; US $ 26.40
123. Yosida: Functional Analysis. DM 66,– ; US $ 16.50
124. Morgenstern: Einführung in die Wahrscheinlichkeitsrechnung und mathematische Statistik. DM 38,– ; US $ 10.50
125. Itô/McKean: Diffusion Processes and Their Sample Paths. DM 58,– ; US $ 16.00

126. Lehto/Virtanen: Quasikonforme Abbildungen. DM 38,– ; US $ 10.50
127. Hermes: Enumerability, Decidability, Computability. DM 39,– ; US $ 10.80
128. Braun/Koecher: Jordan-Algebren. DM 48,– ; US $ 13.20
129. Nikodým: The Mathematical Apparatus for Quantum-Theories. DM 144,– ; US $ 36.00
130. Morrey: Multiple Integrals in the Calculus of Variations. DM 78,– ; US $ 19.50
131. Hirzebruch: Topological Methods in Algebraic Geometry. DM 38,– ; US $ 9.50
132. Kato: Perturbation Theory for Linear Operators. DM 79,20; US $ 19.80
133. Haupt/Künneth: Geometrische Ordnungen. DM 68,– ; US $ 18.70
134. Huppert: Endliche Gruppen I. DM 156,– ; US $ 42.90
135. Handbook for Automatic Computation. Vol. 1/Part a: Rutishauser: Description of ALGOL 60. DM 58,– ; US $ 14.50
136. Greub: Multilinear Algebra. DM 32,– ; US $ 8.00
137. Handbook for Automatic Computation. Vol. 1/Part b: Grau/Hill/Langmaack: Translation of ALGOL 60. DM 64,– ; US $ 16.00
138. Hahn: Stability of Motion. DM 72,– ; US $ 19.80
139. Mathematische Hilfsmittel des Ingenieurs. Herausgeber: Sauer/Szabó. 1. Teil. DM 88,– ; US $ 24.20
140. Mathematische Hilfsmittel des Ingenieurs. Herausgeber: Sauer/Szabó. 2. Teil. DM 136,– ; US $ 37.40
141. Mathematische Hilfsmittel des Ingenieurs. Herausgeber: Sauer/Szabó. 3. Teil. DM 98,– ; US $ 27.00
142. Mathematische Hilfsmittel des Ingenieurs. Herausgeber: Sauer/Szabó. 4. Teil. DM 124,– ; US $ 34.10
143. Schur/Grunsky: Vorlesungen über Invariantentheorie. DM 32,– ; US $ 8.80
144. Weil: Basic Number Theory. DM 48,– ; US $ 12.00
145. Butzer/Berens: Semi-Groups of Operators and Approximation. DM 56,– ; US $ 14.00
146. Treves: Locally Convex Spaces and Linear Partial Differential Equations. DM 36,– ; US $ 9.90
147. Lamotke: Semisimpliziale algebraische Topologie. DM 48,– ; US $ 13.20
148. Chandrasekharan: Introduction to Analytic Number Theory. DM 28,– ; US $ 7.00
149. Sario/Oikawa: Capacity Functions. DM 96,– ; US $ 24.00
150. Iosifescu/Theodorescu: Random Processes and Learning. DM 68,– ; US $ 18.70
151. Mandl: Analytical Treatment of One-dimensional Markov Processes. DM 36,– ; US $ 9.80
152. Hewitt/Ross: Abstract Harmonic Analysis. Vol. II. Structure and Analysis for Compact Groups. Analysis on Locally Compact Abelian Groups. DM 140,– ; US $ 38.50
153. Federer: Geometric Measure Theory. DM 118,– ; US $ 29.50
154. Singer: Bases in Banach Spaces I. DM 112,– ; US $ 30.80
155. Müller: Foundations of the Mathematical Theory of Electromagnetic Waves. DM 58,– ; US $ 16.00
156. van der Waerden: Mathematical Statistics. DM 68,– ; US $ 18.70
157. Prohorov/Rozanov: Probability Theory. DM 68,– ; US $ 18.70
158. Constantinescu/Cornea: Potential Theory on Harmonic Spaces. In preparation
159. Köthe: Topological Vector Spaces I. DM 78,– ; US $ 21.50
160. Agrest/Maksimov: Theory of Incomplete Cylindrical Functions and their Applications. In preparation
161. Bhatia/Szegö: Stability Theory of Dynamical Systems. DM 58,– ; US $ 16.00
162. Nevanlinna: Analytic Functions. DM 76,– ; US $ 21.60
163. Stoer/Witzgall: Convexity and Optimization in Finite Dimensions I. DM 54,– ; US $ 14.90
164. Sario/Nakai: Classification Theory of Riemann Surfaces. DM 98,– ; US $ 27.00

165. Mitrinović: Analytic Inequalities. DM 88,– ; US $ 26.00
166. Grothendieck/Dieudonné: Eléments de Géometrie Algébrique I. DM 84,– ; US $ 23.10
167. Chandrasekharan: Arithmetical Functions. DM 58,– ; US $ 16.00
168. Palamodov: Linear Differential Operators with Constant Coefficients. DM 98,– ; US $ 27.00
169. Rademacher: Topics in Analytic Number Theory. In preparation
170. Lions: Optimal Control Systems Governed by Partial Differential Equations. DM 78,– ; US $ 21.50
171. Singer: Best Approximation in Normed Linear Spaces by Elements of Linear Subspaces. DM 60,– ; US $ 16.50
172. Bühlmann: Mathematical Methods in Risk Theory. DM 52,– ; US $ 14.30
173. F. Maeda/S. Maeda: Theory of Symmetric Lattices. DM 48,– ; US $ 13.20
174. Stiefel/Scheifele: Linear and Regular Celestial Mechanics. DM 68,– ; US $ 18.70
175. Larsen: An Introduction to the Theory of Multipliers. In preparation
176. Grauert/Remmert: Analytische Stellenalgebren. In Vorbereitung
177. Flügge: Practical Quantum Mechanics I. In press.
178. Flügge: Practical Quantum Mechanics II. In press.